Fachkunde für Gärtner/-innen

von Holger Seipel

Gärtner, Diplom-Ingenieur, Diplom-Agraringenieur und
Oberstudienrat für Gartenbau

12., überarbeitete und erweiterte Auflage

Dr. Felix Büchner · Handwerk und Technik – Hamburg

ISBN 978-3-582-32197-8 Best.-Nr. 4155

Verlag Dr. Felix Büchner GmbH & Co. KG – Handwerk und Technik GmbH, Lademannbogen 135, 22339 Hamburg;
Postfach 63 05 00, 22331 Hamburg – 2024

E-Mail: info@handwerk-technik.de
Internet: www.handwerk-technik.de

Satz und Layout: CMS – Cross Media Solutions GmbH, 97082 Würzburg
Umschlagmotiv: iStockphoto, Berlin: Karl-Friedrich Hohl
Druck: Firmengruppe APPL, aprinta druck GmbH, 86650 Wemding

Vorwort

Um die wachsenden Herausforderungen der Zukunft meistern zu können, werden wir ganz sicher nicht weniger, sondern mehr Wissen als Voraussetzung für das Verstehen und Beurteilen komplexer Sachverhalte sowie das Lösen von Problemen benötigen. Ohne eine breite, gut strukturierte Wissensbasis können komplexe Sachverhalte nicht durchschaut und somit auch keine Problemlösungen gefunden werden. Es wird also darauf ankommen, nicht weniger, sondern mehr zu lernen - und das in immer kürzerer Zeit. Dieses kann nur gelingen, wenn die kognitive Struktur systematisch auf- und ausgebaut, also möglichst effektiv und handlungsorientiert gelehrt und gelernt werden kann.

Mit der **„Fachkunde für Gärtner/-innen"** wurde ein modernes, zeitgemäßes und im besonderen Maße schülergerechtes Lehr- und Arbeitsbuch für den gartenbaulichen Berufsschulunterricht geschaffen, das eine umfassende und fundierte gärtnerische Grundausbildung gewährleistet. Das Buch resultiert aus den berufs- und unterrichtspraktischen Erfahrungen des Autors. Es entstand unter besonderer Berücksichtigung der in den Rahmenrichtlinien der einzelnen Bundesländer aufgeführten Lernziele und Lerninhalte des fachtheoretischen Unterrichts.

Die „Fachkunde für Gärtner/-innen" ist praxisorientiert und wissenschaftlich fundiert. Sie enthält das theoretische „Kernwissen" (spartenübergreifende Wissen) der gärtnerischen Ausbildung. Der Lehrstoff gliedert sich in neun Großkapitel: **Botanik - Bodenkunde - Pflanzenernährung - Pflanzenschutz - Wetter- und Klimakunde - Kultur- und Arbeitsverfahren - Technik - Berufsbildung und Interessenvertretungen - Fachrechnen**, die in weitere Haupt- und Unterkapitel untergliedert sind. Die informierenden Sachtexte werden durch eine Vielzahl illustrierender und erklärender Zeichnungen und Fotos ergänzt und veranschaulicht. Die sachlogische, klare Gliederung der Lerninhalte in größere, kleine und kleinste Einheiten schafft die Voraussetzung dafür, die „Wissensbausteine" zum Lösen von Problemen gezielt herauszugreifen und einzeln oder in immer wieder neuen Kombinationen bei der Lösung von Problemen zu verwenden.

In den einzelnen Kapiteln wird anschaulich eine Verbindung von Theorie und Praxis hergestellt. Verknüpfungen zwischen den Fächern werden überall dort aufgezeigt, wo sie aus praktischer Sicht von Bedeutung sind.

Das Buch ist somit eine wertvolle Hilfe bei der theoretischen und praktischen Ausbildung im Gartenbau. Es kann in allen drei Ausbildungsjahren eingesetzt werden, wobei der Schwerpunkt vor allem in der Vermittlung von Grundwissen und dessen Vertiefung in den ersten beiden Ausbildungsjahren zu sehen ist.

Die zahlreichen Aufgaben unterschiedlichen Schwierigkeitsgrades im Anschluss an die einzelnen Lerneinheiten ermöglichen nicht nur eine Kontrolle des Lernerfolges, sondern auch eine selbstständige Erarbeitung der Lerninhalte durch die Schüler.

Buchaufbau, eine klare Gliederung sowie ein umfangreiches Stichwortverzeichnis machen die **„Fachkunde für Gärtner/-innen"** darüber hinaus zu einem wertvollen Nachschlagewerk und Repetitorium für Lernende und Lehrende.

Autor und Verlag

Digitales Zusatzmaterial

Die Fachkunde für Gärtner/-innen wurde für die 12. Auflage mit digitalem Zusatzmaterial angereichert.

Über in das Buch eingedruckte QR-Codes sind sorgfältig ausgewählte Videos zugänglich, die Lerninhalte auf anschauliche Weise vermitteln und sich vielfältig nutzen lassen. Lehrende können die Lernvideos zum Beispiel als Unterrichtseinstieg in ihren Unterricht einbinden oder für die Flipped-Classroom-Methode nutzen. Die Auszubildenden erhalten mit den Videos die Möglichkeit, sich komplexe Themen in ihrem eigenen Lerntempo zu erarbeiten.

Hinweis

Mit den Aufgaben der Arbeitshefte **Gärtner/-innen Grundlagen der Botanik (Bestellnr.: 41555)** und **Gärtner/-innen Grundlagen der Vegetationskunde (Bestellnr.: 41558)** können Ihre Auszubildenden das Erlernte optimal festigen. Dazu finden Sie in unserem Shop unter der Fachkunde Gärtner/-innen eine Übersicht der passenden Aufgabenblöcke zum kostenlosen Download.

Inhaltsverzeichnis

I Botanik

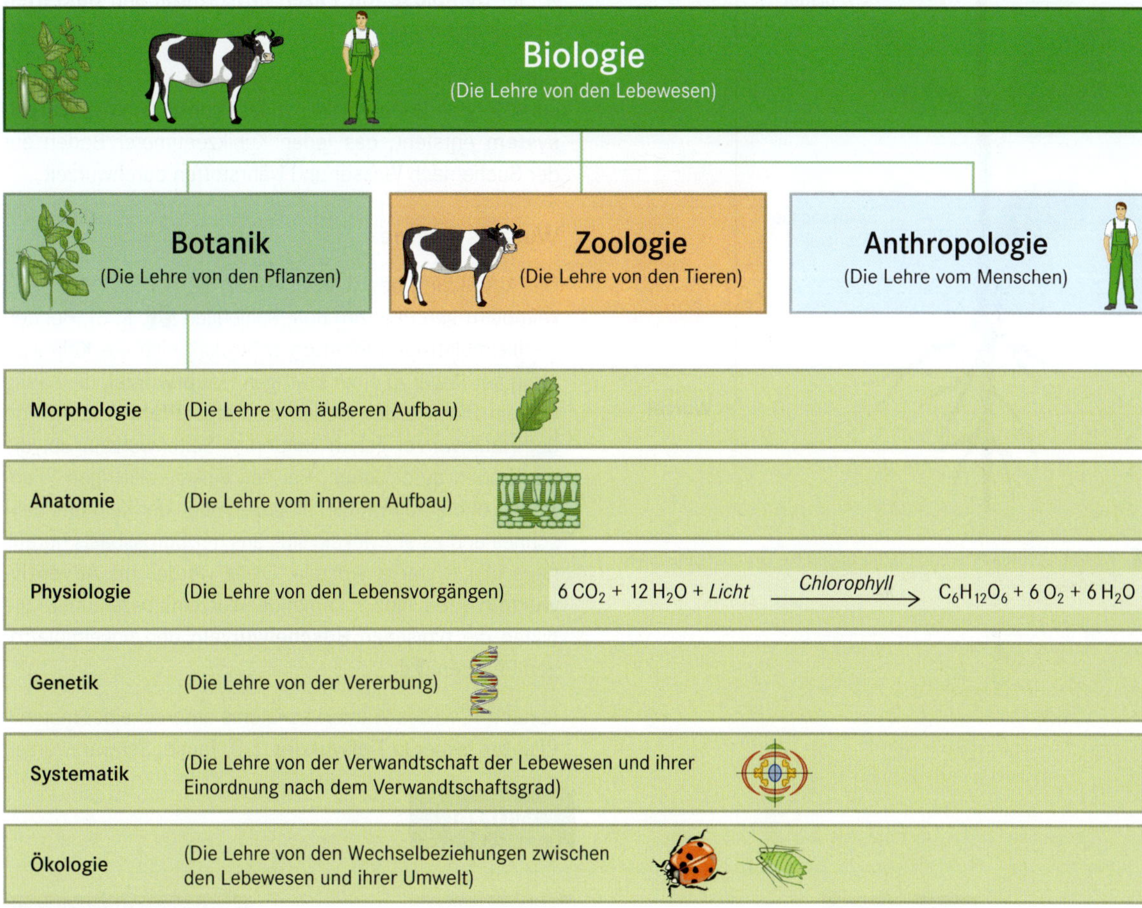

1 Die Botanik – ein Teilgebiet der Biologie

Pflanzen sind, wie Mensch und Tier, Lebewesen – Lebewesen, ohne die es für uns auf diesem Planeten kein Leben gäbe. Erst das Vertrautmachen mit ihrem Leben ermöglicht es uns, sie als eigenständige Geschöpfe zu erkennen und zu verstehen. Nicht ein sogenannter „grüner Daumen" ist für ein erfolgreiches Gärtnern maßgebend, sondern ein fundiertes Wissen über das Leben der Pflanzen. Die Wissenschaft, die sich mit dem Leben der Pflanzen beschäftigt, ist die **Botanik**. Sie ist ein Teilgebiet der **Biologie**. Teilgebiete der Botanik sind die **Morphologie**, die **Anatomie**, die **Physiologie**, die **Genetik**, die **Systematik** und die **Ökologie** (1).

1 Morphologie

1.1 Die Grundorgane der Pflanzen

Aufbau von Pflanze und Blüte

Pflanzen sind in ihrem äußeren Erscheinungsbild sehr vielgestaltig. Sie alle haben, wenn auch in unterschiedlicher Form und Größe, die gleichen Grundorgane (1, S. 2): In der Erde befindet sich die **Wurzel** und an der Erdoberfläche der **Spross**, der sich aus der **Sprossachse** („Stängel") und den **Laubblättern** zusammensetzt. Die Blüte hat sich im Laufe der Entwicklungsgeschichte aus den Grundorganen Blätter und Sprossachse herausgebildet und wird deswegen nicht als Grundorgan bezeichnet.

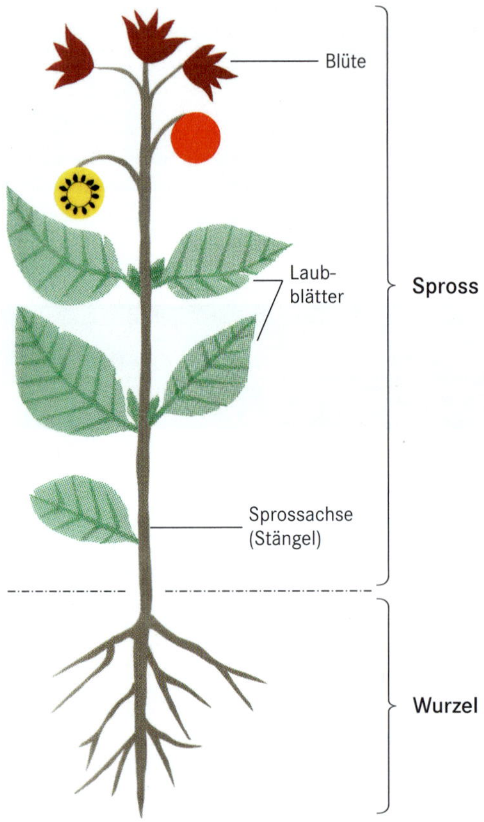

1 Wurzel, Sprossachse und Blätter bilden die Grundorgane einer Pflanze

1.1.1 Die Wurzel (2)

Aufgaben der Wurzel

Die Pflanzenwurzel dient

- der **Verankerung**,
- der **Aufnahme von Wasser und Nährstoffen,**
- der **Produktion von Phytohormonen**,
- der **Speicherung von Assimilaten,**
- der **Symbiose mit Pilzen** (Mykorrhiza) und **Bakterien** (Leguminosen).

Dabei erschließt sie durch Wachstum und Verzweigung ständig neue Bodenräume, sodass schließlich ein **Wurzelsystem** entsteht, das jeden Kubikzentimeter Boden auf der Suche nach Wasser und Nährstoffen durchwurzelt.

Wurzelsysteme

Die Ausbildung des Wurzelsystems ist bei ein- und zweikeimblättrigen Pflanzen unterschiedlich (1, S. 3). Bei den zweikeimblättrigen Pflanzen entwickelt sich die Keimwurzel in der Regel zu einer kräftigen **Hauptwurzel**, die häufig wie ein Pfahl in den Boden eindringt **(Pfahlwurzel)**. Von der Hauptwurzel gehen wiederum Seitenwurzeln ab, die den Boden durchziehen. Bei den einkeimblättrigen Pflanzen stirbt die Keimwurzel hingegen nach der Keimung sehr schnell und es entwickeln sich aus der Sprossbasis heraus neue gleich starke Wurzeln. Diese werden als **Adventivwurzeln** (neu hinzukommende Wurzeln) bezeichnet. Sie bilden die typischen **Büschelwurzeln** der einkeimblättrigen Pflanzen (2).

Je nach Tiefe des Wurzelwachstums unterscheidet man die Pflanzen ferner in **Tiefwurzler** (z. B. Tanne, Schwarzwurzel)

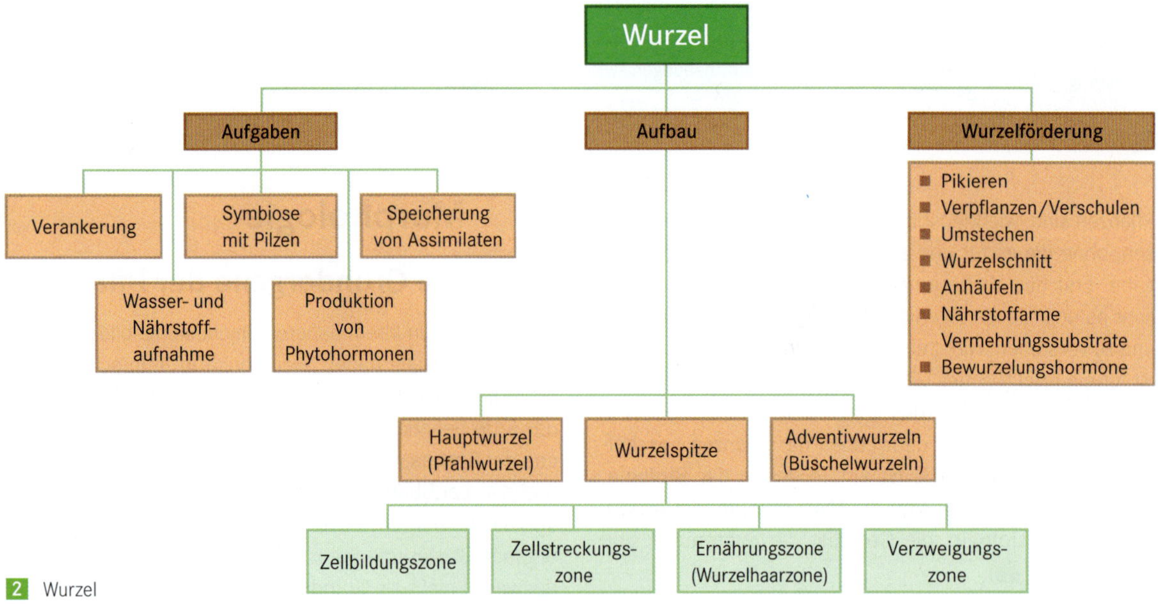

2 Wurzel

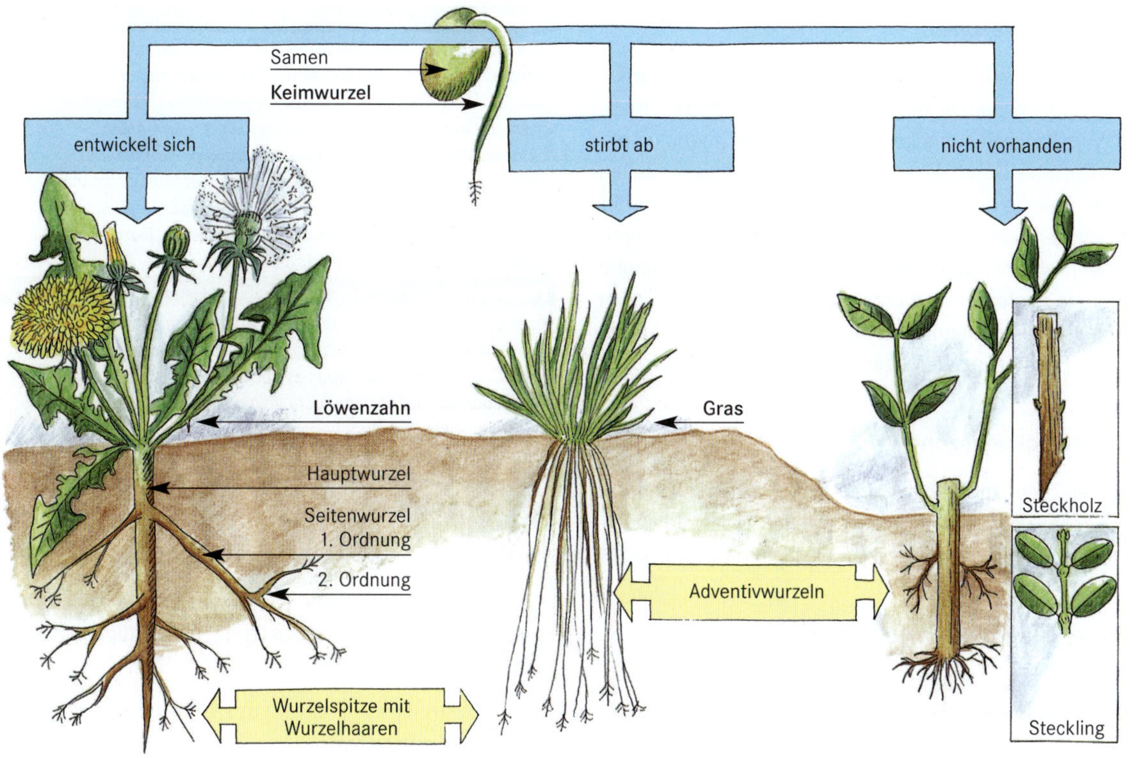

1 Wurzelsysteme einer zweikeimblättrigen und einer einkeimblättrigen Pflanze

und **Flachwurzler** (z. B. Fichte, Rasengräser) (**2**). Im Gegensatz zu den Tiefwurzlern breiten die Flachwurzler ihre Wurzeln flach unter der Bodenoberfläche aus. Sie sind vor allem auf flachgründigen Böden wie auch auf solchen mit einem hohen Grundwasserstand beheimatet (Tab. **1**, S. 4).

2 Einfluss der Wurzeltiefe auf die Standfestigkeit

Aufbau und Aufgaben der Wurzelspitze

Das Wachstum der Wurzel erfolgt von der Wurzelspitze aus. Die Wurzelspitze ist bei allen Wurzeln gleich aufgebaut und lässt sich in vier Zonen unterteilen (**3**):

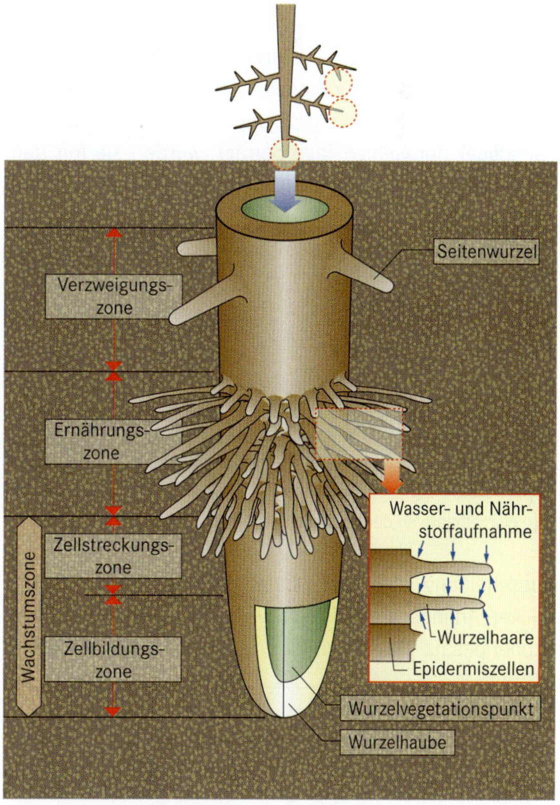

3 Aufbau einer Wurzelspitze

1. Zellbildungszone

An der Spitze befindet sich der **Wurzelvegetationspunkt**. Als Vegetationspunkte bezeichnet man das in den Trieb- und Wurzelspitzen befindliche teilungsfähige (meristematische) Gewebe. Durch die fortlaufende Teilung dieser Zellen werden ständig neue Zellen gebildet. Geschützt wird der Wurzelvegetationspunkt durch die sogenannte **Wurzelhaube** *(Kalyptra)*. Daneben erleichtert die Wurzelhaube durch das Absterben und Erneuern ihrer äußersten Zellen und der damit verbundenen Verschleimung ihrer Oberfläche das Eindringen der Wurzel in den Boden.

2. Zellstreckungszone

In dieser Zone (knapp 1 cm lang) findet die Streckung der durch Zellteilung hervorgegangenen neuen Zellen statt. Zellteilung und -streckung führen zum Wachstum der Wurzel.

3. Ernährungszone (Wurzelhaarzone)

Nur in der sogenannten Ernährungszone, wenige Millimeter von der Wurzelspitze entfernt - einer sehr begrenzten Zone (wenige Zentimeter oder gar nur einige Millimeter!) –, ist die Pflanze in der Lage, Wasser und Nährstoffe aufzunehmen. Um die aufzunehmende Oberfläche zu vergrößern, sind die äußersten Zellen (Epidermiszellen) in dieser Zone ausgestülpt (ca. 20-fache Vergrößerung). Diese Zellausstülpungen werden als **Wurzelhaare** (1) bezeichnet[1]. Sie sind sehr klein (nur wenige Millimeter!) und empfindlich, sodass sie leicht verletzt werden können. Da ihre Lebensdauer nur wenige Tage beträgt, werden sie mit dem Vordringen der Wurzelspitze ständig neu gebildet. Über die

1 Wurzelhaare an der Wurzel eines Rettichkeimlings

Ausscheidung leicht abbaubarer organischer Stoffe (z. B. Zucker, Aminosäuren) fördert die Wurzel zudem den Organismenbesatz (Bakterien, Pilze u. a.) in der **Rhizosphäre**[2]

[1] Untersuchungen haben ergeben, dass eine vier Monate alte Roggenpflanze über etwa 14 Milliarden Wurzelhaare (25.000/cm² Wurzeloberfläche) mit einer Oberfläche von 400 m² verfügt. Aneinandergereiht würden sie eine Länge von über 10.000 km erreichen.

[2] Der durch die Pflanzenwurzel direkt beeinflusste Raum (ca. 3 mm).

Tiefwurzler
Abies concolor, Abies nordmanniana, Aesculus hippocastanum, Alnus glutinosa, Castanea sativa, Crataegus-Arten, Fraxinus excelsior, Ginkgo biloba, Gleditsia triacanthos, Hippophae rhamnoides, Ilex aquifolium, Juglans regia, Larix-Arten, Liriodendron tulipifera, Mahonia aquifolium, Nothofagus antarctica, Pinus nigra, Pinus sylvestris, Platanus x hispanica*, Pyrus communis, Quercus robur, Quercus rubra*, Robinia pseudoacacia, Rosa rugosa, Sorbus aucuparia, Taxodium distichum, Ulmus minor, Wisteria sinensis* u. a.
Flachwurzler
Acer campestre, Acer platanoides, Ailanthus altissima, Betula pendula, *Caragana arborescens, Catalpa bignonioides, Cornus mas, Corylus avellana, Fagus sylvatica, Fraxinus excelsior*, Malus domestica, Metasequoia glyptostroboides, Picea abies, Picea omorika, Picea sitchensis, Pinus mugo, Pinus strobus, Platanus x hispanica*, Quercus rubra*, Rhododendron-Hybriden, Salix alba, Sequoiadendron giganteum, Syringa vulgaris, Viburnum opulus* u. a.

Tab. 1 Tiefwurzler, Flachwurzler (*sowohl als auch)

und damit, über den Abbau von Humus und die Bildung von Symbiosen mit Pilzen und Bakterien, die Verfügbarkeit und Aufnahme von Nährstoffen.

4. Verzweigungszone

In dieser Zone erfolgt die Bildung von Seitenwurzeln, die zu einer Verzweigung der Wurzel führt. Da die äußeren Zellen in dieser Zone verholzen, spricht man auch von der verholzten Zone.

Maßnahmen zur Förderung der Wurzelentwicklung

Da die Wurzel die Pflanze mit Wasser und Nährstoffen versorgt, beeinflusst die Wurzelentwicklung die Entwicklung der gesamten Pflanze. Entsprechend dienen viele gärtnerische Maßnahmen der Förderung des Wurzelwachstums. So fördern z. B. das **Pikieren** (Vereinzeln) von Sämlingen, häufiges **Verpflanzen** oder **Umstechen** von Pflanzen (z. B. Gehölze in der Baumschule) und das **Anschneiden der Wurzelspitzen** vor dem Pflanzen die Wurzel- und damit Ballenbildung. Die Wurzeln werden durch den bei diesen Maßnahmen ausgelösten Wundreiz zur verstärkten Verzweigung angeregt. Auch durch das **Anhäufeln** bestimmter Pflanzenarten (z. B. Tomate, Gurke, Bohne), die Verwendung nährstoffarmer **Vermehrungssubstrate** und den Einsatz von **Bewurzelungshormonen** bei der Stecklingsvermehrung wird die Wurzelentwicklung gefördert (1, S. 5). Ein **lockerer Boden**, ausreichender **Wurzelraum** sowie eine optimale **Nährstoff- und Wasserversorgung** sind zudem Voraussetzungen für eine gute Wurzel- und damit Pflanzenentwicklung.

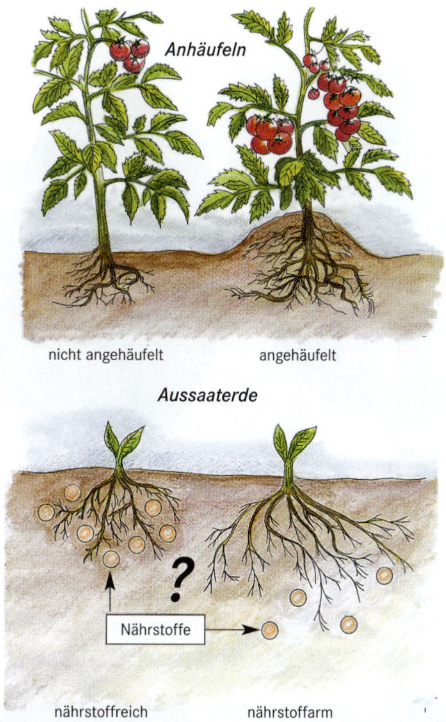

1 Maßnahmen zur Wurzelförderung

1.1.2 Das Laubblatt (2)

Aufgaben des Laubblatts

Die Laubblätter der Pflanzen erfüllen vor allem drei wichtige Aufgaben:

- **Fotosynthese** (Aufbau von Zucker = Assimilate),
- **Gasaustausch** (bei Fotosynthese und Atmung) und
- **Transpiration** (Verdunstung von Wasser).

Der äußere Blattaufbau

Die **Blattfläche** (Blattspreite) wird von **Blattadern** durchzogen, die der Wasser-, Nährstoff- und Assimilateleitung dienen. Daneben verleihen sie der Blattfläche die nötige Festigkeit. Bei zweikeimblättrigen Pflanzen sind die Blattadern in der Regel netzförmig, bei einkeimblättrigen Pflanzen parallelförmig angeordnet. Die Verbindung zwischen Blattfläche und Sprossachse stellt der **Blattstiel** her. Er hält das Blatt und richtet es optimal zum Licht aus. Den mit der Sprossachse verwachsenen Teil des Blattes bezeichnet man als **Blattgrund**.

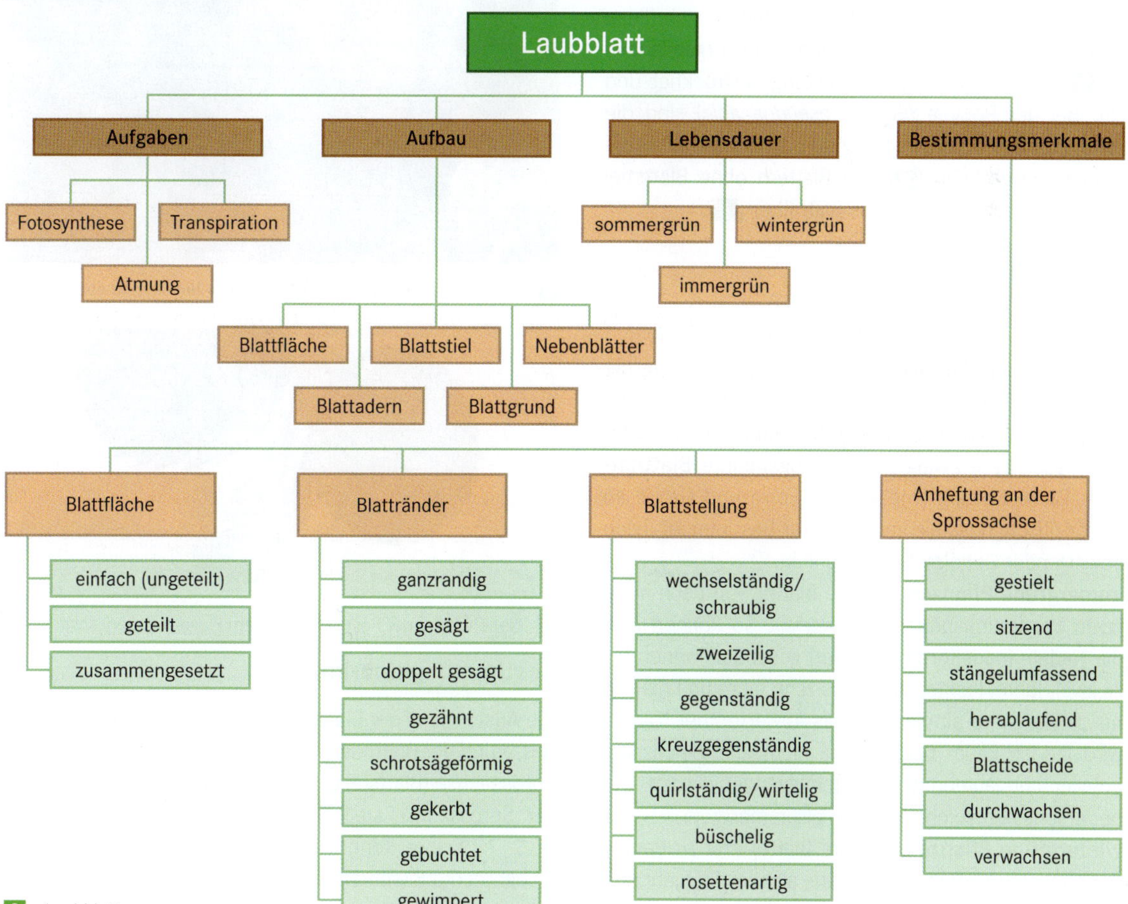

2 Laubblatt

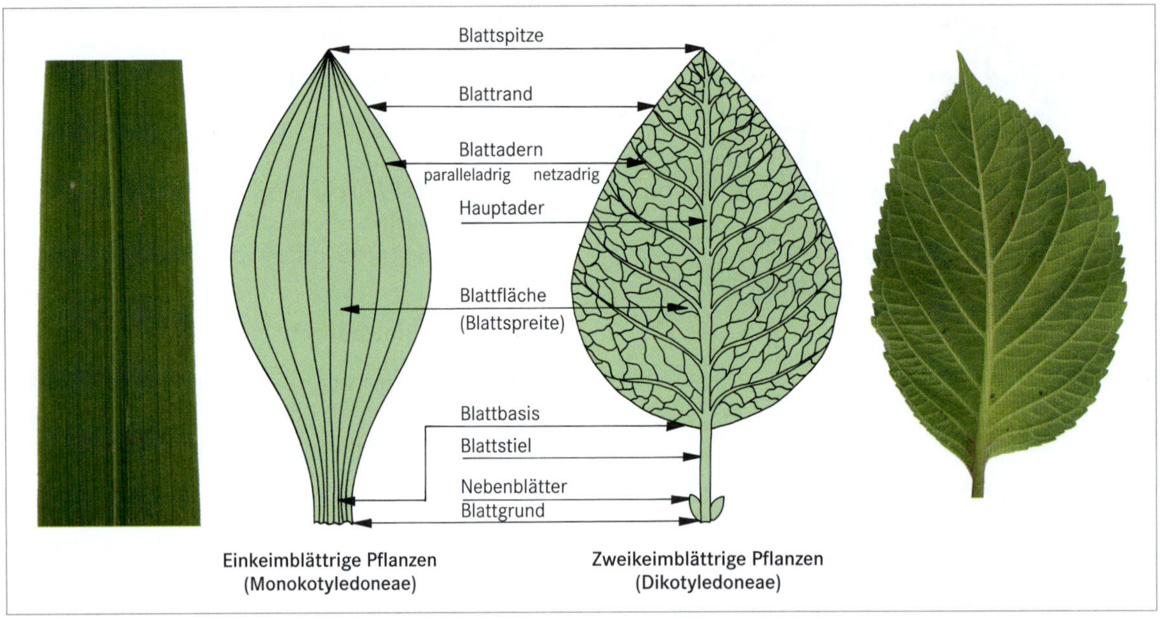

1 Der äußere Blattaufbau

Bei zweikeimblättrigen Pflanzen trägt er häufig kleine **Nebenblätter**. Bei manchen Pflanzen (z. B. *Ficus elastica*, *Philodendron scandens* oder Rhabarber) haben sich diese Nebenblätter zu einem tütenförmigen Schutzorgan entwickelt (2), das nach der Blattentfaltung vertrocknet und abfällt. Bei der Robinie *(Robinia pseudoacacia)* sind die Nebenblätter zu Dornen umgewandelt, bei Rosen zu einem Flügelpaar verwachsen (3). Bei Blättern ohne Blattstiel geht der Blattgrund direkt in das Blatt über (1).

Lebensdauer

Nach der **Lebensdauer** ihrer Blätter unterscheidet man:

- **sommergrüne Pflanzen**, die ihre Blätter im Herbst nach einer Vegetationsperiode (Wachstumsperiode) abwerfen (herbstlicher Laubfall!). Die abfallenden Blätter hinterlassen am Zweig Narben, sogenannte **Blattnarben**. Diese Narben sind in ihrer Form und Größe so artspezifisch, dass sie im Winter zur Bestimmung Laub abwerfender Gehölze dienen können.
- **immergrüne Pflanzen**, die ihre Blätter erst nach mehreren Vegetationsperioden abwerfen. So können z. B. die Nadeln (nadelförmige Blätter) gesunder Tannen bis zu zwölf Jahre, Fichten sechs bis zehn Jahre und Kiefern bis zu vier Jahre alt werden. Das Abwerfen der Nadeln wird jedoch kaum bemerkt, da nicht alle gleichzeitig abfallen und laufend neue Nadeln gebildet werden. Daher erscheinen solche Pflanzen als immergrün.
- **wintergrüne Pflanzen**, die ihre Blätter erst zu Beginn der nächsten Vegetationsperiode, also im Frühjahr, abwerfen.

2 Nebenblätter als tütenförmiges Schutzorgan beim Rhabarber

3 Nebenblätter der Rose sind zu einem Flügelpaar verwachsen

Bestimmungsmerkmale

Die Ausformung der Blattfläche, des Blattrandes, der Blattspitze und der Blattbasis, die Anordnung der Blätter an der Sprossachse (Blattstellung) und die Art ihrer Anheftung an der Sprossachse stellen wichtige Pflanzenmerkmale dar (s. S. 7 ff.). Ihre Kenntnis ist die Voraussetzung für eine fachgerechte Beschreibung bzw. das Erkennen und Unterscheiden von Pflanzen.

Kennzeichen: Die Blattfläche weist keine oder nur leichte Einschnitte auf.

a) Blattränder verlaufen mehr oder weniger parallel
→ längliche Blattformen

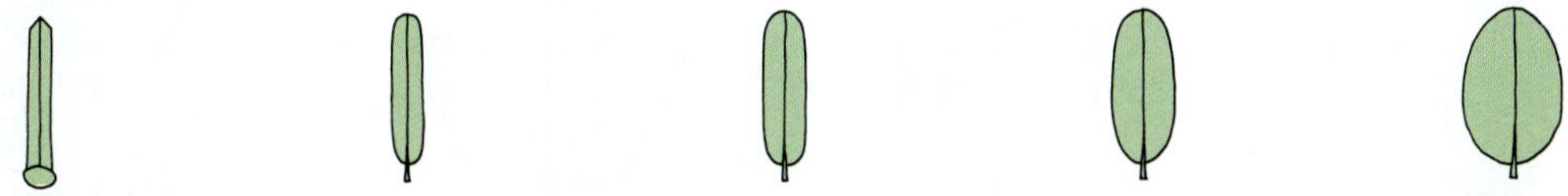

nadelförmig | linealisch | schmal länglich | länglich | breit länglich

b) Der größte Blattdurchmesser befindet sich unterhalb der Blattmitte
→ lanzettlich-eiförmige Blattformen

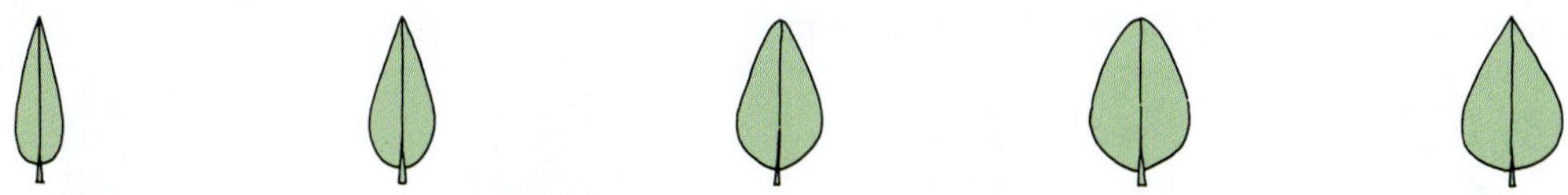

schmal lanzettlich | lanzettlich | schmal eiförmig | eiförmig | breit eiförmig

c) Der größte Blattdurchmesser befindet sich oberhalb der Blattmitte (Umkehrung der lanzettlich-eiförmigen Blattformen) → verkehrt lanzettlich-eiförmige Blattformen

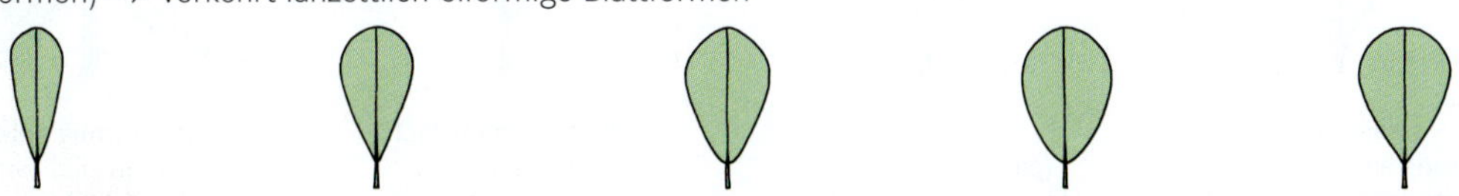

schmal verkehrt lanzettlich | verkehrt lanzettlich | schmal verkehrt eiförmig | verkehrt eiförmig | verkehrt breit eiförmig

d) Der größte Blattdurchmesser befindet sich in der Blattmitte
→ elliptische (ovale) Blattformen

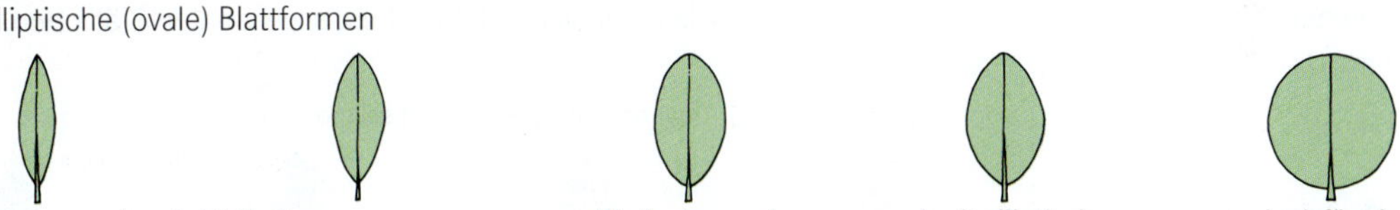

schmal elliptisch | elliptisch = oval | breit elliptisch | kreisförmig

e) Die verkehrt lanzettlich-eiförmigen Blattformen besitzen keinen Blattstiel
→ spatelförmige Blattformen

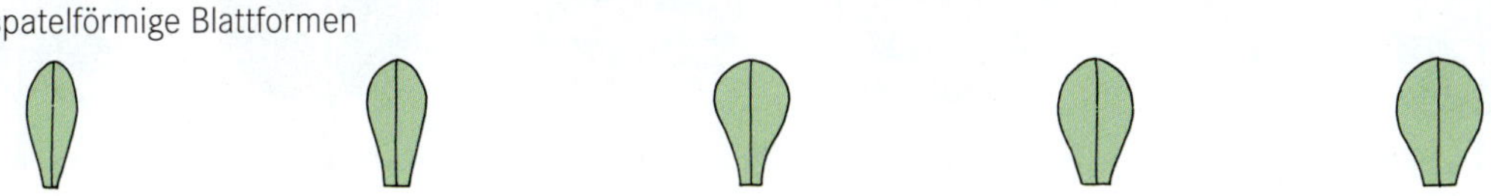

f) Sonstige einfache Blattformen

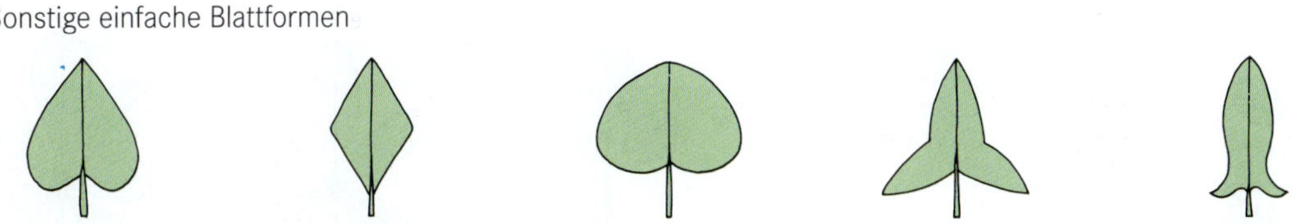

herzförmig | rauten-/rhombenförmig | nierenförmig | pfeilförmig | spießförmig

1 Ungeteilte Laubblätter (einfache Laubblätter)

Kennzeichen: Ihre Blattfläche wird mehr oder weniger durch Einschnitte in **Abschnitte (Lappen) geteilt**.

3-, 5-, 7- oder 9-lappig | **10- bis 16-lappig** | **3- oder 5-lappig** | **7- bis 13-lappig**

Nach Tiefe und Verlauf der Einschnitte unterscheidet man:

fiederspaltig (paarig angeordnete Einschnitte reichen bis zur Mitte der Blattflächenhälften)

fiederteilig (paarig angeordnete Einschnitte des Blattes erreichen fast die Mittelrippe)

doppelt/mehrfach fiederteilig

handförmig geteilt (Einschnitte sind zum Blattgrund gerichtet, erreichen diesen aber nicht)

1 Geteilte Laubblätter

Kennzeichen: Ihre Blattfläche setzt sich aus mehreren selbstständigen Blattflächen, sogenannten **Blättchen**, zusammen.

Blättchen

im Gegensatz zum Blatt trägt das Blättchen nie Achselknospen

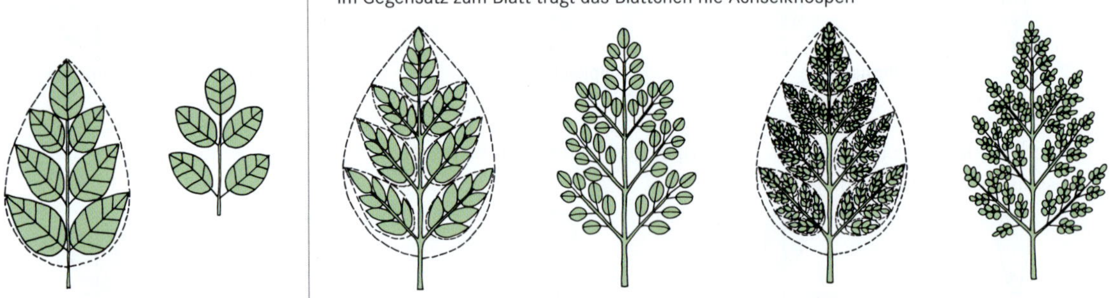

einfach gefiedert | **unpaarig gefiedert** | **doppelt (zweifach) gefiedert** | **doppelt unpaarig gefiedert** | **dreifach gefiedert** | **dreifach unpaarig gefiedert**

gefingerte (handförmig geteilte) Blättchen gehen von einem Punkt aus

paarig gefiedert | **unterbrochen gefiedert** | **dreizählig gefingert** | **fünfzählig gefingert** | **siebenzählig gefingert**

2 Zusammengesetzte Laubblätter

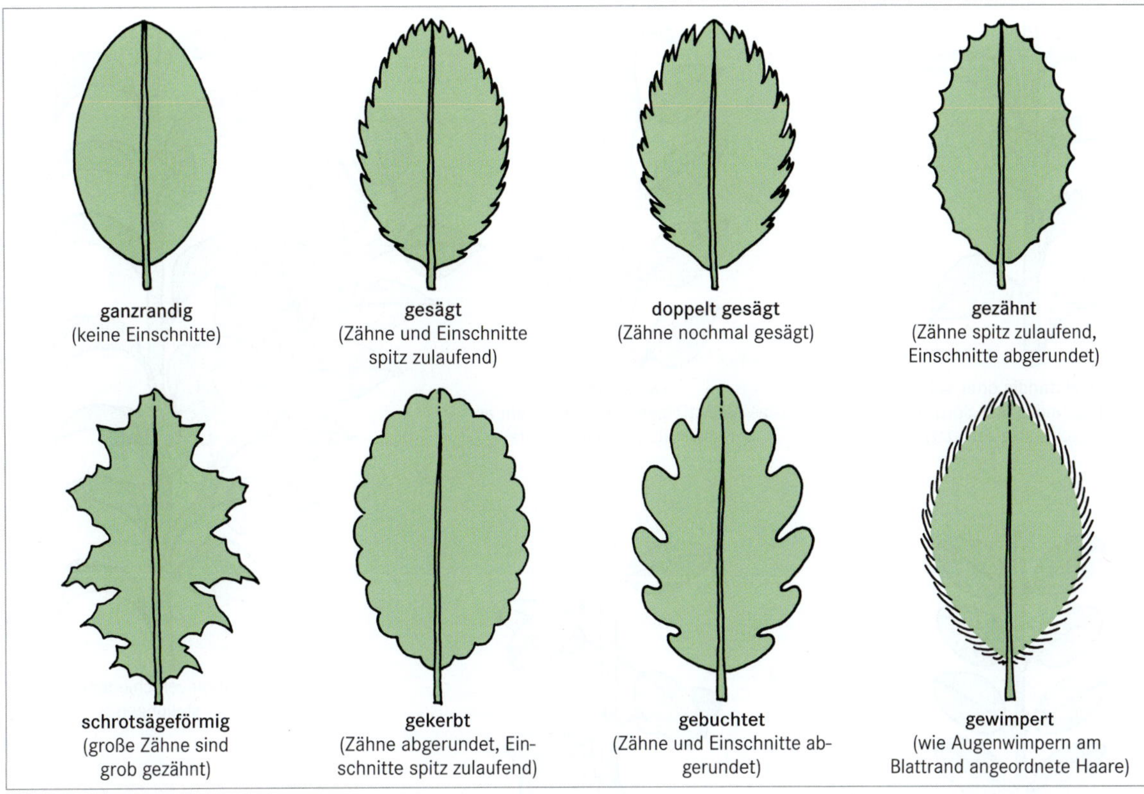

1 Blattränder

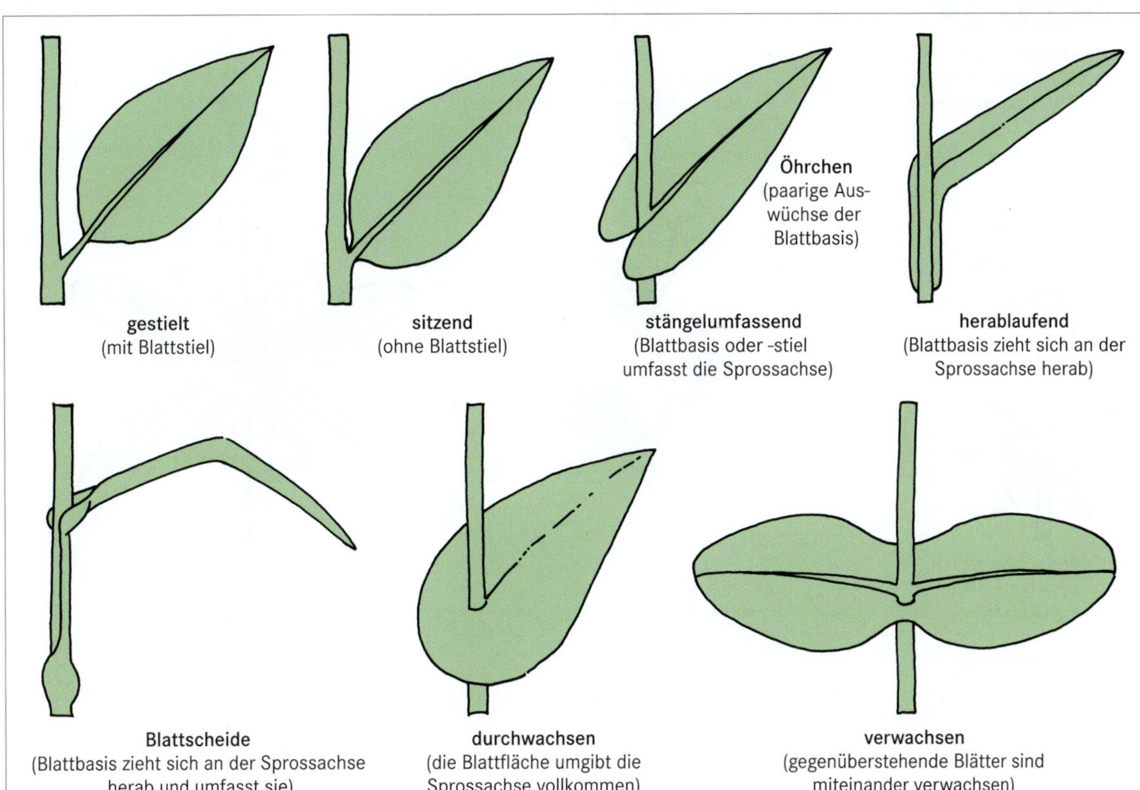

2 Anheftung an der Sprossachse

1 Blattstellungen

Exkurs: Übungen zu Bestimmungsmerkmalen am Laubblatt

Aufgaben

1. Beschreiben Sie bei den abgebildeten Laubblättern
   a) die **Ausformung der Blattfläche**. Handelt es sich um ungeteilte (einfache), geteilte oder zusammengesetzte Laubblätter?
   b) die **Blattform** und
   c) die **Ausformung des Blattrandes**.
2. Um welche Pflanze könnte es sich handeln?

Hinweis

Praktische Hilfe bei der Bestimmung von Pflanzen bieten **Pflanzen-Apps**, mit deren Hilfe man Pflanzen auf dem Handy bestimmen kann. Beispiele: Google Lens, Flora Incognita, PlantNet, iNaturalist

A

B

C

D

E

F

G

H

I

J

K

L

M

N

O

P

Q

R

S

T

U

V

W

X

Exkurs: Anlegen einer Pflanzensammlung

Gesammelte Pflanzen lassen sich durch Trocknen und Pressen haltbar machen. Eine Sammlung aus getrockneten und gepressten Pflanzen oder Pflanzenteilen (z. B. Blätter) wird als **Herbar** oder **Herbarium** bezeichnet. Sie dient dem Kennenlernen und Bestimmen von Pflanzen.

Pflanzen sammeln und bestimmen

1 Pflanze bestimmen

Mithilfe eines **Bestimmungsbuchs** kann der Name einer unbekannten Pflanze herausgefunden werden. Gesammelt werden gut entwickelte, typische Pflanzen oder Pflanzenteile.

! Merke

Nicht gesammelt werden dürfen:
- Pflanzen, Samen oder Früchte in Naturschutzgebieten;
- geschützte oder vom Aussterben bedrohte Pflanzen;
- Pflanzen, die am betreffenden Standort nur wenig vorkommen. Als Faustregel gilt die 1:20-Regel: Von 20 Exemplaren am Standort darf nur ein Exemplar entfernt werden;
- Giftige Pflanzen oder Pflanzenteile sollten ebenfalls nicht gesammelt werden.

Die Pflanzen müssen sauber, also frei von Erdresten sein. Zum Transport eignen sich Plastikbeutel.

Damit die Pflanzen haltbar bleiben, müssen sie schnell getrocknet werden. Hierfür stehen zwei Methoden zur Verfügung.

Pflanzen in der Pflanzenpresse trocknen

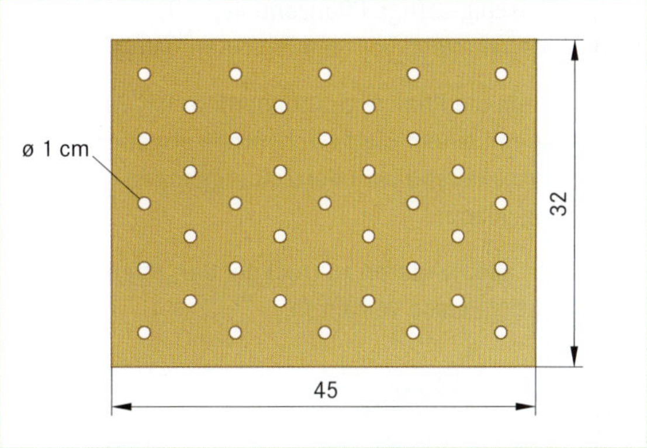

2 Sperrholzbrett für die Pflanzenpresse

Für eine **Pflanzenpresse** werden benötigt:
- 2 Sperrholzbretter, ca. 1 cm dick, 32 x 45 cm (s. o.)
- 2 Spanngurte oder Gürtel
- 1 Bohrer, Durchmesser 1 cm
- Wellpappe
- Zeitungen
- 1 Rolle Küchenpapier

Für eine gute Durchlüftung werden zahlreiche Löcher in die Sperrholzbretter gebohrt. Damit die Presse schöner aussieht, kann man die Bretter bemalen oder lackieren.

Vorgehensweise

1 Pflanze sorgfältig ausbreiten

1. Einen Zeitungsbogen aufklappen und als saugfähige Unterlage ein Blatt Küchenrolle darauflegen.
2. Die Pflanze so ausbreiten, dass alle Teile gut erkennbar sind.
   Fleischig-saftige Pflanzenteile, z. B. Früchte oder Wurzeln, vor dem Trocknen halbieren.
3. Wenn die Pflanze gut angeordnet ist, wird sie mit einem Blatt Küchenrolle abgedeckt. Anschließend wird der Zeitungsbogen zugeklappt.
4. Mit allen anderen zu trocknenden Pflanzen wird genauso verfahren.

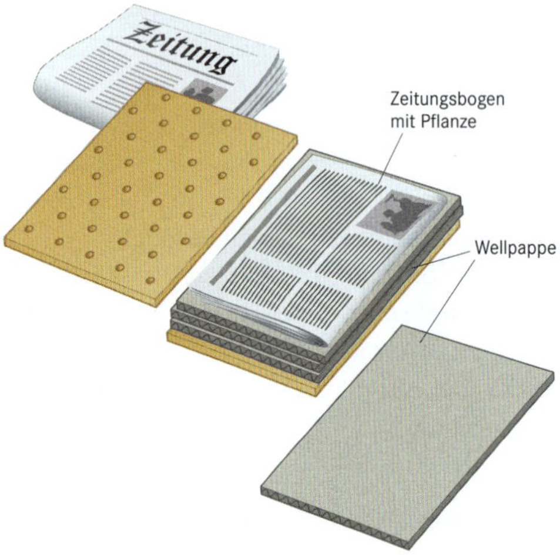

2 Herbarium schließen

5. Auf ein Sperrholzbrett mehrere Schichten Wellpappe legen.
6. Die Zeitungsbögen mit den zu pressenden Pflanzen aufeinanderstapeln.
7. Mehrere Schichten Wellpappe darauflegen.
8. Das Ganze mit dem zweiten Sperrholzbrett abdecken.

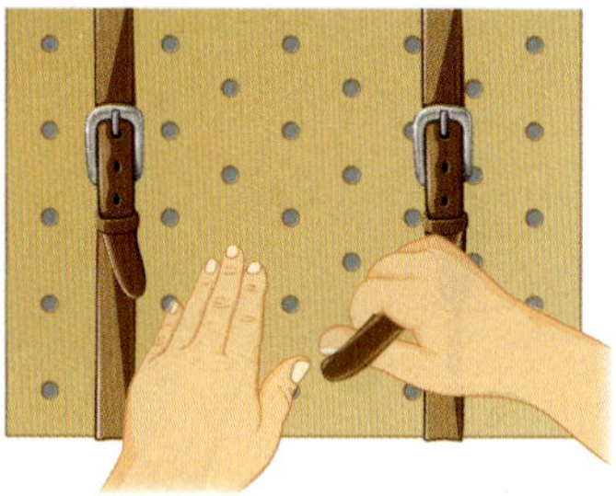

3 Pflanzen mehrere Tage pressen

9. Spanngurte anlegen und festziehen. Statt Spanngurten können auch dicke Bücher oder Ähnliches zum Beschweren verwendet werden.
   Nach 3 bis 5 Tagen sind die Pflanzen getrocknet. Saftige, fleischige Pflanzen benötigen mehr Zeit.
10. Die getrockneten Pflanzen werden auf dünnen Karton (100 g/m^2, A4 bis A3) geklebt. Dazu auf die Rückseite der getrockneten Pflanzen an einigen Stellen Fotokleber aufbringen. Zusätzlich kann Tesafilm verwendet werden. Abschließend das Blatt mit Name, Fundort und Datum beschriften.

4 Pflanze aufkleben

11. Die fertigen Herbarbögen können in einem Schrank staubfrei und trocken beliebig lange aufbewahrt werden.

Wesentlich einfacher und schneller als in der Pflanzenpresse lassen sich Pflanzen mithilfe der Mikrowelle trocknen.

Pflanzen in der Mikrowelle trocknen

Hierfür werden benötigt:
- Mikrowelle
- 2 Keramikfliesen (15 cm x 15/20 cm, nicht größer als der Drehteller der Mikrowelle!)
- saugfähiges Papier (z. B. Küchenrolle)
- Zeitungspapier
- Pfannenwender

Vorgehensweise

1. Erstellen eines „Fliesensandwiches“:

   Keramikfliese → Blatt Küchenrolle → Lage Zeitungspapier → Pflanze/Pflanzenteile → Lage Zeitungspapier → Blatt Küchenrolle → Keramikfliese

1 Materiallagen aufeinanderschichten

2. „Fliesensandwich“ zum Trocknen der Pflanzenteile in die Mikrowelle geben und nach Zeitablauf mit dem Pfannenwender entnehmen.

2 Trockenzeit 1,5 bis 2,5 Minuten

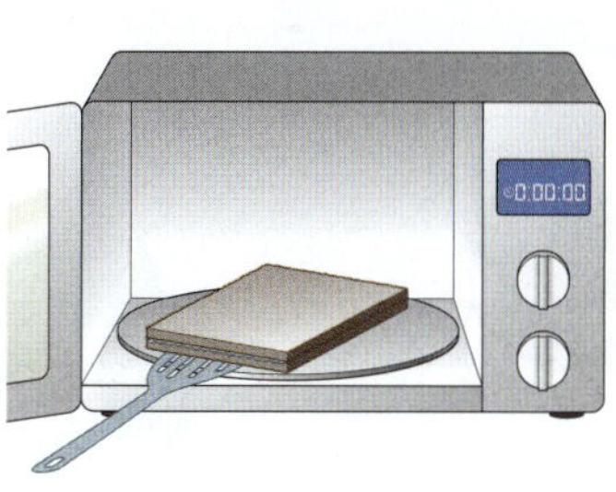

3 „Fliesensandwich“ entnehmen

3. Getrocknete Pflanzenteile aus dem „Fliesensandwich“ nehmen.

4 Pflanzenteile entnehmen

4. Pflanzenteile analog und/oder digital archivieren.

5 Pflanzenteile scannen und/oder auf Karton kleben

Aufgaben

◑ 1. Fertigen Sie ein Herbar zu einem bestimmten Thema an. Zum Beispiel: Pflanzen aus dem Garten, dem Wald, der Wiese, dem Park oder Heilpflanzen, Wildkräuter, Stauden, Gehölze, Zier- oder Gemüsepflanzen.

◑ 2. Eine andere, interessante Form des Pflanzensammelns ist das fotografische Herbarium. Erstellen Sie eine Fotosammlung zu einem bestimmten Thema.

Herbarien sind wertvolle Lehrmittel beim Kennenlernen und Bestimmen von Pflanzen. Sie bieten die Möglichkeit, Pflanzenarten in ihrer getrockneten Form zu studieren und zu vergleichen, ohne auf frische Exemplare angewiesen zu sein. Ihre Anfertigung erfordert eine genaue Beobachtung von Pflanzenmerkmalen wie Blättern, Blüten, Früchten und Stielen sowie eine sorgfältige und präzise Arbeitsweise. Als jahrhundertealte Sammlungen liefern sie wertvolle historische Informationen über die Pflanzenvielfalt und die botanische Forschung im Laufe der Zeit.

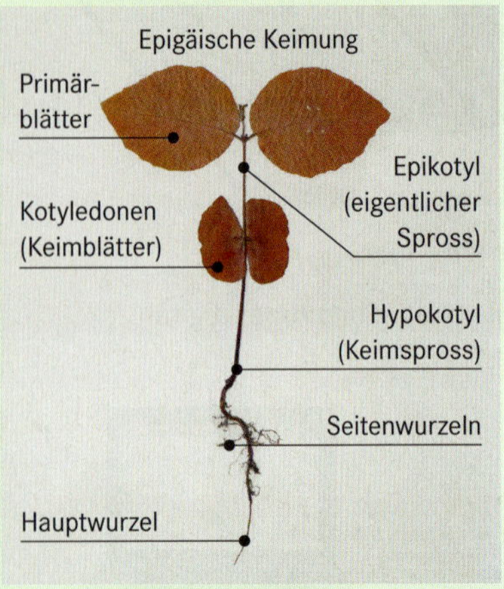

Fagus sylvatica (Rotbuche)

Quercus dentata (Japanische Kaisereiche)

Quercus frainetto (Ungarische Eiche)

Acer japonicum ‚Aconitifolium'
(Japanischer Ahorn)

Acer platanoides
(Spitzahorn)

Platanus x hispanica
(Platane)

Acer carpinifolium (Hainbuchen-Ahorn)

Staphylea pinnata (Gemeine Pimpernuss)

Ostrya carpinifolia (Gemeine Hopfenbuche)

1.1.3 Die Sprossachse

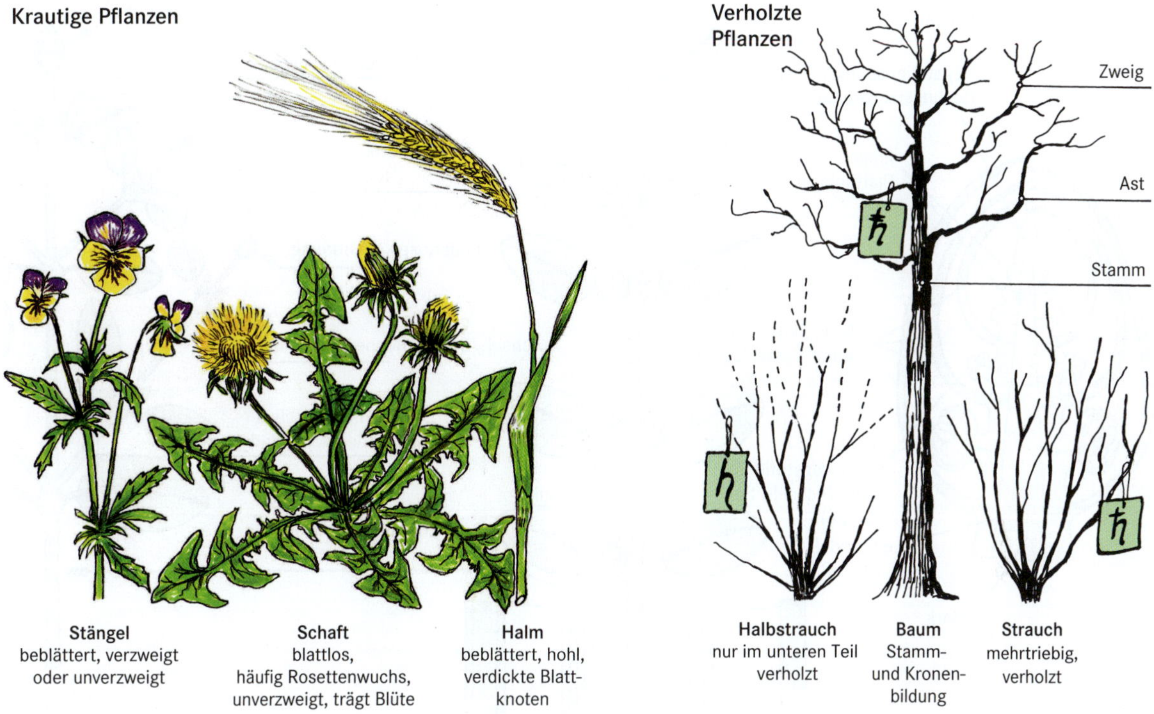

1 Sprossachsen krautiger und verholzter Pflanzen

Aufgaben der Sprossachse

Damit die Blätter ihren lebensnotwendigen Aufgaben nachkommen können, müssen sie eine optimale Stellung zum Licht haben. Genauso muss eine Leitung zwischen der Wurzel und den Blättern vorhanden sein, über die Wasser und Nährstoffe aus der Wurzel in die Blätter (↑) und Zucker aus den Blättern in die Wurzel (↓) transportiert werden können. Diese wichtigen Aufgaben übernimmt die Sprossachse. Als **Träger der Blätter** sorgt sie für die Lichtausrichtung (s. Blattstellungen, S. 10), als Verbindungsstück zwischen Wurzel und Blättern dient sie der **Stoffleitung**. Die Stoffleitungen, die sich in der Sprossachse befinden, werden an den Blättern als **Blattadern** sichtbar (s. S. 5 f.).

Der äußere Aufbau (**2**, S. 18)

Die Sprossachse bildet mit den Blättern den Spross der Pflanze. Je nach Aufbau des Sprosses bezeichnet man die Sprossachse als **Stängel, Halm, Schaft, Stamm, Ast** oder **Zweig** (**1**).

Die Ansatzstellen der Blätter bezeichnet man als **Blattknoten** (**Nodien**, Einzahl: **Nodium**). Sie unterteilen die Sprossachse in einzelne Abschnitte (**Internodien**, Einzahl: Internodium).

> **! Merke**
>
> Zwischen Nodium und Nodium befindet sich das Internodium.

Die Anzahl der Blätter an den Nodien ist je nach Pflanzenart unterschiedlich. Bei den meisten Pflanzenarten befinden sich in den Blattachseln Knospen, sogenannte **Achselknospen** (Seitenknospen). Bei einigen Pflanzen werden neben diesen Achselknospen noch weitere Knospen, sogenannte **Beiknospen**, angelegt (z. B. bei Forsythien). Auch am Ende der Sprossachse befindet sich eine Knospe, die sogenannte **Endknospe** (Terminal- oder Gipfelknospe). Eine **Knospe** (auch Auge genannt) ist ein von kleinen Blättchen umgebenes teilungsfähiges Gewebe. Zum Schutz vor Austrocknung sind die Knospen in der Regel von kleinen, bräunlich gefärbten Blättchen, den **Knospenschuppen** (Niederblätter), umgeben.

Zusätzlichen Schutz bietet eine Behaarung oder die Ausscheidung von Harz oder Wachs. Da Knospen die **Wachstumspunkte (Vegetationspunkte)** des Sprosses darstellen, spricht man auch von **Spross- und Achselvegetationspunkten.** Durch das Austreiben der Achselknospen bildet die Pflanze **Seitentriebe** (Seitensprosse). Sie sind wie der **Haupttrieb** (Hauptspross) aufgebaut.

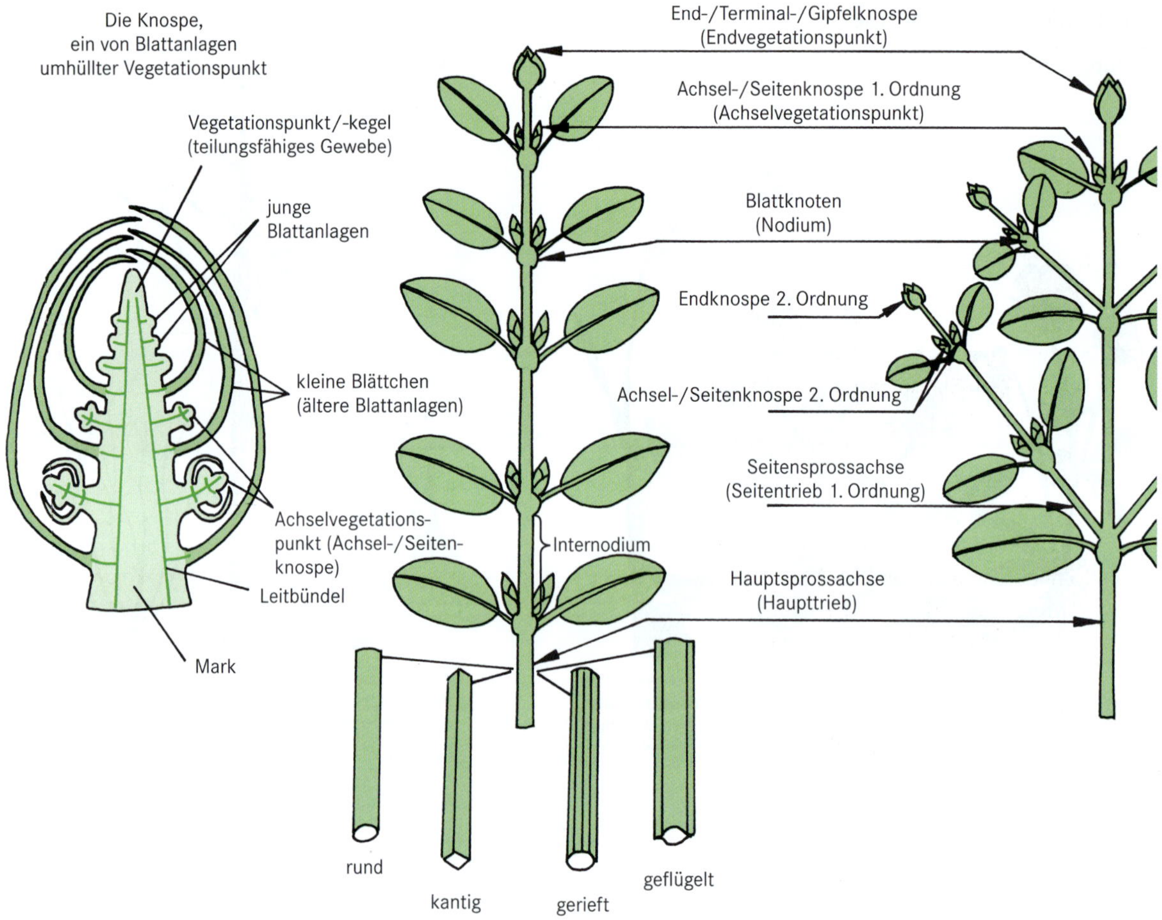

1 Sprossachse, unverzweigt und verzweigt

Diese Seitentriebe (Seitentriebe 1. Ordnung) können sich wieder verzweigen (Seitensprosse 2. Ordnung) usw. Auf diese Weise kann sich ein stark verzweigtes **Sprosssystem** entwickeln.

Die Seitentriebe können sich zu sogenannten Lang- oder Kurztrieben entwickeln. Im Gegensatz zu den **Langtrieben** (normal entwickelte Triebe) sind bei den **Kurztrieben** die Internodien stark gestaucht, sodass häufig eine rosettenartige Blattstellung die Folge ist. Bei vielen Pflanzen ist die Blütenbildung auf diese Kurztriebe beschränkt. Bei Obstgehölzen und Beerensträuchern bezeichnet man die Blüten und Früchte bildenden Kurztriebe als **Fruchtholz** (Tragholz).

Ob es sich bei den Knospen um **Blatt-** oder **Blütenknospen** handelt, kann häufig an ihrer Form erkannt werden (2). Daneben kommen auch gemischte Knospen vor, die Blüten und Blätter enthalten.

Viele Knospen befinden sich in einem Ruhezustand, d. h., sie treiben erst im nächsten Jahr oder erst nach mehreren Jahren aus. Solche **ruhenden Knospen** (schlafende Augen) werden häufig durch Verletzung (z. B. Tierfraß, Krankheitsbefall, Frost) des Sprosses angeregt auszutreiben. Praktische Anwendung findet diese Erkenntnis im Stutzen oder im Rückschnitt von Pflanzen, die beide zu einem verstärkten Austrieb der verbleibenden Augen führen. Da Knospen je nach Pflanzenart typische Merkmale (Größe,

2 Blattknospen (längliche, spitze Form) und Blütenknospen (dicke, rundliche Form)

Farbe, Form, Behaarung) aufweisen, sind die **Winterknospen** wichtige Bestimmungsmerkmale beim Erkennen von Gehölzen im unbelaubten Zustand.

In den meisten Fällen ist die **Wuchsform** der Sprossachse **aufrecht**. Sie kann jedoch auch **kriechend** (z. B. Gurke und Kürbis) und **kletternd** (z. B. Feuerbohne) sein. Auch ihre Form kann sehr unterschiedlich aussehen, z. B. rund, kantig, gerieft oder geflügelt (1, S. 18).

? Aufgaben

○ 1. Nennen Sie die Aufgaben des Grundorgans Wurzel.

○ 2. Wie unterscheidet sich das Wurzelsystem von ein- und zweikeimblättrigen Pflanzen?

○ 3. Beschreiben Sie Aufbau und Aufgaben der Wurzelspitze.

◑ 4. Warum kann es wichtig sein zu wissen, ob es sich um einen Tief- oder Flachwurzler handelt?

◑ 5. Warum zielen viele gärtnerische Maßnahmen auf die Förderung der Wurzelentwicklung ab?

◑ 6. Nennen und erklären Sie Maßnahmen zur Förderung der Wurzelentwicklung.

○ 7. Welche Aufgaben haben die Laubblätter einer Pflanze?

○ 8. Wie unterscheiden sich die Blätter von ein- und zweikeimblättrigen Pflanzen im äußeren Aufbau?

○ 9. Nennen Sie jeweils drei Pflanzen mit einfachen, geteilten und zusammengesetzten Blättern.

◑ 10. Erklären Sie, warum die aufrecht wachsenden Triebe vieler Laubbäume häufig eine wechselständige Anordnung, die sich neigenden Triebe jedoch häufig eine zweizeilige Blattstellung aufweisen.

◑ 11. Legen Sie eine Blättersammlung an (s. Exkurs: Anlegen einer Pflanzensammlung, S. 13 f.) und notieren Sie neben dem deutschen und botanischen Namen der jeweiligen Pflanze folgende Kennzeichen:
Blattform, -rand, -anheftung und -stellung.

● 12. Bestimmen Sie die folgenden Pflanzen anhand ihrer Blätter.

Aufgaben (Fortsetzung)

○ 13. Welche Aufgaben hat die Sprossachse?

○ 14. Nennen Sie jeweils drei Pflanzen mit einem Stängel, Halm, Schaft und Stamm.

◑ 15. Erklären Sie, warum die Stellung der Knospen an der Sprossachse der Blattstellung entspricht.

○ 16. Beschreiben Sie den Aufbau einer Knospe.

○ 17. Nennen Sie zu den unterschiedlichen Wuchsformen der Sprossachse jeweils drei zusätzliche Beispiele.

◑ 18. Bestimmen Sie die folgenden Pflanzen anhand ihrer Winterknospen.

1.2 Metamorphosen

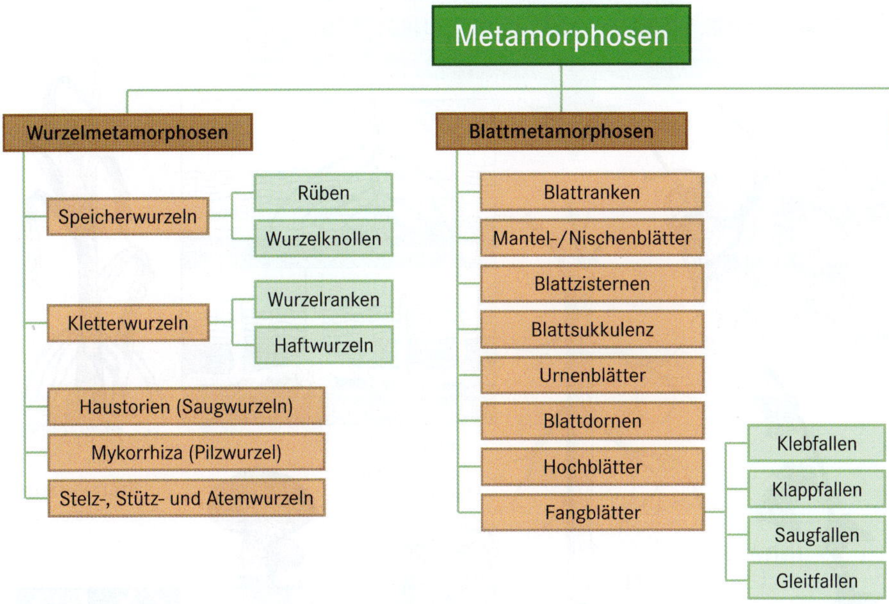

1 Metamorphosen

Um ihr Überleben unter den unterschiedlichsten Lebensbedingungen zu gewährleisten, sind die Pflanzen gezwungen, sich den jeweiligen Umweltbedingungen anzupassen. Dies gelang ihnen im Verlauf ihrer Entwicklung, indem sie ihre Grundorgane entsprechend den notwendigen neuen oder zusätzlichen Aufgaben umwandelten. Erst die Übernahme neuer oder zusätzlicher Funktionen durch die Grundorgane ermöglichte es den Pflanzen, die unterschiedlichsten Lebensräume dieser Erde zu besiedeln. Die dadurch bedingten morphologischen Veränderungen führten zu der heutigen Formenvielfalt der Pflanzenwelt.

Die Umwandlung der drei Grundorgane Wurzel, Sprossachse und Blatt zur Anpassung an besondere Lebens- und Umweltbedingungen bezeichnet man in der Botanik als **Metamorphose** (griech. meta = um, morphosis = Gestaltung). Dabei kann man unterscheiden zwischen Wurzel-, Blatt- und Sprossmetamorphosen (1).

1.2.1 Wurzelmetamorphosen (1, S. 22)

Die Umwandlung der Wurzel kann so weit führen, dass sie ihren eigentlichen Lebensraum, den Erdboden **(Erdwurzeln)**, verlässt. In diesem Fall spricht man von **Luftwurzeln**.

Speicherwurzeln

Viele krautige Pflanzen haben sich durch Umwandlung ihrer Wurzel an die Lebensweise in Gebieten mit ungünstigen Jahreszeiten (z. B. Winter, sommerliche Trockenzeiten) angepasst. Um auch während der Zeiten, in denen ihre krautigen Teile absterben, sie also keine Fotosynthese betreiben, überleben zu können, hat die Pflanze ihre Wurzeln zu Speicherorganen **(Speicherwurzeln)** umgewandelt. Speicherwurzeln sind gegenüber normalen Wurzeln

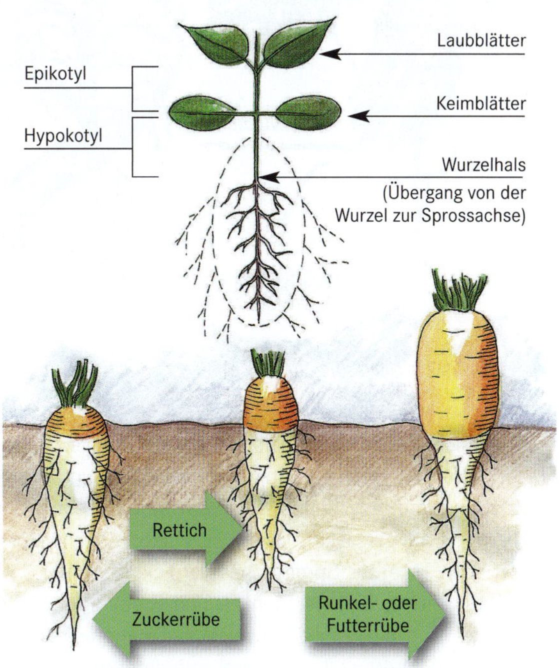

2 Wurzel- und Sprossmetamorphosen

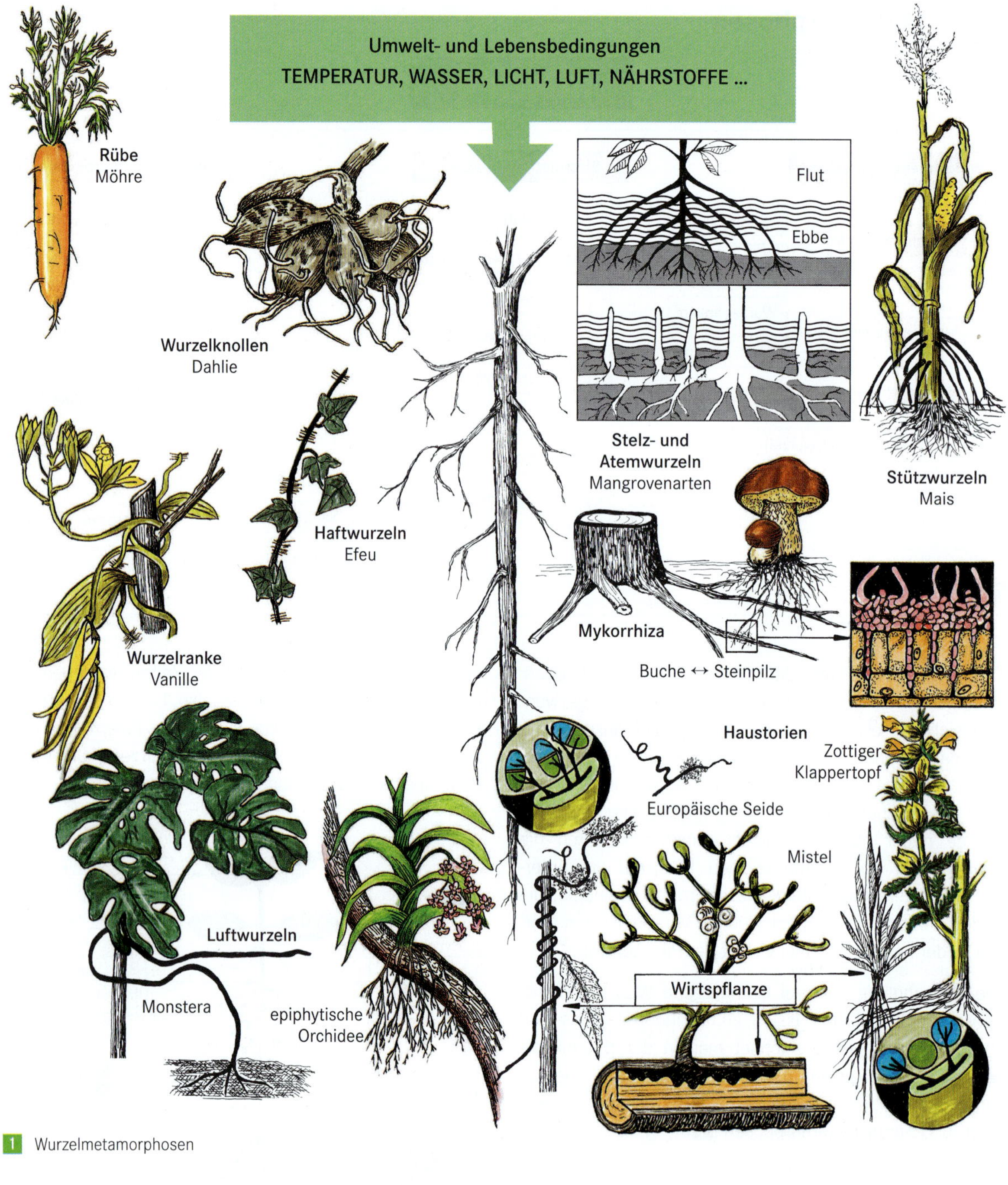

1 Wurzelmetamorphosen

stark verdickt. Man unterscheidet dabei **Rüben** (verdickte Hauptwurzel, z. B. Möhren und Schwarzwurzeln) und **Wurzelknollen** (verdickte Seiten- oder Adventivwurzeln, z. B. Dahlien und Pfingstrosen). Häufig sind neben der Hauptwurzel auch Teile der Sprossachse verdickt (z. B. bei Zuckerrübe, Rettich, Sellerie, Runkel- und Steckrübe). Hier handelt es sich also nicht um reine Wurzelmetamorphosen, sondern um Wurzel- und Sprossmetamorphosen (**2**, S. 21).

Kletterwurzeln

Auslösender Faktor für die Bildung von Kletterwurzeln ist das Lichtangebot. So erreichen im tropischen Regenwald höchstens 3 % des Sonnenlichts den Erdboden. Daher ist das Streben nach Licht gleichbedeutend mit dem Kampf ums Überleben. Im Laufe ihrer Entwicklung bildeten viele Pflanzen Klettertechniken aus, die es ihnen ermöglichten, auch im dunkelsten Dschungel das rettende Sonnenlicht zu erreichen. Zu Kletterorganen umgewandelte Wurzeln sind:

- **Wurzelranken**, z. B. bei der Vanille[1], einer Orchidee, die als Liane (Kletterpflanze) im tropischen Regenwald lebt,
- **Haftwurzeln**, z. B. beim einheimischen Efeu *(Hedera helix)*, dem Klettergummibaum *(Ficus pumila)* und der Kletterhortensie *(Hydrangea anomala ssp. petiolaris)*, die beide in den tropischen Regenwäldern Ostasiens beheimatet sind.

Luftwurzeln zur Wasseraufnahme

Zahlreiche tropische Orchideen, deren Samen mithilfe von Luftströmungen oder Tieren in die Baumkronen gelangen, wurzeln in kleinen Humusansammlungen, die sich durch herabfallendes Laub auf den Ästen großer Bäume gebildet haben. Solche „Aufsitzer", denen Bäume lediglich als Unterlage zur besseren Lichtausnutzung dienen, bezeichnet man als **Epiphyten**. Viele dieser Epiphyten bilden Luftwurzeln, die von den Ästen herabhängen. Das Wasser (Regenwasser und kondensierende Luftfeuchtigkeit), das an ihren Wurzeln entlangrinnt, wird an ihren Enden durch schwammartige Zellen aufgesaugt. Auch andere Pflanzenarten benutzen Luftwurzeln zur Wasseraufnahme aus der Luft, so z. B. *Monstera deliciosa*, eine tropische Liane, deren Luftwurzeln regelrechte Wälder bilden können. Luftwurzeln, die den Boden erreichen, dringen in diesen ein und übernehmen die Aufgaben einer normalen Wurzel.

Haustorien (Saugwurzeln)

Als **Haustorien** bezeichnet man die Saugorgane parasitisch oder halbparasitisch lebender Pflanzen. So dringt z. B. unsere einheimische Mistel *(Viscum album)*, die auf verschiedenen Bäumen lebt, mithilfe von Haustorien (auch „Saugwurzeln" genannt) in das Gewebe ihres Wirtes ein. Da sie jedoch Chlorophyll besitzt (immergrüne Pflanze), d. h. Fotosynthese selbst betreiben kann, entzieht sie der Wirtspflanze nur Wasser und gelöste Nährsalze, keine Assimilate **(Halbparasit)**. Auch der Zottige Klappertopf *(Rhinanthus alectorolophus)*, eine einjährige Wiesenpflanze, ist ein Halbparasit. Er dringt mit seinen Saugwurzeln in die Wurzeln von Nachbarpflanzen, z. B. Gräsern, ein. Sein Nährstoffentzug kann so groß sein, dass das Wachstum der angezapften Pflanzen stark gehemmt wird. Pflanzenarten, die kein Chlorophyll ausbilden und neben Wasser und gelösten Nährstoffen auch die bei der Fotosynthese produzierten Assimilate von anderen Pflanzen beziehen, bezeichnet man als **Vollparasiten**. Hierzu gehört z. B. die Europäische Seide *(Cuscuta europaea)*. Die fadenförmige Pflanze umschlingt vor allem Brennnesseln und Weiden und entzieht diesen alle lebensnotwendigen Stoffe.

[1] Botanisch handelt es sich bei den Schoten der Vanille um **Kapselfrüchte** (Vanillekapselfrüchte). Sie bestehen aus drei Fruchtblättern, die mit zwei Klappen aufspringen. Mit einem Preis bis zu über 900 €/kg gehören sie zu den teuersten Gewürzen der Welt. Damit sind sie teurer als Silber. Es laufen Überlegungen (Versuchsprojekt „NederVanilla" in NL) , ob sich Vanille nicht auch in Europa als Gewächshauskultur etablieren ließe.

Mykorrhiza (Pilzwurzel)

Die **Mykorrhiza** ist eine Lebensgemeinschaft zum beidseitigen Nutzen (Symbiose) zwischen Pilzen und Pflanzenwurzeln. Dabei kann man unterscheiden zwischen Pilzen, die die Wurzel umwachsen (Ektomykorrhiza, z. B. *Abies, Picea, Larix, Pinus*) und solchen, die in die Wurzeln eindringen (Endomykorrhiza, z. B. *Ginkgo, Taxus, Thuja, Chamaecyparis*). In beiden Fällen übernehmen sie die Funktion der Wurzelhaare. Durch die Vergrößerung der Oberfläche, das Eindringen der Hyphen des Pilzes in den umgebenden Boden sowie das Aufschließen organischer Substanz durch den Pilz wird die Versorgung der Pflanze mit Wasser und Nährstoffen beträchtlich verbessert. Zudem wird die Wurzel vor dem Befall durch schädliche Bodenpilze und Nematoden geschützt. Im Gegenzug erhalten die Mykorrhizapilze von der Pflanze die zum Leben notwendigen Assimilate. Der Vorteil dieser Symbiose ist so groß, dass nur wenige Pflanzen keine Mykorrhiza bilden[2], z. B. Pflanzen aus der Familie der Kohlgewächse *(Brassicaceae)*, s. auch S. 101 f.

Stelz-, Stütz- und Atemwurzeln

Auch unter extremen Lebensbedingungen können Pflanzen mithilfe von Wurzelmetamorphosen überleben. So haben sich die Mangroven als typische Küstengehölze der Tropen in der Gezeitenzone mithilfe von **Stelzwurzeln** an den täglichen Wechsel von Ebbe und Flut angepasst. Um ihre Standfestigkeit zu erhöhen, bilden sie Stelzwurzeln in großer Zahl aus, die somit auch als **Stützwurzeln** dienen.

Um die Wurzeln mit genügend Sauerstoff versorgen zu können, besitzen die Mangroven im oberirdischen Teil ihrer Stelzwurzeln Luftporen zur Sauerstoffaufnahme.

Andere Arten wiederum bilden sogenannte **Atemwurzeln**, die aus dem sumpfigen Boden wie Schnorchel herauswachsen und das Wurzelsystem mit Sauerstoff versorgen (Sumpfzypresse, *Taxodium distichum*).

1.2.2 Blattmetamorphosen

Die wichtigsten Metamorphosen des Blattes sind: Blattranken, Mantel- oder Nischenblätter, Urnenblätter, Blattzisternen, Blattsukkulenz, Blattdornen, Hochblätter und Fangblätter.

[2] Etwa 80 % aller Pflanzen leben in Symbiose mit Mykorrhizapilzen. Viele Mykorrhizapilze sind ein Zeichen für einen gesunden Boden.

Blattranken

Blattranken dienen den Pflanzen zum Klettern. Die Bildung dieser als Greiforgane funktionierenden Ranken erfolgte durch Umwandlung ganzer Blätter, z. B. bei Gurke (1), Kürbis und Zaunrübe *(Bryonia)*, oder von Teilen eines Blattes, z. B. bei *Gloriosa superba* 'Rothschildiana' (3), einer kletternden Lilie (gekrümmte Blattspitzen), Clematis (Umwandlung der Blattstiele), Erbsen (2) und Wicken (Umwandlung einzelner Blättchen der Fiederblätter).

1 Gurke

2 Erbse

3 *Gloriosa superba* 'Rothschildiana'

Mantel- oder Nischenblätter

Mantel- oder Nischenblätter finden sich bei vielen tropischen Epiphyten (z. B. Geweihfarn, 4). Sie umschließen die Äste ihrer Wirtsbäume, wobei sie oben eine Öffnung freilassen, durch die organische Substanz (Nährstoffe) und Wasser eindringen können. Somit schaffen sie sich ihr eigenes Substrat, das sie vom Boden unabhängig macht.

4 Geweihfarn

Blattzisternen

Die Rosettensprosse vieler epiphytisch lebender Bromelien (5) bilden mit ihren dicht aneinanderschließenden Blättern Auffangbehälter für Regenwasser (Zisternen). Über Schuppenhaare auf den Blättern nehmen die Pflanzen das Regenwasser und die darin gelösten Nährstoffe auf.

5 Bromelien

Blattsukkulenz

Viele Pflanzen trockener Standorte haben ihre Blätter zu Wasserspeichern (Kennzeichen: dicke, fleischig-saftige Blätter, 6) ausgebildet. In ihnen sammeln sie während der selten auftretenden Regenfälle Wasser, von dem sie während der Trockenzeiten leben (z. B. Agaven, *Sansevieria trifasciata*, *Dischidia pectenoides*, *Orchideen*, *Sedum-*, *Crassula-*, *Saxifraga-* und *Aloe-Arten*).

6 Dickblatt

Urnenblätter

Es handelt sich hierbei um Blätter, die zu urnenähnlichen Gefäßen umgewandelt sind. Diese sogenannten **Urnenblätter** werden häufig von Ameisen bewohnt. Durch das Einschleppen von organischer Substanz sowie das Eindringen von Regenwasser kommt es in diesen Blättern zu einer Ansammlung von Nährstoffen und Feuchtigkeit. Die Pflanze ernährt sich aus diesem Vorrat, indem sie an den Blattknoten der jeweiligen Urnenblätter Luftwurzeln bildet, die durch eine Öffnung am Blattstiel eindringen und sich dort verzweigen. Gleichzeitig dienen diese Blätter der Einsparung von Wasser, da das durch Transpiration in die Urne abgegebene Wasser nach seiner Kondensation durch die Pflanze wieder aufgenommen wird. Die Pflanze schafft sich also nicht nur ihr eigenes Substrat, sondern auch ihren eigenen Wasserkreislauf. Ein Beispiel für die Ausbildung von Urnenblättern ist *Dischidia vidalli* (1), eine epiphytische Schlingpflanze aus den Tropen. Neben den gewöhnlichen, Wasser speichernden Laubblättern bildet sie auch ballonförmig aufgeblasene Urnenblätter aus.

1 *Dischidia vidalii (früher D. pectenoides)*

Blattdornen

Um an Standorten mit geringem Wasserangebot zu überleben, reduzieren viele Pflanzen die Wasserabgabe durch Umwandlung von Blättern zu **Blattdornen** (z. B. bei Kakteen, Euphorbien-Arten, Berberitze, Robinie und Akazie). Die Dornen verringern nicht nur die verdunstende Oberfläche, sie dienen auch als Schutz vor Tierfraß.

Hochblätter

Bei den **Hochblättern** handelt es sich um kleinere Blätter in der Blütenregion, die als Schutz- oder Tragblatt der Blütenknospe bzw. Blüte dienen. Auffällig große und gefärbte Hochblätter kommen häufig bei Pflanzen mit sehr kleinen, unscheinbaren Blüten vor, wie z. B. bei den Bougainvillen (z. B. *Bougainvillea spectabilis*). Hier dienen sie der **Anlockung von Blütenbesuchern**. Die Hochblätter, aus deren Achseln sich die Blüten entwickeln, bezeichnet man als Deckblätter **(Brakteen)**. Besonders auffällig sind die Brakteen einiger Euphorbien-Arten ausgebildet, wie z. B. beim Weihnachtsstern *(Euphorbia pulcherrima,* 2*)* und dem Christusdorn *(Euphorbia milii)*.

2 Weihnachsstern

Bei den Pflanzen der Familie der Aronstabgewächse *(Araceae)* besitzen die in Form eines Kolbens angeordneten Einzelblüten keine Deckblätter. Ihre Blütenstände werden von einem auffällig großen Hochblatt, der **Spatha** (Blütenscheide kolbenartiger Blütenstände), umgeben (z. B. Aronstab *[Arum maculatum]*, Flamingoblume *[Anthurium,* 3*]*, Sumpfkalla *[Calla palustris]*, Zimmerkalla *[Zantedeschia aethiopica]*, Scheinkalla *[Lysichiton]*, Dieffenbachia- und Spathiphyllum-Arten).

3 Große Flamingoblume

Fangblätter

Eine ganz besondere Anpassung an den Standort stellt die Umwandlung von Blättern zu **Fangblättern** dar, mit deren Hilfe Pflanzen Tiere fangen. Bei diesen sogenannten **fleischfressenden Pflanzen (Karnivoren)** handelt es sich um Pflanzen nährstoffarmer Standorte wie Hochmoore, Sümpfe, Steppen oder Astgabeln in den Kronen der Bäume. Durch das Fangen von Tieren verschaffen sie sich eine zusätzliche Nährstoffquelle, aus der sie vor allem ihren Stickstoffbedarf (Hauptbestandteil des tierischen Eiweißes) decken. Bis heute sind mehr als 800 Arten fleischfressender Pflanzen bekannt. Da es sich bei den gefangenen Beutetieren hauptsächlich um Insekten handelt, bezeichnet man fleischfressende Pflanzen auch als **Insektivoren (insektenfressende Pflanzen)**. Nach der Art der Fangtechnik kann man u. a. unterscheiden:

- **Klebfallenprinzip**
  Klebfallen zum Fangen von Insekten setzen z. B. die mit mehr als 240 Arten weltweit vorkommenden **Sonnentauarten** *(Drosera,* 1, S. 26) ein. Sie leben, wie auch unsere einheimischen Arten der Rundblättrige Sonnentau *(D. rotundifolia)*, der Langblättrige Sonnentau *(D. anglica)* und der Mittlere Sonnentau *(D. intermedia)*, vor allem in Sümpfen und Mooren. Auf den Blättern dieser Pflanzen befinden sich rote, bewegliche Drüsenhaare, sogenannte **Tentakeln**. An ihren Spitzen sondern sie klebrige, in der Sonne glitzernde Tropfen (Name Sonnentau!) ab. Von dieser glitzernden Flüssigkeit angelockte Insekten bleiben an den Tropfen wie an einem

Fliegenfänger kleben. Durch das Zappeln der Beute angeregt, biegen sich die benachbarten Drüsenhärchen langsam in Richtung Beute und ersticken sie schließlich durch die Ausscheidung ihrer klebrigen Flüssigkeit. Anschließend werden die Tiere durch ein ausgeschiedenes Verdauungssekret zersetzt und als eine Art Nährlösung über das Blatt aufgenommen. Nur die Chitinpanzer der Insekten bleiben übrig. Im Gegensatz zum Rundblättrigen Sonnentau bildet der Mittlere Sonnentau häufig größere Pflanzengruppen. Diese sind in der Lage, auch größere Insekten, wie z. B. Libellen, zu fangen, indem die dicht zusammenstehenden Pflanzen diese gemeinsam festhalten und verzehren. Auch der Langblättrige Sonnentau kann, indem er seine Blätter ganz um die gefangene Beute rollt, größere Insekten erbeuten. Alle unsere einheimischen Sonnentau-Arten stehen unter Naturschutz.

Eine weitere einheimische Moorpflanze, die sich auch des Klebfallenprinzips zum Fangen von Insekten bedient, ist das **Gemeine Fettkraut** *(Pinguicula vulgaris)*. Auf seinen fleischigen, am Rande nach oben gewölbten Blättern befinden sich winzige Drüsenhärchen. Setzt sich ein Insekt auf die Blattoberseite, beginnen die Drüsen eine klebrige Flüssigkeit abzusondern. Die festklebenden Tiere ersticken, indem die Flüssigkeit ihre Atemöffnungen verstopft. Gleichzeitig rollt sich das Blatt vom Blattrand her langsam zusammen und scheidet ein Verdauungssekret aus. Ist das aufgelöste Insekteneiweiß durch die Blattoberfläche aufgesogen, kehrt der Blattrand in seine Ausgangsstellung zurück. Nach zwei- bis dreimaligem Fangen stirbt das Blatt ab. Auch das Fettkraut steht unter Naturschutz.

1 Sonnentau

- **Klappfallenprinzip**

Die bekannteste Pflanze, die mithilfe des **Klappfallenprinzips** ihre Beute fängt, ist wohl die in den Sümpfen von North und South Carolina (USA) beheimatete **Venusfliegenfalle** *(Dionaea muscipula,* 2*)*. Auf ihren Blättern befinden sich kleine Härchen, sogenannte Berührungshärchen (drei auf jeder Blatthälfte). Berührt ein von dem Duft und der rötlichen Färbung der Blattoberfläche angelocktes Insekt diese Härchen, so klappen die Blatthälften des Blattes in Sekundenschnelle zusammen. Dabei greifen die Zähne an den Blatträndern wie die Fangeisen einer Falle ineinander, ein Entkommen ist unmöglich. Das gefangene Insekt wird luftdicht eingeschlossen, sodass es erstickt. Durch das vom Blatt ausgeschiedene Verdauungssekret wird das Insekt zersetzt und über die Blattoberfläche aufgenommen. Das Blatt wird sozusagen zu einem Magen auf Zeit. Nach der Verdauung, die in der Regel ein bis drei Tage dauert, öffnet sich das Blatt wieder. Nachdem ein Blatt ein- bis dreimal etwas gefangen hat, stirbt es ab und wird durch ein neues Blatt ersetzt.

2 Venusfliegenfalle

- **Saugfallenprinzip**

Noch blitzartiger als die Venusfliegenfalle beim Fangen von Insekten geht der **Wasserschlauch** *(Utricularia vulgaris)* nach dem **Saugfallenprinzip** vor. Er lebt freischwimmend unter Wasser (nur die gelben Blüten ragen aus dem Wasser heraus). An seinen schwimmenden Stängeln sitzen Blätter, die kleine, 1 bis 4 mm große Bläschen mit einem Deckel zum Einfangen kleinster Wassertierchen bilden. In diesen Bläschen herrscht ein Unterdruck. Berühren Wassertierchen die Tasthärchen am Eingang der Fangbläschen, springt der Deckel auf und die Beute wird mit dem einströmenden Wasser eingesogen.

- **Gleitfallenprinzip**

Die **Kannenpflanzen** *(Nepenthes,* 1, S. 27*)* und **Schlauchpflanzen** *(Sarracenia)* haben ihre Blätter zu trichterbildenden Kannen bzw. Schläuchen geformt. Die tropischen Kannenpflanzen leben am Boden oder klettern an Bäumen empor, wo sie als Epiphyten leben. Die in Nordamerika beheimateten Schlauchpflanzen sind hingegen typische Sumpf- und Moorpflanzen. Kannen- und Schlauchpflanzen locken ihre Beute durch farbige Zeichnungen und Nektarausscheidungen am Eingang ihrer Fallen an. Angelockte Insekten gleiten auf dem sehr glatten Rand aus und fallen in die mit einem wässrigen Verdauungssaft gefüllten Kannen bzw. Schläuche **(Gleitfallenprinzip)**. Selbst wenn es einzelnen Insekten gelingen sollte, an den sehr glatten, mit Wachs überzogenen Innenwänden emporzuklettern, verhindern reusenartig nach unten gerichtete Haare ein Entkommen. Letztendlich ertrinken die gefangenen Insekten und werden durch die Verdauungsflüssigkeit zersetzt. Damit diese Verdauungsflüssigkeit nicht zu sehr verdünnt und damit wirkungslos wird, sind die Fallen mit einem halb offenen Deckel versehen, der in der Regel farbig ist und Nektardrüsen besitzt, sodass er auch der Anlockung dient.

Die Kannen leben und fangen mehrere Monate und sind oft randvoll mit Beutetieren gefüllt. So hat man sogar schon in den bis zu 70 cm langen und bis zu 2 l Flüssigkeit enthaltenden Kannen mancher Pflanzen ertrunkene Ratten gefunden. Auch andere Tiere können ihren Nutzen aus der Fangtechnik ziehen. So spinnen manche Spinnen ihre Netze vor den Eingängen dieser Fallen oder seilen sich sogar in die Fallen ab, um die zappelnde Beute herauszuziehen.

1 Kannenpflanzen

1.2.3 Sprossmetamorphosen

Kakteen und kakteenähnliche Euphorbien

> **! Merke**
>
> Sprossmetamorphosen sind Umwandlungen des Sprosses, also der Blätter und der Sprossachse.

Paradebeispiele für Sprossumwandlungen sind die etwa 1 800 Arten zählenden **Kakteen** (2). Sie haben es wie kaum eine andere Pflanzenart geschafft, unter den extrem lebensfeindlichen Bedingungen der tropischen und subtropischen niederschlagsarmen Gebiete Amerikas zu überleben - an Standorten, an denen monate-, teilweise auch jahrelang keine Niederschläge fallen, an denen extreme Temperaturunterschiede auftreten: Am Tage brennt die Sonne gnadenlos, wobei Temperaturen bis zu 58 °C im Schatten und bis zu 95 °C auf dem Wüstenboden in der sommerlichen Mittagshitze erreicht werden können. Nachts hingegen fällt die Temperatur aufgrund der fehlenden Wolkendecke sehr stark, sodass es sogar frieren kann. Will eine Pflanze unter diesen Bedingungen - große Hitze und extreme Trockenheit - überleben, muss sie vor allem das Problem der Wasserverdunstung und -speicherung lösen. Den Kakteen ist dies gelungen, indem sie ihre **Seitentriebe zu Haarpolstern (Areolen)**, ihre Blätter zu **Blattdornen** reduziert und ihre Sprossachsen zu riesigen Wasserspeichern entwickelt haben **(stammsukkulente Pflanzen)**. So bestehen die Saguaros oder Riesenkakteen *(Carnegiea giganteum)* Südarizonas, die 10 bis 15 m hoch werden, etwa 1 m Durchmesser erreichen, 150 bis 200 Jahre alt werden und bis zu 8 Tonnen Gewicht erreichen können, zu 90 % aus Wasser. Die Sprossachse dieser und vieler anderer Kakteen ist wie eine Ziehharmonika gefaltet.

Diese **Rippenbildung** beschattet nicht nur die Oberfläche, sondern ermöglicht durch die Fähigkeit zur raschen Ausdehnung eine sehr schnelle Wasseransammlung während der seltenen Regenfälle. Dem gleichen Zweck dienen die **flach verlaufenden Wurzeln** der meisten Kakteen. Im Extremfall kann die Sprossachse bis zur Kugel gestaucht sein, um eine möglichst kleine Oberfläche und damit Wasserverdunstung zu erreichen. Durch die **windbrechende Wirkung der Blattdornen**, die an der Pflanzenoberfläche windstille Räume entstehen lassen, wird die Verdunstung weiter reduziert. Dem gleichen Zweck dienen die **Haare** mancher Kakteen. Neben der **Wasserspeicherung** übernimmt die Sprossachse auch die Aufgaben der Blätter. Sie ist grün und kann dementsprechend **Fotosynthese** betreiben. Bei manchen Kakteen wurde dazu die Sprossachse derart verbreitert, dass man sie mit Blättern verwechseln könnte. Man bezeichnet solche Sprosse als **Flachsprosse** *(Platykladien)*. Je nachdem, ob es sich dabei um die Umwandlung normal ausgebildeter Triebe (Langtriebe) oder

2 Kaktus, ein Paradebeispiel für Sprossumwandlungen

1 Bildung von Flachsprossen *(Opuntien)*

2 Feigenkaktus *(Opuntia subulata)* mit kleinen, fleischig-zylindrischen Blättern

3 Kakteen: *Cleistocactus strausii*, *Trichocereus spachianus*; Euphorbien: *Euphorbia resinifera*, *Euphorbia tetragona* (von links nach rechts)

4 Ein Kaktus mit „richtigen“ Blättern *(Pereskia aculeata)*

um gestauchte Seitentriebe (Kurztriebe) handelt, bezeichnet man diese Flachsprosse auch als **Kladodien bzw. Phyllokladien**. Letztere haben aufgrund ihres begrenzten Wachstums besonders viel Ähnlichkeit mit Blättern (z. B. Spargel). Auch bei Feigenkakteen *(Opuntien)* und Ruscus-Arten, wie beim Mäusedorn *(Ruscus aculeatus)*, findet man Flachsprosse (1).

Dass es sich hierbei um Sprossachsen und nicht um Blätter handelt, erkennt man daran, dass diese Organe Blüten hervorbringen. Blätter tragen keine Blüten! Typisch für manche Opuntien-Arten ist auch die Bildung von kleinen, teilweise fleischig-zylindrischen Blättchen (2), die bei längerer Trockenheit von der Pflanze abgeworfen werden.

Kakteen weisen zudem einen besonderen Stoffwechsel auf, der es ihnen ermöglicht, ihren Wasserverlust zu senken. Als sogenannte **CAM-Pflanzen** (Crassulaceen-Säure-Stoffwechsel, engl. crassulacean acid metabolism) halten sie tagsüber ihre Spaltöffnungen geschlossen und öffnen sie nur nachts zur Aufnahme von CO_2. Das CO_2 wird in Form von Apfelsäure (Malat) in den Vakuolen gespeichert. Tagsüber wird es wieder freigesetzt und zur Fotosynthese genutzt.

Nun gibt es nicht nur in Kalifornien, Arizona, Mexiko oder Texas Wüstengebiete, sondern auch in anderen Gebieten der Erde, z. B. in Afrika. Auch dort haben sich Pflanzen entwickelt, die sich an ein Leben in Trockenheit und sengender Hitze angepasst haben. Wenn man die in Amerika beheimateten Kakteen mit Pflanzen der Wüstengebiete Afrikas vergleicht, erkennt man, dass viele dieser Pflanzen den Kakteen zum Verwechseln ähnlich sehen. Es handelt sich bei diesen Pflanzen jedoch nicht um **Kaktusgewächse** *(Cactaceae)*, sondern um Pflanzen aus der Familie der **Wolfsmilchgewächse** *(Euphorbiaceae* 3*)*. Pflanzen verschiedener Familien und Kontinente haben also unter den gleichen lebensfeindlichen Bedingungen die gleichen Maßnahmen zum Überleben ergriffen.

Ob es sich nun um einen Kaktus oder um eine Euphorbie handelt, ist daran zu erkennen, dass Kakteen relativ große Einzelblüten, Euphorbien hingegen relativ kleine, unscheinbar in Blütenständen (Cyathien) angeordnete Blüten bilden. Außerdem produzieren die Wolfsmilchgewächse im Gegensatz zu den Kakteen einen weißen Milchsaft, der bei Verletzungen heraustritt. Die häufig paarig angeordneten Dornen kommen nicht aus Areolen, sondern sitzen auf Schildchen. Büscheldornen, wie bei den Kakteen (6 bis 15 Dornen/Areole), werden nicht ausgebildet. Abschließend soll noch ein ungewöhnlicher Kaktus aus dem tropischen Südamerika erwähnt werden – *Pereskia aculeata*. Obwohl es sich hier um einen Kaktus handelt, besitzt er richtige Laubblätter (4).

Wurzelstöcke (Rhizome, 1, S. 30)

Bei den **Wurzelstöcken** handelt es sich nicht um eine Wurzelmetamorphose, wie der Name vermuten lässt, sondern um umgewandelte Sprosse, die sich in der Erde befinden **(Erdsprosse)**. Ihre Sprossachsen sind verdickt und gestaucht (Stauchung der Internodien), sodass sie der Pflanze als Speicherorgane für Assimilate und Wasser dienen können. Diese Speicherung ermöglicht ihnen, ungünstige Jahreszeiten, wie z. B. Winter und Trockenzeiten, zu überstehen. Gleichzeitig dienen sie der Fortpflanzung, indem sie sich unterirdisch wachsend ausbreiten (z. B. Quecke, Maiglöckchen, Buschwindröschen, Rohrkolben, Seerose, Lampionblume und Spargel). Die Blätter sind zu kleinen Schuppenblättchen (Niederblätter) reduziert. Das Vorhandensein von Blättern bzw. Blättchen oder Blattnarben ist ein Beweis dafür, dass es sich um einen umgewandelten Spross handelt, da Wurzeln keine Blätter tragen (!). Zudem befinden sich in den Achseln dieser Blättchen Knospen, aus denen sich die „normalen“ Luftsprosse entwickeln.

Zwiebeln (1, S. 30)

Viele Zwiebelpflanzen sind Steppenpflanzen, die sich durch Umwandlung ihres Sprosses an den Wechsel zwischen Regen- und Trockenzeiten angepasst haben. Bei den Zwiebeln handelt es sich um unterirdische Speicherorgane. Im Gegensatz zu den Wurzelstöcken übernehmen hier jedoch nicht die Sprossachsen die Speicherung, sondern die **fleischig verdickten Blätter (Zwiebelschalen)**.

Die Sprossachse selber ist sehr stark gestaucht und bildet den **Zwiebelboden (Zwiebelscheibe/-kuchen)**. In den Blattachseln können sich kleine **Tochterzwiebeln (Brutzwiebeln)** entwickeln. Bei Zwiebelpflanzen, bei denen die Mutterzwiebel nach der Blüte abstirbt (z. B. Tulpen), entwickelt sich die größte dieser Brutzwiebeln im Laufe der Vegetationsperiode zur **Ersatzzwiebel**, die im nächsten Jahr die Blüte hervorbringt. Die Entwicklung der Ersatzzwiebel bestimmt also die Tulpenblüte im nächsten Jahr. Entsprechend sollten beim Blumenschnitt nie alle Laubblätter entfernt werden, da sich ansonsten die Ersatzzwiebel nicht optimal entwickeln kann. Bekannte Zwiebelgewächse sind vor allem Frühjahrsblüher, wie Tulpen, Hyazinthen, Lilien, Märzbecher, Schneeglöckchen und Narzissen.

Sprossknollen (1, S. 30)

Bei den **Sprossknollen** handelt es sich um unter- oder oberirdische Speicherorgane. Sie entstehen durch **Stauchung und Verdickung von Abschnitten der Sprossachse**. Entsprechend weisen Sprossknollen keinen schalenförmigen Aufbau wie die Zwiebeln auf! Pflanzen mit Sprossknollen sind z. B. Kohlrabi, Radieschen, Rote Bete, Sellerie, Kartoffel, Alpenveilchen, Gloxinie, Knollenbegonie, Gladiole, Krokus, Herbstzeitlose und Winterling. Bei den Kartoffelknollen handelt es sich um Verdickungen von unterirdischen Seitensprossen. Dass es sich bei den Kartoffelknollen ebenfalls um Sprossumwandlungen handelt, ist daran zu erkennen, dass die Kartoffeln kleine Schuppenblättchen bzw. Blattnarben aufweisen, in deren Achseln Knospen (Augen) sitzen. Diese Augen treiben im nächsten Jahr aus und bilden die neue Kartoffelpflanze.

Beim Knollensellerie und der Steckrübe ist neben Sprossabschnitten auch die Hauptwurzel verdickt. Es handelt sich hier um eine Spross- und Wurzelmetamorphose (1).

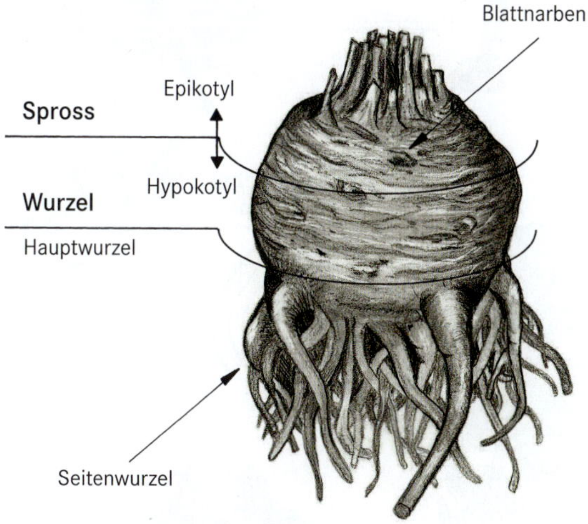

1 Knollensellerie – eine Spross- und Wurzelmetamorphose

Ausläufer (Stolonen, 1, S. 30)

Als **Ausläufer** bezeichnet man oberirdisch oder unterirdisch waagerecht wachsende Seitentriebe. Ihre Internodien sind stark verlängert. An den Blattknoten werden in einiger Entfernung von der Mutterpflanze kleine Pflänzchen (z. B. Erdbeere, Judenbart, Grünlilie) gebildet. Bei der Kartoffel werden die Enden der unterirdischen Seitentriebe gestaucht und verdickt (Kartoffelknollen). Mit der Zeit sterben die Internodien ab, sodass selbstständige Pflanzen entstehen. Durch diese Art der Sprossumwandlung ist die Pflanze in der Lage, sich vegetativ zu vermehren.

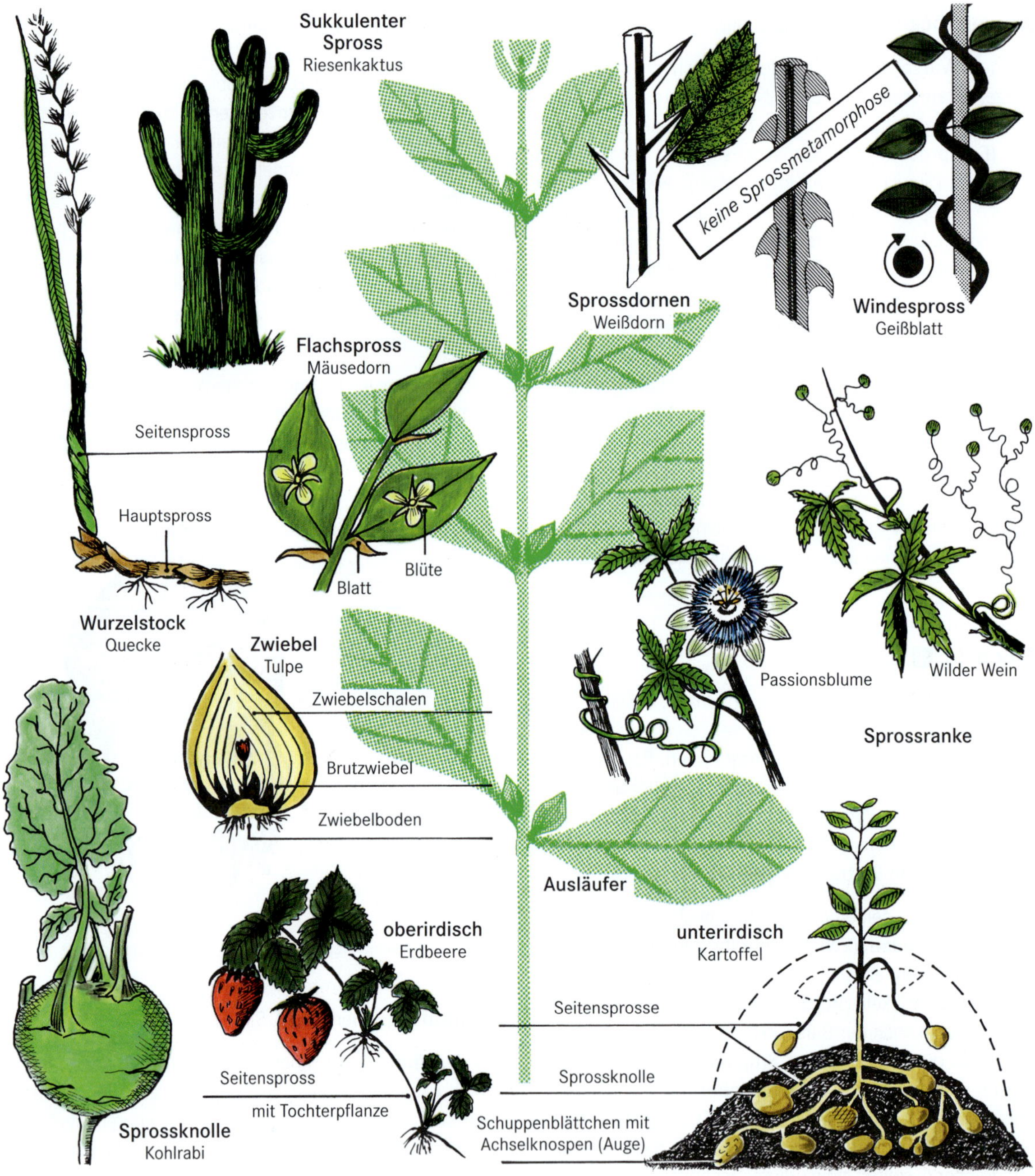

1 Sprossumwandlungen

Sprossranken (1)

Sprossranken sind zu Ranken umgewandelte Sprosse, mit deren Hilfe viele Pflanzen klettern, z. B. Wilder Wein *(Parthenocissus)*, Weinrebe *(Vitis)* und Passionsblume *(Passiflora)*. Bei *Parthenocissus quinquefolia* 'Engelmannii' und *Parthenocissus tricuspidata* 'Veitchii' besitzen die Ranken Haftscheiben, mit deren Hilfe die Pflanzen auch ohne Kletterhilfen an Hauswänden emporklettern können.

Sprossdornen (1)

Als **Sprossdornen** bezeichnet man zu Dornen umgewandelte Seitensprosse. Sie dienen als Schutz vor Tierfraß und übermäßiger Verdunstung. Man findet sie vor allem bei Pflanzen trockener Standorte (z. B. Weißdorn, Schlehe, Zitrone, Sanddorn, Zierquitte, Gleditsia). Im Unterschied zu den Blattdornen entspringen die Sprossdornen den Blattachseln. Die „Dornen der Rose“ sind botanisch gesehen keine Dornen, sondern

Stacheln. Im Gegensatz zu Dornen, die mit dem Holz verwachsen und dementsprechend schwer zu entfernen sind, handelt es sich bei Stacheln um Auswüchse der Epidermis (Oberhaut) und des darunterliegenden Rindengewebes. Entsprechend leicht können sie entfernt werden. Mithilfe der Stacheln können Pflanzen an Hindernissen hochwachsen oder beim Aufliegen Halt finden. Pflanzen, die mithilfe von Stacheln klettern, bezeichnet man als **Spreizklimmer** (z. B. Kletterrosen und Brombeeren).

Windesprosse (Winder oder Schlinger, 1, S. 30)

Bei den **Windesprossen** sind die Internodien stark verlängert, sodass sich die Sprossachsen gut um andere Pflanzen oder andere geeignete Kletterhilfen herumwinden bzw. -schlingen können. Dabei kann man unterscheiden zwischen **Rechtswinder**, wie z. B. Hopfen *(Humulus)*, Geißblatt *(Lonicera)*, **Linkswinder**, wie z. B. Pfeifenwinde *(Aristolochia)*, Baumwürger *(Celastrus)*, Chinesischer Blauregen *(Wisteria sinensis)*, Feuerbohne *(Phaseolus coccineus)*, Stangenbohne *(Phaseolus vulgaris ssp. vulgaris var. vulgaris)* und **Alleswinder** (links und rechts), z. B. Schlingknöterich *(Fallopia baldschuanica)*.

? Aufgaben

○ 1. Was versteht man in der Botanik unter Metamorphosen?
◑ 2. Welche Bedeutung hat die Metamorphose für die Pflanzen?
◑ 3. Was haben Rüben und Wurzelknollen gemeinsam und worin unterscheiden sie sich?
○ 4. Welche Wurzelmetamorphosen dienen zum Klettern?
○ 5. Beschreiben Sie die Wasseraufnahme durch Luftwurzeln.
○ 6. Wie nennt man Pflanzen, die Haustorien ausbilden?
◑ 7. Was ist eine Mykorrhiza und wozu dient sie?
○ 8. Wie haben sich die Mangroven dem Leben in der Gezeitenzone mit ihrem täglichen Wechsel von Ebbe und Flut angepasst?
◑ 9. Erklären Sie folgende Begriffe: Epiphyten, Symbionten, Halb- und Vollparasiten.
○ 10. Nennen Sie Aufgaben und Beispiele von Blattranken, Mantelblättern, Blattzisternen, Blattsukkulenz und Blattdornen.
◑ 11. Beschreiben Sie die Funktion der Urnenblätter.
○ 12. Warum haben sich die sogenannten fleischfressenden Pflanzen auf das Fangen von Insekten spezialisiert?

? Aufgaben (Fortsetzung)

◑ 13. Beschreiben Sie die unterschiedlichen Fangtechniken der Insektivoren.
○ 14. Wozu dienen Hochblätter?
◑ 15. Erklären Sie die Begriffe Sukkulenz, Brakteen, Spatha, Karni- und Insektivoren.
◑ 16. Beschreiben Sie, wie sich Kakteen an die extrem lebensfeindlichen Bedingungen der Wüsten angepasst haben.
◑ 17. Woran kann man Kakteen und kakteenähnliche Euphorbien unterscheiden?
◑ 18. Warum haben sukkulente Euphorbien und Kakteen im Laufe der Evolution ähnliche Merkmale entwickelt, obwohl sie nicht miteinander verwandt sind und auf verschiedenen Kontinenten beheimatet sind?
◑ 19. Warum handelt es sich beim Weihnachtskaktus nicht um Blätter, sondern um die verbreiterte Sprossachse?
◑ 20. Erklären Sie, wie CAM-Pflanzen starken Wasserverlust vermeiden.
○ 21. Nennen Sie Aufgaben und Beispiele von Wurzelstöcken (Rhizomen), Zwiebeln, Ausläufern, Sprossknollen, Sprossranken, Sprossdornen und Windesprossen.
◑ 22. Warum handelt es sich beim Wurzelstock (Rhizom) nicht um eine Wurzel?
◑ 23. Warum sind Wurzelunkräuter, wie z. B. Quecke, besonders schwer zu bekämpfen?
◑ 24. Woran können Sie Zwiebeln und Sprossknollen unterscheiden?
◑ 25. Warum werden getriebene Tulpenzwiebeln nicht wieder verwendet?
○ 26. Welche Sprossmetamorphosen dienen zur natürlichen Verbreitung der Pflanze?
◑ 27. Erklären Sie folgende Begriffe: Areolen, Stamm- und Blattsukkulenz, Flachsprosse (Platykladien), Kladodien, Phyllokladien, Rhizome, Stolonen, Spreizklimmer und Alleswinder.

1.3 Die Blüte (1, S. 32)

Von den heute etwa 500 000 geschätzten Pflanzenarten auf der Erde gehören etwa 250 000 zu den Blütenpflanzen. Die Blüte hat sich im Laufe der Evolution aus dem Spross entwickelt. Dazu wurde die Sprossachse so stark gestaucht, dass sie den **Blütenboden** bildet. Die an diesem Sprossachsenabschnitt befindlichen Blätter wurden zu Organen umgewandelt, die der geschlechtlichen Fortpflanzung dienen (2, S. 32).

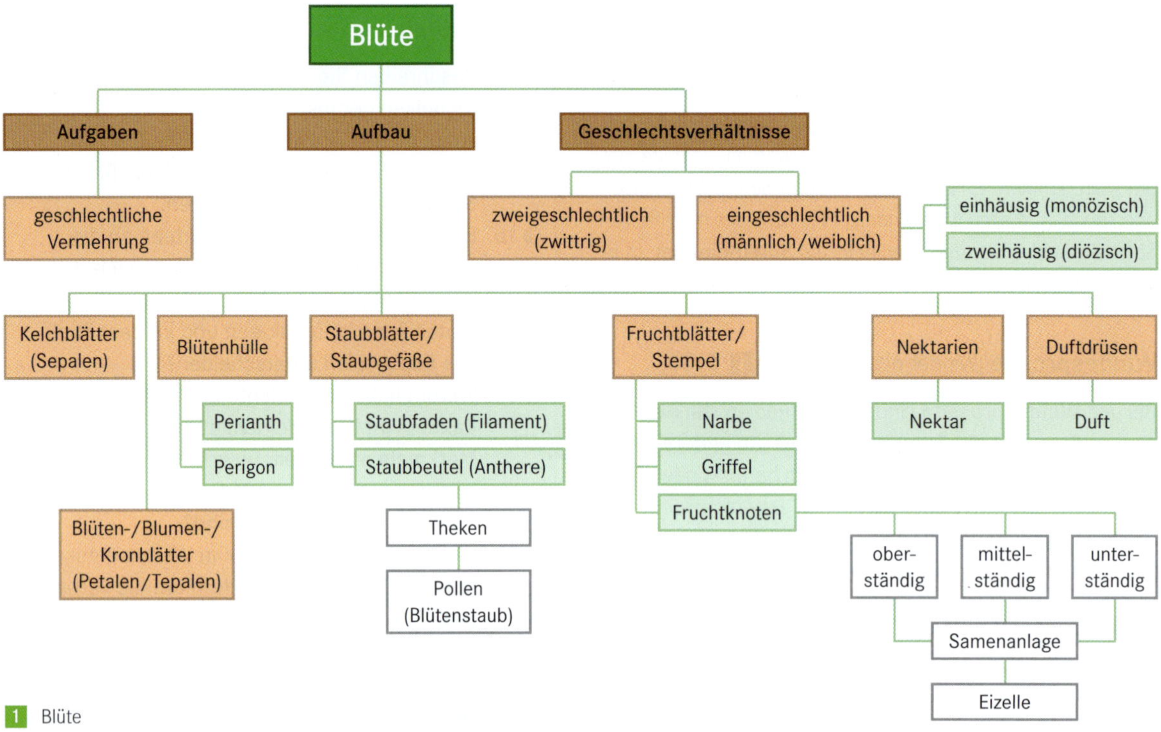

1 Blüte

2 **Einfache Blüten** (4 bis 7 Petalen), *Rosa canina* (Wildrose)

! Merke

Die Blüte stellt die wichtigste Sprossmetamorphose im Pflanzenreich dar, da sie den Pflanzen die Möglichkeit zur geschlechtlichen (sexuellen, generativen) Vermehrung bietet (1, S. 33).

Bei der geschlechtlichen Vermehrung kommt es zur Neukombination und zum Austausch der genetischen Information (Erbanlagen) zwischen Pflanzen der gleichen Art. Dies ist die Voraussetzung für eine schnelle Weiterentwicklung und Anpassung an sich ändernde Umweltbedingungen.

1.3.1 Blütenaufbau

Kelchblätter (Sepalen)

Bei den **Kelchblättern** handelt es sich um die äußeren Blätter der Blüte, die relativ klein und grün sind. Sie bilden einen Kelch, der die Blüte im Knospenstadium schützt.

Blüten-, Blumen- oder Kronblätter

Die **Blütenblätter (Petalen)** sind relativ groß und häufig auffallend gefärbt. Sie dienen der Anlockung von Insekten. Alle Blütenblätter zusammen bilden die **Blütenkrone** (Corolla). Dabei können die einzelnen Blütenblätter miteinander verwachsen sein (z. B. Glockenblume, Maiglöckchen, Narzisse, Alpenveilchen, Primel, Eriken, Heidelbeere, Kürbis). Der Vorteil ist der, dass die Blüten den **Nektar**, den sie zur Anlockung von Insekten ausscheiden, besser auffangen können. Einzeln abfallende Blütenblätter sind ein Zeichen dafür, dass die Blütenblätter nicht miteinander verwachsen sind (z. B. Rose, Tulpe, Apfel, Kirsche).

Blütenhülle

Kelch- und Blütenblätter bilden zusammen die **Blütenhülle (Perianth)**. Bei einigen Pflanzen, wie z. B. den Liliengewächsen, Anemonen, Clematis und Magnolien, wandeln sich die Kelchblätter während des Erblühens der Blüte zu Blütenblättern um, sodass sie von den „echten“ Blüten-

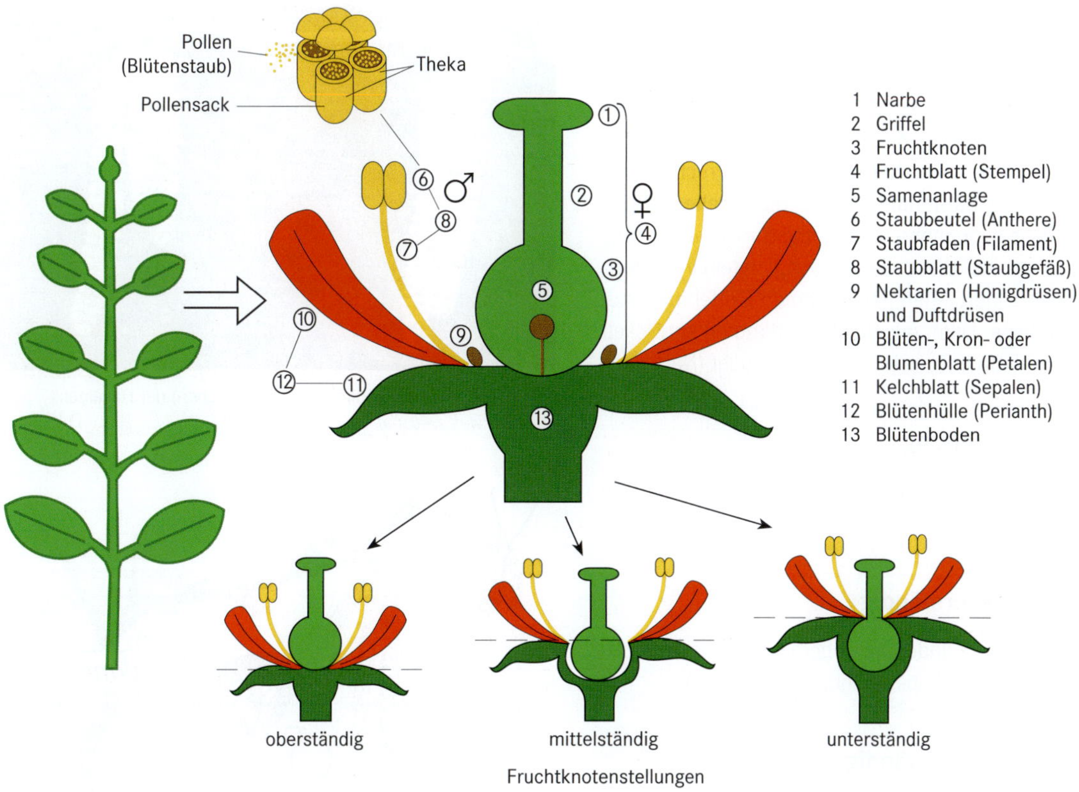

1 Die Blüte – die wichtigste Sprossmetamorphose

2 Umwandlung von Kelch- zu Blütenblättern bei der Tulpe

blättern nicht mehr zu unterscheiden sind (2). In diesen Fällen bezeichnet man die Blütenhülle als **Perigon**, die einzelnen „Blütenblätter" als **Tepalen**.

3 Auffallend ausgebildete Staubblätter beim Zylinderputzer *(Callistemon citrinus)*, dessen Blätter beim Zerreiben nach Zitrone duften

Staubblätter

Das **männliche Geschlechtsorgan** (♂) der Pflanze ist das **Staubblatt (Staubgefäß)**, wovon die Blüte in der Regel mehrere besitzt. Staubblätter bestehen aus dem **Staubfaden (Filament)** und dem **Staubbeutel (Anthere)**. Der Staubbeutel setzt sich aus zwei Hälften **(Theken)** zusammen, die jeweils zwei **Pollensäcke** (= eine Theka) enthalten. In den Pollensäcken werden die **Pollen** (Blütenstaub) produziert. Bei manchen Pflanzenarten übernehmen die Staubblätter zusätzlich die Funktion fehlender oder stark reduzierter Blütenblätter, nämlich die Anlockung von Insekten. Entsprechend auffällig sind sie ausgebildet, z. B. bei Calliandra-Arten oder Pflanzen aus der Familie der Myrtengewächse, wie z. B. *Acca sellowiana, Callistemon citrinus* (Zylinderputzer, 3) und Metrosideros-Arten (Eisenholzbaum).

Fruchtblätter (Stempel)

Das **weibliche Geschlechtsorgan (♀)** der Pflanze ist das **Fruchtblatt (Stempel)**. Es befindet sich im Zentrum der Blüte und besteht aus der den Pollen auffangenden **Narbe**, dem **Griffel** und dem **Fruchtknoten**. In dem Fruchtknoten befindet sich die **Samenanlage**, die die **Eizelle** enthält. Eine Blüte kann auch mehrere Fruchtblätter enthalten. Aus Platzersparnis sind diese dann häufig miteinander verwachsen und bilden einen gemeinsamen Griffel mit einer Narbe (z. B. Tulpe, Lilie). Aus dem Fruchtknoten entwickelt sich nach der Befruchtung (s. S. 67) die Frucht (Name!).

Fruchtknotenstellung

Die Stellung des Fruchtknotens kann unterschiedlich sein (1, S. 33).

Fruchtknoten oberständig

Der Fruchtknoten befindet sich oberhalb der Ansatzstelle der Kelchblätter (z. B. Tulpe, Mohn, Sommerlinde).

Fruchtknoten mittelständig

Der Fruchtknoten befindet sich unterhalb der Ansatzstelle der Kelchblätter und ist vom Blütenboden umwölbt (z. B. Kirsche, Schlehe, Mandel).

Fruchtknoten unterständig

Der Fruchtknoten befindet sich unterhalb der Ansatzstelle der Kelchblätter und ist mit dem Blütenboden verwachsen (z. B. Apfel, Birne, Sanddorn, Schneeglöckchen, Schwarzer Holunder).

Nektarien und Duftdrüsen

Die **Nektarien oder Honigdrüsen**, die sich häufig auf dem Blütenboden zwischen Staub- und Fruchtblättern befinden, scheiden zur Anlockung von Insekten **Nektar**, eine zuckerhaltige Flüssigkeit, nach außen ab. Daneben enthalten viele Blüten **Duftdrüsen**, die insektenanlockende Duftstoffe absondern.

1 Weibliche und männliche Blüten (Kätzchen) der Haselnuss *(Corylus avellana)*

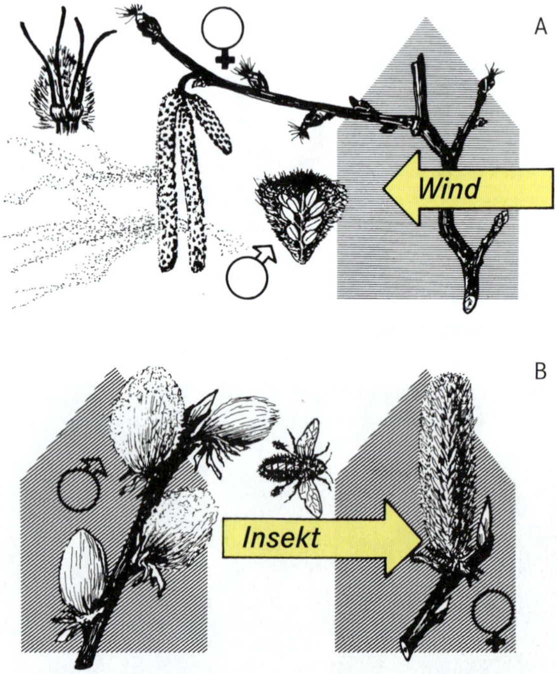

2 A: einhäusige Pflanze (Haselnuss)
B: zweihäusige Pflanze (Weide)

1.3.2 Geschlechtsverhältnisse

Obwohl die meisten Blütenpflanzen **zweigeschlechtliche (zwittrige) Blüten** (☿) haben, d. h. männliche und weibliche Geschlechtsorgane enthalten, gibt es auch Pflanzen, deren Blüten nur Geschlechtsorgane eines Typs – entweder das männliche oder das weibliche – besitzen **(eingeschlechtliche Blüten)**. Man spricht in diesem Fall von **männlichen und weiblichen Blüten.** Befinden sich die männlichen und weiblichen Blüten auf einer Pflanze, spricht man von **einhäusigen oder monözischen Pflanzen**, z. B. Haselnuss (1), Kiefer, Walnuss, Eiche, Buche, Birke, Mais, Kürbis, Gurke, Knollenbegonie. Sind männliche und weibliche Blüten getrennt voneinander auf verschiedenen Pflanzen der gleichen Art verteilt, spricht man von **zweihäusigen oder diözischen Pflanzen**, wie z. B. Sanddorn, Weide (2), Hopfen, Wacholder, Eibe, Kiwi, Skimmie, Spargel, Spinat und Ilex-Arten. Befinden sich zwittrige und eingeschlechtliche Blüten auf einer Pflanze, spricht man von **polygamen Pflanzen** (Esche: ♂, ♀, ☿, Rosskastanie: ♂, ☿).

1.3.3 Blütenfüllung

Viele Pflanzen haben zum besseren Anlocken von Insekten die Anzahl ihrer Blütenblätter vermehrt **(Blütenfüllung)**. Dies kann durch Vervielfachung (z. B. Fuchsien) oder Spaltung der Blütenblätter (z. B. Nelken) oder durch Umwandlung von Staub- und Fruchtblättern (z. B. gefüllte Levkojen und Seerosen) erfolgt sein. Bei Astern und Chrysanthemen kommt es zu einer Füllung der Blütenstände durch Umwandlung von Röhren- in Strahlenblüten (s. S. 36 und 106 f.). Die Bildung von gefüllten Blüten ist ein Hauptziel bei der Züchtung von Zierpflanzen. Bei vielen gezüchteten Pflanzen ist die Umwandlung der Blüte/des Blütenstands so weit fortgeschritten, dass weder Staub- noch Fruchtblätter vorhanden sind. Solche Blüten können keine Samen mehr bilden – sie sind **steril**.

1.3.4 Blütenformen

Die Form der meisten Blüten ist radiär/strahlig oder zygomorph/dorsiventral. Bei **radiären oder strahligen Blütenformen** kann die Blüte durch Schnitte in mehrere jeweils spiegelbildlich gleiche Hälften (Symmetrieebenen) zerlegt werden (polysymmetrisch). **Zygomorphe oder dorsiventrale Blütenformen** lassen sich nur durch einen Schnitt in zwei spiegelbildlich gleiche Hälften zerlegen (monosymmetrisch). Daneben gibt es noch bilaterale Blüten mit zwei Symmetrieebenen (disymmetrisch) und asymmetrische Blütenformen ohne Symmetrieebenen.

Die Anordnung der Blütenteile und die Symmetrieverhältnisse einer Blüte können in einem Grundriss, einem **Blütendiagramm**, dargestellt werden (1). Eine noch einfachere Darstellung ist mithilfe von **Blütenformeln** möglich (Tab. 1). Für die Taubnessel (1) ergibt sich damit folgende Formel: ↓ K(5) [C(5)A4] G($\underline{2}$). Das bedeutet: Die Blüte ist zygomorph und besitzt je fünf verwachsene Kelch- und Kronblätter, vier Staubblätter, die ihrerseits mit den Kronblättern verwachsen sind, sowie einen oberständigen Fruchtknoten aus zwei verwachsenen Fruchtblättern.

Symbol	Erklärung
✳	radiäre Blüte (besitzt mehrere Symmetrieebenen), z. B. Tulpe
↓	zygomorphe (dorsiventrale) Blüte (besitzt nur eine Symmetrieebene), z. B. Taubnessel
K	Kelchblätter
C	Corolla = Kron-, Blumen- oder Blütenblätter
P	Perigon
A	Andrözeum = Gesamtheit der Staubblätter
G	Gynäzeum = Gesamtheit der Fruchtblätter
∞	hohe Anzahl der Blütenteile
()	Blütenteile miteinander verwachsen
[]	Staub- und Blütenblätter miteinander verwachsen
-	Die Fruchtknotenstellung wird durch Unterstreichen (oberständig), Überstreichen (unterständig) oder durch Unter- und Überstreichen (mittelständig) der Zahl der Fruchtblätter dargestellt. Die Anzahl der jeweiligen Blütenteile wird durch Zahlen angegeben.

Tab. 1 Symbole für Blütenformeln

Tulpe

Tränendes Herz

Taubnessel

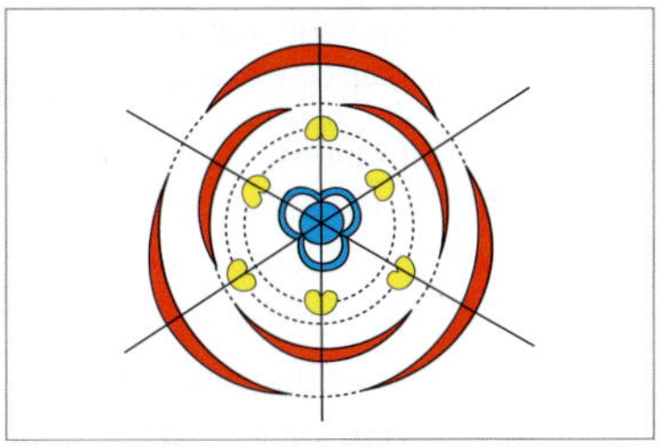

polysymmetrisch
(radiär, strahlig)
✳P3 + 3 A3 + 3 G($\underline{3}$)

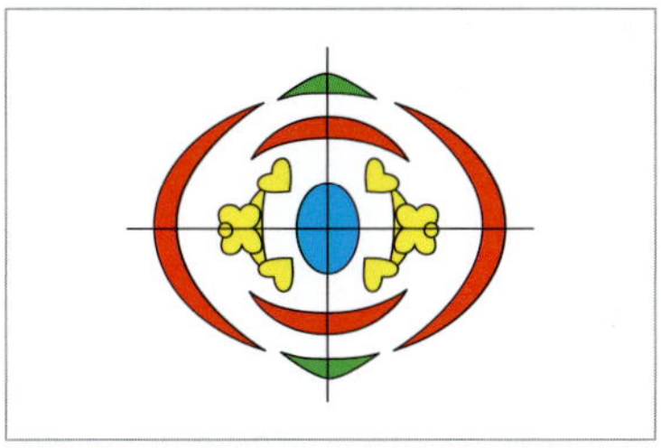

disymmetrisch
(bilateral)
K2 C2 + 2 A2/2 G($\underline{2}$)

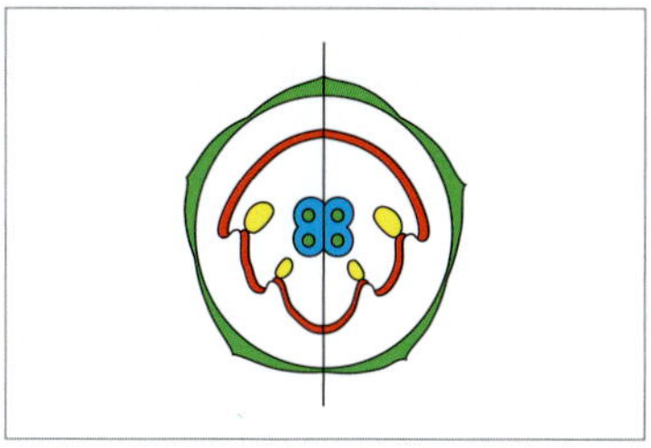

monosymmetrisch
(dorsiventral, zygomorph)
↓K(5) [C(5)A4] G($\underline{2}$)

1 Blütenformen, -diagramme und -formeln

1.3.5 Blütenstände

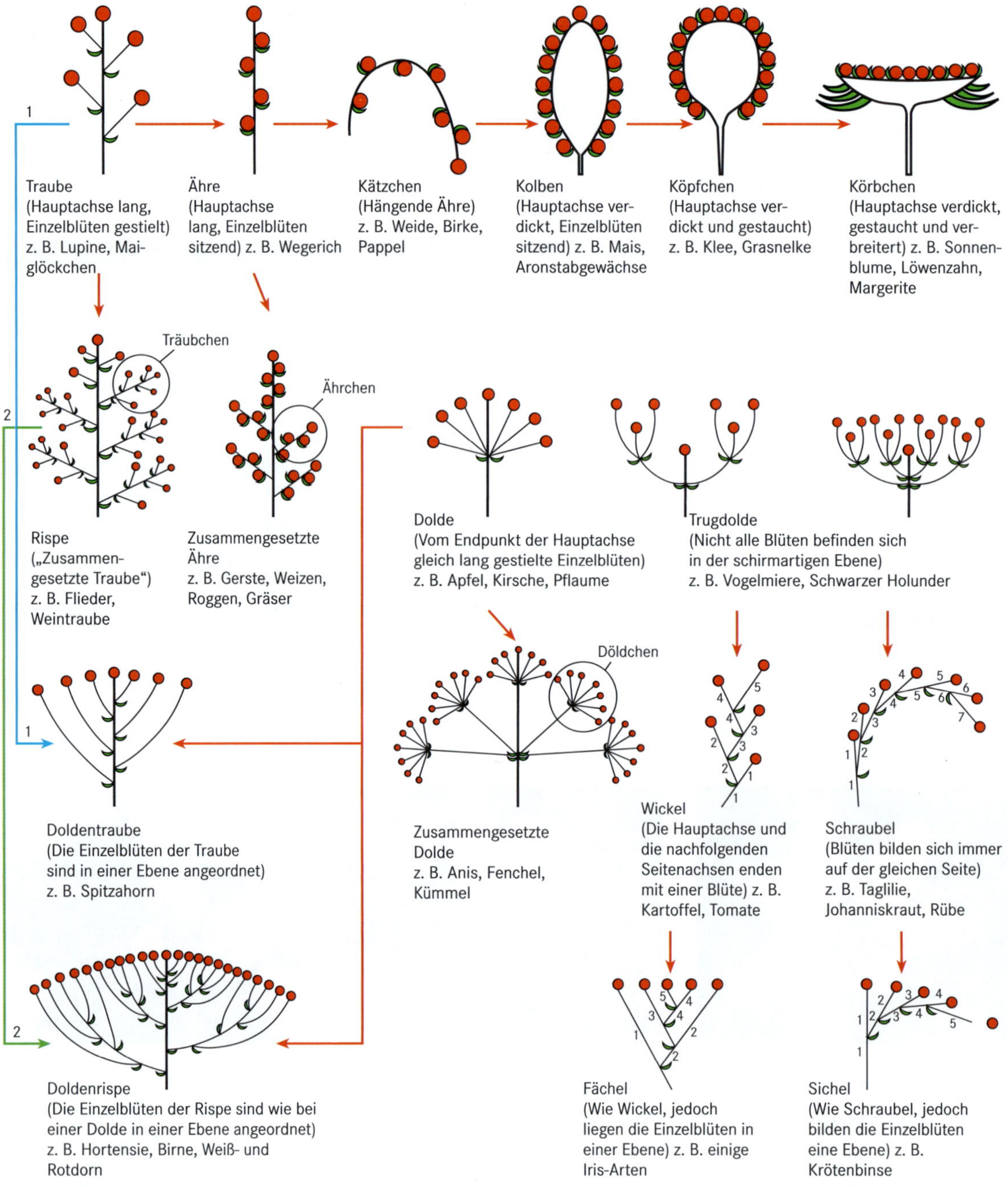

1 Blütenstände

Im Laufe der Evolution ist es bei sehr vielen Pflanzen zu einer Verkleinerung der Blüten und ihrer Ansammlung in Gruppen gekommen. Es bildeten sich Blütenstände, sogenannte **Infloreszenzen** (1). Mit der Bildung von Blütenständen geht häufig eine Formwandlung (Vereinfachung) und damit **Arbeitsteilung der Einzelblüten** einher. So sind bei den meisten Korbblütlern die Randblüten zu sogenannten **Zungenblüten** umgewandelt. Sie besitzen nur ein, dafür aber besonders großes Blütenblatt. Ihre Geschlechtsorgane sind verkümmert. Umgekehrt ist es bei den in der Mitte des Blütenstands befindlichen Blüten, den sogenannten **Röhrenblüten**. Ihnen fehlen die Blütenblätter. Dafür besitzen sie aber funktionsfähige Geschlechtsorgane. Die unfruchtbaren Zungenblüten übernehmen die Aufgabe der Anlockung von Insekten, während Röhrenblüten in der Mitte nur noch Fortpflanzungsaufgaben wahrnehmen. Solche Arbeitsteilung unter den Blüten eines Blütenstands findet man auch bei sehr vielen Doldenblütlern. Die einzelnen Blüten eines Blütenstands sind häufig so winzig und so eng konzentriert, dass der gesamte Blütenstand eine einzelne Blüte vortäuscht (z. B. Sonnenblume (1), Gänseblümchen, Aster, Margerite). Ein Insekt bestäubt bei diesen Pflanzen nicht nur eine Blüte auf einmal, sondern gleich unzählige. Auch die von einem Hochblatt umgebenen Blütenstände der Aronstabgewächse täuschen eine einzelne Blüte vor. Ihre winzigen Blüten besitzen überhaupt keine Blütenblätter mehr. Die Anlockung der Insekten erfolgt mithilfe von Duftstoffen und den besonders groß entwickelten Hochblättern (2).

Eine weitere Steigerung der Blütenkonzentration finden wir bei der Gemeinen Schafgarbe *(Achillea millefolium)*. Bei dieser bilden die mit weißen oder rosaroten Zungenblüten ausgestatteten Blütenstände (Köpfchen) wiederum einen dichten Blütenstand. Die auf einer Höhe angeordneten Köpfchen können den irrtümlichen Eindruck erwecken, dass es sich um eine Blütendolde und damit um einen Doldenblütler handelt. Die Blütenkonzentration findet ihren Höhepunkt beim Edelweiß, bei dem viele kleine Köpfchen zu einem von weißen, pelzigen Hochblättern umgebenen Blütenstand so zusammengefasst sind, dass er einer einzelnen Blüte zum Verwechseln ähnlich sieht.

1 Am Rande gelbe Zungenblüten, in der Mitte Röhrenblüten *(Helianthus annuus)*

2 Hochblätter ersetzen die Aufgaben der fehlenden Blütenblätter *(Lysichiton camtschatcensis)*

? Aufgaben

○ 1. Benennen Sie die Blütenteile und erläutern Sie ihre Aufgaben.

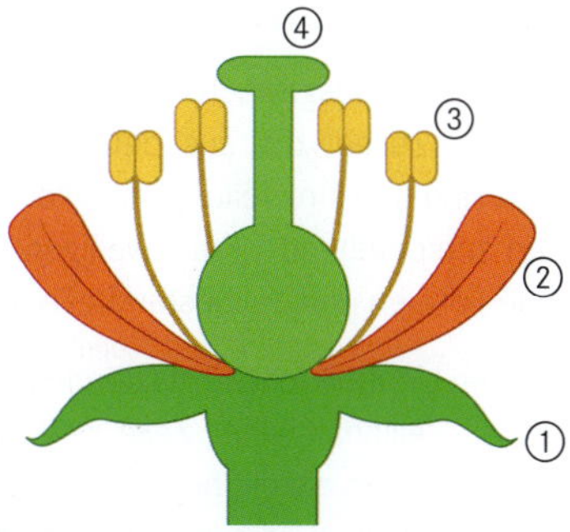

◐ 2. Untersuchen Sie verschiedene Blüten nach ihrem Aufbau. Welches Geschlecht haben die meisten der von Ihnen untersuchten Blüten?

◐ 3. Erstellen Sie ein **Blütendiagramm** von einer Apfel-, Pflaumen- oder Kirschblüte:
   a) Zeichnen Sie mit dem Zirkel fünf Kreise mit dem Radius r = 1,5 cm, r = 2,5 cm, r = 3,5 cm, r = 5 cm, r = 7 cm.
   b) Trennen Sie die Kelchblätter mit einer Pinzette ab und ordnen Sie sie auf dem äußeren Kreis an.
   c) Trennen Sie Blütenblätter, Staubblätter und Fruchtblätter ebenso ab und ordnen Sie diese auf den nächstfolgenden inneren Kreisen an.
   d) Kleben Sie die Blütenteile mit etwas Kleber fest.
   e) Überziehen Sie das Blütendigramm zum Schutz mit einer selbsthaftenden durchsichtigen Folie.

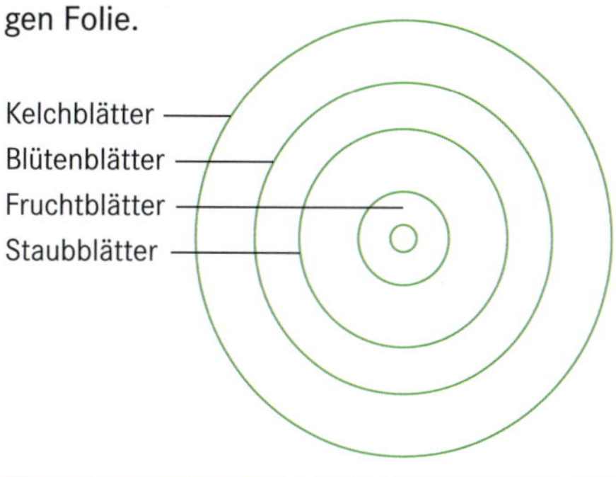

›

Aufgaben (Fortsetzung)

○ 4. Die Abbildung zeigt die männlichen und weiblichen Teile einer Blüte. Benennen Sie diese.

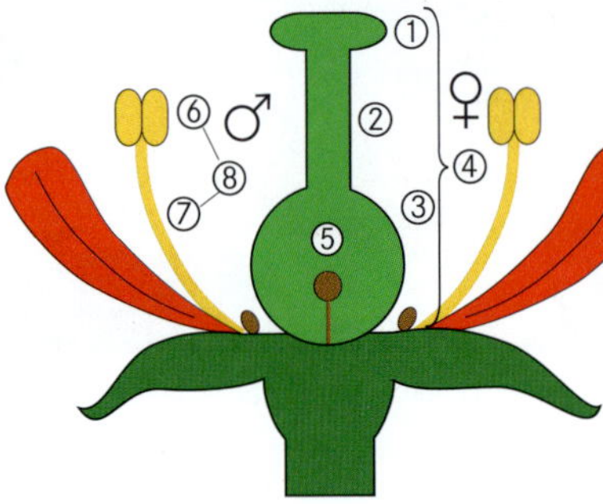

○ 5. Worin unterscheiden sich einhäusige und zweihäusige Pflanzen?

○ 6. Die Kiwipflanze ist zweihäusig. Worauf sollte man bei ihrer Pflanzung achten, wenn man Früchte haben möchte?

○ 7. Beschreiben Sie die möglichen Fruchtknotenstellungen.

◑ 8. Wodurch kann es zu einer Blütenfüllung kommen?

◑ 9. Stellen Sie eine Blüte Ihrer Wahl in Form eines Blütendiagramms und einer Blütenformel dar.

◑ 10. Warum bilden viele Pflanzen statt Einzelblüten Blütenstände aus?

◑ 11. Unterscheiden Sie Zungen- und Röhrenblüten.

◑ 12. Beschreiben Sie den Aufbau der unterschiedlichen Blütenstände (1, S. 36).

◑ 13. Nennen Sie zu jedem der aufgeführten Blütenstände zusätzliche Pflanzenbeispiele.

2 Anatomie

2.1 Die Zelle und ihre Bestandteile (1)

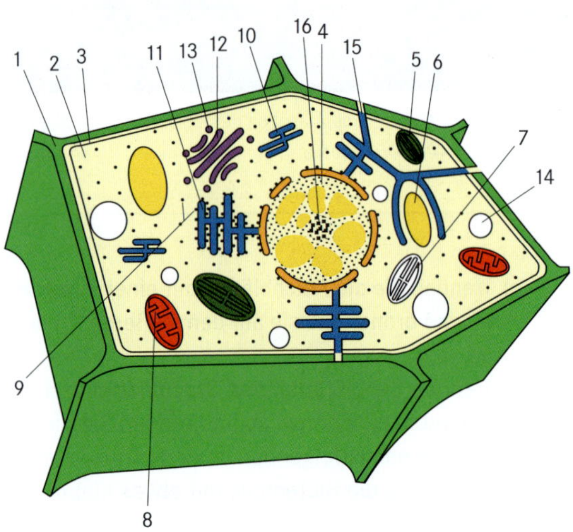

1	Zellwand	10	Endoplasmatisches Retikulum
2	Plasma	11	Ergastoplasma
3	Plasmahaut	12	Golgi-Apparat
4	Zellkern	13	Golgi-Vesikel
5	Chloroplast	14	Vakuole
6	Chromoplast	15	Tüpfel
7	Leukoplast	16	Kernkörperchen
8	Mitochondrien		
9	Ribosomen		

1 Aufbau einer Pflanzenzelle

Die **Zelle** ist der **Grundbaustein aller Lebewesen**[1]. In ihr laufen die Stoffwechselvorgänge ab, die Leben ermöglichen. Ihre Größe liegt zwischen 0,01 und 0,1 mm. Die Zellform hängt von den Aufgaben der jeweiligen Zelle ab und kann sehr unterschiedlich sein. Nach der Art der Pflanzenzellen kann man unterscheiden:

Embryonale (meristematische) Zellen

Embryonale Zellen sind junge teilungsfähige Zellen, die sich noch nicht differenziert (spezialisiert) haben. Sie sind untereinander alle gleich aufgebaut und enthalten alle typischen Bestandteile einer Zelle.

Dauerzellen

Dauerzellen sind ausgewachsene und ausdifferenzierte (spezialisierte) Zellen, die aus den embryonalen Zellen entstanden sind und ihre Teilungsfähigkeit verloren haben. Sie weisen entsprechend ihren jeweiligen Aufgaben unterschiedliche Formen und Zellbestandteile auf.

Der unter dem Lichtmikroskop als durchsichtige Flüssigkeit erscheinende Zellinhalt einer Zelle zeigt sich unter dem Elektronenmikroskop als ein hoch kompliziert aufgebautes System mit zahlreichen verschiedenen **Reaktionsräumen** (1). Erst die Bildung dieser Reaktionsräume (Kompartimentierung) ermöglicht den gleichzeitigen Ablauf sehr vieler unterschiedlicher und auch gegenläufiger Reaktionen auf kleinstem Raum. Die drei Hauptbestandteile einer Pflanzenzelle sind die **Zellwand**, das **Protoplasma** und die **Vakuolen**.

[1] Der Körper eines erwachsenen Menschen besteht, abhängig u. a. von Körpergröße und Gewicht, aus 10 bis 100 Billionen Zellen.

2.1.1 Die Zellwand

Alle pflanzlichen Zellen sind im Gegensatz zu tierischen und menschlichen Zellen von einer festen Zellwand umgeben, die vom Protoplasma gebildet wird. Sie schützt den **Zellinhalt (Protoplast) oder Zellleib** vor äußeren Einflüssen, vor übermäßiger Wasserverdunstung und trägt zur Stabilität der Pflanze bei. Vor allem sorgt die Zellwand mit ihrem **Wanddruck** dafür, dass die Zelle nicht bis zum Platzen Wasser aufnehmen kann.

Bei der **Zellwand** handelt es sich um ein totes Gebilde, das hauptsächlich aus Kohlenhydraten, Pektinen und vor allem **Cellulose** besteht. Die Entwicklung der Zellwand beginnt mit dem Aufbau der sogenannten **Mittellamelle** während der Zellteilung (s. S. 61). Da sie beiden Tochterzellen angehört, ist sie sozusagen die Kittsubstanz zwischen zwei benachbarten Zellen. Durch Anlagerung von weiteren Celluloseschichten wird die Zellwand verdickt und erreicht ihre Stabilität. Unzählige winzige Hohlräume in diesen Zellwandschichten, die sogenannten **Interzellularräume**, ermöglichen den Durchtritt von Wasser und der darin gelösten Nährsalze. Die Zellwand ist also für Wasser und Nährstoffe durchlässig **(ganz durchlässig oder omnipermeabel)**. Daneben kommt es bei der Verdickung der Zellwände immer wieder vor, dass einzelne Stellen ausgespart werden, sodass Kanäle, sogenannte **Tüpfel oder Tüpfelkanäle**, entstehen. Durch diese Kanäle ziehen sich feine **Plasmafäden (Plasmodesmen oder Plasmabrücken)** hindurch. Auf diese Weise wird eine Verbindung zwischen dem Zellplasma benachbarter Zellen geschaffen, sodass alle Protoplasten eines Organismus miteinander in Verbindung stehen **(Symplast)**.

2.1.2 Das Protoplasma

Als **Protoplasma** (1) bezeichnet man alle lebenden Bestandteile der Zelle wie Plasma, Zellkern, Plastiden, Mitochondrien, Ribosomen, endoplasmatisches Retikulum und Golgi-Apparat. Unter der Bezeichnung **Zytoplasma** werden alle lebenden Teile ohne **Zellorganellen** („Organe der Zelle") wie Zellkern, Plastiden und Mitochondrien zusammengefasst. Die Zellorganellen verfügen über eine eigene genetische Information und vermehren sich durch Teilung.

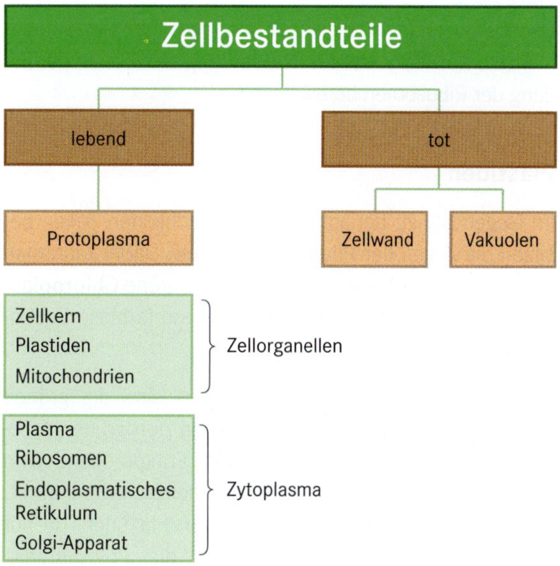

1 Lebende und tote Zellbestandteile

Plasma (Grundplasma)

Die Grundsubstanz, in die alle lebenden Bestandteile der Zelle eingebettet sind, ist das **Plasma**. Es handelt sich hierbei um eine durchsichtige Flüssigkeit, die vor allem aus Wasser (ca. 80%) und Eiweißen besteht. Kennzeichnend für die lebende Zelle ist das ständig in Bewegung befindliche Plasma. Stärkerer Wasserverlust und ein Erhitzen auf Temperaturen über 50 °C führen zur Ausfällung (Koagulation) des Plasmas und damit zum Tod der Zelle.

Plasmahaut (Plasmamembran[1], Zellmembran)

Die **Plasmahaut** grenzt das Plasma nach außen gegen die Zellwand und nach innen gegen die Vakuolen ab. Im ersten Fall bezeichnet man sie auch als **Plasmalemma**, im zweiten als **Tonoplast**. Im Gegensatz zur Zellwand ist die Plasmahaut **halbdurchlässig (semipermeabel)**, d. h., sie lässt nur das Wasser, nicht aber die im Wasser gelösten Nährstoffe hindurchdiffundieren. Damit schafft sie die Voraussetzung für die Osmose (s. S. 56 ff.) und die Stabilität krautiger Pflanzenteile (s. Turgordruck, S. 56 f.).

Zellkern (Nukleus)

Der **Zellkern** ist ein durchsichtiges, häufig kugelig erscheinendes Gebilde. Zum Plasma hin ist das **Kernplasma** (Nukleo- oder Karyoplasma) von einer **Doppelmembran (Kernhülle)** abgegrenzt, die von Poren durchsetzt ist, über die der Zellkern mit dem umgebenden Plasma in Verbindung steht. Der Zellkern ist **Träger der Erbanlagen**, der **genetischen Information (DNS oder DNA = Desoxyribonukleinsäure)** (s. Kap. Genetik S. 82 ff.). Er ist für den Schutz, den Erhalt und die Weitergabe der genetischen Information verantwortlich! Er steuert die Stoffwechselvorgänge in der Zelle. Somit stellt er die **„Steuerzentrale" der Zelle** dar, die entsprechend der Erbinformation Anweisungen an die im Plasma befindlichen Organe gibt, diese überwacht und koordiniert. Ohne den Zellkern ist die Zelle nicht lebensfähig.

[1] Membran (lat. Membrana = Haut), plasmatische Grenzschicht

Daneben befinden sich im Zellkern eingeschlossen ein oder mehrere **Kernkörperchen (Nukleolen)**, die u. a. an der Bildung der Ribosomen beteiligt sind.

Plastiden

Im Gegensatz zu tierischen und menschlichen Zellen besitzen die Zellen der Pflanzen **Plastiden**. Dabei kann man sie nach ihrer Färbung unterscheiden in grüne **Chloroplasten**, gelbe oder rote **Chromoplasten** und farblose **Leukoplasten**.

Die **Chloroplasten** (Chlorophyllkörner) sind die grünen Farbstoffträger der Zelle. Sie enthalten den grünen Farbstoff - das **Chlorophyll**[1] (Tab. 1). Entsprechend sind alle Pflanzenteile, die Chlorophyll enthalten, grün gefärbt. Die Chloroplasten sind die wichtigsten Plastiden, da nur in ihnen mithilfe des Chlorophylls die Fotosynthese (s. S. 47 ff.) stattfinden kann.

Die **Chromoplasten** enthalten als Farbstoffe Carotinoide, wie das rote/orangerote **Carotin** und das gelbe **Xanthophyll**. Sie bewirken die rote oder gelbe Farbe von Blüten (z. B. Stiefmütterchen, Forsythien), Früchten (z. B. Tomate, Hagebutte, Paprika) und Wurzeln einiger Pflanzen wie der Möhren (Karotte → Name Karotin bzw. Carotin!).

Die **Leukoplasten** sind farblos. Ihre Hauptaufgabe besteht in der Speicherung von Reservestoffen. Dazu wandeln sie den bei der Fotosynthese entstehenden Traubenzucker (= Glucose) in **Stärke**[2] (Reservestärke) um. Entsprechend findet man Leukoplasten hauptsächlich in den Zellen von Speicherorganen, wie z. B. Wurzeln, Sprossknollen.

Farbstoff	Farbe	Löslichkeit	Ort
Chlorophyll	grün	fettlöslich	Chloroplasten
Carotin	rot	fettlöslich	Chromoplasten
Xanthophyll	gelb	fettlöslich	Chromoplasten
Anthocyane	rot (im sauren Bereich) blau (im alkalischen Bereich) violett (im neutralen Bereich)	wasserlöslich	Zellsaft (Vakuole)
Flavone	gelb	wasserlöslich	Zellsaft (Vakuole)
Weiß ist keine Farbe. Weiß wird durch eingeschlossene Luftbläschen bewirkt, die das Licht reflektieren. **Mischfarben** entstehen durch Mischung verschiedener Farbstoffe.			

Tab. 1 Die Farbstoffe der Pflanzen

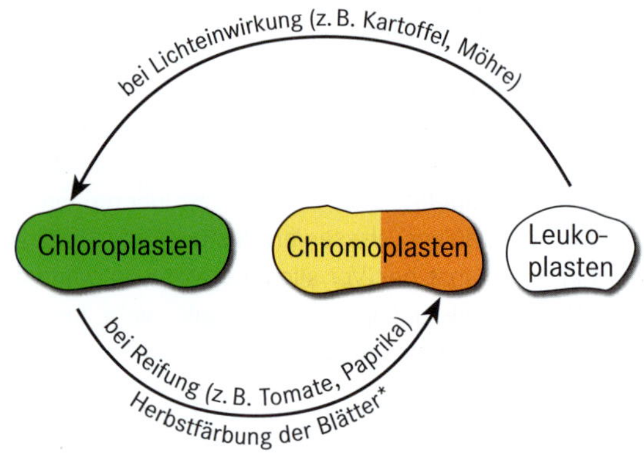

*Abbau von Chlorophyll ⟶ N wird frei und im Baum eingelagert ⟶ die vom Chlorophyll überdeckten gelben und roten Farbstoffe kommen zum Vorschein

1 Plastiden können ineinander übergehen

Die unterschiedlichen Plastiden können auch ineinander übergehen (1).

Mitochondrien

Die **Mitochondrien**[1] dienen der Energiegewinnung und werden als die **„Kraftwerke der Zelle"** bezeichnet. In ihnen erfolgt die **Atmung** (s. S. 51 f.). Die frei werdende Energie wird in den Mitochondrien vorwiegend zum Aufbau von **ATP (Adenosintriphosphat)**, einem Energieträger, verwendet. In Form von ATP wird die Energie zu den Orten des Bedarfs transportiert.

Ribosomen

Die **Ribosomen** sind die „Eiweißfabriken der Zelle". Sie sind die Orte der **Eiweißsynthese**. Sie kommen frei, in Gruppen oder angelagert am endoplasmatischen Retikulum **(Ergastoplasma)** vor.

Endoplasmatisches Retikulum

Bei dem **endoplasmatischen Retikulum** handelt es sich um ein System feinster Röhrchen, das die Zelle durchzieht, mit der Doppelmembran des Zellkerns und der Zellwand verbunden ist und über die Plasmodesmen mit dem endoplasmatischen Retikulum der Nachbarzellen in Verbindung steht. Dabei kann man zwischen zwei Formen unterscheiden: der glatten und der rauen Form. Die **raue Form** ist auf ihrer Außenseite von Ribosomen bedeckt. Man bezeichnet sie auch als **Ergastoplasma**. In dieser Form dient das endoplasmatische Retikulum der Eiweißsynthese. Die weiteren Aufgaben des endoplasmatischen Retikulums werden u. a. in der Schaffung unterschiedlicher Reaktionsräume und Transportwege sowie in der Übertragung von Reizen gesehen.

[1] **Mitochondrien** und **Chloroplasten**, die vermutlich aus einverleibten Bakterien hervorgegangen sind, enthalten eine eigene DNA, von der große Teile im Laufe der Zeit in den Zellkern der Pflanze verlagert wurden.

[2] besteht aus Ketten von Glucosemolekülen

Golgi-Apparat

In der Zelle befinden sich Stapel flach aufeinandergeschichteter Doppelmembranen (Zisternen), die **Dictyosomen**. In ihrer Gesamtheit bezeichnet man diese als **Golgi-Apparat**. An ihren Rändern werden kleine Bläschen, die sogenannten **Golgi-Vesikel**, abgeschnürt. Der Golgi-Apparat **schützt die Zelle vor schädlichen Stoffen** aus dem Stoffwechsel, indem er diese vom Plasma trennt und mithilfe der Golgi-Vesikel durch das Plasma transportiert und nach außen absondert. Daneben isoliert er auch Stoffe vom Plasma, die für den Stoffwechsel der Pflanze zwar notwendig sind, die einzelne Zelle aber schädigen könnten. Als **Sortier- und Verteilungszentrum für Proteine** sortiert er die von den Ribosomen kommenden Proteine und transportiert sie mithilfe von Golgi-Vesikeln zu den Zielorten. Bei der **Zellwandneubildung** im Rahmen der Zellteilung liefert der Golgi-Apparat das Wandmaterial. Das von den Golgi-Zisternen aus dem Plasma isolierte Material wird mithilfe abgeschnürter Golgi-Vesikel in die Äquatorialebene (s. S. 61) transportiert. Hier verschmelzen die Golgi-Vesikel miteinander und bilden mit ihren Inhalten die neue Mittellamelle. Auch an der **Bildung und Absonderung von Drüsensekreten**, z. B. beim Sonnentau, ist der Golgi-Apparat wesentlich beteiligt.

2.1.3 Die Vakuolen

In jungen Zellen füllt das Plasma die gesamte Zelle aus. Mit zunehmendem Wachstum der Zelle bilden sich einzelne **Hohlräume**, die **Vakuolen** (1). Diese Vakuolen fließen mit der Zeit zusammen, sodass in ausgewachsenen Zellen häufig nur noch eine große Vakuole vorkommt. Das Protoplasma bildet dann nur noch einen dünnen Wandbelag. In den Vakuolen befindet sich der **Zellsaft** („Zellsafträume"), eine wässrige Lösung aus Salzen und organischen Stoffen, wie z. B. Kohlenhydraten, Fetten und Eiweißen. Eine Hauptaufgabe der Vakuolen ist die **Speicherung von Reservestoffen**. Auch **Farbstoffe**, wie Anthocyane und Flavone (Tab. 1, S. 40), sind in den Vakuolen enthalten. Sie bewirken die Färbung vieler Blüten (z. B. Rosen, Kornblumen), Früchte (z. B. Kirsche, Holunder, Heidelbeere) und auch Blätter. So entsteht z. B. die Blattfärbung der Blutbuche und des Rotkohls durch das Zusammenwirken von Anthocyan in den Epidermiszellen und dem Chlorophyll der darunterliegenden Zellen. Eine weitere Aufgabe der Vakuolen ist die **Speicherung von Abfallprodukten** (Exkreten) aus dem Stoffwechsel. Daneben werden auch **ätherische Öle** (z. B. Duftstoffe) und **Alkaloide** eingelagert. Bekannte Alkaloide sind z. B. Nikotin (Tabak), Koffein (Kaffee und Tee), Solanin (Kartoffel, Tomate), Morphin (Schlafmohn), Kokain (Kokastrauch), Strychnin (Brechnuss) und Colchicin (Herbstzeitlose). Tierische und menschliche Zellen besitzen keine Vakuolen.

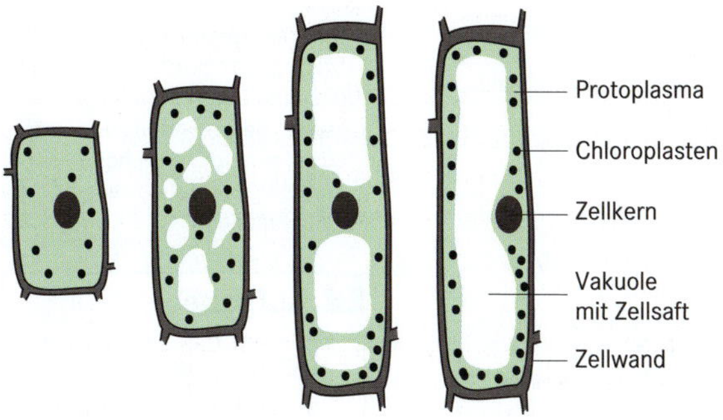

1 Bildung von Vakuolen

Aufgaben

1. Unterscheiden Sie a) embryonale Zellen und Dauerzellen und b) Protoplasma und Zytoplasma.
2. Nennen Sie die Zellbestandteile und ihre Aufgaben (1, S. 38).
3. Welche Zellbestandteile sind tot?
4. Worin unterscheiden sich Zellwand und Plasmahaut?
5. Warum kann eine Zelle ohne Zellkern nicht leben?
6. Unterscheiden Sie Chloro-, Chromo- und Leukoplasten.
7. Warum können auch Pflanzen mit roten Blättern Fotosynthese betreiben?
8. Beim Kochen von Rotkohl färbt sich das Wasser rot. Wie erklärt sich dies?
9. Warum werden Kartoffelknollen bei Belichtung grün und Tomaten bei der Reife rot?
10. Herbstfärbung: a) Erklären Sie die im Herbst vor dem Laubfall einsetzende Buntfärbung der grünen Laubblätter
    b) Warum wirft die Erle ihre grünen Blätter ab?
11. Beschreiben Sie die Bildung der Vakuolen.
12. Nennen Sie bekannte Alkaloide und beschreiben Sie mithilfe eines Lexikons ihre Wirkung auf den Menschen.
13. Warum sollte man keine grünen Tomaten und Kartoffeln mit grünen Stellen essen?
14. Worin unterscheiden sich pflanzliche Zellen von denen der Tiere oder des Menschen?
15. Erklären Sie folgende Begriffe: Plastiden, Plasmodesmen, Zellorganellen, DNA, Protoplast, Tonoplast, Plasmalemma und Zellsaft.

2.2 Gewebearten

Gewebearten

Bildungsgewebe (Meristem)
Zusammenschluss embryonaler Zellen, die zeitlebens teilungsfähig bleiben. Sie bilden die Vegetationspunkte und Kambien von Wurzel und Spross.

Dauergewebe
Zusammenschluss von Dauerzellen, die ihre Teilungsfähigkeit verloren haben.
Unter bestimmten Bedingungen kann diese kurzfristig wiedererlangt werden, z. B. zur Bildung von Wundgewebe (Kallus).

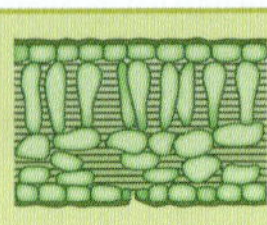

Assimilationsgewebe
(Assimilationsparenchym)
Aufgabe: Fotosynthese (Assimilation)
Gewebe: Palisaden- und Schwammgewebe des Blattes

Speichergewebe
Aufgabe: Speicherung von Reservestoffen (Stärke, Zucker, Fette, Eiweiße)
Gewebe: In Speicherorganen (Rübe, Knolle, Wurzelstock, Zwiebel), im Mark- und Rindengewebe von Wurzel und Spross sowie im Nährgewebe des Samens

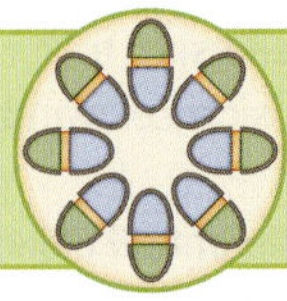

Leitgewebe
Aufgabe: Leitung und Verteilung von Wasser Nährstoffen und Assimilaten in der Pflanze
Gewebe: Xylem und Phloem

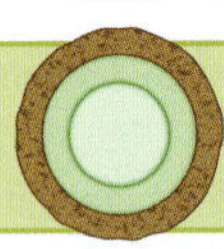

Festigungsgewebe
Aufgabe: Festigung des Pflanzenkörpers, Zellwände der einzelnen Zellen sind zusätzlich verdickt

Kollenchym
Zellwände sind nur stellenweise verdickt
- lebendes Festigungsgewebe
- in jungen, noch wachstumsfähigen Pflanzenteilen

Sklerenchym
Zellwände sind allseitig verdickt
- totes Festigungsgewebe
- in älteren ausgewachsenen Pflanzenteilen

Steinzellen
Sehr starke Holzeinlagerung → bilden die Schalen von Nüssen und die „Steine" der Steinfrüchte (Kirsche, Pflaume usw.)

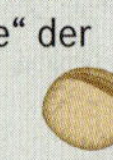

Sklerenchymfasern
Stark gestreckte, bis zu einigen Zentimetern lange Zellen, deren Enden zugespitzt sind und eine hohe Zugfestigkeit aufweisen = Faserzellen

Abschlussgewebe
(Äußere Haut, die den Pflanzenkörper nach außen begrenzt)
Aufgabe:
- Schutz des Zellinhalts vor äußeren Einflüssen
- Regulierung des Gasaustausches und der Transpiration

Gewebe: Epidermis des Sprosses;
Korkgewebe: ein sekundäres Abschlussgewebe, das die abgestorbene Epidermis ersetzt

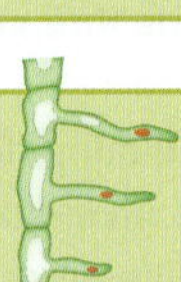

Absorptionsgewebe
Aufgabe: Aufnahme von Wasser und Nährstoffen
Gewebe: Epidermis der Wurzel (Rhizodermis)

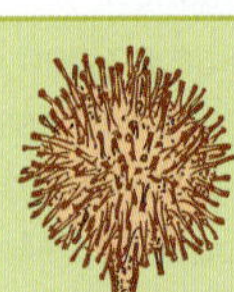

Ausscheidungsgewebe
Aufgabe: Ausscheidung von Stoffwechselprodukten, z. B. zur Anlockung von Insekten, Verdauung von Insekten und Ausscheidung von flüssigem Wasser
Gewebe: z. B. Nektarien, Drüsen auf den Blättern fleischfressender Pflanzen, Hydathoden (Wasserspalten)

1 Gewebearten

Aufgabe

- Nennen Sie die verschiedenen Gewebearten und deren Aufgaben.

2.3 Der innere Blattaufbau (1)

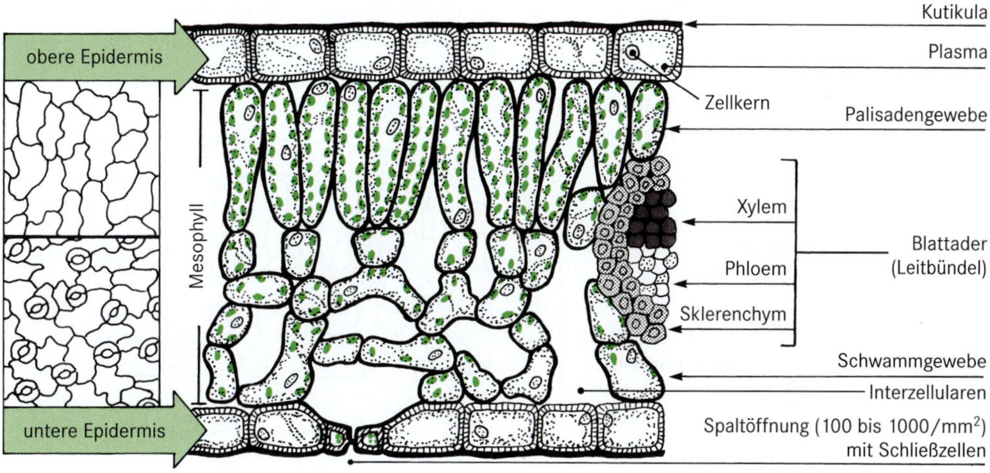

1 Der innere Blattaufbau

2.3.1 Epidermis und Spaltöffnungen

Das Blatt wird allseits von der meistens einschichtigen und farblosen **Epidermis** umgeben, deren einzelne Zellen miteinander verzahnt sind und so der Blattfläche eine zusätzliche Festigkeit verleihen. Die Epidermis dient vor allem dem **Verdunstungsschutz** des Blattes. Dazu sind die Außenwände der Zellen durch Celluloseanlagerungen verdickt. Zusätzlich produzieren die Zellen Kutin, das nach außen abgegeben wird und die Blattfläche überzieht. Diese Kutinschicht, die als **Kutikula** bezeichnet wird und unterschiedlich dick sein kann, reduziert die Wasserabgabe zusätzlich. Häufig wird zusammen mit dem **Kutin** auch **Wachs** ausgeschieden. Wird es in größeren Mengen produziert, tritt es aus der Kutikula heraus und bildet einen abwischbaren Belag (z. B. auf den Blättern des Rotkohls und den Früchten von Weinbeeren und Pflaumen). Durch Wachsein- oder -auflagerungen wird der Wasseraustritt durch die Zellwände der Epidermis noch weiter herabgesetzt. Daneben verhindert eine **Wachsschicht** die Benetzung der Oberfläche mit Wasser und damit die Gefahr von Fäulnis (Pilzinfektionen)[1]. Die Epidermis auf der Blattunterseite (untere Epidermis) ist von zahlreichen **Spaltöffnungen (Stomata)** durchsetzt (12.000/cm^2 bei Tabakblättern). Sie dienen der Wasserverdunstung und dem Gasaustausch. Gebildet werden sie von jeweils zwei besonders gebauten Epidermiszellen, den sogenannten **Schließzellen**. Die Größe des Spalts kann durch die Schließzellen, die als einzige Zellen der Epidermis Chlorophyll enthalten, reguliert werden (s. S. 58).

2.3.2 Das Mesophyll

Zwischen der oberen und der unteren Epidermis befindet sich ein chlorophyllhaltiges Gewebe - das **Mesophyll**. Das Mesophyll besteht aus dem oberen **Palisadengewebe** und dem unteren **Schwammgewebe**.

Palisadengewebe (Palisadenparenchym)

Das **Palisadengewebe** besteht aus lang gestreckten, mehr oder weniger dicht nebeneinander und zur Blattfläche senkrecht stehenden Zellen. Diese palisadenähnliche Anordnung gab dem Gewebe seinen Namen. Im Palisadengewebe befinden sich bis über 80 % des Blattgrüns der Pflanze. Da es der **Hauptort der Fotosynthese** (Assimilation) ist, wird es auch als **Assimilationsgewebe** (Assimilationsparenchym) bezeichnet.

Schwammgewebe (Schwammparenchym)

Unter dem Palisadengewebe befindet sich das **Schwammgewebe**, dessen locker aufgebauter Zellverband an den Aufbau eines Schwamms erinnert. Zwischen den Zellen befinden sich Hohlräume, die untereinander und über die Spaltöffnungen mit der Außenluft in Verbindung stehen. Diese lufterfüllten **Zellzwischenräume** werden als **Interzellularen** bezeichnet und dienen einem schnellen **Gasaustausch** zwischen dem Gewebe und der Außenluft. Außerdem ermöglicht das Schwammgewebe mit seinem Interzellularsystem eine schnelle **Wasserabgabe** (s. S. 57 ff.).

---

[1] Bei der **Lotusblume** *(Nelumbo nucifera)* befinden sich auf den Blattflächen noch zusätzlich winzige (nur wenige Mikrometer) hohe Noppen. Zusammen mit der Wachsschicht führen diese dazu, dass Wasser kugelförmige Tropfen bildet, die vom Blatt abrollen ohne es zu benetzen. Dabei nehmen sie auch Schmutzablagerungen mit, sodass die Blätter immer sauber sind. Dieser selbstreinigende Effekt wird als **„Lotus-Effekt“** bezeichnet.

2.3.3 Die Leitbündel

Die im Blatt verlaufenden, von Festigungsgewebe umgebenen **Leitbündel (Blattadern)** versorgen die Zellen mit Wasser und Nährstoffen bzw. transportieren den bei der Fotosynthese produzierten Zucker. Indem sie das Blatt in immer feineren Verzweigungen durchziehen, verleihen sie der Blattfläche die notwendige Stabilität.

2.3.4 Einfluss äußerer Faktoren

Die Lichtintensität beeinflusst den äußeren und inneren Blattaufbau. So können z. B. die Blätter einer Baumkrone nach ihrer unterschiedlichen Belichtung in **Sonnen- und Schattenblätter** eingeteilt werden (1). Besonders deutlich wird der Einfluss der Wachstumsfaktoren Licht, Temperatur und Wasser beim inneren Blattaufbau des im Mittelmeerraum beheimateten Oleanders (2).

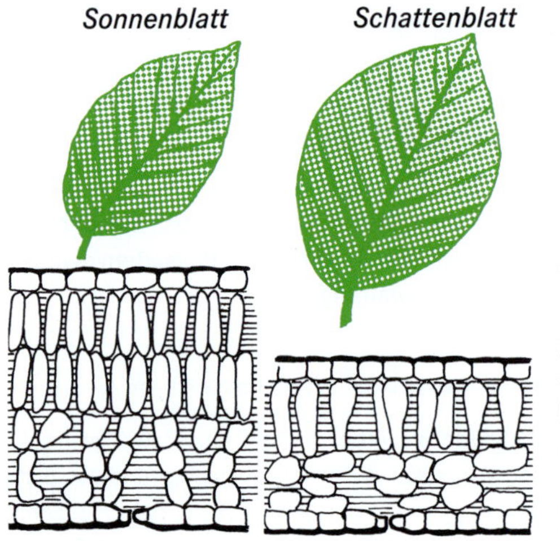

1 Einfluss der Lichtintensität auf den äußeren und inneren Blattaufbau

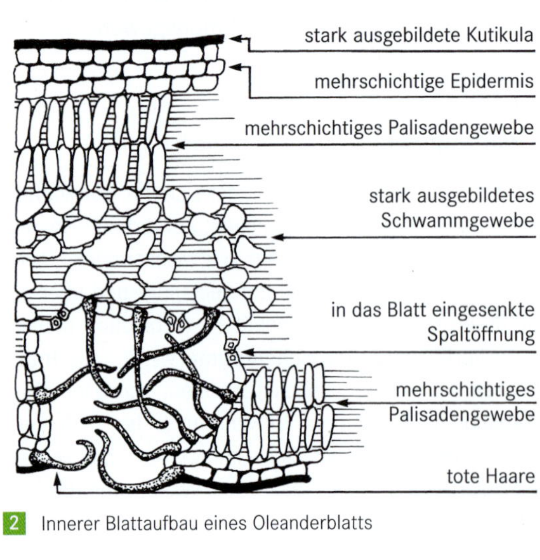

2 Innerer Blattaufbau eines Oleanderblatts

? Aufgaben

◑ 1. Benennen Sie die in der Abbildung gekennzeichneten Teile und nennen Sie ihre Aufgaben.

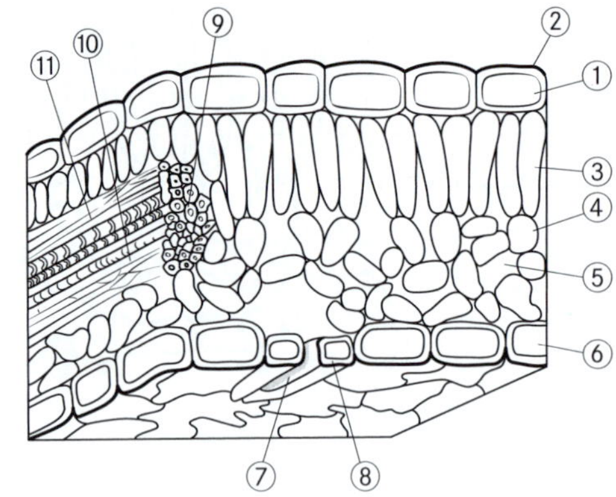

○ 2. Wozu dienen die Blattadern?

◑ 3. Versuch: Besorgen Sie sich ein Blatt der Kapuzinerkresse *(Tropaeolum majus)* und benetzen Sie es mit Wasser.
Beschreiben Sie, was Sie sehen.
Begründen Sie Ihre Beobachtungen.
Welche Vorteile ergeben sich für die Pflanze?

◑ 4. Erklären Sie den unterschiedlichen äußeren und inneren Aufbau von Sonnen- und Schattenblättern eines Baums (1).

● 5. Welchen Aufschluss gibt der innere Aufbau eines Oleanderblatts (2) über den Standort?

2.4 Der innere Aufbau der Sprossachse (1, S. 45)

Über die **Sprossachse** werden Wasser und Nährstoffe aus der Wurzel in die Blätter und Zucker aus den Blättern in die Wurzel transportiert. Um diese Aufgabe erfüllen zu können, hat die Pflanze ein Leitungssystem entwickelt, das es ihr ermöglicht, den **Stofftransport** bis in schwindelnde Höhen und bis in die letzte Zelle hinein zu bewerkstelligen: ein gegenläufiges Leitungssystem von Stoffauf- und -abtransport, das die gesamte Pflanze von der Wurzel bis in die Blätter (Blattadern!) durchzieht. Beide Leitgewebearten sind in der Pflanze in Bündeln, sogenannten **Leitbündeln**, zusammengefasst:

- Das **Xylem (Gefäß- oder Holzteil)** leitet Wasser und Nährstoffe.
- Das **Phloem (Sieb- oder Bastteil)** leitet Assimilate.

Im Gegensatz zu den einkeimblättrigen Pflanzen befindet sich zwischen dem Xylem und dem Phloem der zweikeimblättrigen Pflanzen ein **Kambium**. Dieses teilungsfähige Gewebe dient dem sekundären Dickenwachstum (s. S. 76 f.). Das die Leitbündel umgebende **Festigungsgewebe** führt zur Stabilisierung der gesamten Sprossachse.

Bei der Anordnung der Leitbündel wird zwischen ein- und zweikeimblättrigen Pflanzen unterschieden (1). Die Leitbündel umschließen bei den zweikeimblättrigen Pflanzen das **Mark**. Das Markgewebe dient der **Speicherung von Reservestoffen**. Bei einigen Pflanzen stirbt es mit der Zeit ab, sodass die Sprossachse innen hohl ist.

Der Bereich, der die Leitbündel und das Mark umfasst, wird als **Zentralzylinder** bezeichnet. Im Gegensatz zur Wurzel (1, S. 46) fehlt im Spross eine deutlich sichtbare Abgrenzung zwischen dem Zentralzylinder und der sich nach außen anschließenden **Rinde**. Bei der Rinde handelt es sich zwar um ein mehrschichtiges, aber sehr dünnes Gewebe. Leichte Verletzungen (z. B. das Kratzen mit dem Fingernagel an den Ästen der Gehölze) können das darunterliegende Phloem beschädigen. Die Rinde dient neben dem **Schutz des Phloems** vor allem der **Speicherung von Reservestoffen**. Bei Speicherorganen (z. B. Sprossknollen)

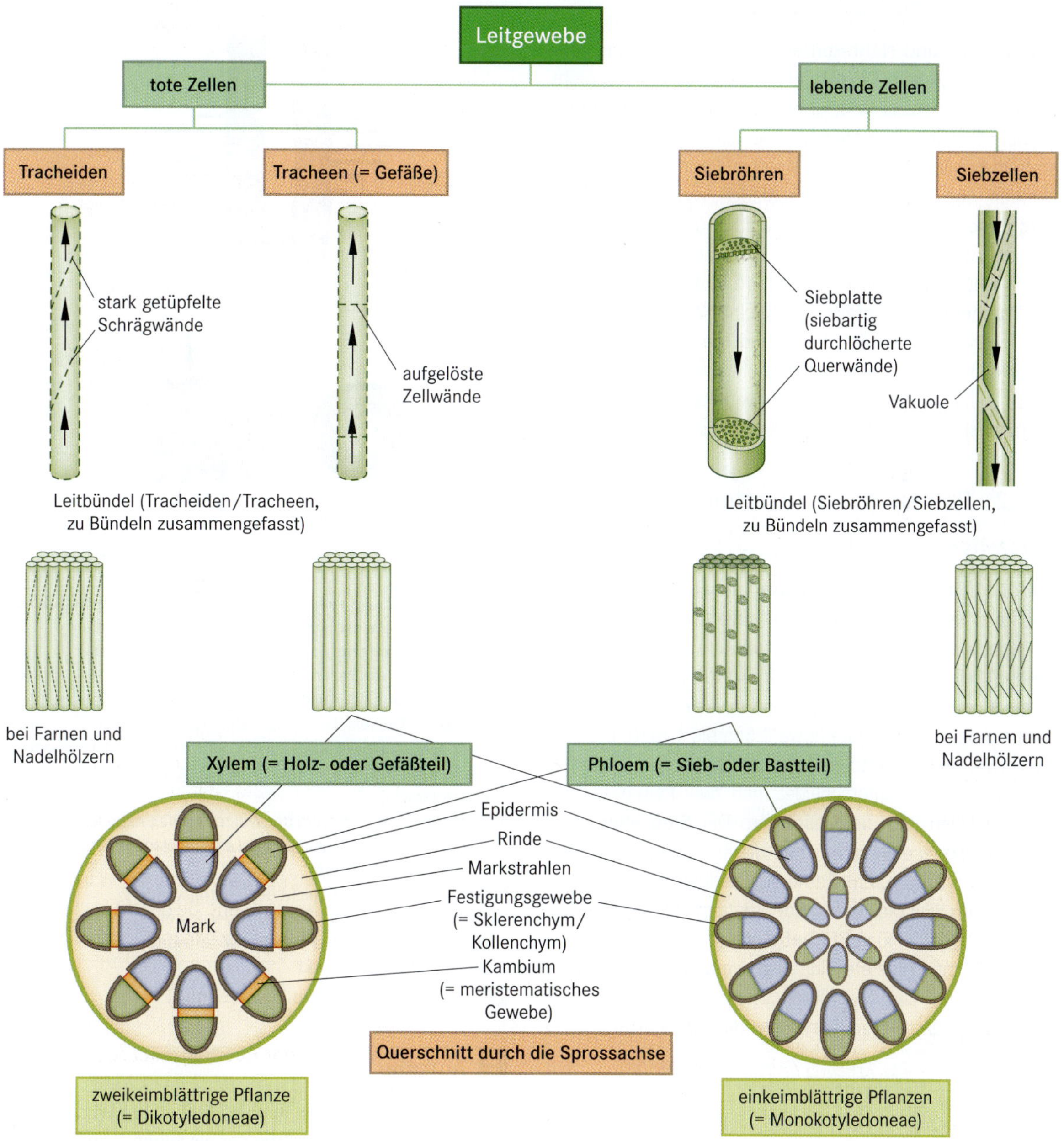

1 Der innere Aufbau der Sprossachse

ist das Rindengewebe stark vermehrt. Enthalten die äußeren Rindenschichten Chlorophyll, dienen sie auch der **Fotosynthese**. Als **Markstrahlen** bezeichnet man das Gewebe, das sich zwischen den Leitbündeln befindet und Rinde und Mark miteinander verbindet. Dieses an Interzellularen reiche Gewebe dient vor allem der **Durchlüftung** und **Speicherung von Reservestoffen**. Nach außen wird die Sprossachse von der **Epidermis** begrenzt. Stirbt diese ab, wird sie durch **Korkgewebe** ersetzt.

2.4.1 Xylem (Gefäß-/Holzteil)

Tracheiden und Tracheen (Gefäße)

Die **Wasser- und Nährstoffleitung** erfolgt in toten, röhrenförmigen Zellen. Da die Zellwände dieser Zellen nicht vollkommen verholzt sind, ist eine Versorgung des angrenzenden Gewebes mit Wasser und darin gelösten Nährstoffen möglich. Nach dem Zellaufbau kann zwischen Tracheiden und Tracheen unterschieden werden. Bei den **Tracheiden** sind die verholzten Zellwände, vor allem die der Querwände (Schrägwände), stark getüpfelt. Tracheiden findet man vor allem bei Farnen und Nadelgehölzen. Die **Tracheen** bzw. **Gefäße** stellen eine Weiterentwicklung der Tracheiden dar. Bei ihnen sind die Querwände der Zellen teilweise aufgelöst, sodass sie längere Röhren (bis 10 m) bilden. In diesem System von Kanälen kann der Stofftransport wesentlich schneller erfolgen (1, S. 45).

2.4.2 Phloem (Sieb-/Bastteil)

Siebzellen und Siebröhren

Die der **Leitung von Assimilaten** dienenden Zellen sind ebenfalls lang gestreckt und besitzen stark getüpfelte Zellwände. Im Gegensatz zu den wasser- und nährstoffleitenden Zellen sind sie lebend. Ihre Protoplasmen bilden einen dünnen Wandbelag, während die Vakuolen, über die die Leitung der Assimilate (etwa 0,5 m bis 1 m/h) in Richtung des Bedarfs erfolgt, fast den gesamten Zellinhalt ausmachen. Hier unterscheidet man zwei Leitungsarten, die Siebzellen und die Siebröhren. Die **Siebzellen** sind über Plasmodesmen verbunden, die ihre getüpfelten Zellwände durchziehen, z. B. Farne und Nadelgehölze. Bei den **Siebröhren** sind die Querwände der lang gestreckten Zellen siebartig durchlöchert **(Siebplatten)**. Durch zahlreiche Plasmodesmen entsteht eine enge Verbindung der Zellen untereinander. Das Siebröhrensystem stellt eine Weiterentwicklung des Siebzellensystems dar (1, S. 45).

Aufgaben

- ○ 1. Welche Aufgaben hat die Sprossachse?
- ○ 2. Nennen Sie die Aufgaben von Xylem und Phloem.
- ◑ 3. Unterscheiden Sie a) Tracheiden und Tracheen, b) Siebzellen und Siebröhren.
- ◑ 4. Wie unterscheiden sich ein- und zweikeimblättrige Pflanzen im inneren Aufbau ihrer Sprossachsen?

2.5 Der innere Wurzelaufbau

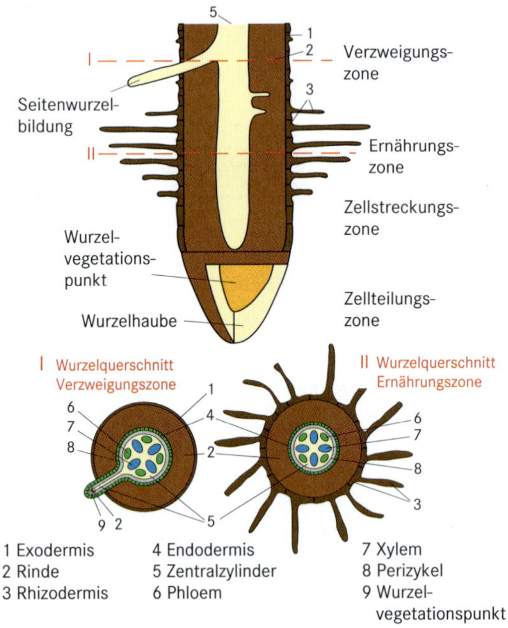

1 **Exodermis:** bis auf wenige Durchlasszellen wasserundurchlässig, tritt an die Stelle der Rhizodermis nach ihrem Absterben
2 **Rinde:** mehrschichtiges Gewebe, dient vor allem der Speicherung von Reservestoffen
3 **Rhizodermis** (Epidermis der Wurzel): einschichtig, farblos, besitzt keine Kutikula, bildet **Wurzelhaare**
4 **Endodermis:** innerste Zellschicht der Rinde, ihre Durchlasszellen pressen das Wasser aktiv in den Zentralzylinder (Wurzeldruck!)
5 **Zentralzylinder:** Zentrum der Wurzel, enthält nebeneinander angeordnet die Leitbündel (radiale Leitbündelanordnung)
6 **Phloem** und 7 **Xylem**
8 **Perizykel:** äußerste Schicht des Zentralzylinders; ein Kambium, das für die Bildung der Seitenwurzeln und das Dickenwachstum der Wurzel verantwortlich ist
9 **Wurzelvegetationspunkt**

1 Der innere Wurzelaufbau

Aufgabe

◑ Beschreiben Sie den inneren Aufbau der Wurzel und nennen Sie die Aufgaben der einzelnen Gewebe.

3 Physiologie

3.1 Ernährungsweisen (1)

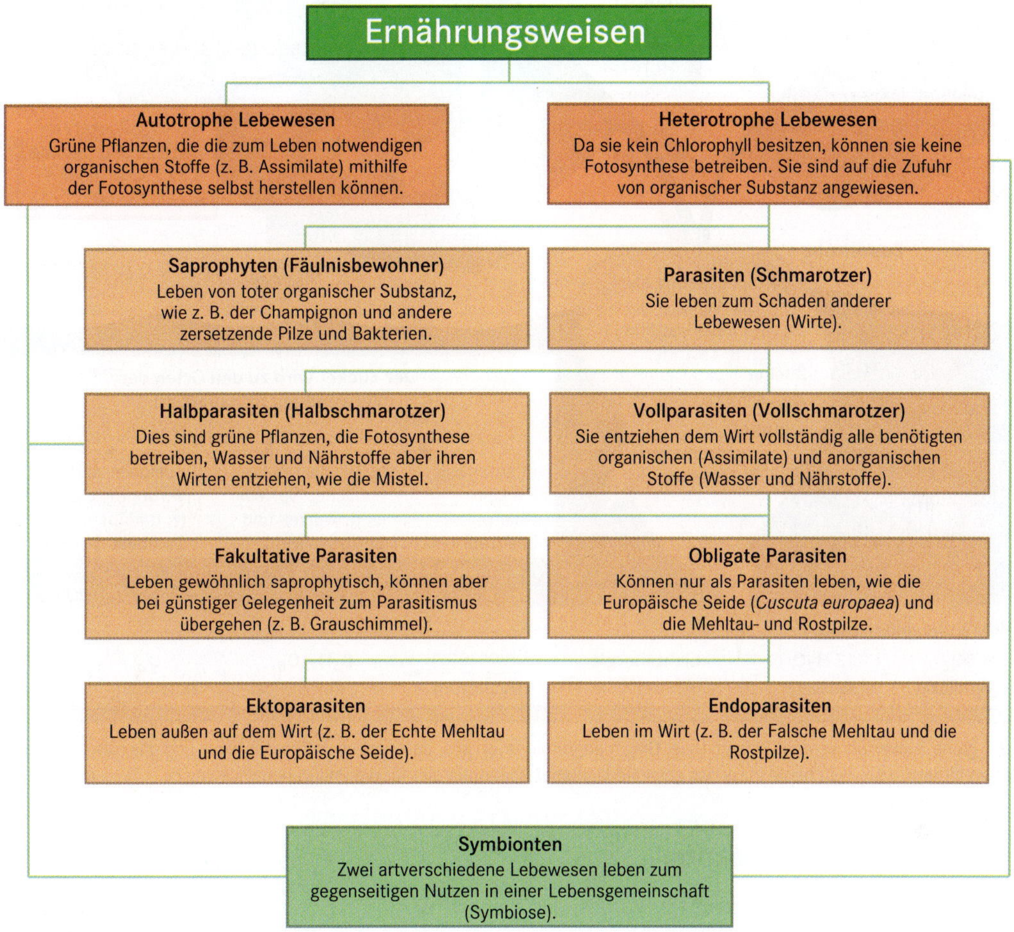

1 Ernährungsweisen

Nur die grünen Pflanzen können mithilfe der Fotosynthese die zum Leben notwendigen organischen Stoffe selbst herstellen. Sie sind **autotroph**. Im Gegensatz dazu werden die Lebewesen, die auf die Zufuhr organischer Substanz angewiesen sind, z. B. Mensch und Tier, als **heterotroph** bezeichnet.

? Aufgaben

1. Worin unterscheiden sich autotrophe und heterotrophe Lebewesen?
2. Erklären Sie parasitäre, saprophytische und symbiontische Lebensweisen und nennen Sie Beispiele.

3.2 Fotosynthese (Assimilation)

Fotosynthese und Zellatmung

Die grünen Blätter der Pflanze sind mit **Zuckerfabriken** zu vergleichen. Sie produzieren aus Kohlendioxid (CO_2), Wasser (H_2O) und Lichtenergie unter Mithilfe des Blattgrüns energiereichen Traubenzucker ($C_6H_{12}O_6$). Als „Abfallprodukt" wird Sauerstoff (O_2) freigesetzt. Diesen Vorgang bezeichnet man als **Fotosynthese** (Photos = Licht, Synthese = Aufbau) oder **Assimilation** (Umwandlung von Stoffen), die dabei entstehenden Stoffe als **Assimilate**. Bei der Fotosynthese werden aus energiearmen anorganischen Ausgangsstoffen energiereiche organische Stoffe, **Kohlenhydrate** (bestehen aus den Elementen Kohlenstoff [C], Wasserstoff [H] und Sauerstoff [O]), aufgebaut. Die Lichtenergie der Sonne wird dabei in die chemische Energie des Traubenzuckers umgewandelt (1, S. 48).

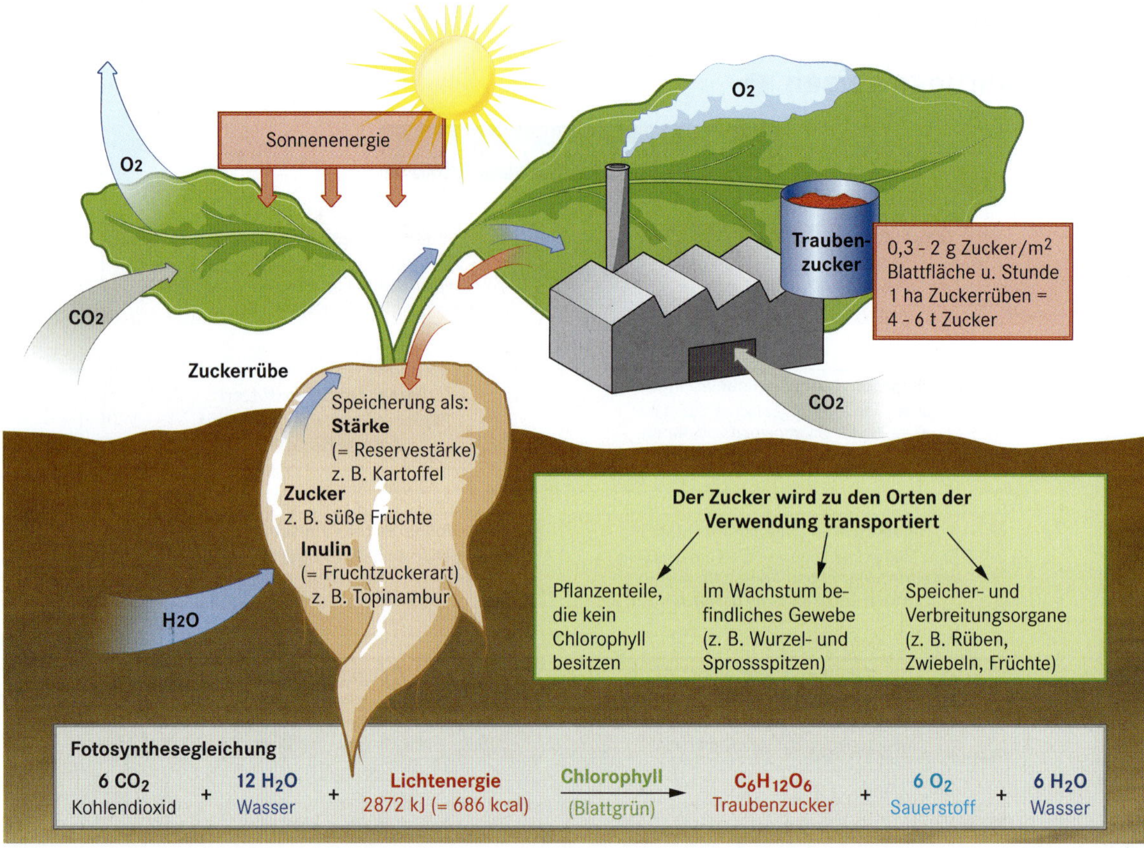

1 Blätter – grüne Zuckerfabriken mit Solarenergie. Ging man früher davon aus, dass insbesondere das blaue und das rote Licht das Pflanzenwachstum fördern, weiß man heute, dass das gesamte Lichtspektrum optimaler für die Pflanzenentwicklung ist.

3.2.1 Licht- und Dunkelreaktion

Die **Fotosynthese** ist ein hoch komplizierter Prozess, der bis heute noch nicht in allen Einzelheiten geklärt ist. Fotosynthese können nur grüne Pflanzenteile betreiben, da nur sie über den grünen Blattfarbstoff, das **Chlorophyll**, verfügen. Das Chlorophyll hat die einzigartige Fähigkeit, aus der Lichtstrahlung der Sonne die Energie zu entnehmen. Ein Teil dieser Energie wird auf **ATP (Adenosintriphosphat)**, einen Energiespeicher und -träger, übertragen, der andere Teil dient zur Spaltung des aufgenommenen Wassers **(Fotolyse)** in Wasserstoff und Sauerstoff. Der aus dem Wasser freigesetzte Sauerstoff wird an die Umgebung abgegeben. Aus dem Wasserstoff und dem aufgenommenen Kohlendioxid wird in einem komplizierten Prozess (sogenannter **Calvin-Zyklus**) **Traubenzucker (Glucose)** aufgebaut. Da die Energiegewinnung durch das Chlorophyll und die Wasserspaltung an Licht gebunden ist, der Traubenzuckeraufbau aber auch im Dunkeln ablaufen kann, unterscheidet man bei der Fotosynthese zwischen einer **Licht- und einer Dunkelreaktion** (**2**). Voraussetzung für die Dunkelreaktion ist jedoch die Lichtreaktion, sodass die gesamte Fotosynthese nur bei Licht ablaufen kann.

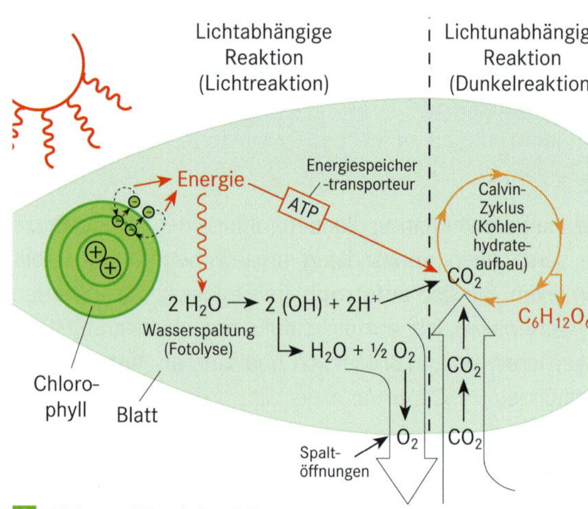

2 Licht- und Dunkelreaktion

3.2.2 Fotosynthetisches Licht

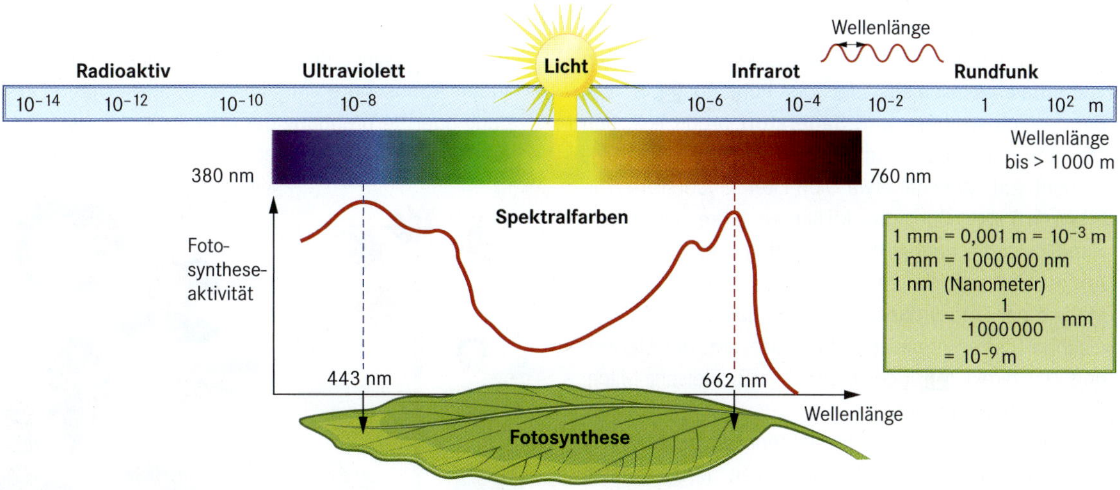

1 Sonnenstrahlen. Ging man früher davon aus, dass insbesondere das blaue und das rote Licht das Pflanzenwachstum fördern, weiß man heute, dass das gesamte Lichtspektrum optimaler für die Pflanzenentwicklung ist.

Von der Sonne kommen Strahlen unterschiedlicher Wellenlänge (**1**). Für die Fotosynthese benutzt die Pflanze nur den sichtbaren Teil der Sonnenstrahlung - die **Lichtstrahlung**. Dieser Bereich liegt zwischen 380 und 760 nm (1 nm = 10^{-6} mm = 1/1 000 000 mm). Leitet man weißes Licht durch ein Prisma, wird es entsprechend den verschiedenen Wellenlängen, aus denen es sich zusammensetzt, unterschiedlich gebrochen. Dabei wird das Licht in seine **Spektralfarben** Rot, Orange, Gelb, Grün, Blau und Violett zerlegt (Regenbogenfarben). Für die Fotosynthese wird vor allem die blauviolette (443 nm) und die rotorange (662 nm) Lichtstrahlung benutzt (**1**). Da Lampen eine andere spektrale Energieausstrahlung aufweisen als die Sonne, ist bei der Auswahl von Lampen zur **Zusatzbelichtung (Assimilationslicht)** darauf zu achten, dass sie eine für die Pflanze ausreichende spektrale Lichtverteilung aufweisen.

Entscheidend für die Stärke der Fotosynthese ist nicht nur die spektrale Zusammensetzung des Lichts **(Lichtqualität)**, sondern auch die **Intensität der Lichtstrahlung**. Gemessen wird die Lichtintensität in Lux (lx) mit sogenannten Luxmetern. Die volle fotosynthetische Leistung wird bei 10 000 bis 40 000 Lux (normale Tageshelligkeit) erreicht.

3.2.3 Traubenzucker, Energie- und Baustofflieferant

Der **Traubenzucker** liefert der Pflanze die zur Aufrechterhaltung ihrer Lebensvorgänge notwendige **Energie** und dient als **Baustoff** zum Aufbau aller anderen organischen Verbindungen, wie z. B. Stärke, Cellulose, Fette und Eiweiße. Der bei der Fotosynthese produzierte wasserlösliche Traubenzucker wird zur Vermeidung schädlicher Zellsaftkonzentrationen sofort in wasserunlösliche Stärke umgewandelt. Diese **Assimilationsstärke** wird in der Nacht wieder in wasserlöslichen Zucker zurückverwandelt und zu den Orten des Bedarfs transportiert (**1**, S. 48).

3.2.4 Bedeutung der Fotosynthese für das Leben auf der Erde

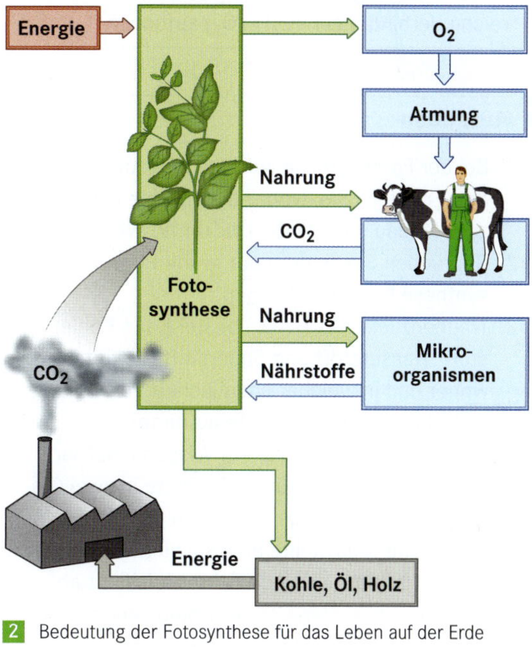

2 Bedeutung der Fotosynthese für das Leben auf der Erde

Erst die **Fotosynthese** der grünen Pflanzen vor mehr als drei Milliarden Jahren hat unsere Erde zu einem blauen Planeten und damit bewohnbar für Mensch und Tier werden lassen. Die Bedeutung der Fotosynthese für das Leben auf der Erde ergibt sich aus folgenden Punkten (2, S. 49):

1. Bei der Fotosynthese wird **Sauerstoff** produziert, den Mensch und Tier zur Atmung benötigen. Pro Tag verbraucht ein Mensch etwa 700 Liter Sauerstoff. Die Pflanzen haben über drei Milliarden Jahre darauf verwandt, um die heutige Konzentration von 21 % in der Atmosphäre aufzubauen.
2. Mithilfe der Fotosynthese baut die Pflanze aus anorganischen Stoffen organische Substanz auf, die Mensch und Tier direkt (1) oder indirekt (z. B. Fleisch, Milch, Eier) als **Nahrung** dient.
3. Bei der Fotosynthese wird die Lichtenergie der Sonne in Form von organischen Verbindungen (z. B. Zucker, Stärke, Fette, Eiweiße) gespeichert und auf diese Weise für alle anderen Lebewesen über die Nahrung zugänglich gemacht. Durch Nutzung von Kohle und Erdöl verbraucht der Mensch die vor vielen Millionen Jahren durch Pflanzen festgelegte Lichtenergie der Sonne.
4. Bei der Fotosynthese wird zum Aufbau organischer Substanz **Kohlendioxid verbraucht**, d. h. in den Pflanzenkörper eingebaut. Diese Festlegung ca. 1/3 des auf der Erde ausgestoßenen CO_2 wirkt einer Anreicherung in der Atmosphäre entgegen (s. S. 350). Durch Zersetzung oder Verbrennung der organischen Substanz wird das „gespeicherte" Kohlendioxid wieder freigesetzt.

Merke

Die Fotosynthese ist der **größte Energiespeicher und Energielieferant auf der Erde**.
Nur die grünen Pflanzen können aus energiearmen Ausgangsstoffen (CO_2 und H_2O) energiereiche Verbindungen ($C_6H_{12}O_6$) aufbauen.

1 Die Pflanze als Nahrungsmittelproduzent

Aufgaben

1. Bei der Fotosynthese wird Traubenzucker gebildet. Erläutern Sie, woher die Energie kommt, die zum Aufbau von Traubenzucker notwendig ist.
2. Begründen Sie, warum nur grüne Pflanzen Fotosynthese betreiben können.
3. Traubenzucker ($C_6H_{12}O_6$) besteht aus Kohlenstoff, Wasserstoff und Sauerstoff. Erläutern Sie, woher und in welcher chemischen Verbindung die Pflanze diese Elemente aufnimmt.
4. Vor vielen Jahren führte ein Wissenschaftler folgenden Versuch durch: Er setzte in zwei Gläser jeweils eine Maus mit einem Stück Käse. In das zweite Glas stellte er zusätzlich eine Pflanze. Danach schloss er beide Gläser luftdicht ab. Die Maus im ersten Glas war bald verstorben (2), während die Maus im zweiten Glas überlebte (3). Begründen Sie diese Ergebnisse.

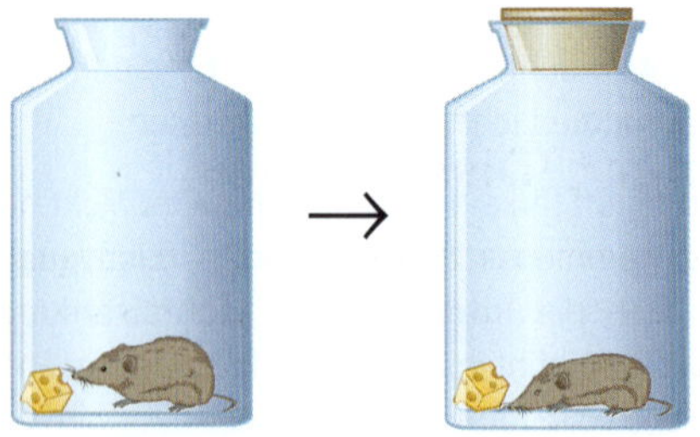

2 Versuchsaufbau ohne Pflanze

3 Versuchsaufbau mit Pflanze

Aufgaben (Fortsetzung)

5. **Versuch:** Materialien: 3 Reagenzgläser, 3 Sprossenden der Wasserpest, Wasser
   Versuchsdurchführung: Füllen Sie drei Reagenzgläser mit Wasser und geben Sie jeweils ein 5 cm langes Sprossende der Wasserpest mit der Sprossspitze nach unten hinein. Setzen Sie ein Glasröhrchen am Fenster der direkten Sonneneinstrahlung aus, das zweite Glas stellen Sie 1 m und das dritte 3 m vom Fenster entfernt auf.
   a) Zählen Sie die Anzahl der aufsteigenden Sauerstoffbläschen pro Minute.
   b) Tragen Sie die Ergebnisse in eine Tabelle ein. Wiederholen Sie den Versuch mehrmals und errechnen Sie den Durchschnittswert. Erklären Sie die Ergebnisse.

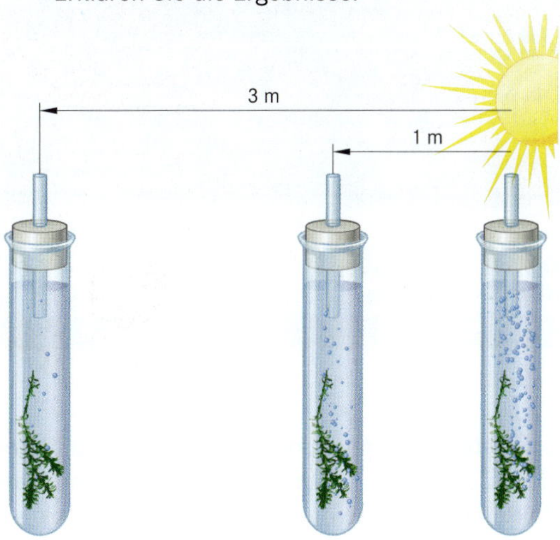

Lichtstärke	Anzahl Sauerstoffbläschen/Minute									Ø
direktes Sonnenlicht										
1 m Fensterabstand										
3 m Fensterabstand										

6. Woher stammt der Sauerstoff, der nach außen abgegeben wird?
7. Beschreiben Sie den Ablauf der Fotosynthese (1, S. 48)
8. Nennen Sie die Fotosynthesegleichung.
9. Kleben Sie die Blätter einer Pflanze auf Papier. Errechnen Sie die gesamte Blattfläche und die Tagesproduktion an Zucker.
10. Warum ist die Eignung von Lampen zur Zusatzbelichtung (Assimilationslicht) von ihrer spektralen Lichtverteilung abhängig?
11. Erklären Sie die Behauptung: „Die Parkanlagen sind die Lungen der Großstädte."
12. Begründen Sie, warum der bei der Fotosynthese gebildete Traubenzucker sofort in Stärke umgewandelt wird.
13. Welche Vorgänge bei der Fotosynthese benötigen Licht und welche können auch bei Dunkelheit ablaufen?
14. Wie kann der Gärtner die Fotosynthese fördern?
15. Warum hängt die Existenz aller anderen Lebewesen von den grünen Pflanzen ab?

3.3 Atmung (Dissimilation)

Zur Aufrechterhaltung ihrer Lebensvorgänge benötigt die Pflanze - genau wie Mensch und Tier - Energie. Diese gewinnt sie durch die Fotosynthese, indem sie die Energie des Sonnenlichts in Form von Traubenzucker speichert. Wie gelingt es nun aber der Pflanze, die im Traubenzucker gespeicherte Energie freizusetzen? Verbrennt man ein Stück Traubenzucker, wird die Energie als Wärme frei. Auch in der Pflanze läuft so etwas Ähnliches wie eine Verbrennung ab - die **Atmung**. Alle Lebewesen - so auch die Pflanzen - müssen atmen, um die in organischer Substanz gespeicherte Energie in eine für sie verwertbare Form zu überführen. Bei der Atmung erfolgt der umgekehrte Vorgang wie bei der Fotosynthese: Traubenzucker wird unter Aufnahme von Sauerstoff zu Kohlendioxid und Wasser abgebaut („verbrannt"), wobei die in ihm gespeicherte Sonnenenergie freigesetzt wird (1, S. 52). Im Gegensatz zum Würfelzucker geht die Pflanze jedoch nicht in Flammen auf, da die Verbrennung in der Pflanze durch Enzyme **(Biokatalysatoren)** gesteuert wird, sodass die Energie schrittweise freigesetzt wird.

Enzyme sind Eiweißverbindungen, die eine chemische Reaktion erst ermöglichen oder beschleunigen. Ein Teil der Energie wird in Form von **Wärme** abgegeben. Frühblüher, z. B. Schneeglöckchen, können sich damit nicht nur durch den Schnee schmelzen, sondern auch mit Wasser versorgen. Bei der Zersetzung organischer Substanz kann durch die Atmungstätigkeit der Bakterien eine Temperatur von 70 °C und mehr erreicht werden. Die Temperatur kann unter bestimmten Bedingungen sogar so weit ansteigen, dass eine Selbstentzündung (z. B. bei zu feucht eingelagertem Heu) stattfindet. Die **Atmungswärme**, die für die Pflanze verloren geht,

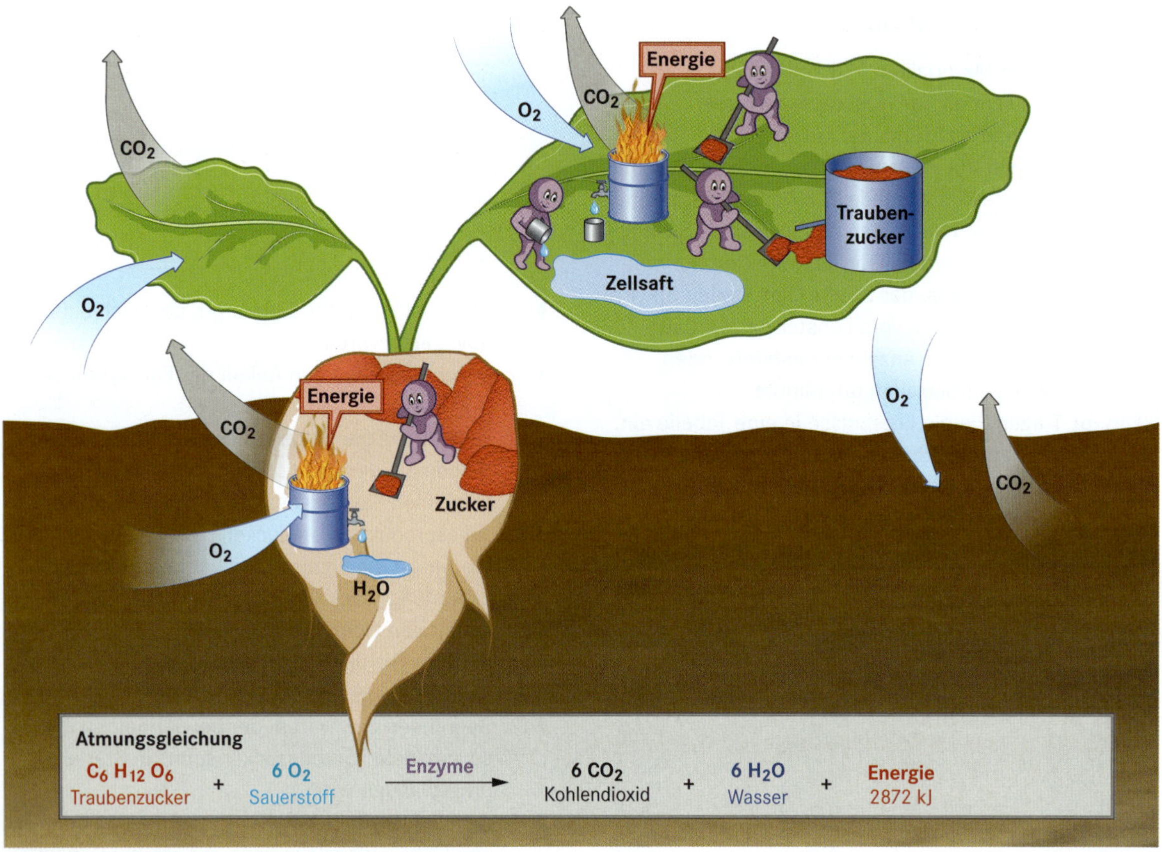

1 Atmung - das „Feuer" in der Pflanze

ist jedoch nur ein Teil der Energie, die bei der Atmung freigesetzt wird. Der größte Teil wird zum Aufbau von **ATP (Adenosintriphosphat)**, einem Energiespeicher und -träger, genutzt. In Form von ATP wird die Energie an die Orte des Bedarfs transportiert. Zur Versorgung der Pflanze mit Energie muss ATP laufend neu gebildet werden. Dies geschieht in den Mitochondrien, in denen die Atmung abläuft. Die Atmung findet Tag und Nacht in allen lebenden Zellen statt (1). Neben Zucker können auch Stärke und Fette sowie Eiweiße (diese nur im Hungerzustand) veratmet werden.

Es gibt auch Mikroorganismen, z. B. bestimmte Bakterien, die ohne Sauerstoff leben können. Man spricht dann von **sauerstofffeindlichen oder anaeroben Bakterien** im Gegensatz zu den **sauerstoffliebenden, den aeroben Bakterien**. Die anaeroben Bakterien gewinnen die lebensnotwendige Energie nicht durch Atmung, sondern durch Gärungsprozesse. Bei der **Gärung** erfolgt die Zersetzung der organischen Substanz ohne Sauerstoffaufnahme.

Fotosynthese (Assimilation)	Atmung (Dissimilation)
■ nur in grünen Pflanzenteilen	■ in allen lebenden Teilen
■ in den Chloroplasten	■ in den Mitochondrien
■ nur bei Licht (Tag)	■ Tag und Nacht
■ Stoffaufbau	■ Stoffabbau
■ Speicherung der Lichtenergie	■ Freisetzung der Lichtenergie
■ Abgabe von Sauerstoff	■ Aufnahme von Sauerstoff
■ Aufnahme von Kohlendioxid	■ Abgabe von Kohlendioxid
■ Aufnahme von Wasser	■ Abgabe von Wasser

Tab. 1 Fotosynthese und Atmung im Vergleich

Aufgaben

1. Wie gelingt es der Pflanze, die im Traubenzucker gespeicherte Energie in eine für sie verwertbare Form zu überführen?
2. Warum spricht man bei der Atmung auch von einem Gasaustausch?
3. Wodurch entstehen die hohen Temperaturen von 70 °C in einem Komposthaufen?
4. Was geschieht mit der Energie, die bei der Atmung freigesetzt wird?
5. Warum fördert ein gut gelockerter Boden das Pflanzenwachstum?
6. Worin unterscheiden sich Fotosynthese und Atmung (Tab. 1)?

3.4 Fotosynthese, Atmung und Temperatur im Zusammenspiel

Fotosynthese und **Atmung** sind - wie alle Lebensvorgänge - chemische Reaktionen und werden daher in ihrer Geschwindigkeit von der Temperatur beeinflusst. Mit zunehmender Temperatur steigen Fotosynthese und Atmung an (1).

Für das **Wachstum der Pflanzen** ist dabei von entscheidender Bedeutung, dass beide Stoffwechselvorgänge durch steigende Temperaturen unterschiedlich beeinflusst werden. Für die Fotosynthese liegt das Optimum je nach Pflanzenart zwischen 20 und 30 °C. Klettert die Temperatur über das Optimum, nimmt die Fotosynthese ab, die Atmung jedoch steigt. Sind Fotosynthese (Stoffaufbau) und Atmung (Stoffabbau) in ihrer Intensität gleich **(Kompensationspunkt)**, kann kein Wachstum stattfinden. Ist der Stoffabbau ständig größer als der Stoffaufbau, kümmert die Pflanze und stirbt. Wachstum kann also nur erfolgen, wenn die Fotosynthese stärker abläuft als die Atmung (1). Die Kenntnis über die Zusammenhänge zwischen Fotosynthese, Atmung und Temperatur macht man sich im Gartenbau zunutze, indem in den Gewächshäusern über Nacht bzw. in der lichtarmen Jahreszeit (Herbst und Winter) die Temperatur abgesenkt und mit steigender Lichtintensität angehoben wird. Durch diese **lichtabhängige Temperatursteuerung** wird das Pflanzenwachstum positiv beeinflusst. Die optimale Temperatur für das Wachstum der Pflanzen hängt also von der vorhandenen Lichtintensität ab (2).

Nach dem Lichtbedürfnis kann zwischen **Schatten-** (●), **Halbschatten-** (◑) und **Sonnenpflanzen** (○) unterschieden werden. Bei den Schattenpflanzen wird der Kompensationspunkt (um 200 Lux) viel früher erreicht als bei Sonnenpflanzen (um 1 000 Lux), sodass sie bereits bei relativ wenig Licht leben können.

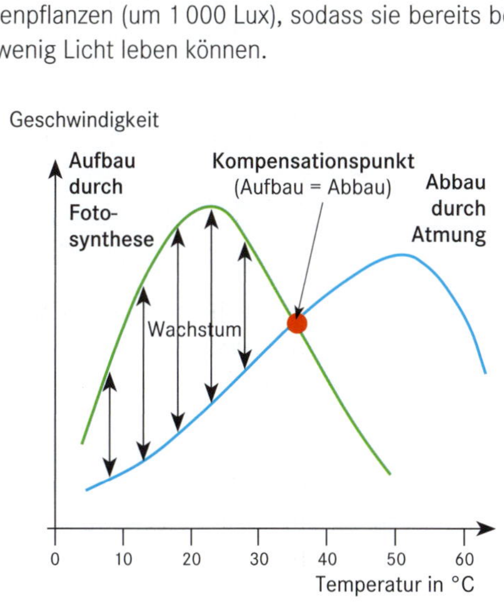

1 Zusammenspiel Fotosynthese und Atmung

2 Zusammenspiel von Licht und Temperatur

Aufgaben

● 1. Wie wirken sich steigende Temperaturen auf Fotosynthese und Atmung aus?

◑ 2. Warum wirkt eine Temperaturabsenkung über Nacht bzw. in der lichtarmen Jahreszeit positiv auf das Wachstum der Pflanzen (1)?

3.5 Steuerung des Pflanzenwachstums

Die **Fotosynthese** beeinflusst über das Pflanzenwachstum den Ertrag, die Qualität, die Kulturzeit und damit den Kulturerfolg bzw. die Wirtschaftlichkeit einer Kultur. Neben der Sorte, der Pflanzenart, dem Entwicklungsstadium der Pflanze und der Ernährung wirken sich vor allem die Lichtzusammensetzung und -intensität, die CO_2-Konzentration der Luft, die Wasserverfügbarkeit und die Temperatur auf den Ablauf der Fotosynthese aus - **Wachstumsfaktoren**, die der Gärtner bei Kenntnis ihrer Wirkung gezielt zur Steuerung des Pflanzenwachstums einsetzen kann.

Durch Steigerung der **Lichtintensität** lässt sich die Fotosyntheseleistung der Pflanze erhöhen. Die Geschwindigkeit der Fotosynthese nimmt zunächst mit steigender Lichtintensität stark, dann weniger stark zu und erreicht schließlich im Optimum einen konstanten Wert (1).

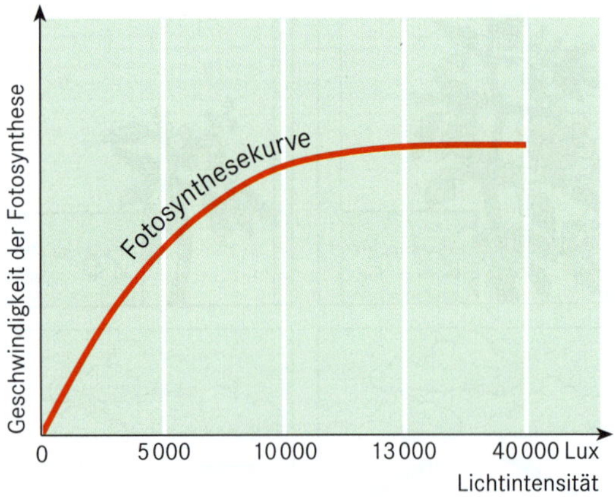

1 Einfluss steigender Lichtintensität auf die Fotosynthese

Dieses Optimum hängt jedoch von den anderen Wachstumsfaktoren ab. Als Ausgangsprodukt der Fotosynthese übt neben der **Wasserverfügbarkeit** vor allem der **Kohlendioxidgehalt** der Luft einen wesentlichen Einfluss auf die Fotosyntheseleistung der Pflanze aus.

Die **CO_2-Konzentration der Luft** ist mit 0,0419 % (= 419 ppm) nicht optimal für die Fotosynthese. Vor allem in Gewächshäusern kann es durch den CO_2-Entzug der Pflanzen und den behinderten Luftaustausch zu einem Mangel an Kohlendioxid kommen. Entsprechend kann durch eine Erhöhung der CO_2-Konzentration (auf 400 bis 3 000 ppm) die fotosynthetische Leistung der Pflanzen gesteigert werden. In der gärtnerischen Praxis bedient man sich dazu der künstlichen **CO_2-Begasung (CO_2-Düngung)**. Die Wirkung der CO_2-Begasung nimmt mit steigender Lichtintensität zu (2). Daher kann besonders an hellen Tagen ein zusätzliches CO_2-Angebot das Pflanzenwachstum verbessern.

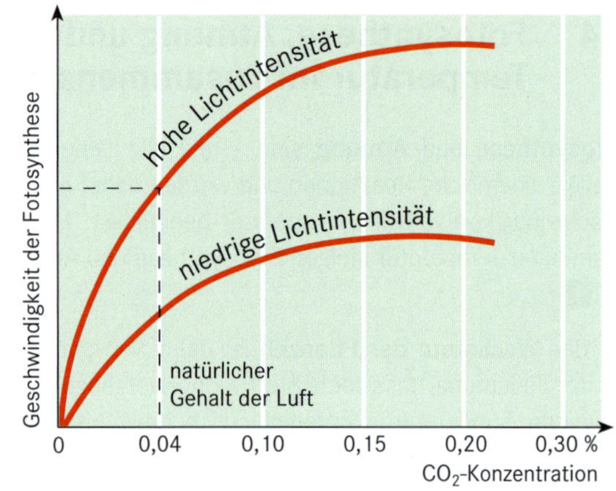

2 Einfluss steigender CO_2-Gehalte der Luft bei unterschiedlicher Lichtintensität auf die Fotosynthese

Ein anderer begrenzender Wachstumsfaktor ist die **Temperatur**. Bei niedriger Lichtintensität und steigender Temperatur bleibt die Fotosyntheseleistung der Pflanze praktisch unverändert. Hier ist das Licht der begrenzende Wachstumsfaktor. Daneben bewirkt die Temperaturerhöhung eine Steigerung der Atmungsintensität, sodass es zu einer Hemmung des Pflanzenwachstums und gegebenenfalls zu einer Unterschreitung des Kompensationspunkts kommen kann (s. S. 53). Bei hoher Lichtintensität ist hingegen die Temperatur der begrenzende Wachstumsfaktor, sodass eine Temperaturerhöhung die Fotosynthese fördert. Wird das Temperaturoptimum überschritten, kommt es zu einer schnellen Abnahme der Fotosynthese (3).

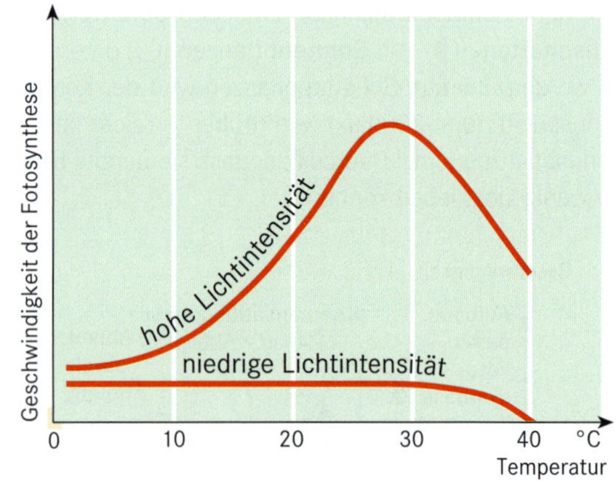

3 Einfluss steigender Temperaturen bei unterschiedlicher Lichtintensität auf die Fotosynthese

Die Wachstumsfaktoren Wasser, Kohlendioxid, Licht und Temperatur beeinflussen sich gegenseitig in ihrer Wirkung auf die Fotosynthese, sodass bei der Steuerung des Pflanzenwachstums nicht einzelne Wachstumsfaktoren isoliert, sondern im Zusammenwirken mit den anderen Wachstumsfaktoren gesehen werden müssen (1, S. 55).

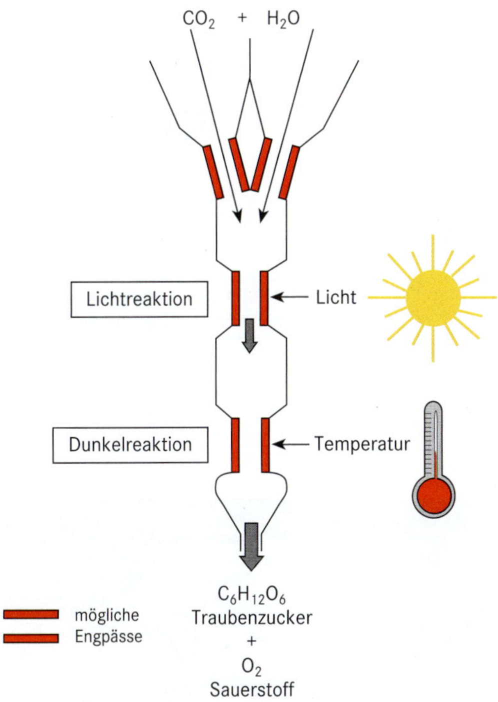

1 Der Ablauf der Fotosynthese wird von zahlreichen Faktoren beeinflusst

? Aufgaben

1. Beschreiben Sie, wie eine Steigerung der Lichtintensität die Fotosynthese beeinflusst.
2. Warum ist eine CO_2-Begasung umso stärker wachstumsfördernd, je höher die Lichtintensität ist?
3. Warum wird das Pflanzenwachstum bereits bei niedriger Lichtintensität durch eine zusätzliche CO_2-Versorgung gefördert?
4. Warum bleibt bei niedriger Lichtintensität und steigender Temperatur die Fotosynthese praktisch unverändert?
5. Wie wirkt sich eine Temperatursteigerung bei niedriger Lichtintensität auf das Pflanzenwachstum aus?
6. Erklären Sie das Zusammenspiel der Wachstumsfaktoren Wasser, Kohlendioxid, Licht und Temperatur bei der Fotosynthese (1).

3.6 Der Wasserhaushalt der Pflanzen

Die meisten Pflanzen, vor allem die krautigen, bestehen zu 80 bis 95 % aus Wasser. Es ist für alle **Stoffwechselvorgänge** unentbehrlich und dient als **Lösungs- und Transportmittel von Nährsalzen**, zur **Festigung des Pflanzengewebes** (Turgor) und zur **Temperaturregulierung** (Verdunstungskälte).

Vor mehr als 500 Millionen Jahren gelang den Pflanzen der Übergang vom Wasser zum Land. Dieser Übergang brachte grundlegende Veränderungen für den **Wasserhaushalt der Pflanzen** (1, S. 56) mit sich. Es mussten wasseraufnehmende (Wurzel), wasserleitende (Sprossachse) und wasserabgebende Organe (Blätter) entwickelt werden. Entsprechend wird der Wasserhaushalt der Pflanzen durch Wasseraufnahme, Wasserleitung und Wasserabgabe bestimmt.

Osmose

3.6.1 Wasseraufnahme

Wie nimmt die Pflanze mit ihren Wurzelhaaren das Wasser auf? Um diesen Vorgang zu verstehen, muss der Begriff der **Diffusion** erklärt werden. Schauen Sie sich dazu folgenden Versuch an: Zwischen zwei mit Wasser gefüllten Gefäßen befindet sich eine durchlässige Wand. In das eine Gefäß werden viele Nährstoffe gegeben, in das andere nur wenige. Die Folge ist: Wir haben zwei unterschiedlich konzentrierte Lösungen. Mit der Zeit werden nun Nährstoffe aus der höher konzentrierten Lösung in die niedriger konzentrierte wandern. Dies erfolgt so lange, bis ein Konzentrationsausgleich stattgefunden hat, d. h. beide Lösungen gleich hoch konzentriert sind. **Den selbstständig erfolgenden Konzentrationsausgleich (Brownsche Molekularbewegung) zwischen zwei unterschiedlich konzentrierten Lösungen bezeichnet man als Diffusion (2).**

Im Bodenwasser befinden sich gelöste Nährstoffe. Wir sprechen deshalb von einer **Bodenlösung**. Auch die Vakuolen der Pflanzenzellen enthalten Wasser mit gelösten

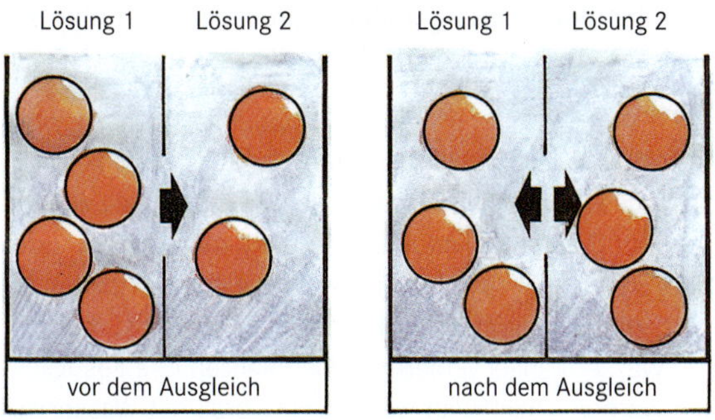

2 Konzentrationsausgleich durch Diffusion

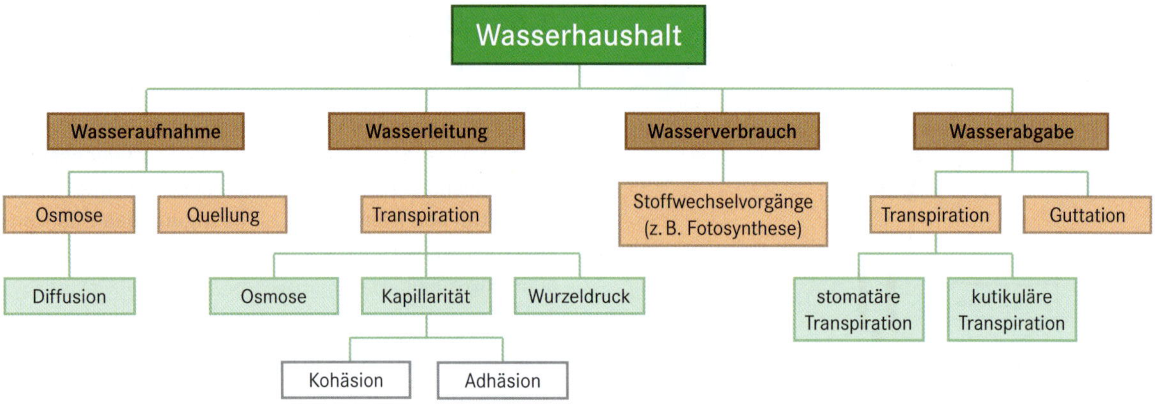

1 Wasserhaushalt

Stoffen. Diese Lösung bezeichnet man als **Zellsaft**. Der Zellsaft enthält eine größere Menge an gelösten Stoffen als die Bodenlösung und ist damit höher konzentriert. Da die **Zellwand** der Pflanzenzelle für Wasser und darin gelöste Nährstoffe durchlässig ist, müssten nun bei Kontakt zwischen Wurzelhaarzelle und Bodenlösung die in der Pflanzenzelle gelösten Nährstoffe in den Boden wandern. Dieser Konzentrationsausgleich erfolgt aber nicht, weil sich innerhalb der Zelle die **Plasmahaut** an die Zellwand anlegt. Diese lässt zwar das Wasser hindurchdiffundieren, aber nicht die darin gelösten Nährstoffe. Sie ist also im Gegensatz zur Zellwand nur **halbdurchlässig (semipermeabel)**. Damit es nun aber trotzdem zu einem Konzentrationsausgleich kommen kann, diffundiert das Wasser aus der niedriger konzentrierten Bodenlösung (niedriger osmotischer Wert oder Druck) in die höher konzentrierte Lösung (höherer osmotischer Wert oder Druck), also in die Pflanzenzelle. Dadurch wird der Zellsaft verdünnt, die Konzentration sinkt. Dabei wird der Bodenlösung Wasser entzogen, sodass hier die Konzentration steigt. Dieser Vorgang verläuft so lange, bis ein Konzentrationsausgleich stattgefunden hat. Da jedoch die Pflanze ständig Wasser verdunstet und aus dem Boden immer wieder Wasser zur Wurzel nachläuft, kommt es nie zu einem Konzentrationsausgleich. Somit kann die Pflanze fortwährend Wasser aufnehmen. **Die Diffusion von Wasser durch eine semipermeable (halbdurchlässige) Membran bezeichnet man als Osmose.** Die Pflanze nimmt also Wasser durch Osmose auf (2)!

Durch die Wasseraufnahme nimmt der Zellsaft an Volumen zu, sodass er über das Plasma einen Druck auf die Zellwand ausübt. Diesen Zellinnendruck nennt man **Turgor oder Turgordruck**. Er führt, ähnlich wie bei einem Luftballon die Luft, dazu, dass krautige Pflanzenteile gefestigt werden. Bei Wassermangel verlieren diese Pflanzen ihre Festigkeit. Sie werden schlaff und welken. Eine prall mit Wasser gefüllte Zelle bezeichnet man als **turgeszent**. Eine solche

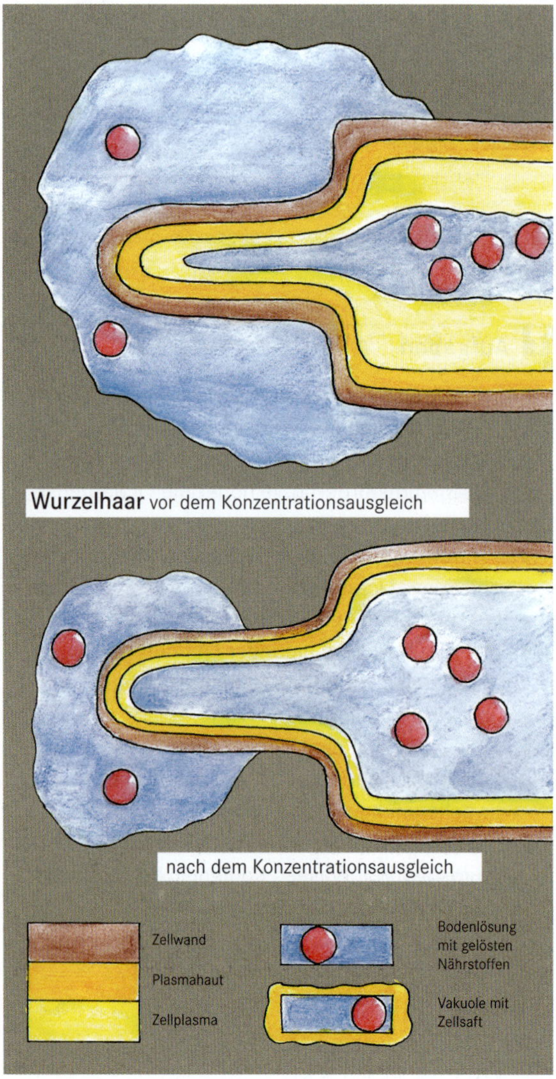

2 Wasseraufnahme durch Osmose

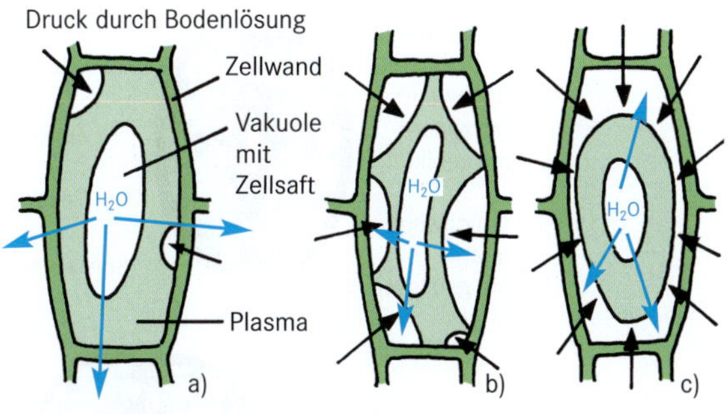

1 Plasmolyse: a) beginnend, b) fortgeschritten und c) vollendet

Zelle kann kein Wasser mehr aufnehmen, da bei ihr der **Wanddruck der Zellwand** gleich der **osmotischen Saugkraft der Zelle** (osmotischer Wert bzw. Druck) ist, sodass kein Wasser mehr in die Zelle diffundieren kann. Der Wanddruck verhindert damit ein Platzen der Zelle durch ständige Wasseraufnahme bei gehemmter Transpiration.

Ist die Bodenlösung durch **Überdüngung oder Versalzung** höher konzentriert als der Zellsaft, kommt es zur **umgekehrten Osmose**. Das Wasser diffundiert aus der Zelle heraus und das durch Verdunstung abgegebene Wasser kann nicht mehr ersetzt werden. Deswegen nimmt der **Turgordruck** ab. Die Blätter der Pflanze werden schlaff und beginnen zu **welken**. Der abnehmende Turgordruck führt dazu, dass sich die Plasmahaut von der Zellwand abzulösen beginnt. Die Ablösung der Plasmahaut von der Zellwand bezeichnet man als **Plasmolyse** (1). Solange die Plasmahaut noch nicht vollständig von der Zellwand abgelöst ist, kann der Vorgang der Plasmolyse durch Wassergaben (Verdünnung der Bodenlösung!) wieder rückgängig gemacht werden (**Deplasmolyse**). Sobald aber die Plasmahaut vollständig von der Zellwand abgelöst ist, können auch Wassergaben die Zelle nicht mehr retten, sie stirbt. Die Blätter „verbrennen".

3.6.2 Wasserleitung

Das Wasser wird von der Wurzel über **Osmose** aufgenommen. Wie aber gelangt das Wasser aus der Wurzel bis in die höchsten Wipfel der Bäume? Um das Wasser gegen die Anziehungskraft der Erde aus den Wurzeln bis in die Blätter - manchmal bis über 100 m hoch[1] - zu transportieren, müssen verschiedene Kräfte aufgewendet werden. Die **Transpiration** der Blätter ist der **„Motor" des Wassertransports**. Die Blätter geben an die Luft Wasser in Form von Wasserdampf ab. Diesen Vorgang nennt man **Verdunstung oder Transpiration**. Vor allem die äußersten Blattzellen verlieren durch Verdunstung Wasser. Da ihr Zellsaft dadurch stärker konzentriert wird als in den dahinterliegenden Zellen, ersetzen sie aus diesen über Osmose das verlorene Wasser. Die des Wassers beraubten Zellen verfahren in gleicher Weise. Dies setzt sich bis zu den Leitbahnen der Sprossachsen fort. Hier entsteht, durch die Transpiration der Blätter hervorgerufen, ein Sog. Neben diesem **Transpirationssog** bewirken vor allem die **Kapillarkräfte** der wasserleitenden Gefäße das Aufsteigen des Wassers. Die Kapillarkräfte setzen sich zusammen aus der **Kohäsion** und der **Adhäsion**. Die Kohäsionskraft, neben dem Transpirationssog die wichtigste Kraft in den Gefäßen, bewirkt den Zusammenhalt der Wassermoleküle, sodass das Wasser in einem zusammenhängenden Wasserfaden in den Gefäßen hochgezogen wird. Durch Verletzungen eindringende Luftblasen können den Wasserfaden unterbrechen und damit den Wassertransport hemmen. Die Adhäsionskräfte bewirken das Anheften der Wassermoleküle an den Gefäßwänden. Die an die wasserleitenden Gefäße angrenzenden **Endodermiszellen** (1, S. 58) pressen das Wasser aus der Wurzel aktiv in den Zentralzylinder. Diesen Vorgang bezeichnet man als **Wurzeldruck**. Er ist im Frühjahr am stärksten und bewirkt das Füllen der Gefäße vor dem Laubaustrieb sowie das sogenannte „Bluten" abgeschnittener Pflanzenteile, vor allem bei Gehölzen. In der Wurzel führt der Wasserverlust genau wie im Blatt zum Aufbau eines Konzentrationsgefälles. In den Endodermiszellen wird durch diese aktive Wasserabgabe der Zellsaft stärker konzentriert als in den dahinterliegenden Zellen. Somit haben sie die Möglichkeit, ihr verlorenes Wasser durch Osmose zu ersetzen. Die des Wassers beraubten Zellen verfahren ebenso. Dieser Vorgang setzt sich bis in die Wurzelhaarzellen fort, die wiederum ihren Verlust aus dem Bodenwasser decken. Auf diese Weise wird das durch die Transpiration der Pflanzen abgegebene Wasser ständig über die Wurzel aus dem Boden ersetzt. Im Boden entsteht dadurch ein Wasserstrom zur Wurzel, durch den die gelösten Nährstoffe zur Pflanzenwurzel transportiert werden (1, S. 58).

Transpiration von Pflanzen

3.6.3 Wasserabgabe

Bei der **Transpiration (Verdunstung)** geben die Pflanzen Wasserdampf ab. Bei der Umwandlung des Wassers von der flüssigen zur dampfförmigen Form ist Energie erforderlich, die der Umgebung entzogen wird. Die dabei stattfindende Abkühlung wird als **Verdunstungskälte** bezeichnet. Sie verhindert eine Überhitzung der Pflanze. Die Transpiration erfolgt durch Öffnen und Schließen der **Spaltöffnungen (Stomata)**, in geringerem Umfang aber auch durch die Kutikula des Blattes. Die **stomatäre Transpiration** ist

[1] Der höchste Baum der Erde mit 115,85 m ist ein Küstenmammutbaum *(Sequoia sempervirens)*. Täglich müssen 2 000 bis 3 000 l Wasser in die Krone transportiert werden.

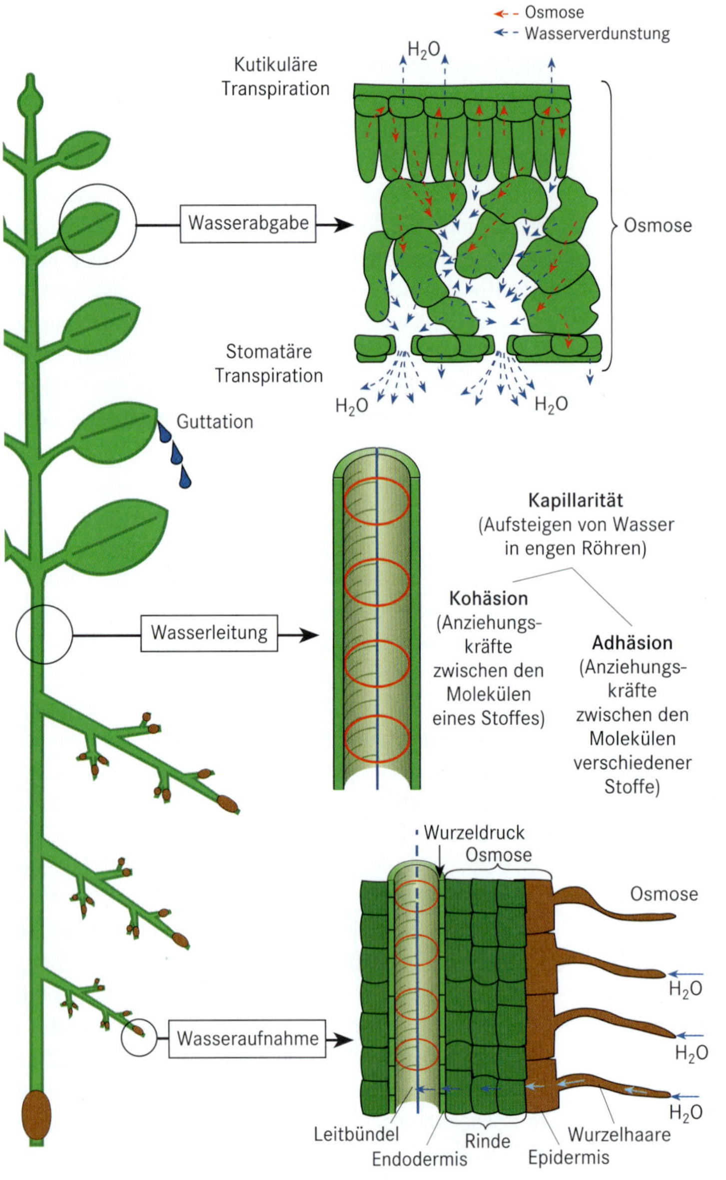

1 Der Wasserhaushalt der Pflanzen

2 Die Spaltöffnungen regulieren die Wasserabgabe und den Gasaustausch der Pflanze

mengenmäßig (über 90% der Wasserverdunstung) die größte und wichtigste Wasserabgabe der Pflanze. Da durch die Spaltöffnungen auch der Gasaustausch stattfindet, beeinflussen sie zudem die Kohlendioxid- und Sauerstoffversorgung der Pflanze.

Die Wasserabgabe erfolgt durch die an die Interzellularen angrenzenden Zellen - also im Innern des Blattes. Aus den Interzellularen diffundiert der Wasserdampf durch die Spaltöffnungen ins Freie (1). Dabei ist die Höhe der Transpiration von der **Lichtintensität**, der **relativen Luftfeuchtigkeit**, der **Temperatur** und der **Luftbewegung** abhängig. Wasserdampf kann nur abgegeben werden, wenn die Luft nicht mit Wasserdampf gesättigt ist. Je wärmer die Luft, umso mehr Wasserdampf kann sie aufnehmen. Durch Luftbewegungen wird die Verdunstung erhöht, da die mit Wasserdampf gesättigte Luft vor den Spaltöffnungen entfernt und trockenere Luft herangeführt wird. Die Öffnung/Schließung der Spaltöffnungen steuert die Pflanze über die Veränderung des Turgordrucks in den Schließzellen (2). Die Verdunstung der Pflanzen ist beachtlich. So gibt eine Sonnenblume etwa 1 Liter pro Tag, eine ausgewachsene Buche 400 bis 500 Liter ab. Im

Durchschnitt werden von der Pflanze 98 % des aufgenommenen Wassers wieder abgegeben. Deshalb spielt die Transpiration der Pflanzen eine wichtige Rolle im **Wasserkreislauf der Erde**. Bei nicht ausreichender Transpiration infolge hoher relativer Luftfeuchtigkeit können Pflanzen durch **Guttation** Wasser abgeben (1). Guttation ist die Abgabe von flüssigem Wasser in Tröpfchenform durch kleine **Wasserspalten (Hydathoden)** in den Blättern.

1 Guttationstropfen an den Blatträndern

3.6.4 Anpassung an den Wasserhaushalt des Standorts

Außer bei den Wasserpflanzen **(Hydrophyten)** ist Wasser häufig der Faktor, der das Pflanzenwachstum begrenzt. Da Pflanzen keinen Standortwechsel vornehmen können, müssen sie sich den Wasserverhältnissen an den jeweiligen Standorten anpassen:

Xerophyten sind Pflanzen trockener Standorte, wie z. B. Oleander. Sie können ihre Transpiration verringern durch:

- eingesenkte Spaltöffnungen
- behaarte Blätter (tote Haare!) zur Schaffung wasserdampfgesättigter Räume
- Verkleinerung der Blattfläche
- besonders starke Ausbildung der Epidermis (häufig mehrschichtig) und Kutikula (lederartige Blätter)
- verdickte, fleischige Blätter (Wasserspeicherung!)

Hygrophyten sind Pflanzen feuchter Standorte. Dort haben sie genügend Wasser zur Verfügung, sodass sie die Verdunstung nicht einschränken müssen. Merkmale der Hygrophyten sind:

- große, weiche Blätter
- schwach ausgebildete Epidermis und Kutikula
- behaarte Blätter (lebende Haare!) zur Erhöhung der Verdunstung (Oberflächenvergrößerung!)
- hervorgehobene Spaltöffnungen, da Luftbewegungen die Transpiration fördern

? Aufgaben

◑ 1. Warum ist Wasser für Pflanzen lebensnotwendig?

● 2. Beschreiben Sie die Wasseraufnahme durch Osmose.

◑ 3. Welche Voraussetzungen müssen für den Wassertransport durch Osmose gegeben sein?

◑ 4. Erklären Sie, warum durch eine Überdüngung des Bodens die Wasseraufnahme durch die Wurzel gehemmt wird.

◑ 5. Was versteht man unter Plasmolyse?

● 6. Beschreiben Sie, wie das Wasser aus dem Boden in die Blätter der Pflanze gelangt.

◑ 7. Welche Aufgaben haben die Spaltöffnungen der Blätter?

◑ 8. Erklären Sie, warum Schnittblumen nach Möglichkeit in den Morgenstunden geschnitten, kühl gelagert und nach einer Weile ohne Wasser nachgeschnitten werden sollten.

● 9. Warum ist die Transpiration für die Pflanze lebensnotwendig?

● 10. Erklären Sie den Einfluss von Luftfeuchtigkeit, Temperatur, Wind und Lichtintensität auf die Verdunstung der Pflanze.

◑ 11. Transportiert eine Pflanze auch dann Wasser, wenn ihre Blätter nicht transpirieren (z. B. bei wassergesättigter Luft)?

◑ 12. Warum fördert die Abdeckung mit Folie die Wurzelbildung von Stecklingen?

● 13. Welche negativen Auswirkungen auf das Klima der Erde sind durch die Eingriffe in die Regenwälder des Amazonasgebiets zu erwarten?

◑ 14. Wodurch verhindern Pflanzen eine Überhitzung bei starker Sonneneinstrahlung?

◑ 15. Nennen Sie vier Merkmale, an denen Sie erkennen können, ob eine Pflanze einen feuchteren oder trockeneren Standort bevorzugt.

3.7 Nährstoffaufnahme (1)

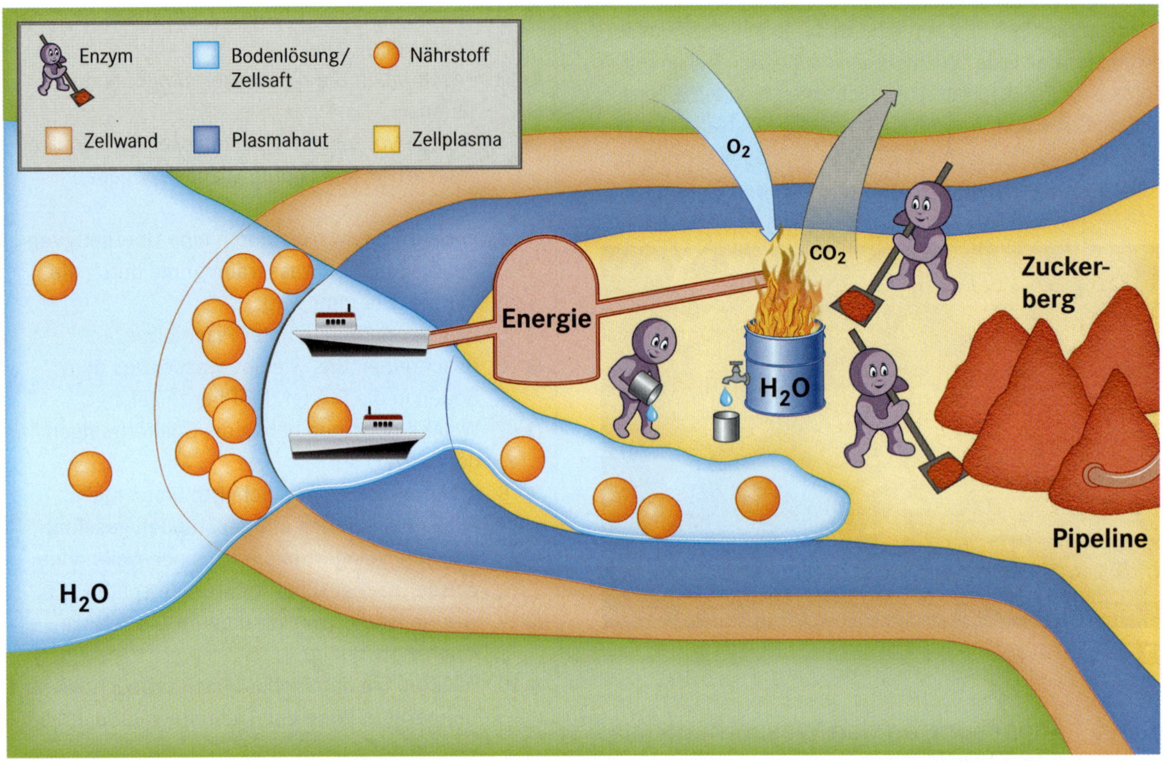

1 Nährstoffaufnahme durch ein Wurzelhaar

Die Pflanze kann zwar das Wasser über Osmose aufnehmen, nicht aber die Nährstoffe. Wie gelangen also die Nährstoffe in die Pflanze? Durch die Plasmahaut können sie nicht hindurchdiffundieren, sie können aber hindurchtransportiert werden. Man geht davon aus, dass sich in der Plasmahaut organische Moleküle befinden, die wie eine Fähre von einem zum anderen Ufer in der Plasmahaut hin- und herpendeln. Dabei transportieren sie die Nährstoffe von der Außenseite der Plasmahaut zur Innenseite, also in die Zelle hinein. Da der Zellsaft in den Wurzelhaarzellen höher konzentriert ist als die Bodenlösung, müssen die Nährstoffe entgegen einem Konzentrationsausgleich befördert werden. Anders als bei der Wasseraufnahme kommt es bei der Nährstoffaufnahme nicht zu einem Konzentrationsausgleich, sondern zu einer weiteren Konzentrationserhöhung in der Zelle. **Für diesen Transport benötigt die Pflanze Energie.** Diese entnimmt sie dem Zucker, den die Blätter aufbauen und in die Wurzel leiten. Um die Energie des Zuckers in eine für sie verwertbare Energieform zu überführen, muss die Wurzel den Zucker verbrennen, d. h., sie muss atmen (s. S. 53 f.). Entsprechend sollte der Boden locker sein, da nur so genügend sauerstoffreiche Luft hineingelangen kann. Auch darf der Boden nicht zu nass sein, da sonst alle Bodenhohlräume mit Wasser gefüllt sind. Der Sauerstoff kann dann nicht mehr in den Boden eindringen. Ein zu trockener Boden ist auch nicht ideal, da dann die Wasseraufnahme, aber auch der Nährstofftransport zur Wurzel gehemmt wird. Es kommt also darauf an, einen Boden nicht zu nass und nicht zu trocken, sondern gleichmäßig feucht zu halten.

? Aufgaben

1. Warum benötigt die Pflanze im Gegensatz zur Wasseraufnahme für die Nährstoffaufnahme Energie?
2. Beschreiben Sie die Nährstoffaufnahme durch die Wurzel (1).
3. Erklären Sie, warum die Nährstoffaufnahme durch die Wurzel von folgenden Faktoren abhängig ist:
   a) vom Nährstoffgehalt des Bodens,
   b) von der Durchlüftung des Bodens,
   c) von der Bodenfeuchtigkeit und
   d) von der Durchwurzelung des Bodens.

3.8 Vegetatives und generatives Wachstum

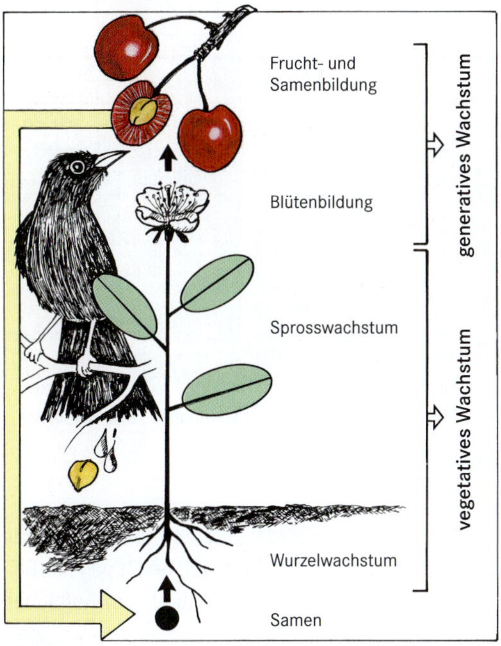

1 Das vegetative und generative Wachstum einer Pflanze

Das **vegetative Wachstum** (ungeschlechtliche Entwicklung) dient der Ernährung und umfasst das Wurzel- und Sprosswachstum. Das **generative Wachstum** (geschlechtliche Entwicklung) dient der Fortpflanzung und umfasst die Blüten-, Frucht- und Samenbildung (1).

3.8.1 Mitose (Äquationsteilung)

Zellen vermehren sich durch Teilung. Die **Zellteilung (Mitose)** bildet die Grundlage für das Wachstum der Pflanze. Bei der Mitose gehen aus einer Zelle, der Mutterzelle, zwei Tochterzellen hervor. Diese strecken sich bis zur Größe der Mutterzelle und teilen sich dann ebenfalls usw. Die Tochterzellen besitzen die gleichen Erbanlagen wie die Mutterzelle, sodass sie mit dieser völlig identisch sind. Damit der Zellkern der Mutterzelle die **genetische Information (DNA)** an beide Tochterzellen weitergeben kann, muss er vor Beginn der Zellteilung seine genetische Information verdoppeln. Entsprechend kommt es vor der Zellteilung zur Bildung zweier völlig identischer DNA im Zellkern **(identische Reduplikation der DNA)**, welche in der Prophase als **Chromatiden (Chromosomenspalthälften)** sichtbar werden. Bei der nachfolgenden Chromosomenhalbierung werden diese dann auf die beiden Tochterzellen verteilt. Dazu ordnen sich die Träger der Erbanlagen, die **Chromosomen**, in einer Reihe in der Mitte der Zelle, der Äquatorialebene, an. Anschließend werden die Chromosomen durch **Längsteilung** (Trennung der verdoppelten DNA) halbiert, sodass jede Tochterzelle die gleiche Chromosomenzahl wie die Mutterzelle erhält (2).

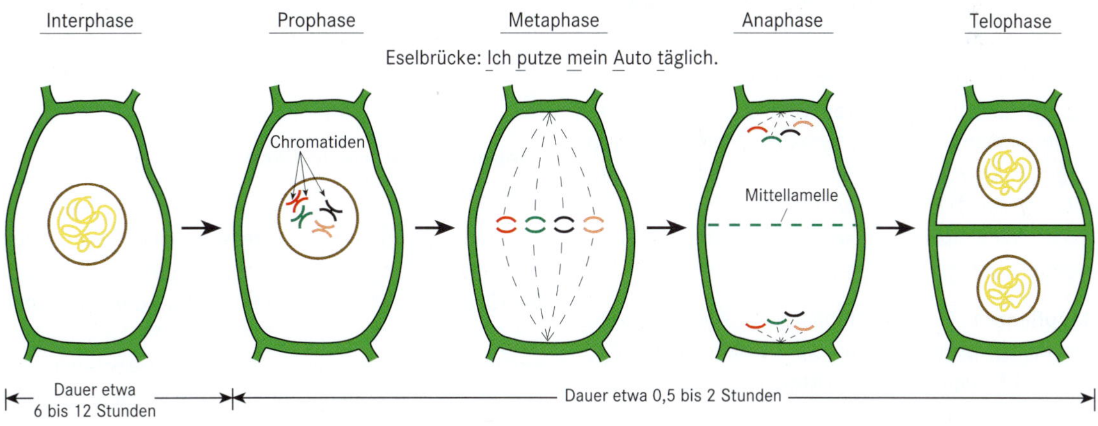

Interphase	Prophase	Metaphase	Anaphase	Telophase
■ Chromosomen liegen als unsichtbares Fadenwerk (Chromatin) vor ■ Verdoppelung der genetischen Substanz (Kopie des Originals), sodass Chromosomen-Doppelstrukturen vorliegen	■ Aus dem Chromatin entwickeln sich fadenförmige Gebilde, die Chromosomen ■ Chromosomenspalthälften (Chromatiden = Halbchromosomen) werden sichtbar	■ Kernmembran löst sich auf ■ Anordnung der Chromosomen in der Äquatorialebene ■ Trennung der Chromosomenspalthälften	■ Die Spindelfasern ziehen die Chromatiden (nun als Tochterchromosomen bezeichnet) zu den Polen ■ Es bildet sich eine neue Zellwand	■ Chromosomen lösen sich zum Chromatingerüst auf und umgeben sich mit einer neuen Kernmembran ■ Die neue Zellwand ist fertig, sodass zwei neue Zellen entstanden sind

2 Die Mitose oder Äquationsteilung

3.8.2 Blütenbildung

Die vegetative Entwicklung einer Pflanze kann je nach Pflanzenart einige Wochen bis zu mehrere Jahre dauern, bevor sie ihre genetisch festgelegte **Blühreife** erreicht. Die **Auslösung der Blütenbildung** (Blüteninduktion) hängt daneben bei einer Reihe von Pflanzen von zusätzlichen Umweltbedingungen ab, wie Zeiten niedriger Temperaturen (→ Vernalisation) und bestimmter Tageslängen (→ Fotoperiodismus).

Vernalisation

Unter **Vernalisation** (Jarowisation) versteht man den Übergang vom vegetativen zum generativen Wachstum (Blütenbildung) durch die **Einwirkung von Kälte**. Pflanzen, die zur Blüteninduktion eine Periode niedriger Temperaturen (Optimum um 5 °C) benötigen, sind z. B. zweijährige Pflanzen und viele einjährig überwinternde Pflanzen (s. S. 75).

Fotoperiodismus

Bei vielen Pflanzen kann durch die tägliche Lichtdauer **(Fotoperiode)** eine blühauslösende oder blühhemmende Wirkung ausgelöst werden. Die Abhängigkeit des vegetativen und generativen Wachstums von der täglichen Lichtdauer bezeichnet man als **Fotoperiodismus**. Die jeweilige Tageslänge, die mindestens über- bzw. unterschritten werden muss, damit eine Pflanze vegetativ oder generativ wächst, wird als **kritische Tageslänge** bezeichnet (1).

Kurztagpflanzen (= Langnachtpflanzen) sind Pflanzen, die zum Blühen kommen, wenn die kritische Tageslänge (meistens 12 Stunden) **unterschritten** wird, z. B. Chrysanthemen *(Chrysanthemum-Indicum-Hybride)*, Weihnachtsstern *(Euphorbia pulcherrima)*, Flammendes Käthchen *(Kalanchoe blossfeldiana)*, Erdbeere *(Fragaria x ananassa)*, Mais *(Zea mays)*. In der Natur wachsen diese Pflanzen im Sommer vegetativ und im Herbst generativ.

Langtagpflanzen (= Kurznachtpflanzen) sind Pflanzen, die zum Blühen kommen, wenn die kritische Tageslänge (meistens 14 Stunden) **überschritten** wird, z. B. Fuchsie *(Fuchsia-Hybride)*, Sommeraster *(Callistephus chinensis)*, Rittersporn *(Delphinium-Hybriden)*, Erbse *(Pisum sativum)*, Kopfsalat *(Lactuca sativa var. capitata)*, Zwiebel *(Allium Cepa Grp.)*, Spinat *(Spinacia oleracea)*, Kartoffel *(Solanum tuberosum)*, Raps *(Brassica napus)*. In der Natur blühen diese Pflanzen im Sommer.

Kurz-Langtagpflanzen sind Pflanzen, die zum Blühen kommen, wenn auf eine Periode von Kurztagen Langtage folgen, z. B. Marienglockenblume *(Campanula medium)*, Zimmergeranie *(Pelargonium-Grandiflorum-Hybriden)*. *Pelargonium-Grandiflorum-Hybriden*, die normalerweise Ende April zum Blühen kommen (Muttertag!), benötigen zur Blüteninduktion mindestens 60 Kurztage und zum Aufblühen Tageslängen über 12 Stunden.

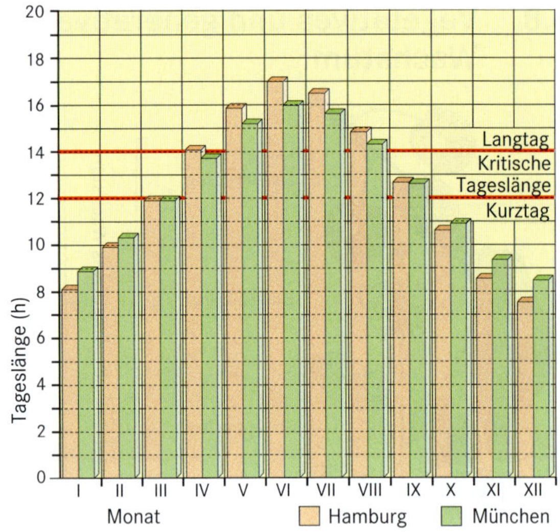

1 Natürlicher Kurz- und Langtag

Lang-Kurztagpflanzen sind Pflanzen, die zum Blühen kommen, wenn auf eine Periode von Langtagen Kurztage folgen, z. B. das Brutblatt *(Bryophyllum laxiflorum)*.

Tagneutrale Pflanzen sind Pflanzen, die unabhängig von der jeweiligen Tageslänge zum Blühen kommen (z. B. Alpenveilchen *(Cyclamen persicum)*, Hibiscus *(Hibiscus rosa-sinensis)*, Gurke *(Cucumis sativus)*, Sonnenblume *(Helianthus annuus)*.

Steuerung fotoperiodisch reagierender Pflanzen

Die Steuerung fotoperiodisch reagierender Pflanzen erfolgt über die **Verlängerung** (Belichtung der Pflanzen) **bzw. Verkürzung** (Verdunkelung der Pflanzen) **der Tageslänge**. Zur fotoperiodischen Belichtung sind LED-Lampen (lichtemittierende Dioden) als Ersatz für die verbotenen Glühlampen geeignet. Die Belichtung in der Nacht als **Störlicht** (Nachtunterbrechung) ist besonders wirkungsvoll. Zur Kostenersparnis wird sie als **Intervallbeleuchtung** eingesetzt (z. B. 2 Minuten Licht und 8 Minuten Dunkelheit). Bei einer Tagesverlängerung um eine Stunde würde die notwendige Belichtung dementsprechend nur 12 Minuten betragen.

Die **kritische Tageslänge** kann auch durch andere Umwelteinflüsse, z. B. Temperatur, beeinflusst werden. So kommen Lorrainebegonien *(Begonia-Lorrainebegonien-Hybriden)* und Weihnachtskaktus *(Schlumbergera truncata)* bei niedrigen Temperaturen (etwa 15 °C) unabhängig von der Tageslänge zur Blüte. Bei hohen Temperaturen verhalten sie sich hingegen wie Kurztagpflanzen.

Aufgaben

◑ 1. Unterscheiden Sie vegetatives und generatives Wachstum.
● 2. Beschreiben Sie den Ablauf der Mitose.
● 3. Erklären Sie, wie über die Mitose eine identische Weitergabe der genetischen Information an jede neu entstehende Zelle möglich ist.
◑ 4. Warum sind vegetativ vermehrte Pflanzen untereinander und mit der Mutterpflanze vollkommen identisch?
◑ 5. Wovon hängt die Blütenbildung einer Pflanze ab?
◑ 6. Nennen Sie die Kennzeichen der Gruppen, in die fotoperiodisch reagierende Pflanzen eingeteilt werden.
◑ 7. Erklären Sie, warum man Erbsen relativ früh im Jahr aussät, Fenchel aber frühestens ab Mitte Juli.
○ 8. Wie bezeichnet man die Pflanzen, die unabhängig von der Tageslänge zum Blühen kommen?
◑ 9. Erklären Sie folgende Begriffe: Blüteninduktion, Vernalisation, Fotoperiodismus, Fotoperiode und kritische Tageslänge.
◑ 10. Beschreiben Sie mögliche Maßnahmen zur Beeinflussung der Entwicklung fotoperiodisch reagierender Pflanzen.

3.9 Bestäubung

Unter **Bestäubung** versteht man bei den Pflanzen die Übertragung von **Pollen** (Blütenstaub) auf die Narbe einer Blüte. Sie ist die Voraussetzung für die Befruchtung der Pflanze (s. S. 67f.). Beim Pollen handelt es sich um eine mit einer festen Wand umgebenen Zelle mit einer durchschnittlichen Größe von 20 bis 30 tausendstel Millimeter. Von den über 250 000 Blütenpflanzen besitzt jede Art ihre ganz spezielle Pollenform, sodass jede Pflanzenart anhand ihres Pollens identifiziert werden kann. Der Pollen ist sozusagen der **„Fingerabdruck"** einer Pflanze.

Bei der **Bestäubung** wird unterschieden zwischen (1):

- **Selbstbestäubung**
  Bei der Selbstbestäubung gelangt der Pollen einer zwittrigen Blüte auf die Narbe derselben Blüte.
- **Nachbarbestäubung**
  Bei der Nachbarbestäubung gelangt der Pollen einer Blüte auf die Narbe einer anderen Blüte derselben Pflanze.

1 Selbstbestäubung (1), Nachbarbestäubung (2), Fremdbestäubung (3)

- **Fremdbestäubung**
  Bei der Fremdbestäubung gelangt der Pollen einer Blüte auf die Narbe einer Blüte einer anderen Pflanze der gleichen Pflanzenart.

3.9.1 Windbestäubung (Windblütigkeit)

Kennzeichen der **Windblütler** sind **unscheinbare Blüten**. Blütenblätter, Nektarien und Duftdrüsen fehlen bzw. sind verkümmert. Die glatte und trockene Oberfläche der Pollen führt zu einer guten Ausstreuung und verhindert ein Zusammenkleben der einzelnen Pollen **(staubige Pollen)**. Die kleinen und leichten Pollen der Windblütler besitzen eine **hohe Schwebefähigkeit**, sodass sie durch den Wind Hunderte von Kilometern transportiert werden können. Der Pollen der Nadelhölzer besitzt zusätzliche **Luftsäckchen**, mit denen er mehrere tausend Meter in die Luft emporsteigen kann. Die meisten Kätzchenblütler sind Windblütler. Eine Ausnahme ist z. B. die Weide, die auch Nektar ausbildet und von Insekten bestäubt wird. Die hängenden Kätzchen der Windblütler können sehr gut vom Wind bewegt werden. Bereits leichte Erschütterungen verbreiten Staubwolken aus Pollen in der Luft. Etwa 20 % der europäischen Bäume sind Windblütler, z. B. Nadelgehölze, Birke, Buche, Eiche, Erle, Esche, Haselnuss, Pappel, Ulme, aber auch Gräser, Getreide, Wegerich, Brennnessel, Rhabarber, Sauerampfer und viele andere mehr. Die Windbestäubung kommt vor allem bei Pflanzen nördlicher Gebiete vor, wo der Sommer nur kurz ist und die Insekten rar sind.

3.9.2 Wasserbestäubung (Wasserblütigkeit)

Bei der **Wasserbestäubung** der **Wasserblütler** werden die Pollen mit der Strömung des Wassers verteilt. Die Wasserblütigkeit kommt nur bei einigen untergetaucht lebenden Arten vor (z. B. Seegras). Die meisten Wasserpflanzen sind Insektenblütler (z. B. Seerose, Lotus und Wasserknöterich).

3.9.3 Tierbestäubung (Tierblütigkeit)

Vögel und Fledermäuse

In tropischen Gebieten, wie auch bei den Kakteen der Wüsten, kommt der Bestäubung durch Vögel eine große Bedeutung zu. Angelockt werden diese durch **auffallende Farben** und **reichliche Nektarproduktion**. Beim Trinken des Nektars stäuben sie ihren Kopf mit Pollen ein und bestäuben so beim nächsten Besuch eine weitere Blüte. Auch andere Tiere, z. B. Flughunde und Affen, übertragen auf diese Weise Blütenstaub. Kolibris leben fast ausschließlich von Nektar, aber auch viele andere Vögel, wie z. B. Honigsauger und Honigfresser. In den Wüsten Arizonas gehören selbst Spechte und Tauben zu den Blütenbesuchern der Riesenkakteen und werden von den Blüten getragen. Da erst vor etwa hundert Jahren Bienen mit den ersten Siedlern aus Europa in die Wüstengebiete gelangten, sind die Blüten der Kakteen auf die **Bestäubung durch Vögel** eingerichtet. Bei den Blüten, die sich nachts öffnen, treten **Fledermäuse** an die Stelle der Vögel (z. B. Affenbrotbaum). Weitere Pflanzen, die in ihrer Heimat durch Vögel bestäubt werden, sind u. a. Weihnachtsstern, Hibiskus, Tulpenbaum, Strelitzie, Columnea, Eukalyptus und Banane.

Insekten

Die Bestäubung der Blüten findet in den gemäßigten Zonen hauptsächlich durch Insekten statt (Insektenblütigkeit, Insektenblütler). Im Gegensatz zur Wind- und Wasserbestäubung sichert die **Insektenbestäubung** den Pflanzen eine erfolgreiche und effektive Bestäubung. **Die Anlockung der Insekten geschieht durch Farben, Formen und Düfte der Blüten.** Die Bestäubung erfolgt vor allem beim Sammeln von Nektar und Pollen, die den Blüten besuchenden Insekten als Nahrung dienen.

Die **Pollen der Insektenblütler sind klebrig** und bilden regelrechte **Pollenpakete**, die sehr gut an den Blütenbesuchern kleben, sodass sie beim Besuch der nächsten Blüte auf deren Narbe übertragen werden. Neben Pollen produzieren die meisten Blüten auch **Nektar**, der sich auf dem Blütenboden (z. B. Rosen), in Blütenspornen (z. B. Rittersporn, 1) oder langen Blütenröhren (z. B. Indianernessel, 1) sammelt. Im Durchschnitt werden jeden Tag 0,5 bis 5 Milligramm von einer Blüte produziert. Viele Blüten bilden zum besseren Auffinden des Nektars sogenannte **Saftmale** auf den Blütenblättern. Es handelt sich dabei um Farbmerkmale, die an den Nektarien enden und dem Insekt den Weg zum Nektar zeigen, wie z. B. beim Vergissmeinnicht und der Rosskastanie (2). Häufig sind diese nur im ultravioletten Licht sichtbar, sodass sie für das menschliche Auge nicht, für das Insekt aber sehr gut wahrnehmbar sind, wie z. B. bei der Nachtkerze *(Oenothera)*. Im Laufe von hundert Millionen Jahren hat sich so zwischen den Blüten besuchenden Insekten und den Blütenpflanzen eine enge Beziehung zum gegenseitigen Nutzen entwickelt. Es gibt jedoch auch Beziehungen, von denen nur der eine Partner profitiert, der andere aber leer ausgeht. Bei einigen Pflanzen geht die Anlockung so weit, dass ihre Blüten sich dem Geschlechtspartner der Insekten anpassen. So täuschen z. B. die Ragwurzarten *(Ophrys)* durch Geruch, Färbung und Behaarung den männlichen Insekten (z. B. Bienen, Hummeln und Grabwespen) ein Weibchen vor. Bei der Begattung des vermeintlichen Weibchens kommt es dann zur Bestäubung der Blüte (1, S. 65). Andere bauen regelrechte Fallen, aus denen die durch Duftstoffe angelockten Insekten erst entlassen werden, wenn die Bestäubung erfolgt ist, wie z. B. bei der Leuchterblume *(Ceropegia)*.

1 Blütensporne (Rittersporn), Blütenröhren (Indianernessel)

2 Saftmale weisen den Insekten den Weg zum Nektar *(Aesculus hippocastanum)*

1 Die Blüten der Ragwurzarten haben sich an ihre Insektenbestäuber durch Vortäuschung der Weibchen angepasst

3.9.4 Maßnahmen zur Förderung der Fremdbefruchtung

Obwohl die zweigeschlechtliche Blüte bei den Pflanzen die Regel ist, zählen die wenigsten zu den **Selbstbefruchtern** (z. B. Erbse, Kartoffel, Buschbohne und Stangenbohne; überwiegend Tomate, Linse, Salat, Walnuss, Wein, Serradella, Gelbklee, Weizen, Hafer und Gerste). Eine Selbstbestäubung und damit Selbstbefruchtung erhöht die Gefahr erblicher Defekte, die sich negativ auf die Entwicklung der Pflanze auswirken. Es kommt häufig zu **Inzuchtsdepressionen**, die sich in einer abnehmenden Leistungsfähigkeit des vegetativen und generativen Wachstums äußern. Die Verschmelzung der Erbanlagen zweier verschiedener Pflanzen führt in der Regel zu gesünderen, wachstumskräftigeren und über die Erhöhung der genetischen Variabilität zu überlebensfähigeren Pflanzen. Entsprechend versuchen die meisten Pflanzen, die Selbstbefruchtung zu verhindern und die Fremdbefruchtung zu fördern. Erfolgt eine Fremdbefruchtung nicht, können einige Pflanzen sich auch selbst bestäuben, sodass es zur Selbstbefruchtung kommt (z. B. Löwenzahn, Glockenblume, Steppendistel, Jungfer im Grünen). Zur **Verhinderung einer Selbstbefruchtung** haben Pflanzen unterschiedliche Maßnahmen entwickelt:

Räumliche Trennung von Frucht- und Staubblättern innerhalb der Blüte (Herkogamie)

Staub- und Fruchtblätter sind innerhalb der Blüte so angeordnet, dass kein Pollen auf die Fruchtblätter fallen kann (z. B. Orchideen, Schwertlilien).

Zeitliche Verschiebung der Geschlechtsreife (Dichogamie)

Viele Zwitterblüten schützen sich vor einer Selbstbefruchtung, indem Frucht- und Staubblätter zu unterschiedlichen Zeiten geschlechtsreif werden. Entsprechend kann man unterscheiden:

- **vormännige Blüten**
  Die Staubblätter werden vor den Fruchtblättern reif (z. B. Efeu, Korbblütler, Glockenblumengewächse und Doldenblütler).
- **vorweibige Blüten**
  Die Fruchtblätter werden vor den Staubblättern reif (z. B. Aronstab- und Wegerichgewächse).

Bildung von eingeschlechtlichen Blüten

Durch die **Ausbildung von männlichen und weiblichen Blüten** wird die Selbstbestäubung erschwert. Vor allem bei der Zweihäusigkeit ist eine Fremdbefruchtung notwendig. Will man von einer zweihäusigen Pflanze Früchte ernten (z. B. Sanddorn und Kiwi), muss man mindestens eine männliche und eine weibliche pflanzen.

Heterostylie (Verschiedengriffeligkeit)

Heterostyle Blüten besitzen unterschiedlich große Griffel, wobei die einzelne Pflanze jeweils nur kurzgriffelige oder

2 Heterostylie bei *Primula vulgaris*: Langgriffeligkeit, Kurzgriffeligkeit (von links nach rechts)

langgriffelige Blüten aufweist. Der Pollen einer kurzgriffeligen Blüte keimt nur auf der Narbe einer langgriffeligen Blüte und umgekehrt. Heterostyle Blüten besitzen z. B. Forsythien, Schlüsselblumen, Blutweiderich und Primeln (2, S. 65).

Selbststerilität (Selbstunfruchtbarkeit)

Die **Selbststerilität** ist die sicherste Methode, eine Selbstbefruchtung zu verhindern. Sie beruht darauf, dass der Pollen der Pflanze nicht auf der Narbe derselben Blüte oder einer Blüte derselben Pflanze auskeimt, sodass eine Befruchtung nicht erfolgen kann (z. B. Lavendel und viele Obstarten). Bei den Obstarten sind viele Sorten selbstunfruchtbar, d. h., die Pflanzen einer Sorte können sich gegenseitig nicht befruchten (Tab. 1). Bei Äpfeln und Süßkirschen besteht sogar eine **Kreuzungsunverträglichkeit** (Intersterilität). Hier kommt es vor, dass auch verschiedene Sorten sich nicht befruchten können.

Entsprechend werden in Obstanlagen neben den gewünschten Sorten auch immer einzelne Bäume von sogenannten **Befruchtersorten** gepflanzt, die für eine Befruchtung sorgen. Dabei ist darauf zu achten, dass die Blütezeiten übereinstimmen und auch die Befruchtersorten befruchtet werden (1). Dort, wo nicht genügend Platz vorhanden ist, z. B. in kleinen Hausgärten, kann eine mit den Nachbarn abgestimmte Baumauswahl eine Befruchtung und damit Ertragsbildung der Bäume gewährleisten. Auch können verschiedene Sorten auf einer Pflanze veredelt werden.

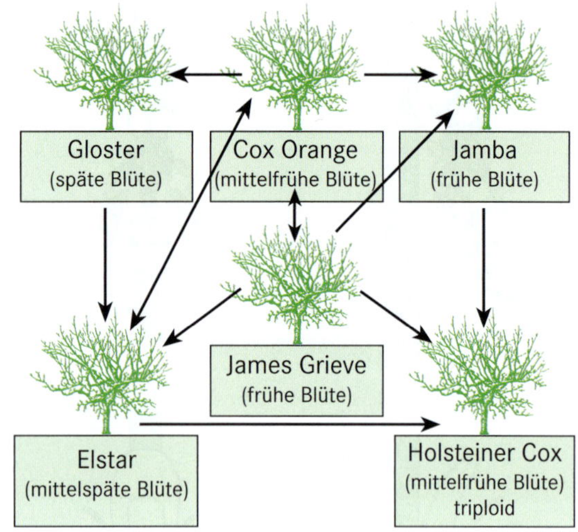

1 Befruchtungsverhältnisse bei Apfelbäumen am Beispiel einiger Sorten

Äpfel
Fast alle Apfelsorten sind selbststeril. Entsprechend müssen verschiedene Sorten angebaut werden, die zur gleichen Zeit blühen und sich gegenseitig befruchten. Bei den Äpfeln kommen auch triploide (dreifacher Chromosomensatz) Sorten vor. Der Pollen triploider Sorten kann Blüten nicht befruchten.
Birnen
Alle Birnensorten sind auf Fremdbefruchtung angewiesen. Bei einigen Sorten kommt es auch zur Parthenokarpie, d. h. zur Fruchtbildung ohne Befruchtung. Solche Sorten enthalten keine Samen und sind häufig missgestaltet. Auch bei den Birnen kommen triploide Sorten vor.
Sauerkirschen, Süßkirschen
Bei den Sauerkirschen gibt es selbstunfruchtbare und selbstfruchtbare Sorten. Die meisten Süßkirschensorten sind selbstunfruchtbar.[1] Daneben besteht zwischen verschiedenen Sorten auch eine Kreuzungsunverträglichkeit (Intersterilität).
Pflaumen (Zwetsche, Zwetschge, Zwetschke, Quetsche), Mirabelle und Reneklode (Reineclaude)
Bei den Pflaumen gibt es selbstfruchtbare und selbstunfruchtbare Sorten. Eine Fremdbefruchtung erhöht auch den Ertrag bei den selbstfruchtbaren Sorten.
Johannisbeeren
Die meisten roten Johannisbeeren sind selbstfruchtbar. Bei den schwarzen Johannisbeeren gibt es neben selbstfruchtbaren Sorten auch selbstunfruchtbare. Eine Fremdbefruchtung der selbstfruchtbaren Johannisbeere erhöht den Ertrag.
[1] Selbstfruchtbare Sorten sind: Barlat, Celeste, Lapins, Stella, Sunburst, Sweetheart, Van

Tab. 1 Befruchtungsverhältnisse der wichtigsten Obstgehölze

Aufgaben

○ 1. Was versteht man unter Bestäubung?
◑ 2. Unterscheiden Sie Selbst-, Nachbar- und Fremdbestäubung.
◑ 3. Nennen Sie typische Kennzeichen der Wind- und Insektenblütler.
◑ 4. Welche Maßnahmen haben Pflanzen ergriffen, um ihre Bestäubung zu sichern?
◑ 5. Warum wird unter den Pflanzen die Fremdbefruchtung bevorzugt?
◑ 6. Beschreiben Sie die unterschiedlichen Maßnahmen zur Verhinderung einer Selbstbefruchtung.
◑ 7. Was muss bei der Pflanzung von Obstgehölzen berücksichtigt werden?
◑ 8. Zur Blütezeit ist es kalt und regnerisch. Welche Folgen kann dies für den Fruchtansatz der Obstgehölze haben?

3.10 Befruchtung (1)

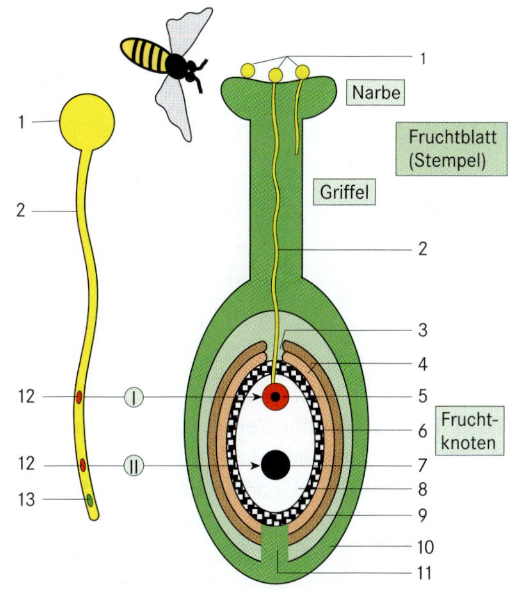

1 Pollenkorn	7 Sekundärer Embryosackkern
2 Pollenschlauch	8 Embryosack
3 Mikropyle	9 Samenanlage
4 Samenhüllen (Integumente)	10 Fruchtknotenwand
5 Eizelle	11 Stiel (Nabelstrang)
6 Nucellus (Gewebekern)	12 Generativer Kern
	13 Vegetativer Kern
I Befruchtung der Eizelle II Befruchtung des sekundären Embryosackkerns	} Doppelte Befruchtung

1 Befruchtung

Gelangt bei der **Bestäubung** ein Pollenkorn auf die Narbe einer Blüte der gleichen Pflanzenart, wird es durch Absonderung eines **Narbensekrets** zur Entwicklung eines Pollenschlauchs angeregt. Der **vegetative Kern** bewirkt das Wachstum des Pollenschlauchs durch das Gewebe von Narbe und Griffel zu der **Samenanlage**. Nachdem der Pollenschlauch durch die **Mikropyle** gewachsen ist, stirbt der vegetative Kern ab. Die **zwei generativen Kerne** werden in den Embryosack entlassen. Der eine verschmilzt mit der Eizelle **(Befruchtung der Eizelle!)**, der andere mit dem sekundären Embryosackkern **(Befruchtung des sekundären Embryosackkerns!)**. Aus der Eizelle entwickelt sich der **Embryo** und aus dem Embryosackkern das **Nährgewebe**.

? Aufgaben

◑ 1. Beschreiben Sie den Befruchtungsvorgang.

◑ 2. Warum handelt es sich beim Embryo und dem Endosperm genetisch um zwei verschiedene Organismen?

3.11 Samen- und Fruchtbildung

Nach der Befruchtung fallen Kelch-, Blüten- und Staubblätter ab oder vertrocknen. Die befruchtete **Eizelle (Zygote)** wächst zu einem **Embryo**. Dieser besitzt eine Wurzel (Keimwurzel oder Radikula), Blätter (Keimblätter oder Kotyledonen) und eine Sprossachse (Keimachse oder Hypokotyl) mit dem Vegetationspunkt (Keimknospe oder Plumula). Teilweise sind auch schon die ersten Laubblätter ausgebildet. Mit dem Wachstum des Embryos läuft das Wachstum des Nährgewebes (Endosperm) und der Fruchtknotenwand parallel. Das **Nährgewebe**, das in der Regel aus Stärke, Fetten oder Eiweißen besteht, dient der Ernährung des Embryos. Aus der Fruchtknotenwand wird die **Fruchtwand** (Fruchtschale), die, je nach Fruchtart, weich und saftig oder trocken und mehr oder weniger verhärtet sein kann (s. S. 68 ff.). Wenn die Frucht zu wachsen aufhört, unterbricht auch der Embryo sein Wachstum. Er geht in eine Art **Trockenstarre** über, d. h., er reduziert seinen Wassergehalt und die Stoffwechselvorgänge (z. B. Atmung) auf ein Minimum. Die Samenhüllen verhärten und bilden eine feste und widerstandsfähige **Samenschale** (Testa), die Embryo und Nährgewebe schützend umschließt. Beim **Samen** der Pflanzen handelt es sich um ein von einer festen Hülle umgebenes und mit einem Nährstoffvorrat versehenes, lebendes Pfänzchen, das sein Wachstum unterbrochen hat und sich in einer Art Trockenstarre befindet. Mit der Entwicklung des Samens ist es der Pflanze gelungen, Leben zu konservieren. Der Embryo kann in Form des Samens häufig jahrelang auf günstige Wachstumsbedingungen warten, um dann sein unterbrochenes Wachstum wieder aufzunehmen, d. h. zu keimen. Den Rekord hält die Indische Lotusblume *(Nelumbo nucifera)*, deren Samen selbst nach tausend Jahren noch keimen sollen. In der Regel liegt die **Keimfähigkeit** jedoch bedeutend niedriger: zwischen ein und sechs Jahren. Daneben gibt es auch Samen, die kein Nährgewebe besitzen und dementsprechend sofort nach der Reife ausgesät werden müssen (z. B. Orchideen). Die Fruchtwand dient dem Schutz und der Verbreitung des Samens. Samen und Fruchtwand bilden zusammen die **Frucht** (1, S. 68).

Manche Pflanzen sind bei fehlender Bestäubung in der Lage, ohne Befruchtung Früchte auszubilden. In diesen Fällen spricht man von **Parthenokarpie** oder **Jungfernfrüchtigkeit** (z. B. bei Gurken und Zitrusgewächsen). Da keine Befruchtung erfolgt ist, enthalten diese Früchte auch keinen Samen. Die Fähigkeit zur Parthenokarpie hat man sich zur Züchtung kernloser Früchte zunutze gemacht. So ist es durch Hormonbehandlung der Blüten gelungen, z. B. kernlose Apfelsinen, Bananen und Weintrauben auf dem Markt anzubieten. Andererseits sind manche Pflanzen, wie z. B. bei Rosen- und Asterngewächsen beobachtet, auch in

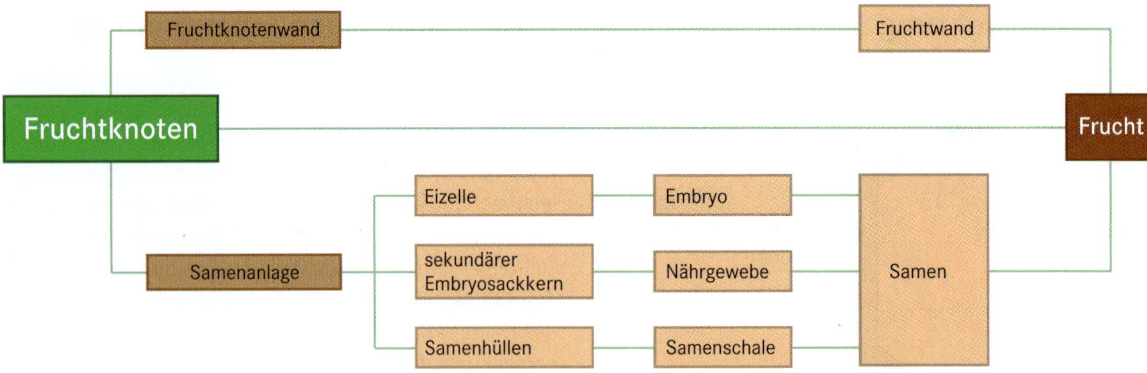

1 Samen- und Fruchtbildung

der Lage, Samen ohne vorhergehende Befruchtung auszubilden **(Apomixis)**. Entwickelt sich dabei aus einer unbefruchteten Eizelle ein Embryo, spricht man von **Jungfernzeugung (Parthenogenese)**.

? Aufgaben

◑ 1. Beschreiben Sie die Samen- und Fruchtbildung.
○ 2. Nennen Sie die Bestandteile der Frucht (2) und des Samens (3).
◑ 3. Welche Bedeutung hat die Fähigkeit zur Samenbildung für die Pflanze?
◑ 4. Es kann vorkommen, dass Sie in Apfelsinen, Bananen, Gurken oder Weintrauben keine Samen finden. Wie ist dies zu erklären?

3.12 Früchte

Nach der Befruchtung der Blüte entsteht aus dem Fruchtknoten die Frucht. Aus der Fruchtknotenwand entwickelt sich die Fruchtwand (Fruchtschale) und aus der Samenanlage der Samen. Fruchtwand und Samen bilden die **Frucht**, die dem **Schutz und der Verbreitung der Samen** dient (s. S. 72). Öffnen sich die Früchte bei der Reife, sodass der Samen ausgestreut wird, handelt es sich um **Streufrüchte**. Bleiben die Früchte hingegen bei der Reife geschlossen und fallen als Ganzes ab, spricht man von **Schließfrüchten** (1, S. 69).

2 Vielfalt der Früchte

3.12.1 Schließfrüchte

Saftige Schließfrüchte

Bei den **saftigen Schließfrüchten** (1, S. 70) besteht die Fruchtwand aus lebenden Zellschichten, die ein saftiges Fruchtfleisch bilden. Die **Fruchtwand** (Perikarp) besteht aus drei Schichten, der äußeren in der Regel einschichtigen und häutigen Außenschicht **(Exokarp)**, der inneren den Samen umgebenden Schicht **(Endokarp)** und der dazwischenliegenden mehrschichtigen und saftigen Mittelschicht **(Mesokarp)**. Nach dem Aufbau dieser drei Schichten unterscheidet man:

Ist die den Samen umgebende Schicht durch Holzeinlagerungen so stark verhärtet, dass sie einen **„Stein"** bildet, spricht man von **Steinfrüchten**, z. B. Kirsche, Pflaume, Pfirsich, Mirabelle, Mandel, Kornelkirsche und Kokosnuss.

Sind zahlreiche Samen von saftigem Fruchtfleisch umgeben, bezeichnet man diese Früchte als **Beerenfrüchte**, z. B. Johannisbeere, Stachelbeere, Heidelbeere (Blaubeere), Tomate, Zitrone, Paprika, Gurke, Kürbis, Kiwi, Banane, Mandarine und Apfelsine.

Trockene Schließfrüchte

Bei den **trockenen Schließfrüchten** (2, S. 70) wird die Fruchtwand aus abgestorbenen und eingetrockneten Zellschichten gebildet.

Wird der Samen von einer mehr oder weniger stark verholzten Fruchtwand umgeben, handelt es sich um **Nüsse** (z. B.

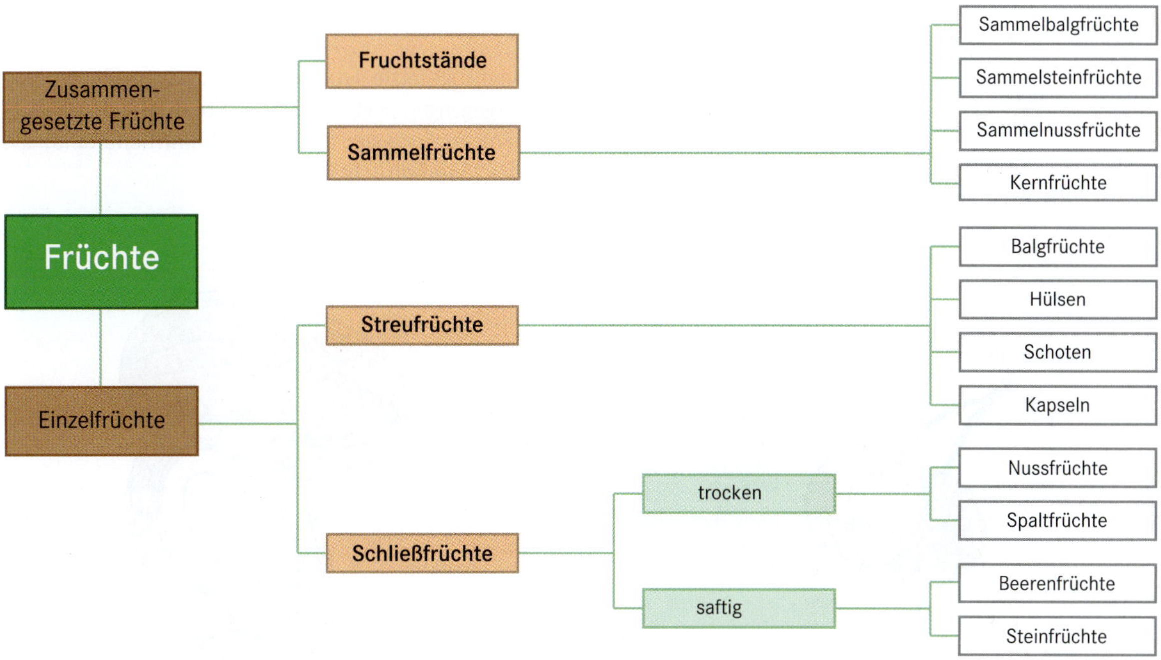

1 Systematik der Früchte

Haselnuss, Eichel, Buchecker, Walnuss[1]). Sehr kleine Nüsse werden als **Nüsschen** bezeichnet (z. B. bei der Erdbeere und Hagebutte). Die Früchte der Gräser **(Karyopsen)** sind **Unterformen der Nussfrüchte**. Bei ihnen ist die Fruchtwand mit der Samenschale verwachsen. Ihr Fruchtknoten ist oberständig. Handelt es sich um eine unterständige Nussfrucht wie bei den Früchten der Korbblütler (z. B. Sonnenblume, Löwenzahn), spricht man von einer **Achäne**.

Spaltfrüchte sind Früchte, die aus mehreren Fruchtknoten entstanden sind und sich bei der Reife in einsamige Teilfrüchte spalten (z. B. Ahorn, Möhre und Kümmel).

3.12.2 Streufrüchte

Streufrüchte (1, S. 71) können nach der Anzahl ihrer Fruchtblätter und der Art ihrer Öffnung unterschieden werden:

Balgfrüchte entwickeln sich aus einem Fruchtblatt, das sich an der Verwachsungsnaht öffnet (z. B. Pfingstrose, Rittersporn, Akelei).

Hülsen bestehen ebenfalls aus einem Fruchtblatt, das sich jedoch an zwei Seiten (Bauch- und Rückennaht) mit zwei Klappen öffnet. Charakteristisch sind Hülsenfrüchte für die Familie der Schmetterlingsblütler (Leguminosen), wie z. B. Erbse, Bohne, Lupine, Goldregen, Ginster und Wicke.

Schoten entwickeln sich aus zwei Fruchtblättern, die durch eine Zwischenwand, an der sich die Samen befinden, getrennt sind und sich bei der Reife an beiden Nähten öffnen. Charakteristisch sind Schoten für die Familie der Kreuzblütler, wie z. B. Senf, Raps und die vielen Kohlarten.

Kapseln bestehen aus mehreren Fruchtblättern, die sich bei der Reife mit Löchern oder Spalten öffnen (z. B. Mohn, Tulpe, Gemeine Rosskastanie, Alpenveilchen, Trompetenbaum, Herbstzeitlose).

3.12.3 Zusammengesetzte Früchte

Wird eine Frucht aus mehreren Einzelfrüchten gebildet, handelt es sich um **zusammengesetzte Früchte** (2 und 3, S. 71). Nach der Art ihrer Entstehung unterscheidet man zwischen Sammelfrüchten und Fruchtständen:

Sammelfrüchte

Sammelfrüchte entwickeln sich aus Einzelblüten mit mehreren Fruchtknoten. Sammelfrüchte sind z. B. die Früchte der Magnolie (**Sammelbalgfrüchte**), Himbeere und Brombeere **(Sammelsteinfrüchte)** sowie Erdbeere und Hagebutte **(Sammelnussfrüchte)**. Bei den **Kernfrüchten** (auch **Apfelfrüchte** genannt) schließen fünf pergamentartige Fruchtblätter jeweils einen Samen ein und bilden in ihrer Gesamtheit das

[1] Untersuchungen mithilfe der Rasterelektronenmikroskopie haben ergeben, dass sich die grüne Hülle der Walnuss aus Blattorganen und nicht aus der Fruchtwand entwickelt, sodass es sich bei der Walnuss tatsächlich um eine echte Nuss und nicht, wie bisher angenommen, um eine Steinfrucht handelt.

Kerngehäuse, die eigentliche Frucht (z. B. Apfel und Birne). Bei ihnen wird das Fruchtfleisch vom Blütenboden gebildet. Früchte, bei denen das Fruchtfleisch nicht aus der Fruchtknotenwand, sondern aus dem Blütenboden entsteht, sind keine echten Früchte, sondern **Scheinfrüchte** (z. B. Apfel, Birne, Quitte, Erdbeere, Brombeere, Hagebutte, Feige und Ananas).

Fruchtstände

Zusammengesetzte Früchte, die aus einem Blütenstand hervorgegangen sind, werden als **Fruchtstände** bezeichnet. Fruchtstände sind z. B. Feige **(Steinfruchtstand)** und Ananas **(Beerenfruchtstand)**.

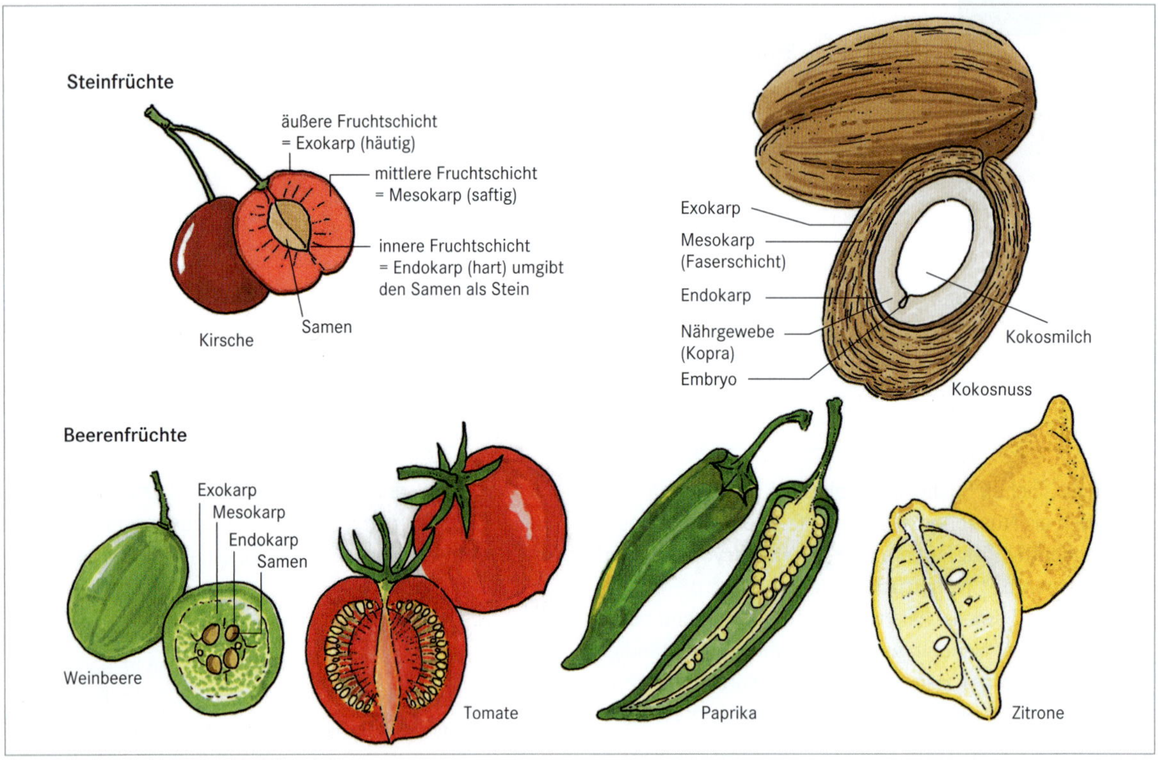

1 Saftige Schließfrüchte

2 Trockene Schließfrüchte

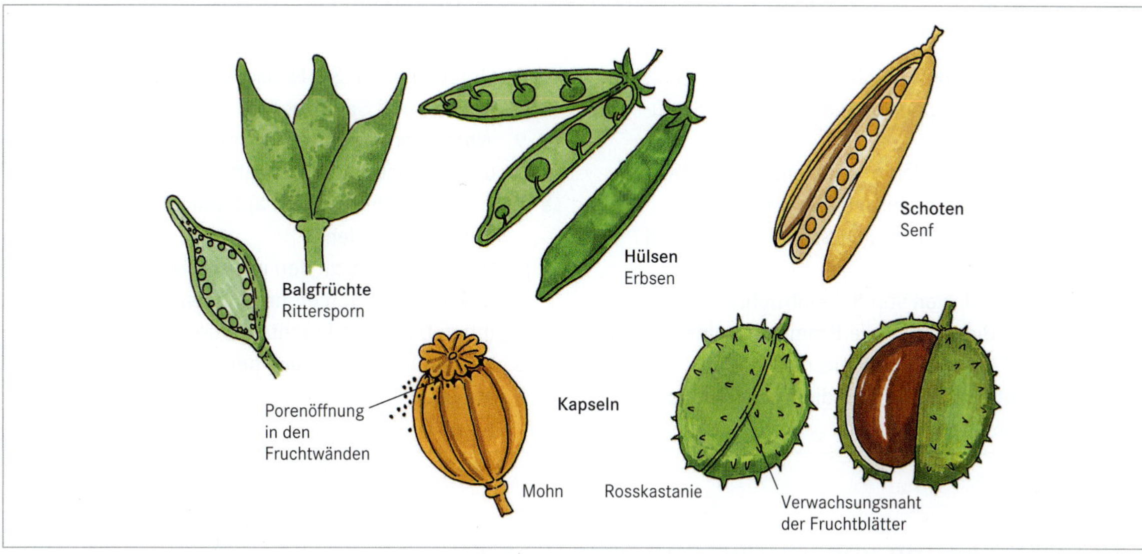

1 Streufrüchte

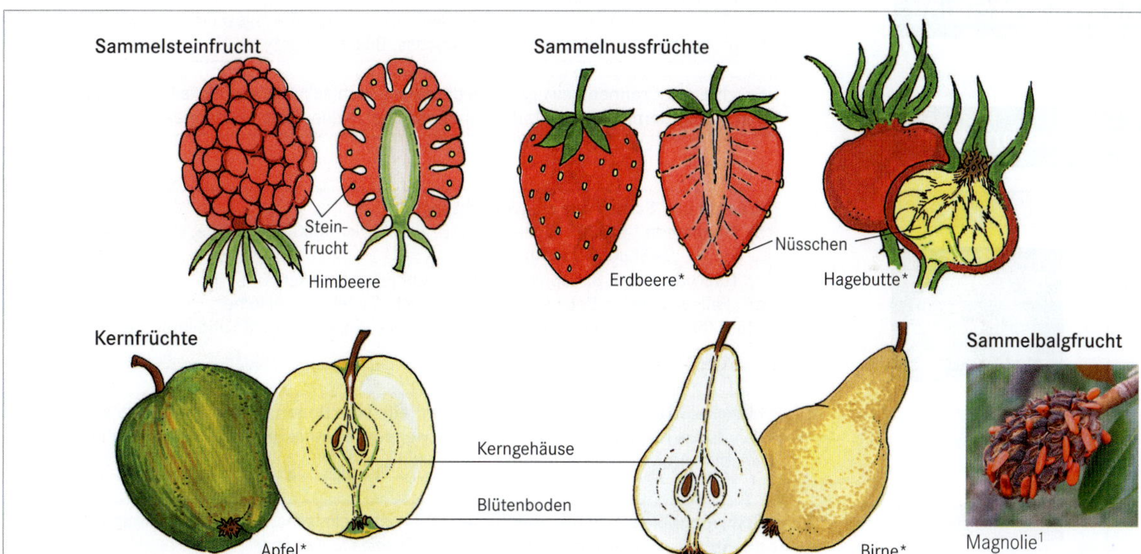

2 Sammelfrüchte

[1] Verholzte Balgfrüchte bilden zusammen eine zapfenartige Sammelfrucht, Die roten Samen sitzen an einem dünnen Verbindungsstrang, an dem sie aus der Frucht heraushängen können.

3 Fruchtstände

* Scheinfrüchte

Aufgaben

◑ 1. Woraus entstehen Früchte und wozu dienen sie?
○ 2. Worin unterscheiden sich Schließ- und Streufrüchte?
○ 3. Beschreiben Sie den dreischichtigen Fruchtwandaufbau einer saftigen Schließfrucht.
◑ 4. Worin unterscheiden sich Stein-, Beeren- und Kernfrüchte?
○ 5. Wann spricht man von Scheinfrüchten?
◑ 6. Erläutern Sie, warum die Brombeere eine Scheinfrucht ist und die Himbeere nicht.
○ 7. Worin unterscheiden sich die trockenen Schließfrüchte von den saftigen?
◑ 8. Unterscheiden Sie Nüsse, Nüsschen, Karyopse, Achäne und Spaltfrüchte.
◑ 9. Woran können Sie a) Hülsen und Schoten und b) Balgfrüchte und Kapseln unterscheiden?
◑ 10. Wann spricht man von a) Sammelfrüchten und b) Fruchtständen?
◑ 11. Versuchen Sie, zu den in den Abbildungen auf S. 70 und 71 aufgeführten Beispielen weitere Ihnen bekannte Früchte zuzuordnen.
◑ 12. Worum handelt es sich bei den Früchten der Magnolie?

3.13 Verbreitung von Samen und Früchten (1)

Selbstverbreitung

- **Schleudereinrichtungen**
  Die Samen werden über Turgor- oder Quellungsdrücke herausgeschleudert (z. B. Springkraut, Spritzgurke, Storchschnabelgewächse, Besenginster)
- **Früchte mit Grannen** bewegen sich durch unterschiedliche Feuchtigkeit auf dem Boden von der Mutterpflanze weg (z. B. Reiherschnabel, Wilder Hafer, Federgras)

Fremdverbreitung

Wind

- **Früchte und Samen mit Flugvorrichtungen:**
  a) **Flugsamen/-früchte** (geflügelt), z. B. Tanne, Fichte, Kiefer, Lärche, Ulme, Birke, Linde, Esche, Weißbuche und Ahorn
  b) **Haarbüschel,** z. B. Pappel, Weide, Waldrebe und Wollgras
  c) **„Fallschirme“,** z. B. Löwenzahn, Huflattich, Distel, Spornblume
  Staubförmige Samen werden aufgrund ihres geringen Gewichts und ihrer Kleinheit vom Wind verbreitet (z. B. Orchideen)
- **Manche Sträucher lösen sich bei Samenreife vom Boden** und verstreuen bei Wind über den Boden rollend ihre Samen kilometerweit, sogenannte Steppenroller (häufig in Wildwestfilmen)

Wasser

- **Schwimmfähige Früchte und Samen,** z. B. viele heimische Sumpf-, Wasser- und Uferpflanzen, Kokosnuss und Katappenbaum *(Terminalia catappa)*

Tier

- Früchte und Samen mit **Widerhaken** (z. B. Klette und Klebkraut im Fell der Tiere) oder **Klebstoffen** (z. B. Herbstzeitlose an den Hufen der Weidetiere, Mistel an den Schnäbeln der Vögel, viele Wasserpflanzen mit Schlamm oder Schleim an Wasservögeln)
- **Früchte und Samen dienen als Nahrung**
  - Früchte werden **gefressen**, wobei die durch die Samenschale gegen Verdauungssäfte geschützten Samen wieder ausgeschieden werden (z. B. Kirsche, Pflaume, Erdbeere, Johannisbeere und Weinbeere)
  - werden **gesammelt, versteckt** und **vergessen** oder **verloren**: z. B. von Nagetieren (z. B. Mäusen, Eichhörnchen), Vögeln (z. B. Eichelhäher) und Ameisen. Ameisen verzehren die nährstoffreichen Anhängsel (Elaiosomen) mancher Samen und Früchte, wobei sie diese verschleppen (z. B. Schneeglöckchen, Veilchen-Arten, Buschwindröschen, Taubnessel und Kissenprimel)

Mensch

- **bewusste Verbreitung** durch Aussaat und Pflanzenhandel
- **unbewusste Verbreitung** mit z. B. Erde, Saatgut, Pflanzen und Kleidung

1 Verbreitung von Samen und Früchten

3.14 Die Keimung

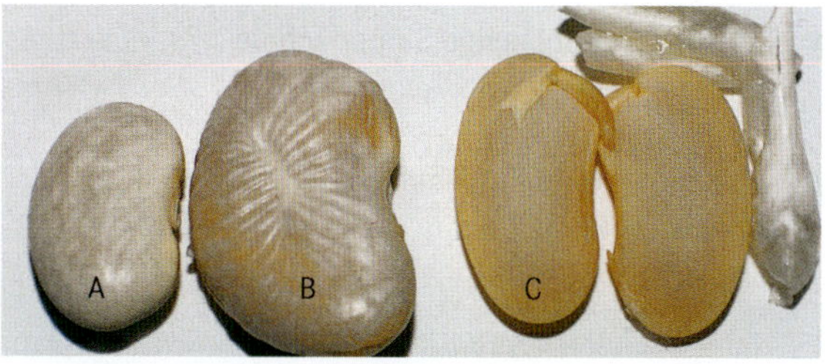

1 Buschbohnensamen A) ungequollen, B) gequollen, C) Samenschale und Embryo

2 Keimung

3.14.1 Keimvorgang

In jedem Samen verbirgt sich ein lebendiges Pflänzchen - **Embryo** oder **Keimling** genannt. Es befindet sich in einer Art Tiefschlaf, d. h., die Stoffwechselvorgänge sind auf ein Minimum reduziert. Kommt der Samen mit Wasser in Berührung, so quillt er. Dabei vergrößert er sein Volumen derart, dass der entstehende Druck die Samenschale sprengt (1). Feuchtigkeit und Wärme bewirken eine Beschleunigung der Stoffwechselvorgänge (z. B. Atmung), sodass der Embryo sein unterbrochenes Wachstum wieder aufnimmt **(Keimung des Samens)**. Um jedoch an die Erdoberfläche zu gelangen, bedarf es einer großen Kraftanstrengung. Die hierfür erforderliche Energie gewinnt der Embryo aus dem von der Mutterpflanze mitgelieferten Nährstoffvorrat, dem **Nährgewebe**. Der Nährstoffvorrat, von dem der ruhende Embryo mehrere Jahre zehren kann, wird während der Keimung in wenigen Tagen verbraucht. Sobald sich die Keimblätter über dem Erdboden befinden, entfalten sie sich und werden grün. Mithilfe dieser grünen Blätter kann die Pflanze Fotosynthese betreiben und sich die zum Leben notwendigen Stoffe selbst herstellen. Mit dem Übergang von der heterotrophen zur **autotrophen Ernährung**, d. h. mit der Fähigkeit zur Fotosynthese, ist die Keimung beendet (2).

Nach der Anzahl der ausgebildeten **Keimblätter** (Kotyledonen) unterscheidet man zwischen **einkeimblättrigen Pflanzen** (Monokotyledonen), **zweikeimblättrigen Pflanzen** (Dikotyledonen) und **mehrkeimblättrigen Pflanzen** (Polykotyledonen), wie den Nadelgehölzen, bei denen die Anzahl der Keimblätter zwischen zwei und zwölf liegt. Wenn der Keimling die ersten Laubblätter gebildet hat, braucht er die Keimblätter nicht mehr. Sie fallen ab (s. auch S. 32, „Generative Vermehrung“).

3.14.2 Epigäische und hypogäische Keimung (3)

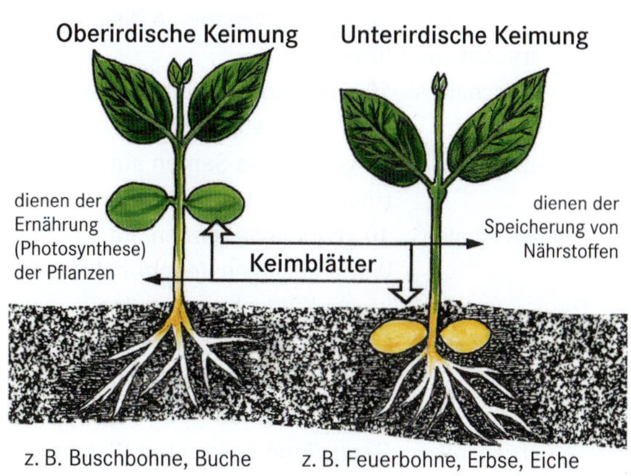

3 Epigäische und hypogäische Keimung

Bei der **epigäischen Keimung** streckt sich das **Hypokotyl** - der Stängelabschnitt zwischen dem Wurzelhals und den Keimblättern -, sodass die Keimblätter an die Erdoberfläche gelangen, um **Fotosynthese** zu betreiben (z. B. Buschbohne, Stangenbohne und Buche). Bei der **hypogäischen Keimung** streckt sich das **Epikotyl** - der Stängelabschnitt zwischen den Keimblättern und den ersten Laubblättern -, sodass die Keimblätter in der Erde bleiben. In diesem Fall dienen sie der **Nährstoffspeicherung** (z. B. Erbse, Feuerbohne und Eiche). An die Erdoberfläche gelangen die **ersten Laubblätter (Primärblätter)**, die bereits im Samen angelegt waren (3, S. 73).

3.14.3 Keimruhe/-hemmung

Die meisten Pflanzensamen erreichen erst nach einer **Keimruhe** ihre volle Keimfähigkeit. Sie keimen erst nach Monaten oder Jahren. Der Gärtner spricht vom **„Überliegen" der Samen**. Die Ursachen können sein:

- **keimhemmende Stoffe** (Inhibitoren) im Fruchtfleisch (z. B. *Malus*, *Pyrus*, *Rosa*, *Sambucus*, *Sorbus*)
- **wasserundurchlässige Samenschale** (z. B. viele *Leguminosen*, *Pelargonien*, *Malvaceen*, *Pinus strobus*, Kern- und Steinobstarten)
- **unvollkommene Entwicklung** des Embryos (z. B. *Acer campestre*, *Carpinus betulus*, *Aesculus*, *Corylus*, *Fagus*, *Juglans*, *Quercus*)

Es können auch alle drei Ursachen zusammen auftreten, wie z. B. bei *Fraxinus excelsior*. Die Keimruhe bzw. Keimhemmung dient der Natur zum **Überdauern ungünstiger Perioden**, wie z. B. Trockenheit und Winter. Günstige Temperaturen für die sogenannten **„Frost-** bzw. **Kaltkeimer"** sind +1 bis +10 °C. Für Rosa multiflora und Thuja occidentalis sind z. B. Temperaturen von +5 °C optimal bei einer Einwirkungsdauer von 50 bzw. 30 Tagen. Es gibt aber auch Pflanzenarten, deren Samen sofort nach dem Loslösen von der Mutterpflanze keimt (z. B. *Acer saccharinum*, *Salix*).

Aufgaben

1. Die Abbildung zeigt einen Embryo. Benennen Sie die gekennzeichneten Teile.

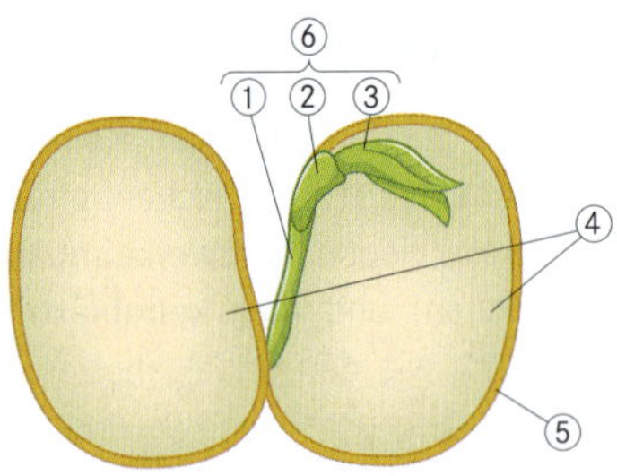

2. Führen Sie folgenden Versuch zur Keimung durch.
   Materialien: 50 Bohnensamen, 5 Petrischalen, Watte, Wasser,
   Vorbereitung: Legen Sie 40 Bohnensamen in Wasser ein, bis sie gequollen sind. Beschriften Sie die Petrischalen mit den Buchstaben A bis E.
   Versuchsdurchführung:
   Petrischale A: 10 ungequollene Samen auf trockene Watte auslegen
   Petrischale B: 10 gequollene Samen auf trockene Watte auslegen
   Petrischale C: 10 gequollene Samen auf feuchte Watte auslegen, feucht halten und in den Kühlschrank stellen
   Petrischale D: Gequollene Samen auf feuchte Watte auslegen, feucht halten und warm aufstellen
   Petrischale E: Gequollene Samen mit Wasser bedecken und warm aufstellen

   a) Halten Sie Ihre Beobachtungen in einem Protokollbogen fest.

Gefäß						Sonstige Bemerkung
	A	B	C	D	E	
1. Tag						
2. Tag						
3. Tag						
4. Tag						
5. Tag						
6. Tag						
7. Tag						
8. Tag						
9. Tag						
10. Tag						

Anzahl der gekeimten Samen

   b) Zählen Sie nach 7 Tagen die gekeimten Samen aus. Vergleichen Sie die Ergebnisse.

3. Erklären Sie die Keimung anhand 2, S. 73.
4. Wann beginnt und wann endet die Keimung?
5. Erklären Sie, warum Saatgut mit zunehmendem Alter an Keimfähigkeit verliert und warum es kühl und trocken gelagert werden muss.
6. Welche Aufgaben haben die Keimblätter einer Pflanze?
7. Worin unterscheiden sich epigäische und hypogäische Keimung?
8. Was benötigen alle Samen zur Keimung?
9. Obwohl alle Keimbedingungen optimal sind, keimt der Samen nicht. Woran kann dies liegen?
10. Was sind Kalt- bzw. Frostkeimer?

3.15 Lebensdauer der Pflanzen

3.15.1 Gehölze

1 Mit 4 900 Jahren der älteste Baum der Welt - eine Kiefer *(Pinus longaeva)*

Die **Lebensdauer der Pflanzen** kann je nach Pflanzenart recht unterschiedlich sein. Sie ist **genetisch festgelegt**. Wie nahe eine Pflanze ihrer höchstmöglichen Lebensdauer kommt, hängt von den **Umweltbedingungen** ab. Besonders langlebig sind die **Bäume** (1). So können z. B. Ulmen 300 bis 600 Jahre, Eichen 500 bis 1 000 Jahre, Linden 800 bis 1 000[1] Jahre und Eiben bis 3 000 Jahre alt werden. Noch älter, mit bis zu 4 000 Jahren, sind die in Nordamerika wachsenden Mammutbäume *(Sequoiadendron giganteum)*, die eine Höhe von mehr als 100 Metern und einen Stammdurchmesser von 10 bis 12 Metern erreichen können. Der älteste Baum der Welt ist aber eine Kiefer *(Pinus longaeva)*. Sie ist über 4 900 Jahre alt und steht in Kalifornien in den White Mountains.

3.15.2 Krautige Pflanzen

Krautige Pflanzen teilt man nach ihrer Lebensdauer in einjährige, zweijährige und ausdauernde Pflanzen ein (2):

Einjährige (annuelle) Pflanzen (Symbol: ⊙, Zeichenerklärung s. S. 97) durchlaufen ihre gesamte Entwicklung in einer Vegetationsperiode, d. h., im Jahr der Aussaat erfolgt auch die Blüte. Nach der Samenbildung sterben sie ab, sodass sie den Winter als Samen überdauern. Zu ihnen zählen viele Wildkräuter und Sommerblumen, wie z. B. Sommeraster *(Callistephus chinensis)*, Sonnenblume *(Helianthus annuus)*, Ringelblume *(Calendula officinalis)* und Petunie *(Petunia-Hybriden)*. Als **Winterannuelle** bezeichnet man einjährige Pflanzen, die als Pflanze den Winter überdauern und in der zweiten Vegetationsperiode blühen (z. B. Wintergetreide).

Zweijährige (bienne) Pflanzen (Symbol: ⊙⊙) durchlaufen ihre Entwicklung in zwei aufeinanderfolgenden Vegetationsperioden. Im Jahr der Aussaat wachsen sie nur vegetativ, im zweiten Jahr erfolgt dann das generative Wachs-

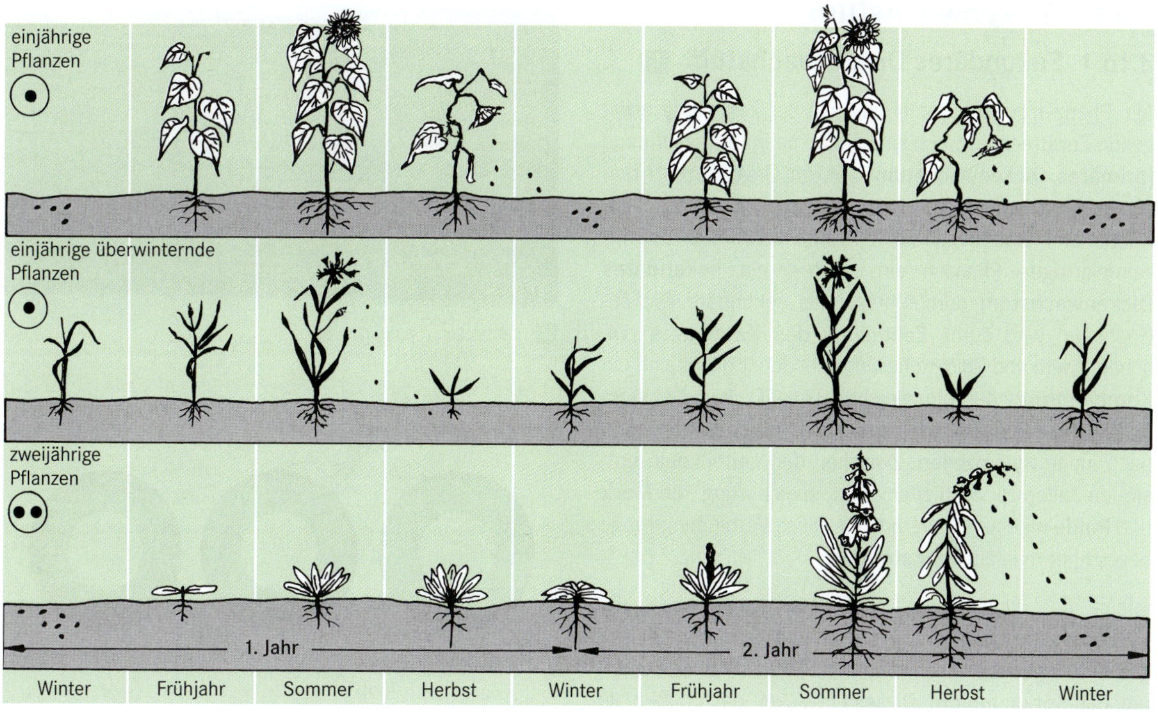

2 Lebenslauf ein- und zweijähriger Pflanzen

[1] Der älteste Baum in Deutschland mit 1 120 Jahren ist eine Linde *(Tilia platyphyllos)*. Sie steht auf dem Marktplatz von Schenklengsfeld (Hessen).

tum, d.h. die Blütenbildung. Danach sterben sie ab, wie z.B. Bartnelke *(Dianthus barbatus)*, Stiefmütterchen *(Viola-Wittrockiana-Hybriden)*, der Rote Fingerhut *(Digitalis purpurea)*, Petersilie, Möhre und Kohlarten.

Ausdauernde (perenne) Pflanzen (Symbol: ♃) bezeichnet man auch als **Stauden**. Bei ihnen endet das Leben nicht nach der Blütezeit. Ihre oberirdischen Teile sterben nach der Blüte oder während des Winters ab und erneuern sich im darauffolgenden Jahr. Die Überwinterung erfolgt in Form von Knollen, Zwiebeln oder Wurzelstöcken. Bekannte Stauden sind z.B. Schafgarbe *(Achillea filipendulina)*, Kissenaster *(Aster-Dumosus-Hybriden)*, Rittersporn *(Delphinium-Hybriden)*, Tränendes Herz *(Dicentra spectabilis)*, Phlox *(Phlox-Paniculata-Hybriden)*, Lupine *(Lupinus-Hybriden)*.

Viele bei uns einjährig oder zweijährig kultivierte Pflanzen sind botanisch gesehen Stauden oder Halbsträucher, wie z.B. Kaisernelke *(Dianthus chinesis, ⊙ bis ♃)*, Gartenlöwenmaul *(Antirrhinum majus, ♃)*, Salvie *(Salvia splendens, ♃ bis ♄)* oder Leberbalsam *(Ageratum houstonianum, ♄)*.

? Aufgaben

◑ 1. Wovon hängt die Lebensdauer einer Pflanze ab?
◑ 2. Unterscheiden Sie einjährige und zweijährige Pflanzen und nennen Sie Beispiele.

3.16 Dickenwachstum

3.16.1 Sekundäres Dickenwachstum (1)

Alle Pflanzen weisen durch die nach der Zellteilung erfolgende Zellstreckung auch eine Zunahme im Sprossumfang **(primäres Dickenwachstum)** auf. Im Gegensatz zu den einkeimblättrigen Pflanzen, bei denen sich das Dickenwachstum hierauf beschränkt, können die zwei- und mehrkeimblättrigen Pflanzen ein zweites, ein **sekundäres Dickenwachstum** durchführen. Das sekundäre Dickenwachstum wird durch **Zellteilung des Kambiums** zwischen Xylem und Phloem bewirkt. Zunächst bildet sich ein **Kambiumring**, der ein gleichmäßiges Dickenwachstum ermöglicht. Das Kambium bildet nach außen **Phloem-** und nach innen **Xylemzellen**. Zwischen den Leitbündeln entstehen Zellen zur Stoffleitung und -speicherung, die **Mark** und **Rinde** miteinander verbinden. Diese Verbindungswege bezeichnet man als **Markstrahlen**.

Infolge des zunehmenden Dickenwachstums platzt die **Epidermis** ab. In den äußeren Schichten des mehrschichtigen Rindengewebes bildet sich daraufhin ein neues Kambium, das **Korkkambium**. Dieses entwickelt nach außen als Ersatz für die abgestorbene Epidermis ein neues (sekundäres) Abschlussgewebe, das **Korkgewebe**. Nach innen werden **chlorophyllhaltige Rindenzellen** gebildet. Das Korkgewebe besteht aus abgestorbenen, undurchlässigen Zellen. An den Stellen, an denen sich die Spaltöffnungen der früheren Epidermis befanden, entstehen Kanäle im Korkgewebe, sogenannte **Lentizellen** (2), die dem Gasaustausch und der Transpiration dienen. Das aus totem Korkgewebe und abgestorbenem Rindengewebe bestehende Gewebe bezeichnet man als **Borke** (3). Bei Verletzungen erlangen die an der Wunde angrenzenden Zellen ihre Teilungsfähigkeit wieder, sodass es zur Bildung von **Wundgewebe (Kallus)** kommt. Die vom Wundrand her erfolgen-

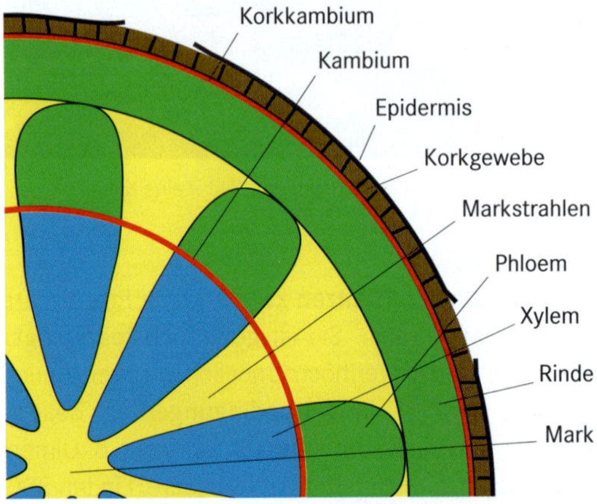

1 Sekundäres Dickenwachstum

2 Lentizellen *(Sambucus nigra)*

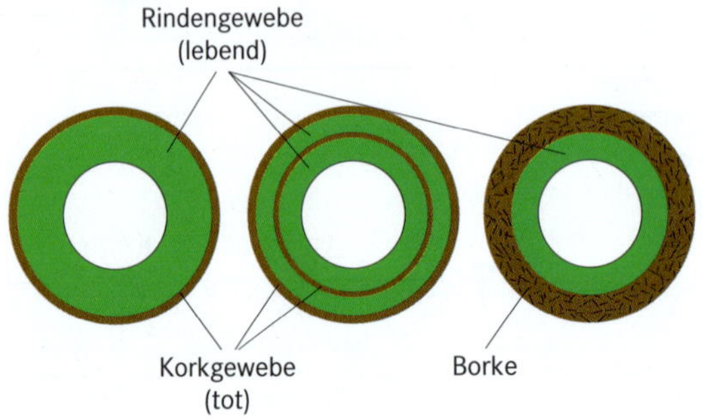

3 Borkenbildung. In den später absterbenden Bereichen lagert der Baum für ihn giftige Stoffe ein („Sondermülldeponie").

1 Borke (Schuppenborke)

2 Eine schwere und nicht ungefährliche Arbeit: die Ernte von Flaschenkork. Der Kork der Korkeiche ist für Flüssigkeiten und Gase undurchlässig. Er ist fest, elastisch und leicht. Dies macht seinen wirtschaftlichen Wert aus.

de Gewebewucherung führt zu einer Überwallung und damit Schließung der Wunde. Da Borke totes Gewebe ist und dementsprechend nicht mehr wachsen kann, wird sie beim weiteren Dickenwachstum abgesprengt. Nach der Art der Ablösung vom Stamm kann man unterscheiden zwischen **Ringelborke** (z. B. Birke, Kirsche), **Streifenborke** (z. B. Clematis, Wein) und **Schuppenborke** (z. B. Eiche, Platane und Nadelgehölze) (1). Die Borke kann je nach Pflanzenart dünn wie Papier, wie z. B. bei der Birke, oder bis zu 15 cm dick, wie bei der im Mittelmeergebiet verbreiteten **Korkeiche** *(Quercus suber)*, sein. In Portugal und Spanien hat die Korkgewinnung eine wirtschaftliche Bedeutung. Der Kork der Korkeiche wird alle 10 Jahre vorsichtig vom Stamm geschält und zur Herstellung von z. B. Flaschenkorken und Korkplatten verwendet (2).

3.16.2 Bildung der Jahresringe

Die im Frühjahr vom Kambium gebildeten **Gefäße** des Xylems (Holzteils) weisen einen großen Durchmesser auf. Diese **weitlumigen** Gefäße des Frühholzes dienen ausschließlich der Wasserleitung. Mit fortschreitendem Wachstum werden die Zellwände der Gefäße zur Festigung der Pflanze immer mehr verdickt, sodass die Zellen im Spätsommer/Herbst ihren kleinsten Durchmesser erreichen. Im Winter erfolgt kein Dickenwachstum, sodass keine Gefäße ausgebildet werden. Im Frühjahr des nächsten Jahres werden dann wieder weitlumige Gefäße angelegt.

Der plötzliche Übergang vom **englumigen Spätholz** des letzten Jahres zum **weitlumigen Frühjahrsholz** des folgenden Jahres ist als **Jahresgrenze** erkennbar. Der Abschnitt zwischen zwei Jahresgrenzen kann somit als **Jahresring** mit dem Auge wahrgenommen werden. Durch das Zählen der Jahresringe kann man das **Alter der Bäume**

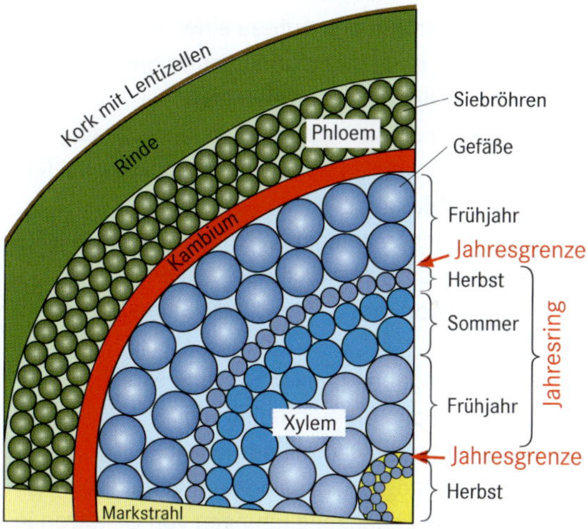

3 Jahresringbildung

4 Jahresringe – eine biologische Chronik des Baumlebens

feststellen (3, S. 77). Da der jährliche Holzzuwachs und dementsprechend die Dicke der einzelnen Jahresringe von den **Lebensbedingungen** abhängt, können anhand ihrer Analyse Aussagen über die Lebensbedingungen des jeweiligen Baums in der Vergangenheit gemacht werden. Jahresringe stellen also gewissermaßen eine biologische Chronik des Baumlebens dar (4, S. 77).

3.16.3 Kern- und Splintholz

Die Gefäße der älteren Jahresringe werden im Laufe der Zeit mit Gerbstoffen gefüllt, sodass in ihnen keine Wasserleitung mehr erfolgen kann. Dieses häufig dunkel gefärbte Holz bildet das **Kernholz** (Hartholz). Es ist tot und durch **Einlagerung von Gerbstoffen** imprägniert, sodass es vor Zersetzungen geschützt ist. Die Bildung von Kernholz verleiht dem Baum **Standfestigkeit** und läuft parallel mit dem Dickenwachstum. Nur das äußere Holz, das **Splintholz** (Weichholz), ist lebend und regelt die **Stoffleitung und -speicherung**, wobei nur die jüngsten Jahresringe oder auch nur der äußerste Jahresring dem **Wassertransport** dienen. **Kernhölzer** sind z. B. *Juglans*, *Juniperus*, *Larix*, *Pinus*, *Prunus*, *Quercus*, *Robinia* und *Ulmus*. Besonders wertvolle **tropische Kernhölzer** sind z. B. Bongossi, Mahagoni, Palisander, Teak und das tiefschwarz gefärbte Ebenholz. Bei den **Splinthölzern** erfolgt keine Verfärbung des älteren Holzes, sodass der Stammquerschnitt gleichfarbig erscheint. Eine Einlagerung von Gerbstoffen unterbleibt ebenfalls, sodass es durch Bakterien- und Pilzbefall zu einer Aushöhlung der Stämme älterer Bäume kommen kann (z. B. *Acer platanoides*, *Acer pseudoplatanus*, *Alnus*, *Betula*, *Carpinus*, *Populus tremula*, *Salix*).

? Aufgaben

◑ 1. Beschreiben Sie den Aufbau eines Baumstamms von außen nach innen und nennen Sie die Aufgaben der einzelnen Bauteile.

◑ 2. Warum können ausgehöhlte Weiden, vorausgesetzt sie werden nicht vom Wind umgeworfen, noch jahrelang leben?

◑ 3. Warum können einkeimblättrige Pflanzen kein sekundäres Dickenwachstum zeigen?

◑ 4. Wodurch kommt es zum Dickenwachstum der Gehölze?

○ 5. Welche Aufgaben haben die Lentizellen?

○ 6. Unterscheiden Sie Borke und Rinde.

◑ 7. Erklären Sie die Bildung der Jahresringe.

◑ 8. Wie ist es möglich, dass anhand von Jahresringen auf die Lebensbedingungen von Gehölzen in der Vergangenheit geschlossen werden kann?

◑ 9. Warum kann man das Alter der in den Tropen wachsenden Bäume nur schätzen?

◑ 10. Warum können Stammbeschädigungen zu einer Entwicklungshemmung bzw. gegebenenfalls zum Tod des Baumes führen?

◑ 11. Bestimmen Sie die unten abgebildeten Gehölze anhand ihrer Borke.

◑ 12. Bestimmen Sie den Borkentyp der aufgeführten Baumarten. Erstellen Sie dazu eine Tabelle. *Acer platanoides, Clematis-Hybriden, Fagus sylvatica, Fraxinus excelsior, Juniperus communis, Lonicera caprifolium, Picea abies, Platanus x hispanica, Prunus avium, Quercus robur, Thuja occidentalis, Tilia platyphyllos, Vitis vinifera*

Baumart	Borkentyp		
	Schuppenborke	Ringelborke	Streifenborke
Birke		✗	
usw.			

3.17 Wachstumsbewegungen

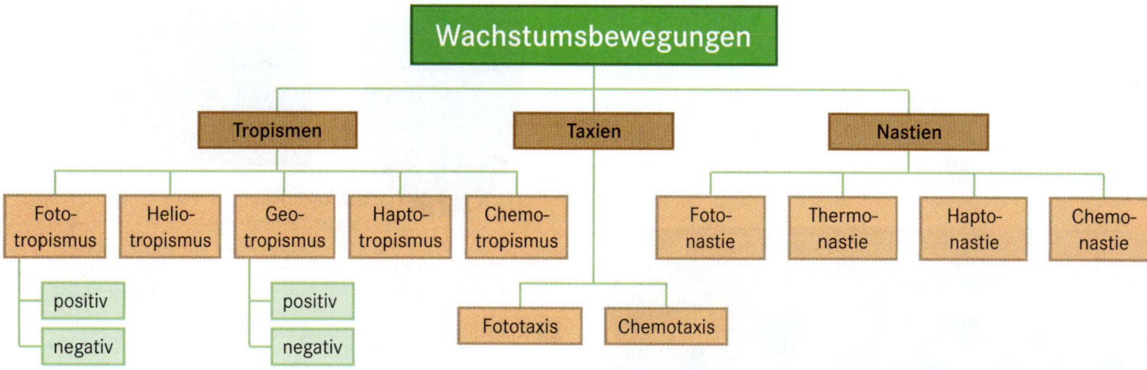

1 Wachstumsbewegungen

Obwohl Pflanzen ortsgebunden sind, sind sie doch ständig in Bewegung. Sie führen **Wachstumsbewegungen** durch, die jedoch in der Regel erst durch Zeitrafferaufnahmen für das menschliche Auge sichtbar werden. Ausgelöst werden diese Bewegungen durch äußere Reize. Nach der Art der ausgelösten Bewegungen unterscheidet man Tropismen, Taxien und Nastien.

3.17.1 Tropismen

Es handelt sich um **Krümmungsbewegungen** von ortsgebundenen Pflanzen, die durch einseitige Reize ausgelöst werden und deren Richtung vom Reiz bestimmt wird. Sie beruhen auf einem ungleichen Wachstum der Organseiten. Mithilfe des Tropismus ist die Pflanze in der Lage, sich räumlich zu orientieren. Nach der Art des Reizes unterscheidet man:

Fototropismus (Ursache Lichtreize)

Hierbei wird die Krümmungsbewegung vom Licht ausgelöst. Bei einseitiger Belichtung wächst der Spross der Pflanzen zum Licht **(positiv fototropisch)**. Ursache ist eine unterschiedliche Verteilung von **Wuchsstoffen**, den sogenannten **Auxinen**. Je höher die Auxinkonzentration des Sprosses, desto stärker ist das Wachstum. Die Auxine werden in den Vegetationspunkten gebildet und abwärts geleitet, sodass alle Zellen der Sprossachse gleichmäßig mit Wuchsstoffen versorgt werden (2 A). Bei einer einseitig belichteten Pflanze kommt es zu einer Verlagerung der Auxine von der Lichtseite zur Schattenseite, damit wird die Auxinkonzentration auf der unbelichteten Seite erhöht (2 B). Die Folge ist, dass die unbelichtete bzw. dunklere Seite stärker wächst als die belichtete bzw. hellere Seite, sodass es zu einer Krümmungsbewegung in Richtung Licht kommt (2 C). Die unterschiedlichen Wuchsstoffkonzentrationen ermöglichen der Pflanze eine **Orientierung zum Licht**. Die Lichtwendigkeit der Sprossachse führt zu einer fotosynthetisch günstigen Ausrichtung der Blätter und ist somit lebensnotwendig für die Pflanze.

Im Gegensatz zum positiven Fototropismus ist der **negative Fototropismus** (Krümmungsbewegung vom Licht weg) selten. Er kommt z. B. bei den Haftwurzeln des Efeus und den mit Haftscheiben versehenen Ranken des Wilden Weins vor. Dies ist z. B. auch der Grund dafür, dass diese Pflanzen an weißen Wänden (starke Lichtreflexion!) Schwierigkeiten beim Klettern haben können.

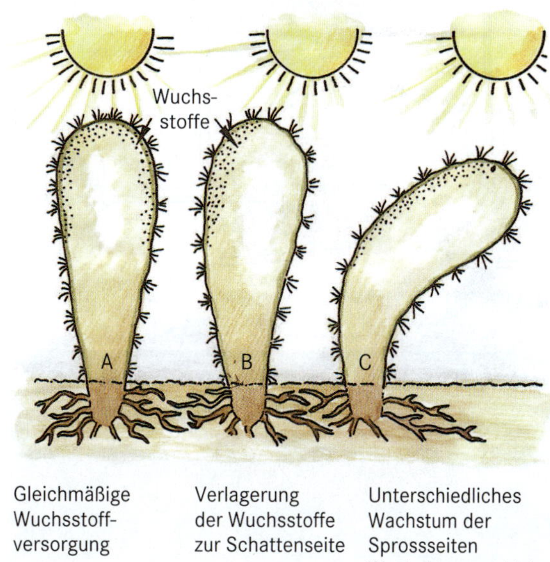

2 Fototropismus

Heliotropismus

Unter **Heliotropismus** versteht man die **Hinwendung zur Sonne**. So richten einige Pflanzen (z. B. Sonnenblumen und Lupinen) ihre Blätter und Blüten nach der Sonne aus. Dabei verfolgen sie die Bewegung der Sonne von Osten nach Westen. Diese Lichtwendigkeit sorgt für eine optimale Lichtausnutzung (1).

1 Lichtwendigkeit bei Sonnenblumen *(Helianthus annuus)*. Nach dem Aufblühen der Blütenkörbe erfolgt diese Ausrichtung nicht mehr

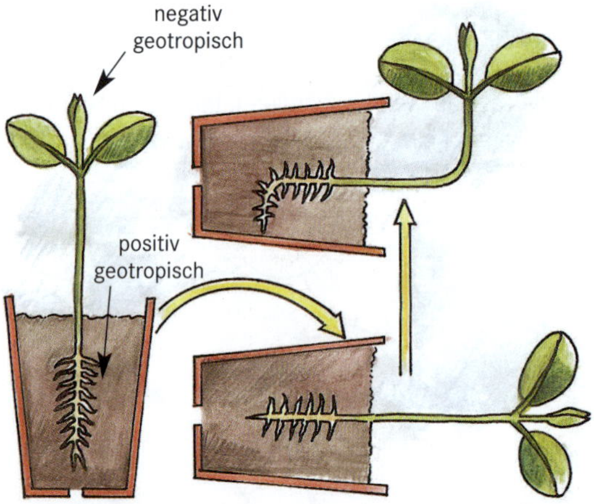

2 Geotropismus

3 Positiv (Blütenknospen) und negativ geotropisch (Blüten und Fruchtkapseln)

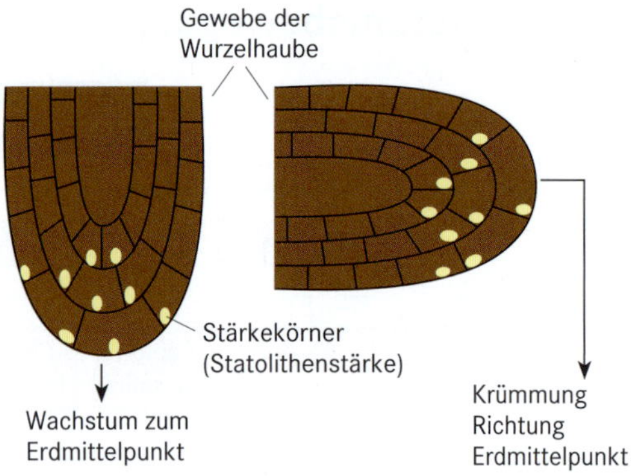

4 Orientierung der Wurzelspitze zur Schwerkraft

Geotropismus/Gravitropismus (Ursache Schwerkraftreize)

Obwohl die Wurzeln der meisten Pflanzen vom Licht weg wachsen, reagieren sie in der Regel nicht fototropisch, sondern geotropisch. **Geotropismus** ist die durch die Schwerkraft der Erde (Gravitationskraft der Erde) bewirkte Richtungsbewegung. Die Hauptwurzeln der meisten Pflanzen sind **positiv geotropisch**, d. h., sie wachsen in Richtung Erdmittelpunkt. Die Hauptsprossachse hingegen wächst entgegengesetzt der Schwerkraft vom Erdmittelpunkt weg (2). Hierauf beruht auch das Aufrichten umgeknickter Pflanzen. Daneben können Pflanzenteile, je nach Entwicklungsstand, positiv oder negativ geotropisch sein (3).

Die Aufnahme des Schwerkraftreizes erfolgt über Stärkekörner, sogenannte **Statolithenstärke**, in den Zellen des Sprosses und der Wurzelhaube. Da sich diese Stärkekörner auf der Unterseite der Zellen sammeln, wechseln sie ihre Position bei einer Lageveränderung. Über den veränderten Druck, den diese Stärkekörner bei einer Lageveränderung auf die jeweilige Zellenunterseite ausüben, wird der Pflanze eine **Orientierung zur Schwerkraft** ermöglicht, d. h., sie kann zwischen oben und unten unterscheiden (4).

Haptotropismus/Thigmotropismus

Beim **Haptotropismus** handelt es sich um **durch Berührungsreize** ausgelöste Richtungsbewegungen. So sind z. B. die Krümmungen der Blattspitzen von *Gloriosa superba* 'Rothschildiana' (3, S. 24) und der Blattstiele kletternder Clematisarten durch Berührungsreize zu erklären.

Chemotropismus

Beim **Chemotropismus** werden die Richtungsbewegungen **durch chemische Reize**, d. h. Konzentrationsunterschiede, ausgelöst. So beruht z. B. das Wachstum des Pollenschlauchs beim Befruchtungsvorgang oder das

Wachstum der Wurzel zu gut durchlüfteten oder feuchten Stellen im Boden auf Chemotropismus.

3.17.2 Taxien

Bei den **Taxien** handelt es sich um **freie und gerichtete Ortsbewegungen** der ganzen Pflanze. Hierzu sind jedoch nur niedere Pflanzen, d. h. **Einzeller**, befähigt (z. B. Bakterien und Algen). So schwimmen die im Meer lebenden einzelligen Grünalgen im lichtdurchfluteten Wasser **(Fototaxis)**, und die luftliebenden bzw. luftfeindlichen Bakterien reagieren auf Sauerstoff mit Ortsveränderungen **(Chemotaxis)**.

3.17.3 Nastien

Bei den **Nastien** handelt es sich um **Krümmungsbewegungen** der Pflanze, deren Richtung und Art unabhängig vom Reiz erfolgen. Sie dienen im Gegensatz zu den Tropismen nicht der Orientierung im Raum. Ermöglicht werden die Bewegungen vor allem durch **Änderungen des Turgordrucks** (Zellinnendrucks) in polsterförmigen Verdickungen, den sogenannten Gelenkpolstern, wie auch teilweise durch unterschiedliches Wachstum der Organseiten. Nach der Art des Reizes unterscheidet man:

Fotonastie

Hierauf beruht z. B. bei vielen Pflanzen die Öffnung der Blüten bei Licht und ihre Schließung bei Dunkelheit bzw. Bewölkung (z. B. Seerose). Die Blüten der Mittagsblume *(Dorotheanthus bellidiformis)* öffnen sich nur bei voller Sonne. Es gibt auch Pflanzen, die ihre Blüten bei Licht schließen und bei Dämmerung bzw. Dunkelheit öffnen. Dies ist z. B. bei der Nachtkerze *(Oenothera)* der Fall, deren Blüten durch Nachtfalter bestäubt werden.

1 Haptonastie bei *Mimosa pudica*

2 Autonome Suchbewegungen und Haptonastie

Thermonastie

So wird z. B. die Öffnung vieler Blüten durch Wärme, die Schließung durch Kälte bewirkt (z. B. Krokus und Tulpe).

Haptonastie/Thigmonastie/Seismonastie

Darauf zurückzuführen ist z. B. das Zusammenklappen der Blatthälften der Venusfliegenfalle (2, S. 26) bei Berührung der Blatthärchen (Sinnesborsten) auf der Blattoberfläche. Der Reiz führt zu Turgorschwankungen in den die Blatthälften verbindenden Gelenkpolstern. Besonders empfindlich reagiert die Mimose *(Mimosa pudica,* 1*)*, die bei Berührung, Erschütterung (Seismonastie) oder Hitze (Thermonastie) ihre gefiederten Blätter blitzschnell zusammenfaltet und erst nach 10 bis 30 Minuten wieder entfaltet. Berühren die Ranken der Ranker (Erbse, Gurke, Kürbis, Passionsblume, Zaunrübe) einen Gegenstand, kommt es zur Aufnahme des Berührungsreizes, der das Umranken von Gegenständen auslöst (2).

Chemonastie

Auf **Chemonastie** und **Haptonastie** beruhen die Fangbewegungen der Tentakeln des Sonnentaus. Auch beim Schließen und Öffnen der Spaltöffnungen der Blätter sind chemonastische Reaktionen beteiligt.

3.17.4 Autonome Bewegungen

Autonome Bewegungen sind selbstständige Bewegungen der Pflanze, die nicht durch äußere Reize bewirkt werden. Hierzu gehören z. B. die Suchbewegungen von Windern/Schlingern und Rankern (2).

? Aufgaben

- ○ 1. Was veranlasst Pflanzen, sich zu bewegen?
- ◑ 2. Unterscheiden Sie Tropismen, Taxien und Nastien.
- ○ 3. Wie können Pflanzen Umwelteinflüsse wahrnehmen?
- ◑ 4. Welche ökologischen Bedeutungen haben Wachstumsbewegungen?
- ◑ 5. Erklären Sie die Lichtwendigkeit des Sprosses.
- ◑ 6. Wie kommt es, dass Pflanzen nahezu lotrecht nach oben wachsen (z. B. Bäume an Berghängen)?
- ◑ 7. Erklären Sie, wie Pflanzen oben und unten wahrnehmen können.

3.18 Wirkstoffe

Wirkstoffe sind organische Stoffe, die von der Pflanze produziert werden und in sehr geringen Konzentrationen die Pflanzenentwicklung steuern. Man unterscheidet Enzyme, Hormone und Vitamine.

Enzyme (Fermente)

Enzyme sind organische Katalysatoren, sogenannte Biokatalysatoren, die die chemischen Reaktionen der Zelle und damit den Stoffwechsel der Pflanze steuern.

Phytohormone

Phytohormone sind die Hormone der Pflanzen. Sie koordinieren die Stoffwechselvorgänge der einzelnen Zellen, Gewebe und Organe der Pflanzen. Dabei wirken sie als **Wuchshormone** auf das Pflanzenwachstum. Bekannte Phytohormone sind z. B. **Auxine** (IES = β-Indolylessigsäure), **Gibberelline**, **Cytokinine**, die das Wachstum der Pflanze fördern. Im Gegensatz dazu wirkt die **Abscisinsäure** wachstumshemmend (Hemmstoff = Inhibitor). **Ethylen (= Äthylen)**, ein weiterer das Pflanzenwachstum beeinflussender Stoff, kann nur mit Einschränkungen zu den Pflanzenhormonen gerechnet werden. Es handelt sich dabei um eine gasförmige Verbindung, die den **Alterungsprozess** (Seneszenz) von Blättern, Blüten und Früchten beschleunigt. So altern Schnittblumen bei erhöhten Ethylengehalten in der Luft, z. B. durch reifendes Obst oder verwelkende Pflanzen, schneller. Durch Regelung des Ethylengehalts in der Luft wird z. B. das vorzeitige Reifen von Bananen während der Schiffsreise gehemmt. Das gleiche Prinzip wird häufig zur Verlängerung der Haltbarkeit im Obst- und Gemüsebau bei der Lagerung von Äpfeln bzw. Gemüse angewandt. Zur Förderung der Blütenbildung bei Bromelien führt man hingegen Ethylen zu.

Vitamine

Vitamine sind organische Wirkstoffe, die als Baustoffe vieler Enzyme für alle Lebewesen lebensnotwendig (essenziell) sind.

? Aufgaben

◑ 1. Was sind Wirkstoffe?
◑ 2. Unterscheiden Sie Enzyme, Phytohormone und Vitamine.
◑ 3. Warum sollten a) Schnittblumen nicht gemeinsam mit Äpfeln oder Gemüse und b) spät reifende und früh reifende Äpfel nicht zusammen gelagert werden?

4 Genetik (Vererbungslehre)

! Merke

Die Genetik ist die Lehre von der Vererbung. Sie beschäftigt sich vor allem mit den Gesetzmäßigkeiten der Vererbung (z. B. Mendel'sche Gesetze) und deren Anwendung in der Züchtung.

4.1 Vererbung

Die Anlage für ein bestimmtes Merkmal, wie z. B. Anzahl der Blüten, Blütenfarbe und -duft, Widerstandsfähigkeit gegen Krankheiten und Schädlinge, Frosthärte, nennt man **Erbanlage**. Eine Rose, die z. B. das Merkmal „Blütenduft" besitzt, hat die Erbanlage für Blütenduft geerbt. Entsprechend bezeichnet man die Weitergabe von Erbanlagen an die Nachkommen als **Vererbung**. An den Beispielen „Widerstandsfähigkeit" und „Frosthärte" wird deutlich, dass auch Eigenschaften Merkmale sind, die vererbt werden können. Die Erbanlagen werden auch als **Gene** bezeichnet. Die Gesamtheit der Gene, von denen der Mensch etwa 22 500 und Pflanzen über 25 000 besitzen (in jeder Zelle!), bildet das **Erbbild** oder den **Genotyp** eines Lebewesens. Die Gesamtheit aller äußerlich sichtbaren Merkmale bestimmt das **Erscheinungsbild** oder den **Phänotyp**. Das Erscheinungsbild ergibt sich aus dem Zusammenspiel von Erbanlagen und Umwelteinflüssen (1). Durch Umwelteinflüsse bedingte phänotypische Veränderungen bezeichnet man als **Modifikationen**. Sie werden nicht vererbt.

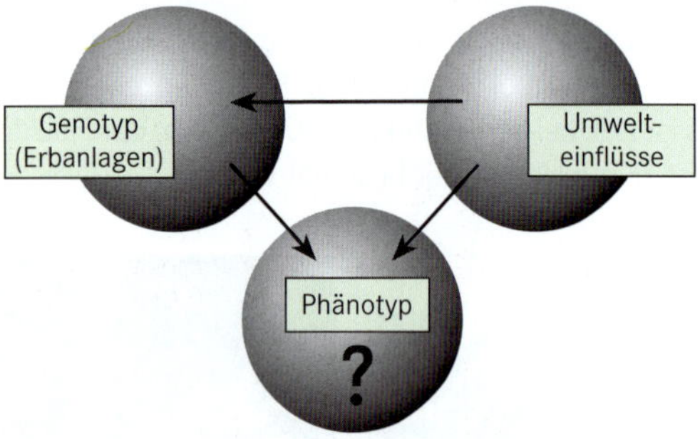

1 Der Phänotyp – ein Ergebnis aus dem Zusammenspiel von Erbanlagen und Umwelt

4.1.1 Die genetische Information

Die **Träger der Erbanlagen** oder Gene sind die **Chromosomen**. Sie befinden sich im **Zellkern** der Zelle. Jede Zelle enthält die gleichen Chromosomen wie die befruchtete Eizelle. Verantwortlich hierfür ist die **Mitose**, die nicht nur zur Vermehrung der Zellen, sondern auch zur Bildung genetisch identischer Zellen führt (s. S. 61). Ein Chromo-

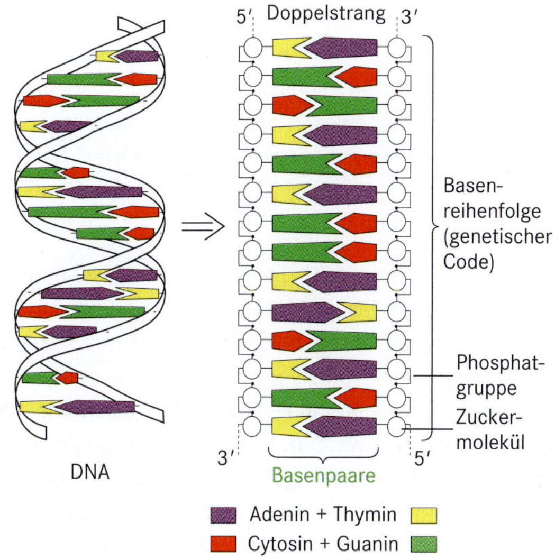

1 Aufbau der DNA

som besteht aus einem langen um sich selbst gedrehten Doppelfaden (aus zwei Nukleotidketten), der **DNS (Desoxyribonukleinsäure**, englisch **DNA**) (1). Die **DNA** einer menschlichen Zelle ergibt z. B. die Länge von $1\frac{1}{2}$ m, die aller Zellen eine von etwa 300 000 km. Dabei beträgt ihr Gesamtgewicht gerade 1 mg, ihre Dicke $\frac{1}{300\,000}$ mm. Die Bausteine der DNA, die **Nukleotide**, bestehen aus einer **stickstoffhaltigen Base (Nukleobase)**, einem **Zuckermolekül** und einer **Phosphatgruppe**. Die DNA setzt sich aus Tausenden dieser Bausteine zusammen. Die Tatsache, dass alle Lebewesen eine DNA mit den gleichen Bausteinen aufweisen, deutet darauf hin, dass alle Lebewesen einen gemeinsamen Ursprung haben (s. Evolution). Die Basen der DNA – von denen es vier verschiedene gibt – paaren sich so, dass sie wie die Sprossen einer Strickleiter zwischen zwei geschraubten Strängen aus Phosphat und Zucker angeordnet sind. Die DNA ist in mehr oder weniger lange Abschnitte gegliedert, die wir als Gene bezeichnen. Ein **Gen** ist also ein Teilstück der genetischen Information der DNA, das für die Ausbildung eines bestimmten Merkmals zuständig ist. Dabei bestimmt die **Reihenfolge der Basen (Basensequenz)** die **genetische Information**. Da diese genetische Information somit in verschlüsselter Form vorliegt, spricht man auch von einem **genetischen Code** – vergleichbar mit einer unbekannten Sprache. Um den genetischen Code des Menschen[1] notieren zu können, würde man etwa 1 Million Seiten benötigen.

4.1.2 Steuerung der Lebensabläufe

Die **Umsetzung der genetischen Information** der Gene erfolgt durch die **Synthese von Eiweißen** (Proteom = Gesamtheit aller menschlichen Eiweiße), sogenannten Funktionseiweißen oder **Enzymen**. Ein Gen enthält also

[1] Die Sequenzierung des Genoms (Reihenfolge der über 3 Milliarden „Buchstaben“) wurde im Frühjahr 2003 abgeschlossen.

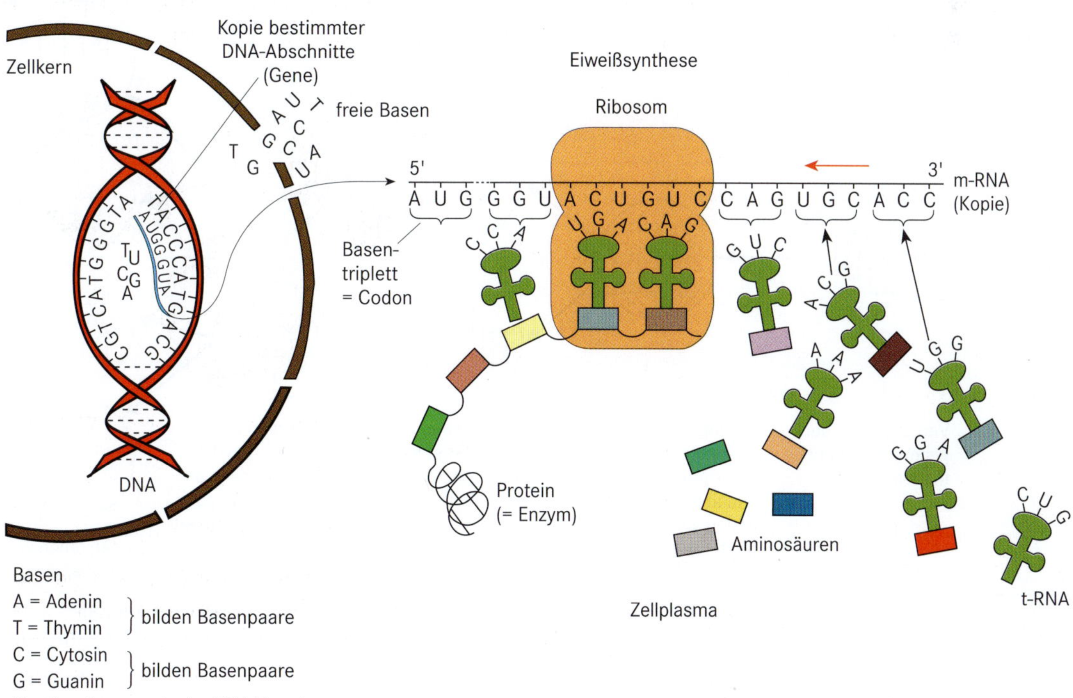

2 Umsetzung der genetischen Information in Merkmale

die Information für den Aufbau eines Enzyms. **Enzyme steuern die Stoffwechselvorgänge der Zelle.** Die Merkmale eines Lebewesens werden somit durch die Produktion von Enzymen bestimmt, die entsprechend der genetischen Information der DNA die Stoffwechselvorgänge der Pflanze lenken. Für die **Produktion von Enzymen** (Eiweißen) benötigen die „Eiweißfabriken" der Zelle, die **Ribosomen**, eine Bauanleitung. Da die DNA aus Sicherheitsgründen den Zellkern nicht verlässt, wird eine Kopie des betreffenden Gens (DNA-Abschnitt, der eine sinnvolle Information ergibt) hergestellt (= **Transkription**). Dazu trennt sich der Doppelstrang der DNA wie ein Reißverschluss auf. Die entstehende Kopie bezeichnet man als **RNA (Ribonukleinsäure)**. Nachdem ein Strang der DNA kopiert ist, verlässt die RNA, auch messenger-RNA (m-RNA) oder Boten-RNA genannt, den Zellkern und wandert zu den Ribosomen. Die Ribosomen produzieren gemäß der **genetischen Information (Basensequenz)** die Eiweiße (= **Translation**). Dabei bilden jeweils drei Basen den genetischen Code für die Bildung einer Aminosäure. Passend zum jeweiligen Code koppeln sich bestimmte **Transport-RNA (t-RNA)** an, die an ihren Enden Aminosäuren aus dem Zellplasma herbeischaffen. Die **Aminosäuren**, die sich zu langen Ketten verbinden, sind die **Bausteine der Eiweiße** (**2**, S. 83). Ein Eiweiß besteht aus mehreren Hundert Aminosäuren, wobei die Reihenfolge der Aminosäuren die Art des Eiweißes bestimmt. Vergleicht man die Basen mit einem Buchstaben, stellen die einzelnen Aminosäuren Wörter dar. Durch die unterschiedliche Kombination der Basen werden **20 verschiedene Aminosäuren** gebildet, sodass die gesamte genetische Information aller Lebewesen auf der Erde auf der unterschiedlichen Kombination dieser zwanzig „Wörter" beruht! Je nach Reihenfolge dieser „Wörter" entstehen unterschiedliche Informationen, d. h. Enzyme.

Obwohl in jeder Körperzelle die gesamte genetische Information eines Lebewesens **(das Genom)** vorliegt, unterscheiden sich viele Körperzellen im Aufbau und in ihren Aufgaben recht stark. Dies liegt daran, dass in den unterschiedlichen Zellen unterschiedliche DNA-Abschnitte abgelesen, d. h. kopiert werden. Wie die Pflanze dieses steuert, ist noch weitgehend ungeklärt. Man weiß, dass auch äußere Umstände Einfluss darauf haben, wann und in welchem Ausmaß Gene gelesen oder nicht gelesen werden. Die Wissenschaft, die sich mit dieser möglichen Gensteuerung beschäftigt, ist die **Epigenetik**.

4.1.3 Meiose (Reifeteilung)

Die Gesamtheit aller Chromosomen eines Zellkerns bezeichnet man als **Chromosomensatz**. In dem Chromosomensatz der Körperzellen treten alle Chromosomen doppelt auf. Das heißt, für jedes Merkmal, z. B. Blütenfarbe, sind zwei **gleiche (homologe) Chromosomen** vorhanden. Von diesen beiden Chromosomen stammt das eine vom Vater

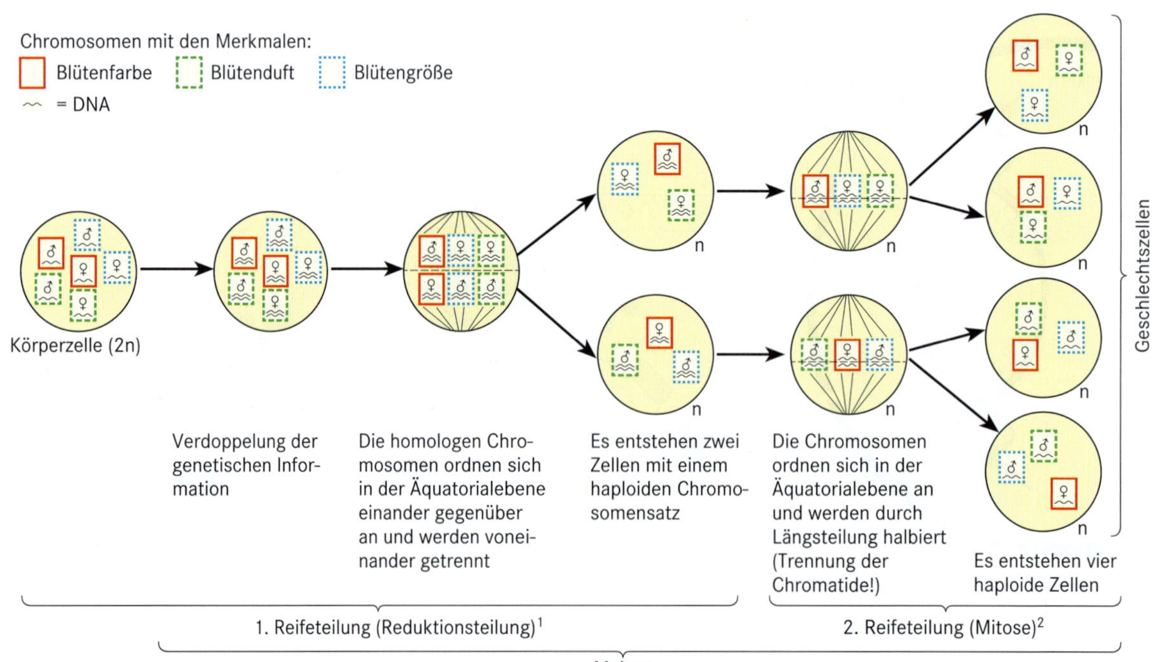

1 Die Meiose dient der Bildung von Geschlechtszellen

[1] auch als Meiose 1 bezeichnet
[2] auch als Meiose 2 bezeichnet

und das andere von der Mutter. Alle Erbanlagen sind also **doppelt (diploid)** vorhanden. Entsprechend spricht man von einem doppelten oder **diploiden Chromosomensatz**. Dies trifft für alle **Körperzellen**, aber nicht für die **Geschlechtszellen (Gameten)** zu. Da bei der Befruchtung die Geschlechtszellen miteinander verschmelzen, muss bei der Bildung der Geschlechtszellen die Anzahl der Chromosomen halbiert werden. Anderenfalls würde sich bei jeder folgenden Befruchtung die Zahl der Chromosomen so lange verdoppeln, bis die Zellen platzen. Die Halbierung geschieht durch die **Meiose**, die sich aus zwei sogenannten **Reifeteilungen** zusammensetzt. Bei der **ersten Reifeteilung (Reduktionsteilung)** werden die homologen Chromosomen voneinander getrennt, sodass der Chromosomensatz auf die Hälfte reduziert wird. Die **zweite Reifeteilung (Mitose)** folgt unmittelbar auf die erste Reifeteilung (s. S. 61), wobei die zusammengehörenden **Chromosomenhälften (Chromatiden)** voneinander getrennt werden. Bei der Meiose entstehen aus einer Körperzelle vier Geschlechtszellen, die, im Gegensatz zu den Körperzellen, nur einen einfachen oder **haploiden Chromosomensatz** besitzen (1, S. 84). Bei der Befruchtung verschmelzen die Zellkerne der beiden Geschlechtszellen miteinander, sodass die Zellkerne der Körperzellen wieder einen doppelten Chromosomensatz aufweisen (1).

Die Anzahl der Chromosomen einer Zelle ist bei den verschiedenen Lebewesen recht unterschiedlich. So hat z. B. der Mensch 46, die Honigbiene 32, die Kartoffel 48 und die Lilie 24 Chromosomen.

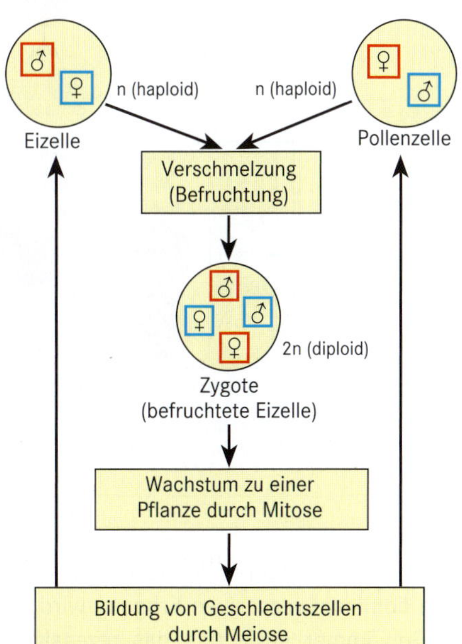

1 Meiose und Mitose in der Pflanzenentwicklung

4.1.4 Reinerbigkeit und Mischerbigkeit

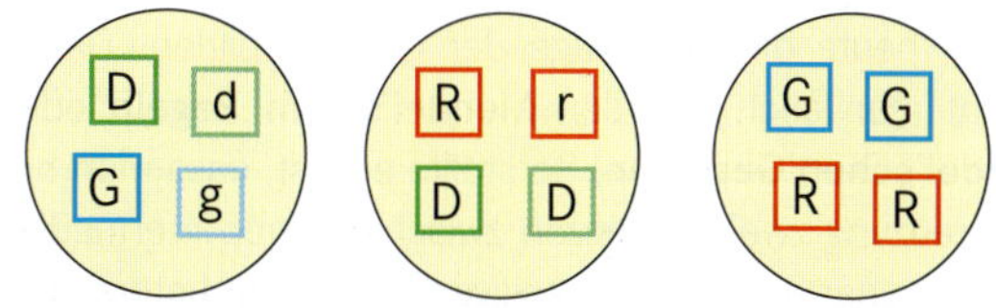

2 Unterschiedliche Genotypen

Eine Pflanze, die für ein Merkmal, z. B. Blütenfarbe, von Vater- und Mutterpflanze das Gen für rote Blütenfarbe vererbt bekommen hat, ist für dieses Merkmal **reinerbig (homozygot)**. Hat sie hingegen von der Vaterpflanze ein Gen für rote Blütenfarbe und von der Mutterpflanze ein Gen für weiße Blütenfarbe bekommen, ist sie für das Merkmal „Blütenfarbe" **mischerbig (heterozygot)**. Besitzen Pflanzen für ein oder mehrere Merkmale gleiche Gene, so sind sie reinerbig hinsichtlich dieser Merkmale, sind es verschiedene Gene, so sind sie mischerbig (2).

4.1.5 Die Mendel'schen Regeln

Bei der Meiose kommt es nicht nur zu einer Reduktion des Chromosomensatzes, sondern auch zu einer **Vermischung und Neukombination der Erbanlagen**. Die Nachkommen können mehr dem Vater, mehr der Mutter oder gar den Großeltern ähneln. Dies erkannte bereits der Augustinermönch **Gregor Mendel** (1822 bis 1884), der in der Abgeschiedenheit des Klostergartens von Brünn (Österreich) um die 13 000 Kreuzungsversuche an Erbsen durchführte. Obwohl Mendel (3) zur damaligen Zeit weder

3 Gregor Mendel

Chromosomen noch Gene kannte, leitete er aus seinen Beobachtungen **Gesetzmäßigkeiten der Vererbung** ab, die bis heute die Grundlage der Genetik bilden. Daher spricht man auch von den **Mendel'schen Regeln** oder **Mendel'schen Gesetzen**. So stellte er fest, dass man bei der Kreuzung zweier Pflanzen zwischen einer intermediären und einer dominant-rezessiven Vererbung unterscheiden kann:

Bei der **intermediären Vererbung** (von lat. intermedius = dazwischenliegend) werden die Merkmale beider Kreuzungspartner gleich stark vererbt, sodass die Merkmale bei den Nachkommen eine Mittelstellung einnehmen. Das Erscheinungsbild der Nachkommen liegt zwischen dem Erscheinungsbild der Eltern.

Bei der **dominant-rezessiven Vererbung** gleichen die Nachkommen nur einem Elternteil. Obwohl die Erbanlagen beider Eltern vererbt werden, kommt nur ein Gen zur Wirkung. Das merkmalbestimmende Gen wird in solchen Fällen als **dominant** (von lat. dominare = herrschen), das unterdrückte als **rezessiv** (von lat. recedere = zurückweichen) bezeichnet.

Gleichgültig, welcher Erbgang vorliegt, die Pflanzen der **F_1-Generation** sind, bezogen auf das untersuchte Merkmal Blütenfarbe, untereinander alle gleich. Das heißt, bei einem intermediären Erbgang rosablühend, bei einem dominant-rezessiven Erbgang rotblühend (1). Aus diesen Beobachtungen leitete Mendel seine erste Regel ab:

! Merke

1. Mendel'sche Regel
Kreuzt man zwei reinerbige Lebewesen miteinander, die sich in einem Merkmal unterscheiden, so sind die Nachkommen bezogen auf das Merkmal in der F_1-Generation untereinander gleich, sie sind uniform. Entsprechend wird diese Regel auch als **Gleichförmigkeits-** oder **Uniformitätsregel** bezeichnet.

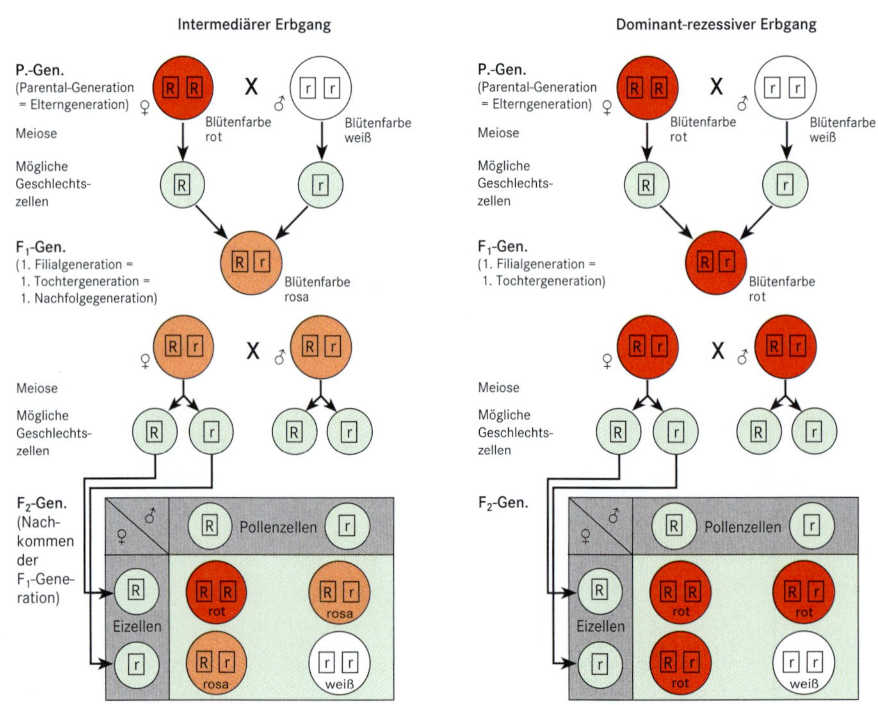

Die F_2-Generation spaltet phänotypisch im Verhältnis 1 : 2 : 1 auf. 25 % der Nachkommen blühen rot, 50 % rosa und 25 % weiß.

Die F_2-Generation spaltet phänotypisch im Verhältnis 3 : 1 auf. 75 % der Nachkommen blühen rot und 25 % weiß. Die genotypische Aufspaltung ist 1 : 2 : 1.

1 Intermediärer und dominant-rezessiver Erbgang

! Hinweis

Die einander entsprechenden Merkmale, z. B. Blütenfarbe, werden mit demselben Buchstaben bezeichnet. Wenn sich die Gene für ein gemeinsames Merkmal unterscheiden, setzt man bei dem einen Elter den großen und bei dem anderen den kleinen Buchstaben. Bei einem dominant-rezessiven Erbgang wird das dominante Gen immer groß- und das rezessive kleingeschrieben.

Kreuzt man die **mischerbigen** (heterozygoten) Pflanzen (Hybriden oder Bastarde) der F_1-Generation untereinander, so treten in der F_2-Generation Pflanzen auf, die nicht untereinander gleich aussehen. Neben Pflanzen, die den Eltern gleichen, treten auch solche auf, die Merkmale der Großeltern aufweisen. Dabei spalten die Nachkommen in einem bestimmten Zahlenverhältnis auf. Handelt es sich um einen intermediären Erbgang, entspricht die phänotypische Aufspaltung der genotypischen, nämlich **1 : 2 : 1**. Bei der intermediären Vererbung wird jeder Genotyp auch phänotypisch sichtbar (1, S. 86). Bei der dominant-rezessiven Vererbung spalten die Nachkommen genotypisch zwar auch im Verhältnis 1 : 2 : 1 auf, die phänotypische Aufspaltung erfolgt jedoch im Verhältnis **3 : 1**. Bei der dominant-rezessiven Vererbung können verschiedene Genotypen gleiche Phänotypen hervorbringen (1, S. 86). Daraus leitete Mendel seine zweite Regel ab:

Merke

2. Mendel'sche Regel
Kreuzt man zwei Pflanzen, die in einem Merkmal mischerbig sind, entstehen in der F_2-Generation Nachkommen, die untereinander nicht gleich sind und in einem bestimmten Zahlenverhältnis aufspalten. Daher bezeichnet man diese Regel auch als **Spaltungsregel**.

Neben Pflanzen mit einem Unterscheidungsmerkmal kreuzte Mendel auch Pflanzen, die sich in zwei Merkmalen unterschieden; z. B. Pflanzen, deren Erbsen gelbschalig und rund waren, mit solchen, deren Erbsen grünschalig und kantig waren. Dabei stellte er fest, dass die F_2-Generation in einem Verhältnis von **9 : 3 : 3 : 1** aufspaltete. Neben Pflanzen, die den Eltern und Großeltern glichen, traten nun auch völlig neue Phänotypen auf (1). Mendel erkannte, dass dieses nur möglich sein kann, wenn die Erbanlagen unabhängig voneinander vererbt werden und bei der Bildung von Geschlechtszellen frei miteinander kombinieren. Daraus formulierte er seine dritte Regel:

Merke

3. Mendel'sche Regel
Kreuzt man zwei Individuen, die sich in mehr als einem Merkmal voneinander unterscheiden, so spalten die Erbanlagen unabhängig voneinander auf und kombinieren frei miteinander. Das heißt, sie werden frei und unabhängig voneinander vererbt. Entsprechend wird diese Regel auch als **Unabhängigkeitsregel** oder als **Regel von der freien Kombination der Gene** bezeichnet.

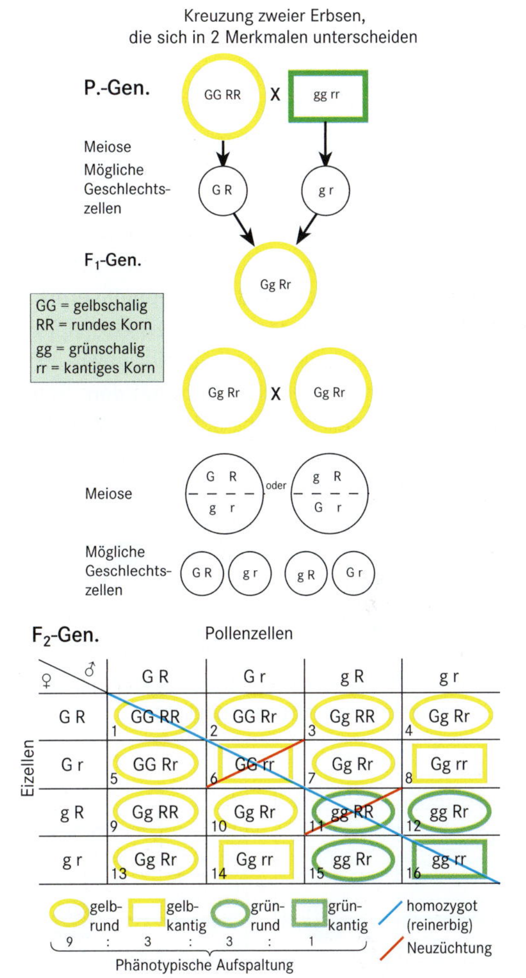

1 Vererbung von zwei Merkmalen (dihybrider Erbgang) im dominant-rezessiven Erbgang

Mit der Zahl der unterschiedlichen Merkmale steigt die Zahl der **Kombinationsmöglichkeiten** der Gene bei der Geschlechtszellenbildung (Tab. 1).

Hinweis

Buchstaben in alphabetischer Reihenfolge und dabei die Großbuchstaben immer zuerst setzen.

Anzahl verschiedener					
Merkmale	Geschlechtszellen in F_1	Genotypen[1]	Phänotypen[1]	Homozygote	Kombinationsmöglichkeiten
1	2	3	2	2	4
2	4	9	4	4	16
3	8	27	8	8	64
4	16	81	16	16	256
n	2^n	3^n	2^n	2^n	4^n

[1] in F_2 (dominant-rezessiver Erbgang)

Tab. 1 Kreuzungsdaten

4.1.6 Crossing-over

Das Gesetz der freien Kombination der Gene besitzt jedoch nicht generelle Gültigkeit. Mendel hatte Glück, dass er Merkmale untersuchte, deren Gene sich auf verschiedenen Chromosomen befanden. Da jedoch alle Lebewesen wesentlich mehr Gene als Chromosomen besitzen, trägt jedes Chromosom eine Vielzahl von Genen. Die Gene, die sich auf einem Chromosom befinden, werden auch zusammen vererbt. Man sagt, sie werden **gekoppelt vererbt**. Bei der Meiose kommt es jedoch häufig zu Überlappungen **(Chiasmen)** zwischen den gegenüberliegenden homologen väterlichen und mütterlichen **Chromatiden**. Treten an den Überlappungsstellen Brüche auf, können die Chromatiden über Kreuz verheilen, sodass es zu einem Austausch von DNA-Abschnitten der väterlichen und mütterlichen DNA kommt. Man spricht bei dieser Art des Austausches gekoppelter Gene von **Crossing-over** (1). Durch das Crossing-over erfolgt seit Jahrmillionen eine ständige Neuzusammensetzung der genetischen Information der Lebewesen - ein Vorgang, der zusammen mit der freien Genkombination bei der Geschlechtszellenbildung erst die Vielfalt der Arten in der Natur ermöglichte.

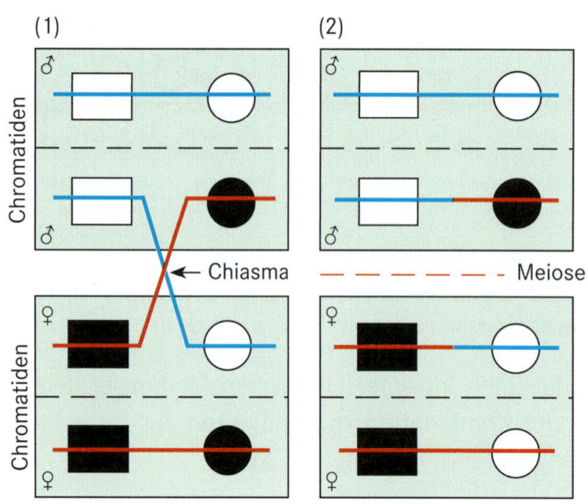

Chiasmabildung

Austausch gekoppelter Gene zwischen väterlichen und mütterlichen homologen Chromosomen

1 Genaustausch durch Crossing-over bei der Meiose (Prophase I)

4.1.7 Rückkreuzung

Durch die **Rückkreuzung** der Nachkommen mit den Eltern kann man herausfinden, ob äußerlich gleich aussehende Pflanzen reinerbig oder mischerbig sind. Die Nachkommen einer Kreuzung mischerbiger Pflanzen mit reinerbigen Mutterpflanzen spalten stets im **Verhältnis 1 : 1** auf. Bei Kreuzungen reinerbiger Pflanzen mit reinerbigen Mutterpflanzen erfolgt keine Aufspaltung. Damit die Aufspaltung phänotypisch sichtbar wird, muss mit dem rezessiven Elternteil zurückgekreuzt werden (2). Die Rückkreuzung wird auch häufig angewandt, wenn die Eigenschaften einer Sorte nur um ein Merkmal verbessert werden sollen.

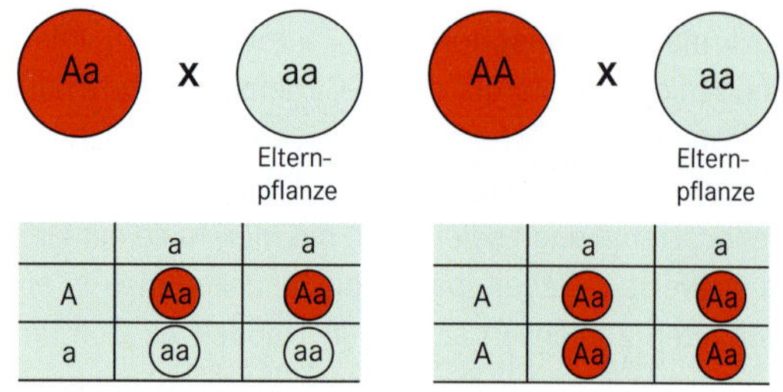

Phänotypische Aufspaltung 1:1 ⟶ mischerbig

Phänotypisch keine Aufspaltung ⟶ reinerbig

2 Rückkreuzung

4.1.8 Inzucht

Die Kreuzung von eng verwandten Pflanzen (Rückkreuzung, Geschwisterkreuzung) bezeichnet man als **Inzucht**. Da durch Inzucht der Anteil homozygoter Pflanzen vermehrt und der heterozygoter reduziert wird, wird die Inzucht vor allem zur schnelleren Festigung erwünschter Merkmale eingesetzt. Der Grund liegt darin, dass bei Kreuzung eng verwandter Pflanzen gleiche Anlagen häufiger zusammentreffen. Entsprechend besteht jedoch auch verstärkt die Gefahr, dass **rezessiv vorhandene Genfehler** bei Reinerbigkeit zum Vorschein kommen.

Aufgaben

◑ 1. Was versteht man unter Vererbung?
◑ 2. Worin unterscheiden sich der Phäno- und Genotyp einer Pflanze?
○ 3. Nennen Sie Beispiele für Modifikationen.
◑ 4. Unterscheiden Sie Meiose und Mitose.
◑ 5. Beschreiben Sie den Aufbau der DNA.
◑ 6. Was sind Gene und was bewirken sie?
◑ 7. Wodurch wird der Code der genetischen Erbinformation bestimmt?
● 8. Beschreiben Sie die Umsetzung der genetischen Information in Merkmale (DNA - RNA - Enzym).
◑ 9. Worauf beruht die Vielfalt der Lebensformen auf der Erde?
◑ 10. Worin unterscheiden sich Körper- und Geschlechtszellen?
◑ 11. Was versteht man unter reinerbigen und mischerbigen Pflanzen?
◑ 12. Mendel kreuzte eine hochwüchsige und eine kleinwüchsige Erbsenpflanze miteinander. Die Nachkommen waren alle hochwüchsig. Wie ist dies zu erklären?

Aufgaben (Fortsetzung)

13. Worin unterscheidet sich die intermediäre von der dominant-rezessiven Vererbung?
14. Worin sehen Sie die praktische Bedeutung der Rückkreuzung für die Züchtung?
15. Erklären Sie die drei Mendel'schen Regeln anhand von Kreuzungsbeispielen.
16. Beim Menschen sind braune Augen über blaue Augen dominant. Angenommen, der Vater hat braune und die Mutter hat blaue Augen, dann können die Kinder entweder alle braune Augen besitzen oder 50 % der Kinder haben braune und 50 % blaue Augen. Erklären Sie diese zwei Möglichkeiten mithilfe von Kreuzungsquadraten.
17. Warum können zwei blauäugige Eltern keine braunäugigen Kinder bekommen?
18. Was haben F_1-Hybriden mit vegetativ vermehrten Pflanzen gemeinsam?
19. Erklären Sie, wie es möglich ist, dass man durch Kreuzung verschiedener Pflanzen völlig neue Pflanzensorten bekommen kann.
20. Welche Bedeutung hat das Crossing-over für die Vielfalt der Lebewesen in der Natur?
21. Kreuzen Sie nachfolgende Pflanzen, die sich in der Blüte unterscheiden, bis zur F_2-Generation: AA (rot) BB (groß) CC (gefüllt) x aa (weiß) bb (klein) cc (ungefüllt). Überprüfen Sie Ihre Ergebnisse anhand der Tab. 1, S. 87.

4.2 Pflanzenzüchtung (1)

Mithilfe von Auslese (Selektion), Kreuzungen und der Auslösung von künstlichen Mutationen versucht der Züchter, Lebewesen so zu verändern, dass sie seinen Ansprüchen genügen. Zuchtziele sind z. B. hohe Ertragsleistung, schnelles Wachstum, große und schöne Blüten oder Resistenz gegen bestimmte Krankheitserreger. Man unterscheidet zwischen Auslese-, Kreuzungs- und Mutationszüchtungen.

2 Der Wildkohl *(Brassica oleracea ssp. oleracea)* – Ursprung unserer zahlreichen Kohlarten

4.2.1 Auslesezüchtung

Die **Auslesezüchtung** stellt die **älteste Form der Züchtung** dar. Sie begann etwa 10 000 Jahre v. Chr., als die Menschen allmählich sesshaft wurden. Sie wanderten der Nahrung nicht mehr nach, sondern bauten Pflanzen an und zähmten Wildtiere. So entstanden z. B. aus den Wildgetreidearten durch wiederholten Anbau und ständige **Auslese der ertragreichsten Pflanzen** leistungsfähige Getreidesorten. Auch heute wird die Auslese als eine einfache, aber langwierige Form der Züchtung neuer Pflanzensorten angewandt (2). Voraussetzung für diese Art der Züchtung ist ein Pflanzenbestand, in dem Pflanzen mit den gewünschten Merkmalen vorkommen. Man unterscheidet:

- **negative Massenauslese**
  Bei ihr werden die Pflanzen von der weiteren Vermehrung ausgeschlossen, die dem Zuchtziel nicht entsprechen. Sie wird vor allem in der sogenannten **Erhaltungszüchtung** durchgeführt.
- **positive Massenauslese**
  Bei ihr werden die dem Zuchtziel entsprechenden Pflanzen ausgelesen und weiter vermehrt.

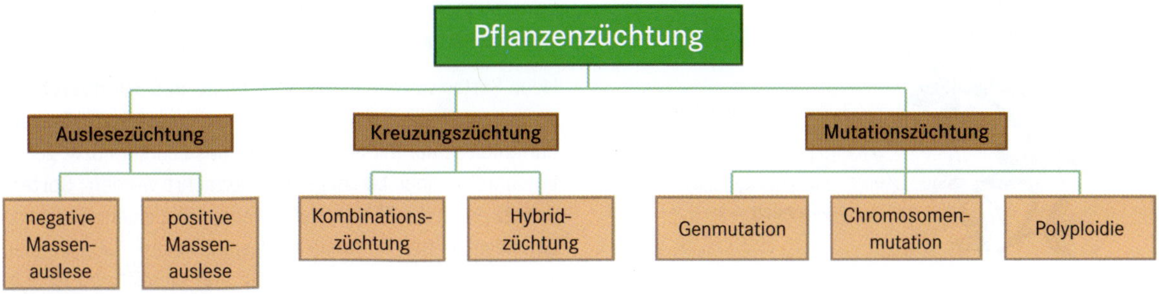

1 Pflanzenzüchtung

4.2.2 Kreuzungszüchtung (1)

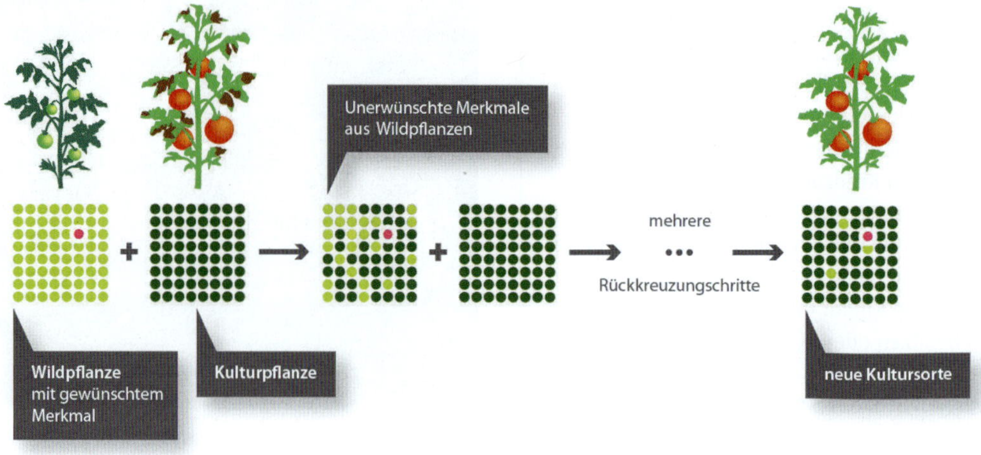

1 Klassische Kreuzungszüchtung

Bei der **Kreuzungszüchtung** versucht der Züchter, Merkmale, die auf verschiedenen Pflanzen sind, auf einer Pflanze zu vereinen. Dazu werden alle Pflanzen, die die erwünschten Merkmale aufweisen, miteinander gekreuzt (2).

Da bei der Kreuzung zweier Pflanzen beide Partner ihre Gene, nach dem Zufallsprinzip gemischt, auf die Nachkommen weitergeben, lässt sich nicht vermeiden, dass neben erwünschten auch unerwünschte Gene und damit Eigenschaften in das Erbgut der Nachkommen gelangen. Um die unerwünschten Eigenschaften aus dem Erbgut zu entfernen sowie verlorengegangene positive zurückzugewinnen, sind aufwendige Rückkreuzungsprogramme erforderlich. Zudem können bei der Kreuzungszüchtung positive Eigenschaften, die dem Züchtungsziel nicht entsprechen, im Laufe der Zeit verloren gehen, wie z.B. der Duft vieler Rosen oder der aromatische Geschmack von Tomaten.

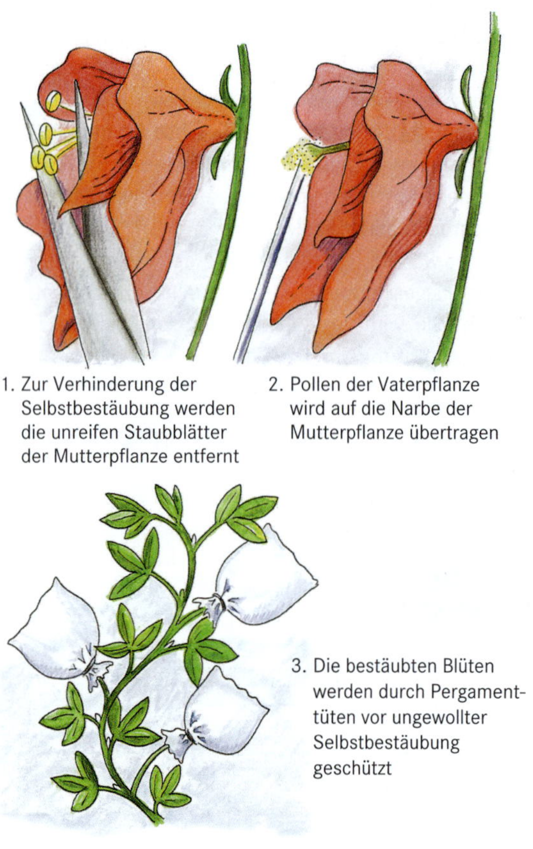

2 Die Kreuzung von Pflanzen

Die Natur setzt den Kreuzungsbemühungen des Menschen eine Grenze, indem nur Pflanzen einer Art miteinander gekreuzt werden können. Bei nah verwandten Arten kann diese **Artengrenze** teilweise übersprungen werden. Ein solcher **Artbastard** ist die **Nektarine** - eine Kreuzung zwischen Pfirsich und Pflaume. Bei der Kreuzungszüchtung kann man unterscheiden zwischen der Kombinations- und der Hybridzüchtung.

Kombinationszüchtung

Bei der **Kombinationszüchtung** erfolgt die Kreuzung so lange, bis die Pflanzen dem Zuchtziel entsprechen und **reinerbig** für die betreffenden Merkmale sind. Reinerbige Pflanzen sind **samenbeständig**, d.h., sie spalten in den nachfolgenden Generationen nicht auf. Allgemein kann man mit sechs bis zehn Jahren für eine Züchtung auf Reinerbigkeit rechnen.

Neue Sorten werden in der **Sortenliste des Bundessortenamts** aufgeführt. Handelt es sich um **geschützte Sorten**, dürfen diese nur mit Einverständnis des Züchters bzw. gegen Entrichtung einer **Lizenzgebühr** vermehrt werden. **Sortenschutz** erhält der Züchter dann, wenn sich die neue Sorte von den bestehenden Sorten in wenigstens einem maßgebenden Merkmal unterscheidet, beständig und hinreichend einheitlich ist. Mit dem Sortenschutz erhält der Züchter das Recht, die Sorte 25 Jahre[1] lang ausschließlich selbst vermarkten zu dürfen. Hilfe bei der Sortenauswahl bietet die vom **Bundessortenamt** herausgegebene **Beschreibende Sortenliste**. In ihr sind die wesentlichen Sortenmerkmale und die vorgesehenen Verwendungszwecke aufgeführt.

Hybridzüchtung

Im Unterschied zur Kombinationszüchtung erfolgt bei der **Hybridzüchtung** keine Züchtung auf Reinerbigkeit, d.h. Samenbeständigkeit, sodass die F_1-Hybriden in der F_2-Generation gemäß der Spaltungsregel aufspalten. Somit bietet **F_1-Saatgut** dem Züchter einen **natürlichen Sortenschutz**. Ein weiterer Vorteil der Hybridzüchtung ist darin zu sehen, dass sich die Merkmale der Elternpflanzen schneller in einer auf Mischerbigkeit gezüchteten Pflanze kombinieren lassen als in einer auf Reinerbigkeit. Manche F_1-Hybriden übertreffen sogar ihre Eltern an Wüchsigkeit und anderen Leistungseigenschaften. Diesen Effekt nennt man **Heterosiseffekt**. Er geht in den nachfolgenden Generationen wieder verloren.

4.2.3 Mutationszüchtung (1)

Mutationen sind plötzlich auftretende Veränderungen in der Erbsubstanz **(Genotyp)**. Sie beruhen auf der Veränderung der genetischen Information durch Veränderung der Basensequenz eines Gens **(Genmutation)**, eines Chromosoms **(Chromosomenmutation)** oder der Vervielfachung des Chromosomensatzes einer Zelle **(Polyploidie)**.

[1] bei Hopfen, Kartoffel, Rebe und Baumarten 30 Jahre

Da es sich bei Mutationen um eine Veränderung der genetischen Information handelt, werden Mutationen auf die Nachkommen vererbt. Mutationen können spontan **(Spontan-Mutation)**, z.B. durch Fehler bei der identischen Replikation der DNA (1, S. 84), oder infolge von Umwelteinflüssen, z.B. durch die Einwirkung radioaktiver Strahlung, UV-Strahlung oder chemischer Gifte, erzeugt werden **(induzierte Mutation)**. Stoffe, die Mutationen auslösen können, werden als **Mutagene** bezeichnet.

Gen- bzw. Chromosomenmutationen

Bereits die Veränderung nur eines Basenpaares kann tief greifende Auswirkungen zur Folge haben. Eine falsche Basensequenz kann zum Einbau einer falschen Aminosäure bei der Proteinsynthese führen, sodass die Funktion des jeweiligen Enzyms bzw. Gens eingeschränkt oder total gehemmt sein kann. Die meisten Mutationen (>99,9%) wirken sich schädlich für das betreffende Lebewesen aus. Nur sehr wenige, weit unter 0,1%, sind positiv. So spielen Mutationen eine Rolle bei der Auslösung von unkontrolliertem Zellwachstum (Krebs!). Andererseits werden die meisten Mutationen – im Durchschnitt trägt z.B. jeder Mensch zwei Mutationen – nicht sichtbar **(stille Mutationen)**. Dies kann z.B. daran liegen, dass die mutierten Abschnitte der DNA nicht zur Wirkung kommen, die Zelle Fehler in der genetischen Information erkennt und behebt oder das mutierte Gen rezessiv ist. Im letzteren Fall könnte die Mutation nur sichtbar werden, wenn sich zwei Lebewesen mit der gleichen Mutation paaren würden und somit für dieses rezessive Merkmal reinerbig wären (z.B. Behaarung von Tomaten).

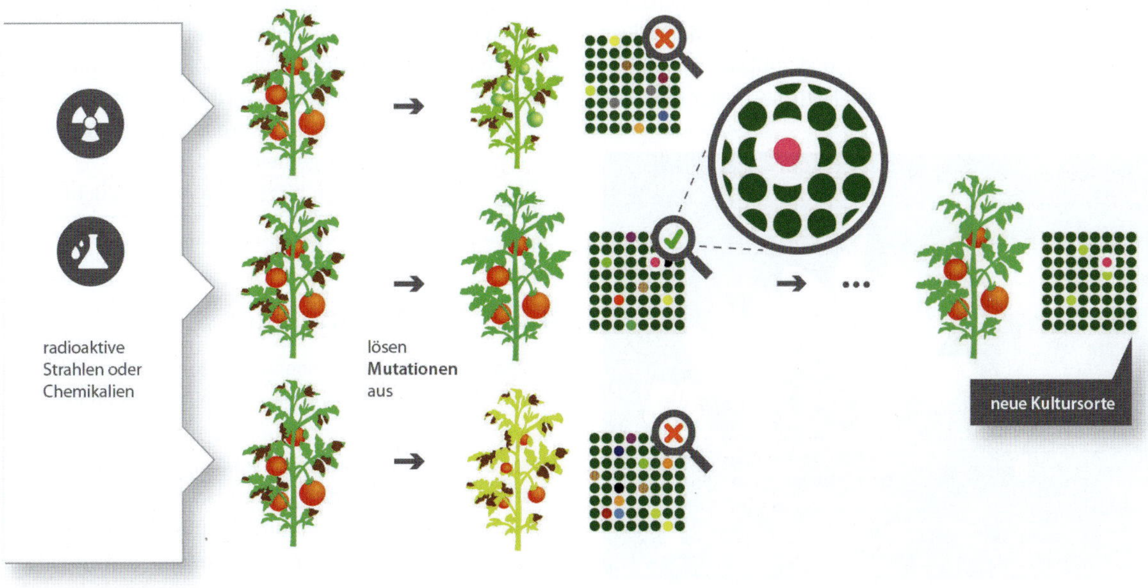

1 Mutationszüchtung

Polyploidie

Da es bei der Auslösung von Mutationen zu willkürlichen Änderungen der genetischen Information kommt, sind die meisten Mutationen negativ für den Organismus. Veränderungen der genetischen Information können jedoch auch positiv sein. Dies ist häufig der Fall bei einer **Vervielfachung des Chromosomensatzes.** Eine Hemmung der Spindelbildung bei der Mitose oder Meiose führt dazu, dass die Chromosomen bei der Zellteilung nicht auf zwei Zellen aufgeteilt werden. Dieser Vorgang kann sich mehrmals wiederholen. Normalerweise diploide (2 n) Pflanzen werden so tetraploid (4 n), oktoploid (8 n) oder allgemein polyploid. Entsprechend bezeichnet man die Vervielfachung des Chromosomensatzes als **Polyploidie.** Polyploide Pflanzen zeigen gegenüber Pflanzen mit einem normalen Chromosomensatz ein stärkeres Wachstum **(„Riesenwuchs“).** Sie bilden größere Zellen, Blätter, Blüten und auch Früchte aus. Entsprechend hat die Polyploidie bei Nutzpflanzen eine wirtschaftliche Bedeutung. Auch in der Natur kommt die Polyploidie vor. Durch die Vervielfachung des Chromosomensatzes werden die Kombinationsmöglichkeiten bei der Bildung von Geschlechtszellen und damit die Anzahl unterschiedlicher Genotypen vermehrt, sodass die **genetische Variabilität der Art** erheblich vergrößert wird. Die erhöhte genetische Variabilität einer Art führt dazu, dass sie sich besser an veränderte Umweltbedingungen anpassen kann und damit bessere Überlebenschancen hat. Entsprechend findet man vor allem unter extremen Umweltbedingungen besonders viele polyploide Pflanzen. Im Laufe der **Evolution** hat die Polyploidie wesentlich zur Bildung neuer Arten beigetragen.

Praktische Anwendung

Bei der Mutationszüchtung werden Mutationen künstlich ausgelöst. Man bedient sich dazu vor allem **radioaktiver Strahlen** (z. B. Röntgenstrahlen) und **mutagener Stoffe,** wie z. B. **Colchicin,** das Gift der Herbstzeitlosen (1). Die

1 Herbstzeitlose *(Colchicum autumnale)*

Bedeutung der Mutation für den Züchter liegt vor allem in der schnelleren und vermehrten Bildung neuer Genotypen und den damit erweiterten Kombinationsmöglichkeiten bei der Kreuzungszüchtung. Lebewesen, die Mutationen aufweisen, bezeichnet man als **Mutanten** (z. B. die Trauerformen von Weide, Birke und Buche). Zeigen nur einzelne Triebe einer Pflanze äußerlich sichtbare Mutationen, wie z. B. Veränderungen in der Blüten- oder Blattfarbe, spricht man von **Knospenmutationen oder Sports.** Da eine solche Pflanze aus genetisch unterschiedlichen Körperzellen besteht, bezeichnet man sie auch als eine **Chimäre.** Die Vermehrung dieser Sports erfolgt in der Regel vegetativ, da sie bei generativer Vermehrung häufig verloren gehen. Die Nachkommenschaft einer vegetativ vermehrten Pflanze wird **Klon** genannt. Vor allem bei Obst- und Zierpflanzen haben Sports zur Bildung neuer Sorten beigetragen.

? Aufgaben

◐ 1. Unterscheiden Sie die verschiedenen Züchtungsarten.

◐ 2. Welche Unterschiede bestehen zwischen der natürlichen Auslese durch die Natur und der Auslesezüchtung?

◐ 3. Was versteht man unter dem Heterosiseffekt?

● 4. Worin liegen die Vorteile von F_1-Hybriden a) für den Züchter und b) für den Gärtner?

◐ 5. Erklären Sie die Begriffe Selektion, Mutation, Mutante, Mutagene, Polyploidie, Chimäre, Sports und Klon.

◐ 6. Unterscheiden Sie spontane und induzierte Mutationen.

◐ 7. Warum wirken sich Mutationen in der Regel negativ auf das betroffene Lebewesen aus?

◐ 8. Warum findet man unter extremen Lebensbedingungen besonders viele polyploide Pflanzen?

● 9. Die Mutationszüchtung wird mit einem ungerichteten „Schrotschussexperiment“ verglichen.
a) Was ist damit gemeint und
b) Welche Risiken birgt diese Art der Züchtung?

4.3 Gentechnologie

Infolge des rasant gewachsenen Wissens über den Aufbau und die Funktion der DNA, dem Bauplan allen Lebens, hat sich eine neue Wissenschaft entwickelt - die Gentechnologie. **Die Gentechnologie beschäftigt sich mit der gezielten Veränderung der genetischen Information von Lebewesen durch Ausschaltung unerwünschter bzw. Hinzufügen erwünschter Erbanlagen.** Schwerpunkte gentechnologischer Arbeit sind die Entschlüsselung der

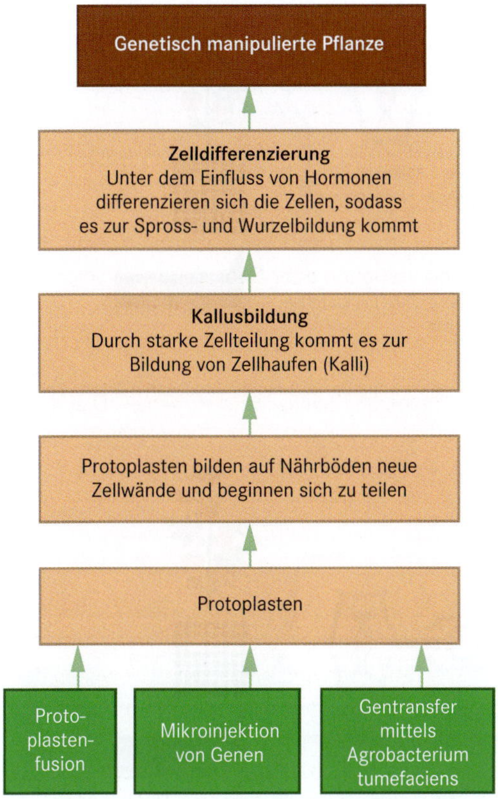

1 Mögliche Wege zur genetischen Manipulation von Pflanzen

genetischen Information der Gene, ihre Isolierung, Veränderung und Übertragung in die Erbinformation des genetisch zu manipulierenden Lebewesens. Dabei bietet die Fähigkeit der Pflanzen, aus einer einzelnen Körperzelle, z. B. Blattzelle, eine vollständige Pflanze zu regenerieren, ideale Voraussetzungen für die genetische Manipulation. Die genetisch manipulierte Zelle überträgt bei den mitotischen Zellteilungen die neue Information auf alle nachfolgenden Zellen, sodass alle Zellen der sich neu entwickelnden Pflanze die neue Erbinformation erhalten. Zur Gewinnung einzelner Zellen werden Blätter in Stücke geschnitten und in eine mit Cellulase-Enzymen angereicherte Lösung gebracht. Die Enzyme lösen die Zellwände der Pflanzenzellen auf, sodass die Zellverbände zerfallen und die Zellen als nackte, nur von einer Plasmahaut umhüllte **Protoplasten** (Protoplast = Zelle ohne Zellwand) in der Lösung schwimmen. Überträgt man diese Protoplasten auf spezielle Nährböden, beginnen sie nach kurzer Zeit eine neue Zellwand aufzubauen und sich zu teilen. Unter dem Einfluss zugeführter Hormone differenzieren sich die Zellen und bilden eine vollständige Pflanze. Zur genetischen Manipulation der Protoplasten bedient man sich unterschiedlicher Verfahren (1).

4.3.1 Protoplastenverschmelzung

Die Protoplasten von zwei verschiedenen Pflanzen werden zum Verschmelzen gebracht. Die neue Zelle arbeitet nun nach beiden genetischen Informationen und gibt diese Information bei jeder mitotischen Teilung auf die Tochterzellen weiter, sodass die entstehende Pflanze in jeder ihrer Zellen die Erbinformation von zwei verschiedenen Pflanzen enthält **(Hybridchimäre)**. So entstand durch die Verschmelzung der Protoplasten einer Tomate mit denen einer Kartoffel die **Tomoffel** - ein Zwischending zwischen Tomate und Kartoffel. Durch Verschmelzung befruchteter Eizellen von Schaf und Ziege wurde eine Chimäre, die **Schiege**, erschaffen. Die eine Körperhälfte dieses Mischwesens gleicht einem Schaf, die andere einer Ziege.

4.3.2 Mikroinjektion von Genen

Hierbei werden mithilfe von hauchdünnen Kanülen fremde Gene in Protoplasten injiziert in der Hoffnung, dass einzelne Gene in den Zellkern gelangen und in die Erbinformation der Zelle eingebaut werden. Soll z. B. die Eigenschaft für Resistenz gegen Mehltau auf eine nichtresistente Pflanze übertragen werden, muss zuerst herausgefunden werden, welcher DNA-Abschnitt der resistenten Pflanze die Information zur Produktion eigener pflanzlicher Abwehrstoffe gegen Mehltau enthält. Hat man das zuständige Gen gefunden, kann dieses aus der isolierten DNA mit speziellen Enzymen sozusagen chemisch herausgeschnitten und in isolierte Protoplasten injiziert werden.

4.3.3 Genübertragung mittels Bakterien

Die **Genübertragung** (Gentransfer) mithilfe von Bakterien hat man der Natur abgeschaut. Ein geeigneter Überträger (Vektor) genetischer Information ist das Bakterium **Agrobacterium tumefaciens**. Dieses Bakterium verursacht an zahlreichen Pflanzen Gewebewucherungen, den sogenannten **Bakterienkrebs** (1, S. 311), indem es einen Teil seiner Erbinformation in die der befallenen Pflanzen einbaut. Indem man nun den DNA-Abschnitt des Bakteriums, der für die Auslösung der Krebsbildung verantwortlich ist, entfernt und gegen einen neuen DNA-Abschnitt mit der gewünschten Eigenschaft ersetzt, kann mithilfe des Bakteriums die neue genetische Information gezielt in die Erbinformation der zu manipulierenden Pflanze eingebaut werden. Das Bakterium baut also statt des ursprünglichen Gens ein neues Gen ein. Mit diesem Verfahren wurden bereits Kulturpflanzen geschaffen, die widerstandsfähig sind gegenüber Totalherbiziden. Als Genspender benutzte man Wildpflanzen (1 und 2, S. 94).

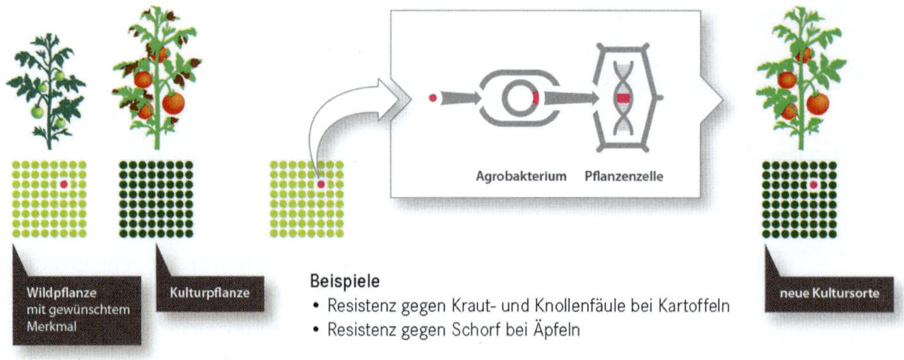

1 Cisgenetik-Züchtungsmethode, bei der Gene nur zwischen derselben Art oder nah verwandten, miteinander kreuzbaren Arten übertragen werden

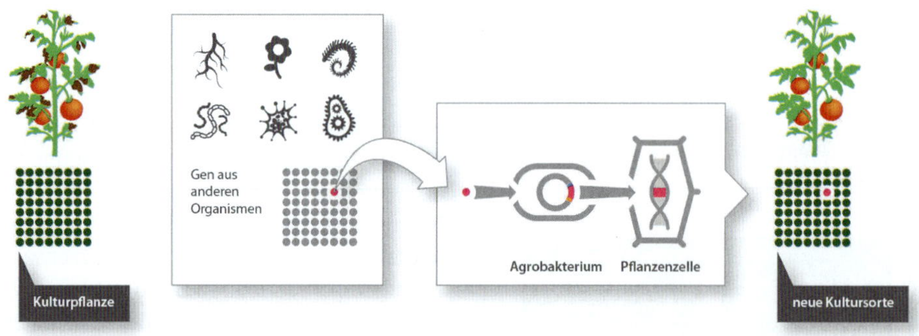

2 Klassische Gentechnik

Aufgaben

◑ 1. Womit beschäftigt sich die Gentechnologie?
◑ 2. Warum bietet die Fähigkeit der Pflanzen, aus einzelnen Zellen vollständige Pflanzen zu regenerieren, ideale Voraussetzungen für eine genetische Manipulation?
● 3. Beschreiben Sie die unterschiedlichen Verfahren zur genetischen Manipulation von Pflanzen.
◑ 4. Wie unterscheiden sich die Züchtungsmethoden in der a) Cisgentechnik und b) Klassischen Gentechnik?
● 5. Diskutieren Sie Chancen und Risiken der Gentechnologie. Zu welchem Ergebnis sind Sie gekommen?

4.3.4 Genome Editing (3)

Merke

Genome Editing = Bezeichnung für Methoden zur gezielten Veränderung im Genom

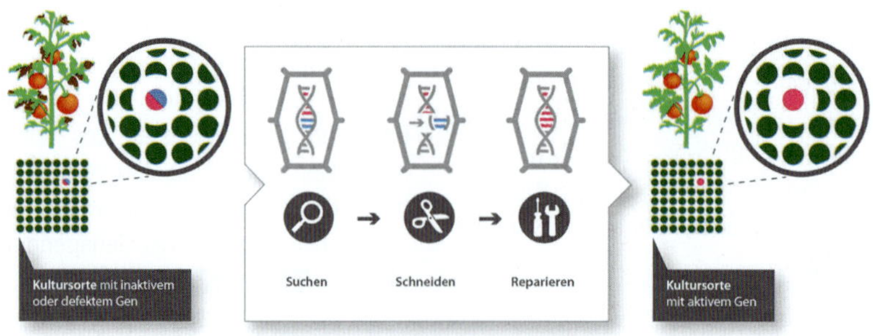

3 Genome Editierung

Das CRISPR/Cas9-Verfahren

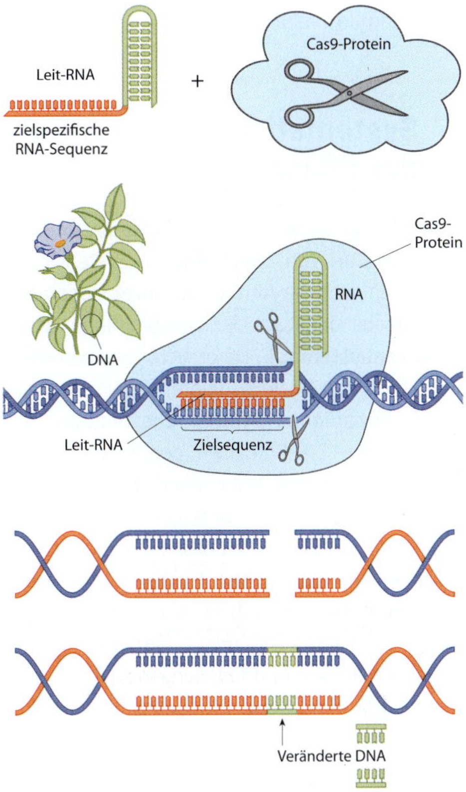

1 Das CRISPR/Cas9-Verfahren

Die Bezeichnung **CRISPR/Cas9** steht für ein neues, **molekulargenetisches Verfahren**, das die Gentechnik revolutioniert hat. Sie ermöglicht das, worauf Wissenschaftler auf der ganzen Welt schon immer gehofft haben, **ein einfaches, schnelles und kostengünstiges Verfahren zur präzisen Veränderung der Erbinformation (DNA-Sequenz).**

Entdeckt hat man das Verfahren im **Immunsystem von Bakterien**, die damit eindringende Viren bekämpfen. Erfolgt ein Virusangriff, speichert das Immunsystem einen Teil der Virus-Erbinformation, um bei einer erneuten Infektion schnell reagieren zu können. Dieser Abschnitt auf der Bakterien-DNA, wird als **CRISPR** *(clustered regularly interspaced short palindromic repeats)* bezeichnet. Die eigentliche Vernichtung der Viren erfolgt nach ihrem Auffinden mithilfe eines speziellen Proteins (Enzyms) namens **Cas9**, einer molekularen Schere, die die DNA des Virus zerschneidet.

Dringen feindliche Viren (Bakteriophagen) in das Bakterium ein, produziert CRISPR kleine RNA-Abschnitte **(CRISPR-RNA)**, die komplementär (passend) zu bestimmten Abschnitten der eingedrungenen Virus-DNA sind. Neben Informationen aus dem Erbgut der Viren enthalten sie auch Informationen aus dem Erbgut des Bakteriums. Die spezifischen **RNA-Sequenzen** der CRISPR-RNA werden auch als Leit-RNA, Führungs-RNA, Guide-RNA oder „Sonde“ bezeichnet. Sie spüren die Viren zielgenau im oft aus Milliarden Basenpaaren (Bausteine der DNA) bestehenden **Erbgut (Genom)** auf. Im Schlepptau das **Protein Cas9**, das DNA schneidet.

Am passenden Gegenstück der DNA angekommen, durchtrennt das Cas9-Protein den Doppelstrang der Virus-DNA. Es kommt zu einem Doppelstrangbruch. Die DNA versucht zwar, die Bruchstelle wieder zu reparieren, dies geschieht jedoch nur fehlerhaft, sodass das betroffene Gen nicht mehr richtig gelesen werden kann und damit ausfällt, wodurch die Virus-DNA unschädlich gemacht wird.

Dieser Mechanismus ist universal, er funktioniert nicht nur bei Bakterien, sondern in allen lebenden Zellen - in pflanzlichen, tierischen wie auch menschlichen.

Nachdem man diese Abläufe verstanden hatte, haben Forscher[1] aus diesem Abwehrsystem ein Werkzeug entwickelt, mit dem präzise Veränderungen in der Erbinformation **(Mutationen)** durchgeführt werden können.

Voraussetzung dazu ist allerdings die **Kenntnis der Genomsequenz** (Reihenfolge der Basen) im Erbgut (genetischer Code) des zu manipulierenden Lebewesens. Kennt man diese, wird im Labor das Cas9-Protein gezielt auf einen bestimmten Einsatzort im Erbgut programmiert, indem es mit einer künstlich hergestellten RNA-Sequenz (Erkennungssequenz für einen bestimmten DNA-Abschnitt) ausgestattet wird, die es präzise an die Stelle (Zielsequenz) der gewünschten Manipulation leitet. Zusätzlich kann die RNA mit gewünschten Veränderungen ausgestattet werden.

Nicht nur, dass durch das Zerschneiden des Doppelstrangs Gene gezielt ausgeschaltet werden können, kann auch der durch den Doppelbruch aktivierte natürliche Reparaturmechanismus der Zelle zum gezielten Einbau neuer DNA-Bausteine (Basen) oder Gene wie auch zur Reparatur von Gensequenzen genutzt werden. Da die Zelle ihre DNA nach dem Vorbild der mit den gewünschten Veränderungen konstruierten RNA repariert.

Das CRISPR/Cas9-Verfahren (**1**) eröffnet neue Möglichkeiten, nicht nur in der Züchtung von Pflanzen und Tieren, sondern auch in der Medizin, z. B. in der Gentherapie, die bis vor wenigen Jahren noch unvorstellbar waren.

[1] Die Französin Emmanuelle Charpentier und die Amerikanerin Jennifer Douda erhielten am 10.12.2020 für ihre bahnbrechende Entdeckung den Nobelpreis für Chemie des Jahres 2020.

Aufgaben

- ◑ 1. Wofür steht die Bezeichnung CRISPR/Cas9?
- ◑ 2. Worum handelt es sich bei CRISPR?
- ◑ 3. Woraus besteht das CRISPR/Cas9-System?
- ◑ 4. Das CRISPR/Cas9-System ist Teil des Immunsystems von Bakterien. Funktioniert es nur bei Bakterien?
- ◑ 5. CRISPR/Cas9 gilt als eine Revolution in der Züchtung. Begründen Sie dies.

5 Systematik

5.1 Evolution

Nach allem, was wir heute wissen, ist unser **Universum** vor 13,7 Milliarden Jahren entstanden (Urknall). Der bisher einzige bekannte Planet, auf dem Leben existiert, ist unsere **Erde**, deren Alter auf etwa 4,6 Milliarden Jahre geschätzt wird. Vermutlich vor etwa 3,5 Milliarden Jahren traten die ersten einzelligen Lebewesen auf, aus denen sich im Laufe der Zeit die heutige Artenvielfalt entwickelte. Die Erkenntnis, dass alle Arten von einem gemeinsamen Urahnen abstammen, wurde durch die Forschungsreisen des englischen Naturforschers **Charles Darwin** (1) untermauert. Darwin erkannte, dass die Evolution auf der **zufälligen Veränderung bestehender Arten** und der **natürlichen Auslese** beim Kampf ums Überleben beruht. So führte die Evolution ständig zu neuen, aber auch zum Aussterben von an veränderte Umweltbedingungen nicht angepassten Arten. Folgerichtig verstand Darwin auch den Menschen als ein zufälliges Produkt der Evolution und ordnete ihn den gleichen tierischen Vorfahren wie denen der Affen zu. Die Vorstellung, der Mensch sei mit dem Affen verwandt (99 % des menschlichen Erbguts stimmen mit dem des Schimpansen überein[1]), löste zur damaligen Zeit große Empörung, vor allem in Kirchenkreisen, aus. Darwin, der mit seiner **Evolutionstheorie (Darwinismus)** unser Weltbild entscheidend geprägt hat, gilt als Begründer der modernen Evolutionstheorie.

1 Charles Darwin (1809 bis 1882)

2 Carl von Linné (1707 bis 1778)

[1] Menschen sind zu 99,9 % genetisch identisch (Unterschiede in 0,1 %. Das entspricht 3 Mill. Buchstaben.). Die Unterschiede zwischen den Völkern sind geringer als zwischen den Individuen eines Volkes.

5.2 Systematische Einordnung der Pflanzen

Bereits im 18. Jahrhundert (1753) brachte der schwedische Naturforscher **Carl von Linné** (2) ein System heraus, in das er Pflanzen nach der **Ähnlichkeit ihrer Geschlechtsorgane** einordnete. Damit gilt Linné als Begründer der natürlichen **Pflanzensystematik**. Da er sich nur eines oder weniger äußerlicher Merkmale bediente, bezeichnet man sein System als **künstliches System**. Die heutigen Systeme beruhen auf den Erkenntnissen der Evolution und versuchen mithilfe möglichst vieler äußerlicher, innerer, physiologischer und molekularer[2] Merkmale die Pflanzen nach ihrem Verwandtschaftsgrad zu ordnen. Daher spricht man heute von einem **natürlichen System**. Nach dem **Verwandtschaftsgrad** werden Arten zu Gattungen, Gattungen zu Familien, Familien zu Ordnungen, Ordnungen zu Klassen, Klassen zu Abteilungen und Abteilungen zu Reichen zusammengefasst (3). Sind diese Ordnungsstufen nicht ausreichend, verwendet man weitere Verwandtschaftsgrade, wie z. B. Unterart, Unterordnung, Unterklasse und Unterabteilung (1, S. 97). Die Systematik ist also ein Teilgebiet der

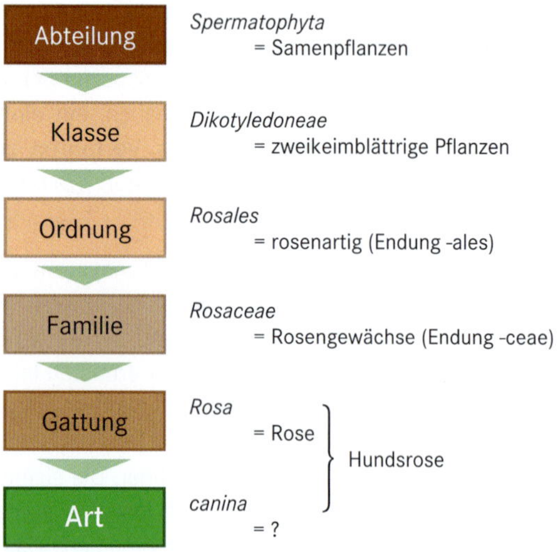

3 Gliederung des Pflanzenreiches nach Verwandtschaftsgraden am Beispiel der Hundsrose

[2] Als genetisch bedingte molekulare Merkmale dienen in erster Linie die Sequenzen der Aminosäuren in Proteinen und die Sequenzen der Nukleotide (Bausteine von DNA und RNA) in den Nukleinsäuren (DNA, RNA), vor allem der ribosomalen RNA (rRNA).

Art (spezies = sp.)

Pflanzen, die sich untereinander geschlechtlich fortpflanzen können. Die Art wird gekennzeichnet durch eine Gattungs- und eine Artbezeichnung.

Unterart (subspezies = subsp.)

Leicht von der Art abweichende Pflanzengruppen.

Beispiel:
Prunus domestica ssp. domestica (Pflaume, Zwetschge, Zwetsche)
Prunus domestica ssp. syraca (Mirabelle)

Varietät (varietas = var.)

Abarten von Unterarten, kleinste Unterteilung einer Art.

Beispiel:
Lactuca sativa (Salat)
Lactuca sativa var. capitata (Kopfsalat)
Lactuca sativa var. crispa (Schnitt-/Pflücksalat)

Form (forma = fo.)

Auffällige Biotypen oder Mutanten.

Beispiel:
Fagus sylvatica ssp. sylvatica fo. suenteliensis (Süntelbuche, niedersächsisches und nördliches oberrheinisches Hügelland)

1 Verwandtschaftsgrade zur Unterteilung der Art (Spezies)

Botanik, das sich mit den verwandtschaftlichen Beziehungen der Pflanzen und ihrer Einordnung nach Verwandtschaftsgraden beschäftigt.

5.3 Botanische Nomenklatur

(Benennung der Pflanzen)

Rosa → Gattungsname
canina → Artbezeichnung
Rosaceae → Familienname

Gattungsname + Artbezeichnung = Artname

2 Die doppelte Namensgebung dient der genauen Benennung von Pflanzen

Die wissenschaftliche Benennung der Pflanzen erfolgt mit botanischen Namen in lateinischer Form. Die **botanische Namensgebung** ist **international gültig** und ermöglicht die genaue Bezeichnung einer Pflanze. Sie dient der Verständigung beim Umgang mit Pflanzen im Lande und über Landesgrenzen hinweg. Wie wichtig dieses ist, wird besonders deutlich, wenn man an die Verwendung von Gift- und Arzneipflanzen denkt. Zur genauen Benennung der Pflanzen benutzt man die von Linné 1753 eingeführte **doppelte Namensgebung (binäre Nomenklatur, 2)**. Danach werden eng verwandte Arten mit einem gemeinsamen **Gattungsnamen** (z. B. Rosa) und einer unterscheidenden **Artbezeichnung** (z. B. canina) benannt. Der vollständige **Artname** einer Pflanze besteht somit aus dem Gattungsnamen und der Artbezeichnung (z. B. *Rosa canina* = Hundsrose, *Rosa rugosa* = Kartoffelrose). Der Gattungsname wird groß- und die Artbezeichnung kleingeschrieben.

Häufig verwendete botanische Zeichen			
⊙	Einjährige Pflanze	Ⓦ	Warmhaus (18–30 °C)
⊙⊙	Zweijährige Pflanze	Ⓚ	Kalthaus (5–10 °C)
♃	Staude	Ⓣ	Temperiertes Haus (12–18 °C)
♄	Halbstrauch	Ⓐ	Alpinhaus
ħ	Strauch	⚕	Arzneipflanze
ħ	Baum	ψ	Sukkulente
×	Bastard (Hybride)	⊳	Kasten
+	Pfropfbastard (Chimäre)	Λ	Winterschutz
≷	Hängepflanze	✕	Giftpflanze
≷	Kletterpflanze	☘	Fruchtschmuck
⋀⋀→	Kriechpflanze	✂	Schnittblume
▽	Topfpflanze	Ⓝ	Nutzpflanze
⦙	Einfassung	∇	Nach dem Bundesnaturschutzgesetz geschützte Art
⌓	Polsterpflanze	*	Nach dem Washingtoner Artenschutzübereinkommen geschützte Art
△	Steingarten		
⋀⋀	Ufer- und Sumpfpflanze		
≋	Wasserpflanze		

Tab. 1 Botanische Zeichen

Artbezeichnungen können häufig Auskunft über Herkunft, Eigenschaften und Verwendungsmöglichkeiten der Pflanzen geben, wie z. B. africanus (afrikanisch), sinensis (chinesisch), albus (weiß), barbatus (bärtig), erectus (aufrecht), horizontales (waagerecht), pendula (hängend).

Da häufig verschiedene Wissenschaftler die gleiche Pflanze zu unterschiedlichen Zeiten und an unterschiedlichen Standorten entdeckt und benannt haben, hat man sich darauf geeinigt, dass der Name gültig ist, der nach dem **1. Mai 1753** zuerst veröffentlicht wurde **(Prioritäts- oder Erstrecht)**. Von jeder bekannten Art gibt es ein **Belegexemplar**. Belegexemplare werden im getrockneten Zustand in **Herbarien** aufbewahrt und in Archiven gelagert.

Der vollständige Name einer **Sorte** (Cultivar = cultivated variety) besteht aus dem **wissenschaftlichen Pflanzennamen** und der **Sortenbezeichnung** (Sortennamen). Damit es nicht zu einer Verwechselung kommt, wird der wissenschaftliche Name kursiv und die Sortenbezeichnung in normaler Schrift und einfachen oberen Anführungszeichen geschrieben, z. B. *Corylus avellana* 'Contorta'. Für Sortenbezeichnungen dürfen keine lateinischen Namen benutzt werden. Alte lateinische Namen bleiben jedoch erhalten.

Nach dem Code der Nomenklatur für Kulturpflanzen wird der Begriff **Hybride** (Kreuzung) im Sortennamen nicht mehr verwendet, zur Bezeichnung von **Sortengruppen** ist er jedoch weiterhin zulässig (z. B. Dahlia-Hybriden, Fuchsia-Hybriden).

! Hinweis

Wer in der Europäischen Union eine Pflanzensorte zu gewerblichen Zwecken anbietet oder an andere abgibt, ist nach dem **Europäischen Sortenschutzrecht (GemSortVO)** dazu verpflichtet, die **Sortenbezeichnung** des Züchters aufzuführen. Sie muss leicht erkennbar und deutlich lesbar sein. **Markennamen (Handelsnamen)** zur besseren Vermarktung einer Pflanze dürfen den Namen einer Sorte nicht ersetzen. Auf Nachfrage muss ein Verkäufer die Sortenbezeichung mitteilen können. Wer sich nicht an den Sortenschutz hält, kann auf Unterlassung oder Zahlung einer angemessenen Vergütung oder beides in Anspruch genommen werden. Bei vorsätzlicher oder fahrlässiger Handlung können auch Schadenersatzansprüche geltend gemacht werden.

5.4 Ausspracheregeln

Die Aussprache der botanischen Namen erfolgt nach folgenden lateinischen Regeln.

a) Selbstlaute (Vokale): a, e, i, y, o, u

- alle Selbstlaute werden getrennt gesprochen, z. B. platanoides. Hört sich dies komisch an, darf die Aussprache auch eingedeutscht werden, z. B. für die Umlaute ae, oe usw., z. B. Aesculus (Aussprache Äskulus, nicht A-eskulus)
- i wird wie i, nicht wie j ausgesprochen, z. B. i-onanthus, nicht jonanthus
- y wird am Wortanfang wie j, innerhalb des Wortes wie ü ausgesprochen, z. B. Yucca (Aussprache Juk-ka), Cyclamen (Aussprache Züklamen), macrophylla (Aussprache makrofülla), Corylus (Aussprache Korülus)

b) Mitlaute (Konsonanten): b, c, f, g usw.

- c wird wie k, vor ae, e, i, oe und y wie z ausgesprochen, z. B. Clematis (Aussprache Klematis), Calluna (Aussprache Kalluna), Caesalpinia (Aussprache Zäsalpini-a), Cissus (Aussprache Zis-sus), Celastrus (Aussprache Zelastrus), speciosa (Aussprache spezi-osa), Chamaecyparis (Aussprache Chamäzüparis)
- cc wird in der Regel wie kz ausgesprochen, z. B. coccinea (Aussprache kokzine-a)
- ch wird vor Mitlauten in der Regel wie k, vor Selbstlauten wie ch ausgesprochen, z. B. Chlorophytum (Aussprache Klorofütum), Chaenomeles (Aussprache Chänomeles), Chamaedorea (Aussprache Chamädore-a)
- v wird immer wie w ausgesprochen, z. B. Viola (Aussprache Wi-ola), Viburnum (Aussprache Wiburnum), Vinca (Aussprache Winka), Vitis (Aussprache Witis), ovalifolium (Aussprache owalifoli-um), parviflora (Aussprache parwiflora)
- qu wird wie kw ausgesprochen, z. B. Quercus (Aussprache Kwerkus), aquifolium (Aussprache akwifoli-um), quinquefolia (Aussprache kwinkwefoli-a)
- ti wird wie ti und nicht wie zi ausgsprochen, z. B. Gentiana (Aussprache Genti-ana, nicht Genzi-ana)
- alle Doppelmitlaute werden wie zwei Laute ausgesprochen, z. B. hippocastanum (Aussprache hip-pokastanum), thunbergii (Aussprache thunbergi-i), avellana (Aussprache awel-lana), coggygria (Aussprache kog-gügri-a), Parthenocissus (Aussprache Parthenozis-sus), Fallopia aubertii (Aussprache Fal-lopi-a auberti-i)

? Aufgaben

1. Was versteht man unter Evolution, Systematik und Prioritätsrecht?
2. Um welche Verwandtschaftsgrade handelt es sich bei: Cactaceae, Monokotyledoneae, Magnoliales, Bromeliaceae (1, S. 96)?
3. Worin liegt die Bedeutung der doppelten lateinischen Namensgebung?
4. Schreiben Sie 20 botanische Pflanzennamen entsprechend ihrer Aussprache auf.

Ordnen Sie den in Aufgabe 4 aufgeführten Pflanzen die zutreffenden botanischen Zeichen (1, S. 97) zu.

5.5 Formenvielfalt der Organismen

Hat man bis vor Kurzem noch ein Lebewesen entweder den Tieren oder den Pflanzen zugeordnet, erfolgt dieses heute aufgrund molekularer Untersuchungen differenzierter. Danach werden alle Lebewesen heute entsprechend ihrer verwandtschaftlichen Beziehungen in drei große Gruppen oder **Domänen** eingeordnet (1, S. 99). Die drei Domänen sind **Archaea** (Urbakterien), **Bacteria** (Bakterien) und **Eukarya**, alle Lebewesen, deren Zellen einen Zellkern besitzen (= Eukaryonten/Eukaryoten). Die Eukaryonten werden wiederum in vier Reiche unterteilt: das Reich der **Pflanzen** (Plantae), das Reich der **Tiere** (Animalia), das Reich der **Pilze** (Fungi) und das Reich der **Protisten** (Protista). Bei den Protisten handelt es sich entwicklungsgeschichtlich um niedere Organismen, zu denen z. B. die Algen und die Schleimpilze zählen. Letztere werden nicht mehr den Pilzen zugeordnet.

5.5.1 Bakterien

Bakterien sind mikroskopisch kleine einzellige Lebewesen **(Mikroorganismen)**, die sich sehr schnell durch Teilung vermehren **(Spaltpflanzen)**. Im Gegensatz zu pflanzlichen und tierischen Zellen besitzen Bakterienzellen **keinen Zellkern**, d. h., ihre genetische Information ist nicht von einer festen Kernmembran umgeben. Wie Pflanzenzellen besitzen sie eine feste Zellwand.

Bakterien werden unterschieden in **sauerstoffliebende (aerobe Bakterien)** und **sauerstofffeindliche (anaerobe Bakterien)**. Für Letztere ist Sauerstoff ein tödliches Gift. Aerobe Bakterien führen im Boden zur **Zersetzung (Verwesung)** der organischen Substanz. Unter Luftabschluss kommt es zur **Fäulnis** durch anaerobe Bakterien. Bedeutend sind ferner die Fähigkeiten mancher Bakterien, den **Stickstoff der Luft zu binden** (z. B. Knöllchenbakterien),

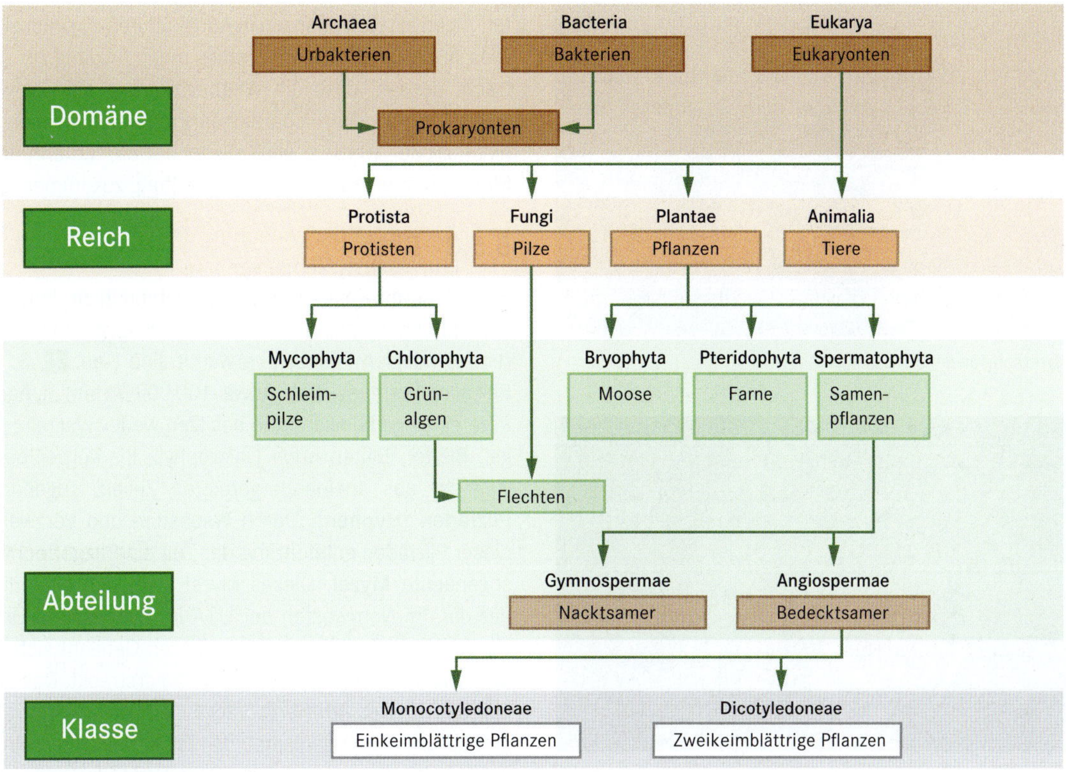

1 Verwandtschaftliche Beziehungen

sowie ihre vielfältigen Einsatzmöglichkeiten, wie z. B. bei der **Schädlingsbekämpfung** (z. B. Bacillus thuringiensis), der **Nahrungsmittelproduktion** (z. B. Käseherstellung), der **Abwasseraufbereitung** in Kläranlagen, der **Arzneimittelherstellung** (z. B. Antibiotika) und innerhalb der **Gentechnologie**.

Cyanobakterien, früher als **Blaualgen** bezeichnet, sind Bakterien, die zur Fotosynthese befähigt sind. Entsprechend kommt ihnen eine große Bedeutung bei der Schaffung der sauerstoffhaltigen Atmosphäre der Erde zu. Sie kommen weltweit, im Wasser und auf dem Land, vor.

Cyanobakterien gelten als Vorstufe der Chloroplasten, wobei man davon ausgeht, dass sie im Laufe der Evolution von den Eukaryonten einverleibt wurden und so die Fotosynthese der Pflanzen ermöglichten. Noch heute besitzen sie einen Teil ihrer früheren genetischen Information (Chloroplasten eigene DNA), während sie andere Teile ihrer DNA an den Zellkern der Wirtszelle abgegeben haben.

Man nimmt an, dass Bakterien und Cyanobakterien die **Stammformen aller übrigen Lebewesen** auf dieser Erde sind.

5.5.2 Algen

Im Laufe der Jahrmillionen entwickelten sich in den auf der Erde entstehenden Meeren einzellige Lebewesen – die **einzelligen Grünalgen (pflanzliches Plankton)**. Sie sind neben den Cyanobakterien die ersten pflanzlichen Lebewesen, die Chlorophyll bildeten und damit Fotosynthese betreiben konnten. Der bei der Fotosynthese als „Abfallprodukt“ entstehende Sauerstoff reicherte sich mit der Zeit in der Atmosphäre an. Er verlieh ihr nicht nur die leuchtend blaue Farbe („Blauer Planet“), sondern war auch Voraussetzung für die Entwicklung menschlichen Lebens auf der Erde. Je grüner ein Meer, desto reicher an Plankton[1] und Fischen ist es. Eine wichtige Rolle spielen die einzelligen Grünalgen auch bei der **Selbstreinigungskraft der Gewässer**. Darunter versteht man den Abbau organischer Stoffe in Gewässern.

Im Laufe der Evolution entwickelte sich eine große Algenvielfalt (über 20 000 Arten). Neben den einzelligen gibt es auch mehrzellige Algen, die man entsprechend ihrer Färbung als **Grün-** (z. B. Meersalat), **Braun-** (z. B. Blasentang, 1, S. 100) und **Rotalgen** (z. B. Knorpeltang) bezeichnet. Letztere werden auch als **Tange** bezeichnet. Bei ihnen ist das Chlorophyll von braunen bzw. roten Farbstoffen überdeckt, mit deren Hilfe sie das wenige Licht in größeren Wassertiefen (30 bis 50 m und tiefer) besser nutzen können. Man findet sie vor allem an den Meeresküsten, sodass sie bei Ebbe teilweise aus dem Wasser herausragen.

[1] Kleine im Wasser treibende Organismen

1 Blasentang an der Nordseeküste

2 Einzellige Grünalgen auf dem Lande

3 In Klötze (Sachsen-Anhalt) steht Europas größte Mikroalgen-aquakulturanlage. Auf einer Gewächshausfläche von 1,2 ha werden Algen in einem 500 km langen Glasröhrensystem kultiviert.

Von der Gruppe der Grünalgen haben vor Millionen von Jahren einige Arten den Schritt vom Wasser auf das Festland „gewagt" (2). Ihre Abhängigkeit vom Wasser ist immer noch so groß, dass man sie auf dem Festland nur an feuchten Stellen findet, so vor allem auf der Wetterseite von Bäumen, Häusern, Statuen usw.

Algen gelten heute als **Rohstoff der Zukunft**. Millionen Tonnen Algen werden bereits heute Jahr für Jahr aus den Ozeanen gefischt, um in der Kosmetik, Medizin, Pharmazie, Mineral-, Düngemittel- (Algenkalk) oder Lebensmittelindustrie eingesetzt zu werden. In Asien ist es weit verbreitet, Algen als Nutzpflanzen in Aquakulturen zu produzieren. Dies findet auch bei uns immer mehr Anklang. In Anbetracht dessen, dass die Weltbevölkerung ständig weiter wächst, die landwirtschaftlichen Produktionsflächen aber nicht größer werden, wird Algen bei der Ernährung der Menschheit eine wachsende Bedeutung zukommen (3).

5.5.3 Pilze

Pilze gehören weder zu den Pflanzen noch zu den Tieren. Sie bilden ein eigenes Reich, wobei sie enger mit den Tieren als mit den Pflanzen verwandt sind (Tab. 1, S. 101). Bei aller Formenvielfalt (etwa 100 000 Arten) haben die Pilze eines gemeinsam: Sie besitzen weder Wurzeln, Stängel, Blätter, Blüten noch Chlorophyll. Ihr Körper besteht vielmehr aus aneinandergereihten Zellen, sogenannten **Pilzfäden (Hyphen)**. Durch Wachstum und Verzweigung dieser Pilzfäden entsteht mit der Zeit ein **Pilzgeflecht**, das sogenannte **Myzel**. Dieses Myzel stellt den eigentlichen Pilz dar. Im Nordwesten der USA im Bundesstaat Oregon wurde 2001 ein Pilz entdeckt, dessen Geflecht sich unter der Erde auf einer Fläche von 880 ha erstreckt. Das Exemplar der Spezies *Armillaria ostoyae,* ein Hallimasch, ist der größte lebende Organismus der Erde. Sein Alter wird auf über 2 400 Jahre geschätzt. Pilze verbreiten sich durch **Sporen** (Sporenpflanzen), die in großen Mengen gebildet werden (s. Kapitel „Pflanzenschutz"). Als Zersetzer organischer Substanz und Symbiosepartner kommt ihnen eine sehr wichtige Bedeutung in der Natur zu. Als Krankheitserreger können sie Menschen, Tiere und Pflanzen hingegen extrem schädigen.

Da Pilze keine Fotosynthese betreiben können, mussten sie andere Methoden zu ihrer Ernährung entwickeln. Neben **Saprophyten** (Fäulnisbewohner), die von toter organischer Substanz leben, gibt es auch **Parasiten** (Schmarotzer), die zum Schaden anderer leben (s. S. 47).

Häufig findet man die sogenannte **Mykorrhiza** (1, S. 101), eine Symbiose zwischen den Wurzeln höherer Pflanzen und Pilzen. Es handelt sich dabei um eine **Pilzwurzel** (griech.: mycos = Pilz, rhiza = Wurzel), d. h., bestimmte Pilze umwachsen die Wurzeln der Pflanzen **(Ektomykorrhiza)**[1]. Hyphen des Pilzes dringen dabei in den interzellularen Bereich des Rindengewebes der Wurzel ein, sodass eine Verbindung zwischen Pilz und Pflanze hergestellt wird (1, S. 22). Der Pilz übernimmt die Funktion der Wurzelhaare, d. h., er versorgt die Pflanze mit Wasser und Nährstoffen. Als Gegenleistung bekommt er von der Pflanze Assimilate geliefert. Bis zu ¼ der Zuckermenge, die der Baum produziert, wandert in den Boden zur Ernährung der verschiedenen Pilzpartner (bis zu 200 pro Baum). Indem diese die Wasser- und Nährstoff-

[1] überwiegend bei Bäumen und Sträuchern

Merkmal	Pflanzen	Pilze	Tiere
Ernährungsweise	autotroph	heterotroph	heterotroph
Nährstoffaufnahme	mineralisch	organisch	organisch
Speicherung von Kohlenhydraten als	Stärke	Glykogen[2]	Glykogen[2]
Chlorophyll, Fotosynthese	ja	nein	nein
Vakuolen + Zellwände	ja	ja	nein
Zellwand aus	Cellulose	Chitin	-

Tab. 1 Unterscheidungsmerkmale zwischen Pflanzen, Pilzen und Tieren

aufnahme der Pflanze durch die erhebliche Vergrößerung der wasser- und nährstoffaufnehmenden Oberfläche sowie der Aufschließung organischer Stoffe, erheblich verbessern, profitieren beide von dieser Lebensgemeinschaft. Man nimmt an, dass auf 1 m Wurzelwerk 1000 m Pilzfäden kommen. Über das Pilzgeflecht ist zwischen benachbarten Bäumen eine Verteilung von Nährstoffen möglich. Zudem kann die Mykorrhiza den Baum vor einer Aufnahme giftiger Stoffe, z. B. Schwermetalle, Aluminium oder radioaktive Substanzen, schützen, indem sie diese speichert.[2] Über die Förderung einer günstigen Mikrofauna im Pilzmantel werden die Abwehrkräfte der Wurzel gegenüber dem Befall durch Bodenpilze und Nematoden erhöht.

[1] Speicherform des Traubenzuckers (Glukose) im menschlichen und tierischen Organismus („tierische Stärke").

[2] Die Anreicherung in den Fruchtkörpern kann zu gesundheitsgefährdenden Konzentrationen führen. Laut der Deutschen Gesellschaft für Ernährung (DGE) sollten nicht mehr als 200 bis 250 g Wildpilze/Woche verzehrt werden. Schwangere, Stillende und Kleinkinder sollten gänzlich auf einen Verzehr verzichten.

Viele dieser Mykorrhizapilze sind bekannte **Speisepilze** (1). Auch die meisten Orchideen leben mit Pilzen in einer Symbiose. Bei ihnen wächst der Pilz jedoch in der Wurzel **(Endomykorrhiza)**[3]. In den Zellen des Rindengewebes (intrazellulär) lebt der Pilz unter Ausnutzung der Nährstoffe seiner Wirtspflanze. In den inneren Rindenschichten werden die eingedrungenen Pilzhyphen entweder von der Pflanze angezapft oder teilweise verdaut. Da Orchideensamen nur wenig Nährstoffe enthalten, kann ihre Keimung und Entwicklung nur bei der Anwesenheit ganz bestimmter Mykorrhizapilze erfolgen, die die Orchideenkeimlinge neben Wasser und Nährstoffen auch mit organischen Stoffen versorgen. In diesem Fall spricht man von **Ammenpilzen**. In der gärtnerischen Anzucht werden die Samen auf einem speziellen Nährboden ausgesät, der die Pilze ersetzt.

5.5.4 Flechten (Lichenes)

Bei den **Flechten** handelt es sich um **Pilze, die in Symbiose mit Grünalgen oder Cyanobakterien leben**. Dies ist äußerlich nicht erkennbar und wurde erst 1860 entdeckt. Der Pilz bildet sozusagen den Körper.

Er umspinnt die Algen und verleiht der Flechte die Form (1, S. 102). Nach der äußeren Form unterscheidet man z. B. **Krustenflechten** (krustenförmiger Körper), **Laubflechten** (blattartiger Körper) und **Strauchflechten** (strauchartig verzweigter Körper).

[3] überwiegend bei Kräutern, Stauden und Gräsern

1 Viele Bäume besitzen eine Mykorrhiza

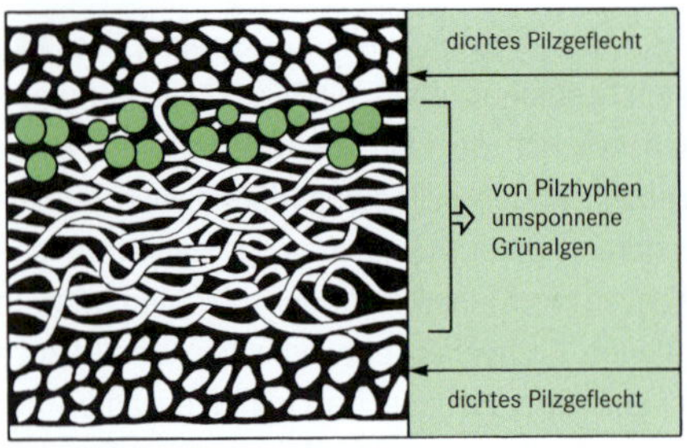

1 Aufbau einer Flechte

2 Baumflechte

3 Rentierflechten als Grabschmuck

Die Algen können sich im Gegensatz zum Pilz nur vegetativ durch Zellteilung vermehren. Damit jedoch die aus den Pilzsporen sich entwickelnden Hyphen überleben können, müssen sie zufällig auf geeignete Algen treffen. Sicherer ist daher die ungeschlechtliche Vermehrung der Flechte. Dies geschieht dadurch, dass kleine Bruchstücke der Flechte vom Wind verbreitet werden.

Die Aufgabe des Pilzes innerhalb der Symbiose besteht in der Versorgung der Algen mit Wasser und Nährstoffen. Die Algen, die Fotosynthese betreiben können, liefern ihrerseits Assimilate an den Pilz. In Form dieser **Lebensgemeinschaft** können beide auch extreme Standorte besiedeln, an denen sie alleine kaum überleben könnten. Entsprechend kommen die über 20 000 Arten weltweit vor, wie z. B. auf der Borke von Bäumen (verursachen keine Schäden!), auf Gestein, Dächern oder dem Boden (2).

Da sie sehr genügsam und widerstandsfähig sind - sie können monatelang ohne Wasser auskommen -, haben sie vor allem als **Erstbesiedler**, als sogenannte **Pionierpflanzen**, eine große Bedeutung. So sind sie maßgeblich an der chemischen Verwitterung von Gesteinsoberflächen und an der Bodenbildung beteiligt. Damit schaffen sie die Voraussetzung für die Besiedelung durch höhere Pflanzen. Vor allem in kalten Regionen findet man Flechten. Hier bilden sie **wichtige Nahrungsquellen**, wie z. B. die **Rentierflechte** *(Cladonia rangiferina)*, die die Hauptnahrung der Rentiere darstellt und auch bei uns auf mageren Böden wächst. In der Floristik wird sie als **Islandmoos** vor allem als Grabschmuck (Totensonntag) verarbeitet (3). Da Flechten sehr empfindlich auf Luftverschmutzungen (Rauchgase) reagieren, kommt ihnen als **Bioindikatoren für den Grad der Luftverschmutzung** eine wachsende Bedeutung zu.

Von unseren etwa 2 000 heimischen Arten sind circa die Hälfte vom Aussterben bedroht. Durch das Tolerieren von Flechten auf Dachpfannen, Holz und anderen Untergründen sowie den Verzicht auf unnötigen Materialanstrich kann ein wichtiger Beitrag zum Artenschutz geleistet werden.

5.5.5 Moose

Bei den **Moosen** (1, S. 103) handelt es sich um kleine blütenlose Pflänzchen, denen es gelungen ist, einfache Blätter und Stängel zu entwickeln. Da Moose keine Leitbündel besitzen, breitet sich das Wasser von Zelle zu Zelle in der Pflanze aus wie die Tinte in einem Löschpapier. Dies ist bei der geringen Größe der Moospflänzchen vollkommen ausreichend. Echte Wurzeln besitzen sie noch nicht. Stattdessen bilden sie Zellfäden, sogenannte **Rhizoide**, aus, die zur Anheftung der Pflanze an den Untergrund dienen. Die Wasseraufnahme erfolgt über die gesamte Oberfläche, also über die Blätter. Diese besitzen bei den meisten Moosarten **Wasserspeicherzellen**, sodass eine Moospflanze das 20- bis 30fache ihres Gewichts an Wasser aufnehmen kann. Bei Regen wird das Wasser wie mit einem Schwamm aufgesaugt. Auf diese Weise können z. B. die Moosteppiche der Wälder rasch große Wassermengen aufnehmen, die sie bei Trockenheit langsam wieder abgeben. Daher wirken sie als **natürliche Wasserspeicher** ausgleichend auf den Wasserhaushalt.

Da Moose noch nicht in der Lage sind, Blüten und damit Früchte und Samen auszubilden, erfolgt ihre **Vermehrung über Sporen** (Sporenpflanzen, 2, S. 103). Auf der jungen Moospflanze befinden sich getrennt voneinander männliche und weibliche Geschlechtsorgane. Je nach Moosart handelt es sich um einhäusige oder zweihäusige Pflanzen. Die männlichen Geschlechtsorgane bilden **begeißelte Geschlechtszellen (Spermatozoiden)** aus, die nur schwimmend die Eizellen der weiblichen Geschlechtsorgane erreichen können. Eine Befruchtung kann daher nur bei tropfnassem Moosteppich (Regen, Tau) erfolgen. **Epiphytisch lebende Moose** (z. B. auf der Borke von Bäumen oder auf Steinen) können viele Jahre in einer Art Trockenstarre überleben. Auch sonst sind Moose recht anspruchslos und gelten wie die Flechten als **Pionierpflanzen**.

Aus der befruchteten Eizelle entwickelt sich nicht ein neues Moospflänzchen, sondern ein **Sporenträger**. In den **Sporenkapseln**, die je nach Art unterschiedlich geformt sind, entstehen ungeschlechtliche **Sporen**. Der diploide Sporenträger bildet die **ungeschlechtliche Generation**

1 Moose

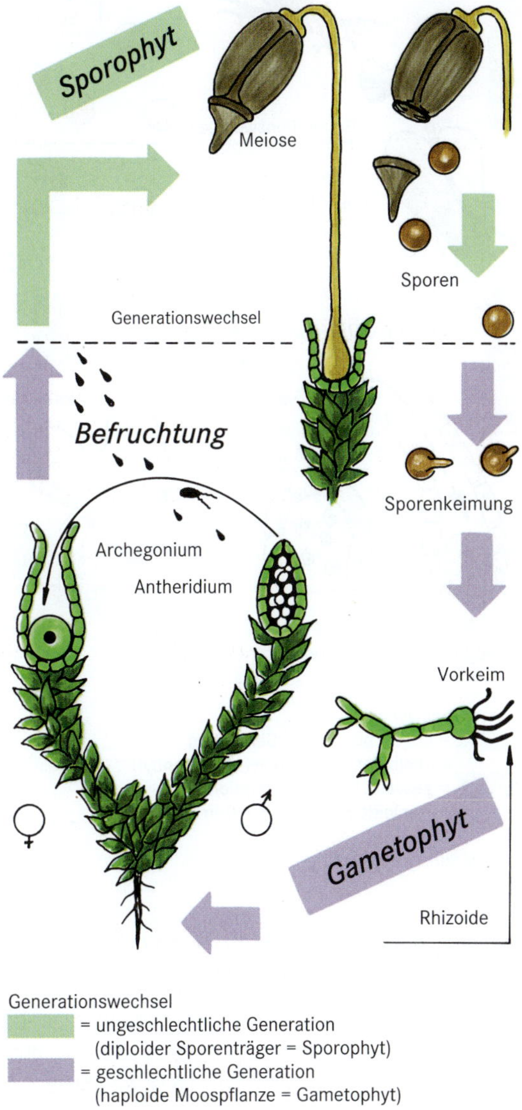

2 Entwicklungskreislauf der Moose

(Sporophyt), die haploide Geschlechtszellen (Gameten) ausbildende Moospflanze die **geschlechtliche Generation (Gametophyt)**. Es tritt also ein **Generationswechsel** zwischen einer geschlechtlichen und einer ungeschlechtlichen Generation auf. Bei trockener Luft platzen die Kapseln auf und streuen die Sporen heraus. Unter günstigen

3 Flächenbegrünung mittels Moosmatten

Bedingungen keimen sie aus und bilden einen **Vorkeim** (Protonema), ein grünes, algenähnliches Gebilde. Aus den Knospen dieses Vorkeims entwickeln sich die neuen Moospflänzchen.

Die etwa 18 000 Moosarten werden in die Klassen der **Laub- und Lebermoose** eingeteilt. Laubmoose sind höher entwickelt als die algenähnlichen Lebermoose. Im Gartenbau haben die **Torfmoose** (z. B. Sphagnum-Arten), eine Unterklasse der Laubmoose, die größte Bedeutung. Sie **bilden die Hochmoore** (s. S. 116 ff.), sodass **Torf** fast ausschließlich aus mehr oder weniger zersetztem Torfmoos besteht. Die Hauptgründe für **Moos im Rasen** sind Nährstoffmangel (vor allem Stickstoff), Lichtmangel und Staunässe. Kann die Ursache, z. B. Lichtmangel durch höhere Bäume, nicht beseitigt werden, sollte man sich überlegen, ob man das Moos, das ja einen trittfesten Moosteppich ausbildet, nicht belässt.

Mithilfe von **Moosmatten**, die wie Rollrasen ausgelegt werden, lassen sich Dächer kostengünstig mit geringem Aufwand begrünen oder Bachläufe, Teiche, japanische Gärten, Wände, Fassaden und vieles mehr gestalten (3).

5.5.6 Farne

Farne sind blütenlose Pflanzen, die sich durch Sporen vermehren **(Sporenpflanzen!)**. Im Gegensatz zu den Moosen sind die Farnpflanzen, zu denen auch die **Bärlapp- und Schachtelhalmgewächse** zählen, deutlich in Blätter, Sprossachsen und Wurzeln gegliedert.

Außerdem besitzen sie ein gegenläufiges doppeltes Röhrensystem (Leitbündelsystem). Der damit verbundene rasche Stofftransport auch über größere Entfernungen ermöglichte es, dass sich vor Millionen von Jahren 15 bis 20 m hohe baumartige Landpflanzen, die Baumfarne, entwickelten. Bildeten sie vor 300 Millionen Jahren noch riesige Wälder, findet man **Baumfarne** (1, S. 104) heute nur noch in den Tropen. Bei uns kommen nur krautige Farne vor.

1 Baumfarn *(Cyathea leichthardiana)*

2 Sporenkapseln auf der Blattunterseite

Asplenium scolopendrium (Hirschzunge)

Athyrium filix-femina (Frauenfarn)

3 Farne als Stauden für das Freiland

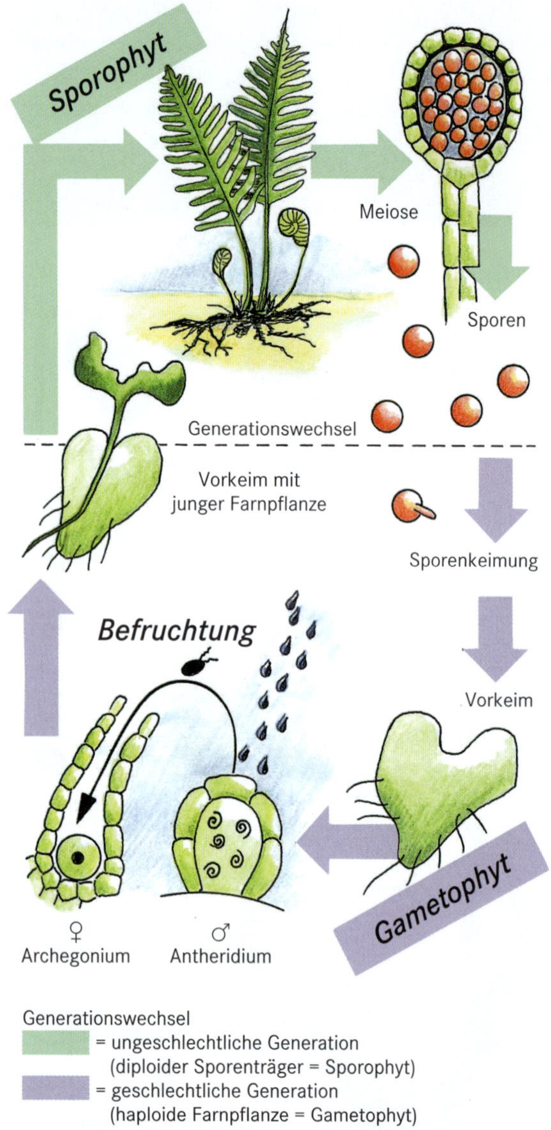

4 Entwicklungskreislauf der Farne

Besonders typisch für die etwa 10 000 Farn-Arten sind ihre gefiederten Blätter, die **Farnwedel.**

Daneben gibt es auch Arten mit ganzen Blattflächen (3). Das Wachstum der Blätter erfolgt im Unterschied zu anderen Pflanzen von der Blattspitze her. Sie ist zum Schutz des dort befindlichen Vegetationspunkts eingerollt. Mit dem Wachstum des Farnwedels rollt sich das Blatt nach und nach ab, bis es seine endgültige Größe erreicht hat.

Die nahe Verwandtschaft der Farne zu den Algen wird – wie bei den Moosen – bei der Vermehrung (4) sichtbar. Auf der Unterseite der Farnwedel bilden sich kleine **Sporenkapseln (Sporangien)**, die in kleinen Gruppen zu Häufchen angeordnet sind (2).

Form und Anordnung dieser Häufchen (Sori; Sing. Sorus) bilden wichtige Bestimmungsmerkmale. Bei trockenem Wetter reißen die Sporenkapseln auf und schleudern die Sporen heraus, die bei günstigen Bedingungen keimen und einen wenige Zentimeter großen **Vorkeim (Prothallium)** bilden. Auf diesem entwickeln sich männliche und weibliche Geschlechtsorgane. Genau wie bei den Moospflanzen bilden auch die Farnpflanzen begeißelte männliche Geschlechtszellen aus, die nur schwimmend die Eizellen der weiblichen Geschlechtsorgane erreichen können. Daher bevorzugen die Farnpflanzen feuchte und schattige Standorte. Aus der befruchteten Eizelle entwickelt sich die junge Farnpflanze, die auf ihren Blattunterseiten wieder Sporenkapseln bildet. In ihnen erfolgt die Sporenbildung, d. h. die ungeschlechtliche Vermehrung. Die diploide Farnpflanze entspricht dem Sporenträger der Moose. Sie stellt die **ungeschlechtliche Generation (Sporophyt)** dar. Die **geschlechtliche Generation (Gametophyt)** ist auf den winzigen, die Geschlechtszellen (Gameten) ausbildenden haploiden Vorkeim beschränkt.

Zahlreiche Farne haben als Stauden für das Freiland (3, S. 104) und als Topfpflanzen für das Zimmer eine wichtige gärtnerische Bedeutung erlangt.

5.5.7 Samenpflanzen

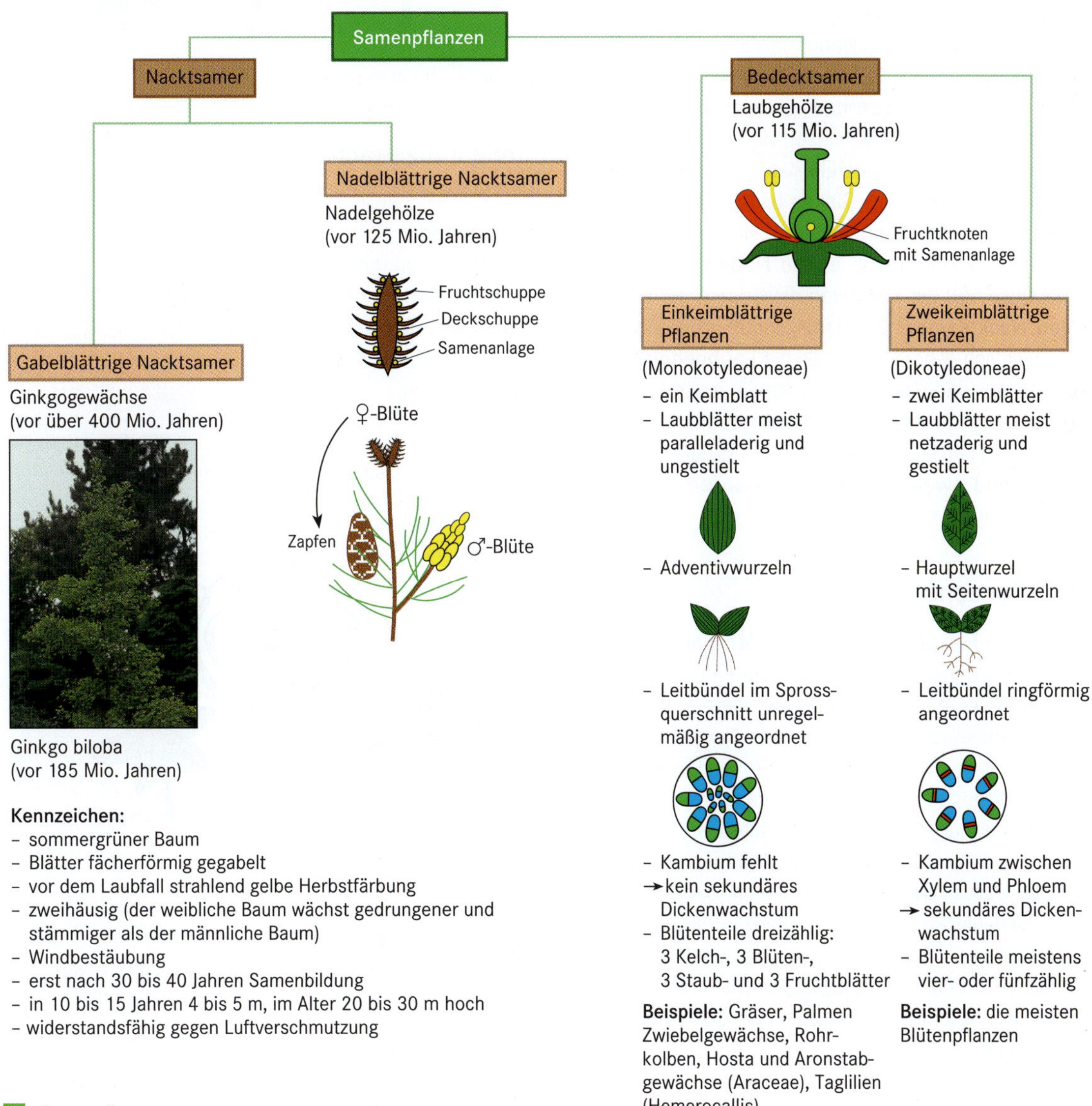

1 Samenpflanzen

Samenpflanzen sind die am höchsten entwickelten Pflanzen. Ihnen ist es vor mehreren hundert Millionen Jahren gelungen, Blüten und damit Samen zu entwickeln. Mit ihrem **hoch entwickelten Fortpflanzungssystem** haben sie sich endgültig von ihrem Ursprung, dem Meer, gelöst, sodass sie im Gegensatz zu Moosen und Farnen bei der Befruchtung unabhängig vom Wasser sind.

Die Samenpflanzen (etwa 250 000 Arten) lassen sich in zwei große Gruppen unterteilen: die **Nacktsamer (Gymnospermae)** und die **Bedecktsamer (Angiospermae, 1**, S. 105). Bei den Nacktsamern sind die Samenanlagen nicht in einem Fruchtknoten eingeschlossen. Sie liegen frei zugänglich, also sozusagen „nackt" in den Blüten. Bei den Bedecktsamern sind die Samenanlagen in einem Fruchtknoten eingeschlossen. Die Nacktsamer stellen entwicklungsgeschichtlich die älteste Gruppe dar. Zur Gruppe der **gabelblättrigen Nacktsamer** gehören die **Ginkgo-Gewächse**, die vor über 400 Millionen Jahren auftraten. Zur Zeit der Dinosaurier (vor 225 bis 140 Millionen Jahren) wiesen sie mit 17 Gattungen und zahlreichen Arten ihre größte Formenvielfalt auf. Von diesen vielen Arten hat nur eine Gattung mit nur einer Art überlebt - **Ginkgo biloba** (1, S. 105), sodass man bei Ginkgo biloba von einem lebenden Fossil sprechen kann. Erst sehr viel später, vor etwa 125 Millionen Jahren, gab es die **Nadelgehölze**. Sie bilden mit etwa 600 bis 700 Arten die Gruppe der **nadelblättrigen Nacktsamer**. Die Nadelgehölze sind entwicklungsgeschichtlich sehr viel älter als die **Laubgehölze**, die erst vor 115 Millionen Jahren in Erscheinung traten. Sie gehören zu der Gruppe der **Bedecktsamer**, die bisher die höchste Entwicklungsstufe der Pflanzen erreicht haben und in **ein- und zweikeimblättrige Pflanzen** unterteilt werden (1, S. 105).

5.5.8 Pflanzenfamilien

Die **Blüte**, das **Fortpflanzungsorgan der Samenpflanzen**, stellt das wichtigste Kriterium bei der Einordnung der Samenpflanzen in das Pflanzensystem dar. Anders als Spross und Wurzel ist sie aufgrund ihrer kurzen Lebensdauer nicht so sehr einem Anpassungsdruck auf veränderte Umweltbedingungen unterlegen, sodass sie von allen Pflanzenteilen am ursprünglichsten erhalten geblieben ist (z. B. Kakteenblüten). **Man ordnet die Pflanzen mit ähnlichem Blütenaufbau derselben Familie zu.** Daher können sehr verschiedenartig aussehende Pflanzen einer Familie angehören, wie z. B. Rose, Erdbeere und Apfelbaum, die alle drei der Familie der Rosengewächse *(Rosaceae)* zugeordnet werden. Nachfolgend sind einige der **über 300 Pflanzenfamilien** aufgeführt.

Doldengewächse (1)

(***Apiaceae***, früher Umbelliferae, etwa 2 600 Arten)

Kennzeichen:

- Blütenstand: Dolde (einfache oder zusammengesetzte)

Gattungen: z. B. *Aegopodium, Aethusa, Anethum, Anthriscus, Astrantia, Carum, Daucus, Eryngium, Foeniculum, Heracleum, Pastinaca, Petroselinum und Pimpinella*

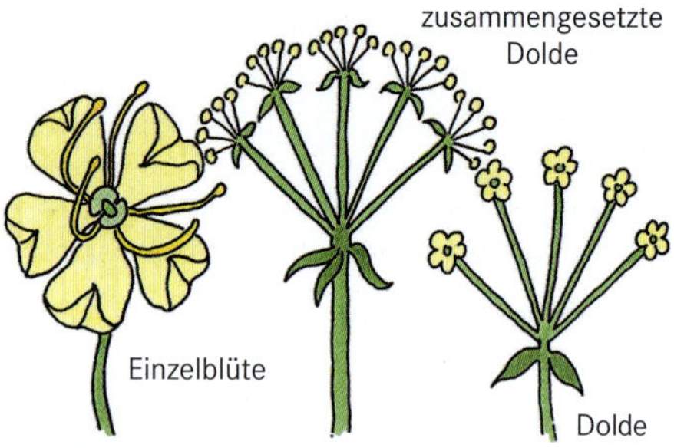

1 Familie der Doldengewächse

Hahnenfußgewächse (2)

(***Ranunculaceae***, etwa 4 000 Arten)

Kennzeichen:

- Zwitterblüten mit sehr vielen Staubblättern und mehreren Fruchtblättern
- stark variierende Blütenformen
- Früchte: Balgfrüchte oder Nüsschen, selten Kapseln oder Beeren

Gattungen: z. B. *Aconitum, Adonis, Anemone, Aquilegia, Caltha, Cimicifuga, Clematis, Delphinium, Eranthis, Helleborus, Nigella, Pulsatilla, Ranunculus, Thalictrum und Trollius*

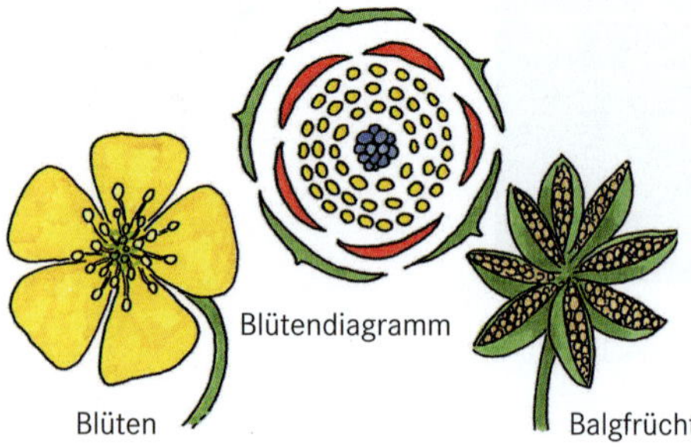

2 Familie der Hahnenfußgewächse

Korbblütler (1, S. 107)

(***Asteraceae***, früher Compositae, etwa 19 000 Arten)

Kennzeichen:

- Blütenstand: Körbchen (Korbblütler)
- die fünf Staubblätter der Einzelblüte sind zu einer Röhre verwachsen (Röhrenblütler; Mehrzahl der Korbblütler)

- die Röhrenblüten des Blütenstandes sind häufig am Rande von Zungenblüten umgeben
- bei den Zungenblütlern bilden die einzelnen Blüten ein großes Blütenblatt aus
- Fruchtknoten unterständig
- grüne Hochblätter schützen den Blütenstand im Knospenstadium
- Selbstbefruchtung wird vermieden durch unterschiedliche Reife von Staub- und Fruchtblättern

Gattungen: z. B. *Achillea, Ageratum, Anaphalis, Arctium, Argyranthemum, Arnica, Artemisia, Aster, Bellis, Calendula, Callistephus, Carlina, Centaurea, Chrysanthemum, Cichorium, Cirsium, Coreopsis, Dahlia, Doronicum, Echinacea, Echinops, Erigeron, Gazania, Gerbera, Helenium, Helianthus, Helichrysum, Heliopsis, Hieracium, Lactuca, Leontopodium, Leucanthemum, Liatris, Ligularia, Matricaria, Rudbeckia, Senecio, Solidago, Sonchus, Tagetes, Taraxacum, Telekia, Tussilago und Zinnia*

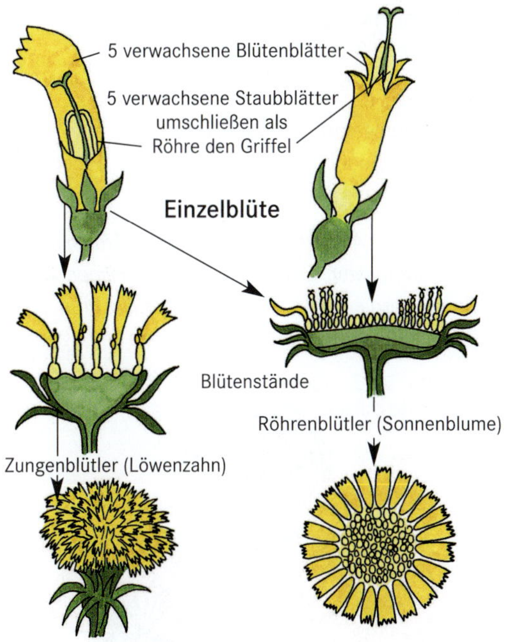

1 Familie der Korbblütler

Kreuzblütler (2)

(***Brassicaceae***, früher Cruciferae, etwa 3 000 Arten)

Kennzeichen:

- kreuzförmige Anordnung der Blütenteile
- Einzelblüten häufig in Trauben angeordnet
- Früchte: Schoten/Schötchen

Gattungen: z. B. *Alyssum, Arabis, Aubrieta, Brassica, Camelina, Capsella, Cardamine, Erysimum, Iberis, Lepidium, Lunaria, Matthiola, Nasturtium, Raphanus und Sinapis*

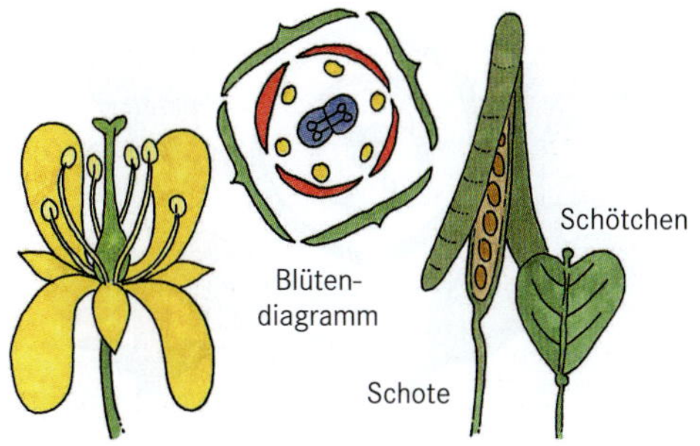

2 Familie der Kreuzblütler

Liliengewächse (3)

(***Liliaceae***, etwa 4 000 Arten)

Kennzeichen:

- dreizählige, häufig sehr schöne Blüten
- Kelchblätter wandeln sich zu Blütenblättern um
- Blüten sternförmig symmetrisch
- Paralleladerung der Laubblätter
- bilden häufig Zwiebeln oder Knollen aus

Gattungen: z. B. *Fritillaria, Lilium und Tulipa*

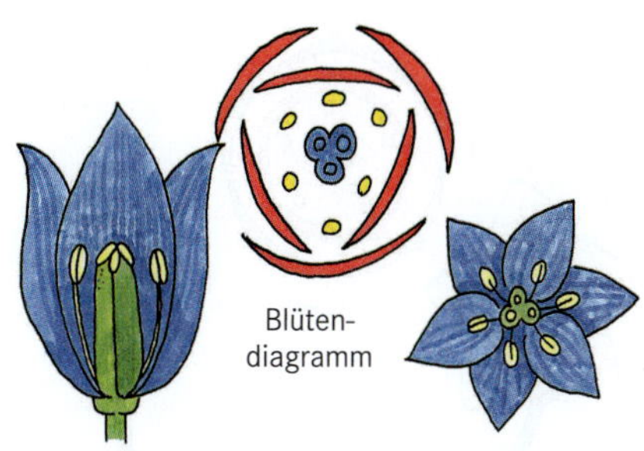

3 Familie der Liliengewächse

Lippenblütler (1, S. 108)

(***Lamiaceae***, früher Labiatae, etwa 3 200 Arten)

Kennzeichen:

- Blüte ist häufig zu einer Röhre mit einer Ober- und Unterlippe geformt

Gattungen: z. B. *Ajuga, Glechoma, Lamium, Lavandula, Leonurus, Marrubium, Melissa, Mentha, Monarda, Origanum, Prunella, Salvia, Solenostemon, Stachys und Thymus*

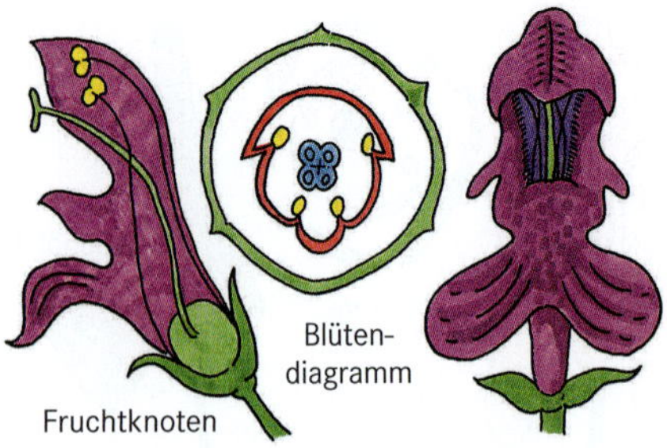

1 Familie der Lippenblütler

Nachtschattengewächse (2)

(***Solanaceae***, etwa 2 300 Arten)

Kennzeichen:

- die fünfzähligen Kelch- und Blütenblätter sind häufig miteinander verwachsen, sodass sie eine sternförmige Blütenröhre bilden
- enthalten Giftstoffe (Alkaloide)
- Frucht: Beere oder Kapsel

Gattungen: z. B. *Atropa, Brunfelsia, Capsicum, Datura, Lycopersicon, Nicotiana, Petunia, Physalis und Solanum*

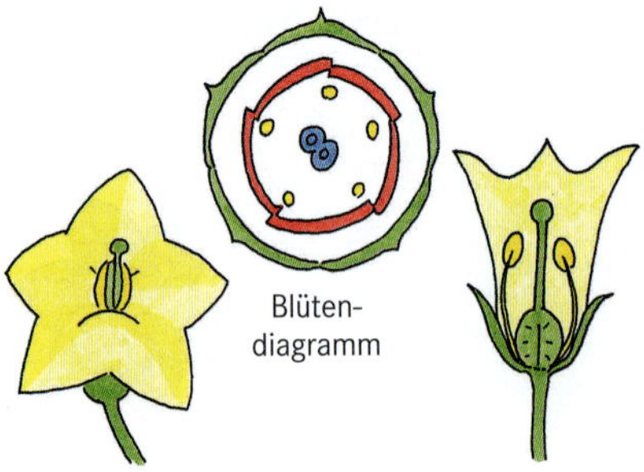

2 Familie der Nachtschattengewächse

Orchideen (3)

(***Orchidaceae***, über 20 000 Arten)

Kennzeichen:

- Blütenkrone besteht aus drei äußeren und drei inneren Blütenblättern
- Blüte besitzt nur zwei spiegelbildliche Hälften

Gattungen: z. B. *Cattleya, Cypripedium, Dactylorhiza, Neottia, Ophrys, Orchis, Paphiopedilum, Phalaenopsis, Phalandopsis und Traunsteinera*

3 Familie der Orchideen

Rosengewächse (4)

(***Rosaceae***, etwa 2 000 Arten)

Kennzeichen:

- große, häufig gefärbte Blütenblätter
- zahlreiche Staubblätter und mehrere Fruchtblätter (Steinobstarten nur ein Fruchtblatt!)

Gattungen: z. B. *Alchemilla, Amelanchier, Aruncus, Chaenomeles, Cotoneaster, Crataegus, Cydonia, Filipendula, Fragaria, Geum, Kerria, Malus, Photinia, Potentilla, Prunus, Pyracantha, Pyrus, Rosa, Rubus, Sorbus, Spiraea und Waldsteinia*

4 Familie der Rosengewächse

Schmetterlingsblütler (1, S. 109)

(***Fabaceae***, früher Leguminosae, etwa 7 000 Arten)

Kennzeichen:

- Form der Blüte erinnert an einen Schmetterling: Von den zehn Staubblättern sind häufig die neun unteren zusammengewachsen und bilden eine Röhre, in der sich Nektar sammelt

- Laubblätter sind häufig gefiedert
- Früchte: Hülsen (Hülsenfrüchtler)
- leben mit Knöllchenbakterien, die den Stickstoff der Luft binden können, in einer Lebensgemeinschaft

Gattungen: z. B. *Aeschynomene, Cytisus, Genista, Glycine, Laburnum, Lathyrus, Lotus, Lupinus, Phaseolus, Pisum, Pterocarpus, Robinia, Trifolium, Vicia und Wisteria*

1 Familie der Schmetterlingsblütler

Storchschnabelgewächse (2)

(*Geraniaceae*, etwa 850 Arten)

Kennzeichen:

- bilden schnabelartige Früchte (lange Grannen) aus, die häufig ihre Samen bei Reife herausschleudern
- fünf Kelchblätter, fünf gefärbte Blütenblätter, zwei Kreise von jeweils fünf Staubblättern und fünf Fruchtblättern
- Blütenstängel mit zahlreichen Drüsenhaaren besetzt

Gattungen: z. B. *Geranium und Pelargonium*

2 Familie der Storchschnabelgewächse

Wolfsmilchgewächse (3)

(*Euphorbiaceae*, etwa 5 000 Arten)

Kennzeichen:

- die Blüten setzen sich aus vielen kleinen Blütenständen **(Cyathien, Sing. Cyathium = Scheinblüte)** zusammen, die, wie eine Zwitterblüte erscheinend jedoch aus einer weiblichen Blüte, die von fünf männlichen Blüten umgeben ist, bestehen
- neben Nektardrüsen bei einigen Arten farbig ausgebildete Hochblätter zur Anlockung von Insekten
- enthalten einen giftigen, weißen Milchsaft

Gattungen: z. B. *Acalypha, Codiaeum, Croton, Euphorbia und Ricinus*

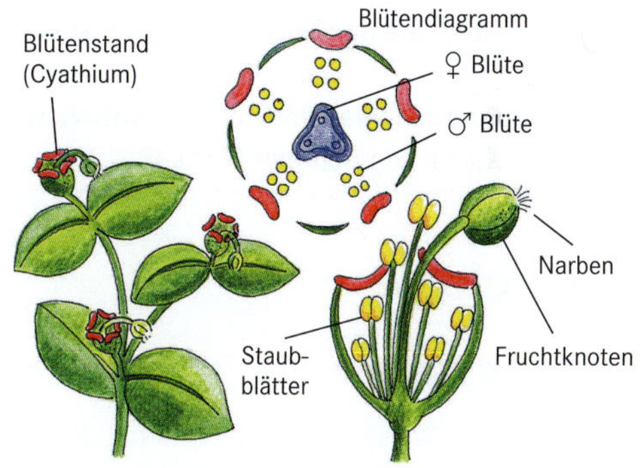

3 Familie der Wolfsmilchgewächse

Aufgaben

- ○ 1. Nennen Sie Kennzeichen der Bakterien.
- ◑ 2. Erklären Sie die Bedeutung der Bakterien für den Nährstoffkreislauf.
- ◑ 3. Unterscheiden Sie aerobe und anaerobe Bakterien.
- ○ 4. Nennen Sie „nützliche" und „schädliche" Bakterien (s. Kapitel Pflanzenschutz), die für den Gartenbau bedeutend sind.
- ○ 5. Was sind Cyanobakterien?
- ○ 6. Wo hat die Entwicklungsgeschichte des Lebens begonnen?
- ● 7. Erklären Sie die Behauptung, dass das Blau des Himmels aus dem Grün des Meeres entstanden sei.
- ◑ 8. Was ist pflanzliches Plankton und welche Bedeutung hat es für das Leben auf der Erde?
- ○ 9. Warum sind blaue Meere arm an Fischen?
- ◑ 10. Worauf beruht die Selbstreinigungskraft der Gewässer?
- ○ 11. Nennen Sie Kennzeichen der Pilze.
- ○ 12. Unterscheiden Sie Saprophyten und Parasiten in ihrer Lebensweise.

Aufgaben

◑ 13. Erklären Sie die Begriffe Symbiose, Mykorrhiza, Ekto- und Endomykorrhiza.
○ 14. Was sind Flechten?
○ 15. Worin besteht die Symbiose?
◑ 16. Wie erfolgt die Vermehrung der Flechten?
○ 17. Worum handelt es sich bei dem sogenannten Islandmoos?
◑ 18. Warum findet man in Städten kaum Flechten?
○ 19. Flechten werden auch als Pionierpflanzen bezeichnet. Was versteht man darunter?
◑ 20. Warum spielen Moose im Wasserhaushalt des Waldes eine wichtige Rolle?
◑ 21. Worin unterscheiden sich die Moose von den Algen?
● 22. Beschreiben Sie den Entwicklungskreislauf der Moose.
◑ 23. Warum bevorzugen Moose feuchte Standorte?
● 24. Erklären Sie, warum Moose Geschlechtszellen ohne vorherige Meiose ausbilden können.
◑ 25. Worin unterscheiden sich die Farne von den Moosen?
◑ 26. Warum sind die Spitzen der jungen Farnwedel eingerollt?
◑ 27. Warum bevorzugen Farne schattige und feuchte Standorte?
● 28. Beschreiben Sie den Entwicklungskreislauf der Farne.
● 29. Worin unterscheidet sich der Generationswechsel der Farne von dem der Moose?
● 30. Worin ist die Ursache des Erfolges der Samenpflanzen bei der Besiedelung der Erde zu sehen?
◑ 31. Worin unterscheiden sich Nackt- und Bedecktsamer?
● 32. Warum sind Bedecktsamer höher entwickelt als Nacktsamer?
◑ 33. Warum gehört Ginkgo biloba weder zu den Nadel- noch zu den Laubgehölzen?
◑ 34. Worin unterscheiden sich ein- und zweikeimblättrige Pflanzen?
● 35. Ordnen Sie die folgenden Pflanzen den richtigen Familien zu: *Helianthus annuus* (Sonnenblume), *Daucus carota* (Möhre), *Sinapis alba var. alba* (Weißer Senf), *Convallaria majalis* (Maiglöckchen), *Clematis vitalba* (Waldrebe), *Taraxacum sect. Ruderalia* (Löwenzahn), *Brassica oleracea var. sabellica* (Grünkohl), *Tulipa Garten-Tulpen* (Tulpe), *Pyracantha coccinea* (Feuerdorn), *Phaseolus vulgaris* (Bohne), *Solanum tuberosum* (Kartoffel), *Ophrys insectifera* (Fliegenragwurz), *Chaenomeles-Hybriden* (Zierquitte), *Delphinium-Hybriden* (Rittersporn), *Heracleum mantegazzianum* (Herkuleskraut), *Astrantia major* (Sterndolde), *Geranium pratense* (Wiesenstorchschnabel), *Euphorbia pulcherrima* (Weihnachtsstern)

6 Ökologie

6.1 Ökosysteme

Die **Ökologie** ist die Wissenschaft, die sich mit den Wechselbeziehungen der Lebewesen untereinander und zu ihrer unbelebten Umwelt, wie Klima und Boden, befasst. In der Natur bilden Tier- und Pflanzenarten entsprechend dem jeweiligen **Lebensraum (Biotop)** bestimmte **Lebensgemeinschaften (Biozönosen)**. Die Gesamtheit der Beziehungen von Biozönose und Biotop wird als **Ökosystem** bezeichnet (s. S. 250). Je nach den sich daraus ergebenden Lebensbedingungen entwickeln sich unterschiedliche Ökosysteme, wie z. B. ein Wald (1, S. 111), eine Wiese, ein Gewässer oder ein Moor. Im Laufe der Entwicklung stellt sich ein **ökologisches Gleichgewicht** ein, das durch zahlreiche miteinander vernetzte Stoffkreisläufe (z. B. Sauerstoffkreislauf) aufrechterhalten wird.

Nach ihrer Funktion bei der Aufrechterhaltung des ökologischen Gleichgewichts kann man die in einem Ökosystem lebenden Lebewesen in Produzenten, Konsumenten und Reduzenten einteilen. **Produzenten** sind die grünen Pflanzen, die zur Fotosynthese befähigt sind. Zu den **Konsumenten** zählen die Tiere und der Mensch. Als heterotrophe Lebewesen sind sie auf die autotroph lebenden Pflanzen angewiesen. Bei den Tieren unterscheidet man zwischen den **Pflanzenfressern** (Primärkonsumenten) und den **Fleischfressern**, die je nach ihrer Stellung in der Nahrungskette als Sekundärkonsumenten (Konsumenten 2. Ordnung), Tertiärkonsumenten (Konsumenten 3. Ordnung) usw. bezeichnet werden. Daneben gibt es auch noch Allesfresser. **Reduzenten (Destruenten)** ernähren sich von toter organischer Substanz, die sie in ihre Ausgangssubstanzen zerlegen (z. B. Bakterien und Pilze).

Die von den Produzenten chemisch gebundene Strahlungsenergie der Sonne durchläuft die gesamte **Nahrungskette** der Konsumenten. Dabei kommt es aufgrund des Eigenbedarfs der Lebewesen an Energie innerhalb der Nahrungskette zu einem Energieverlust. Schwer abbaubare

1 Ökosystem Wald

Stoffe, z. B. Schwermetalle, radioaktive oder chemische Stoffe, reichern sich jedoch innerhalb dieser Nahrungskette an. Dies ist besonders gefährlich für die am Ende einer Nahrungskette stehenden Konsumenten (Endkonsumenten) wie die Menschen (1, S. 112).[1] Eine Nahrungskette bildet immer nur einen Strang des komplizierten Beziehungsgeflechts innerhalb eines Ökosystems (1).

Störungen des ökologischen Gleichgewichts rufen immer Gegenreaktionen hervor, sodass z. B. bei der Massenvermehrung einer Tierart eine sich einstellende Nahrungsverknappung und/oder die Zunahme der natürlichen Feinde wieder zu einem für das Ökosystem tragbaren Gleichgewicht führen (2, S. 112). Unüberlegte Eingriffe des Menschen können das ökologische Gleichgewicht und

[1] Nahrungsmangel und Ernährungsprobleme betreffen Menschen auf der ganzen Welt, insbesondere in Regionen mit begrenzten Ressourcen, schlechter Infrastruktur und politischen Instabilitäten. Millionen Menschen sind vom Hungertod bedroht. Laut der Deutschen Welthungerhilfe stirbt alle dreizehn Sekunden ein Kind an den Folgen von Mangelernährung. Besonders betroffen ist der afrikanische Kontinent, wo alleine rund 282 Millionen Menschen an Hunger leiden, darunter viele Kinder.

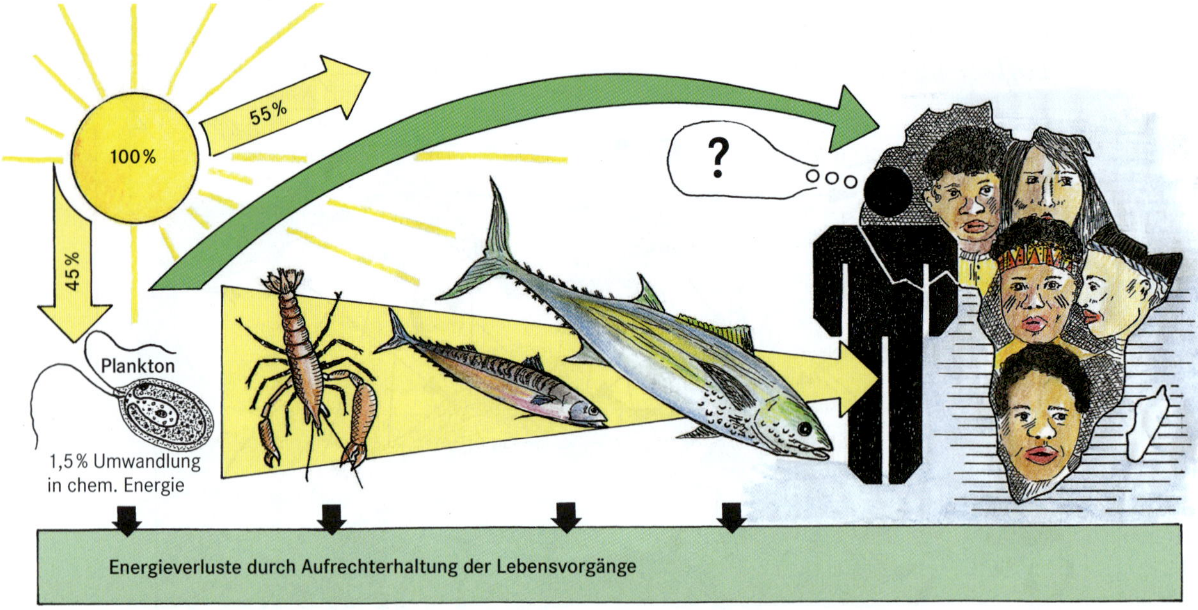

1 Nahrungskette und Energiefluss (Nahrungspyramide)

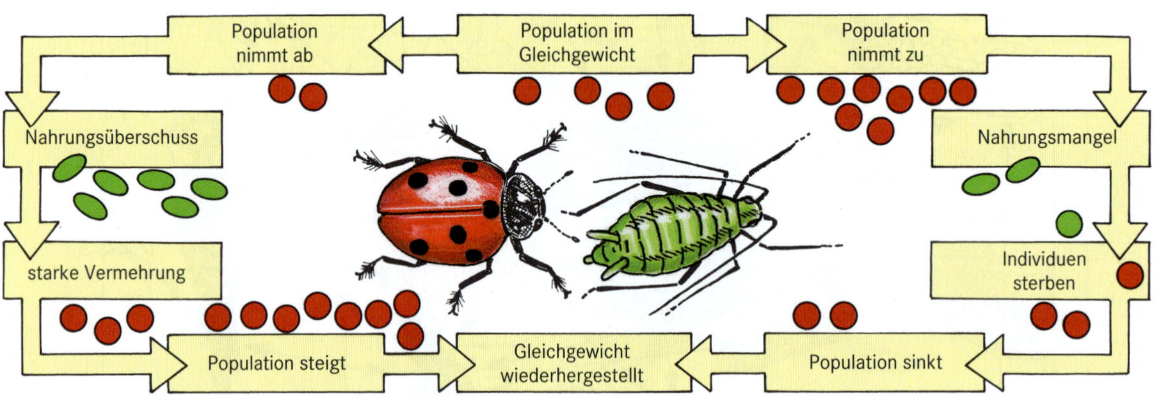

2 Ein intaktes Ökosystem reguliert sein ökologisches Gleichgewicht selbst

damit den Regulationsmechanismus irreversibel schädigen. Die Folge ist eine Zerstörung des Ökosystems (Wald- und Gewässersterben!). Je komplexer ein Ökosystem ist, umso stabiler ist es in der Regel gegenüber Störungen, umso eher kann es jedoch auch bei starker Schädigung für immer vernichtet werden.

? Aufgaben

1. Erklären Sie die Begriffe Ökologie, Biotop, Biozönose und Ökosystem.
2. Wodurch wird das ökologische Gleichgewicht eines Ökosystems aufrechterhalten?
3. Warum könnten durch die Verkürzung der Nahrungskette mehr Menschen ernährt werden?
4. Nennen Sie mögliche Verkürzungen von Nahrungsketten.
5. Inwiefern kann der Mensch durch Nahrungsketten gefährdet werden?
6. Erklären Sie die Reaktionen eines intakten Ökosystems auf die einseitige Massenvermehrung einer Tierart.
7. Beschreiben Sie Eingriffe, durch die der Mensch Ökosysteme in ihrer Existenz und schließlich sich selbst gefährdet (1, S. 111).

6.2 Lebensraum Wald

6.2.1 Ökologische Bedeutung

Die natürliche Vegetationsform in Mitteleuropa ist der **Wald**[1]. Ohne Eingriffe des Menschen würden die Laubbäume, vor allem die seit 5 000 Jahren bei uns heimische Rotbuche, unsere Landschaft seit Jahrtausenden bis hoch in die Mittelgebirge bedecken. Als **Lebensraum** und **Lebensgemeinschaft zahlreicher Tier- und Pflanzenarten** gehören Wälder innerhalb der Evolution zu den am höchsten entwickelten Ökosystemen. Dem Menschen dient der Wald von alters her als **Lieferant nachwachsender Rohstoffe** und Ort der **Erholung**. Daneben erfüllt er wichtige Aufgaben im Naturhaushalt (1). **Er reinigt unsere Atemluft und unser Trinkwasser, produziert Sauerstoff, reguliert den Wasserhaushalt und beeinflusst unser Klima günstig**. Pro Jahr entziehen unsere Wälder der Luft 80 Millionen Tonnen CO_2. Dies entspricht etwa 22 Millionen Tonnen Kohlenstoff. Indem sie den Kohlenstoff in ihrer organischen Substanz binden, **wirken** sie **dem Treibhauseffekt entgegen**. Die Wurzeln der Bäume **schützen den Boden vor Erosion**, sodass vor allem die Bergbevölkerung vor Erdrutschen, Steinschlägen und Schneelawinen geschützt wird. Ein natürlich gewachsener Wald setzt sich **aus verschiedenen Stockwerken** zusammen, die entsprechend den unterschiedlichen Lebensbedingungen (Lichtintensität, Luftfeuchtigkeit, Temperatur) verschiedenartige Lebensräume mit unterschiedlichen Lebensgemeinschaften bilden (1, S. 114).

[1] Die Waldfläche der BRD beträgt ca. 11,4 Millionen Hektar (Stand 2011). Dies sind etwa 1/3 (32 %) der Fläche Deutschlands.

6.2.2 Der Wirtschaftswald

Obwohl wir unter natürlichen Bedingungen ein Land der Laubwälder wären, ist unser Land heute überwiegend von Nadelwäldern, vor allem von **Fichte** und **Kiefer**, bedeckt. Ohne den Menschen hätten diese Pflanzen gegenüber den Laubbäumen, besonders der Rotbuche, bis in die Mittelgebirge hinein keine Chancen. Der Grund für ihre große Verbreitung ist darin zu sehen, dass der deutsche Wald überwiegend ein **Wirtschaftswald** ist. Schneller Holzzuwachs, hoher Holzpreis und arbeiteinsparende rationelle Bewirtschaftungsmaßnahmen führten zur Aufforstung von Nadelholzwäldern in Monokultur. Der heute zu verzeichnende **Trend zur Mischkultur** bei Neuaufforstungen beruht vor allem auf der Empfindlichkeit der Nadelholzmonokultu-

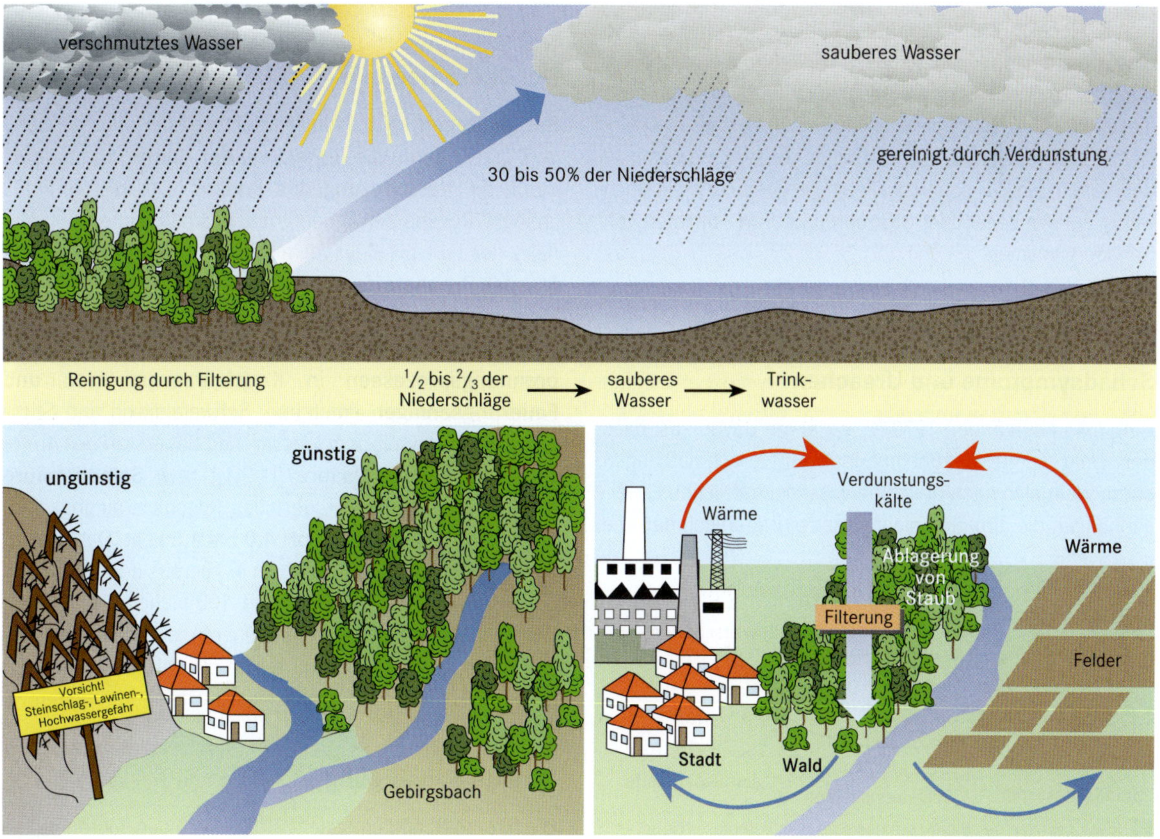

1 Der Wald erfüllt wichtige Aufgaben im Naturhaushalt

1 Stockwerkaufbau eines natürlich gewachsenen Waldes

ren gegenüber Sturm, Schädlings- und Krankheitsbefall. Teilweise wird sogar eine **naturnahe Waldwirtschaft** durchgeführt, sodass die Artenvielfalt gefördert wird und auch selten gewordene Waldgehölze, wie z. B. die Elsbeere, der Speierling, die Mispel, der Wildapfel und die Wildbirne, eine Überlebenschance bekommen. Ein Beispiel hierfür ist z. B. der **Plenterwald** - ein artenreicher Mischwald mit Naturverjüngung. Die Bäume samen sich selbst aus und wachsen im Schutze des Kronendachs heran, sodass alle Altersklassen der Bäume nebeneinander vorkommen. Entsprechend typisch ist der natürliche Stockwerkaufbau dieser Wälder. Im Gegensatz zu der aus gleichaltrigen Bäumen bestehenden Nadelholzmonokultur erfolgt auch kein Kahlschlag, sondern nur die Rodung einzelner Bäume einer bestimmten Fläche, sodass die Lebensgemeinschaft Wald vor radikalen Eingriffen geschützt ist. Nicht nur, dass diese abwechslungsreichen Wälder mit ihrer großen Artenvielfalt einen hohen Erholungswert aufweisen und damit zu den schönsten Wirtschaftswäldern gehören, sind sie auch wenig anfällig gegenüber Stürmen und dem Auftreten von Schadorganismen.

6.2.3 Das Baum- oder Waldsterben

Schadsymptome und Ursachen

Ging man noch in den 1970/80er Jahren davon aus, dass der Wald aufgrund zunehmender Luftverschmutzungen stirbt, stellt sich nach neuesten wissenschaftlichen Untersuchungen die Situation nicht ganz so dramatisch dar, wie

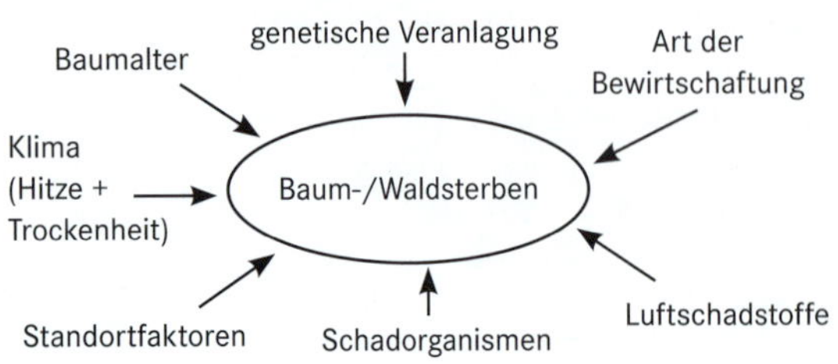

2 Die Ursachen des Baumsterbens sind sehr komplexer Natur - sie können sich gegenseitig verstärken oder abschwächen

sie damals prognostiziert wurde. Auch wenn man sich heute einig ist, dass die Ursachen des Baumsterbens sehr komplexer Natur sind (2) und durch den erheblichen Rückgang der Emissionen vieler Luftschadstoffe in den letzten Jahrzehnten die Luftqualität deutlich verbessert werden konnte, verursacht die Verschmutzung der Luft nach wie vor ein großes Gesundheitsrisiko für den Wald (1, S. 115).

Als Folge des **Klimawandels** häufen sich extreme Wetterereignisse. Lange Trockenperioden, Schädlingsbefall, Waldbrände und heftige Stürme hinterlassen schon heute deutliche Spuren im Ökosystem Wald.

! Merke

Schadsymptome
- von der Blattspitze und vom Blattrand her beginnende Vergilbungen und Verbräunungen zuerst der älteren Blätter
- vorzeitiger Nadel-/Blattfall
- Baumkronen werden licht und sterben teilweise ab
- gehemmtes Wachstum (enge Jahresringe) und Bildung von Angsttrieben
- Wurzel- und Stammschäden (Fäule)
- minderwertige Holzqualität

Der saure Regen

Saurer Regen kann Pflanzen auf zweierlei Weise schädigen: Direkt durch die **Benetzung der Blätter** und indirekt durch die **Versauerung des Bodens**. Der pH-Wert des „reinen“ Regens beträgt aufgrund des natürlichen CO_2-Gehalts der Luft pH 5,6. Vor allem durch die **Verbrennung fossiler Brennstoffe**, wie Kohle und Erdöl, werden große Mengen von Schwefeldioxid freigesetzt. Dazu kommen riesige Mengen von Stickoxiden, die vor allem bei den **Verbrennungsprozessen in Kraftfahrzeugmotoren und Feuerungsanlagen** entstehen. Schwefeldioxid und Stickoxide reagieren mit dem Wasser- und Sauerstoff der Atmosphäre zu **Schwefelsäure** (H_2SO_4) bzw. **Salpetersäure** (HNO_3), sodass der pH-Wert des Regens erniedrigt wird und im **Durchschnitt um pH 4,0 bis 4,5** liegt. Dabei ist zu bedenken, dass ein pH-Wert von 4,6 bereits den 10-fachen, ein pH-Wert von 3,6 sogar den 100-fachen Säuregehalt (Konzentration der Wasserstoffionen) aufweist, wie das natürliche Regenwasser mit einem pH-Wert von 5,6. Liegt der pH-Wert unter 5,6, sprechen wir vom sauren Regen.

Direkte Schädigung

Die direkte Schädigung der Blätter durch den sauren Regen beruht auf **Zerstörung der Blattoberflächen** und **Funk-**

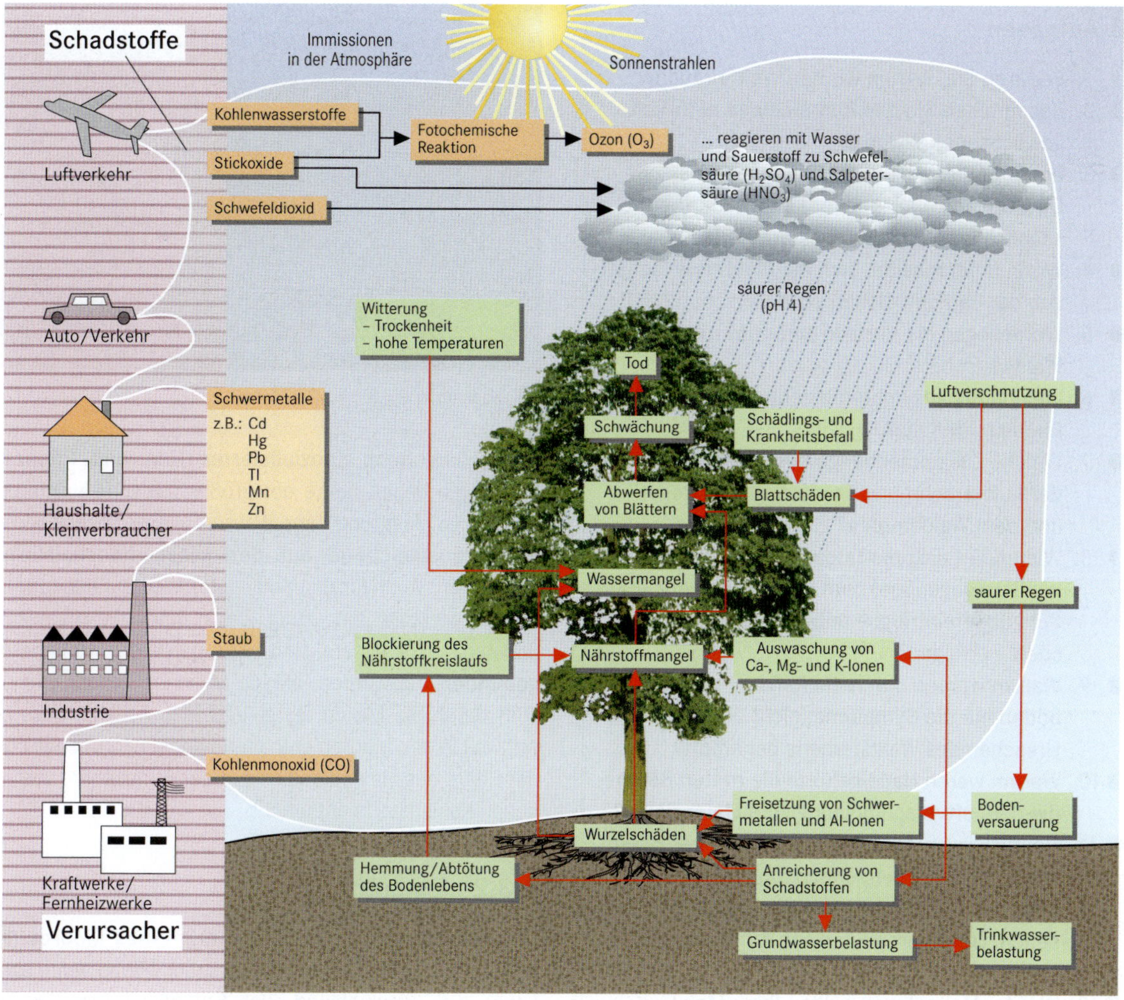

1 Das Wald- bzw. Baumsterben

tionsstörungen der Spaltöffnungen. Dadurch kommt es zur Zerstörung des Verdunstungsschutzes, was zu einem vorzeitigen Blattfall und zur Schwächung der Pflanze infolge eingeschränkter Fotosynthese führt.

Indirekte Schädigung

Die **Erniedrigung des pH-Werts des Bodens** durch den sauren Regen führt zur Freisetzung festgelegter und durch die Schadstofffilterung der Bäume im Boden als Folge langjähriger Luftverschmutzungen angereicherter **Schwermetalle**, wie Pb, Cd, Mn und Zn, sodass sehr schnell giftige Konzentrationen erreicht werden, die die Wurzeln der Bäume, ihre Mykorrhizen wie auch das Bodenleben schädigen. Bei pH-Werten unter 4,3 kommt es durch Zerfall der Tonminerale zur verstärkten Freisetzung von **Al-Ionen**, die bereits in geringen Konzentrationen die Wurzeln der Pflanzen schädigen. Die Schädigung von Wurzeln und Mykorrhizen hemmt die Wasser- und Nährstoffaufnahme.

Letztere wird durch Hemmung der zersetzenden Tätigkeit der Bodenlebewesen verstärkt. Die erhöhte H^+-Ionenkonzentration führt ferner zur Verdrängung von vor allem Ca^{2+}-, Mg^{2+}- und K^+-Ionen von den Tonmineralen des Bodens, sodass diese verstärkt ausgewaschen werden und der Boden an diesen Nährstoffen verarmt, was wiederum die Nährstoffversorgung der Pflanze, die Bodenstruktur und damit die Filterwirkung des Bodens verschlechtert (Belastung des Grundwassers!). Derartig durch den sauren Regen in ihrem Abwehrsystem geschwächte Bäume reagieren besonders empfindlich auf weitere Stressfaktoren, wie direkte Schädigung durch Schadstoffe in der Luft, Trockenheit, Schädlings- und Krankheitsbefall oder waldbauliche Fehler (**1**). Auf maximalen Holzzuwachs und Holzpreis ausgerichtete Nadelholzplantagen tun ihr Übriges dazu.

Abschließend bleibt festzuhalten, dass durch Luftverunreinigungen nicht nur Bäume, sondern auch der Mensch in seiner Gesundheit, z. B. in Form von Atemwegs- und Kreislauferkrankungen, Allergien und Krebs, gefährdet wird.

? Aufgaben

◑ 1. Erklären Sie, warum wir den Wald brauchen.
◑ 2. Beschreiben Sie den Aufbau eines natürlich gewachsenen Waldes.
◑ 3. Erklären Sie, warum die Bundesrepublik Deutschland als Land der Laubwälder hauptsächlich von Nadelholzwäldern bedeckt ist.
◑ 4. Worin unterscheidet sich die Plenterwirtschaft von der herkömmlichen Waldwirtschaft?
● 5. Worin liegen die Vorteile einer natürlichen Waldwirtschaft?
◑ 6. Welche Schadsymptome deuten auf das Baumsterben hin?
● 7. Welche Zusammenhänge bestehen zwischen der Luftverschmutzung, dem sauren Regen und dem Waldsterben?
◑ 8. Wie erklärt sich die Tatsache, dass gerade in Wäldern gegenüber dem Freiland höhere Schadstoffeinträge - teilweise bis zum 20-Fachen - erfolgen?
● 9. Warum werden durch die Kalkung von Waldböden nur die Symptome, nicht aber die Ursachen des Waldsterbens bekämpft?
◑ 10. Warum waren Nadelgehölze die ersten Bäume, die der Luftverschmutzung zum Opfer fielen?
● 11. Häufig wird in der Züchtung resistenter Baumarten gegen Luftverschmutzung eine gute Lösung zur Verhinderung des Baumsterbens gesehen. Diskutieren Sie diese Auffassung kritisch.
● 12. Welche Maßnahmen sollten Ihrer Meinung nach zur Reinhaltung der Luft ergriffen werden und was können Sie persönlich dazu beitragen?
◑ 13. Erklären Sie die Bedeutung der Wälder im Kampf gegen den Klimawandel.
◑ 14. Nennen Sie Maßnahmen zur Bekämpfung des Klimawandels mithilfe von Bäumen.

6.3 Lebensraum Moor

6.3.1 Ökologische Bedeutung

Entwässerungsmaßnahmen, landwirtschaftliche Nutzung und Torfabbau haben **Moore** zu den mit am gefährdetsten Ökosystemen Mitteleuropas gemacht. Man schätzt, dass bereits ein Drittel aller Moore auf der Erde verschwunden ist.

Moore stellen **Reste von Naturlandschaften** dar. Vor allem bei den vor vielen tausend Jahren entstandenen Hochmooren (1) handelt es sich um **einmalige Lebensräume**. Ihre lebensfeindlichen Bedingungen führten zur

1 Hochmoor

Entwicklung **hoch spezialisierter Tier- und Pflanzenarten**, von denen heute der größte Teil vom Aussterben bedroht ist. Aufgrund ihres Wasserhaltevermögens wirken Moore **ausgleichend auf den Wasserhaushalt** einer Landschaft. Auch für den Kohlenstoffkreislauf haben Moore eine wichtige Bedeutung. Da in ihnen die organische Substanz nicht mineralisiert wird, bleibt der **Kohlenstoff gebunden**. So werden jährlich Millionen Tonnen Kohlenstoff durch die Moore festgelegt. Man schätzt, dass die weltweit in den Mooren enthaltene Kohlenstoffmenge etwa der Hälfte des als Kohlendioxid in der Atmosphäre vorhandenen Kohlenstoffs entspricht.

6.3.2 Entstehung

Voraussetzung für die Entstehung eines Moores (1, S. 117), in Norddeutschland auch Bruch, Fehn, Venn, Luch, Lohe, in Süddeutschland auch Filz, Moos oder Ried genannt, ist ein Wasserüberschuss, der **anaerobe Verhältnisse** schafft, die die Zersetzung und Mineralisierung der anfallenden organischen Substanz durch Mikroorganismen weitgehend hemmen, sodass es zu einer **Vertorfung der Pflanzenreste** kommt. Von einem **Moor** spricht man, wenn die Torfschicht mindestens 30 cm dick ist und mindestens aus 30 % organischer Substanz besteht. Nach der Entstehung unterscheidet man Nieder-, Übergangs- und Hochmoore.

Niedermoore (Flachmoore)

Niedermoore liegen im Einflussbereich von Grund- und Oberflächenwasser und entstehen durch die **Verlandung flacher Gewässer**. Klimatische Erwärmungen nach den Eiszeiten und eine reichliche Nährstoffzufuhr durch aufsteigendes Grundwasser (Kapillarwasser) und/oder das Zufließen nährstoffreichen Oberflächenwassers sorgten für ein üppiges Wachstum der Ufer- und Wasservegetation. Absterbende Pflanzen, vor allem Rohrkolben, Schilf und Seggen, führten zu einem ständig wachsenden Eintrag

Jahre

11000–10000 v. Chr.
Zunehmende Erwärmung nach der letzten Eiszeit (18000 v. Chr.), mehr als 7 °C kühler als heute

10000–9000 v. Chr.
etwa 2 bis 3 °C kühler als heute

7000–2500 v. Chr.
warm und trocken bzw. mäßig feucht, etwa 2 °C wärmer als heute

2500–600 v. Chr.
warm und regenreich

600–1000 n. Chr.
feuchter und kühler als heute

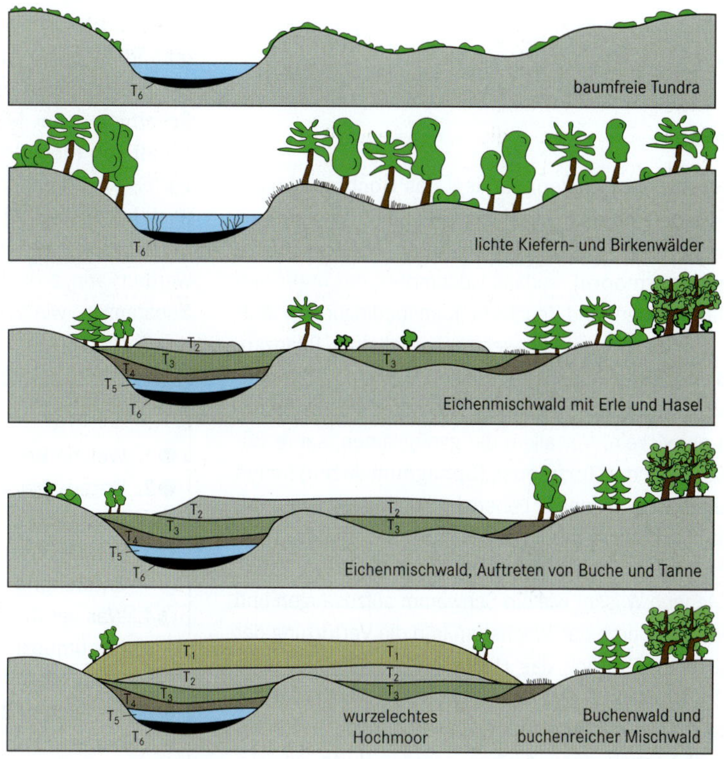

T_1 Weißtorf, T_2 Schwarztorf } Hochmoor
T_3 Bruchwaldtorf, T_4 Seggentorf } Übergangsmoor
T_5 Schilftorf, T_6 Torfmudde } Niedermoor

1 Moorbildung

Eigenschaften	Weißtorf	Schwarztorf
Zersetzungsgrad (Humositätsgrad = H) H 1 = nicht zersetzt, H 10 = völlig zersetzt	H1 bis H5 wenig bis mäßig zersetzt	H6 bis H8 mäßig bis stark zersetzt
biologische Aktivität	gering (→ hohe Strukturstabiliät)	
Hygiene	weitestgehend schadstoff- und krankheitsfrei	
pH-Wert ($CaCl_2$)	2,5 bis 3,5	2,5 bis 3,5 (bis 5,0 möglich)
Nährstoffgehalt	niedrig	
Salzgehalt	< 0,2 g KCl/l (sehr niedrig)	
Kationenaustauschkapazität	< 100 mval/l (gering)	200 bis 500 mval/l
Volumengewicht (feucht)	60 bis 140 g/l (sehr niedrig)	120 bis 250 g/l (niedrig)
Porenvolumen ■ Wasserkapazität ■ Luftkapazität	95 bis 98 Vol.-% (sehr hoch) 40 bis 82 Vol.-% 16 bis 58 Vol.-%	85 bis 93 Vol.-% (hoch) 60 bis 87 Vol.-% 6 bis 33 Vol.-%

Tab. 1 Eigenschaften von Weißtorf und Schwarztorf

organischer Substanz und einer Versumpfung. Die im sumpfigen Wasser herrschenden anaeroben Verhältnisse verhinderten die vollständige Zersetzung der abgestorbenen Pflanzen, sodass es zur Vertorfung der organischen Substanz – zur Torfbildung – kam. Niedermoore sind in der Regel **nährstoffreich** und weisen **pH-Werte von 5 bis 7,5** auf, sodass dort artenreiche Pflanzenbestände aus Wildkräutern, Gräsern und Gehölzen (Bruchwald) gedeihen.

Übergangsmoore

Als **Übergangsmoor** bezeichnet man den **Übergang vom Niedermoor zum Hochmoor**. Nach Schließung der Wasserfläche siedeln sich feuchtigkeitsliebende Gehölze wie Erlen und Weiden an, die einen sogenannten **Bruchwald** bilden. Steigt in niederschlagsreichen Jahren das Grundwasser an, bedeutet dies den Tod der Bäume. Es kommt zur Bildung von **Bruchwaldtorf**. Mit dem Herauswachsen des Moores aus dem Einflussbereich des nährstoffreichen Grundwassers siedeln sich anspruchslosere Pflanzen wie Wollgras und Moose an.

Hochmoore

Im Gegensatz zum Niedermoor liegt das **Hochmoor** nicht im Einflussbereich des Grundwassers. Seine **Wasserversorgung erfolgt ausschließlich über Niederschläge (Regenwassermoore)**, sodass Hochmoore nur unter niederschlagsreichen und feuchten Klimabedingungen entstehen können. Nur wenige, sehr anspruchslose Pflanzen, wie z. B. Wollgras, Moosbeere, Binsen, Fettkraut, Sonnentau- und Torfmoosarten, können sich unter diesen Bedingungen entwickeln. Vor allem die genügsamen, saure Böden bevorzugenden **Torfmoose (Sphagnum-Arten)** finden und schaffen sich ideale Lebensbedingungen. Statt mit Wurzeln nehmen sie mit ihrer gesamten Oberfläche Wasser und Nährstoffe auf. Außerdem sind sie in der Lage, große Mengen Wasser wie ein Schwamm aufzusaugen und zu speichern. Durch das Wachstum und die Vertorfung der Torfmoose erhöht sich das Hochmoor jährlich um etwa 1 mm, in 100 Jahren also um 10 cm. Das Wachstum der Mooroberfläche erfolgt nicht gleichmäßig, sodass sich bis 50 cm hohe Erhebungen, die sogenannten **Bulte**, und dazwischen befindliche wassergefüllte Vertiefungen, die sogenannten **Schlenken**, bilden. Im Gegensatz zu den Flach- oder Niedermooren können sich Hochmoore uhrglasförmig mehrere Meter hoch über das Niveau der Landschaft erheben (Name!).

Hochmoore sind **sehr nährstoffarm** und **sauer (pH 2,5 bis 3,5)**. Beim Schichtenaufbau der Hochmoore unterscheidet man zwischen dem älteren, stärker zersetzten **Schwarztorf** (schwarze Färbung) und dem helleren, weniger zersetzten (Pflanzenrückstände sind in ihrer Struktur noch erkennbar) **Weißtorf**, der unter kühleren und regenreicheren Klimabedingungen gebildet wurde als Schwarztorf (Tab. 1, S. 117).

Hochmoore können sich unter entsprechenden Klimabedingungen auch auf nährstoffarmen Sandböden bilden, bei denen undurchlässige Schichten ein Aufsteigen des nährstoffreichen Grundwassers und ein Versickern überschüssigen Wassers verhindern. Im Gegensatz zu den über Niedermooren gebildeten Hochmooren spricht man in solchen Fällen von **wurzelechten Hochmooren**.

6.3.3 Schutzmaßnahmen

Neben der Ausweisung der wenigen noch verbliebenen naturnahen Hochmoore als **Naturschutzgebiete** stellen auch die **Wieder-/Teilvernässung**[1] von Abbauflächen (ca. 10 %) und trockengelegter Flächen in der Landwirtschaft (ca. 90 %) sowie die **Wiederherstellung** degenerierter Hochmoorflächen wichtige Maßnahmen zur Erhaltung bzw. Schaffung neuer Moorbiotope dar. Dabei spielt auch der **Erhalt von Kleinstmooren** zur Wiederbesiedlung benachbarter Regenerationsflächen eine wichtige Rolle. Wenn auch kurzfristig im Erwerbsgartenbau noch nicht vollständig auf Torf[2] zur Herstellung von Substraten verzichtet werden kann, so sollten doch langfristig andere organische Substanzen, wie z. B. **Komposte und Rindensubstrate**, den Torf ersetzen.

? Aufgaben

- ● 1. Welche Bedeutung haben Moore für die Natur?
- ● 2. Unterscheiden Sie Nieder-, Übergangs- und Hochmoore.
- ● 3. Welche Voraussetzungen müssen für die Entstehung eines Hochmoors gegeben sein?
- ◐ 4. Was versteht man unter einem wurzelechten Hochmoor?
- ● 5. Wodurch können Moore geschützt werden?
- ● 6. In welchen Bereichen des Gartenbaus könnte heute schon auf den Einsatz von Torf verzichtet werden? Begründen Sie Ihre Meinung.

6.4 Lebensraum tropischer Regenwald

6.4.1 Ausmaß der Vernichtung

Jedes Jahr werden weitgehend unberührte tropischen Regenwälder (Primärwälder) vernichtet. Die Auswertung von Satellitendaten (Global Forest Watch) hat ergeben, dass 2021 weltweit 37.500 km² zerstört wurden. Dies entspricht einer Fläche von 7 ha pro Minute. Mit **9 Millionen km²** (Größe der USA) umfasst der tropische Regenwald nur noch die Hälfte seiner ursprünglichen Ausdehnung. Das größte zusammenhängende Regenwaldgebiet der Erde mit **5 Millionen km²** (14-mal so groß wie die Bundesrepublik Deutschland) ist das **Amazonasbecken in Südamerika**. Es bedeckt etwa 60 % der Fläche Brasiliens und ist das **artenreichste Ökosystem der Erde**. Dieser einzigartige Lebensraum ist extrem gefährdet. Innerhalb weniger Jahre droht die Vernichtung des gesamten Regenwalds.

[1] Laut Wissenschaftlern müssten in Deutschland bis 2050 1,8 Millionen Hektar entwässerter Moor- und Anmoorböden wiedervernässt werden, um die Ziele des Pariser Klimaabkommens einhalten zu können.

[2] stammt heute vor allem aus dem Baltikum, Russland und Weißrussland

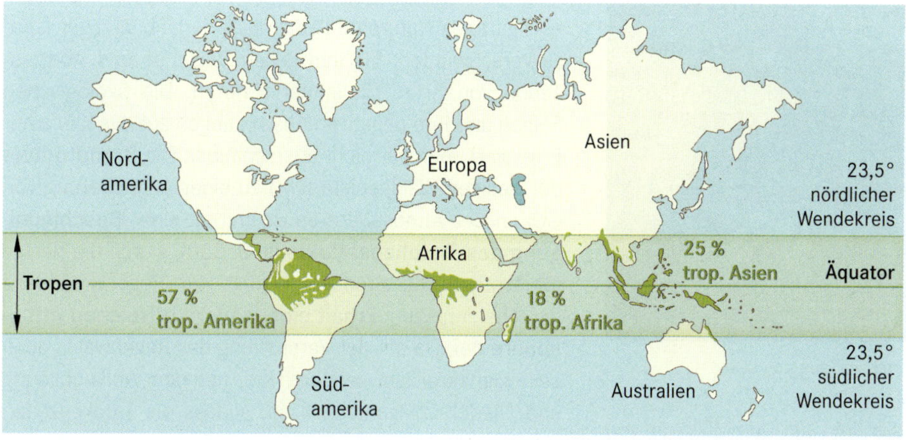

1 Tropische Regenwälder – wichtige Vegetationszonen unserer Erde

6.4.2 Klima und Artenvielfalt

Als unterbrochenes grünes Band, das sich zwischen 20° Nord und 20° Süd erstreckt, umsäumt der tropische Regenwald den Äquator (**1**). **Starke Regenfälle** (2 000 bis 3 000 mm/Jahr und mehr) und **hohe Temperaturen** (mittlere Jahrestemperatur 26 °C) das ganze Jahr über führen zu einem **feuchtheißen Klima** mit einer Luftfeuchtigkeit von 80 bis 90 % und idealen Wachstumsbedingungen. Während der regelmäßig auftretenden Regenzeit regnet es fast ununterbrochen. **Jahreszeiten existieren nicht**. Sonneneinstrahlung und Tageslänge **(Tagundnachtgleiche)** sind nahezu das ganze Jahr über konstant.

Beim tropischen Regenwald handelt es sich um ein einzigartiges Naturparadies. **Über 40 % der auf der Erde lebenden Tier- und Pflanzenarten sind hier beheimatet**. Sie bilden ein hoch kompliziertes Netz wechselseitiger Beziehungen. Nur wenige Arten sind bereits erforscht, sodass ständig neue Arten entdeckt werden. Allein in Amazonien hat man über 3 000 verschiedene Baumarten gezählt. In ganz Europa wachsen gerade 160.

6.4.3 Aufbau

Die guten Wachstumsbedingungen führen unter den Pflanzen zu einem **Kampf ums Licht**, der wiederum bewirkt hat, dass der größte Teil der Arten im mosaikartig aufgebauten **Kronendach der Urwaldriesen** 40 bis 60 m über dem Erdboden lebt. Die Lebensgemeinschaft in diesem Bereich ist noch weitgehend unerforscht. Zahlreiche Tiere werden hier geboren und sterben hier, ohne jemals den Erdboden betreten zu haben. Viele Pflanzen, wie z. B. Orchideen (über 20 000 Arten), Bromelien, Kannenpflanzen und andere Epiphyten, haben sich an ein Leben weit über dem Erdboden angepasst. Das **Laubdach** der Urwaldriesen weist eine Schichtdicke von 6 bis 7 m auf und umfasst **⅔ des Volumens des tropischen Regenwalds**. Das **Unterholz** bildet einen weiteren Kronenbereich, der jedoch bei Weitem nicht so dicht ist wie das Kronendach. Es sind kleinere Bäume, die sich dem Dämmerlicht angepasst haben, und Jungbäume, die auf eine Lücke im Kronendach warten. Die Blätter dieser Bäume sind häufig mehrere Quadratmeter groß, um die durch das Dach des Dschungels spärlich hindurchfallenden Lichtstrahlen auffangen zu können. Nachdem sie durch ein Loch im Kronendach an das Licht gelangt sind, bilden sie wieder Blätter von normaler Größe aus. Der Raum zwischen dem oberen und unteren Blätterdach ist weitgehend pflanzenleer. Da **nur 1 bis 3 % des Sonnenlichts auf den Erdboden** gelangen, fehlen dem tropischen Regenwald weitgehend eine Krautschicht und ein geschlossener Unterwuchs. Der Boden selbst ist nur von einer sehr dünnen und nährstoffarmen Humusschicht bedeckt. Hohe Temperaturen und hohe Feuchtigkeit führen zu einer schnellen Zersetzung abgestorbener organischer Substanz. Jede Schicht weist ihr eigenes Kleinklima auf. Vom Boden zu den Baumwipfeln nimmt die Luftfeuchtigkeit ab, die Temperatur, die Sonneneinstrahlung und die Windbewegung nehmen zu. Vor allem in den **Wipfelzonen** können **große Temperatur- und Luftfeuchtigkeitsschwankungen** auftreten. So haben Schwankungen der relativen Luftfeuchtigkeit zwischen 40 und 100 % bei vielen Pflanzen zur Ausbildung ledriger Blätter mit einer dicken Kutikula geführt (z. B. Ficus, Monstera, Philodendron). Die verschiedenen Stockwerke des Regenwalds weisen entsprechend ihren unterschiedlichen Lebensbedingungen jeweils ganz spezielle Lebensgemeinschaften auf.

6.4.4 Nährstoff- und Klimakreislauf

Aufgrund der extrem starken Verwitterungs- und Zersetzungsrate ist der Boden des tropischen Regenwalds an nährstoffspeichernden Humus- und Tonteilchen verarmt. Trotzdem finden wir auf diesen extrem nährstoffarmen Böden das stärkste und vielfältigste Pflanzenwachstum der

1 Der tropische Regenwald erhält sich aus sich selbst

Erde. Dies ist möglich, weil sich im Laufe von Millionen von Jahren die Lebensgemeinschaft des Regenwalds ungestört so hoch entwickeln konnte, dass sich alle **Nährstoffe in einem oberirdischen kurzgeschlossenen Kreislauf** befinden. So wird ein Großteil der abgestorbenen Pflanzenteile bereits zersetzt, bevor sie auf den Boden fallen. In diesem Humus, der sich auf den Ästen der Bäume ansammelt, wurzeln zahlreiche Epiphyten. Die häufigen Gewitter führen zu einer nicht unerheblichen Stickstoffzufuhr mit dem Regen aus der Atmosphäre. Zusätzliche Nährstoffe werden beim Durchgang des Regenwassers durch das dichte Kronendach aufgenommen, indem sie aus den auf den Blättern und Ästen zersetzten Pflanzenresten und tierischen Exkrementen herausgewaschen werden. Die Bäume bilden ein **flaches, fein verzweigtes Wurzelnetz** aus. Ihre Standfestigkeit bekommen sie durch die Ausbildung oberirdischer 4 bis 5 m hoher und breiter **Brettwurzeln**. Das dichte Wurzelgeflecht, das häufig sogar aus dem Boden herausragt, entzieht dem Wasser schnell alle Nährstoffe, sodass bereits wenige Zentimeter unter der Bodenoberfläche das Regenwasser glasklar und so rein wie destilliertes Wasser ist.

Die Fruchtbarkeit des tropischen Regenwalds liegt in der das ganze Jahr über vorherrschenden Wärme und Feuchtigkeit begründet. Ein großer Teil der Niederschläge wird bereits von den Oberflächen des dichten Kronendachs verdunstet. Das in den Boden eindringende Wasser wird größtenteils von den Wurzeln der Bäume aufgenommen und bei der Transpiration wieder an die Atmosphäre abgegeben. Es kommt zur Wolken- und Niederschlagsbildung, sodass der **Wasserkreislauf** geschlossen ist. Das vom tropischen Regenwald geschaffene feuchte Klima ist die Voraussetzung für den Wasser- und Nährstoffkreislauf und damit für seine Existenz (1).

6.4.5 Folgen der Vernichtung

Die rasante Vernichtung des tropischen Regenwalds hält ungeachtet der ökologischen Zusammenhänge an. Ein einzigartiges Naturparadies droht innerhalb weniger Jahre zu verschwinden. Mit ihm gehen Tausende und Abertausende von Arten für immer verloren. Die ökologischen Folgen und ihre negativen Auswirkungen auf das Klima der Erde sind noch gar nicht überschaubar. Die **Brandrodung** der riesigen Waldgebiete führt zu einer Anreicherung von CO_2 in der Atmosphäre und damit zu einer **Beschleunigung des Treibhauseffekts** (s. S. 350). Durch die riesige fotosynthetische Produktion trägt der Regenwald ganz entscheidend zum **Erhalt einer sauerstoffreichen Atmosphäre** bei. Da mit der Vernichtung des Regenwalds auch sein Klimakreislauf zerstört wird, nehmen Wolkenbildung und Niederschlagsmengen ab, sodass die Trockenzeiten länger und intensiver werden[1].

? Aufgaben

◐ 1. Beschreiben Sie das Klima des tropischen Regenwalds.

● 2. Erklären Sie den hohen Nährstoffgehalt des Regenwassers, das von den Bäumen abtropft, und die Tatsache, dass diese Nährstoffe, unmittelbar nachdem das Regenwasser in den Boden eingedrungen ist, verschwunden sind.

● 3. Wie ist es zu erklären, dass das fruchtbarste Ökosystem der Erde, der tropische Regenwald, auf einem Boden gedeiht, der unfruchtbarer ist als die Wüste?

● 4. Warum kann sich nach der Abholzung des Regenwaldes kein neuer Regenwald mehr bilden?

● 5. Warum ist die Erhaltung des tropischen Regenwaldes für die gesamte Menschheit von Bedeutung?

6.5 Artenschutz

6.5.1 Ausmaß und Folgen des Artenrückgangs

Zurzeit gelten in der Bundesrepublik Deutschland die **Hälfte aller höheren Tierarten** und ein **Drittel aller höheren Pflanzenarten** in ihrem Bestand als gefährdet. Ein bis zehn Prozent der Arten sollen bereits ausgestorben sein. Der rasante **Rückgang der Arten** hält auch weiterhin an, sodass nach Meinung namhafter Wissenschaftler mit einem weiteren Rückgang auf ein Drittel bis ein Zehntel der ursprünglichen Artenvielfalt innerhalb der nächsten

[1] Die Vereinten Nationen haben das Jahr 2011 zum „Jahr der Wälder" erklärt. Weltweit ging es dabei vor allem um die Erhaltung der tropischen Regenwälder.

50 Jahre zu rechnen ist. So werden zurzeit weltweit täglich schätzungsweise zwischen 50 und 100 Tier- und Pflanzenarten für immer vernichtet. Stirbt eine Art aus, sind aufgrund der bestehenden Wechselbeziehungen zwischen den Arten auch immer eine Reihe anderer Arten in ihrer Existenz bedroht. So verschwinden mit jeder Pflanzenart etwa 10 bis 30 Tierarten, vor allem Insekten, von dieser Erde. In wenigen Jahrzehnten scheint der Mensch das zu vernichten, wozu die Natur Jahrmillionen benötigt hat - die **genetische Vielfalt**.

6.5.2 Ursachen des Artenrückgangs

Die Ursachen für die ständige Zunahme der Tier- und Pflanzenarten auf der **„Roten Liste"** (in ihr sind die Arten aufgeführt, die bereits ausgestorben oder gefährdet sind) sind vor allem in der **Vernichtung natürlicher Lebensräume** zu sehen, wie z. B. durch Zersiedelung und Versiegelung der Landschaft; Trockenlegung von Feuchtwiesen, Sümpfen und Mooren; Schaffung eintöniger Kulturwüsten in der Landwirtschaft zur maschinengerechten Bearbeitung; durch flächendeckenden Einsatz von Pestiziden und anderen chemischen Stoffen der Industrie; wachsende Umweltverschmutzung und der damit verbundenen Vergiftung von Boden, Wasser und Atmosphäre; durch ungelenkten Massentourismus und damit Zerstörung auch noch der letzten Naturreservate; die Vernichtung des tropischen Regenwalds durch Abholzung, Brandrodung und Umwandlung zu Viehweiden und Monokulturen. Daneben spielt die **Entnahme von Pflanzenarten aus der Natur** eine immer größere Rolle bei der weltweiten Ausrottung der wild wachsenden Arten. So zahlen z. B. Liebhaber für eine Frauenschuhorchidee der auf den Philippinen beheimateten und stark gefährdeten Art *Paphiopedilum sanderianum* mehr als 1 500,00 €. Aber auch mit weniger teuren Pflanzen lassen sich aufgrund der Massenimporte gute Geschäfte machen. Als Mode- und Massenware werden diese Pflanzen für den raschen Verbrauch zu Schleuderpreisen verramscht.

Biodiversität

Zum **Schutze der biologischen Vielfalt** wurde 1992 in Rio de Janeiro auf der Konferenz der Vereinten Nationen für Umwelt und nachhaltige Entwicklung (UNCED) das **Übereinkommen über die biologische Vielfalt** (CBD, engl. Convention on Biological Diversity) beschlossen. Unter biologischer Vielfalt, auch als **Biodiversität** (engl. biological diversity, Kurzform biodiversity) bezeichnet, versteht man die Vielfalt des Lebens auf der Erde, von der **genetischen Vielfalt** über die **Artenvielfalt** bis hin zur **Vielfalt der Ökosysteme**.

Die **Biodiversitätskonvention**, der neben 179 Staaten auch die Europäische Union beigetreten ist, verbindet drei Ziele im Umgang mit biologischer Vielfalt:
1. Ihren **Schutz**,
2. die **nachhaltige Nutzung**[1] ihrer Bestandteile und
3. die **gerechte Aufteilung** der sich aus der Nutzung genetischer Ressourcen ergebenden Vorteile (Vorteilsausgleich). Laut CBD soll ein gerechter Vorteilsausgleich dadurch gewährleistet werden, dass all diejenigen Länder bzw. die betroffenen Gruppen vor Ort einen finanziellen Ausgleich erhalten, die einen Teil ihrer biogenetischen Ressourcen oder auch ihres traditionellen Wissens über deren Nutzung für internationale Akteure verfügbar machen.

Mit der **Unterzeichnung der Konvention** haben sich die Staaten dazu verpflichtet, die Biodiversität im eigenen Land zu erhalten und auch andere Länder (vor allem Entwicklungsländer) dabei zu unterstützen. Zur Erinnerung an die Verabschiedung der Konvention wird jedes Jahr am **22. Mai der Tag der biologischen Vielfalt** begangen.

In der **„Unionsliste" invasiver Arten** (Tab. 1) benennt die EU Tier- und Pflanzenarten, die mit ihrer Ausbreitung Lebensräume, Arten oder Ökosysteme beeinträchtigen und daher der biologischen Vielfalt schaden können. Gelistete Arten dürfen nicht eingeführt, in den Verkehr gebracht, gehalten, verwendet oder in die Umwelt freigesetzt werden.

Name	Aufnahme in Liste
Tierarten	
Chinesische Wollhandkrabbe *(Eriocheir sinensis)*	2016
Amerikanischer Ochsenfrosch *(Lithobates catesbeianus)*	2016
Waschbär *(Procyon lotor)*	2016
Nilgans *(Alopochen aegyptiaca)*	2017
Marderhund *(Nyctereutes procyonoides)*	2017
Pflanzenarten	
Gelbe Scheinkalla *(Lysichiton americanus)*	2016
Drüsiges/Indisches Springkraut *(Impatiens glandulifera)*	2017
Riesenbärklau/Herkulesstaude *(Heracleum mantegazzianum)*	2017
Götterbaum *(Ailanthus altissima)*	2019
Baumwürger *(Celastrus orbiculatus)*	2027*
* Aufnahme erfolgt nach Übergangsphase am 02.08.2027	

Tab. 1 Beispiele aus der Liste invasiver gebietsfremder Arten von EU-weiter Bedeutung („Unionsliste")

[1] **Nachhaltig** heißt, dass es langfristig nicht zu einer Abnahme der biologischen Vielfalt kommt.

6.5.3 Maßnahmen zum Artenschutz

Der problematische Rückgang der Arten hat bereits zur Gründung von **Samenbanken** geführt. In ihnen werden die Samen von Tausenden von Wild- und Kulturpflanzen tiefgefroren gelagert. Auch ganze Pflanzen werden mithilfe der **Gewebekultur in Reagenzgläsern** gehalten und so vor dem Aussterben geschützt. In **Genbanken (Genbibliotheken)** werden isolierte DNA gesammelt und aufbewahrt. Da trotz dieser weltweiten Bemühungen auf diese Weise nur ein Bruchteil der genetischen Vielfalt erhalten werden kann, ist der Gesetzgeber gefordert. In der Bundesrepublik Deutschland bildet das **Bundesnaturschutzgesetz (BNatSchG)** die Grundlage für Maßnahmen zum Schutze bedrohter Tier- und Pflanzenarten. In Ergänzung zum Bundesnaturschutzgesetz regelt die **Bundesartenschutzverordnung (BArtSchV)** den **Artenschutz**. So ist die Entnahme aus der freien Natur, der Erwerb und die Veräußerung von Pflanzen oder Pflanzenteilen der besonders geschützten wild lebenden Arten verboten.

Besonders geschützte Pflanzen:
Aconitum-Arten (Eisenhut), *Aquilegia-Arten* (Akelei), *Armeria-Arten* (Grasnelke), *Aster amellus* (Bergaster), *Betula nana* (Zwergbirke), *Buxus sempervirens* (Buchsbaum), *Calla palustris* (Sumpfkalla), *Clematis alpina* (Alpen-Waldrebe), *Daphne-Arten* (Seidelbast), *Dianthus-Arten* (Nelke), *Drossera-Arten* (Sonnentau), *Fritillaria-Arten* (Schachbrettblume), *Galanthus-Arten* (Schneeglöckchen), *Gentiana-Arten* (Enzian), *Gladiolus-Arten* (Gladiolen), *Helleborus niger* (Christrose), *Ilex aquifolium* (Stechpalme), *Leontopodium alpinum* (Edelweiß), *Leucojum vernum* (Märzenbecher), *Lilium-Arten* (Lilien), *Muscari-Arten* (Traubenhyazinthe), *Narcissus-Arten* (Narzisse), *Nuphar lutea* (Gelbe Teichrose), *Nymphaea alba* (Weiße Seerose), *Osmunda regalis* (Königsfarn), *Phyllitis scolopendrium* (Hirschzunge), *Pinguicula vulgaris* (Gewöhnliches Fettkraut), *Pulsatilla-Arten* (Küchenschelle), *Scilla-Arten* (Blaustern), *Taxus baccata* (Eibe), *Trapa natans* (Wassernuss), *Trollius europaeus* (Trollblume), *Tulipa-Arten* (Tulpe), *Sphagnum-Arten* (Torfmoos), *Cladonia-Arten* (Rentierflechte).

Auch **internationale Maßnahmen** zum Schutze gefährdeter Arten wurden getroffen, wie z. B. die Biodiversitätskonvention (s. S. 121) oder 1973 das **Washingtoner Artenschutzübereinkommen (WA)**. Das Washingtoner Artenschutzübereinkommen regelt den internationalen **Handel mit gefährdeten Tier- und Pflanzenarten**, indem es z. B. den gewerbemäßigen Handel mit diesen Arten verbietet.

6.5.4 Geschützte Pflanzen aus gärtnerischem Anbau

Viele der vom **Aussterben bedrohten Pflanzen** lassen sich relativ leicht vermehren und stellen wirtschaftlich wichtige Kulturen im Gartenbau dar, wie z. B. Alpenveilchen *(Cyclamen persicum)*, einheimische und tropische Orchideen, Bromelien, Kakteen und andere Sukkulenten. Entsprechend wird der Umgang mit solchen Pflanzen durch die Bundesartenschutzverordnung und das Washingtoner Artenschutzübereinkommen geregelt. Laut BArtSchV ist eine genaue **Buchführung über Erwerb** (Bezugsquelle und Dokumente, die zum Erwerb berechtigen), **Kultur und Verkauf** (Zeitpunkt, Name und Anschrift des Empfängers) bzw. **Verbleib gefährdeter Pflanzenarten** vorgeschrieben. Um den Handel mit aus gärtnerischem Anbau gewonnenen Pflanzen nicht unnötig zu erschweren und einen Rückgang in der gärtnerischen Produktion und der damit verbundenen Gefahr einer fortschreitenden Plünderung der Wildbestände entgegenzutreten, wurde der Großteil der durch gärtnerischen Anbau gewonnenen Pflanzen von der **Aufzeichnungs- und Begleitpapierpflicht (CITES[1]-Papiere)** befreit. Dies trifft aber nur für Gartenbaubetriebe zu, die von einer nach Landesrecht zuständigen Behörde überprüft und von der Buchführungspflicht befreit wurden. Änderungen im Anbausortiment sind den Behörden unverzüglich mitzuteilen. **Wildpflanzen** sind als solche zu deklarieren und artenschutzrechtlich zu handhaben! Über die **Rechtslage beim Umgang mit geschützten Pflanzen** informieren das Bundesnaturschutzgesetz, die Bundesartenschutzverordnung und das Washingtoner Artenschutzübereinkommen.

Durch den Anbau von besonders bedrohten Pflanzen kann der Gartenbau aktiven Artenschutz betreiben. Durch Massenproduktionen und die daraus resultierenden relativ niedrigen Preise lässt sich der Import gefährdeter Pflanzen und der damit in der Regel verbundene Raubbau an der Natur vermeiden. Daneben können die langjährigen gärtnerischen Erfahrungen beim Umgang mit gefährdeten Pflanzen dem Naturschutz zugute kommen.

6.5.5 Biotop- und Ökosystemschutz

Auch wenn durch **Erhaltungskulturen** (Anbau bedrohter Pflanzen) aktiver Artenschutz betrieben werden kann, ist wirkungsvoller Artenschutz letztendlich nur durch umfangreichen **Biotop- und Ökosystemschutz** zu erreichen. Nur in intakten Lebensräumen (Ökosystemen) können sich Arten natürlich entwickeln, weiter **an der Evolution teilnehmen** und vor dem Aussterben gerettet werden.

Nach der **Roten Liste gefährdeter Biotoptypen** sind knapp zwei Drittel der in Deutschland vorkommenden Biotope gefährdet (Tab. 1, S. 123).

[1] Übereinkommen über den internationalen Handel mit gefährdeten Arten frei lebender Tiere und Pflanzen (engl. "Convention on International Trade in Endangered Species of Wild Fauna and Flora", abgekürzt CITES).

stark gefährdet	von vollständiger Vernichtung bedroht	vollständig vernichtet
■ Calluna-Heiden ■ Wallhecken/ Knicks	■ artenreiches Grünland ■ naturnahes Hoch- und Niedermoor ■ Streuobstbestände ■ Trocken- und Halbtrockenrasen ■ natürliche und naturnahe Fließgewässer ■ Gletscher	■ Muschelbank der Europäischen Auster

Tab. 1 Beispiele gefährdeter Biotoptypen

Der Gesetzgeber unterscheidet verschiedene Arten von Schutzgebieten mit unterschiedlicher Schutzintensität:

Naturschutzgebiete

Naturschutzgebiete sind am strengsten geschützt und dienen dem **Arten- und Biotopschutz**. Alle Handlungen, die zur Zerstörung, Beschädigung oder Veränderung des Naturschutzgebiets bzw. zu einer nachhaltigen Störung führen können, sind verboten. Dies schließt jedoch nicht aus, dass Naturschutzgebiete auch genutzt werden (z. B. Jagdausübung, Fischereirecht).

1 Naturschutzgebiet

Landschaftsschutzgebiete

Landschaftsschutzgebiete sind Landschaften, die z. B. wegen ihres Erholungswerts für den Menschen, ihrer landschaftlichen Eigenart und ihrer Artenvielfalt wegen geschützt sind. Im Gegensatz zu den Naturschutzgebieten steht nicht die Landschaft selbst, sondern ihre **Funktion** (z. B. ihr Erholungswert) unter Schutz. Entsprechend genießen Landschaftsschutzgebiete weniger Schutz als Naturschutzgebiete und können, wenn auch unter bestimmten Auflagen, wirtschaftlich und sogar militärisch genutzt werden, wie z. B. große Gebiete der **Lüneburger Heide**.

2 Landschaftsschutzgebiet

Naturparks

Naturparks umfassen größere Landschaftsgebiete und dienen vor allem der Erholung und dem Fremdenverkehr, wie z. B. der Naturschutzpark Lüneburger Heide. Auch sie können wirtschaftlich genutzt werden. Größere Flächen innerhalb der Naturparks werden in der Regel als **Landschaftsschutzgebiete**, kleinere als **Naturschutzgebiete** ausgewiesen.

3 Naturpark

Nationalparks

Bei den **Nationalparks** handelt es sich um großflächige vom Menschen nicht oder nur geringfügig beeinflusste **Naturlandschaften**, die **von besonderer Eigenart und**

4 Nationalpark

häufig einmalig auf der Erde sind. Bekannte Nationalparks sind z. B. der Yellowstone National Park in den USA, der Serengeti- und der Krüger-Nationalpark in Afrika, in der Bundesrepublik Deutschland z. B. Bayerischer Wald, Berchtesgaden, Schleswig-Holsteinisches Wattenmeer, Niedersächsisches Wattenmeer und Hamburger Wattenmeer. Die drei **Wattenmeer-Nationalparks** bilden zusammen die größte zusammenhängende Wattenlandschaft der Erde.

Naturdenkmäler

Naturdenkmäler sind besonders **schützenswerte Einzelschöpfungen**, wie z. B. Bäume, Felsen (z. B. die „Lange Anna" von der Insel Helgoland), Quellen, alte Alleen u. a.

1 Naturdenkmal Sumpfzypresse *(Taxodium distichum)*

Geschützte Landschaftsbestandteile

Es handelt sich hierbei um **naturnahe** und deshalb geschützte **Landschaftsbestandteile**, wie z. B. **Hecken** zur Gliederung und zum Schutz der Landschaft.

6.5.6 Private Organisationen

Besonders engagierte private Organisationen im Umweltschutz sind z. B. der WWF (World Wildlife Fund), der Bundesverband Bürgerinitiative Umweltschutz e. V. (BBU), der Bund für Umwelt und Naturschutz Deutschland e. V. (BUND), Naturschutzbund Deutschland e. V., Greenpeace Deutschland e. V., Stiftung Rheinische Kulturlandschaft und ROBIN WOOD e. V.

Aufgaben

- ● 1. Erklären Sie Ursachen und Folgen des Artenrückgangs.
- ● 2. Begründen Sie die Schutzwürdigkeit gefährdeter Pflanzen- und Tierarten.
- ◑ 3. Durch welche Gesetze wird der Schutz gefährdeter Tier- und Pflanzenarten geregelt?
- ◑ 4. Was gibt die „Rote Liste" an?
- ● 5. Warum ist Artenschutz in erster Linie Biotop- und Ökosystemschutz?
- ◑ 6. Unterscheiden Sie Naturschutzgebiete, Landschaftsschutzgebiete, Naturparks, Nationalparks und Naturdenkmäler.
- ◑ 7. Was versteht man unter Biodiversität?
- ◑ 8. Welche Ziele verfolgt die Biodiversitätskonvention?
- ● 9. Leben braucht Vielfalt. Erklären Sie diese Aussage.
- ● 10. Erklären Sie, wie jeder Einzelne aktiven Artenschutz betreiben kann. Diskutieren Sie dabei die mögliche Rolle des Gartenbaus.

II Bodenkunde

1 Bodenbildung

1.1 Gesteine

Bodenbildung

> **! Merke**
>
> **Boden** (Pedosphäre **1**) ist die mit Wasser, Luft und Lebewesen durchsetzte Verwitterungsschicht der festen Erdkruste, die Pflanzen als Standort, Wasser- und Nährstoffquelle dient und die Existenz aller Lebensformen direkt oder indirekt ermöglicht.

Vor schätzungsweise 4,6 Milliarden Jahren ist die Erde entstanden. Ihr Aufbau (**1**, S. 126) ist schalenförmig und wird in die drei Bereiche Kruste, Mantel und Kern unterteilt. Vergleicht man die Erde mit einem Hühnerei, ist die **Erdkruste** in ihrer Dicke mit der Eischale vergleichbar. Sie bildet zusammen mit dem festen Teil des oberen Erdmantels die Gesteinshülle der Erde, die **Lithosphäre**. Die Lithosphäre besteht aus sieben großen und zahlreichen kleinen Platten, die auf dem zähflüssigen unteren Teil des oberen Erdmantels, der „Fließzone“ oder **Asthenosphäre**, schwimmen. Die Plattenbewegungen (Plattentektonik) sind Auslöser von Erdbeben und Vulkantätigkeiten.

Die Gesteinshülle der Erde besteht aus verschiedenen Gesteinen. **Gesteine sind das Ausgangsmaterial für die Bodenbildung.**

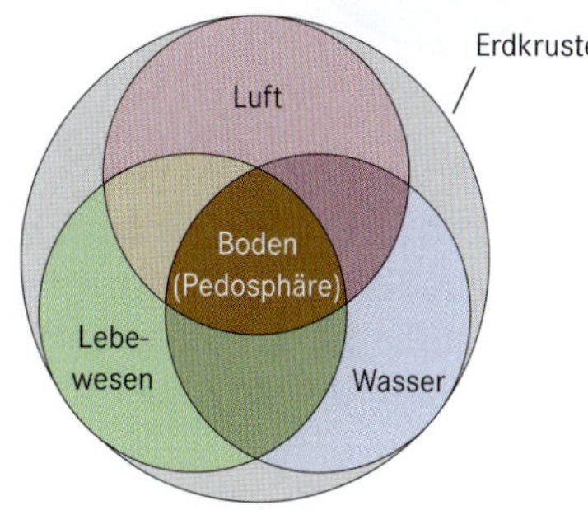

1 Boden

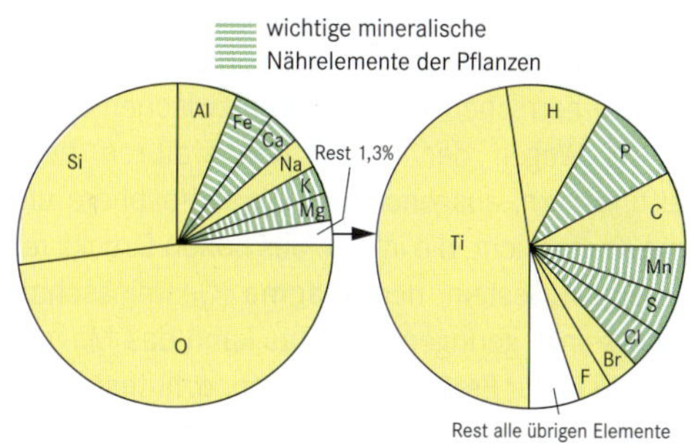

2 Elemente der Erdkruste (Gew.-%)

Sie bestehen aus **Mineralien** – feste, anorganische und chemisch einheitlich zusammengesetzte Substanzen der Erdkruste und des Erdmantels, deren Aufbau meist kristallin ist (Kristallgitterbildung). Die Elemente (**2**) in den Kristallgittern sind

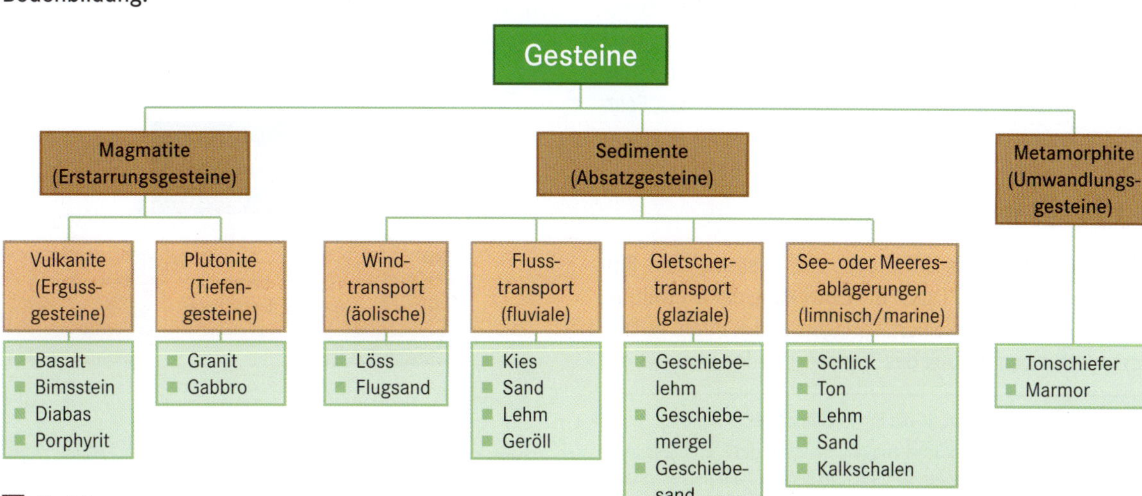

3 Gesteine

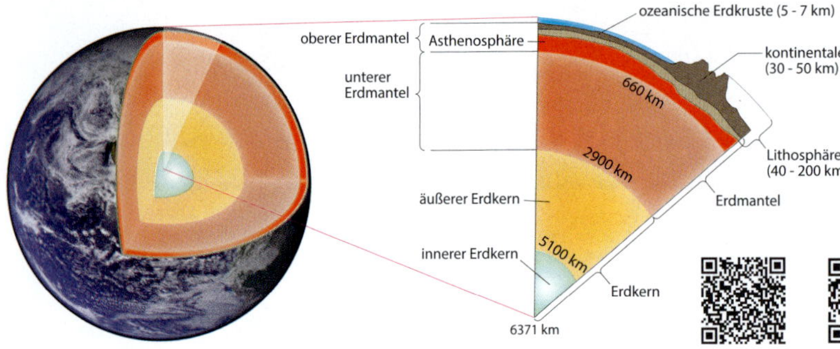

Aufbau der Erde Lithosphäre

1 Aufbau der Erde

nach bestimmten Gesetzmäßigkeiten angeordnet und liegen als Moleküle, Atome oder Ionen vor. Nach der Art ihrer Entstehung werden **Gesteine** (**3**, S. 125) als Magmatite, Metamorphite oder Sedimentgesteine bezeichnet.

1.1.1 Magmatite (Erstarrungsgesteine)

Der Durchmesser der Erde beträgt ungefähr 12 742 km[1]. Je näher man dem Erdmittelpunkt kommt, desto wärmer wird es. Im Kern herrschen Temperaturen zwischen 4 000 und 6 000 °C.[2] Wegen der hohen Temperaturen bestehen Mantel und Kern, ausgenommen die Lithosphäre und die innerste Kernschicht, die infolge des hohen Drucks fest ist, aus flüssigem Gestein, dem **Magma** (Gesteinsschmelze). Aufgrund seines geringen Gewichts kann das Magma aufsteigen und in der Erdkruste erstarren, d. h. festes Gestein bilden. Bei Vulkanausbrüchen gelangt flüssiges Magma als **Lava** an die Erdoberfläche und erstarrt dort. Aus Magma entstandene Gesteine werden als **Magmatite (Erstarrungsgesteine)** bezeichnet. Nach dem Ort der Erstarrung unterscheidet man dabei zwischen **Ergussgesteinen**, die vulkanischen Ursprungs sind **(Vulkanite)**, und **Tiefengesteinen**, die in der Tiefe, d. h. in der Erdkruste erstarrt sind **(Plutonite)**. Bekannte Magmatite sind z. B. Basalt, Bimsstein, Diabas und Porphyrit (Ergussgesteine) sowie Granit und Gabbro (Tiefengesteine). Die Erdkruste unter den Meeren besteht hauptsächlich aus Basalt, die des Festlands vorwiegend aus Granit.

1.1.2 Sedimente (Absatzgesteine)

An der Erdoberfläche unterliegen die Gesteine dem **Einfluss der Witterung**. Durch die Einwirkung der Umweltfaktoren werden sie zerkleinert, verlagert und in ihrem Aufbau verändert. Nach der Art des Transports oder dem Ort der Ablagerung unterscheidet man **äolische** (Windtransport; z. B. Löss, Flugsand), **fluviale** (Flusstransport; z. B. Kies, Sand, Lehm, Geröll), **glaziale** (Gletschertransport; z. B. Geschiebelehm, Geschiebemergel, Geschiebesand), **limnische** oder **marine Sedimente** (See- oder Meeresablagerungen; z. B. Schlick, Ton, Lehm, Sand, Kalkschalen). Häufig unterliegen die nach dem Transport locker geschichteten **Ablagerungen (Sedimente)** einer Verfestigung durch Druck oder chemische Umsetzungen zu massivem Gestein. So kann z. B. durch Druck aus Sand Sandstein, aus Kalkschalen Muschelkalkstein, aus Ton Schieferton oder aus abgestorbener organischer Substanz Kohle (Anreicherung kohlenstoffreicher Pflanzenreste) entstehen. Die aus Verwitterung, Transport und Ablagerung der festen Erdoberfläche entstandenen Gesteine bezeichnet man als **Sediment- oder Absatzgesteine.** Da etwa 75 % der Gesteine der Erdoberfläche Sedimentgesteine sind, haben sie für die Bodenbildung eine besonders große Bedeutung.

1.1.3 Metamorphite (Umwandlungsgesteine)

Geraten Gesteine in tieferen Erdschichten unter größeren Druck und höhere Temperaturen, sind ihre Minerale nicht mehr stabil. Ihr Aufbau verändert sich, sodass es zu Mineral- und damit Gesteinsneubildungen kommt. Man spricht in diesen Fällen von **Gesteinsmetamorphose**. Die entstehenden Gesteine werden als **metamorphe Gesteine oder Metamorphite** bezeichnet. Bekannte Metamorphite sind z. B. der aus Ton entstandene Tonschiefer und der aus Kalkstein entstandene Marmor.

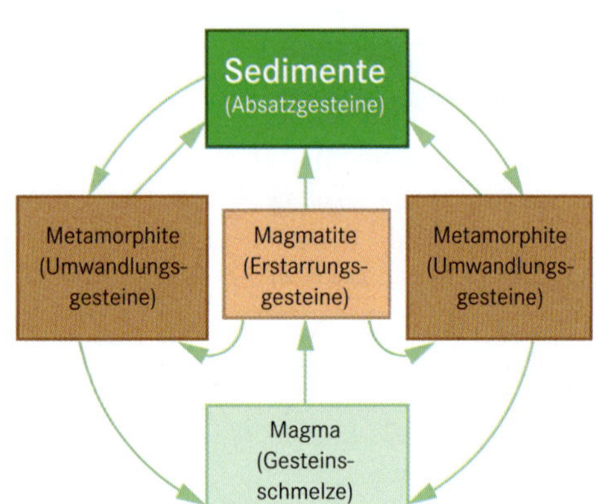

2 Gesteinskreislauf

---

[1] Die Zahl kann variieren, da die Erde keine perfekte Kugel ist.

[2] Die Temperaturen sind Schätzungen, da keine direkten Messungen vorgenommen werden können. Sie beruhen auf seismischen Daten, Laborversuchen und geophysikalischen Untersuchungen.

Zwischen Magmatiten, Sedimentgesteinen und Metamorphiten besteht ein **Kreislauf** (2, S. 126), d. h., sie können ineinander übergehen. Durch die Einwirkung von Umwelteinflüssen entstehen aus oberflächennahen Magmatiten und Metamorphiten Sedimentgesteine. Gelangen Sedimentgesteine und Magmatite durch Überlagerungen in tiefere Erdschichten, entstehen infolge des steigenden Drucks und der höheren Temperaturen Metamorphite. Bei zunehmender Tiefenlage schmilzt das Gestein und bildet das Magma, das wiederum aufsteigen kann.

1.1.4 Gesteine als Baumaterialien

Vor allem im Garten- und Landschaftsbau haben **Natursteine** als Baumaterialien eine große Bedeutung. Die in Steinbrüchen abgebauten Natursteine werden zur Pflasterung von Wegen, Plätzen und Terrassen sowie zum Bau von Natursteinmauern und Treppen verwendet.

Nach der Bearbeitbarkeit unterscheidet man **Hartgesteine**, die schwer zu bearbeiten sind, und **Weichgesteine**, die leicht zu bearbeiten sind (Tab. 1).

Hartgestein		Weichgestein
Basalt	Porphyr	Grauwacke
Gneis	Quarzit	Sandstein
Granit		Kalkstein

Tab. 1 Unterscheidung der Gesteine

Hartgesteine werden aufgrund ihrer hohen Witterungsbeständigkeit und ihres geringen Verschleißes vor allem als Pflastersteine verwendet. **Weichgesteine** sind wegen ihrer leichten Bearbeitbarkeit gut zum Bau von Natursteinmauern geeignet.

! Achtung

Bei der Verwendung von Weichgesteinen zur Pflasterung sollte auf ihre Witterungsbeständigkeit geachtet werden. Gegebenenfalls ist vom Verkäufer ein Nachweis zu fordern.

? Aufgaben

◑ 1. Was ist Boden?

◑ 2. Beschreiben Sie den schalenförmigen Aufbau der Erde.

◑ 3. Unterscheiden Sie Magmatite, Sedimentgesteine und Metamorphite.

○ 4. Nach der Bearbeitbarkeit wird Naturgestein in zwei Gruppen unterteilt. Welche sind diese?

○ 5. Nennen Sie gebräuchliche Hartgesteine für Natursteinpflaster.

? Aufgaben (Fortsetzung)

◑ 6. Warum sind Weichgesteine für den Bau von Natursteinmauern geeignet?

◑ 7. Worauf ist bei der Verwendung von Weichgesteinen als Pflastersteine zu achten?

◑ 8. Legen Sie eine Steinsammlung mit Natursteinen aus Ihrem Ausbildungsbetrieb an. Erstellen Sie zu jedem Stein eine Karte mit wichtigen Hinweisen.

Beispiel:

Name: Basalt
Bearbeitbarkeit: Hartgestein
Verwendung: Wegebelag
Farbe: blauschwarz

1.2 Verwitterung

Als **Verwitterung** (1, S. 128) bezeichnet man die Veränderung der Gesteine und Minerale durch physikalische, chemische und biologische Vorgänge. Sie bewirkt ein Zerfallen des Ausgangsgesteins in einzelne Steine, Sand, Schluff und Ton.

1.2.1 Physikalische Verwitterung

Unter der **physikalischen Verwitterung** versteht man die **mechanische Zerkleinerung des Gesteins**. Dabei kommt wechselnden Temperaturen und Frosteinwirkungen eine besondere Bedeutung zu.

Temperaturschwankungen

Da sich Stoffe bei Erwärmung ausdehnen und bei Abkühlung zusammenziehen, führen **Temperaturschwankungen** über die Erwärmung oder Abkühlung der Gesteinsoberflächen zu unterschiedlichen Ausdehnungen der äußeren und inneren Gesteinsschichten. Dadurch entstehen **Spannungen**, die über Risse und Spalten zum Zerfall des Gesteins führen. Die Auswirkungen sind umso stärker, je größer die Temperaturschwankungen sind und umso schneller diese aufeinanderfolgen.

Frostsprengung

Anders als andere Stoffe hat Wasser seine größte Dichte bei +4 °C, sodass es sich beim **Gefrieren** ausdehnt. Dabei

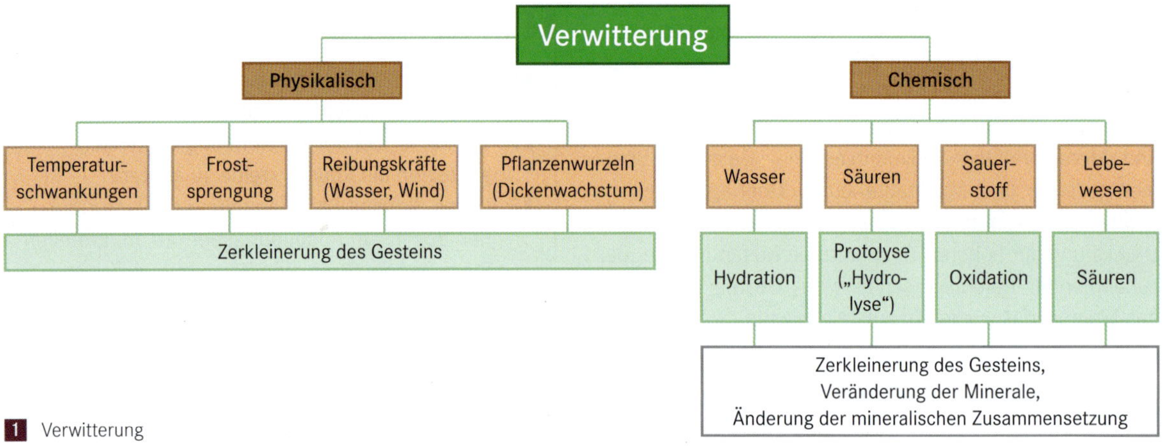

1 Verwitterung

vergrößert es sein Volumen um etwa 10%. Wasser, das in die feinen Risse und Spalten der Gesteine gelangt, entfaltet somit beim Gefrieren eine starke **Sprengkraft**, die zum Zerfall des Gesteins führen kann.

Pflanzenwurzeln

In Risse und Spalten von Gesteinen eindringende Pflanzenwurzeln können durch ihr **Dickenwachstum** ebenfalls zu einer Zerkleinerung des Gesteins beitragen.

Reibungskräfte

Die **Reibungskraft des Wassers** führt dazu, dass sich Flüsse oder Wasserfälle mit der Zeit in das Gestein „hineinfressen“. Ein bekanntes Beispiel dafür ist der 347 km lange, 6 bis 29 km breite und bis zu 1 800 m tiefe Grand Canyon in Arizona (USA), der durch den Colorado in die mächtigen Sand- und Kalksteinschichten eingeschnitten wurde. Beim Transport von Gesteinsmaterial im Wasser bewirken die auftretenden Reibungskräfte eine Abrundung und weitere Zerkleinerung des Materials. Mit dem **Wind** verfrachtete Gesteinsmaterialien führen zum Abschliff und damit zur Zerkleinerung anderer Gesteine. Je kleiner die Korngrößen der Gesteinsreste sind, desto weiter können sie mit Wasser oder Wind transportiert werden.

1.2.2 Chemische Verwitterung

Die physikalische Verwitterung schafft durch die Zerkleinerung des Gesteins Gemische aus verschiedenen Korngrößen. Die mit der Zerkleinerung verbundene Oberflächenvergrößerung bietet gute Angriffsmöglichkeiten und damit günstige Voraussetzungen für die **chemische Verwitterung**. Neben einer Zerkleinerung des Gesteins bewirkt die chemische Verwitterung über die Veränderung der Minerale eine Änderung der mineralischen Zusammensetzung. Dabei kommt es zur **Freisetzung von Elementen** (z. B. Nährelementen) und der **Bildung neuer Minerale**, wie z. B. der Tonminerale.

Wasser

Die Lösung von Mineralen durch Wasser, die sogenannte **Hydration**, hat vor allem bei **wasserlöslichen Salzen** eine Bedeutung. Sie beruht darauf, dass sich die als Ionen vorliegenden Elemente der Salze mit einer Wasserhülle umgeben (Hydration) und dadurch aus dem Kristallgitter der Minerale herausgelöst werden - das Salz geht in Lösung.

Wasser ist auch in der Lage, chemische Verbindungen zu spalten. Dieser Vorgang wird als **Protolyse** („Hydrolyse“) bezeichnet. Die Protolyse spielt bei der Lösung von Salzen eine wichtige Rolle. Sie gründet sich darauf, dass Wassermoleküle (H_2O) zum Teil in H^+- und OH^--Ionen zerfallen. Die H^+-Ionen (Protonen) werden auf das Salz übertragen und führen zu dessen Lösung.

Säuren

Säuren sind Verbindungen, die in wässrigen Lösungen H^+-Ionen (Protonen) abgeben. Da sie wesentlich mehr H^+-Ionen freisetzen als die Wassermoleküle, werden Minerale durch die Einwirkung von Säuren (von H^+-Ionen), z. B. durch die Säureausscheidungen der Wurzeln, wesentlich schneller aufgelöst als durch die Einwirkung von Wasser.

Sauerstoff

Sauerstoff reagiert mit vielen Elementen, sodass es zu einer **Oxidation** (Sauerstoffaufnahme) kommt. Die Anlagerung von Sauerstoffionen (O^{2-}) führt zu einer Volumenvergrößerung der Minerale. Dadurch werden die Bausteine der Minerale nicht mehr so fest gebunden, sodass sie sich leichter aus dem Kristallgitter der Minerale herauslösen können.

1. Temperaturschwankungen aufgrund unterschiedlicher Erwärmung und Abkühlung führen zur Riss- und Spaltenbildung im Gestein.

2. Unter dem Einfluss von Wasser und Frost kommt es zur Frostsprengung. Erste Pionierpflanzen, wie Algen, Flechten und Moose, siedeln sich an.

3. Auf der sich bildenden Humusschicht entwickeln sich höhere Pflanzen. Indem sie mit ihren Wurzeln in die Risse und Spalten des Gesteins eindringen, beschleunigen sie die Verwitterung.

4. Unter dem Einfluss von Witterung, Pflanzen und der zersetzenden und mischenden Tätigkeit der Bodenlebewesen wird die Erdschicht immer dicker, sodass auch größere Pflanzen Fuß fassen können.

5. Aus dem ursprünglichen Fels ist Boden entstanden, der auch großen Bäumen Halt bietet und pflanzenbaulich genutzt werden kann.

1 Bodenbildung – vom Fels zur Erde

Lebewesen

Auch **Mikroorganismen** und **Pflanzen** wirken bei der chemischen Verwitterung mit. So geben sie bei der **Atmung** Kohlendioxid (CO_2) ab, das zusammen mit dem Wasser (H_2O) Kohlensäure (H_2CO_3) bildet. Bei der Aufnahme von Kationen (positiv geladene Ionen, z. B. K^+) geben die Pflanzenwurzeln im Austausch H^+-Ionen an den Boden ab.

! Merke

Bei der Bodenbildung kommt den sogenannten Pionierpflanzen, wie Algen, Moosen und Flechten, eine besondere Bedeutung zu. Als **Erstbesiedler** bilden sie die ersten dünnen Humusschichten, die weiteren Pflanzen eine Besiedlung ermöglichen. Je nach Intensität der Verwitterung kann die Mächtigkeit der Verwitterungsschicht von wenigen Zentimetern bis zu mehreren Metern betragen (**1**).

? Aufgaben

◑ 1. Wie erklärt sich die Ansammlung von Gesteinsschutt am Fuße von Gebirgswänden?

◑ 2. Wodurch wird vor allem a) die physikalische und b) die chemische Verwitterung bewirkt?

◑ 3. Beschreiben Sie, wie aus Gestein Boden werden kann (**1**).

◑ 4. Warum hängt letztendlich das gesamte Leben von der dünnen Bodenschicht ab?

2 Bodenbestandteile

Die feste Bodensubstanz setzt sich aus **mineralischen (anorganischen)** und **organischen Stoffen** zusammen. Mineralische Stoffe stammen von toter Materie (Gestein), organische von lebender Materie (Organismen).

2.1 Mineralische Bestandteile

Bodenarten

2.1.1 Korngrößen

Durch die **Verwitterung des Ausgangsgesteins** entsteht ein Gemisch unterschiedlicher Korngrößen. Alle Bodenteilchen mit einer **Korngröße größer als 2 mm** bilden den **Grobboden** oder das **Bodenskelett**. Dabei unterscheidet man nach ihrer Form zwischen **Kiesen** (abgerundet) und **Steinen** (eckig/kantig). Die Teilchen mit einer Korngröße kleiner als 2 mm bilden den **Feinboden**. Nach ihrer **Korngröße** spricht man von **Sand** (< 2 mm), **Schluff** (< 0,063 mm) oder **Ton** (< 0,002 mm), (**1**).

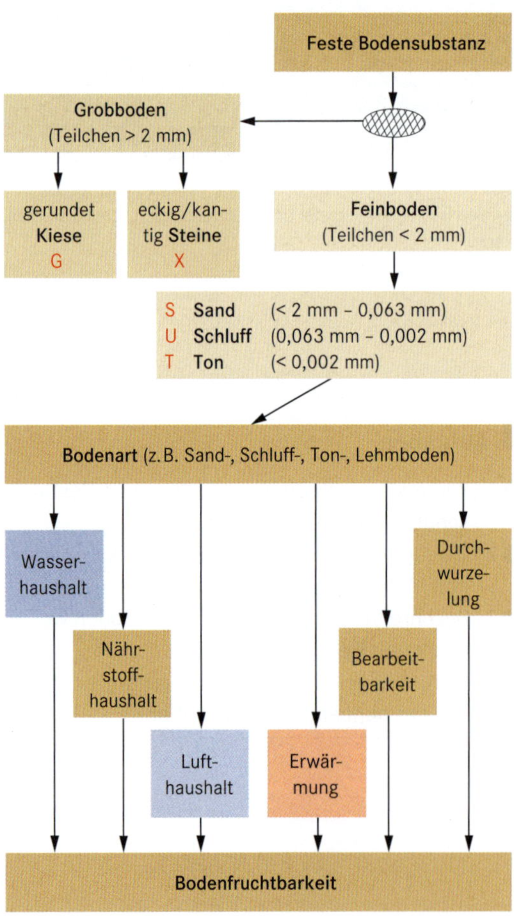

1 Die Kornfraktionen des Feinbodens bestimmen die Bodenart und beeinflussen die Bodenfruchtbarkeit

2.1.2 Bodenarten

> **! Merke**
>
> Die **Korngrößenzusammensetzung des Feinbodens** bestimmt den Wasser-, Nährstoff-, Luft- und Wärmehaushalt des Bodens und damit seine Fruchtbarkeit.

Zur Kennzeichnung der Eigenschaften eines Bodens benennt man die Bodenart nach dem Anteil der Kornfraktionen Sand, Schluff und Ton am Feinboden. Herrscht eine dieser drei Kornfraktionen vor, bezeichnet man den Boden als **Sand-, Schluff- oder Tonboden**. Enthält der Boden etwa gleiche Anteile dieser drei Kornfraktionen, spricht man von einem **Lehmboden**. Eine weitere Unterteilung wird durch die Hinzufügung der Bezeichnung sandig, schluffig oder tonig möglich. So wird z. B. ein Sandboden, der relativ viel Ton enthält, als toniger Sand (tS) oder ein Tonboden, der relativ viel Sand enthält, als sandiger Ton (sT) bezeichnet (**2**).

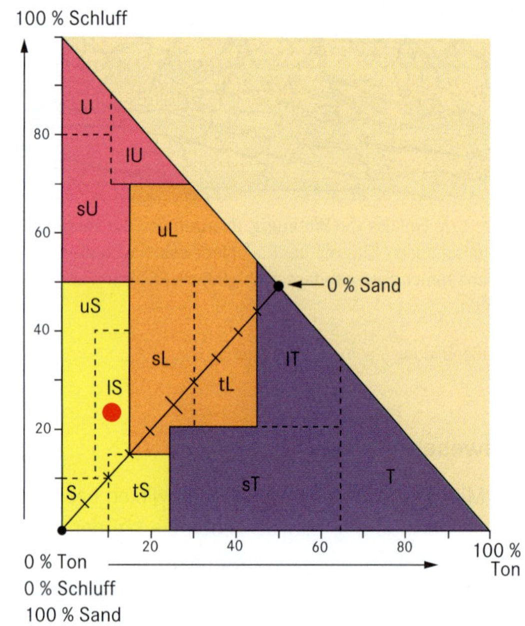

● **Beispiel:** Der Punkt entspricht einem Gehalt des Bodens an der Fraktion Ton = 10 %, Schluff = 25 % und Sand = 65 % → lS = lehmiger Sand

2 Dreiecksdiagramm (nach Ämter für Bodenforschung) zur Bestimmung der Bodenart

2.1.3 Bodeneigenschaften

Sandboden	Tonboden
■ gute Wasserführung	■ schlechte Wasserführung (Gefahr der Staunässe)
■ gute Durchlüftung	■ schlechte Durchlüftung (Gefahr von Sauerstoffmangel)
■ schnelle Erwärmung und schnelle Abkühlung	■ langsame Erwärmung und langsame Abkühlung
■ geringes Wasser- und Nährstoffhaltevermögen (→ leichte Nährstoffauswaschung, schnelle Austrocknung)	■ hohes Wasser- und Nährstoffhaltevermögen
■ geringer Nährstoffgehalt	■ hoher Nährstoffgehalt
■ schlechte Pufferung (→ Düngefehler und pH-Veränderungen werden schlecht aufgefangen)	■ gute Pufferung (→ Düngefehler und pH-Veränderungen werden gut aufgefangen)
■ gute Durchwurzelbarkeit	■ schlechte Durchwurzelbarkeit
■ leichte Bearbeitbarkeit („leichte Böden“[1])	■ schwere Bearbeitbarkeit („schwere Böden“[1])
Lehmboden	
nimmt eine Mittelstellung zwischen Sand- und Tonboden ein.	

[1] leichte Böden S
mittlere Böden lS, sL, uL, uS, tS, sU, U, lU
schwere Böden tL, lT, sT, T

Tab. 1 Bodeneigenschaften

Entsprechend ihrer unterschiedlichen Korngrößenzusammensetzung haben die verschiedenen Bodenarten unterschiedliche Eigenschaften, die sich vor- oder nachteilig auf die Bodenfruchtbarkeit und damit auf das Pflanzenwachstum auswirken können (Tab. 1).

Einkorngemische, d. h. reine Sand-, Schluff- und Tonböden, sind sehr selten. In der Regel handelt es sich um **Korngemische**. Dabei ist eine ausgeglichene Körnung günstiger für die Bodenfruchtbarkeit als eine einseitige Körnung. So vereinigen **Lehmböden** die positiven Eigenschaften von Sand- und Tonböden (Tab. 1). Ähnliches gilt für Schluffböden, sodass Lehm- und Schluffböden die ertragreichsten Böden sind.

? Aufgaben

○ 1. Unterscheiden Sie Grob- und Feinboden.

○ 2. Wonach erfolgt die Bezeichnung der Bodenart?

○ 3. Was versteht man unter leichten und schweren Böden?

◑ 4. Erklären Sie den Einfluss der Körnung auf die Bodenfruchtbarkeit.

◑ 5. Worin unterscheiden sich Sand- und Tonböden?

● 6. Welches sind die wesentlichen Ursachen für die geringere Ertragsfähigkeit von Sand- und Tonböden gegenüber Lehmböden?

◑ 7. Ordnen Sie die nachfolgenden Maßnahmen zur Bodenverbesserung der richtigen Bodenart (Sand- oder Tonboden) zu: a) häufige Zuführung organischer Substanzen zur Verbesserung des Nährstoff- und Wasserhaushalts, b) Einarbeitung organischer Substanzen zur Verbesserung des Lufthaushalts, c) geringere und dafür häufigere Düngergaben, d) häufige Bewässerung.

◑ 8. Ermitteln Sie für folgende Korngemische mithilfe des Dreieckdiagramms (2, S. 130) die Bodenart: a) 40 % S, 10 % U, 50 % T; b) 70 % S, 20 % U, 10 % T; c) 45 % S, 35 % U, 20 % T; d) 15 % S, 30 % U, 55 % T.

● 9. Die folgende Abbildung zeigt bekannte Natursteine, die im Wegebau Verwendung finden. Um welche Steine handelt es sich?

Exkurs: Bestimmung der Bodenart

Fingerprobe

Die **Fingerprobe** bietet eine einfache Möglichkeit zur schnellen **Bestimmung der Bodenart**. Dabei wird angefeuchteter Boden zwischen den Fingern zerrieben, geknetet und zwischen den Handflächen gerollt. Dadurch können die **Korngrößen Sand, Schluff und Ton** erkannt und damit die Bodenart bestimmt werden.

Material:

- Verschiedene Bodenproben mit bekannter Körnung (Musterproben erhältlich bei Bodenuntersuchungsanstalten): Sand, Schluff, Ton, lehmiger Sand, stark sandiger Lehm, sandiger Lehm, Lehm
- Bodenproben mit unbekannter Körnung zur Bestimmung
- Spritzflasche mit Wasser
- Lappen zum Reinigen der Hände

Merke

Je höher der Anteil an gut fühlbaren Teilchen, desto sandiger oder „leichter" ist der Boden. Je bindiger (zusammenhaltend) und je schmutziger die Hände werden, desto tonhaltiger oder „schwerer" ist der Boden.

Übung 1: Unterscheidung der Kornfraktionen Sand, Schluff und Ton

Sand (S)	Schluff (U)	Ton (T)
Körnung gut sichtbar und fühlbar	Körnung nicht oder wenig sicht- und fühlbar (samtartig-mehlig)	Körnung nicht sicht- und fühlbar
haftet nicht an den Händen	haftet deutlich in den Handlinien	bindig (klebrig)
nicht formbar	wenig formbar (zerbröckelt)	gut form- und ausrollbar
nicht bindig	raue Gleitfläche	glatte und glänzende Gleitfläche

Tab. 1 Kennzeichen der Kornfraktionen

Vorgehensweise

1. Nehmen Sie von der Sandprobe eine walnussgroße Probe.
2. Die Probe muss leicht feucht sein. Feuchten Sie bei Bedarf die Probe mit wenig Wasser an. Zu nasse Probe trocknen lassen.
3. Überprüfen Sie die in der Tabelle für die Bodenart Sand aufgeführten Kennzeichen durch Reiben und Drücken zwischen Daumen und Zeigefinger, Kneten und Rollen zwischen den Handflächen.
4. Verfahren Sie mit Schluff und Ton genauso.
5. Stimmen Ihre Ergebnisse mit denen in der Tabelle 1 überein?

Übung 2: Bestimmung der Bodenart

Einkorngemische, d.h. reine Sandböden, Schluffböden und Tonböden, sind sehr selten. In der Regel handelt es sich um **Gemische mit unterschiedlichen Anteilen an Sand, Schluff und Ton**.

Vorgehensweise

1. Nehmen Sie von der zu bestimmenden Bodenart eine Probe.
2. Die Probe muss leicht feucht (kulturfeucht) sein. Bei Bedarf mit wenig Wasser anfeuchten. Zu nasse Probe trocknen lassen.
3. Bestimmen Sie die Bodenart mithilfe des Bestimmungsschlüssels (1, S. 133).
4. Notieren Sie Ihr Ergebnis.
5. Überprüfen Sie Ihr Ergebnis durch Vergleich mit der entsprechenden Musterprobe.
6. Stimmt Ihre untersuchte Probe mit der Musterprobe überein? Wenn nicht, überlegen Sie, woran es liegen könnte.

Hinweis

Bindige Böden dürfen nicht bearbeitet werden, wenn ihr Wassergehalt zu hoch ist, weil sonst ihre Struktur zerstört wird.
Eine einfache Methode, mit der die Bodenfeuchtigkeit überprüft werden kann, ist die **Rollprobe**. Dabei wird versucht, eine Bodenprobe zügig zwischen den Handflächen zu einer **bleistiftdicken Wurst** zu rollen. Gelingt dies, ist der Boden zu nass. Dann sollte mit der Bearbeitung noch gewartet werden.

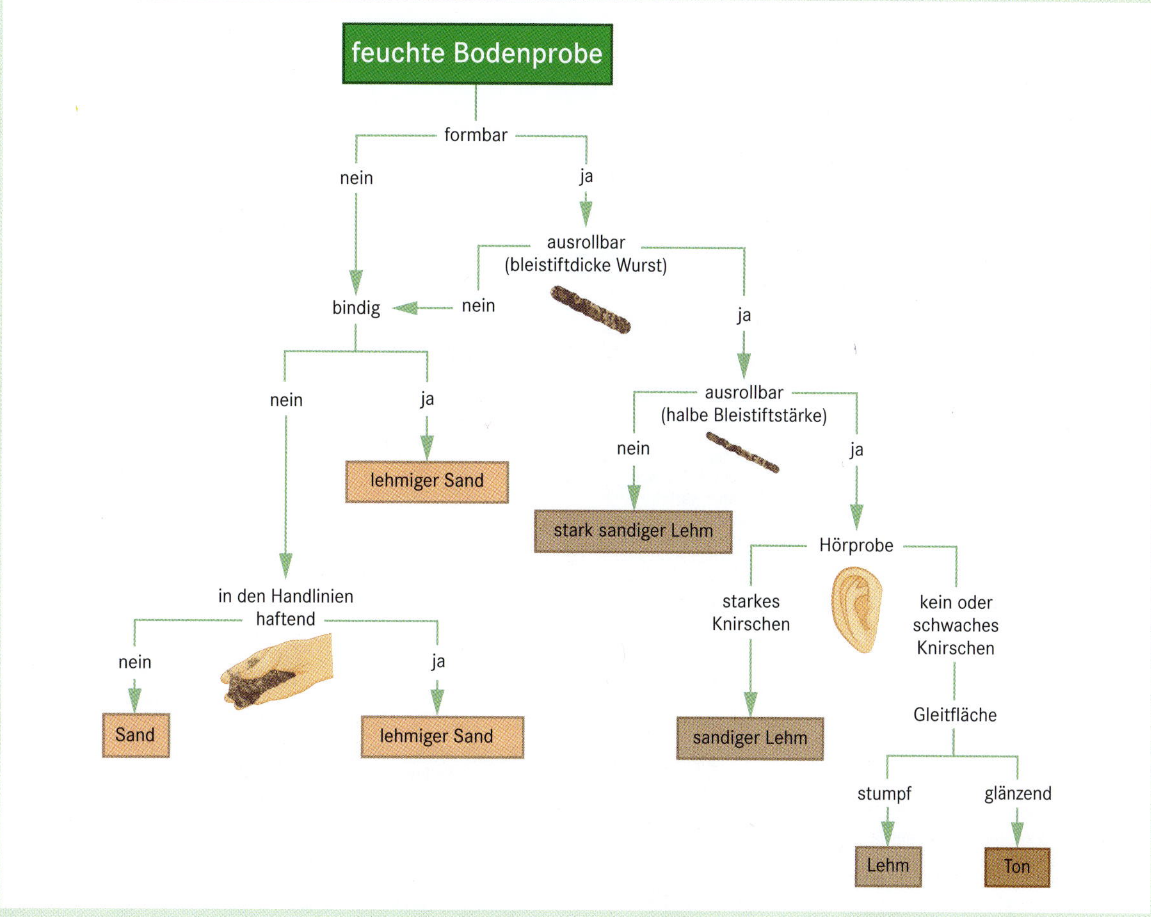

1 Bestimmung der Bodenart mittels Fingerprobe

Sieb- und Schlämmanalyse

Mithilfe der **Siebanalyse** kann der Anteil an Kiesen und Steinen in einem Boden bestimmt werden. Die **Schlämmanalyse** ist, neben der Fingerprobe, eine weitere Methode zur Bestimmung der Bodenart. Sie beruht darauf, dass sich im Wasser aufgeschlämmte Bodenteilchen entsprechend ihren verschiedenen Korngrößen unterschiedlich schnell absetzen, sodass sie voneinander getrennt werden können. So sinken die größeren und schwereren Sandkörner relativ schnell ab. Die kleineren Schluff- und Tonteilchen schweben länger im Wasser, sodass sie mit dem Wasser zusammen abgegossen werden können. Aus dem Anteil dieser **abschlämmbaren Teilchen** kann die Bodenart bestimmt werden.

Material:
- verschiedene Bodenarten
- Sieb mit 2 mm Maschenweite
- Schlämmzylinder
- Glasstab zum Umrühren
- Bunsenbrenner
- Dreifuß
- feuerfeste Schälchen
- Digitalwaage
- Taschenrechner
- Uhr

Vorgehensweise

A) Bestimmen Sie die Bodenart mithilfe der Schlämmanalyse. Gehen Sie dabei nach dem Schema in 1, S. 134, vor.

B) Zur Bestimmung des Kies- und Steinanteils in Schritt 10 gehen Sie wie folgt vor:
1. Wiegen Sie 100 g lufttrockenen Boden von der zu bestimmenden Probe ab.
2. Geben Sie den Boden durch das Sieb mit der Maschenweite 2 mm.
3. Wiegen Sie den Rückstand im Sieb. Es handelt sich dabei um Grobboden.
4. Bestimmen Sie, wie kies- oder steinig der Boden ist (1, S. 134).

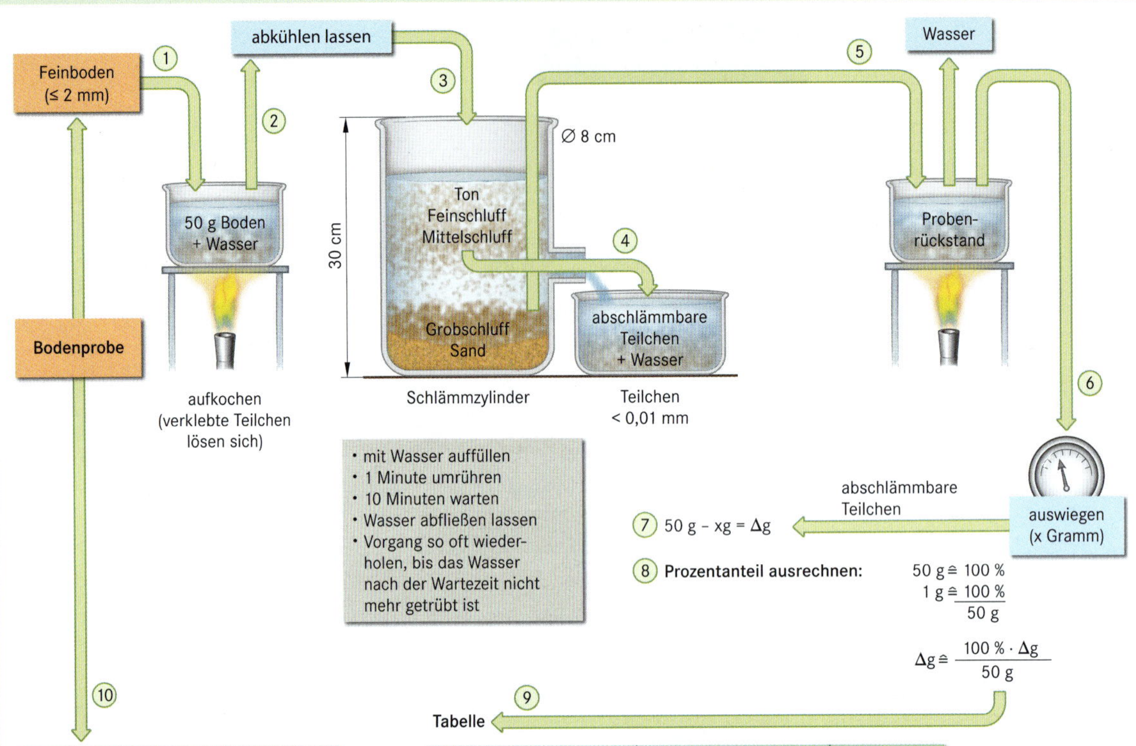

Grobbodenanteil (Gew.-%)

1 bis 10 %	schwach kiesig/steinig
10 bis 30 %	mittel kiesig/steinig
30 bis 75 %	stark kiesig/steinig
> 75 %	Kies-/Steinboden

Anteil abschlämmbarer Teilchen (Gew.-%)	Bodenart	Abkürzung
< 10	Sand	S
10 bis 13	anlehmiger Sand	Sl
14 bis 18	lehmiger Sand	lS
19 bis 23	stark sandiger Lehm	SL
24 bis 29	sandiger Lehm	sL
30 bis 44	Lehm	L
45 bis 60	lehmiger Ton	lT
> 60	Ton	T

1 Bestimmung der Bodenart mittels Sieb- und Schlämmanalyse

Beispiel:
100 g Boden (Anfangsgewicht)
20 g Rückstand im Sieb
20 g von 100 g = 20 %

→ Es handelt sich um einen mittelkiesigen/steinigen Boden.

Aufgaben

- ○ 1. Nennen Sie zwei Möglichkeiten zur Bestimmung der Bodenart.
- ◑ 2. Woraus ergibt sich die Bodenart?
- ◑ 3. Beschreiben Sie die Fingerprobe.
- ◑ 4. Worauf beruht die Schlämmanalyse zur Bestimmung der Bodenart?
- ◑ 5. Worum handelt es sich bei den abschlämmbaren Teilchen?
- ○ 6. Wozu dient die Siebprobe/-analyse?
- ◑ 7. Bestimmen Sie die Bodenarten verschiedener Bodenproben mithilfe der Fingerprobe und der Sieb- und Schlämmanalyse. Vergleichen Sie Ihre Ergebnisse.

2.2 Organische Bestandteile

Neben den mineralischen Bestandteilen ist auch die **organische Substanz** von großer Bedeutung für die Fruchtbarkeit und Gesundheit eines Bodens. Zur organischen Substanz zählen neben abgestorbener pflanzlicher und tierischer Substanz auch die Bodenlebewesen.

2.2.1 Das Bodenleben

Die **Vielfalt der Bodenorganismen** ist beachtlich. So leben in einer Handvoll guten Bodens weitaus mehr Organismen als Menschen auf der Erde. Zwischen den Bodenlebewesen und dem Boden bestehen zahlreiche Wechselbeziehungen, die die Bodenbildung ganz entscheidend beeinflussen.

> **! Merke**
>
> Ein aktives Bodenleben ist Voraussetzung für die Bodenfruchtbarkeit und deren Erhalt. Die Gesamtheit der Bodenlebewesen wird als **Edaphon** bezeichnet. Beim Boden handelt es sich um nichts Totes, sondern um einen lebenden Organismus!

Bakterien

In nur 1 g Boden befinden sich bis zu mehrere Milliarden **Bakterien**. Sie sind es, die vor allem für die **Aufrechterhaltung des Nährstoffkreislaufs** sorgen (**1**, S. 136). Unter den mikroskopisch kleinen Lebewesen (**Mikroorganismen**) befinden sich zahlreiche Spezialisten, wie z. B. die **stickstoffbindenden Bakterien**. Sie sind in der Lage, den Stickstoff der Luft zu binden. Dabei kann man unterscheiden zwischen den mit Leguminosen (Schmetterlingsblütlern) in Symbiose lebenden **Knöllchenbakterien** (s. S. 195) und den frei im Boden lebenden **Azotobactern** und **Amylobaktern**, die über die Bindung von Luftstickstoff den Boden mit Stickstoff versorgen. Wichtig für die Stickstoffernährung der Pflanzen sind auch die im Boden lebenden **nitrifizierenden Bakterien**, die die Umwandlung von Ammonium- in Nitratstickstoff bewirken (s. S. 195). Einige **Strahlenpilze** *(Actinomyceten)* können den Stickstoff der Luft ebenfalls nutzen. Erle, Sanddorn und Ölweide befinden sich mit solchen Strahlenpilzen in einer Symbiose. Obwohl Strahlenpilze pilzähnliche Hyphengeflechte ausbilden, sind sie keine Pilze, sondern **bakterienähnliche Organismen**. Beim Kampf gegen konkurrierende Bakterien und Pilze haben sie chemische Abwehrstoffe entwickelt, die wir als **Antibiotika** (z. B. Penicillin und Streptomycin) bezeichnen und medizinisch zur Bekämpfung von Infektionskrankheiten verwenden.

Pilze

Viele **Pilze** leben räuberisch, indem sie mit ihren Hyphen andere Bodenorganismen, wie Nematoden, fangen (s. S. 101). Andererseits stellen auch Pilze und Bakterien für viele Organismen des Bodens wichtige Nahrungsquellen dar, z. B. für die mikroskopisch kleinen Amöben, die in den dünnen Wasserfilmen der Bodenteilchen leben. Strahlenpilze und Pilze verleihen dem Boden den typisch frischen **Erdgeruch**, der somit ein Zeichen für einen biologisch aktiven, gesunden Boden ist. Viele Pilze gehen mit den Wurzeln der Pflanzen eine Lebensgemeinschaft zum beidseitigen Nutzen ein. In dieser **Symbiose**, der sogenannten **Mykorrhiza**, übernehmen sie die Aufgabe der Wurzelhaare (s. S. 101). Auch sonst ist das Mikroorganismenleben im Bereich der Wurzelhaare, der **Rhizosphäre**, besonders aktiv. Dies lässt sich auf Zucker- und Aminosäureausscheidungen der Wurzeln sowie abgestorbene Epidermiszellen zurückführen. Dabei hat man festgestellt, dass jede Pflanzenart einen speziellen Organismenbesatz innerhalb ihrer Rhizosphäre aufweist. Die **zersetzende Tätigkeit** dieser Mikroorganismenflora wirkt sich günstig auf die Nährstoffversorgung der Pflanzen aus. Andererseits können im Boden lebende Pilze und Bakterien auch Pflanzen befallen und ernsthaft schädigen (s. Kapitel Pflanzenschutz).

> **! Hinweis**
>
> **Optimale Entwicklungsmöglichkeiten** finden Mikroorganismen bei ausreichender, leicht zersetzbarer organischer Substanz und Temperaturen um 20 °C. **Bakterien** bevorzugen gut durchlüftete und durchfeuchtete Böden mit schwach sauren bis alkalischen Reaktionen (pH 5,5 bis 7,0). **Pilze** vertragen auch Trockenheit und saure Reaktionen (pH $<$ 5,5). Sie sind in der Lage, schwer zersetzbare organische Substanz (z. B. Holz) abzubauen.

Tiere

Die im Boden lebenden **Tiere** bilden die **Bodenfauna**. Auch sie wirken in vielfältiger Weise bei der Bodenentwicklung mit. Als Zerkleinerer organischer Substanz schaffen sie gute Angriffsmöglichkeiten für die Mikroorganismen. Mit ihrer wühlenden Tätigkeit lockern und durchmischen sie den Boden. Die Vielfalt der im Boden lebenden Tiere ist unüberschaubar. **Nematoden oder Älchen (Fadenwürmer)**, die im Durchschnitt nicht größer als 1 mm werden, besiedeln ebenfalls in größeren Mengen den Boden (bis zu 10 000 pro 1 g Boden). Sie ernähren sich vorwiegend von Pilzen, Algen, Bakterien und anderen Einzellern. Andere spielen eine wichtige Rolle bei der Zersetzung organischer Substanzen.

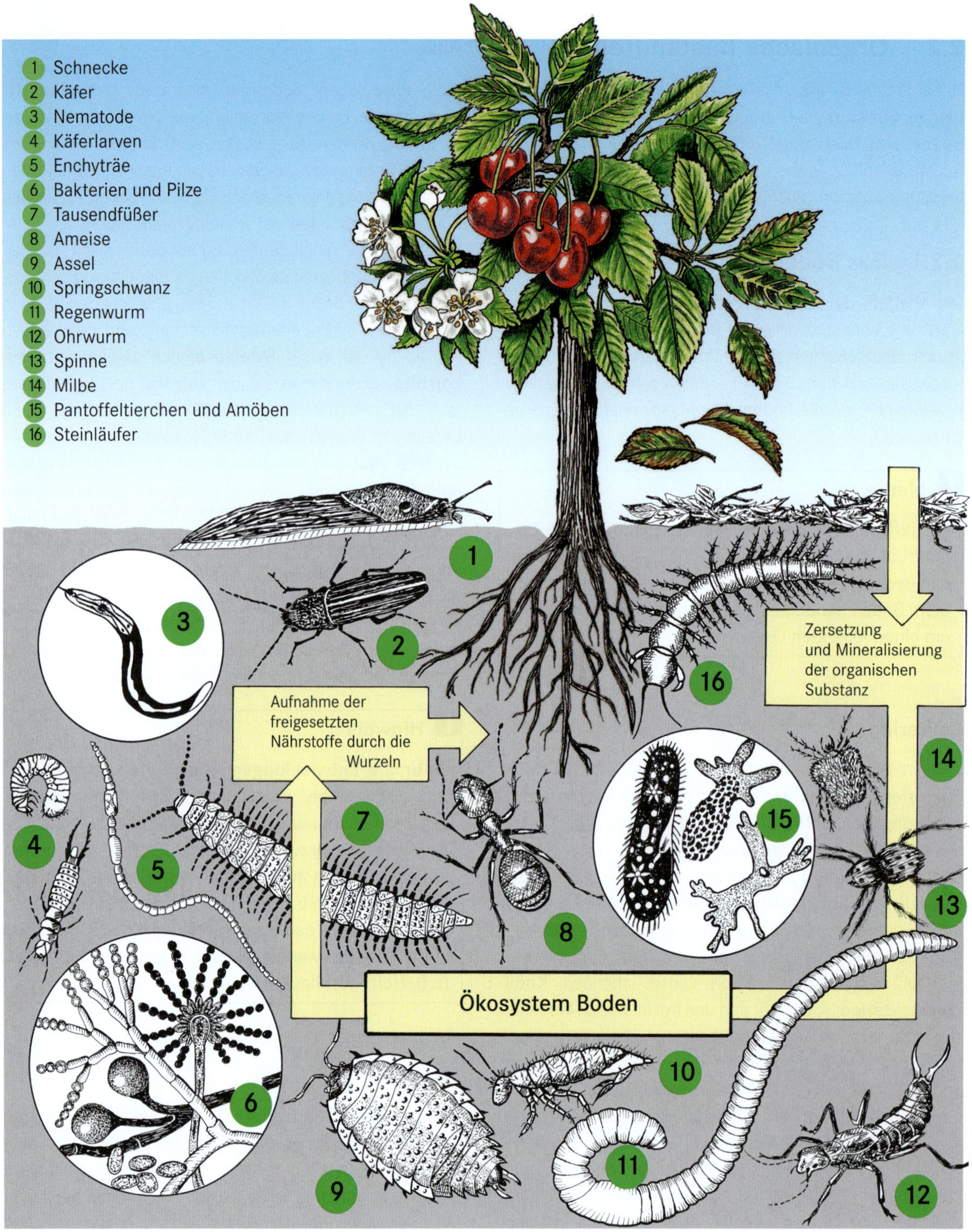

1 Bodenlebewesen halten den Nährstoffkreislauf aufrecht

1 Links ohne, rechts mit Regenwürmern (nach 6 Wochen)

2 Wurmlosung

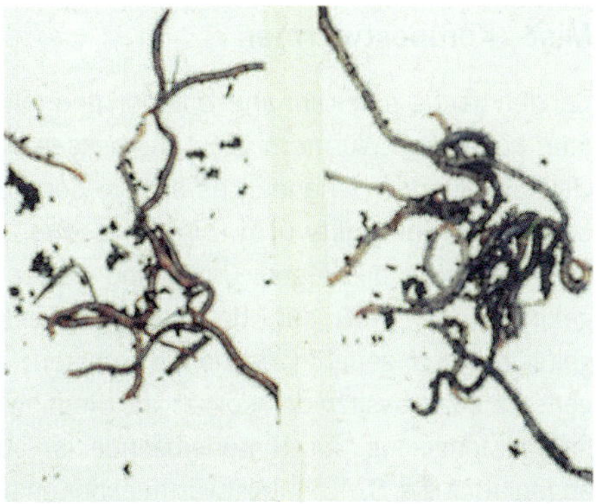

3 Links Mistwürmer, rechts Regenwürmer

Regenwürmer

Arten

Besondere Bedeutung für die Bodenbildung haben **Regenwürmer** (Tab. **1**), von denen man in einem guten Boden bis zu 400 pro Quadratmeter finden kann. Von den 46 einheimischen Arten ist der **Gemeine oder Große Regenwurm** (bis 30 cm lang), *Lumbricus terrestris*[1], der bekannteste. Er besiedelt vor allem lehmige Böden. Andere, kleinere Arten, wie z. B. *Lumbricus rubellus* und *Lumbricus castaneus*, bevorzugen humusreiche Böden. Abgesehen davon, dass sie bei Nahrungsmangel mitunter kleine zarte Sämlinge in den Boden ziehen, können sie, da sie keine Mundwerkzeuge haben, keine Pflanzenschäden verursachen.

Intensive Durchmischung des Bodens	Da Regenwürmer neben der organischen Nahrung auch ständig Boden mit zahlreichen Mikroorganismen aufnehmen, erfolgt eine intensive Durchmischung organischer und mineralischer Bodenbestandteile (**1**).
Förderung der Krümelbildung	Beim Vorhandensein von Ton kommt es bei der Durchmischung im Darm zur Bildung der für die Krümelbildung so wichtigen **Ton-Humus-Komplexe**.
Ausscheidung nährstoffreicher Wurmlosung	Die humus- und nährstoffreichen Ausscheidungen der Regenwürmer bezeichnet man als **Wurmlosung**. Sie wird an die Bodenoberfläche (**2**) oder in den Gängen abgegeben. Die ausgeschiedene Menge wird auf 10 bis 100 t pro ha und Jahr geschätzt.
pH-Erhöhung	Im Darm der Regenwürmer befinden sich Kalkdrüsen, die durch Ausscheidung von Kalk die bei der Zersetzung von organischer Substanz frei werdenden Huminsäuren binden, sodass die Regenwurmlosung einen pH-Wert von 6,5 bis 7,5 aufweist. Der Kalk muss jedoch zuvor von den Würmern aus dem Boden aufgenommen werden.
Durchlüftung des Bodens	Mit ihren Gängen, teilweise bis in 8 m Tiefe, fördern sie den Gasaustausch und die Wasserführung.
Wasseraufnahme und -speicherung	Die zahlreichen an die Bodenoberfläche führenden Röhren (bis zu 1 000/m^2) erhöhen die Fähigkeit des Bodens, Wasser (auch starke Regenfälle) aufzunehmen, zu speichern und langsam wieder abzugeben.
Durchwurzelung tieferer Bodenschichten	Die Regenwurmgänge bieten den Pflanzenwurzeln ideale Wachstumsbedingungen, sodass auch tiefere Bodenschichten gut durchwurzelt werden können.

Tab. 1 Bodenverbessernde Wirkung der Regenwürmer

Lebensweise

Die leicht austrocknenden und gegen UV-Strahlung empfindlichen Tiere kommen bei genügend Feuchtigkeit, vor allem nachts, an die Bodenoberfläche. Sie leben von in Zersetzung befindlichen organischen Stoffen. Mit kreisenden Bewegungen suchen sie im Bereich ihrer Gangmündungen nach organischem Material, z. B. Blättern und Halmen, oder weiden die an den Erdwänden ihrer Gänge und die auf dem eigenen Kot gewachsenen Algen-, Pilz- und Bakterienrasen ab. Bei der oberirdischen Suche bleiben sie mit dem Hinterleib in der Erde, um bei Gefahr schnell flüchten zu können. Finden sie geeignetes Material - sie bevorzugen leicht zersetzbare organische Substanz -, saugen sie sich mit ihrer Mundöffnung daran fest und ziehen es in ihre Gänge. In der Erde beginnt das Material unter dem Einfluss von Feuchtigkeit, Wärme und Mikroorganismen zu faulen, sodass es für die Regenwürmer verdaulich, d. h. fressbar wird.

> **! Merke**
>
> **Die Lebensdauer der Regenwürmer beträgt zwei bis drei Jahre. Werden sie durchschnitten, können sie sich wieder regenerieren, d. h., das vordere Stück kann sich ergänzen und weiterleben, das hintere Ende stirbt ab. Die zweigeschlechtlichen Würmer (Zwitter) vermehren sich geschlechtlich.**

[1] Unser größter einheimischer Regenwurm, der Badische Riesenregenwurm *(Lumbricus badensis)* kann bis zu 60 cm lang werden. Er bewohnt ein kleines Areal im Südschwarzwald.

Mist-/Kompostwürmer

Bei den häufig zum Kauf angebotenen und mit Fantasienamen bedachten Würmern (z. B. „Tennessee Wiggler" oder „Roter Kalifornier") handelt es sich in der Regel um den **Mist-** oder **Kompostwurm** (*Eisenia foetida*). Mistwürmer sind kleiner als die Regenwürmer und weisen farbige Ringelungen (gelb/rot) auf. Bei Gefahr scheiden sie eine gelbliche, unangenehm riechende Substanz aus. Im Gegensatz dazu besitzt der Körper der Regenwürmer keine farbige Ringelung. Ihr Hinterleibsende ist auch deutlich abgeplattet (**3**, S. 137). Mistwürmer können auf die Dauer nur im Mist- oder Komposthaufen leben.

Der im Handel angebotene **Wurmhumus** zur Verbesserung von Böden wird aus organischer Substanz (z. B. Mist oder Kompost), der Mistwürmer zugesetzt werden, gewonnen. Nachdem die Würmer die organische Substanz weitgehend verdaut haben, werden sie mithilfe von großen Trommeln vom Substrat, das als Wurmhumus verkauft wird, getrennt. Eine Zuführung von Wurmhumus kann vor allem bei biologisch wenig aktiven Böden sinnvoll sein.

> **! Merke**
>
> Die Qualität von Wurmhumus hängt in erster Linie von der Qualität des organischen Ausgangsmaterials und der Zeit ab, die den Würmern zur Verfügung stand, um das Substrat mit Wurmlosung anzureichern.

Dabei ist zu bedenken, dass ohne den Zusatz von Ton keine **Ton-Humus-Komplexe** gebildet werden oder mit Schwermetallen angereicherte Ausgangssubstanzen (z. B. Müllkompost oder schwermetallreicher Stallmist) zu einer erhöhten Schwermetallkonzentration im Wurmhumus führen. Je nach Ausgangssubstanz sind die Nährstoffgehalte recht unterschiedlich.

Maulwürfe

Neben den unzähligen Kleinstlebewesen beherbergt der Boden auch größere Wirbeltiere, wie z. B. den **Maulwurf**, der im großen Umfang den Boden durchmischt und lockert. Im Winter hält er keinen Winterschlaf, sondern folgt den Beutetieren in tiefere Bodenschichten. Seine tägliche Nahrungsaufnahme beträgt bis zum Dreifachen seines Körpergewichts. Dabei vertilgt er neben Regenwürmern große Mengen pflanzenschädlicher Organismen.

> **! Merke**
>
> Der Maulwurf steht unter Naturschutz und darf nicht getötet werden (s. S. 262 und 308).

2.2.2 Verwesung und Mineralisierung

Unter **Verwesung** versteht man den Abbau der organischen Substanz durch die Tätigkeit zahlreicher Lebewesen. Durch sie werden die in der organischen Substanz enthaltenen mineralischen Nährstoffe freigesetzt **(Mineralisierung)** und damit wieder pflanzenverfügbar gemacht. Der **mechanischen Zerkleinerung** durch größere Bodenlebewesen folgt der **mikrobielle Abbau** durch das Heer der Mikroorganismen. Unter Aufnahme von Sauerstoff (Atmung!) erfolgt der Abbau der organischen Substanz zu Kohlendioxid und Wasser. Dabei werden nicht nur die in der organischen Substanz enthaltenen mineralischen Nährstoffe freigesetzt, sondern auch Teile der chemisch gebundenen Energie in Form von Wärme an die Umgebung abgegeben.

2.2.3 Förderung des Bodenlebens

> **! Merke**
>
> Ohne die Vielzahl der Bodenlebewesen und ihre sich ergänzende Arbeit könnte der **Nährstoffkreislauf** (**1**, S. 136) und damit **das Leben auf der Erde** nicht aufrechterhalten werden.

Schlecht durchlüftete, kalte, nasse und stark saure Böden hemmen die Entwicklung der Bodenlebewesen. So dauert z. B. die Verwesung einer Bananenschale in der Antarktis aufgrund der ungünstigen Lebensbedingungen (Jahresmitteltemperatur unter −30 °C) 100 Jahre.

Maßnahmen	Erläuterung
Für ausreichend **Nahrung** sorgen.	Dem Boden muss ausreichend organische Substanz, z. B. in Form von Kompost, Stallmist, Ernteresten oder Gründüngung zugeführt werden.
Lockern des Bodens.	So gelangt Sauerstoff für die Atmung in den Boden und der Boden kann sich schnell erwärmen.
Den Boden gleichmäßig **feucht halten**, aber nicht nass.	Bei Trockenheit fallen die Bakterien in eine Art Trockenstarre. Nässe hingegen führt zu Sauerstoffmangel. Bei Sauerstoffmangel kommt es zur Fäulnis, d.h. zur anaeroben Zersetzung der organischen Substanz. Sie erfolgt durch Mikroorganismen, die ohne Sauerstoff leben können (anaerob). Dabei treten unangenehme Gerüche und z. T. giftige Stoffwechselprodukte auf.
Mulchen des Bodens	Den Boden somit vor Austrocknung schützen.
Ist der pH-Wert zu niedrig, muss **gekalkt** werden.	Der Boden weist idealerweise eine schwach saure bis alkalische Reaktion (pH 5,5 bis 7,0) auf.

Tab. 1 Maßnahmen zur Förderung des Bodenlebens

Humus und Humifizierung

2.2.4 Humus und Huminstoffe

Humusgehalt (Tab. 1)

> **Merke**
>
> Als **Humus** bezeichnet man die abgestorbene und mehr oder weniger zersetzte organische Substanz.

Ein Boden mit 4 % organischer Substanz gilt bereits als stark humos (Tab. 1). Da es sich um Gewichtsprozente handelt und Humus relativ leicht ist, haben diese Gehalte schon einen **großen Einfluss auf die Bodenqualität**. Je intensiver ein Boden bearbeitet wird, d. h., je stärker die Durchlüftung und die mineralische Stickstoffdüngung ist, desto rascher erfolgt der Abbau der organischen Substanz und umso niedriger ist sein Humusgehalt. So weisen Ackerböden allgemein einen Humusgehalt von 1,5 bis 3 % auf. Bei Wiesen/Rasen liegt er wegen der schlechteren Durchlüftung bei 5 bis 8 %. Da sich entsprechend den örtlichen Gegebenheiten ein **Gleichgewicht zwischen Humusauf- und -abbau** einstellt, kann der Humusgehalt eines Bodens langfristig nicht beliebig erhöht werden.

Gehalt	Bezeichnung
< 1 % organische Substanz	humusarm
1 - 2 % organische Substanz	humushaltig
2 - 4 % organische Substanz	humos
4 - 8 % organische Substanz	stark humos
8 - 15 % organische Substanz	sehr stark humos
15 - 30 % organische Substanz	anmoorig
> 30 % organische Substanz	torfig

Tab. 1 Bezeichnung der Böden nach ihrem Gehalt an organischer Substanz (Humus)

Nährhumus und Dauerhumus

Organische Substanz ist reich an **Kohlenstoffverbindungen**, die den Mikroorganismen als Nahrung dienen. Neben den Kohlenstoffverbindungen benötigen Bakterien zum Aufbau ihres Körpereiweißes vor allem **Stickstoff**. Daher ist, optimale Umweltbedingungen vorausgesetzt, für die Geschwindigkeit der Zersetzung das **C : N-Verhältnis der organischen Substanz** (Tab. 2) entscheidend.

Ab einem **C : N-Verhältnis > 25 : 1** (auf 25 Teile Kohlenstoff 1 Teil Stickstoff) wird die Zersetzung der organischen Substanz immer stärker gehemmt (Tab. 2).

> **Merke**
>
> Je enger das **C : N-Verhältnis**, umso schneller erfolgt die **Bakterienvermehrung** und damit die **Zersetzung und Mineralisation** der organischen Substanz.

Organische Substanz	C : N-Verhältnis	Geschwindigkeit der Zersetzung
Weißbuchenblätter	23 : 1	schnell, etwa 1,5 Jahre
Birkenblätter	45 : 1	mäßig schnell, etwa 2,5 Jahre
Fichtennadeln, Eichen- und Rotbuchenblätter	50 : 1	langsam, etwa 3 Jahre
Kiefernnadeln	65 : 1	sehr langsam, über 3 Jahre
Lärchennadeln	110 : 1	sehr langsam, über 5 Jahre

Tab. 2 Beispiele für die Zersetzungsgeschwindigkeit organischer Substanz in Abhängigkeit vom C:N-Verhältnis

Generell besitzen krautige Pflanzen ein enges, holzige ein weites C : N-Verhältnis (Tab. 1, S. 217).

Entsprechend dem C : N-Verhältnis kann man zwischen Nährhumus und Dauerhumus unterscheiden:

> **Merke**
>
> **Nährhumus** ist leicht zersetzbare organische Substanz, die schnell mineralisiert wird. Er liefert der Pflanze in erster Linie **Nährstoffe.**
> **Dauerhumus** ist schwer zersetzbare organische Substanz. Durch seine längere Verweildauer im Boden verbessert er in erster Linie die **Bodenstruktur** (s. S. 141).

Huminstoffe

Beim **Abbau von organischer Substanz** entstehen schwer zersetzbare Humusteilchen (< 0,002 mm), sogenannte **Huminstoffe** (= Humus im engeren Sinne):

- Sie bewirken die typische **Dunkelfärbung des Oberbodens** („Mutterboden") und fördern damit seine **Erwärmung**.
- Als Bausteine von Ton-Humus-Komplexen und Krümeln fördern sie die **Bodenstruktur** (s. S. 141 f.) und damit den **Wasser- und Lufthaushalt**.
- Indem sie an ihrer Oberfläche Wasser und Nährstoffe pflanzenverfügbar anlagern (s. Kap. Bodenkolloide) verbessern sie maßgeblich den **Wasser- und Nährstoffhaushalt**.

> **Merke**
>
> Je dunkler ein Boden ist, desto höher ist in der Regel sein Humusgehalt. Den Vorgang der Huminstoffbildung bezeichnet man als **Humifizierung**.

Aufgaben

◑ 1. Erklären Sie die Begriffe Edaphon und Mikroorganismen.

◑ 2. Eine französische Bauernweisheit sagt: „Le bon dieu (der liebe Gott) weiß, wie man fruchtbare Erde macht, und er hat sein Geheimnis den Regenwürmern anvertraut." Worauf beruht die bodenverbessernde Wirkung der Regenwürmer?

◑ 3. Nennen Sie weitere wichtige Bodenlebewesen und ihre Aufgaben. Recherchieren Sie dazu im Internet oder nehmen Sie **1** von S. 136 zu Hilfe.

● 4. Diskutieren Sie den Einsatz von Wurmhumus zur Bodenverbesserung.

○ 5. Worauf beruht die Verwesung organischer Substanz?

◑ 6. Nennen Sie Maßnahmen zur Förderung des Bodenlebens.

○ 7. Die nebenstehenden Abbildungen sind etwas durcheinandergeraten. Bringen Sie die Phasen der Zersetzung eines Laubblatts in die richtige Reihenfolge.

○ 8. Was versteht man unter Humus?

◑ 9. Wie hoch ist der Humusgehalt eines stark humosen Bodens und wovon hängt er ab?

◑ 10. Unterscheiden Sie Nähr- und Dauerhumus.

2.3 Bodenkolloide

Als **Bodenkolloide** bezeichnet man Bodenteilchen, die kleiner als 0,002 mm (< 2 µm) sind. Dabei kann man unterscheiden:

- **Tonteilchen**, die bei der Verwitterung von Gestein entstehen
- **Humusteilchen** (Huminstoffe), die bei der Zersetzung von organischer Substanz entstehen.

Aufgrund ihrer großen spezifischen Oberfläche – 1 g Ton oder Humus hat eine Oberfläche von etwa 800 m^2 (Sand etwa 0,1 m^2/g) – sind sie in der Lage, Wasser und Nährstoffe an ihrer Oberfläche pflanzenverfügbar anzulagern (**1**). Damit verbessern sie den **Wasser- und Nährstoffhaushalt** eines Bodens ganz entscheidend. Da sich zwischen den an der Oberfläche der Kolloide absorbierten Nährstoffen und den in der Bodenlösung gelösten Nährstoffen ein **Gleichgewicht** einstellt, finden bei Störungen dieses Gleichgewichts **Austauschvorgänge zwischen den Bodenkolloiden und der Bodenlösung** statt. Deswegen bezeichnet man Bodenkolloide auch als **Austauscher**. Wird die Konzentration der Nährstoffe in der Bodenlösung erhöht, lagern sich vermehrt Nährstoffe an den Kolloiden

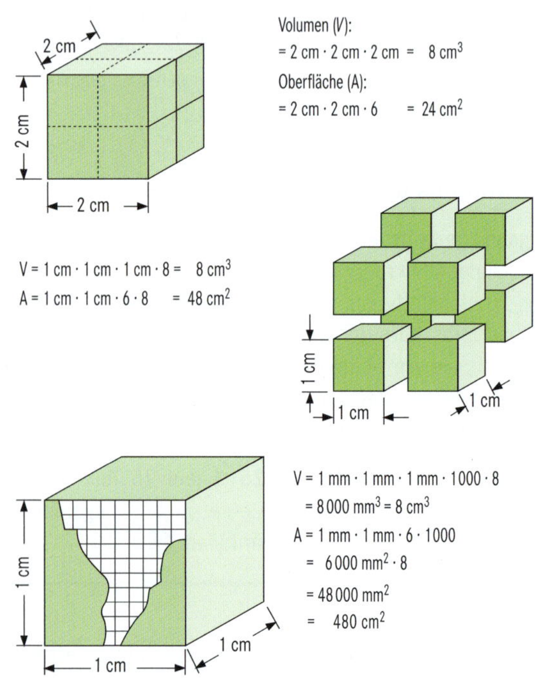

1 Beziehung zwischen Teilchengröße, Teilchenanzahl und Oberfläche

an. Wird hingegen die Konzentration der Nährstoffe in der Bodenlösung erniedrigt, z. B. durch Nährstoffentzug der Pflanzenwurzeln oder durch Auswaschung, diffundieren Nährstoffe von den Austauschern in die Bodenlösung hinein. Diese Fähigkeit, überhöhte oder zu niedrige Nährstoff- bzw. Ionenkonzentrationen in der Bodenlösung aufzufangen/auszugleichen, bezeichnet man als **Pufferung des Bodens** (s. auch S. 183). Je höher der Ton- oder Humusgehalt eines Bodens ist, desto besser ist seine **Pufferkapazität**.

? Aufgaben

◐ 1. Was sind Bodenkolloide?
◐ 2. Worin liegt die Bedeutung der Bodenkolloide für die Bodenfruchtbarkeit?
◐ 3. Warum bezeichnet man Bodenkolloide auch als Austauscher?
◐ 4. Was versteht man unter der Pufferung eines Bodens?
◐ 5. Beschreiben Sie die Funktion der Austauscher.
◐ 6. Wovon hängt die Pufferkapazität eines Bodens ab?

2.4 Bodengefüge (Bodenstruktur)

! Merke

Unter der **Bodenstruktur** oder dem **Bodengefüge** wird die räumliche Anordnung der festen Bestandteile des Bodens verstanden. Die Hohlräume zwischen den mineralischen und organischen Bodenbestandteilen bilden das **Porenvolumen**.

Dieses **Porenvolumen**, das aus Poren unterschiedlicher Größe besteht, ist mit Luft und Wasser gefüllt. Vom Bodengefüge hängt der Wasser-, Luft-, Nährstoff- und Wärmehaushalt des Bodens sowie seine Durchwurzelbarkeit, Bearbeitbarkeit und Eignung als Lebensraum für Bodenorganismen ab. Damit beeinflusst es alle für das Pflanzenwachstum wichtigen Bodeneigenschaften.

! Merke

Ein für das Pflanzenwachstum **günstiges Bodenvolumen** besteht zu 50 % aus fester Substanz, zu 30 % aus Wasser und zu 20 % aus Luft.

Je nach Zusammenhalt der festen Bodenteilchen unterscheidet man unterschiedliche Gefügeformen, wie Einzelkorn- und Krümelgefüge. Zwischen diesen beiden Extremen bestehen zahlreiche Übergänge.

2.4.1 Einzelkorngefüge (Elementargefüge)

! Merke

Beim **Einzelkorn- oder Elementargefüge** liegen die festen Bodenteilchen lose nebeneinander vor. Sie sind nicht miteinander verklebt, sodass bei Trockenheit der Boden zwischen den Fingern zerrieselt.

Typisch ist dieses Gefüge für reinen Sand oder humusarme Sandböden. Hier wirkt sich ein solches Gefüge jedoch nicht so negativ aus, da das Porenvolumen für Wasser und Luft ausreichend ist. Anders ist dies bei einem Lehm- oder Tonboden. Der hohe Tongehalt dieser Böden (großer Anteil kleinster Teilchen) führt zu einer starken Reduzierung der für den Lufthaushalt wichtigen **Grobporen** (s. S. 145 f.) und damit zur Bodenverdichtung mit Sauerstoffmangel und Verschlämmungen bei Regen.

2.4.2 Krümelgefüge

! Merke

Das für Bodenleben und Pflanzenentwicklung günstigste Gefüge ist das Krümelgefüge.

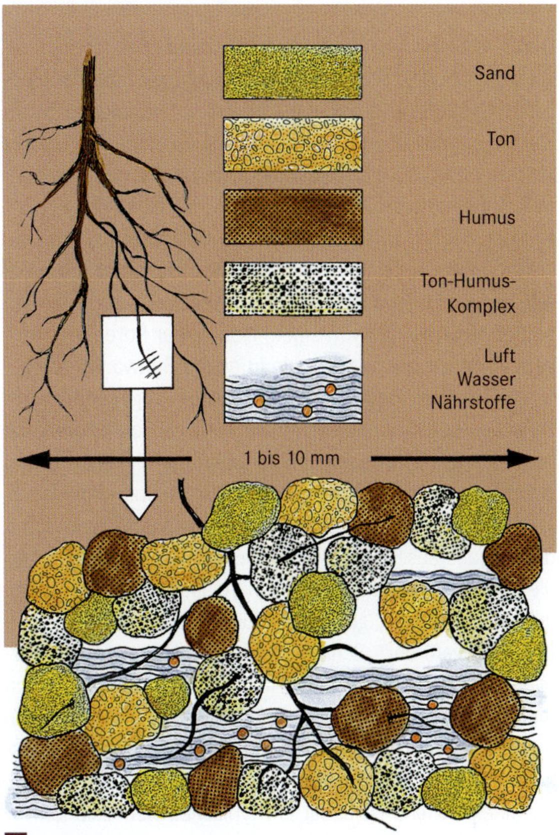

1 Krümelaufbau

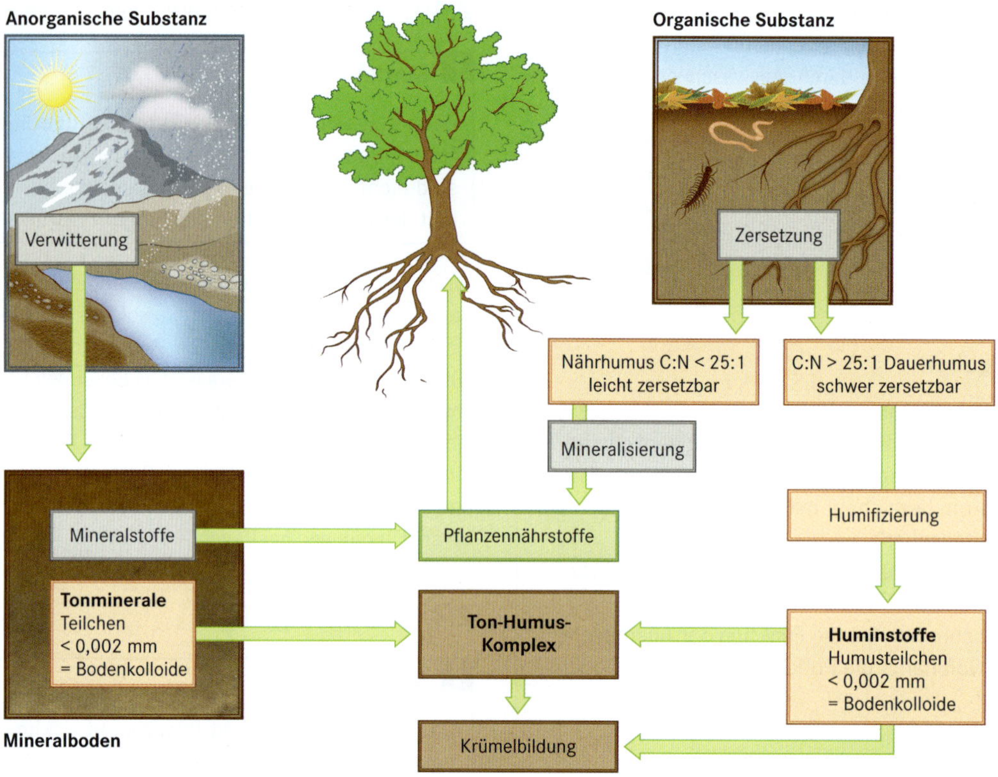

1 Entstehung von Ton-Humus-Komplexen

Durch lockere Aneinanderlagerung mineralischer und organischer Bodenteilchen entstehen Aggregate unterschiedlicher Größe (1 bis 10 mm) und Form. Schleimige Stoffwechselprodukte der Mikroorganismen und die innige Vermischung von organischen und mineralischen Bestandteilen im Darm der Bodenlebewesen, vor allem der Regenwürmer, führen zum Verkleben mineralischer und organischer Stoffe. Die entstehenden **Ton-Humus-Komplexe** (**1**) bilden die Grundsubstanz der Krümel. Die locker aufgebauten **Krümel** sind von einem Netz feiner Poren durchzogen, in denen das Wasser wie in einem Schwamm festgehalten und bei Bedarf an die Pflanzen abgegeben wird. Zwischen den Krümeln besteht ein Netz größerer Poren, die vor allem mit Luft angefüllt sind. Sie fördern den Luft- und Wärmehaushalt des Bodens. Die locker aneinandergelagerten Krümel erleichtern den Luftein- und -austritt und damit den Gasaustausch. Die CO_2-reichere Bodenluft kann gegen die O_2-reichere Luft der Atmosphäre ausgetauscht werden. In einem lockeren, gut durchlüfteten Boden wird das Bodenleben gefördert. Schleimige Stoffwechselprodukte, Pilzhyphen, Bakterienkolonien, Humusstoffe und die feinen Wurzelhaare der Pflanzen sorgen für die Stabilität der Krümel **(Lebendverbauung)**, die Milliarden von Mikroorganismen als Lebensraum dienen (**1**, S. 141). Die Krümelstruktur eines Bodens ist somit ein typisches Kennzeichen für biologisch aktive Böden.

Merke

Die Förderung des Bodenlebens stellt eine wichtige Maßnahme zur Bodenverbesserung dar.

Aufgaben

●1. Erklären Sie den Zusammenhang zwischen den Bodenkolloiden eines Bodens und seiner Pufferung.

○2. Was versteht man unter dem Bodengefüge oder der Bodenstruktur?

◑3. Wie sollte das Bodengefüge eines fruchtbaren Bodens aussehen?

◑4. Unterscheiden Sie Einzelkorn- und Krümelgefüge.

●5. Erklären Sie, warum das Krümelgefüge das beste Bodengefüge ist.

◑6. Beschreiben Sie die Entstehung von Ton-Humus-Komplexen (**1**).

◑7. Was versteht man unter Lebendverbauung bei der Krümelbildung?

○8. Wodurch können Sie die Krümelbildung eines Bodens fördern?

2.5 Bodenwasser

2.5.1 Wasserkreislauf

Wasser gelangt als **Niederschlag** auf den Boden. In der Bundesrepublik Deutschland beträgt die durchschnittliche jährliche Niederschlagsmenge etwa 800 mm. Dies entspricht **800 Liter Wasser je m²** (1 mm = 1 l/m²). Je nach Beschaffenheit des Bodens (locker/verdichtet) bzw. seiner Oberfläche (offen/versiegelt) fließt ein unterschiedlich großer Teil des Niederschlagswassers oberflächig ab. Das so entstehende **Oberflächenwasser** gelangt in Bäche, Flüsse, Seen und Meere. Das in den Boden eindringende Wasser wird zum Teil durch die Saugkräfte des Bodens festgehalten **(Haftwasser)**, zum Teil sickert es durch den Boden **(Sickerwasser)** und bildet auf undurchlässigen Schichten das **Grundwasser**. Das Haftwasser wird in haarfeinen Röhrchen, den Kapillaren **(Kapillarwasser)**, und an den Oberflächen der festen Bodenteilchen **(Adsorptionswasser)** gegen die Schwerkraft des Bodens festgehalten. Durch die ständige Wasserabgabe des Bodens an die Atmosphäre und den Wasserentzug der Pflanzen entsteht in den oberen Bodenschichten eine Saugspannung, die bewirkt, dass Wasser aus dem Grundwasser als **Kapillarwasser** nach oben aufsteigt. Die dabei wirkenden **Kapillarkräfte** (1, S. 144) ergeben sich aus den Kohäsions- und Adhäsionskräften. Unter **Kohäsion** versteht man die Anziehungskräfte zwischen den Molekülen des gleichen Stoffes (z. B. des Wassers), unter **Adhäsion** die Anziehungskräfte zwischen den Molekülen verschiedener Stoffe (z. B. des Wassers und des Bodens). Sind die **Adhäsionskräfte** größer als die **Kohäsionskräfte**, kommt es zum kapillaren Wasseraufstieg. Je enger die Röhren, desto stärker ist die Adhäsion, desto höher kann das Wasser aufsteigen.

> **! Merke**
>
> Die **Kapillarität** ermöglicht einen Wasseraufstieg aus tiefen Bodenschichten, sodass auch bei Trockenheit die Pflanzen mit Wasser versorgt werden.

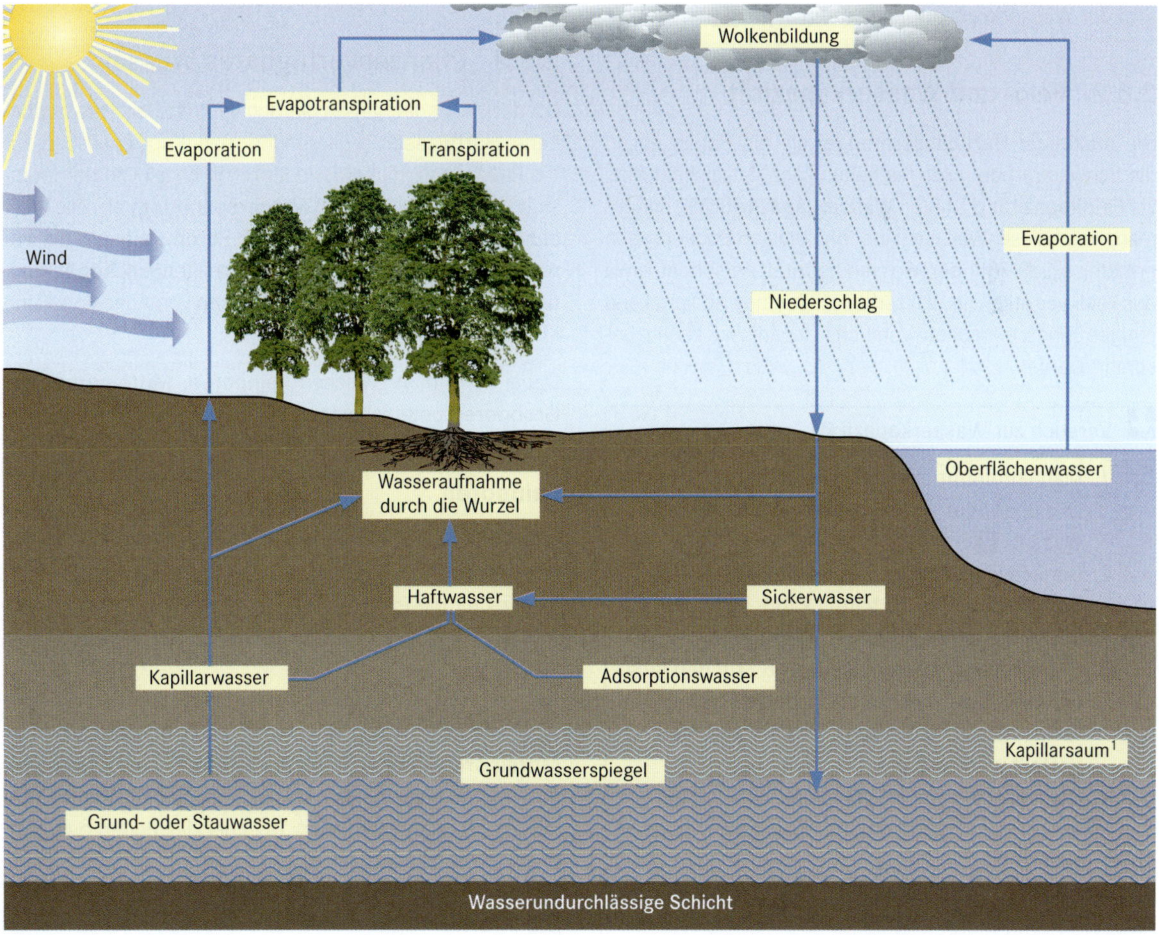

1 Der Kreislauf des Wassers

¹ Bereich oberhalb des Grundwassers, in dem alle Poren mit Wasser gefüllt sind (10 bis 70 cm).

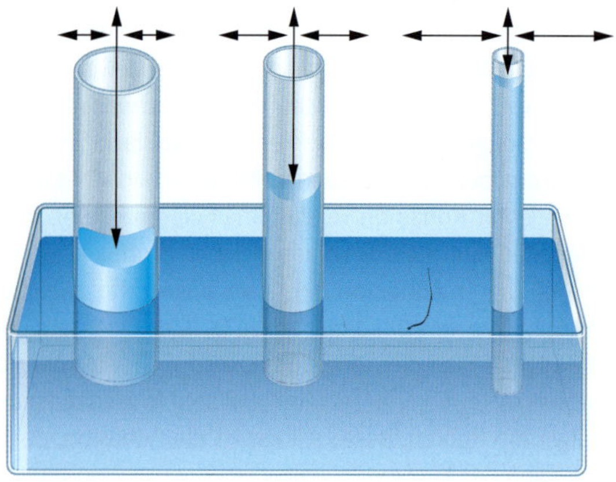

1 Kapillarität

Das durch die Pflanzen aufgenommene Wasser wird zum größten Teil wieder über die Verdunstung an die Atmosphäre abgegeben. Durch die Wasserverdunstung der Pflanzen **(Transpiration)** und des Bodens **(Evaporation)** wird der **Wasserkreislauf** aufrechterhalten (**1**, S. 143).

2.5.2 Feld- und Wasserkapazität

Die **maximale Haftwassermenge**, die ein Boden gegen die Schwerkraft der Erde festhalten kann, bezeichnet man als **Feldkapazität** (FK). Von **Wasserkapazität** (WK) spricht man, wenn dieser Wert im Labor anhand von Bodenproben ermittelt wird. 70 % der Wasserkapazität entspricht etwa der Feldkapazität. Die Wasserkapazität eines Bodens kann mithilfe eines einfachen Versuchs annähernd genau bestimmt werden.

Versuch zur Wasserkapazität

1. Man entnimmt eine bestimmte Bodenmenge und überstaut sie mindestens 1 Stunde mit Wasser (**2**).
2. Danach lässt man das überschüssige Wasser, das der Boden nicht halten kann, abtropfen und wiegt den mit Wasser gesättigten Boden.
3. Anschließend wird der Boden 16 Stunden lang bei 105 °C getrocknet, bis kein Gewichtsverlust durch Wasserverdunstung mehr festgestellt werden kann.
4. Nachdem der Boden abgekühlt ist, wird er erneut zur Feststellung des Trockengewichts gewogen.

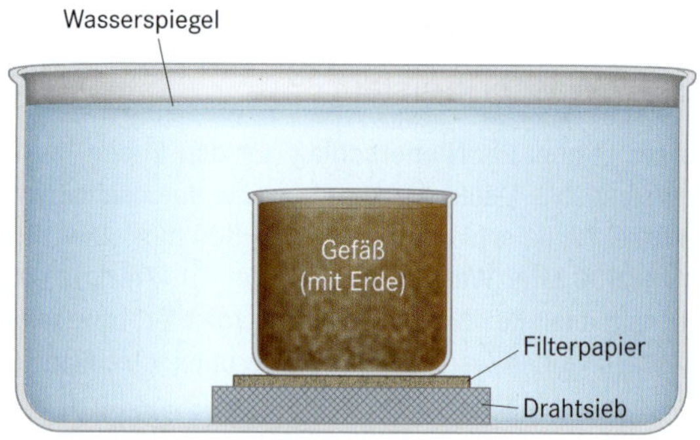

2 Versuchsaufbau zur Bestimmung der Wasserkapazität

Aus dem **Differenzgewicht** kann die maximale Wasserkapazität wie folgt errechnet werden.

Merke

$$\text{WK}\,\% = \frac{\text{Gewicht wassergesättigte Bodenprobe} - \text{Trockengewicht}}{\text{Gewicht wassergesättigte Bodenprobe}} \cdot 100\,\%$$

2.5.3 Pflanzenverfügbares Wasser

Ob das im Boden gegen die Schwerkraft der Erde gebundene **Haftwasser** (Adsorptions- und Kapillarwasser) für die Pflanzen verfügbar ist oder nicht, hängt von der Intensität der Wasserbindung **(Wasserspannung)** ab. Diese ist abhängig vom **Durchmesser der Poren**. Je enger die Poren, desto stärker sind die wasserhaltenden **Adhäsions- und Kapillarkräfte** (Zusammenwirken von Adhäsions- und Kohäsionskräften).

Dabei kann man zwischen **Feinporen, Mittelporen und Grobporen** unterscheiden:

Feinporen

In den **Feinporen** mit einem Durchmesser kleiner als 0,0002 mm (< 0,2 µm) wird das Wasser so festgehalten, dass es für die Pflanzen nicht verfügbar ist. Entsprechend wird dieses Wasser auch als **Totwasser** bezeichnet.

Mittelporen

Mittelporen haben einen Durchmesser von 0,0002 bis 0,01 mm (0,2 bis 10 µm). Das in ihnen festgehaltene **Wasser ist pflanzenverfügbar**. Trocknet der Boden aus, sind diese Poren mit Luft gefüllt.

Merke

Je mehr Mittelporen ein Boden enthält, desto besser ist sein Wasserhaushalt.

Grobporen

Als **Grobporen** bezeichnet man Poren, deren Durchmesser größer als 0,01 mm (> 10 µm) ist. Wasser in diesen Poren kann nicht gegen die Schwerkraft der Erde festgehalten werden, sodass es durch den Boden sickert **(Sickerwasser)**. Von diesem Wasser kann die Pflanze nur das langsam fließende Sickerwasser (in Poren mit einem Durchmesser bis 0,05 mm = 50 µm) nutzen. Die Grobporen sind nach Abfluss des Sickerwassers mit Luft gefüllt. Ihr Anteil am Porenvolumen bestimmt den Lufthaushalt eines Bodens.

> **! Merke**
>
> Je mehr Grobporen ein Boden enthält, desto besser ist sein Lufthaushalt.

Der **Wasser- und Lufthaushalt eines Bodens** wird also durch die Aufteilung des Porenvolumens in Fein-, Mittel- und Grobporen bestimmt. Die Aufteilung hängt vom **Anteil der Kornfraktionen Sand, Schluff, Ton**, ihrer Anordnung (s. Bodengefüge) und dem Humusgehalt des Bodens ab. So haben **Tonböden** wegen ihres hohen Tongehalts ein großes Gesamtporenvolumen, jedoch nur wenig Grobporen und sehr viele Feinporen. **Sandböden** hingegen besitzen wegen ihres hohen Sandanteils ein kleines Gesamtporenvolumen mit wenig Feinporen, dafür aber vielen Grobporen. Entsprechend weisen Tonböden eine gute Wasserhaltekraft, aber eine schlechte Durchlüftung auf, Sandböden zeigen dagegen eine gute Durchlüftung, aber eine schlechte Wasserhaltekraft. **Lehmböden** nehmen aufgrund ihrer Porenvolumenaufteilung eine Mittelstellung zwischen Sand- und Tonböden ein (1).

> **! Merke**
>
> | | |
> |---|---|
> | Gesamtporenvolumen: | T > L > S |
> | Grobporenanteil: | S > L > T |
> | Mittelporenanteil: | L > T > S |
> | Feinporenanteil: | T > L > S |

> **! Merke**
>
> - **Tonböden** haben wenig Grobporen, aber viele Fein- und Mittelporen. Entsprechend weisen sie einen **guten Wasserhaushalt** und einen **schlechten Lufthaushalt** auf.
> - **Sandböden** besitzen wenig Fein- und Mittelporen, aber viele Grobporen. Entsprechend weisen sie einen **guten Lufthaushalt** und einen **schlechten Wasserhaushalt** auf.
> - **Lehmböden** vereinigen die guten Eigenschaften von Ton- und Sandböden. Sie besitzen in der Regel einen **guten Luft- und Wasserhaushalt**.

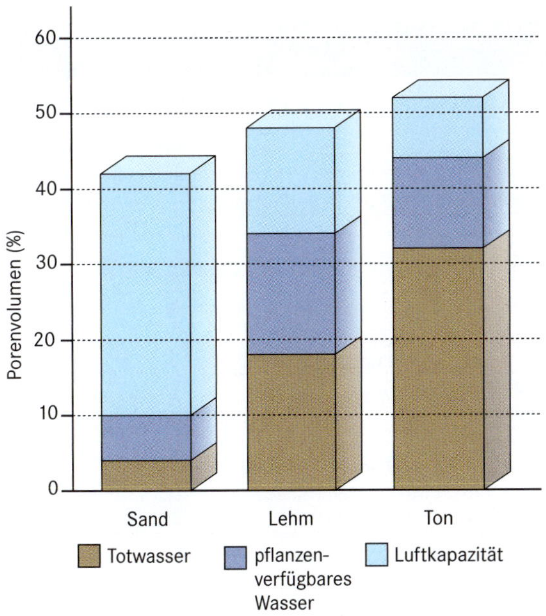

1 Wasser- und Luftgehalt verschiedener Bodenarten

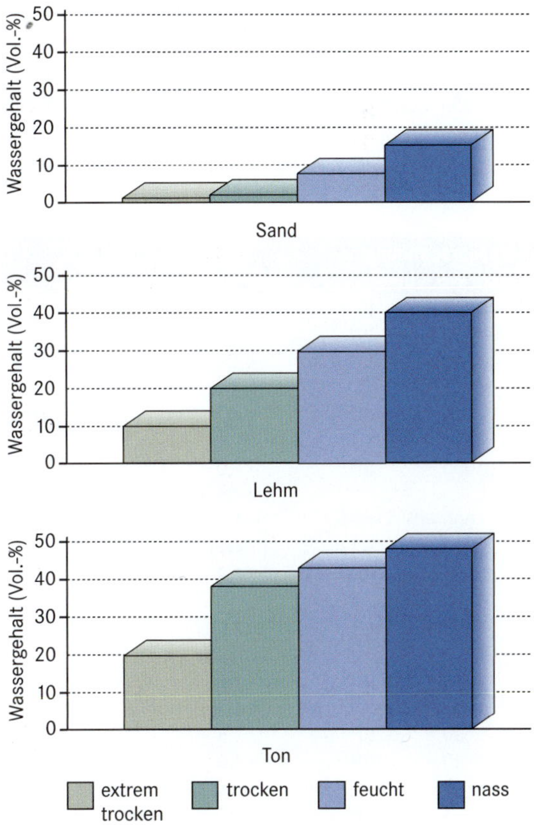

2 Bodenfeuchte verschiedener Bodenarten

Die unterschiedlichen Anteile von Grob-, Mittel- und Feinporen am Porenvolumen verschiedener Böden bedingen auch, **dass Böden mit gleichem Wassergehalt unterschiedliche Mengen pflanzenverfügbaren Wassers enthalten können** (**2**, S. 145). So ist z. B. ein Tonboden mit 20 Vol.-% Wasser extrem trocken, ein Lehmboden trocken und ein Sandboden mit dem gleichen Wassergehalt nass. Oder anders gesagt: Ein feuchter Sandboden enthält etwa 8 Vol.-% Wasser, ein Lehmboden mit gleicher Feuchtigkeit etwa 30 Vol.-% und ein Tonboden schon über 40 Vol.-% (**2**, S. 145). Entsprechend ist für die Kennzeichnung des pflanzenverfügbaren Wassers und damit der Wasserversorgung der Pflanzen nicht der Wassergehalt eines Bodens geeignet, sondern vielmehr sein **Feuchtigkeitsgrad**.

2.5.4 Wasserspannung

Ausgehend davon, dass das Bodenwasser umso stärker gebunden wird, je weniger Wasser im Boden ist, bildet die Wasserspannung ein gutes Kennzeichen für die Wasserversorgung der Pflanze. **Je stärker das Wasser gebunden wird, desto schlechter ist seine Pflanzenverfügbarkeit**, je schwächer es gebunden wird, desto höher ist der Wassergehalt eines Bodens und desto besser ist es somit für die Pflanzen verfügbar. Die Kraft, mit der das Wasser gehalten wird, wird in **Zentimetern Wassersäule** (**cm WS**) oder **Hektopascal** (**hPa**) angegeben. Die Luft übt infolge ihres Gewichts einen Druck aus. In Meeresspiegelhöhe entspricht der Luftdruck im Durchschnitt dem Gewicht einer 10 m oder 1 000 cm hohen Wassersäule (= 1 000 hPa). Zur übersichtlichen Darstellung benutzt man den logarithmischen **pF-Wert** (log. cm WS = pF-Wert): Wasserspannung 1 000 cm WS (= 1 000 hPa) = 10^3 cm WS = pF 3. Bei einer Wasserspannung von 15 000 cm WS (= 15 000 hPa) wird das Wasser so fest gebunden, dass es für die Pflanze nicht mehr verfügbar ist. Dies entspricht einem pF-Wert von 4,2 (pF = log. $1{,}5 \times 10^4 = 4{,}17$).

Den Wassergehalt des Bodens, bei dem die Pflanzen beginnen zu welken, bezeichnet man als **permanenten Welkepunkt**. Übersteigt der Wassergehalt die **Feldkapazität**, kann das darüber hinausgehende Wasser nicht mehr gegen die Schwerkraft der Erde festgehalten werden, sodass es versickert. Die Wasserspannung unterhalb der Feldkapazität ist kleiner als 300 cm WS oder pF < 2,5. Zum Teil kann das langsam fließende Sickerwasser von den wachsenden Wurzeln erreicht werden, sodass die Feldkapazität eines Bodens zwischen pF 1,8 und 2,5 liegt.

! Merke

Wasser ist für die Pflanzen bei einer Wasserspannung von (1,8) 2,5 bis 4,2 pF verfügbar (Tab. 1).

Die pflanzenverfügbare Wassermenge ergibt sich demnach aus dem Wassergehalt bei Feldkapazität minus dem Wassergehalt beim Welkepunkt (Totwassergehalt).

Wasserspannungsmessung

In der Praxis kann die Wasserspannung (Bodenfeuchtigkeit) im gewachsenen Boden mit einem **Tensiometer** (Spannungsmesser) gemessen werden. Es handelt sich

Wasserspannung (cm WS = hPa)	pF (log.cm WS)			Porengröße	
10 000 000 = 10^7	= 7,0				Feinporen
1 000 000 = 10^6	= 6,0		Totwasser		
100 000 = 10^5	= 5,0				
	(extrem trocken)				
15 000 = $1{,}5 \cdot 10^4$	**= 4,2**		**permanenter Welkepunkt**	**0,2 µm (= 0,0002 mm)**	
10 000 = 10^4	= 4,0		pflanzenverfügbares Wasser		Mittelporen
	(trocken)				
1 000 = 10^3	= 3,0				
	(frisch)				
300 = $3 \cdot 10^2$	**= 2,5**		**FK**	**10 µm (= 0,01 mm)**	
			= Feldkapazität		
100 = 10^2	= 2,0		langsam fließendes Sickerwasser		Grobporen
	(feucht)				
60 = $6 \cdot 10^1$	**= 1,8**			**50 µm (= 0,05 mm)**	
30 = $3 \cdot 10^1$	= 1,5		schnell fließendes Sickerwasser		
10 = 10^1	= 1,0				
	(nass)				
1 = 10^0	= 0,0				

Tab. 1 Die Wasserspannung – ein gutes Kennzeichen für die Wasserversorgung der Pflanze

dabei um ein mit Wasser gefülltes, entlüftetes Rohr, das am unteren Ende mit einem porösen Tonkörper verbunden ist. Der Tonkörper wird in den Boden gesteckt **(Stecktensiometer)**. Bei Trockenheit, d.h. bei hoher Wasserspannung des Bodens, wird das Wasser aus dem Tonkörper herausgesaugt, sodass im Rohr ein Unterdruck (Saugspannung) entsteht. Bei Feuchtigkeit, d.h. niedriger Wasserspannung im Boden, nimmt der Tonkörper durch seine Kapillaren Wasser auf, sodass der Unterdruck sinkt. Die Anzeige des Unterdrucks erfolgt in hPa. Die Kraft, mit der das Wasser im Boden gebunden wird, bezeichnet man als **Wasserspannung**. Je geringer der Wassergehalt eines Bodens, desto stärker wird das Wasser festgehalten.

! Merke

Mithilfe der Wasserspannungsmessung lässt sich der Bodenfeuchtegrad und damit der optimale Zeitpunkt für eine Bewässerung feststellen.

2.5.5 Dränung

Der **Grundwasserstand eines Bodens** beeinflusst maßgeblich das Pflanzenwachstum. Je nach Bodenart sind unterschiedliche Grundwasserhöhen anzustreben: Sandboden etwa 1,0 m, Lehmboden etwa 1,5 m, Tonboden etwa 2,0 m. Bei zu hohem Grundwasserstand kann der Boden zur Verbesserung des Lufthaushalts durch Dränung (1) entwässert werden. Dies kann durch die Anlage von **Gräben** oder das Verlegen von **Dränrohren** erfolgen.

! Merke

Eine **Dränage** dient zur Abführung überschüssigen Wassers aus dem Boden.

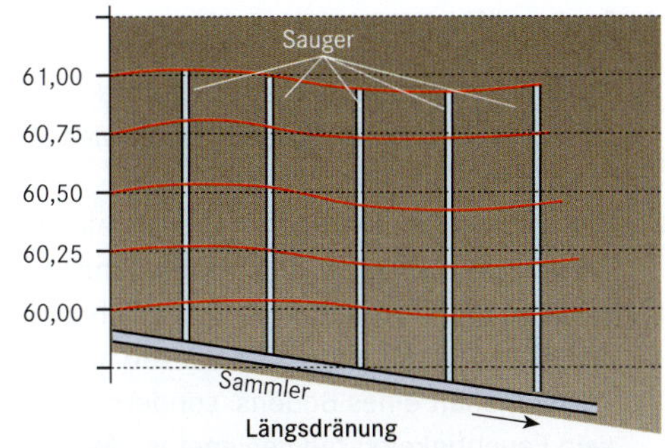

Längsdränung
(Geländegefälle < 1 : 250)

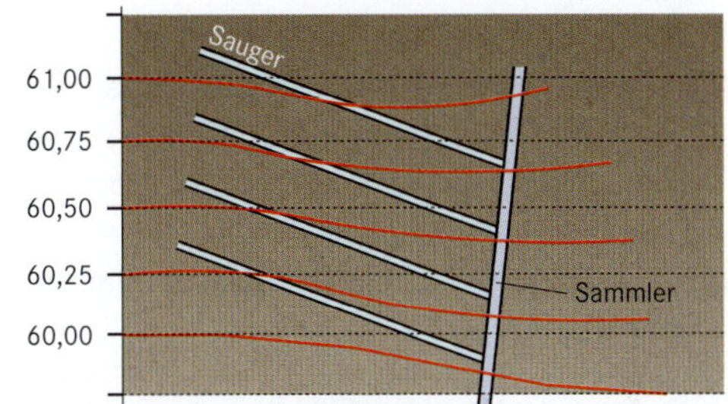

Querdränung
(Geländegefälle > 1 : 250)

	Sauger	Sammler
Mindestnennweite	NW 50	NW 65
Gefälle:		
■ mindestens	0,3 %	0,15 %
■ optimal	1 bis 3 %	4 %
■ maximal	8 %	8 %
Länge:		
■ quer	≤ 200 m	≤ 500 m
■ längs	≤ 150 m	≤ 500 m
Abstände		
■ Tonböden	4 bis 8 m	–
■ Sandböden	bis 20 m	–
Tiefe	60 bis 80 cm	

1 Dränung zur Entwässerung vernässter Böden

? Aufgaben

◑ 1. Beschreiben Sie den Wasserkreislauf (1, S. 143).

◑ 2. Etwa 86 % des Wassers in der Atmosphäre stammt aus den Weltmeeren. Die restlichen 14 % kommen vom Festland. Jedoch fallen ungefähr 22 % des verdunsteten Wassers als Niederschlag auf das Land. Das Festland bekommt also mehr Wasser, als es abgibt.
Wie kommt es dann aber, dass das Wasser im Meer nie weniger wird?

◑ 3. Unterscheiden Sie Oberflächen-, Sicker-, Haft-, Kapillar-, Adsorptions- und Grundwasser.

◑ 4. Worauf beruht die Kapillarität?

◑ 5. Warum sollten frisch gepflanzte Pflanzen durchdringend gegossen werden? Warum reicht ein Andrücken/Antreten nicht aus?

◑ 6. Warum steht der Pflanze nicht das gesamte Niederschlagswasser zur Verfügung?

○ 7. Was gibt die Wasserkapazität an?

◑ 8. Bestimmen Sie die Wasserkapazität eines Sand-, eines Lehm- und eines Tonbodens.

◑ 9. Wovon hängt der Wasser- und Luftgehalt eines Bodens ab?

● 10. Beschreiben Sie die Porenvolumenaufteilung und die sich daraus ergebenden Auswirkungen auf den Luft- und Wasserhaushalt von Sand-, Ton- und Lehmböden.

Aufgaben (Fortsetzung)

◑ 11. Warum sind Sandböden auf eine stärkere kapillare Wassernachlieferung angewiesen als Tonböden?
◑ 12. Warum liegt bei Tonböden der optimale Grundwasserspiegel tiefer als bei Sandböden?
● 13. Erklären Sie, warum für die Kennzeichnung der Wasserversorgung der Pflanzen nicht der Wassergehalt eines Bodens, sondern vielmehr sein Feuchtigkeitsgrad geeignet ist (2, S. 145).
○ 14. Was gibt der pF-Wert an?
○ 15. Wie nennt man den Wassergehalt des Bodens, bei dem das pflanzenverfügbare Wasser verbraucht ist und die Pflanzen zu vertrocknen beginnen?
○ 16. In welchem pF-Bereich ist Wasser pflanzenverfügbar?
◑ 17. Warum welken Pflanzen bei einem pF-Wert >4,2?
◑ 18. Welche Vorteile hat der Einsatz von Tensiometern zur Bewässerung?
● 19. Diskutieren Sie 1, S. 145 hinsichtlich des pflanzenverfügbaren Wassers und der Bewässerungsmaßnahmen
◑ 20. Um ein Versickern nährstoffreichen Wassers und damit eine Belastung des Grundwassers zu vermeiden, sollte nicht mehr Wasser gegeben werden, als der Boden festhalten kann. Wie kann dieses am ehesten gewährleistet werden?
○ 21. Wozu dient die Dränung?
◑ 22. Worauf sollte bei einer Dränung geachtet werden (1, S. 147)?

2.6 Bodenluft

Das **Porenvolumen eines Bodens** ist mit Wasser und Luft gefüllt. Je mehr Wasser das Porenvolumen enthält, desto geringer ist der Luftgehalt und umgekehrt.

Gase	O_2	CO_2	N_2
Atmosphäre	21 %	0,04 %	78,1 %
Bodenluft	<21 %	>0,3 %	um 78 %
	< 10 % Wurzelentwicklung gehemmt		

Tab. 1 Luftzusammensetzung (Vol.-%)

Merke

Das Bodenleben und die Pflanzenwurzeln brauchen **Sauerstoff zum Atmen.**
Damit genügend Sauerstoff in den Boden gelangen kann, muss dieser locker sein und ausreichend Grobporen enthalten.

Da wegen der **Atmung der Bodenlebewesen und der Pflanzenwurzeln** die Bodenluft einen geringeren Sauerstoff- und einen höheren Kohlendioxidgehalt als die Atmosphäre hat, findet infolge von **Diffusion** (s. S. 182) ein Gasaustausch zwischen Bodenluft und Atmosphäre statt. Diesen Gasaustausch, bei dem CO_2 aus dem Boden heraus- und O_2 in den Boden hineindiffundiert, bezeichnet man als **Bodenatmung**. Die Bodenatmung ist von der Luftdurchlässigkeit des Bodens abhängig und wird vor allem durch den Anteil an **Grobporen** bedingt. Deswegen haben Sandböden einen guten, Tonböden einen schlechten Lufthaushalt. Den Luftgehalt eines Bodens bei Feldkapazität (voller Wassersättigung) bezeichnet man als die **Luftkapazität des Bodens**. Ein günstiges Verhältnis zwischen Luft- und Feldkapazität ist gegeben, wenn das Porenvolumen aus 20 % Grobporen (Luftkapazität) und 30 % Mittel- und Feinporen (Wasserkapazität) besteht.

Merke

Maßnahmen zur **Verbesserung des Lufthaushalts** sind:
- Lockerung des Bodens
- Einarbeiten von z. B. Sand, Kies, Styromull, Lava, Perlite oder organischer Substanz (Kompost, Stallmist, Torf)
- Förderung des Bodenlebens
- Vermeidung von Staunässe
- Entwässerung (Dränung)

Aufgaben

◑ 1. Begründen Sie die Notwendigkeit eines guten Lufthaushalts im Boden.
◑ 2. Welcher Zusammenhang besteht zwischen Bodenluft und Bodenwasser?
◑ 3. Was versteht man unter Bodenatmung und worauf beruht sie?
○ 4. Was gibt die Luftkapazität an?
○ 5. Wie sollte eine günstige Porenvolumenaufteilung aussehen?
◑ 6. Warum erwärmen sich trockene und leichte Böden schneller als nasse und schwere Böden?
◑ 7. Nennen Sie Maßnahmen zur Verbesserung des Lufthaushalts eines Bodens.

2.7 Boden als Baugrund

Böden, auf denen Pflanzen gedeihen sollen, müssen locker und hohlraumreich sein. Im Gegensatz dazu dürfen Böden, die als **Baugrund**, z. B. für eine Terrasse oder Garagenauffahrt, dienen sollen, keine Hohlräume aufweisen. Sie müssen gut verdichtet sein, um Bauschäden aufgrund von Setzungen zu vermeiden.

! Merke

Oberboden (Mutterboden) ist für bautechnische Zwecke nicht geeignet, weil er organische Substanz enthält. Wird diese zersetzt, kommt es zu Setzungen des Bodens und damit zu Bauschäden. Deswegen dient als **Baugrund der Unterboden**.

2.7.1 Tragfähigkeit

! Merke

Die **Tragfähigkeit bindiger Böden** ist vom **Wassergehalt** abhängig. Je höher der Wassergehalt, desto geringer ist ihre Tragfähigkeit. Bindige Böden setzen sich zwar langsam, aber stark.
Die **Tragfähigkeit nicht bindiger Böden** wird vom Wassergehalt nicht beeinträchtigt. Sie setzen sich zwar rasch, aber nur wenig, sodass sie **gut als Baugrund geeignet** sind.

Sollen bindige Böden als Baugrund dienen, müssen diese **trocken** sein und unbedingt **vor Durchnässung geschützt** werden, da es ansonsten zu starken Setzungen und damit Bauschäden kommt. Gegebenenfalls sind sie gegen nicht bindige Böden **auszutauschen**.

1 Soll Boden als Baugrund dienen, muss er eine hohe Tragfähigkeit aufweisen

2.7.2 Frostempfindlichkeit

Neben der Tragfähigkeit des Baugrunds ist seine **Frostempfindlichkeit** von entscheidender Bedeutung. Ob ein Boden frostempfindlich ist oder nicht, hängt von der Bodenart ab.

! Merke

Je bindiger ein Boden, d. h. je höher sein Tongehalt, desto frostempfindlicher ist er.

Derartige Böden weisen eine **starke Kapillarität** auf, sodass Wasser aus dem Untergrund nach oben aufsteigt. Gefriert dieses Wasser, dehnt es sich aus und drückt den Boden nach oben. Im Wegebau kommt es dabei zur **Aufwölbung des Pflasterbelags** und damit zu **Bauschäden** (**2**). Setzt dann im Winter plötzlich Tauwetter ein, kann das Schmelzwasser nicht schnell genug nach unten wegfließen, sodass der **bindige Boden weich oder breiig** wird.

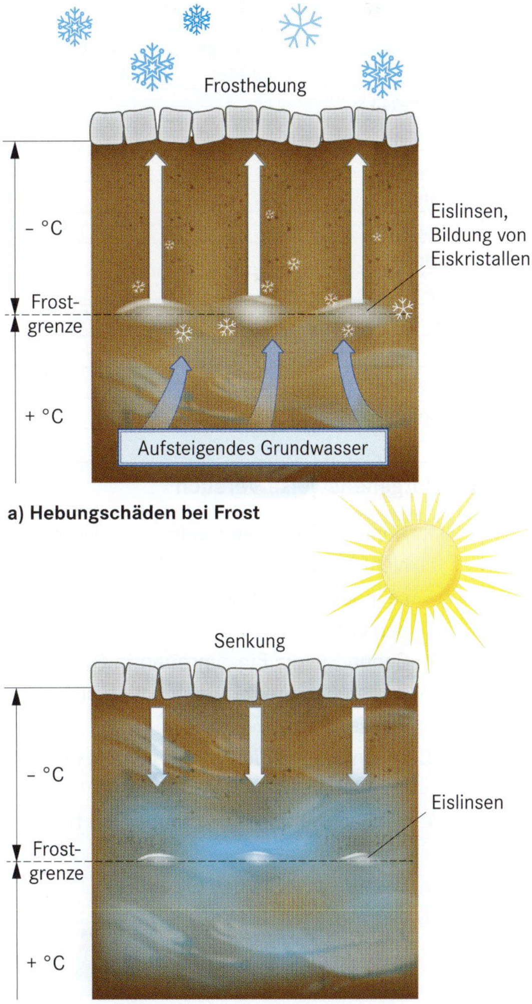

a) Hebungschäden bei Frost

b) Senkungs- oder Rutschschäden

2 Schäden durch Bodenfrost bei bindigen Böden

Dadurch verliert der Boden seine **Tragfähigkeit**, sodass die Wegedecke bei Belastung einbrechen kann.

Bei **Baumaßnahmen auf bindigen Böden** lassen sich Frostschäden wie folgt vermeiden:

- **Fundamente in frostsicherer Tiefe** (80 bis 120 cm) gründen. Frost kommt nicht darunter.
- **Kapillarität unterbrechen**. Dies erfolgt durch den Einbau einer **Frostschutzschicht** (hohlraumreiches Material, z. B. Sand-Kies-Gemisch 0/32) unter der Tragschicht.
- Absenkung des Grundwasserspiegels durch **Dränage**.
- **Bindigen Boden** gegen nicht bindigen Boden **austauschen**.

Aufgaben

◑ 1. Welche Anforderungen werden an Böden für
a) vegetationstechnische und
b) bautechnische Zwecke gestellt?

◑ 2. Warum ist Oberboden (Mutterboden) für bautechnische Zwecke nicht geeignet?

◑ 3. Ordnen Sie die folgenden Bodenarten den
a) bindigen oder b) nicht bindigen
Böden zu: Sand, Ton, Kies, Schluff, Lehm.

◑ 4. Erstellen Sie eine Tabelle, in der Sie die zutreffenden Eigenschaften ankreuzen:

Eigenschaften	bindige Böden	nicht bindige Böden
Tragfähigkeit		
hoch		
niedrig		
Setzung		
langsam		
schnell		
stark		
wenig		
Frost		
frostgefährdet		
nicht frostgefährdet		

◑ 5. **Vorgehensweise Versuch**

1. Nehmen Sie einen bindigen und einen nicht bindigen Boden und teilen Sie diese in jeweils drei etwa gleich große Proben auf.
2. Geben Sie die Einzelproben in Gefäße und gießen Sie unterschiedlich viel Wasser dazu.
3. Legen Sie auf die Proben jeweils einen Betonstein.
4. Beobachten Sie, wie schnell und tief die Steine einsinken.
5. Beschreiben Sie das Ergebnis.

◑ 6. Nehmen Sie einen bindigen Boden (z. B. Lehm oder Ton) und teilen Sie ihn in vier etwa gleich große Proben auf. Geben Sie zu den einzelnen Proben unterschiedliche Wassermengen und kneten Sie anschließend den Boden mit den Händen gut durch.
a) Beschreiben Sie das Ergebnis.
b) Führen Sie denselben Versuch mit einem nicht bindigen Boden (Sand oder Kies) durch. Worin unterscheiden sich nicht bindige Böden von bindigen Böden?
c) Wovon ist die Tragfähigkeit bindiger Böden abhängig?

◑ 7. Worauf ist zu achten, wenn bindige Böden als Baugrund dienen sollen?

◑ 8. Wovon hängt die Frostempfindlichkeit eines Bodens ab?

◑ 9. Erklären Sie, was die Kapillarität mit der Frostempfindlichkeit eines Bodens zu tun hat.

○ 10. Stellen Sie einen Kalksandstein und einen unten offenen Glaszylinder in eine Wanne mit etwas Wasser. Füllen Sie den Glaszylinder mit Kies.
Was können Sie nach einiger Zeit beobachten?

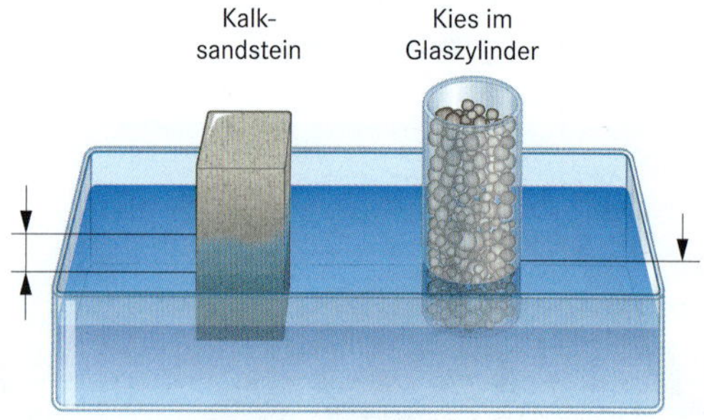

◑ 11. Durch welche Maßnahmen können Frostschäden auch bei bindigem Baugrund verhindert werden?

◑ 12. Worauf beruht der Frostschutz der Frostschutzschicht?

3 Bodengare

> **! Merke**
>
> Unter **Bodengare** versteht man den für den Anbau von Pflanzen günstigsten Bodenzustand.

1 Ein Boden ist gar, wenn er optimale Bedingungen für den Anbau von Pflanzen bietet.

Die Bedeutung eines optimalen Bodengefüges (s. Kap. 2.4) für die Bodengare wird dadurch deutlich, dass der Begriff der **Krümelbildung** praktisch mit dem der Bodengare gleichgesetzt wird.

Maßnahmen zur **Förderung der Bodengare** zielen auf die **Schaffung** bzw. den **Erhalt einer Krümelstruktur** ab.

Obwohl die Struktur eines Bodens in erster Linie durch die Bodenbildung und damit durch die Bodenart bestimmt wird, können die Eigenschaften eines Bodens durch gezielte Maßnahmen (**2**) verändert werden. So kann aus fast jedem Boden, wenn auch mit unterschiedlichem Aufwand, ein fruchtbarer Kulturboden werden, indem z. B. bei schweren Böden die Durchlüftung und Wasserdurchlässigkeit, bei leichten Böden die Wasser- und Nährstoffhaltekraft verbessert werden. Bodenlockerung und -bedeckung sowie die Zuführung organischer Substanz sind wichtige Maßnahmen zur Erzielung eines optimalen Gefüges.

2 Durch die wendende Arbeitsweise des Pfluges wird der Boden nachhaltig gelockert, gekrümelt und durchlüftet

3.1 Bodenlockerung

Durch die **Belastung des Bodens** beim Begehen und Befahren mit Geräten und Maschinen, aber auch durch das Eigengewicht des Bodens kommt es zu einer Verfestigung der oberen Bodenschichten und damit zu einer **Verringerung des Porenvolumens**. Bei unbedeckten Böden führen **Witterungseinflüsse** wie starke Niederschläge (z. B. Gewitterregen), direkte Sonneneinstrahlung und Wind im Lauf der Zeit zur Zerstörung der oberflächigen Bodenkrümel und so zur **Verschlämmung, Verdichtung und Verkrustung der Bodenoberfläche**. Die Folgen sind eingeschränkte Durchlüftung des Bodens und eine erschwerte Wasseraufnahme. Die gestörte Durchlüftung führt zur Reduzierung des Sauerstoff- und Erhöhung des Kohlendioxidgehalts in der Bodenluft, sodass Bodenleben und Wurzelwachstum gehemmt werden. Das verstärkt oberflächig abfließende Regenwasser reißt zudem Bodenteilchen mit sich, sodass es zu einem **Bodenabtrag** kommt. (**3**)

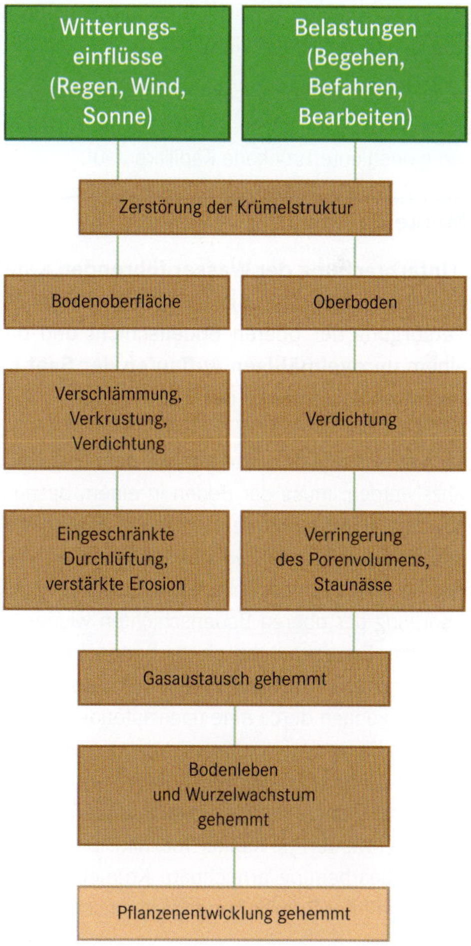

3 Hemmung der Pflanzenentwicklung durch Zerstörung der Krümelstruktur

Eine **Bodenlockerung** fördert die Durchlüftung und Erwärmung des Bodens, die Wasseraufnahme sowie den Gasaustausch. Die Unterbrechung der Bodenkapillaren reduziert die Wasserverdunstung und verbessert die Wasserverfügbarkeit für die Pflanze. Zusammen mit der Bodenlockerung erfolgt gleichzeitig eine sehr wirkungsvolle und umweltfreundliche Bekämpfung lästiger Wildkräuter.

Auch der **Zeitpunkt der Bodenlockerung** hat einen Einfluss auf die Bodengare. Im Herbst in groben Schollen umgegrabenes bzw. gepflügtes Land schafft gute Angriffsmöglichkeiten für den Frost. Beim Gefrieren des Wassers in den Schollen wird der Boden in viele kleine Krümel gesprengt. Der durch die Einwirkung des Frostes erreichbare Krümelzustand des Bodens wird auch als **Frostgare** bezeichnet. Diese ist vor allem für schwere Böden notwendig, um einen guten Strukturzustand bis zum Frühjahr zu erreichen. Ferner wird durch das grobschollige Umgraben bzw. Pflügen im Herbst die **Winterfeuchtigkeit** besser gespeichert. Wird im Frühjahr umgegraben bzw. gepflügt, sollten zur Schonung der Winterfeuchtigkeit die Schollen beim Umgraben zerschlagen bzw. die Pflugbalken durch nachlaufende Geräte zerkleinert werden.

Böden, die nach der Bodenlockerung nicht genügend Zeit hatten, sich wieder zu setzen, weisen bei der Aussaat bzw. Pflanzung noch unterbrochene Kapillaren auf.

! Merke

Die **Unterbrechung der Wasser führenden Kapillaren** führt zu einer Störung der gleichmäßigen Wasserversorgung der oberen Bodenschicht und damit zu einem **unregelmäßigen Auflaufen der Saat bzw. gehemmten Anwachsen der Pflanzen.**

Soll nach einer Bodenlockerung relativ schnell gesät oder gepflanzt werden, muss der Boden in einem bestimmten Maß wieder verfestigt werden, um einen **Bodenschluss**, d.h. die Bodenkapillarität, wieder zu erreichen. Mithilfe von Walzen oder Krumenpackern kann die kapillare Wasserversorgung der oberen Bodenschichten wieder hergestellt werden. Die danach bis an die Bodenoberfläche reichenden Kapillaren (erhöhte Wasserverdunstung durch den Boden!) können durch eine nachlaufende Egge, durch Harken oder Hacken wieder unterbrochen werden. Durch den Einsatz von Walzen, vor allem Rauwalzen (z.B. Cambridge-Walze), können auch verkrustete Bodenoberflächen aufgebrochen werden (s. Kapitel Technik). Die durch optimale Bodenbearbeitung erreichbare Krümelstruktur wird mit dem Begriff der **Bearbeitungsgare** umschrieben.

? Aufgaben

○ 1. Was versteht man unter Bodengare?

◑ 2. Erklären Sie, warum ein Boden regelmäßig gelockert werden muss (3, S. 151).

◑ 3. Warum werden vor allem schwere Böden im Herbst grobschollig umgegraben?

◑ 4. Erklären Sie, warum bei der Rasenaussaat der Boden nach der Lockerung wieder angewalzt wird.

3.2 Bodenbedeckung/-bewuchs

1 Ganzjähriger Bodenbewuchs

Eine Bedeckung des Bodens durch Bewuchs (1) oder Mulchen verhindert eine Zerstörung der oberflächigen Krümelstruktur durch Witterungseinflüsse. Feuchtigkeits- und Wärmeschwankungen in der oberen Bodenschicht werden abgeschwächt. Die Verdunstung des Bodens wird reduziert, sodass der Pflanze mehr Wasser zur Verfügung steht und weniger Wasser zugeführt werden muss. Das Bodenleben wird gefördert und damit auch die Lockerung und Durchmischung des Bodens mit organischer Substanz. Daneben führt organisches Mulchmaterial dem Boden Nährstoffe zu und unterdrückt das Wachstum von Wildkräutern. **Gründüngungspflanzen** wirken bereits als Pflanzenbestand durch Beschattung und Durchwurzelung des Bodens positiv auf die Bodenfruchtbarkeit (s. S. 220). Die durch Beschattung erreichbare Krümelstruktur des Bodens wird auch als **Schattengare** bezeichnet.

? Aufgabe

◑ Begründen Sie, warum ein Boden gemulcht oder bewachsen sein sollte.

3.3 Zuführung organischer Substanz

1 Organische Substanz, Nahrung für Bodenlebewesen

> **! Merke**
>
> Ein hoher **Humusgehalt** ist eine Voraussetzung für die **Fruchtbarkeit eines Bodens.**

Im Gegensatz zu den mechanisch gebildeten Krümeln bei der Frost- und Bearbeitungsgare, die nicht sehr dauerhaft sind, wird die Krümelstruktur des Bodens durch die **Lebendverbauung der Bodenlebewesen** (**1**) stabilisiert. Die mit der Bodenbearbeitung erfolgende Durchlüftung des Bodens führt über die Förderung des Bodenlebens zu einem beschleunigten Abbau der organischen Substanz und damit des Humusgehalts eines Bodens. Um einer Strukturverschlechterung entgegenzuwirken, muss durch Zufuhr von organischer Substanz (s. Kapitel Pflanzenernährung) ein Gleichgewicht zwischen Abbau und Zufuhr erreicht werden. Die Mengen, die dazu erforderlich sind, hängen vom Klima, der Bodenart und der pflanzenbaulichen Nutzung ab. Im Gemüsebau mit seiner intensiven Bewirtschaftung des Bodens sollte z. B. mindestens 1 kg organische Substanz/m^2 und Jahr ausgebracht werden.

> **! Merke**
>
> **Je intensiver ein Boden bearbeitet wird, desto mehr organische Substanz sollte zugeführt werden.**

Durch die zersetzende Tätigkeit der Mikroorganismen kommt es nicht nur zu einer **Strukturverbesserung** des Bodens, sondern auch über die **Freisetzung von Nährstoffen** und eine **Kohlendioxidanreicherung** (**1**, S. 212) in den bodennahen Luftschichten zu einer Förderung des Pflanzenwachstums. Daneben ermöglicht eine reichliche Zufuhr organischer Substanz eine allmähliche **Vertiefung des fruchtbaren Oberbodens**. Eine Einarbeitung der organischen Substanz in tiefere Bodenschichten sollte vermieden werden, da es dort aufgrund des geringen Sauerstoffgehalts nicht zur Verwesung, sondern zur **Fäulnis** kommt. Dabei entstehen giftige Stoffe (z. B. Methan), die Bodenleben und Pflanzenwurzeln schädigen.

> **? Aufgabe**
>
> ◑ **Erklären Sie, warum ein pflanzenbaulich genutzter Boden regelmäßig mit organischer Substanz versorgt werden sollte.**

4 Bodenschutz

Die Entwicklung der Böden vollzog sich über Tausende von Jahren. Im Laufe dieser Zeit entstand ein kompliziertes Ökosystem, das die natürliche Lebensgrundlage aller Lebensformen auf der Erde bildet.

2 Bodenschutz tut Not

> **! Merke**
>
> **Das Ökosystem Boden dient**
> - **als Standort und Lebensraum,**
> - **als Ort von Abbau- und Umwandlungsprozessen,**
> - **als Anbaufläche für Nahrungsmittel und nachwachsende Rohstoffe,**
> - **zur Aufrechterhaltung des Nährstoff- und Wasserkreislaufs,**
> - **als Grundwasserspeicher und Rohstofflieferant,**
> - **als Filter für Schadstoffe.**

Entsprechend seinen vielfältigen Funktionen unterliegt der Boden zahlreichen Einflüssen, die zu seiner Zerstörung und zur Störung des gesamten Naturhaushalts führen können. Da Boden nicht beliebig vermehrbar ist, kommt seinem Schutz zur Aufrechterhaltung der Lebensgrundlage für nachfolgende Generationen eine besondere Bedeutung zu.

4.1 Überbauung und Versiegelung

Die **Überbauung und Versiegelung** von Boden durch Besiedlung und Verkehrswege führt in der Regel zu einer großflächigen Bodenzerstörung. Pro Tag geht eine Fläche von etwa 87 ha durch Überbauung verloren. Dabei ist zu berücksichtigen, dass die durch Baumaßnahmen erfolgende Zerschneidung der freien Landschaft die Entwicklung von Flora und Fauna negativ beeinflusst. So stellen vor allem asphaltierte Wege ein unüberwindliches Hindernis für viele kleine am und im Boden lebende Tiere dar. Das dichte Verkehrswegenetz führt zur Isolation der einzelnen Populationen. Die Folgen sind eine **Reduzierung der genetischen Vielfalt** und ein Rückgang der einzelnen Arten. Weitere negative Auswirkungen von Überbauungsmaßnahmen sind der **Verlust an landwirtschaftlich nutzbaren Flächen**. Die Versiegelung der Flächen verhindert das Eindringen des Niederschlagswassers in den Boden. Dies führt zu einem beschleunigten Oberflächenabfluss und so zur verstärkten **Bodenerosion** und **Eutrophierung der Gewässer** (s. S. 201) sowie der Gefahr der Hochwasserbildung und einer reduzierten Grundwasserneubildung.

! Merke

Eine **flächensparende Siedlungs- und Verkehrspolitik** ist die wichtigste Maßnahme zur Einschränkung großflächiger Bodenvernichtungen.

? Aufgabe

◑ Welche wichtigen ökologischen Aufgaben übernimmt der Boden?

4.2 Bodenverdichtung

1 Belastungen mit schweren Maschinen haben zu Fahrspuren geführt. Ein Zeichen für die massiven Bodenverdichtungen sind vorübergehende Wasseransammlungen, weil das Regenwasser nicht mehr hinreichend versickern kann.

4.2.1 Ursachen

Die **intensive Nutzung der Böden** bewirkt eine starke Belastung der Bodenstruktur. Vor allem der **Einsatz schwerer Maschinen** bei der Bodenbearbeitung kann zu einer Verdichtung der Böden führen. Schwer zu beheben sind Verdichtungen in tieferen Bodenschichten, da Bodenleben hier nicht existiert. Zudem beschränkt sich die Bodenlockerung auf die oberen 20 bis 30 cm. Tief liegende Verdichtungen, die vor allem beim Pflügen verursacht werden, wenn mit den Schlepperrädern auf der Sohle der Ackerfurchen gefahren wird, werden nicht behoben. Auch kommt es im Laufe der Zeit zu einer Verdichtung der unter der regelmäßig gelockerten Bodenschicht befindlichen Schicht. Diese sogenannte **Pflugsohlenverdichtung** entsteht durch langjährige Bodenbearbeitung auf immer gleichbleibender Tiefe. Sie behindert den Abfluss des Sickerwassers und das Vordringen der Wurzeln in tiefere Schichten. Die Folgen sind **Staunässebildung** und **Sauerstoffmangel**.

! Merke

Ursachen der Verdichtung
- Häufiges Befahren des Bodens
- Einsatz schwerer Maschinen
- Bearbeitung bindiger Böden bei Nässe
- Langjährige Bodenbearbeitung

Folgen der Verdichtung
Verkleinerung des Porenvolumens, vor allem der luftführenden Grobporen, sodass es zu **Staunässe** und **Sauerstoffmangel** kommen kann.

4.2.2 Gegenmaßnahmen

Bei durch intensive Nutzung stark belasteten Böden ist eine gute Bodenstruktur auf Dauer nur dann zu erhalten, wenn regelmäßig **mechanische Bearbeitungsmaßnahmen zur Bodenlockerung** durchgeführt werden. Dabei kommt der richtigen Auswahl der Bearbeitungsgeräte, der Bearbeitungsverfahren und dem Zeitpunkt der Bearbeitung im Hinblick auf Bodenart und -zustand eine große Bedeutung zu. **Gerätekombinationen**, bei denen mehrere sich ergänzende Bodenbearbeitungsgeräte hintereinander gehängt in einem Arbeitsgang den Boden in den gewünschten Zustand überführen, stellen eine Möglichkeit zur geringeren Belastung durch Befahren dar. Gleiches gilt für Pflege- und Erntearbeit. Auch die **Gewichtsverteilung** auf vier gleich große Räder, die Verwendung überbreiter Reifen, Doppelreifen oder das Anbringen von Gitterrädern an die Räder der Zugmaschinen sowie die Reduzierung des Luftdrucks sind wirksame Maßnahmen zur **Verminderung des Boden-**

drucks und damit der Strukturbelastung des Bodens. Zur Vermeidung von Pflugsohlen sollten **wechselnde Pflug- bzw. Bearbeitungstiefen** gewählt werden. Um eine nachhaltige Bodenverbesserung zu gewährleisten, ist eine Belastung des gelockerten Bodens gering zu halten und organische Substanz (Stallmist, Kompost, Gründüngung) zur Stabilisierung des Bodengefüges (Lebendverbauung!) einzuarbeiten. Die Einteilung der Fläche in Beete mit immer gleichen befahrenen Wegen stellt ebenfalls eine Maßnahme zur **bodenschonenden Bearbeitung** dar. Eine weniger intensive Bodenbearbeitung und eine oberflächennahe **Einarbeitung organischer Substanz** schützen und fördern zudem vor allem die nützlichen Regenwürmer (s. Bodenfauna). Sind in tieferen Bodenschichten Verdichtungen vorhanden, muss eine **Tiefenlockerung** erfolgen.

? Aufgaben

1. Beschreiben Sie Ursachen und Auswirkungen von Bodenverdichtungen.
2. Wie können Bodenverdichtungen vermieden bzw. eingeschränkt werden?
3. Erklären Sie, welcher schwerwiegende Fehler auf dem Bild beim Einbau des Oberbodens (**1**, S. 152) gemacht wird und wie dieser zu vermeiden gewesen wäre.

Boden-erosion

4.3 Bodenerosion

1 Bodenerosion durch Wind infolge der Bodenbearbeitung während einer Trockenperiode

4.3.1 Ursachen

! Merke

Unter **Bodenerosion** (**1**) versteht man den **Bodenabtrag durch Wind und Wasser**.

Hauptursachen für die Erosion sind in der Ausrottung der natürlichen Vegetation und falschen Kulturmaßnahmen zu sehen. Die Beseitigung von Hecken und Feldgehölzen („Ausräumung der Landschaft“) sowie der verstärkte Anbau von Reihenkulturen führen vor allem auf leichten Böden verstärkt zur **Winderosion**. In Hanglagen kommt es vorwiegend zur **Wassererosion** durch oberflächig abfließendes Wasser. Die Bodenerosion führt zum Verlust fruchtbaren Oberbodens und damit zur **Verflachung der Krumentiefe**. Entsprechend reduziert ist die Nährstoff- und Wasserhaltekraft des Bodens.

Unter erosionsfördernden Bedingungen kann der Bodenabtrag bis über 100 Tonnen/ha betragen, sodass es nur eine Frage der Zeit ist, bis die fruchtbare Bodenkrume verschwunden ist.

4.3.2 Gegenmaßnahmen

! Merke

Maßnahmen zur **Vermeidung von Bodenerosionen**:

- Pflanzungen, z.B. Hecken, quer zur Hauptwindrichtung
- Boden ganzjährig bewachsen halten
- Einarbeitung organischer Substanz in den Boden
- bei Hanglagen quer zum Gefälle pflügen
- bei starker Hanglage Anlegen von Hangterassen

Gut geeignet zum Schutz gegen Winderosion sind **Heckenpflanzungen** mit einem maximalen Abstand von 200 bis 300 m, die, neben dem Erosionsschutz, vor allem auch dem Biotop- und Artenschutz dienen. Auch andere Pflanzenarten, z.B. Sonnenblumen oder Getreide, im Abstand von 20 bis 40 m quer zur Hauptwindrichtung angelegt, können den Boden vor Winderosion schützen.

Den besten Schutz bietet eine geschlossene **ganzjährige Vegetationsdecke**. Entsprechend sollten Schwarzbrachen so kurz wie möglich gehalten werden. Daneben stabilisiert die **Zuführung organischer Substanz** über die verbesserte Wasserhaltekraft die Bodenoberfläche gegen Verwehungen. Bei Hanglagen sollte **quer zum Gefälle gepflügt** werden, sodass oberflächig abfließendes Wasser gehemmt wird. Dem Schutz vor Wassererosion dient auch das Anlegen von **Hangterrassen** bei sehr starker Hanglage.

? Aufgaben

1. Beschreiben Sie Ursachen und Folgen der Bodenerosion.
2. Nennen Sie Maßnahmen zur Verhinderung der Bodenerosion.

4.4 Eintrag von Schadstoffen

Schadstoffemissionen von Industrie, Kraftwerken, Haushalten, Gewerbe und Verkehr führen in zunehmendem Maße zur **Vergiftung und Zerstörung des Ökosystems Boden**. Auch der flächendeckende Einsatz von **Agrochemikalien** (in Landwirtschaft und Gartenbau verwendete Chemikalien), wie **Düngemittel** (z. B. cadmiumhaltige Phosphatdünger) und **Pestizide**, trägt im erheblichen Umfang zur Bodenbelastung bei.

4.4.1 Schwermetalle

Schwermetalle, wie Cadmium (Cd), Quecksilber (Hg), Blei (Pb), Thallium (Tl), Zink (Zn), Kupfer (Cu), Mangan (Mn) und Nickel (Ni), wirken in erhöhter Konzentration giftig (toxisch) auf Pflanze, Tier und Mensch. Im Boden zerstören sie das Gefüge und vermindern die Pufferkapazität. Das führt zu einer verstärkten Auswaschung und damit Verarmung des Bodens an wichtigen Pflanzennährstoffen sowie zur Vergiftung von Bodenflora und -fauna. Einmal im Boden angereichert, können Schwermetalle nicht mehr bzw. nur sehr schwer entfernt werden.

4.4.2 Organische Schadstoffe

Von den schwer abbaubaren (persistenten) organischen Schadstoffen kommt vor allem den **chlorierten Kohlenwasserstoffen** (CKW, Stichwort „DDT"), den **polychlorierten Biphenylen** (PCB, Stichwort „Kühlmittel") und den **Dioxinen** (PCDD, Stichwort „Sevesogift") eine große Bedeutung bei der **Vergiftung der Böden** zu. Auf Pflanze, Tier und Mensch wirken sie **krebsauslösend** (karzinogen) und **erbverändernd** (mutagen). Sie sind schwer abbaubar, sodass es im Laufe der Zeit zu einer Anreicherung in Boden, Wasser, Pflanze und über die Nahrungskette (s. S. 110) in Mensch und Tier kommen kann. Die Schadstoffbelastung des Bodens kann so hoch sein, dass eine landwirtschaftliche oder gartenbauliche Nutzung und sogar ein Bewohnen (Stichwort „Altlasten/Mülldeponien") wegen gesundheitlicher Risiken nicht mehr möglich sind.

4.4.3 Radioaktive Stoffe

Eine zunehmende Bedeutung kommt der **Belastung des Bodens** mit radioaktiven Stoffen zu. Die von diesen Stoffen ausgehende **radioaktive Strahlung** kann man nicht sehen, fühlen, riechen oder schmecken und trotzdem kann sie Lebewesen schwer schädigen oder sogar töten. Gelangen radioaktive Stoffe in den menschlichen Körper, können sie diesen über Jahre hinweg mit radioaktiver Strahlung belasten.

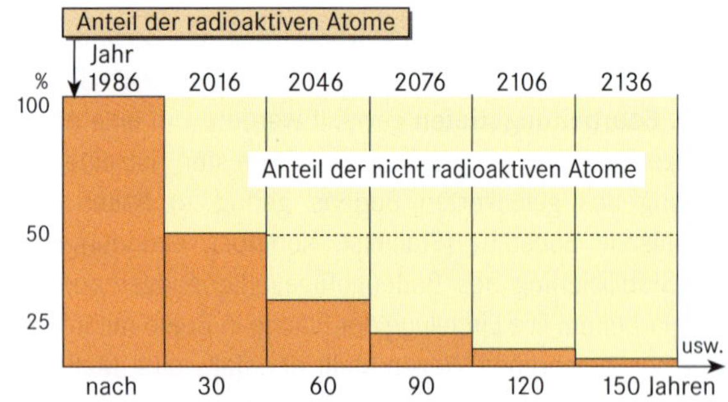

1 Halbwertzeit am Beispiel von Cäsium 137

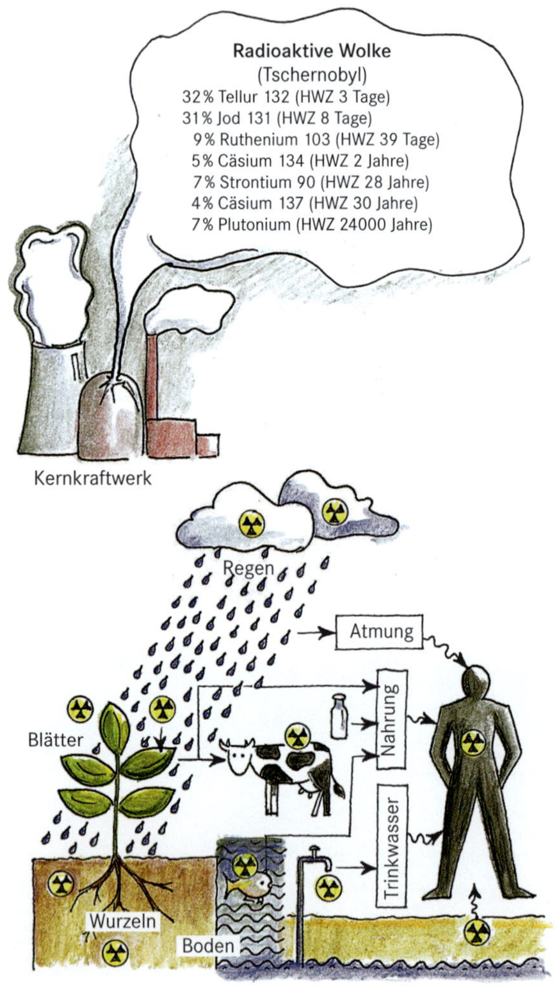

2 Strahlenbelastung

Obwohl das Ausmaß der Schädigung von der **Strahlungsintensität** abhängt, kann aufgrund individueller Unterschiede keine generell gültige Dosis genannt werden, unterhalb der radioaktive Strahlung unschädlich ist. Theoretisch kann somit jede noch so geringe Strahlendosis zu Schäden führen. Diese Schäden können Jahre oder Jahrzehnte nach der Bestrahlung auftreten. Neben dem **Fall-**

out (radioaktiver Niederschlag) früherer oberirdischer **Kernwaffentests** (bis 1964) und Störfällen in kerntechnischen Anlagen hat vor allem der **Reaktorunfall in Tschernobyl** (am 26. April 1986) den Boden in der Bundesrepublik Deutschland radioaktiv belastet. Nach dem Super-GAU im sowjetischen Kernkraftwerk wurde ein Teil der austretenden Radioaktivität über weite Teile Europas verteilt. Durch Niederschläge gelangten radioaktive Stoffe, vor allem Jod 131 und Cäsium 137, auf und in den Boden, wo sie sich anreicherten. Besonders Cäsium 137 ist aufgrund seiner Halbwertzeit von 29,7 Jahren recht langlebig. Unter der **Halbwertzeit** versteht man den Zeitraum, in dem die radioaktiven Atome auf die Hälfte des Anfangswerts zerfallen (**1**, S. 156). Obwohl Cäsium relativ fest an den Bodenteilchen gebunden wird, ist in den kommenden Jahren mit einer Aufnahme durch die Pflanzen aus dem Boden und damit einer Aufnahme über die Nahrungskette zu rechnen (**2**, S. 156). Vor allem in den stärker betroffenen Gebieten Süddeutschlands hat sich Cäsium mittlerweile in stehenden Gewässern angereichert. Die große Hilflosigkeit gegenüber radioaktiven Strahlen wurde unter anderem durch die nach der Reaktorkatastrophe von Tschernobyl empfohlenen Maßnahmen zum Schutze der Bevölkerung deutlich:

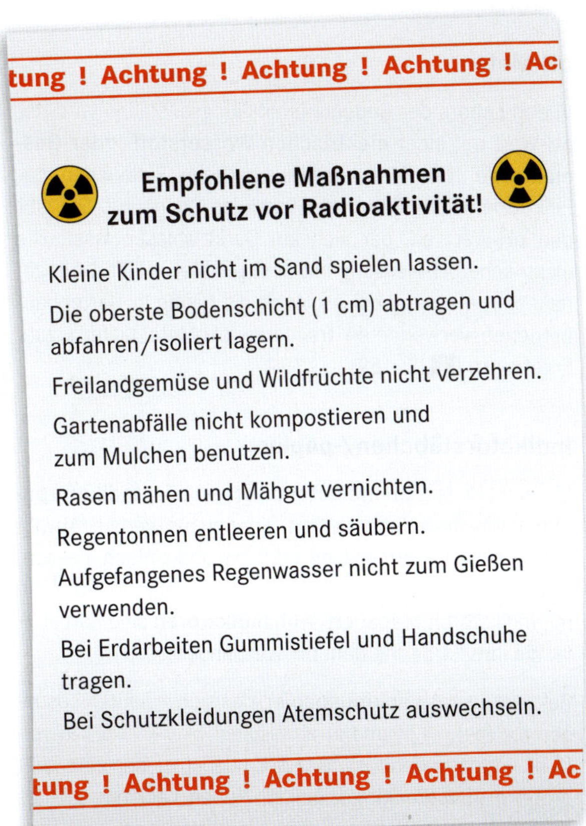

Ein verheerendes **Erdbeben** und eine gewaltige **Flutwelle (Tsunami**[1]**)** führten am 11. März 2011 in Japan zum **GAU**[2] **im Atomkraftwerk Fukushima**. Die Katastrophenregion wurde hochgradig verstrahlt und wird auf Jahrzehnte unbewohnbar sein. Große Mengen **radioaktiv verseuchten Wassers** flossen in den Ozean. Es geriet 168 x mehr **Cäsium 137** in die Umwelt als bei der Explosion der am 6. August 1945 über Hiroshima (Japan) abgeworfenen Atombombe.

In Deutschland hat die Katastrophe von Fukushima, 25 Jahre nach Tschernobyl, zu einer Kehrtwende in der Politik geführt. So beschloss die Bundesregierung den **Ausstieg aus der Atomkraft**. Am 15.04.2023 wurden die letzten drei Atomkraftwerke (AKW) abgeschaltet.

? Aufgaben

◑ 1. Diskutieren Sie mögliche Maßnahmen zur Verhinderung von Schadstoffemissionen.

● 2. Warum ist die Verseuchung der Böden mit radioaktiven Stoffen als besonders gefährlich anzusehen?

● 3. Viele Gemüsegärtner konnten nach der Reaktorkatastrophe wegen hoher radioaktiver Belastung ihr Gemüse nicht verkaufen. Es blieb auf den Feldern stehen und wurde untergepflügt. Beurteilen Sie diese Maßnahme.

4.5 Bodenversauerung

Bei der **Verbrennung fossiler Brennstoffe** (z. B. Kohle, Erdöl, Benzin) werden große Mengen **Schwefeldioxid** (**SO_2**) und **Stickoxide** (**NO_x**) emittiert. In der Atmosphäre reagieren sie zu **Schwefel- und Salpetersäure** und führen zu dem sogenannten **sauren Regen**. Hinzu kommen **Kalkauswaschungen** und **bodeninterne Säureproduktionen** (z. B. über die Atmung, Nitrifikation und Nährstoffaufnahme). Die **Folgen einer zunehmenden Bodenversauerung** sind

- eine verstärkte Freisetzung im Boden gebundener Schwermetalle und giftig wirkender Aluminiumionen,
- eine Verschlechterung der Bodenstruktur und Pufferkapazität sowie
- eine verstärkte Nährstoffauswaschung und Abtötung des Bodenlebens (s. S. 114).

[1] jap., durch Seebeben ausgelöste Flutwelle

[2] größter anzunehmender Unfall

Entsprechend dem festgestellten pH-Wert erfolgt die **Kalkung** (s. S. 185). Das Bestimmen des pH-Werts bedarf zunächst einer **repräsentativen Bodenprobe**.

> **! Merke**
>
> Durch **Kalken** des Bodens kann einer zunehmenden Bodenversauerung entgegengewirkt werden. Bei **leichten Böden** (Sandböden) wird ein pH-Wert von **5,5 bis 6,0**, bei **schweren Böden** (Lehm- und Tonböden) von **6,5 bis 7,5** angestrebt.

4.5.1 Entnahme einer Bodenprobe

Für eine **repräsentative Bodenprobe** werden je ha an etwa 20 Stellen, gleichmäßig über die gesamte Fläche verteilt, Bodenproben entnommen. Randflächen, Wege, Maulwurfshaufen und andere für die Fläche untypische Stellen werden ausgelassen. Bei kleineren Flächen sollte an mindestens fünf Stellen eine Probe entnommen werden.

Die Entnahme kann mithilfe eines **Bohrstocks** oder eines **Spatens** erfolgen. Bei der Entnahme mit einem Spaten werden dünne (3 bis 5 cm dick), gleichmäßige Scheiben aus dem Boden herausgestochen.

Bei **Erdhaufen** (z. B. Komposthaufen) ist ebenso zu verfahren. Selbst gemischte Substrate sollten vor der Probennahme mindestens 14 Tage lagern. Pro m^2 werden fünf Einzelproben entnommen.

Die Einstichtiefe bei der Entnahme beträgt in der Regel 20 bis 25 cm. Sie sollte der **bearbeiteten Bodenschicht** entsprechen (s. auch N_{min}-Methode S. 227). Bei Rasen ist eine Einstichtiefe von 10 cm ausreichend. Bei **Topfkulturen** werden aus dem Pflanzenbestand 10 durchschnittliche Pflanzen ausgesucht, aus deren Topfballen jeweils ein schmaler Keil Erde von oben bis unten („Tortenstück") herausgeschnitten wird.

Die entnommenen **Einzelproben** werden in einem sauberen Eimer gründlich zu einer **Mischprobe** vermischt. Von dieser Mischprobe werden 200 bis 500 g (0,5 bis 1 l bei Substraten) zur Analyse entnommen. Wenn man bedenkt, dass dies bei einer 20 cm tiefen Bodenschicht gerade der fünfzehn- (bei 200 g) bis sechsmillionste Teil (bei 500 g) ist, wird deutlich, wie wichtig eine sorgfältig durchgeführte Probennahme ist (**1**, S. 159).

4.5.2 Bestimmung des pH-Werts

Nach einem Tag wird die lufttrockene Mischprobe durch ein Sieb mit 2 mm Maschenweite gesiebt bzw. gerieben (Feinboden) und abermals gut gemischt. Zur Bestimmung des pH-Werts wird der Boden mit destilliertem Wasser oder einer Salzlösung im Verhältnis 1 : 2,5 (bei Torfsubstraten 1 : 10) versetzt. Bei der Verwendung einer Salzlösung als **Extraktionslösung** erhält man genauere Werte. In der Bundesrepublik Deutschland wird in den Labors der Bodenuntersuchungsanstalten zur Bestimmung des pH-Werts der Boden mit einer **0,01 molaren Calciumchloridlösung** versetzt. Man kann eine solche Salzlösung auch selbst herstellen, indem man 1,46 g Calciumchlorid - 2 Hydrat ($CaCl_2 \times 2\,H_2O$) - in einem Liter destillierten Wasser auflöst. Ein **Mol** ist das Molekulargewicht in Gramm: 0,01 m $CaCl_2 \times 2\,H_2O \rightarrow 40\,(Ca) + 70\,(2 \times Cl) + 36\,(2 \times H_2O) = 146$, davon $^1/_{100}$ (0,01 m) = 1,46 g Calciumchlorid. Wird stattdessen destilliertes Wasser verwendet, bekommt man im Durchschnitt um 0,6 pH höhere Werte. Entsprechend dem Verhältnis 1 : 2,5 werden 100 g lufttrockener Boden mit 250 ml Lösungsmittel oder mindestens 20 g lufttrockener Boden (bzw. 20 ml Substrat) mit 50 ml Extraktionslösung verrührt. Nach 2 bis 4 Stunden, frühestens nach 30 Minuten, wird die Flüssigkeit filtriert und der pH-Wert im Filtrat gemessen. Die Messung des pH-Werts kann mit unterschiedlichen Hilfsmitteln, z. B. pH-Meter, Indikatorstäbchen/-papier, Hellige pH-Meter und Calcitest, erfolgen (**1**, S. 159).

pH-Meter

In den Labors der Bodenuntersuchungsanstalten wird der pH-Wert mit einer **elektrischen Wasserstoff- oder Gaselektrode** (pH-Meter) gemessen. Beim Eintauchen der Elektrode in das Filtrat entsteht eine Spannung. Sie gibt den pH-Wert an, der sich am Gerät ablesen lässt. Die elektrische pH-Messung mit dem **pH-Meter** liefert die genauesten Messergebnisse. Auch die häufig in Gartenbaubetrieben verwendeten tragbaren pH-Meter liefern gute Ergebnisse (**1**, S. 159).

Indikatorstäbchen/-papier

Mit nicht blutenden **Indikatorstäbchen** oder **Indikatorpapier** kann man den pH-Wert hinreichend genau (Abweichungen zur Labormessung ± 0,5 pH) und einfach messen. Es handelt sich dabei um Stäbchen oder Papierstreifen, die mit Indikatoren präpariert sind. **Indikatoren** sind Farbstoffe, die ihre Farbe mit dem pH-Wert ändern.

Bekannt ist das **Lackmuspapier**, das sich in sauren Lösungen rot (bei pH 5) und in alkalischen blau (bei pH 8) verfärbt. Entsprechend ist mit Lackmuspapier nur eine sehr grobe pH-Bestimmung möglich. Neben Lackmus gibt es noch eine ganze Reihe weiterer Indikatoren, z. B. Thymoblau, Methylorange, Methylrot, Phenolphthalein, die verschiedene Farbumschlagsbereiche aufweisen (**1** S. 160).

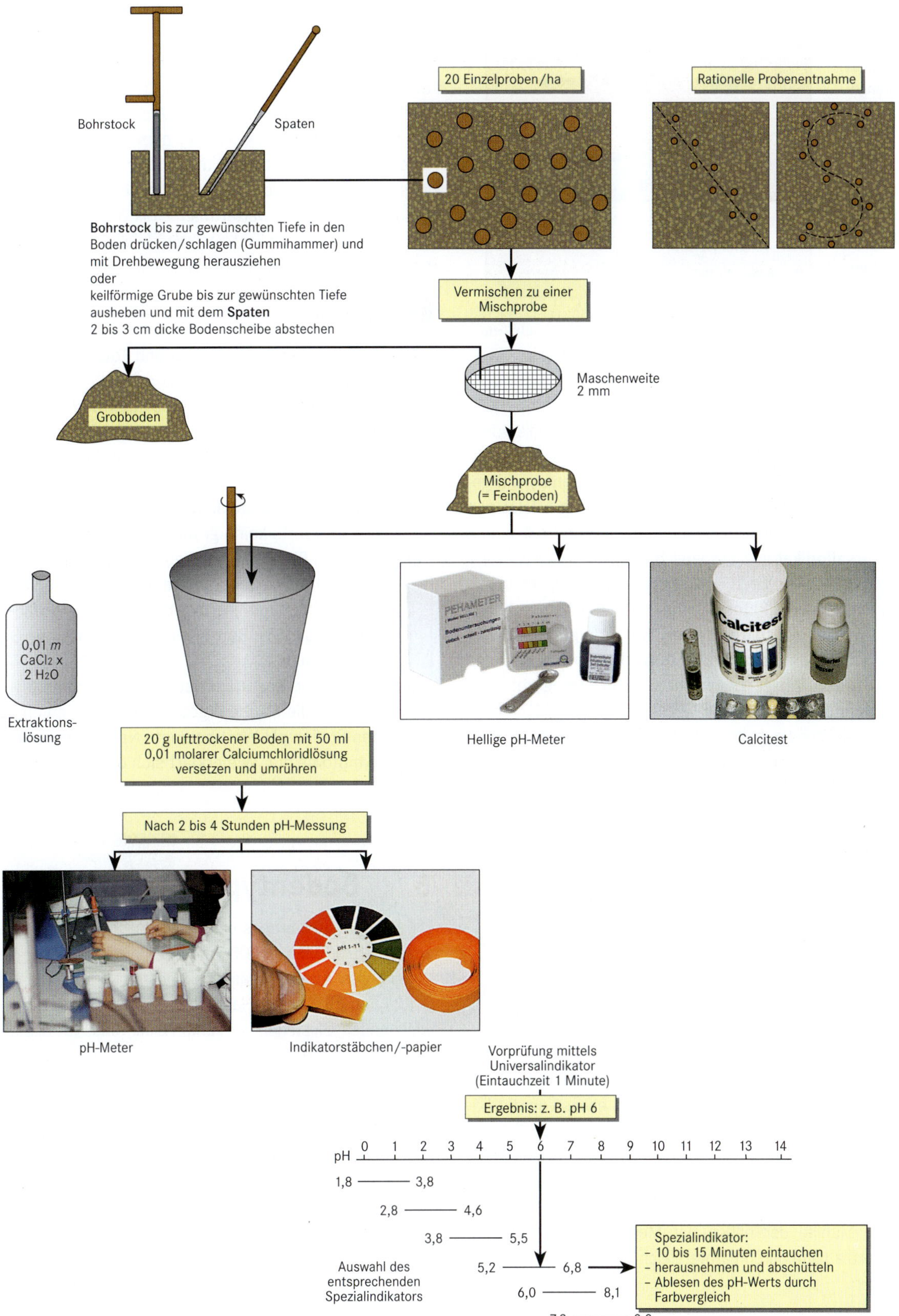

1 Bodenprobeentnahme und pH-Wert-Bestimmung

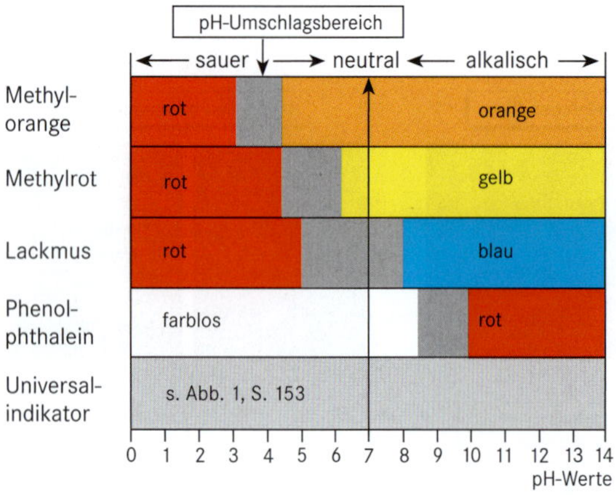

1 Farbänderungen und Umschlagsbereiche verschiedener Indikatoren

Durch die Mischung verschiedener geeigneter Indikatoren **(Mischindikatoren)** können die Farbumschläge so gestaltet werden, dass die pH-Werte auf eine Kommastelle genau abgelesen werden können. Die Messung erfolgt nun so, dass man zuerst zur groben Orientierung mit einem **Universalindikator** (Messbereich von pH 1 bis 11 vollkommen ausreichend) den pH-Wert misst. Die Eintauchzeit des **Universalindikatorstäbchens** sollte 1 Minute betragen. Nach dem festgestellten pH-Wert erfolgt die Auswahl des passenden **Spezialindikators**, der ein Ablesen des pH-Werts auf eine Kommastelle genau ermöglicht. Das **Spezialindikatorstäbchen** wird für 10 bis 15 Minuten in die Messlösung gehalten. Nach dem Herausnehmen wird es abgeschüttelt und der pH-Wert durch Farbvergleich abgelesen (**1**, S. 159).

Hellige pH-Meter

Das **Hellige pH-Meter** ermöglicht eine einfache und schnelle pH-Messung und ist zur groben Orientierung gut geeignet (**1**, S. 159). Die pH-Messung erfolgt dabei mit einem **Flüssigindikator**. Mit einem Löffelchen wird Boden aus der Mischprobe entnommen und in eine kleine Vertiefung der mit einer Farbskala und Messrinne versehenen Kunststoffschale gefüllt.

Anschließend wird die Probe mit **Indikatorlösung** beträufelt, bis sie völlig durchfeuchtet ist und etwas von der Lösung übersteht. Mit dem Löffelchen wird anschließend kurz umgerührt und 2 bis 3 Minuten gewartet. Danach wird das Hellige pH-Meter etwas schräg gehalten, sodass die überstehende verfärbte Lösung in die Messrinne abfließen kann. Mithilfe der neben der Messrinne angebrachten Farbskala kann durch Farbvergleich der pH-Wert ermittelt werden.

Calcitest

Gut geeignet zur pH-Messung ist auch der **Calcitest** (**1**, S. 159). Bei ihm wird das Untersuchungsgläschen 1 cm hoch mit der Mischprobe gefüllt. Anschließend fügt man 2,5 cm hoch destilliertes Wasser hinzu. Nach der Zugabe einer Calcitest-Tablette wird das Gläschen mit dem Finger verschlossen und bis zur Auflösung der Tablette kräftig geschüttelt. Danach wartet man 2 bis 3 Minuten, bis die Lösung klar wird, und liest nach Vergleich von Farbton und beigefügter Farbskala den pH-Wert ab.

? Aufgaben

● 1. Beschreiben Sie Ursachen und Folgen der Bodenversauerung.

○ 2. Worauf ist bei der Entnahme einer Bodenprobe besonders zu achten?

○ 3. Worauf beruht die pH-Messung mit Indikatorfarbstoff?

◑ 4. Warum hat Lackmuspapier zur Bestimmung des pH-Werts keine große Bedeutung?

● 5. Nehmen Sie von einer Freilandfläche eine repräsentative Bodenprobe und bestimmen Sie den pH-Wert mithilfe unterschiedlicher Verfahren (**1**, S. 159). Beurteilen Sie die Verfahren und Ergebnisse.

● 6. Obwohl die Bodenanalyse einen optimalen pH-Wert für die Fläche ergeben hat, treten an einigen Stellen pH-Wert bedingte Nährstoffmangelsymptome auf. Wie erklärt sich dies?

Boden-typen

5 Bodentypen

Die Böden Mitteleuropas entstanden nach der letzten Eiszeit, vor 10 000 bis 14 000 Jahren, unter dem Einfluss des Klimas, des Ausgangsgesteins und der Lebewesen (**1**, S. 129 und **1**, S. 161). Nach der Eiszeit haben die zurückweichenden Gletscher nur kahle Felsen und, vor allem in Norddeutschland, Sand und Schotterflächen hinterlassen. Entsprechend haben sich die Böden bei uns aus der Verwitterung der freigelegten Felsen und den von den Eiszeitgletschern mitgebrachten Verwitterungsprodukten skandinavischer Gebirge gebildet. Von Beginn seiner Kulturnahme prägte auch der Mensch die Bodenentwicklung.

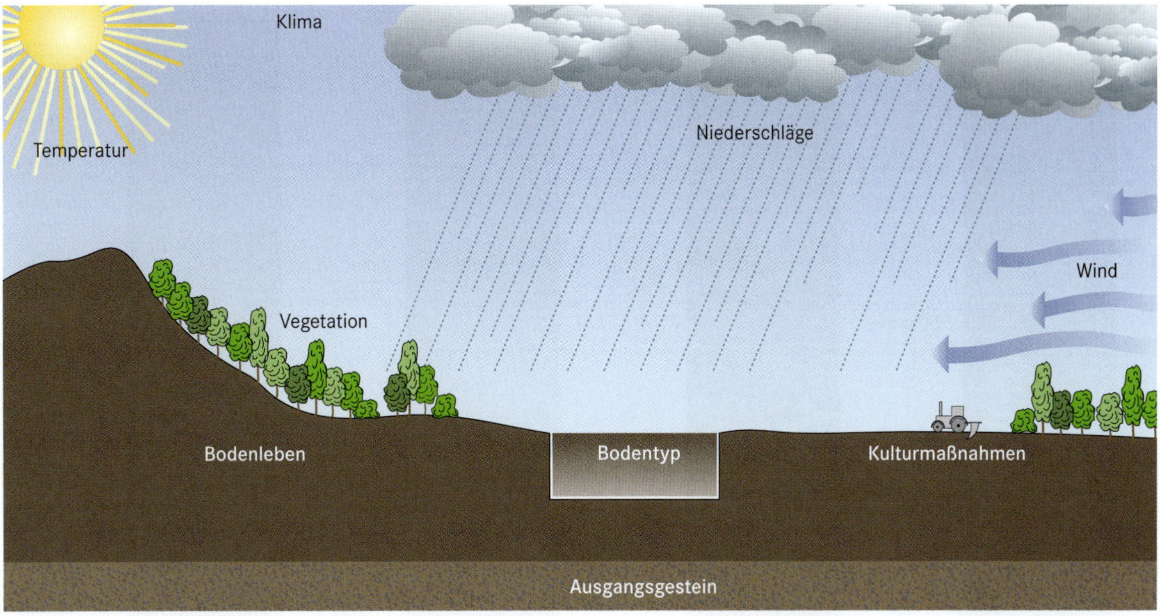

1 Einflüsse auf die Bildung des Bodentyps

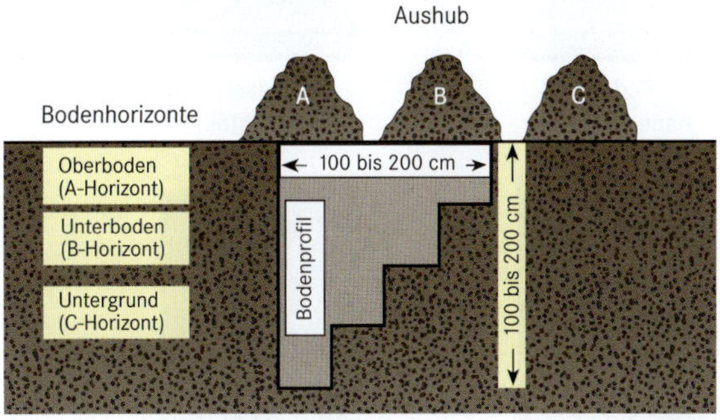

2 Seitenansicht eines Bodeneinschlags

Hebt man eine Bodengrube aus, erkennt man parallel zur Bodenoberfläche verlaufende, mehr oder weniger einheitliche Zonen, die **Bodenhorizonte**: Ganz oben befindet sich der mit organischer Substanz und Bodenleben durchsetzte und durch Humusanreicherungen dunkel gefärbte **Ober-** oder **Mutterboden (A-Horizont)**. Ihm folgt ein heller gefärbter Horizont, der humusarme **Unterboden (B-Horizont)**. Den Abschluss bildet der **Untergrund (C-Horizont)**, das unverwitterte Ausgangsgestein. Die seitliche Ansicht der aufeinanderfolgenden Bodenhorizonte bezeichnet man als **Bodenprofil** (**2**).

> **! Merke**
>
> Unterschiedliche Entwicklungsbedingungen und Entwicklungszeiträume haben zu unterschiedlichen Bodenprofilen, d. h. zu unterschiedlichen Horizontkombinationen und -abfolgen geführt. Böden mit gleichen Bodenprofilen und daher gleichen Eigenschaften werden zu **Bodentypen** zusammengefasst (**1**, S. 162).

5.1 Braunerde

Die **Braunerde** mit ihrem typischen **A-B-C-Profil** wurde nach der braunen Farbe des B-Horizonts benannt. Die **Verbraunung** ist eine Folge der Verwitterung eisenhaltiger Minerale. Dabei werden freigesetzte zweiwertige Eisenverbindungen zu dreiwertigen Eisenverbindungen oxidiert, die die braun-rötliche Verfärbung bewirken. Da das Ausgangsgestein sehr unterschiedlich sein kann, sind auch die Eigenschaften von Braunerden recht verschieden.

> **! Merke**
>
> In der Regel haben **Braunerden** ein günstiges Bodengefüge mit einem guten Luft-, Wasser- und Nährstoffhaushalt.

5.2 Parabraunerde

Der Name deutet auf die entwicklungsgeschichtliche Verwandtschaft mit Braunerden hin. Die tiefgründigen Parabraunerden sind gekennzeichnet durch **Tonverlagerung** infolge von Auswaschung in tiefere Schichten. Deswegen ist der A-Horizont mehr oder weniger aufgehellt **(Fahlerde)** und der B-Horizont in den Schichten, in denen die Tonanreicherung erfolgte, tiefbraun verfärbt.

> **! Merke**
>
> **Parabraunerden** sind in der Regel fruchtbare Böden.

1 Häufige Bodentypen

5.3 Podsol

Das Wort **Podsol** stammt aus dem Russischen und bedeutet etwa „Boden unter der Asche". Es drückt aus, dass sich unter dem **aschgrauen Oberboden („Ascheboden")** der eigentliche nährstoffreiche Boden befindet. Entstanden ist diese Horizontalfolge durch Auswaschen organischer und mineralischer Stoffe aus dem Oberboden und ihre Anreicherung in tieferen Schichten. Die Folge ist ein Ausbleichen des Oberbodens **(Bleichhorizont oder Bleicherde)** und die Bildung eines dunklen Anreicherungshorizonts im Unterboden. Letzterer ist häufig steinhart verfestigt und wird dann als **Ortstein** bezeichnet. Dabei kann man unterscheiden zwischen der dunkleren, humusreicheren Schicht **(Humusortstein)** und der darunterliegenden rostbraun gefärbten Schicht **(Eisenortstein)**.

> **! Merke**
>
> **Podsole** sind **saure, nährstoffarme Böden**. Bei entsprechender Düngung, Kalkung und Wasserversorgung können diese **„mageren" Böden** jedoch durchaus auch pflanzenbaulich (z. B. Gemüseanbau) genutzt werden. Hoch liegende Ortsteinschichten (< 60 cm Tiefe) sollten aufgebrochen werden. Tief liegende Ortsteinschichten können als Grundwassersohlen den Wasserhaushalt der Böden verbessern.

5.4 Rendzina

Der Name **Rendzina** stammt aus dem Polnischen und bedeutet **„Rauscheboden"**. Grund für die Benennung war das Rauschen, das ein Pflug beim Pflügen des **steinreichen Bodens** verursacht. Dem nur 10 bis maximal 30 cm mächtigen und humusreichen, mit Steinen durchsetzten Oberboden folgt unmittelbar das Ausgangsgestein (Carbonat- und Gipsgestein).

Ein B-Horizont fehlt **(A-C-Profil)**. Aus dem massiven Gestein des C-Horizonts werden durch die Einwirkung der Bodenlebewesen und der Pflanzenwurzeln ständig Steine herausgelöst und mit dem Oberboden vermischt.

> **! Merke**
>
> **Rendzina** ist ein schwerer, fruchtbarer Boden, der, wenn er nicht zu flachgründig ist, gut pflanzenbaulich genutzt werden kann.

5.5 Schwarzerde (Tschernosem)

Die Bezeichnung **Tschernosem** kommt aus dem Russischen und bedeutet in etwa **„schwarze Erde"**. Die Benennung erfolgte nach dem schwarz gefärbten humosen A-Horizont dieser Erden, der bis 1 m mächtig sein und bis 10 % Humus enthalten kann. Dem A-Horizont folgt der aus Löss bestehende C-Horizont **(A-C-Profil)**. **Löss** ist ein Windsediment, das aus den während der Eiszeit entstandenen Sand- und Schotterablagerungen verweht wurde.

> **! Merke**
>
> **Schwarzerden** haben ein optimales Krümelgefüge mit bestem Nährstoff-, Luft- und Wasserhaushalt. Sie sind die fruchtbarsten Böden.

Entstanden sind Schwarzerden unter dem Einfluss von Steppenklima, -vegetation und der Tätigkeit der Bodenlebewesen. Das **Steppenklima** bewirkte die Humusanreicherung. Regenwürmer und größere Steppentiere, wie Hamster, Ziesel und Maulwurf, arbeiteten die organische Substanz beim Rückzug in tiefere Bodenschichten weit in den Boden ein und vermischten sie mit den mineralischen Bodenbestandteilen.

Mit Verstärkung des humiden Klimaeinflusses in Mitteleuropa (5500 bis 2500 v. Chr.) setzte eine Verbraunung der Schwarzerden ein. In der Bundesrepublik Deutschland sind nur noch an wenigen Stellen Schwarzerden erhalten geblieben, wie z. B. im Raum Erfurt-Halle-Magdeburg. Große Gebiete findet man in den Steppen Russlands, der Ukraine, Asiens und Amerikas.

5.6 Gley

Die Bezeichnung **Gley** stammt aus dem Russischen und bedeutet **schlammige Bodenmasse**. Man findet ihn vor allem in Senken und Tälern mit einem hohen Grundwasserstand (bei 80 bis 100 cm Bodentiefe). Unter dem Einfluss des Grundwassers entstand im Unterboden ein besonderer Horizont **(Grundwasser- oder G-Horizont)**.

> **! Merke**
>
> Die Nutzung der **Gleyböden** hängt in erster Linie von der Höhe des Grundwasserstands ab. Für eine ackerbauliche Nutzung sollte er unter 80 cm liegen (evtl. Entwässerungsmaßnahmen). Als Grünland und forstwirtschaftlich sind die Böden auch mit höherem Grundwasserstand, vor allem für Bäume mit hohem Wasserbedarf, wie Pappel *(Populus)*, Esche *(Fraxinus)* und Erle *(Alnus)*, gut geeignet.

5.7 Pseudogley

Der **Pseudogley ist ein Staunässeboden**, bei dem sich auf undurchlässigen Schichten bei hohen Niederschlägen das

Wasser staut. Da dieser Boden in vielen seiner Eigenschaften dem Gley ähnelt, wurde er als Pseudogley bezeichnet. Unter dem Einfluss des Stauwassers entstand im Unterboden ein besonderer Horizont **(Stauwasser- oder S-Horizont)**. Charakteristisch sind die durch den ständigen Wechsel von Staunässe und Austrocknung entstandenen horizontal und vertikal verlaufenden **Bleichzonen** im S-Horizont.

> **! Merke**
>
> Die Nutzung entspricht denen der **Gleyböden**. Zur ackerbaulichen Verwendung ist eine Verbesserung des Bodens durch wiederholte Tiefenlockerung im Abstand von mehreren Jahren angebracht, verbunden mit dem Anbau tief wurzelnder Pflanzen. Eine Dränung ist nicht zweckmäßig, da sie in der Regel nicht ausreicht, das stark gebundene Wasser abzuführen.

5.8 Marschen (Klei- oder Polderböden)

Bei **Marschen** handelt es sich um Böden, die an den Küsten der Nordsee unter dem Einfluss der Gezeiten (Ebbe und Flut) durch Ablagerungen entstanden sind (Schwemmlandböden).

> **! Merke**
>
> **Marschen** sind in der Regel sehr fruchtbare Böden. Eine Verbesserung ist durch Dränung, Aufkalkung und Tiefenumbruch möglich.

5.9 Moorböden

> **! Merke**
>
> Als Moorböden bezeichnet man Böden mit mehr als 30 % organischer Substanz und einem über 30 cm mächtigen Torfhorizont.

Meistens enthalten sie wesentlich mehr organische Substanz (>90 %) und sind mehrere Meter mächtig. Aufgrund der hohen Wasserhaltekraft des Torfs erwärmen sich Moorböden im Frühjahr nur langsam **(kalte Böden)**. Sie bilden **Spät- und Frühfrostlagen**. Bei Frost kommt es zu einem Auffrieren des Bodens und damit zur Wurzelschädigung. Um den notwendigen Bodenschluss zu bekommen, müssen Moorböden im Frühjahr gewalzt werden.

Nach der Entstehung unterscheidet man Nieder-, Übergangs- und Hochmoore (s. S. 116 ff.). **Hochmoore** können nach einer Entwässerung, Aufkalkung und Düngung pflanzenbaulich, z. B. zur Anzucht von Moorbeetpflanzen, genutzt werden. Durch den erhöhten pH-Wert und die verbesserte Sauerstoffzufuhr kommt es zu einem starken Abbau der organischen Substanz und damit zur Verschlechterung der Struktur. Für Hochmoorböden ist ein **pH-Wert von 4,0 optimal**. Trotzdem kann pro Jahr mit einem Torfverlust von 1 cm Höhe gerechnet werden, eine Höhe, für die ein Hochmoor 10 Jahre Wachstum (1 mm/Jahr) benötigt. **Niedermoore** bedürfen in der Regel keiner Aufkalkung.

Bisher unberührte Moore dürfen heute nicht mehr in Kultur genommen werden. Bei den Mooren handelt es sich um Reste von **Naturlandschaften**, deren Entwicklung vor vielen tausend Jahren begann und meist bis in unsere Zeit nicht abgeschlossen ist. In ihnen hat sich eine eigene, **hoch spezialisierte Tier- und Pflanzenwelt** entwickelt. Mit der Zerstörung der Moore würde diese Lebensgemeinschaft aus dem Landschaftsbild verschwinden (s. S. 116 ff.).

5.10 Anthropogene Böden (Kultosole)

Böden, deren Profile (Horizontfolgen) im Laufe der Zeit durch Kulturmaßnahmen völlig verändert wurden, werden als anthropogene Böden bezeichnet. Typisch hierfür sind – neben den in Kultur genommenen Moorböden – die Hortisole, Rigosole und Plaggenböden.

5.10.1 Hortisole

Bei **Hortisolen** (**1**, S. 165) handelt es sich um **Gartenböden** (lateinisch hortus = Garten, lat. solum = Boden), die im Laufe von Jahrzehnten bis Jahrhunderten durch gartenbauliche Nutzung entstanden sind (z. B. alte Klostergärten). Kennzeichnend für diese Böden ist ihr **bis zu 80 cm mächtiger A-Horizont**, der sich durch tiefe Bodenlockerung, starke Zufuhr organischer Substanz, Bewässerung und Beschattung gebildet hat – Maßnahmen, die das Bodenleben, vor allem die Regenwürmer, fördern.

5.10.2 Rigosole

Als **Rigosole** bezeichnet man Böden, deren Horizontenfolge durch Rigolen völlig verändert wurde. Typische Rigosole bilden die **Weinbergböden**, die – früher alle 30 bis 80 Jahre – heute alle 20 bis 40 Jahre rigolt werden. Im Gegensatz zu früher wird diese Arbeit heute mit Maschinen durchgeführt.

5.10.3 Plaggenböden (Plaggenesch)

Plaggenböden sind durch die **Plaggenwirtschaft** entstanden, die bis zu Beginn des 20. Jahrhunderts auf kargen Sandböden üblich war. Vor allem zwischen Weser und

1 Hortisole – vom Menschen durch langjährige Gartenarbeit geprägte Böden

Ems, im Emsland, war diese Wirtschaftsweise weitverbreitet. Da Dünger in früheren Zeiten knapp waren, versorgten die Bauern die Böden ihrer Felder, Esch genannt, mit **Plaggen** (ausgestochenen Bodensoden). Die von Heide-, Wald- und Ödflächen abgetragenen Plaggen wurden mitsamt dem Wurzelwerk und anhaftendem Bodenmaterial entweder direkt auf das Feld gebracht oder als Einstreu im Stall verwendet und später zusammen mit dem Mist auf den Feldern ausgebracht. So entstanden im Laufe der Jahre **fruchtbare Ackerflächen mit bis über 1 m mächtigen humosen A-Horizonten**. Das Umland jedoch versandete immer mehr, sodass das **Ödland** um die Ackerfläche immer größer wurde. Bis zur Mitte des 19. Jahrhunderts betrug der Anteil des Ödlands im Herzogtum Oldenburg 60 % der Gesamtfläche.

? Aufgaben

◑ 1. Unterscheiden Sie Bodenart und Bodentyp.

● 2. Beschreiben Sie die Bodenprofile der wichtigsten Bodentypen und nennen Sie ihre charakteristischen Kennzeichen.

◑ 3. Unterscheiden Sie Ortstein und Orterde.

◑ 4. Warum können in Deutschland Schwarzerden als Reliktböden angesehen werden?

◑ 5. Beschreiben Sie die Entstehung von Hortisolen, Rigosolen und Plaggenböden.

◑ 6. Informieren Sie sich über die Eigenschaften der Böden in Ihrem Ausbildungsbetrieb. Welche Maßnahmen wurden/werden zur Bodenverbesserung durchgeführt?

6 Bodenbewertung

6.1 Zeigerpflanzen

Die Ansprüche der Pflanzen an ihren Standort sind, je nach Pflanzenart, recht unterschiedlich. Durch das Zusammenwirken der Umweltbedingungen entwickelt sich ohne Eingriffe des Menschen eine für den jeweiligen Standort **typische Pflanzengesellschaft**. Die unterschiedlichen Ansprüche verschiedener Pflanzen ermöglichen es daher, dass Pflanzen als **Zeigerpflanzen (Bioindikatoren, 1**, S. 166) genutzt werden können. So kann z. B. aus dem gehäuften Auftreten bestimmter Wildkräuter bzw. aus der Zusammensetzung der Pflanzengesellschaft eines Standorts auf die Klimabedingungen oder auch den Bodenzustand geschlossen werden. Dabei ist die Artenzusammensetzung des Pflanzenbestandes immer aussagekräftiger als das Vorkommen nur einer Art. Vor allem Wildkräuter bieten eine wertvolle Hilfe bei der Beurteilung des Bodenzustands. Dabei darf nicht außer Acht gelassen werden, dass das Verhalten einer Pflanze aus dem Zusammenspiel aller Umweltfaktoren resultiert. Deswegen sollte der Aussagewert von Zeigerpflanzen als spezifische Anzeiger bestimmter Einzelfaktoren nicht überbewertet werden. Auch darf nicht übersehen werden, dass durch menschliche Eingriffe die natürliche Lebensgemeinschaft der Pflanzen häufig so stark gestört ist, dass ihre **Zeigerfunktion außer Kraft gesetzt** wird. So findet man z. B. beim Einsatz von Herbiziden nur noch sogenannte „Allerweltskräuter", die an fast jedem Standort gedeihen.

Küchenschelle *(Pulsatilla vulgaris)*

Blutweiderich *(Lythrum salicaria)*

Sumpfdotterblume *(Caltha palustris)*

Kornblume *(Centaurea cyanus)*

Sumpfbaldrian *(Valeriana dioica)*

Wasserdost *(Eupatorium cannabinum)*

Anzeiger nährstoffarmer (N-armer) Böden

Arnika *(Arnica montana) (N-armer)*, Blutwurz *(Potentilla erecta)*, Teufelsabbiss *(Succisa pratensis)*, Weißklee *(Trifolium repens)*

Anzeiger nährstoffreicher Böden

Bärenklau *(Heracleum sphondylium)*, Gewöhnliches Kreuzkraut *(Senecio vulgaris)*, Große Brennnessel *(Urtica dioica)*, **Kornblume** *(Centaurea cyanus)*, Löwenzahn *(Taraxacum sect. Ruderalia)*, Nelkenwurz *(Geum urbanum)*, Osterglocken *(Narcissus pseudonarcissus)*, Rote Taubnessel *(Lamium purpureum)*, Vogelmiere *(Stellaria media)*, Weiße Taubnessel *(Lamium album)*, Wiesenkerbel *(Anthriscus sylvestris)*, Zwergholunder *(Sambucus ebulus)*, Zaunwinde *(Calystegia sepium)*

Anzeiger kalkreicher Böden

Ackersenf *(Sinapsis arvensis)*, Feldrittersporn *(Consolida regalis)*, Ysop *(Hyssopus officinalis)*

Anzeiger feuchter bis nasser Böden

Ackerschachtelhalm *(Equisetum arvense)*, Binsen *(Juncus-Arten)*, **Blutweiderich** *(Lythrum salicaria)*, Gemeiner Beinwell *(Symphytum officinale)*, Großer Wiesenknopf *(Sanguisorba officinalis)*, Kriechender Hahnenfuß *(Ranunculus repens)*, Minze *(Mentha-Arten)*, Scharbockskraut *(Ficaria ranunculoides)*, Simsen *(Scirpus-Arten)*, Sumpfziest *(Stachys palustris)*, **Sumpfdotterblume** *(Caltha palustris)*, Sumpfvergissmeinnicht *(Myosotis palustris)*, **Wasserdost** *(Eupatorium cannabium)*, Wasserpfeffer *(Polygonum hydropiper)*, Wiesenknöterich *(Polygonum bistorta)*, Wiesenschaumkraut *(Cardamine pratensis)*

Anzeiger kalkarmer Böden

Gelbklee *(Medicago lupulina)*, Hasenklee *(Trifolium arvense)*, Kleiner Sauerampfer *(Rumex acetosella)*, Kleiner Wiesenknopf *(Sanguisorba minor)*, **Kornblume** *(Centaurea cyanus)*, Kriechendes Fingerkraut *(Potentilla reptans)*, **Sumpfbaldrian** *(Valeriana dioica)*, Wildes Stiefmütterchen *(Viola tricolor)*

Anzeiger trockener Böden

Gemeiner Andorn *(Marrubium vulgare)*, Kleiner Wiesenknopf *(Sanguisorba minor)*, **Küchenschelle** *(Pulsatilla vulgaris)*

1 Beispiele für Zeigerpflanzen

? Aufgaben

○ 1. Was versteht man unter Zeigerpflanzen?

◑ 2. Worauf beruht die Zeigerfunktion vieler Wildkräuter?

◑ 3. Warum darf der Aussagewert von Zeigerpflanzen als spezifische Anzeiger bestimmter Einzelfaktoren nicht überbewertet werden?

◑ 4. Warum ist die Zusammensetzung des Pflanzenbestands eines Standorts immer aussagekräftiger als das Vorkommen nur einer Art?

◑ 5. Erklären Sie, wodurch der Zeigerwert der Pflanzen außer Kraft gesetzt werden kann.

● 6. Bestimmen Sie die Wildkräuter und leiten Sie aus der Zusammensetzung der Lebensgemeinschaften den Bodenzustand ab (**1**).

6.2 Bodenzahl

Die **Bewertung eines Bodens** für die landwirtschaftliche und gärtnerische Nutzung erfolgt nach einer Bodenbewertungstabelle, dem sogenannten **Ackerschätzungsrahmen**. Kriterien für die Einschätzung sind das Ausgangsgestein, die Bodenart und der Bodenzustand (Entwicklungsgrad), nach denen die Böden mit einer Wertzahl, der sogenannten Bodenzahl, versehen werden. Die **Bodenzahl** ist eine Verhältniszahl für die Bodenfruchtbarkeit. Als Richtwert (100) dient der Ertrag des fruchtbarsten deutschen Bodens, der Schwarzerde. Zu dieser Bodenzahl werden die erreichbaren Erträge der Böden in Beziehung gesetzt. So bedeutet z. B. die Bodenzahl 50, dass der erreichbare Ertrag nur 50 % des auf der Schwarzerde erreichbaren ausmacht. Beim Vergleich wird von einer Jahresdurchschnittstemperatur von 9 °C, 600 mm Jahresniederschlag, ebener Lage und einem optimalen Grundwasserstand (Sand 1,0 m, Lehm 1,5 m und Ton 2,0 m) ausgegangen. Bei Abweichungen von diesen Annahmen werden Zu- (günstigere Bedingungen) oder Abschläge (ungünstigere Bedingungen) vorgenommen. Das Ergebnis ist die sogenannte **Ackerzahl**. Diese Zahl steht hinter der Bodenzahl, z. B. 70/76, und gibt die tatsächliche Ertragsfähigkeit des Bodens an. Die Boden-/Ackerzahl wird durch Schätzung bestimmt.

? Aufgaben

◑ 1. Nach welchen Kriterien erfolgt die Einschätzung der Bodenfruchtbarkeit mithilfe des Ackerschätzungsrahmens?
◑ 2. Unterscheiden Sie Bodenzahl und Ackerzahl.
○ 3. Nennen Sie den optimalen Grundwasserstand für Sand-, Lehm- und Tonböden.
○ 4. Erkundigen Sie sich nach den Boden- und Ackerzahlen Ihres Ausbildungsbetriebs.

7 Gärtnerische Erden und Substrate

Für die Kultur von Pflanzen in Gefäßen benutzt man Erden oder Substrate. An beide werden besonders **hohe Anforderungen** gestellt (1), die ein gewachsener Boden nicht erfüllen kann. Trotz des begrenzten Wurzelraums müssen sie in der Lage sein, den Pflanzen Wasser, Luft und Nährstoffe in optimaler Weise langfristig zur Verfügung zu stellen.

7.1 Gärtnerische Erden

! Merke

Gärtnerische **Erden**, auch als Praxiserden oder **Betriebserden** bezeichnet, werden durch Kompostierung (Pflanzenernährung, Kap. 10.8) unterschiedlicher organischer Ausgangsstoffe hergestellt (Tab. 1, S. 168).

Da verschiedene Pflanzen auch unterschiedliche Ansprüche an den Boden stellen, besaß früher jeder Gärtner für jede Pflanzenart eine spezielle Erdmischung. Die Zusammensetzung der Erden, die auf jahrzehntelangen gärtnerischen Erfahrungen beruhte, wurde in vielen Gärtnereien als Betriebsgeheimnis (1) gehütet.

Die **Nachteile gärtnerischer Erden** sind in ihrer uneinheitlichen Zusammensetzung und ihrer zeitaufwendigen Herstellung zu sehen. Daneben unterliegt ihre organische Substanz in der Regel einer schnellen Zersetzung, sodass es zu einer Verschlechterung der Struktur und damit des Lufthaushalts kommen kann und die freigesetzten Nährstoffe eine gezielte Düngung erschweren.

1 Die Herstellung gärtnerischer Erden – früher ein gehütetes Betriebsgeheimnis, erfordert ein breites Spektrum an Wissen in Bezug auf die optimalen Eigenschaften. Nur so kann sichergestellt werden, dass Erden und Substrate den Bedürfnissen der Pflanzen gerecht werden.

Bezeichnung	Herstellung
Komposterde (schwach saure bis alkalische humose Erde)	Kompostierung gemischter organischer Substanz; Qualität ist abhängig von der Qualität der Ausgangsstoffe (z. B. Schwermetallgehalte) und der Kompostierung.
Lauberde (schwach saure humose Erde)	Das in Haufen aufgesetzte Herbstlaub ist nach 2 bis 3 Jahren vererdet. Laub von Bäumen in der Nähe stark befahrener Straßen ist nicht geeignet, da es zu viel Blei, Cadmium, Quecksilber und andere Schwermetalle enthält.
Mistbeeterde (schwach saure bis alkalische humose Erde)	Mischung aus Pferdemistpackungen und Erde (Mutterboden) der Mistkästen; auch Rindermist oder Laub sind geeignete Packungsmaterialien. Im Herbst gemischte Erde kann im darauffolgenden Sommer verwendet werden.
Misterde (schwach saure bis alkalische humose Erde)	Kompostierter Rinder- oder Pferdemist; ein im Herbst aufgesetzter Haufen ist im darauffolgenden Herbst fertig.

Tab. 1 Gärtnerische Erden (Beispiele)

? Aufgaben

◑ 1. Welche Anforderungen werden an eine Erde bzw. an ein Substrat gestellt?

◑ 2. Nennen Sie die Vor- und Nachteile gärtnerischer Erden.

7.2 Substrate

! Merke

Als **Substrate** bezeichnet man Nährböden, die kurzfristig durch Aufbereitung und Mischung verschiedener Ausgangsmaterialien hergestellt werden können.

Es handelt sich dabei um standardisierte **Industriesubstrate**, die elektronisch gesteuert hergestellt und als **Fertigsubstrat** geliefert oder auf Wunsch des Gartenbaubetriebs als **Sondermischung** produziert werden. Gegenüber gärtnerischen Erden haben sie vor allem den Vorteil, dass sie in **gleichbleibender Zusammensetzung** geliefert werden und **frei von Schadstoffen, Krankheitserregern und Schädlingen** sind. Die Ausgangsstoffe und Zusätze zur Herstellung von Substraten sind vielfältig.

7.2.1 Torf-Ton-Substrate

Das bekannteste Beispiel für **Torf-Ton-Substrate** ist die **Einheitserde** (70 Vol.-% Hochmoortorf, vor allem Weißtorf, und 30 Vol.-% Untergrundton), die Mitte des letzten Jahrhunderts die Vielzahl der aus Kompost, Landerde (Mutterboden) und anderen Stoffen zusammengesetzten gärtnerischen Erdmischungen ablöste. Ursachen waren der Zwang zur Rationalisierung und die Erkenntnis von Professor Anton Fruhstorfer, dass sehr verschiedene Pflanzen in ein und derselben Erde kultiviert werden können. Das Volumengewicht dieser Mischung beträgt nur 300 bis 400 g/l. Im Vergleich dazu weist ein gewachsener Boden ein Gewicht von durchschnittlich 1,5 kg/l auf.

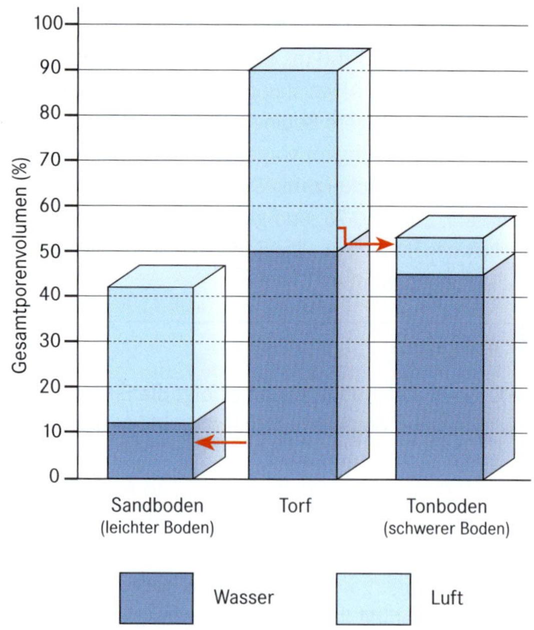

1 Torf kann leichte und schwere Böden verbessern

Die Bestandteile Torf und Ton ergänzen sich in ihren Eigenschaften recht gut. **Torf** fördert vor allem den Wasser- und Lufthaushalt. Sein hohes Porenvolumen bewirkt ein hohes Wasserhaltevermögen bei gleichzeitig guter Durchlüftung. Er vereinigt somit die guten physikalischen Eigenschaften eines Sand- (hohe Luftkapazität) und eines Tonbodens (hohe Wasserkapazität), sodass er beide Böden verbessern kann (**1**). **Ton** dient neben der Nährstoffspeicherung und Pufferung (hält Salzgehalt in der Bodenlösung niedrig und wirkt pH-Änderungen entgegen) vor allem der Strukturstabilität.

Je nach **Einheitserden-Typ** werden dieser Mischung aus Torf und Ton Kalk und Dünger zugegeben (Tab. **1**, S. 169). Die Nachdüngung erfolgt nach dem Bedarf der Pflanzen und kann gewissermaßen rezeptartig durchgeführt werden.

Neben verschiedenen Typen werden auch noch **Spezialerden** angeboten, wie z. B. Hortensienerde „blau“ für blau zu färbende Sorten, die außer mit Nährstoffen mit Ammoniak- und Kalialaun angereichert ist und einen stark sauren **pH-Wert (pH 4,0 bis 4,5)** aufweist. Auch Sonderwünsche, z. B. im Hinblick auf die Gießwasserqualität (s. Pflanzen-

Typ	Kennzeichen	Verwendung
0 (Nullerde)	aufgekalkt (pH 5,5 bis 6,5)	für Sonderkulturen zur Aufdüngung nach Bedarf
VM (Vermehrungserde)	wie Typ 0, zusätzlich Zusatz von Styromull → lockerer als Typ 0, geringer Nährstoffgehalt (Salzgehalt 1 bis 1,5 g/l)	für Aussaaten und Stecklinge, zum Pikieren und zur Anzucht schwach wachsender Kulturen (z. B. Farne)
P (Pikiererde)	wie Typ 0, zusätzlich schwach aufgedüngt (Salzgehalt 1,5 bis 2 g/l)	zum Pikieren und Topfen salzempfindlicher Pflanzen, zum Topfen im Winter bei Bewässerungsdüngung
T (Topferde)	wie Typ 0, zusätzlich stark aufgedüngt (Salzgehalt 2,5 bis 3 g/l)	zum Topfen nährstoffbedürftiger Pflanzen vom Frühjahr bis zum Herbst

Tab. 1 Einheitserden – Beispiele für Torf-Ton-Substrate

ernährung, Kap. 6) des Betriebs oder hinsichtlich der Düngerzumischung, können bei der Herstellung berücksichtigt werden.

Alle Substrathersteller bieten heute eine **breite Palette standardisierter Substrate** an, sodass die Vielfalt der Erden vor Einführung der Einheitserde wieder erreicht ist. Dies ist aufgrund der zunehmenden **Spezialisierung der Betriebe** durchaus erwünscht, bietet sie doch eine weitere Möglichkeit zur Qualitätssteigerung.

7.2.2 Torfkultursubstrate

Obwohl die Verwendung von Torf in Substraten im Hinblick auf die Bedeutung von Mooren als Lebensraum und CO_2-Speicher zunehmend kritisch zu sehen ist, kann auf Torf bei der Herstellung von Substraten im Erwerbsgartenbau heute noch nicht gänzlich verzichtet werden. Aufgrund seines ausgewogenen Luft- und Wasserhaushalts sowie seiner Strukturstabilität ist sogar reiner Torf als Substrat sehr gut geeignet. Entsprechend handelt es sich bei **Torfkultursubstraten** um reine Torfsubstrate aus Hochmoortorf (vor allem **Weißtorf, 1**), die auf einen pH-Wert von 5,0 bis 6,0 aufgekalkt und je nach Verwendungszweck unterschiedlich stark gedüngt sind.

7.2.3 Rindenkultursubstrate

Rindenkultursubstrate (RKS) sind Substrate auf der Basis kompostierter Rindenabfälle **(Rindenhumus, 1)**, vor allem Nadelholzrinde. Unter dem Gesichtspunkt des Umweltschutzes wird heute ein großer Teil der bei der Papierherstellung und Holzverarbeitung anfallenden Schälrinde wiederverwertet und damit in den Stoffkreislauf zurückgeführt (Tab. 2).

1 Weißtorf (links), Rindenhumus (rechts)

Rindenprodukte	Erläuterung
Rindenmulch (RM)	■ naturbelassene, zerkleinerte Nadelholzrinde fein mittel, grob (Tab. 3) ■ keine Zusätze ■ pH 3,5 bis 4,5 ■ weites C : N-Verhältnis ■ Verwendung: vor allem zur Boden- und Wegeabdeckung (Mulchen)
Rindenhumus (RH)	■ kompostierte Nadelholzrinde ■ mit oder ohne Nährstoffzusätze ■ pH-Wert > 5,5 ■ Verwendung: Bodenverbesserung und Substratherstellung
Rindenkultursubstrat (RKS)	■ Mischung aus Rindenhumus und Weißtorf ■ evtl. weitere Zusätze ■ aufgekalkt und -gedüngt ■ Verwendung: Kultursubstrat
Rindenerde	■ Mischung aus Rindenhumus (50 bis 80 %) und Kompost (20 bis 50 % Grüngutkompost) ■ evtl. Zuschlagstoffe ■ Verwendung: Kultursubstrat

Tab. 2 Rindenprodukte

Körnung	RM fein (Vol.-%)	RM mittel (Vol.-%)	RM grob (Vol.-%)
Anteil ≤ 10 mm		≤ 30 Vol.-%	≤ 20 Vol.-%
Anteil ≤ 20 mm	≥ 85 Vol.-%		
Anteil ≤ 40 mm		≥ 85 Vol.-%	
Anteil ≤ 80 mm			≥ 85 Vol.-%

Tab. 3 Körnungsanteile im Rindenmulch laut Gütekriterien für Rindenmulch (RM) (RaL-GZ 250/1-1)

Bei der Verwendung von **Rindenhumus** als Kultursubstrat müssen vor allem die Unterschiede zum Torf beachtet werden. So weist Rindenhumus zwar eine gute Luftkapazität und eine hohe Pufferkapazität auf, sein Wasserhaltevermögen ist jedoch geringer als das von Torf. Deswegen erfolgt auch keine Kultur in reinem Rindenhumus. Um die Wasserkapazität zu erhöhen, werden im Allgemeinen mindestens 25 bis maximal 40 % Torf zugemischt. Auch andere

Stoffe, z. B. Ton, können beigemischt werden. Rindenkultursubstrate werden in verschiedenen Typen angeboten, die sich in ihrem Nährstoff- und Salzgehalt unterscheiden.

7.2.4 Kompostsubstrate

Substrate aus reinem **Kompost** sind wegen dessen Eigenschaften (hohe Nährstoff- und Salzgehalte, pH-Wert > 7,0 und hohes Gewicht) für die Kultur der meisten Pflanzen nicht geeignet. Vielmehr muss Kompost für die Substratherstellung mit anderen Stoffen gemischt werden. Hierzu eignet sich besonders gut Torf, weil er im Gegensatz zu Kompost sowohl niedrige Nährstoff- und Salzgehalte als auch einen niedrigen pH-Wert und ein geringes Gewicht aufweist. Da in Abhängigkeit vom Kompostanteil bestimmte Nährstoff- und Salzgehalte im fertigen Kompost nicht überschritten werden dürfen, kommen für die Substratherstellung in der Regel nur betriebseigene Komposte, Grüngut- oder Gärrestkomposte infrage (s. Pflanzenernährung, Kap. 10.8.3). Geeignete Komposte werden als **Substratkomposte** bezeichnet (Tab. **1**).

Eigenschaften/ Inhaltsstoffe	Substratkompost (Fertigkompost, Rottegrad V)	
	Typ 1	Typ 2
Salzgehalt	<2,5 g/l	<5 g/l
Stickstoff (N)	<300 mg/l	<600 mg/l
Phosphat (P_2O_5)	<1 200 mg/l	<2 400 mg/l
Kalium (K_2O)	<2 000 mg/l	<4 000 mg/l
Chlorid	<500 mg/l	<1 000 mg/l
Natrium	<250 mg/l	<500 mg/l
Carbonatgehalt	< 10 % $CaCO_3$ in der TrS	
Empfohlener Substratanteil	40 Vol.-%	20 Vol.-%

Tab. 1 Qualitätskriterien für Substratkomposte

7.2.5 Holzfasersubstrate

Ausgangsmaterialien für **Substrate aus Holzfasern** sind chemisch unbehandelte Holzabfälle (vorwiegend Fichte) der holzverarbeitenden Industrie. Mithilfe von Hitze, Druck und Reibung werden die zu Holzschnitzeln verarbeiteten Abfälle in einem speziellen Verfahren fein zerfasert und mit verschiedenen Zuschlagstoffen imprägniert. Die so aufbereiteten Holzfasern können als **Zusätze zu Substraten** (allgemein zwischen 20 und 40 %)[1], als **Substrat** (100 % Holzfasern) oder zur **Bodenverbesserung** eingesetzt werden. Holzfasersubstrate sind reich an Grobporen, sodass sie einen guten Luft- und Wärmehaushalt aufweisen. Aufgrund der im Vergleich zum Torf geringen Wasserhaltekraft muss häufiger gegossen werden. Auch unterliegen Holzfasern einem starken mikrobiellen Abbau. Zur Vermeidung einer **N-Immobilisierung** (C : N = 80 bis 110 : 1) ist, falls bei der Herstellung keine N-Imprägnierung stattfand, eine erhöhte N-Düngung erforderlich.

[1] Je geringer die N-Bindung, desto mehr kann eingemischt werden.

? Aufgaben

○ 1. Nennen Sie Kennzeichen und Verwendung verschiedener Einheitserde- und TKS-Typen.
○ 2. Worin unterscheiden sich Einheitserden und Torfkultursubstrate?
◑ 3. Nennen und beschreiben Sie verschiedene Rindenprodukte.
◑ 4. Welche Aufgaben erfüllen Torf, Ton und Sand als Bestandteile von Erden und Substraten?
◑ 5. Erklären Sie, warum Torf leichte und schwere Böden gleichermaßen verbessern kann.
◑ 6. Erklären Sie, welchen Vorteil Holzfasersubstrate bei Verwendung NO_3^--reichen Gießwassers haben.
◑ 7. Erstellen Sie eine Tabelle mit den Vor- und Nachteilen von Rindenkultur-, Kompost- und Holzfasersubstraten.

7.3 Zuschlagstoffe

! Merke

Zuschlagstoffe sind Stoffe, die dem Substrat oder der Erde zur Verbesserung bestimmter Eigenschaften zugegeben (zugeschlagen) werden. Sie können dazu beitragen, den Torfverbrauch zu verringern.

7.3.1 Organische und anorganische Stoffe

Aufgrund der ökologischen Auswirkungen, vor allem aber im Hinblick auf die Reduzierung von Treibhausgasen im Rahmen der Klimapolitik, wird die **Verwendung von Torf**[2] zunehmend kritisch gesehen. Obwohl Moore nur 3 % der Landfläche ausmachen, speichern sie weltweit mehr Kohlenstoff als sämtliche Wälder der Erde zusammen. Warum aber gestaltet sich im Produktionsgartenbau der Torfersatz

[2] Moore haben als CO_2-Speicher (Kohlenstoffsenker) eine sehr große Bedeutung. Der Torfabbau setzt klimaschädliches CO_2 und Methan frei.

in Substraten (torffreie Substrate) so schwierig? Die Antwort lautet: Weil Torf anders, als alle bisher bekannten Torfersatzstoffe, optimale Voraussetzungen für die Kultur von Pflanzen bietet. Torf ermöglicht damit eine große Kultursicherheit und somit eine vereinfachte Kulturführung:

Eigenschaften von Torf

- optimales Porenvolumen → ausgewogener Luft- und Wasserhaushalt
- niedriger pH-Wert und geringer Nährstoffgehalt → ermöglichen eine einfache und genaue Einstellung des pH-Wertes und der Nährstoffgehalte entsprechend den Bedürfnissen der jeweiligen Kultur
- gute Wasserspeicherfähigkeit
- geringes Volumengewicht → Arbeitserleichterung, geringe Transportkosten

→ große Kultursicherheit → vereinfachte Kulturführung

Ohne Torf wird somit vor allem die Kulturführung komplizierter, was mehr gärtnerisches Know-how hinsichtlich Düngung, Bewässerung und Pflanzenschutz erfordert. Damit steigt nicht nur das Produktionsrisiko, sondern auch die Produktionskosten erhöhen sich. Hinzu kommt, dass alternative Torfersatzstoffe in guter und gleichbleibender Qualität knapp und teuer sind.

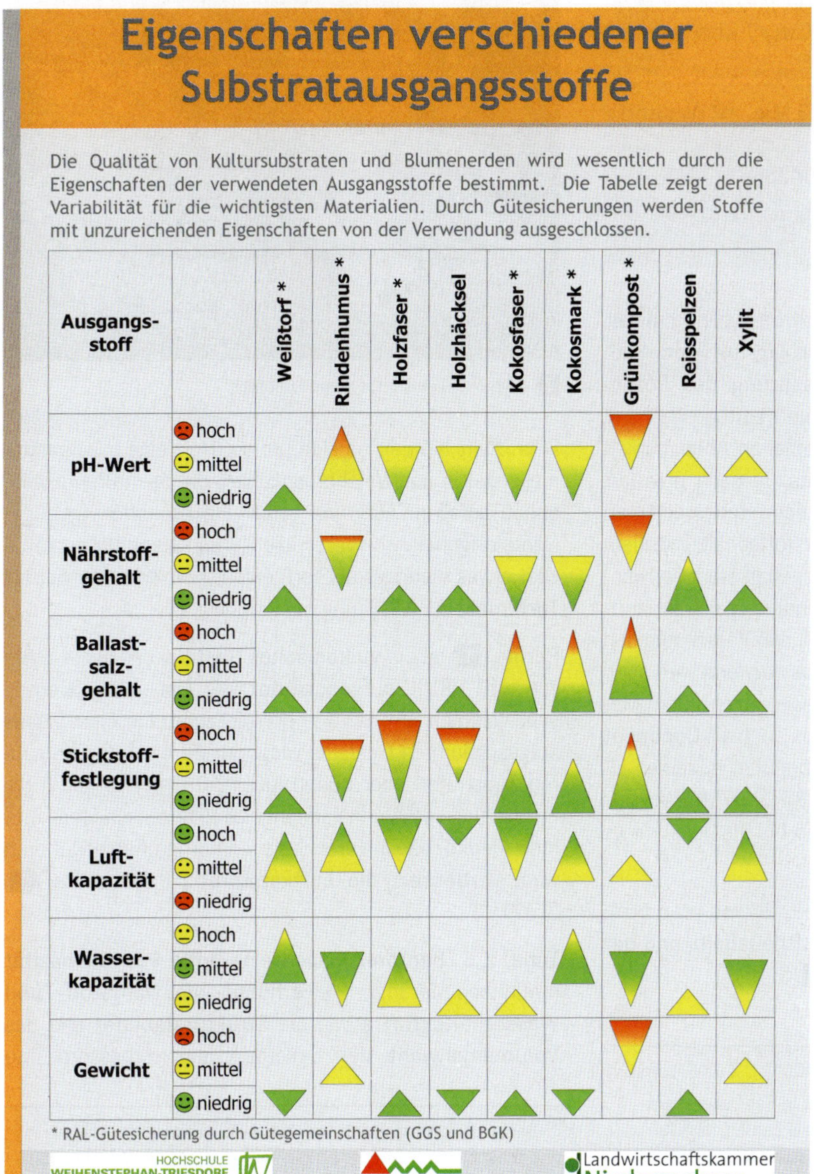

1 Wichtige Substratkomponenten und ihre Eigenschaften

> **! Hinweis**
>
> Ab 2026 darf kein Torf mehr in **Blumenerden für den Hobbybereich** verwendet werden. Im **Erwerbsgartenbau** soll der Torfeinsatz ab 2030 weitgehend reduziert werden. Ab 2038 soll dieser auch hier nicht mehr zulässig sein. Die Rufe nach Torfverzicht werden derweilen immer lauter. Immer mehr Handelskonzerne schauen auf ihr **grünes Image** und verzichten bereits heute auf Torfprodukte. Viele Substrathersteller haben reagiert und bieten neben Substraten auf Torfbasis auch torfreduzierte und sogar torffreie Mischungen an.

Torfmoose (Sphagnum-Arten), die Haupttorfbildner (s. S. 118), könnten einen hochwertigen Torfersatz bieten. Im Juli 2015 fiel in Niedersachsen der Startschuss für das Anbauprojekt von Torfmoos als nachwachsender Rohstoff auf einer Fläche von 10 ha.

Torfmoos-Biomasse

Torfmoos-Biomasse hat ähnliche Eigenschaften wie Torf und gilt damit als **hochwertiger Torfersatz**.

Der **Anbau von Torfmoos** („Sphagnum farming") als nachwachsender Rohstoff erfolgt auf nassen oder wieder vernässten ehemaligen Torfabbauflächen. Alle 3 bis 4 Jahre kann geerntet werden.

Torfmoos-Biomasse aus **Paludikultur** *(lat. palus = Morast, Sumpf; cultura = „Bewirtschaftung")* wird bei uns auf ca. 20 ha geerntet (2020).

Um unseren jährlichen **Bedarf von 3 Mio. m^3 Weißtorf** zu ersetzen, wären etwa 35.000 ha erforderlich. Dies entspricht in etwa der **Apfelanbaufläche** (34.000 ha) oder 1/75 der **Maisanbaufläche** (2.638.700 ha) in Deutschland (2019).

Kokosfasern werden auf eine Länge von 2 bis 3 cm zerkleinert und bis zu 20 Vol.-% als Zuschlagstoff[1] dem Substrat beigegeben. Über die **Verbesserung des Porenvolumens** fördern sie den Wasser- und Lufthaushalt und erhöhen wegen ihrer geringen mikrobiellen Abbaubarkeit die **Strukturstabilität des Substrats**. Je nach Standort der Kokosnusspflanzen und dem Aufbereitungsverfahren zur Fasergewinnung können der Nährstoffgehalt, vor allem Phosphor und Kalium, sowie der Salzgehalt stark schwanken. Deswegen sollte vor der Verwendung der Nährstoff- und **Salzgehalt**[2] bekannt sein. Neben den Fasern aus den Fruchtwänden der Kokospalme (*Cocos nucifera*) wird auch zunehmend der Feinanteil aus der Faserschicht (dem Mesokarp), das **Kokosmehl** (Kokosstaub), auch als **Cocopeat** bezeichnet, zur Substratherstellung benutzt. In seinen Eigenschaften (Gesamtporenvolumen 85 bis 95 %, Wasserkapazität 60 bis 70 %, Luftkapazität 15 bis 35 %) kommt es dem Weißtorf sehr nahe.

Reisspelzen (**1**) haben eine Luftkapazität von etwa 80 %. Sie dienen der **Verbesserung des Lufthaushalts und der Strukturstabilität** von Substraten (**1**, S. 171).

1 Perlite (links), Reisspelzen (rechts)

2 Hygromull (links), Styromull (rechts)

Beim **Xylit** handelt es sich um die Holzreste (Baumstämme, Äste) in der Weichbraunkohle[3], die beim Braunkohleabbau anfallen. Aufgrund seiner Eigenschaften (geringer Nährstoffgehalt, pH-Wert 5 bis 5,5 und einer Wasserkapazität etwas niedriger als Torf) eignet sich Xylit sehr gut als **Torfersatz** zur Mischung mit Kompost.

Perlite (**1**) ist ein **vulkanisches Gestein**, das durch Erhitzen auf 1 100 °C **aufgeschäumt** wird. Dabei vergrößert es sein Volumen um das 10- bis 20-Fache. Ein Liter dieses aufgeschäumten Gesteins wiegt nur 30 bis 120 g. In sauren Substraten oder Böden (pH $< 5{,}0$) kann es durch die Freisetzung von Aluminiumionen zu Pflanzenschäden kommen. Perlite, das in verschiedenen Korngrößen angeboten wird, **verbessert die Luftkapazität** der Substrate (**1**, S. 171).

Tone, z. B. **Bentonit**, haben eine **hohe Pufferkapazität** (Kationenpufferung). Sie **erhöhen die Nährstoff- und Wasserhaltekraft** sowie die **Strukturstabilität** und das **Volumengewicht** der Substrate und verbessern ihre

[1] Je nach Salz- und Kaligehalt auch bis zu 100 Vol.-% als Substrat.

[2] Überhöhte Salzgehalte, wenn Kokosnüsse in Salz- oder Brackwasser eingeweicht worden sind. → Darauf achten, dass Kokosfasern sowie Kokosmehl nur aus in Süßwasser aufgeweichten Früchten verwendet wird.

[3] Bei der Braunkohle wird zwischen Weich- und Hartbraunkohle unterschieden. Letztere enthält im Gegensatz zur Weichbraunkohle keine sichtbaren Holzeinschlüsse.

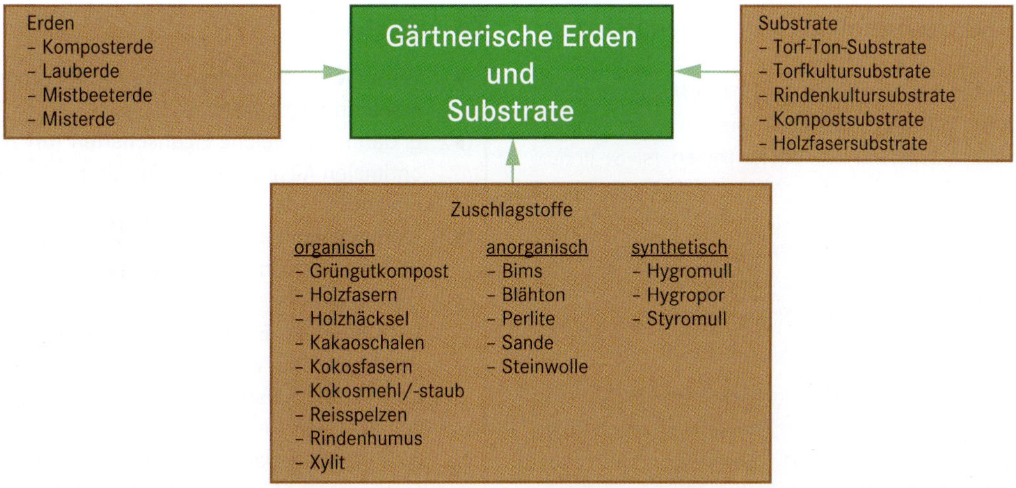

Anhaltswerte:

Eigenschaften	N (mg/l)	P_2O_5 (mg/l)	K_2O (mg/l)	Salzgehalt (g/l)
nicht aufgedüngt	<50	<30	<40	<0,8
schwach aufgedüngt	100 - 200	50 - 200	100 - 200	0,7 - 1,3
stärker aufgedüngt	250 - 350	250 - 350	300 - 500	1,5 - 2,3
pH-Wert 5,5 - 6,5 (Torfkultursubstrate 5,0 - 6,0)				

1 Gärtnerische Erden und Substrate

Wiederbenetzbarkeit; Zumischung 10 bis 15 g Tonmehl/l bzw. 10 bis 30 Vol.-% Tongranulat.

Sande bewirken über die Erhöhung des Grobporenanteils eine **Verbesserung des Lufthaushalts** und damit der Durchlüftung. Gemische von Torf und Sand (z. B. im Verhältnis 1 : 1) werden häufig als Aussaat- und Stecklingssubstrate verwendet. Wegen seines hohen Gewichts (etwa 1,5 kg/l) kann durch Zugabe von Sand die Standfestigkeit von Topfpflanzen in Torfkultursubstraten erhöht werden. Ferner verhindert eine Sandbeimischung zu organischen Substraten den Umpflanzschock beim Auspflanzen in einen vorwiegend aus mineralischen Bestandteilen bestehenden Boden.

7.3.2 Synthetisch hergestellte Stoffe

Styromull (**2**, S. 172) ist aufgeschäumtes Polystyrol. Die luftgefüllten Zellen speichern weder Wasser noch Nährstoffe, sodass Styromull zur **Verbesserung des Lufthaushalts** (Beimischung 20 Vol.-%) eingesetzt wird (**1**, S. 171). Da 1 m^3 Styromull nur 15 bis 20 kg wiegt, wird er häufig Substraten für Dachgärten zugemischt. Zur Verbesserung des Lufthaushalts schwerer zur Vernässung neigender Böden werden 1 bis 4 m^3 Styromull/100 m^2 (1 bis 4 cm dicke Schicht) empfohlen.

Hygromull (**2**, S. 172), ein geflockter, weißer Harzschaum aus Harnstoff-Formaldehyd, besitzt offene Zellen, die sich - vergleichbar einem Schwamm - mit Wasser vollsaugen, sodass sie Wasser und Nährstoffe speichern können. Eingesetzt wird er zur **Erhöhung der Wasserkapazität** (**1**, S. 171) von Böden und Substraten. Bei leichten Böden werden 2 m^3 Hygromull/100 m^2 empfohlen.

Hygromull enthält etwa 30 % Stickstoff, der beim mikrobiellen Abbau (etwa 1 bis 5 %/Jahr) freigesetzt wird. Beim Befeuchten von Hygromull entweicht **Formaldehyd**, ein farbloses, stechend riechendes Gas, das Krebs und Erbveränderungen (Mutationen) auslösen kann und auf Pflanzen giftig wirkt. Es reizt die Augen und kann beim Einatmen zur Reizung und Entzündung der Atemwege führen.

Zur Vermeidung von Pflanzenschäden muss das Substrat nach dem Befeuchten einige Tage liegen bleiben, damit das Gas entweichen kann. Beim Ausbringen von Hygromull sollte eine Staubbildung vermieden, Zündquellen ferngehalten und nicht geraucht werden. Zudem sind zum Schutz vor Hautkontakt Handschuhe zu benutzen. Die Lagerung hat in gut belüfteten Räumen, geschützt vor direkter Sonneneinstrahlung und Luftfeuchtigkeit (stark hygroskopisch) zu erfolgen.

Bei **Hygropor** handelt es sich um ein Gemisch aus Hygromull (70 %) und Styromull (30 %).

---

[1] registrierte Warenmarke der *EM Research Organization, Inc.* (EMRO), Japan

7.3.3 Mikroorganismen und Mykorrhizen

Eine zunehmende Bedeutung gewinnen **Mikroorganismen** (z. B. *Bacillus subtilis* und *Trichoderma atrobrunneum*, früher *harzianum*) und **Mykorrhizen** (s. S. 19 ff., 100 und 135) als Zuschlagstoffe zum Substrat. Aufgrund von Konkurrenz um Lebensraum und Nahrung sollen sie die Besiedlung der Wurzel durch bodenbürtige Kranheitserreger entgegenwirken sowie durch weitere Wirkmechanismen die Nährstoffversorgung der Pflanzen fördern.

Bei den sog. **Effektiven Mikroorganismen** (engl. *effective microorganisms*[1] oder kurz **EM** handelt es sich um kommerzielle Mischungen aus verschiedenen Mikroorganismen. Auf den Boden ausgebracht, auf Pflanzen gesprüht oder als Zugabe zur Kompostierung sollen sie die Pflanzenentwicklung fördern. Unabhängige wissenschaftliche Studien konnten nicht belegen, dass eine direkte Wirkung von der Zugabe lebender EM-Mikroorganismen ausgeht. Alle Effekte auf das Pflanzenwachstum ließen sich allein auf die Zugabe von organischem Dünger zurückführen, der mit der Gabe von EM immer verbunden ist. Gleiches gilt für die Wirkung von **Bokashi-Kugeln** (mit EM versetzte Schlammkugeln).

! Merke

Heute werden Substrate überwiegend nach Kundenwünschen hergestellt.

! Hinweis

Gütesicherung

Qualitativ hochwertige Substrate sind in ihren Eigenschaften auf die Bedürfnisse der Pflanzen und das jeweilige Kulturverfahren abgestimmt. **Die Gütegemeinschaft Substrate für Pflanzen e. V.** gibt in den Güte- und Prüfbestimmungen verbindliche Standards für die Qualität von Substraten und ihren Ausgangsstoffen vor. Die Anerkennung der Gütesicherung geschieht durch das **Deutsche Institut für Gütesicherung und Kennzeichnung (RAL)**. Substrate und Ausgangsstoffe, die die geforderten Qualitätskriterien erfüllen, erhalten das **RAL-Gütezeichen**.

RAL GÜTEZEICHEN – SUBSTRATE FÜR PFLANZEN

Weitere Informationen unter **www.substrate-ev.de**

? Aufgaben

1. Warum wird die Verwendung von Torf zunehmend kritisch gesehen?
2. Erklären Sie, welche Eigenschaften Torf zum optimalen Ausgangsstoff für Kultursubstrate machen?
3. Warum gestaltet sich im Produktionsgartenbau der Torfersatz in Kultursubstraten so schwierig?
4. Die Verwendung von Torf wird zunehmend kritisch gesehen. Ersatzstoffe für die Herstellung von Substraten werden gesucht. Welche Ausgangsstoffe entsprechen in etwa den Eigenschaften von Torf im Hinblick auf: a) pH-Wert, b) Nährstoffgehalt, c) Salzgehalt, d) Stickstofffestlegung, e) Luftkapazität, f) Wasserkapazität und g) Gewicht (1, S. 171)?
5. Als Ausgangsstoffe für Kultursubstrate haben sich bisher a) Rindenhumus, b) Grünkompost, c) Holzfasern und d) Kokosprodukte etabliert. Beurteilen Sie mithilfe der 1, S. 171, ihre Eigenschaften im Vergleich zum Weißtorf. Benutzen Sie dazu die Adjektive höher, niedriger, gleich.
6. Welche Anforderungen sollte ein Torfersatzstoff zur Herstellung von Kultursubstraten erfüllen?
7. Welchen Erfolg messen Sie Sphagnum farmig zu?
8. Erkundigen Sie sich a) nach der Zusammensetzung und Verwendung der in Ihrem Ausbildungsbetrieb vorhandenen Erden und Substrate. b) Wo wurde die Verwendung von Torf reduziert und wo ggf. ganz auf Torf verzichtet. c) Welche Erfahrungen wurden damit gemacht? d) Stellen Sie Ihre Ergebnisse in der Klasse vor.
9. Woran können Sie erkennen, ob ein Substrat den Qualitätsstandards entspricht?

III Pflanzenernährung

1 Die Bedeutung der Nährstoffe für die Pflanzen

Alle grünen Pflanzen können mithilfe der Fotosynthese aus Kohlendioxid und Wasser **Kohlenhydrate** (Zucker, Stärke, Cellulose) aufbauen. Das reicht jedoch zum Wachsen, Blühen und Fruchten nicht aus. Zur Entwicklung, d. h. zum Aufbau von Eiweißen (Proteinen), Fetten (Lipiden), Vitaminen, Hormonen und Chlorophyll, zur Regulierung des Wasserhaushalts und zum Ablauf der Stoffwechselvorgänge benötigen Pflanzen bestimmte **Nährstoffe (Nährelemente)**, die sie dem Boden und der Luft entnehmen.

1.1 Humus- und Mineralstofftheorie (1)

Bis zur Mitte des 19. Jahrhunderts ging man noch allgemein davon aus, dass sich Pflanzen von Humusstoffen ernähren, die sie aus dem Boden aufnehmen. Diese **Humustheorie** wurde etwa 350 v. Chr. von dem griechischen Philosophen und Naturforscher **Aristoteles** begründet. Mit fortschreitenden chemischen Kenntnissen und Analyseverfahren wurde Anfang des 19. Jahrhunderts die **Mineralstofftheorie** entwickelt. Als Begründer der Mineralstofftheorie gilt heute der deutsche Agrarwissenschaftler **Carl Philipp Sprengel** (1787 bis 1859). Im Gegensatz zur Humustheorie konnten die Vertreter der Mineralstofftheorie nachweisen, dass sich Pflanzen nicht direkt von Humusstoffen, sondern von Mineralstoffen ernähren, die auch im Humus enthalten sind. Somit hat Humus nicht als Nährstoff, aber als Nährstofflieferant seine Bedeutung für das Pflanzenwachstum. Erst 1840 verhalf der deutsche Chemiker **Justus von Liebig** mit seinen Untersuchungen der Mineralstofftheorie zum endgültigen Durchbruch (1).

! Merke

Für die Düngung gilt: Düngemittel sind zeitlich und mengenmäßig so auszubringen, dass die Nährstoffe von den Pflanzen weitgehend ausgenutzt werden, um Nährstoffverluste durch Auswaschung zu vermeiden. Die Vorgaben der **„Düngeverordnung“** (Deutschland) bzw. die **„Richtlinien der sachgerechten Düngung“** (Österreich) sind zu beachten.

? Aufgabe

◑ Worin unterscheidet sich die Mineralstofftheorie von der Humustheorie?

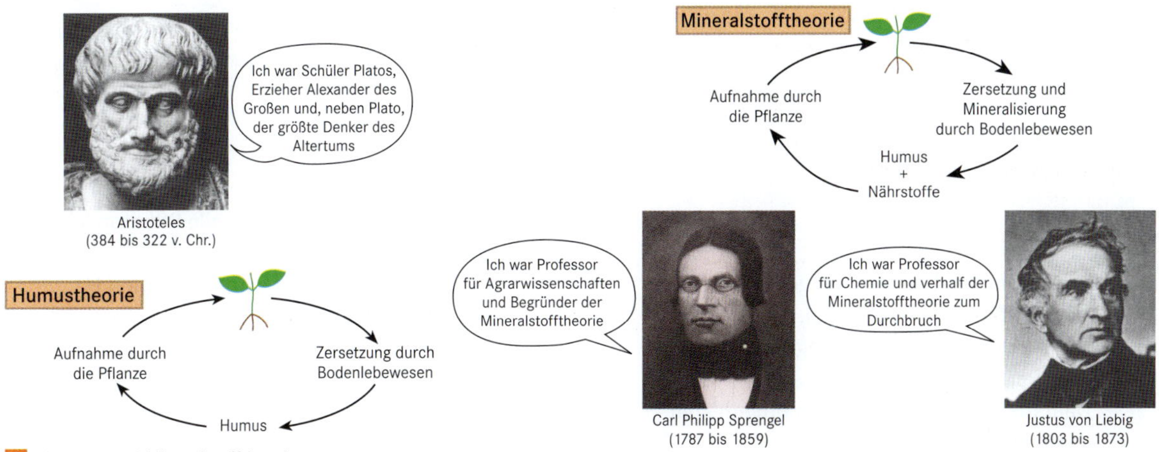

1 Humus- und Mineralstofftheorie

1.2 Nährstoffkreisläufe

1 Offener Nährstoffkreislauf

Alle Nährstoffe unterliegen einem Kreislauf. Bei einem **„geschlossenen Nährstoffkreislauf"** gelangen die entzogenen Nährstoffe in den Boden zurück (**1**, S. 136). So ein geschlossener Nährstoffkreislauf ist jedoch relativ selten. In der Regel haben wir es mit **„offenen Nährstoffkreisläufen"** (**1**) zu tun. Hier werden die dem Boden entzogenen Nährstoffe, die die Pflanze zum Aufbau ihrer organischen Substanz verwendet, mit der Ernte weggeführt. Nur ein kleiner Teil gelangt über Erntereste (z. B. Wurzelrückstände) in den Nährstoffkreislauf zurück. Soll der Boden im Laufe der Zeit nicht an Nährstoffen verarmen, die Ernährung der Pflanzen gesichert bleiben, müssen dem Boden die entzogenen Nährstoffe zugeführt werden. Diesen Vorgang bezeichnen wir als **Düngung**.

? Aufgaben

◑ 1. Versuchen Sie, Beispiele für geschlossene Nährstoffkreisläufe zu finden.

○ 2. Warum müssen wir in der Regel düngen?

○ 3. Wodurch kann es auch bei geschlossenen Nährstoffkreisläufen zu Nährstoffverlusten kommen?

1.3 Lebensnotwendige Elemente

Mithilfe von Pflanzenanalysen und Wachstumsversuchen hat man herausgefunden, dass für alle Pflanzen **17 Nährelemente lebensnotwendig** (essenziell) sind. Nach dem Mengenbedarf der Pflanze an diesen Nährelementen unterscheidet man zwischen **Haupt-** und **Spurennährstoffen** (**1**, S. 177). Da jedes einzelne Haupt- und Spurenelement im Leben der Pflanze ganz spezielle Aufgaben übernimmt, kommt es beim Mangel an einem dieser Nährelemente zu typischen Krankheitssymptomen (Mangelsymptome, **2**, S. 177).

? Aufgaben

○ 1. Welche Nährstoffe sind für alle Pflanzen lebensnotwendig?

○ 2. Welcher Unterschied besteht zwischen Haupt- und Spurennährstoffen?

○ 3. Welche Nährstoffe entnimmt die Pflanze der Luft?

○ 4. In welcher Form nimmt die Pflanze Kohlenstoff, Sauerstoff und Wasserstoff auf?

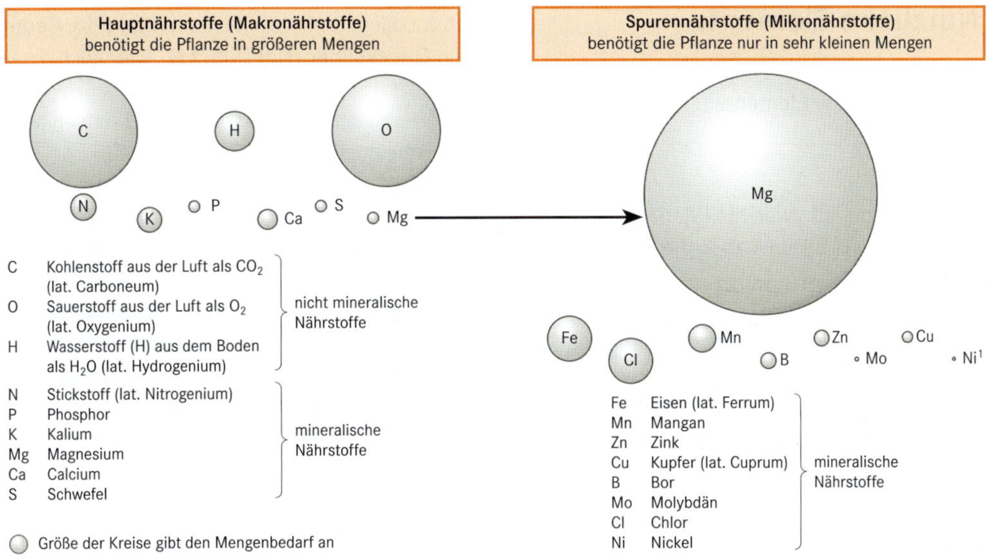

1 Haupt- und Spurennährstoffe

[1] In so geringen Mengen notwendig, dass es für die praktische Düngung keine Bedeutung hat.

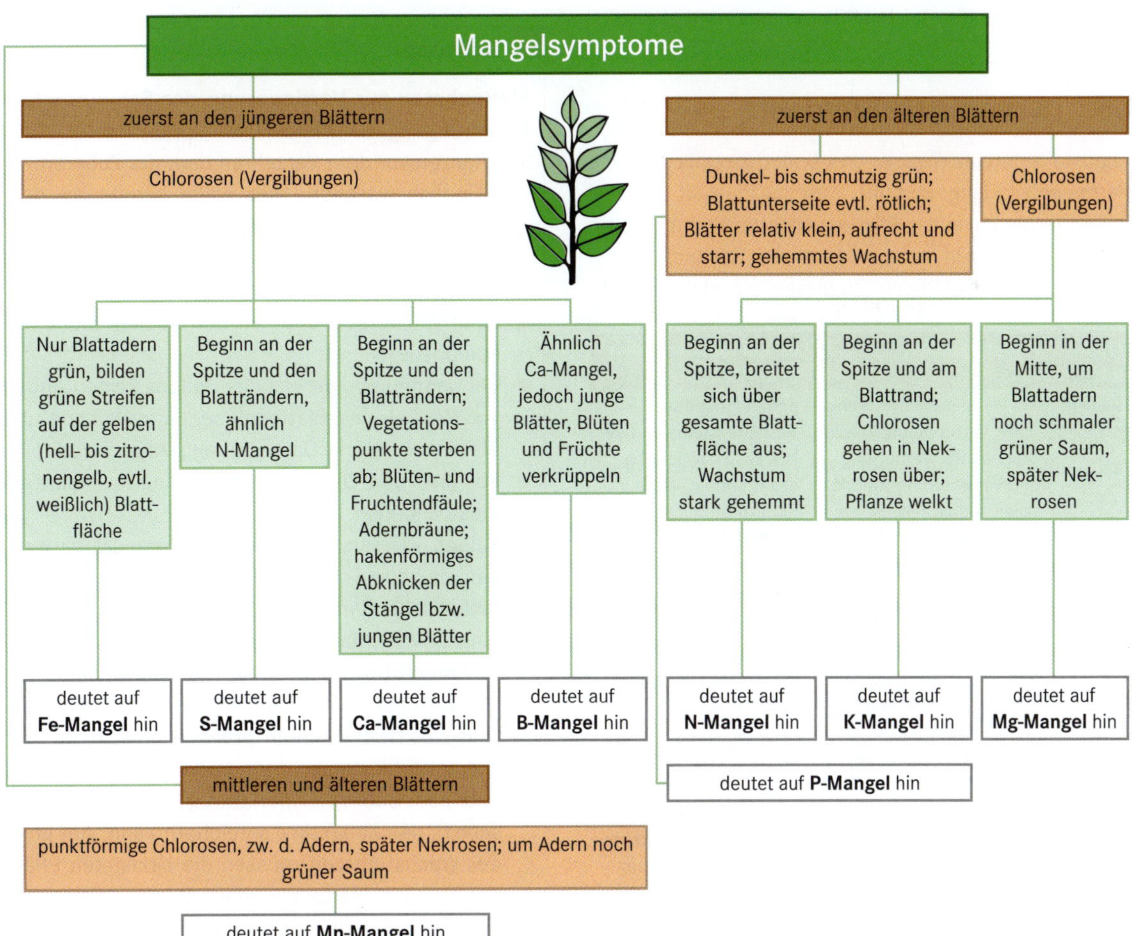

2 Einfacher „Bestimmungsschlüssel" zum Erkennen der häufigsten Mangelsymptome

1.4 Nützliche Elemente

Neben den lebensnotwendigen Nährelementen gibt es auch sogenannte **nützliche Elemente**.

! Merke

Nützliche Elemente sind zwar für Pflanzen nicht lebensnotwendig (!), sie fördern aber die Entwicklung bestimmter Pflanzenarten.

So wirkt **Natrium (Na)** wachstumsfördernd auf Spinat, Rote Bete, Sellerie und Kohl; **Silicium (Si)** trägt zur Festigung des Pflanzengewebes bei und erhöht damit die Standfestigkeit sowie die Widerstandsfähigkeit der Pflanzen gegen Pilzbefall und saugende Insekten; **Cobalt (Co)** fördert die Entwicklung der Knöllchenbakterien und somit das Wachstum der mit ihnen in einer Lebensgemeinschaft lebenden Leguminosen.

? Aufgabe

○ Welche Elemente sind für das Pflanzenwachstum förderlich, für die meisten Pflanzen aber entbehrlich?

1.5 Schädliche Elemente

Schadstoffe in Luft, Wasser und Boden beeinflussen die Pflanzenentwicklung und die Nahrungsqualität negativ. Eine Anreicherung in den Pflanzen über die Nahrungskette (s. S. 110 f.) kann in hohem Maße die Gesundheit von Mensch und Tier gefährden. Zu diesen Schadstoffen zählen vor allem Schwermetalle wie **Blei (Pb)**, **Cadmium (Cd)** und **Quecksilber (Hg)** (Tab. 1). Aber auch die lebensnotwendigen Spurennährelemente Cu, Zn, Mn, Fe und Mo gehören zu den Schwermetallen und können bei übermäßiger Anreicherung im Boden Pflanze, Tier und Mensch schädigen. So hat man in zahlreichen Böden, vor allem in den Städten, sehr hohe Schwermetallgehalte gemessen. Als Hauptursache gelten die Abgase der Autos, der Industrie und der privaten Haushalte. Gerade in Gebieten mit hoher Luftverschmutzung kann das umweltbewusste Kompostieren zur Belastung der Böden beitragen. Durch die Kompostierung von Garten- und Küchenabfällen bleiben die Schwermetalle im Nährstoffkreislauf erhalten bzw. werden mit der Zeit im Boden angereichert.

Schadstoff	Hauptursachen	Gesundheitsschäden beim Menschen
Blei (Pb)	Kfz-Verkehr, Müllverbrennung, Verbrennung fossiler Brennstoffe, Verhüttung und Verarbeitung von Metallen, industrielle Emissionen, Schießplätze, Jagd	Schädigung des Nervensystems und der Nieren, Schwächung des Immunsystems, Blutarmut, Missbildung bei Embryonen
Cadmium (Cd)	Kfz-Verkehr, Müllverbrennung, Verbrennung fossiler Brennstoffe, Verhüttung und Verarbeitung von Metallen, Einsatz von Müllkompost, Klärschlamm und cadmiumhaltigem Phosphordünger, industrielle Emission, PVC-Herstellung	Lungenkrebs, Herz- und Kreislauferkrankungen, Nieren- und Leberschäden, Schrumpfung des Skeletts (Itai-Itai-Krankheit)
Quecksilber (Hg)	Kfz-Verkehr, Abwässer, Farben-, Batterie- und Fungizidherstellung, Einsatz von Müllkompost und Klärschlamm, Chlorherstellung	Schädigung des Nervensystems (Minamata-Krankheit), der Leber und der Nieren, Missbildungen, Mutationen

Tab. 1 Schwermetalle können in hohem Maße die Gesundheit des Menschen gefährden

! Merke

Einmal im Boden vorhandene Schwermetalle können nur schwer entfernt werden.

Deshalb sollte generell vor der Verwendung von Komposten eine Analyse der Inhaltsstoffe erfolgen.

! Achtung

Maßnahmen zur Verringerung der Schwermetallbelastung (1, S. 179)

- Pflanzen vor dem Verzehren bzw. der Zubereitung gründlich waschen. Dies sollte bereits vor dem Putzen oder Schälen geschehen, damit anhaftende Schwermetalle nicht auf den Komposthaufen gelangen.
- Laub von Straßenbäumen und Aschen nicht verkompostieren.
- Bei Cadmiumbelastung des Bodens keinen Anbau von Wurzel- und Blattgemüse, da in Wurzeln und Blättern verstärkt Cadmium eingelagert wird.
- Bei Blei- und Quecksilberbelastung kein Blattgemüse anbauen.
- Keinen Klärschlamm oder Müllkompost verwenden, da hohe Schwermetallgehalte.
- Biologische Sanierung belasteter Flächen durch Einsatz von Pflanzen (**Phytosanierung** oder **Phytoremediation**[1]), die hohe Konzentrationen von Schwermetallen aufnehmen. Geeignete Pflanzen sind z. B. Brauner Senf *(Brassica juncea)*, der vor allem auf bleiverseuchten Böden eingesetzt wird, und das Gebirgs-Hellerkraut *(Thalapsis caerulescens)*, das Zink stark anreichern kann. Am Ende der Wachstumszeit müssen die belasteten Pflanzen entsorgt werden. Eine vollständige Sanierung belasteter Böden kann mehrere Jahre dauern.

[1] Abgeleitet von Remedium für „Heilmittel"

1 Verringerung der Schwermetallbelastung

? Aufgaben

◑ 1. Worin besteht der Unterschied zwischen lebensnotwendigen, nützlichen und schädlichen Elementen?

◑ 2. Welche Maßnahmen können Sie ergreifen, um einer übermäßigen Schwermetallbelastung entgegenzuwirken?

2 Wachstumsgesetze

Das Wachstum und damit der Ertrag der Pflanzen richtet sich nach Gesetzen, sogenannten **Wachstums-** bzw. **Ertragsgesetzen**.

Minimumgesetz

! Merke

Der deutsche Agrarwissenschaftler **Carl Philipp Sprengel** (**1**, S. 175) erkannte bereits 1828, dass das **Pflanzenwachstum** von dem **Wachstumsfaktor** (**1**, S. 180) **begrenzt** wird, der im **Verhältnis zum Bedarf im Minimum vorhanden** ist. Diese Aussage stellt das **Minimumgesetz** dar.

Es besagt also, dass – wenn z. B. Stickstoff im Minimum vorliegt – durch eine Düngung mit anderen Nährstoffen das Wachstum der Pflanzen nicht gesteigert werden kann. Eine Düngung mit Stickstoff erhöht hingegen das Wachstum so lange, bis ein anderer Wachstumsfaktor, z. B. Magnesium, im Verhältnis zum Bedarf im Minimum vorliegt und nun seinerseits das Wachstum begrenzt (**2**, S. 180).

Optimumgesetz

Die Wechselwirkungen zwischen den einzelnen Wachstumsfaktoren schränken die Aussage des Minimumgesetzes jedoch ein. Wenn z. B. ein weiterer Wachstumsfaktor, z. B. das Wasser, auch nicht optimal vorhanden ist, kann durch erhöhte Wassergaben das Pflanzenwachstum verbessert werden, obwohl der im Minimum vorhandene Wachstumsfaktor nicht erhöht wurde. Der Grund dafür ist der, dass durch die erhöhten Wassergaben ein besserer Antransport der Nährstoffe an die Wurzel und damit eine bessere Ausnutzung des Stickstoffs erfolgt. Diese Zusammenhänge erkannte **Liebscher 1895** und veränderte dementsprechend das Minimumgesetz zum **Optimumgesetz**.

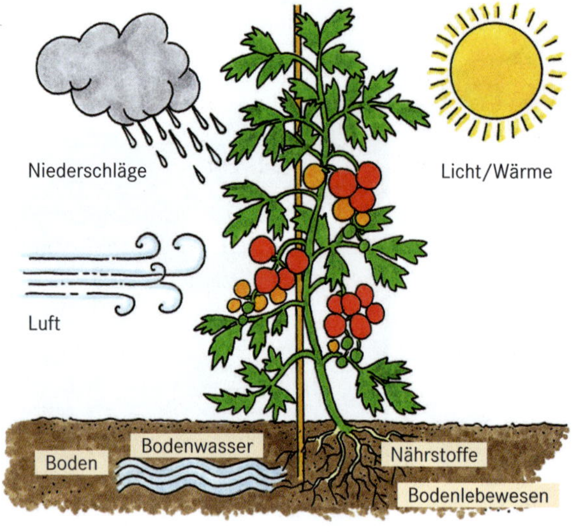

1 Wachstumsfaktoren

2 Das Minimumgesetz

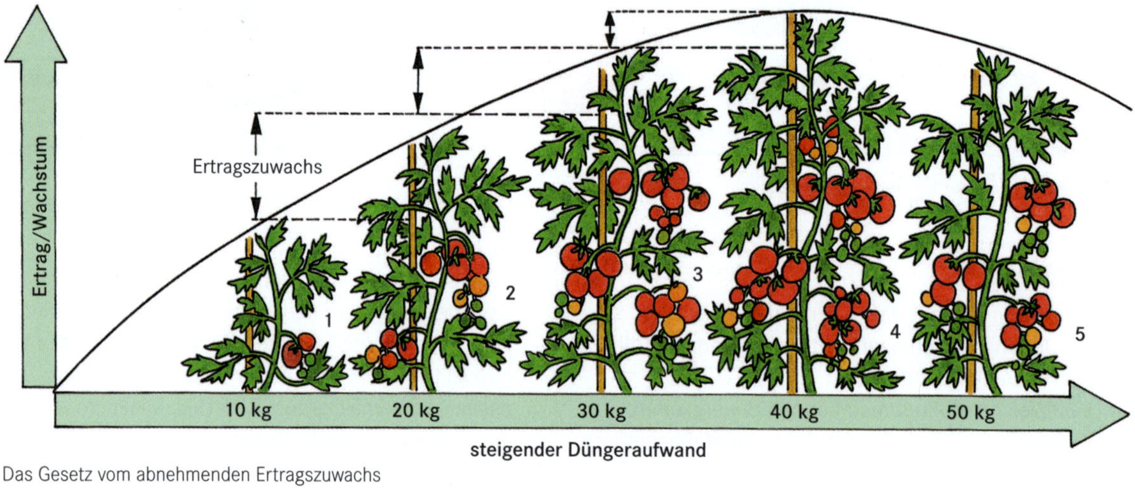

3 Das Gesetz vom abnehmenden Ertragszuwachs

> **! Merke**
>
> Das **Optimumgesetz** besagt, dass der im Verhältnis zum Bedarf im Minimum vorhandene Wachstumsfaktor umso stärker das Wachstum bzw. den Ertrag beeinflusst, je mehr die anderen Wachstumsfaktoren im Optimum sind.

Gesetz vom abnehmenden Ertragszuwachs (3)

Durch Steigerung der Wachstumsfaktoren kann das Wachstum bzw. der Ertrag jedoch nicht beliebig erhöht werden. Jede Pflanze kann nur entsprechend ihren Erbanlagen einen bestimmten Höchstertrag bringen. Dabei steigt der Ertrag bei gleichbleibender Düngersteigerung nicht gleichmäßig, sondern im Verhältnis zu dem am Höchstertrag fehlenden Ertrag.

> **! Merke**
>
> Das heißt, dass mit zunehmender Düngung zwar der Ertrag bis zum Höchstertrag steigt, der **Ertragszuwachs** aber immer geringer wird, je dichter man an den Höchstertrag kommt. Dementsprechend bezeichnete Mitscherlich (1906) dieses Ertragsgesetz als das **Gesetz vom abnehmenden Ertragszuwachs.**

Wird die Düngermenge, die zum Erreichen des Höchstertrags notwendig ist, überschritten, kommt es zur Ertragsabnahme und Krankheiten durch Überdüngung.

Zeile	Versuchsfeld	I	II	III	IV	V	VI	VII	VIII
1	N-Düngung (kg/ha)	0	30	60	90	120	150	180	210
2	Weizenertrag (dt/ha)	25	38	47	51	53	54	54,5	53
3	Ertrags-zuwachs (dt/ha)	-	13	9	4	2	1	0,5	-1,5
4	zusätzlicher Erlös in € (1 dt Weizen = 25 €)	-	325	225	100	50	25	12,5	-37,5
5	zusätzliche Düngerkosten in € (1 kg N = 0,80 €)	-	24	24	24	24	24	24	24
6	zusätzlicher Gewinn in €	-	301	201	76	26	1	-11,5	-61,5

Tab. 1 Ergebnisse einer N-Steigerung zu Winterweizen

Aufgaben

1. Erklären Sie anhand der 2, S. 180, das Minimumgesetz.
2. Beschreiben Sie, wie eine stufenweise Erhöhung der N-Düngung den Ertrag bzw. das Pflanzenwachstum beeinflusst.
3. Erklären Sie anhand Tab. 1, warum es nicht immer sinnvoll ist, den Höchstertrag anzustreben. Wie würden sich stark sinkende Erzeugerpreise bzw. stark steigende Düngerkosten auf die Düngung auswirken?
4. Erläutern Sie das Gesetz vom abnehmenden Ertragszuwachs am Beispiel sportlicher Leistungen.

3 Düngeverfahren

Grunddüngung

Die Grunddüngung erfolgt vor der Aussaat, dem Pikieren, Pflanzen oder Topfen. Sie erfolgt nach Boden-/Substratanalysen und soll den Grundbedarf der Pflanzen abdecken. Der Dünger wird in den Boden eingearbeitet bzw. in das Substrat eingemischt. **Faustzahl:** $\frac{1}{2}$ bis $\frac{2}{3}$ des gesamten Nährstoffbedarfs der Kultur.

Ergänzungsdüngung (Nachdüngung)

Die Ergänzungsdüngung dient der Ergänzung der Grunddüngung während der Kultur. Sie ermöglicht eine Anpassung an das Pflanzenwachstum. Erfolgt sie zu bestimmten Terminen, spricht man von einer **Termindüngung**. Nach der Art der Durchführung unterscheidet man:

Düngung mit festem Dünger

Die **Kopfdüngung** wird mit festen Düngern während der Wachstumsphase vor allem im Freiland vorgenommen.

Düngung mit flüssigem Dünger

Die **Blattdüngung** erfolgt durch **Flüssigdüngung auf das Blatt** (Nährstoffspritzung). Die gelösten Nährstoffe können über feinste Mikroporen auf Blattober- und -unterseite aufgenommen werden (appoplastischer Transport)[1]. **Faustzahl:** 0,05- bis 0,1 %ig (0,5 bis 1 g/l H_2O). Bei zu hohen Salzkonzentrationen besteht Verätzungsgefahr. Die Temperaturen sollten möglichst nicht über 20 °C und die relative Luftfeuchtigkeit nicht unter 40 % liegen. Entsprechend günstig ist die Ausbringung bei bedecktem Himmel oder in den Abendstunden. Hauptanwendung bei Spurennährelementemangel und der N-Düngung mit Harnstoff (1-5 g/l).

Hinweis

Bei einer schwach (z. B. auch nach längeren Regenperioden oder lichtarmen Zeiten) oder noch nicht ausgebildeten Wachsschicht (in Phasen starken Wachstums) kann es durch die Blattdüngung zu Verbrennungen auf den Blättern kommen. Gegebenenfalls ist die Konzentration zu reduzieren.

Die **Intervalldüngung** erfolgt im Wechsel mit der Bewässerung in der Regel ein- bis zweimal wöchentlich. **Faustzahl:** 0,05- bis 0,3 %ig (0,5 bis 3 g/l).

Bei der **Bewässerungsdüngung** erfolgt die Zufuhr von Nährstoffen mit jedem Gießvorgang. Sie ermöglicht eine gleichmäßige, an den Bedarf der Pflanze angepasste Nährstoffversorgung. **Faustzahl:** 0,02- bis 0,2 %ig (0,2 bis 2 g/l H_2O).

In der **Topf-/Containerkultur** werden zur **Arbeitseinsparung** auch mit Nährstoffen (Langzeitdüngern) vollbevorratete Substrate verwendet. Nachteilig gegenüber einer Teilbevorratung plus Nachdüngung während der Kultur ist, dass eine gezielte Nährstoffversorgung entsprechend dem Pflanzenwachstum nicht erfolgen kann.

Aufgabe

- Beschreiben Sie die in Ihrem Ausbildungsbetrieb durchgeführten Düngeverfahren.

[1] Der **Appoplast** besteht aus den Hohlräumen in den Zellwänden und zwischen den Zellen.

4 Nährstoffdynamik des Bodens

4.1 Massenfluss und Diffusion

Das eigentliche Nährmedium für die Pflanze stellt die **Bodenlösung** (Bodenwasser mit gelösten Nährstoffen 1) dar. Aus ihr entzieht die Pflanzenwurzel die meisten Nährstoffe. Da sich nur ein geringer Teil der Nährstoffe in unmittelbarer Nähe der Wurzel befindet, muss der größte Teil zur Pflanzenwurzel transportiert werden. Dieser **Antransport** erfolgt mit dem Wasser. Unter anderem entsteht durch den Wasserentzug der Pflanze ein Wasserstrom in Richtung Wurzel, sodass die im Bodenwasser gelösten Nährstoffe zur Wurzel gelangen **(Massenfluss)**. Die Menge der antransportierten Nährstoffe hängt von der **Nährstoffkonzentration der Bodenlösung, der Verdunstungsrate der Pflanze und dem durchwurzelten Bereich des Bodens** ab. Indem die Pflanze der Bodenlösung Nährstoffe entzieht, schafft sie Konzentrationsunterschiede, sodass Nährstoffe auch durch **Diffusion** (s. S. 55) die Wurzeloberfläche erreichen können. Aufgrund der geringen Geschwindigkeit ist jedoch die Diffusion auf nur wenige Millimeter um die Wurzel begrenzt. Die Art, nach der der Antransport erfolgt, wird hauptsächlich von der Konzentration des jeweiligen Nährstoffs in der Bodenlösung bestimmt. Calcium, Magnesium und Nitrat, die in der Regel hoch konzentriert vorliegen, gelangen vorwiegend durch Massenfluss zur Wurzel. Phosphor und Kalium erreichen dagegen die Wurzel aufgrund ihrer relativ niedrigen Konzentration überwiegend durch Diffusion.

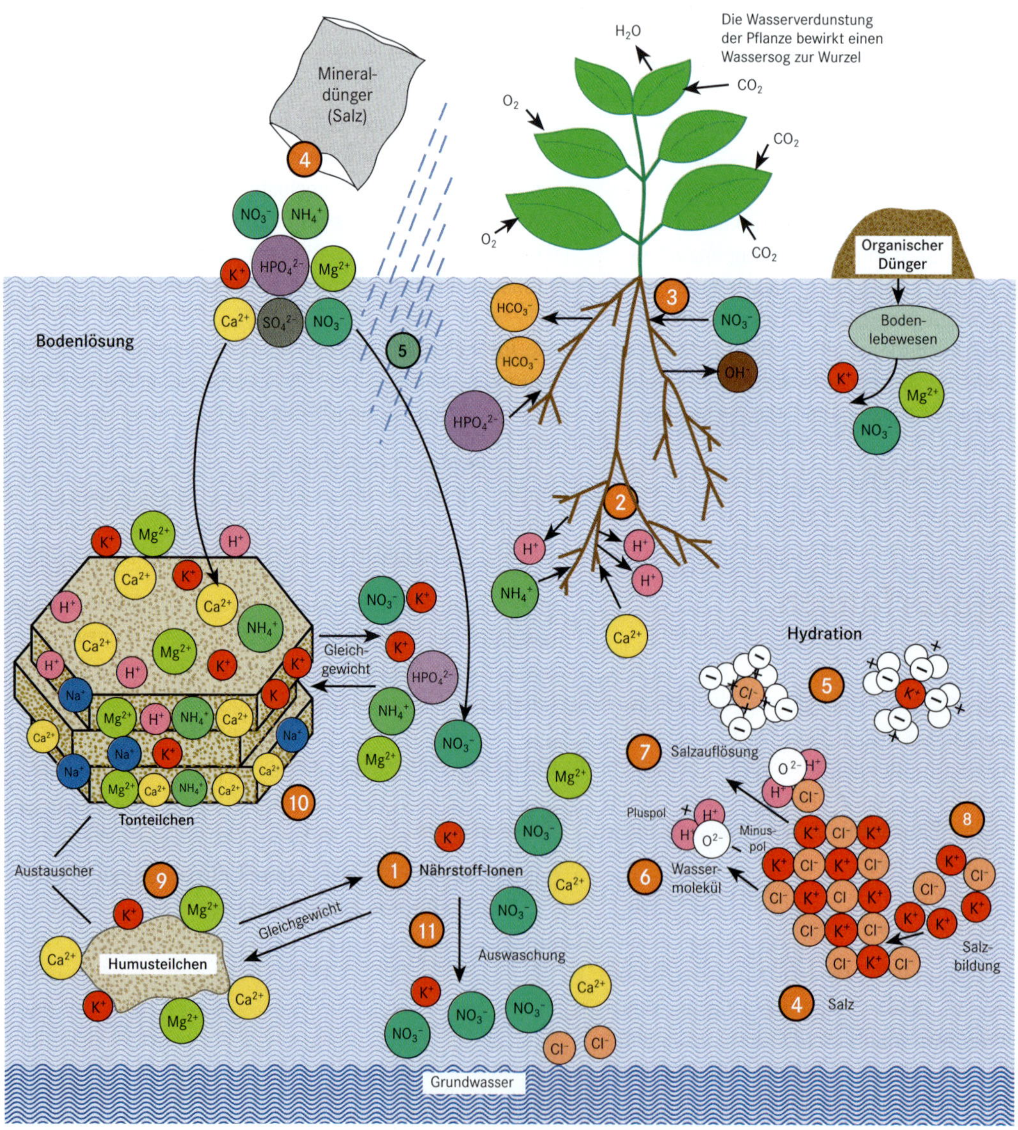

1 Nährstoffdynamik des Bodens

Aufgaben

○ 1. Woraus entnimmt die Pflanzenwurzel hauptsächlich ihre Nährstoffe?
◑ 2. Wie gelangen die Nährstoffe zur Wurzel?
◑ 3. Wovon hängt die Menge der an die Wurzel antransportierten Nährstoffe ab?
◑ 4. Beide Arten des Nährstofftransports werden durch die Pflanze verursacht. Erklären Sie dies.

4.2 Kationen und Anionen (1, S. 182)

Im Gegensatz zu den nicht mineralischen Nährstoffen Kohlenstoff, Sauerstoff und Wasserstoff, die als ungeladene Moleküle (CO_2, O_2, H_2O) aufgenommen werden, erfolgt die Aufnahme der mineralischen Nährstoffe gelöst in Wasser in Form von Ionen (geladene Teilchen) ❶. Dabei kann man unterscheiden zwischen **Kationen** (positiv geladene Ionen) und **Anionen** (negativ geladene Ionen) (Tab. 1). Damit sich durch die Nährstoffaufnahme (s. auch S. 60) in Form von Ionen die Ladung der Pflanze nicht verändert, gibt sie im Austausch gegen aufgenommene Kationen H^+-Ionen ❷ und im Austausch gegen Anionen HCO_3^--/OH^--Ionen ab ❸, die bei der Atmung der Wurzel aus CO_2 und H_2O entstehen.

Nährstoff	Aufnahme als	
	Kation*	Anion*
Stickstoff	NH_4^+ (Ammonium)	NO_3^- (Nitrat)
Phosphor		$H_2PO_4^-$ (Dihydrogenphosphat) HPO_4^{2-} (Hydrogenphosphat)
Kalium	K^+	
Magnesium	Mg^{2+}	
Calcium	Ca^{2+}	
Schwefel		SO_4^{2-} (Sulfat)
Eisen	Fe^{2+}	
Mangan	Mn^{2+}	
Zink	Zn^{2+}	
Kupfer	Cu^{2+}	
Bor	wird überwiegend als Borsäure-Molekül H_3BO_3 bzw. HBO_3^{2-} aufgenommen	
Molybdän		MoO_4^{2-} (Molybdat)
Chlor		Cl^-
Nickel	Ni^{2+}	
* Hochzahlen geben die Wertigkeit an		

Tab. 1 Nährstoffe werden als Ionen aufgenommen

Aufgaben

○ 1. Worin unterscheiden sich Kationen und Anionen?
○ 2. Welche Nährstoffe liegen im Boden als Kationen und welche als Anionen vor?

4.3 Auflösung/Bildung von Salzen (1, S. 182)

In mineralischen Düngern liegen die Nährstoffionen in einer festen Verbindung vor – als **Salz** (Ionenverbindung) ❹. Durch Anlagerung von Wassermolekülen an die Kationen und Anionen **(Hydration)** ❺ kommt es zur Auflösung des Salzes. Obwohl das Wassermolekül als Ganzes elektrisch neutral ist, weist es aufgrund seiner unterschiedlichen Ladungsverteilung ein positiv und ein negativ geladenes Ende auf. Man spricht von einem **Dipol** ❻. Aufgrund dieser dipolen Ladung können sich Wassermoleküle an positiv und negativ geladene Teilchen anlagern. Indem sich die Ionen mit einer Wasserhülle umgeben, werden die Anziehungskräfte zwischen den Kationen und Anionen verringert, sodass sich das Salz beginnt aufzulösen, d. h., die im Kristallgitter des Salzes gebundenen Ionen werden frei beweglich (in Wasser gelöst) ❼. **In dieser gelösten Form können sie von der Pflanze aufgenommen, an Austauschern angelagert (Kationen) oder ausgewaschen werden.** Wird die Nährstoffionenkonzentration in der Bodenlösung erhöht, kann es durch eine verstärkte Annäherung unterschiedlich geladener Ionen auch zu einer Anziehung von Kationen und Anionen kommen, sodass es zur **Ausfällungsreaktion**, d. h. zur **Salzbildung** kommt ❽. Die vorher gelösten Nährstoffionen liegen dann wieder in einer ungelösten, d. h. nicht pflanzenverfügbaren Form vor. Je nach Löslichkeit der sich bildenden Salze können die Nährstoffionen leicht oder nur schwer wieder gelöst werden.

Aufgaben

○ 1. Worum handelt es sich bei einem Salz?
◑ 2. Erklären Sie die Auflösung eines Salzes in Wasser.
◑ 3. Warum sind die in Wasser gelösten Ionen eines Salzes gegeneinander frei beweglich?
◑ 4. Wodurch kann es zu Ausfällungsreaktionen, d. h. zur Salzbildung kommen?

4.4 Austauschvorgänge (1, S. 182)

Aufgrund ihrer positiven Ladung können sich Kationen an die negativ geladenen Ton- und Humusteilchen (Bodenkolloide) anlagern ❾. Zwischen den an der Oberfläche der Kolloide absorbierten Nährstoffen und denen in der Bodenlösung stellt sich ein Gleichgewicht ein ❿. **Wird dieses Gleichgewicht gestört, finden Austauschvorgänge zwischen den Bodenkolloiden und der Bodenlösung statt, mit dem Ziel, ein neues Gleichgewicht einzustellen.** Wird die Konzentration der Nährstoffe in der Bodenlösung erhöht (z. B. durch Düngung), lagern sich vermehrt

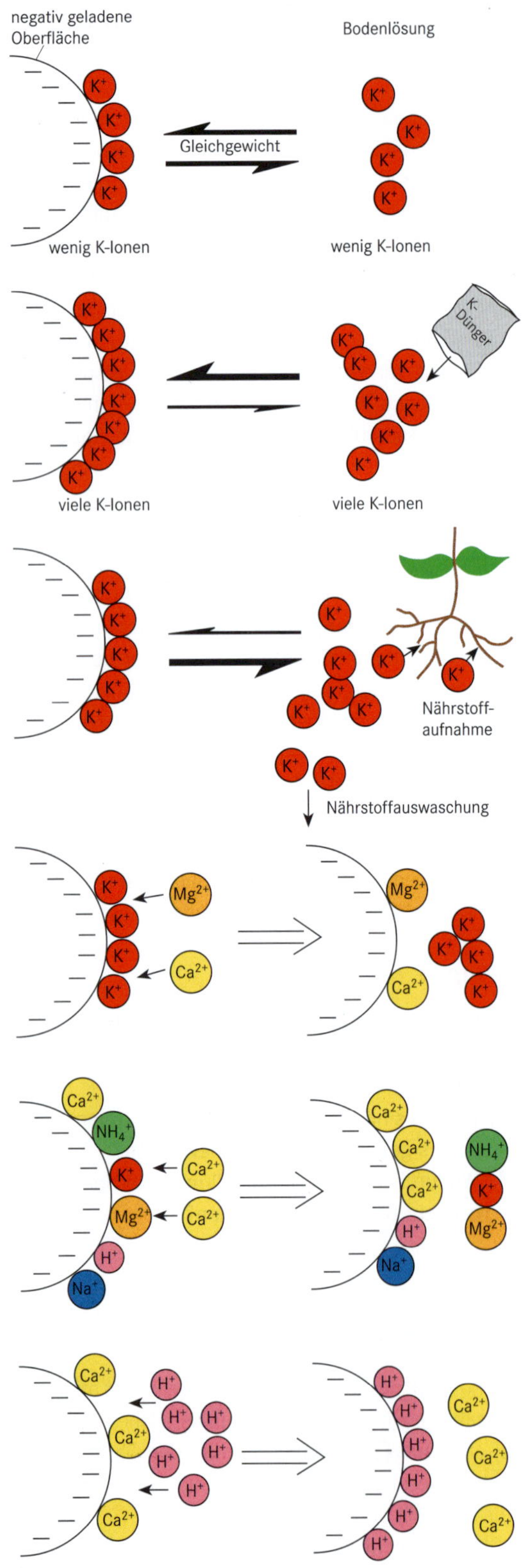

1 Austauschvorgänge

Nährstoffe an den Kolloiden an. Wird hingegen die Konzentration der Nährstoffe in der Bodenlösung erniedrigt (z. B. durch Nährstoffentzug der Pflanze oder durch Auswaschung), diffundieren Nährstoffe von den Bodenkolloiden in die Bodenlösung. Diese Austauschvorgänge sind der Grund dafür, dass nicht nur die in der Bodenlösung befindlichen Nährstoffe pflanzenverfügbar sind, sondern auch die an den Bodenkolloiden angelagerten Nährstoffe pflanzenverfügbar bleiben (1). Dort, wo ein direkter Kontakt zwischen der Wurzeloberfläche und den Bodenkolloiden stattfindet, kann ein direkter Ionenaustausch zwischen Wurzel und den Austauschern erfolgen (Kontaktaustausch). Da negativ geladene Nährstoffionen nicht angelagert werden, unterliegen sie in der Bodenlösung einer verstärkten Auswaschung 11.

Aufgaben

1. In welcher Form können Nährstoffe ausgewaschen werden?
2. Warum können Kationen im Gegensatz zu Anionen an den Bodenteilchen gebunden werden und welchen Vorteil hat diese Sorption?
3. Warum bleiben an Bodenkolloide angelagerte Ionen pflanzenverfügbar?
4. Bodenkolloide werden auch als Austauscher bezeichnet. Erklären Sie diese Aussage (1).

4.5 Ionenkonkurrenz/-förderung

Zwischen Ionen gleicher Ladung besteht eine Konkurrenz bei der Anlagerung an die Bodenkolloide und der Aufnahme durch die Pflanzen. So können positiv geladene Ionen andere Kationen von den Austauschern verdrängen und gleich geladene Ionen um die Aufnahme durch die Pflanze konkurrieren. Dabei setzen sich die höherwertigen Ionen gegenüber denen mit niedriger Wertigkeit und die höher konzentrierte Ionenart gegenüber der niedriger konzentrierten durch (1). Der Gesamtgehalt der Kationen (K^+, Ca^{2+}, Mg^{2+}, NH_4^+, Na^+) und Anionen (NO_3^-, Cl^-, SO_4^{2-}, $H_2PO_4^-/HPO_4^{2-}$) in der Pflanze tendiert dazu, konstant zu bleiben, sodass eine überhöhte Gabe einer Kationen- bzw. Anionenart den Gehalt an anderen Kationen bzw. Anionen über eine gehemmte Aufnahme erniedrigt. So senkt z. B. ein steigendes Calcium-Angebot die Aufnahme von Kalium sowie Magnesium und umgekehrt. Eine Ausnahme stellt die optimale Versorgung mit Calcium dar. Sie fördert die Aufnahme von Kalium, sogenannter **Viets-Effekt**. Entsprechend erschwert Ca-Mangel die Aufnahme von Kalium. Gleiche Verhältnisse bestehen unter den Anionen. So hemmen z. B. hohe Cl^--Konzentrationen die Aufnahme von Nitrat und Phosphor. Dieses Gegeneinanderwirken gleich geladener Ionen bezeichnet man als **Ionenkonkurrenz** oder **Ionenantagonismus**. Unterschiedlich geladene Ionen fördern sich hingegen in der Aufnahme. So kann z. B. ein steigendes Kalium-Angebot (K^+) die Aufnahme von Nitrat (NO_3^-) fördern und umgekehrt. In solchen Fällen spricht man von **Ionenförderung** oder **Ionensynergismus**.

? Aufgaben

◑ 1. Erklären Sie, wie es durch eine überhöhte Ca-Düngung zu K-Mangel kommen kann.

● 2. Die Pflanzenwurzel gewinnt nicht nur über die Atmung Energie zur Aufnahme von Nährstoffen, sondern sie fördert durch die Atmung auch die Nährstoffverfügbarkeit im Boden. Überlegen Sie, wie dies funktionieren kann.

5 pH-Wert und Kalkung

5.1 Definition

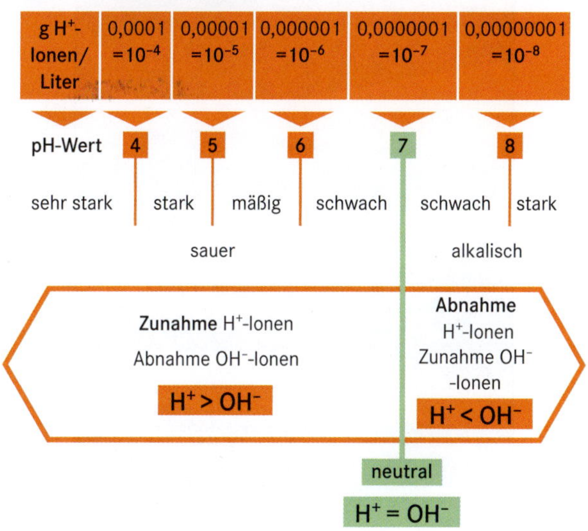

1 pH-Bereich der meisten Kulturböden; insgesamt gibt es 14 Stufen, von pH 0 bis pH 14

! Merke

Der **pH-Wert** (lat. potentia hydrogenii = Potenz des Wasserstoffs) ist ein **Maß für die Konzentration der Wasserstoffionen** (H^+-Ionen, genauer: Oxonium-Ionen[1] H_3O^+) **in einem Liter Wasser. Er kennzeichnet die saure, neutrale oder alkalische Reaktion des Bodens.**

Wassermoleküle (H_2O) zerfallen z. T. in H^+- und OH^--Ionen (Hydroxid-Ionen[2]). So enthält chemisch reines Wasser 10^{-7} g H^+-Ionen ($^1/_{10^7}$ g = 0,000 000 1 g) pro Liter. Da das **Ionenprodukt des Wassers** immer 10^{-14} ist, sind in chemisch reinem Wasser ebenso viele OH^--Ionen wie H^+-Ionen vorhanden:

$$[H^+] \cdot [OH^-] = [10^{-14}] \rightarrow [10^{-7}\,g\,H^+] \cdot [10^{-7}\,g\,OH^-] = [10^{-14}]$$

Weil die Anzahl der H^+-Ionen gleich der Anzahl der OH^--Ionen ist, ist das Wasser chemisch neutral: $H^+ + OH^- \rightarrow H_2O$. Nimmt die Anzahl der H^+-Ionen zu, muss entsprechend dem Ionenprodukt die Anzahl der OH^--Ionen abnehmen und umgekehrt:

$$[10^{-3}\,g\,H^+] \cdot [10^{-11}\,g\,OH^-] = [10^{-14}]$$
$$[10^{-5}\,g\,H^+] \cdot [10^{-9}\,g\,OH^-] = [10^{-14}]$$
$$[10^{-8}\,g\,H^+] \cdot [10^{-6}\,g\,OH^-] = [10^{-14}]$$

! Merke

Man multipliziert Potenzen, indem man ihre Exponenten (Hochzahlen) addiert.

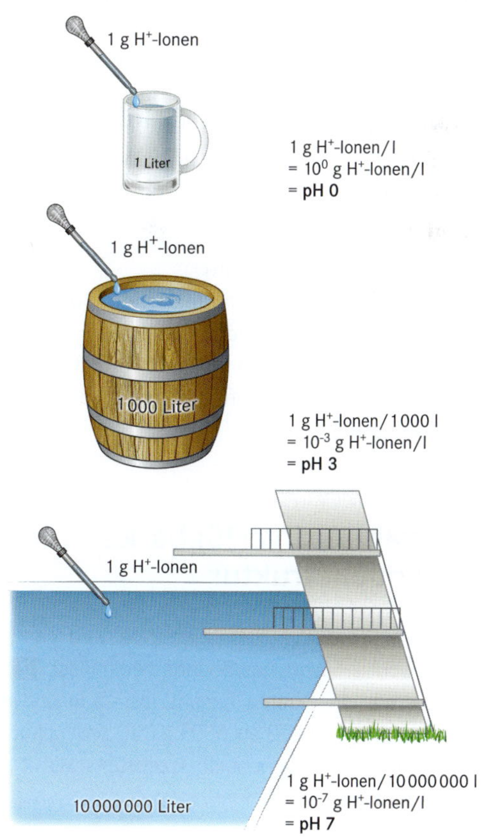

2 pH-Werte in Abhängigkeit von der Wasserstoffionenkonzentration

[1] früher als Hydronium-Ionen bezeichnet

[2] früher als Hydroxyl-Ionen bezeichnet

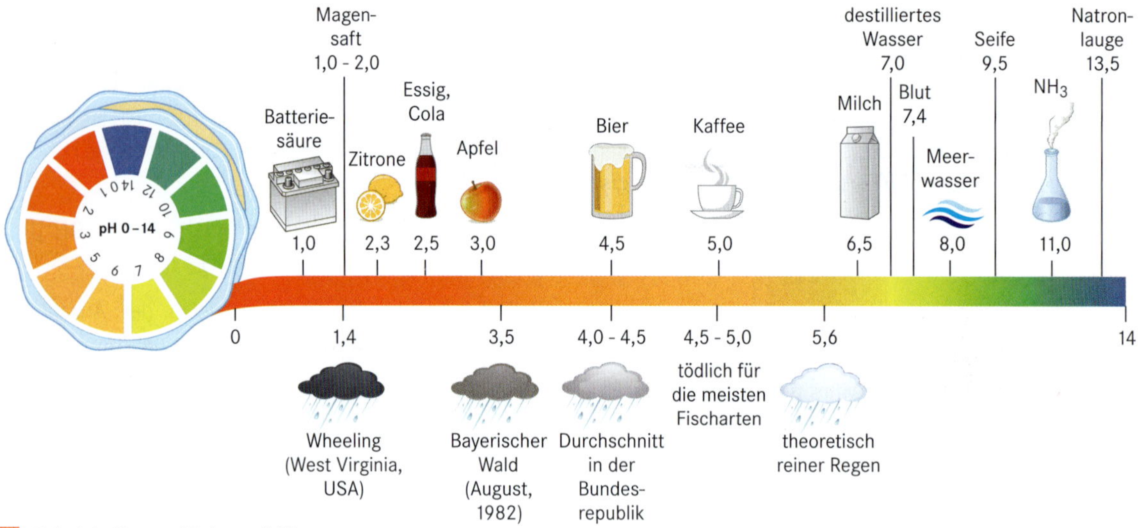

1 Beispiele für verschiedene pH-Werte

Ist die Anzahl der H^+-Ionen größer als die der OH^--Ionen, reagiert der Boden sauer. Überwiegen die OH^--Ionen, reagiert der Boden alkalisch. Befinden sich in der Bodenlösung gleich viele H^+- und OH^--Ionen, reagiert der Boden neutral. Wegen der einfacheren Handhabung benutzt man als Maßzahl für die Reaktion einer Lösung nur den negativen Potenzexponenten ihrer Wasserstoffionenkonzentration, der als pH (Potenz der H^+-Ionenkonzentration) bezeichnet wird (1, S. 185). Gemäß dem Ionenprodukt des Wassers gibt es pH-Werte von 0 bis 14 (1).

? Aufgaben

- ○ 1. Was gibt der pH-Wert an?
- ○ 2. Bei welchen pH-Werten reagiert ein Boden a) sauer, b) neutral und c) alkalisch?
- ◑ 3. Ein Boden weist einen pH-Wert von 6,0 auf. Wie viel g H^+-Ionen befinden sich in einem Liter Bodenlösung?

5.2 Nährstoffverfügbarkeit und Bodenstruktur

Die Pflanzenverfügbarkeit der Nährstoffe wird ganz entscheidend vom pH-Wert des Bodens beeinflusst (2). Da Böden aufgrund des sauren Regens (pH < 5,6) und einer Kalkauswaschung von 200 bis 500 kg CaO pro ha und Jahr (!) zur Versauerung neigen, sollte spätestens alle 3 bis 4 Jahre eine **Kalkung** durchgeführt werden.

Der anzustrebende pH-Wert wird, ausgenommen bei Moorbeetpflanzen, nicht von den Pflanzen, sondern von der Bodenart bestimmt.

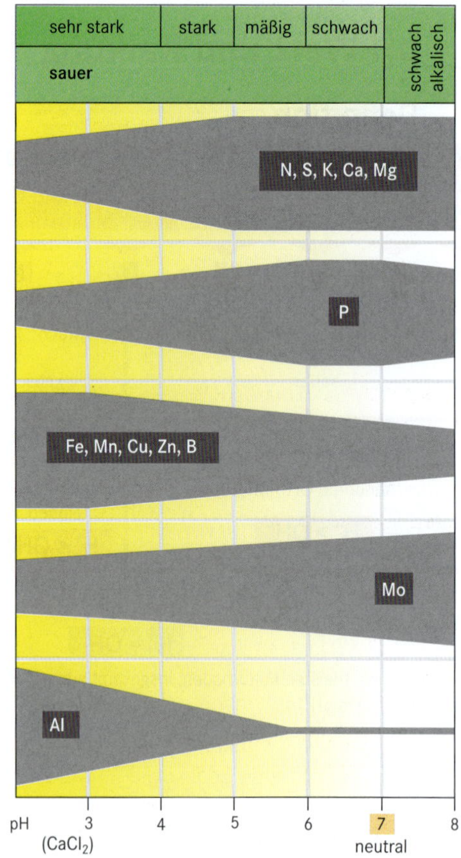

2 Einfluss des pH-Werts auf die Nährstoffverfügbarkeit

! Merke

Kalk erhöht nicht nur den pH-Wert, er fördert über die Verkittung der Bodenteilchen auch die Krümelbildung und damit die Bodenstruktur.

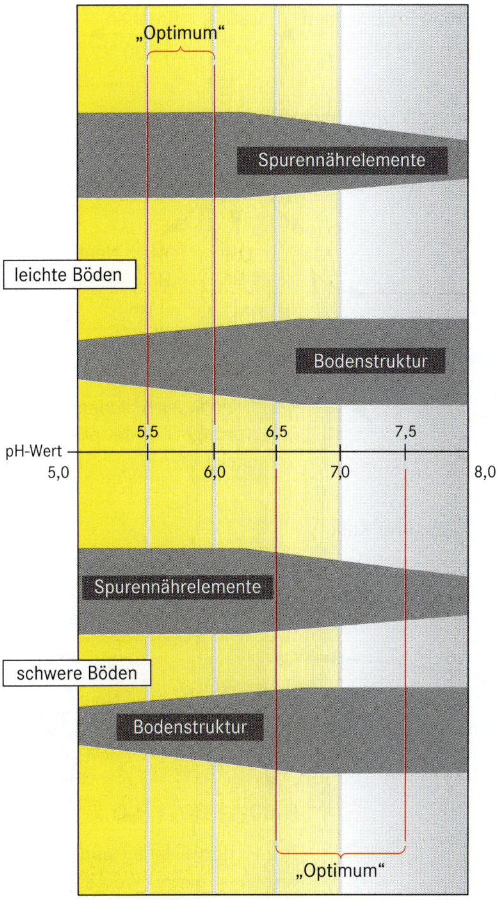

1 Der „optimale" pH-Wert – ein Kompromiss

Davon ausgehend, dass ein hoher pH-Wert die Verfügbarkeit an Spurennährelementen verringert (2, S. 186), die Bodenstruktur aber verbessert, sind bei leichten und schweren Böden unterschiedliche pH-Werte anzustreben. Da leichte Böden eine relativ gute Bodenstruktur besitzen, jedoch aufgrund ihres geringen Tongehalts wenig Nährstoffe speichern können, muss bei ihnen vor allem verhindert werden, dass die Nährstoffverfügbarkeit durch einen zu hohen pH-Wert weiter verringert wird. **Daher strebt man bei leichten Böden einen mäßig sauren pH-Wert von 5,5 bis 6,0 an** und nimmt damit eine leichte Verschlechterung der Bodenstruktur in Kauf. Genau umgekehrt ist es bei den schweren Böden. Sie weisen aufgrund ihres hohen Tongehalts eine gute Nährstoffhaltekraft, aber eine schlechte Bodenstruktur auf. Bei diesen Böden muss es vor allem darum gehen, die Struktur zu verbessern. **Daher strebt man bei schweren Böden einen schwach sauren bis schwach alkalischen pH-Wert von 6,5 bis 7,5 an** und nimmt damit eine leichte Verschlechterung der Nährstoffverfügbarkeit in Kauf.

! Merke

Der „optimale" pH-Wert stellt einen Kompromiss zwischen einer optimalen Verfügbarkeit der Spurennährelemente und einer optimalen Bodenstruktur dar (1).

? Aufgaben

1. Wodurch kann es zu Schäden an den Pflanzen kommen bei einem pH-Wert von:
   a) >6,5/7,
   b) <5,5 und
   c) <4,5?
2. Wovon hängt der anzustrebende pH-Wert ab?
3. Nennen Sie die anzustrebenden pH-Werte bei
   a) leichten und
   b) schweren Böden
   und erklären Sie die Unterschiede.

5.3 Gehalt an organischer Substanz und Bodenleben

Auch der **Gehalt an organischer Substanz** beeinflusst den anzustrebenden pH-Wert. Ein pH-Wert um 7 stellt für Bakterien das Optimum dar. Dies bedeutet jedoch auch, dass bei diesem pH-Wert die Zersetzung der organischen Substanz am schnellsten erfolgt.

! Merke

Bei Böden mit einem besonders hohen Gehalt an organischer Substanz ist eine rasche Zersetzung nicht erwünscht, da sie zu einer Verschlechterung der Bodenstruktur führt.

Deswegen strebt man bei **Moorböden einen pH-Wert von 4,0** an (Tab. 1). Dies ist auch deswegen möglich, weil Moorböden keine **Al-Ionen** – die schon in geringen Mengen auf die Pflanzen schädlich wirken – enthalten, sodass es bei diesem niedrigen pH-Wert auch nicht zu toxischen Konzentrationen kommen kann (2, S. 185).

Gehalt an organischer Substanz	Bezeichnung	Anzustrebender pH-Wert
5 – 8 %	stark humos	5,5
9 – 14 %	sehr stark humos	5,0
15 – 30 %	anmoorig	4,5
>30 %	Moorböden	4,0 (4,5)

Tab. 1 Anzustrebender pH-Wert in Abhängigkeit vom Gehalt an organischer Substanz

5.4 pH-Wert-Bestimmung und Kalkung

Zur Feststellung des pH-Werts muss zunächst eine repräsentative **Bodenprobe** von der zu untersuchenden Fläche genommen werden. Die **Messung des pH-Werts** kann dann nach unterschiedlichen Verfahren erfolgen (s. S. 159). Tab. 1 gibt Richtwerte für die Aufkalkung zu saurer Böden an.

> **! Merke**
>
> Mit der Kalkung werden nicht nur überschüssige H^+-Ionen neutralisiert (pH-Erhöhung), sondern es wird auch der Nährstoff Calcium zugeführt (1).

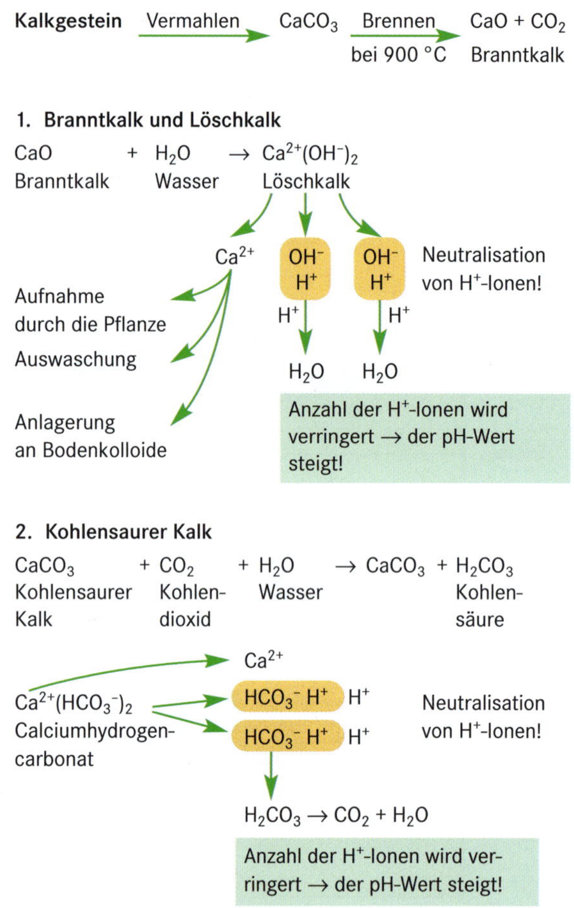

1 pH-Erhöhung durch Kalkung

	Leichte Böden	Schwere Böden
	kohlensaurer Kalk/Hüttenkalk/Algenkalk	Brannt-/Löschkalk
pH-Wert ($CaCl_2$)	in g/m^2	
4,0	150	600/700[1]
5,0	60	400/470
6,0	0	100/120
7,0	0	0

Faustzahlen
Bei Torfsubstraten: 3 kg $CaCO_3/m^3$ bei einem Ausgangs-pH von 3,8 und einer Anhebung auf 5,0 – 6,0. Zur Erhaltung des optimalen pH-Werts alle 3 bis 4 Jahre:
- leichte Böden 100 bis 200 g $CaCO_3/m^2$
- schwere Böden 100 bis 200 g CaO/m^2

[1] Gabe auf 2 bis 3 Jahre verteilen

Tab. 1 Richtwerte für die Aufkalkung

Name	Düngerform	Vergleichsbasis CaO	Bemerkungen
Kohlensaurer Kalk (Kalkmergel)	80 bis 95 % $CaCO_3$ (Calciumcarbonat)	50 %	Vermahlenes Kalkgestein; weiß-grau; langsam wirkend → gut für leichte Böden geeignet, da Überkalkungsgefahr gering; ausschließlich für Substrate
Branntkalk	75 bis 95 % CaO (Calciumoxid)	85 %	Durch Brennung von $CaCO_3$ entstanden; weiß; ätzend; schnelle Wirkung → für schwere Böden, bei leichten Böden Überkalkungsgefahr
Löschkalk	80 bis 90 % $Ca(OH)_2$ (Calciumhydroxid)	65 %	Durch Löschen (Wasserzugabe) von Branntkalk entstanden, weiß; ätzend; schnell wirkend → für schwere Böden geeignet
Hüttenkalk	75 % Ca_2SiO_4 (Calciumsilikat)	47 %	Vermahlene Hochofenschlacke; grau; sehr langsame Wirkung → für leichte Böden geeignet
Algenkalk	≥70 % $CaCO_3$ (Calciumcarbonat)	≥40 %	Vermahlenes kalkhaltiges Pflanzenmaterial (Rotalgen aus 30 bis 50 m Meerestiefe); langsame Wirkung → für leichte Böden geeignet

Umrechnungsfaktoren

Ca → $CaCO_3$: x 2,50; $CaCO_3$ → Ca: x 0,40
$CaCO_3$ → CaO: x 0,56; CaO → $CaCO_3$: x 1,79
Ca → CaO: x 1,40; CaO → Ca: x 0,715

Tab. 2 Kalkdünger; damit der gewünschte Wert schnell erreicht wird, sollte der Kalk fein (<0,1 mm) vermahlen sein (→ größere Oberfläche → schnellere Umsetzungen)

Nur wenn beides erfolgt, sprechen wir von einer **Kalkung**. Stimmt der pH-Wert, ist auch der Calcium-Bedarf der Pflanzen gedeckt.

Ausgangsmaterialien für die Herstellung von **Kalkdüngern** (Tab. 2, S. 188) sind Kalkgesteine, Algen (Algenkalke) und Meeresablagerungen aus Kleinstlebewesen mit Kalkpanzern und Algen. Die Vorräte sind riesig groß, da ganze Gebirge aus Kalkgestein bestehen, z. B. Dolomiten, Kalkalpen und Jura. Bei der **Ausbringung** der Kalkdünger ist auch auf eine gleichmäßige Verteilung und eine Einmischung in die zu kalkende Bodenschicht (Oberboden) zu achten. Eine notwendige pH-Erniedrigung, z. B. bei einer Pflanzung von Moorbeetpflanzen, kann durch Einarbeitung von nicht aufgekalktem Torf (pH 2,5 bis 3,5), elementarem Schwefel oder Eisensulfat erfolgen.

Aufgaben

◑ 1. Wodurch kommt es bei der Kalkung zur pH-Erhöhung?
◑ 2. Warum ist Kalk humuszehrend?
● 3. Ein alter Spruch lautet: „Kalk macht reiche Väter und arme Söhne."
   a) Erklären Sie diesen.
   b) Wie lassen sich die „armen Söhne" vermeiden?
● 4. Bestimmen Sie den pH-Wert einer bestimmten Fläche (s. S. 159) und ermitteln Sie die notwendige Kalkmenge/m² (Tab. 1, S. 188).
◑ 5. Warum sind Kalkdünger auf der Basis von Calciumcarbonat ($CaCO_3$) gut für leichte Böden geeignet (Tab. 2, S. 188)?

6 Versalzung und Wasserqualität

Versalzung von Böden

6.1 Ursachen der Versalzung und ihre Folgen

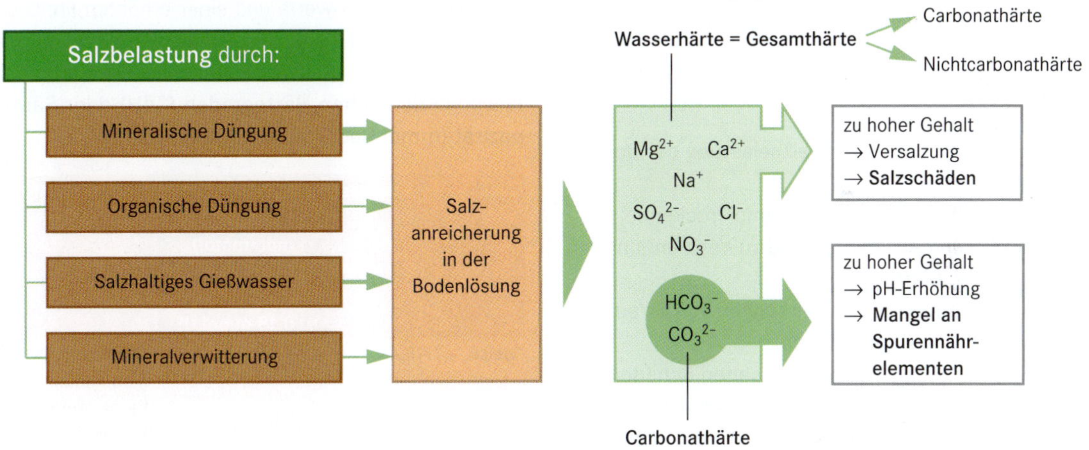

1 Auswirkungen überhöhter Salzkonzentrationen in der Bodenlösung

Unter einer Versalzung des Bodens versteht man eine überhöhte **Anreicherung von Salzen in der Bodenlösung**. Zu einer Salzanreicherung kommt es im Gartenbau vor allem durch eine **zu starke mineralische Düngung** und die **Verwendung salzhaltigen Gießwassers**. Durch die Erhöhung der Salzkonzentration in der Bodenlösung wird die Wasseraufnahme gehemmt (s. S. 57). **Symptome** sind Wachstumsstockungen, Chlorosen und Verbrennungen an den Blättern (Nekrosen), Welken der Pflanzen und ein vorzeitiger Blattfall. Qualitätsverluste und Ertragsminderungen sind **Folgen** dieser Salzschäden. Die Salzverträglichkeit der Pflanzen ist unterschiedlich, sodass die Salzkonzentration, bei der eine Schädigung erfolgt, auch von der Pflanzenart abhängt.

Der **Einsatz von Streusalzen** (Kochsalz = Na^+Cl^-) im Winter führt zusätzlich zu einer **Verarmung des Bodens an Nährelementen** und einer **Zerstörung der Bodenstruktur**. Die Na^+-Ionen verdrängen Ca^{2+}-, Mg^{2+}- und K^+-Ionen von den Bodenteilchen, sodass sie verstärkt der Auswaschung unterliegen (→ Nährstoffmangel). Durch die Verdrängung der Ca^{2+}-Ionen (verkitten die Bodenteilchen) beginnt die Krümelstruktur des Bodens zu zerfallen (→ Bodenverdichtungen → Sauerstoffmangel → Hemmung des Bodenlebens). Vor allem die mit dem Streusalz zugeführten Cl^--Ionen bewirken eine Erhöhung der Salzkonzentration in der Bodenlösung und damit eine Hemmung der Wasseraufnahme durch die Pflanze, sodass es zu **Salzschäden** kommt. Zudem hemmen sie die Aufnahme von Phosphor und Nitrat.

Inhaltsstoff	Grenzwert
pH-Wert	6,0 - 8,0
Salzgehalt	200 - 500 mg/l (unter Glas <350 mg/l)
Gesamthärte	15 - 20 °dGH
Carbonathärte	6 - 10 °dKH (s. auch Tab. 2)
Calcium (Ca^{2+})	100 mg/l
Magnesium (Mg^{2+})	25 mg/l (Werte > 10 mg/l → bei der Düngung berücksichtigen)
Kalium (K^{+})	25 mg/l (Werte >5 mg/l → bei der Düngung berücksichtigen)
Natrium (Na^{+})	20 mg/l (besser 5 - 10mg/l)
Ammonium (NH_4^{+})	5 mg/l (Werte über 2 mg/l → bei Düngung berücksichtigen; Werte > 10mg/l → Belüftung des Wassers)
Nitrat (NO_3^{-})	50 mg/l (Werte über 5 mg/l → bei Düngung berücksichtigen)
Eisen (Fe^{2+})	5 mg/l (höhere Werte → bei Düngung berücksichtigen; Werte > 1 mg/l → Belüftung des Wassers, s. S. 188)
Chlorid (Cl^{-})	50 mg/l (besser 20 mg/l)
Sulfat (SO_4^{2-})	< 150 mg/l
Kohlendioxid	100 mg/l

Tab. 1 Grenzwerte für Inhaltsstoffe im Gießwasser[1]

? Aufgaben

○ 1. Wodurch kommt es zur Salzbelastung der Bodenlösung?

● 2. Warum führen Überdüngung und Trockenheit zum Welken der Pflanzen und zu Verbrennungen an den Blättern?

● 3. Beschreiben Sie die Auswirkungen von Streusalz auf Pflanzen und Boden.

◑ 4. Warum treten im Freiland nur selten Schäden durch zu hohe Salzgehalte im Boden auf und warum begünstigt das aride Klima in den Gewächshäusern die Versalzung?

6.2 Wasserhärte und pH-Wert

Die **Wasserhärte** oder **Gesamthärte des Wassers** ergibt sich aus der Summe der im Wasser gelösten Alkali- (Na^{+}, K^{+}) und Erdalkali-Ionen (Ca^{2+}, Mg^{2+}) sowie ihrer begleitenden Anionen (Carbonate, Nitrate, Chloride und Sulfate).

! Merke

Je härter das Wasser, desto höher der Salzgehalt.

Dabei wird unterschieden zwischen der **Carbonathärte** (Gehalt an gelösten Carbonaten) und der **Nichtcarbonathärte** (Gehalt an gelösten Nitraten, Chloriden und Sulfaten). Je mehr CO_2 das Wasser enthält, desto mehr lösen sich die Carbonatsalze auf, desto höher ist der Gehalt an Carbonat-Ionen (HCO_3^{-} und CO_3^{2-}), d. h. die Carbonathärte:

$Ca^{2+}CO_3^{2-}$ (Calciumcarbonat (Kalk)) + H_2O (Wasser) + CO_2 (Kohlendioxid)

$Ca^{2+}CO_3^{2-}$ + H_2CO_3 (Kohlensäure) → $Ca^{2+}(HCO_3^{-})_2$ (Calciumhydrogencarbonat)

Ca^{2+}-Ionen + HCO_3^{-}-Ionen (gehen in Lösung)

Da Carbonat-Ionen über die Bindung von H^{+}-Ionen zu einer pH-Erhöhung führen, besteht bei der Verwendung harten Gießwassers die Gefahr eines Mangels an Spurennährelementen, besonders von Eisen und Bor (2, S. 186). Bei niedriger Carbonathärte (< 5 °dH) kommt es vor allem zur Absenkung des pH-Werts und einer erhöhten Freisetzung von Spurennährelementen. Oberhalb von 5 °dH ist mit einem pH-Anstieg im Substrat zu rechnen. Die Carbonathärte wird in **deutschen Härtegraden (°dH) oder Säurekapazität (mmol $CaCO_3$/l)** angegeben (Tab. 2).

Wasserhärtebereich	Härtegrade °dH (1 °dH = 10 mg CaO/l)	Säurekapazität Millimol (mmol) $CaCO_3$/l (1 °dH = 0,18 mmol/l)	Gut geeignet für
weich	<8,4	< 1,5	Orchideen, Bromelien, Kamelien, Farne, Anthurien, Primeln, Hortensien und Moorbeetpflanzen wie Callunen, Azaleen, Rhododendren, Blaubeeren
mittel	8,4 bis 14	1,5 bis 2,5	die meisten Pflanzen
hart	> 14	>2,5	Enthärtung erforderlich!

Tab. 2 Carbonathärte [1 °fH (französischer Härtegrad) entspricht 0,560 °dH = 0,1 mmol/l]

? Aufgaben

○ 1. Wovon hängt die Wasserhärte ab?

◑ 2. Wie wirkt sich eine zu hohe Carbonathärte aus?

○ 3. Welcher Wasserhärtebereich ist für die meisten Pflanzen geeignet?

○ 4. Welche Wasserhärte benötigen Moorbeetpflanzen, Farne und Orchideen?

[1] Für die **Entnahme einer Wasserprobe** Wasser 5 bis 15 Minuten laufen lassen und mindestens 0,7 l in eine gut gesäuberte Flasche abfüllen.

6.3 Entsalzungs-/Enthärtungsverfahren

Zur Aufbereitung von Gießwasser sind unterschiedliche Verfahren geeignet. Welches Wasseraufbereitungsverfahren gewählt wird, muss durch eine Wirtschaftlichkeitsberechnung festgestellt werden.

Verwendung von Ammoniumoxalat

Pro abzusenkenden Härtegrad werden 25,3 mg Ammoniumoxalat $(NH_4^+COO^-)$/m³ Wasser ins offene Becken gegeben. Der Kalk fällt dann z. B. als Calciumoxalat $Ca^{2+}(COO^-)_2$ aus, d. h., er setzt sich auf dem Beckenboden ab. Daneben bildet sich schwefelsaures Ammoniak $(NH_4^+)_2SO_4^{2-}$, das sich im Wasser auflöst. Eine Enthärtung sollte auf diese Weise nur bis 5 °dH erfolgen, da sonst die Gefahr besteht, dass freie Säuren auftreten, die zu Pflanzenschäden führen können.

Verwendung von Schwefelsäure (Salpeter- oder Phosphorsäure)

Durch etwa 10 ml konzentrierte Schwefelsäure (H_2SO_4)/m³ Wasser wird 1 °dH beseitigt. Beachte: Nie Wasser in Säure geben, da sich die Säure bei der Verdünnung so stark erwärmt, dass sie zum Sieden kommt (Spritzgefahr!). Deswegen immer **Säure ins Wasser gießen, nie umgekehrt!**

Diese gefährliche Arbeit darf nur von geschulten Personen durchgeführt werden.

Verwendung von Torf

Indem man Wasser durch Torf leitet, kann mit 300 g Torf/l Wasser 1 °dH beseitigt werden.

Verwendung von Regenwasser

Regenwasser ist sehr weich (ideales Gießwasser), sodass durch Vermischung von Regenwasser und Gießwasser eine Enthärtung möglich ist[1].

Verwendung von abgekochtem Wasser

Nur für kleine Mengen im Haushalt geeignet.
Beim Erhitzen carbonhaltigen Wassers entweicht CO_2, sodass sich der gelöste Kalk als sogenannter **Kesselstein** niederschlägt (Umkehr der Reaktion auf S. 190).

[1] Mithilfe des Mischungskreuzes (s. S. 538) lässt sich die gewünschte Carbonathärte des Gießwassers am einfachsten errechnen.

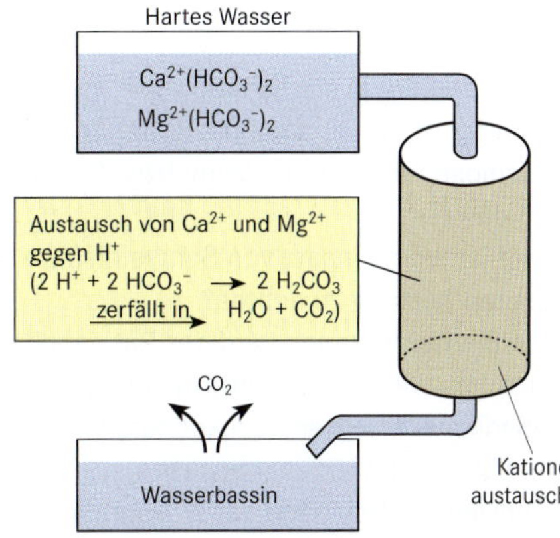

1 Entcarbonisierung mittels Kationenaustauscher

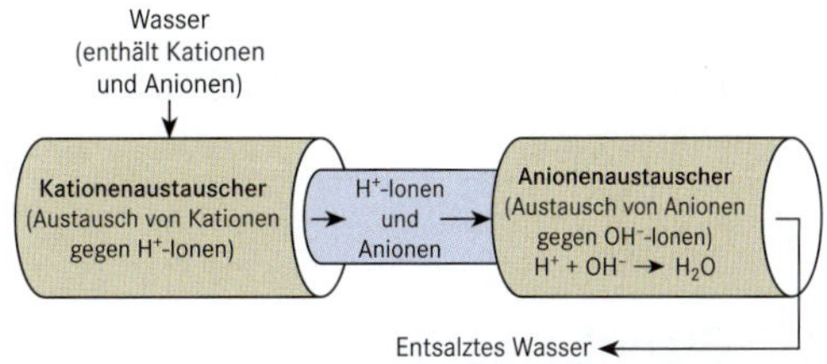

2 Entsalzung mittels Kationen- und Anionenaustauscher

Verwendung von Ionenaustauschern

Ionenaustauscher (Kunstharze) entziehen dem durchlaufenden Wasser die gelösten Ionen. Zur Entziehung der gelösten Carbonate (Teilentsalzung) dient als Austauscher ein **Kationenaustauscher**, der schwach sauer reagiert (**1**). Soll das Wasser vollständig entsalzt werden, werden die im Wasser enthaltenen Salze durch eine **Kombination von Kationen- und Anionenaustauschern** entfernt (**2**).

Verwendung des Prinzips der umgekehrten Osmose

Bei der **Osmose** (s. S. 55 f.) diffundiert das Wasser durch eine halbdurchlässige Membran von der geringer konzentrierten Lösung (niedriger osmotischer Druck) in die höher konzentrierte Lösung (hoher osmotischer Druck). Bei der Anwendung des Prinzips der **umgekehrten Osmose** (**3**) setzt man die höher konzentrierte Lösung, das salzhaltige Gießwasser, mit einer Druckerhöhungspumpe unter einen höheren Druck als ihren osmotischen Druck, sodass das Wasser in umgekehrter Richtung fließt.

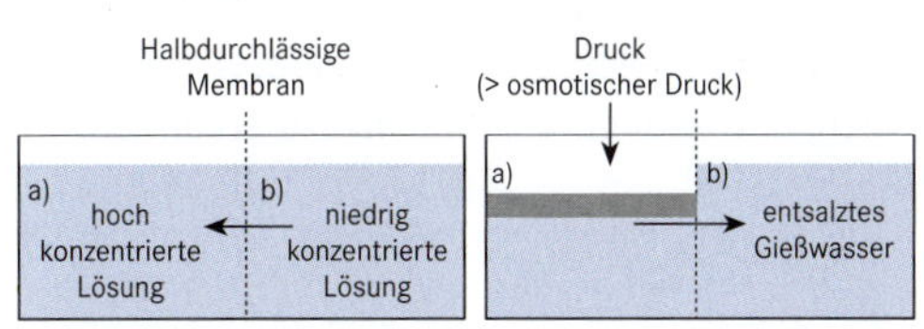

3 Anwendung der umgekehrten Osmose (Umkehrosmose) bei der Wasseraufbereitung

Aufgaben

1. Beschreiben Sie a) die Funktion von Ionenaustauschern und b) das Prinzip der umgekehrten Osmose bei der Entsalzung bzw. Enthärtung von Gießwasser.
2. Worauf ist beim Einsatz von Schwefelsäure zur Wasserenthärtung zu achten?
3. Vielen Blumenfreunden wird der Rat gegeben, kalkreiches Wasser vor dem Gießen kalkempfindlicher Pflanzen abzukochen. Worauf beruht dieser Rat?
4. Erkundigen Sie sich nach der Wasserhärte in Ihrem Ausbildungsbetrieb bzw. bei Ihnen zu Hause (Anruf beim Wasserwerk/auf Wasserrechnung).
5. Nennen Sie Maßnahmen zur Verhinderung einer Versalzung.

6.4 Eisenbelastung

Bei **Eisengehalten von mehr als 1 mg/l Wasser** kann es zu Wachstumsdepressionen und beim Gießen zu Flecken auf den Blättern kommen. Wird eisenhaltiges Wasser belüftet, wird das gelöste zweiwertige Eisen (Fe^{2+}) zu unlöslichen dreiwertigen Eisenverbindungen ($Fe^{3+}_2\ O^{2-}_3$) oxidiert. In dieser braun gefärbten Form kann es Leitungen und Düsen verstopfen sowie Flecken auf den Blättern verursachen. Daher sollte eisenhaltiges Wasser vor der Verwendung intensiv belüftet werden, damit sich der Eisenschlamm im Auffangbecken oder in Bewässerungsteichen absetzen kann.

Aufgabe

Warum fällt beim Hochpumpen eisenhaltigen Wassers aus sauerstoffarmen Grundwasserhorizonten brauner Eisenschlamm aus?

Hinweis

Die wichtigsten **Eigenschaften des verwendeten Gießwassers** (Tab. 1, S. 190) sollten bekannt sein. Entsprechend ist es regelmäßig in einem **Labor** untersuchen zu lassen. Ergänzend dazu können **Schnelltests** (Messstäbchen/-geräte) eingesetzt werden, um Veränderungen rasch zu erkennen.

7 Hauptnährelemente

(Makronährelemente)

7.1 Stickstoff

7.1.1 Aufgaben

Stickstoff (N) wird vor allem zum **Aufbau von Eiweiß, DNA** (Desoxyribonukleinsäure) und **Chlorophyll** (1) benötigt. Daher gilt Stickstoff als „Motor" des vegetativen Wachstums.

Merke

Stickstoff ist der Motor des vegetativen Wachstums.

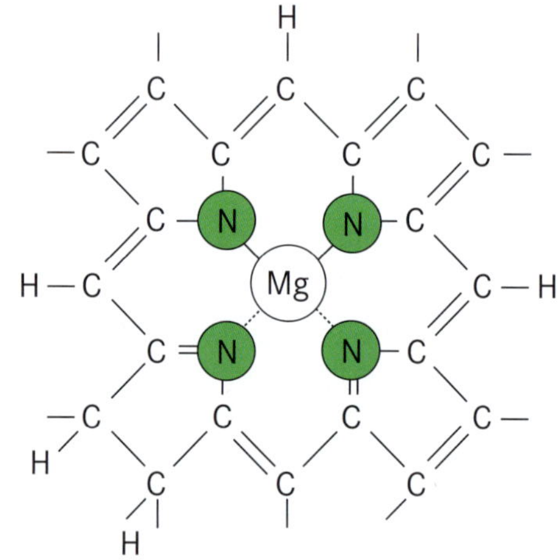

1 Aufbau Chlorophyllmolekül (Ausschnitt)

7.1.2 Mangelsymptome

Bei Stickstoffmangel kommt es zu **Vergilbungen** (Chlorosen) der Blätter (2). Da Stickstoff in der Pflanze gut beweglich ist, wird er bei nicht ausreichender N-Ernährung aus den älteren in die jüngeren Blätter verlagert, sodass die **Mangelsymptome zuerst an den älteren Blättern** auftreten. Die mangelhafte Chlorophyllbildung führt über die Hemmung der Fotosynthese zu **Kümmerwuchs** und einer schlechten Blüte (**Notblüte**, 2, S. 177).

2 N-Mangel (links)

7.1.3 Überschusssymptome

Eine überhöhte Stickstoffdüngung macht sich allgemein in einem **üppigen Wachstum** und der **Bildung von dunkel- bis schmutzig grünen, großen Blättern** bemerkbar, wobei das **Blattgewebe schwammig und weich** wirkt. Die Pflanze bildet vermehrt Assimilations- und weniger Festigungsgewebe. Dadurch kommt es zu einer **Verringerung der Standfestigkeit** krautiger Pflanzen und einer erhöhten **Anfälligkeit gegenüber Pilzkrankheiten und saugenden Insekten.** Bei Gehölzen wird der **Triebabschluss verzögert** und die **Frostresistenz verringert**. Der in hohen Mengen aufgenommene Stickstoff kann nicht mehr in Eiweiß umgesetzt werden, sodass die Pflanzen einen stark **erhöhten Nitratgehalt** aufweisen (s. unten).

Stickstoffkreislauf

7.1.4 Stickstoffkreislauf

Stickstoff geht zahlreiche Verbindungen ein, die in einem Kreislauf miteinander verbunden sind (1, S. 194):

1 Neben C, H und O ist N das am häufigsten vorkommende Element in der pflanzlichen Substanz. Der in der Pflanze gebundene Stickstoff gelangt direkt oder indirekt, z. B. über das Tier, als organische Substanz in den Boden.

2 Die organische Substanz wird durch die Mikroorganismen des Bodens zersetzt. Dabei werden die in der organischen Substanz enthaltenen mineralischen Nährstoffe freigesetzt **(Mineralisierung)**. Der in der organischen Substanz enthaltene Stickstoff wird als **Ammoniak (NH_3)** frei und reagiert mit dem Bodenwasser zu **Ammonium (NH_4^+)**:

$$\underset{\text{Ammoniak}}{NH_3} + \underset{\text{Wasser}}{H_2O} \xrightarrow{H^+} \underset{\text{Ammonium}}{NH_4^+} + \underset{\text{Hydroxyl-Ionen}}{OH^-}$$

Diesen Vorgang der N-Freisetzung aus organischer Substanz bezeichnet man als **Ammonifikation.** Unter alkalischen Bedingungen (pH > 7,0) löst sich Ammoniak nicht im Wasser auf, sodass es in die Atmosphäre entweicht.

Gesundheitsschädigende Wirkung zu hoher Nitratgehalte

Nitrate selbst sind für den Menschen harmlos. Warum man aber trotzdem auf die Nitratwerte in Nahrung und Trinkwasser achten sollte, liegt daran, dass sie in Nitrite umgewandelt werden können, die mit dem roten Blutfarbstoff Hämoglobin reagieren und diesen daran hindern, den Sauerstoff zu transportieren. Es kommt zu Sauerstoffmangel und damit zu Erstickungsgefahr. Besonders gefährdet sind Säuglinge (**Blausucht** = Blaufärbung durch Atemnot) bis zum 6. Lebensmonat. Auch können Nitrite mit Eiweißen reagieren und **Nitrosamine**, krebserregende Stoffe, bilden.

Die Umwandlung von Nitrat zu Nitrit ist umso größer, je höher die Nitratgehalte sind. Nach der **Trinkwasserverordnung** beträgt der **Grenzwert für Nitrat im Trinkwasser 50 mg/l.** Für Kleinkinder sollte der Wert nicht über 10 mg/l liegen. Unter intensiv bewirtschafteten Ackerflächen hat man bis zu 500 mg/l Grundwasser (Ø 100 mg/l) festgestellt. Die tägliche Aufnahme beträgt durchschnittlich etwa 130 mg/Tag (70% aus Gemüse, 15% aus Trinkwasser). Beim erwachsenen Menschen treten Vergiftungen ein, wenn 3,65 mg Nitrat/kg Körpergewicht und Tag überschritten werden. **Nach der WHO (World Health Organization) sollten 220 mg Nitrat/Tag nicht überschritten werden.**

Einen wesentlichen Einfluss auf den Nitratgehalt in den Pflanzen hat auch das Licht. **Je geringer die Lichtintensität, desto höher ist die Nitratanreicherung,** da Lichtmangel den Eiweißaufbau hemmt und sich das Nitrat in der Pflanze anreichert. Deswegen ist z. B. Gewächshaussalat in der lichtarmen Jahreszeit nitratreicher als Freilandsalat. Gehalte von 2 500 mg Nitrat/kg Kopfsalat sind keine Seltenheit.

Verschiedene Gemüsearten weisen häufig ein **unterschiedliches Anreicherungsvermögen für Nitrat** auf. So enthalten Fruchtgemüse im Allgemeinen niedrigere Nitratgehalte als Blattgemüse (Tab. 1, S. 196).

Maßnahmen zur Verringerung der Nitratbelastung

- Überdüngung vermeiden
- Düngung nach Bodenuntersuchung
- Mit organischer Substanz zugeführte Nährstoffe bei der Düngung berücksichtigen
- Gesamten N-Bedarf auf mehrere Einzelgaben aufteilen
- Land nicht brachliegen lassen (z. B. Zwischenfrüchte, Gründüngungspflanzen)
- Mineralische und organische Düngung nach Möglichkeit im Frühjahr und nicht im Herbst durchführen
- Im Zeitraum vom 1.10. bis 31.1. keine Gülle oder Jauche ausbringen (laut **Gülleerlass** verboten, da während dieser Zeit verstärkte Grundwasserneubildung stattfindet)
- Gründüngungspflanzen nicht im Herbst, sondern im Frühjahr in den Boden einarbeiten (Auswahl winterharter Gründüngungspflanzen)
- Im Herbst Stroh in den Boden einarbeiten

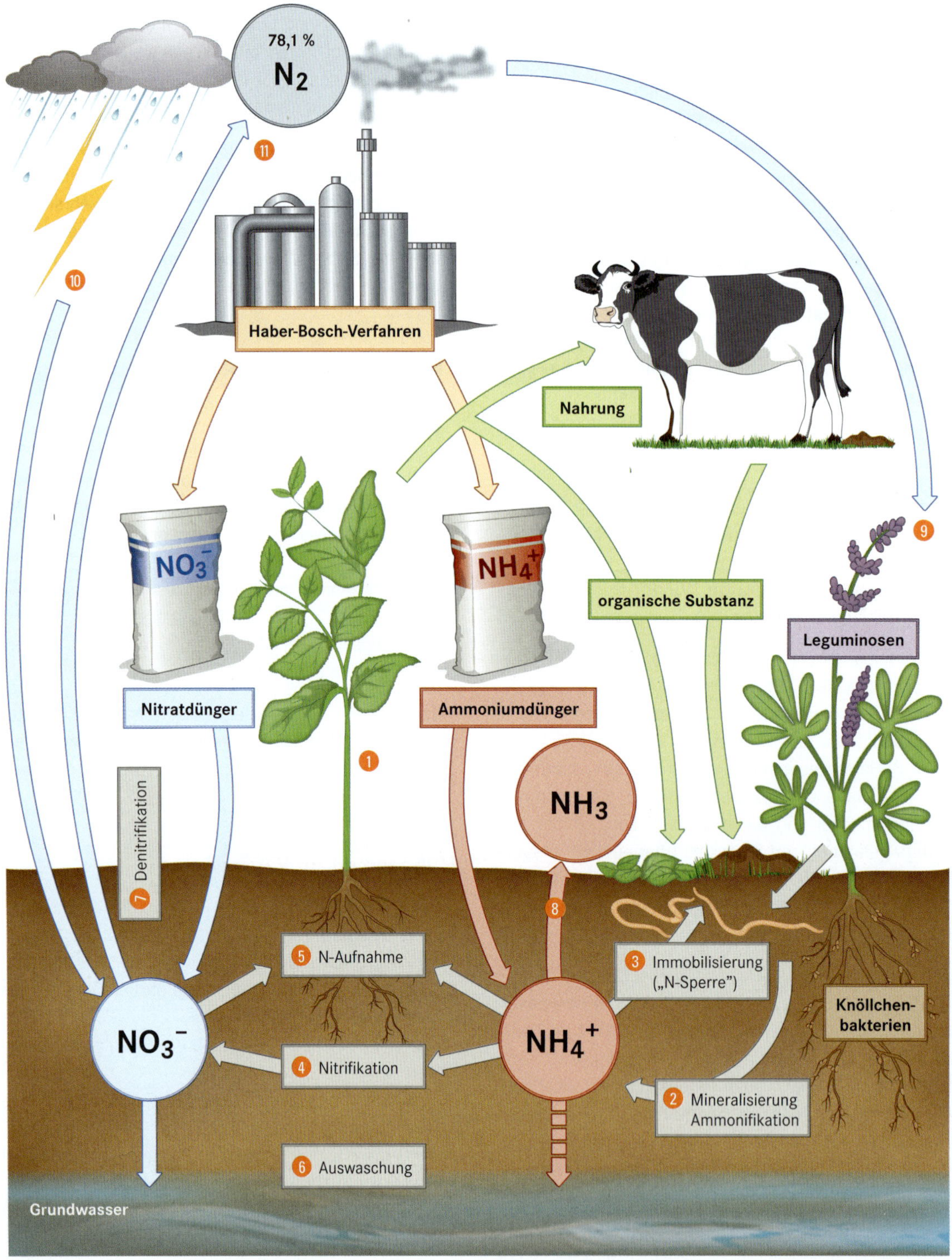

1 Stickstoffkreislauf

3 Für die Geschwindigkeit der Zersetzung der organischen Substanz ist das **C:N-Verhältnis der organischen Substanz** entscheidend (s. S. 139). Je enger das C:N-Verhältnis, umso rascher erfolgt die Mineralisierung der organischen Substanz. Ab einem **C:N-Verhältnis >25:1** wird die Zersetzung und damit die Mineralisierung immer stärker gehemmt. Ab einem **C:N-Verhältnis >45:1 ist mit einer N-Festlegung zulasten der Vegetation zu rechnen.** Stroh besitzt z. B. ein C:N-Verhältnis von 70:1. Allgemein kann man sagen, dass krautige Pflanzenteile ein enges und

holzige Pflanzenteile ein weites C:N-Verhältnis aufweisen (Tab. 1, S. 217). Bei der Zersetzung organischer Substanz mit einem weiten C:N-Verhältnis entziehen die Bakterien dem Boden den fehlenden Stickstoff (NH_4^+ und NO_3^-). Erst nach dem Tod der Bakterien wird dieser wieder pflanzenverfügbar. Da die Bakterien bei der Einarbeitung von organischer Substanz mit einem weiten C:N-Verhältnis mit den Pflanzen um den im Boden gelösten Stickstoff konkurrieren, kann es zu N-Mangel für die Pflanzen kommen. Deswegen sollte bei der Verwendung von organischer Substanz mit einem weiten C:N-Verhältnis eine sogenannte **N-Ausgleichdüngung** durchgeführt werden, um einem N-Mangel durch die **N-Sperre** der Mikroorganismen vorzubeugen. Bei der Einarbeitung von Stroh sind dies ca. 1 kg N/dt Stroh. Allgemein geht man von einer um etwa 20 % erhöhten N-Düngung aus. Bei der Ausbringung von Rindenmulch zwischen Pflanzungen (5 bis 10 cm hoch) sollten vorab etwa 1,5 kg N/m^3 Rindenmulch ausgebracht werden.

4 Ammonium wird im Boden durch die **nitrifizierenden Bakterien** (Nitrit- und Nitratbakterien) innerhalb weniger Tage über Nitrit zu Nitrat umgewandelt **(Nitrifikation)**:

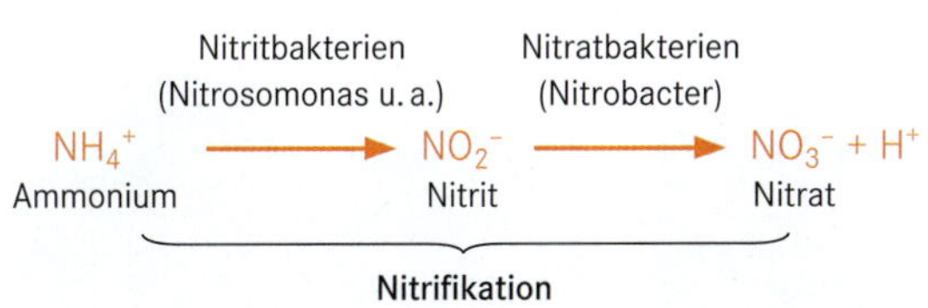

5 Die Nitrifikation ist auch der Grund dafür, dass die Pflanze Stickstoff vor allem als **Nitrat (NO_3^-)** aufnimmt, auch wenn Stickstoff als Ammonium gedüngt wird und obwohl Nitrat und Ammonium gleich gut von der Pflanze aufgenommen werden können.

6 **Ammonium (NH_4^+)** kann aufgrund seiner positiven Ladung an die negativ aufgeladenen Bodenkolloide angelagert und so vor **Auswaschung** geschützt werden. Da Nitrat nicht angelagert werden kann, liegt es frei beweglich in der Bodenlösung vor und unterliegt verstärkt der Auswaschung, sodass es sich im Grundwasser anreichern kann. Mit steigender N-Düngung erhöht sich nicht nur die Gefahr der N-Auswaschung, sondern auch der **Nitratgehalt in der Pflanze**. Eine zu hohe Nitrataufnahme mit Nahrung und Trinkwasser birgt unkalkulierbare Gesundheitsrisiken in sich (s. S. 193).

7 Bakterien benötigen zur Atmung Sauerstoff. Bei Sauerstoffmangel (Bodenverdichtung, Staunässe) können manche Bakterien den Sauerstoff der N-Verbindungen nutzen. Diesen Vorgang bezeichnet man als **Denitrifikation**, die Bakterien als **denitrifizierende Bakterien**:

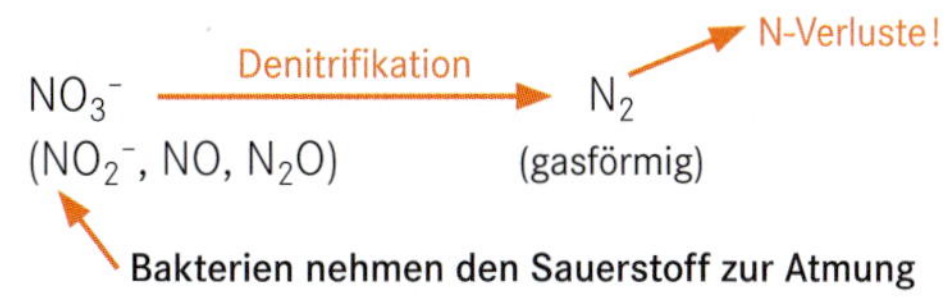

Da sich die Stickstoffatome der Nitrat-Ionen zu **elementarem Stickstoff (N_2)** verbinden, kommt es zu N-Verlusten an die Atmosphäre. Die Denitrifikation findet man mehr oder weniger in allen Böden (ca. 20 - 30 kg N/ha und Jahr). Unter besonders günstigen Lebensbedingungen für Bakterien (warm und feucht), z. B. im Gewächshaus, können die durch Denitrifikation verursachten N-Verluste bis zu 30 % und mehr des gedüngten Stickstoffs ausmachen.

8 N-Verluste können auch in Form von **Ammoniak (NH_3)** erfolgen. Ammoniak ist eine gasförmige N-Verbindung und kann in die Atmosphäre entweichen. Die Verluste an Ammonium-Stickstoff sind umso größer, je höher der pH-Wert ist:

Wegen dieser Reaktion sollten ammoniumhaltige Dünger nicht zusammen mit Kalkdüngern ausgebracht werden. Desgleichen sollten auf Böden mit einem pH > 7,5 keine ammoniumhaltigen N-Dünger eingesetzt werden.

9 Das riesige Stickstoffreservoir der Atmosphäre **(Luft besteht zu fast 80 % aus N_2)** kann nur von wenigen Pflanzen genutzt werden. So können die mit den Leguminosen (z. B. Erbse, Bohne, Wicke, Lupine, Klee, Luzerne, Serradella) in einer Symbiose lebenden **Knöllchenbakterien** (Rhizobium-Arten, 2, S. 220) den Stickstoff der Luft binden (100 bis 200 kg N/ha) und der Pflanze zur Verfügung stellen (s. auch S. 47). Daneben gibt es auch **frei lebende Bakterien** wie **Azotobacter** (etwa 7 kg N/ha) und mit einigen Gehölzen (z. B. Erle und Sanddorn) **in Symbiose lebende Strahlenpilze**, die den Stickstoff der Luft nutzen können. Vor allem die N bindenden Bakterien sind es, die in der Natur die N-Verluste des Bodens wieder ausgleichen.

10 Bei **elektrischen Entladungen** in der Atmosphäre (Gewitter) entstehen Stickstoffoxide (z. B. NO_3^-), die mit dem Regenwasser in den Boden gelangen. Die Größenordnung liegt bei nur wenigen kg pro ha und Jahr. In den Tropen sind die Gewitter wesentlich häufiger und stärker als bei uns. Dort hat die Zufuhr von N aus der Atmosphäre mit 15 bis 20 kg N/ha und Jahr eine wesentlich größere Bedeutung (s. S. 119 f.). Die N-Emissionen, vor allem aus Landwirtschaft, Industrie und Verkehr, haben dazu geführt,

Nitratgehalte pro kg Frischsubstanz	Pflanzenarten
sehr niedrig (< 250 mg)	Bohne, Erbse, Spargel, Tomate
niedrig (250 bis 500 mg)	Getreide, Gurke, Melone, Obst, Paprika, Rosenkohl
mittel (500 bis 1 000 mg)	Blumenkohl, Kartoffeln, Kopfkohl, Möhren, Sellerie
hoch (1 000 bis 2 000 mg)	Chinakohl, Endivien, Fenchel, Mangold, Porree, Radieschen (Radies), Rettich, Rhabarber
sehr hoch (> 2 000 mg)	Feldsalat, Kopfsalat, Rote Bete (Rote Rüben), Spinat

Tab. 1 Anreicherungsvermögen für Nitrat in Pflanzen

dass wir regional auch mit bis zu 40 kg N/ha und Jahr aus der Atmosphäre rechnen können, die mit den Niederschlägen in den Boden gelangen. Als kritisch für Wälder gelten 10 bis 20 kg und für Moore 5 bis 10 kg N/ha und Jahr.

⑪ Nach dem 1913 entwickelten **Haber-Bosch-Verfahren** wird unter hohen Drücken und Temperaturen Ammoniak[1] aus dem Stickstoff der Luft und Wasserstoff gewonnen. Das Ammoniak dient als Ausgangssubstanz zur Herstellung der N-Dünger. Nachteilig ist der sehr hohe Energieaufwand. Für die Herstellung von 1 kg N werden 2 Liter Erdöl benötigt:

$$\underset{\text{(aus der Luft)}}{N_2} + \underset{\text{(aus Erdgas)}}{3\,H_2} \xrightarrow[\text{+ Katalysator}]{\text{300 bar, 450 °C}} 2\,NH_3 \longrightarrow \text{N-Dünger}$$

7.1.5 N-Düngung

Das größte Problem bei der praktischen Düngung ergibt sich aus der Bemessung der optimalen N-Düngergabe. Stickstoff hat – im Gegensatz zu den meisten anderen Nährstoffen – ein enges Optimum, d.h., es kommt sehr schnell zu Mangel und Überschuss. Eine falsche N-Düngung wirkt sich daher sehr schnell negativ auf Wachstum, Ertrag und Qualität aus. Der Grund ist darin zu sehen, dass Stickstoff im Boden vor allem als Nitrat (NO_3^-) vorliegt. Da Nitrat nicht an den Ton- und Humusteilchen gebunden wird, liegt es frei beweglich in der Bodenlösung vor. Entsprechend wirkt sich jede Schwankung im Nitratgehalt sofort auf die Pflanze aus. Weil Stickstoff ständig bei der Zersetzung von organischer Substanz frei wird, die Höhe in der Bodenlösung und ihre Wirkung jedoch von zahlreichen Faktoren (z.B. Witterungsfaktoren, Pflanzen- und Bodenart) abhängt, erfolgt die N-Düngung in der Regel nach **Erfahrungs-/Richtwerten**. Eine gute Hilfe bei der richtigen Bemessung der N-Düngung bietet die **N_{min}-**

[1] Nach dem ägyptischen Gott Amon benannt. Weltproduktion 125 Mill. t/Jahr.

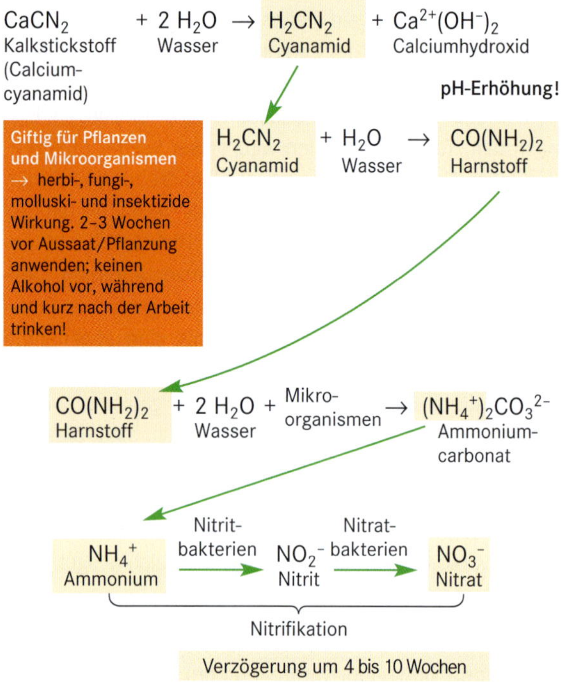

1 Umsetzung von Kalkstickstoff im Boden

2 Von links nach rechts: Hornspäne, Horngrieß, Hornmehl

Methode. Mit ihr wird im Frühjahr, also zu Beginn der Vegetationsperiode, der pflanzenverfügbare, d.h. mineralisierte Stickstoffvorrat des Bodens bestimmt. Bei der Düngung kann dieser Vorrat eingespart werden (s. S. 227).

Die **Auswahl des richtigen N-Düngers** (Tab. **1**, S. 197) ergibt sich vor allem aus der **Wirkungsgeschwindigkeit** und der **Beeinflussung des pH-Werts**. Die **physiologisch saure und alkalische Wirkung der N-Dünger** beruht darauf, dass die Pflanze sozusagen „elektrisch neutral" bleiben möchte. Deswegen gibt die Wurzel bei der Aufnahme eines Kations ein Kation (H^+-Ion) und bei der Aufnahme eines Anions ein Anion (OH^-- bzw. HCO_3^--Ion) an die Bodenlösung ab (**1**)

> **! Hinweis**
>
> In Wüstenböden befinden sich in tieferen Bodenschichten riesige Nitratlager (bis zu 10 t NO_3^-/ha).

Art	Name	Form	N-Gehalt (%)	Wichtige Neben-bestandteile	Bemerkungen
Ammoniumdünger (enthalten N in Form von NH_4^+)	**Ammoniak**	NH_3 (gasförmig)	82	–	wird als verflüssigtes Gas gelagert und ausgebracht → wird etwa 15 bis 20 cm tief in den Boden induziert; hoher technischer Aufwand → bei uns keine Bedeutung
	Schwefelsaures Ammoniak	$(NH_4^+)_2SO_4^{2-}$ Ammoniumsulfat	21	Schwefel (ca. 24 %)	weißes, nadelförmiges Salz; gut wasserlöslich; mäßig schnelle Wirkung, da Anlagerung an Bodenteilchen; physiologisch sauer (Kalkverlust 3,0 kg CaO/kg N), Wirkungsdauer: 3 bis 4 Wochen
Nitratdünger = Salpeterdünger (enthalten N in Form von NO_3^-)	**Kalksalpeter**	$Ca^{2+}(NO_3^-)_2$ Calciumnitrat	15,5 % (14,4 % NO_3^-, 1,1 % NH_4^+)	Calcium (19 %)	weißes, gekörntes Salz; gut wasserlöslich → schnelle Wirkung; stark Wasser anziehend; physiologisch alkalisch (Kalkgewinn 0,8 kg CaO/kg N), Wirkungsdauer: 3 bis 4 Wochen
Ammonnitratdünger (enthalten N in Form von NH_4^+ und NO_3^-)	**Kalkammonsalpeter**	$NH_4^+NO_3^-$ Ammoniumnitrat + $Ca^{2+}CO_3^{2-}$ Calciumcarbonat	27,0 % (50 % NO_3^-, 50 % NH_4^+)	Calcium, teilweise mit 4 % MgO	häufig gefärbte Körner; gut wasserlöslich → schnelle (NO_3^-) und nachhaltige (NH_4^+) Wirkung; keine nennenswerte pH-Veränderung, Wirkungsdauer: 3 bis 4 Wochen
	Ammonsulfatsalpeter	$NH_4^+NO_3^-$ Ammoniumnitrat + $(NH_4^+)_2SO_4^{2-}$ Ammoniumsulfat	26 % (30 % NO_3^-, 70 % NH_4^+)	Schwefel	gefärbte Körner; gut wasserlöslich → s. o.; physiologisch sauer (Kalkverlust 2,0 kg CaO/kg N)
Amiddünger (enthalten oder ergeben nach Umsetzung N in Amidform)	**Harnstoff**	$CO(NH_2)_2$ Carbamidstickstoff	46	–	weiße organische Verbindung, als Blattdüngung schnelle Wirkung, im Boden mikrobielle Umsetzung: Umwandlung in a) NH_4^+ bei 2 °C Bodentemperatur in 4 Tagen, darüber in 1–2 Tagen, b) NO_3^- bei < 10 °C erst nach 10 bis 14 Tagen), Wirkungsdauer 3–5 Wochen
	Kalkstickstoff	CaNCN Calciumcyanamid + CaO Calciumoxid	19,8 %, 1,5 % NO_3^- (schnelle Anfangswirkung)	Kalkwirkung entspricht 60 % CaO	schwarzes Pulver oder gekörnt (z. B. Korn- und Perlkalkstickstoff); mikrobielle Umsetzung → langsame Wirkung; ätzend → Handschuhe, Schutzbrille, nicht einatmen (Staubschutzmaske), kein Alkohol; physiologisch alkalisch (Kalkgewinn 1,7 kg CaO/kg N); herbi-, fungi-, molluski- und insektizide Wirkung (1, S. 196). Wirkungsdauer: 3 bis 5 Wochen
N-Depotdünger	**Crotodur** **Isodur** **Floranid N32**	CD-Harnstoff ID-Harnstoff 90 % CD-Harnstoff + 10 % Nitrat	28 28 32	– – –	Depotdünger sind besonders langsame und langzeitig wirkende Dünger; Wirkungsdauer: 3 bis 4 Monate (organische N-Bindung oder Kunststoffumhüllung), (auch 2, S. 210)
Organische N-Dünger	**Hornmehl, Horngrieß, Hornspäne, Blutmehl**	organische Substanz	5 bis 14		aus anfallenden Abfällen auf Schlachthöfen[1]; mikrobielle Umsetzung im Boden: bei 2 °C Bodentemperatur 4 Tage, ansonsten in 1–2 Tagen in NH_4^+ umgewandelt. Bei Bodentemperaturen unter 10 °C erst nach 10 bis 14 Tagen als Nitrat verfügbar. Zur Blattdüngung (schnelle Wirkung) gut geeignet. Wirkungsdauer: 3 bis 5 Wochen, pH-Senkung → langsame und nachhaltige Wirkung: 6–8 Wochen (Hornmehl), 2–4 Monate (Horngrieß), 4–6 Monate (Hornspäne) (2, S. 196)

Umrechnungsfaktoren: N X 4,43 ⟶ NO_3^- X 0,226 ⟶ N

NH_4^+ X 0,77657 → N — NH_4^+ X 0,9441 → NH_3

NH_3 X 0,8224 → N — NH_3 X 1,059 → NH_4^+

[1] Seit BSE-Problematik in Verruf. Im Bio-Anbau nicht mehr verwendet.

Tab. 1 Wichtige Stickstoffdünger

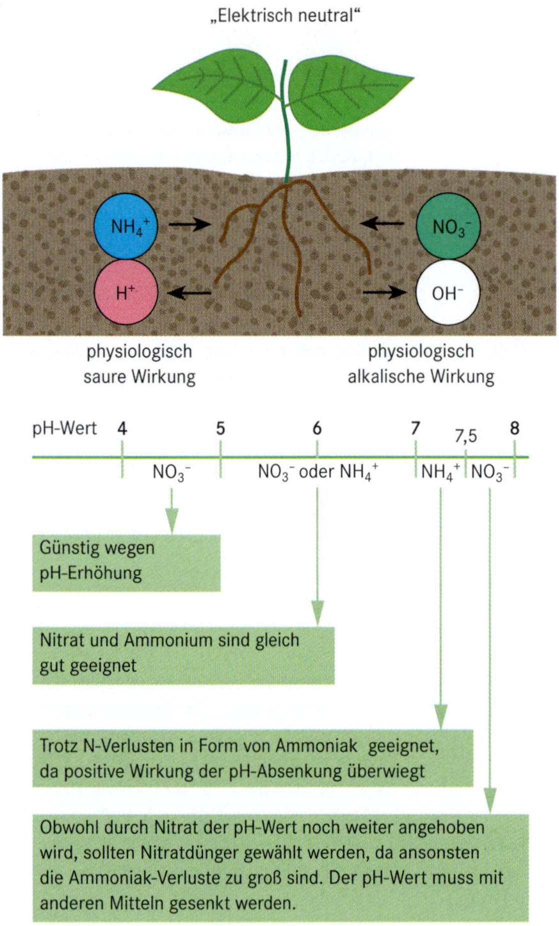

1 Auswahl der N-Form im Hinblick auf den pH-Wert

Ammoniumstabilisierte Dünger, z. B. ENTEC und Nova Tec, enthalten einen **Nitrifikationshemmer** (DMPP = Dimethylpyrazolphosphat), der die Tätigkeit der Nitritbakterien (Nitrosomonas) hemmt, sodass die **Nitrifikation um vier bis zehn Wochen verzögert** wird. Entsprechend liegt der Stickstoff in Form von NH_4^+ länger im Boden vor, sodass die N-Verluste durch Auswaschung und Denitrifikation geringer sind. Nachteilig hingegen ist, dass Ammonium nicht so schnell wirkt wie Nitrat und dass N-Verluste in Form von NH_3 zunehmen.

Aufgaben

1. Wozu benötigt die Pflanze Stickstoff?
2. Unterscheiden Sie N-Mangel- und N-Überschusssymptome.
3. Beschreiben Sie den Stickstoffkreislauf anhand der 1, S. 194.
4. Unter einer Rosenpflanzung wurde Rindenmulch aufgetragen. Nach einer gewissen Zeit kommt es zu Vergilbungen an den älteren Blättern. Wie ist dies zu erklären und wie können die Symptome behoben werden?

Aufgaben (Fortsetzung)

5. Was versteht man unter Nitrifikation?
6. In welcher Form kann die Pflanze den Stickstoff aufnehmen?
7. Warum unterliegt Nitrat viel stärker der Auswaschung als Ammonium?
8. Obwohl unsere Atmosphäre zu fast 80 % aus Stickstoff besteht, ist Stickstoff häufig der begrenzende Wachstumsfaktor. Wie ist dies zu erklären?
9. Warum sind Leguminosen besonders gut zur Gründüngung geeignet?
10. Wie ist es zu erklären, dass Leguminosen (z. B. Bohnen, Erbsen, Linsen, Sojabohnen, Erdnüsse) besonders hohe Eiweißgehalte aufweisen?
11. Worin besteht die gesundheitsschädigende Wirkung von Nitrit und was hat dies mit dem Nitratgehalt von Pflanze und Grundwasser zu tun?
12. Warum ist der Anbau von Salat im Gewächshaus während der lichtarmen Jahreszeit als kritisch zu beurteilen und warum kann gerade Salat besonders zur Nitratbelastung beitragen?
13. Nennen Sie Maßnahmen zur Verringerung der Nitratbelastung von Grundwasser und Nahrung.
14. Erklären Sie, warum zur Produktion von Babynahrung a) vor allem Cl-betonte oder ammoniumstabilisierte Dünger (z. B. ENTEC/Nova Tec) eingesetzt werden und b) die Ernte, vor allem von Salat und Spinat, abends erfolgen sollte.
15. Warum kann es bei Staunässe und Bodenverdichtungen zu N-Verlusten aus dem Boden kommen?
16. Warum dürfen Kalkdünger und ammoniumhaltige Dünger nicht miteinander vermischt bzw. zusammen ausgebracht werden?
17. Ein frisch mit Stallmist gedüngter Boden wird gekalkt. Wie beurteilen Sie dies?
18. Warum darf auf Böden mit einem pH-Wert > 7,5 nicht mit Ammonium-Düngern gedüngt werden?
19. Erklären Sie die physiologisch saure bzw. alkalische Wirkung von Stickstoffdüngern.
20. Erklären Sie, wie die Pflanze durch die Ausscheidung von H^+-Ionen die Nährstoffverfügbarkeit verbessern kann.
21. Wie bezeichnet man das Verfahren, mit dem aus dem Stickstoff der Luft (N_2) und Wasserstoff (H_2) Ammoniak gewonnen wird?
22. Wozu dient die N_{min}-Methode?

Aufgaben (Fortsetzung)

◑23. Wovon hängt die Auswahl des richtigen N-Düngers ab?
◑24. Ordnen Sie die folgenden Dünger entsprechend ihrer Wirkungsgeschwindigkeit: Ammonium, Harnstoff, Kalkstickstoff, Nitrat.
○25. Worauf beruhen die herbizide und fungizide Wirkung von Kalkstickstoff?
○26. Was ist beim Umgang mit Kalkstickstoff zu beachten?
◑27. Warum wird gemahlener Kalkstickstoff mit Öl statt mit Wasser versetzt, um das Stäuben zu verhindern?
○28. Mit welchen der in Tab. 1, S. 197 genannten Düngern erreichen Sie a) eine pH-Absenkung und b) eine pH-Erhöhung?
◑29. Warum muss besonders bei Kalksalpeter darauf geachtet werden, dass er trocken gelagert wird und auch die Düngersäcke nach Öffnung wieder gut verschlossen werden?
◑30. Wodurch wird dem Boden Stickstoff a) entzogen und b) zugeführt?
◑31. Wählen Sie aus der Tab. 1, S. 197 nach folgenden Düngungszielen einen geeigneten N-Dünger aus: a) schnelle Behebung eines Mangels mithilfe einer Blattdüngung bzw. einer Bodendüngung, b) als Grunddüngung zur Pflanzung, die schnell wirken und eine gewisse Nachwirkung zeigen soll, c) zur Ergänzung der Grunddüngung während der Kulturzeit (Kopfdüngung) und d) zur Verabreichung der gesamten N-Menge für einen längeren Zeitraum.
◑32. Welche Vor- und Nachteile haben Ammonium-Dünger mit einem Nitrifikationshemmer?

7.2 Phosphor

7.2.1 Aufgaben

Die Pflanze benötigt Phosphor vor allem zum **Aufbau von Eiweiß (Enzyme!)**, der **DNA** (Desoxyribonukleinsäure) und **ATP** (Energiespeicher und -überträger). Daneben fördert er vor allem die **Blüten- und Fruchtbildung** wie auch die **Wurzelbildung**. Im Boden unterstützt Phosphor durch Verkittung der Bodenteilchen die **Krümelbildung**.

Merke

Phosphor fördert vor allem die Blüten- und Fruchtbildung (generatives Wachstum) wie auch das Wurzelwachstum.

7.2.2 Mangelsymptome

Die Symptome ähneln denen bei N-Mangel. Die Pflanze zeigt ein **gehemmtes Wachstum** mit entsprechend **verringerter Blüten- und Fruchtbildung**. Auffallend ist die häufig recht starre Haltung der Blätter **(„Starrtracht")**. Im Unterschied zum N-Mangel vergilben die Blätter jedoch nicht. Aufgrund des gehemmten Blattwachstums und der weiterhin erfolgenden Chlorophyllbildung weisen sie zuerst sogar eine **dunkel- bis schmutzig grüne Färbung** auf (Konzentrationseffekt). Teilweise kommt es auch zu einer rötlichen Verfärbung (Anreicherung von Anthocyanen) der Blattunterseite (1). Da Phosphor in der Pflanze gut beweglich ist, wird er bei Mangel aus den älteren in die jüngeren Blätter verlagert, sodass die **Mangelsymptome zuerst an den älteren Blättern** auftreten (2, S. 177).

1 P-Mangel (rechts)

7.2.3 Überschusssymptome

Eine überhöhte P-Düngung führt im Allgemeinen nicht direkt zu einer Schädigung der Pflanze, da Phosphor im Boden festgelegt wird. Die Auswirkungen sind vielmehr indirekter Natur, indem die Verfügbarkeit anderer Nährstoffe beeinträchtigt wird. So kann es infolge von Ionenkonkurrenz (s. S. 184) bei geringem Stickstoffangebot zu **N-Mangel** und durch Bildung von schwer löslichen Eisen- und Zinkphosphaten zu **Fe- und Zn-Mangel** kommen.

7.2.4 Phosphordynamik des Bodens

Obwohl die Pflanze Phosphor als Anion aufnimmt, wird es im Gegensatz zum Nitrat so gut wie nicht ausgewaschen. Der Grund ist darin zu sehen, dass Phosphor im Boden festgelegt wird, d. h. mit anderen Ionen Verbindungen eingeht. Im sauren Bereich kommt es zur Bildung von **Fe- und Al-Phosphaten**, im alkalischen Bereich zur Bildung von **Ca-Phosphaten** (Apatiten). Diese Bindungen sind zunächst locker **(labiles Phosphat)**, sodass das gebundene Phosphat wieder in Lösung gehen kann, d. h. pflanzenverfügbar wird. Die Löslichkeit hängt wiederum vom pH-Wert des Bodens ab (1, S. 200). Mit der Alterung der Phosphate werden die Verbindungen stabiler, sodass ihre Löslichkeit abnimmt **(stabiles Phosphat)**.

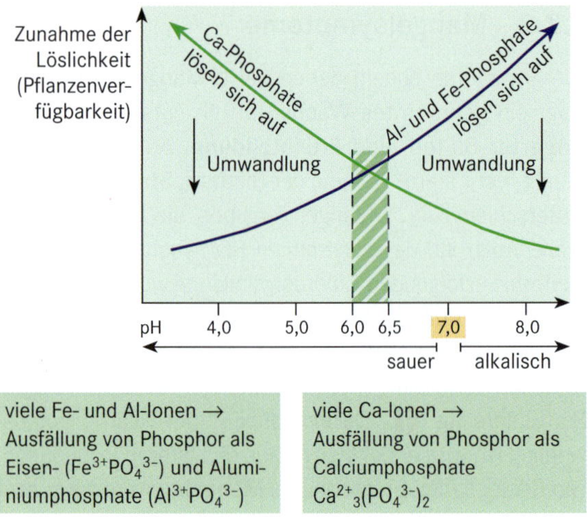

1 Phosphorverfügbarkeit in Abhängigkeit vom pH-Wert

2 Phosphatverteilung im Boden

7.2.5 P-Düngung

Phosphordünger werden durch Vermahlen oder chemischen Aufschluss aus Rohphosphaten hergestellt. Die weltweiten Reserven an Phosphatgestein betragen 69.000 Millionen Tonnen (2019). Davon befinden sich über 70 %, 50.000 Millionen Tonnen, in Marokko und der Westsahara (größtenteils von Marokko annektiert).

Phosphor ist nicht nur für Pflanzen, sondern für alle Lebewesen lebensnotwendig und kann durch andere Stoffe nicht ersetzt werden. Laut Schätzungen werden die gesamten Weltvorräte nur noch 380 Jahre reichen. Deshalb werden u. a. Verfahren zur Rückgewinnung von Phosphaten aus Klärschlamm entwickelt.

Wegen seiner schlechten Beweglichkeit im Boden sollte Phosphor bei der Ausbringung eingearbeitet werden (2). In der Bodenlösung sind maximal nur 1 bis 2 kg Phosphor/ha gelöst. Entsprechend der geringen Konzentration und dem ständigen Entzug durch die Pflanze muss eine schnelle und fortlaufende Nachlieferung gewährleistet sein. Dies

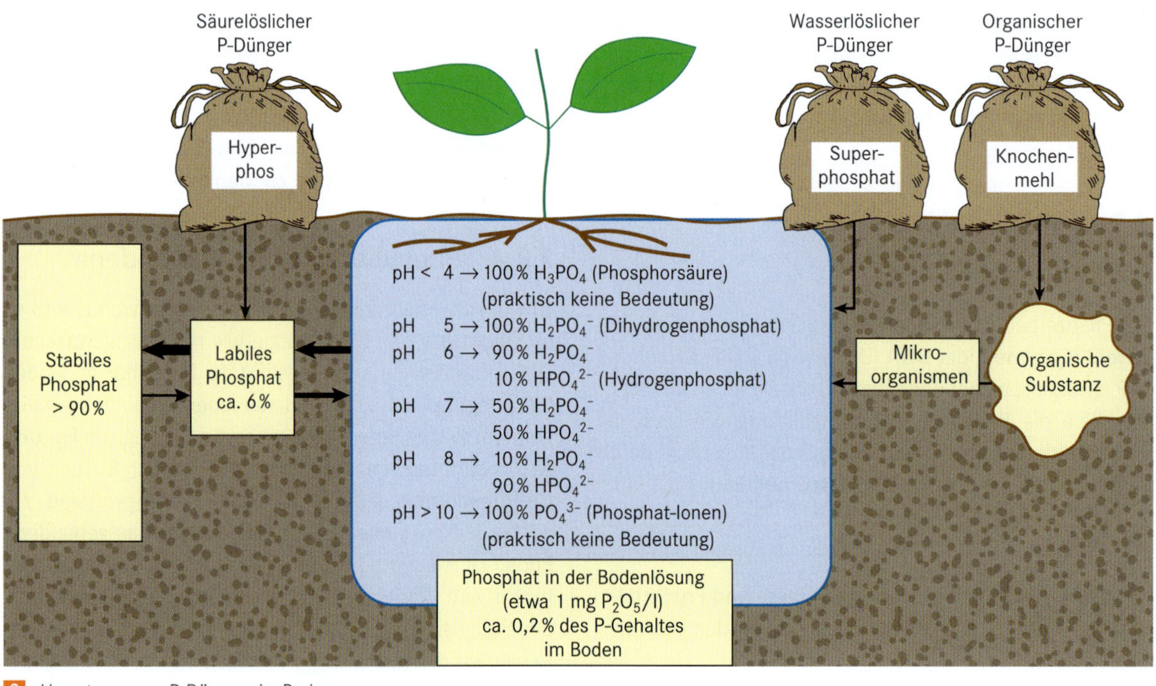

3 Umsetzung von P-Düngern im Boden

Name	P_2O_5* Gehalt (%)	Löslichkeit	Bemerkungen
Superphosphat	18	Mit Schwefelsäure voll aufgeschlossenes Rohphosphat: > 93 % wasserlöslich	grau; grob granuliert; sofort wirkend; beste Wirkung auf schwach sauren bis neutralen Böden, da es dort zu Ca-Phosphat umgewandelt wird, das lange im Boden verfügbar bleibt (labiles Phosphor); enthält 50 % $CaSO_4$ (Gips); Kalkgewinn 3 kg CaO/dt
Triple-Superphosphat	45	Mit Phosphorsäure voll aufgeschlossenes Rohphosphat: > 93 % wasserlöslich	etwa 3-fach höher konzentriertes Superphosphat (Bemerkungen s. o.); Kalkverlust: 1 kg CaO/dt
Novaphos	23	Mit Schwefelsäure teilaufgeschlossenes Rohphosphat: 40 % wasserlöslich, 30 % ammoncitratlöslich, 30 % löslich in Mineralsäure (mineralsäurelöslich)	Aus Kostengründen beim Aufschluss von Rohphosphat mit vermindertem Säureeinsatz gearbeitet; grau; granuliert; schnelle und nachhaltige Wirkung; Kalkgewinn: 11 kg CaO/dt
Hyperphos	26	Feingemahlenes weicherdiges Rohphosphat: Löslichkeit in Ameisensäure (80 %) und Mineralsäure (20 %)	Graues Pulver (z.T. granuliert), Apatit (Calciumphosphat) → kommt nur bei niedrigen pH-Werten (< 5,5) zur Wirkung → „Moordünger“; Kalkgewinn: 19 kg CaO/dt
Knochenmehl[1]	15	–	organischer P-Dünger aus Knochenabfällen von Schlachthöfen; mikrobielle Umsetzung im Boden → langsame und nachhaltige Wirkung; 1,5 % N

Alle P-Dünger enthalten auch Spurennährelemente, wie Mn, Cu, Zn, Mo und B. Unerwünscht sind das giftige Cadmium (Cd) und das radioaktive Uran, die in Rohphosphaten enthalten sind. Um eine Anreicherung im Boden zu vermeiden, sollten nur P-Dünger aus cadmium- und uranarmen Rohphosphaten verwendet werden.

Umrechnungsfaktoren:

$$P \xrightarrow{\times 2,29} P_2O_5^*$$
$$P_2O_5^* \xrightarrow{\times 0,436} P$$

* Phosphor kommt in dieser Form (Phosphorpentoxid) weder im Boden, im Dünger noch in der Pflanze vor. Trotzdem wird es als Bezugsbasis verwendet.

[1] Seit **BSE-Problematik** in Verruf. Im Bio-Anbau nicht mehr verwendet.

P-Verfügbarkeit ergibt sich aus der **Löslichkeit in: Wasser** → unmittelbar pflanzenverfügbar, **Ammoncitrat** → mittelfristig pflanzenverfügbar, **Zitronen-, Ameisen-, Mineralsäure** → allenfalls langfristig bzw. nur unter bestimmten Bedingungen (pH-Wert < 5,5) pflanzenverfügbar

Tab. 1 Phosphordünger

geschieht aus dem Phosphorvorrat des Bodens (labiles Phosphor = leicht gebundenes Phosphor) und der Düngung (3, S. 200). Bei schlecht versorgten Böden erfolgt die Nachlieferung nur aus dem gedüngten Phosphor.

Die **Phosphordünger** werden nach ihrer Löslichkeit in wasser- und säurelösliche unterschieden.

Die säurelöslichen Phosphate werden durch die Einwirkung der Bodensäure gelöst und damit in die wasserlösliche Form überführt. Gleichgültig, ob wasser- oder säurelösliche Phosphatformen verwendet werden, mit der Zeit erfolgt ihre Umwandlung in bodeneigene Phosphate. Dabei entsteht immer die Phosphatform, die am schwersten löslich ist (1, S. 200). Da dadurch die Verfügbarkeit und somit die Wirksamkeit der P-Dünger zurückgeht, verzögert man die Umsetzung bei wasserlöslichen Formen durch geringen Bodenkontakt, indem diese grob granuliert (kleinere Oberfläche im Vergleich zur Pulverform!) oder nesterweise in Wurzelnähe (hohe Konzentration!) ausgebracht werden. Bei den säurelöslichen Phosphaten ist hingegen eine Umsetzung mit dem Boden erwünscht, weil sie erst dadurch in eine pflanzenverfügbare Form überführt werden. Entsprechend werden sie fein vermahlen (große Oberfläche!) eingesetzt. Eine Granulierung würde ihre Wirkung verringern. Je besser die Böden mit P versorgt sind – unsere Böden sind allgemein recht gut versorgt –, desto unwichtiger sind jedoch Form und Art des P-Düngers, da er dann in erster Linie zur Auffüllung des Bodenvorrates (labiles P) dient (3, S. 200). Bei schlecht versorgten Böden sollten bei der Auswahl des richtigen P-Düngers obige wie auch die Bemerkungen in der Düngertabelle (Tab. 1) berücksichtigt werden.

Wegen der P-Umwandlung im Boden kann die Pflanze nur 15 bis 20 % des gedüngten Phosphors im ersten Jahr nutzen. Langfristig – über Jahrzehnte – beträgt der Ausnutzungsgrad 50 bis 65 %, sodass bei der Erhaltungsdüngung (s. S. 226) in der Regel das 2- bzw. 1,5-Fache des Entzugs gedüngt wird.

7.2.6 P-Eutrophierung

Obwohl Phosphor so gut wie nicht ausgewaschen wird, gelangt er doch verstärkt in Flüsse und Seen. Der Eintrag erfolgt vor allem über Abwässer (früher besonders durch die Verwendung phosphorhaltiger Waschmittel) und Bodenerosionen. Zusammen mit Stickstoff führt die **Phosphoranreicherung in Gewässern** (P-Eutrophierung) zur „Explosion“ des Algenwachstums. Die im Laufe der Zeit in großen Mengen absterbenden Algen werden von den Bakterien zersetzt, die sich dabei enorm vermehren und in stark erhöhtem Maße den in Wasser gelösten Sauerstoff verbrauchen. Das Wasser wird dabei zunehmend sauerstoffärmer, sodass Fische, Bakterien, Pflanzen und andere Lebensformen sterben. Man sagt, **das Gewässer stirbt oder kippt um**.

Aufgaben

1. Wozu benötigt die Pflanze Phosphor?
2. Wodurch unterscheidet sich P- von N-Mangel?
3. Warum wird Phosphor so gut wie nicht ausgewaschen?
4. Bei der Verwendung von Grundwasser mit hohem Eisengehalt wird empfohlen, zusätzlich 0,5 kg Superphospat/m^3 Substrat einzumischen. Begründen Sie diese Maßnahme.
5. Erklären Sie, warum bei pH 6,0 bis 6,5 die P-Verfügbarkeit am besten ist (1, S. 200).
6. Warum sollte Phosphor nach Möglichkeit in den Boden eingearbeitet werden?
7. Warum werden wasserlösliche P-Dünger in der Regel granuliert und säurelösliche fein vermahlen angeboten?
8. Worauf ist bei der P-Düngung auf schlecht mit Phosphor versorgten Böden besonders zu achten?
9. Erklären Sie, warum Mykorrhizen gerade für die P-Versorgung der Pflanze von großer Bedeutung sind.
10. Welche P-Form wirkt besser, die wasserlösliche oder die säurelösliche?
11. Warum ist die Art des P-Düngers umso unwichtiger, je besser ein Boden mit Phosphor versorgt ist?
12. Warum liegt die P-Düngung in der Regel über dem Entzug der Pflanzen?
13. Beschreiben Sie die Folgen einer P-Eutrophierung in Gewässern. Was kann dagegen getan werden?

7.3 Kalium

7.3.1 Aufgaben

Im Gegensatz zu anderen Nährelementen wird Kalium nicht in die organische Substanz eingebaut, sondern hauptsächlich **in den Vakuolen gespeichert**. Damit steigert es über die Erhöhung der Zellsaftkonzentration den osmotischen Wert/die **osmotische Saugkraft der Zelle**, sodass die Wasseraufnahme verbessert und das aufgenommene Wasser stärker vor Verdunstung geschützt, d. h. besser ausgenutzt wird. Kalium ist somit ganz wesentlich an der **Regulierung des Wasserhaushalts** der Pflanze beteiligt (1). Durch die Erhöhung der Zellsaftkonzentration kommt es ferner zur Erniedrigung des Gefrierpunkts der Zelle, sodass die **Frostresistenz** der Pflanze erhöht wird. Indem Kalium die **Aktivität zahlreicher Enzyme unterstützt**, beeinflusst es viele Stoffwechselvorgänge positiv.

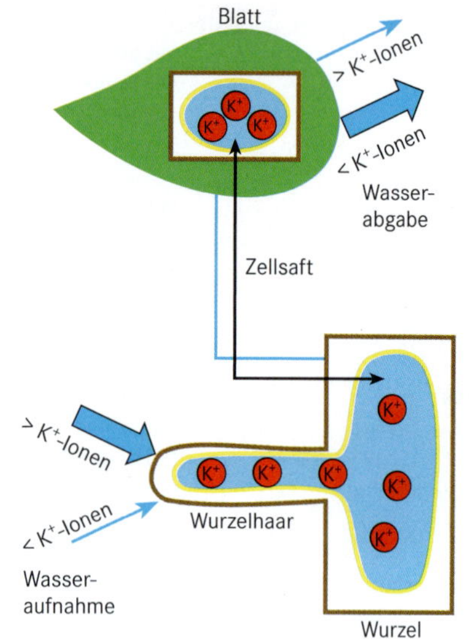

1 Kalium reguliert den Wasserhaushalt der Pflanze

So trägt Kalium zur **Festigung des Pflanzengewebes** bei, indem es die Ausbildung der Zellwände fördert. Ferner begünstigt es den Aufbau höhermolekularer Verbindungen, sodass der Gehalt an löslichen Zuckern und Aminoverbindungen (Nahrung saugender Insekten!) zurückgeht. Kalium erhöht somit die **Standfestigkeit** und die **Resistenz gegenüber pilzlichen Schaderregern und saugenden Insekten**.

Merke

Kalium reguliert den **Wasserhaushalt** der Pflanze, erhöht ihre **Frostresistenz** und festigt das Pflanzengewebe, sodass ihre **Standfestigkeit** und **Resistenz** gegenüber Pilzen und saugenden Insekten erhöht wird.

7.3.2 Mangelsymptome

Kaliummangel führt zu einer erhöhten Transpiration und einer gehemmten Wasseraufnahme (1), sodass es zu **Wassermangel** kommen kann. Durch die Abnahme des Zellinnendrucks (Turgordrucks) macht die Pflanze einen welken Eindruck (**„Welketracht“**). **Chlorosen**, die später in Nekrosen übergehen, **beginnen an den Blattspitzen und Blatträndern** (Orte der größten Verdunstung!). Da Kalium in der Pflanze sehr gut beweglich ist, wird es bei Mangel aus den älteren in die jüngeren Blätter verlagert, sodass die **Mangelsymptome zuerst an den älteren Blättern** auftreten (1, S. 203). Standfestigkeit, Frostresistenz und Resistenz gegenüber pilzlichen und tierischen Schadorganismen werden verringert.

1 K-Mangel an Brakteen

7.3.3 Überschusssymptome

Auf sorptionsschwachen Böden (leichten Böden) kann eine überhöhte Konzentration in der Bodenlösung zu **Salzschäden** („Verbrennungen") führen, an denen jedoch auch das begleitende Anion, insbesondere das **Chlorid**, beteiligt ist (s. K-Düngung). Infolge von Ionenkonkurrenz (s. S. 184) ist **Mg- und Ca-Mangel** möglich. Im Boden wirken hohe K^+-Konzentrationen **krümelzerstörend**, da sie dann die Ca-Ionen (fördern die Krümelbildung!) von den Bodenteilchen verdrängen.

7.3.4 Kaliumdynamik des Bodens (2)

Kalium wird von der Pflanze als **einwertiges Kation** (K^+) aufgenommen. Seine Beweglichkeit im Boden ist sehr gut. Daher unterliegt es auch leicht der **Auswaschung**. Die Höhe der Auswaschung ist vom Tongehalt des Bodens abhängig, da Kalium aufgrund seiner positiven Ladung an den Tonteilchen angelagert werden kann, sodass es vor Auswaschung geschützt ist und trotzdem pflanzenverfügbar bleibt. Auf leichten Böden und Moorböden hingegen kann bis zu $^1/_4$ des Kaliumverlustes auf Auswaschung beruhen. **Tonminerale** sind aus einzelnen Schichten aufgebaut und besitzen neben einer äußeren auch eine innere Oberfläche ❶. Das an der äußeren Oberfläche angelagerte Kalium ist austauschbar **(austauschbares Kalium)** und damit **pflanzenverfügbar**. Das zwischen den Tonschichten eingelagerte Kalium ist nicht austauschbar und damit nicht unmittelbar pflanzenverfügbar ❷. Bei Verarmung der äußeren Oberfläche an Kalium kann es jedoch an die Bodenlösung abgegeben werden **(nachlieferbares Kalium)**, sodass es wieder pflanzenverfügbar wird ❸. Ist die K-Düngung über mehrere Jahre geringer als der K-Entzug der Pflanzen, führt dies zu einer Verarmung der Tonminerale an Kalium ❹.

Bodenteilchen	Gesamte Oberfläche (m^2/g)
Sand	0,1
Schluff	0,2 bis 1,0
Ton	600 bis 800!

Der Austausch durch Calcium bewirkt eine Aufweitung der Tonminerale vom Rande her, sodass die zwischen den Tonschichten gebundenen K-Ionen herausdiffundieren.

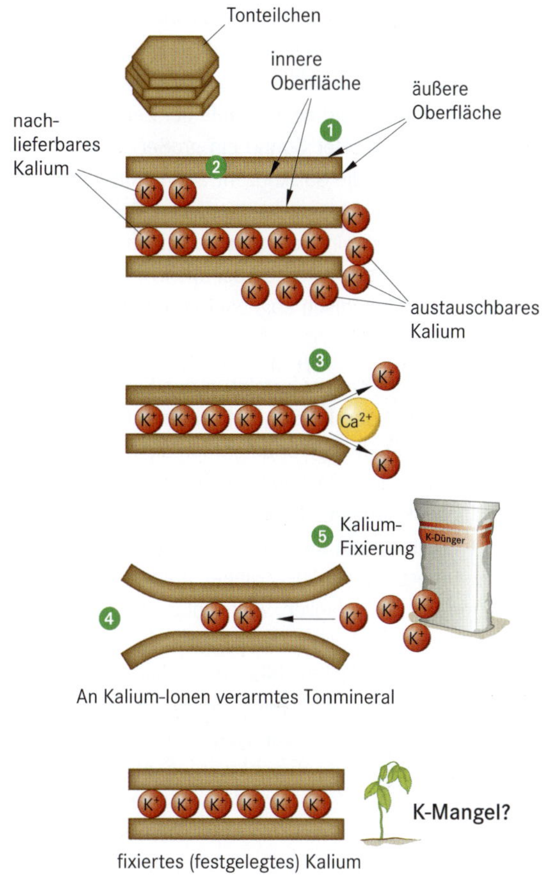

2 Ursachen der Kalium-Fixierung

Wird auf solchen verarmten Böden Kalium gedüngt, wandert dieses bevorzugt in die Zwischenschichten der Tonminerale, sodass das gedüngte Kalium nicht zur Wirkung kommt, d. h. nicht pflanzenverfügbar ist. Es wird vom Boden sozusagen festgelegt oder fixiert **(K-Fixierung)** ❺. Bevor Kalium wieder an der äußeren Oberfläche angelagert wird, müssen zuerst die Zwischenschichten der Tonminerale mit Kalium aufgefüllt werden. Auf sehr tonreichen Böden können dazu 600 kg/ha und Jahr (durchschnittliche Düngungshöhe 100 bis 250 kg/ha) über einen Zeitraum von 5 bis 10 Jahren erforderlich sein. Kennt man den Tongehalt und die austauschbare K-Menge (Bodenuntersuchung!), kann abgeschätzt werden, ob der Boden zur Fixierung neigt oder nicht. Wenn auf 1 g Ton weniger als 0,5 mg austauschbares Kalium kommt, besteht K-Fixierungsgefahr. Wie K^+, kann auch NH_4^+ in den Zwischenschichten der Tonminerale festgelegt werden.

7.3.5 K-Düngung

Kalidünger werden aus **Kalirohsalzen** hergestellt. Die Vorräte sind recht groß. Größere Lagerstätten finden wir in Niedersachsen, im Werra-Fulda-Gebiet, im Thüringischen Becken, um Magdeburg, Staßfurt und Halle. Die **Entstehung der Kalilager** (1) erfolgte bei uns vor etwa 200 Millionen Jahren. Zu dieser Zeit waren Teile Nord- und Mitteleuropas vom Meerwasser überschwemmt, sodass sich ein riesiges Binnenmeer bildete. Im Laufe der Zeit verdunstete unter der Einwirkung der Sonne ein großer Teil des Wassers. Dadurch stieg die Salzkonzentration immer mehr an, sodass sich die im Meerwasser gelösten Salze auf dem Boden absetzten. Die in diesen Ausfällungen befindlichen Kalisalze **(Kalirohsalze)** werden bei uns in Tiefen von 400 bis 1 250 m bergmännisch abgebaut und zu **K-Düngemitteln** aufbereitet.

Die **Düngung mit Kalium** erfolgt in der Form von K^+Cl^- **(Kaliumchlorid)** oder $K^+{}_2SO_4{}^{2-}$ **(Kaliumsulfat)**. Bei der Verwendung von Kaliumchlorid nehmen die meisten Pflanzen recht hohe Chlorid-Mengen auf. Besonders für **chloridempfindliche Pflanzen**, wie Kartoffeln, Wein, Obst, Beerenobst (vor allem Rote Johannisbeere), Erdbeere, Tomate, Paprika, Aubergine, Gurke, Zwiebel, Radieschen, Lauch und die meisten Zierpflanzen, wirkt Chlor (Cl^-) bei höheren Konzentrationen schädlich. Deswegen sollte bei der Düngung chloridempfindlicher Pflanzen Kaliumsulfat eingesetzt werden. Sulfate bilden mit Ca schwer lösliche Verbindungen ($Ca^{2+}SO_4{}^{2-}$= Gips). Vor allem unter Glas dürfen nur sulfathaltige Dünger ausgebracht werden, da sich dort das Chlorid aufgrund der fehlenden Auswaschung (arides Klima) im Boden anreichert. Zu den **chlorverträglichen Pflanzen** zählen unter anderem Kohl, Sellerie, Spinat und Salat.

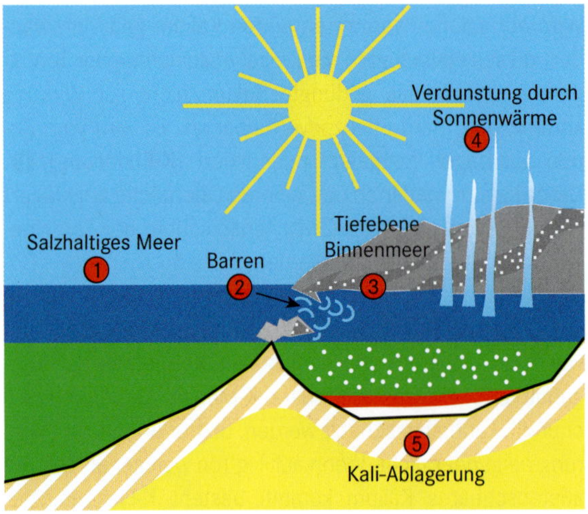

1 Entstehung der Kalilager

! Merke

Bei der **Düngung chloridempfindlicher Pflanzen** (die meisten Zierpflanzen und Gehölze) sowie unter Glas sollte Kalium in Form von **Kaliumsulfat** ($K^+{}_2SO_4{}^{2-}$) verwendet werden.

Name	Form	Gehalt (% K_2O*)	Bemerkungen
40er Kali	KCl	40	gut wasserlöslich; für chloridverträgliche Pflanzen
50er Kali	KCl	50	
60er Kali	KCl	60	
Schwefelsaures Kali	K_2SO_4	50 (+18 % S)	gut wasserlöslich; für chlorid- und salzempfindliche Pflanzen und unter Glas (max. 0,5 % Cl)
Kalimagnesia (Patentkali)	K_2SO_4 $MgSO_4$	30 10 MgO (+17 % S)	gut wasserlöslich; für chloridempfindliche Pflanzen; günstig, wenn auch Mg gedüngt werden muss; Wirkungsdauer 3 bis 5 Wochen

Umrechnungsfaktoren

KCl → K_2O: x 0,632; K_2O → KCl: x 1,583

K → KCl: x 1,907; KCl → K: x 0,524

K_2O → K: x 0,830; K → K_2O: x 1,205

K_2SO_4 → K_2O: x 0,541; K_2O → K_2SO_4: x 1,850

K → K_2SO_4: x 2,228; K_2SO_4 → K: x 0,449

* In dieser Form (Kaliumoxid) weder im Dünger noch von der Pflanze aufgenommen. Wird trotzdem als Bezugsbasis verwendet (sinnvoller K).

Tab. 1 Kalidünger

? Aufgaben

1. Wozu benötigt die Pflanze Kalium?
2. Wie äußert sich K-Mangel?
3. Warum kann die Pflanze bei guter K-Versorgung das Bodenwasser besser ausnutzen?
4. Wie erklärt sich, dass gut mit Kalium versorgte Gehölze widerstandsfähiger gegen Frost sind?
5. Warum wirken K-Ionen in hoher Konzentration krümelzerstörend?
6. Wovon ist die Kalium-Auswaschung abhängig?
7. Trotz normaler Düngungshöhe kommt es zu K-Mangel. Woran könnte dies liegen?
8. Worauf ist bei der Düngung chloridempfindlicher Pflanzen zu achten?
9. Rechnen Sie die Kaliumgehalte der in Tab. 1 angegebenen Dünger von % K_2O auf % K um.

7.4 Magnesium

7.4.1 Aufgaben

Merke

Als wichtiger **Baustein für das Chlorophyll** ist das Magnesium für die Fotosynthese unentbehrlich.

Daneben fördert es zahlreiche **Stoffwechselvorgänge** (Enzyme) wie z. B. Atmung, Eiweißaufbau, ATP-Bildung und andere enzymatische Reaktionen.

7.4.2 Mangelsymptome

Mg-Mangel hemmt vor allem die Fotosynthese. Beginnend **von der Blattmitte her werden die Blätter chlorotisch** und später nekrotisch. Dabei bleiben die Blattadern grün, wie auch ein sie umgebender schmaler Saum des Blattgewebes (1). Bei Mg-Mangel wird das Magnesium aus den älteren in die jüngeren Blätter verlagert, sodass die **Mangelsymptome zuerst an den älteren Blättern** auftreten.

1 Mg-Mangel

7.4.3 Überschusssymptome

Die Gefahr der Überdüngung mit Magnesium ist gering. Direkte Schäden durch überhöhte Mg-Konzentrationen sind unter praxisüblichen Verhältnissen nicht zu erwarten. Indirekt kann es aufgrund von **Ionenkonkurrenz** zu K- und Ca-Mangel kommen.

7.4.4 Magnesiumdynamik des Bodens

Magnesium wird von der Pflanze als **zweiwertiges Kation** (Mg^{2+}) aufgenommen. Im Boden ist es gut beweglich, sodass es auch stark ausgewaschen werden kann. Aufgrund seiner positiven Ladung wird es zwar an den Tonteilchen gebunden, kann aber relativ leicht von den in höherer Konzentration vorliegenden Ca^{2+}-, K^+- und H^+-Ionen verdrängt werden.

7.4.5 Mg-Düngung

Viele Böden weisen niedrige Mg-Gehalte auf. Neben den Mg-Düngern sind vor allem **Kalimagnesia** und **magnesiumhaltige Kalke** zur Mg-Düngung geeignet. Kalimagnesia (Patentkali) ist ein recht „praktischer" Dünger, weil mit ihm bei der üblichen K-Düngung in der Regel auch der **Mg-Bedarf gedeckt** wird. Wenn der Boden nicht nur Mg-Mangel aufweist, sondern der pH-Wert auch zu niedrig ist, sind magnesiumhaltige Kalke gut geeignet. Die Zufuhr von Mg über magnesiumhaltige Kalke ist eine langfristige Maßnahme zur Verbesserung der Mg-Gehalte. Zur kurzfristigen Beseitigung akuten Mg-Mangels sind die **Magnesiumsulfate** ($Mg^{2+}SO_4^{2-}$) besser geeignet (Tab. 1).

Name	Form	Gehalt (% MgO*)	Bemerkungen
Kieserit	$MgSO_4$	27 (+22 % S)	schnelle Wirkung
Bittersalz	$MgSO_4$	16	schnelle Wirkung; gut zur Blattdüngung geeignet

Umrechnungsfaktoren: MgO → Mg: x 0,603; Mg → MgO: x 1,658

* Wird als Bezugsbasis verwendet, obwohl die Angabe als Mg sinnvoller.

Tab. 1 Magnesiumdünger

Aufgaben

1. Warum wird bei Mg-Mangel vor allem die Fotosynthese gehemmt?
2. Wie äußern sich Mg-Mangelsymptome?
3. Warum darf bei Mg-Mangel aufgrund einer überhöhten K-Versorgung nicht Kalimagnesia eingesetzt werden?
4. Welchen Dünger würden Sie wählen, wenn a) ein akuter Mg-Mangel schnell behoben werden soll und b) der Boden nicht nur Mg-Mangel, sondern auch einen zu niedrigen pH-Wert aufweist?

7.5 Calcium

7.5.1 Aufgaben

Merke

Calcium ist ein wichtiger **Baustein der Zellwände.**

Daneben ist es für zahlreiche Prozesse, wie Atmung, Zellteilung und -streckung, notwendig. Im Boden fördert Calcium maßgeblich die Bodengare, indem es über die Verkittung der Bodenteilchen eine **stabile Krümelbildung** bewirkt (Strukturverbesserung).

7.5.2 Mangelsymptome

Die **Wurzelbildung** und das **Wachstum** der Pflanzen sind gehemmt, die Anfälligkeit für **Pilzkrankheiten** nimmt zu. Da Calcium nur mit dem Transpirationsstrom transportiert wird, erscheinen **Ca-Mangelsymptome zuerst an den jüngeren Pflanzenteilen**. In den älteren Pflanzenteilen kann sich aufgrund der längeren Transpiration mehr Calcium ansammeln. Die Pflanze stirbt bei Ca-Mangel sozusagen von oben her (= **Spitzendürre**). Entsprechend sterben zuerst die Vegetationspunkte ab und **Chlorosen beginnen an den Spitzen und Blatträndern der jüngsten Blätter**. Wegen der schlechten Zellwandausbildung kommt es zum **Zusammenbruch des Gewebes**.

Die Folge ist ein **hakenförmiges Abknicken von Trieben und Blütenstielen** (1). Bei Äpfeln führt der Zusammenbruch der Gewebe zu braunen Flecken im Fruchtfleisch, der sogenannten **Stippe** (2). Bei Tomaten entstehen größere schwarze Flecken an der Fruchtspitze **(Fruchtendfäule der Tomate)**, beim Kohl kommt es zur **Innenblattnekrose** (2, S. 177).

1 Ca-Mangel

2 Ca-Mangel (Stippe)

7.5.3 Überschusssymptome

Direkte Schäden durch Ca-Überschuss sind nicht bekannt. Indirekte Schäden können durch die Hemmung der Verfügbarkeit anderer Nährelemente entstehen. So wird z. B. die **P-Verfügbarkeit verschlechtert**, indem es zur Bildung von Ca-Phosphaten (s. S. 200) kommt. Auch kann die **Ionenkonkurrenz** zwischen Ca, K und Mg die Versorgung der Pflanzen mit K oder Mg bei einer überhöhten Ca-Düngung gefährden, sodass **K- oder Mg-Mangel** auftreten kann.

7.5.4 Calciumdynamik des Bodens

Calcium wird von der Pflanze als **zweiwertiges Kation** (Ca^{2+}) aufgenommen. Obwohl Ca recht gut an den Tonteilchen gebunden wird, unterliegt es einer starken **Auswaschung**. Der Grund ist im hohen Ca-Gehalt der Böden zu sehen. In sauren Böden werden die Ca-Ionen an den Austauschern verstärkt durch H-Ionen ersetzt, was einer Bodenversauerung entspricht (1, S. 184).

7.5.5 Ca-Düngung

In den meisten Böden ist der Ca-Gehalt so hoch, dass der Bedarf der Pflanzen gedeckt ist. Die Zufuhr von Calcium geschieht mit der **Kalkung** (s. S. 186 f.). **Kalkdünger** versorgen die Pflanze nicht nur mit dem Nährelement Calcium, sie erhöhen den pH-Wert und verbessern die Bodenstruktur. Die Versorgung der Pflanze mit dem Nährelement Calcium ist dabei von untergeordneter Bedeutung, da bereits bei einem **pH-Wert >4,5** der Ca-Gehalt so groß ist, dass der Bedarf der Pflanzen gesichert ist. Deswegen findet man an Blättern Ca-Mangelsymptome recht selten. **Ca-Mangel tritt vor allem an Pflanzenteilen mit niedriger Transpiration auf**, z. B. an Früchten. So deckt der Apfel seinen Wasserbedarf kaum aus dem Transpirationsstrom des Xylems, sondern fast ausschließlich aus dem Assimilatestrom des Phloems, der nur sehr wenig Ca enthält. **Maßnahmen zur Erhöhung der Transpiration** der Früchte erhöhen ihren Ca-Gehalt, da sie dann den zusätzlichen Wasserbedarf aus dem Ca-haltigeren Transpirationsstrom decken. Entsprechend sollten die Baumkronen licht gehalten werden. Auch ist auf eine **ausreichende und gleichmäßige Wasserversorgung**, vor allem während Trockenzeiten, zu achten. Bei empfindlichen Sorten können vorbeugende **Calciumspritzungen** mit Calciumchlorid ($CaCl_2$) sinnvoll sein. Gegen Stippebefall auf dem Lager **(Lagerstippe)** hat sich das Tauchen der Früchte in 1 %ige Calciumchloridlösung bewährt.

? Aufgaben

1. Warum ist Calcium ein Pflanzen- und Bodendünger?
2. Wie äußern sich Ca-Mangelsymptome?
3. Warum dient die Kalkung in erster Linie der Bodenverbesserung und nicht der Ernährung der Pflanze mit Calcium?
4. In welchen Böden kann vor allem Ca-Mangel auftreten?
5. Nennen Sie vorbeugende Maßnahmen gegen Stippe an Äpfeln.

7.6 Schwefel

7.6.1 Aufgaben

! Merke

Schwefel dient der Pflanze vor allem zum **Aufbau von Eiweiß.**

Daneben fördert er zahlreiche Stoffwechselvorgänge.

7.6.2 Mangelsymptome

Schwefelmangel äußert sich ähnlich dem N-Mangel. Im Unterschied zum N-Mangel treten **S-Mangelsymptome zuerst an den jüngeren Blättern** auf, da Schwefel in der Pflanze nicht so gut beweglich ist (2, S. 177). Der **Eiweißaufbau ist gehemmt**.

7.6.3 Überschusssymptome

Schäden durch überhöhte Schwefelkonzentrationen treten kaum auf. Schädlich können zu hohe **Schwefeldioxidgehalte (SO_2)** in der Luft werden. Es kommt zu sogenannten **Rauchgasschäden**, die bei zweikeimblättrigen Pflanzen zu **scharf abgegrenzten Blattnekrosen**, bei einkeimblättrigen zu **Nekrosen an den Blattspitzen** führen.

Der **Grenzwert**, bei dessen Überschreiten Schäden auftreten können, liegt bei **0,2 bis 0,4 mg SO_2/m^3 Luft**. Riechen kann man Schwefeldioxid (stechender Geruch) erst bei einer Konzentration von 12 bis 13 mg SO_2/m^3 Luft.

Die **Diagnose von Rauchgasschäden** ist durch eine **Luftanalyse** möglich. Besonders empfindlich auf erhöhte SO_2-Gehalte reagiert die Buschbohne, die als **Indikatorpflanze** genutzt werden kann. Der hohe SO_2-Gehalt der Luft ist mit die Hauptursache für das **Waldsterben.**

7.6.4 Schwefeldynamik des Bodens

Im Boden befinden sich **bis zu 90 % des Schwefels in organischen Verbindungen**. Bei der Mineralisation der organischen Substanz wird der frei werdende Schwefel von den **farblosen Schwefelbakterien** zu elementarem Schwefel (S) oder Sulfat (SO_4^{2-}) oxidiert. Auch der elementare Schwefel wird schließlich von den farblosen Schwefelbakterien zu Sulfat umgewandelt. Dabei kommt es zur Bildung von **Schwefelsäure (H_2SO_4)**, sodass der pH-Wert erniedrigt wird. Auch bei der Umsetzung von sulfathaltigen Düngern (z. B. Ammonium- und Eisensulfat) führt die Bildung von Schwefelsäure zur pH-Erniedrigung.

7.6.5 S-Düngung

Die Pflanze nimmt Schwefel als **Sulfat-Ion (SO_4^{2-})** aus dem Boden und **bis zu ⅓ ihres Bedarfs als Schwefeldioxid (SO_2)** über die Spaltöffnungen aus der Luft auf. Über die Atmosphäre (Verbrennung fossiler Brennstoffe wie Kohle, Öl, Benzin) und sulfathaltige Düngemittel sowie schwefelhaltiges Grundwasser wird der Pflanze oft mehr Schwefel zugeführt als benötigt. Auch entweichen aus dem Meer große Mengen **Schwefelwasserstoff (H_2S)**, die mit den Niederschlägen in den Boden gelangen, wo sie zu Sulfat umgewandelt werden. War früher eine gesonderte Schwefeldüngung in der Regel nur bei Pflanzen mit einem hohen Schwefelbedarf (z. B. Kohlarten) notwendig, kann heute aufgrund der Erfolge bei der Reinhaltung der Luft eine zusätzliche Schwefeldüngung erforderlich werden.

? Aufgaben

1. Wozu benötigt die Pflanze Schwefel?
2. Warum ist bei uns eine gesonderte Schwefeldüngung in der Regel nicht notwendig?
3. Welche Symptome deuten auf Rauchgasschäden durch Schwefeldioxid hin?
4. Warum sind Koniferen empfindlicher gegenüber Rauchgasen als Laubbäume?
5. Warum kann man durch die Düngung mit elementarem Schwefel oder sulfathaltigen Düngern den pH-Wert des Bodens absenken?

8 Spurennährelemente

(Mikronährelemente)

! Merke

Spurennährelemente werden von den Pflanzen nicht nur in geringen Mengen („Spuren") benötigt, sie dürfen ihnen auch nur in geringen Mengen zugeführt werden, da höhere Konzentrationen sehr schnell zu Pflanzenschäden führen.

Beim Auftreten von Mangelsymptomen handelt es sich in der Regel um einen **Mangel aufgrund von Festlegungsprozessen**. So werden mit steigendem pH-Wert alle Spurennährelemente – mit Ausnahme des Molybdäns – schlechter verfügbar. Deswegen sollte bei akutem Mangel an Spurennährelementen nicht über den Boden, sondern über das Blatt **(Blattdüngung)** gedüngt werden. Über den Boden kann eine **Düngung in Chelatform** durchgeführt werden. **Chelate** sind Verbindungen von Kationen, z. B. des Eisens, mit organischen Molekülen, die eine

Spurennährelement	Aufgaben	Mangelsymptome	Dünger	Bemerkungen
Eisen	dient über die Steuerung von Enzymaktivitäten vor allem dem Chlorophyll- und Eiweißaufbau sowie der Atmung	Chlorosen beginnend an den jüngeren Blättern, bei starkem Mangel ins Weiße übergehend, dicht an die Blattadern herangehend, Blattadern grün (1)	Eisensulfat, Fetrilon, Fe-Chelat, Sequestren, Radigen	hohe pH-Werte, P- (Fe-Phosphate) und Ca-Gehalte verringern Fe-Verfügbarkeit; Ionenkonkurrenz (vor allem Mn, Cu, Zn), können Fe auch aus Chelatbindung verdrängen; starke Bindung an organischer Substanz
Mangan	dient über die Steuerung von Enzymaktivitäten vor allem dem Chlorophyll- und dem Eiweißaufbau	punktförmige Chlorosen zwischen den Blattadern der mittleren und älteren Blätter, im Gegensatz zu Fe-Mangel nicht gesamtes Feld zwischen Blattadern gelb (2, S. 177)	Mangansulfat, Mn-Chelat, Mn-Oxid, Radigen	starke Bindung an organischer Substanz kann vor allem auf Moorböden zu Mangel führen; Ionenkonkurrenz (Mg, Fe u. a. Spurennährelemente); Sandböden nicht über pH 6
Zink	fördert über die Aktivierung von Enzymen die Chlorophyll- und Auxinbildung	Chlorosen beginnend an jüngeren Blättern; starke Verkürzung der Internodien bei Obstgehölzen (Blattrosettenbildung)	Zinksulfat, Zn-Chelat, Zn-Oxid, Excello, Radigen	hohe P-Gehalte verringern Verfügbarkeit (Zn-Phosphate), > 1 mg Zn/l Gießwasser → Gefahr von Fe- und P-Mangel
Kupfer	fördert über die Aktivierung von Enzymen den Chlorophyllaufbau und die Fotosynthese	Chlorose und Weißfärbung der jüngsten Blätter	Kupfersulfat, Cu-Oxid, Excello, Radigen	hohe P-Gehalte verringern Verfügbarkeit (Cu-Phosphate), starke Bindung an organischer Substanz
Bor	am Aufbau der Zellwände beteiligt; fördert Blüten- und Fruchtbildung	ähnlich Ca-Mangel, jedoch junge Blätter, Blüten und Früchte verkrüppelt (2, S. 177)	Borax, Borsäure (sehr giftig für den Menschen: 8 g tödliche Dosis), Radigen	wird vor allem als Borsäure aufgenommen; auf leichten Böden verstärkte Auswaschung, auf schweren verringerte Verfügbarkeit; Spanne zwischen Überschuss und Mangel sehr klein
Molybdän	fördert den Abbau von Nitrat in der Pflanze und die N-Bindung der Knöllchenbakterien	Chlorose jüngerer Blätter; Nitratanreicherung; beim Blumenkohl Blattspreite unvollständig entwickelt, teilweise nur noch Mittelrippe vorhanden	Natrium- und Ammonium-Molybdat, Radigen	Verringerung der Verfügbarkeit mit sinkendem pH-Wert, bei pH >5 bis 6 steigt Verfügbarkeit; Indikatorpflanzen Blumenkohl und Weihnachtsstern
Chlor	trägt u. a. zur Erhöhung des osmotischen Werts bei	nicht bekannt	nicht erforderlich	überhöhte Konzentrationen in der Bodenlösung führen zu Salzschäden (s. S. 189)
Nickel	fördert Umwandlung von NO_3^- in NH_4^+	Nekrosen an den Blattspitzen	Verunreinigung in Düngern ist ausreichend	so geringe Mengen nötig, dass eine Düngung nicht erforderlich

Tab. 1 Spurennährelemente

Festlegung der Spurennährelemente im Boden verhindern. Sie entstehen auch im Boden durch die Tätigkeit der Mikroorganismen. Ein aktives Mikroorganismenleben fördert die Chelatbildung. Auch zur Blattdüngung sind Chelate gut geeignet, da bei ihrer Anwendung die Verätzungsgefahr geringer ist als bei der Verwendung von in Wasser gelösten Salzen (z. B. Eisensulfaten). Häufig reicht auch eine **pH-Absenkung** zur Beseitigung des Mangels, da mit sinkendem pH-Wert die Verfügbarkeit der meisten Spurennährelemente verbessert wird. Auf sauren Standorten können sogar giftig wirkende (toxische) Konzentrationen auftreten (2, S. 186).

1 Fe-Mangel

Merke

Eine **Düngung mit Spurennährelementen** sollte durchgeführt werden, wenn
1. Pflanzen typische Mangelsymptome zeigen,
2. Substrate keine Spurennährelemente enthalten oder
3. Boden- bzw. Substratuntersuchungen einen Mangel ergeben haben.

Aufgaben

◑ 1. Warum reicht in den meisten Fällen eine Absenkung des pH-Werts, um einen Mangel an Spurennährelementen zu beheben?

◑ 2. Woran können Fe-, Mg- und Mn-Mangel voneinander unterschieden werden?

◑ 3. Worin unterscheiden sich B- und Ca-Mangel?

◑ 4. Trotz hoher Gehalte im Boden kann es zu einem Mangel an Spurennährelementen kommen. Wie ist dies zu erklären?

◑ 5. Warum verringert eine Nitraternährung und erhöht eine Ammoniumernährung die Verfügbarkeit der Spurennährelemente?

○ 6. Was versteht man unter einem Chelat?

◑ 7. Warum ist in einem biologisch aktiven Boden die Eisenverfügbarkeit verbessert?

◑ 8. Die Eisengehalte der Böden sind in der Regel um ein Vielfaches höher als der Bedarf der Pflanzen. Trotzdem ist Fe-Mangel weitverbreitet. Wie ist dies zu erklären?

◑ 9. Warum ist bei der Behebung eines akuten Mangels an Spurennährelementen die Blattdüngung bzw. die Anwendung von Chelatdüngern über den Boden zu bevorzugen?

◑ 10. Calcium-Ionen können Eisen aus seiner Chelatbindung verdrängen. Welche Konsequenzen ergeben sich daraus für die Fe-Düngung bei akutem Mangel?

◑ 11. Warum ist auf Moorböden trotz ihres niedrigen pH-Werts mit Fe-, Mn- und Cu-Mangel zu rechnen?

◑ 12. Warum genügt zur Behebung von Mo-Mangel häufig eine Kalkung?

◑ 13. Bei Sandböden besteht die Gefahr des Mn-Mangels. Was bedeutet dies für den pH-Wert?

◑ 14. Warum kommt es bei Mo-Mangel zu einer Anreicherung von Nitrat in der Pflanze?

◑ 15. Warum kann es vor allem bei Leguminosen durch Mo-Mangel zu N-Mangel kommen?

○ 16. Worin unterscheidet sich Molybdän von den restlichen Spurennährelementen?

Aufgaben (Fortsetzung)

◑ 17. Welche negativen Auswirkungen kann eine zu hohe Chlorid-Konzentration in der Bodenlösung haben?

◑ 18. Welchen Sinn könnte es haben, die Verfügbarkeit der Spurennährelemente zu verringern?

◑ 19. In Kultursubstraten sollte zur Vermeidung von Fe-, Mn- und Zn-Toxizität der pH-Wert nicht kleiner als 5,3 sein. Wie kann dies gewährleistet werden?

◑ 20. Wann sollten Spurennährelemente gedüngt werden?

9 Mineralische Mehrnährstoffdünger

Merke

Mehrnährstoffdünger sind Dünger, die mehr als einen für die Düngung **wesentlichen** Nährstoff enthalten, wie NP-, NK- und NPK-Dünger.

NK-Dünger gewinnen vor allem im Hinblick auf überhöhte P-Gehalte in vielen Böden eine wachsende Bedeutung. Die wichtigsten Mehrnährstoffdünger sind die **NPK-Dünger** (Dreinährstoffdünger). Enthalten Dünger die drei **Kernnährelemente N, P und K,** werden sie in der Praxis als **„Volldünger“** (Tab. 1) bezeichnet. Beträgt der Magnesiumgehalt

	Nährstoffverhältnis N : P_2O_5 : K_2O : MgO
ausgeglichen (etwa 1 : 0,8 : 1,2)	12 + 12 + 17 (+ 2)
	14 + 10 + 14
	14 + 12 + 14
	15 + 11 + 15
N-betont	18 + 6 + 12
	20 + 5 + 10 (+ 2)
P-betont	4 + 20 + 32 (+ 2)
	8 + 12 + 16 (+ 2)
	8 + 14 + 18
	8 + 15 + 20
	8 + 15 + 24 (+ 2)
K-betont	15 + 5 + 25
	15 + 5 + 20 (+ 2)

Tab. 1 Beispiele für die Nährstoffzusammensetzung von Volldüngern (NPK-Dünger)

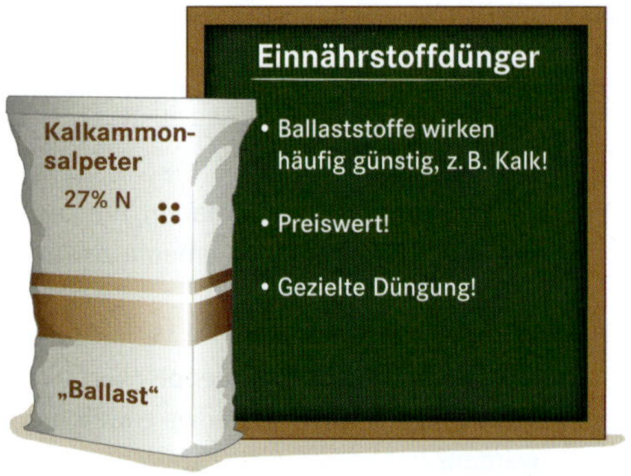

1 Vor- und Nachteile von Ein-/Mehrnährstoffdünger

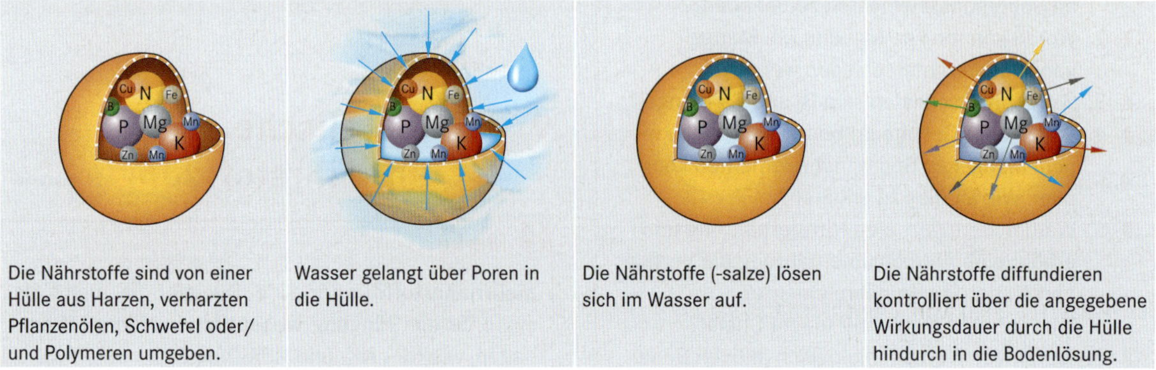

2 Wirkungsprinzip umhüllter/verkapselter Depotdünger

mehr als 2 % MgO, darf er laut **Düngemittelgesetz** bei der Nährstoffangabe berücksichtigt werden. Die **Gehaltsangaben** erfolgen auf den Düngersäcken in % und immer in der **Reihenfolge N – P_2O_5 – K_2O – MgO – S.** Angeboten werden Dünger in fester (**Düngesalz**) oder gelöster Form (**Flüssigdünger**). Der N-Anteil liegt häufig je zur Hälfte als Ammonium und Nitrat, der P-Anteil als wasser- und säurelösliche bzw. als voll wasserlösliche Form, der K-Anteil als KCl oder K_2SO_4 und der Mg-Anteil in der Regel als $MgSO_4$ vor. Die **Farbkennzeichnung** weist auf die K-Form (Kaliumchlorid oder -sulfat) hin. So sind Dünger bei roter Kennzeichnung (Typ „rot") **chloridhaltig**, bei blauer Kennzeichnung (Typ „blau") **chloridarm** (weniger als 2 % Cl).

Die Variation der Nährstoffgehalte und damit das Düngerangebot ist sehr groß, sodass man allgemein auch mit Mehrnährstoffdüngern den unterschiedlichen Nährstoffansprüchen der Pflanzen gerecht werden kann. Zur Aufdüngung von Torfkultursubstraten mit Spurennährelementen eignen sich **Spurennährstoff-Mischdünger** besonders gut. Ein Spurennährstoff-Mischdünger mit langsamer Wirkung (Depotdünger) ist z. B. Radigen. Er wird in Aufwandmengen von 0,5 bis 1 g/10 l Torfkultursubstrat eingesetzt.

Depotdünger (Langzeitdünger) sind besonders langsame und langzeitig wirkende Dünger, die ihre Nährstoffe z. B. über 3–4, 5–6, 8–9, 12–14 oder gar 16 bis 18 Monaten freisetzen. Die Wirkung beruht darauf, dass der Stickstoff entweder in organischer Form (vor allem als Harnstoff) vorliegt bzw. die Nährstoffe umhüllt/verkapselt sind (2).

! Hinweis

Bei der Lagerung von mit umhüllten Langzeitdüngern aufgedüngten Substraten ist darauf zu achten, dass diese sich nicht erhitzen. Eine Erwärmung führt zur Nährstofffreisetzung. Die Folgen sind ein zu hoher Salzgehalt beim Topfen und eine verkürzte Wirkungsdauer. Gleiches tritt auf, wenn die Umhüllung der Düngerkörner beim Einmischen in das Substrat beschädigt wird.

Mikroplastik

In Folge der Diskussion um **Mikroplastik**[1] im Meer und anderen Gewässern sowie im Boden, sind auch **umhüllte Depotdünger**, sofern ihre Hüllen aus biologisch nicht abbaubaren **Kunstharzen** oder **synthetischen Polymeren** bestehen, in die Umweltdiskussion geraten.
Ziel muss es sein, nur Depotdünger mit vollständig biologisch abbaubarer Umhüllung einzusetzen.

[1] Kunststoffteilchen kleiner 5 mm

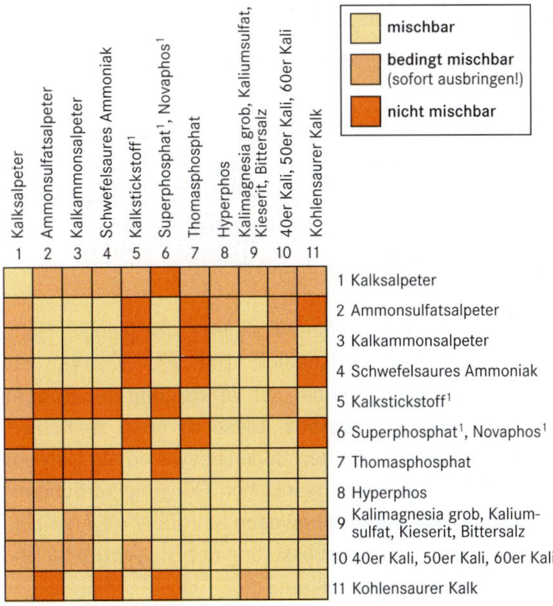

[1] Gekörnter Kalkstickstoff und Perlkalkstickstoff sind mit gekörntem Superphosphat und Novaphos bedingt mischbar.

Tab. 1 Mischungsregeln für Mineraldünger

Durch das **Mischen von Einnährstoffdüngern** können auch im Betrieb „Mehrnährstoffdünger" hergestellt werden. Dabei müssen jedoch bestimmte **Mischungsregeln** (Tab. 1) beachtet werden.

! Merke

- Bei der **Mischung von Kalk und kalkhaltigen Düngern mit ammoniumhaltigen Düngern** kommt es zu Stickstoffverlusten durch die Bildung von Ammoniak (NH_3).
- Bei der **Mischung von Kalk und kalkhaltigen Düngern mit Superphosphat** kommt es zur Bildung von Calciumphosphaten und damit zum Verlust der Wasserlöslichkeit des Phosphors.
- Bei der **Mischung von nitrathaltigen Düngern mit Superphosphat** kommt es zur Bildung von nitrosen Gasen (Stickoxide NO_2). Diese gasförmigen Stickstoffverbindungen entweichen (N-Verluste!) und können die Pflanzen schädigen (Schädigungsgrenzwert 3 mg NO_2/m^3 Luft). Beim Menschen führen erhöhte Konzentrationen zu **Erkrankungen der Atemwege und Atmungsorgane** (Grenzwerte: Langzeitwert 0,1 mg NO_2/m^3 Luft, Kurzzeitwert 0,3 mg NO_2/m^3 Luft).

? Aufgaben

○ 1. Welche Dünger werden als Volldünger bezeichnet?

○ 2. Was bedeuten folgende Angaben auf den Düngersäcken:
a) 14 - 12 - 14,
b) 20 - 0 - 16 und
c) 12 - 12 - 17 - 2?

◑ 3. Erklären Sie, welche Nährstoffverhältnisse (Tab. 1, S. 209) vor allem zur Förderung
a) des vegetativen Wachstums und
b) der Blüten- und Fruchtbildung geeignet sind.

◑ 4. Diskutieren Sie das Pro und Kontra für die Verwendung von Ein-/Mehrnährstoffdüngern (1, S. 210). Zu welchem Ergebnis sind Sie gekommen?

◑ 5. Warum dürfen nicht a) Kalk und kalkhaltige Dünger mit ammoniumhaltigen Düngern, b) Kalk und kalkhaltige Dünger mit Superphosphat und c) Superphosphat mit Nitratdüngern gemischt werden?

◑ 6. Warum sollte bei den zu mischenden Düngern auf eine möglichst gleiche Korngröße geachtet werden?

◑ 7. Beschreiben Sie die Wirkung von Depotdüngern.

◑ 8. Welche Vorteile bieten Depotdünger?

◑ 9. Was ist bei der Lagerung von mit umhüllten Langzeitdüngern aufgedüngten Substraten zu beachten?

◑ 10. Stichwort Mikroplastik:
a) Welche Bedeutung haben Depotdünger in Ihrem Betrieb?
b) Aus welchen Materialien bestehen die Hüllen der verwendeten Depotdünger?
c) Sind ggf. Alternativen hinsichtlich der Düngung mit Depotdüngern geplant?

10 Organische Düngung

10.1 Bedeutung

Um die **Fruchtbarkeit des Bodens** zu erhalten, werden mit der Düngung die dem Boden entzogenen bzw. fehlenden Nährstoffe zugeführt (1). Dabei unterscheidet man zwischen der **mineralischen** und der **organischen Düngung**.

! Merke

Mineralische Dünger, die häufig auch als **„Kunstdünger“** bezeichnet werden, enthalten die Nährstoffe **in Salzform** (anorganischer Form). Die Salze **lösen sich im Bodenwasser**, sodass die Pflanze mit ihren Wurzeln die Nährstoffe aufnehmen kann.
Die **organischen Dünger** enthalten die Nährstoffe **in organisch gebundener Form**. Damit die so gebundenen Nährstoffe pflanzenverfügbar werden, muss die organische Substanz **durch Bodenlebewesen zersetzt** (mineralisiert) werden. Sie liegen dann in der gleichen pflanzenverfügbaren Form vor wie die Nährstoffe der Mineraldünger (1).

Die **Nährstoffgehalte organischer Dünger** sind, verglichen mit denen von Mineraldüngern, relativ niedrig

Mineraldünger	Organischer Dünger	
z. B. Nitrophoska spezial (12 : 12 : 17 : 2)	Stallmist (Rind) (Durchschnittswerte)	Kompost
12 % N	0,7 % N	0,8 % N
12 % P_2O_5	0,4 % P_2O_5	0,3 % P_2O_5
17 % K_2O	1,2 % K_2O	0,7 % K_2O
2 % MgO	0,2 % MgO	0,5 % MgO
+ Spurennährelemente	+ Spurennährelemente	

Tab. 1 Nährstoffgehalte (in Gew.-%) im Vergleich

(Tab. 1), trotzdem werden mit ihnen große Mengen Nährstoffe dem Boden zugeführt (Tab. 2, S. 214). Ihre Bedeutung liegt vor allem in der **Versorgung des Bodens mit organischer Substanz**. Diese ist reich an Kohlenstoffverbindungen, die den Bodenlebewesen als Nahrung dienen. Die mit einer organischen Düngung verbundene **Förderung der Bodenlebewesen** führt über die Anreicherung mit Humus zur Verbesserung der Bodenstruktur und damit des Pflanzenwachstums (2).

Name	Durchschnittliche Nährstoffgehalte (in %)		
Guano	6 % N	10 % P_2O_5	2 % K_2O
pelletierter Geflügelmist	3 % N	4 % P_2O_5	3 % K_2O

Tab. 2 Organische Handelsdünger (Beispiele)

1 Entzogene Nährstoffe müssen ersetzt werden

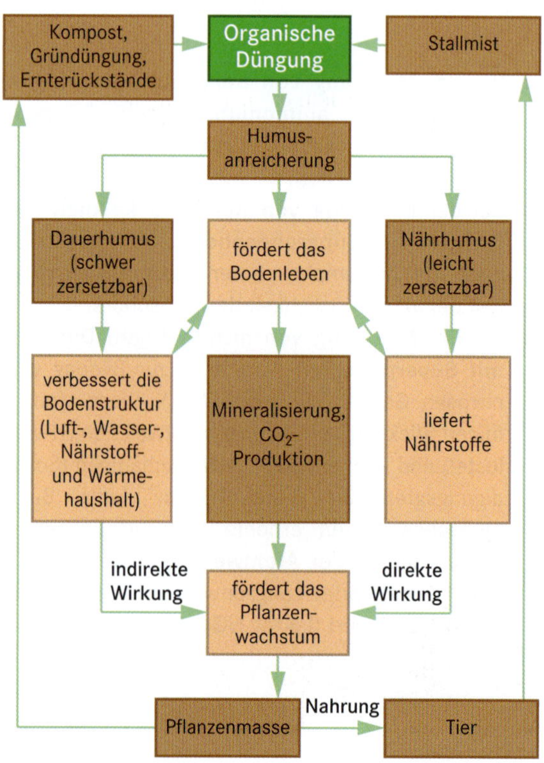

2 Einfluss der organischen Substanz auf das Pflanzenwachstum

Bei der Anhebung des Humusgehalts ist jedoch zu bedenken, dass je nach Bodenart, Klima und Art der Bodenbearbeitung ein standortspezifisches **Gleichgewicht zwischen Humusauf- und -abbauprozessen** besteht. Wird das Gleichgewicht gestört, z. B. durch Umbruch einer Grasnarbe zum Gemüseanbau, stellt sich sehr bald ein den veränderten Umweltbedingungen des Gemüsebaus (stärkere Belüftung!) entsprechend niedrigerer Humusgehalt ein. Je intensiver die Bewirtschaftung der Böden, desto stärker erfolgt der Abbau der organischen Substanz. Eine Erhöhung des Humusgehalts über das standorteigene Gleichgewicht hinaus ist nur sehr schwer und nur vorübergehend möglich.

Nachteilig bei der organischen Düngung ist, dass die **Freisetzung der Nährstoffe je nach Witterungsverlauf recht unterschiedlich** stattfindet. So kann es im Frühjahr bei noch kalten Böden zu Nährstoffmangel und im Herbst bei noch regem Mikroorganismenleben zu größeren N-Auswaschungen über den Winter kommen. Die **witterungsabhängige Nährstofffreisetzung** ist auch der Grund dafür, dass mit einer organischen Düngung nicht so gezielt gedüngt werden kann wie mit mineralischen Düngern. **Vorteilhaft** ist, dass durch die langsam fließende Nährstofffreisetzung Düngefehler (Mangel/Überdüngung) weitgehend vermieden werden.

? Aufgaben

◑ 1. Warum ist es im Prinzip gleichgültig, ob die Pflanze mit mineralischen oder organischen Düngern ernährt wird?

◑ 2. Worin ist vor allem die Bedeutung der organischen Düngung zu sehen?

● 3. Vergleichen Sie organische und mineralische Dünger hinsichtlich ihrer Vor- und Nachteile.

◑ 4. Warum wirkt eine intensive Bodenbearbeitung humuszehrend?

10.2 Stallmist

1 Der Misthaufen, weitgehend von der Güllewirtschaft verdrängt

! Merke

Ein besonders wertvoller organischer Dünger ist der **Stallmist** (1) (C : N = 15–20 : 1), der ein Gemisch aus festen und flüssigen Ausscheidungen der Tiere und Einstreu darstellt.

Je nach Futter, Einstreu und Art der Tiere ist er in seiner Zusammensetzung recht variabel. So ist z. B. **Geflügelmist** nährstoffreicher als **Rinder- oder Schweinemist** (Tab. 1). Der Gehalt an organischer Substanz liegt bei 25 % (Rest Wasser!). Verluste an organischer Substanz und Stickstoff treten bei der Lagerung aufgrund beginnender Zersetzung ein. Durch Hemmung des Sauerstoffzutritts können sie reduziert werden, indem z. B. der Mist festgetreten (Tretmist aus Laufställen) bzw. -gefahren wird. Von Vorteil bei der Lagerung ist die Verkleinerung des C : N-Verhältnisses.

! Merke

In der Regel werden alle zwei bis drei Jahre 200 bis 300 dt Stallmist/ha bzw. 100 dt/ha und Jahr ausgebracht.

Festmist	% TS	N	P_2O_5	K_2O	MgO
Rinder	25	6,9	4,3	11,9	2,4
Schweine	25	9,8	8,2	6,9	3,0
Schafe	25	5,5	3,2	13,2	4,2
Ziegen	25	5,2	3,6	12,8	1,0
Hühner	50	17,5	15,0	15,5	6,3
Kaninchen	30	18,0	19,0	45,0	–
Pferde (1, S. 214)	25	5,0	3,8	12,6	2,0

Tab. 1 Mittlere Nährstoffgehalte (Richtwerte) in kg/t

Auf leichten Böden sollte er gegen Ende des Winters eingearbeitet werden. Eine Ausbringung im Herbst führt zu starken N-Verlusten durch Auswaschung. Die **Einbringungstiefe richtet sich nach der Bodenart**. Je leichter der Boden, desto tiefer sollte die Einarbeitung erfolgen, da sonst die Mineralisierung zu schnell fortschreitet. Je schwerer hingegen der Boden, umso flacher sollte der Mist eingearbeitet werden, da sonst die Mineralisierung zu langsam abläuft.

1 Getrockneter Pferdemist in Form von Pellets (org. Subst. 75%, 2% N, 1,4% P_2O_5, 2,0% K_2O)

! Merke

Stallmist verbessert auf leichten Böden vor allem den Wasser- und auf schweren Böden den Lufthaushalt. Mit seinen langsam fließenden Nährstoffen deckt er den Grundbedarf der Pflanzen und verringert das Risiko eines Nährstoffmangels. Dies ist besonders wichtig für Magnesium und die Spurennährelemente. Zeitlich bedingter Spitzenbedarf der Pflanzen kann durch eine zusätzliche Mineraldüngung gedeckt werden.

Auf mit Stallmist frisch versorgtem Land sollten aus **hygienischen Gründen** (z. B. Wurmeier, Krankheitserreger) keine der Ernährung dienenden Pflanzen mit kurzer Kulturzeit (z. B. Salat, Radieschen) angebaut werden.

? Aufgaben

1. Worauf beruht die günstige Wirkung einer Stallmistdüngung?
2. Wie viel kg N, P_2O_5, K_2O und MgO werden dem Boden mit 100 dt Stallmist/Jahr zugeführt (Tab. 1, S. 212)?

10.3 Strohdüngung

Eine gute **Alternative zur Stallmistdüngung** bietet das Einarbeiten von **Stroh** in den Boden zusammen mit einer N-Ausgleichsdüngung (C : N-Verhältnis!). Die Düngung beträgt 50 bis 100 dt Stroh/ha. Die **N-Ausgleichsdüngung** (1 kg N/dt Stroh) sollte im Frühjahr gegeben werden, um eine Auswaschung im Herbst/Winter zu vermeiden. Besonders gut wirkt eine Strohdüngung zusammen mit dem Anbau von Leguminosen.

? Aufgabe

Erklären Sie, wie Stroh zu einem Stallmistersatz werden kann.

10.4 Jauche

Als **Jauche** bezeichnet man den Harn der Tiere. Da kaum Phosphor ausgeschieden wird, handelt es sich bei der Jauche vor allem um einen schnell wirkenden **NK-Dünger**:

Durchschnittliche Nährstoffgehalte (in kg/m³)		
N	P_2O_5	K_2O
4	0,2	8

Tab. 1 Nährstoffgehalte von Jauche (Rinderjauche)

Die Aufwandmenge liegt zwischen 20 und 50 m^3/ ha und Jahr. Warmes und sonniges Wetter bei der Ausbringung führt zu hohen N-Verlusten (NH_3!) und Geruchsbelästigungen. **Vorsicht (!)** – in Jauchegruben bildet sich **Sumpfgas** (Explosions- und Erstickungsgefahr!). Beim Einstieg ist man zum Anseilen verpflichtet (durch zweite Person absichern) und darf kein offenes Feuer benutzen!

? Aufgabe

Welche Nährstoffe werden dem Boden vor allem mit einer Jauchedüngung zugeführt?

10.5 Gülle

Bei der **Gülle** handelt es sich um eine Art **Flüssigmist** – ein Gemisch aus Kot und Harn der Tiere (teilweise auch geringer Anteil an Einstreu). Sie stellt somit ein Mittelding zwischen Stallmist und Jauche dar.

Eine zu hohe Gülleausbringung wirkt sich nicht nur auf Ertrag und Qualität, sondern auch auf die Umwelt schädlich aus. Erhöhte Gülleausbringungen führen zu einer verstärkten Auswaschung von Nitrat ins Grundwasser. Im Zeitraum von **Mitte Oktober bis Mitte Februar** (Zeit überwiegender Grundwasserneubildung!) sollte keine Gülle ausgebracht werden. Die rechtlichen Regelungen zur Ausbringung (**Gülleverordnung**) sind in den einzelnen Bundesländern unterschiedlich geregelt, was Ausbringungshöhe und -zeitraum betrifft.

Tierart	TS (Gew.-%)	N	P_2O_5	K_2O	MgO
		kg/m³			
Rind	6–10	3–5	1–2	4–5	1
Schwein	3–7	4–7	2–4	3–5	1–2
Huhn	11	8	6	4–5	2

Tab. 2 Durchschnittliche Gehalte (Richtwerte) von Gülle

? Aufgabe

Worauf beruhen die Umweltprobleme, die sich durch die Ausbringung überhöhter Güllemengen ergeben (s. auch S. 193)?

10.6 Müllkompost

Unter **Müllkompost** versteht man kompostierten Hausmüll. **Rohkompost** ist nur mechanisch aufbereitet, d. h., nicht zersetzbare Stoffe wurden entfernt. **Fertigkompost** ist mehr oder weniger verrottet. Die Zusammensetzung ist sehr variabel. Nachteilig ist der sehr **hohe pH-Wert** (> 7,5), **Salzgehalt** (10 g/l) und **Gehalt an Schwermetallen,** wobei die Belastung des Bodens mit Schwermetallen das größte Problem darstellt. Zusätzlich besteht die Gefahr der Anreicherung von weiteren Schadstoffen, wie z. B. dem krebserregenden **Benzpyren** (Kohlenwasserstoffverbindung).

Aufgabe

○ Worin liegen die Probleme bei der Verwendung von Müllkompost?

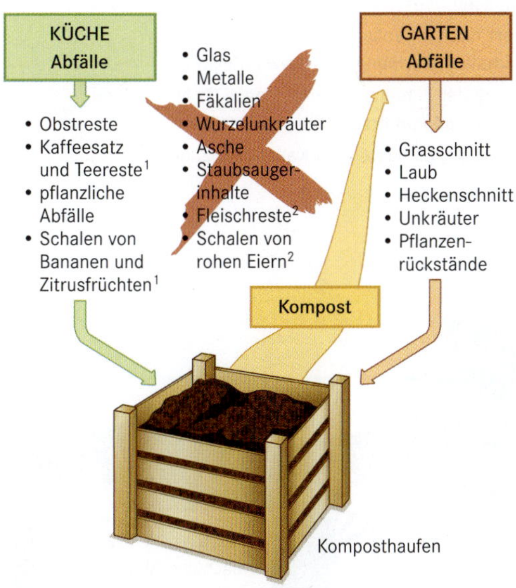

1 Mithilfe von Kompost können organische Abfälle in den Stoffkreislauf zurückgeführt werden

10.7 Klärschlamm

Die Beseitigung des in den Kläranlagen entstehenden **Klärschlamms**[3] stellt ein Umweltproblem dar. Probleme bei der Anwendung ergeben sich aus der damit verbundenen **pH-Erhöhung**, **Schwermetallanreicherung**, der Zufuhr **von Giftstoffen** (z. B. Dioxine), **Krankheitserregern** (Gefahr, dass resistente Salmonellenstämme in die Nahrungskette gelangen), **Arzneimittelrückständen** sowie **Kunststoffresten**. Die Verwendung von Klärschlamm auf landwirtschaftlich oder gärtnerisch genutzten Boden ist mit zahlreichen Auflagen verbunden und wird in der **Klärschlammverordnung** geregelt. Das Ausbringen von Klärschlamm auf Gemüse- und Obstanbauflächen ist verboten.

Die Entwicklung kostengünstiger Verfahren zur **Phosphorrückgewinnung aus Klärschlamm** gewinnt aufgrund der begrenzten Weltvorräte und seiner Lebensnotwendigkeit für alle Lebewesen zunehmend an Bedeutung. Eine Rückgewinnung des im Klärschlamm enthaltenen Phosphors ist bis spätestens 2029 vorgeschrieben.

Aufgabe

○ 1. Wo wird die Verwendung von Klärschlamm geregelt?

◑ 2. Woraus ergeben sich Probleme bei der Düngung mit Klärschlamm?

◑ 3. Klärschlamm wird in Zukunft an Bedeutung gewinnen. Erklären Sie dies.

10.8 Kompost

Kompost[4] (C : N = 15–25 : 1) kommt vom lateinischen compositus und bedeutet so viel wie zusammengesetzt. Die Zusammensetzung von Kompost ist dann auch entsprechend den verwendeten Abfällen sehr unterschiedlich. Grundsätzlich gilt, dass alle organischen Abfälle aus Küche und Garten zur Kompostierung geeignet sind (1). Eine Ausnahme bilden mit Schadstoffen belastete Substanzen, wobei den Gehalten an Pb, Cd, Co, Cu und Zn besondere Aufmerksamkeit zu widmen ist (s. S. 178). Sogenannter **Grünkompost** enthält keine Küchenabfälle, sondern nur pflanzliches Material, das vornehmlich bei Pflegemaßnahmen in privaten Gärten und öffentlichem Grün anfällt.

10.8.1 Haufenkompostierung

Die organischen Stoffe werden im Komposthaufen von Milliarden von Kleinstlebewesen in neue nährstoff- und humusreiche Erde umgewandelt. In den ersten Wochen der beginnenden Zersetzung können durch die hohe Aktivität der Mikroorganismen Temperaturen bis über 70 °C **(Heißrotte)** erreicht werden. **Temperaturen von über 60 °C reichen aus, um Krankheitskeime und Unkrautsamen abzutöten** (1, S. 216). Die Qualität der entstehenden Komposterde hängt von den Lebensbedingungen der Mikroorganismen ab. Die „Kunst" des Kompostierens besteht also darin, den Kleinstlebewesen optimale Lebensbedingungen zu verschaffen (Tab. 1, S. 216).

¹ Nur in hausüblichen Mengen (erhöhte Zn- und Ca-Gehalte bzw. Pestizid-Rückstände)

² Gefahr der Übertragung von Salmonellen

³ 2,4 Mill. t/Jahr

⁴ Laut statistischem Bundesamt wurden 2020 in Deutschland etwa 14,4 Mio. Tonnen organische Substanz kompostiert (ohne Bioabfälle aus der Landwirtschaft und dem produzierenden Gewerbe).

Standortwahl

Als Standort ist eine halbschattige, windgeschützte Stelle, die nicht zu klein bemessen sein sollte, gut geeignet (2). Beim Platzbedarf ist zu bedenken, dass der fertige Komposthaufen folgende Maße aufweist:

- untere Breite: 1,20 bis 2,50 m
- obere Breite: 0,80 bis 1,50 m
- Höhe: 0,80 bis 1,50 m
- Länge: beliebig

2 Ein optimal angelegter Komposthaufen

Lebensbedingungen von Mikroorganismen	▶ bestimmen die ▶	Regeln für das Kompostieren
Feuchtigkeit	Der Wassergehalt sollte bei 25 % liegen	Standort Halbschatten → verhindert ein zu starkes Austrocknen; bei Trockenheit wässern
Sauerstoff	Mikroorganismen benötigen Sauerstoff zur Atmung	Begrenzte Haufenhöhe (1,50 m), trapezförmiger Aufbau, häufiges Umsetzen, Einarbeitung strukturstabilen Materials (z. B. Holzhäcksel)
Wärme	Optimale Temperatur zwischen 20 und 45 °C	Standort nicht im Vollschatten → optimale Erwärmung nicht gewährleistet
Nährstoffe	Kohlenstoffreiche Nahrung	Förderung der Zersetzung durch enges C : N-Verhältnis → Vermischung unterschiedlichen Materials
pH-Wert	Optimal zwischen pH 5,5 bis 7,5	Einpudern der Schichten mit Kalk (1 bis 2 kg/m^3)

Tab. 1 Optimale Lebensbedingungen für Mikroorganismen entscheiden über die Qualität des Komposts

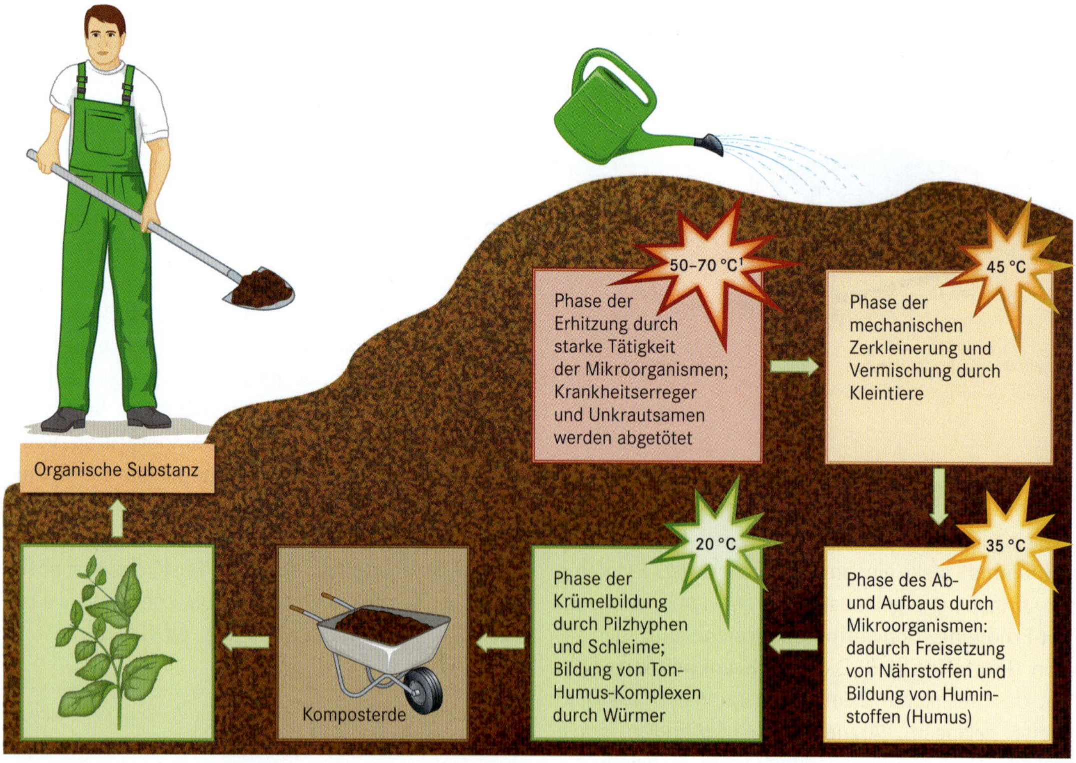

1 Umsetzungsvorgänge im Komposthaufen

[1] Weil in Hausgärten nur relativ kleine Abfallmengen auf einmal auf den Komposthaufen gelangen, kommt es meistens nicht zu der notwendigen Selbsterhitzung auf über 60 °C. Entsprechend sollten unter diesen Voraussetzungen keine samentragenden Wildkräuter und von Krankheitserregern befallene Pflanzen/-teile kompostiert werden.

Aufschichten (1)

Erst das richtige Schichten macht einen guten Kompost, wobei die Schichtung nach und nach entsteht.

1. Schicht: ca. 30 cm dicke Schicht aus Holzhäcksel, die durchsickernde Feuchtigkeit aufsaugt und somit vor Nährstoffauswaschung schützt.

2. Schicht: sperriges Material, z. B. kleinere Zweige, Äste, Heckenschnitt, damit auch von unten genügend Luft in den Haufen eindringen kann und überschüssiges Wasser abgeleitet wird. Bei Sauerstoffmangel entsteht Fäulnis. Die dabei entstehenden Fäulnisprodukte führen zu einem qualitativ schlechten Kompost, der Boden und Pflanze mehr schadet als nützt.

3. Schicht: 20 bis 30 cm dicke Schicht aus Garten- und Küchenabfällen. Um die Zersetzung zu beschleunigen, sollte holziges Material (weites C : N-Verhältnis) mit krautigem (enges C : N-Verhältnis) gemischt werden (Tab. 1). Das Zerhäckseln der Gartenabfälle vor dem Aufschichten vergrößert die Angriffsflächen für die Mikroorganismen, wodurch die Zersetzungsgeschwindigkeit enorm gefördert wird (2).

Ein leichtes Einpudern der Schicht mit **kohlensaurem Kalk oder Algenkalk bindet die bei der Zersetzung entstehenden Säuren** und fördert damit die Qualität des Komposts. Wer ein Weiteres tun will, kann pro m^2 vier Handvoll Horn- oder Blutmehl (organische N-Dünger) ausstreuen. Diese N-Düngung führt über die **Verkleinerung des C : N-Verhältnisses** zu einer rascheren und besseren Zersetzung. Handelt es sich bei dem zu zersetzenden Material weitgehend um organische Substanz mit einem engen C : N-Verhältnis, kann auf eine Stickstoffzufuhr verzichtet werden. Das feine Einpudern mit Ton unterstützt die **Bildung von Ton-Humus-Komplexen** (s. S. 142). Häufig ist jedoch durch anhaftenden Boden Ton in ausreichenden Mengen vorhanden.

4. Schicht: ca. 5 cm dicke Erdschicht. Dadurch wird der Kompost mit Mikroorganismen geimpft und folglich die Zersetzung beschleunigt.

Wässern: Nun wird das Schichtpaket gewässert. Die richtige Feuchtigkeit ist dann erreicht, wenn beim Pressen mit der Hand einzelne Wassertropfen zwischen den Fingern

Organische Substanz	C:N-Verhältnis
Gülle	5–8 : 1
Stallmist	15–20 : 1
Kompost	15–25 : 1
Gründüngung	20 : 1
Weißbuchenblätter	23 : 1
Rindenkompost	25 : 1
Ulmenblätter	30 : 1
Fichtennadeln sowie Eichen-, Rotbuchen- und Birkenblätter	50 : 1
Kiefernnadeln	65 : 1
Sägemehl, Stroh, Weißtorf, Rindenmulch	60–100 : 1
Lärchennadeln	110 : 1
Holzhäcksel	100–130 : 1
Holzfasern, Reisspelzen, Kokosschalen	> 100 : 1

Tab. 1 C : N-Verhältnis (Durchschnittswerte), s. auch S. 139

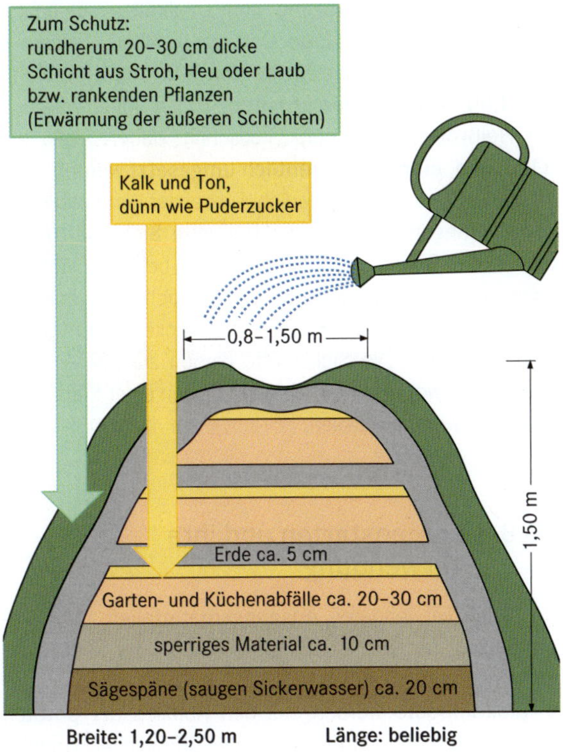

1 Aufbau eines Komposthaufens

2 Häcksler

1 Fertiger Kompost ist braun, krümelig und riecht angenehm nach Waldboden

hervortreten. Der Kompost sollte sich so feucht anfühlen wie ein ausgedrückter Schwamm.

5. Schicht: wie 3. Schicht

6. Schicht: wie 4. Schicht usw.

Die Schichtung erfolgt so lange, bis die Endhöhe (maximal 1,50 m) erreicht ist. Die letzte Schicht bildet eine Erdschicht. Zur besseren Erwärmung der äußeren Schicht kann der Haufen mit einer 10 cm dicken Schicht aus Stroh oder Laub abgedeckt werden.

Umsetzen

Das Umsetzen des Komposthaufens fördert über die Durchlüftung die Aktivität der Mikroorganismen und damit die zur Abtötung von Krankheitserregern und Unkrautsamen notwendige Erwärmung des Haufens. Dabei sollte darauf geachtet werden, dass eine gründliche Durchmischung erfolgt und die äußeren Schichten nach innen kommen, sodass auch sie den hohen Innentemperaturen ausgesetzt werden. Kompost ist dann fertig (reif), wenn sich der „Abfallhaufen" in braune, krümelige, nach Waldboden riechende Erde verwandelt hat (1).

Wo nicht genügend Platz ist, z. B. in Kleingärten, können einfache Kompostbehälter aus Holz leicht selbst hergestellt werden. Bei guter Durchmischung der Abfälle ist eine Umsetzung solcher kleinen Kompostbehälter nicht notwendig.

Wichtig ist nur, dass der Kompostbehälter zur Seite hin offen ist, damit genügend Luft für den Zersetzungsvorgang eindringen kann.

10.8.2 Kompostwirtschaft im größeren Maßstab

Fallen größere Mengen organischer Substanz auf einmal an, wird die Kompostierung in einer abgewandelten Form durchgeführt.

1. Die **Zerkleinerung des organischen Materials** erfolgt mit Großschreddern.
2. Anschließend wird es mit Radladern zu **Mieten von 3 bis 5 m Breite und 1,80 bis 3 m Höhe** aufgesetzt. Zusätze werden in der Regel nicht zugegeben.
3. Zur **Förderung der Heißrotte,** die bis zu 12 Wochen dauert, werden die Mieten mit dem Radlader **dreimal – in der 2., 4. und 8. Woche nach dem Aufsetzen – umgesetzt**, wobei gleichzeitig eine Befeuchtung des Materials erfolgt. Stagniert die Temperatur (Temperaturmessung alle 2 bis 3 Tage!), ist der Haufen häufig zu nass. Durch Umsetzen und Einarbeiten von Holzhäckseln lässt sich Abhilfe schaffen.
4. Zur **Nachrotte** bei Temperaturen unter 40 °C wird die Miete mit Folie abgedeckt, wodurch ein Zuflug von Samen verhindert wird. Unter der Folie kann der Kompost bis zu 6 Monate gelagert werden.

Die gesamte Kompostierung dauert 5 bis 6 Monate. Nach der Rotte wird das Material über Siebanlagen mit Maschenweiten von 10 bis 40 mm, je nach Verwendung, abgesiebt.

Reines Mähgut braucht vor der Kompostierung nicht zerkleinert zu werden. Aufgrund seines hohen Wassergehalts verklumpt Grasschnitt sehr leicht, sodass der Luftzutritt und damit der Rottevorgang gehemmt ist. Es kommt zur Fäulnis, Geruchsbelästigung und Qualitätsverschlechterung der entstehenden Erde. Deswegen sollten Mieten aus reinem Grasschnitt eine **Breite von 3 m und eine Höhe von 1,80 m nicht überschreiten**. Zudem muss während der **Heißrotte**, bei reinem Grasschnitt dauert sie **6 bis 8 Wochen, einmal wöchentlich umgesetzt** werden. Eine Absiebung ist nicht erforderlich. Da bei der Kompostierung reinen Mähguts während der Heißrotte **Sickersäfte** auftreten, die Boden- und Grundwasser belasten können, müssen die zur Heißrotte dienenden Flächen abgedichtet und muss austretende Flüssigkeit in Sickergruben aufgefangen werden. Die Sickersäfte dienen zum Befeuchten der Mieten, wobei überschüssige Mengen einer Kläranlage zugeführt werden müssen.

10.8.3 Kompostarten und ihre Verwendung

Nach den verwendeten **Ausgangsmaterialien zur Kompostierung** unterscheidet man zwischen Bio- und Grüngutkomposten.

- **Biokomposte** werden aus den Abfällen der privaten Haushalte und Gärten sowie der öffentlichen Grünflächenpflege hergestellt. Aufgrund ihrer hohen Nährstoff-

Kompostart	pH-Wert ($CaCl_2$)	N (mg/l)	P_2O_5 (mg/l)	K_2O (mg/l)	Salzgehalt (g/l)
Grüngutkompost (nährstoffarm)	7,2–8,1	40–200	620–1 650	1 500–3 350	1,5–3,8
Biokompost (nährstoffreich)	6,2–8,4	140–570	970–2 700	3 150–7 580	4,4–9,7

Tab. 1 Chemische Eigenschaften von Komposten

und Salzgehalte sind sie nicht zur Herstellung von Substraten geeignet.

- **Grüngutkomposte** enthalten keine Küchenabfälle, sondern nur pflanzliches Material, das vornehmlich bei Pflegemaßnahmen in privaten Gärten und öffentlichem Grün anfällt.

Nach dem **Zeitpunkt der Verwendung** unterscheidet man Frischkompost (Rohkompost) und Fertigkompost (Reifekompost).

- **Frischkompost** ist 4 bis 8 Wochen alt, sodass die Rotte noch nicht abgeschlossen ist (Rottegrad II oder III).
- **Fertigkompost** (Rottegrad IV oder V) erhält man nach etwa 6 Monaten (Tab. 3).
- **Erdkomposte** sind Fertigkomposte mit höheren Gehalten an mineralischen Bestandteilen (Erde/Boden).

! Merke

Unabhängig vom Rottegrad sind Komposte zur Düngung und zur Bodenverbesserung geeignet.

Der erzeugte hochwertige Kompost ist vielseitig verwendbar (Tab. 2).

! Merke

Aufgrund der sehr unterschiedlichen Nährstoffgehalte (Tab. 1) ist eine Nährstoffuntersuchung vor der Verwendung zu empfehlen. Zudem sollte alle 3 bis 5 Jahre eine Bodenuntersuchung durchgeführt werden.

Torf eignet sich aufgrund seines niedrigen pH-Werts, Nährstoff- und Salzgehalts sowie seiner hohen Wasserkapazität sehr gut zur Herstellung komposthaltiger Substrate (s. Kap. 7.2).

Verwendung	Menge	Absiebung auf
Mulch (Abdeckung von Pflanzflächen)	50–70 l/m² (entspricht 5–7 cm), alle 3 bis 5 Jahre	10/20, 10/25 bis 10/30 mm
Bodenverbesserung	20–30 l/m²	0/10 bis 0/20 mm
Pflege von Grünflächen (Rasen- und Pflanzflächen)	2–4 l (max. 15 l)/m² und Jahr	0/20 mm
Substratzuschlag	bis 50 Vol.-% (kulturabhängig)	0/10 bis 0/15 mm

Tab. 2 Anwendungsempfehlungen (Fertigkompost)

Rottegrad	Max. Temperatur durch Selbsterhitzung	Bezeichnung
I	>60	Kompostrohstoff
II	50–60	Frischkompost
III	40–50	Frischkompost
IV	30–40	Fertigkompost
V	<30	Fertigkompost

Tab. 3 Rottegrade

10.8.4 Flächenkompostierung/Mulchen

Eine einfachere und wirkungsvollere Kompostierung für den Boden als die Haufenkompostierung stellt die **Flächenkompostierung** oder das **Mulchen** dar. Hierbei wird, entsprechend dem Vorbild in der Natur, der Boden mit klein gehäckselter organischer Substanz bedeckt (gemulcht). Die Vorteile sind:

- Kontinuierliche Nährstoffzufuhr.
- Es muss weniger gegossen werden.
- Das Bodenleben wird gefördert (Schattengare!).
- Die Aktivierung der Bodenlebewesen, vor allem der Regenwürmer, führt zu einer Durchmischung und Lockerung des Bodens.
- Wildkrautwuchs wird unterdrückt (5 cm Schichthöhe bei Staudenpflanzungen, zweijähriger Turnus; bei Verwendung von Rindenmulch, N-Ausgleichsdüngung 15 gN/m²).

? Aufgaben

1. Warum sollte Müllkompost bei der Baumpflanzung nicht direkt ins Pflanzloch gegeben werden?
2. Welche Vorteile hat die Kompostierung?
3. Eine Kundin möchte die in Garten und Küche anfallenden Abfälle kompostieren. Sie bittet um Ratschläge. Worauf sollte sie nach Ihrer Meinung bei der Kompostierung besonders achten?
4. Schildern Sie das Kompostieren größerer anfallender Mengen organischer Substanz.
5. Unterscheiden Sie Bio-, Grüngut-, Frisch- und Reifekompost.
6. Berechnen Sie die Nährstoffzuführung pro m² bei der Ausbringung von 20 l Grünkompost/m² (Tab. 1).
7. Welche Vorteile hat die Flächenkompostierung gegenüber der Haufenkompostierung?

10.9 Gründüngung

Bei der Gründüngung erfolgt die Bedeckung des Bodens mit lebenden Pflanzen.

> **! Merke**
>
> Unter Gründüngung versteht man das **Einarbeiten eines Pflanzenbestands in den Boden, der eigens hierfür ausgesät wurde.**

Lupinen *(Lupinus-cultivars)*

Phacelia *(Phacelia tanacetifolia)*

Weißer Senf *(Sinapis alba)*

1 Gründüngungspflanzen

2 Knöllchenbakterien besiedeln die Wurzel einer Leguminosen

Die positive Wirkung der Gründüngung erstreckt sich jedoch nicht nur auf die **Humusanreicherung** und Nährstoffzuführung nach der Einarbeitung in den Boden, sondern sie fördert bereits als Pflanzenbestand nachhaltig die Fruchtbarkeit des Bodens (3).

Zur Gründüngung sind alle Pflanzen geeignet, die schnell viel Blattmasse und ein kräftiges Wurzelsystem bilden. Besonders gut geeignet sind Leguminosen (Familie der Schmetterlingsblütler), z. B. Lupinen und Klee (Tab. 1, S. 221), die den Boden zusätzlich mit Stickstoff aus der Luft versorgen. Bereits im 3. Jahrhundert v. Chr. bauten die Griechen zur Verbesserung ihrer Ackerböden Dicke Bohnen *(Vicia faba)* an. Der Handel bietet verschiedene Gründüngungsmischungen an.

> **? Aufgaben**
>
> ◑ 1. **Beschreiben Sie, wodurch eine Gründüngung das Pflanzenwachstum fördert.**
>
> ○ 2. **Warum sind Leguminosen besonders gut zur Gründüngung geeignet?**

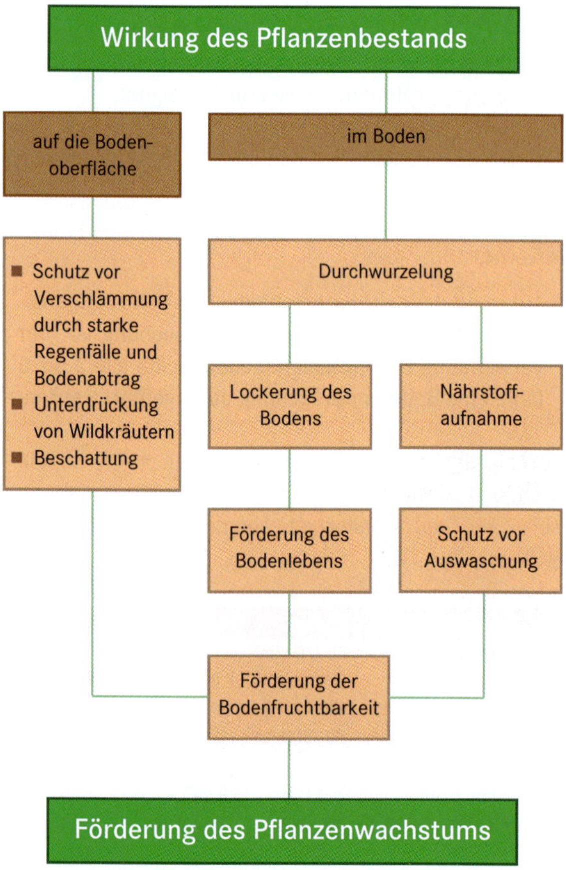

3 Wirkung der Gründüngung als Pflanzenbestand

Gründüngungs-pflanzen	Aussaat	g Saat/m²	Entwicklungsdauer in Wochen (Durchschnittswerte)	Bemerkungen
Alexandrinerklee	III–IX	5	8	nicht vor Erbsen und Bohnen, Stickstoffsammler, winterhart
Erbsen	III–X	25	10	nicht vor Erbsen und Bohnen, Stickstoffsammler, nicht winterhart
Lupine, einjährig	IV–IX	15	10	sehr guter Stickstoffsammler, gut geeignet zur tiefen Bodenlockerung, nicht winterhart, viel Grünmasse
Luzerne	III–X	3	10	Stickstoffsammler, gut geeignet zur tiefen Bodenlockerung, auch für trockene Standorte geeignet, winterhart
Phacelia	III–IX	1,5	9	Tiefwurzler, gute Bienenweide, viel Blatt- und Wurzelmasse
Raps	IV–IX	2	9	nicht vor Kohlgewächsen, gute Futterpflanze, winterhart, viel Blatt- und Wurzelmasse
Senf	III–X	10	8	lockert gut den Boden, wächst schnell, nicht vor Kohlgewächsen, viel Grünmasse
Serradella	IV–IX	20	10	Stickstoffsammler, gut für leichte Böden geeignet, wenig empfindlich gegen Trockenheit, nicht winterhart
Sonnenblume	IV–IX	2,5–3	9	entwickelt sehr viel Grünmasse, auch für trockene Standorte geeignet
Weißklee/Rotklee	III–IX	1–2	9	Stickstoffsammler, gute Bienenweide, gut für schwere Böden geeignet, gute Durchwurzelung, winterhart
Winterroggen	IX–X	16	bis Frühjahr	winterhart, gute Durchwurzelung des Bodens, Queckenkonkurrenz

Tab. 1 Auswahl einiger zur Gründüngung gut geeigneter Pflanzen

10.10 Organisch-mineralische Dünger

Neben rein organischen Handelsdüngern werden auch organisch-mineralische Dünger (Tab. 2) angeboten. In ihnen liegen die Nährstoffe in mineralischer (vor allem Kalium und Magnesium) und in organischer Form (Stickstoff als Eiweißverbindung und Phosphor als Knochenmehl) vor.

Lignin	15–19 % N
Hornoska	8 % N, 4 % P_2O_5, 10 % K_2O, 2 % MgO
Oscorna Animalin[1]	7 % N, 4 % P_2O_5, 0,8–1,6 % K_2O

[1] Seit Juli 2001 frei von Rizinusschrot (enthält giftiges Ricin, s. Hinweis)

Tab. 2 Organisch-mineralische Dünger (Auswahl)

1 Der Wunderbaum/Rizinus (*Ricinus communis*), der zur Familie der Wolfsmilchgewächse (*Euphorbiaceae*) gehört, wächst bei uns als einjährige, krautige Pflanze

! Hinweis

Ricin ist in den Schalen der an vollgesaugte Zecken erinnernden Samen (Castorbohnen) des Wunderbaums (1) enthalten. Es verbleibt beim Pressen der Samen in den Pressrückständen, dem Rizinusschrot. Ricin ist eines der hochwirksamsten Zellgifte in der Natur, welches das Absterben der roten Blutkörperchen bewirkt. Ein Samen kann bereits zum Tod führen. Der Tod tritt durch Atemlähmung und Herzversagen ein. Bereits bei Verdacht auf Vergiftung muss sofortiges Erbrechen herbeigeführt und ein Arzt konsultiert werden.

? Aufgabe

◑ Welche Vorteile bieten organisch-mineralische Dünger?

11 Biologischer Land-/Gartenbau

Der **biologische Land-/Gartenbau**, auch **alternativer** oder **ökologischer Land-/Gartenbau** genannt, beruht auf dem Konzept einer natürlichen, biologischen Produktion. Dabei kann man zwischen zwei Hauptrichtungen unterscheiden: der **organisch-biologischen** und der **biologisch-dynamischen Wirtschaftsweise**, in denen es wiederum verschiedene Richtungen gibt (3 S. 222), die sich zur **Arbeitsgemeinschaft ökologischer Landbau (AGÖL)** zusammengeschlossen haben.

Beide sehen sich als Alternative zur **herkömmlichen (konventionellen)** Agrarwirtschaft (1 S. 223).

DE-ÖKO-005
EU-/Nicht-EU-
Landwirtschaft

Mit dem **EU-Bio-Logo**, dem Kontrollstellencode und der allgemeinen Herkunftsbezeichnung der Zutaten müssen seit dem 01.07.2012 alle vorverpackten und in der EU hergestellten Bio-Lebensmittel verpflichtend gekennzeichnet werden. Voraussetzung ist, dass jeder Schritt in der Wertschöpfungskette dieser Lebensmittel nach den Mindestanforderungen der EU-Rechtsvorschriften für den ökologischen Landbau durch eine zugelassene Öko-Kontrollstelle überprüft wird. Es ermöglicht Verbrauchern in ganz Europa zu erkennen, ob er ein Bio-Lebensmittel in der Hand hat. Zusätzlich kann auch das Bio-Siegel und/oder das Logo des Erzeugerverbands aufgeführt sein. Die Anforderungen für die Auszeichnung mit dem Logo eines Verbands (z. B. Bioland) gehen i. d. R. über das in den EU-Rechtsvorschriften für den ökologischen Landbau Vorgeschriebene hinaus. Web: www.organicfarming.eu

1 EU-Bio-Logo

Das **deutsche Bio-Siegel** wurde 2001 als einheitliche Kennzeichnung von Bio-Lebensmitteln vom Bundesministerium für Ernährung, Landwirtschaft und Verbraucherschutz eingeführt und darf nur für Lebensmittel verwendet werden, die wie beim EU-Bio-Logo die Mindestanforderungen der EU-Rechtsvorschriften für den ökologischen Landbau erfüllen. Es signalisiert dem Verbraucher kurz und prägnant „Hier ist Bio drin, wo Bio drauf steht". Bei vorverpackter Ware kann es nur im Zusammenhang mit dem EU-Bio-Logo verwendet werden. Bei losen und final im Drittland hergestellten Bio-Lebensmitteln muss unbedingt der Kontrollstellencode der zertifizierenden Kontrollstelle angegeben werden. Web: www.biosiegel.de

2 Bio-Siegel

Schutzzeichen	Gründung	Anbaufläche ha (ca.)	Betriebe (ca.)	Adresse
Ecoland	1997	2 474	51	**Ecoland e. V.**, Wolpertshausen E-Mail: info@ecoland.de Web: www.ecoland.de
Verbund Ökohöfe	2006	18 114	134	**Verband Ökohöfe e. V.**, Wanzleben-Börde E-Mail: info@verbund-oekohoefe.de Web: www.verbund-oekohoefe.de
bio kreis	1979	64 098	1 285	**Biokreis e. V. Verband für ökologischen Landbau und gesunde Ernährung**, Passau E-Mail: info@biokreis.de Web: www.biokreis.de
Naturland	1982	306 000	4 700	**Naturland – Verband für ökologischen Landbau e. V.**; Gräfelfing E-Mail: naturland@naturland.de Web: www.naturland.de
ECOVIN	1985	2 467	241	**ECOVIN-Bundesverband Ökologischer Weinbau e. V.**; Oppenheim E-Mail: info@ecovin.de Web: www.ecovin.de
Gäa e.V. Ökologischer Landbau	1989	34 120	385	**Gäa e. V.**; Dresden E-Mail: info@g-aea.de Web: www.gaea.de
BIOPARK Ökologischer Landbau	1991	107 050	509	**Biopark e. V.**; Karow E-Mail: info@biopark.de Web: www.biopark.de
demeter	1924	84 995	1 599	**Demeter e. V.**; Darmstadt E-Mail: info@demeter.de Web: www.demeter.de
Bioland	1971	418 381	7 744	**Bioland e. V.**; Mainz E-Mail: info@bioland.de Web: www.bioland.de

3 Mitgliedsverbände des BÖLW (Bund ökologische Lebensmittelwirtschaft)

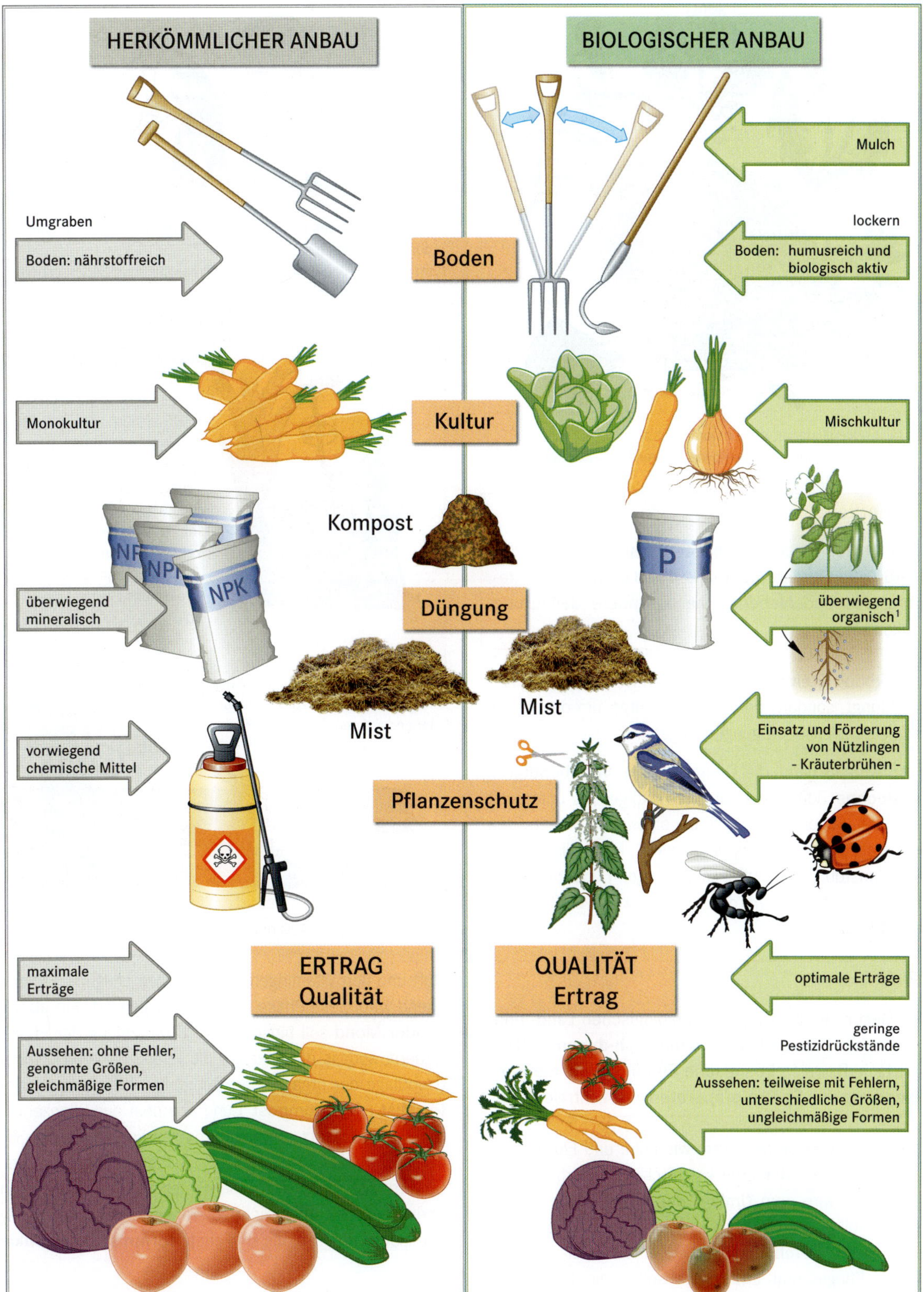

1 Herkömmlicher und biologischer Anbau im Vergleich

[1] Düngemittel wie Tier-, Blut- und Knochenmehl sind bei den meisten Bioverbänden in der Anwendung verboten.

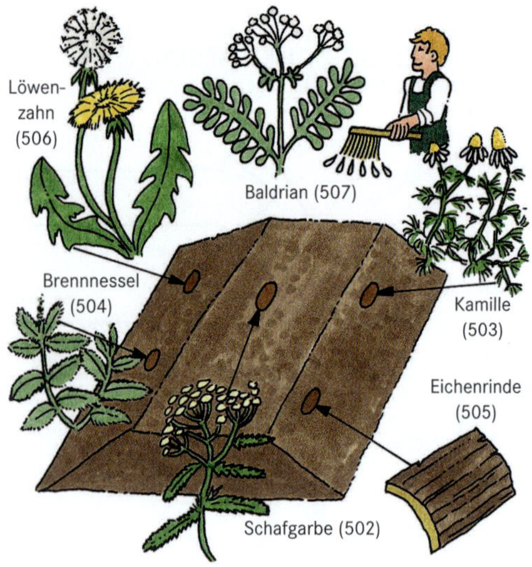

1 Mistbehandlung mit Kompostpräparaten (502 bis 507) im biologisch-dynamischen Land-/Gartenbau

> **! Merke**
>
> Ziel ist der Erhalt natürlicher Kreisläufe, wobei der natürlichen Bodenfruchtbarkeit und damit der Förderung des Bodenlebens eine besondere Bedeutung zukommt.

Nach **Rudolf Steiner** (1861 bis 1925) wird nicht die Pflanze gedüngt, sondern der Boden versorgt, um der Pflanze optimale Lebensbedingungen zu geben.

Entsprechend dient die Düngung einer **Verlebendigung des Bodens**. Bodenbearbeitungen erfolgen nur unter weitgehender Schonung der Bodenorganismen nach dem Grundsatz „flach wenden, tief lockern“. Mineralische Dünger („Kunstdünger/synthetische Dünger“) und chemische Pflanzenschutzmittel werden nicht oder nur mäßig eingesetzt (**1**, S. 223).

> **! Merke**
>
> Im Gegensatz zum organisch-biologischen Land- und Gartenbau spielen bei der **biologisch-dynamischen** Wirtschaftsweise **kosmische Einflüsse** und die **Verwendung von Spezialpräparaten** eine zentrale Rolle.

So geht man davon aus, dass wie Ebbe und Flut das gesamte Leben auf der Erde kosmischen Rhythmen unterliegt. Dabei wird dem **Umlauf des Mondes** zur Stellung der Sternbilder der Tierkreise eine besondere Bedeutung zugemessen. Durch entsprechende Wahl der Aussaat-, Pflanz-, Pflege- und Erntezeiten sollen die kosmischen Kräfte nutzbar gemacht werden. So soll der **aufsteigende Mond** den Säftestrom der Pflanze in die oberirdischen Teile ziehen und damit die Haltbarkeit, das Aroma, den

Im Herbst werden mit präpariertem Rindermist gefüllte Kuhhörner vergraben.
Im späten Frühjahr werden die Hörner aus dem Boden geholt. Der von einer Vielzahl von Mikroorganismen belebte Mist wird herausgekratzt und in Eichenfässern gelagert.

Nach einem Jahr wird der vererdete Mist in ein mit Regenwasser gefülltes Holzfass geschüttet (30 g/5 Liter) und 1 Stunde lang kräftig gerührt. Dabei erfolgt nach jeweils einer Minute ein Richtungswechsel. Beim Rühren wird ein tiefer Flüssigkeitstrichter angestrebt, durch den kosmische Energie in die Flüssigkeit gelangen soll.

Das mit Hornmist (Präparat 500) behandelte Regenwasser wird zur Aktivierung des Bodenlebens auf den Boden gespritzt.

2 Herstellung und Ausbringung von Hornmist

Duft und den Vitamingehalt der Pflanze steigern. Entsprechend wird diese Phase als Erntezeit genutzt. Ein **absteigender Mond** soll hingegen die Bewurzelung der Pflanze fördern, sodass diese Phase die Pflanzzeit kennzeichnet. Grundlage der organischen Düngung bilden **kompostierter Mist („Mistkompost“)** und Kompost aus Pflanzenresten. Durch Einsatz von bestimmten Präparaten sollen Bodenfruchtbarkeit und Pflanzenwachstum gefördert werden. So wird Mist mit speziell zubereiteten Kräutern und Eichenrinde behandelt (**1**). Wichtige Präparate im biologisch-dynamischen Pflanzenbau sind auch **Hornmist** und **Hornkiesel.**

Hornmist wird auf den Boden gespritzt und soll vor allem das Bodenleben aktivieren. Hornkiesel wird aus gemahlenem Quarz (Sand) hergestellt. Er wird auf die Pflanzen gespritzt und soll die Blatt-, Blüten- und Fruchtbildung sowie die Widerstandsfähigkeit der Pflanzen positiv beeinflussen. Die Aufbereitung erfolgt ähnlich dem Rindermist bei der Herstellung von Hornmist (2, S. 224).

Die Übergänge zwischen konventionellem und biologischem Anbau sind fließend. Auch im sogenannten konventionellen Anbau wurden immer schon und werden zunehmend ökologische Methoden eingesetzt.

! Merke

Im Rahmen des sogenannten **„integrierten Pflanzenbaus“** wird versucht, einen Kompromiss zwischen den ökonomischen Zwängen und ökologischen Erfordernissen zu finden.

! Merke

Nach der Fördergemeinschaft Integrierter Pflanzenbau e. V. versteht sich der **integrierte Pflanzenbau** als ein „Bodennutzungssystem, bei dem unter Berücksichtigung ökonomischer Ansprüche und ökologischer Erfordernisse Bodenbearbeitung, Fruchtfolge, Arten- und Sortenwahl, Nährstoffversorgung und Pflanzenschutz unter Beachtung der standorttypischen Boden-, Klima- und Witterungseinflüsse derart miteinander verbunden sind, dass langfristig die natürliche Fruchtbarkeit des Bodens gefördert wird und die Artenvielfalt der Pflanzen und Tiere in ihrer Gesamtheit erhalten bleibt“.

? Aufgaben

◑ 1. Welches Ziel verfolgt der biologische Land-/ Gartenbau?

◑ 2. Worin unterscheiden sich
   a) die biologische von der herkömmlichen (konventionellen) und
   b) die biologisch-dynamische von der organisch-biologischen Wirtschaftsweise?

◑ 3. Diskutieren Sie die Besonderheiten der biologisch-dynamischen Wirtschaftsweise.

◑ 4. Welches Ziel hat der sogenannte „integrierte Pflanzenbau?“

◑ 5. Zu welcher Produktionsrichtung zählt Ihr Ausbildungsbetrieb? Begründen Sie Ihre Feststellung.

● 6. Durch welche Maßnahmen können bei der Pflanzenproduktion Umweltbelastungen vermieden bzw. eingeschränkt werden? Welche dieser Maßnahmen werden bzw. könnten in Ihrem Ausbildungsbetrieb durchgeführt werden?

12 Boden- und Substratuntersuchung

Eine unzureichende Nährstoffversorgung der Pflanze führt zu **Mangelkrankheiten** (s. S. 177). Andererseits kann es durch eine erhöhte Nährstoffzufuhr zu **Überdüngungsschäden** kommen. In beiden Fällen treten zunächst Engpässe bzw. Störungen im Stoffwechsel auf (latente Schädigung), die bei weiterer Verschärfung schließlich zu äußerlich sichtbaren **Schadsymptomen** führen (1, S. 226). Entsprechend ist die Ermittlung des Düngerbedarfs die entscheidende Aufgabe der praktischen Pflanzenernährung.

! Merke

Der **Düngerbedarf** hängt allgemein ab:
- vom Nährstoffgehalt des Bodens,
- vom Nährstoffbedarf der Pflanzenart,
- vom Ausnutzungsgrad des Düngers (z. B. Nährstoffauswaschung, -festlegung) und
- von der angestrebten Ertragshöhe.

Die einfachste und daher wichtigste Methode zur Bestimmung des Düngerbedarfs ist die **Boden-/Substratuntersuchung**. Voraussetzung dazu ist vor allem die **richtige Entnahme der Bodenprobe!** Sie muss in ihrer Zusammensetzung repräsentativ für die zu untersuchende Fläche sein (s. S. 158). Die Untersuchung findet in den Landwirtschaftlichen Untersuchungsanstalten (LUFA), anderen Bodenuntersuchungsinstituten oder privaten Labors statt. Probetüten, Versandtaschen und Probenlisten werden auf Anforderung von den Instituten zugesandt.

! Merke

Die Grunduntersuchung im Labor beinhaltet in der Regel die Bestimmung
- der Bodenart
- des Volumengewichts
- des pH-Werts, wenn dieser zu niedrig ist, des notwendigen Kalkbedarfs
- des Phosphorgehalts
- des Kaliumgehalts
- des Magnesiumgehalts
- des Kupfergehalts (bei Moorbeetpflanzen)
- des Salzgehalts (nur bei Substraten und Gewächshausböden)

Die **Bestimmung des pH-Werts** erfolgt so, dass der Boden mit einer 0,01 molaren $CaCl_2$-Lösung aufgeschlämmt wird. Nach etwa 10 Minuten wird der pH-Wert mit einer Glaselektrode (pH-Meter) gemessen (s. S. 158 ff.).

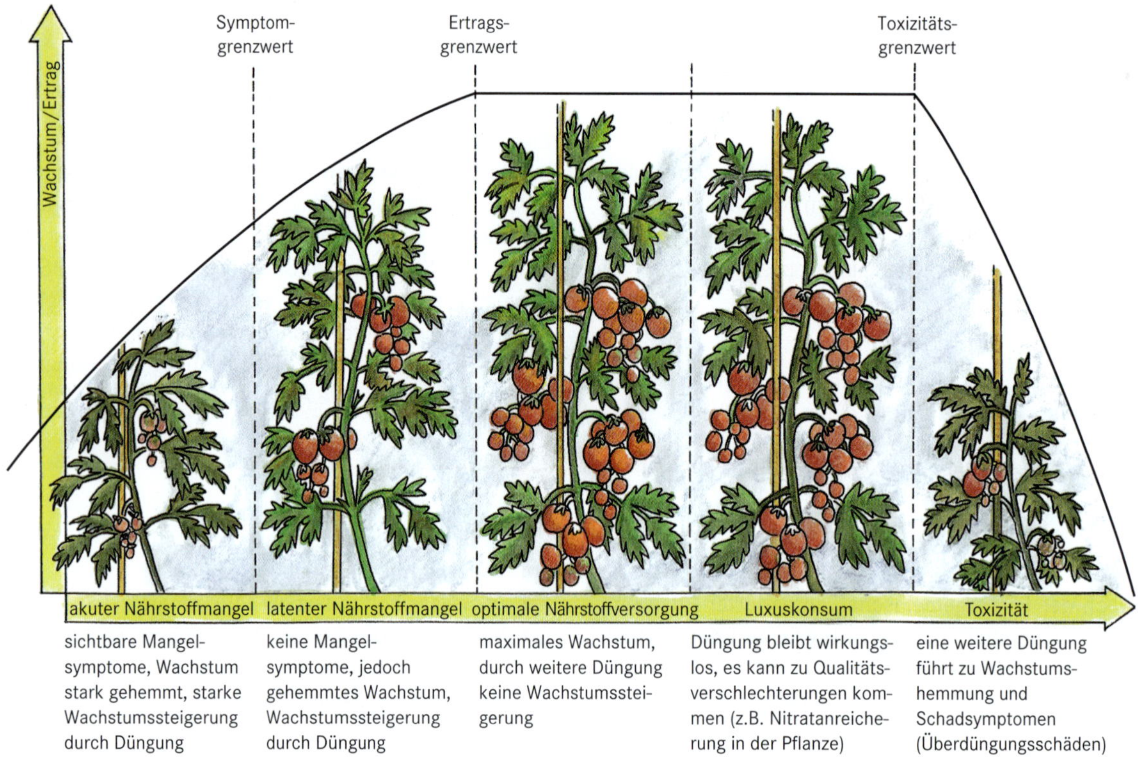

1 Einfluss der Nährstoffversorgung auf das Pflanzenwachstum

Zur **Bestimmung des Volumengewichts** wird die Probe durch ein 10-mm-Sieb gerieben und locker in einen 250-ml-Messzylinder eingefüllt. Nachdem der Zylinder zehnmal aus 10 cm Höhe auf den Tisch fallen gelassen wurde, wird die Probe gewogen und durch das Volumen (erhaltene ml) dividiert. Das Ergebnis ist das Volumengewicht.

Beispiel

- Gewicht der eingefüllten Probe 90 g
- Volumen der Probe nach dem Einrütteln 200 ml

$$\text{Volumengewicht} = \frac{\text{Gewicht}}{\text{Volumen}} = \frac{90\ \text{g}}{0{,}2\ \text{l}} = 450\ \text{g/l}$$

Die **Bestimmung der Nährstoffgehalte** beruht darauf, dass der Boden mit einer Extraktionslösung geschüttelt wird, die sozusagen den Nährstoffentzug durch die Wurzel simulieren soll. Dabei geht ein Teil der Nährstoffe in Lösung. Die Lösung wird anschließend durch Filtrieren vom Boden getrennt. Die Konzentration der einzelnen Nährstoffe in der filtrierten Lösung wird dann mithilfe komplizierter Verfahren wie der Flammenfotometrie und der Atomabsorptionsspektroskopie bestimmt.

Die **Angabe der Nährstoffgehalte** erfolgt in mg/100 g Boden bzw. bei den torfhaltigen Substraten in mg/l. Diese Werte dienen der Ermittlung des Düngerbedarfs, indem sie mit Grenzwerten verglichen werden, die bei Feld- und Gefäßversuchen ermittelt wurden. Dabei werden verschiedene **Versorgungsstufen** (Gehaltsklassen) unterschieden (Tab. **1**, S. 227).

! Merke

Man geht davon aus, dass bei der Versorgungsstufe C eine optimale Nährstoffversorgung der Pflanzen gewährleistet ist. Befinden sich die Böden in dem Versorgungsbereich C, braucht nur noch eine sogenannte Erhaltungsdüngung durchgeführt zu werden, die sich am Entzug orientiert.

Orientieren bedeutet, dass bei der Erhaltungsdüngung nicht grundsätzlich die entzogenen Nährstoffe ersetzt werden. So muss die Düngung bei Böden mit hoher Nährstoffnachlieferung (z. B. Kaliumnachlieferung) unter dem Entzug, hingegen bei solchen mit hoher Festlegungsrate (z. B. Kalium-Fixierung) über dem Entzug liegen. Auf leichten Sandböden kann aufgrund der erhöhten K-Auswaschung eine über dem Entzug liegende K-Düngung notwendig werden. Beim Phosphor muss wegen der starken P-Festlegung im Boden grundsätzlich mehr gedüngt werden, als dem Entzug entspricht (in der Regel über 50 % des Entzugs). Die **Entzüge,** an denen sich die Düngung orientiert, stellen keine feststehenden Werte dar. Vielmehr sind sie veränderlich, je nach angestrebter Ertragshöhe und Pflanzenart. **Ziel der Düngung ist es, in der Versorgungsstufe C zu bleiben** (Tab. 1).

Versorgungsstufe	Nährstoffversorgung	Düngungsempfehlung
M	sehr niedrig	Meliorationsdüngung (2- bis 2,5-fache)
A	niedrig (starker Mangel)	stark erhöhte Düngung (1,5- bis 2-fache)
B	mittel (schwacher Mangel)	erhöhte Düngung (1,3- bis 1,5-fache)
C	hoch (optimale Versorgung)	Erhaltungsdüngung (1 = Normaldüngung)
D	sehr hoch	verringerte Düngung (½-fache)
E	extrem hoch	keine Düngung
S	überhöht	Maßnahmen gegen Schäden

Tab. 1 Versorgungsstufen (Gehaltsklassen)

Die Nährstoffgehalte, die für die einzelnen Versorgungsstufen empfohlen werden (**Grenzwerte**), sind unter Wissenschaftlern umstritten (Tab. 2 und 3).

Nährstoff/Kultur	Versorgungsstufen				
Phosphat – P_2O_5 –	**M + A**	**B**	**C**	**D**	**E + S**
Kohlrabi, Möhren, Porree, Rettich, Rosenkohl, Rotkohl, Schwarzwurzel, Wirsing, Zwiebel	100	75	**50**	25	0
Blumenkohl, Rettich, Salat, Schnittlauch, Zucchini, Zuckermais	80	60	**40**	20	0
Brokkoli, Knollenfenchel, Petersilie, Radieschen, Spinat, Stangenbohnen	60	45	30	15	0
Buschbohnen, Dill, Erbsen, Eissalat, Kopfsalat	40	30	**20**	10	0
KaliUM – K_2O –	**M + A**	**B**	**C**	**D**	**E + S**
Chinakohl, Mairüben, Porree, Rotkohl, Weißkohl	440	330	220	110	0
Gurke, Knollenfenchel	400	300	200	100	0
Kohlrabi, Rettich, Eissalat, Kopfsalat	380	285	190	95	0
Rosenkohl, Zwiebel	340	255	170	85	0
Buschbohnen	80	60	40	20	0
Magnesium – MgO –	**M + A**	**B**	**C**	**D**	**E + S**
Blumenkohl, Brokkoli, Buschbohne, Chinakohl, Dill, Eissalat, Erbse, Feldsalat, Kohlrabi, Petersilie, Radieschen, Rettich, Rosenkohl, Schnittlauch, Mairüben, Spinat, Stangenbohnen, Wirsing, Zuckermais	50	38	25	13	0
Chicoree, Grünkohl, Gurken, Knollenfenchel, Knollensellerie, Kopfsalat, Kürbis, Möhren, Pastinake, Porree, Rettich,Rote Beete, Rotkohl, Schnittlauch, Schwarzwurzel, Spinat, Weißkohl, Zucchini, Zwiebel	100	75	50	25	0

Tab. 2 Düngebedarf (kg/ha) verschiedener Gemüsepflanzen in Abhängigkeit von den Versorgestufen

Versorgungsstufen								
P_2O_5			K_2O			MgO		
A	C	E	A	C	E	A	C	E
40	20	0	150	80	0	50	30	0

Tab. 3 Beispiel für den Düngebedarf von Kernobst und Strauchbeeren[1]

! Merke

Das größte Problem in der Pflanzenernährung ist die richtige **Stickstoffdüngung**. Die witterungsabhängige Mineralisierung führt dazu, dass die Stickstoffgehalte in der Bodenlösung von Tag zu Tag starken Schwankungen unterliegen.

Zudem ist der Bereich optimaler N-Versorgung recht schmal: Wenn zu wenig gedüngt wird, bekommt man sehr schnell Ertragsdepressionen infolge von N-Mangel. Das gleiche Ergebnis kann sich auch relativ schnell bei Überdüngung (N-Überschuss) einstellen (s. S. 193).

! Merke

Mithilfe der **N_{min}-Methode** wird der mineralisierte, d. h. der pflanzenverfügbare N-Vorrat (NO_3^- und NH_4^+) zu Beginn der Vegetationsperiode (Frühjahr), ca. ein bis zwei Wochen vor der Düngung[2], ermittelt. Eine Probenahme im Herbst (Vegetationsende) kann zur Kontrolle der N_{min}-Restgehalte dienen. Kalkulierte Nmin-Sollwerte (Richtwerte) ermöglichen eine Berücksichtigung des mineralisierten Stickstoffs zu beliebigen Zeitpunkten während der Vegetationsperiode.

Dazu werden **repräsentative Bodenproben**, je nach durchwurzelter Bodentiefe, aus 0 bis 30 cm, 30 bis 60 cm, 60 bis 90 cm und 90 bis 120 cm Tiefe genommen. Bei flach wurzelnden Kulturen wie Radieschen oder Kopfsalat reichen 0 bis 30 cm, bei tiefer wurzelnden wie Blumenkohl oder Porree sollte zusätzlich der Bereich 30 bis 60 cm untersucht werden. Für lang stehende und tief wurzelnde Pflanzen wie Rosenkohl muss auch der N-Gehalt aus 60 bis 90 cm Tiefe berücksichtigt werden (s. Beispiele zur Probenentnahmetiefe S. 228).[3]

[1] mittelschwerer Boden, Mulchwirtschaft (Schnittholz und Grasschnitt verbleiben in der Anlage)

[2] Zwischen der N_{min}-Probennahme und der letzten Bodenbearbeitung müssen mindestens 6 Wochen liegen

[3] Bohrkerne getrennt in die Eimer (0–30 cm, 30–60 cm, 60–90 cm) entleeren. Proben in Kühltaschen mit Kühlelementen sofort ins Labor bringen bzw. im Kühlschrank (< 4 °C, max. 3 Tage) zwischenlagern.

Beispiele zur Probenentnahmentiefe

bis 30 cm: Dill, Kohlrabi, Erbse, Radieschen, Eissalat, Kopfsalat, Schnittlauch, Spinat, Zwiebeln
bis 60 cm: Blumenkohl, Brokkoli, Buschbohnen, Grünkohl, Knollenfenchel, Kürbis, Möhren, Pastinake, Petersilie, Porree, Rote Beete, Rotkohl Kern- und Steinobst sowie Strauchbeeren
bis 90 cm: Chicoree, Rosenkohl, Schwarzwurzel

Die **Höhe der N-Düngung** ergibt sich aus dem **N-Bedarf der Kultur** (Tab. 1) in Abhängigkeit vom Ertragsniveau, abzüglich dem **N_{min}-Gehalt** in der durchwurzelten Bodenschicht zu Kulturbeginn, der **N-Nachlieferung aus dem Humusabbau** während der Kulturzeit, aus **der organischen Düngung des Vorjahres** und **aus den Ernteresten der Vorkultur**.

Nach der **Düngeverordnung** (DüV 27.03.2020) ist für den Gemüsebau mit einer Anbaufläche > 2 ha vor dem Ausbringen wesentlicher Nährstoffmengen an Stickstoff (> 50 kg N/ha und Jahr) und Phosphor (> 30 kg P_2O_5/ha und Jahr) vor der Düngung der **Düngebedarf der Kultur zu ermitteln und zu dokumentieren** (Tab. 2).

Einfacher kann die Düngemenge ermittelt werden durch die Verwendung sogenannter **N_{min}-Sollwerte**. Die in Düngungsversuchen ermittelten Werte berücksichtigen neben der N-Aufnahme durch die Kultur auch die Mineralisation des Bodens. Wird frische organische Substanz dem Boden zugeführt, z.B. in Form von Ernterückständen (Vorkultur, Gründüngung), muss der bei der Mineralisation frei werdende Stickstoff zusätzlich berücksichtigt werden:

Stickstoff – N – (N_{min}-Gehalt des Bodens berücksichtigen)
Starkzehrer (200–300 kg N/ha) Blumenkohl, Brokkoli, Grünkohl, Gurken, Kohlrabi, Chinakohl, Porree, Rosenkohl, Rote Beete, Rotkohl, Knollensellerie, Weißkohl, Wirsing, Zucchini, Kartoffel
Mittelzehrer (100–200 kg N/ha) Eissalat, Kürbis, Knollenfenchel, Kopfsalat, Möhren, Pastinake, Petersilie, Radieschen, Rettich, Rhabarber, Schnittlauch, Mairüben, Spargel, Spinat, Zuckermais, Zwiebel
Schwachzehrer (50–100 kg N/ha) Buschbohnen, Dill, Erbsen, Feldsalat, Schwarzwurzeln, Stangenbohnen

Tab. 1 N-Bedarf verschiedener Gemüsepflanzen[1]

! Merke

N_{min}-Sollwert der Kultur (Tabellenwert DüV)
– N_{min}-Vorrat des Bodens (Bodenuntersuchung/Richtwerte)
– N_{min}-Wert aus Ernterückständen (Tabellenwert DüV)

= zu düngende N-Menge

Die notwendige Düngermenge kann mit nachfolgender Formel ausgerechnet werden:

! Merke

$$\frac{\text{Nährstoffbedarf in g/m}^2 \cdot 100\,\%}{\text{\%-Gehalt des Düngers}} = \text{Menge des Düngers in g/m}^2$$

Ertrag laut DüV	Ertrag 5 Jahre ø Betrieb	N-Bedarf der Kultur	Zu- /Abschlag[2] Ertragsdifferenz	Abschlag N_{min}-Wert/ Richtwert[3]	Abschlag Humus[4]	Abschlag organische Düngung Vorjahr[5]	Abschlag Vorfrucht/ Vorkultur/ Zwischenfrucht[6]	N-Düngebedarf
dt/ha	dt/ha	kg N/ha	kg N/ha	kg N/ha	kg N/ha	kg N/ha	kg N/ha	kg N/ha

Tab. 2 Vorlage zur Düngebedarfsermittlung

1 Quellen: WK Niedersachsen, Düngeverordnung 2020

2 Erhöhte oder deutlich verringerte Erträge wirken sich auf die Nährstoffabfuhr aus. Daher können Zu- oder Abschläge zur Düngung nötig sein. Pro 20 % Abweichung vom Standardertrag müssen je nach Kultur 20 kg N/ha oder 40 kg N/ha abgezogen (Abweichung nach unten) oder addiert (Abweichung nach oben) werden.

3 Bodenprobe verpflichtend beim Anbau von Gemüse nach Gemüse im selben Jahr.

4 Nur bei Humusgehalt größer 4 %, dann Mindestabschlag 20 kg N/ha.

5 10 % der mit organischen und organisch-mineralischen Düngern im Vorjahr ausgebrachten N-Menge sind anzurechnen. Bei Kompost 4 % und in den nächsten zwei Folgejahren 3 % möglich.

6 aus Tabellen (s. DüV) entnehmbar

Beispiel

- Nährstoffbedarf/Düngeempfehlung 8 g N/m^2
- vorhandener Dünger z. B. Kalkammonsalpeter mit einem Gehalt von 27,5 % N

Um nun herauszubekommen, wie viel Kalkammonsalpeter pro m^2 gedüngt werden muss, um 8 g N pro m^2 auszubringen, müssen die Zahlen in die Formel eingesetzt werden. Es ergibt sich dann:

$$\frac{8\ g\ N/m^2 \cdot 100\,\%}{27{,}5\,\%} = 29\ g\ \text{Kalkammonsalpeter}/m^2$$

Ergebnis: Es müssen 29 g Kalkammonsalpeter pro m^2 ausgestreut werden.

Auf leichten Böden sollten nicht mehr als 10 g Reinnährstoff (N, P_2O_5, K_2O oder MgO)/m^2 in einer Gabe verabreicht werden. Bei höherem Bedarf ist die gesamte Nährstoffmenge auf zwei bis drei Gaben im Jahr zu verteilen.

Hinweis

Die **Bedeutung der Boden-/Substratuntersuchung** ist darin zu sehen, dass sie Anhaltswerte für die Höhe der Düngung gibt, rechtzeitig die Gefahr eines Nährstoffmangels bzw. -überschusses aufzeigt und mit ihrer Hilfe kontrolliert werden kann, wie sich unter dem Einfluss der Düngung die Nährstoffgehalte im Boden/Substrat verändern und ob unter dem Einfluss der Düngung der Gehalt konstant bleibt oder ein abnehmender bzw. zunehmender Trend zu verzeichnen ist. Entsprechend kann die Düngung geändert werden.

Vor allem im Obstbau wird als Ergänzung zur Bodenuntersuchung die **Blattanalyse** durchgeführt. Aus dem Nährstoffgehalt der Blätter wird der Ernährungszustand der Pflanze abgeleitet. Die Blattanalyse ermöglicht ein **Erkennen von latentem (verstecktem) Mangel/Überschuss**. Nachteilig ist, dass sie nichts über die Ursachen (z. B. Mangel im Boden oder gehemmte Aufnahme) aussagt. Die Bodenuntersuchung wiederum gibt keinen Aufschluss über die Wirkung der Nährstoffe in der Pflanze. Beide Methoden haben Vor- und Nachteile, sodass eine **Kombination von Boden- und Pflanzenanalyse** eine gezielte Düngung am ehesten ermöglicht.

Aufgaben

○ 1. Wozu dient die Bodenuntersuchung?

◑ 2. Welche Bestimmungen werden in der Regel bei einer Bodenuntersuchung durchgeführt?

◑ 3. Welche Versorgungsstufe des Bodens wird mit der Düngung angestrebt und warum?

○ 4. Was versteht man unter einer Erhaltungsdüngung?

◑ 5. Warum ist die richtige N-Düngung das größte Problem in der Pflanzenernährung?

◑ 6. Wozu dient die N_{min}-Methode und welche Vorteile bringt ihre Anwendung?

◑ 7. Wovon hängt die Höhe der N-Düngung ab?

◑ 8. Warum vereinfacht die Verwendung von N_{min}-Sollwerten die Berechnung des N-Düngerbedarfs?

◑ 9. Warum ist unbedingt darauf zu achten, dass Bodenproben zur Bestimmung der N-Gehalte nach der Entnahme über eine lückenlose Kühlkette in das Labor gelangen und auch dort bis zur Analyse kühl (um 5° C) gelagert werden?

○ 10. Berechnen Sie den N-Düngebedarf: N-Sollwert 230 kg N/ha, N_{min}-Wert 60 kg N/ha.

● 11. Berechnen Sie den N-Düngebedarf (kg/ha) für die Kultur von Blumenkohl nach folgenden Angaben: N-Bedarf der Kultur 300 kg/ha (Ertragsniveau 350 dt/ha), durchschnittlicher Betriebsertrag 360 dt/ha, Humusgehalt des Bodens 3 %, organische Düngung im Vorjahr 120 kg N/ha, 10 Kg N/ha aus den Ernteresten von Kopfsalat als Vorkultur, N_{min}-Gehalt des Bodens (0–60 cm) 75 kg N/ha.

◑ 12. Wo liegen die Vorteile einer a) Bodenuntersuchung und b) Pflanzenanalyse?

◑ 13. Wann sollte eine chemische Analyse bei Substraten durchgeführt werden?

○ 14. Warum muss bei einer Substratuntersuchung auch immer das Volumengewicht des Substrats ermittelt werden?

IV Pflanzenschutz

1 Schadursachen

Pflanzenschäden durch

nichtparasitäre Ursachen (unbelebte = abiotische)

Kulturmaßnahmen

Düngung
- Überdüngung
- Nährstoffmangel
- Versalzung

Pestizide
- falsche Konzentration
- falsches Mittel
- falscher Zeitpunkt

Bewässerung
- Wassermangel
- Wasserüberschuss
- Kälteschock
- Bodenverschlämmung

Boden
- Sauerstoffmangel
- Verdichtungen
- Staunässe

Witterung
- Hitzeschäden (Verbrennungen)
- Kälteschäden (>0°C)
- Frostschäden (<0°C)
- Wind (Bruch, Wurf, Austrocknung)
- Schneebruch
- Hagelschäden
- Lichtmangel

Umweltbelastungen
- Schadstoffe aus Luft, Wasser und Boden

parasitäre Ursachen (belebte = biotische)

Schädlinge
- Insekten
- Milben
- Schnecken
- Nematoden
- Nagetiere

Krankheitserreger
- Pilze
- Bakterien
- Phytoplasmen
- Viren

Wildkräuter
- Konkurrenz um Licht, Wasser, Nährstoffe und Standort

1 Ursachen für Pflanzenschäden

Wie Mensch und Tier können auch Pflanzen von **Schädlingen** (tierische Schaderreger) und **Krankheitserregern** (Pilze, Bakterien und Viren) befallen und geschädigt werden. Daneben führen vor allem ungünstige Klima- und Witterungsbedingungen, schlechte Bodenverhältnisse, Schadstoffe aus Luft, Boden und Wasser sowie falsche Kulturmaßnahmen zu Pflanzenschäden. Im ersten Fall spricht man von **parasitären**, im zweiten Fall von **nichtparasitären** Schäden (1).

Die Abgabe von festen, flüssigen oder gasförmigen Schadstoffen an die Umgebung **(Emission)** führt über die Verunreinigung von Luft, Boden und Wasser zur Belastung der Umwelt und damit von Pflanze, Mensch und Tier.

! Merke

Vor allem über **Nahrungsketten** kann es zu einer hohen Anreicherung von Schadstoffen in der Nahrung kommen (1, S. 231).

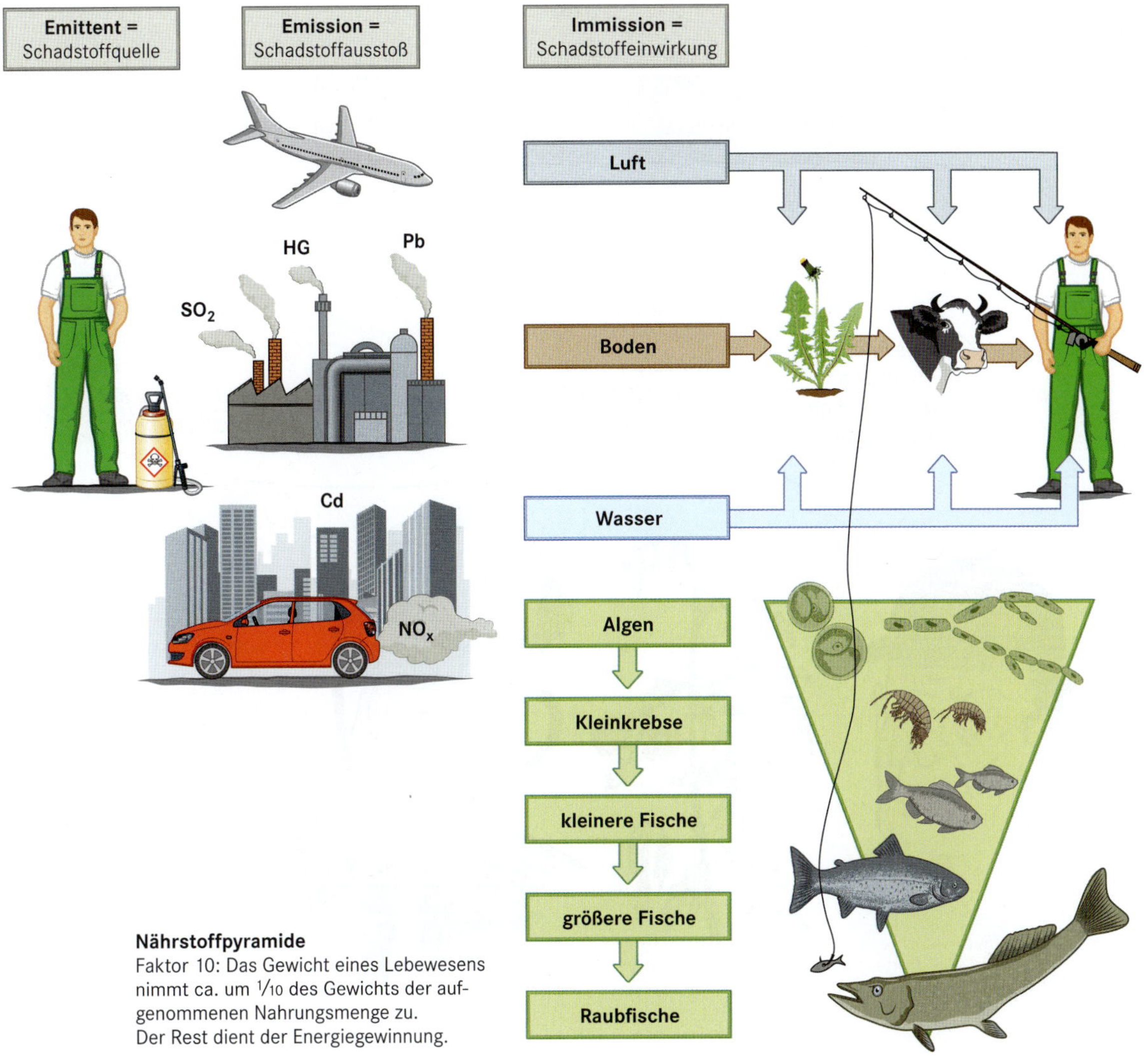

1 Schadstoffverbreitung und -anreicherung über Nahrungsketten

Die häufigste gasförmige Verunreinigung der Luft ist das **Schwefeldioxid (SO_2)**. Hierbei handelt es sich um ein Gas, das vor allem bei der Verbrennung schwefelhaltiger Stoffe (z. B. Kohle, Öl, Benzin) entsteht.

> **! Merke**
>
> **Akute Schäden** an den Pflanzen entstehen durch kurzfristige Einwirkung höherer Schadstoffkonzentrationen, **chronische Schäden** durch langfristige Einwirkung niedriger Schadstoffkonzentrationen.

Konzentrationen von 1 bis 2 ppm SO_2 können innerhalb weniger Stunden zu akuten Pflanzenschäden führen. Dies entspricht etwa 2,5 bis 5 mg SO_2 pro m^3 Luft. Bei empfindlichen Pflanzen können bereits ab 0,3 ppm chronische Schäden auftreten. Beim gleichzeitigen Auftreten mehrerer Luftschadstoffe können sich diese in ihrer Wirkung gegenseitig verstärken, sodass es bereits bei niedrigeren Konzentrationen zu Schäden kommen kann. Weitere schädliche Stoffe sind z. B. **Fluorwasserstoff (HF), Chlorwasserstoff (HCl), Stickstoffoxide (NO, NO_2, N_2O_3), Stäube, Schwermetalle** (z. B. **Pb, Cd** und **Hg**) und **Giftstoffe** (z. B. **Pestizide**).

> **! Merke**
>
> Indem nichtparasitäre Schäden die Pflanzen schwächen, schaffen sie günstige Voraussetzungen für einen Befall durch solche Schädlinge und Krankheitserreger, die gesunde, widerstandsfähige Pflanzen nicht befallen bzw. ernsthaft schädigen können. Man bezeichnet solche Schadorganismen als **Schwächeparasiten**.

Schadursachen

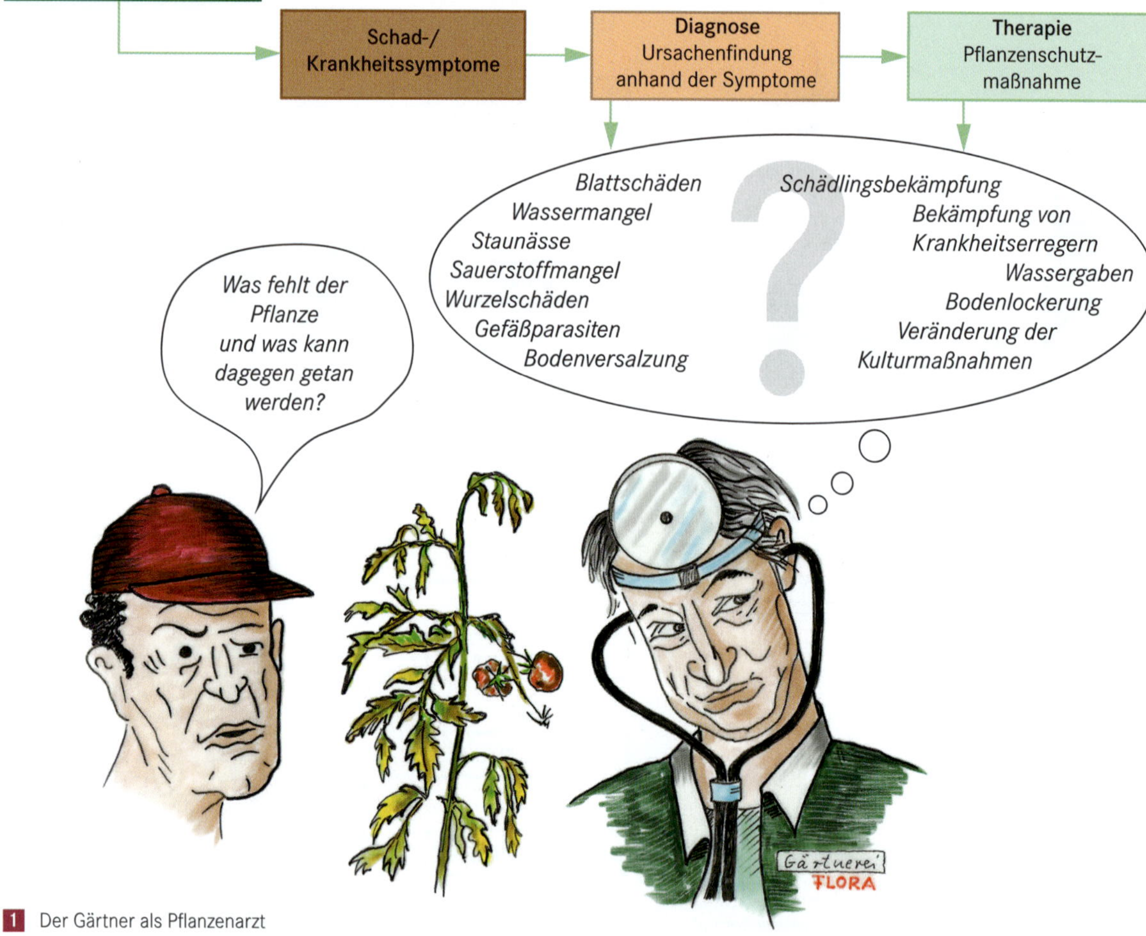

1 Der Gärtner als Pflanzenarzt

Ähnlich einem Arzt muss der Gärtner in der Lage sein, anhand von **Schad-/Krankheitssymptomen** eine **Diagnose** zu erstellen. Nur auf der Grundlage einer richtigen Diagnose kann die richtige Therapie gewählt werden. Wie im Gesundheitsbereich kommt auch hier der **prophylaktischen** (vorbeugenden) **Pflanzenschutzmaßnahme**, also der **Krankheits-/Schadensverhütung**, eine große Bedeutung zu (**1**).

Aufgaben

○ 1. Was versteht man unter
   a) parasitären und
   b) nichtparasitären Schäden?

◐ 2. Warum wird durch Fehler in der Kulturführung der Befall durch Schadorganismen gefördert?

◐ 3. Erklären Sie folgende Begriffe: Emission, Emittent, Immission, Nahrungskette, akute und chronische Schädigung.

○ 4. Warum ist die richtige Schadensdiagnose so wichtig?

○ 5. Nennen Sie prophylaktische Pflanzenschutzmaßnahmen.

2 Was macht eine Tierart zum Schädling?

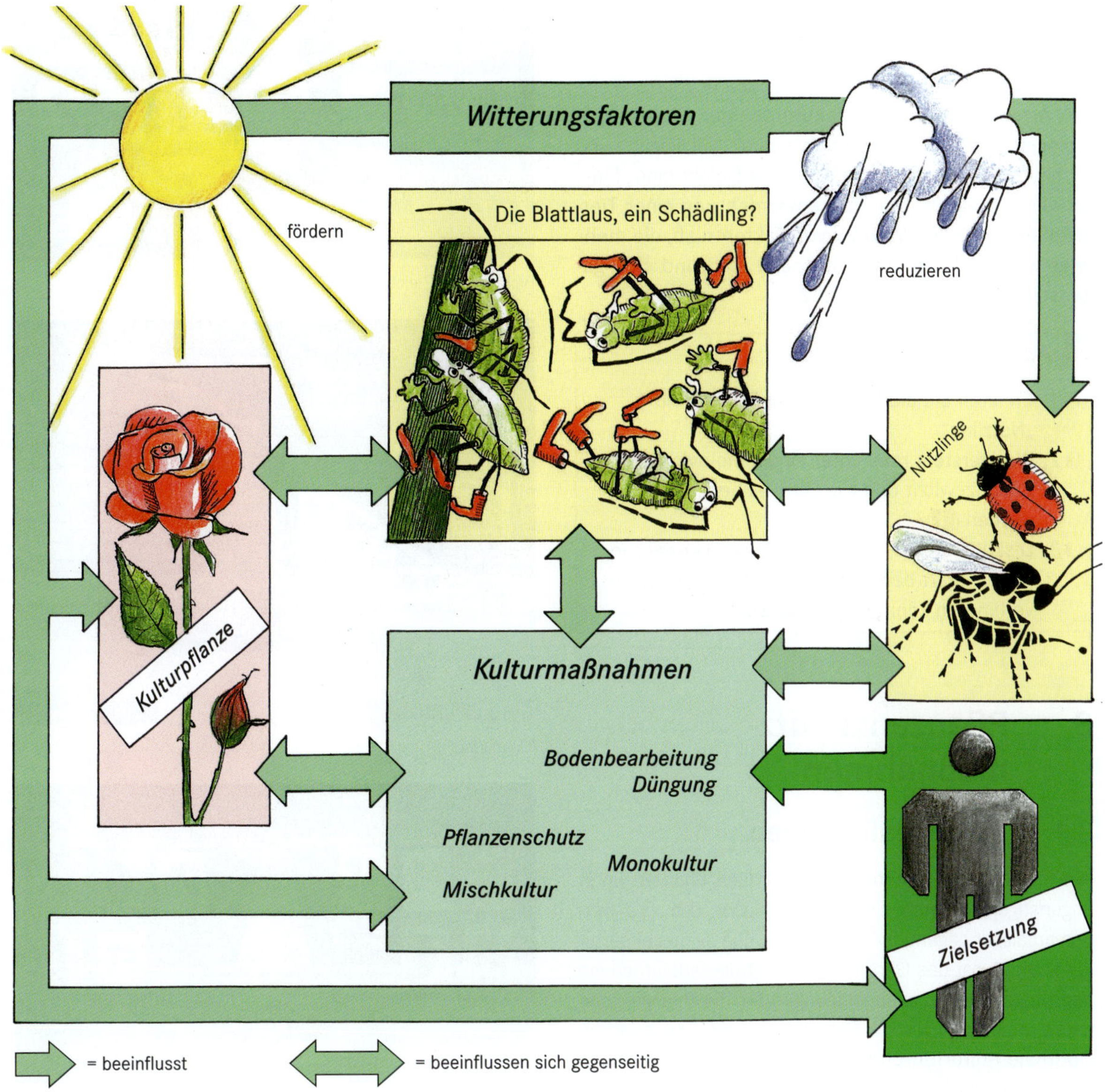

1 Ursachen für die Massenvermehrung

Pflanzen dienen nicht nur dem Menschen und seinen Nutztieren als Lebensgrundlage, sondern auch sehr vielen anderen Lebewesen. Richten diese Lebewesen an unseren Kulturpflanzen Schäden an, bezeichnet man sie als **Schädlinge** (z. B. Blattläuse). Als **Nützlinge** bezeichnet man hingegen solche Lebewesen, die Pflanzenschädlinge vernichten (z. B. Marienkäfer), dem Menschen also nützlich sind. Die Einteilung in Schädlinge und Nützlinge entspricht also den Interessen des Menschen. Die Natur kennt diese Begriffe nicht, da jedes Lebewesen seine ganz bestimmte Aufgabe im kompliziert vernetzten Naturhaushalt hat.

Ob eine Tierart pflanzenschädlich werden kann oder nicht, hängt in erster Linie von der **Art der Nahrungsaufnahme** (s. S. 266) und davon ab, ob es zur Massenvermehrung kommt oder nicht. Obwohl die Art der Nahrungsaufnahme und die **Fähigkeit zur Massenvermehrung** erblich bedingt sind, entscheiden die Wechselbeziehungen zwischen der jeweiligen Tierart und der Umwelt (ökologische Gegebenheiten), ob eine Tierart zum Pflanzenschädling wird oder nicht. So hat die **Witterung** Einfluss auf die Entwicklung von Schädlingen und Nützlingen. Vor allem aber beeinflusst der Mensch mit seinen **Kulturmaßnahmen** die Umweltbedingungen. Die Art der Kulturmaßnahmen hängt wiederum von der **Zielsetzung des Gärtners** (z. B. Ertragshöhe, Qualität, Arbeitsaufwand) ab. Z. B. führt der **Einsatz chemischer Gifte** auch zur Vernichtung von Nützlingen. Der großflächige Anbau nur einer Pflanzenart **(Monokultur)** fördert die Massenvermehrung ihrer „Feinde". **Artenvielfalt** (z. B. **Mischkultur**) fördert hingegen ein **biologisches Gleichgewicht** zwischen „Nützlingen" und „Schädlingen" und schränkt somit die Gefahr einer Massenvermehrung ein. **Die Massenvermehrung einer Tierart hängt von einer Vielzahl von Faktoren ab, die mehr oder weniger miteinander vernetzt sind und sich gegenseitig beeinflussen** (1, S. 233).

Biologisches Gleichgewicht

Monokultur

Biologische Bekämpfung

Chemische Bekämpfung

1 Das biologische Gleichgewicht und seine Beeinflussung

? Aufgaben

○ 1. Erklären Sie die Begriffe „Schädling" und „Nützling".

◑ 2. Was versteht man unter einem biologischen Gleichgewicht und wie kann es beeinflusst werden (1)?

◑ 3. Diskutieren Sie, wovon die Massenvermehrung einer Tierart beeinflusst wird und wie man sie verhindern könnte (1, S. 233).

3 Pflanzenschutzmaßnahmen

3.1 Kulturmaßnahmen

Wie alle Lebewesen entwickeln sich auch Pflanzen unter ungünstigen Lebensbedingungen schlecht, d. h., sie werden anfälliger gegenüber Schädlingen und Krankheitserregern. Die Kunst des Gärtnerns besteht dementsprechend darin, optimale Lebensbedingungen für die Pflanzen und damit ungünstige für die Schadorganismen zu schaffen. **Optimale Kulturführung** ist demgemäß auch immer vorbeugender Pflanzenschutz. Nur wenn gute Kenntnisse über die Lebens- und Entwicklungsweisen der für die jeweilige Pflanzenart wichtigen Schadorganismen vorhanden sind, können optimale Kultur-/Wachstumsbedingungen geschaffen werden (1, S. 235).

3.1.1 Pflanzen-/Sortenwahl

Die Verwendung gesunder Pflanzen ist eine grundlegende Voraussetzung für eine optimale Pflanzenentwicklung. Kranke oder schwach entwickelte Jungpflanzen sollten daher von vornherein von einer Weiterkultur ausgeschlossen werden. Da sich die Sorten einer Pflanzenart in vielen Fällen auch in der Anfälligkeit bzw. **Widerstandsfähigkeit (Resistenz)** gegenüber ungünstigen Einflüssen

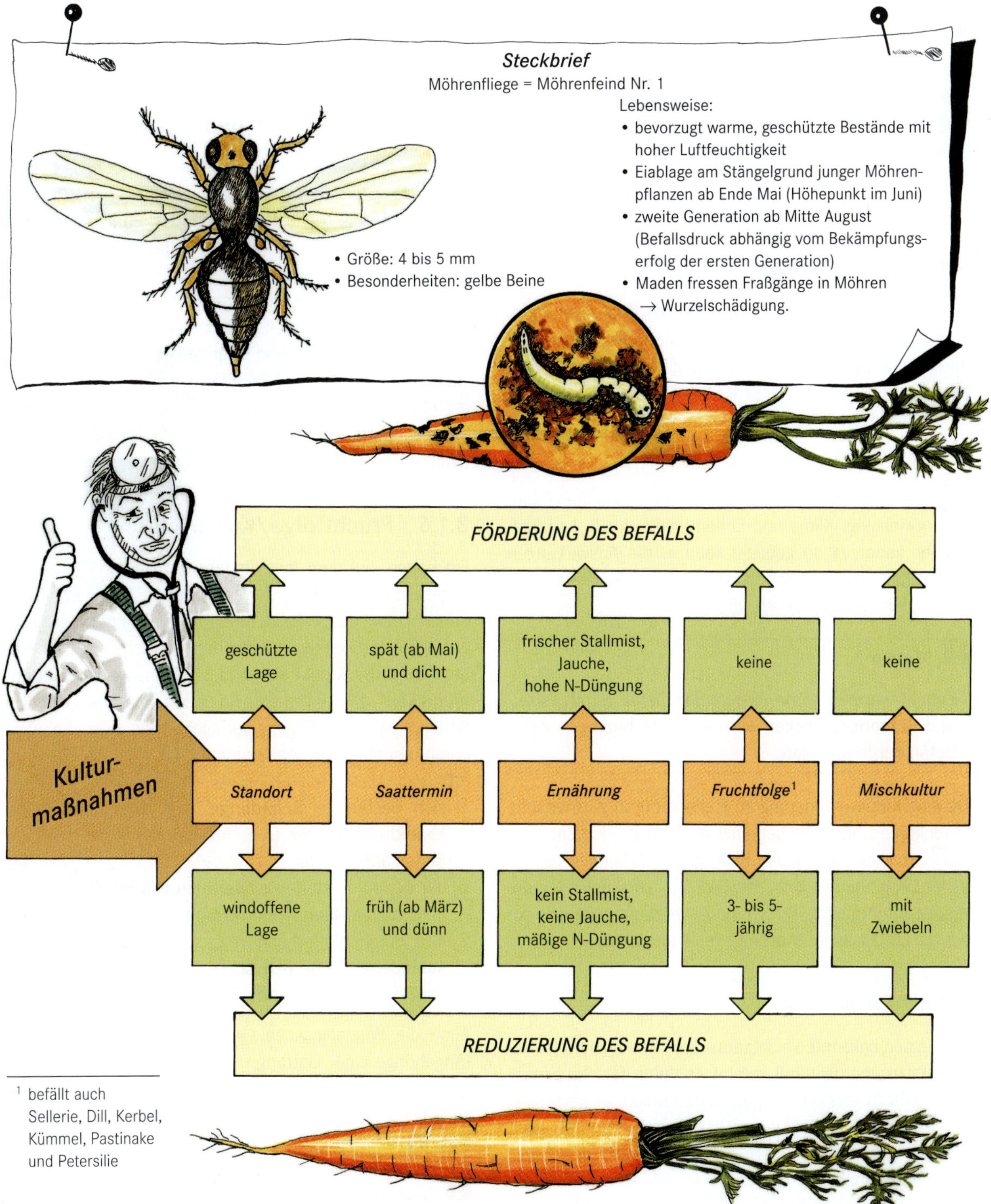

1 Kulturmaßnahmen zum Schutz der Möhren gegen den Befall durch die Möhrenfliege

unterscheiden, bietet die Wahl der resistenten Sorte (falls vorhanden) einen einfachen und sicheren Pflanzenschutz. Entsprechend kommt der **Resistenzzüchtung** eine große Bedeutung zu. Jedoch kann mit der Zeit auch die Resistenz gegenüber einem Schädling oder Krankheitserreger verloren gehen, da die resistente Sorte auf den Schaderreger einen gewissen **Selektionsdruck** ausübt. Das heißt, es werden mit der Zeit Schaderreger ausgelesen, die die Resistenz der Sorte durchbrechen. Resistenzen werden also immer wieder durch neue Schaderreger-Rassen durchbrochen. So gibt es bereits beim Falschen Mehltau an Kopfsalat über 15 verschiedene Rassen.

! Merke

Indem man Pflanzen mit unterschiedlicher Resistenz anbaut (sogenannte Feldresistenz) oder die Sorten häufig wechselt, kann man den Selektionsdruck und damit die Gefahr der Resistenzdurchbrechung senken.

3.1.2 Standortwahl

Der Standort muss den Ansprüchen der Pflanze entsprechen. Dies bedeutet, dass auch die Standortbedingungen im Hinblick auf die Entwicklung möglicher Schadorganismen beurteilt werden müssen.

3.1.3 Klima

Je besser der Gärtner die Zusammenhänge zwischen Pflanzenentwicklung, Klima und Lebensweise der Schadorganismen kennt, umso genauer kann er die Auswirkungen seiner Kulturmaßnahmen im Hinblick auf eine gesunde Pflanzenentwicklung beurteilen.

! Merke

Feucht-warmes Klima fördert den Befall durch Pilze und Bakterien, trocken-warmes Klima hingegen den Befall durch Insekten.

Da eine Klimaveränderung im Freiland durch gärtnerische Maßnahmen nur sehr begrenzt möglich ist, kommt dem Gärtnern unter Glas große Bedeutung zu. Mithilfe technischer Einrichtungen kann das Gewächshausklima (Temperatur, Lichtstrahlung, Boden- und Luftfeuchtigkeit und sogar die Luftzusammensetzung) gesteuert werden.

3.1.4 Ernährung

Neben den bekannten nichtparasitären Krankheiten (s. Kapitel Pflanzenernährung) kommt es durch falsche Ernährung auch zu verstärktem parasitären Befall. So verringert die Stickstoffüberdüngung nicht nur die Standfestigkeit krautiger Pflanzen, sondern sie fördert auch den Befall durch Pilzkrankheiten und saugende Insekten. Nur durch gezielte Düngung, d. h. auf der Grundlage von Bodenuntersuchungen oder/und Pflanzenanalysen, lassen sich Krankheiten infolge von falscher Ernährung vermeiden. Auch die Art und der Zeitpunkt der Düngung sind entscheidend für eine gesunde Pflanzenentwicklung. Organische Düngung fördert das Bodenleben und die Bodenstruktur und damit eine gesunde Pflanzenentwicklung, während zu späte Stickstoffgaben die Holzausreife der Bäume und Sträucher verzögern, was zu Frostschäden und zum Erfrieren dieser Pflanzen führen kann

3.1.5 Saat-, Pflanz- und Erntezeiten

Pflanzen sind vor allem während der Jugendphase besonders anfällig gegenüber Schädlingen und Krankheitserregern. Durch die Wahl des **Saat- oder Pflanzzeitpunkts** kann in vielen Fällen das Zusammentreffen des empfindlichen Jugendstadiums mit der Hauptentwicklungszeit des Schädlings bzw. Krankheitserregers vermieden und damit die Gefahr eines Befalls stark reduziert werden (**1**, S. 235). Die Aussaat- und Pflanzzeiten sind ferner so zu wählen, dass eine optimale Pflanzenentwicklung gewährleistet ist. So werden viele Pflanzen aufgrund ihres hohen Wärmebedarfs erst nach den Eisheiligen ins Freiland gepflanzt.

3.1.6 Fruchtfolge/Kulturfolge

Ein Boden, auf dem Jahr für Jahr die gleiche Pflanzenart angebaut wird, wird mit der Zeit **„müde"**, Ertrag hervorzubringen bzw. den Pflanzen eine normale Entwicklung zu ermöglichen. Die Folgen sind Kümmerwuchs und Missernten infolge von Krankheits- und Schädlingsbefall: **„Bodenmüdigkeit"**. Die Ursachen sind neben einer mangelhaften Bodenpflege und Düngung vor allem darin zu sehen, dass durch den ständigen Anbau immer der gleichen Pflanzenart

1. sich bestimmte **Schädlinge** (z. B. Nematoden) und **Krankheitserreger** (z. B. Erreger der Kohlhernie) im Boden anreichern,
2. der Boden durch den **einseitigen Nährstoffentzug** an bestimmten Nährstoffen verarmt,
3. sich durch Blätter und Wurzeln der Pflanzen **ausgeschiedene giftige (toxische)** bzw. auf die Entwicklung der Pflanzen **hemmende Stoffe** im Boden anreichern.

Auch die Wurzelausscheidungen eng verwandter Arten (Angehörige einer Gattung oder Familie) können sich gegenseitig in der Entwicklung hemmen und sollten dementsprechend nicht nacheinander angepflanzt werden (Tab. **1**, S. 237).

! Merke

Als wichtiges Mittel gegen die Bodenmüdigkeit – neben einer optimalen Bodenpflege und Pflanzenernährung – ist der jährliche Fruchtwechsel mit einer weit gestellten Fruchtfolge (= Kulturfolge) zu sehen. So sollte höchstens alle drei bis fünf Jahre die gleiche Kultur auf derselben Fläche angebaut werden.

Familie[1]	Gemüseart
Doldengewächse (*Apiaceae*, früher Umbelliferae)	Möhre, Petersilie, Sellerie, Dill, Fenchel, Kerbel, Kümmel, Pastinake
Gänsefußgewächse (*Chenopodiaceae*)	Mangold, Rote Bete, Spinat
Korbblütler (*Asteraceae*, früher Compositae)	Chicoree, Endivien, Salat, Schwarzwurzel, Topinambur
Kreuzblütler (*Brassicaceae*, früher Cruciferae)	Kohlarten, Radieschen, Rettich, Kohlrabi, Kresse
Kürbisgewächse (*Cucurbitaceae*)	Gurke, Kürbis
Lauchgewächse (*Alliaceae*)	Porree, Zwiebel, Knoblauch, Schnittlauch
Spargelgewächse (*Asparagaceae*)	Spargel
Nachtschattengewächse (*Solanaceae*)	Aubergine, Kartoffel, Paprika, Tomate
Schmetterlingsblütler (*Fabaceae*, früher Leguminosae)	Erbse, Bohne

[1] s. auch S. 106 ff.

Tab. 1 Verwandtschaftliche Beziehungen wichtiger Gemüsearten

3.1.7 Artenvielfalt

Die marktwirtschaftlichen Vorteile des intensiven und spezialisierten Anbaus haben dazu geführt, dass im Erwerbsgartenbau durchweg **Monokultur**, d. h. der großflächige Anbau nur einer Pflanzenart, betrieben wird. Diese Monokulturen schaffen ideale Voraussetzungen für die Massenvermehrung von Schädlingen und Krankheitserregern, indem die Nahrung geradezu paradiesisch, d. h. unerschöpflich angeboten wird und damit ein wichtiger natürlicher Begrenzungsfaktor entfällt. Daneben bewirkt die zwangsläufige **Artenarmut** solcher Monokulturen, dass weniger Nützlinge zur Bekämpfung vorhanden sind und somit von diesen keine durchschlagenden bzw. rechtzeitigen Bekämpfungserfolge zu erwarten sind. Der zwangsläufig notwendige Gifteinsatz tut ein Übriges dazu.

Den natürlichen Wachstumsbedingungen schon näher kommend ist die **Mischkultur**, d. h. der Anbau verschiedener Pflanzenarten nebeneinander (1). Innerhalb einer Mischkultur kann man sich auch die **Abwehrmechanismen** vieler Pflanzen gegenüber bestimmten Schädlingen/Krankheitserregern zunutze machen. Manche Pflanzen scheiden **Abwehrstoffe (= Repellentien)** aus, die bestimmte Schädlinge vor einem Befall abschrecken. So können Tomatenpflanzen benachbarte Kohlpflanzen vor dem Befall durch den Kohlweißling schützen, während Zwiebelpflanzen Möhren vor dem Befall durch die Möhrenfliege bewahren. Die Möhrenpflanzen wiederum können die Zwiebelpflanzen vor der Zwiebelfliege schützen. Pflanzen können sich jedoch auch gegenseitig durch die Ausscheidung von **Hemmstoffen (Suppressoren)** in ihrer Entwicklung hemmen (sogenannte **Allelopathie**). So geben die Blätter der Walnuss Stoffe ab,

1 Mischkultur – vorbeugender Pflanzenschutz

	Zwiebeln	Tomaten	Stangenbohnen	Spinat	Sellerie	Rhabarber	Radies/Rettich	Pflücksalat	Petersilie	Lauch/Porree	Kopfsalat	Kohlrabi	Kohlgewächse	Knoblauch	Kartoffeln	Karotten/Möhren	Gurken	Erbsen
Erbsen		–	–				+			–	+	+	+	–	–	+		
Gurken	+		+		+		–				+		+	+				
Karotten/Möhren	+	+					+						+	+				+
Kartoffeln		–		+	–							+	–					–
Knoblauch			–										–			+	+	–
Kohlgewächse	–	+	+	+	+	+	+	+		+	+			–	–		+	+
Kohlrabi		+	+	+	+		+			+	+				+			+
Kopfsalat	+	+	+		+	+	+		–	+		+	+				+	+
Lauch/Porree		+	–		+						+	+	+			+		–
Petersilie		+					+				–							
Pflücksalat		+											+					
Radies/Rettich		+	+	+					+		+	+	+			+	–	+
Rhabarber			+	+							+		+					
Sellerie		+	+	+						+	+	+	+		–		+	
Spinat		+	+		+	+	+					+	+		+			
Stangenbohnen	–			+	+	+	+			–	+	+	+	–			+	–
Tomaten				+	+		+	+	+	+	+	+	+		–	+		–
Zwiebeln			–								+		–			+	+	

+ = gute Nachbarn – = schlechte Nachbarn (grau) = neutral

Tab. 2 „Gute und schlechte Nachbarn"

die die Entwicklung anderer Pflanzen hemmen. Auch Bärlauch und Minze verdrängen ihre Nachbarn. Die Verdrängung möglicher Nahrungskonkurrenten geschieht meist nicht durch Giftstoffe, sondern über chemische Signale, die bei der zu verdrängenden Pflanze den Zelltod auslösen. Es gibt also Pflanzen, die sich in ihrer Entwicklung fördern bzw. hemmen, also gute und schlechte Nachbarn sind (Tab. 2). Bei den ökologisch orientierten Anbauverfahren spielt die Artenvielfalt unter Ausnutzung pflanzeneigener Abwehrmechanismen eine zentrale Rolle bei der Schaffung gesunder Entwicklungsmöglichkeiten der Kulturpflanzen.

Aufgaben

○ 1. Erklären Sie, warum eine optimale Kulturführung immer auch ein vorbeugender Pflanzenschutz ist.

◐ 2. Erklären Sie am Beispiel der Möhrenfliege (1, S. 235) den Einfluss von Kulturmaßnahmen auf den Befall durch Schadorganismen.

○ 3. Warum sind für eine optimale Kulturführung gute Kenntnisse über die Lebens- und Entwicklungsweisen von Schadorganismen notwendig?

Aufgaben (Fortsetzung)

◑ 4. Erklären Sie, warum man nicht davon ausgehen kann, dass eine resistente Sorte resistent bleibt, und wie die Gefahr der Resistenzdurchbrechung gesenkt werden kann.

◑ 5. Diskutieren Sie Vor- und Nachteile von Mono- und Mischkulturen.

○ 6. Nennen Sie fünf Beispiele für „gute" und „schlechte" Nachbarn in der Gemüsepflanzung.

◑ 7. Worauf kann der fördernde bzw. hemmende Einfluss, den manche Pflanzen aufeinander ausüben, beruhen?

3.2 Physikalische Maßnahmen

Physikalische Verfahren sind von alters her bekannt und dienen überwiegend dem vorbeugenden Pflanzenschutz. Dabei kann man unterscheiden zwischen mechanischen Maßnahmen und dem Einsatz von Hitze (1, S. 239).

3.2.1 Mechanische Maßnahmen

- **Wildkrautbekämpfung** mittels Hacke, Egge, Pflug, Fräse usw.
- **Einsatz von Netzen und Vliesen** während der Obstreife bzw. der Flugzeit schädlicher Insekten (1 bis 4). **Kulturschutznetze** bestehen in der Regel aus UV-stabilisiertem Polyethylen (PE)/Hart-Polyethylen (HDPE). Ihre Haltbarkeit beträgt etwa 5 bis 7 Jahre. Überwiegend werden Netze mit Maschenweiten von 1,35 x 1,35 mm (Lichtdurchlässigkeit ca. 92%, Lüftungsfläche ca. 75%, 56 g/m^2)[1] und 0,8 x 0,8 mm (Lichtdurchlässigkeit ca. 86%, Lüftungsfläche ca. 63%, 70 g/m^2)[1] angeboten (Tab. 1). Je kleiner die Maschenweite, desto höher das Gewicht der Netze und desto geringer ihre Licht- und Luftdurchlässigkeit.

Gemüsearten	Maschenweiten 1,35 x 1,35 mm	Maschenweiten 0,8 x 0,8 mm
Kohlarten	Kleine Kohlfliege, Großer und Kleiner Kohlweißling, Kohleule, Kohlmotte	Erdfloh, Kohlgallenrüssler, Kohldrehherzmücke, Weiße Fliege, Mehlige Kohlblattlaus, Gefleckter Kohltriebrüssler
Radieschen, Rettich	Kleine Kohlfliege, Rettichfliege	Erdfloh
Möhren, Petersilie, Sellerie	Möhrenfliege	Möhrenminierfliege
Bohnen	Bohnensaatenfliege (Wurzelfliege)	Schwarze Bohnenblattlaus
Zwiebel, Porree, Schnittlauch	Lauchmotte, Zwiebelfliege	Zwiebelthrips

Tab. 1 Schadorganismen – Maschenweiten von Kulturschutznetzen

[1] laut Herstellerangaben

1 Netze gegen Möhrenfliege

2 Netze gegen Kleine Kohlfliege

3 Netze gegen Kohlweißling am Rosenkohl

4 Netze gegen Vogelfraß am Beerenobst

Für einen erfolgreichen Netzeinsatz sind folgende Dinge zu beachten:
- Fruchtfolge so planen, dass nicht bereits zu Kulturbeginn im Boden Entwicklungsstadien der Schädlinge vorhanden sind
- vor dem Auspflanzen die Pflanzen genau auf Schädlingsbefall untersuchen
- sofort nach der Aussaat bzw. Pflanzung die Netze aufbringen
- richtige Maschengröße verwenden
- Ränder sorgfältig schließen
- notwendige Abdeckungen kurzfristig halten und möglichst morgens (Insekten wenig flugaktiv) durchführen.

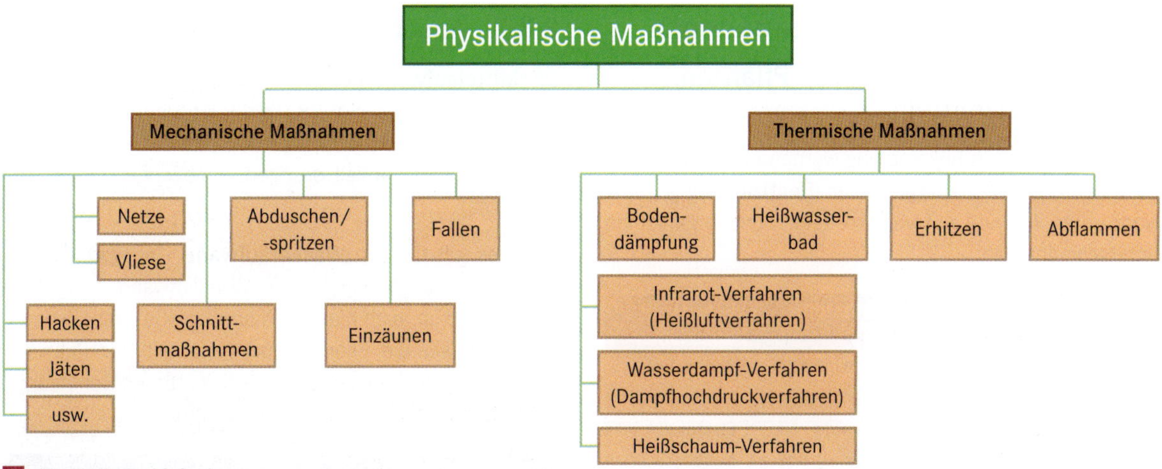

1 Physikalische Maßnahmen

2 Minidrohnen zur Schädlingsbekämpfung

- **Schnittmaßnahmen** zur Entfernung kranker Pflanzenteile an Gehölzen (z. B. bei Pilz- und Bakterienkrankheiten)
- **Abduschen/-spritzen** saugender Insekten
- **Einzäunung/Drahtgeflechte/Plastikspiralen** gegen Wildverbiss
- **Fallen** (z. B. gegen Wühlmäuse)
- **Filtration** zirkulierenden Wassers (z. B. bei der Anstaubewässerung)
- **Drohneneinsatz** (2) zur Bekämpfung fliegender Insekten. Bei dieser Art der Bekämpfung übernehmen Mikrodrohnen eigenständig die Schädlingsbekämpfung. Dazu scannen Kameras permanent die Umgebung. Wird ein fliegendes Insekt ausgemacht, wird seine voraussichtliche Flugbahn errechnet und eine Mikrodrohne auf Kollisionskurs geschickt. Beim Zusammentreffen wird der Schädling durch die Propeller der Drohne zerfetzt. Danach kehrt die Drohne zum Aufladen zur Basisstation zurück.

3.2.2 Einsatz von Hitze

- Bei der **Bodendämpfung** wird heißer Wasserdampf zur Abtötung im Boden lebender (bodenbürtiger) Schaderreger und Wildkrautsamen in den Boden eingeleitet. Um eine optimale Bekämpfung zu gewährleisten, sollte für mindestens 30 Minuten eine Temperatur von 90 bis 100 °C herrschen. Obwohl das Dämpfen aufwendiger und teurer als die chemische Bodenentseuchung ist, sollte es wegen seiner Umweltfreundlichkeit bevorzugt werden. Zudem ist es, vor allem im Hinblick auf pilzliche Krankheitserreger, sicherer im Bekämpfungserfolg.
- **Tauchen in ein Heißwasserbad**, z. B. zur Desinfektion von Kulturgefäßen (20 bis 30 Minuten bei mindestens 60 °C)
- **Erhitzen** zirkulierenden Wassers (z. B. bei der Anstaubewässerung)
- **Tauchen in Spiritus und Abflammen** (z. B. Messer beim Stecklingsschnitt, um Virus- bzw. Bakterienkrankheiten nicht zu übertragen)
- **Wildkrautbekämpfung** mittels Abflammen (s. S. 325), Infrarot-Verfahren (Heißluftverfahren, s. S. 325 f.), Wasserdampf-Verfahren (Dampfhochdruckverfahren, s. S. 325 f.) oder Heißschaum-Verfahren (s. S. 326)

? Aufgabe

○ 1. Welche physikalischen Bekämpfungsmaßnahmen werden in Ihrem Ausbildungsbetrieb
   a) zur vorbeugenden und
   b) zur direkten Bekämpfung von Schadorganismen eingesetzt?

● 2. Bei der Kultur von Kohlpflanzen sollen zum Schutz vor Insekten Netze eingesetzt werden. Worauf ist dabei zu achten?

○ 3. Warum sollte die Maschenweite von Insektenschutznetzen nicht unbedingt kleiner als notwendig gewählt werden?

3.3 Chemischer Pflanzenschutz

3.3.1 Wirkstoffklassen von Pflanzenschutzmitteln

Bei der chemischen Bekämpfung werden chemische Gifte zum Abtöten von Schadorganismen **(Pestizide)** eingesetzt. Nach ihrer Wirkung auf verschiedene Schadorganismen unterscheidet man:

Giftstoffe	Schadorganismen	Giftstoffe	Schadorganismen
Akarizide	Milben	Molluskizide	Schnecken
Aphizide[1]	Blattläuse	Nematizide	Nematoden
Fungizide	Pilze	Ovizide	Eistadien
Herbizide	Wildkräuter	Rodentizide	Nagetiere
Insektizide	Insekten		

[1] Insektizide speziell gegen Blattläuse

Tab. 1 Giftstoffe zur Abtötung von Schadorganismen

Die chemischen Pflanzenschutzmittel bestehen aus dem **Wirkstoff** (von ihm geht die giftige Wirkung aus) und **Zusatzstoffen**, die die Wirkung des Mittels durch eine bessere Haftfähigkeit, Netzfähigkeit, Verteilung oder Löslichkeit verbessern.

3.3.2 Vor- und Nachteile der chemischen Bekämpfung

Vorteile	Nachteile
■ schnelle und sichere Wirkung (hohe Abtötungsrate) ■ relativ einfache Handhabung ■ relativ niedrige Kosten	■ Gefährdung der Gesundheit von Anwender und Verbraucher ■ Umgang mit giftigen Mitteln ■ Rückstände in der Nahrung ■ Belastung der Umwelt (Boden, Wasser, Luft) mit Pestiziden ■ Gefahr der Schädigung anderer Lebewesen ■ Verlust der Artenvielfalt (Biodiversität) ■ Resistenzprobleme ■ Wartezeiten ■ Entsorgung von giftigen Mitteln ■ Gefahr von Spritzschäden

Tab. 2 Vor- und Nachteile der chemischen Bekämpfung

! Merke

Der Einsatz von chemischen Pflanzenschutzmitteln ist generell mit **Risiken für die menschliche Gesundheit** sowie **Belastungen für die Umwelt** verbunden. Entsprechend sind Pestizide nur dann einzusetzen, wenn dies unbedingt notwendig ist.

3.3.3 Ausbringung und Aufwandmenge

Die **Mittelaufwandmenge** für neu zugelassene Pflanzenschutzmittel wird seit 1998 nach Pflanzengröße gestaffelt (bis 50 cm, 50 bis 125 cm, über 125 cm) auf eine bestimmte Flächeneinheit bezogen, angegeben (z. B. kg/ha oder l/ha).

Gleiches gilt für den **Wasseraufwand** (Tab. 2). Er wird weitgehend unabhängig vom Mittelaufwand festgelegt. Maßgebend ist auch hier die Pflanzengröße. Dabei kommt es darauf an, die Pflanzen lückenlos mit der Pflanzenschutzbrühe zu überziehen (bis zur sichtbaren Benetzung), ohne dass es zu Abtropfverlusten kommt.

Pflanzengröße	Wassermenge
<50 cm	1 000 l/ha
50–125 cm	1 500 l/ha
>125 cm	2 000 l/ha

Tab. 3 Beispiele für den Wasseraufwand nach Pflanzengröße

3.3.4 Wirkung chemischer Mittel

Bei der Wirkung der Gifte auf die Schaderreger unterscheidet man (1):

- **Kontaktgifte** wirken bei Kontakt, indem sie auf die Blattfläche bzw. Schadorganismen ausgebracht werden. Einige Mittel weisen eine **Tiefenwirkung** auf, d. h., bei einer Behandlung der Blattoberseite werden auch auf der Blattunterseite befindliche Schadorganismen abgetötet.
- **Atemgifte** gelangen über die Atmungsorgane in den Körper.
- **Fraßgifte** werden mit der Nahrung aufgenommen.

Systemisch wirkende Gifte werden über die Blätter oder Wurzeln aufgenommen und in der Pflanze verteilt. Dabei kann man unterscheiden:

- **Xylem-mobile Wirkstoffe** werden in der Pflanze nur akropetal, d. h. mit dem **Wasserstrom** „nach oben" transportiert. Dadurch kann nur direkt getroffenes und neues Gewebe geschützt werden.
- **Phloem-mobile Wirkstoffe** werden sowohl akropetal als auch basipetal (von oben nach unten)

1 Gifte wirken unterschiedlich

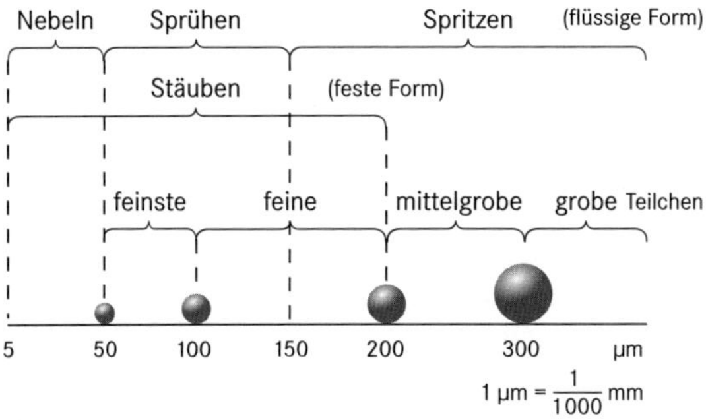

1 Ausbringungsverfahren

transportiert, sodass auch nicht getroffene Pflanzenteile geschützt werden.

Die **Vorteile systemisch wirkender Mittel** gegenüber Kontaktgiften sind darin zu sehen, dass

- sie durch nachfolgenden Regen nicht abgewaschen bzw. verdünnt werden;
- Schadorganismen auch an schlecht zugänglichen Stellen (z. B. in Blattrollungen oder im Innern der Pflanze) getroffen werden;
- sie eine **kurative** (heilende) Wirkung haben, da sie Schaderreger auch abtöten können, nachdem diese bereits in die Pflanze eingedrungen sind;
- die Pflanze nicht aus dem Spritzbelag herauswachsen kann bzw. sich neu entwickelnde Pflanzenteile über das Leitungssystem der Pflanze mit dem Wirkstoff versorgt werden und somit ebenfalls geschützt sind.

3.3.5 Einwirkung auf Boden, Luft und Wasser

Es ist beim Einsatz von Pflanzenschutzmitteln unvermeidlich, dass diese auch auf und in den Boden gelangen. Hier unterliegen sie einer Reihe von Einflüssen (z. B. mikrobieller Abbau, Anlagerung an Ton- und Humusteilchen, chemische Reaktionen), die in der Regel zu einem Abbau führen. Die Geschwindigkeit des Abbaus ist von einer Reihe von Faktoren abhängig (z. B. Art des Wirkstoffs, der Bodenart und der -struktur, der Aktivität des Bodenlebens und der Witterung). Mit letzter Sicherheit kann jedoch nicht gesagt werden, wie die Vielzahl der Giftstoffe bzw. deren Abbauprodukte miteinander reagieren bzw. auf den Boden mit seiner komplizierten Tier- und Pflanzenwelt wirken werden.

Wie Untersuchungen des Julius-Kühn-Instituts (JKI) gezeigt haben, **verdunstet ein sehr großer Teil der Pflanzenschutzmittel und belastet damit unsere Atemluft.** Was mit diesen Giftstoffen, die auf diese Weise großräumig bis in die entlegensten Gebiete der Erde verteilt werden können, geschieht bzw. welche Spätfolgen durch sie verursacht werden, ist weitgehend unerforscht.

In den Boden gelangte Wirkstoffe können mit dem Sickerwasser verlagert werden und schließlich ins Grundwasser gelangen. So wurden bereits größere Konzentrationen von Pflanzenschutzmitteln im Grundwasser nachgewiesen. Pflanzenschutzmittel, die besonders leicht in das Grundwasser gelangen können, werden mit **Wasserschutzauflagen** belegt. Solche Mittel dürfen in Wassereinzugsgebieten zur Trinkwassergewinnung nicht benutzt werden! Zuwiderhandlungen werden mit hohen Geldstrafen, Schadensersatzansprüchen bzw. Freiheitsstrafen geahndet. Für den Anwender von Pflanzenschutzmitteln ist deshalb eine genaue Kenntnis über den Verlauf örtlich vorhandener Wasserschutzgebiete unumgänglich. Auskünfte erteilen die Wasserbehörden/Wasserwirtschaftsämter bei den Kreis- oder Stadtverwaltungen.

3.3.6 Resistenzbildung

Das verstärkte Auftreten von Resistenzen beim Einsatz von Pestiziden erklärt sich dadurch, dass innerhalb großer **Populationen** (Lebewesen einer Art, die untereinander in Kontakt stehen) immer alle Abstufungen von Empfindlichkeit gegenüber bestimmten Giftstoffen vorliegen. Der häufige Einsatz eines bestimmten Wirkstoffs führt demnach dazu, dass die empfindlicheren Schadorganismen abgetötet werden, die weniger empfindlichen hingegen optimale Entwicklungsmöglichkeiten bekommen, da durch die Ausschaltung von Lebewesen der gleichen Art die Konkurrenz um Nahrung und Lebensraum nicht mehr so groß ist. Diese Entwicklung läuft umso schneller ab, je rascher die Generationsfolge und je höher die Vermehrungsrate der jeweiligen Art ist. Die Folge ist, dass immer höhere Giftkonzentrationen in immer kürzeren Abständen verabreicht werden müssen, um den gleichen Bekämpfungserfolg zu erzielen. Dies führt jedoch zu einer beschleunigten Resistenz durch den erhöhten **Selektionsdruck**, d. h. zu einer erhöhten Intensität, mit der die resistenten Schadorganismen ausgelesen werden. Letztendlich führt die Resistenzbildung dazu, dass die zur Bekämpfung eingesetzten Mittel keine Wirkung mehr zeigen. Auch bei der Wildkrautbekämpfung sind durch den verstärkten Gifteinsatz vermehrt Resistenzen gegenüber einer Reihe von chemischen Mitteln zu beobachten.

Die erworbene Eigenschaft der Resistenz kann auch auf die Nachkommen vererbt werden, sodass selbst Schadorganismen, die noch nie mit Pflanzenschutzmitteln in Berührung gekommen sind, gegen die eingesetzten Mittel immun sind. Der häufige Einsatz chemischer Mittel kann auch zur Bildung **multiresistenter Schadorganismen** führen, die gegen mehrere Wirkstoffe gleichzeitig resistent sind. In einem solchen Fall kann auch ein Wirkstoffwechsel zu einem Anstieg der Resistenz führen.

! Merke

Eine Reduzierung des Gifteinsatzes wie auch die Verlängerung der Behandlungspausen, verbunden mit einem häufigen Wechsel der Mittel/Wirkstoffe, kann die Resistenzbildung zumindest verzögern.

3.3.7 Wirtschaftliche Schadensschwelle

Ein wichtiger Schritt zur Reduktion des Gifteinsatzes ist die Berücksichtigung der wirtschaftlichen Schadensschwelle bei der Bekämpfung von Schaderregern.

! Merke

Die **wirtschaftliche Schadensschwelle** ist erreicht, wenn der ohne Bekämpfung zu erwartende Schaden genauso groß ist wie die Kosten, die durch eine Bekämpfung der Schaderreger entstehen würden.

Eine chemische Bekämpfung ist also erst dann wirtschaftlich sinnvoll, wenn die wirtschaftliche Schadensschwelle überschritten wird (1).

Neben den **direkten Kosten** einer Bekämpfung (Mittel-, Geräte- und Arbeitskosten) sind jedoch auch, soweit überhaupt möglich, die **indirekten (Folgekosten)** einer chemischen Bekämpfung zu berücksichtigen. Hierzu würden z. B. nicht nur die Kosten für notwendige Folgespritzungen durch Abtötung natürlicher Feinde und auftretende Resistenz zählen, sondern auch diejenigen, die normalerweise von der Gesellschaft getragen werden, wie Kosten, die durch die Belastung des Grundwassers, die Schäden an Flora und Fauna oder die Gesundheit des Menschen durch den Einsatz von Pestiziden entstehen. Häufig wird zur Berücksichtigung dieser nur schwer oder gar nicht erfassbaren indirekten Kosten die wirtschaftliche Schadensschwelle dort angenommen, wo die Verluste doppelt so hoch sind wie die Kosten für eine Bekämpfung.

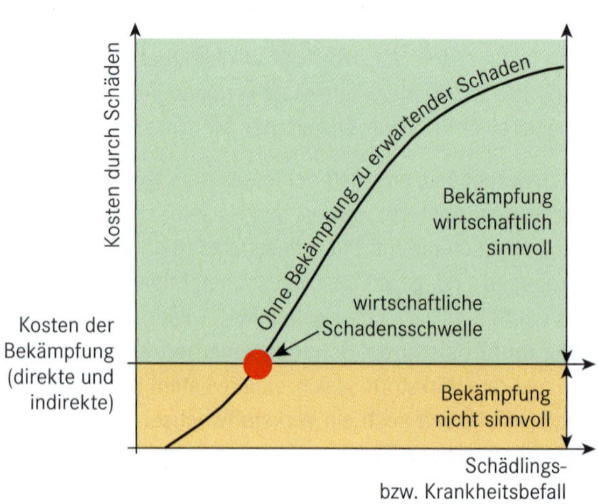

1 Wirtschaftliche Schadensschwelle

! Merke

Zur Abschätzung, ob der ohne Bekämpfung zu erwartende Schaden die wirtschaftliche Schadensschwelle überschreitet oder nicht, bedient man sich der Hilfe von **Richtwerten**.

Die Ermittlung solcher **Richtwerte/wirtschaftlicher Schadensschwellen** ist häufig nicht ganz einfach, da die ökologischen Bedingungen und damit der Schadensverlauf von vielen Faktoren (z. B. Befallszeitpunkt, Witterungsverlauf, Populationsdichte der natürlichen Feinde, Produktionsintensität, angestrebte Ertragshöhe und Qualität) beeinflusst werden. Entsprechend stellen die Richtwerte nur Annäherungswerte dar. Trotzdem hat sich in der Praxis das Konzept der wirtschaftlichen Schadensschwelle bewährt. Weitere Fortschritte sind mit zunehmender Kenntnis ökologischer Zusammenhänge zu erwarten.

3.3.8 Bienenschutzverordnung

Entsprechend der Gefahr, die von chemischen Mitteln auf andere Tiere ausgeht, wurde die Bienenschutzverordnung erlassen. **Bienen**, die sich von Nektar und Pollen ernähren, sind **wichtige Bestäuber** für viele Pflanzenarten (2). So sind 80 % aller Nutzpflanzen auf die Bestäubung durch die Honigbiene angewiesen. Um 1 kg Pollen zu sammeln, müssen 60 000 Flüge durchgeführt und bis zu 5 000 000 Blüten besucht werden. Vor allem im Obstbau bedient man sich der Hilfe der Bienen, da die Erträge sonst in Quantität und Qualität sänken. Pro ha Obstbäume werden vier bis fünf Bienenvölker eingesetzt. Außerdem sind Bienen wichtige **Bioindikatoren**, d. h., aus dem Verhalten der Bienen und dem Honigertrag kann der Imker auf Veränderungen im Naturhaushalt schließen. Und nicht zuletzt ist die **Produktion von Honig** (durchschnittlich werden pro Jahr von einem Bienenvolk 15 kg Honig produziert) ein erheblicher Wirtschaftsfaktor.

! Merke

Die **Bienenschutzverordnung** regelt den Einsatz bienengefährlicher Mittel.

2 Bienen, wichtige Bestäuber zahlreicher Pflanzenarten

1 Bienenschutzverordnung

Die Bienengefährlichkeit eines Mittels wird durch die Kennbuchstaben B 1, B 2, B 3 und B 4 angegeben (1). Im Umkreis von 60 m um Bienenstände dürfen bienengefährliche Mittel ohne Zustimmung des Imkers nur außerhalb der Zeit des täglichen Bienenflugs angewandt werden. Blühen in diesem Bereich Pflanzen, darf während dieser Zeit kein bienengefährliches Mittel eingesetzt werden! Auch als nicht bienengefährlich eingestufte Mittel sollten nicht in die offene Blüte gespritzt werden. Gegebenenfalls sollte nach dem Bienenflug gespritzt werden. Pflanzen, an denen deutliche Honigtauausscheidungen erkennbar sind, dürfen ebenfalls nicht behandelt werden. Auch ist darauf zu achten, dass Pflanzenschutzmittel nicht in Pfützen gelangen oder sich Pfützen bilden.

Neben den Bienen gibt es aber eine ganze Reihe nützlicher Insekten, die sich nicht an die Flugzeiten der Bienen halten. So sind z. B. die **Hummeln** besonders gefährdet, da sie bereits sehr früh und auch noch sehr spät fliegen, wenn die Bienen noch oder bereits wieder in ihrem Stock sind. Selbst bei Kälteeinbrüchen - Bienen fliegen erst bei Temperaturen über 15 °C - fliegen sie (ab +2 °C) bis in die späten Abendstunden hinein (18 h/Tag). Bei Frostwetter während der Obstbaumblüte sorgen vor allem sie für einen Fruchtansatz. Hummeln sammeln drei- bis fünfmal schneller und viermal mehr als Bienen. Jedoch umfassen ihre Völker höchstens 300 bis 500 Tiere. Daneben sind in vielen Fällen nur Hummeln aufgrund ihres langen Saugrüssels in der Lage, bestimmte Pflanzenarten (z. B. Ackerbohnen) zu bestäuben. Da Hummeln keine großen Vorräte anlegen, stirbt ihre Brut, wenn sie eine Woche lang keinen Pollen und Nektar sammeln können.

Teilweise werden Hummeln bereits wie Bienen gehalten, um sie vor dem Aussterben zu schützen. **Bei Tomaten unter Glas werden sie zur Bestäubung eingesetzt**, um das arbeitsintensive Trillern (Auslösen der Bestäubung mittels Vibrationsgerät) einzusparen. Auch **als Pflanzenschützer** haben sich Hummeln schon bewährt, indem sie zur Verteilung nützlicher Mikroorganismen zur Bekämpfung von Krankheiten und Schädlingen eingesetzt werden. Ihre Verteilung erfolgt bei der Bestäubung der Blüten und damit sehr gezielt.

! Merke

Artenarme Landschaften, das Roden von Hecken, weiträumige Monokulturen, großflächiger Gifteinsatz, Vernichtung von Wildkräutern usw. führen dazu, dass der Bestand an Hummeln immer mehr zurückgeht.

3.3.9 Kennzeichnung chemischer Mittel

Pflanzenschutzmittel dürfen nach dem Pflanzenschutzgesetz nur in den Handel gebracht werden, wenn sie von dem **Bundesamt für Verbraucherschutz und Lebensmittelsicherheit (BVL)** zugelassen sind (s. S. 330).

Zugelassene Mittel weisen auf ihrer Packung das **Zulassungszeichen** und eine **Zulassungsnummer** (2) auf. Die Zulassung eines Mittels bedeutet nicht, dass von ihm keine schädlichen Auswirkungen auf die Gesundheit von Mensch und Tier bzw. der Natur ausgehen können, sondern nur, dass diese bei bestimmungsgemäßer und sachgerechter Anwendung der Mittel vermieden werden bzw. nach dem heutigen Stande wissenschaftlicher Erkenntnisse vertretbar sind. Entsprechend einer EU-Richtlinie werden giftige Pflanzenschutzmittel nach dem Grad ihrer **akuten Giftigkeit** (Giftigkeit bei einmaliger Verabreichung) mit den **Gefahrensymbolen für gefährliche Arbeitsstoffe** gekennzeichnet (s. S. 244, 246).

2 Zulassungszeichen

! Merke

Alle Pflanzenschutzmittel sind Gifte und können bei unsachgemäßer Anwendung zu Gesundheitsschäden und unter Umständen in wenigen Minuten zum Tod führen. Auch wenn Mittel nicht als „giftig" gekennzeichnet sind, können schwere Gesundheitsschäden hervorgerufen werden.

Einstufung und Kennzeichnung von Chemikalien nach GHS

Piktogramm	Bezeichnung	Gefahr
	Explodierende Bombe	explosionsgefährlich
	Flamme	hochentzündlich
	Flamme über einem Kreis	brandfördernd
	Gasflasche	unter Druck stehende Gase
	Ätzwirkung	ätzend
	Totenkopf mit gekreuzten Knochen	giftig
	Ausrufezeichen	Vorsicht gefährlich
	Gesundheitsgefahr	gesundheitsschädlich
	Umwelt	gewässergefährdend

Tab. 1 Übersicht Gefahrenpiktogramme

Seit dem 01.12.2008 gilt das Einstufungs- und Kennzeichnungssystem für Chemikalien nach **GHS** (Global Harmonisiertes System zur Einstufung und Kennzeichnung von Chemikalien). Mit der weltweiten Vereinheitlichung wurde ein wesentlicher Beitrag zur Verbesserung des Schutzes der menschlichen Gesundheit und der Umwelt geleistet. Die Europäische Union hat das GHS in einer Verordnung (verbindliche Rechtsnorm) umgesetzt, die sogenannte **CLP-Verordnung** (Classification, Labelling and Packaging). Sie stellt das in Europa geltende Einstufungs- und Kennzeichnungssystem dar.

Das GHS unterscheidet zwischen **physikalischen Gefahren**, **Gesundheitsgefahren** und **Umweltgefahren**. Die Art der Gefahr wird durch **Gefahrenklassen** beschrieben. Je nach Gefährdungspotenzial werden diese zusätzlich in **Gefahrenkategorien** unterteilt. Die **Kennzeichnung mit Piktogrammen** (vereinfachte Darstellungen) ermöglicht eine schnelle Orientierung über die von dem Stoff ausgehenden Gefahren (Tab. 1). Zusätzliche Informationen geben **Gefahren-** und **Sicherheitshinweise**. **Signalwörter** sollen die Aufmerksamkeit hinsichtlich des Gefährdungsgrades erhöhen. Dabei wird zwischen zwei Signalwörtern unterschieden: **Gefahr** für schwerwiegende und **Achtung** für weniger schwerwiegende Gefahrenkategorien (1). **Kennzeichnungsetiketten** für Verpackungen von Gefahrstoffen müssen so gekennzeichnet sein, dass sie Personen, die mit einem Gefahrenstoff umgehen, Hinweise auf die damit verbundenen Gefahren geben (1, S. 245).

Gefahrenkategorien			
Kategorie 1	**Kategorie 2**	**Kategorie 3**	**Kategorie 4**
Gefahr	**Gefahr**	**Gefahr**	**Achtung**
Lebensgefahr bei Verschlucken. Lebensgefahr bei Hautkontakt. Lebensgefahr bei Einatmen.	Lebensgefahr bei Verschlucken. Lebensgefahr bei Hautkontakt. Lebensgefahr bei Einatmen.	Giftig bei Verschlucken. Giftig bei Hautkontakt. Giftig bei Einatmen.	Gesundheitsschädlich bei Verschlucken. Gesundheitsschädlich bei Hautkontakt. Gesundheitsschädlich bei Einatmen.
Kategorie 1	**Kategorie 2**	**Kategorie 1**	**Kategorie 2**
Gefahr	**Gefahr**	**Gefahr**	**Achtung**
Verursacht schwere Verätzungen der Haut und schwere Augenschäden.	Verursacht Hautreizung.	Verursacht schwere Augenschäden.	Verursacht schwere Augenreizung.

1 Gesundheitsgefahren – Gefahrenklassen unterteilt in Gefahrenkategorien (Beispiele) (Quelle Umweltbundesamt 2013).

Produktidentifikatoren → **Mustergemisch** Inhalt: 5 Liter ← *Nennmenge*
enthält: Stoff A, Stoff B, Stoff C

Gefahrenpiktogramme →

Signalwort → Gefahr ← *Gefahrenhinweise*

Verursacht schwere Augenschäden. Kann bei Einatmen Allergie, asthmaartige Symptome oder Atembeschwerden verursachen. Kann gegenüber Metallen korrosiv sein. Verursacht Hautreizungen. Sehr giftig für Wasserorganismen, mit langfristiger Wirkung.
Augenschutz/Gesichtsschutz tragen. Einatmen von Dampf vermeiden. Bei unzureichender Belüftung Atemschutz tragen. Freisetzung in die Umwelt vermeiden. Verschüttete Mengen aufnehmen.
BEI KONTAKT MIT DEN AUGEN: Einige Minuten lang behutsam mit Wasser ausspülen. Vorhandene Kontaktlinsen nach Möglichkeit entfernen. Weiter ausspülen. Sofort GIFTINFORMATIONSZENTRUM oder Arzt anrufen.
BEI EINATMEN: Bei Atembeschwerden an die frische Luft bringen und in einer Position ruhigstellen, die das Atmen erleichtert. Bei Symptomen der Atemwege: GIFTINFORMATIONSZENTRUM oder Arzt anrufen.

Ergänzende Informationen → Kann bei Verwendung explosionsfähige/entzündbare Dampf/Luft-Gemische bilden. 23,5 Prozent des Gemisches bestehen aus einem oder mehreren Bestandteilen mit unbekannter akuter dermaler Toxizität. 3,5 Prozent des Gemisches bestehen aus einem oder mehreren Bestandteilen mit unbekannter akuter oraler Toxizität. Enthält 2 % Bestandteile mit unbekannter Gewässergefährdung.

Angaben zum Lieferanten → Musterfirma · Musterstraße 1 ·
D 12345 Musterstadt ·
Tel: +49 (0)1234 56789

1 Das Kennzeichnungsetikett zeigt die Kennzeichnungselemente, die mindestens anzugeben sind (Quelle Umweltbundesamt 2013).

3.3.10 Vorsichtsmaßnahmen beim Umgang mit chemischen Mitteln

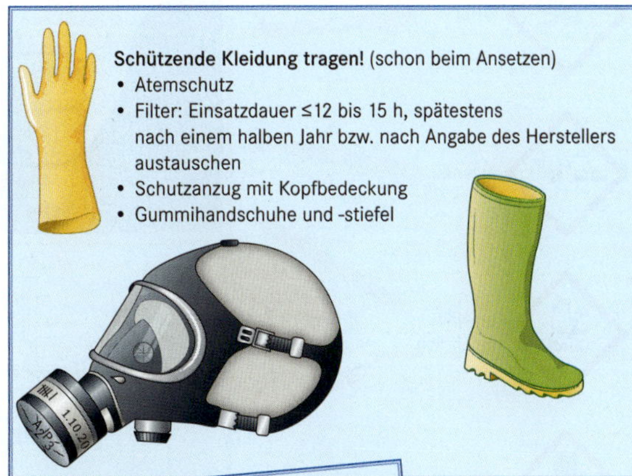

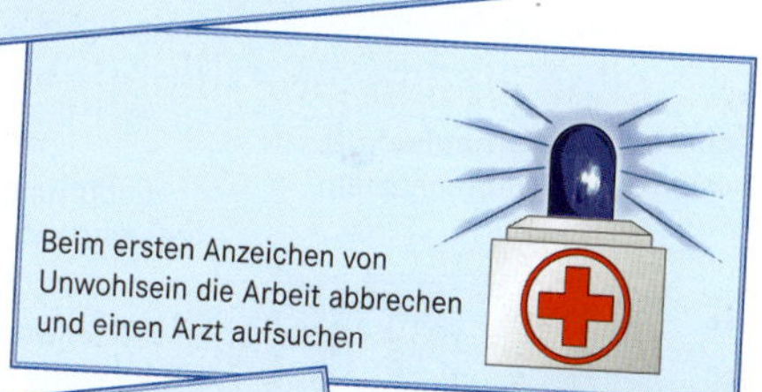

2 Vorsichtsmaßnahmen sind unbedingt einzuhalten

1 Kennzeichnung und Entsorgung von Pflanzenschutzmitteln (s. auch S. 243); eine Entsorgung ist auch über das **Rücknahme-System PRE** (Pflanzenschutzmittel Rücknahme und Entsorgung) möglich; Sammelstellen/Informationen unter www.pre-service.de

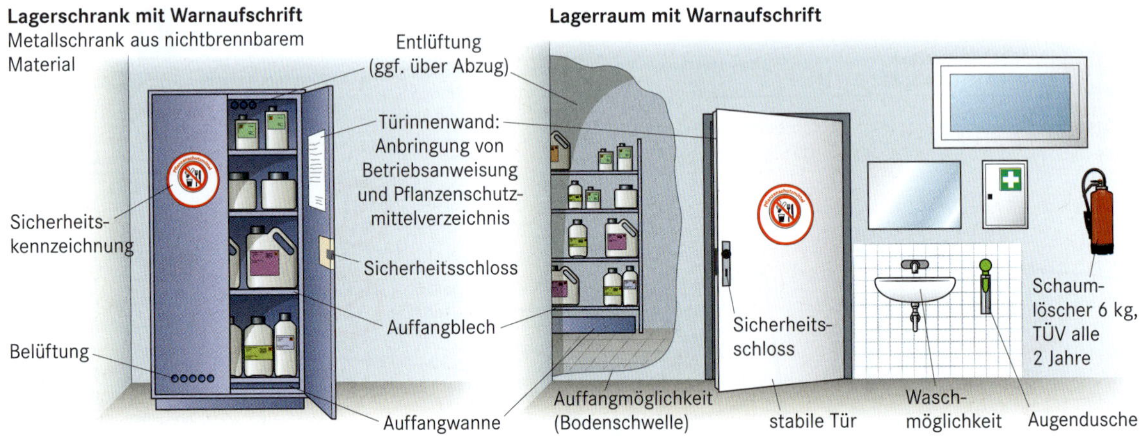

2 Ordnungsgemäße Lagerung von Pflanzenschutzmitteln; Informationen zu den jeweils erforderlichen sicherheitstechnischen Maßnahmen erhält man z. B. vom Sicherheitstechnischen Dienst (SVLFG)

> **! Merke**
>
> Die Aufnahme der Mittel kann über den Mund, die Haut (z. B. Hände, Arme und Gesicht) und über die Atmungsorgane erfolgen.

Entsprechend muss der Anwender eine ganze Reihe von Vorschriften beim Umgang mit chemischen Pflanzenschutzmitteln beachten, um eine akute Gefährdung zu vermeiden (**1** und **2** sowie **1** S. 245). Verzicht auf Schutzmaßnahmen bedeutet nicht nur die Gefahr einer akuten Vergiftung, sondern vor allem die einer chronischen Vergiftung – einer Vergiftung, zu der es durch die Aufnahme von kleineren Giftmengen in den Körper über einen längeren Zeitraum kommen kann. So kann die giftige Wirkung eines Mittels beim Anwender z. B. erst nach Jahrzehnten zu einer unheilbaren Krankheit führen.

1 Pflanzenschutzanzug mit Gebläse unterstütztem Filtergerät. Das Filtergerät saugt die Umgebungsluft durch einen Filter an und drückt sie zum Atemschutzgeräteträger. Die Geräte mit Helm oder Haube besitzen eine Warneinrichtung, die den Träger bei zu geringer Luftförderleistung warnt. Bei der Verwendung sehr giftiger Mittel ist die Verwendung eines TH_3-Geräts (T = Turbo, H = Haube oder Helm, 1 bis 3 = Filterklassen) zu empfehlen

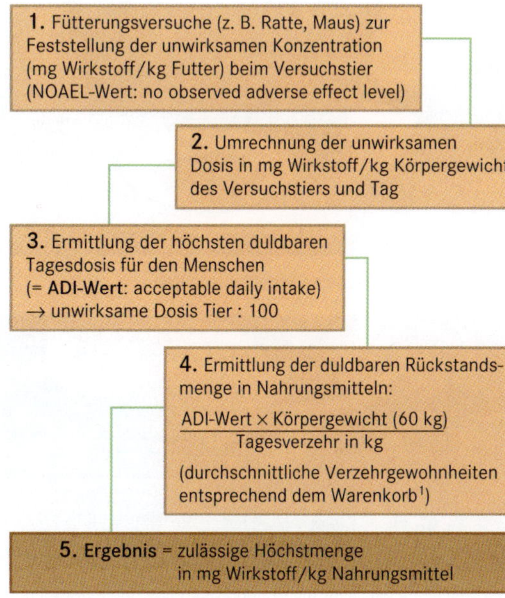

[1] Für den durchschnittlichen Lebensmittelverzehr in Gramm pro Tag wird der eines vier- bis sechsjährigen Mädchens zugrunde gelegt, weil seine relative Nahrungsaufnahme (bezogen auf das Körpergewicht) größer ist als die von Erwachsenen.

2 Ermittlung der Höchstmenge

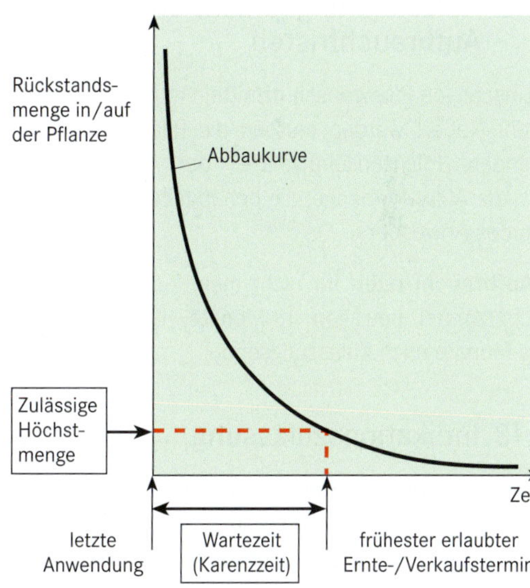

3 Abbaukurve eines Pflanzenschutzmittels

3.3.11 Höchstmengenverordnung und Wartezeiten

Unterliegen in der Regel nur Anwender chemischer Pflanzenschutzmittel einer akuten Vergiftungsgefahr, so werden dagegen mit der Nahrung von allen Menschen Spuren von Rückständen aufgenommen. Die für den Menschen als duldbar erklärte Tagesdosis an Rückständen wird anhand von Tierversuchen unter Einbeziehung eines Sicherheitsfaktors ermittelt und in der **Höchstmengenverordnung** aufgeführt (**2**).

Da der Verbraucher diese Spuren von Rückständen in bzw. auf der Pflanze nicht feststellen kann, sind **Wartezeiten** festgelegt. Diese sagen aus, wie viele Tage zwischen dem letzten Pflanzenschutzmitteleinsatz und der Ernte bzw. frühstmöglichen Nutzung mindestens liegen müssen, damit die zulässige Höchstmenge nicht überschritten wird (**3**). Die Wartezeiten garantieren jedoch nur das Nichtüberschreiten der zulässigen Höchstmenge an Rückständen, wenn das Mittel richtig angewendet, also z. B. richtig dosiert und in den erlaubten Anwendungsgebieten eingesetzt wurde. Eine Unbedenklichkeitsgarantie hat der Verbraucher damit auch nicht, da weder die Abbauwege noch die genaue Wirkung der Abbauprodukte auf den Menschen bzw. Naturhaushalt der meisten Substanzen im Einzelnen bekannt sind. So sind in der Regel Langzeitschäden bzw. latente (versteckte) Gefährdungen nicht kontrollierbar.

Die Wartezeiten hängen u. a. von der Bodentemperatur, -feuchtigkeit, -art und -struktur ab. Bevor der Boden nach einer chemischen Bodenverseuchung wieder neu bestellt werden kann, muss geprüft werden, ob noch pflanzenschädliche Stoffe im Boden sind. Dazu dient der **Kressetest** (**1**, S. 248).

① Mehrere Wattebäusche an Fäden anfeuchten

② Wattebäusche in Kressesamen tauchen

③ Wattebäusche in Gläser mit Bodenproben des behandelten und des unbehandelten Bodens (jeweils drei Gläser) hängen und luftdicht verschließen

④ Nach zwei bis drei Tagen Keimergebnisse vergleichen. Ist die Keimung in beiden Bp. gleich gut, kann der behandelte Boden wieder in Kultur genommen werden – Aufstellung bei 20 bis 22 °C

1 Der Kressetest – ein Test zur Ermittlung pflanzenschädigender Gasreste nach einer chemischen Bodenentseuchung

3.3.12 Aufzeichnungspflicht und Aufbrauchfristen

Der Einsatz von Pflanzenschutzmitteln muss dokumentiert werden. Notiert werden müssen die Pflanze/Kultur, das verwendete Pflanzenschutzmittel, der Anwendungszeitpunkt, die Aufwandmenge, die behandelte Fläche und der Name des Anwenders.

Die **Aufbrauchfristen** für nicht mehr zugelassene Pflanzenschutzmittel betragen 18 Monate, die **Handelsfrist** sechs Monate nach Zulassungsende.

3.3.13 Indikationszulassung

Pflanzenschutzmittel dürfen nur in dem mit der Zulassung festgesetzten und genehmigten Anwendungsgebiet (Indikation) eingesetzt werden **(Indikationszulassung)**. In allen nicht in der Gebrauchsanleitung genannten Anwendungsgebieten ist der Einsatz verboten. Probleme können sich dadurch ergeben, dass vor allem für Kulturarten mit geringem Anbauumfang keine oder nicht mehr genügend Pflanzenschutzmittel ausgewiesen sind, sodass **Indikationslücken** (Bekämpfungslücken) bestehen. Nach §§ 18, 18 a und 18 b PflSchG können über Einzel- oder Sammelanträge für bestimmte Anwendungsgebiete befristete Anwendungsgenehmigungen **(Lückenindikationen)** erreicht werden.

In **Haus- und Kleingärten** dürfen Pflanzenschutzmittel nur angewandt werden, wenn sie vom Bundesamt für Verbraucherschutz und Lebensmittelsicherheit (BVL) als geeignet für diesen Bereich eingestuft und entsprechend gekennzeichnet sind. Dabei kann man unterscheiden zwischen Mitteln für die **Anwendung durch nicht berufliche Anwender** (kein Sachkundenachweis erforderlich) und Mitteln für die **Anwendung durch berufliche Anwender** (Sachkundenachweis erforderlich)[1].

3.3.14 Sachkundenachweis

Der Einsatz chemischer Mittel im Gartenbau ist aufgrund wirtschaftlicher Gegebenheiten in absehbarer Zeit nicht verzichtbar. Umso mehr kommt es darauf an, dass der Anwender von Pflanzenschutzmitteln sich seiner Verantwortung für einen sachgemäßen Umgang bewusst ist. Seit dem 26.11.2015 fordert der Gesetzgeber von Personen, die Pflanzenschutzmittel gewerblich anwenden, verkaufen oder über den Pflanzenschutz beraten, einen **Sachkundenachweis** (**1**, S. 249). Dieser kann durch eine Prüfung oder durch das Zeugnis der bestandenen Abschlussprüfung im Gärtnerberuf erworben werden. Die Sachkunde für den Verkauf wird nicht mehr automatisch miterworben. Alle drei Jahre sind alle Sachkundigen verpflichtet, an einer anerkannten **Fortbildungsmaßnahme zum Pflanzenschutz** teilzunehmen.

---

[1] Verzeichnis der zugelassenen Pflanzenschutzmittel: Pflanzenschutzmitteldatenbank des Bundesamtes für Verbraucherschutz und Lebensmittelsicherheit, https://apps2.bvl.bund.de/Psm

1 Sachkundenachweis für Pflanzenschutz in Form einer Scheckkarte

Merke

Pflanzenschutzmittel dürfen im Freiland nur auf landwirtschaftlich, forstwirtschaftlich oder gärtnerisch genutzten Flächen eingesetzt werden. Auf Wegen, Plätzen, Weg- und Straßenrändern, Zufahrten, Stellplätzen oder Betriebsflächen ist ihr Einsatz verboten.

Aufgaben

○ 1. Unterscheiden Sie Kontakt-, Atem- und Fraßgifte.

○ 2. Wie nennt man chemische Mittel zur Bekämpfung von a) Insekten, b) Pilzen, c) Wildkräutern, d) Schnecken, e) Milben, f) Nematoden, g) Nagetieren?

○ 3. Wie nennt man a) selektiv wirkende chemische Mittel gegen Blattläuse und b) chemische Gifte gegen Eistadien?

○ 4. Was versteht man unter Pestiziden?

○ 5. Wie werden i. d. R. der Mittel- und Wasseraufwand für eine Behandlung mit chemischen Pflanzenschutzmitteln angegeben?

◑ 6. Auf einer Fläche von 10 m² sollen zur Bekämpfung von Blattläusen an Rosen 0,2 l/ha eines Insektizids in 1000 l Wasser/ha gespritzt werden. Wie viel ml des Pflanzenschutzmittels sind in wie viel Liter Wasser aufzulösen?

◑ 7. In der Gebrauchsanleitung ist häufig zusätzlich zum flächenbezogenen Aufwand des Mittels eine Konzentration für die Spritzbrühe angegeben. Worauf ist in diesem Fall zu achten?

○ 8. Wann spricht man von einer kurativen Wirkung eines Pflanzenschutzmittels?

○ 9. Was versteht man unter systemisch wirkenden Giften?

◑ 10. Warum ist bei Xylem-mobilen Wirkstoffen darauf zu achten, dass die Pflanze vor allem im unteren Bereich gut benetzt wird?

◑ 11. Welche Vorteile bieten systemisch wirkende Mittel gegenüber Kontaktgiften?

Aufgaben (Fortsetzung)

○ 12. Worin unterscheiden sich die Ausbringungsverfahren Spritzen, Sprühen, Nebeln und Stäuben (**1**, S. 239)?

◑ 13. Erklären Sie, was man unter Resistenz im Pflanzenschutz versteht, wie es dazu kommen und wie dem vorgebeugt werden kann.

◑ 14. Die chemische Bekämpfung an einer bisher unbehandelten Kultur zeigt keinerlei Wirkung. Auch ein Wirkstoffwechsel bringt keinen Erfolg. Woran könnte dies liegen?

○ 15. Woran sind in Deutschland zugelassene Pflanzenschutzmittel zu erkennen?

○ 16. Warum besteht bereits beim Ansetzen einer Spritzbrühe höchste Gefährdung?

○ 17. Was besagen die Symbole B1, B2, B3 und B4?

○ 18. Beschreiben Sie eine ordnungsgemäße Schutzkleidung.

○ 19. Wie müssen Atemschutzmasken nach Gebrauch gereinigt und gelagert werden?

◑ 20. Beurteilen Sie die Lagerung von Pflanzenschutzmitteln in Ihrem Betrieb.

◑ 21. Worauf muss unbedingt beim Umgang mit Pflanzenschutzmitteln geachtet werden?

◑ 22. Was besagt die wirtschaftliche Schadensschwelle?

● 23. Beurteilen Sie die Ermittlung der für den Menschen duldbaren Tagesdosis an Rückständen.

◑ 24. Was wird in der Höchstmengenverordnung aufgeführt?

◑ 25. Was versteht man unter Wartezeiten und wozu dienen sie?

● 26. Diskutieren Sie kritisch die Vor- und Nachteile des chemischen Pflanzenschutzes. Zu welchem Ergebnis sind Sie gekommen?

○ 27. Was besagt die Aufzeichnungspflicht beim Einsatz von Pflanzenschutzmitteln?

○ 28. Pflanzenschutzmittel werden nach dem Grad ihrer akuten Giftigkeit (Giftigkeit bei einmaliger Verabreichung) sowie weiteren von ihnen ausgehenden Gefahren mit Gefahrensymbolen gekennzeichnet. Was besagen folgende Symbole/Piktogramme nach GHS (Global Harmonisiertes System zur Einstufung und Kennzeichnung von Chemikalien)?

? Aufgaben (Fortsetzung)

○29. Das Symbol „Umweltschädlich“, toter Baum und toter Fisch, wird auf den meisten Kennzeichnungsschildern zu finden sein. Was soll es signalisieren?

○30. Nach der GHS werden neben den Gefahrensymbolen zusätzlich sogenannte Signalwörter verwendet. Welche sind das, und was besagen sie?

◑31. Warum ist das Ausbringen von Pflanzenschutzmitteln in Gewächshäusern und Raumkulturen (Obstbau, Baumschulen, Alleen) als besonders risikoreich zu betrachten?

◑32. Wodurch kann sich der Anwender vor Schäden beim Umgang mit Pestiziden schützen?

◑33. Was versteht man unter einer a) Indikationszulassung, b) Indikationslücke und c) Lückenindikation?

◑34. Wo dürfen chemische Pflanzenschutzmittel (z.B. Herbizide) nicht angewendet werden?

◑35. Pflanzenschutzmittelreste sind nach dem Abfallbeseitigungsgesetz so zu entsorgen, dass von ihnen keine Gefährdung für Mensch, Tier und Umwelt entsteht. Was bedeutet dies für die einzelnen Giftgruppen?

○36. Von wem wird der Sachkundenachweis gefordert?

3.4 Biologischer Pflanzenschutz

In der Natur bilden Tier- und Pflanzenarten entsprechend dem jeweiligen Lebensraum (**Biotop**; z.B. Meer, See, Teich, Sumpf, Stein- oder Reisighaufen) bestimmte Lebensgemeinschaften (**Biozönosen**). Zwischen den Lebewesen, wie auch zwischen ihnen und ihrer Umgebung, bestehen sehr komplizierte Wechselbeziehungen. Die Gesamtheit der Beziehungen von Biozönose und Biotop wird als **Ökosystem** bezeichnet (**1**). Ökosysteme (z.B. See, Wald, Wiese) stellen in sich abgeschlossene, sich selbst regulierende Systeme dar. Zwischen den Lebewesen bestehen **biologische Gleichgewichte**, die die Massenvermehrung einer Art aufgrund ihrer gegenseitigen Abhängigkeiten einschränken.

1 Begriffsdefinitionen

Im intensiven Gartenbau mit seinen Monokulturen handelt es sich um **künstliche Ökosysteme** ohne biologische Gleichgewichte. Schadorganismen stehen so gut wie keine natürlichen Gegenspieler gegenüber. Mit der biologischen Bekämpfung versucht man, biologische Gleichgewichte wiederherzustellen. Ziel der biologischen Bekämpfung ist demnach nicht die vollständige Ausrottung der Schadorganismen, sondern vielmehr die Herstellung eines Gleichgewichts zwischen Nützlingen und Schädlingen auf einem Niveau, bei dem der durch die Schädlinge angerichtete Schaden unterhalb der wirtschaftlichen Schadensschwelle bleibt.

! Merke

Unter biologischer Bekämpfung versteht man den Einsatz und/oder die Förderung von Lebewesen zur Bekämpfung von Schadorganismen:

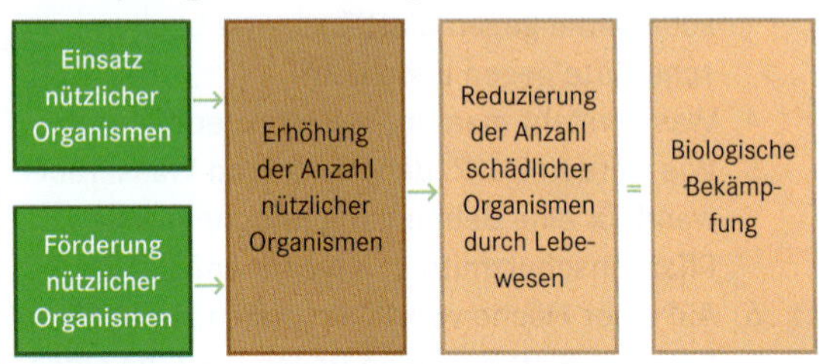

Gehölzhecken

Hecken werden als **Lebensadern der Landschaft** bezeichnet (**2**, S. 251). Sie bieten einer Vielzahl von Tieren Zuflucht, Nahrung und Lebensraum (z.B. für über 80 Vogelarten in Mitteleuropa). Im Zusammenhang mit blühenden Randstreifen fördern sie die Entwicklung vieler nützlicher Insektenarten wie Schlupfwespen, Florfliegen, Schwebfliegen, Raupenfliegen und vieler anderer Insekten, die sich als erwachsene Tiere hauptsächlich von Nektar ernähren. Auch Brennnesselstreifen tragen, indem sie über 100 Insekten als Nahrung dienen, zum Erhalt der Artenvielfalt bei. Daneben dienen Hecken als Windschutz und dem Schutz vor Erosion und Austrocknung des Bodens. Damit Hecken biologisch am Leben bleiben, brauchen sie Pflege. Das heißt, nach acht bis zwanzig Jahren

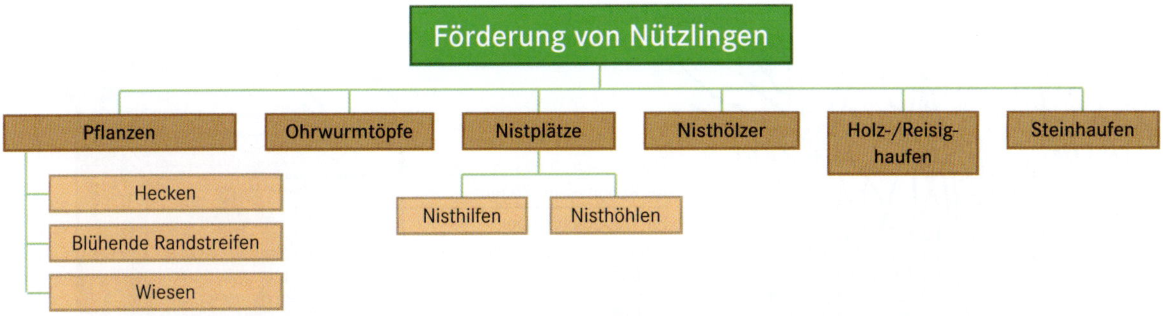

1 Förderung von Nützlingen (Beispiele)

sollten sie zur Verjüngung bis kurz über den Boden zurückgeschnitten werden. Bei längeren Hecken sollte dies in Abschnitten erfolgen, um das biologische Gleichgewicht nicht zu sehr zu stören (nicht während der Brutzeiten der Vögel!).

Nistplätze

Vor allem Vögel sind unermüdliche Helfer bei der Schädlingsbekämpfung. Entsprechend gilt es, ihnen dort Nistmöglichkeiten zu schaffen, wo diese nicht mehr gegeben sind. Indem man Zweige zusammenbindet, Reisighaufen errichtet und Nisttaschen baut, schafft man **Nisthilfen** für frei brütende Vogelarten wie Rotkehlchen, Zaunkönig, Grasmücken, Finken, Drosseln, Heckenbraunelle, Baumläufer u. a.; Höhlenbrüter wie Meise, Star, Trauerschnäpper, Wendehals, Kleiber, Gartenrotschwanz und Eule benötigen **Nisthöhlen** (**1**, S. 252). Im Handel gibt es für alle Vogelarten Nistkästen bzw. Kunstnester (**2**, S. 252). Auch der NABU bietet Nistkästen für alle Vogelarten an. Wer gerne bastelt, kann Anleitungen von den Naturschutzvereinen und Vogelwarten anfordern.

Nisthilfen/Nisthölzer

Viele Insekten aus der Ordnung der **Hautflügler** (Hymenoptera) haben eine große Bedeutung z. B. als Bestäuber von Pflanzen, als Nützlinge gegen Schadinsekten (z. B. Schlupfwespen) oder Honiglieferanten. Besonders gefährdet sind die **Wildbienen**, also die Bienen, die nicht vom Imker gehalten werden, von denen es in Deutschland über 500 Arten gibt. Ihre Förderung erfolgt über die Bereitstellung passender Nistgelegenheiten (**3**, S. 252), Baumaterial und Futterpflanzen. Solitärbienen, Schlupfwespen u. a. benutzen als Nisthöhlen bevorzugt die Bohrlöcher Holz bewohnender Käferlarven. U. a. können durch das Bohren von Löchern in abgelagertem Holz (keine Rissbildung) geeignete Nisthöhlen geschaffen werden.

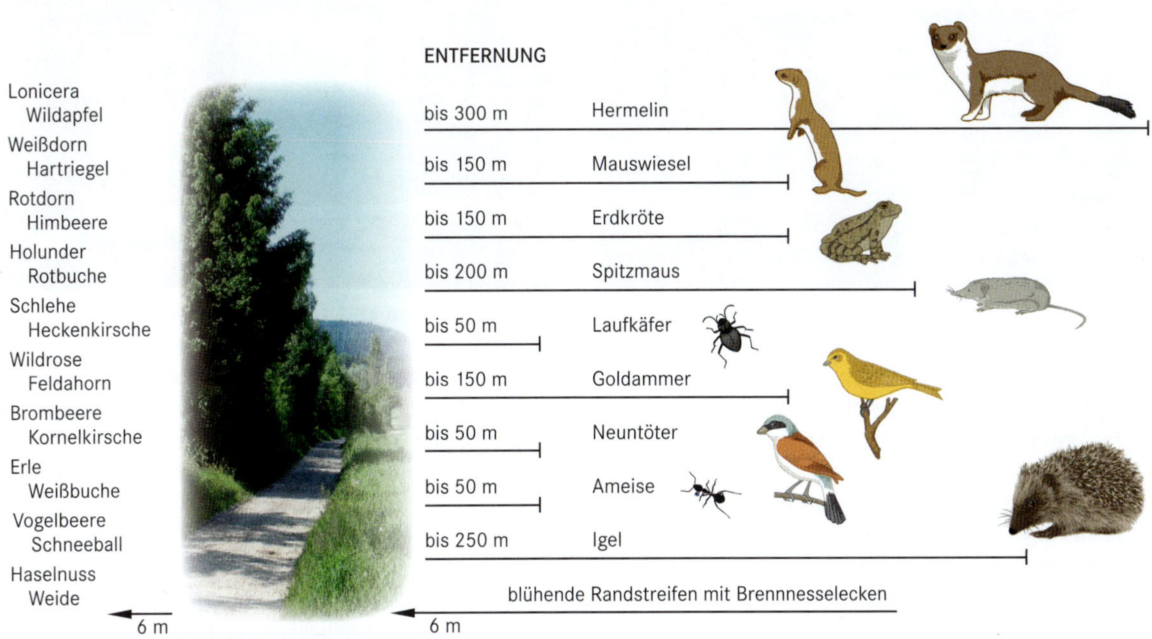

2 Hecken – Lebensadern der Landschaft

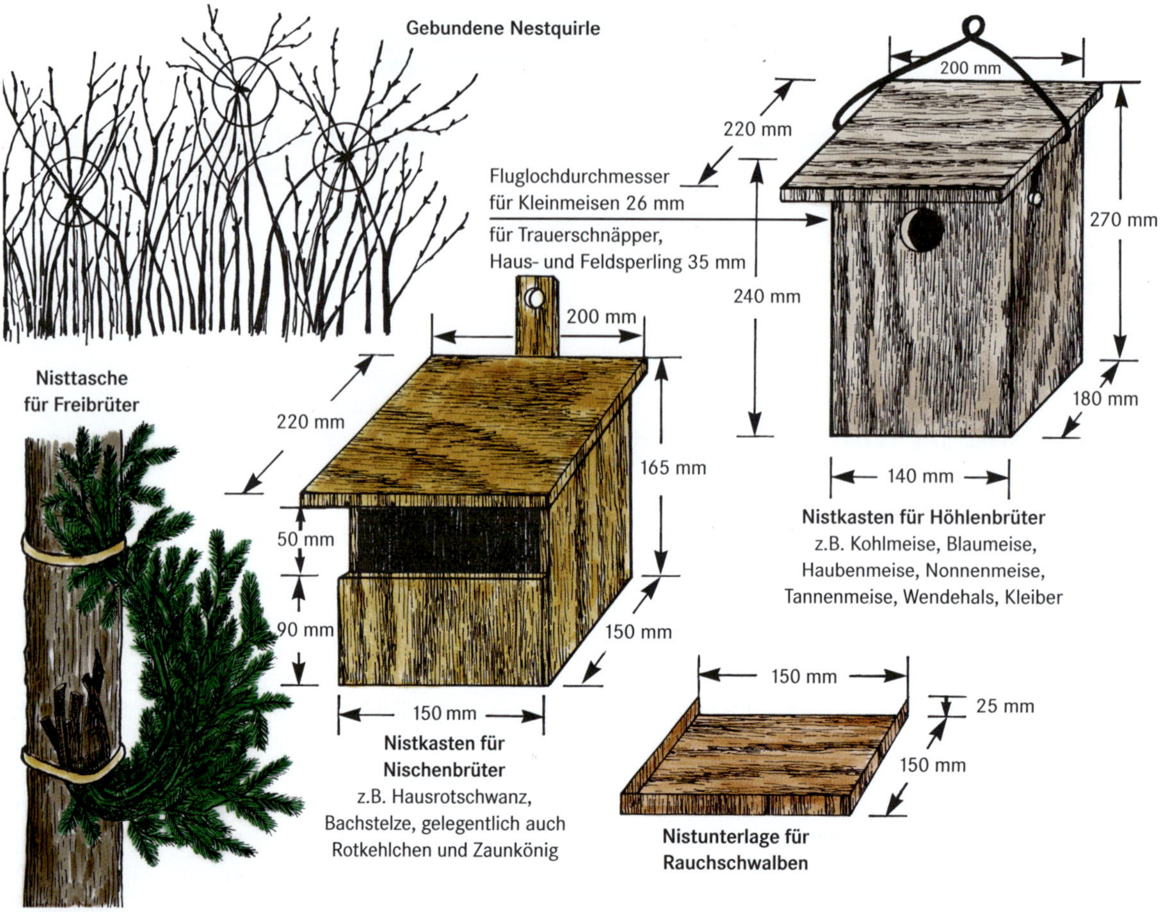

1 Nisthilfen

2 Nisthölzer zur Förderung von Solitärbienen, Schlupfwespen u. a.

3 Nisthilfen für einzeln lebende Insekten (Hautflügler)

Beachte!

- Löcher sauber (Wände glatt bohren durch Hin- und Herbewegen des Bohrers, Ausfransungen abschmirgeln, Bohrmehl entfernen), ins Längsholz bohren (nur bei gut abgelagerten Laubholz auch ins Hirnholz, zeigt Jahresringe), gut geeignet ist Eschenholz
- Abstand der Bohrlöcher 1 bis 2 cm
- unterschiedlich groß (Durchmesser von 2 bis 10 mm) und tief (8 bis 9 cm, entsprechend der jeweiligen Bohrerlänge). Dabei ist darauf zu achten, dass nur im Längsholz gebohrt wird. Bei Bohrungen im Stirnholz kommt es zu Rissen durch die es zu Verletzungen an den Flügeln kommen kann.
- Standort: sonnige Wände, regen- und windgeschützt

Ohrwurmtöpfe

Ohrwürmer zählen zu den Nützlingen, die vor allem sehr wirkungsvoll Blattläuse bekämpfen. Man kann diese nachtaktiven Tiere zur gezielten Bekämpfung einsetzen, indem man ihnen Verstecke anbietet, in denen sie sich den Tag über verbergen können. Gute Unterschlupfmöglichkeiten stellen mit Holzwolle oder Stroh ausgefüllte Tontöpfe dar.

Holz-/Reisighaufen

Ein Holz- bzw. Reisighaufen wird sehr gerne von frei brütenden Vogelarten, so vor allem von Rotkehlchen, Grasmücke, Zaunkönig, Amsel und Fitis, als Zufluchtsort und Brutplatz benutzt. Daneben bietet er sehr vielen nützlichen Tierarten (z. B. Igel, Spitzmaus, Kröte, Zauneidechse, Blindschleiche) Unterschlupf.

Zur Errichtung eines solchen Haufens werden anfallende Äste, Zweige, Stämme und auch Wurzeln von Laub- und Nadelgehölzen auf einen Haufen in einer Ecke des Gartens geworfen. Indem man Brombeeren, Heckenrosen oder die Waldrebe (*Clematis vitalba*) in die Nähe des Haufens pflanzt und einzelne Triebe darüberleitet, lässt sich nicht nur ein nützliches, sondern auch ein schön anzuschauendes Biotop (Lebensraum) erstellen.

Steinhaufen

Auch ein Steinhaufen bietet durch die entstehenden Hohlräume Unterschlupf und Lebensraum für viele Kleintiere (z. B. Kröten, Spitzmaus, Eidechsen, Laufkäfer, Asseln). Beim Aufschichten der Steine sollte man darauf achten, dass unterschiedlich große Hohlräume entstehen. Dies geschieht am einfachsten durch die Verwendung unterschiedlich großer und geformter Steine. Indem einige Hohlräume mit Erde aufgefüllt werden und eine Bepflanzung vorgenommen wird, lässt sich ein optimaler Lebensraum für Kleintiere schaffen. Die gleichen günstigen Entwicklungsmöglichkeiten für viele Nützlinge bieten Naturstein-/Trockenmauern.

Vorteile einer biologischen Bekämpfung

- keine Belastung der Umwelt mit Pestiziden
- keine Gefährdung der Gesundheit von Anwender und Verbraucher
- keine Pestizidrückstände in der Nahrung
- keine Resistenzprobleme
- keine Wartezeiten
- keine Entsorgung giftiger Mittel
- keine Spritzschäden
- keine negativen Auswirkungen auf das Pflanzenwachstum

Schwierigkeiten bei der biologischen Bekämpfung

- Das biologische Gleichgewicht kann oberhalb der wirtschaftlichen Schadensschwelle liegen.
- Das biologische Gleichgewicht unterliegt Schwankungen.
- Biologische Gleichgewichte resultieren aus komplizierten Zusammenhängen, sodass Kulturmaßnahmen in ihren Auswirkungen nicht immer abschätzbar sind.
- Vielfach treten mehrere Schadorganismen zusammen auf, was auch den Einsatz verschiedener Nützlinge erfordert bzw. einen chemischen Einsatz unverzichtbar machen kann.

Eine erfolgreiche biologische Bekämpfung erfordert

- das Erkennen von Schädlingen und Nützlingen
- ein gutes Wissen über die Lebensweise von Schädlingen und Nützlingen und Auswirkungen von Kulturmaßnahmen auf diese
- die Kenntnis wirtschaftlicher Schadensschwellen und ihre Übertragung auf die örtlichen Gegebenheiten
- laufende Kontrollen der Pflanzenbestände
- das rechtzeitige Entdecken von Schadorganismen (schon vor den Schadsymptomen!) und damit den rechtzeitigen Nützlingseinsatz
- die Reduzierung/den weitgehenden Verzicht auf chemische Pflanzenschutzmaßnahmen
- die Verwendung selektiv wirkender, d. h. nützlingsschonender Pestizide
- das Tolerieren einer gewissen Schädlingspopulation
- eine begleitende Beratung durch Fach- bzw. Pflanzenschutzberater und/oder den Nützlingslieferanten in der Anfangszeit dieser Art der Bekämpfung

! Hinweis

Wissenschaftler haben festgestellt, dass Nützlinge alleine schon durch ihre Anwesenheit hemmend auf die Entwicklung von Schädlingen wirken. Der bei den Schädlingen ausgelöste Stress führt zu geringerer Fraß- und Saugtätigkeit, niedrigerer Eiablage, einer verkürzten Lebenszeit und einer erhöhten Sterblichkeitsrate, sodass es zu weniger Schäden an den Pflanzen kommt.

? Aufgaben

◑ 1. Erklären Sie die Begriffe Biotop, Biozönose, Ökosystem und Ökologie.

○ 2. Was versteht man unter biologischer Bekämpfung?

◑ 3. Welche Vor- und Nachteile hat die biologische Bekämpfung im Vergleich zur chemischen?

◑ 4. Welche Maßnahmen zur Förderung von „Nützlingen“ werden bzw. könnten in Ihrem Ausbildungsbetrieb durchgeführt werden?

3.5 Nützlingslexikon

Ameisen
Wenn Ameisen auch durch die Förderung von Blattläusen schädigend auf Pflanzen einwirken können (s. S. 269), spielen sie doch, vor allem die **Rote Waldameise**, eine wichtige Rolle im Naturhaushalt. So decken sie ihren hohen Eiweißbedarf überwiegend durch das Fangen von Insekten. Die kleine Rote Waldameise ist die ökologisch bedeutendste von den bei uns einheimischen Arten. Ein Volk kann pro Tag bis zu 30 000 Insekten erbeuten. Und so verwundert es auch nicht, dass die Rote Waldameise nicht nur im Forstbau, sondern auch bereits im Obstbau angesiedelt wird.

Natürliche Feinde der Ameisen sind vor allem Specht und Dachs, die im Winter große Schäden an den Ameisennestern (Ameisenhaufen) anrichten können.

Rote Waldameisen beim Beutefang

Amphibien leben teils im Wasser, teils auf dem Land. → Grasfrosch → Kröten → Teichmolch

Bakterien
Bakterien (z. B. *Bacillus thuringiensis*) werden zur Bekämpfung von Schmetterlingsraupen eingesetzt. Das Bakterium ist gegen eine Reihe von Schmetterlingsarten, so z. B. Kohlweißling, Kohleule, Kohlmotte, Traubenwickler, Apfel- und Pflaumengespinstmotte sowie Frostspanner, wirksam. Die Bakterien/-sporen werden mit herkömmlichen Spritzgeräten auf die Pflanzen ausgebracht, sodass die Raupen diese mit ihrer Nahrung aufnehmen. Die Raupen sterben nach einigen Tagen an den Folgen der durch das Bakterium verursachten Infektion ab, jedoch tritt bereits innerhalb von 24 Stunden nach der Aufnahme ein Fraßstopp ein. Die Wirksamkeit des Spritzbelags hält sieben bis zehn Tage an. Nach großflächigem Einsatz kann es zu kritischen Anhäufungen im Boden kommen.

Blindschleiche
Die Blindschleiche ist eine Echse und keine Schlange. Sie kann bis zu 50 cm lang werden. Ihre Färbung variiert zwischen Hellbraun und Schwarz. Sie geht vor allem in der Dämmerung und nachts auf Jagd nach Insekten, Nacktschnecken und Würmern. Blindschleichen stehen wie alle Reptilien unter Naturschutz.

Eidechsen → Zauneidechse → Blindschleiche

Eulen
Eulen sind Nachtvögel, die in der Dämmerung und nachts jagen. Sie ernähren sich vor allem durch das Fangen von Kleinsäugern, wie Mäusen und Ratten, aber auch von Vögeln, Insekten und Würmern.

Fledermäuse
Fledermäuse sind die einzigen Säugetiere, die fliegen können. In der Abenddämmerung verlassen sie ihre Unterkünfte, Dachböden, hohle Bäume oder verlassene Spechthöhlen, um nachtaktive Fluginsekten zu fangen. Um ihren hohen Nahrungsbedarf zu decken, benötigen Fledermäuse intakte Jagdgebiete: Wiesen, Sümpfe, Gewässer und Hecken. Vor allem der intensive Einsatz von Pestiziden hat die empfindlichen Tiere stark reduziert, sodass alle bei uns lebenden Arten vom Aussterben bedroht sind. Durch fingerbreite Schlitze in Dachgiebeln können Unterschlüpfe geschaffen werden. Im Handel werden spezielle Fledermauskästen angeboten.

Florfliegen
Die Familie der Florfliegen umfasst mehrere Arten, wobei zur biologischen Bekämpfung die Art *Chrysoperla carnea* eingesetzt wird. Es handelt sich um ca. 1,5 cm große, grüne Insekten mit auffallend großen, netzartigen Flügeln (Netzflügler) und golden schimmernden Augen (deutscher Name auch Goldauge).

Die erwachsenen nachtaktiven Tiere, vor allem aber die Larven, ernähren sich von Blattläusen, Thripsen, Woll-/Schmierläusen, Milben und anderen Kleininsekten. So kann eine Larve während ihrer zwei- bis dreiwöchigen Entwicklungszeit bis zu 500 Blattläuse verzehren. Wegen ihres großen Appetits wird die Larve der Florfliege auch Blattlauslöwe genannt.

Florfliege, beim Überwintern bräunlich gefärbt

Florfliegenlarve („Blattlauslöwe") gut zu erkennen die Saugzangen

■ **Frösche** → Grasfrosch

■ **Gallmückenlarven**
Nicht alle Gallmücken verursachen Gallen an Pflanzen. Einige Arten, wie die einheimische *Aphidoletes aphidimyza*, leben räuberisch, d. h., ihre Larven ernähren sich von Blattläusen. Die nachtaktiven, ca. 2,5 mm großen Mücken legen ihre Eier (bis zu 150 pro Weibchen) in Blattlauskolonien. Die ca. 3 mm langen, orangeroten Larven stechen die Blattläuse an und saugen sie aus. Auf diese Weise kann eine Larve während ihrer ca. zweiwöchigen Entwicklungszeit ca. 20 bis 50 Blattläuse vernichten.

Räuberische Gallmücke (*Aphidoletes aphidimyza)*

Räuberische Gallmückenlarven

■ **Grasfrosch**
Der Grasfrosch ist etwa 10 cm groß, braun gefärbt mit dunklen Querbändern auf den Hinterbeinen, dunklen Flecken auf dem Rücken, großen dunklen Ohrflecken und gelblich rotbraun gefleckter Unterseite. Er hält sich vorwiegend außerhalb des Wassers, in Gärten und Parks auf. Wasser sucht er nur zur Fortpflanzung (Februar/März) und z. T. zur Überwinterung auf. Seine Nahrung besteht aus Insekten, Nacktschnecken und Würmern.

Grasfrosch

■ **Greifvögel**
Typische Kennzeichen der Greifvögel sind der kurze, kräftige, gekrümmte Schnabel und die scharfen Krallen der Fänge. Sie jagen vor allem Wirbeltiere, wobei der Mäusebussard fast ausschließlich von Mäusen lebt.

■ **Hornissen** → Wespen

■ **Igel**
Igel sind nachtaktive Raubtiere, die sich vorwiegend von Insekten, Würmern, Spinnen, Schnecken und Mäusen, aber auch von Früchten, Eiern und Speiseresten ernähren. Bei ihrer Nahrungssuche sammeln sie Schädlinge aus dem Boden heraus, indem sie mit ihrer spitzen Schnauze im Boden wühlen. Ihre Verstecke legen sie in Hecken, Holzstößen, Laubhaufen oder unter dichten Sträuchern an. Bei Beginn der Abenddämmerung beginnen sie ihre Streifzüge, wobei in der Regel der erste nach 18 Uhr, der zweite gegen 24 Uhr und ein dritter zwischen 4 und 6 Uhr morgens erfolgt. Feinde des Igels sind Uhu, Greifvögel, Füchse, Dachse und vor allem der Straßenverkehr.

Igel – nachtaktive Raubtiere

■ **Kreuzotter**
Die Kreuzotter ist die einzige Giftschlange bei uns. Typische Kennzeichen dieses 70 bis 80 cm großen, braun bis schwarz gefärbten Tieres sind eine dunkle X-förmige Zeichnung im Nacken und ein Zickzackband auf dem Rücken. Die Kreuzotter jagt vor allem in der Dämmerung und nachts Mäuse, Vögel und Frösche. Sie steht wie alle Reptilien unter Naturschutz.

■ **Kröten**
Kröten sind als Vertilger von Schadinsekten und Schnecken sehr nützlich und stehen unter Naturschutz. Im Gegensatz zu den Fröschen können sie nur kleine, hoppelnde Sprünge oder Schritte ausführen. Ihre Haut ist sehr warzig. Lebens- und Überwinterungsräume sind vor allem Hecken, Stein- und Geröllhaufen. Die Fortpflanzung (das Laichen) erfolgt im Wasser. Da Kröten sehr standorttreu sind, suchen sie immer die gleichen Laichgewässer auf. Dabei kommt es im Frühjahr (März/April) zu den bekannten Krötenwanderungen. Schutzzäune und Krötentunnel unter den Straßen hindurch können die nachtaktiven Tiere vor dem Überfahren bewahren. Im Garten kommt vor allem die Erdkröte *(Bufo bufo)* vor, die sich bis zu 2 km von ihrem Laichgewässer entfernt.

■ **Laufkäfer**
Laufkäfer *(Carabide)* und ihre Larven sind sehr nützlich, da sie vorwiegend räuberisch von einer Vielzahl von Insekten, Milben, Nematoden und, je nach Art, von Schnecken leben. Die Käfer sind vor allem nachtaktiv, tagsüber halten sie sich in Verstecken, z. B. unter Laub, Reisig und Steinen, verbor-

gen. Kennzeichnend ist ihr schlanker Körper mit den relativ großen Beinen und langen, antennenartigen Fühlern.

Laufkäfer scheiden bei Gefahr ein übel riechendes Sekret aus

Libellen

Libellen sind hervorragende Flieger, die ihre Nahrung, Mücken und andere Fluginsekten, im Flug fangen. Ihre Eier legen sie in Gewässern ab, in denen sich die Larven entwickeln.

Marienkäfer

Marienkäfer gehören wohl zu den bekanntesten Blattläuse verzehrenden Käferarten. Unser größter (5,5 bis 8 mm) und bekanntester einheimischer Marienkäfer ist der Siebenpunkt *(Coccinella septempunctata)*. Daneben kommen noch über 80 weitere Marienkäferarten bei uns vor. Die Käfer und ihre Larven sind gefräßige **Räuber** (Tiere, die ihre Beutetiere verzehren; auch Prädatoren genannt). Der Siebenpunkt frisst ca. 150 Blattläuse/Tag bzw. 4 000 Blattläuse im Verlauf seines Lebens, die Larve während ihrer Entwicklung ca. 800 Blattläuse. Neben

Marienkäfer
(7-Punkt, bis 8 mm groß)

Marienkäferlarve

Marienkäfer 22-Punkt, etwa 4 mm groß (= Pilz-Marienkäfer, Käfer und Larven ernähren sich von Mehltaupilzen)

Marienkäferlarve (22-Punkt)

den überwiegend von Blattläusen lebenden Arten gibt es auch einige Marienkäferarten, die sich von Schildläusen, Spinnmilben oder Mehltaupilzen ernähren. In der Regel bringen unsere einheimischen Marienkäfer ein bis zwei Generationen pro Jahr hervor. Die Eier werden meist in kleinen Gruppen in der Nähe von Blattlauskolonien gelegt. Nach ca. ein bis drei Monaten verpuppen sich die aus den Eiern schlüpfenden Larven. Aus den Puppen schlüpfen die Käfer, die in Rindenritzen, unter Laub oder Gras überwintern.

Seit Beginn des 21. Jahrhunderts hat sich der in Asien beheimatete und in Europa unter Glas zur biologischen Bekämpfung von Blattläusen eingesetzte **Asiatische Marienkäfer** *(Harmonia axyridis)* so massiv in Deutschland, der Schweiz (2004 Basel), Österreich (2006 Wien) und anderen europäischen Staaten ausgebreitet, dass er zunehmend einheimische Marienkäferarten verdrängt. Sein hohes Durchsetzungsvermögen beruht, neben einer hohen Vermehrungsrate und einem großen Beutespektrum, vor allem auf einer hohen Immunität gegenüber Krankheitserregern.

Mit einer Länge von 6 bis 8 mm ist er in der Größe vergleichbar mit unserem Siebenpunkt. Im Gegensatz zu diesem ist sein Aussehen aber sehr variabel. So schwanken seine Färbung und die Zahl seiner Punkte. Häufig ist auf dem weißen Halsschild des Käfers ein Zeichenmuster in Form eines schwarzen Ws (von vorne gesehen) zu erkennen. Auffallendes Kennzeichen der älteren Larvenstadien sind die gelblichen bis orangefarbenen Flecken auf den ersten fünf Segmenten des Hinterleibs.

Bevorzugte Nahrung sind Blattläuse, wovon ein Käfer pro Tag zwischen 90 und 270, eine Larve während ihrer Entwicklung zwischen 600 und 1 200

Formenvielfalt (Asiatischer Marienkäfer)

Lebenszyklus (Asiatischer Marienkäfer)

verzehrt. Daneben werden auch Thripse, Schild- und Wollläuse, Blattflöhe, Spinnmilben sowie Eier und Larven anderer Käferarten, auch von anderen Marienkäferarten, gefressen. Die Lebensdauer der erwachsenen Käfer beträgt zwei bis drei Jahre. Im Herbst bilden sie Schwärme auf der Suche nach geeigneten Überwinterungsquartieren. Nicht selten sammeln sich dabei Hunderte bis Tausende der Käfer an Hauswänden und versuchen, in die Gebäude einzudringen. Auch der Siebenpunkt bildet Schwärme. So wurde an der Ostseeküste auf einem 5 km langen Abschnitt eine Ansammlung mit über 25 Millionen Tieren beobachtet.

Der Asiatische Marienkäfer hat wenig natürliche Fressfeinde. Der Grund ist darin zu sehen, dass er bei Gefahr, wie die meisten Marienkäferarten, eine orange-gelbe, übel riechende und bitter schmeckende, giftige Flüssigkeit (Hämolymphe) aus den Gelenken zu seiner Verteidigung absondern kann (sog. Reflexbluten).

Zur **Bekämpfung von Woll-/Schmierläusen** wird der Australische ca. 4 mm große Marienkäfer *Cryptolaemus montrouzieri* eingesetzt. Auffallend sind seine starke Behaarung und sein orangefarbener Kopf bei sonst schwarzen Flügeldecken. Die Weibchen legen bis zu 500 Eier, die einzeln in die Wolllauspopulation gelegt werden. Nach ca. acht Tagen schlüpfen die etwa 1,5 cm langen Larven. Während ihrer Entwicklung kann eine Larve über 350 Wollläuse fressen. Geliefert werden die erwachsenen Käfer.

Australischer Marienkäfer

Larve des Australischen Marienkäfers

■ Maulwurf

Maulwürfe sind unterirdisch lebende Säugetiere, die sich hauptsächlich von Insekten, Würmern und Schnecken ernähren. Der Maulwurf steht unter Naturschutz, darf also nicht gefangen und getötet werden! Maulwürfe leben in unterirdischen Gangsystemen. Die beim Graben anfallende Erde wird nach oben ausgestoßen und bildet die typischen Maulwurfshaufen (s. auch S. 262 u. 308).

■ Molch → Teichmolch

■ Nematoden

Zur **Bekämpfung des Dickmaulrüsslers** (s. S. 286) werden räuberisch lebende Nematoden der Gattung *Heterorhabditis* und *Steinernema* eingesetzt. Die etwa 0,1 mm bis 0,2 mm großen Nematodenlarven werden in Wasser eingerührt und mit einer Gießkanne oder Spritze auf den Boden ausgebracht bzw. in das Kultursubstrat eingemischt. Empfohlen werden mindestens 0,5 Millionen Nematoden/m^2 Boden bzw. 1 Millionen Nematoden/Liter Substrat. Die Nematoden suchen die im Boden lebenden Larven und Puppen des Dickmaulrüsslers auf und dringen in diese ein. Im Innern geben sie ein mitgeführtes Bakterium **(Xenorhabdus)** ab, das in die Blutbahn des Insektes eindringt, sich dort stark vermehrt und zum Tod der Larve bzw. Puppe führt. Die gelblich weißen Dickmaulrüssler-Larven verfärben sich dabei bräunlich rot. Die Nematoden selber ernähren sich nur von den Bakterien, ihrer natürlichen Nahrung.

Gegen Larven und Puppen der **Trauermücke** können Nematoden der Gattung *Neoaplectana* und *Steinernema*, gegen **Schnecken** Nematoden der Gattung *Phasmarhabditis* eingesetzt werden.

■ Ohrwürmer

Obwohl Ohrwürmer gelegentlich auch pflanzliche Nahrung zu sich nehmen können, leben die bräunlichen, flugfähigen und nachtaktiven Insekten, von denen es bei uns sieben Arten gibt, überwiegend räuberisch von Blattläusen und anderen kleinen Insekten. Auch Eigelege und Mehltaupilze werden nicht verschmäht. Die Zangen am Hinterleibsende der Ohrwurmmännchen sind meist kräftiger und stärker gekrümmt als die der Weibchen. Sie dienen zur Verteidigung wie zum Ergreifen von Beute. Mit ihrer Hilfe werden auch die mehrfach gefalteten Hinterflügel entfaltet. Obwohl Ohrwürmer fliegen können, tun sie dies nur äußerst selten. Besonders bemerkenswert ist der stark ausgeprägte Brutpflegeinstinkt. Im Herbst gräbt das Ohrwurmweibchen eine Nestmulde, in die es ca. 50 Eier ablegt. Dabei wird jedes Ei peinlich genau mit den Mundwerkzeugen gereinigt. Verdorbene Eier werden verzehrt. Bis zum Schlüpfen dauert es etwa 5 Monate. Während dieser Zeit entfernt sich das Weibchen nicht vom Gelege und nimmt auch keinerlei Nahrung zu sich. Erst nach dem Schlüpfen der Jungen geht das Weib-

Ohrwurmmännchen

chen jede Nacht auf Nahrungssuche. Bei ihrer Rückkehr erhalten die Jungen ihre Nahrung direkt aus dem Mund der Mutter, vorgekaut und vorverdaut (s. auch S. 252).

■ **Pilze**
Zur **Bekämpfung des Dickmaulrüsslers** werden auch parasitisch lebende Pilze eingesetzt, so z. B. die Gattung *Metarhizium anisopliae*. Im Gegensatz zu den räuberisch lebenden Nematoden können Pilze auch zur vorbeugenden Bekämpfung verwendet werden, da ihre Sporen mehrere Jahre im Boden überdauern können.

Zur **Bekämpfung Pflanzen schädigender Nematoden** eigenen sich ebenfalls parasitische Pilze (z. B. *Metarhizium anisopliae*). Dabei unterscheidet man zwischen frei lebenden Pilzen, die mit Fangorganen die Nematoden fangen, und solchen, deren Sporen außen am Körper haften bleiben, dort keimen und in den Wirt eindringen, oder die in Form von Sporen über die Nahrung in den Nematoden gelangen und ihn töten. Der Pilz *Purpureocillium lilacinum* besiedelt die Eier von Nematoden.

■ **Raubmilben**
Von den natürlichen **Feinden der Spinnmilben** (s. S. 299) kommen im Freiland verschiedene Arten vor, z. B. *Typhlodromus pyri*, *Amblyseius potentillae* und *Amblyseius finlandicus*, die mit ca. 0,5 mm Körpergröße nicht größer als die Spinnmilben sind. Sie machen kein Gespinst wie die Spinnmilben und sind beweglicher. Im Gewächshaus, besonders im Gemüsebau in der Gurkenkultur, wird die etwa 2,5 mm große, aus Chile stammende subtropische Raubmilbe *Phytoseiulus persimilis* zur Spinnmilbenbekämpfung eingesetzt. Sie unterscheidet sich von den Spinnmilben (ca. 0,5 mm groß) neben ihrer Größe vor allem durch ihre leuchtend rote Färbung und ihre größere Beweglichkeit. Sie benötigt Mindesttemperaturen von 18 °C (optimal 21 bis 26 °C) und eine relative Luftfeuchtigkeit von 60 bis 85 %. Unter optimalen Bedingungen entwickelt sich die Raubmilbe ca. dreimal so schnell wie die Spinnmilbe. Eine Raubmilbe kann fünf Spinnmilben oder 20 Eier bzw. Jungtiere pro Tag aussaugen. Die Lebensdauer beträgt ca. drei Wochen.

Zur **Bekämpfung von Thripsen** (s. S. 279) sind die Raubmilben *Neoseiulus barkeri* und *Amblyseius cucumeris* zur **Bekämpfung von Trauermückenlarven** (s. S. 297) *Hypoaspis miles* und *H. aculeifer* im Handel erhältlich. Sie saugen pro Tag zwei bis drei Thripslarven aus.

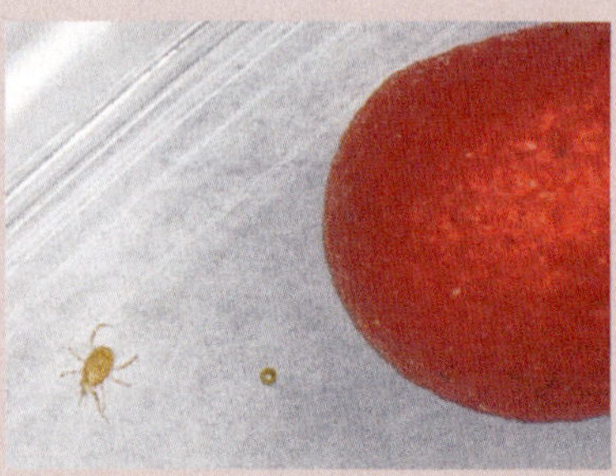

Raubmilbe *(Phytoseiulus persimilis)*

■ **Raupenfliegen** parasitieren sehr viele Insektenarten, vor allem aber die Raupen der Schmetterlinge. Die erwachsenen Fliegen leben von Nektar und Honigtau.

Raupenfliege, etwa 500 Arten in Mitteleuropa

■ **Reptilien** (Kriechtiere) → Molche → Schlangen → Blindschleiche

■ **Ringelnatter**
Die Ringelnatter ist die häufigste noch vorkommende Schlange bei uns. Sie steht wie alle Reptilien unter Naturschutz. Das typische Kennzeichen dieser dunkelgrau bis schwarz gefärbten 1,5 bis zu 2 m langen Schlange ist je ein gelber Fleck zu beiden Seiten des Nackens. Sie lebt gerne am und im Wasser, wo sie als ausgezeichnete Schwimmerin Jagd auf Insekten und Frösche macht. Die im Gegensatz zu Blindschleiche und Kreuzotter tagaktiven Tiere legen ihre Eier zwischen Juni und September in Kompost-, Mist- und Laubhaufen. Für den Menschen ist diese Schlange völlig ungefährlich.

■ **Schlangen** → Kreuzotter → Ringelnatter

■ **Schlupfwespen**
Schlupfwespen sind wichtige Feinde vieler Insekten, so auch der Blattläuse. Sie legen mit ihrem Legestachel ein oder mehrere Eier in ihre Wirtstiere **(Parasitierung)**. Die aus den Eiern schlüpfenden Larven leben im Inneren der **Wirte** (Lebewesen, die einen Parasiten beherbergen) und fressen ihn von innen her auf (Endoparasiten). Nach der Verpuppung schlüpft die neue Wespe (Name Schlupfwespe!) heraus, indem sie ein Loch in die

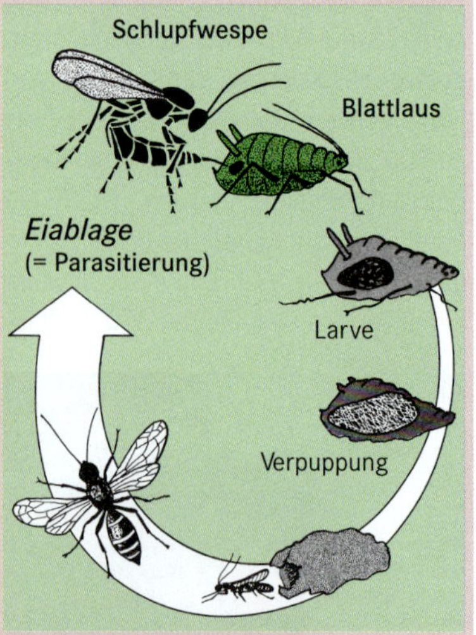

Parasitierung durch die Schlupfwespe. Schlupfwespen sind sogenannte Parasitoide, da sie nicht nur zum Schaden ihres Wirts leben (= Parasit), sondern auch dessen Tod bewirken (= Parasitoid).

Schlupfwespe bei der Eiablage

Brackwespe und verpuppte Larven

Parasitierte Blattläuse

Rückenhaut ihres Wirts schneidet. Parasitierte Blattläuse sind an ihrer Verfärbung und Aufblähung gut zu erkennen. Diese **Blattlausmumien** sollten nicht vernichtet werden, denn in ihnen entwickelt sich der Nützling! In der Natur gibt es eine ganze Reihe von blattlausparasitierenden Schlupfwespen. Im Handel sind Schlupfwespen der Gattungen *Aphidius* und *Aphelinus* erhältlich.

Eine in der Natur vorkommende Schlupfwespe, die die **Raupen des Kohlweißlings** befällt, ist *Cotesia glomerata* (früher *Apanteles glomeratus*), aus der Familie der Brackwespen. Sie legt ca. 30 Eier in jede Raupe. Am Ende ihrer Entwicklung bohren sich die Larven aus der Raupe heraus, um sich in ihrer unmittelbaren Nähe zu verpuppen. Da ein Weibchen bis zu 2 000 Eier ablegen kann, ist die Brackwespe als der wichtigste Parasit des Kohlweißlings anzusehen. Die erwachsenen Schlupfwespen ernähren sich von Nektar und Honigtau.

Die aus Nordamerika stammende, etwa 0,8 mm große *Aphelinus mali* (aus der Familie der Zehrwespen) wurde bei uns eingeführt, um die aus Nordamerika eingeschleppte **Blutlaus** *(Eriosoma lanigerum)*, einen gefährlichen Apfelbaumschädling, zu parasitieren. Die Blutlaus ruft durch ihre Saugtätigkeit an Zweigen und Ästen krebsartige Wucherungen hervor (Blutlauskrebs). Besonders in wärmeren und größeren zusammenhängenden Obstanbaugebieten ist die Bekämpfung recht erfolgreich. Die parasitierten Blutläuse sind an ihrer schwarzen Verfärbung gut zu erkennen.

Die ebenfalls aus Nordamerika eingeschleppte, für Obstgehölze sehr gefährliche **San-José-Schildlaus** *(Quadraspidiotus perniciosus)* kann mit der aus Nordamerika eingeführten, etwa 0,8 mm großen Zehrwespe *Prospaltella perniciosi* erfolgreich bekämpft werden. Die Zehrwespe wird auf mit San-José-Schildläusen besetzten Melonen-/Kürbisarten gezüchtet. Nach der Parasitierung werden die Melonen in die befallenen Obstbäume mithilfe von Netzen gehängt. Eine Zehrwespe kann bis zu 40 Schildläuse parasitieren. Die Überwinterung erfolgt in den Wirten.

Eine ca. 0,6 mm große Wespe aus der Familie der Erzwespen, die zur **Bekämpfung der Weißen Fliege** (s. S. 271 f.) im Gewächshaus, vor allem im Gemüsebau, aber auch zunehmend im Zierpflanzenbau erfolgreich eingesetzt wird, ist *Encarsia formosa*. Bei Temperaturen unter 13 °C stirbt die Schlupfwespe ab. Für eine erfolgreiche Bekämpfung ist darauf zu achten, dass die Temperaturen zwischen 18 und 35 °C und die relative Luftfeuchtigkeit zwischen 60 und 80 % liegen. Die Erzwespe belegt bis zu 50 Larven (drittes und viertes Larvenstadium) bzw. Puparien mit einem Ei. Parasitierte Insekten sind nach ca. zehn Tagen an ihrer Schwarzfärbung zu erkennen. Bei Bemisia (s. S. 274) verfärben sich Larven und Puparien braun.

Encarsia formosa und parasitierte Larven

Bei hoher Populationsdichte des Nützlings, z. B. bei laufender wöchentlicher Aussetzung, kommt es zum sogenannten **„Host-Feeding"**, d. h., Eier und junge Larvenstadien (erstes und zweites Larvenstadium) werden von der Wespe angestochen und ausgesaugt. Letzteres Verfahren hat sich vor allem im Zierpflanzenbau, z. B. bei Poinsettien und Fuchsien, bewährt.

Bei der sehr kleinen (nur bis zu 0,5 mm groß) Schlupfwespe *Trichogramma evanescens* handelt es sich um einen **Eiparasiten**, der die Eier einer Reihe schädlicher Schmetterlingsarten (z. B. der Kohleule und des Apfelwicklers) parasitiert. Geliefert wird **Trichogramma** in Form parasitierter Eier.

Zur **Bekämpfung von Minierfliegen** werden die Schlupfwespen *Dacnusa sibirica, Diglyphus isaea* und *Opius pallipes* angeboten. Im Gegensatz zu den bisher besprochenen Schlupfwespen, die alle **Endoparasiten** sind, d. h., sie entwickeln sich innerhalb ihres Wirts, handelt es sich bei *Diglyphus isaea* um einen **Ektoparasiten**, also um einen Schmarotzer, der sich außerhalb seines Wirts entwickelt. Die etwa 2 bis 3 mm großen Wespen gelangen häufig auch aus dem Freiland in das Gewächshaus.

Schwebfliegen

Schwebfliegen gehören mit zu den wirkungsvollsten Blattlausfeinden. Typische Kennzeichen sind ihr wespenähnliches Aussehen und ihre Fähigkeit, in der Luft auf der Stelle stehen zu bleiben bzw. zickzackartig ihre Flugrichtung zu ändern. Während die erwachsenen Schwebfliegen nur von Nektar, Pollen und Honigtau leben, verzehrt eine Larve während ihrer 8 bis 10 Tage langen Entwicklungszeit ca. 500 Blattläuse. Entsprechend den unterschiedlichen Schwebfliegenarten variieren auch ihre Larven im Aussehen.

Schwebfliege

Schwebfliegenlarve *(Episyrphus balteatus)*, vorwiegend im Paprikaanbau eingesetzt

Schwebfliegenlarve *(Scaeva pyrastri)*

Spinnen

Spinnen gehören überwiegend zu den Insektenfressern. In den Spinnennetzen bleiben fast ausschließlich Pflanzenschädlinge hängen, da räuberisch oder parasitisch lebende Insekten typische Netzvermeider sind. Dies trifft auch für blütenbesuchende Insekten zu. Dadurch tragen Spinnen in einem erheblichen Umfang zu einer Verschiebung des Verhältnisses Schädling zu Nützling zugunsten der Nützlinge bei. Neben den Fangnetze bauenden Arten, wie die Familien der Radnetz- und Baldachinspinnen, gibt es auch solche, die ihre Beute ohne Netze fangen, indem sie sich auf die Lauer legen bzw. anschleichen. Hierzu gehören die Familien der Lauf-, Wolfs- und Krabbenspinnen. Auch die sogenannten Weberknechte gehören zu den Spinnentieren, die kleine Insekten jagen.

Spitzmäuse

Spitzmäuse sind keine Nagetiere und somit auch keine Mäuse, sondern sehr nützliche insektenfressende Raubtiere. Neben Insekten (z. B. Käfer, Engerlinge, Drahtwürmer, Schmetterlinge, Raupen, Maulwurfsgrillen) jagen die nachtaktiven Tiere auch Schnecken, Würmer, Spinnen und anderes Kleingetier. Sie haben einen großen Nahrungsbedarf (pro Tag vertilgen sie ihr Eigengewicht) und fressen, was sie überwältigen können, z. B. auch Hausmäuse. Spitzmäuse sind kleine, mäuseartig aussehende Säugetiere mit rüsselförmiger (spitzer) Schnauze. Kennzeichnend ist ihr samtartiges Fell. In Gärten, Friedhöfen und Parks trifft man vor allem die Haus-, Garten- und Feldspitzmaus an (s. S. 306).

Feldspitzmäuse wurden als Überträger des sehr seltenen aber hochgefährlichen **Bornavirus** identifiziert. Obwohl vor allem Pferde, Schafe und Katzen gefährdet sind, können sich auch Menschen mit dem Virus infizieren, wenn sie mit den Tieren oder ihren Ausscheidungen in Kontakt kommen. Das Virus greift das Nervensystem an – in der Regel mit tödlichem Verlauf. Entsprechend gelten die gleichen Vorsichtsmaßnahmen wie beim Schutz vor dem **Hantavirus** (s. S. 308).

Feldspitzmäuse können von den anderen Spitzmausarten anhand des deutlichen Farbübergangs zwischen Ober- (grau/braun) und Unterseite (weiß) unterschieden werden.

Teichmolch

Der bis 11 cm große Teichmolch ist die häufigste Molchart bei uns. Er lebt fernab von Gewässern. Wassergräben oder sonstige feuchte Unterschlüpfe sind bereits ausreichend für ihn. Tagsüber versteckt er sich unter Steinen, im Laub oder in Erdlöchern. Nachts geht der Teichmolch auf Jagd nach Insekten, Nacktschnecken und Würmern.

Vögel

Obwohl einige Vogelarten durch Fraß an Früchten (Amsel und Star) und Knospen (Spatz, Grünfink oder Grünling und Dompfaff) Schäden anrichten können, zählen Vögel durch das Verfüttern riesiger Mengen an Schadinsekten bei der Brutaufzucht zu den Nützlingen. So verfüttert beispielsweise die Kohlmeise zur Aufzucht ihrer Jungen bis zu 30 kg Raupen. Außerdem ist der Schaden meist nur auf eine bestimmte Jahreszeit beschränkt. So können Stare zur Zeit der Obsternte große Schäden, vor allem in Wein- und Kirschanbaugebieten, anrichten. Andererseits vertilgen sie große Mengen im und auf dem Boden lebender Insekten (z.B. Tipulalarven, Raupen, Käfer, Mücken, Fliegen) und Schnecken. Auch der Spatz ist nützlich. Obwohl sich Spatzen überwiegend von pflanzlicher Kost ernähren, füttern sie ihre Jungen fast ausschließlich mit Insekten. So hat man durch Beobachtungen festgestellt, dass ein Spatzenpaar zur Aufzucht seiner Brut etwa 300 Fütterungen pro Tag mit durchschnittlich drei Insekten vornimmt. Bei einer Aufzuchtdauer von vierzehn Tagen dreimal pro Jahr sind dies ca. 40 000 Schadinsekten, die jährlich von einem einzigen Spatzenpaar vernichtet werden können.

Amselmännchen bei der Fütterung

Daneben tragen Vögel durch das Fressen von Samen zur Pflanzenverbreitung und damit zum Artenerhalt und zur Artenvielfalt bei. Da sie sehr empfindlich auf Veränderungen in ihrer Umwelt reagieren, sind sie zuverlässige Anzeiger für Umweltbelastungen (**Bioindikatoren** = lebende Anzeiger). Nicht zuletzt erhöhen Vögel durch ihren Gesang (z.B. Amsel, Singdrossel), ihre Farben- und Formenvielfalt und die Eleganz ihres Fluges ganz entscheidend den Erholungswert und die Lebensqualität einer Landschaft.

Wanzen

Obwohl viele Wanzenarten Pflanzen schädigen, gibt es auch nützliche Wanzen, die sich fast ausschließlich räuberisch von Blattläusen und anderen Insekten ernähren (z.B. Sichel-, Blumen- und Weichwanzen).

Weichwanze (grün) und Blumenwanze beim Aussaugen einer Raupe

Weichkäfer

Auch die Käfer aus der Familie der Weichkäfer leben vorwiegend von Insekten. Dabei ist ihre Fraßgier so groß, dass sie selbst vor dem Verzehr von Artgenossen nicht zurückschrecken. Ihre samtfarbig behaarten Larven leben im Boden, wo sie vor allem Schnecken jagen.

Wespen

Die Nahrung erwachsener Wespen und Hornissen (Großwespen: zwei- bis dreimal so groß wie eine Wespe) besteht vor allem aus zuckerhaltigen Säften. Entsprechend können sie durch das Benagen reifer Früchte und Äste von Gehölzen (z.B. Esche) Schäden anrichten. Im Spätherbst geht das Leben des Wespenvolks zu Ende. Nur die befruchteten Königinnen überwintern. Wespen und Hornissen sind als Nützlinge anzusehen, da sie ihre Larven mit dem Fleisch erbeuteter Insekten (z.B. Fliegen, Raupen, Schmetterlinge, Käfer) ernähren. Sie sind also Raubinsek-

Wespen – nützliche Raubinsekten

Fraßschäden durch Wespen

ten, die große Mengen schädlicher Insekten vernichten können. Da Hornissen vom Aussterben bedroht sind, werden vielerorts bereits Nistkästen für Hornissen aufgestellt.

Wiesel

Das Kleine Wiesel (Mauswiesel) und das Große Wiesel (Hermelin) leben vor allem von Mäusen und Ratten. Entsprechend sind sie wichtige Feinde der Wühlmäuse (s. S. 305 ff.), die sie in ihren eigenen Bauten jagen.

Zauneidechse

Die Zauneidechsen sind tagaktive Raubtiere, die Insekten, Spinnen, Würmer und kleine Schnecken jagen, wobei sie auch Halme und Zweige erklimmen. Die Zauneidechse hat eine Körperlänge von 20 bis 30 cm. Ihr Körper ist mit einem Schuppenkleid vor Austrocknung geschützt. Weibchen sind unscheinbar braungelb gefärbt, die Bauchunterseite des Männchens ist grün. Während der Paarungszeit (April/Mai) verfärbt sich das Schuppenkleid des Männchens leuchtend grün. Zauneidechsen stehen unter Naturschutz. Ihre Hauptfeinde sind Greifvögel, Krähen, Wiesel, Igel und Fuchs.

Zauneidechse

Trauermücken	Dickmaulrüssler	Minierfliegen	Nacktschnecken	Napfschildläuse
Nematoden *(Steinernema feltiae)* **Raubmilben** *(Hypoaspis miles, H. aculeifer)* **Bakterien** *(Bacillus thuringiensis var. israelensis)*	**Nematoden** *(Heterorhabditis bacteriophora, H. megidis, Steinernema carpocapsae, S. feltiae)*	**Schlupfwespen** *(Dacnusa sibirica, Diglyphus isae, Opius pallipes)*	**Nematoden** *(Phasmarhabditis hermaphrodita)* **Erdkröten** *(Bufo bufo)*	**Schlupfwespen** *(Microterys flavus, Coccophagus lycimnia, Encyrtus infelix, Metaphycus helvolus, M. flavus)*

Spinnmilben	Thripse	Blattläuse	Weiße Fliegen	Woll-/Schmierläuse
Raubmilben *(Phytoseiulus persimilis, Amblyseius californicus, A. barkeri, A. cucumeris, A. degenerans)* **Florfliegen** *(Chrysoperla carnea)* **Raubwanzen** *(Orius laevigatus, O. insidiosus)* **Gallmücken** *(Feltiella acarisuga)*	**Raubmilben** *(Amblyseius cucumeris, A. barkeri, A. degenerans, A. californicus, A. limonicus, A. montdorensis, A. swirskii)* **Florfliegen** *(Chrysoperla carnea)* **Räuberische Thripse** *(Franklinothrips vespiformis)* **Raubwanzen** *(Orius laevigatus, O. insidiosus)* **Marienkäfer** *(Hippodamia convergens)* **Nematoden** *(Steinernema feltiae)*	**Gallmücken** *(Aphidoletes aphidimyza)* **Schlupfwespen** *(Aphelinus abdominalis, Aphidius colemani, A. ervi, A. matricariae, Lysiphlebus testaceipes)* **Florfliegen** *(Chrysoperla carnea)* **Raubwanzen** *(Orius laevigatus, O. insidiosus)* **Schwebfliegen** *(Episyrphus baltreatus)* **2-Punkt-Marienkäfer** *(Adalia bipunctata)*	**Schlupfwespen** *(Encarsia formosa, Eretemocerus eremicus, E. mundus)* **Raubwanzen** *(Macrolophus caliginosus, M. pymaeus)* **Raubmilben** *(Amblyseius limonius, A. montdorensis)*	**Australischer Marienkäfer** *(Cryptolaemus montrouzieri)* **Florfliegen** *(Chrysoperla carnea)* **Schlupfwespen** *(Leptomastix dactylopii, L. abnormes, L. epona)*

Tab. 1 Übersicht: Über den Einsatz von Nützlingen in der Praxis, Adressen von Nützlingsanbietern über www.jki.bund.de

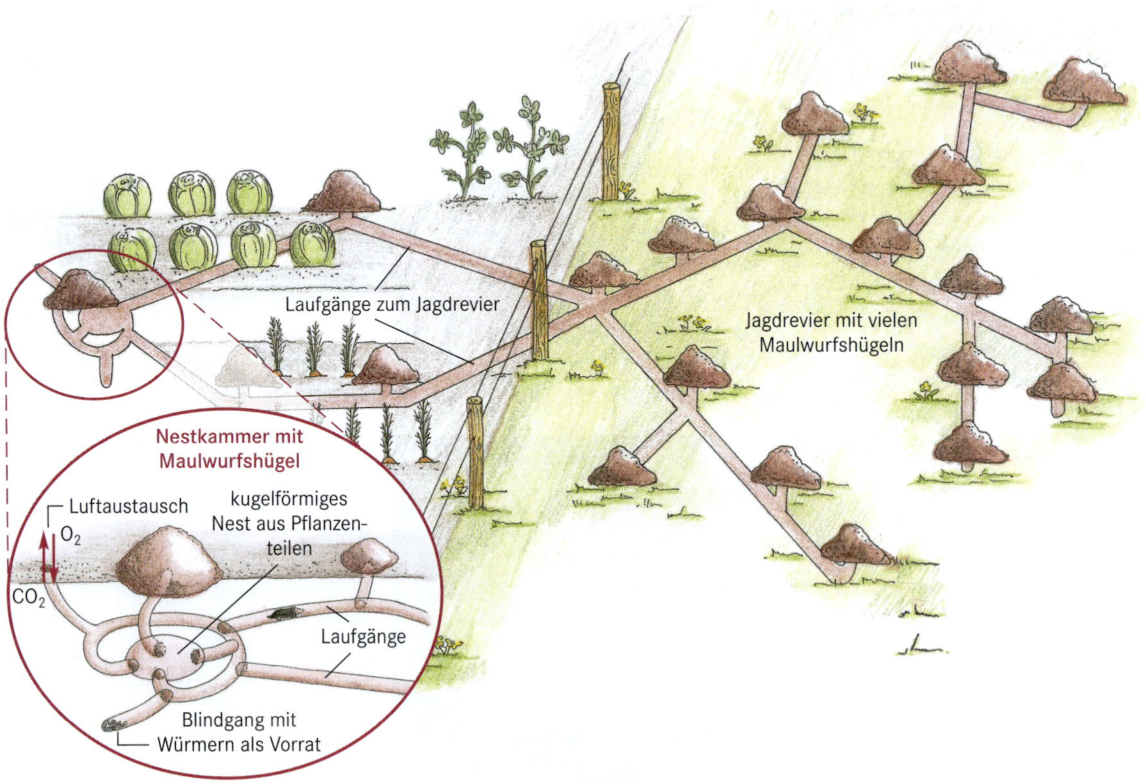

1 Jagdrevier des Maulwurfs 100–17 000 m² (Ø 4 000 m²) und Nestkammer. Von der Deutschen Wildtierstiftung wurde *Talpa europaea*, der Europäische Maulwurf, zum Wildtier des Jahres 2020 gekürt.

3.6 Biotechnische Maßnahmen

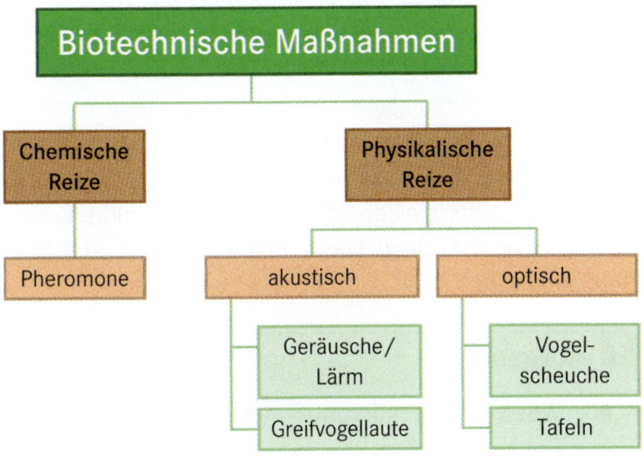

1 Biotechnische Maßnahmen

> **! Merke**
>
> Biotechnische Verfahren nutzen zur Bekämpfung von Schadorganismen deren natürliche Reaktionen auf chemische und physikalische (akustische und optische) Reize aus (**1**).

Bekannte Verfahren sind die Verscheuchung von Vögeln durch **Geräusche** oder der Einsatz von **Gelbtafeln** (für die meisten Insekten), **Blautafeln** (Thripse) und **Weißtafeln** (Himbeerkäfer, Pflaumensägewespe) zum Fangen von Insekten. Beim Einsatz der Tafeln macht man sich die Erkenntnis zunutze, dass Insekten von bestimmten Farben angezogen werden. Die angelockten Insekten bleiben bei Kontakt an den mit Insekten-Leim-Spray behandelten Farbtafeln kleben (**2**).

Farbtafeln werden zur direkten **Bekämpfung** und zur **Prognose**, d. h. zur Vorhersage über das Auftreten, den Verlauf und die Schadenshöhe eines Schädlingsbefalls, eingesetzt. Nachteilig beim Einsatz von Gelbfallen ist, dass auch nützliche Insekten getroffen werden. Entsprechend ist auch umstritten, ob bei einem schwachen Befall die positiven oder negativen Auswirkungen überwiegen.

Eine zukunftsweisende Form der biotechnischen Bekämpfung ist der Einsatz von **Pheromonen**. Pheromone sind Wirkstoffe, die den menschlichen Hormonen ähneln. Im Gegensatz zu den Hormonen werden sie jedoch über Drüsen an die Umgebung abgegeben (Duftstoffe) und lösen bei Lebewesen derselben Art bestimmte Reaktionen aus. Sie stellen also eine Art „chemische Signalsprache" dar, mit der sich Tiere verständigen und ihre Umgebung wahrnehmen können. Jedes Pheromon besteht aus einem Gemisch verschiedener chemischer Stoffe. Beim Einsatz von Pheromonen zur Schädlingsbekämpfung können unterschiedliche Strategien verfolgt werden:

- **Sexualpheromone** (Sexuallockstoffe) dienen zur Anlockung des Geschlechtspartners. Mittels weiblicher Sexualpheromone können Männchen in großen Massen angelockt und vernichtet werden. Häufig werden jedoch solche gefangenen Männchen sterilisiert und wieder freigelassen. Sie treten dann als natürliche Konkurrenten der unbehandelten Männchen in der Natur auf (Selbstvernichtungsverfahren).
- Eine andere Möglichkeit zur Bekämpfung von z. B. Apfel- und Traubenwickler besteht darin, die Konzentration der Sexualpheromone in der Luft zu erhöhen. Durch Ausbringen **erhöhter Sexuallockstoffkonzentrationen** kommt es zu einem regelrechten Wirrwarr von Duftspuren, sodass eine Duftorientierung der Männchen anhand von Duftspuren der Weibchen nicht mehr möglich ist. Die Folge ist, dass die Faltermännchen die Weibchen nicht mehr finden und eine Fortpflanzung unterbleibt. Zur Erzeugung solcher verwirrender Duftwolken ist die Verströmung von nur 5 mg Pheromon pro 10 000 m^2 und Stunde notwendig.
- Der Einsatz von **Sexuallockstoffen zur Prognose** dient der Ermittlung des optimalen Bekämpfungszeitpunkts. Zur Überwachung des Falterflugs (z. B. beim Apfelwickler) werden **Pheromonfallen** (**3**) aufgestellt. Die vom Pheromon angelockten Falter bleiben am Leimboden der Fallen kleben. Die laufende Kontrolle der Fallen ermöglicht unter Berücksichtigung der Witterungsbedingungen, der wirtschaftlichen Schadens-

2 Gelbtafeln zur Bekämpfung von Trauermücken

3 Pheromonfalle

schwelle und der Entwicklung der natürlichen Gegenspieler eine genaue Festlegung des optimalen Bekämpfungszeitpunkts. Pheromonfallen stellen somit ein wertvolles Prognosehilfsmittel im Rahmen des integrierten Pflanzenschutzes dar (s. Kap. 3.7).

Auch zur Bekämpfung von Borkenkäfern (s. S. 285 f.) werden Pheromonfallen erfolgreich eingesetzt. In der Nähe gefährdeter Bäume werden sogenannte **Borkenkäferschlitzfallen** aufgestellt. Die Fallen enthalten den Lockstoff in kleinen Beuteln. Beim Suchen nach dem vermeintlichen Baum fliegen die Käfer gegen die Blechschlitze der Fallen und rutschen durch diese in einen mit reusenartigen Schlitzen versehenen Fangkasten. In gewissen Zeiträumen werden die Fallen kontrolliert und die gefangenen Käfer vernichtet. Solche Fallen lassen sich zur Prognose und zur direkten Bekämpfung einsetzen (1).

Vorteile des Einsatzes von Pheromonen
- keine Schädigung anderer Lebewesen
- Schonung der Nützlinge
- kein Hantieren mit giftigen Mitteln
- Schonung der Umwelt
- keine Rückstandsprobleme
- keine Resistenzprobleme
- nur sehr geringe Wirkstoffkonzentrationen

1 Borkenkäferschlitzfalle

Nachteil: Die Wirkung der hochflüchtigen Pheromone ist stark witterungsabhängig. So verdampft bei Wärme sehr viel und bei Kälte entsprechend wenig Lockstoff. Daneben hängt die Verteilung von Windstärke und -richtung ab. Auch ist der Wirkungsgrad in der Bekämpfung nicht so hoch wie bei einer chemischen Bekämpfung. Dies ist aber auch im Sinne des modernen Pflanzenschutzes, denn die völlige Vernichtung einer Art würde nur dazu führen, dass eine andere Art diese Lücke füllt und somit erst zum Schädling wird.

? Aufgaben

◑ 1. Was versteht man unter biotechnischer Bekämpfung?

◑ 2. Was sind Pheromone und wozu dienen sie den Insekten?

◑ 3. Beschreiben Sie die verschiedenen Strategien beim Pheromoneinsatz zur Bekämpfung von Schädlingen.

◑ 4. Nennen Sie Vor- und Nachteile einer Bekämpfung durch Pheromone.

3.7 Integrierter Pflanzenschutz

Mit dem integrierten Pflanzenschutz wird versucht, einen tragfähigen Kompromiss zwischen ökonomischen Zwängen und ökologischen Ansprüchen im Pflanzenschutz zu erreichen.

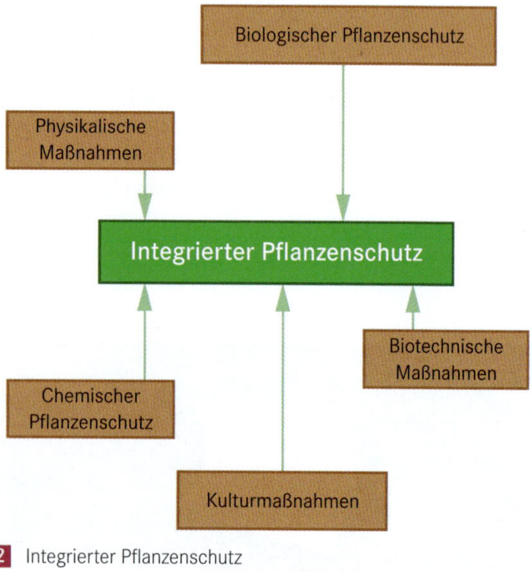

2 Integrierter Pflanzenschutz

Merke

Unter **integriertem Pflanzenschutz** versteht man die Kombination, d. h. das Aufeinanderabstimmen verschiedener Pflanzenschutzverfahren mit dem vorrangigen Ziel, die Anwendung chemischer Pflanzenschutzmittel auf das unbedingt notwendige Maß zu beschränken und damit die Umweltbelastung durch den Pflanzenschutz zu vermindern (2, S. 264).

Im integrierten Pflanzenschutz geht es dementsprechend darum,

- Anbauverfahren zu entwickeln, die die Entwicklung der Pflanzen, nicht aber die der Schadorganismen fördern,
- biologische, biotechnische und mechanische Pflanzenschutzmaßnahmen zu bevorzugen,
- wirtschaftliche Schadensschwellen zu ermitteln, zu kennen und einzuhalten,
- chemische Pflanzenschutzmittel nur dann einzusetzen, wenn es unbedingt notwendig ist,
- beim Einsatz chemischer Pflanzenschutzmittel selektiv wirkende, d. h. nützlingsschonende Mittel zu bevorzugen,
- Kenntnisse über die Lebensweise von Schädlingen und Nützlingen und die sie beeinflussenden Kulturmaßnahmen zu besitzen,
- ökologische Zusammenhänge zu verstehen.

Eine internationale Pflanzenschutzorganisation für Europa und den Mittelmeerraum, die sich vor allem für die Entwicklung biologischer und integrierter Pflanzenschutzmaßnahmen einsetzt, ist die **EPPO** (European and Mediterranean Plant Protection Organization).

Wichtig für die Wahl zwischen verschiedenen Bekämpfungsmaßnahmen ist die frühzeitige Vorhersage (Prognose) eines zu erwartenden Befalls durch Schadorganismen. Pflanzenschutzämter unterhalten einen sogenannten **Warndienst**. Die Aufgabe des Warndienstes ist es, der Praxis folgende Fragen zu beantworten:

1. Ist überhaupt mit einem wirtschaftlich ins Gewicht fallenden Schaderregerauftreten zu rechnen?
2. Und wenn ja, wann ist der günstigste Zeitpunkt für die Bekämpfung?
3. Wie kann unter den gegebenen Umständen die Bekämpfung zweckmäßig und möglichst umweltschonend durchgeführt werden?

Die Information der Praxis erfolgt über Rundfunk (Landfunksendungen), Ansagedienst, Faxabruf, Videotext im Fernsehen und über das Internet. Vor allem werden aber die Warnmeldungen von den Pflanzenschutzämtern gezielt (Abonnenten) verschickt.

Aufgaben

◑ 1. Ordnen Sie die nachfolgenden Pflanzenschutzmaßnahmen den entsprechenden Verfahren (2, S. 264) zu: a) Einsatz von Schlupfwespen zur Bekämpfung von Schadinsekten, b) Bau von Nistkästen, c) Aufstellung einer Vogelscheuche, d) Giftspritzung gegen Blattläuse, e) optimale Düngung, f) Unkrauthacken, g) Erhöhung der Luftfeuchtigkeit im Gewächshaus, h) Frostschutzberegnung, i) Bodendämpfung und j) richtige Standortwahl bei der Pflanzung eines Baums.

◑ 2. Worin sehen Sie die Vorteile des integrierten Pflanzenschutzes im Vergleich zum herkömmlichen Pflanzenschutz?

◑ 3. Warum ist das Eintreten eines Schadens nicht maßgebend für die Durchführung einer Pflanzenschutzmaßnahme?

◑ 4. Welche Aufgaben hat der Warndienst der Pflanzenschutzämter?

◑ 5. Warum stellt der integrierte Pflanzenschutz höhere Anforderungen an den Anwender als der herkömmliche Pflanzenschutz?

● 6. Diskutieren Sie mögliche Schwierigkeiten bei der Durchführung des integrierten Pflanzenschutzes in der Praxis und Möglichkeiten ihrer Überwindung.

4 Insekten

4.1 Körperaufbau

Von den bis heute bekannten auf der Erde lebenden Tierarten sind etwa 80 % Insekten. Entsprechend haben Insekten auch eine große Bedeutung als Pflanzenschädlinge.

4.1.1 Der äußere Aufbau (3, S. 266)

Trotz ihrer Formenvielfalt weisen Insekten bestimmte Gemeinsamkeiten auf. So ist der Körper der erwachsenen Insekten **(Vollinsekten)** durch Einkerbungen **(Kerbtiere)** in die drei Abschnitte Kopf, Brustabschnitt und Hinterleib eingeteilt. Ein weiteres Kennzeichen sind die drei Beinpaare am Bruststück **(Sechsfüßler)**, die in Hüfte (Coxa), Schenkelring (Trochanter), Schenkel (Femur), Schiene (Tibia) und mehrgliedrigen Fuß (Tarsus) gegliedert sind **(Gliederfüßler)** (1, S. 269). Sinnesorgane, vor allem am Kopf der Insekten, wie **Antennen** (Fühler), Augen und Mundwerkzeuge, dienen zur Aufnahme von Reizen und damit zur Wahrnehmung der Umwelt. Bei den Augen handelt es sich um **Komplexaugen** (Netz- oder Facetten-

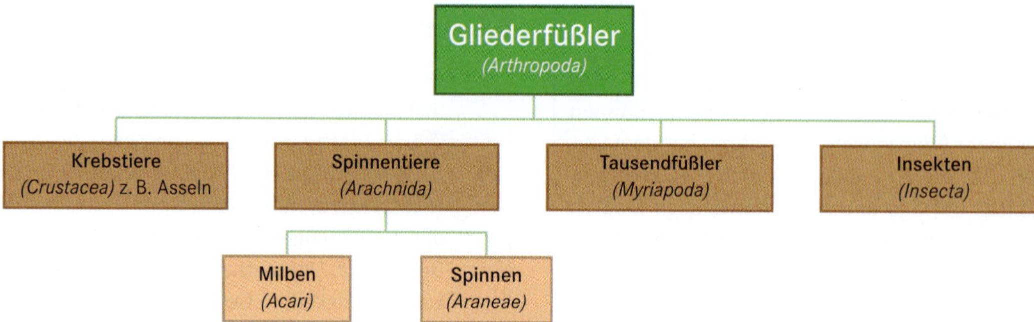

1 Gliederfüßler

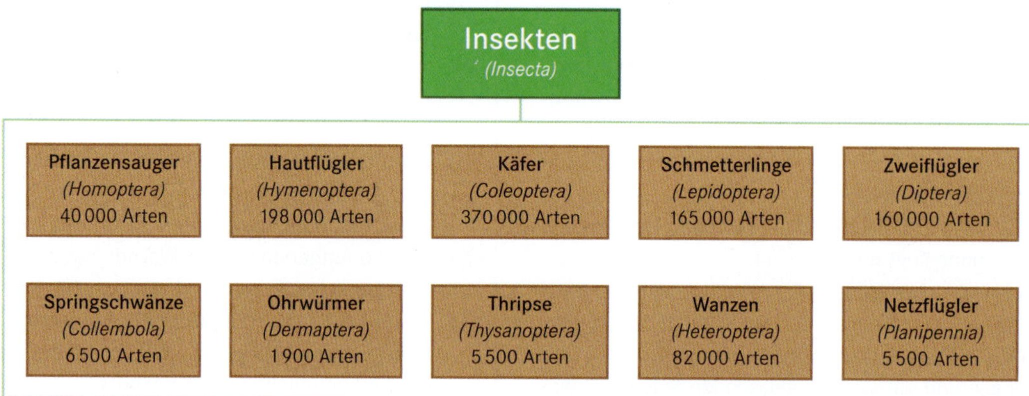

2 Wichtige Insektengruppen und die Anzahl ihrer Arten weltweit; und jährlich werden neue Arten entdeckt

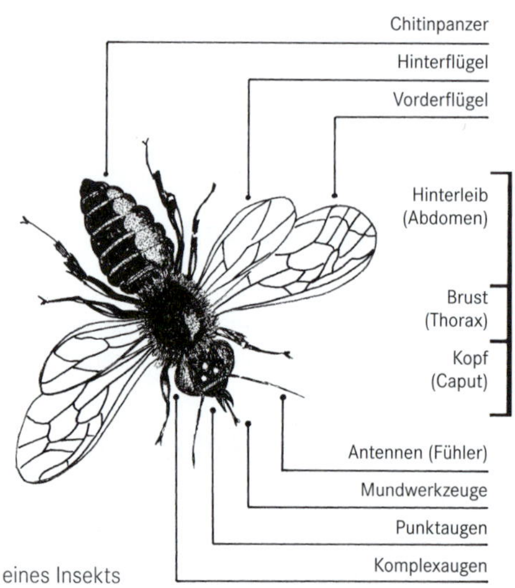

3 Aufbau eines Insekts

4 Insektenauge

augen), die sich aus Hunderten oder Tausenden von Einzelaugen/-facetten (bei Libellen bis zu 30 000 pro Komplexauge) zusammensetzen. Zwischen den Komplexaugen befinden sich einfache **Punktaugen** (Ocelli).

> **! Merke**
>
> Die Art der Mundwerkzeuge bestimmt die Art der Nahrungsaufnahme und damit, ob ein Schaden verursacht werden kann (**2**, S. 267).

Die Außenhülle der Insekten besteht aus einer chitinhaltigen Kutikula (Ausscheidung der Insektenhaut). Dieser **„Chitinpanzer"** hält den Körper der Insekten wie eine Ritterrüstung zusammen und schützt ihn vor Austrocknung und Verletzungen. Da dieser Panzer aus toter Substanz besteht und nicht mitwächst, muss er von Zeit zu Zeit abgeworfen werden **(Häutung)**.

Bei der Entwicklung der Insekten unterscheidet man zwischen vollständiger (Holometabolie) und unvollständiger Umwandlung (Hemimetabolie, **1**, S. 267):

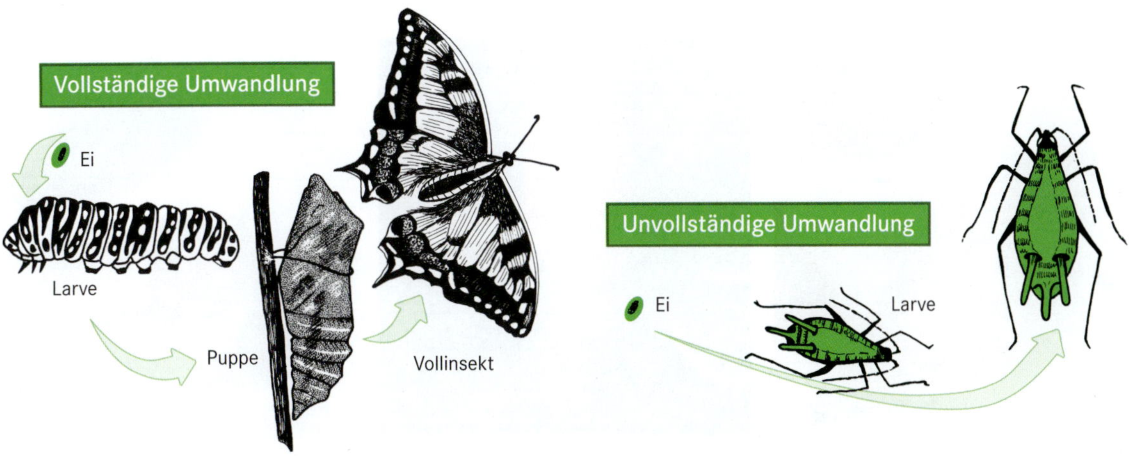

1 Vollständige (z. B. Schmetterlinge) und unvollständige Umwandlung (z. B. Blattläuse)

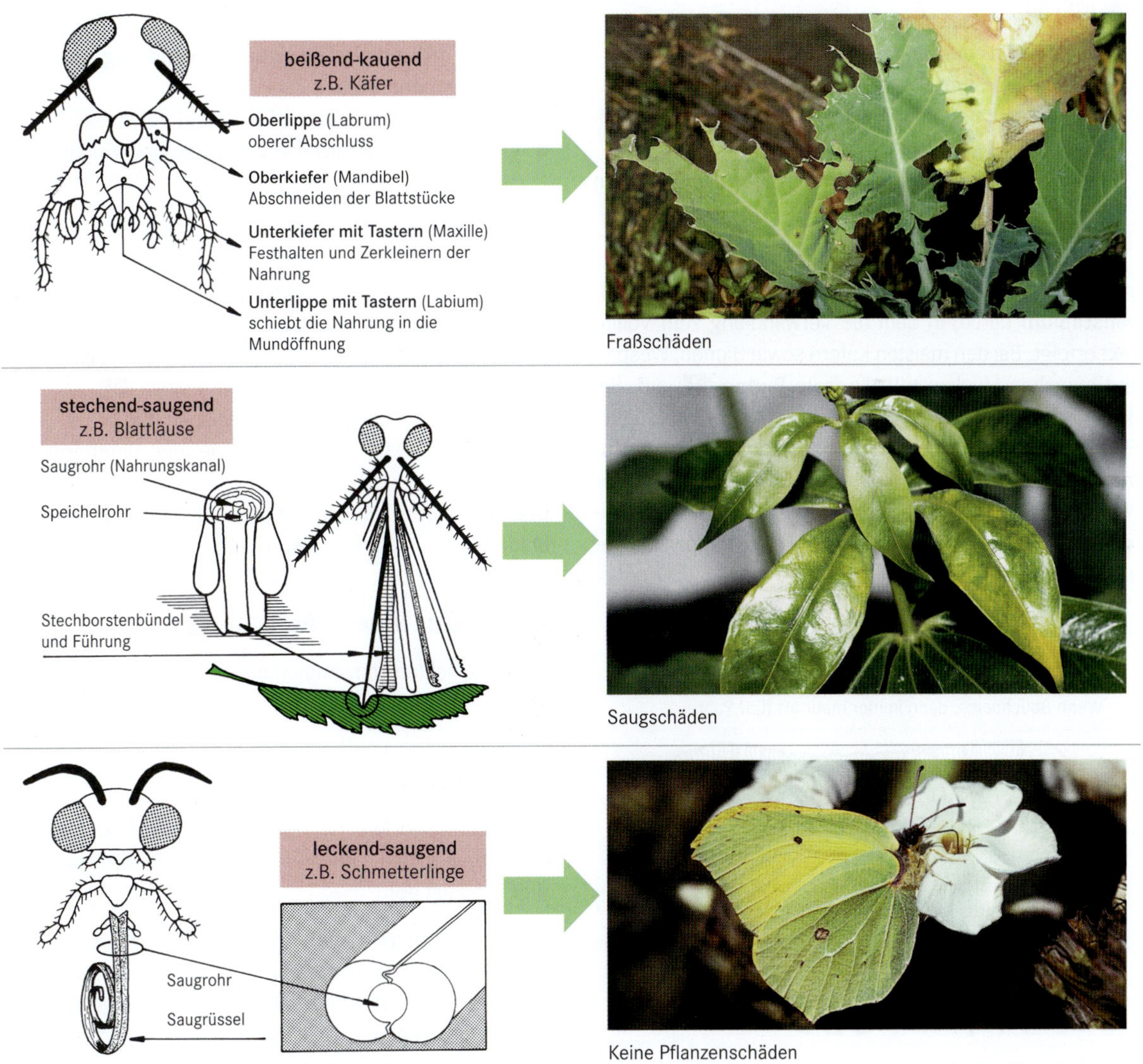

2 Die Art der Mundwerkzeuge bestimmt die Art der Nahrungsaufnahme

1 Freie Puppe (Käferpuppe)

2 Mumienpuppe (Schmetterlingspuppe)

3 Tönnchenpuppe (Fliegenpuppe)

! Merke

Insekten mit vollständiger Umwandlung

- Puppenstadium
- grundverschiedenes Aussehen von Larve und Vollinsekt
- in der Regel unterschiedliche Ernährungsweise von Larve und Vollinsekt

Insekten mit unvollständiger Umwandlung

- kein Puppenstadium
- ähnliches Aussehen von Larve und Vollinsekt
- gleiche Ernährungsweise von Larve und Vollinsekt

Insekten mit vollständiger Umwandlung machen ein **Puppenstadium** durch, in dem die Verwandlung zum Vollinsekt erfolgt. Bei den meisten Käfern sowie Bienen, Wespen und manchen Mücken tritt die **freie Puppe** (1) auf. Bei dieser sind die Körperanhänge (Extremitäten) wie Fühler, Flügel und Beine frei vom Körper abstehend. Bei der **Mumienpuppe** (2) sind die Körperanhänge mit dem Körper verklebt. Sie kommt bei Schmetterlingen und Marienkäfern vor. Fliegen bilden tönnchenförmige Puppen, sogenannte **Tönnchenpuppen** (3).

a) Zwischen Brust- und Bauchbeinen **ein beinfreies Segment** oder ohne Bauchbeine (Gespinstblattwespen). Wenn Bauchbeine, dann immer mehr als fünf Paare.

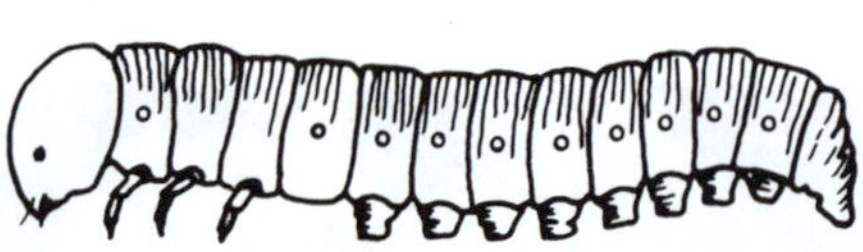

b) Zwischen Brust- und Bauchbeinen **mindestens zwei beinfreie Segmente**. Besitzen maximal vier Bauchbeinpaare.

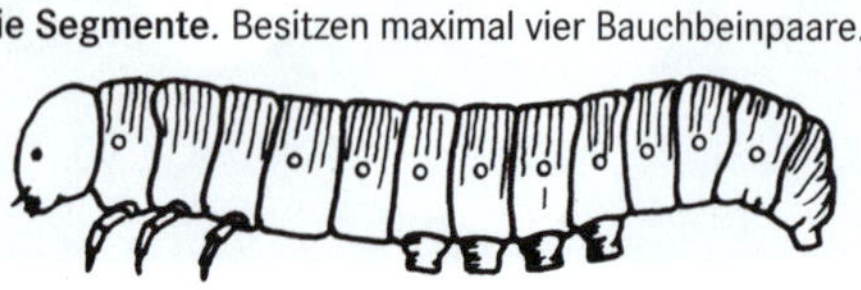

4 a) Blattwespenlarve (Afterraupe) und
b) Schmetterlingslarve (Raupe) im Vergleich

Die **Jugendformen der Insekten** bezeichnet man als Larven. In diesem Stadium richten sie in der Regel die meisten Pflanzenschäden an. Larven werden auch bezeichnet als:

Raupen	= Larven der Schmetterlinge (4)
Afterraupen	= Larven der Blattwespen (4)
Engerlinge	= Larven der Familie der Blatthornkäfer, z. B. Maikäfer
Drahtwürmer	= Larven der Familie der Schnellkäfer
Maden	= Larven der Fliegen

4.1.2 Der innere Aufbau (1, S. 269)

Bei den Insekten schwimmen die inneren Organe in einem blutgefüllten Hohlraum.

Das Nervensystem

Damit auf einen Reiz hin eine Reaktion erfolgen kann, ist ein Nervensystem notwendig. Die **Reiz-Reaktions-Kette** läuft wie folgt ab:

Reiz (z. B. Duftstoffe des Weibchens) → Aufnahme durch Sinnesorgan (Antenne des Männchens; es kommt zur Erregung) → Leitung des Reizes über Nervenleitungen zum → Gehirn (Verarbeitung der Information) → Weiterleitung über Nervenleitungen zu den entsprechenden → Muskeln (z. B. Flugmuskulatur) → Reaktion (Männchen fliegt zum Weibchen).

Die meisten chemischen Gifte zur Bekämpfung von Insekten **(Insektizide)** sind **Nervengifte**, die in die Reiz-Reaktions-Kette eingreifen. Die Schädigung des Nervensystems/lebenswichtiger Gehirnzentren führt zum Tod der Insekten. Symptome sind u. a. zunehmende Erregung der Tiere, unkoordinierte Bewegungen mit Gleichgewichtsstörungen, krampfartige Zuckungen, Lähmungen und schließlich der Tod.

Das Atmungssystem

Beim Menschen erfolgt der Sauerstofftransport im Blut mithilfe der roten Blutkörperchen. Da Insekten keine roten Blutkörperchen haben, muss bei ihnen der Sauerstofftransport anders erfolgen. Sie besitzen ein **Tracheensystem**. Es handelt sich hierbei um ein fein vernetztes System von Röhren (Tracheen), das den gesamten Körper durchzieht und über Öffnungen am Hinterleib (Stigmen) mit der Außenluft verbunden ist. Durch dieses Tracheensystem werden alle Organe des Körpers mit Sauerstoff versorgt. Das Ein- und Ausatmen erfolgt durch Strecken und Zusammenziehen des Hinterleibs.

Viele Insektizide wirken als **Atemgifte**, d. h., die Gifte gelangen als Dämpfe, Gase, Nebel, Rauch oder Staub über die Atemwege in den Körper der Insekten.

Das Blutsystem

Insekten haben nicht wie der Mensch ein geschlossenes, sondern ein **offenes Blutsystem**. Ein röhrenförmiges Herz pumpt das Blut in den Kopf. Von dort fließt es nicht in Blutgefäßen, sondern frei im Körper zum Hinterleib zurück (offenes Blutsystem). Im Hinterleib wird das Blut durch Öffnungen wieder in das Röhrenherz hineingesaugt und der Kreislauf beginnt von vorne. Beim Zurückfließen durch den Körper nimmt das Blut Nährstoffe vom Darm auf und versorgt damit beim erneuten Zurückfließen die einzelnen Körperzellen.

Ausscheidungsorgane

Die Ausscheidungsorgane der Insekten nennt man **Malpighi'sche Gefäße**. Sie entnehmen dem Blut die Stoffe, die ausgeschieden werden müssen (Blutreinigung). Damit entsprechen sie in ihren Aufgaben den Nieren des Menschen.

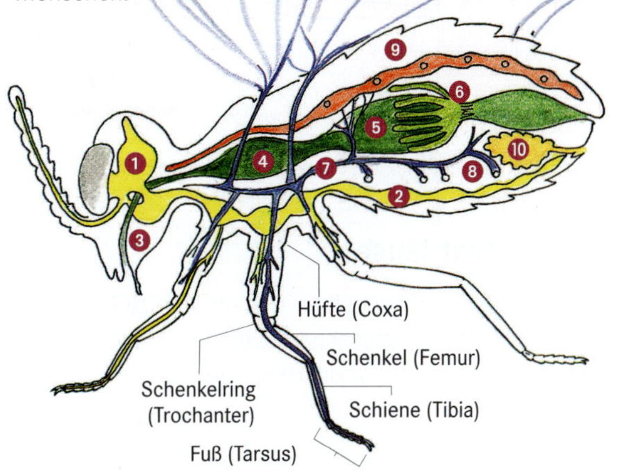

1 Gehirn
2 Bauchmark
3 Speiseröhre
4 Magen
5 Darm
6 Malpighi'sche Gefäße („Nieren")
7 Tracheen (Atemröhren)
8 Stigmen (Atemöffnungen)
9 Röhrenförmiges Herz
10 Eierstock

1 Der innere Aufbau eines Insekts

? Aufgaben

- ◑ 1. Beschreiben Sie den äußeren und inneren Aufbau eines Insekts.
- ○ 2. An welchen zwei Merkmalen lassen sich erwachsene (adulte) Insekten erkennen?
- ○ 3. Wie nennt man die Augen der Insekten und was ist das Besondere an ihnen?
- ○ 4. Wie viele Flügel besitzen geflügelte Insekten?
- ◑ 5. Insekten besitzen ein sogenanntes „Außenskelett". Was ist damit gemeint und welche Aufgaben hat es?
- ◑ 6. Warum müssen sich Insekten von Zeit zu Zeit häuten?
- ○ 7. Welche Mundwerkzeuge können bei Insekten unterschieden werden?
- ○ 8. Was versteht man unter einer a) Larve und b) Imago (die, -/...gines)?
- ◑ 9. Unterscheiden Sie Saug- und Fraßschäden.
- ○ 10. Worin unterscheiden sich Insekten mit vollständiger und unvollständiger Entwicklung?
- ◑ 11. Beschreiben Sie die Puppen von Käfern, Schmetterlingen und Fliegen.
- ◑ 12. Worin unterscheiden sich die Larven der Blattwespen und Schmetterlinge (**4**, S. 268)?
- ○ 13. Was versteht man unter Larven, Raupen, Afterraupen, Engerlingen, Drahtwürmern und Maden?
- ◑ 14. Beschreiben Sie die Wirkung von Nervengiften.
- ◑ 15. Wie funktioniert das Tracheen- und Blutsystem der Insekten?
- ○ 16. Was versteht man unter Fraß- und Atemgiften?

4.2 Pflanzensauger (Homoptera)

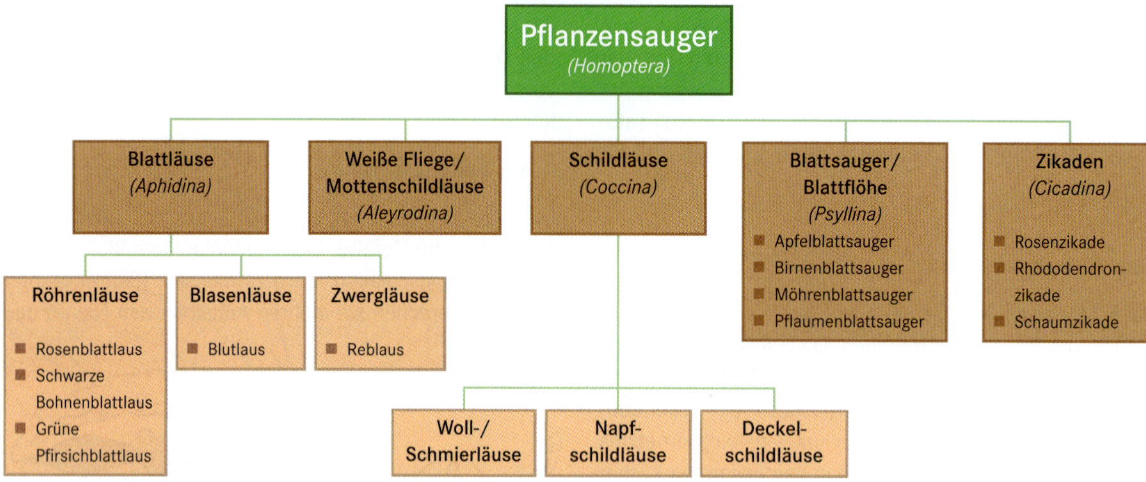

1 Pflanzensauger (Insekten, die sich vom Saft der Pflanzen ernähren)

4.2.1 Blattläuse

Bei den Blattläusen handelt es sich um wenige Millimeter große Insekten mit stechend-saugenden Mundwerkzeugen. Die wichtigsten Familien sind die Röhren-, Blasen- und Zwergläuse.

4.2.1.1 Röhrenläuse

Die Familie der Röhrenläuse ist die größte und wichtigste der Blattläuse. Es handelt sich dabei um 1 bis 6 mm große grüne, gelbliche, rötliche, weißgraue oder schwarze Insekten (**2**, S. 272). Kennzeichen der Familie sind die zwei Siphonen (Rückenröhrchen) auf dem Hinterleib, mit denen sie bei Gefahr ein klebriges Abwehrsekret ausscheiden können, das die Mundwerkzeuge der Fressfeinde verkleben soll. Zudem enthält es ein Alarmpheromon, das den Artgenossen Gefahr signalisiert.

Schäden

Sie schädigen durch den **Entzug von Pflanzensaft** aus dem Phloem (= **Phloemsauger**). Dabei kommt es zur Ausscheidung von **Honigtau** (zuckerhaltiger Pflanzensaft). Dieser ist ein vorzüglicher Nährboden für Pilze, sogenannte **Rußtau- oder Schwärzepilze** (**3**, S. 271). Es gibt kaum ein Insekt, das diese zuckerhaltigen Ausscheidungen nicht zu schätzen wüsste. Vor allem die **Ameisen** „melken“ die Blattläuse regelrecht, d. h., sie betrillern den Hinterleib der Blattläuse mit ihren Fühlern. Hierdurch werden sie angeregt, noch stärker zu saugen und damit verstärkt Honigtau auszuscheiden. So können Ameisenvölker von den zuckerhaltigen Ausscheidungen der Blattläuse weitgehend und vorübergehend ausschließlich leben. Aber auch die Blattläuse profitieren von den Ameisen, indem sie von diesen vor ihren Feinden geschützt werden.

> **! Merke**
>
> Ameisen schützen Blattläuse vor ihren natürlichen Feinden und regen sie zur verstärkten Saugtätigkeit an. Auf der anderen Seite fördert die Überproduktion von Honigtau viele Hautflügler.

Die Blattläuse entziehen den Pflanzen nicht nur Pflanzensaft und damit Zuckerverbindungen und Eiweiße, sondern sie scheiden beim Saugen auch **giftigen Speichel** aus, der bei Pflanzen zu Blattkräuselungen, -rollungen und -verkrüppelungen führen kann. Der wichtigste Schaden ist aber ein indirekter. Blattläuse können wie alle Pflanzensauger Viren übertragen. Diese können zu **Viruskrankheiten** an den Pflanzen führen. Entsprechend werden Blattläuse auch als **Vektoren** – Lebewesen, die Krankheiten übertragen können – bezeichnet. Der gefährlichste Virusüberträger ist die Grüne Pfirsichblattlaus *(Myzus persicae)*, die bis zu 150 verschiedene Virusarten überträgt und über 400 verschiedene Pflanzenarten befallen kann.

> **! Merke**
>
> Blattläuse schädigen durch:
> - Entzug von Pflanzensaft (Assimilaten)
> - Ausscheidung von Honigtau
> - Ausscheidung von giftigem Speichel
> - Übertragung von Viren!

Entwicklungskreislauf (1)

Das **Fortpflanzungsvermögen** der Blattläuse ist sehr groß, sodass es schnell zu einer Massenvermehrung kommen kann (2). Blattlausmännchen treten nur periodisch im Herbst auf. Das ganze Jahr kommen nur Weibchen vor! Entsprechend vermehren sich die Blattläuse ungeschlechtlich, also ohne Befruchtung **(Parthenogenese oder Jungfernzeugung)**. Durch die Geburt von lebenden Jungen **(Viviparie)** wird die Entwicklungszeit von der Larve zum Vollinsekt auf zehn oder noch weniger Tage verkürzt. Dadurch erreichen die Blattläuse bis zu zehn Generationen (im Gewächshaus sogar bis zu dreizehn Generationen), wobei die Einsparung der Männchen die Fortpflanzungshöhe pro Generation verdoppelt. Geflügelte Weibchen sorgen für eine ausgedehnte Verbreitung. Im Herbst werden Männchen geboren, die die nachfolgenden Weibchen befruchten. Bei der einmal im Jahr erfolgenden **sexuellen Vermehrung** kommt es zur Vermischung der Erbanlagen (Gene) der beiden Geschlechtspartner. Dies führt zu einer

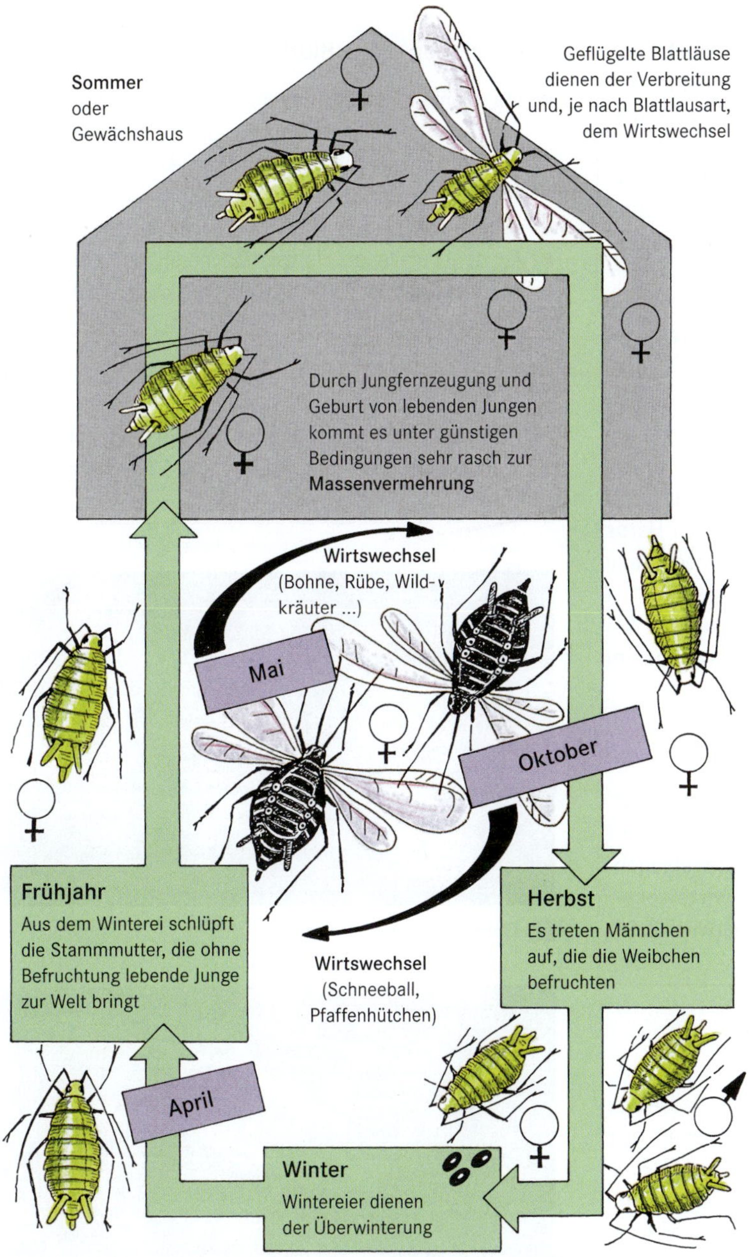

1 Entwicklungskreislauf am Beispiel der Rosenblattlaus (grün) und der Schwarzen Bohnenblattlaus (Letzterer ist nur dort eingezeichnet, wo er sich von dem der Rosenblattlaus unterscheidet!).

2 Starke Vermehrung der Rosenblattlaus

3 Rußtaubefall an Liguster

4 Wintereier der Blattlaus am Schneeball (Viburnum)

Neukombination der Erbanlagen bei den Nachkommen, die eine Anpassung an veränderte Umweltbedingungen ermöglicht und damit die Überlebenschancen erhöht. Dies ist z. B. der Grund, warum Blattläuse mit der Zeit gegen ein häufig verwendetes chemisches Spritzmittel resistent (widerstandsfähig) werden können. Die befruchteten Weibchen legen schwarz gefärbte Eier, sogenannte **Wintereier**. Sie dienen der Überwinterung und werden an den Blattknospen der Gehölze abgelegt (4, S. 271).

> **! Merke**
>
> Durch Jungfernzeugung, die Einsparung von Männchen und die Geburt von lebenden Jungen kommt es unter günstigen Bedingungen sehr rasch zu einer Massenvermehrung.
> Im Herbst werden an den Blattknospen der Gehölze schwarz gefärbte Eier abgelegt, aus denen im Frühjahr beim Austrieb der Blätter die sogenannten Stammmütter schlüpfen.

Bei einer Vielzahl von Blattlausarten kommt es im Frühjahr und Herbst zur Geburt geflügelter Nachkommen. Es handelt sich hierbei um Blattläuse, die im Sommer auf krautigen Pflanzen leben und im Herbst ihre Wintereier auf überwinternden Pflanzen (Gehölzen) ablegen. Im Frühjahr, zum Zeitpunkt des Blattaustriebs, schlüpfen die Blattläuse und fliegen im Mai auf ihre Sommerwirte, um im Herbst wieder zurückzukommen. Solche Blattläuse nennt man **wirtswechselnd** (z. B. Schwarze Bohnenblattlaus). Diejenigen, welche ihr Leben nur auf einer Pflanzenart verbringen, werden entsprechend als **nicht wirtswechselnd** bezeichnet (z. B. Rosenblattlaus).

> **! Merke**
>
> **Wirtswechselnde Blattläuse** leben im Sommer auf krautigen Pflanzen und wechseln im Herbst zur Überwinterung auf Gehölze über, wo sie ihre Eier ablegen (z. B. Schwarze Bohnenblattlaus). **Nicht wirtswechselnde Arten** können auf ihrem Sommerwirt überwintern (z. B. Rosenblattlaus).

Bekämpfung

Dass Blattläuse sich trotz ihrer Fähigkeit zur Massenvermehrung aber nicht unbegrenzt vermehren können, liegt vor allem an ihren vielen natürlichen Feinden, wie z. B. an Marienkäfern und deren Larven, Schwebfliegenlarven, Florfliegen und ihren Larven, Schlupfwespen, räuberischen Gallmückenlarven, Lauf- und Weichkäfern, Ohrwürmern, Spinnen, Raubwanzen, Wespen und den vielen Vogelarten (s. Nützlingslexikon, S. 254 ff.). Viele dieser Nützlinge kann man im Handel erhalten. Weitere Bekämpfungsmaßnahmen s. Kapitel 3.

4.2.1.2 Blasenläuse

Blattläuse der Familie der Blasenläuse erzeugen durch ihre Saugtätigkeit auffällige Deformationen in Form von Blasen, Gallen oder Wucherungen. Der gefährlichste und bekannteste Vertreter aus dieser Familie ist die **Blutlaus** (*Eriosoma lanigerum*), die in erster Linie Apfelbäume befällt.

Kennzeichen eines Blutlausbefalls

- Vor allem an jungen Trieben, Wund- und Schnittstellen, aber auch am älteren Holz, weiße, watteartige Wachsausscheidungen mit darunter sitzenden dunkelgrau gefärbten Läusen, die beim Zerdrücken einen roten Saft abgeben (1)
- An den befallenen Holzpartien entstehen krebsartige Wucherungen, sogenannter Blutlauskrebs (ähnelt dem Obstbaumkrebs)

> **! Hinweis**
>
> Die wirtschaftliche Schadensschwelle liegt bei 8 bis 10 Kolonien pro 100 Triebe oder 2 % befallener Bäume.

1 Blutlausbefall am Apfelzweig

2 Blattlaus (Röhrenlaus)

Schäden

Die Blutlaus schädigt Apfelbäume durch:

- Saftentzug → verringertes Triebwachstum → verringerte Holzausreife → erhöhte Frostempfindlichkeit
- Honigtauausscheidungen → Ansiedelung von Rußtaupilzen → stark verschmutzte Blätter und Früchte
- Ausscheidung toxischen Speichels → krebsartige Wucherungen an Stamm, Ästen und Wurzeln → gehemmtes Wachstum
- Pilzinfektionen über Wunden (z. B. Obstbaumkrebs, Fruchtfäule)
- Absterben ganzer Äste → vorzeitiges Baumsterben

Bekämpfung

- Förderung natürlicher Feinde wie Marienkäfer, Ohrwürmer, Schwebfliegen, Florfliegen
- Biologische Bekämpfung mit der Blutlauszehrwespe (*Aphelinus mali*) durch das Einbringen parasitierter Läuse und/oder Zehrwespen aus Nützlingszuchten
- Abbürsten der Blutlauskolonien
- Befallsstellen mit einem nützlingsschonenden Insektizid behandeln

4.2.1.3 Zwergläuse

Ein bedeutender Schädling im Weinbau aus dieser Familie ist die **Reblaus** (*Daktulosphaira vitifoliae*).

Schäden

Die Reblaus schädigt durch ihre Saugtätigkeit an Blättern (Blattgallen) (1) und Wurzeln (Wucherungen). Der bedeutendste Schaden wird durch die Saugtätigkeit an der Wurzel verursacht. Die Zerstörung der Leitbahnen führt zum Absterben der Rebe.

Bekämpfung

Die Reblaus führt einen komplizierten Wirtswechsel zwischen Spross und Wurzel der Rebe durch. Da die Blätter europäischer und die Wurzeln amerikanischer Rebsorten nicht von der Reblaus geschädigt werden, veredelt man europäische Reben auf Unterlagen der widerstandsfähigen amerikanischen Reben.

! Merke

Reben dürfen nicht wurzelecht gepflanzt werden, sondern müssen veredelt sein.

1 Blattgallen an den Blättern der Weinrebe

Bei gepflanzten Rebstöcken (auch im Hausgarten!) muss verhindert werden, dass sich an der aufgepfropften Edelsorte Wurzeln bilden. Ansonsten würden diese nach und nach die Unterlage verdrängen, sodass letztendlich wieder eine wurzelechte Rebe entsteht.

? Aufgaben

○ 1. Wodurch schädigen Blattläuse die Pflanzen?
○ 2. Was ist Honigtau?
◑ 3. Warum scheiden Blattläuse zuckerhaltigen Pflanzensaft aus?
○ 4. Was ist das Besondere am Waldbienenhonig?
○ 5. Wie nennt man die Pilze, die sich auf den zuckerhaltigen Ausscheidungen der Blattläuse ansiedeln und zu schwarzen Flecken auf den Blättern führen?
○ 6. An vielen Pflanzen kommt es durch die Saugtätigkeit der Blattläuse zu Blattkräuselungen, -rollungen und -verkrüppelungen. Worauf ist dieses zurückzuführen?
○ 7. Welches ist der wichtigste Blattlausschaden?
◑ 8. Warum führen manche Blattlausarten einen Wirtswechsel durch und andere nicht?
◑ 9. Beschreiben Sie den Entwicklungskreislauf der Blattläuse anhand der 1, S. 271.
○ 10. Wie vermehren sich Blattläuse hauptsächlich?
○ 11. Blattläuse sind vivipar. Was versteht man darunter?
◑ 12. Das ganze Jahr über findet man nur Blattlausweibchen. Lediglich im Herbst treten Männchen auf, die die Weibchen befruchten. Welche Vorteile bietet diese geschlechtliche (sexuelle) Vermehrung?
◑ 13. Die befruchteten Weibchen legen Eier, sogenannte Wintereier. Wie sehen diese aus, wozu dienen sie, und wo werden sie abgelegt?

Aufgaben (Fortsetzung)

○ 14. Wie viele Blattlausgenerationen können unter günstigen Bedingungen in einem Jahr auftreten?

○ 15. Nennen Sie zehn natürliche Feinde der Blattläuse.

○ 16. Welche der natürlichen Blattlausfeinde sind im Handel erhältlich (s. Nützlingslexikon)?

◐ 17. Beschreiben Sie die Blattlausparasitierung durch Schlupfwespen (s. S. 258).

○ 18. Woran kann man parasitierte Blattläuse erkennen?

◐ 19. Wodurch können die natürlichen Feinde der Blattläuse gefördert werden (s. Kap. 3.4)?

◐ 20. Durch das Anlegen von Leimringen an den Stämmen von Kern- und Steinobst wird verhindert, dass Ameisen in die Baumkronen gelangen. Was hat dies mit der Blattlausbekämpfung zu tun?

◐ 21. Diskutieren Sie anhand des Entwicklungskreislaufs der Blattläuse den günstigsten Zeitpunkt für eine chemische Bekämpfung.

◐ 22. Die Blutlaus befällt in erster Linie Apfelbäume.
  a) Woran kann der Befall erkannt werden?
  b) Welchen Schaden verursachen Blutläuse?
  c) Nennen Sie mögliche Bekämpfungsmaßnahmen.

◐ 23. Die Reblaus ist ein bedeutender Schädling im Weinbau. Wodurch schädigt sie die Weinrebe?

4.2.2 Weiße Fliege (Mottenschildlaus)

Weiße Fliegen sind 1 bis 2 mm große geflügelte Insekten, die mit weißem Wachsstaub überzogen sind, den sie produzieren und mit den Beinen über ihren Körper verteilen. Seit Ende der 1980er-Jahre tritt neben der **Gewächshausmottenschildlaus** *(Trialeurodes vaporariorum)* verstärkt eine weitere Mottenschildlaus, die **Tabakmottenschildlaus** *(Bemisia tabaci)*, auf. Die beiden Mottenschildläuse unterscheiden sich hinsichtlich ihrer Lebensweise und ihres Aussehens kaum. Sie befallen zahlreiche Pflanzen (z. B. Tomaten, Paprika, Gurken, Poinsettien, Pelargonien, Fuchsien, Wildkräuter, Erdbeeren).

Die **Vermehrung** erfolgt durch Eier, die auf der Blattunterseite mit einem Stielchen im Blattgewebe befestigt werden. Da die Eiablage zu verschiedenen Terminen erfolgt, kommen alle Entwicklungsstadien (Eier, Larven, Vollinsekten) nebeneinander vor.

1 Die Weiße Fliege und ihre Larven (schwarz gefärbte Larven sind parasitiert)

Merke

Die Weiße Fliege und ihre schildlausähnlichen Larven (1) schädigen durch Saugtätigkeit. Von den verschiedenen Larvenstadien, die die Weiße Fliege bis zur Entwicklung zum Vollinsekt durchläuft, ist nur das erste Stadium frei beweglich.

Diese Larven, die sehr winzig (ca. 0,2 mm) und glasklar sind, laufen über die Blätter und suchen einen günstigen Saugplatz. Nachdem sie diesen gefunden haben, wandeln sie ihre Beine und Fühler zu Hafthaken um und sind dann nicht mehr beweglich (→ Phloemsauger). Die Umwandlung zum Vollinsekt erfolgt in einem sogenannten **Puparium**. Hierbei handelt es sich um das letzte Larvenstadium, das mit Wachsplatten überdeckt und dessen Rückenhaut stark verdickt ist.

Durch das Saugen wird die Pflanzenentwicklung stark beeinträchtigt (2, S. 275). Die rasante Entwicklung und starke Vermehrung der Weißen Fliege führt sehr schnell zur Resistenz gegenüber häufig verwendeten chemischen Mitteln. Entsprechend ist ein ständiger Wechsel der verwendeten Präparate unumgänglich. Da alle Entwicklungsstadien nebeneinander vorkommen und außer dem ersten Larvenstadium und den erwachsenen Insekten die anderen Stadien relativ unempfindlich gegenüber chemischen

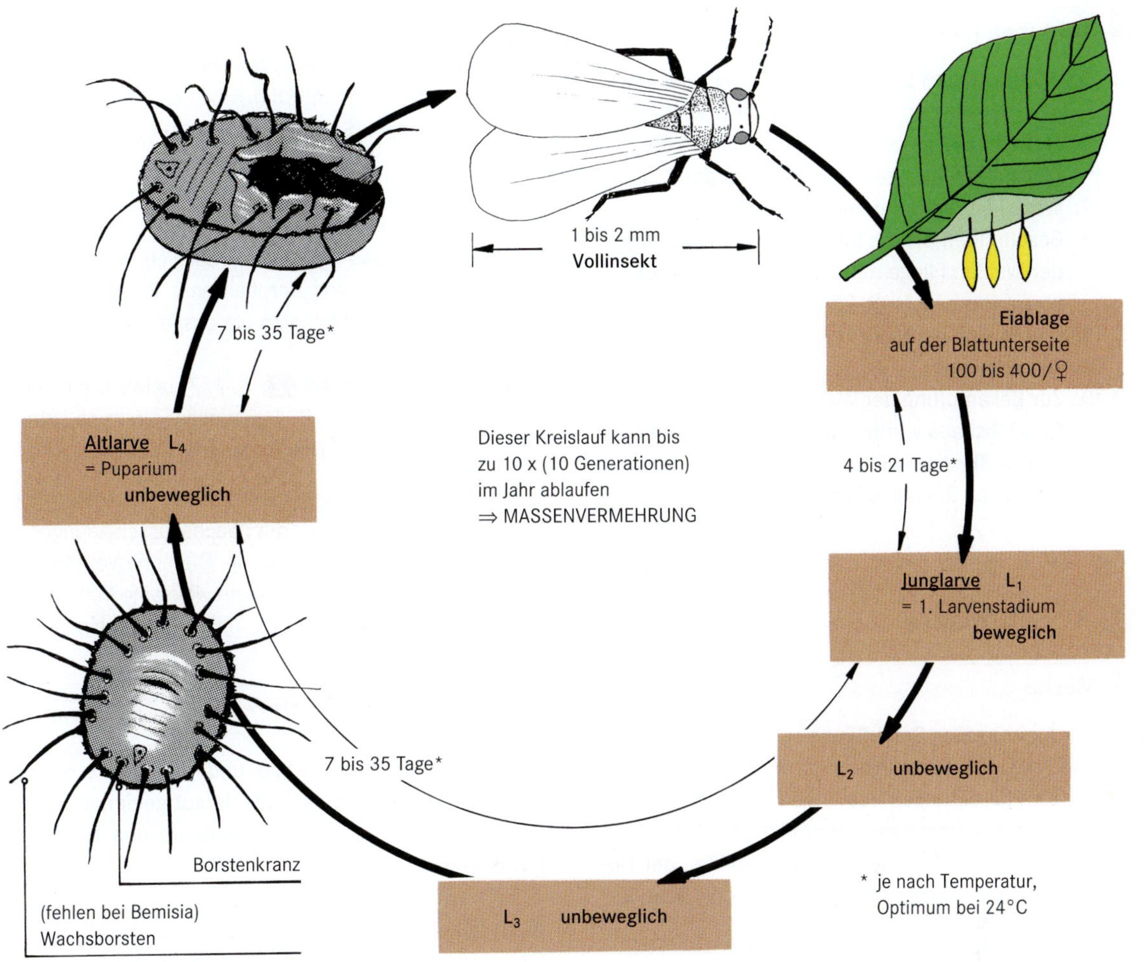

1 Entwicklungskreislauf der Weißen Fliege

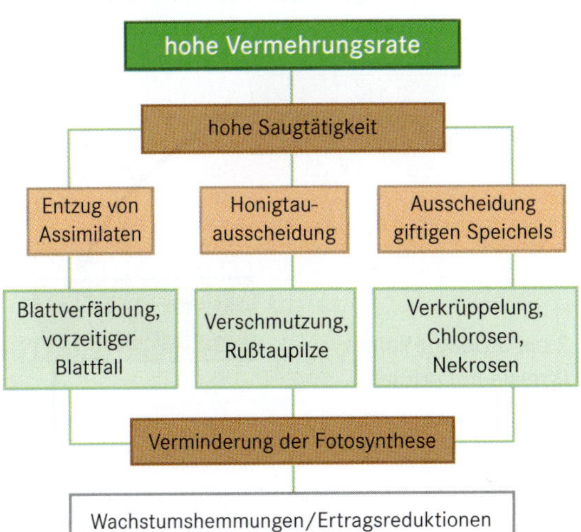

2 Schädigungen durch die Saugtätigkeit der Weißen Fliege

Mitteln sind, sind für eine erfolgreiche Bekämpfung 3 bis 5 Behandlungen im Abstand von jeweils 4 bis 5 Tagen erforderlich. Ein gutes Hilfsmittel zur Befallskontrolle und zur Bekämpfung bei geringem Befall sind Gelbtafeln (s. S. 263). Als Zeigerpflanzen für Weiße Fliege gelten Auberginen. Zur **biologischen Bekämpfung** im Gewächshaus werden die Schlupfwespe *Encarsia formosa* (s. S. 258), Raubwanzen und Raubmilben eingesetzt.

Aufgaben

- ○ 1. Wodurch schädigt die Weiße Fliege die Pflanzen?
- ○ 2. Wie lange dauert ein Entwicklungskreislauf der Weißen Fliege (**1**)?
- ○ 3. Nennen Sie die Entwicklungsstadien der Weißen Fliege.
- ○ 4. Was ist ein Puparium?
- ○ 5. Wie viele Generationen der Weißen Fliege können unter günstigen Bedingungen pro Jahr auftreten?

? Aufgaben (Fortsetzung)

◑ 6. Warum sollten bei einer chemischen Bekämpfung der Weißen Fliege die Mittel bzw. Wirkstoffe häufig gewechselt und vor allem die Blattunterseiten gut behandelt werden?
○ 7. Wozu können Gelbtafeln dienen?
◑ 8. Beschreiben Sie die biologische Bekämpfung der Weißen Fliege mit der Schlupfwespe Encarsia formosa (s. S. 259).
○ 9. Woran sind parasitierte Larven und Puparien zu erkennen?
◑ 10. Zur Bekämpfung der Weißen Fliege im Gewächshaus werden auf den umliegenden Freilandflächen Wildkräuter vernichtet. Wie beurteilen Sie diese Maßnahme?

4.2.3 Schildläuse

! Merke

Die bis 6 mm großen **Schildläuse** schädigen durch ihre Saugtätigkeit (Phloemsauger, Ausnahme Deckelschildläuse, die Pflanzenzellen aussaugen = Parenchymsauger) und die Ausscheidung großer Mengen Honigtau. Im Gartenbau werden vor allem die Familien der Deckelschildläuse, Napfschildläuse und Woll-/Schmierläuse schädlich (s. S. 277).

- **Deckelschildläuse** befallen vor allem Gehölze (z. B. Obstbäume) und derblaubige Pflanzen (z. B. Blattsukkulente). Vor allem geschwächte Pflanzen werden befallen (Schwächeparasiten). Zu den gefürchtetsten Obstbaumschädlingen gehört die aus Asien stammende und über die USA (Stadtgebiet von San José) zu uns eingeschleppte **San-José-Schildlaus** *(Quadraspidiotus perniciosus)*. Ihr sehr giftiger Speichel führt zum Absterben ganzer Äste. Beim Auftreten muss das Pflanzenschutzamt benachrichtigt werden.
- **Napfschildläuse** (1, S. 277) befallen sehr viele Pflanzen, wie Gehölze und Zierpflanzen (z. B. Yucca, Schefflera, Ficus). Es handelt sich um ausgesprochene Schwächeparasiten.
- **Woll-/Schmierläuse** (2, S. 277) befallen hauptsächlich Zierpflanzen (z. B. Hoya bella, Crassula arborescens, Schefflera, Clivia, Codiaeum, Kakteen).

Die **Bekämpfung** ist aufgrund der sehr stark ausgebildeten Rückenschilder bzw. der Wachsausscheidungen der erwachsenen Insekten schwierig. Die hohe Vermehrungsrate (Eier) bedingt, dass selbst gut wirksame Mittel wiederholt gespritzt werden müssen, in der Regel dreimal im Abstand von zehn Tagen.

! Merke

Zur Bekämpfung der Schild- und Napfläuse sowie der Eier sind Mineral- oder Rapsöle gut geeignet. Sie decken die Schadstadien luftdicht ab und führen so zum Erstickungstod.

Natürliche Feinde der Schildläuse sind u. a. Marienkäfer, Ohrwürmer, Schlupfwespen und Florfliegen. Zur biologischen Bekämpfung der San-José-Schildlaus wird die etwa 0,8 mm große Schlupfwespe *Prospaltella perniciosi*, zur Bekämpfung von Woll-/Schmierläusen der etwa 4 mm

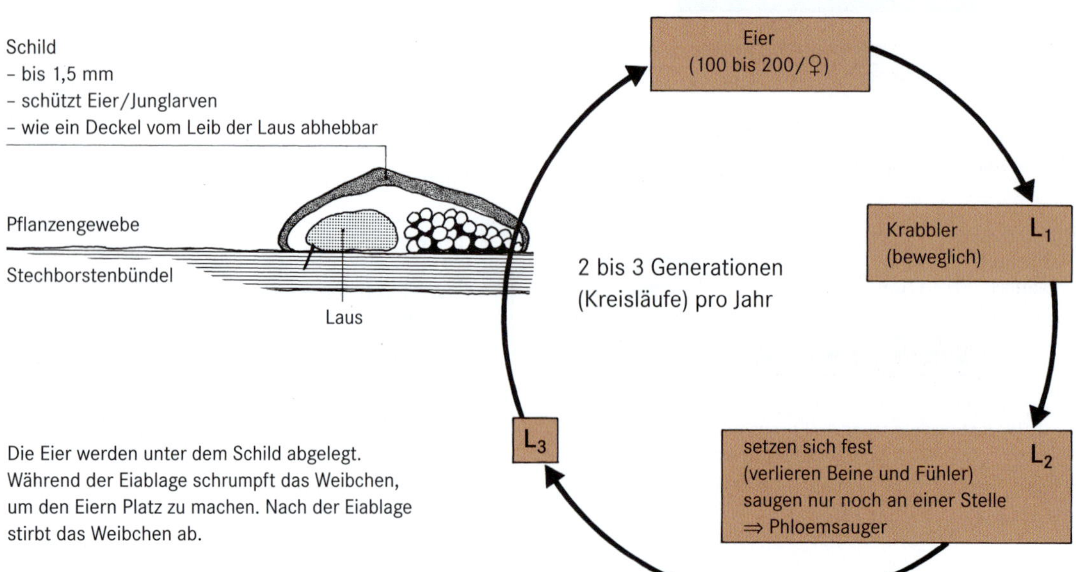

1 Entwicklungskreislauf der Deckelschildlaus

1 Napfschildlaus

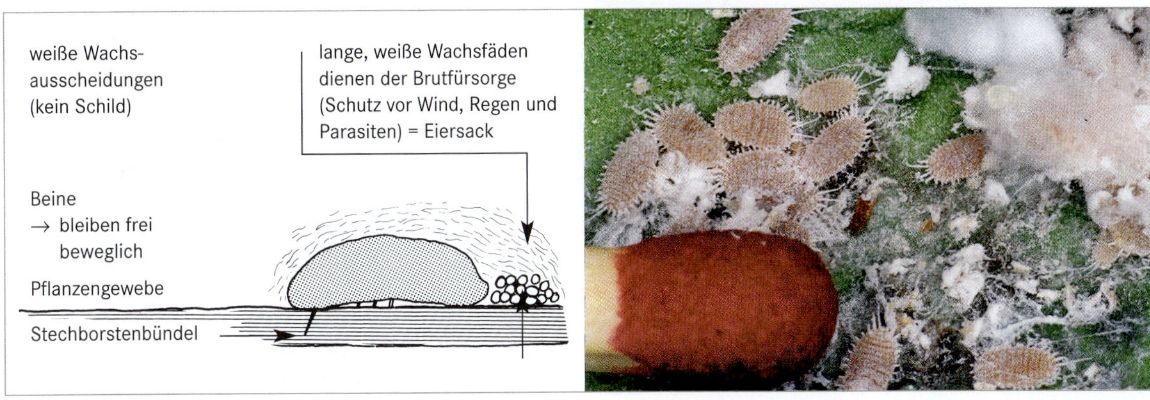

2 Woll-/Schmierläuse

große Marienkäfer *Cryptolaemus montrouzieri* wie auch der insektenpathogene Pilz *Beauveria bassiana* eingesetzt (s. Nützlingslexikon). Vor dem Einsatz von Schlupfwespen zur Bekämpfung von Napfschildläusen ist eine genaue Artbestimmung (Gemeine Napfschildlaus, Halbkugelige Napfschildlaus oder Schwarze Napfschildlaus) erforderlich. Nur dann können geeignete Individuen der stark spezialisierten Schlupfwespen ausgewählt werden.

? Aufgaben

◐ 1. Unterscheiden Sie Deckelschild-, Napfschild- und Woll-/Schmierläuse.
○ 2. Wodurch schädigen Schildläuse Pflanzen?
○ 3. Wie heißt die Schildlaus, die zu den gefährlichsten Obstbaumschädlingen gehört, und wodurch schädigt sie die Obstgehölze?
○ 4. Nennen Sie natürliche Feinde der Schildläuse.
◐ 5. Beschreiben Sie biologische Bekämpfungsverfahren zur Schildlausbekämpfung (s. Nützlingslexikon).

4.2.4 Blattsauger (Blattflöhe)

! Merke

Bei den Blattsaugern handelt es sich um 2 bis 4 mm große sprungfähige (Blattflöhe!), mit Flügeln versehene Insekten.

Ihre gelblichen, blattlausähnlichen Larven fallen durch einen breiten, flach gedrückt erscheinenden Körper mit relativ langen Fühlern und roten Augen auf.

Ein gefährlicher Schädling der Apfelbäume ist der **Apfelblattsauger**. Es gibt hier zwei Arten, Frühjahrs- und Sommer-Apfelblattsauger, von denen der **Frühjahrs-Apfelblattsauger** *(Psylla mali)* der gefährlichste ist (**1**, S. 278). Die Larven schädigen durch ihre **Saugtätigkeit** (Phloemsauger) an jungen Pflanzenteilen (Verkrüppelungen) und starke **Honigtauausscheidung** (Rußtaupilze). Bei starkem Befall können die jungen Blätter so verkleben, dass sie sich nicht mehr entwickeln können und absterben. Es kommt zur Schwächung der Bäume und zu Ertragsverlusten. Auch an Birnen **(Birnenblattsauger)**, Möhren **(Möhrenblattsauger)** und Steinobst, wie Aprikose, Pfirsich oder Pflaume **(Pflaumenblattsauger)** kön-

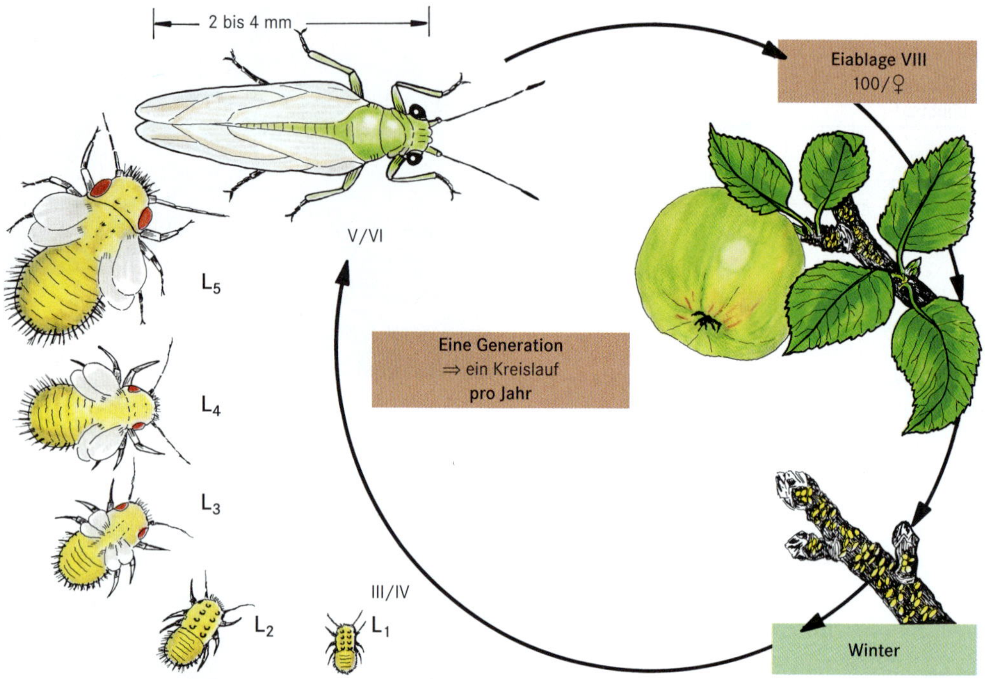

1 Entwicklungskreislauf des Frühjahrs-Apfelblattsaugers

nen größere Schäden durch Blattsauger verursacht werden. Beim **Pflaumenblattsauger** *(Cacopsylla pruni)*, der ein Bakterium überträgt, das die **Europäische Steinobstvergilbung** (European Stone Fruit Yellows, kurz ESFY) auslöst, bis zum Absterben der Bäume innerhalb weniger Jahre.

Eine **Bekämpfung** von Apfel-, Birnen- und Möhrenblattsauger ist in der Regel nur bei starkem Befall notwendig.

So sind beim **Frühjahrs-Apfelblattsauger** erst Schäden zu erwarten, wenn an mehr als 60 % der Kurztriebe (Fruchtholz) Eier abgelegt sind. Winterspritzungen mit Ölemulsionen zur Bekämpfung der Eier (ersticken unter dem Belag) oder Spritzungen zu Vegetationsbeginn (Austriebsspritzungen) zur Bekämpfung der schlüpfenden Larven können dann erforderlich werden.

Der **Pflaumenblattsauger**, der auch Vektor der Europäischen Steinobstvergilbung sein kann, sollte bekämpft werden, wenn er nach der Überwinterung auf Nadelbäumen zu seinen Wirtspflanzen in den Obstplantagen zurückkehrt. Pflanzenschutzämter geben entsprechende Warnmeldungen heraus. Ob die Bäume befallen sind, lässt sich mittels Klopfprobe feststellen.

Natürliche Feinde sind u. a. Raubwanzen, Spinnen, Marienkäfer, Gallmücken, parasitische Hautflügler und auch Pilze.

? Aufgaben

◑ 1. Wodurch schädigen Blattsauger die Pflanzen?

○ 2. Wie überwintert der Frühjahrs-Apfelblattsauger?

◑ 3. Leiten Sie aus dem Entwicklungskreislauf des Frühjahrs-Apfelblattsaugers (**1**) Termin und Art einer sinnvollen Bekämpfung ab.

○ 4. Wodurch kann der Pflaumenblattsauger ganze Bäume innerhalb weniger Jahre zum Absterben bringen?

4.2.5 Zikaden

! Merke

Bei den Zikaden handelt es sich um 3 bis 4 mm große saugende Insekten. Kennzeichnend sind ihre in Ruhestellung dachförmig über dem Hinterleib zusammengelegten Flügel und ihr Sprungvermögen (**1**).

Ihre Larven besitzen Ähnlichkeit mit Blattläusen. Bei den **Schaumzikaden** befinden sich die Larven in einer Schaumhülle („Kuckuckspeichel“ = schaumiger Kot).

Die Zikaden und ihre Larven saugen vor allem auf der Blattunterseite aus Parenchymzellen (dunkle Kottröpfchen). Das Schadbild (**2**, S. 279) ähnelt dem der Spinn-

1 Rosenzikade

2 Rosenzikadenschaden: weißliche Sprenkelungen

3 Knospensterben an Rhododendron

4 Die Rhododendronzikade ist an ihrer auffallenden Körperfärbung, orange Streifen auf grüner Farbe, leicht zu erkennen

milben und Thripse. In der Regel hält sich der durch Zikaden angerichtete Schaden in Grenzen.

Das **Knospensterben an Rhododendron** (3) im Laufe des Winters und Frühjahrs wird zwar durch einen **Pilz** *(Seifertia azaleae)* verursacht, dieser wird aber insbesondere bei der Eiablage durch die **Rhododendronzikade** *(Graphocephala fennahi,* 4) übertragen. Bekämpfung: Gelbtafeln in die Bestände hängen (Juli), befallene Knospen (Überwinterung der Larven) vor dem Schlüpfen der Tiere (April) entfernen.

? Aufgaben

○ 1. Worum handelt es sich bei Zikaden?
○ 2. Wie unterscheiden sich die erwachsenen Stadien der Zikaden von denen der Weißen Fliege?
○ 3. Beschreiben Sie das durch Zikaden verursachte Schadbild.
○ 4. Worum handelt es sich beim sogenannten „Kuckucksspeichel/-spucke“?
◑ 5. Knospensterben an Rhododendron im Laufe des Winters und Frühjahrs.
   a) Was hat die Rhododendronzikade damit zu tun?
   b) Welche Bekämpfungsmaßnahmen sollten durchgeführt werden?

4.3 Thripse (Blasenfüße oder Fransenflügler)

Von den etwa 90 einheimischen Arten lebt ein Teil räuberisch, z. B. von Milben und Blattläusen, andere befallen vor allem Zierpflanzen (Gladiolen, Cyclamen, Chrysanthemen, Saintpaulien, Nelken, Beet- und Balkonpflanzen u. a.), Gemüsepflanzen (Erbsen, Gurken, Tomaten, Zwiebeln u. a.) und Wildkräuter. Der **Gladiolenthrips** *(Thaeniothrips simplex)* wird auch als „Schwarze Fliege“ bezeichnet. Auch bei den bekannten „Gewitterfliegen“ handelt es sich um Thripse, die an schwülen Sommertagen in großen Massen auftreten. Seit Ende der 1980er-Jahre tritt in den Gewächshäusern neben **Zwiebelthrips** *(Thrips tabaci)* der **Kalifornische Thrips** *(Frankliniella occidentalis)* verstärkt auf. Neben Blättern und Früchten befällt er vor allem die Blüten der Pflanzen. In geringerem Maße tritt auch *Frankliniella intensa* auf.

! Merke

Thripse schädigen die Pflanzen, indem sie die Epidermis- und Parenchymzellen aussaugen. Die leer gesogenen Zellen füllen sich mit Luft. Das hierauf fallende Licht wird reflektiert, sodass die Blätter den für einen Thripsschaden typischen **Silberglanz** erhalten. Der wichtigste Schaden ist die **Übertragung von Viren** (Viren der Gattung Tospovirus), vorwiegend durch *Frankliniella occidentalis*. Die Larven nehmen die **Tospoviren** auf, die sich in ihnen vermehren. Die Übertragung erfolgt dann durch die erwachsenen Tiere beim Saugen.

Besaugte Pflanzenteile sterben vom Rande her ab. Junge Pflanzenteile werden im Wachstum gehemmt und verkrüppeln. Typisch für das Aussaugen von Parenchymzellen ist die Ausscheidung **grünlich schwarzer Kothäufchen**, hervorgerufen durch die Aufnahme von Chlorophyll bei der

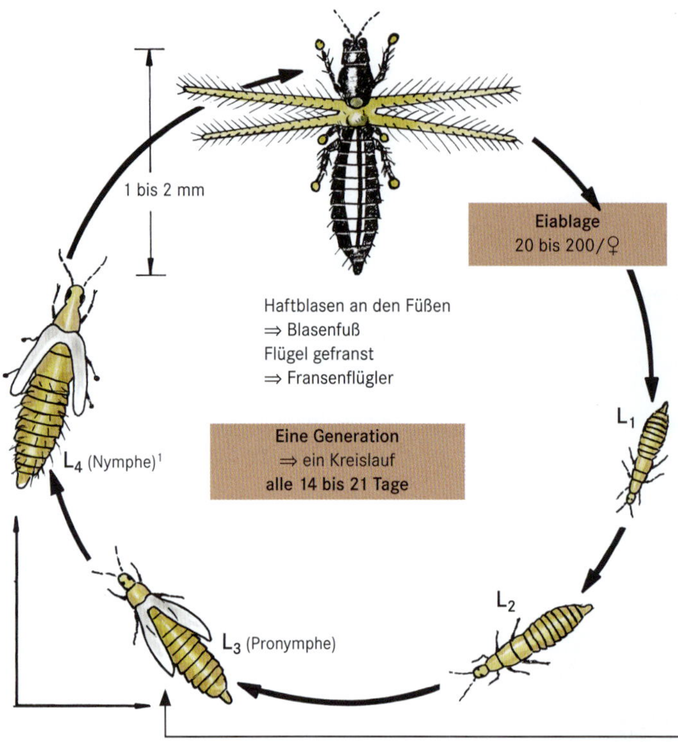

Puppenähnliche Stadien, sog. **Nymphenstadien.** Sie nehmen keine Nahrung auf, können sich aber im Gegensatz zu Puppen fortbewegen.

1 Entwicklungskreislauf der Thripse

[1] **Nymphe**, die: bei Insekten mit unvollkommener Verwandlung (Hemimetabolie) das letzte, bei Thripsen das letzte und vorletzte, meist schon mit Flügeln ausgestattete Larvenstadium

2 Saugschaden an Gerbera

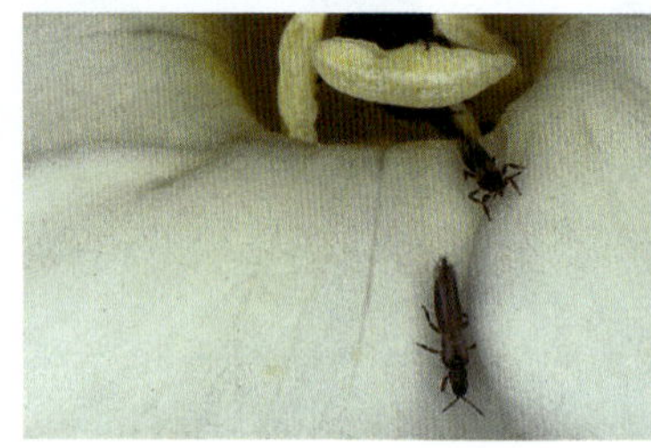

3 Thripse auf einer Phloxblüte

Nahrungsaufnahme. Neben den Saugschäden kann es auch zur **Virusübertragung** kommen (**1** bis **3**).

> **! Merke**
>
> Der Einsatz chemischer Pflanzenschutzmittel führt häufig nicht zum gewünschten Erfolg, sodass der vorbeugenden Bekämpfung eine große Bedeutung zukommt. Dabei geht es vor allem darum, das Einschleppen mit gekauften Pflanzen bzw. den Zuflug aus benachbarten Kulturen und von Wildkräutern zu verhindern.

Zur Früherkennung werden **hellblaue Leimtafeln** und **blaublütige Indikatorpflanzen** (z. B. *Exacum affine*), bei denen Thripsschäden rasch und deutlich auftreten, verwendet. Blütenbefall lässt sich durch Abklopfen über einem weißen Papier feststellen. Zur **biologischen Bekämpfung** dienen Raubmilben (*Amblyseius cucumeris, Amblyseius barkeri* u. a.), Raubwanzen *(Orius-Arten)*, Schlupfwespen *(Thripobius semiluteus)*, Marienkäfer *(Hippodamia convergens)*, Florfliegen, räuberisch lebende Thripse, Ohrwürmer und Nematoden wie *Steinernema feltiae*.

> **! Merke**
>
> Erfolgsversprechend ist auch der **Einsatz des biologischen Insektizids Naturalis** auf der Basis der keimfähigen Sporen des Pilzes *Beauveria bassiana*. Die Sporen haften an den Oberflächen der verschiedenen Stadien (Eier, Larven, Adulte). Der Pilz dringt mit seinen Hyphen in die verschiedenen Stadien ein und tötet diese ab.

> **! Hinweis**
>
> **Raubmilben** fressen neben Thripsen auch andere Schädlinge und Pollen. Zur Vermeidung vorzeitigen Absterbens bei Nahrungsmangel (z. B. bei vorbeugender Ausbringung) hat sich das Verblasen von **Rohrkolbenpollen** („Nutrimite") in den Gewächshäusern bewährt. **Nachteilig ist, dass die Raubmilben nur das erste Larvenstadium fressen können.** Die älteren Stadien sind zu groß.

Aufgaben

- ○ 1. Worum handelt es sich bei Gewitterfliegen?
- ○ 2. Was sind Thripse?
- ◑ 3. Beschreiben und erklären Sie das Schadbild, das durch Thripsbefall verursacht wird.
- ◑ 4. Was versteht man unter einer Nymphe?
- ◑ 5. Erklären Sie, warum bei einer chemischen Bekämpfung von Thripsen mehrmalige Spritzungen in kurzen Abständen erfolgen müssen (1, S. 280).
- ○ 6. Welche Tafeln eignen sich zur Früherkennung und Bekämpfung: a) Gelbtafeln, b) Weißtafeln, c) Blautafeln?
- ○ 7. Nennen Sie natürliche Feinde der Thripse.

4.4 Käfer

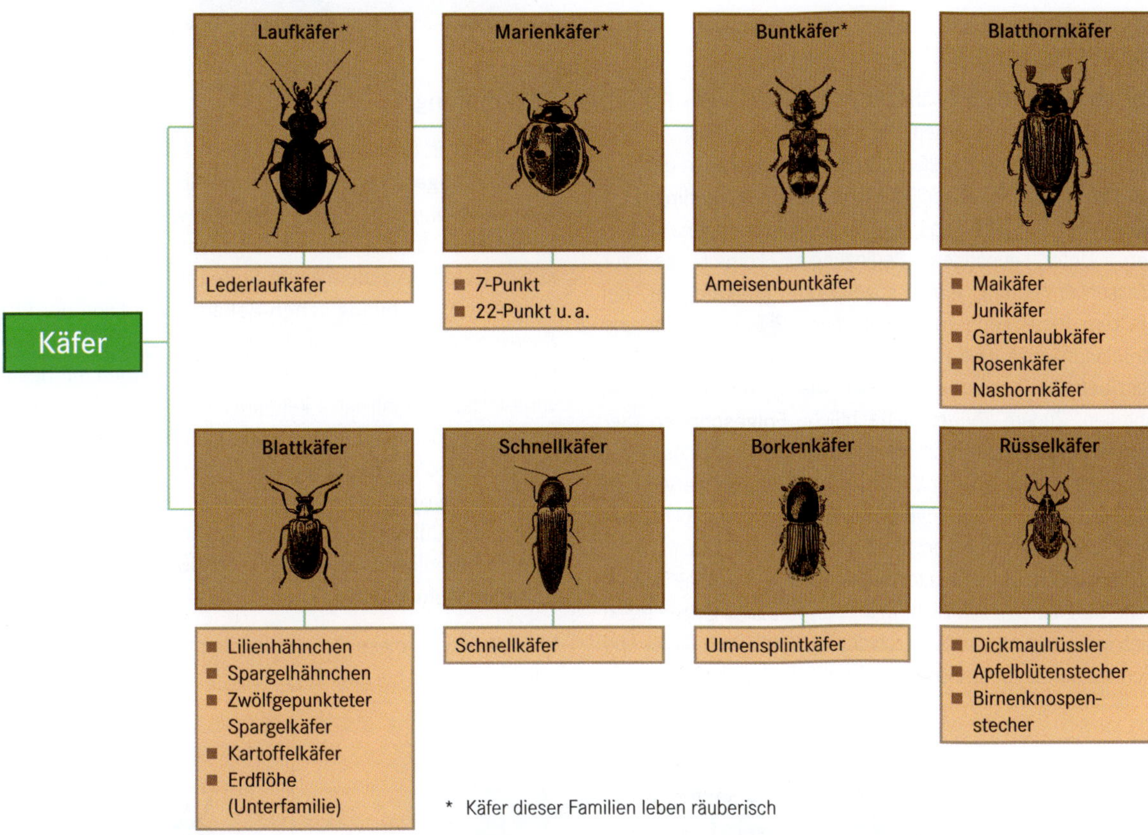

1 Käfer (Auswahl), weltweit gibt es etwa 360 000 Käferarten

Allgemeine Kennzeichen:

- Es findet eine vollständige Umwandlung statt: Ei → Larve → Puppe → Vollinsekt.
- Die Käferpuppe ist in der Regel eine freie Puppe.
- Käfer und Larve besitzen beißende Mundwerkzeuge und verursachen Fraßschäden (Loch-, Fenster-, Blattrand- und Skeletttierfraß).
- Um die Geschlechtsreife zu erlangen, müssen die Käfer über eine gewisse Zeit (in der Regel einige Wochen) größere Mengen Nahrung zu sich nehmen (Reifungsfraß).
- Der Körper der Käfer ist zum Schutz vor Feinden und Austrocknung von einem leichten, aber äußerst robusten „Chitinpanzer“ umgeben.
- Käfer besitzen zwei Flügelpaare, von denen das erste zu Flügeldecken umgebildet ist und das darunterliegende häutige Flügelpaar schützt.
- Larven besitzen nur drei Brustbeinpaare (z. B. Engerlinge) bzw. sind beinlos (z. B. Larven der Borken- und Rüsselkäfer).

4.4.1 Blatthornkäfer

Die **Kennzeichen** dieser Käferfamilie sind die blattförmig verbreiterten Antennen und die zum Graben verbreiterten Vorderbeine (Grabbeine). Der bekannteste Käfer dieser Familie ist der **Maikäfer** (*Melolontha melolontha* = Feldmaikäfer, 2), der eine mehrjährige Entwicklung im Boden durchläuft (1). Nahm man bis vor wenigen Jahren noch an, der Maikäfer, der in den 1940er-Jahren ganze Wälder kahl gefressen hatte, sei vom Aussterben bedroht, kann man heute wieder ein verstärktes Auftreten registrieren. Der Grund ist in erster Linie in den langfristigen natürlichen Zyklen der Käfer - von 30 bis 50 Jahren - zu sehen, in denen ihre Population immer wieder zu- und dann abnimmt.

2 Maikäfer, 20–30 mm *(Melolontha melolontha)*

3 Engerling des Maikäfers

Schäden

Die **Käfer** schädigen während ihrer dreiwöchigen Flugzeit durch Blattfraß an Bäumen (Reifungsfraß), wobei mit Vorliebe Eichen und Ahorne befallen werden. Die aus den in den Boden abgelegten Eiern schlüpfenden **Larven (Engerlinge)** ernähren sich hingegen von den Wurzeln verschiedener Pflanzen. Unter günstigen Bedingungen kommt es zur Massenvermehrung, einem sogenannten **Maikäferjahr**. Bei starkem Befall können die Engerlinge (3) in Rasen- und Grünlandflächen große Schäden verursachen. Die von Wurzeln befreite Grasnarbe lässt sich wie bei einem Rollrasen abrollen. Zudem können beträchtliche **Folgeschäden** (Sekundärschäden) durch Krähen, Dachse, Igel und Wildschweine entstehen, die auf der Suche nach den Insektenlarven den Boden regelrecht umpflügen. Besonders in den Steilhängen der Gebirge kann der Wurzelfraß der Engerlinge katastrophale Folgen haben. Ohne eine feste Pflanzendecke ist eine Bewirtschaftung der Wiesen nicht mehr möglich, die Hänge setzen sich in Bewegung, die Erde rutscht ab, Schlamm-, Stein- und Schneelawinen bedrohen die Existenz der Talbewohner.

Bekämpfung

Auf Wiesen in Steilhängen haben sich zur Bekämpfung der Maikäfer **Ziegen** bewährt. Die sich kreuz und quer über das Gelände bewegenden Tiere zertreten viele der im Boden befindlichen Schädlinge. Im Gegensatz zu Schafen und Kühen treten sie zudem keine Stufen in die Hänge (Erosionsgefahr!). Zur **biologischen Bekämpfung** kann der **Pilz** *Beauveria brongniartii* eingesetzt werden, der Larven und Käfer im Boden befällt und abtötet. Dazu werden mit Beauveria-Pilzsporen infizierte keimungsunfähige Weizenkörner mittels Sämaschinen in den Boden gebracht (oder Fläche mit Hohlspoons überfahren → Weizenkörner ausbringen und in die maximal 8 cm tiefen Löcher einfegen → Löcher mit Sand auffüllen). Leider ist der Bekämpfungserfolg nicht immer befriedigend. Im Grasland liegt die **wirtschaftliche Schadensschwelle** bei 20 bis 40 Engerlingen/m^2.

Im Obstbau ist diese Art der Bekämpfung weniger erfolgreich, da bereits bei zwei Engerlingen/m^2 die wirtschaftliche

1 Entwicklungsverlauf des Maikäfers

Schadensschwelle erreicht ist. Hier haben sich **Bodennetze** bewährt. Sie verhindern, dass sich die nach dem Reifungsfraß zurückkehrenden Weibchen in den Boden zur Eiablage eingraben. Wichtig ist, dass die Netze nicht zu früh, bevor alle Käfer den Boden verlassen haben, ausgelegt werden. Ansonsten können sich die darunter verbliebenen Käfer paaren (Geschlechtskennzeichen: Männchen große, Weibchen kleine Antennen). Als Reifungsfraß dient ihnen dann Gras und Klee. Man hat beobachtet, dass es in Einzelfällen sogar ohne Reifungsfraß zur Eiablage kommen kann. Auch **Hagelschutznetze** können gegen die Käfer mit Erfolg eingesetzt werden. Auch hier kommt es darauf an, die Netze erst zu schließen, wenn der letzte Käfer den Boden verlassen hat, aber früh genug, bevor der erste Käfer wieder zurückgekehrt ist. Um Bienen den Zuflug zur Obstbaumblüte zu ermöglichen, sind Bienenvölker unter den Netzen aufzustellen. Da Maikäfer zur Eiablage bevorzugt kurzgemähte Flächen anfliegen, kann durch längeres Gras während der Flugzeit der Befall reduziert werden. Wichtige natürliche Feinde des Maikäfers sind Maulwürfe und Fledermäuse.

Weitere, häufig als Pflanzenschädlinge auftretende Käfer dieser Familie sind z. B. der **Junikäfer** (*Amphimallon solstitiale*, 1) und der **Gartenlaubkäfer** (*Phyllopertha horticola*, 2), die wie der Maikäfer als Käfer an den Blättern von Gehölzen und als Larven durch Wurzelfraß schädigen. Ihre Entwicklung im Boden dauert ein (Gartenlaubkäfer) bis zwei Jahre (Junikäfer). Der Gartenlaubkäfer kann mit Nematoden *(Heterorhabditis bacteriphora)* bekämpft werden.

1 Junikäfer, 14–18 mm

2 Gartenlaubkäfer, 8–11 mm

3 Die Färbung des 14–20 mm großen Gemeinen Rosenkäfers (Goldglänzender Rosenkäfer) variiert sehr stark, von metallisch grün bis bronzebraun, blaugrün bis blauviolett glänzend, Unterseite meist goldrot

4 Nashornkäferweibchen (20–40 mm) und Larven (bis 120 mm); im Gegensatz zu den Männchen, besitzen die Weibchen kein Kopfhorn

Die Larven des **Rosenkäfers** (*Cetonia aurata*, 3) und des **Nashornkäfers** (*Oryctes nasicornis*, 4) leben von toter organischer Substanz, schädigen also nicht. Beide gehören zu den geschützten Käferarten.

? Aufgaben

○ 1. Wodurch schädigt der Maikäfer?

◑ 2. Beantworten Sie folgende Fragen zum Maikäfer:
   a) Erklären Sie, warum der Wurzelfraß durch Engerlinge besonders in den Steilhängen der Gebirge katastrophale Folgen haben kann.
   b) Nennen Sie vier mögliche Maßnahmen zur Bekämpfung des Maikäfers.
   c) Wie lange leben die Larven im Boden und wie lange dauert die Flugzeit der Käfer?
   d) Beschreiben Sie den Entwicklungsverlauf des Maikäfers.

○ 3. Wie hoch ist die wirtschaftliche Schadensschwelle a) im Grasland und b) im Obstbau/in der Baumschule?

◑ 4. Worin liegt das Problem bei der Verwendung von Netzen?

○ 5. Woran können Männchen und Weibchen unterschieden werden?

○ 6. Nennen Sie weitere, häufig als Pflanzenschädlinge auftretende Käfer der Familie Blatthornkäfer.

○ 7. Auch die Rosen- oder Goldkäfer, z. B. der Gemeine Rosenkäfer *(Cetonia aurata)* und der Nashornkäfer *(Oryctes nasicornis)* zählen zur Familie der Blatthornkäfer. Worin unterscheiden sich ihre Larven in der Lebensweise von den obigen Käferlarven?

4.4.2 Blattkäfer

Die Käfer dieser Familie weisen meist eine gedrungene Form auf und sind metallisch gefärbt. Einige, häufig als Schädlinge auftretende Käfer dieser Familie sind das **Lilienhähnchen** (1) (befällt Liliengewächse), das **Spargelhähnchen** (2) und der **Zwölfgepunktete Spargelkäfer** (3), der **Kartoffelkäfer** (4) (befällt Nachtschattengewächse, z. B. Auberginen, vor allem aber die Kartoffel) und die **Erdflöhe** (z. B. Kohlerdfloh), die allesamt durch Blattfraß starke Schäden an den Pflanzen verursachen können. Die regelmäßige Kontrolle der Pflanzenbestände und das Absammeln und Vernichten von Larven und Käfern kann eine sinnvolle Bekämpfungsmaßnahme sein. Häufiges Hacken und Feuchthalten des Bodens hemmt die Entwicklung der Erdflöhe. Natürliche Feinde vieler Blattkäfer sind z. B. Kröten, Grasfrösche, Zauneidechsen und Vögel.

1 Lilienhähnchen, 6–8 mm

2 Spargelhähnchen, 5–6,5 mm

3 Zwölfgepunkteter Spargelkäfer, 5–6,5 mm

4 Kartoffelkäfer , 6–10 mm

Aufgaben

○ 1. Welche Gemeinsamkeiten weisen Käfer und Larven der Familie der Blattkäfer auf?

◑ 2. Die Käfer aus der Familie der Blattkäfer weisen häufig eine gedrungene Form auf und sind oft prächtig metallisch gefärbt, z. B. Kartoffelkäfer und Lilienhähnchen. Für welchen der beiden Käfer treffen jeweils die folgenden Aussagen zu?
   a) Halsschild und Flügeldecken leuchtend rot, Kopf, Fühler und Beine schwarz
   b) Kopf und Flügeldecken gelb, letztere mit jeweils fünf schwarzen Längsstreifen
   c) die Käfer können zirpende Geräusche von sich geben
   d) Käfer und Larven fressen an den Blättern
   e) die orange gefärbten Larven leben unter ihrem eigenen Kot
   f) ein Befall der Pflanzen ist meldepflichtig
   g) befällt auch andere Nachtschattengewächse, wie z. B. Auberginen

○ 3. Woher haben die Erdflöhe ihren Namen bekommen?

○ 4. Wie sieht das durch den Kohlerdfloh verursachte Schadbild an Kohlpflanzen aus?

○ 5. Durch welche Kulturmaßnahmen kann die Entwicklung der Erdflöhe gehemmt werden?

4.4.3 Schnellkäfer

Die häufig braun oder schwarz gefärbten Schnellkäfer (5) können mit einem knipsenden Geräusch aus der Rückenlage bis zu 30 cm hochschnellen. Der Schaden der Käfer durch Blattfraß hält sich in Grenzen. Viel gefährlicher sind

5 Schnellkäfer, 10–15 mm (braun oder schwarz)

6 Drahtwurm (Schnellkäferlarve) bis 3 cm lang

ihre Larven, die sogenannten **Drahtwürmer** (6, S. 284), die vor allem im Feldgemüsebau zu ernsthaften Schädlingen werden können. Die gelbbraunen, harten, drehrunden Larven leben drei bis fünf Jahre im Boden und schädigen zahlreiche Pflanzen durch Wurzelfraß. Feuchte, humose Böden fördern ihre Entwicklung, intensive Bodenbearbeitung hemmt sie. Natürliche Feinde der Drahtwürmer sind Maulwürfe, Laufkäfer, Spitzmäuse, Vögel u. a. (s. Nützlingslexikon). Zum Ködern können halbierte Kartoffeln in den Boden gedrückt werden (Stellen markieren!). Die Köder werden regelmäßig kontrolliert und bei Befall vernichtet. Als Fangpflanzen eignen sich Salatpflanzen, die besonders gerne von Drahtwürmern befallen werden. **Viele Drahtwürmer sind auch fleischfressend und vertilgen die Larven zahlreicher Insekten.**

? Aufgabe

○ Was sind Drahtwürmer und wodurch schädigen sie die Pflanzen?

4.4.4 Borkenkäfer (1)

Die Entwicklung dieser 2 bis 5 mm kleinen Käfer erfolgt in Nadel- oder Laubgehölzen (z. B. **Obstbaumsplintkäfer**). Die meisten Borkenkäferarten befallen als sogenannte Sekundärschädlinge bereits geschwächte oder absterbende Bäume, da sie nur hier günstige Entwicklungsmöglichkeiten finden. Durch die Fraßtätigkeit der Käfer und Larven kommt es zur Zerstörung des Bastteils (Leitung von Assimilaten!) und des jungen Splintholzes (Wasser- und Nährstoffleitung!), was zum Absterben der Bäume führt (2).

Daneben übertragen einige Borkenkäferarten (z. B. **Ulmensplintkäfer**) Sporen des Pilzes *Ophiostoma ulmi (syn. Ceratocystis ulmi)*. Dieser schädigt die Bäume dadurch, dass er sich in den wasserleitenden Gefäßen ausbreitet. Mit dem Transpirationsstrom wird der Pilz schnell aufwärts transportiert. Die Abwehrreaktionen des Baums, blasenartige Ausstülpungen benachbarter Zellen in die Gefäße hinein (Thyllenbildung) zur Verhinderung der Ausbreitung der Krankheit, sowie das Wachstum des Pilzes in den Gefäßen und die Bildung schleimartiger Stoffwechselprodukte führen zunehmend zu einer Verstopfung der wasserleitenden Gefäße. Es kommt zur fortschreitenden Welke (Ulmenwelke) aufgrund von Wassermangel und schließlich zum Absterben des Baums. In den USA und Europa sind so bereits über 50 % der Ulmen vernichtet worden **(Ulmensterben)**. Eine wirkungsvolle Bekämpfung der Krankheit ist bisher nicht möglich. Durch Vernichtung befallener Bäume und Bekämpfung der Überträger (Borkenkäfer) kann die weitere Ausbreitung nur eingedämmt, aber nicht verhindert werden. Ein Wegschnitt infizierter Äste und Zweige ist nur im frühen Befallsstadium Erfolg versprechend. Die Züchtung resistenter Ulmensorten stellt eine vorbeugende Maßnahme dar. Eine zukunftsweisende Art der Borkenkäferbekämpfung ist im Einsatz von Pheromonen zu sehen (s. S. 264). Natürliche Feinde der Borkenkäfer sind z. B. Spechte, Brack- und Erzwespen-Arten sowie verschiedene Buntkäfer (z. B. Ameisenbuntkäfer), die Borkenkäfer und ihre Larven jagen.

1 Borkenkäfer, 1,6–5,8 mm

! Hinweis

2 Fraßbild unter der Rinde (Ulmensplintkäfer)

In der sogenannten **Rammelkammer** werden mehrere Weibchen befruchtet. Jedes Weibchen frisst sich von dort einen **Muttergang** ins Holz. Entlang der Gänge werden **Einischen** angelegt, in die jeweils ein sandkorngroßes Ei abgelegt und mit Holzgenagsel bedeckt wird. Nach fünf Tagen schlüpfen die Larven und fressen sich durch das Holz **(Larvengänge)**. Am Ende ihrer Gänge legen sie Erweiterungen **(Puppenwiegen)** an, in denen sie sich nach dem 4. Larvenstadium verpuppen. Sechs Wochen nach der Eiablage ist die nächste Generation herangewachsen. Nach dem **Reifefraß** fressen sich die geschlechtsreifen und flugfähigen Käfer nach draußen, wo sie Witterung nach kränkelnden Bäumen aufnehmen. Der Kreislauf beginnt von vorne **(bis drei Generationen/Jahr)**. Die Überwinterung erfolgt als Larve, Puppe oder Käfer unter der Baumrinde oder eingegraben in der Erde. Wenn im Februar/März des nächsten Jahres die Temperaturen steigen, verlassen die Käfer ihre Winterquartiere und suchen neue Brutbäume auf.

Aufgaben

● 1. Erklären Sie die Ursachen des Ulmensterbens.
○ 2. Nennen Sie mögliche Maßnahmen zur Bekämpfung von Borkenkäfern.
○ 3. Nennen Sie natürliche Feinde der Borkenkäfer.

4.4.5 Rüsselkäfer

Die Familie der Rüsselkäfer ist mit mehr als 40 000 Arten die artenreichste Käferfamilie und stellt dementsprechend auch die meisten Pflanzenschädlinge. Das typische Kennzeichen dieser Käfer ist der von den Augen aus zu einem mehr oder weniger langen und dicken Rüssel gezogene Kopf. Einige wichtige Schädlinge aus dieser Familie sind der Gefurchte Dickmaulrüssler, der Eichel-, Haselnuss- und der Esskastanienbohrer, der Apfelblütenstecher und der Birnenknospenstecher. Im Unterschied zum **Birnenknospenstecher** vernichtet der **Apfelblütenstecher** nicht ganze Blütenstände, sondern einzelne Knospen. Eine Bekämpfung des etwa 4 mm kleinen Apfelblütenstechers (1) ist nur bei einem geringen Blütenansatz erforderlich. Bei starkem Blütenansatz kann diese natürliche Ausdünnung des Fruchtbehangs als durchaus positiv angesehen werden.

Im Gegensatz zu vielen anderen Käfern der Familie ist der **Gefurchte Dickmaulrüssler** *(Otiorrhynchus sulcatus)* nicht auf bestimmte Pflanzen spezialisiert, sondern befällt sehr viele verschiedene Pflanzen im Freiland (z. B. Rhododendren, Cotoneasterarten, Ulmen, Flieder, Rosen, Reben, Beerensträucher) und unter Glas (z. B. Cyclamen, Efeu, Farne, Pelargonien, Chrysanthemen). Seinen Namen hat er von seinem kurzen, breiten, mit einer Mittelfurche versehenen Rüssel (1, S. 287). Der Käfer ist **flugunfähig**, da seine Unterflügel fehlen und die Deckflügel miteinander verwachsen sind. Die Hauptverbreitung erfolgt dementsprechend durch das Verschleppen mit Pflanzen und Erde. Der Dickmaulrüssler ist ein dämmerungs- und nachtaktiver Käfer.

Die Käfer schädigen durch Fraß an oberirdischen Pflanzenteilen. Dabei „reiten" sie auf den Blatträndern, wodurch das für den Dickmaulrüssler typische Schadbild des **Buchtenfraßes** entsteht. Der Fraß beeinflusst die Pflanzen nur wenig, der Hauptschaden wird vielmehr durch die im Boden lebenden Larven verursacht, die durch ihren Fraß Wurzeln und Knollen zerstören.

Im Freiland tritt eine Generation pro Jahr auf (1, S. 287). Unter den ganzjährig optimalen Entwicklungsbedingungen der Gewächshäuser verschieben sich die Generationen so, dass während des ganzen Jahres Käfer und Larven auftreten können.

1 Apfelblütenstecher, 3,4–4,3 mm

Merke

Der Dickmaulrüssler schädigt durch Fraß an den Blättern (Buchtenfraß), die Larven durch Wurzelfraß (Hauptschaden!).

Natürliche Feinde sind z. B. Spitzmaus, Igel, verschiedene Nematoden- oder Pilzarten, wobei Letztere bereits zur biologischen Bekämpfung im Erwerbsgartenbau eingesetzt werden (s. Nützlingslexikon S. 254 ff.).

Aufgaben

○ 1. Beschreiben Sie das Schadbild durch Fraß des Dickmaulrüsslers.
○ 2. Wodurch schädigen die Larven des Dickmaulrüsslers?
○ 3. Wodurch erfolgt die Hauptverbreitung des Dickmaulrüsslers?
◑ 4. Was trifft für den Dickmaulrüssler zu?
   a) befällt zahlreiche Pflanzen
   b) befällt nur Rhododendron
   c) die Käfer sind dämmerungs- und nachtaktiv
   d) im Freiland kommen drei Käfergenerationen vor
   e) bevor es zur Eiablage kommt, müssen die Käfer einen Reifungsfraß durchführen
   f) der Käfer gehört zur Familie der Blatthornkäfer
   g) bei uns gibt es nur weibliche Käfer
   h) ein Käfer kann bis zu 1 000 Eier ablegen
   i) Wurzelfraß erfolgt von M. VII bis A. V
   j) der gefährlichste Schaden ist der Blattfraß, da dieser die Fotosynthese erheblich einschränkt
● 5. Diskutieren Sie anhand des Entwicklungskreislaufs des Dickmaulrüsslers (1, S. 287) die angegebenen Zeitpunkte für eine chemische Bekämpfung im Freiland.
○ 6. Warum können häufige Bodenbearbeitungen die Entwicklung des Dickmaulrüsslers hemmen?

Aufgaben (Fortsetzung)

○7. Wann (Monatsangaben und Tageszeit) sollte das Absammeln von Dickmaulrüsslerkäfern sinnvollerweise durchgeführt werden?

◑8. Worauf ist bei der biologischen Bekämpfung des Dickmaulrüsslers mit Nematoden zu achten?

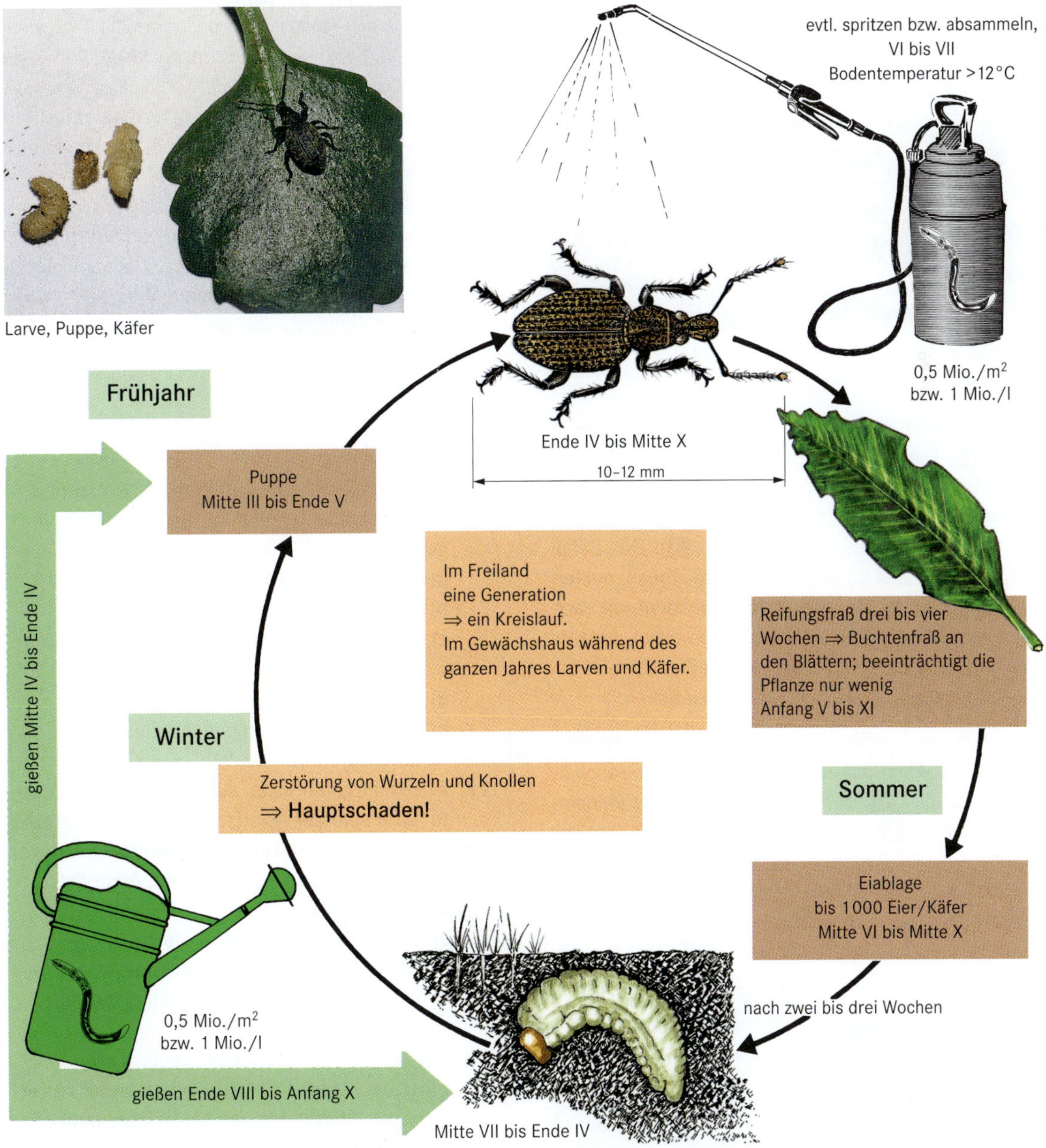

1 Entwicklungskreislauf des Dickmaulrüsslers

4.4.6 Bockkäfer

Kennzeichen dieser artenreichen Familie sind die sehr langen, gegliederten Fühler (Antennen), die häufig nach hinten umgeklappt getragen werden und so an die Hörner eines Steinbocks erinnern (Name!).

Der **Hausbock** *(Hylotrupes bajulus,* **1**, S. 288*)* ist ein gefährlicher Holzschädling, der infolge größerer Fraßschäden ganze Dachstühle zum Einsturz bringen kann (**4**, S. 288). Das Weibchen legt mit seiner langen Legeröhre in kleinste Risse (0,3 bis 0,6 mm) von trockenem, häufig verbautem,

1 Hausbockkäfer, 7–21 mm

2 Hausbockkäferweibchen bei der Eiablage

3 Larve

4 Fraßschäden

nicht imprägniertem Nadelholz (z. B. Dachbalken) zahlreiche Eier (2). Die **Larven**, die ausschließlich das **Splintholz** befallen, können sich über 3 bis 6 Jahre und länger im Holz entwickeln, wobei eine Larve pro Tag das Holzvolumen eines Streichholzes vertilgen kann (3). Der Befall wird oft erst sehr spät an den 5 bis 10 mm großen, **ovalen Ausfluglöchern** oder **Nagegeräuschen** erkannt, da nach außen eine papierdünne Holzhaut erhalten bleibt. Befallenes Holz ist zu entfernen. Für weitere Maßnahmen ist ein Sachverständiger für Holzschutz zu Rate zu ziehen.

Zwei weitere sehr gefährliche aus Asien eingeschleppte Käfer sind der **Asiatische Laubholzbockkäfer** *(Anoplophora glabripennis)* (5) und der **Citrusbockkäfer** *(Anoplophora chinensis)* (6). Beide können innerhalb weniger Jahre völlig gesunde Bäume zum Absterben bringen. Befallen werden alle Laubgehölze, einschließlich Obstbäume und Zitruspflanzen *(A. chinensis)*.

5 Asiatischer Laubholzbockkäfer

6 Citrusbockkäfer

Unterscheidungsmerkmale: Im Gegensatz zum Asiatischen Laubholzbockkäfer hat der Citrusbockkäfer keine glatten Flügeldecken. Zudem weist er auf dem Halsschild zwei weiße Flecken (!) auf.

Die **Käfer** schädigen durch **Reifungsfraß am Holz der Kronenäste**. Die **Larven**, die im Holz der Bäume leben, **zerstören das Kambium**, wodurch es zur **Ringelung des Baumes** kommt. Zudem verursachen die Larven bis 3,5 cm breite, tief in den Holzkörper führende **Fraßgänge**.

Folgende **Bekämpfungsmaßnahmen** sind zu ergreifen:

- Einschleppung Asiatischer Laubholzbockkäfer vorwiegend mit Verpackungsholz, Citrusbockkäfer vorwiegend mit Bonsaipflanzen und Baumschulmassenware, wie z. B. Fächerahorn *(Acer palmatum)*, verhindern.
- Bei Befallsverdacht (Quarantäneschädling) unverzüglich Pflanzenschutzamt benachrichtigen.
- Befallene Bäume fällen, häckseln und vor Ort verbrennen. Eine Nutzung als Brennholz ist verboten.
- Beim Citrusbockkäfer ist in einem Umkreis von 2 km zum befallenen Baum eine Quarantäneschutzzone einzurichten, die intensiv überwacht und untersucht werden muss. Zudem sind im Umkreis von 100 m alle Wirtsbäume zu entfernen

? Aufgaben

◑ 1. Der Hausbock ist ein gefährlicher Holzschädling, der ganze Dachstühle zum Einsturz bringen kann.
   a) Welches Holz wird befallen?
   b) Wodurch entsteht der Schaden?
   c) Warum wird der Befall oft erst sehr spät erkannt?
   d) Woran kann der Befall erkannt werden?
   e) Welche Bekämpfungsmaßnahmen sind durchzuführen?

◑ 2. Zwei sehr gefährliche, aus Asien eingeschleppte Käfer sind der Asiatische Laubholzbockkäfer und der Citrusbockkäfer, die innerhalb weniger Jahre völlig gesunde Bäume zum Absterben bringen können.
   a) Welche Bäume werden befallen?
   b) Wodurch erfolgt die Schädigung?
   c) Welche Bekämpfungsmaßnahmen sind zu ergreifen?

○ 3. Der Asiatische Laubholzbockkäfer und der Citrusbockkäfer sind leicht miteinander zu verwechseln. Woran können die beiden unterschieden werden?

4.5 Schmetterlinge (Lepidoptera)

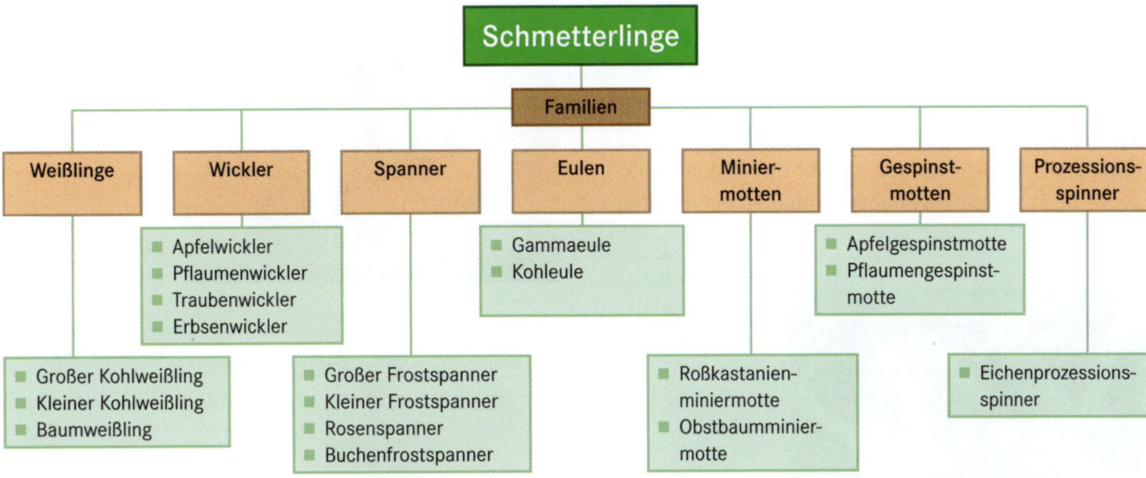

1 Schmetterlingsfamilien (Auswahl)

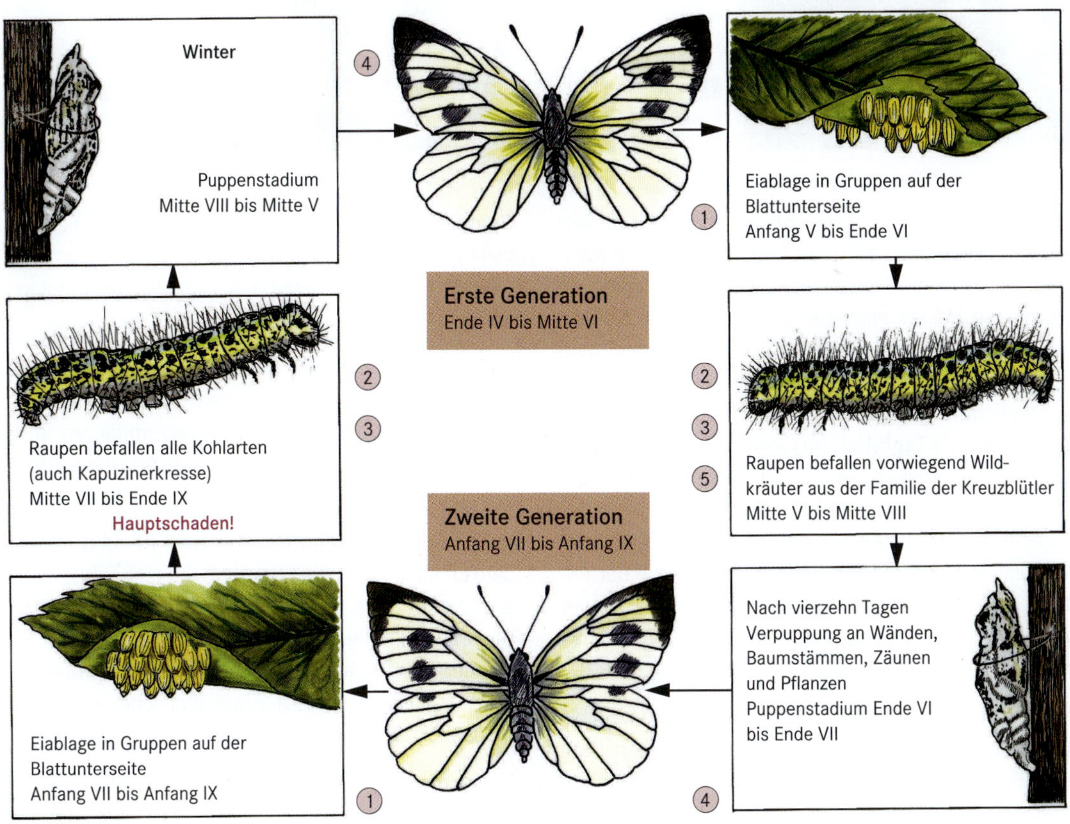

Bekämpfungsmaßnahmen

1. Pflanzen alle drei Tage auf abgelegte Eier und Raupen kontrollieren, Einsatz von Trichogramma-Schlupfwespen, Insektenschutznetze einsetzen
2. Absammeln, evtl. spritzen mit *Bacillus thuringiensis*
3. Keine parasitierten Raupen vernichten
4. Förderung von Vögeln
5. Wildkrautbekämpfung

2 Entwicklungskreislauf des Großen Kohlweißlings

Nach den Käfern sind Schmetterlinge mit weltweit 180 000 Arten (Mitteleuropa etwa 4 000 Arten) die artenreichsten Insekten.

! Merke

Schmetterlinge können ausschließlich als Larven (Raupen) schädlich werden, da nur diese Mundwerkzeuge besitzen, die an Pflanzen Schäden hervorrufen können.

1 Kahlfraß durch Raupen des Großen Kohlweißlings

2 Großer Kohlweißling

3 Schädigung durch die Raupe des Apfelwicklers

Eine Raupe ist eine Art „Fressmaschine“. Innerhalb kürzester Zeit kann sie große Pflanzenschäden bis hin zum Kahlfraß (1) verursachen. Der erwachsene Schmetterling ernährt sich von Nektar, Honigtau und gegebenenfalls vom Saft überreifer Früchte. Pflanzenschäden kann er aufgrund seiner leckend-saugenden Mundwerkzeuge nicht verursachen. Schmetterlinge, die ausschließlich am Tage fliegen, bezeichnet man als **Tagfalter**. Im Gegensatz zu den **Nachtfaltern**, die nachts fliegen und unscheinbar sind, sind die Tagfalter auffallend bunt gefärbt. Obwohl den Schmetterlingen eine wichtige Rolle bei der Bestäubung zukommt und bereits viele unserer einheimischen Arten auf der Roten Liste stehen, darf nicht übersehen werden, dass vor allem Raupen der nachfolgenden Familien große Schäden an Pflanzen anrichten können:

Weißlinge: Die Schmetterlinge dieser Familie sind weiß bis gelb gefärbt, mit schwarzen Punkten oder Streifen (z. B. Baumweißling, Kleiner und Großer Kohlweißling, 2). Der wichtigste Parasit des Kohlweißlings ist eine Schlupfwespe aus der Familie der Brackwespen (s. S. 260).

Wickler: Sie gehören zu einer Schmetterlingsfamilie, deren Raupen häufig Pflanzenteile mithilfe von Gespinstfäden zusammenwickeln (z. B. Pflaumenwickler, Erbsenwickler, Traubenwickler, Apfelwickler, 3 und 1, S. 291).

Spanner: Auffallendes Merkmal ist die „spannende“ Fortbewegung der Raupen, d. h. die Buckelbildung beim Kriechen (z. B. Kleiner Frostspanner und Großer Frostspanner, Rosenspanner, Buchenfrostspanner).

Eulen: Die Raupen sind nackt, d. h. nicht behaart. Bei Störungen rollen sie sich zusammen. Meistens verbergen sie sich tagsüber in der Nähe ihrer Futterpflanzen im Boden (Erdraupen). Sie fressen nachts oder bei trübem Wetter.

Prozessionsspinner: Die Raupen dieser Familie leben gemeinsamen in großen Gespinstnestern. Den Namen verdanken sie ihrem Verhalten, zum Fressen wie in einer Prozession von teils mehreren Tausend Insekten in Reih und Glied aus den Nestern zu ziehen (z. B. Eichenprozessionsspinner, 1, S. 292). Die Raupen sind mit giftigen Haaren bedeckt, die eine akute gesundheitliche Gefährdung für Menschen darstellen (s. S. 292).

Miniermotten: Die Raupen dieser Familie leben in den Blättern, wo sie sich vom Blattgewebe zwischen der oberen und unteren Epidermis, dem Mesophyll, ernähren (z. B. Kastanienminiermotte, s. S. 293, Obstbaumminiermotte, Rosenblattminiermotte).

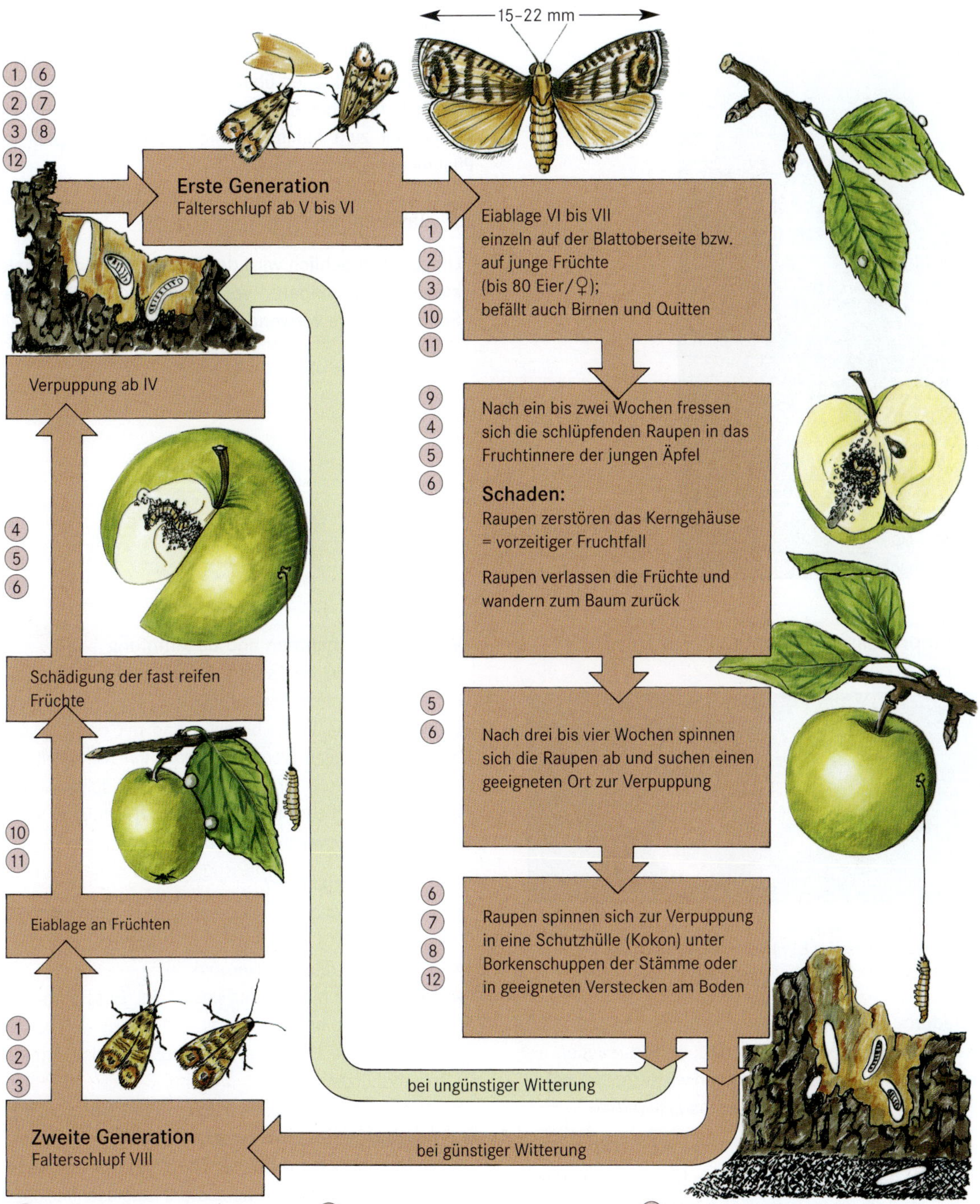

1. Förderung von Fledermäusen
2. Warndienst beachten
3. Einsatz von Pheromonfallen (wirtschaftliche Schadensschwelle: 15 Falter/Woche)
4. Fallobst wegsammeln
5. Ende V/VIII Fanggürtel bzw. Wellpappkragen (10 cm breit am Fuß des Baumstammes) anlegen und Ende VII/X verbrennen
6. Einsatz von Hühnern, Förderung von Spitzmaus und Igel
7. Förderung von Meise, Specht, Kleiber und Baumläufer
8. Lose Borke mit Drahtbürste entfernen
9. Ausbringung von Granuloseviren (z. B. Granupom). Die Raupen müssen die Viren aufnehmen, bevor sie sich in die Äpfel einbohren
10. Einsatz von Erzwespen der Gattung *Trichogramma dendrolimi* und *T. cacoeciae* zur Eiparasitierung. Kärtchen mit parasitierten Getreidemotteneiern („Trichokarten“) werden in die Bäume gehängt
11. Förderung von Ohrwürmern (fressen Eier)
12. Einsatz insektenparasitärer Nematoden (Steinernema-Arten) am Stamm und Boden

1 Entwicklungskreislauf des Apfelwicklers *(Cydia pomonella)*, vorbeugende und direkte Bekämpfung

1 Flächige Raupenprozession am Stamm einer Eiche

Gespinstmotten: Zum Schutz vor natürlichen Feinden und Witterungseinflüssen bilden die Raupen große Gespinste, die ganze Baumkronen überziehen können. Im Schutz der Gespinste betreiben sie Blattfraß, der bei starkem Befall in kurzer Zeit zum Kahlfraß führen kann (z. B. Apfel- und Pflaumengespinstmotte).

! Hinweis

Umgangssprachlich wird der Begriff **Motten** für viele kleine, unscheinbare, vor allem nachts fliegende Schmetterlinge verwendet.

Eichenprozessionsspinner

(Thaumetopoea processionea)

2 Der unscheinbare, in den Nachtstunden fliegende Schmetterling legt zwischen E. VII bis A. IX bis zu 150 Eier im oberen Kronenbereich von Eichen ab

Schäden

Die Anfang Mai schlüpfenden Raupen verursachen einen Lichtungs- und Kahlfraß. Durch wiederholten Befall können die Bäume ernsthaft geschädigt werden.

Gefahren für den Menschen

Die Haare der Raupen enthalten als Brennsubstanz das Nesselgift Thaumetopoein. Der Kontakt mit den Raupenhaaren kann beim Menschen zu schwerwiegenden gesundheitlichen Schäden führen:

- lokale Hautausschläge (Raupendermatitis) → Hautrötungen, -schwellungen, starker Juckreiz und Brennen, Quaddeln am ganzen Körper
- Schleimhautreizung (Mund, Nase, Rachen), Bindehautentzündung, schmerzhafter Husten, Bronchitis, Asthma
- Allgemeinsymptome: Schwindel, Fieber, Müdigkeit bis zu allergischen Schockreaktionen

Vorsichtsmaßnahmen und Bekämpfung

Ab dem dritten der sechs Larvenstadien bilden die Raupen zum Schutz vor natürlichen Feinden sehr feine Brennhaare, die leicht brechen und mit der Luftströmung fortgetragen werden können. Ihre Giftigkeit behalten sie bis zu 8 Jahren. Entsprechend sollte die Bekämpfung möglichst früh (IV bis A. V) erfolgen, wenn noch kein 3. Larvenstadium vorhanden ist.

Vorsichtsmaßnahmen:

- Ausschilderung und Absperrung der betroffenen Gebiete
- Information der Bevölkerung
- Befallsherde meiden, auf keinen Fall Gespinstnester oder Raupen berühren
- empfindliche Hautbereiche (Nacken, Hals, Unterarme) schützen
- Persönliche Schutzausrüstung (PSA) bei Bekämpfungsmaßnahmen: Einwegschutzanzug mit Kapuze; Vollschutzmaske mit Filter FFP2/FFP3; flüssigkeitsdichte, mechanisch belastbare Handschuhe und Gummistiefel mit Gleitschutz-Formsohle
- bei Kontakt mit Raupenhaaren sofort Kleider wechseln, duschen und dabei Haare gründlich waschen
- bei Symptomen Arzt aufsuchen

Mechanische Bekämpfung: Raupen, Gespinstnester, Häutungsreste, Raupenkot → mithilfe spezieller Pflanzenöle verkleben → mit speziellen Sauggeräten absaugen → in Sonderverbrennungsanlagen verbrennen

Biologische Bekämpfung: Bäume mit *Bacillus thuringiensis* besprühen (z. B. mittels Sprühkanonen). Da das Mittel über Fraß aufgenommen wird, kann es erst nach dem Austrieb der Bäume eingesetzt werden. Förderung natürlicher Feinde, z. B. Ei- und Raupenparasiten (z. B. Raupenfliegen), Kleiner und Großer Puppenräuber (Käfer der Gattung *Calosoma* der Familie der Laufkäfer), Kuckuck (kann seine Magenschleimhaut mit darin festsitzenden Haaren herauswürgen) u. a.

Kastanienminiermotte *(Cameraria ohridella)*

1 Der etwa 5 mm große, aus dem Balkan stammende Kleinschmetterling mit drei bis vier Generationen im Jahr (V, VII, IX) befällt in erster Linie die weißblühende *(Aesculus hippocastanum)* und kaum die rotblühende Rosskastanie *(Aesculus x carnea)*

Schäden, leicht zu verwechseln

2 Minierfraß durch die Larve der Kastanienminiermotte

3 Blattbräune durch Pilzbefall (*Guignardia aesculi*)

Die Larven minieren in den Blättern, wobei die obere Epidermis vom darunterliegenden Blattgewebe abgetrennt wird → die Bereiche oberhalb der Minen trocknen aus und verbräunen (2) → Blätter vertrocknen und rollen sich von den Rändern her ein. Der Minierfraß führt zur Reduzierung der Fotosynthesefläche und vorzeitigem Blattfall (August). Wiederholter Befall führt zur Schwächung der Bäume und erhöhter Anfälligkeit gegenüber anderen Schaderregern (Schwächeparasiten).

> **! Hinweis**
>
> Das Schadbild durch die Kastanienminiermotte kann mit der durch den Pilz ***Guignardia aesculi*** verursachten Blattbräune (3) verwechselt werden.
>
> **Unterscheidung:**
> - Miniermotte: Innerhalb der Minen lassen sich im Durchlicht Larven (bis 5 mm lang) und Kotkörnchen erkennen.
> - Pilzkrankheit: Innerhalb der Flecken sind kleine, schwarze Fruchtkörper sichtbar (Lupe!).

Bekämpfung

1. Falllaub ganzjährig, vor allem Herbstlaub (enthält überwinternde Puppen der letzten Generation), entfernen (!) und vernichten:
   - Kompostierungsanlagen zuführen (Temperaturen über 40 °C erforderlich!)
   - ggf. verbrennen
   - vergraben bzw. mit dünner Erdschicht (10 cm), die das Ausschlüpfen der Falter verhindert, abdecken
   - Laubhaufen spätestens ab Ende März mit Folie abdecken; später im Jahr, ab Juni, kann das Laub dann normal kompostiert werden
   - Zerkleinerung des Laubs mittels Rasenmäher oder Schredder
2. Förderung natürlicher Feinde:
   - z. B. Vögel, vor allem Meisen, Schlupfwespen und Ameisen

Buchsbaumzünsler *(Cydalima perspectalis)*

4 Buchsbaumzünsler

Buchsbaumzünsler, 40–45 mm groß. Weiß gefärbte Flügel mit auffallend dunklem Rand (können teilweise auch rein braun gefärbt sein). Die **Eiablage** erfolgt bevorzugt auf der Blattunterseite der älteren Blätter im Innern der Buchsbäume. Bei uns treten bis zu **3 Generationen** auf.

1 Raupe des Buchsbaumzünslers

Die **Raupen** (bis 5 cm lang, 6 Stadien) verursachen **massive Fraßschäden** an Blättern und Trieben des Buchsbaums, bis hin zum Kahlfraß. Die Pflanzen sind von einem Gespinst umgeben. Im Gespinst und unter der Pflanze hellgrüne Kotkrümel. Einzelne Triebe und ganze Pflanzen können absterben. Raupen reichern beim Fraß Giftstoffe des Buchsbaumes in sich an. → Schutz vor Fressfeinde.

Bekämpfung

1. mechanisch: Absammeln der Raupen, Rückschnitt nach der Eiablage (M. III–A. IV), Insektenschutznetze
2. biotechnisch: Pheromonfallen
3. biologisch: Bacillus thuringiensis, Nematoden *(Steinernema carpocapsae)*, Förderung von Fressfeinden: Vögel (Spatz, Meisen, Stare, Hausrotschwanz, Buchfinken), Wespen, Ameisen.
4. chemisch: Insektizide

? Aufgaben

○ 1. Worin unterscheiden sich Tag- und Nachtfalter?

◑ 2. Nennen Sie typische Kennzeichen der Schmetterlingsfamilien der Weißlinge, Wickler, Spanner, Eulen, Prozessionsspinner, Miniermotten und Gespinstmotten.

○ 3. Was sind Motten?

◑ 4. Leiten Sie aus dem Entwicklungskreislauf des Großen Kohlweißlings sinnvolle Bekämpfungsmaßnahmen ab (**2**, S. 289).

◑ 5. Beschreiben Sie die Parasitierung des Kohlweißlings durch die Schlupfwespe *Apanteles glomeratus* aus der Familie der Brackwespen (s. S. 259).

◑ 6. Nennen Sie sinnvolle Maßnahmen zur Bekämpfung des Apfelwicklers (Art und Termin) (**1**, S. 291).

○ 7. Worum handelt es sich bei dem sogenannten „Wurm" im Apfel (auch Obstmade genannt)?

◑ 8. Beschreiben Sie den Einsatz von Pheromonen (s. S. 263 f.) und *Bacillus thuringiensis* (s. S. 254) zur Bekämpfung von Schmetterlingen.

● 9. Der Eichenprozessionsspinner kommt mittlerweile in allen Bundesländern vor.
   a) Welchen Schaden verursacht er an der Eiche?
   b) Zu welchen gesundheitlichen Schäden kann der Kontakt mit den Brennhaaren führen?
   c) Welche Vorsichtsmaßnahmen sind zu ergreifen, wenn im Garten oder Park Raupen oder Nester entdeckt werden?
   d) Nennen Sie mögliche Bekämpfungsmaßnahmen.

? Aufgaben (Fortsetzung)

◑ 10. Welches Problem stellt sich bei der Bekämpfung mit *Bacillus thuringiensis*?

◑ 11. Welche Persönliche Schutzausrüstung (PSA) ist bei der Bekämpfung zu tragen?

○ 12. Warum sollte die Bekämpfung des Eichenprozessionsspinners vor dem dritten Raupenstadium (E. IV/M. V) abgeschlossen sein?

● 13. Die Kastanienminiermotte befällt vor allem die weißblühende Rosskastanie.
   a) Welche Schäden verursacht sie?
   b) Das Schadbild durch die Kastanienminiermotte kann mit der durch einen Pilz verursachten Blattbräune verwechselt werden. Worin unterscheiden sich die Symptome?
   c) Nennen Sie mögliche Bekämpfungsmaßnahmen.

4.6 Hautflügler (Hymenoptera)

Kennzeichen der Hautflügler sind zwei Paar häutige Flügel mit deutlicher Äderung, die im Flug durch winzige Häkchen miteinander gekoppelt sind. Neben im Gartenbau schädigenden Arten, umfasst die Ordnung auch nützliche Insekten, wie z. B. Schlupfwespen. Auch Bienen, Hummeln, Wespen und Ameisen zählen zu den Hautflüglern.

Bedeutung als Schädlinge haben vor allem die **Blattwespen**. Dabei handelt es sich um wenige Millimeter große Insekten mit beißenden Mundwerkzeugen. Im Gegensatz zu den erwachsenen Tieren, die sich vor allem von Nektar und Honigtau ernähren, können ihre mit den Schmetterlingslarven (= Raupen) leicht zu verwechselnden Larven (= Afterraupen) (**4**, S. 268) große Schäden durch Blattfraß (Kahlfraß inner-

1 Blattfraß durch raupenartige Larven der Blattwespe *Craesus septentrionalis* (früher *Croesus*) an der Erle; zudem werden Birke, Eberesche, Haselnuss, Pappel, Weide und Hainbuche befallen

2 Rosenblattrollwespenschaden

3 Schabefraß (Fensterfraß) durch Larven der Rosenblattwespe; letztendlich bleiben nur noch die jeweils gegenüberliegende Epidermis (meistens die untere) und die Blattadern übrig

halb weniger Tage!) verursachen. Ein typisches Kennzeichen ist, dass sich die Larven bei Störung aufrichten und mit ihrem Körper ein S bilden (**1**).

Wichtige Schädlinge im Gartenbau sind z. B. die Stachelbeerblattwespe, Rosenblattrollwespe (**2**), Rosenblattwespe (**3**), Kohlblattwespe, Gespinstblattwespe sowie die Apfel-, Pflaumen- und Birnensägewespe, die ihre Eier mit einem sägeartigen Legestachel in die Früchte ablegen (vorzeitiger Fruchtfall!).

? Aufgaben

○ 1. Was ist das Kennzeichen der Hautflügler?
○ 2. Nennen Sie a) nützliche und b) schädliche Hautflügler.
○ 3. Wodurch schädigen Blattwespen die Pflanzen?

? Aufgaben (Fortsetzung)

◑ 4. Beschreiben Sie das Schadbild der
   a) Rosenblattrollwespe und
   b) der Rosenblattwespe.
   c) Welche Bekämpfung würden Sie empfehlen?
○ 5. Wodurch schädigen Apfel-, Pflaumen- und Birnensägewespen?

4.7 Zweiflügler (Diptera)

Zweiflügler sind Insekten, die nur zwei Flügel, also nur ein voll entwickeltes Flügelpaar, besitzen. Das hintere Flügelpaar ist zu flugstabilisierenden Schwingkölbchen (Halteren) reduziert (**1**, S. 297). Die Zweiflügler lassen sich unterteilen in Fliegen und Mücken:

Fliegen	Mücken
Larven	
besitzen keine Beine, Bewegung erfolgt wurmartig	
keine Kopfkapsel	besitzen eine Kopfkapsel
Puppe	
Tönnchenpuppe	freie Puppe oder Mumienpuppe
Vollinsekt	
kurzer Hinterleib, kurze Antennen	langer Hinterleib und lange, dünne Antennen

4.7.1 Fliegen

Neben räuberischen (z. B. **Raubfliegen** und **Gelbe Dungfliegen** [Mistfliegen]), insektenparasitierenden Arten (z. B. **Raupenfliegen**) und organische Substanz zersetzenden (z. B. Larven der **Goldfliegen** und **Schmeißfliegen**) gibt es auch pflanzenschädliche Arten, deren Larven (Maden) durch Fraß schädigen. Zum Schutze vor ungünstigen Witterungseinflüssen und Feinden leben die Larven vieler pflanzenschädigender Fliegen im Innern von Pflanzen. Sie minieren, d. h., sie bewegen sich fressend in Blättern, Stängeln, Wurzeln und Früchten fort. Typisch für den Befall durch **Blattminierfliegen** sind die minenartigen, hellen Larvenfraßgänge in den Blättern (**4** und **1**, S. 296).

4 Schäden durch Blattminierfliegenmaden

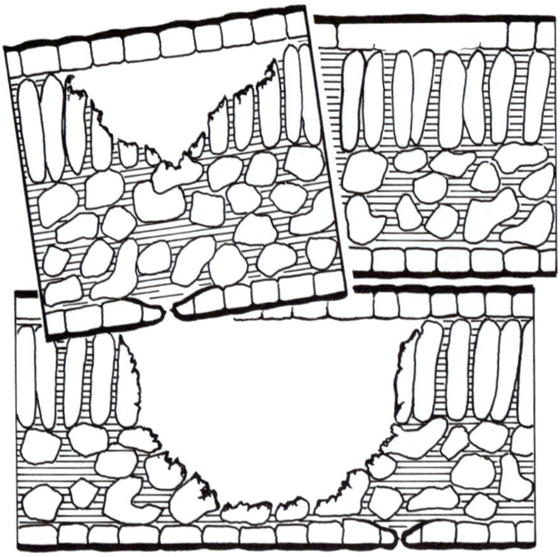

1 Formen des Minierfraßes

Schädling	Schädigung	Weitere Wirtspflanzen
	im Gemüsebau	
Möhrenfliege (s. S. 235)	Wurzelschädigung	Petersilie, Sellerie, Pastinak, Dill, Kümmel u. a. Doldengewächse
Kohlfliege (= Kleine Kohlfliege)	Wurzelschädigung	Kohlarten, Rettich, Radieschen u. a. Kreuzblütler wie z. B Raps
Zwiebelfliege	Zwiebelschädigung	Alliumarten (z. B. Porree, Schnittlauch)
Zwiebelminierfliege	Minierfraß in den Blättern	Lauch
Bohnenfliege	Zerstörung von Wurzelhals, Keimblättern und Herz der jungen Pflanzen	Spargel, Gurken, Spinat
Rettichfliege (= Große Kohlfliege)	Wurzelschädigung	Radieschen
Spargelfliege	Minierfraß in Spargeltrieben	
Selleriefliege	Minierfraß in den Blättern	
	im Zierpflanzenbau	
Blattminierfliege	Minierfraß in den Blättern	unterschiedliche Arten, die zahlreiche Zierpflanzen befallen können (**1**)
	im Obstbau	
Kirschfruchtfliege	Fraß in Früchten	
Mittelmeerfruchtfliege (Quarantäneschädling)	Fraß in Früchten	befällt sehr viele Früchte wie z. B. Apfel, Birne, Aprikose, Pfirsich

Tab. 1 Beispiele für im Gartenbau schädigende Fliegenarten. Der Schutz der Kulturen erfolgt im Gemüse- und Obstbau vorwiegend mit Insektenschutznetzen (s. S. 238).

Die erwachsenen Fliegen leben von Nektar, Pollen und Honigtau. Entsprechend haben viele Arten eine nicht zu unterschätzende Bedeutung bei der Bestäubung und damit Arterhaltung der Blütenpflanzen.

Seit 2011 hat sich ein neuer Schädling, die aus Asien stammende **Kirschessigfliege** *(Drosophila suzukii,* **2***)*, über ganz Deutschland verbreitet. Sie gehört zu den Taufliegen (Frucht-/Obstfliegen). Mit ihrem sägeartigen Legestachel legt das Weibchen seine Eier (bis zu 600 pro Weibchen!) in die fast oder gerade reifen Früchte. Befallen werden alle Obstarten, ausgenommen Äpfel, zumindest solange ihre Schale unbeschädigt ist. Der Fraß der schlüpfenden Maden führt innerhalb weniger Tage zum Verderben der Früchte. Aus den Puppen schlüpfen neue Fliegen, die in wenigen Tagen wieder Eier legen usw., sodass innerhalb kürzester Zeit die gesamte Obsternte vernichten werden kann.

Bekämpfung

Da sich der Einsatz chemischer Pflanzenschutzmittel kurz vor der Ernte aufgrund der Wartezeiten schwierig gestaltet, sollten, wenn die Früchte zu reifen beginnen, die Bäume/Obstplantagen eingenetzt (Maschenweite 0,8 x 0,8 mm) werden. Zudem sind strenge Hygienemaßnahmen einzuhalten: Damit die Fliegen sich nicht vermehren können, müssen alle reifen Früchte, gesunde und beschädigte, alle 2 bis 3 Tage abgeerntet werden. Herabgefallene Früchte sind einzusammeln. Befallene Früchte sind zu entsorgen (im schwarzen Foliensack in volle Sonne legen).

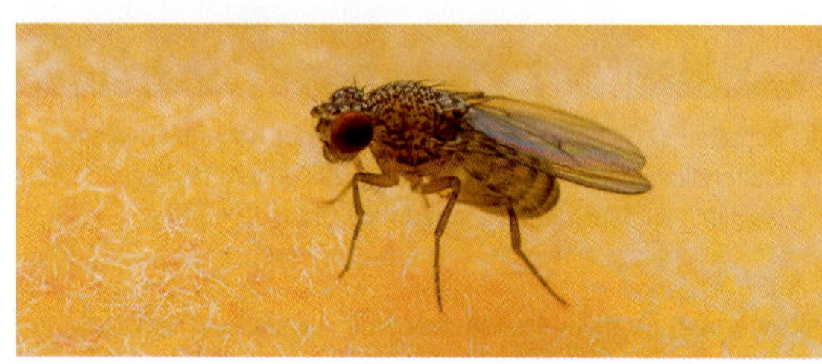

2 Kirschessigfliege, Größe 2–3 mm, gelb-braun gefärbter Körper, Oberseite dunkle Streifen, rote Augen, Männchen zwei auffallend schwarze Flecken auf den Flügeln

Die **Walnussfruchtfliege** (Walnussschalenfruchtfliege, *Rhagoletis completa*, **1**, S. 297) ist ein aus Nordamerika stammender Schädling, der die Früchte der Walnuss *(Juglans regia)* und der Schwarznuss *(Juglans nigra)* befällt. Sie legt ihre Eier (VII–IX) in die Schalen der Nüsse. Durch den Fraß der Larven verfärben sich die Früchte schwarz und beginnen zu faulen. Die auf den Boden fallenden Maden (mit oder ohne Frucht) verpuppen sich im Boden (1 Generation), in dem sie überwintern (bis zu 4 Jahre).

Die **Bekämpfung** gestaltet sich wegen der Größe der Bäume schwierig. Somit bleiben vor allem folgende Maßnahmen:

1 Walnussfruchtfliege, Größe 4–8 mm (etwa Stubenfliegengröße), gelbes Schildchen in V-Form Übergang Brust und Hinterleib, drei dunkle Querbänder auf den Flügeln

- befallene Früchte vernichten
- Insektenschutznetze a) im Sommer/Herbst zur Verhinderung der Verpuppung/Überwinterung im Boden und b) im Frühsommer um das Ausfliegen der Fliegen zu verhindern unter der Baumkrone auslegen (Maschenweite 1,5 bis 2,5 mm)
- Kleinbleibende Sorten pflanzen, die eingenetzt werden können.

4.7.2 Mücken

Auch bei den Mücken treten nur die Larven pflanzenschädigend auf. Je nach Art besitzen sie beißende oder saugende Mundwerkzeuge. Im Unterschied zu den **Schnaken** (2) sind die meisten pflanzenschädigenden Mücken nur wenige Millimeter groß. Die Larven der Schnaken (Tipulalarven, 3) leben im Boden, bevorzugt an feuchten Stellen, und schädigen durch Fraß an Wurzeln, Stängeln und jungen Blättern. Die Larven der 8 bis 10 mm kleinen **Haarmücken** (4) leben primär von toter organischer Substanz, können aber auch Fraßschäden an unterirdischen Pflanzenteilen verursachen. Auch die Larven der **Trauermücken**, die vor allem von faulenden Pflanzenresten leben, können an Wurzeln und Stängelgrund von Sämlingen und Stecklingen durch Fraß Schaden anrichten. Andere wiederum leben in Gallen von Blättern, Stängeln, Blüten und Früchten, die sie durch ihre Saugtätigkeit hervorrufen (z. B. **Chrysanthemengallmücke**, **Erbsengallmücke**, **Birnengallmücke**, **Buchenblattgallmücke**), oder auf den Pflanzenteilen, die sie durch ihre Saugtätigkeit schädigen (z. B. **Kohldrehherzmücke**). Bei der sogenannten **Okuliermade** handelt es sich ebenfalls um eine Mückenlarve, die, in Rindenwunden lebend, Gewebewucherungen und Absterben des Gewebes verursachen kann.

2 Schnake (Tipula)

3 Tipulalarven

4 Larven der Haarmücken (Bioniden-Larven)

Neben den schädlichen Mückenarten gibt es auch nützliche. Zur biologischen Bekämpfung von Blattläusen wird z. B. die einheimische Gallmücke *Aphidoletes aphidimyza* eingesetzt, deren Larven räuberisch von Blattläusen leben (s. S. 258).

? Aufgaben

◑ 1. Unterscheiden Sie Fliegen und Mücken.
○ 2. Welche Fliegenmaden schädigen durch:
   a) Wurzelfraß,
   b) Minierfraß in Blättern oder Trieben und
   c) Fraß in Früchten?
● 3. Nennen und begründen Sie Kulturmaßnahmen zur Bekämpfung der Möhrenfliege (s. S. 235).
○ 4. Nennen Sie nützliche Fliegen.
○ 5. Worum handelt es sich bei Tipulalarven?
○ 6. Wodurch schädigen Tipulalarven?
○ 7. Natürliche Feinde der Tipulalarven sind vor allem Stare, Spitzmäuse und Igel. Wie können diese Tiere gefördert werden (s. Kap. 3.4)?
○ 8. Wodurch schädigen Trauermücken?
○ 9. Womit können Trauermückenlarven biologisch bekämpft werden?
◑ 10. Zur biologischen Bekämpfung von Blattläusen wird die einheimische Gallmücke *Aphidoletes aphidimyza* eingesetzt. Beschreiben Sie das Verfahren (s. Nützlingslexikon).
◑ 11. Was macht die aus Asien stammende Kirschessigfliege *(Drosophila suzukii)* so gefährlich?

›

Aufgaben (Fortsetzung)

◑ 12. Welche Tipps können Sie zur Bekämpfung der Kirschessigfliege geben?

◑ 13. Die Fruchtschale der Walnüsse verfärbt sich schwarz und fault.
  a) Was ist hier passiert?
  b) Welche Maßnahmen sollten ergriffen werden?

4.8 Bedeutung und Schutz von Insekten

Immer mehr Insektenarten sterben aus und auch die Zahl der Insekten geht drastisch zurück. Die Tatsache, dass die Vielfalt der Arten (die Biodiversität) heute in den Städten größer ist als auf dem Lande, die Imker in den Städten höhere Honigerträge erzielen als auf dem Lande, zeigt, wie fortgeschritten und beängstigend der Artenschwund in der Natur ist. Die Befürchtung, dass in weniger als 10 Jahren die Insekten ausgestorben sein könnten, wenn der jetzige Trend sich fortsetzt, ist ernst zu nehmen.

Pflanzenart	Nektar	Pollen	Blühzeitraum
Rosskastanie *(Aesculus hippocastanum)*	gut	gut	V–VI
Esskastanie *(Castanea sativa)*	sehr gut	gut	IV–VII
Apfel *(Malus domestica)*	sehr gut	sehr gut	V–VI
Kirsche *(Prunus avium)*	sehr gut	sehr gut	IV
Pflaume *(Prunus domestica)*	sehr gut	sehr gut	IV
Birne *(Pyrus communis)*	mittel	gut	IV–V
Weide *(Salix alba)*	sehr gut	sehr gut	IV–V
Felsenbirne *(Amelanchier ovalis)*	gut	mittel	IV–V
Heidekraut *(Calluna vulgaris)*	sehr gut	gering	VI–X
Kornelkirsche *(Cornus mas)*	gut	mittel	II–IV
Lavendel *(Lavandula angustifolia)*	sehr gut	mittel	VII–VIII
Schwarze Johannisbeere *(Ribes nigrum)*	gut	mittel	IV–V
Stachelbeere *(Ribes uva. crispa)*	gut	mittel	IV–V
Hundsrose *(Rosa canina)*	–	sehr gut	V–VII
Himbeere *(Rubus idaeus)*	sehr gut	gut	V–VII
Salbei *(Salbia officinalis)*	gut	–	V–VII
Thymian *(Thymus vulgaris)*	sehr gut	gering	V–X
Brombeere *(Rubus fruticosa)*	gut	gut	V–VIII
Blutweiderich *(Lythrum salicaria)*	gut	gut	VI–IX
Mohn *(Papaver orientale)*	–	sehr gut	V–VI
Löwenzahn (Taraxacum sect. Ruderalia)	gut	gut	III–X
Weißklee *(Trifolium repens)*	sehr gut	sehr gut	V–X
Rote Taubnessel *(Lamium purpureum)*	sehr gut	gut	III–IX
Krokus *(Crocus vernus)*	gut	mäßig	II–IV
Raps *(Brassica nappus)*	sehr gut	sehr gut	IV–IX

Tab. 1 Nektar- und/oder pollenreiche Pflanzenarten

1 Wenn Insekten reden könnten

Als Hauptverursacher gilt die Intensivlandwirtschaft aufgrund einer verfehlten Agrarpolitik. Monotone Maislandschaften zur Befeuerung von Biogasanlagen, intensive Grünlandnutzung mit fünf bis sechs Mähgängen pro Jahr für die Silage, zunehmende Umwandlung von Dauergrünland in Ackerland, Massentierhaltung, Überfrachtung der Felder mit Gülle und der damit verbundenen Stickstoffanreicherung in Böden und Grundwasser sowie hohen Ammoniakemissionen, die zur Düngung der gesamten Landschaft, so auch von Magerrasenflächen, Mooren, Heideflächen und Wäldern führen, und, nicht zuletzt, die flächendeckende Verteilung von Giftstoffen zur Abtötung von Lebewesen (Pestiziden) fordern einen hohen Tribut von der Natur mit noch nicht abschätzbaren ökologischen und ökonomischen Folgen.

Aufgaben

● 1. Wie beurteilen Sie die Ursachen für das Insektensterben?

◑ 2. Nennen Sie geeignete Maßnahmen zur Förderung des Artenerhalts und der Artenvielfalt. Was würden Insekten sagen, wenn sie reden könnten? (**1**)

5 Milben

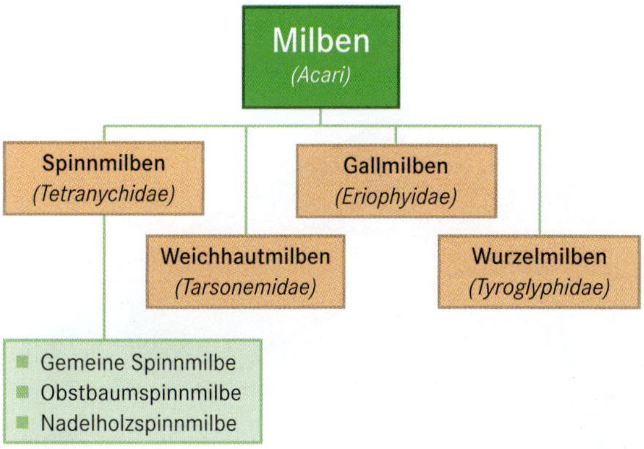

1 Milben

> **! Merke**
>
> Milben (**1**) gehören nicht zu den Insekten, sondern zu den Spinnentieren. Sie haben acht Beine, wovon sie das erste Beinpaar zum Tasten benutzen. Eine Ausnahme bilden ihre Larven, die drei Beinpaare besitzen. Im Gegensatz zu den Insekten ist der Körper der Milben nicht dreigeteilt, sondern zweigeteilt in Kopf und Hinterleib. Auch fehlen Antennen (Fühler).

5.1 Spinnmilben

Die für den Gartenbau bedeutendsten Schädlinge aus der Gruppe der Milben stellen die Spinnmilben. Die ca. 0,5 mm großen Tierchen besitzen Spinndrüsen, mit denen sie Spinnfäden produzieren können. Auf diesen vielfach dichte Netze bildenden Fäden seilen sich die Spinnmilben entlang (**2**). Dabei können sie gut mit den Spinnweben vom Wind verbreitet werden. Die Färbung der Tiere variiert sehr stark, zwischen Gelbgrün und Orangerot, je nach Wirtspflanzenart und Jahreszeit. Die Vermehrung erfolgt das ganze Jahr über geschlechtlich. Ihre Entwicklung wird durch trockene (niedrige Luftfeuchtigkeit) und warme Witterung gefördert. Je nach Spinnmilbenart erfolgt die Überwinterung in Form von Eiern (z. B. Obstbaumspinnmilbe) an Ästen und Stämmen von Gehölzen oder als erwachsene Tiere (z. B. Gemeine Spinnmilbe, Nadelholzspinnmilbe) unter Knospenschuppen, Rindenritzen, Laub usw. Die überwinternden Tiere sind rot gefärbt, daher der Name „Rote Spinne".

Die **Gemeine Spinnmilbe** *(Tetranychus urticae)*, auch Bohnenspinnmilbe genannt, tritt an Gemüse- (z. B. Bohnen, Gurken, Tomaten, Paprika), Zierpflanzen (z. B. Efeu, Codiaeum, Cissus, Dieffenbachia, Zimmerlinde, Fatsia, Saintpaulia, Fatshedera, Ananas, Palmen, Gerbera, Nelken, Chrysanthemen), Stauden und Sommerblumen im Freiland wie im Gewächshaus auf.

Die **Obstbaumspinnmilbe** *(Panonychus ulmi)* befällt vor allem Obstgehölze wie Apfel, Birne, Johannisbeere, Kirsche, Pfirsich, Pflaume, Schlehe, Aprikose, Stachelbeere, aber auch andere Pflanzen, z. B. Rosen. Sie bildet keine Spinnfäden (Tab. **1**).

Die **Nadelholzspinnmilbe** *(Oligonychus ununguis)* schädigt Nadelgehölze z. B. Fichte, Thuja.

Spinnmilben	Spinnfäden	Überwinterung als	
		Ei	erwachsenes Tier
Gemeine Spinnmilbe	X		X
Obstbaumspinnmilbe		X	
Nadelholzspinnmilbe	X		X

Tab. 1 Spinnmilben

Schädigung der Pflanzen

Spinnmilben schädigen die Pflanzen, indem sie Epidermis- und Parenchymzellen aussaugen. Die ausgesogenen Zellen füllen sich mit Luft und verleihen dem Blatt eine glänzende Weißscheckung. Die Zerstörung der Epidermiszellen

2 Spinnmilben *(Tetranychus urticae)*

3 Zunehmender Spinnmilbenschaden an *Hedera helix*

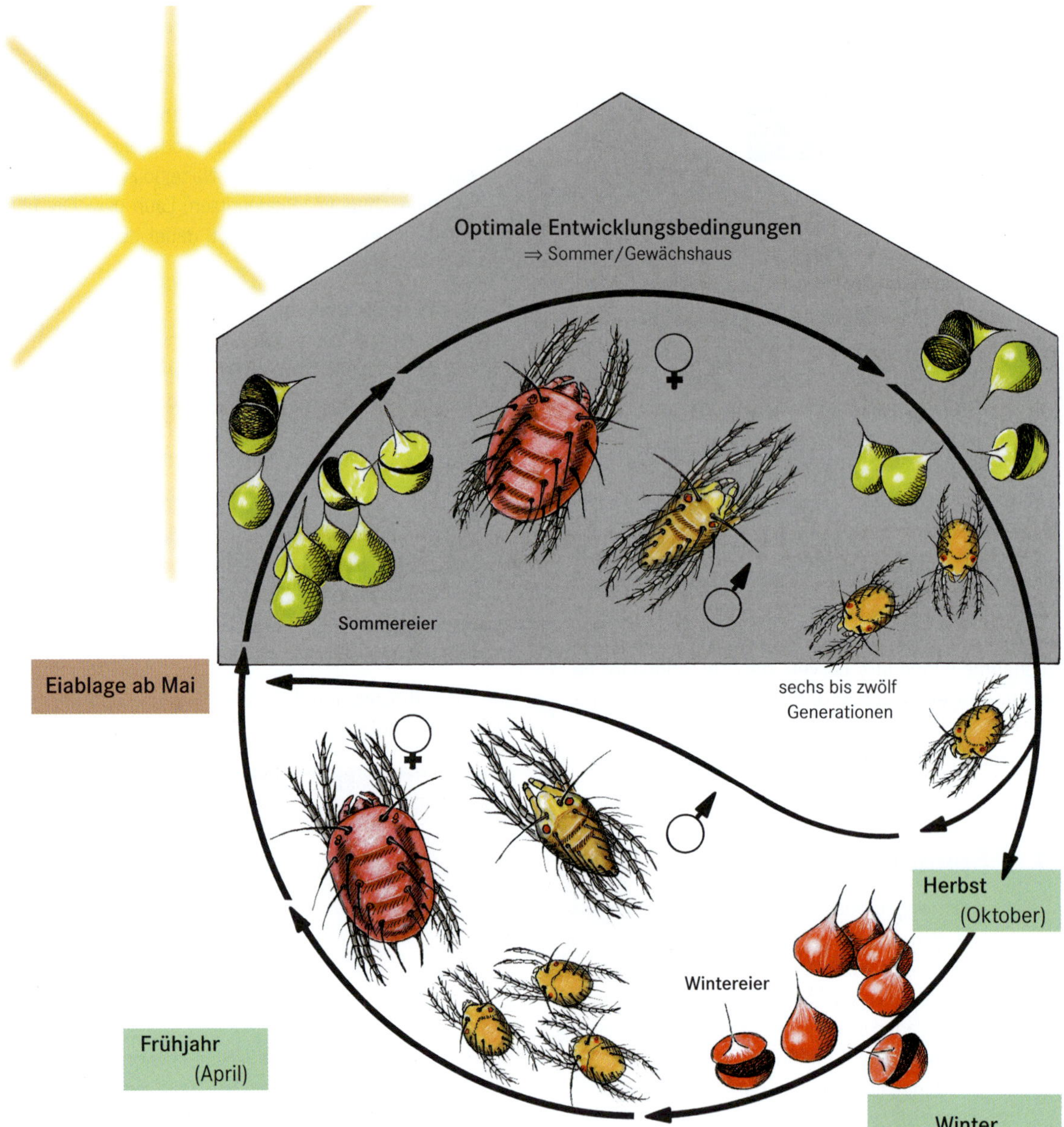

1 Entwicklungskreislauf der Obstbaumspinnmilbe

reduziert den Verdunstungsschutz, sodass die Verdunstung stark erhöht wird und die Blätter welken, vertrocknen und vorzeitig abfallen. Die Nekrosen breiten sich vom Blattrand her über das gesamte Blatt aus (**3**, S. 299). Beim Saugen kommt es zur Ausscheidung giftigen Speichels, der zu Missbildungen führen kann. Auch können Viruskrankheiten übertragen werden.

5.2 Weichhautmilben

Die sehr kleinen (ca. 0,2 mm groß) weißlichen, glasig durchscheinenden Milben leben vorwiegend an jungen, sich noch entwickelnden Pflanzenteilen, z. B. an Vegetationspunkten, zwischen den Knospenschuppen und den Blatthaaren junger Blätter. Ihre Saugtätigkeit führt zu Verkrüppelungen und Verkümmerungen der befallenen Pflanzenteile. Die sehr weichhäutigen Milben sind im Gegensatz zu den Spinnmilben sehr empfindlich gegenüber trockener Witterung (Gefahr der Austrocknung!). Entsprechend finden sie vor allem in Gewächshäusern bei hoher relativer Luftfeuchtigkeit (80 %) und Temperaturen zwischen 20 und 30 °C optimale Entwicklungsmöglichkeiten. Aber auch im Freiland können unter günstigen Bedingungen große Schäden (z. B. an Erdbeerpflanzen) angerichtet werden.

5.3 Gallmilben

Die nur 0,1 bis 0,2 mm großen Gallmilben haben einen lang gestreckten, wurmförmigen Körper und nur zwei Beinpaare. Befallen werden vor allem Obst- und Ziergehölze (Johannisbeere, Haselnuss, Taxus). Gallmilben verursachen durch ihre Speichelausscheidung die Bildung von Gallen, die je nach Art unterschiedlich geformt sein können.

5.4 Wurzelmilben

Wurzelmilben (ca. 0,5 mm groß) schädigen im Gegensatz zu den bisher besprochenen Milben durch Fraß an unterirdischen Pflanzenteilen (z. B. Möhren, Knollen, Zwiebeln).

! Hinweis

Die wichtigsten natürlichen Feinde aller Milben sind die **Raubmilben**, von denen verschiedene Arten im Freiland vorkommen (s. S. 258). Weitere wichtige Feinde der Spinnmilben sind **Marienkäfer** *(Stethorus punctilum)*, **Raubwanzen** (z. B. Blumenwanze, s. Abb. S. 261) und **Gallmücken** *(Feltiella acarisuga)*.

? Aufgaben

○ 1. Worin unterscheiden sich die Milben im Körperaufbau von den Insekten?

◑ 2. Unterscheiden Sie Spinn-, Weichhaut-, Gall- und Wurzelmilben.

○ 3. Wodurch schädigen Spinnmilben Pflanzen?

○ 4. Welche Symptome deuten auf Spinnmilbenbefall hin?

◑ 5. Warum tritt Spinnmilbenbefall in Gewächshäusern in der Regel zuerst in der Nähe von Lüftungen, Türen und Heizungsrohren auf?

◑ 6. Beantworten Sie folgende Fragen anhand **1**, S. 300:
   a) Worin unterscheidet sich der Entwicklungskreislauf der Spinnmilben von dem der Blattläuse (s. S. 271)?
   b) Warum ist die Gefahr der Resistenzbildung bei Spinnmilben besonders groß im Vergleich zu den Blattläusen und wie können Sie dieser entgegenwirken?
   c) Während der Vegetationszeit kommen Eier, Larven und erwachsene Tiere nebeneinander vor. Was bedeutet dies für die Durchführung einer chemischen Bekämpfung?
   d) Diskutieren Sie anhand des Entwicklungskreislaufs den besten Zeitpunkt für eine chemische Bekämpfung der Obstbaumspinnmilbe a) bei Verwendung ovizider (eiertötender) Mittel und b) bei chemischen Mitteln ohne ausreichende ovizide Wirkung (die meisten Mittel!).

◑ 7. Beschreiben Sie den Einsatz von Raubmilben zur Bekämpfung von Spinnmilben im Gewächshaus (s. S. 258).

6 Nematoden (Fadenwürmer, Älchen)

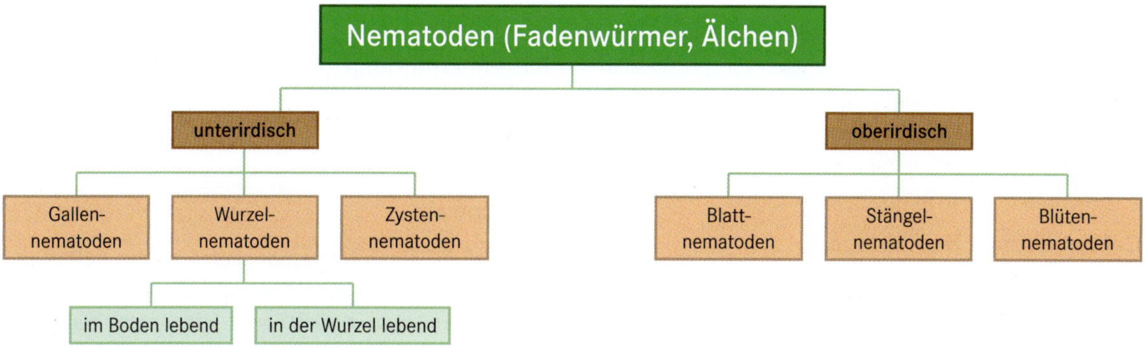

1 Nematoden

Nematoden sind sehr kleine, durchsichtig erscheinende Fadenwürmer, die zu Millionen im Boden leben. Die Fortbewegung erfolgt schlängelnd wie ein Aal („Älchen“) im Wasser, wozu bereits dünne Wasserfilme ausreichend sind. Neben organische Substanz zersetzenden und räuberisch lebenden Arten gibt es auch solche, die Pflanzen schädigen.

! Merke

Je nach Nematodenart können Wurzeln, Stängel, Blätter und Blüten der Pflanzen befallen werden. Im Unterschied zu den anderen Nematoden besitzen die pflanzenschädigenden Nematoden einen stilettartigen Mundstachel, mit dem sie die Pflanzenzellen anstechen und aussaugen.

Dabei scheiden sie giftigen Speichel aus, der zu Wucherungen und Stauchungen, d. h. krankhaften Wuchsveränderungen führen kann. Eine Virusübertragung ist ebenfalls möglich. Die Fortpflanzung geschieht geschlechtlich über Eier (in der Regel mehrere hundert pro Weibchen), die im Boden oder im Gewebe der befallenen Pflanzen abgelegt werden. Nach der Lebensweise und den hauptsächlich befallenen Pflanzenteilen kann man die pflanzenschädigenden Nematoden in verschiedene Gruppen einteilen (1, S. 301).

6.1 Unterirdisch schädigende Nematoden (1, S. 303)

Im Boden frei lebende Wurzelnematoden

Die frei im Boden lebenden Wurzelnematoden stechen von außen die Wurzelzellen an und saugen sie aus. Die dabei entstehenden Stichverletzungen stellen gute Eintrittspforten für Pilze und Bakterien dar. In vielen Fällen kommt es auch unterhalb der Einwirkung der Saugtätigkeit zu Anschwellungen der Wurzelenden.

In der Wurzel wandernde Wurzelnematoden

Diese Nematoden dringen in das Rindengewebe der Wurzel ein und zerstören durch ihre Saugtätigkeit das Gewebe, unterstützt durch von Pilzen und Bakterien hervorgerufene Fäulnis. Typisch für das Schadsymptom ist, dass der Zentralzylinder der Wurzel vorerst erhalten bleibt.

Gallenbildende Nematoden

Es handelt sich hierbei um Nematoden, die sich nach dem Eindringen in die Wurzel festsetzen. Ihre Saugtätigkeit führt zur Bildung von millimeter- bis zentimetergroßen Gallen, d. h. zur Wucherung des umliegenden Gewebes.

Zystenbildende Nematoden (1, S. 303)

Nachdem die zystenbildenden Nematoden in die Wurzel eingedrungen sind 1, lösen sie mithilfe ihres Speichels die Zellwände auf, sodass die Zellen zusammenfließen und sogenannte Riesenzellen bilden 2. Die Nematodenweibchen schwellen mit der Zeit so stark an, dass sie mit ihren Hinterleibern das Wurzelgewebe durchbrechen und nur noch mit dem Kopf im Gewebe stecken. Die Nematodenmännchen verlassen nun die Wurzel und befruchten die Weibchen 3. Im Körper der Weibchen entwickeln sich danach bis zu mehrere Hundert Eier. Mit der Entwicklung der Eier und der daraus schlüpfenden Larven stirbt das Weibchen ab. Der Körper der Weibchen wird zu einer festen braunen Hülle, der stecknadelkopfgroßen Zyste, die Eier bzw. Larven schützend umhüllt 4, 5. So können die in den Zysten eingeschlossenen Larven acht bis zehn Jahre im Boden überdauern 6. Die unterhalb der Zysten befindlichen Wurzelabschnitte sterben ab. Da die Pflanze diesen Verlust durch verstärkte Wurzelneubildung auszugleichen versucht, kommt es zu einer starken Verzweigung der Wurzel, die dieser ein bärtiges Aussehen verleiht („Wurzelbart“).

6.2 Oberirdisch schädigende Nematoden (1, S. 303)

Blattnematoden

Blattnematoden leben in den Interzellularen der Blätter, von wo aus sie die einzelnen Zellen anstechen und aussaugen. Die geschädigten Zellen verfärben sich erst chlorotisch und dann nekrotisch.

Stängelnematoden

Stängelnematoden leben in der Sprossachse der Pflanze und schlängeln sich zwischen den Zellen hindurch, indem sie mit ihrem enzymhaltigen Speichel die Mittellamellen zwischen den einzelnen Zellen auflösen. Dadurch verliert das Gewebe seinen Halt, fällt zusammen und verleiht der Sprossachse ein schwammiges, angeschwollenes Aussehen.

Blütennematoden

Blütennematoden leben in den Blüten und schädigen diese durch ihre Saugtätigkeit.

! Hinweis

Typisch für einen Nematodenbefall ist das Auftreten in Nestern, denn Nematoden können nur sehr geringe Entfernungen zurücklegen. Ihre Ausbreitung erfolgt vor allem durch Verschleppung mit Erde (z. B. an Schuhen und Maschinen) und Pflanzen.

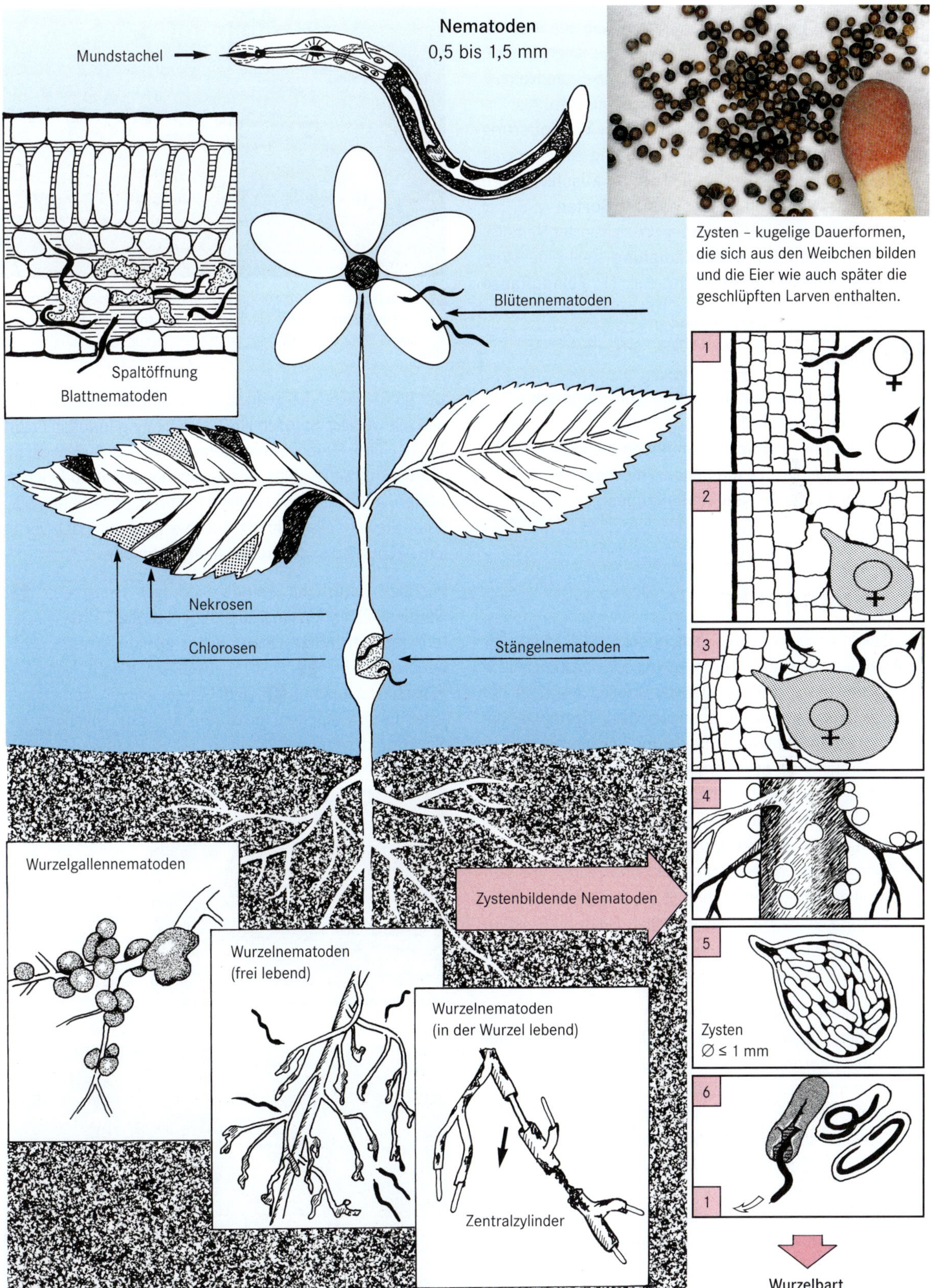

1 Einteilung der Nematoden nach ihrer Lebensweise und den befallenen Pflanzenteilen

Als **natürliche Feinde** sind vor allem räuberisch lebende Nematoden, Milben, Collembolen, Pilze[1] (s. auch S. 258) und Bakterien hervorzuheben, die durch eine gute Humusversorgung des Bodens gefördert werden können. Als vorbeugende Maßnahme kommt vor allem der **Verhinderung der Verschleppung** eine große Bedeutung zu. Eine weit gestellte **Fruchtfolge** (vier bis fünf Jahre), **Mischkulturen** und auch die **Verwendung resistenter Sorten** (z. B. bei Kartoffeln) können die Vermehrung spezialisierter Nematoden einschränken. Die **Bodendämpfung** stellt eine Möglichkeit der direkten Bekämpfung dar. Als **Feindpflanze** wird Tagetes empfohlen.

? Aufgaben

- ○ 1. **Welche Pflanzenteile können von Nematoden befallen werden?**
- ○ 2. **Wodurch schädigen Nematoden die Pflanzen?**
- ◑ 3. **Beschreiben Sie die Schadsymptome der verschiedenen Nematodengruppen.**

7 Schnecken

Schnecken gehören zu den **Weichtieren** (Mollusken). Ihr Schleim absondernder Körper (wirkt verdunstungshemmend!) besteht zu 80 bis 90 % aus Wasser. Am Kopf besitzen sie zwei Paar Fühler, von denen das längere Paar die Augen trägt (Augenfühler). Beine zur Fortbewegung besitzen sie nicht. Sie bewegen sich fort, indem sie Schleim absondern und darauf entlanggleiten (Schleimspuren!). Dieser Schleim schützt die Schnecke gleichzeitig vor Verletzungen. So können selbst Rasierklingen unbeschadet überwunden werden. Schnecken sind Zwitter, die sich gegenseitig befruchten. Mehrmals im Jahr werden 100-800 Eier in kleinen Häufchen abgelegt. Nach 3 bis 4 Wochen schlüpfen die Jungschnecken, die wiederum nach 8 Wochen fortpflanzungsfähig sind.

Hauptsächlich die **Nacktschnecken** (gehäuselos) treten bei feuchter, kühler Witterung als Pflanzenschädlinge auf (1). Junge, zarte Pflänzchen werden zum Teil bis zum Erdboden abgefressen (**Kahlfraß**). An älteren Pflanzen verursachen Schnecken vor allem **Rand- und Lochfraß**. Beim Fressen stülpen sie ihr Maul über das Grün und ziehen es in ihren Schlund. Dort wird es von der Zunge, einer Art Reibeplatte, in kleine Stücke geschabt. Neben diesem **Schabefraß** ist Schneckenbefall an den hinterlassenen silbrig glänzend vertrockneten **Schleimspuren** und **graugrünen Kothäufchen** erkennbar.

[1] Der Bodenpilz *Purpureocillium lilacinum* besiedelt die Eier von Nematoden.

1 Nacktschnecken können bis zur Hälfte ihres Körpergewichts pro Tag an Pflanzenmasse verzehren. Die Spanische Wegschnecke *(Arion lusitanicus)*, 70–140 mm, kommt bei uns am häufigsten vor.

Der größte Feind der Schnecken ist die Sonne. Sie kann innerhalb weniger Stunden zur Austrocknung und damit zum Tod der Tiere führen. Schnecken verbergen sich deshalb bei warmer, trockener Witterung zusammengerollt an feuchten Stellen, z. B. zwischen krautigen Pflanzen, im Schatten oder unter Steinen. Die Nahrungssuche erfolgt demnach vor allem nachts und in den frühen Morgenstunden.

Wichtige **natürliche Feinde** sind Igel, Spitzmaus (2), Gartenschläfer, Tausendfüßler, Vögel (Amsel, Drossel, Gartenrotschwanz, Star, Elster), Blindschleiche, Kröten, Weinbergschnecken (1, S. 305), Laufkäfer, Enten (vor allem indische Laufenten, 3) und Gänse. Larven der Leuchtkäfer (Glühwürmchen) ernähren sich ausschließlich von Nackt- und Gehäuseschnecken.

2 Spitzmäuse sind keine Mäuse, sondern sehr nützliche insektenfressende Raubtiere

3 Hauptnahrung Indischer Laufenten sind Nacktschnecken, die sie mithilfe ausgeprägten Geruchssinns in ihren Verstecken aufstöbern

1 Die Bierfalle – ein mit Bier gefülltes, ggf. überdachtes Gefäß, sollte nicht direkt neben den zu schützenden Pflanzen aufgestellt werden; nachteilig ist, dass der Biergeruch Schnecken aus weiter Entfernung, z. B. aus Nachbargärten, anlocken kann

Maßnahmen zur Schneckenbekämpfung sind z. B. die **Förderung der natürlichen Feinde**; das **Absammeln** bei Dunkelheit im Schein der Taschenlampe in einen Eimer mit Salzwasser; das **Auslegen von z. B. Brettern** u. Ä. und das Wegsammeln der sich am Tage darunter versteckenden Schnecken; das Aufstellen von **Bierfallen** (**1**); das Ausbringen von **Nematoden**; das **Errichten von Schneckenzäunen** zum Schutze vor Einwanderung: Etwa 20 cm breite Streifen aus verzinktem Blech werden um die zu schützenden Pflanzen herum in den Boden gesteckt. Damit die Schnecken diesen Zaun nicht überwinden können, wird die Oberkante so nach außen gebogen, dass im Profil eine 1 entsteht.

Die Tatsache, dass Schnecken nicht über Kupfer kriechen (der Schneckenschleim reagiert mit dem Kupfer zu einer reizenden Substanz), kann man sich durch das Auslegen von Kupferdraht oder Kupferband (3 cm hoch, 10 cm im Boden zum Schutz vor Untergrabung), das mit speziellen Erdnägeln befestigt wird, zunutze machen. Da Schnecken in ihrer Fortbewegung durch Feuchtigkeit gefördert werden, sollte nicht in den späten Nachmittags- und Abendstunden gewässert werden. Die Pflanzen sollten trocken in die Nacht gehen.

Chemische Mittel zur Schneckenbekämpfung (Molluskizide) werden als **Köderpräparate**, häufig unter der Bezeichnung **Schneckenkorn**, mit verschiedenen Wirkstoffen eingesetzt:

- Wirkstoff **Metaldehyd**: führt zur übermäßigen Schleimabsonderung → Entschleimung → starker Feuchtigkeitsverlust → nach wenigen Stunden tritt der Tod ein; bei trocken-warmer Witterung ist die Wirkung am besten, bei Regen oder feuchter Witterung können die Tiere ggf. ihre Feuchtigkeitsverluste wieder ausgleichen
- Wirkstoff **Eisen-III-Phosphat** (kommt so auch im Boden vor): wirkt als Fraßgift, das über Zellveränderungen im Kropf und der Mitteldarmdrüse zum sofortigen Fraßstopp führt; die Tiere ziehen sich in Verstecke zurück, wo sie verenden

! Hinweis

In Befallslagen sollte die Bekämpfung frühzeitig, vor dem 15. Mai erfolgen.

2 Weinbergschnecken stehen unter Naturschutz; sie fressen die Eigelege von Nacktschnecken und ernähren sich ansonsten vor allem von welkem Pflanzenmaterial

? Aufgaben

○ 1. Wodurch schädigen Schnecken Pflanzen?

○ 2. Welche Schadsymptome deuten auf einen Schneckenbefall hin?

◑ 3. Nennen Sie Maßnahmen zur Schneckenbekämpfung.

8 Wirbeltiere

Grundlegendes Kennzeichen dieser Tiergruppe ist der Besitz einer **Wirbelsäule**. Sie verbindet die Teile des Skeletts und umgibt das Rückenmark. Die Gruppe der Wirbeltiere umfasst rund 60 000 Tierarten (z. B. Amphibien, Vögel, Säugetiere). Ihre Vorfahren waren die Fische. Auch der Mensch zählt zum Stamm der Wirbeltiere.

8.1 Nagetiere

Kennzeichen dieser Gruppe sind die **Nagezähne**. Diese wachsen ein Leben lang und werden durch das Benagen harter Gegenstände auf konstanter Länge gehalten.

1 Die Hausmaus ist unser bekanntestes Nagetier; das ursprüngliche Steppentier aus Asien hat sich in Gefolgschaft des Menschen über die ganze Welt verbreitet

8.1.1 Langschwanzmäuse

Zur Gruppe der Langschwanzmäuse oder auch echten Mäuse zählen u. a. die **Hausmaus** *(Mus musculus,* 1*)*, die **Waldmaus** *(Apodemus sylvaticus)*, die **Zwergmaus** *(Micromys minutus)*, die **Gelbhalsmaus** *(Apodemus flavicollis)*, die **Wanderratte** *(Rattus norvegicus)* und die **Hausratte** *(Rattus rattus)*. Kennzeichen sind ein langgestreckter Körper, lange Beine, ein spitz zulaufender Kopf, große, aus dem Fell hervorragende Ohren und ein langer Schwanz, der der Körperlänge entspricht oder länger ist. In der Nähe des Menschen kommt ihnen vor allem als **Vorratsschädlinge** und **Krankheitsüberträger** (s. S. 308) eine Bedeutung zu.

8.1.2 Wühlmäuse (3, S. 307)

Wühlmäuse werden vor allem durch das Benagen der Rinde junger Laub- und Nadelgehölze, das Zerfressen von Knospen, Trieben, Wurzeln, Zwiebeln und Knollen schädlich. Sie leben in unterirdischen Bauen, die sie zur Nahrungsaufnahme verlassen. Im Unterschied zu den sogenannten echten Mäusen (z. B. Hausmaus, Waldmaus) besitzen sie einen gedrungenen Körper mit kurzen Beinen, einen relativ dicken Kopf mit stumpfer Schnauze, kleinen Augen und kurzen, nur wenig aus dem Pelz hervorragenden Ohren. Der Schwanz ist kurz ($^1/_3$ bis $^1/_2$ der Körperlänge) und stark behaart. Für den Gartenbau interessant sind vor allem folgende Arten:

Rötelmaus

Die **Rötelmaus** *(Myodes glareolus, Syn. Clethrionomys glareolus)* ist unsere kleinste Wühlmaus. Ihr Lebensraum sind Laub- und Nadelholzwälder, Waldränder, Baumgruppen, Hecken und Büsche. Sie klettert bis in die Baumkronen und schädigt vor allem im Winter durch Benagen von Knospen und Rinde.

Feldmaus

Die **Feldmaus** *(Microtus arvalis)* findet vor allem in Feldern, Wiesen, Böschungen und Gräben Verbreitung. Zur Nahrungssuche verlässt sie das stark verzweigte Gangsystem, in dem sie mit ihren Artgenossen gesellig zusammenlebt. In der Regel ist alle 2 bis 4 Jahre – bei trocken-warmen Sommern – mit einer Massenvermehrung zu rechnen (zyklische Massenvermehrungen), die zu großen Pflanzenschäden führen kann. Dicht über der Erde benagte junge Bäume sind ein typisches Schadbild für die Feldmaus. Die Feldmaus frisst auch Insekten und anderes Kleingetier.

Schermaus („Wühlmaus")

Die **Schermaus** *(Arvicola terrestris)* ist unsere größte Wühlmaus und allgemein gemeint, wenn man von Wühlmäusen spricht. Sie schwimmt und taucht vorzüglich, was ihr auch den Namen **Wasserratte** eingebracht hat. Entsprechend hält sie sich gern in der Nähe von Wasser auf. Im Gegensatz zu den bisher besprochenen Wühlmäusen lebt sie überwiegend unterirdisch. Durch das Benagen und Durchfressen von Wurzeln können beträchtliche Pflanzenschäden verursacht werden.

> **! Merke**
>
> Alle 4 bis 6 Jahre ist mit einer Massenvermehrung zu rechnen.

Natürliche Feinde der Wühlmäuse sind vor allem Greifvögel (Mäusebussard, Turmfalke), Eulen (Schleiereule, Waldohreule, Waldkauz), Störche, Reiher, Wildgänse, Krähen, Füchse (bei eingezäunten Anlagen Zugang über sog. Fuchsleitern verschaffen), Schlangen, Igel und Wiesel (s. Nützlingslexikon), aber auch Katzen.

Der Jagderfolg für Greifvögel und Eulen, die vor allem aus dem Ansitz jagen, lässt sich auf baumfreien Flächen durch das Aufstellen von **Sitzkrücken** (Ansitze, Sitzstangen) deutlich erhöhen. Es handelt sich dabei um 2 bis 4 m hohe Pfähle mit einem darauf befestigtem Querholz (mindestens 50 cm langes und 5 cm dickes Rundholz), die in Abständen von 50 bis 80 m aufgestellt werden. Auch durch den Bau von **Nistkästen** für Schleiereulen und Turmfalken (Bauanleitungen erhält man beim NABU) sowie das Errichten von **Steinhaufen** für das Große (Hermelin) und Kleine Wiesel (Mauswiesel) lässt sich die Mäusepopulation deutlich senken. Gehölze und Blumenzwiebeln können in **Drahtkörben** aus engmaschigem Drahtgeflecht (Maschenweite 13 bis 16 mm) gepflanzt werden.

Zur Bekämpfung von Rötel- und Feldmaus verwendet man häufig sogenannte **Köderstationen**, in denen (verdeckt

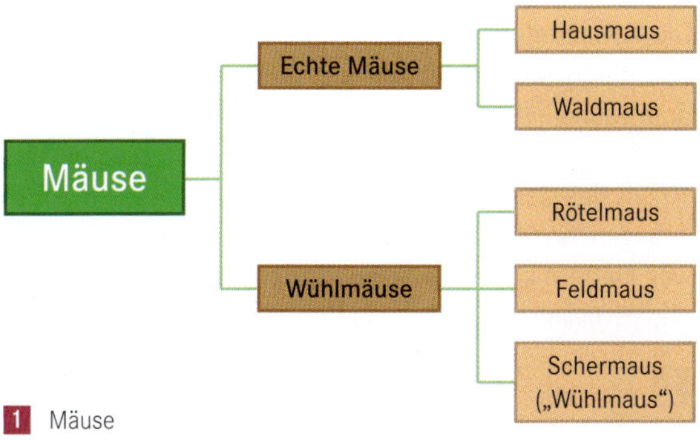

1 Mäuse

2 Wühlmausschäden

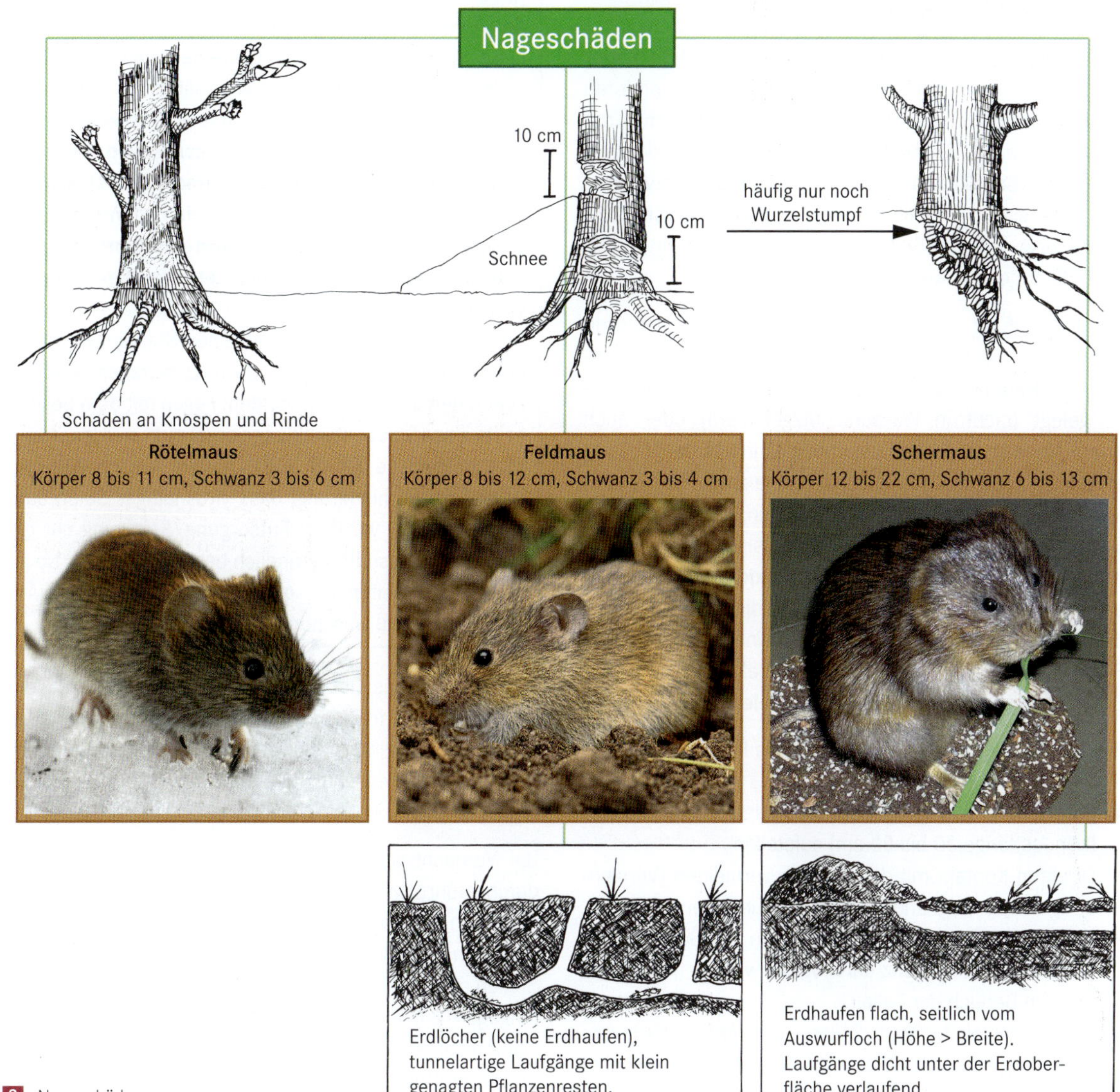

3 Nageschäden

1 Giftköder dürfen nur in Köderstationen ausgelegt werden

und für andere Tiere nicht zugänglich) vergiftete Köder (z. B. Giftweizen) ausgelegt werden (1). Die verwendeten **Rodentizide** wirken häufig als Blutgerinnungshemmer, dabei verenden die Tiere an inneren Blutungen. Bei der Verwendung von Giftködern ist die Gebrauchsanweisung strengstens zu beachten! Die Bekämpfung sollte im Spätherbst bzw. zeitigen Frühjahr, bevor die Vermehrung erfolgt, durchgeführt werden.

Die Bekämpfung der Schermaus wird durch ihre unterirdische Lebensweise sehr erschwert. Zur Bekämpfung werden u. a. **Räucher- bzw. Begasungspatronen** in die Gänge gelegt (nicht in Wasserschutzgebieten!) oder auch **Auspuffgase** (giftiges Kohlenmonoxid!) in das Gangsystem eingeleitet (Zeitdauer 5 Minuten). Auf leichten Böden können die Gase jedoch leicht entweichen, sodass hier die Bekämpfungserfolge oft unzureichend sind. Besser geeignet ist das Einleiten von **Kohlendioxidgas**. Da dieses schwerer als Luft ist, dringt es bis in die tiefsten Stellen des Baus vor. Das CO_2-Gas bewirkt einen schmerzlosen Erstickungstod. Eine andere Art der Bekämpfung ist der Einsatz von sogenannten **Wühlmausfallen**.

Für eine erfolgreiche Bekämpfung sollte Folgendes beachtet werden:

- Fallen in einem gerade verlaufenden Gangabschnitt (Mindestlänge 30 bis 50 cm) aufstellen.
- Direkten Kontakt mit den Händen vermeiden (Verwendung von Einweghandschuhen und Einreiben mit Erde).
- Fallen mit Erde abreiben und so tief in den Gang einstellen, dass sie fast ganz darin verschwinden (keine lose Erde im Bereich der Falle!).
- In die Fallen ein Möhren-, Sellerie- oder Apfelstück legen.
- Den Gang lichtdicht (Brett oder Rasenstück) verschließen oder offen lassen (Fang erfolgt relativ schnell, die Gefahr ist jedoch, dass die Wühlmaus beim Versuch, die Öffnung zu schließen, Erde vor die Falle schiebt).
- Die Fallen sollten so lange erneut gestellt werden, bis keine Mäuse mehr gefangen werden.

Die Zuwanderung von Wühlmäusen kann verhindert werden durch **Migrationsbarrieren**, 30 cm hohe Maschendrahtzäune (Maschenweite 10 x 10 mm, „Kaninchendraht“), die 50 cm tief in den Boden reichen. Die obersten 10 cm des Zauns werden im rechten Winkel nach außen gebogen, sodass Wühlmäuse nicht über die Barriere hinweg klettern können. Als **Feindpflanzen** gelten Kaiserkronen *(Fritillaria imperialis)* und Knoblauch *(Allium sativum)*.

! Merke

Mäuse sind gefährliche Krankheitsüberträger! So kann z. B. eine Infektion mit dem gefährlichen **Hantavirus** bei einem Kontakt mit dem Kot oder Urin der Nager, der Aufnahme verunreinigter Nahrung oder über das Einatmen der pulverisierten Exkremente erfolgen. Hantaviren lösen beim Menschen grippeähnliche Symptome aus. Je nach Virustyp kann es dabei zu lebensbedrohlichen inneren Blutungen und Nierenversagen kommen. **Beim Einsatz von Mäusefallen und Köderstationen sind Mundschutz, Schutzbrille und Einweghandschuhe oder eine über die Hand gestülpte Plastiktüte zu tragen.** Nach der Arbeit Letztere umgekrempelt wegwerfen und Hände gründlich waschen!
Bei allen Tätigkeiten, die mit einer Staubentwicklung einhergehen, sollte ein Mundschutz getragen werden. Durch Befeuchtung, z. B. vor dem Fegen mit dem Besen, sollte einer Staubentwicklung vorgebeugt werden. Auch tote Spitzmäuse (2, S. 304) und ihre Ausscheidungen sollten zur Verhinderung, dass virushaltiger Staub aufgewirbelt wird, vor ihrer Entsorgung/Reinigung mit einem Reinigungsmittel gründlich besprüht werden. Nach staubigen Arbeiten ist sofort zu duschen und die Arbeitskleidung zu waschen.

Egal, für welches Bekämpfungsverfahren man sich entscheidet, zuerst muss man sich davon überzeugen, ob es sich nicht um einen Maulwurfsbau handelt. **Maulwürfe** stehen unter Artenschutz und dürfen nicht getötet werden (1 und 2,S. 309).

Bei Verdacht auf Wühlmäuse sollte die **Verwühlprobe** durchgeführt werden. Dazu öffnet man einen Gang an mehreren Stellen auf einer Länge von etwa 30 cm. Ist der Gang von einer Wühlmaus bewohnt, werden die geöffneten Stellen relativ schnell wieder geschlossen. Handelt es sich hingegen um einen Maulwurfsgang, wird der geöffnete Gang nicht so schnell wieder geschlossen. Zudem dichtet er die geöffneten Stellen nicht ab, sondern schließt sie, indem er sie mit einem neuen Gang unterwühlt. Handelt es sich um einen Wühlmausbau, werden so lange Fallen aufgestellt, bis keine Fänge mehr erfolgen.

1 Maulwürfe verfügen über hohe Muskelkraft sowie einen sehr guten Tast- und Geruchssinn

2 Maulwurfshügel/-haufen, der ausgeworfene Erdaushub des Maulwurfs

Aufgaben

◑ 1. Nennen Sie typische Kennzeichen der Wühlmäuse.

○ 2. Wodurch schädigen Wühlmäuse Pflanzen?

◑ 3. Woran können Sie erkennen, ob es sich um einen Maulwurfs- oder Wühlmausbau (Schermaus) handelt?

◑ 4. Welche Maßnahmen zur Wühlmausbekämpfung würden Sie bevorzugen?

◑ 5. Mäuse sind gefährliche Krankheitsüberträger. So können sie z. B. das gefährliche Hantavirus übertragen.
   a) Wodurch kann es zu einer Übertragung auf den Menschen kommen?
   b) Welche Krankheitssymptome können auftreten?
   c) Welche Vorsichtsmaßnahmen sollten eingehalten werden?

◑ 6. Was ist bei der Auswahl und dem Einsatz von Köderstationen zur Bekämpfung von Ratten- und Mäusen mit Gift zu beachten?

8.2 Wildkaninchen

Mit vier bis sechs Würfen/Jahr und jeweils drei bis vier Jungen ist die Fruchtbarkeit zwar nicht so groß wie oft angenommen, die Fraßschäden, die diese Nager anrichten, können jedoch beträchtlich sein. In schneereichen Wintern werden verstärkt Gehölze benagt. Oft wird dabei der Stamm rundherum benagt, sodass der Assimilatestrom zur Wurzel unterbrochen wird und der Baum abstirbt. Vor allem in Parks, Gärten und auf Friedhöfen können Wildkaninchen zur Plage werden (Tab. **1**), da hier ihre natürlichen Feinde, wie z. B. Habicht, Fuchs und Wiesel, selten anzutreffen sind und eine wirkungsvolle Bekämpfung nur schwer möglich ist.

Dass von Zeit zu Zeit vermehrt Fälle von kranken und toten Kaninchen in freier Wildbahn gemeldet werden, liegt vor allem an zwei hoch ansteckenden **Viruserkrankungen**, der Myxomatose und der sogenannten Chinaseuche. Innerhalb weniger Wochen können diese Krankheiten bis zu 90 % eines Bestands töten:

- Die **Myxomatose** (Kaninchenpest, Kaninchenseuche) hat sich von Frankreich aus, wo sie zur Bekämpfung der Kaninchenplage künstlich eingeleitet wurde, rasch über ganz Europa verbreitet. Auffallende Krankheitssymptome sind die starken Haut- und Schleimhautschwellungen an den Augenlidern sowie im Bereich von Mund und Ohren. Nach etwa 10 bis 14 Tagen endet die Krankheit meistens tödlich.
- Ursache der **Chinaseuche** (wurde erstmal 1984 in China beschrieben) ist ein **Calicivirus**. Die Krankheit, die sich unter Kaninchen sehr schnell ausbreitet, endet in 80 bis 100 % der Fälle tödlich. Eine neue Variante der

3 Drahthosen an Obstbäumen

Wildkaninchen	Feldhase
lebt in Kolonien	lebt einzeln
legen unterirdisches Gangsystem an, in dem sie wohnen	flache Mulde (Sasse)
gedrungene Gestalt, kleine Ohren	lang, schlank, große Ohren
stark ausgeprägte Vorderbeine zum Graben	stark ausgeprägte Hinterbeine zum schnellen Laufen

Tab. 1 Unterscheidung Wildkaninchen und Feldhase

Chinaseuche (RHD V2) befällt neben Kaninchen auch Hasen.

Das **Myxomavirus** und das **Calicivirus**, die auch Hauskaninchen befallen, werden vor allem über stechend-saugende Insekten (Stechmücken und Kaninchenflöhe), Fliegen, verunreinigtes Futter und Gegenstände sowie durch den direkten Kontakt der Tiere untereinander übertragen.

Ein sicherer Schutz gegen Kaninchen ist die **Einzäunung** mit Draht (1 m hoch, Maschenweite 4 mm, 30 cm tief in den Boden eingegraben, 3, S. 309). Gegen **Wildverbiss durch Rehe** sollte die Umzäunung mindestens 1,80 m hoch sein. **Plastikspiralen** oder **feinmaschige Drahtgeflechte**, um die Stämme von Bäumen gelegt, schützen vor dem so gefährlichen Benagen der Rinde. Kurzfristigen Schutz (etwa 2–3 Monate) bieten **Vergrämungsmittel**.

? Aufgaben

◑ 1. Erklären Sie, wodurch Kaninchen Bäume zum Absterben bringen können.

○ 2. Nennen Sie vorbeugende Bekämpfungsmaßnahmen.

● 3. Das Myxomavirus und das Calicivirus wurden in Australien gezielt zur Bekämpfung der Kaninchenplage eingesetzt. Wie ist es zu erklären, dass sie die Wildkaninchenpopulation auf Dauer nicht so reduzieren konnten wie erhofft?

9 Krankheitserreger

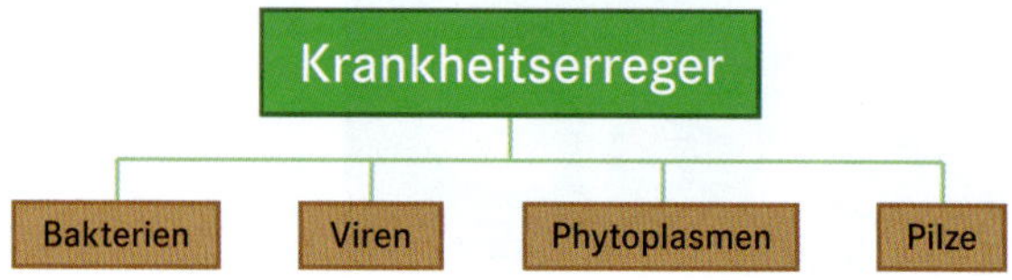

1 Krankheitserreger

9.1 Bakterien

Bakterien kommen überall vor: in der Luft, im Wasser, in der Erde, in Pflanzen, im Körper von Mensch und Tier. Bei den Bakterien handelt es sich um einzellige kugelförmige oder stäbchenförmige Lebewesen, die sich durch Zellteilung vermehren, und zwar alle 10 bis 25 Minuten. Diese starke Vermehrung ist der Grund für die schnelle Ausbreitung von Bakterienkrankheiten (**Bakteriosen,** Tab. 1, S. 311).

Wenn auch die weitaus meisten Bakterien harmlos bzw. nützlich sind (z. B. Zersetzung organischer Substanz), so können doch ernsthafte Pflanzenkrankheiten von diesen mikroskopisch kleinen Wesen ausgelöst werden.

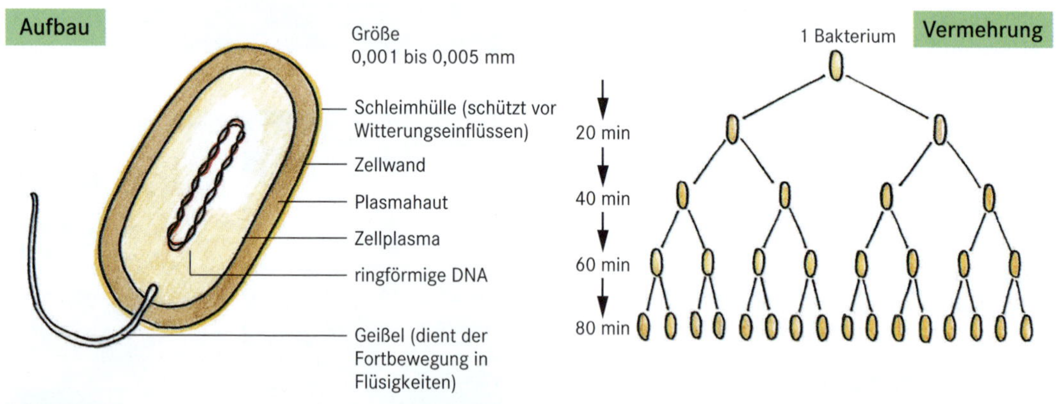

Infektion → **Ausbreitung** → **Übertragung**

Infektion über
- Wunden(!)
- Spaltöffnungen
- Lentizellen
- Hydathoden (Wasserspalten)
- Narben von Blatt- und Fruchtstielen
- Blüten (Narbe und Nektarien)
- Wurzelhaare

Ausbreitung (in der Pflanze)
- aktiv zwischen den Zellen, durch Auflösung der Mittellamellen
- passiv im Phloemstrom (etwa 1 cm/Tag)

Übertragung (auf andere Pflanzen) durch:
- Pflege- und Kulturmaßnahmen (z. B. Gehölzschnitt)
- Wind
- Wasser (Gieß-, Spritz- und Regenwasser)
- infizierte Pflanzen
- blütenbesuchende Insekten
- saugende Insekten
- Vögel

Merke:
Bakterien können keine intakte Kutikula durchdringen; sie benötigen Feuchtigkeit!

2 Entwicklungsverlauf einer Bakteriose

a) **Bakterienkrebs** *(Agrobacterium tumefaciens)*

b) **Feuerbrand** *(Erwinia amylovora)*

c) **Bakterielle Blatt- und Stengelfäule der Pelargonie** *(Xanthomonas pelargonii)*

d) **Bakterienwelke** *(Clavibacter michiganense)*

e) **Bakterielles Kastaniensterben** *(Pseudomonas syringae)*

f) **Feuerbakterium** *(Xylella fastidiosa)*

a) **Typischer Wunderreger** (befällt die Pflanzen über Wunden), lebt im Boden saprophytisch, befällt zahlreiche Pflanzen (Foto *Euonymus fortunei*); **krebsartige Zellwucherungen** (Tumorbildung) vor allem an Wurzel, Wurzelhals und Sprossachse. In der Gentechnologie wird *Agrobacterium tumefaciens* zur Genübertragung eingesetzt.

b) Befällt sehr viele Gehölze aus der **Familie der Rosengewächse** (z. B. *Pyrus, Malus, Cydonia, Chaenomeles, Crataegus, Pyracantha, Sorbus, Stranvaesia*). Stein- und Beerenobst sowie Koniferen werden nicht befallen. **Infektion vor allem über die Blüten** (Narben und Nektarien). **Blätter, Blüten, Früchte und Triebe von Gehölzen verfärben sich graubraun, dunkelbraun bis schwarz** (wie verbrannt), bleiben aber an der Pflanze noch relativ lange hängen. Erkrankte **Triebspitzen sind krückstockartig abgekrümmt. Schleimaustritt** bei feuchter Witterung. **Rot-braune Verfärbung des Holzes.**

c) Hohe Luftfeuchtigkeit, Temperatur und Düngung fördern den Befall. **Ölig durchscheinende, dunkelgrüne Blattflecken mit rötlicher oder graubrauner Mitte und chlorotischem Rand**; Blätter vergilben, verbräunen und welken vom Blattrand her; **Fäule geht auf Stängel und Wurzel über**; bei Stecklingen von der Stengelbasis beginnend; **Schleimaustritt** bei feuchter Witterung.

d) **Infektion vor allem über Wunden an den Wurzeln,** Verbreitung im Bestand vorwiegend beim Ausgeizen mit infizierten Messern; **einzelne Fiederblättchen der Tomatenpflanzen welken und vertrocknen, später welkt und vertrocknet die ganze Pflanze;** Querschnitt durch Sprossachse zeigt braune Gefäße **(Gefäßbündelparasit);** auf den Früchten können **2 bis 4 mm große Flecken,** sog. „Vogelaugen“ auftreten.

e) Befall **weißblühender** *(Aesculus hippocastanum)* und **rotblühender Kastanien** *(Aesculus x carnea)*; am Stamm **schwarze, blutende Flecken („Teerflecken“);** großflächige **Stammverfärbungen, Rissbildungen,** Gefahr von Sekundärinfektionen durch holzzersetzende Pilze (Weißfäule) → Zerstörung des Holzkörpers und der Leitbahnen → **Absterben der Krone und des Baumes.** Infektionen mit **Phytophthora-Arten** können ähnliche Symptome hervorrufen. Gewissheit bietet nur eine Laboruntersuchung.

f) **Befällt zahlreiche Pflanzen** (Laub- und Obstgehölze, Zierpflanzen, Kräuter), Übertragung durch **xylemsaugende Insekten**, vor allem **Zikaden** (Zwerg- und Schaumzikaden → Wiesenschaumzikade), verstopft die Leitbahnen → Wasser- und Nährstofftransport gehemmt, zählt zu den gefährlichsten Schadorganismen, in Südeuropa sind ihm Millionen von Olivenbäumen zum Opfer gefallen, **Quarantäneschädling.**

Tab. 1 Beispiele für gefährliche Bakteriosen

> **Merke**
>
> Je nach Bakterienart kann es zu folgenden Schäden kommen:
> - Auflösung der Zellwände → **Nassfäule**, Gewebe verfault in einer nassen Form
> - Abtötung der Zellen → **Nekrosen**, abgestorbenes Gewebe
> - Verstopfung der Gefäße → **Welke**
> - Krankhaftes Zellwachstum → **Tumorbildung**

Bekämpfung

Chemische Mittel zur Bekämpfung von Bakterien stehen nicht zur Verfügung. Es kann also nur versucht werden, einen Befall zu verhindern. Dazu dienen **vorbeugende Maßnahmen**, die sich aus der Kenntnis der Entwicklung von Bakterienkrankheiten ableiten lassen (2, S. 310).

Der Befall durch Feuerbrand muss beim Pflanzenschutzamt gemeldet werden (Feuerbrandverordnung!).

> **Merke**
>
> Maßnahmen zur **Bekämpfung des Feuerbrands** sind:
> - Erkrankte Äste und Zweige herausschneiden (30 bis 50 cm ins gesunde Holz) und verbrennen oder über gewerbliche Kompostieranlage (Biomüll) entsorgen.
> - Stark befallene Gehölze roden.
> - Arbeitsgeräte (Schnittwerkzeuge, Fahrzeuge) und Kleidung nach der Arbeit desinfizieren/waschen. Auf Kleidung kann trockener Bakterienschleim noch Monate später lebensfähige Bakterien enthalten. Zur vollständigen Desinfektion der Hände muss ein geeignetes Mittel (z. B. Sagrosept) vier- bis fünfmal aufgetragen und je 50 Sekunden eingerieben werden. Messer und Scheren lassen sich mit z. B. Natriumhypochlorid 3 % (Eintauchzeit bei Messern 5, bei Scheren 20 Minuten), heißem Wasser (Eintauchzeit 5 Minuten in mindestens 85 °C heißes Wasser) oder durch Abflammen bei Messern in Verbindung mit Tauchen in Ethanol 70 % (15 Sekunden) erfolgreich desinfizieren.

Die Spritzung mit **Kupfermittel** (Kupferoxychlorid) kann eine Infektion durch Feuerbrand stark reduzieren. Dazu ist eine genaue Kenntnis des Infektionszeitpunkts/der **Infektionstage** (relative Luftfeuchtigkeit mindestens 75 % bzw. Niederschläge > 2,5 mm, Temperatur > 21 °C) erforderlich, da nur dann Spritzungen sinnvoll sind. Viele Pflanzen sind jedoch empfindlich gegenüber Kupferspritzungen (vor allem die Blüten!). Versuche der Biologischen Bundesanstalt haben gezeigt, dass Spritzungen mit **Pflanzenextrakten** von *Mahonia aquifolium* und *Berberis vulgaris* während der Blütezeit die Ausbreitung von Feuerbrand hemmen. Die biologische Bekämpfung mit **antagonistischen Bakterien** brachte erste Erfolge. Der Einsatz von **Antibiotikum** (wird in die Blüten der Obstgehölze gespritzt) ist nur mit Sondergenehmigung und unter strengen Auflagen möglich.

> **Aufgaben**
>
> ◑ 1. Nennen Sie typische Kennzeichen von Bakterien.
> ◑ 2. Wodurch schädigen Bakterien die Pflanzen?
> ◑ 3. Schildern Sie den Entwicklungsverlauf einer Bakterienkrankheit (1, S. 310).
> ◑ 4. Nennen Sie vorbeugende Maßnahmen zur Vermeidung von Bakterienkrankheiten.
> ◑ 5. Feuerbrand ist eine meldepflichtige Krankheit.
>   a) Welche Pflanzen werden von dieser Krankheit befallen?
>   b) Woran ist sie zu erkennen? Welche Bekämpfungsmaßnahmen schlagen Sie vor?
> ◑ 6. Warum ist der Einsatz von Antibiotikum zur Bekämpfung von Bakteriosen an Pflanzen in der Regel verboten?

9.2 Viren

Es gibt keine Lebewesen, die nicht von Viren befallen werden können. Entsprechend sind sie auch Verursacher vieler Pflanzenkrankheiten. So haben z. B. Viren bei Pfeffinger (Ort bei Basel) innerhalb von 40 Jahren ausgedehnte Kirschwälder völlig vernichtet (Pfeffingerkrankheit).

Aufbau

Bei den Viren handelt es sich um sehr kleine (0,00001 bis 0,0004 mm) Organismen. Sie sind so klein, dass man sie nicht mit einem Lichtmikroskop (Vergrößerung bis zu 2 000-fach), sondern nur mit einem Elektronenmikroskop (Vergrößerung bis zu 1 x 1 Million) erkennen kann.

Je nach Virusart müsste man bis zu 1 000 000 Viren aneinanderreihen, um die Länge von 1 mm zu erreichen.

> **Merke**
>
> Ein Virus ist nichts anderes als eine wandernde Erbinformation, denn es besteht nur aus einer mit einer Proteinhülle (Eiweißhülle) umgebenen Erbinformation (meistens RNA = Ribonukleinsäure). Einerseits besitzen Viren zwar eine Erbinformation, andererseits fehlen ihnen aber die typischen Kennzeichen von Leben, wie Wachstum und Vermehrung. Sie bewegen sich sozusagen zwischen toter und lebender Materie.

Man geht davon aus, dass sich Viren aus genetischer Information entwickelt haben. Abschnitten, denen es gelungen ist, sich auf andere Zellen übertragen zu lassen (Proteinhülle!) und sich dort unabhängig zu vermehren.

Lebensweise

Da sich Viren nicht selbstständig vermehren können, bedienen sie sich lebender Zellen, in die sie nur über Wunden (!) eindringen können (1):

Nach dem Eindringen trennt sich die Virus-RNA von ihrer Proteinhülle ❶ und dringt in die Steuerzentrale der Zelle, den Zellkern, ein ❷.

Hier entschlüsselt sie den Code der pflanzlichen Erbinformation, der DNA (Desoxyribonukleinsäure), und baut die eigene Erbinformation (Virus-RNA) an entsprechender Stelle der Chromosomen ein. Da die pflanzliche Zelle nicht zwischen ihrer Erbinformation und der des Virus unterscheiden kann, folgt sie nun den Befehlen der eingebauten Virusinformation – nämlich nur noch Virus-RNA zu produzieren. Nach der Rückkehr in das Zellplasma veranlasst die Virus-RNA an den Ribosomen die Bildung von Virus-Protein ❸.

Virus-RNA und Virus-Protein verbinden sich in der Zelle zum neuen Virus ❹. Indem die Zelle so gezwungen wird, nur noch Viren zu produzieren, kann sie ihren eigentlichen Aufgaben nicht mehr nachkommen. So kommt es zu Stoffwechselstörungen, die zum Tod der einzelnen Zelle und schließlich zum Tod der gesamten Pflanze führen können.

! Merke

Viren schädigen also nicht, indem sie sich von Pflanzen ernähren, sondern indem sie die befallenen Zellen für sich arbeiten lassen, wozu sie neue, zusätzliche genetische Informationen in die Wirtszelle einschleusen!

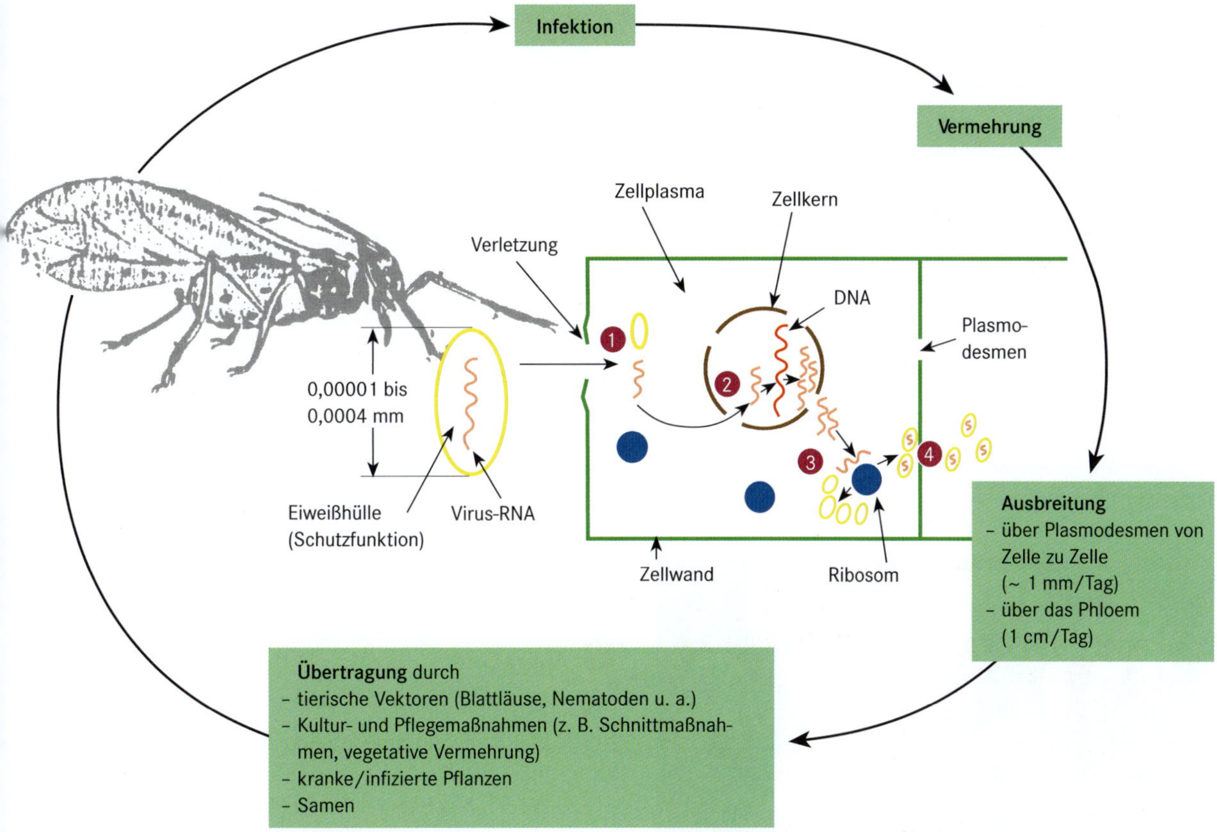

1 Entwicklungskreislauf einer Virose

Schäden

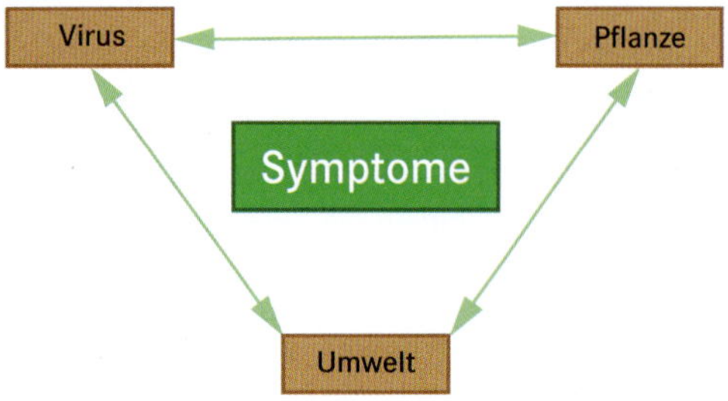

1 Symptome einer Viruserkrankung ergeben sich aus dem Wechselspiel zwischen Virus, Pflanze und Umwelt

Da sich die Symptome einer **Viruserkrankung (= Virose)** aus den Wechselwirkungen zwischen der Empfindlichkeit der befallenen Pflanzenart, der Virusart und den Umweltbedingungen ergeben, können sie sehr variabel sein (**1**).

> **Merke**
>
> Je nach **Empfindlichkeit der befallenen Pflanzenart** kann sich eine **Virusinfektion** wie folgt auswirken:
> - Viren breiten sich in der gesamten Pflanze aus → es kommt zu Krankheitssymptomen → **Tod der Pflanze**.
> - Pflanze reagiert sehr empfindlich → infizierte Zelle stirbt so schnell ab, dass sich die Viren nicht ausbreiten können → **Pflanze bleibt gesund.**
> - Pflanze ist resistent → zeigt **keine Symptome**, stellt aber eine **latente Infektionsquelle** dar.

Die bizarren Blütenfarben der Rembrandt-Tulpen sind die Folge einer Virusinfektion. Die Infektion schwächt die Pflanze und führt mit der Zeit zu ihrem Tod. Zudem kann die Krankheit auf andere Tulpen übertragen werden, sodass der Anbau dieser meist sehr alten und früher sehr beliebten Tulpen immer mehr zurückgeht (**2**).

2 Rembrandt-Tulpen

Bekämpfung

Eine direkte Bekämpfung ist sehr schwierig, weil zwischen Virus und Zelle eine weitgehende Stoffgleichheit besteht - beide bestehen hauptsächlich aus Eiweiß. Die Beeinträchtigung des Virus würde daher zwangsläufig auch zu Störungen der Zellfunktionen und damit zum Tod der Zelle bzw. Pflanze führen.

Die **direkte Bekämpfung** der Viren beschränkt sich daher hauptsächlich auf die rigorose **Vernichtung erkrankter Pflanzen**. Entsprechend sind **vorbeugende Maßnahmen** zur Verhinderung eines Virusbefalls sehr wichtig.

> **Merke**
>
> Da Viren sich nicht selbst verbreiten können, d.h. auf eine Übertragung angewiesen sind (**1**, S. 313), kommt es vor allem darauf an, die Verbreitung der Viren durch Übertragung zu verhindern.

Dies ist nicht einfach, da von Viren befallene Pflanzen nicht immer Symptome aufweisen. Solche Pflanzen stellen **versteckte (latente) Infektionsquellen** dar. So werden Viren sehr leicht durch vegetative Vermehrung in großem Umfang verbreitet. Im Gegensatz zu anderen vegetativen Vermehrungsweisen ist die Vermehrung durch **Meristemkultur** (s. Kapitel Kultur- und Arbeitsverfahren) relativ sicher. Die Meristeme der Sprossspitzen sind in der Regel virusfrei, weil die Virusausbreitung hier aufgrund der fehlenden Leitbündel nur sehr langsam erfolgt. Die so gewonnenen Pflanzen dienen in erster Linie zum Aufbau von virusfreien Mutterpflanzenbeständen. Damit die Virusfreiheit solcher Mutterpflanzenbestände erhalten bleibt, sind **Hygienemaßnahmen** besonders wichtig. So dürfen Mitarbeiter keine Piercings im Hand- und Unterarmbereich, keine Ringe, Armbänder oder Schmuck tragen und keine Mobiltelefone mit ins Gewächshaus nehmen. Die Hände sind vor dem Betreten zu desinfizieren und der Eintritt erfolgt über eine Desinfektionsmatte. Die Lüftungsöffnungen sind mit Vliesen oder engmaschigen Insektenschutznetzen (Vektoren) abgedeckt.

> **Aufgaben**
>
> 1. Was sind Viren?
> 2. Welche Symptome können auf einen Virusbefall hindeuten?
> 3. Wodurch schädigen Viren Pflanzen?
> 4. Nennen Sie vorbeugende Maßnahmen zur Virusbekämpfung (**1**, S. 313).
> 5. Begründen Sie die aufgeführten Hygienemaßnahmen zum Schutz vor Viren.

9.3 Phytoplasmen[1]

Erst seit 1967 ist bekannt, dass Phytoplasmen als Krankheitserreger an Pflanzen auftreten können. Die Phytoplasmen haben die Größe von Viren, besitzen aber wie die Bakterien einen eigenen Stoffwechsel und können sich selbstständig vermehren. Eine Zellwand besitzen sie nicht, sodass es sich bei den Phytoplasmen letztendlich um **zellwandlose Bakterien** handelt. Phytoplasmen sind die bis heute kleinsten bekannten existierenden Lebewesen.

Obwohl Phytoplasmen nur im Phloem vorkommen, sind die durch sie verursachten Pflanzenkrankheiten **(Phytoplasmosen)** sehr variabel: Vergilbungen der Blattadern und Blätter, Blütenvergrünungen (1), -verlaubungen, -verblassungen, -verkrüppelungen, Stauchungen, übermäßiger Austrieb von Knospen (sogenannter **Hexenbesen**[2]) usw. Da demzufolge Phytoplasmosen sehr leicht mit Virosen und anderen Ursachen zu verwechseln sind, ist für eine genaue Diagnose die Untersuchung mit einem Elektronenmikroskop unumgänglich. **Die Übertragung erfolgt überwiegend durch Zikaden und Blattsauger.**

Da chemische Mittel zur Bekämpfung von Phytoplasmen nicht zur Verfügung stehen und eine Verhinderung der Übertragung durch Zikaden nicht wirksam möglich ist, ist praktisch nur durch die Vernichtung befallener Pflanzen eine Bekämpfung möglich.

1 Blütenvergrünungen durch Phytoplasmen

? Aufgaben

○ 1. Was sind Phytoplasmen?
◑ 2. Welche Symptome können auf einen Phytoplasmenbefall hindeuten?
○ 3. Wodurch erfolgt hauptsächlich die Übertragung von Phytoplasmen?
○ 4. Wie können Phytoplasmen bekämpft werden?

[1] Früher aufgrund ihrer Ähnlichkeit zu den humanpathogenen Mykoplasmen als mykoplasmaähnliche Organismen („Mykoplasmen") bezeichnet.

[2] Hexenbesen an Birken wird durch den Pilz der Gattung *Taphrina*, teilweise auch durch Milben, hervorgerufen.

9.4 Pilze

Ging man früher davon aus, dass Pilze chlorophyllfreie Pflanzen sind, weiß man heute, dass sie, neben dem Pflanzen- und dem Tierreich, ein eigenes Reich, das **Reich der Pilze**, mit vermutlich über 1,5 Millionen Arten bilden.

! Merke

Pilze besitzen weder Wurzeln, Stängel, Blätter, Blüten noch Chlorophyll. Ihr Körper besteht vielmehr aus aneinandergereihten Zellen, sogenannten **Pilzfäden (Hyphen)**. Durch Wachstum und Verzweigung dieser Pilzfäden entsteht mit der Zeit ein Pilzgeflecht, das sogenannte **Myzel**. Dieses Myzel stellt den eigentlichen Pilz dar. Die Verbreitung erfolgt mittels **Sporen** (Sporenpflanzen), die in großen Mengen gebildet werden (1, S. 317).

Ungeschlechtlich entstandene **Sporen** (während der Vegetationszeit der Fall) werden auch als **Konidien** bezeichnet. Geschlechtlich entstehen Sporen in den **Dauerkörpern** (Fruchtkörpern).

Neben **Saprophyten**, die sich von toter organischer Substanz ernähren, gibt es auch **Parasiten** (Schmarotzer), die zum Schaden anderer Lebewesen leben. Dabei kann man unterscheiden zwischen **fakultativen Parasiten**, die als Saprophyten leben, bei günstigen Bedingungen aber zum Parasitismus übergehen (z. B. Grauschimmel), und **obligaten Parasiten**, die nur als Parasiten leben können. Die durch Pilze verursachten Krankheiten bezeichnet man als **Mykosen**.

9.4.1 Mehltaupilze

Echter Mehltau

2 Echter Mehltau an Phlox

Schadbild: Blätter (Ober- und Unterseite!), Stängel, Knospen, Blüten und Früchte sind mit einem weißlichen, mehlartigen abwischbaren Belag bedeckt (2, S. 315). Erkrankte Pflanzenteile welken, werden braun und sterben ab.

Lebensweise: Der Echte Mehltau ist ein obligater Parasit, der außen auf den Pflanzen lebt **(Ektoparasit)**. Im Gegensatz zu den meisten pflanzenschädigenden Pilzen sind seine Sporen nicht auf Blattnässe zur Keimung angewiesen. Gemeinsam ist obligaten Parasiten, dass sie mit speziellen **Saughyphen (Haustorien)** in die Zellen des Wirts eindringen und die Assimilate entziehen. Da sich der Echte Mehltau aus den Epidermiszellen ernährt, kommt er überall dort vor, wo eine Epidermis vorhanden ist. Daneben schädigt er durch Verkleinerung der Fotosynthesefläche und Zerstörung des Verdunstungsschutzes (Epidermis!). Er befällt viele Pflanzen (z. B. Rosen, Stachelbeeren, Apfelbäume, Erdbeeren, Begonien, Chrysanthemen, Nelken, Gurken, Erbsen usw.). Starke Temperaturschwankungen, dichter Stand und hohe Stickstoffdüngung fördern den Befall. Im Freiland kommt es vor allem im Spätsommer/Frühherbst zu einem stärkeren Befall.

! Merke

Echter Mehltau
- lebt außen auf der Pflanze (Ektoparasit)
- ernährt sich aus den Epidermiszellen
- mehlartiger Belag auf der Blattober- und Blattunterseite
- Konidien einzeln als Kette aufgereiht an einem kurzen, unverzweigten Träger (Lupe!), 1

Falscher Mehltau

Der Falsche Mehltau kann wie der Echte Mehltau zahlreiche Pflanzen (z. B. Rosen, Primeln, Stiefmütterchen, Salat, Spinat, Erbsen, Gurken) befallen. Im Gegensatz zum Echten Mehltau ist der Falsche Mehltau ein innen lebender Pilz (**Endoparasit**). Das heißt, er breitet sich zwischen den Pflanzenzellen (interzellulär) aus. Von hier aus dringt er mit Haustorien in die Zellen ein und entzieht diesen Assimilate. Er befällt also nicht nur die Epidermiszellen, sondern alle lebenden Zellen. Zur Verbreitung bildet er Sporenträger, die aus den Spaltöffnungen (blattunterseits!) herausragen und Sporen produzieren → weißer, mehlartiger Belag (2, S. 315). Die Überwinterung erfolgt in Form von Dauersporen in befallenen Pflanzenteilen bzw. im Boden.

! Hinweis

Biologische Fungizide
Zur Befallsminderung bei schwachem Befallsdruck kann das **Bodenbakterium** *Bacillus amyloliquefaciens Stamm QST 713* (Produkt Serenade ASO) eingesetzt werden. Die Bakterien zerstören die Hyphen pflanzenpathogener Pilze. Die Anwendung ist frühzeitig (vor einer Infektion) durchzuführen (bilden Schutzschicht auf Pflanzenoberfläche).
Das biologische Fungizid AQ 10 WG enthält keimfähige **Sporen des Pilzes** *Ampelomyces quisqualis*. Die Sporen keimen auf der Blattoberfläche aus, dringen in das Myzel ein und töten dieses ab.

! Merke

Falscher Mehltau
- lebt in der Pflanze (Endoparasit)
- ernährt sich aus allen lebenden Zellen
- mehlartiger Belag nur auf der Blattunterseite
- verzweigte Träger, an deren spitzem Ende jeweils eine Spore sitzt (Lupe!), 1

1 Unterscheidung Echter und Falscher Mehltau

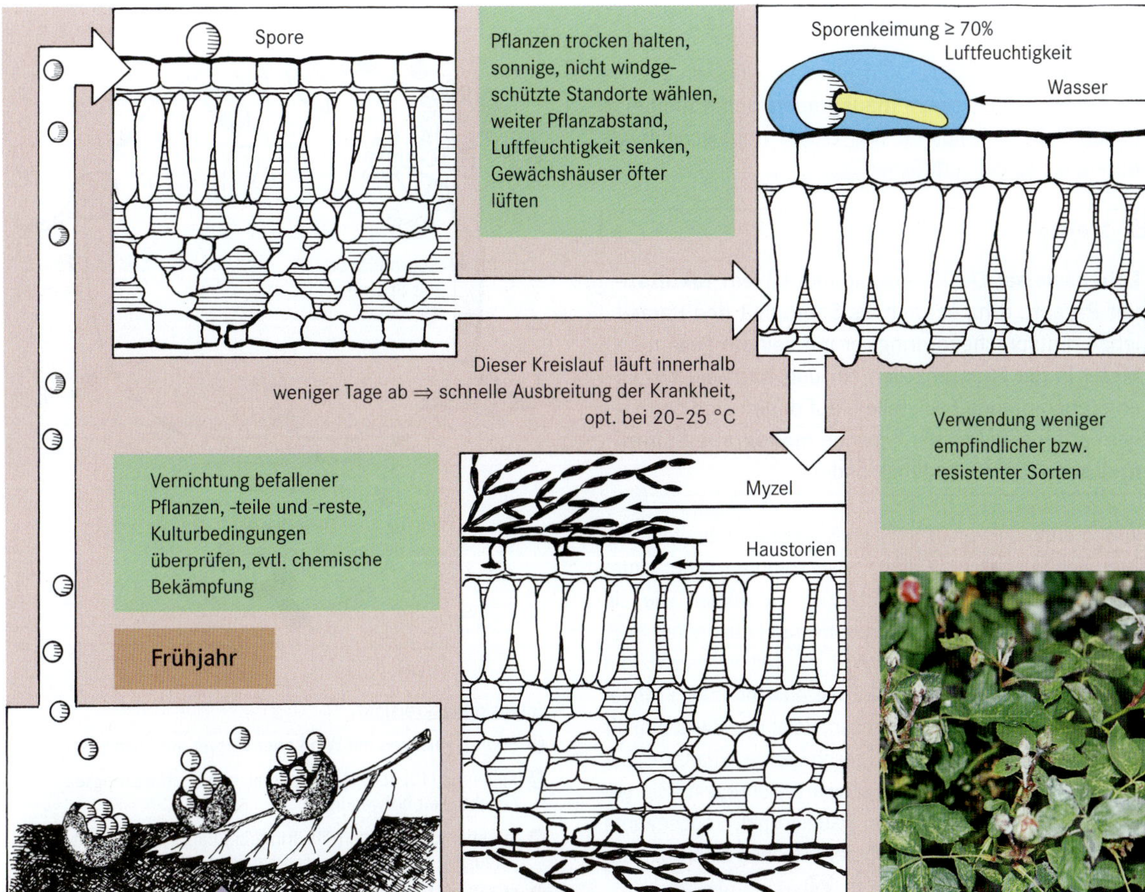
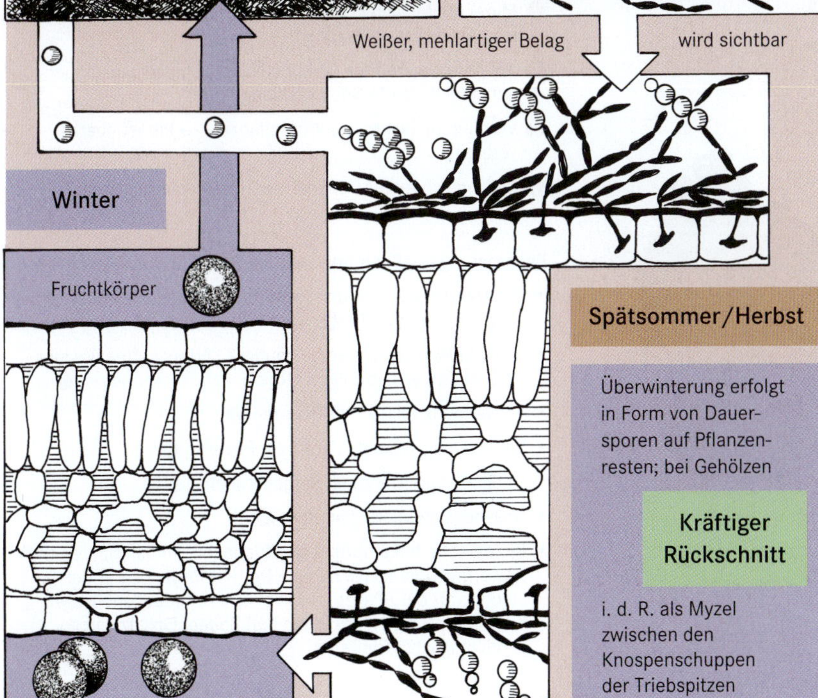

1 Entwicklungskreislauf des Echten Mehltaus und die daraus ableitbaren Bekämpfungsmaßnahmen

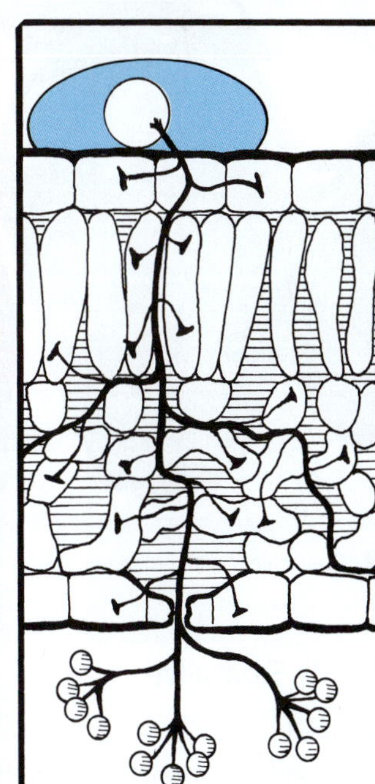

2 Der Falsche Mehltau – ein Endoparasit

9.4.2 Grauschimmel (Botrytis, 1)

Schadbild: An Blättern, Stängeln und Früchten braune Faulstellen, die mit einem **mausgrauen Schimmelbelag** (Name!) bedeckt sind. An den Blüten durchscheinende Flecken, die später verbräunen.

> **! Merke**
>
> **Lebensweise:** Der Grauschimmel ist ein **fakultativer Parasit**, d. h., er kann als Saprophyt und Parasit leben. Entsprechend dringt er mit seinem gesamten Myzel in die Pflanzenzellen ein und tötet sie ab. Es entstehen braune Faulstellen, auf denen sich bei hoher Luftfeuchtigkeit der typische **mausgraue Schimmelrasen** (Sporenbildung!) bildet.

Die Sporenproduktion ist sehr groß, sodass es bei feuchter Witterung sehr rasch zu Infektionen kommen kann. Unter günstigen Bedingungen kann sich die Krankheit wie ein Feuer über den gesamten Pflanzenbestand ausbreiten (z. B. „Tulpenfeuer"). Der Grauschimmel ist weit verbreitet und befällt über 1000 verschiedene Pflanzenarten (z. B. Erdbeeren, Cyclamen, Tulpen, Pfingstrosen, Salat und Zwiebeln). Er infiziert vor allem junge und geschwächte Pflanzen. Zur Überwinterung bildet der Pilz schwarze, unregelmäßig geformte, stecknadelkopfgroße Dauerkörper, sogenannte **Sklerotien**, aus. In diesen kann der Pilz ohne Nahrungsaufnahme mehrere Jahre überdauern (2).

1 Grauschimmel an Erdbeeren

9.4.3 Rostpilze

Schadbild: Blattober- und blattunterseits Chlorosen. Daneben auf der Blattober- oder Blattunterseite rostrote, gelbrote, rotorange, rotbraune, schwarze oder weißliche Pusteln (Sporenlager!). Die Blätter vertrocknen und fallen vorzeitig ab.

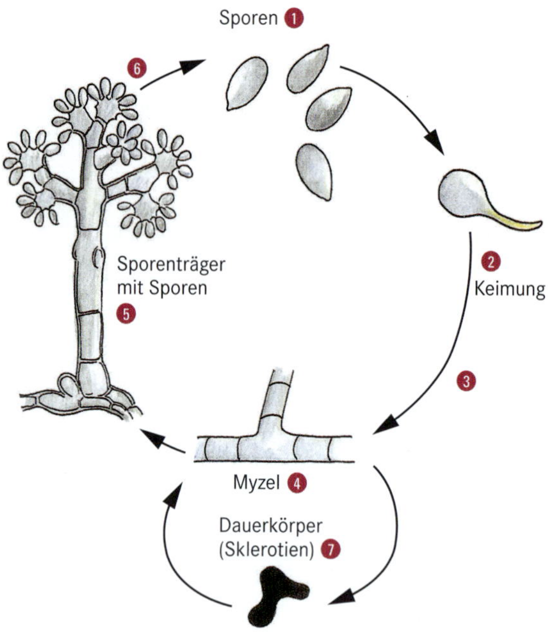

Entwicklungskreislauf

1. Sporen gelangen mit Wind oder Wasser auf Pflanzenteile.
2. Keimung: (10) 15–20 °C optimal, hohe Luftfeuchtigkeit/ Feuchtigkeit notwendig
3. Infektion der Pflanze (Pilz dringt in Pflanze ein). Befällt vorzugsweise geschwächte Pflanzen (= Schwächeparasit)
4. Myzel breitet sich in der Pflanze aus und bringt die Zellen zum Absterben → Fäulnis
5. Auf dem abgetöteten Gewebe bildet sich ein mausgrauer Schimmelbelag (= Sporenbildung)
6. Verbreitung (sehr viele Wirtspflanzen) → Pilz ist überall verbreitet
7. Bildung schwarzer Dauerkörper (Überwinterungsform)

Bekämpfungsmaßnahmen

- Pflanzenrückständen und welkende Pflanzenteile entfernen (Hygiene!) 1, 2, 3, 4, 5
- Größere Pflanzenabstände, häufiges Lüften; Luftumwälzung im Bestand (evtl. mit Ventilatoren), ggf. Trockenheizen 2
- Verwendung resistenter Pflanzen 3
- Verwendung gesunder, kräftiger Pflanzen 3
- Optimale Kulturführung, Standortwahl usw. 3
- Bodendesinfektion (dämpfen) 7
- **Biologische Bekämpfung** mit **Trichosan**, enthält Sporen des Pilzes *Trichoderma harzianum*. Der Pilz fördert die Widerstandskraft der Pflanze und konkurriert mit bodenbürtigen Krankheitserregern um Raum und Boden. Einsatz vorbeugend, möglichst frühzeitig.

2 Entwicklungskreislauf des Grauschimmels und die sich daraus ableitenden Bekämpfungsmaßnahmen

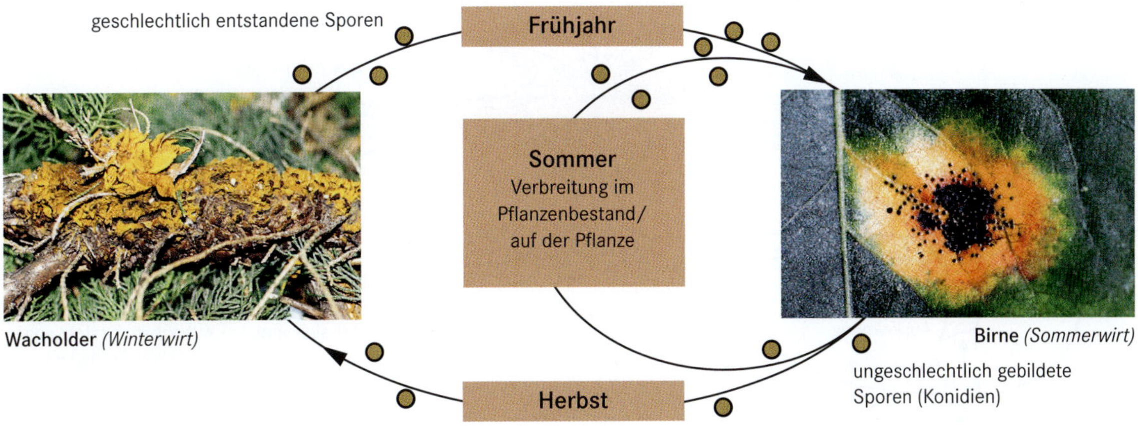

1 Entwicklungskreislauf eines wirtswechselnden Rostpilzes (Birnengitterrost)

Lebensweise: Alle Rostpilze sind **obligate Parasiten**, die in der Pflanze leben. Für ihren Entwicklungskreislauf benötigen einige Rostpilze zwei verschiedene Wirtspflanzenarten, wie z. B. der **Birnengitterrost** (Sommerwirt Birne = Nebenwirt, Winterwirt Wacholder-Arten[1] = Hauptwirt, **1**) oder der **Weymouthskiefernblasenrost** (Sommerwirt Ribes-Arten wie Schwarze Johannisbeere oder Stachelbeere, Winterwirt fünfnadelige Kiefern-Arten, **2**). Bei den Winterwirten dringt der Pilz über die Blätter (Nadeln) in das Holz der Zweige und Äste. Die Triebe sterben oberhalb der Befallsstellen ab. Andere benötigen keine Zwischenwirte wie z. B. Rosen-, Pelargonien- (**3**), Löwenmaul-, Chrysanthemen-, Weißer Chrysanthemenrost (**4**), Malven-, Bohnen-, Spargel- und Porreerost.

> **! Merke**
>
> Rostpilze, die zu ihrer Entwicklung zwei verschiedene Pflanzenarten benötigen, nennt man **wirtswechselnde Rostpilze**, solche, deren Entwicklung sich auf einer Pflanzenart vollzieht, **nicht wirtswechselnde Rostpilze**.

Bei den wirtswechselnden Pilzen kann man zwischen obligat und fakultativ wirtswechselnden unterscheiden. Im Gegensatz zu **obligat wirtswechselnden** können sich **fakultativ wirtswechselnde Rostpilze** beim Fehlen des Nebenwirts ausschließlich auf dem Hauptwirt vermehren. Dies gilt z. B. für den Zwetschgenrost, der vor allem Steinobstbäume wie Pflaumen, Mirabellen, Pfirsiche und Aprikosen befällt. Kirschen werden nicht befallen. Als Nebenwirte (Zwischenwirte) dienen Anemonen.

Der Zeitraum zwischen der Infektion und dem Sichtbarwerden der ersten Krankheitssymptome **(Inkubationszeit)** kann, je nach Rostart und Umweltbedingungen, wenige Tage bis Wochen (z. B. Pelargonienrost, Weißer Chrysanthemenrost), aber auch bis zu zwei Jahre (z. B. Weymouthskiefernblasenrost an Kiefern) betragen. Die Sporenbildung erfolgt innerhalb des Blatts. Mit zunehmender Entwicklung durchbrechen die Sporenlager (Pusteln) die Epidermis. Dadurch kommt es zur **Zerstörung des Verdunstungsschutzes** und zur **Reduzierung der Fotosynthesefläche**.

[1] nicht *Juniperus communis, J. horizontalis, J. squamata;* besonders anfällig: *J. chinensis, J. x pfitzeriana, J. sabina*

2 Weymouthskiefernblasenrost

3 Pelargonienrost

4 Weißer Chrysanthemenrost

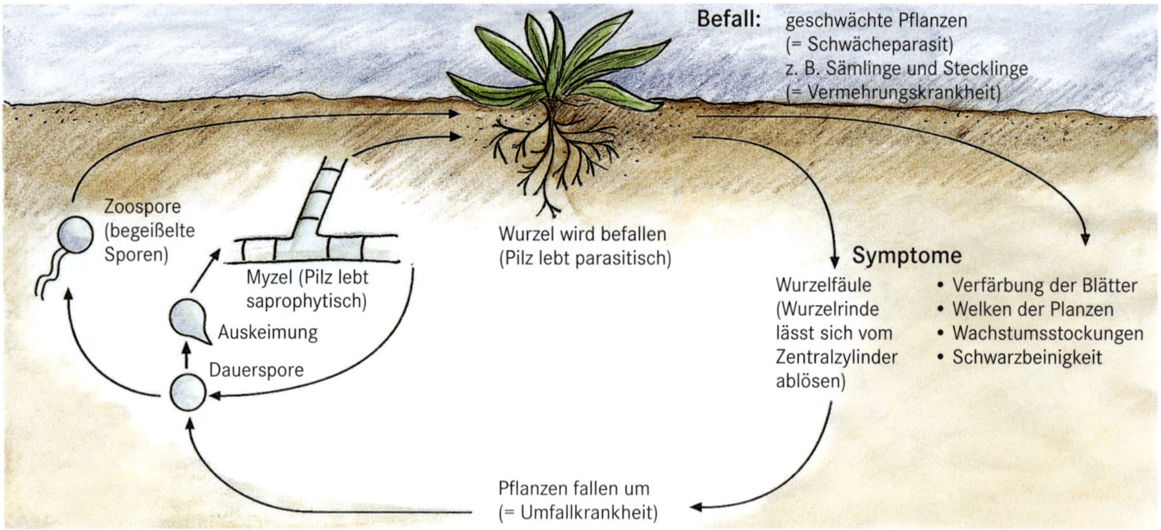

1 Entwicklungskreislauf von Pythium

9.4.4 Pythium

Besonders in der Vermehrung spielen Wurzelfäulen eine große Rolle. Ein wichtiger Vertreter dieser Fäulen ist der Pilz Pythium, der zahlreiche Pflanzen befällt.

! Merke

Pythium ist ein Bodenpilz, der saprophytisch und parasitisch leben kann. Als ausgesprochener **Schwächeparasit** befällt er vor allem Stecklinge und Sämlinge **(Vermehrungskrankheit)**. Hier verursacht er durch Fäule die gefürchtete **Umfallkrankheit**. Typische Kennzeichen sind die schwarzen Verfärbungen des Wurzelhalses und des unteren Stängelteils (sog. **„Schwarzbeinigkeit“**).

2 Wurzelfäule durch Pythium

Auch bei älteren und großen Pflanzen kann bei entsprechender Schwächung der Pflanzen (z. B. durch falsche Kulturführung) das Wurzelsystem innerhalb kurzer Zeit zerstört werden. Vor allem ungünstige Bedingungen im Substrat, wie Staunässe, Bodenverdichtungen, falsche Düngung, zu hohe Salzkonzentration usw., führen zum Auftreten dieser Krankheit. Eine mögliche Kausalkette wäre demnach:

Boden zu nass → Sauerstoffmangel → Wurzel fault → Pflanze wird geschwächt → Pythiumbefall.

Entsprechend sind die **Befallssymptome** (Wurzelfäule **2**, Welke, Chlorosen, Nekrosen, Kümmerwuchs) die typischen Symptome des „Vergießens“. Bei Nässe im Substrat oder Boden breitet sich der Pilz mit **Zoosporen** (begeißelte Sporen), die sich schwimmend fortbewegen können, besonders schnell aus (**1**). Neben Pythium befallen häufig noch andere Pilze, wie z. B. Botrytis, Fusarium, Phytophthora, Rhizoctonia und Thielaviopsis, Sämlinge und Stecklinge („Vermehrungspilze“).

! Merke

Eine direkte Bekämpfung ist sehr schwierig und beschränkt sich in der Regel auf die Vernichtung befallener Pflanzen. Umso wichtiger sind vorbeugende Maßnahmen in Form von optimalen Kulturbedingungen und Hygiene.

9.4.5 Weitere Pilze im Überblick

Schadsymptome	Krankheitserreger und Lebensweise	
Pflanzen welken und vertrocknen. Beim Durchschneiden der Sprossachse erkennt man braune Verfärbungen.	**Welkepilze** (z. B. Fusarium und Verticillium) Pilze (Bodenpilze) leben in Wasser leitenden Gefäßen (Gefäßparasiten) und verstopfen diese (→ Welkekrankheiten = Tracheomykosen).	 **1** Fusarium an Cyclamen
Blätter von Kartoffel und Tomate vertrocknen (bei trockener Witterung) oder verfaulen (bei feuchter Witterung). Auf den Kartoffelknollen bilden sich eingesunkene Flecken.	**Kraut- und Braunfäule** *(Phytophthora infestans)* Der Pilz befällt Kartoffel und Tomate gleichermaßen. Durch Regen können die auf dem Laub gebildeten Sporen in den Boden gewaschen werden und die Knollen infizieren (nicht mehr lagerfähig!). Der Pilz benötigt mindestens 20 °C und hohe Luftfeuchtigkeit.	 **2** Kraut- und Knollenfäule
An Zweigen und Stämmen von Gehölzen offene (Holzkörper liegt frei) oder geschlossene (Baum gelingt es, den Befall zu überwachsen) Wucherungen. Die über diesen Stellen befindlichen Teile kümmern bzw. vertrocknen. An dünnen Zweigen eingesunkenes Rindengewebe. Auf den Krebswucherungen flache, helle Sporenlager (Sommer) bzw. rote, ca. 0,5 mm große kugelige Fruchtkörber (Herbst und Winter).	**Obstbaumkrebs** *[Neonectria galligena (Synonym Nectria galligena)]* Der Pilz befällt Gehölze (z. B. Apfel, Birne, Buche, Birke, Linde, Erle, Pappel) und tötet das Gewebe ab. Eine Infektion kann nur über Wunden (Blattnarben, Fruchtansatzstellen, Schnittwunden, Verletzungen) erfolgen. Hauptinfektionszeit Herbst.	 **3** Obstbaumkrebs, offen (oben) und geschlossen (unten)
Äste und Zweige von Gehölzen sterben ab. Auf den abgestorbenen Pflanzenteilen bilden sich 1 bis 3 mm große, weißlich orange, später dunkelrote Pusteln (Sporenlager).	**Rotpustelkrankheit** *(Nectria cinnabarina)* Pilz (Schwächeparasit) befällt Gehölze über Wunden, abgestorbene Zweige und Lentizellen. Im Vergleich zum Obstbaumkrebs nur geringe Schäden.	 **4** Rotpustelkrankheit

▸ Fortsetzung nächste Seite

Schadsymptome	Krankheitserreger und Lebensweise	
Auf der Ober- und Unterseite der Blätter von Apfel- und Birnbäumen bräunliche bis schwarze Flecken, die mit der Zeit zusammenwachsen → vorzeitiger Blattfall. Später bilden sich auf den Früchten verschorfte Flecke und Risse.	**Schorf** *(Venturia inaequalis)* Der Schorf überwintert in den infizierten, am Boden liegenden Blättern. Im Frühjahr zur Zeit der Blütenbildung erfolgt die Infektion der Blätter. Diese ist abhängig von der Zeitdauer der Blattbenetzung und der Höhe der Temperatur. Je höher die Temperatur, umso kürzer kann die Blattbenetzung sein und umgekehrt (ab 24 °C steigt jedoch die Länge der Blattbenetzung wieder) → Schorfwarndienst [1].	 1 Apfelschorf an Blatt und Frucht
Braune, kreisrunde Faulstellen an reifenden Früchten von Kern- und Steinobst (vor allem Sauerkirschen). Auf diesen Faulstellen bilden sich später konzentrisch angeordnete weißliche Sporenlager. Die Früchte fallen vorzeitig ab oder trocknen am Baum ein und bleiben den Winter über als Fruchtmumien hängen. Vor allem beim Steinobst kommt es zum Absterben der Triebspitzen (Spitzendürre).	**Monilia** *(Monilia laxa)* Der Pilz dringt in der Regel über die Blüten in die Triebe ein und tötet das Gewebe ab. Später werden auch Früchte befallen. Hierzu ist der Pilz auf Verletzungen angewiesen. Die Überwinterung erfolgt in den Fruchtmumien wie auch in dem Gewebe der befallenen Triebe. Kühles und regnerisches Wetter während der Blüte begünstigt eine Infektion.	 2 Monilia an Sauerkirsche
An Pflanzen aus der Familie der Kreuzblüter (vor allem Kohlgewächsen) kommt es zu unregelmäßigen, kropfartigen Wurzelwucherungen (Tumorbildungen). Die Pflanzen welken und kümmern.	**Kohlhernie** *(Plasmodiophora brassicae)* Der Pilz befällt die Wurzeln der Pflanzen. In den Wurzelverdickungen bildet er Dauersporen, die im Herbst nach der Zersetzung des Wurzelgewebes in den Boden gelangen. Hier können sie vier bis sechs Jahre überdauern. Bei günstigen Bedingungen (Feuchtigkeit, Wärme und der Anwesenheit von Wirten) entlassen die Dauersporen Zoosporen, die wiederum neue Pflanzen infizieren. Die notwendige Temperatur ist vom pH-Wert abhängig! Im sauren Bereich werden Temperaturen von 18 bis 20 °C, im neutralen bis leicht alkalischen Bereich hingegen Temperaturen von >23 bis 25 °C benötigt.	 3 Kohlhernie
Am Buchsbaum verbräunen die Blätter und fallen ab. Die Pflanzen verkahlen zunehmend. Auf den befallenen Trieben sind kurze schwarze Streifen zu erkennen. Es kommt zum Absterben von Trieben und ganzen Pflanzen.	**Buchsbaumsterben** *(Calonectria pseudonaviculata*, ehemals *Cylindrocladium buxicola)* Der seit 2004 in Deutschland auftretende Pilz hat im verheerenden Ausmaß zum Buchsbaumsterben geführt. Voraussetzung für eine Infektion sind eine Blattbenetzung von mindestens fünf Stunden und Temperaturen von 5 bis 25 °C. Dauersporen können im Boden bis zu 4 Jahre überdauern.	 4 Buchsbaumsterben

[1] Pflanzenschutzämter beobachten die Sporenentwicklung und den -flug und ermitteln daraus die exakten Schorfinfektionstermine, sodass gezielt Fungizidspritzungen durchgeführt werden können.

Aufgaben

- ◐ 1. Wodurch schädigt der Echte Mehltau die Pflanzen?
- ◐ 2. Woran können Sie Echten und Falschen Mehltau unterscheiden?
- ◐ 3. Beschreiben Sie den Entwicklungskreislauf des Echten Mehltaus und begründen Sie die daraus ableitbaren Bekämpfungsmaßnahmen.
- ◐ 4. Beschreiben Sie Schadsymptome und Lebensweise des Grauschimmels.
- ○ 5. Welche Symptome deuten auf Rostbefall hin?
- ◐ 6. Wodurch schädigen Rostpilze die Pflanzen?
- ◐ 7. Warum sollte man Wacholder-Arten nicht in der Nähe von Birnbäumen anpflanzen?
- ○ 8. Wie können wirtswechselnde Rostpilze bekämpft werden?
- ○ 9. Wodurch schädigt Pythium die Pflanzen?
- ◐ 10. Welche Schadsymptome deuten auf Pythium-Befall hin?
- ○ 11. Warum befällt Pythium vor allem Sämlinge und Stecklinge?
- ● 12. Nennen Sie prophylaktische Maßnahmen zur Vermeidung eines Befalls durch Pythium.
- ● 13. Ordnen Sie den jeweiligen Pilzkrankheiten (Kap. 9.4.5) die nachfolgenden vorbeugenden und direkten Bekämpfungsmaßnahmen zu. Diskutieren Sie Ihre Ergebnisse.

a) weit gestellten Fruchtwechsel einhalten; b) Verschleppung vermeiden; c) nur gesunde Jungpflanzen verwenden; d) Entfernung der am Boden liegenden Blätter; e) Vermeidung von Blüteninfektionen durch Spritzungen vor und während der Blüte; f) pH-Wert messen und gegebenenfalls eine Kalkung vornehmen; g) befallene Pflanzen vor der Zersetzung entfernen; h) Boden/Substrate dämpfen; i) Spritzungen nach Warnungen des Pflanzenschutzamtes; j) Entfernung von Fruchtmumien; k) befallene Triebe/Befallsstellen ausschneiden; l) Verwendung resistenter bzw. weniger anfälliger Sorten; m) optimale Kultur-/Standortbedingungen schaffen; n) Verletzungen vermeiden bzw. auf das unbedingt notwendige Maß beschränken (z. B. Schnittmaßnahmen); o) Baumkronen licht halten und nicht zu eng pflanzen (schnellere Abtrocknung der Blätter!); p) befallenes Kraut verbrennen; q) abgefallene Blätter entfernen bwz. Zersetzung fördern (überfahren mit Mäher); r) befallene Pflanzen, herabgefallene Blätter und ggf. oberste Bodenschicht entfernen.

10 Wildkräuter

Wildkräuter sind wild wachsende, züchterisch nicht veränderte, krautige Pflanzen. Treten sie an Standorten auf, an denen sie vom Menschen nicht erwünscht sind, werden sie als **„Unkräuter“** bezeichnet. In der Praxis unterscheidet man zwischen Samen- und Wurzelunkräutern (1), obwohl dies nicht ganz korrekt ist, da auch die sogenannten Wurzelunkräuter Samen ausbilden:

Merke

Samenunkräuter sind in der Regel einjährige Pflanzen, die sich über Samen vermehren.
Wurzelunkräuter sind ausdauernde Pflanzen, die sich zwar auch über Samen vermehren, daneben aber auch einen Wurzelstock oder eine Speicherwurzel besitzen.

Obwohl Wildkräuter unter bestimmten Bedingungen die Entwicklung der Kulturpflanzen durch Konkurrenz um Raum, Luft, Licht, Wasser und Nährstoffe hemmen, Kulturarbeiten erschweren, Wirte für Krankheits- und Schaderre-

Wildkräuter

Samenunkräuter
- Einjähriges Rispengras (*Poa annua*)
- Franzosenkraut (*Galinsoga parviflora*)
- Gemeine Melde (*Atriplex patula*)
- Gemeines Kreuzkraut (*Senecio vulgaris*)
- Hirtentäschelkraut (*Capsella bursa-pastoris*)
- Kleine Brennnessel (*Urtica urens*)
- Klettenlabkraut (*Galium aparine*)
- Schwarzer Nachtschatten (*Solanum nigrum*)
- Vogelknöterich (*Polygonum aviculare*)
- Vogelmiere (*Stellaria media*)

Wurzelunkräuter
- Ackerkratzdistel (*Cirsium arvense*)
- Ackerschachtelhalm (*Equisetum arvense*)
- Breitwegerich (*Plantago major subsp. major*)
- Gemeine Quecke (*Elymus repens*)
- Giersch (*Aegopodium podagraria*)
- Große Brennnessel (*Urtica dioica*)
- Huflattich (*Tussilago farfara*)
- Kleiner Sauerampfer (*Rumex acetosella*)
- Krauser Sauerampfer (*Rumex crispus*)
- Löwenzahn (*Taraxacum sect. Ruderalia*)

1 Häufige Samen- und Wurzelunkräuter (Auswahl)

ger sowie giftig für Mensch und Tier sein können, sind sie doch alles andere als unnütze Pflanzen:

- Sie dienen zahlreichen Tierarten als Nahrung und Unterschlupf (z. B. ernähren sich von Brennnesseln über 100 Insektenarten).
- Sie stellen als Wildformen unserer Kulturpflanzen wichtige Genzentren für die Züchtung.
- Sie dienen dem Menschen seit Jahrhunderten als Heilpflanzen.
- Sie tragen zur Bodenfruchtbarkeit bei, indem sie den Boden durchwurzeln, vor Erosion und Austrocknung schützen.
- Sie können die Qualität bzw. den Zustand eines Bodens anzeigen (Zeigerpflanzen = Bioindikatoren; s. S. 165 f.).
- Viele Kräuter können in ihrer Schönheit durchaus mit den sogenannten Zierpflanzen konkurrieren und als solche verwendet werden (z. B. als Wildstauden in naturnahen Gärten oder als Wiesenpflanzen).

Wildkrautbekämpfung (1)

Durch die Eingriffe des Menschen in die Natur sind bereits zahlreiche Pflanzenarten ausgestorben und damit einmalige genetische Informationen für immer verloren gegangen. Dabei werden viele Pflanzen bereits vernichtet, bevor der Mensch sie entdeckt und ihre Bedeutung für den Naturhaushalt erkannt hat. Entsprechend kann das Ziel einer „Unkrautbekämpfung" nicht in dem absolut „unkrautfreien" Acker bzw. Garten liegen, sondern sollte sich auf die Reduktion des Wildkrautbestandes auf ein erträgliches Maß beschränken.

! Merke

Da Wildkräuter sehr viele Samen ausbilden, sollten sie vor der Samenbildung (Tab. 1) bekämpft werden. Bei Wurzelunkräutern muss auch die Wurzel entfernt werden.

Pflanze	Anzahl Samen
Löwenzahn	3 000
Gemeines Kreuzkraut	7 000
Vogelmiere	10 000 bis 20 000
Große Brennnessel	15 000 bis 30 000
Franzosenkraut	bis 300 000

Tab. 1 Samenbildung verschiedener Wildkräuter

Bekämpfungsarten

Kulturtechnische Maßnahmen

- Kulturfolge und Fruchtwechsel einhalten (Wildkräuter entwickeln sich in unterschiedlichen Kulturen unterschiedlich).
- Mulchen, durch eine 7 bis 10 cm dicke Rindenmulchschicht (2) lässt sich Wildkrautwuchs weitgehend unterdrücken. Auch schwarze Porenfolie (Wasser kann hindurch), Mulchmatten und -gewebe sind geeignet, um größere Flächen umweltschonend von Unkräutern freizuhalten.
- Kompostierung → thermische Hygienisierung der Komposterde durch Selbsterhitzung auf Temperaturen über 55 °C (s. S. 216).

2 Mit Rindenmulch abgedeckte Fläche

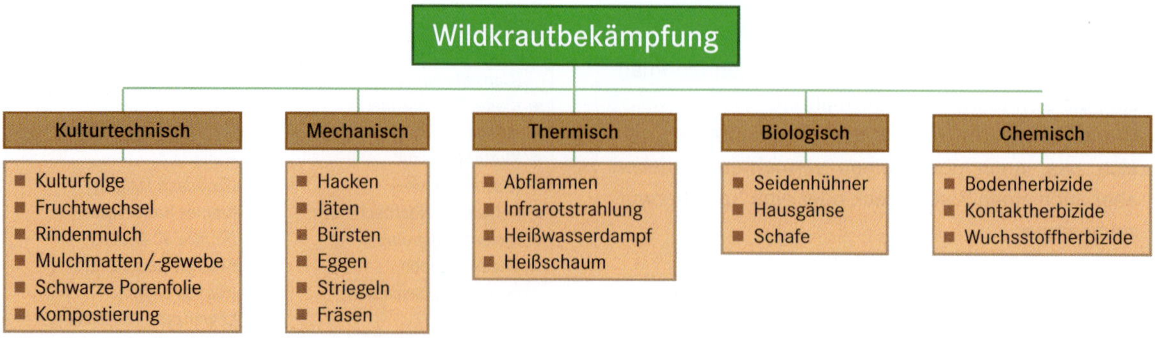

1 Wildkrautbekämpfung (Auswahl)

Mechanische Bekämpfung

Eine umweltfreundliche Art der Wildkrautbekämpfung ist nach wie vor das Hacken bzw. Jäten. Zur Wildkrautentfernung auf größeren Flächen eignen sich **Hackstriegel**, **Rotorhacken** und verschiedene Arten von **Wildkrautbürsten** (Besen), mit denen die Wildkräuter heraus- bzw. abgerissen werden. Dabei kann man zwischen Teller- und Walzenbürsten unterscheiden:

- **Tellerbürsten** sind horizontal rotierende Wildkrautbürsten, die aus gedrehten Zöpfen aus Stahl, Wellflachdraht, Runddraht oder Kunststoffborsten bestehen (1).
- **Walzenbürsten** bestehen aus vertikal rotierenden Wildkrautbürsten (2)

1 Tellerbürste

2 Walzenbürste

Thermische Bekämpfung

Der Einsatz von Hitze zur Wildkrautbekämpfung (thermische Bekämpfung) wird vor allem im kommunalen Pflegebereich immer häufiger eingesetzt. Dabei kann man verschiedene Verfahren unterscheiden:

- **Abflammverfahren**
  Beim **Abflammen** werden mit Gasbrennern kurze Hitzestöße (75 °C) auf die Pflanzenteile ausgeführt, die zum Gerinnen des Zelleiweißes (ab 42 °C) und innerhalb

3 Abflammverfahren per Hand

4 Gerät für das Heißluftverfahren

weniger Tage zum Absterben der Pflanzen führen. Eine Beschädigung der Zellmembran (s. S. 39) reicht bereits aus, um die Pflanzenzellen abzutöten. Ob die Behandlung erfolgreich war, zeigt die **Fingerdruckprobe**. Hält man das Blatt zwischen Daumen und Zeigefinger leicht gedrückt, sollte eine dunkelgrüne Druckstelle entstehen. Ansonsten sind die Einstellungen (Arbeitsgeschwindigkeit, Gasdruck, Brenner, Abstand) zu überprüfen. Nachteilig ist, dass die ausdauernden Organe der Wurzelunkräuter nicht ausreichend erfasst werden. Neben tragbaren und handgeführten Geräten (3), gibt es auch motorisierte Abflammgeräte.

! Merke

An trockenen, heißen Tagen besteht beim Einsatz von Abflammgeräten Brandgefahr!

- **Infrarot- und Heißluftverfahren**
  Im Unterschied zum Abflammverfahren wird beim **Infrarot-Verfahren** keine offene Flamme eingesetzt. Vielmehr wird durch das Erhitzen eines Blechs auf ca. 1 000 °C intensive Infrarotstrahlung (Wärmestrahlung) erzeugt, die beim Überfahren der Pflanzen das Zelleiweiß zum Gerinnen und die Zellwände zum Platzen bringt (4).

- **Wasserdampf-Verfahren (Dampfhochdruckverfahren)**
  Bei diesem Verfahren wird durch das Erhitzen von Wasser Wasserdampf erzeugt, der mit hohem Druck auf die Oberflächen der Pflanzen ausgebracht wird, wo er zu 100 °C heißem Wasser kondensiert. Beim **Heißluftverfahren** wird die Hitze über ein Gebläse auf die Pflanzen geleitet.
- **Heißschaum-Verfahren**
  Beim Heißschaum-Verfahren (1) werden die Pflanzen ähnlich wie beim Wasserdampf-Verfahren erhitzt. Zusätzlich wird die Hitze für einige Minuten unter einem biologisch abbaubaren Zuckerschaum (klebt nicht) gespeichert.

1 Gerät für das Heißwasser- und Heißschaum-Verfahren

Biologische Bekämpfung

Zur biologischen Bekämpfung auflaufender Wildkräuter haben sich Seidenhühner (2) bewährt. Zum Abweiden von Gras in Erdbeeren oder anderen Kulturen sind Hausgänse gut geeignet. In Baumschulen wurde die Schafrasse Shropshire (3) in Nadelgehölzpflanzungen mit Erfolg gegen Gräser und Wildkräuter eingesetzt. In der Landschaftspflege hat sich, je nach Landschaftstyp, der Einsatz von Schafen, Ziegen, Pferden, Rindern (z. B. Wasserbüffel) und Schweinen bewährt.

2 Seidenhuhn

3 Shropshire Schafe

Chemische Bekämpfung

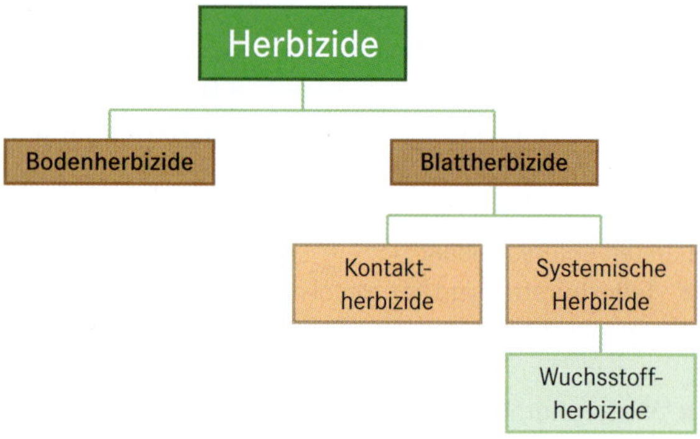

4 Unterteilung von Herbiziden nach der Art ihrer Aufnahme und Wirkung

Für die „Unkrautbekämpfung" gibt es spezielle chemische Mittel, **Herbizide**. Sie greifen in den Stoffwechsel der Pflanzen ein, indem sie, je nach Wirkstoff, die Fotosynthese, den Chlorophyllaufbau, die Proteinsynthese, den Aufbau der Zellmembran oder die Zellteilung hemmen. Fast 50 % der eingesetzten Pestizide sind Herbizide! Nach der Art der Aufnahme in die Pflanze, ihrer Weiterleitung und Wirkung werden Herbizide in Blatt- und Bodenherbizide unterschieden (4).

Bodenherbizide

Bei der vorbeugenden Bekämpfung erfolgt der Einsatz von Herbiziden vor dem Auflaufen der Wildkräuter, d. h., sie werden auf den noch unbewachsenen Boden ausgebracht. Entsprechend werden sie als **Bodenherbizide** (Vorauflaufmittel) bezeichnet.

> **! Merke**
>
> **Damit Bodenherbizide optimal wirken, muss der Boden feucht und feinkrümelig sein. Bei Trockenheit kann ihr Einsatz wirkungslos bleiben.**

Bodenherbizide werden über die Wurzel aufgenommen und in der Pflanze weitergeleitet. Auf leichten Böden besteht die Gefahr, dass die Wirkstoffe in die Wurzelzone der Kulturpflanzen eingeschwemmt werden und dort Schäden anrichten. Bei schweren Böden können sie hingegen so stark sorbiert (festgehalten) werden, dass die Wirkung unbefriedigend bleibt.

Blattherbizide

Blattherbizide sind Herbizide, die durch die oberirdischen Pflanzenteile, vor allem über die Blätter, aufgenommen werden. Vorteilhaft ist, dass sie in ihrer Wirkung unabhängig vom Boden sind. Nach der Art ihrer Aufnahme, ihrer

Weiterleitung in der Pflanze und ihrer Wirkung lassen sich Blattherbizide in Kontaktherbizide und systemische Herbizide unterteilen:

- **Kontaktherbizide** schädigen dort, wo sie ins Blatt eindringen. Eine Verteilung in der Pflanze erfolgt nicht. Die getroffenen Pflanzenteile werden verätzt oder durch hervorgerufene Stoffwechselstörungen abgetötet. Die benetzten Pflanzenteile sehen häufig wie verbrannt aus. Von Nachteil bei diesen Mitteln ist, dass die Wurzel nicht abgetötet wird, sodass der Bekämpfungserfolg bei Wurzelunkräutern unbefriedigend ist.

> **! Merke**
>
> **Kontaktherbizide** sind in erster Linie zur **Bekämpfung von einjährigen Wildkräutern** geeignet. Bei ausdauernden Wildkräutern ist ihre Wirkung unbefriedigend. Wärme und Trockenheit erhöhen die Wirkung.

- **Systemische Blattherbizide** werden nach ihrer Aufnahme über die Leitbündel, hauptsächlich mit dem Assimilatestrom, in der gesamten Pflanze verteilt (**systemische Wirkung** (s. auch S. 240)). Dabei ist zu beachten, dass Assimilate nur weitergeleitet werden, wenn die Blätter mehr Zucker produzieren als sie für ihren eigenen Stoffwechsel benötigen. Junge, noch in der Entwicklung befindliche Blätter leiten keine Assimilate weiter. Die bekanntesten Vertreter sind die **Wuchsstoffherbizide**. Ihre Wirkung beruht darauf, dass sie ein verstärktes, aber unkontrolliertes, oder ein gehemmtes Wachstum hervorrufen. Im ersten Fall wächst sich die Pflanze sozusagen zu Tode, im zweiten verkümmert sie. In beiden Fällen kommt es zu Verkrüppelungen der Pflanzen.

> **! Merke**
>
> Voraussetzung für eine optimale Wirkung von **Wuchsstoffherbiziden** sind **ausreichende Blattmasse** bzw. das Vorhandensein bereits **voll entwickelter Blätter** und **Temperaturen zwischen 10 und 25 °C.**

Kombinationspräparate bestehen aus einer Kombination von Boden- und Blattherbiziden.

Wirkungsspektren

Im Hinblick auf ihre Wirkungsspektren kann man zwischen Totalherbiziden und selektiv wirkenden Herbiziden unterscheiden:

- **Totalherbizide** sind breit wirkende Herbizide. Sie weisen keine selektive Wirkung auf.
- **Selektiv wirkende Herbizide** vernichten nur bestimmte Pflanzenarten. Sie können bei einer Reihe von Kulturpflanzen gespritzt werden, ohne diese zu schädigen (z. B. Herbizide zur Wildkrautbekämpfung im Rasen, die zweikeimblättrige Pflanzen schädigen, einkeimblättrige aber nicht).

Neue Wege der chemischen Wildkrautbekämpfung eröffnen die Möglichkeit, auf genetischem Wege Kulturpflanzen resistent gegenüber Totalherbiziden zu machen. Es besteht jedoch die Gefahr, dass durch die Entwicklung solcher herbizidresistenter Pflanzen der Herbizideinsatz noch großflächiger und häufiger als bisher erfolgt.

> **! Merke**
>
> **Chemische Pflanzenschutzmittel dürfen nur auf landwirtschaftlich, forstwirtschaftlich oder gärtnerisch genutzten Flächen eingesetzt werden.** Zuwiderhandlungen können mit Geldbußen bis zu 50 000 € geahndet werden.

1 Löwenzahn und Quecke, häufige Wurzelunkräuter

> **? Aufgaben**
>
> ○ 1. Was versteht man unter Wildkräutern?
> ◑ 2. Warum ist die Bezeichnung „Unkräuter" nicht zutreffend?
> ◑ 3. a) Welche Wildkräuter kommen in Ihrem Ausbildungsbetrieb am häufigsten vor?
> b) Welche davon zählen zu den Wurzel- und welche zu den Samenunkräutern?
> ◑ 4. Erklären Sie die Wirkungsweise von Boden-, Kontakt-, Wuchsstoff- und Totalherbiziden.
> ◑ 5. Warum sind Kontaktherbizide in erster Linie zur Bekämpfung von einjährigen Wildkräutern geeignet?
> ◑ 6. Warum sollten beim Einsatz von systemisch wirkenden Herbiziden schon vollentwickelte Blätter vorhanden sein?
> ◑ 7. Warum sind Totalherbizide aus der Sicht des Naturschutzes als besonders problematisch zu beurteilen?

11 Wichtige Rechtsgrundlagen für den Pflanzenschutz

Das **Pflanzenschutzgesetz** (PflSchG) ist ein Gesetz zum Schutz der Pflanzen, insbesondere der Kulturpflanzen, vor Schadorganismen und nichtparasitären Beeinträchtigungen. Bei der Definition von Schadorganismen geht das Pflanzenschutzgesetz von Tieren, Pflanzen und Mikroorganismen aus, die **erhebliche Schäden** an Pflanzen verursachen können. Daneben ist das Ziel dieses Gesetzes vor allem die Vermeidung von Gefahren für die Gesundheit von Mensch und Tier und für den Naturhaushalt, die sich aus Pflanzenschutzmaßnahmen ergeben können. Entsprechend dürfen Pflanzenschutzmittel (hierzu zählen auch Wachstumsregler, Keimhemmungsmittel und Hilfsstoffe, wie z. B. Netzmittel) nur nach guter fachlicher Praxis angewendet werden.

Gute fachliche Praxis

Gute fachliche Praxis bedeutet, dass **für alle beruflichen Anwender** die **Grundsätze des integrierten Pflanzenschutzes** (s. S. 264 f.) **verbindlich sind**. Dies besagt, dass der Anwender von chemischen Pflanzenschutzmitteln zuerst einmal prüfen muss, ob der Einsatz von Pestiziden überhaupt erforderlich ist. Es bedeutet auch, dass zur Vorbeugung und Bekämpfung von Schadorganismen vorrangig biologische, biotechnische, pflanzenzüchterische und pflanzenbauliche Maßnahmen einzusetzen sind und der Einsatz chemischer Mittel auf das unbedingt notwendige Maß beschränkt wird. Ist eine chemische Bekämpfung unbedingt notwendig, sollten möglichst selektiv wirkende, nützlingsschonende Mittel eingesetzt werden.

> **! Merke**
>
> **Gute fachliche Praxis** kann nur durch eine gute Ausbildung und laufende Fort- und Weiterbildung erworben werden, wobei ökologische Zusammenhänge als Lerninhalte verstärkt Berücksichtigung finden müssen.

Einsatz von Pflanzenschutzmitteln auf Freiflächen

> **! Merke**
>
> Nach dem Pflanzenschutzgesetz dürfen Pflanzenschutzmittel nur auf Freilandflächen eingesetzt werden, wenn diese **landwirtschaftlich, forstwirtschaftlich oder gärtnerisch genutzt** werden.

Entsprechend ist es in der Regel verboten, Feldraine, Böschungen, nicht bewirtschaftete Flächen, Wege und Wegränder, Wirtschaftswege, Hofplätze, Garagenauffahrten und Hofeinfahrten, Straßen und Straßenränder, Terrassen usw. mit chemischen Pflanzenschutzmitteln zu behandeln. In und in unmittelbarer Nähe von Gewässern ist der Einsatz chemischer Pflanzenschutzmittel verboten.

Auf **Flächen, die für die Allgemeinheit bestimmt** sind (§ 17 PflSchG), wie z. B. Parks und öffentliche Gärten, Grünanlagen, Sport- und Golfplätze, Schul- und Kindergartengelände, Spielplätze, Friedhöfe oder Flächen in unmittelbarer Nähe von Einrichtungen des Gesundheitswesens (z. B. Krankenhäuser), dürfen nur **chemische Pflanzenschutzmittel mit geringem Risiko**, die vom Bundesministerium für Verbraucherschutz und Lebensmittelsicherheit (BLV) zugelassen und in einer **vom BLV veröffentlichten Liste** aufgeführt sind, eingesetzt werden.

In **Haus- und Kleingärten** dürfen nur Pflanzenschutzmittel eingesetzt werden, die

- **für nichtberufliche Anwender** zugelassen sind. Sie sind mit der Angabe **„Anwendung durch nichtberufliche Anwender zulässig“** (früher: „Anwendung im Haus- und Kleingarten zulässig“) gekennzeichnet.
- **für berufliche Anwender** zugelassen sind und für die das BVL die Eignung zur Anwendung im Haus- und Kleingartenbereich festgestellt hat. In diesem Fall muss der Anwender über einen **Sachkundenachweis** verfügen.

Sachkundenachweis

Wer Pflanzenschutzmittel anwenden, über den Pflanzenschutz beraten, Personen im Rahmen eines Ausbildungsverhältnisses oder einer Hilfstätigkeit im Umgang mit Pflanzenschutzmitteln anleiten oder beaufsichtigen oder auch Pflanzenschutzmittel gewerbsmäßig in den Verkehr bringen will, benötigt einen **Sachkundenachweis.**

Die zuständige Behörde (z. B. Landwirtschaftskammer) stellt auf Antrag den Sachkundenachweis aus, wenn der Anwender die dafür erforderliche Zuverlässigkeit besitzt und nachweist, dass er über die erforderlichen fachlichen Kenntnisse und praktischen Fähigkeiten verfügt. Der Nachweis kann durch eine **spezielle Prüfung** oder durch das **Zeugnis der bestandenen Abschlussprüfung im Gärtnerberuf** erfolgen. Damit Sachkundige ihren Sachkundenachweis nicht verlieren, müssen sie **alle drei Jahre** an einer anerkannten **Fortbildungsmaßnahme zum Pflanzenschutz** teilnehmen (s. auch S. 248 f.).

Merke

Wer Pflanzenschutzmittel für andere - außer gelegentlicher Nachbarschaftshilfe - oder gewerblich einsetzen oder andere über die Anwendung von Pflanzenschutzmitteln beraten will, muss dies der zuständigen Behörde (Pflanzenschutzamt) anzeigen.

Nicht erforderlich ist ein Sachkundenachweis für

- die Anwendung von Pflanzenschutzmitteln, die für nichtberufliche Anwender zugelassen sind, im Haus- und Kleingartenbereich,
- die Ausübung einfacher Hilfstätigkeiten unter Verantwortung und Aufsicht einer Person mit Sachkundenachweis,
- die Anwendung von Pflanzenschutzmitteln im Rahmen eines Ausbildungsverhältnisses unter Anleitung einer Person mit Sachkundenachweis.

Aufzeichnungs- und Informationspflicht

Alle beruflichen Anwender von Pflanzenschutzmittel sind verpflichtet den Einsatz von Pflanzenschutzmaßnahmen zu dokumentieren. Dies umfasst

- die Bezeichnung des Pflanzenschutzmittels,
- den Zeitpunkt der Verwendung,
- die verwendete Menge,
- die behandelte Fläche,
- die Kulturpflanze und
- den Schaderreger (nicht mehr vorgeschrieben, aber dennoch sinnvoll).

Die Aufzeichnungen müssen drei Jahre (Händler 5 Jahre) aufbewahrt werden. Gerechnet wird ab Beginn des Jahres nach dem Einsatz. Angenommen, im Jahre 2017 wurde eine Pflanzenschutzmaßnahme durchgeführt, dann müssen die Aufzeichnungen bis Ende 2020 aufbewahrt werden.

Aufbrauchfristen von Pflanzenschutzmitteln

Nach Ablauf der Zulassung kann ein Pflanzenschutzmittel noch maximal 6 Monate verkauft werden **(Abverkaufsfrist)** und zusätzlich maximal 12 Monate eingesetzt werden **(Aufbrauchfrist)**. Demnach kann ein Pflanzenschutzmittel nach Ablauf seiner Zulassung noch **maximal 18 Monate** angewandt werden. Auf den Internetseiten des BVL (http://www.bvl.bund.de) können die konkreten Abverkaufs- und Aufbrauchfristen für Pflanzenschutzmittel eingesehen werden.

Pflanzenstärkungsmittel

Pflanzenstärkungsmittel sind Stoffe, die ausschließlich zur Erhöhung der Widerstandsfähigkeit von Pflanzen gegen Schadorganismen eingesetzt werden und keine schädlichen Auswirkungen auf die Gesundheit von Mensch und Tier oder den Naturhaushalt haben. Sie dürfen nur in den Verkehr gebracht werden, wenn sie beim Bundesamt für Verbraucherschutz und Lebensmittelsicherheit angemeldet sind.

Hinweis

Gesetzestexte schnell finden:
www.gesetze-im-internet.de
Ein Service des Bundesministeriums für Justiz in Zusammenarbeit mit der juris GmbH.

Aufgaben

◑ 1. Wozu dient das Pflanzenschutzgesetz (PflSchG)?
○ 2. Was versteht das PflSchG unter Schadorganismen?
◑ 3. Was besagt der Begriff der „guten fachlichen Praxis“ und was soll dadurch erreicht werden?
◑ 4. Diskutieren Sie die Möglichkeit der Überprüfung der „guten fachlichen Praxis“.
○ 5. Auf welchen Freilandflächen dürfen Pflanzenschutzmittel eingesetzt werden?
◑ 6. Welche Pflanzenschutzmittel dürfen a) auf Flächen, die für die Allgemeinheit bestimmt sind, z. B. Grünanlagen, und b) in Haus- und Kleingärten eingesetzt werden?
◑ 7. Wer benötigt einen Sachkundenachweis?
◑ 8. Diskutieren Sie die Tatsache, dass Hobbygärtner für den Einsatz von Pflanzenschutzmitteln in ihren Gärten keinen Sachkundenachweis benötigen.
○ 9. Warum wird von Verkäufern im Einzelhandel, die Pflanzenschutzmittel verkaufen, ein Sachkundenachweis gefordert, obwohl sie Pflanzenschutzmittel vielleicht gar nicht selbst einsetzen?
○ 10. Warum dürfen Pflanzenschutzmittel nicht durch Selbstbedienung in den Verkehr gebracht werden?
○ 11. Angenommen, am 08. August 2017 wurde eine Pflanzenschutzmaßnahme durchgeführt. Wie lange müssen die Aufzeichnungen darüber aufbewahrt werden?
◑ 12. Wie lange darf nach Ablauf der Zulassung ein Pflanzenschutzmittel noch eingesetzt werden? Begründen Sie Ihre Antwort.

12 Zulassung von Pflanzenschutzmitteln

Merke

Pflanzenschutzmittel dürfen bei bestimmungsgemäßer und sachgerechter Anwendung keine schädlichen Auswirkungen auf die Gesundheit von Mensch und Tier oder die Umwelt haben.

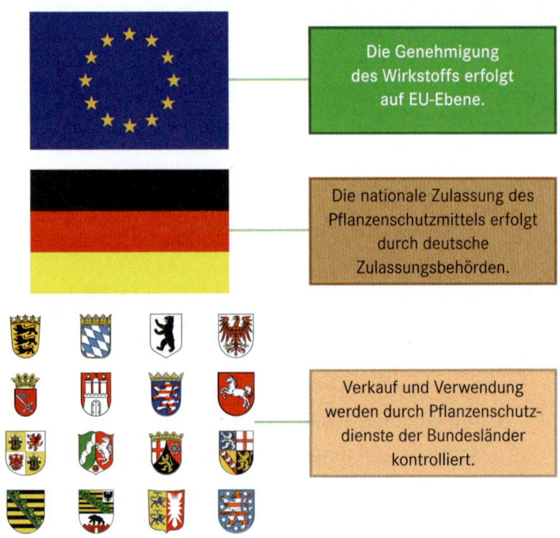

1 Pflanzenschutzmittel – Genehmigung, Zulassung und Kontrolle

Um dies zu gewährleisten, erfolgen Genehmigung und Zulassung in einem **zweistufigen Verfahren**, an dem mehrere, unabhängig voneinander agierende Behörden in der EU beteiligt sind:

- Stufe 1: Die **Genehmigung des Wirkstoffs** geschieht auf europäischer Ebene durch die **EU-Kommission** unter Beteiligung der Mitgliedstaaten. Ein **EU-Mitgliedstaat** bewertet stellvertretend für alle anderen Mitgliedstaaten die eingereichten Unterlagen des **Antragstellers** (Hersteller, z. B. Bayer, Syngenta, BASF). Auf der Basis der Ergebnisse wird ein Bericht erstellt, der als Entwurf an die EU-Kommission und die **Europäische Behörde für Lebensmittelsicherheit (EFSA**, engl. European Food Safety Authority**)** übermittelt wird. Über die EFSA wird der Entwurf den anderen EU-Mitgliedstaaten, dem Antragsteller und der **Öffentlichkeit** zwecks Stellungnahme zur Verfügung gestellt. Am Ende des Verfahrens verfasst die EFSA einen Bericht, auf dessen Grundlage die EU-Kommission und die Mitgliedstaaten über die Genehmigung des Wirkstoffs entscheiden.
- Stufe 2: Über die nationale Zulassung des mit dem Wirkstoff versehenen Pflanzenschutzmittels entscheidet in Deutschland – auch hier in engem Kontakt mit den europäischen Partnerbehörden – das **Bundesamt für Verbraucherschutz und Lebensmittelsicherheit (BVL)** in Zusammenarbeit mit dem **Bundesinstitut für Risikobewertung (BfR)**, dem **Julius Kühn-Institut (JKI)**[1] und dem **Umweltbundesamt (UBA)**.

[1] Benannt nach Professor Julius Kühn (1825–1910), dem Begründer des Universitätsstudiums der Agrarwissenschaften in Deutschland

2 Nationale Pflanzenschutzmittelzulassung (in Anlehnung an BUNDESAMT FÜR VERBRAUCHERSCHUTZ UND LEBENSMITTELSICHERHEIT, [2023]: https://www.bvl.bund.de/SharedDocs/Pressemitteilungen/04_pflanzenschutzmittel/2018/2018_12_11_HI_Zulassung_glyphosathaltiger_Pflanzenschutzmittel_nicht_abgeschlossen.html, Stand: [08.05.2023])

Für die Kontrolle von Verkauf und Verwendung von Pflanzenschutzmitteln sind die **Pflanzenschutzdienste** (Pflanzenschutzämter/Landesanstalten für den Pflanzenschutz) der Bundesländer zuständig. Sie haben u. a. folgende Aufgaben wahrzunehmen:

- Beratung des Berufsstandes und der Öffentlichkeit in Fragen des Pflanzenschutzes
- Schulungs- und Vortragstätigkeiten im Rahmen des Pflanzenschutzes
- Unterhaltung von Pflanzenschutzwarndiensten
- Überwachung von Import- und Exportbestimmungen im Hinblick auf den Pflanzenschutz (Quarantänebestimmungen)
- Ausstellung von Pflanzengesundheitszeugnissen
- Kontrolle von Pflanzen auf Schädlings- und Krankheitsbefall

Weitere Informationen unter: www.bvl.bund.de, www.bfr.de, www.julius-kuehn.de, www.umweltbundesamt.de

Aufgaben

○ 1. Warum spricht man bei der Zulassung von Pflanzenschutzmitteln von einem zweistufigen Verfahren?

○ 2. Pflanzenschutzmittel: Wer ist für a) die Genehmigung des Wirkstoffs, b) die Zulassung in Deutschland und c) die Kontrolle von Verkauf und Verwendung zuständig?

◑ 3. Mit welchen drei Bewertungsbehörden arbeitet das Bundesamt für Verbraucherschutz und Lebensmittelsicherheit (BVL) im Zulassungsverfahren zusammen und was bewerten diese?

○ 4. Wie kann gewährleistet werden, dass die Zulassung eines Pflanzenschutzmittels auf der Grundlage des aktuellen wissenschaftlichen Kenntnisstandes erfolgt?

○ 5. Ermitteln Sie das für Ihren Ausbildungsbetrieb zuständige Pflanzenschutzamt.

○ 6. Welche Aufgaben der Pflanzenschutzämter halten Sie für besonders wichtig?

V Wetter- und Klimakunde

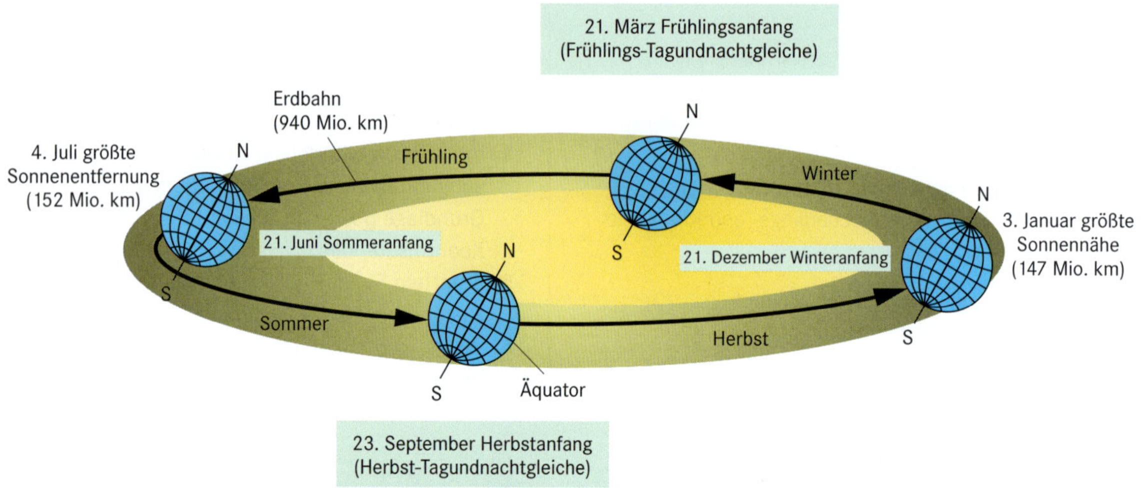

Jahr	Frühling	Sommer	Herbst	Winter
2021	20. März	21. Juni	22. Sept.	21. Dez.
2022	20. März	21. Juni	23. Sept.	21. Dez.
2023	20. März	21. Juni	23. Sept.	22. Dez.
2024	20. März	20. Juni	22. Sept.	21. Dez.

Jahr	Frühling	Sommer	Herbst	Winter
2025	20. März	21. Juni	22. Sept.	21. Dez.
2026	20. März	21. Juni	23. Sept.	21. Dez.
2027	20. März	21. Juni	23. Sept.	22. Dez.
2028	20. März	20. Juni	22. Sept.	21. Dez.
2029	20. März	21. Juni	22. Sept.	21. Dez.

Die Abbildung zeigt die astronomischen Jahreszeiten, die jeweils von einer Tagundnachtgleiche und einer Sonnenwende begrenzt werden. Wechselnde Geschwindigkeiten der Erde bei der Sonnenumrundung bedingen, dass die Jahreszeitenanfänge pendeln (Frühling 20./21. März, Sommer 20./21. Juni, Herbst 22./23. September, Winter 21./22. Dezember).

1 Die Entstehung der Jahreszeiten (Angaben gelten für die Nordhalbkugel)

Wetter und Klima bestimmen die Entwicklung und Verbreitung der Pflanzenarten. Für ein erfolgreiches Gärtnern sind somit Kenntnisse auf dem Gebiet der Wetter- und Klimakunde unerlässlich.

> **! Merke**
>
> Die Wissenschaft, die das Wettergeschehen in der Atmosphäre erforscht, ist die **Meteorologie**. Ein Teilgebiet der Meteorologie ist die **Klimatologie**, die sich mit dem Klima auf der Erde beschäftigt.

1 Wetter

> **! Merke**
>
> Unser **Wetter** ist das Ergebnis aus einem komplizierten Zusammenspiel von Sonne, Erde und Atmosphäre. Den Wetterverlauf während einer größeren Zeitspanne nennt man **Witterung**.

1.1 Sonne – Motor des Wetters

Die Sonne entstand vor etwa 5 Mrd. Jahren durch die zunehmende Zusammenballung und Verdichtung von Gasen. Sie ist ein Feuerball, in und auf dem unvorstellbar hohe Temperaturen (zwischen 4 500 und 60 Mill. °C in Nähe der Eruptionen) herrschen. Von den Energiemengen, die sie in jeder Sekunde in den Weltraum ausstrahlt, fängt die Erde nur einen winzigen Bruchteil auf. Aber diese Menge ist so groß, dass innerhalb einer Minute mehr Energie auf die Erde gelangt, als die gesamte Menschheit innerhalb eines Jahres verbraucht.

Die **Energie der Sonne**[1] erreicht die Erde in Form von elektromagnetischen Wellen unterschiedlicher Länge (s. S. 49), wovon vor allem der sichtbare Teil der Sonnenstrahlung (Wellenlängen von 380 bis 760 nm) die Erdatmosphäre durchdringt.

! Merke

Ohne die Energie der **Lichtstrahlen** wäre kein Leben auf der Erde möglich (Fotosynthese!). Zugleich ist sie der Motor des Wettergeschehens auf der Erde, denn sie verursacht die Winde und den Wasserkreislauf.

? Aufgaben

○ 1. Womit beschäftigt sich die Meteorologie?
○ 2. Wie lange benötigt die Erde
   a) für einen Umlauf um die Sonne und
   b) für eine Umdrehung um die eigene Achse?
◑ 3. Unterscheiden Sie Wetter und Witterung.
○ 4. Welcher Teil der Sonnenstrahlung durchdringt vor allem die Atmosphäre?

1.2 Erde – ein Planet des Sonnensystems

Jahreszeiten

Die Erde ist eine an den Polen abgeplattete Kugel, die die Sonne auf einer elliptischen Bahn (Umfang 940 000 000 km) mit einer Geschwindigkeit von 29.8 km/s (= 107 280 km/h) entgegen dem Uhrzeigersinn im Verlauf eines Jahres (365 Tage) einmal umkreist, wobei die Sonne nicht ganz im Mittelpunkt steht (1, S. 332). Dabei rotiert die Erde wie ein Kreisel innerhalb eines Tages (24 Stunden) von West nach Ost um die um 23,5° geneigte eigene Achse. Ihre Neigung und kugelähnliche Form bewirken, dass die Sonnenstrahlung die Erdoberfläche in unterschiedlichen Winkeln trifft. Die Strahlungsintensität ist am größten, wenn die Strahlen im rechten Winkel auftreffen. Je flacher der Winkel, desto größer ist die Fläche, auf die sich die Strahlungsenergie verteilt. Daher herrschen auf der Erde entsprechend der jeweiligen geografischen Breite recht große Temperaturunterschiede. Die größte Wärmemenge fällt auf den Äquator, die geringste auf die Polregionen.

[1] In 5 Mrd. Jahren ist die Energie der Sonne verbraucht. Dann wird sie sich ausdehnen und die Erde verschlingen. Lösungsvorschlag: Auswandern in andere Galaxien. Was meinen Sie?

! Merke

Unterschiedliche Einfallswinkel und Strahlungsdauer bedingen die **vier Jahreszeiten** auf der Nord- und Südhalbkugel. Dort, wo die Erdoberfläche von der Sonne weggedreht ist, herrscht Winter, dort, wo sie zur Sonne hingedreht ist, Sommer.

? Aufgaben

◑ 1. Wovon hängt die Intensität der Sonnenstrahlung ab?
◑ 2. Wodurch kommen die vier Jahreszeiten auf der Nord- und Südhalbkugel zustande?

1.3 Atmosphäre – Schutzschild der Erde

Die Atmosphäre ist die **Lufthülle der Erde**. Sie besteht aus einem Gemisch verschiedener Gase, vor allem Stickstoff (78,1 Vol.-% N_2), Sauerstoff (21 Vol.-% O_2) und Kohlendioxid (momentan 0,0419 Vol.-% CO_2). Nicht eingerechnet ist der **Wasserdampf**, dessen Menge (maximal 4 Vol.-%) je nach Luftfeuchtigkeit starken Schwankungen unterliegt, für die Wetter- und Klimabildung aber von größter Bedeutung ist.

! Merke

Ohne die Erdatmosphäre wäre kein Leben möglich!

Erst die mit ihrer Bildung einhergehende Sauerstoffanreicherung hat die Entwicklung des Lebens ermöglicht. Die Atmosphäre sorgt dafür, dass auf der Erde Temperaturen herrschen, die ein Leben ermöglichen. Sie absorbiert nicht nur den größten Teil der Wärmestrahlung (Infrarotstrahlung) der Sonne, sondern auch den überwiegenden Teil der gefährlichen Ultraviolett- und Röntgenstrahlung. Nur die lebensnotwendige Lichtstrahlung wie auch die Radiostrahlung (s. S. 49) können die Lufthülle ungehindert durchdringen.

! Merke

Die Erdatmosphäre setzt sich aus unterschiedlichen Schichten zusammen (1, S. 334), wobei sich das Wettergeschehen in der **Troposphäre** abspielt.

Nur in dieser Schicht tritt Wasserdampf auf, der zur Wolken- und Niederschlagsbildung führt. Hier wird die Strahlungsenergie der Sonne in Bewegungsenergie (Bewegung der Luftmassen) umgesetzt und damit die Voraussetzung für die Entstehung der Winde geschaffen.

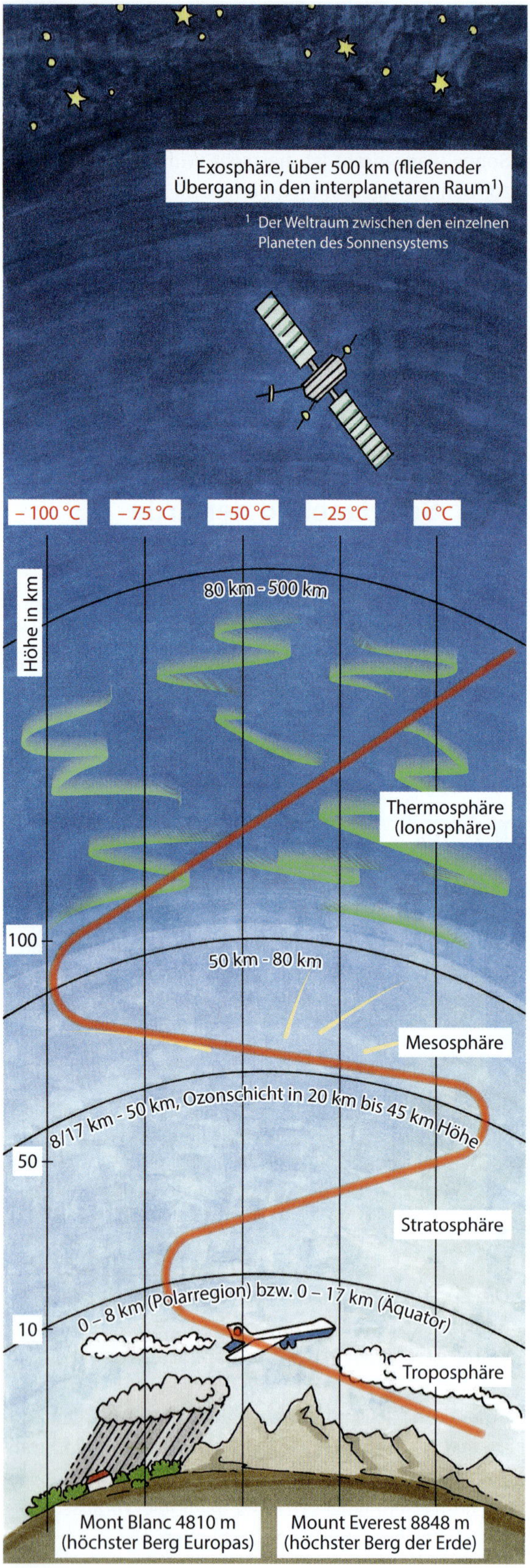

1 Aufbau der Erdatmosphäre

Aufgaben

○ 1. Nennen Sie die Prozentwerte der drei Gase, aus denen sich die Luft hauptsächlich zusammensetzt.

◑ 2. Warum wäre ohne Atmosphäre ein Leben auf der Erde nicht möglich?

◑ 3. Beschreiben Sie den Aufbau der Erdatmosphäre (1).

○ 4. Wo in der Atmosphäre findet das Wettergeschehen statt?

1.4 Wetterfaktoren

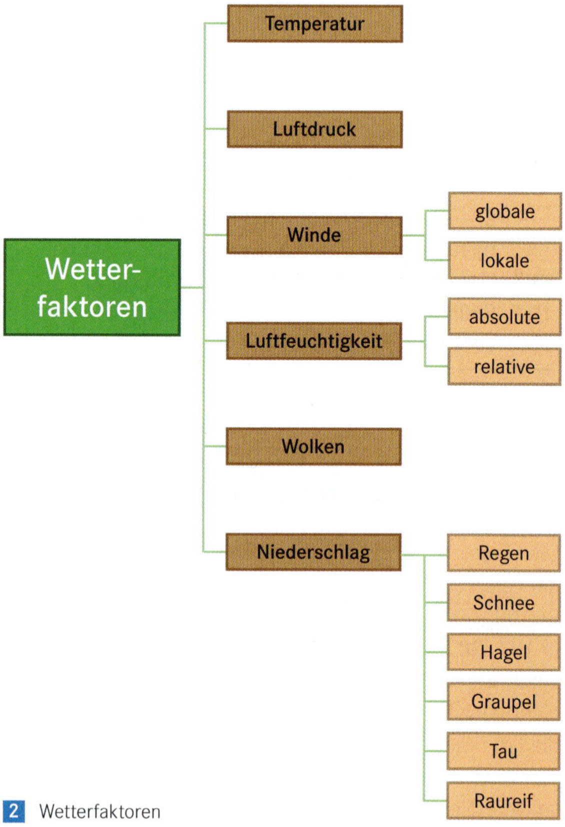

2 Wetterfaktoren

1.4.1 Temperatur

Ungefähr 28 % der von der Sonne einstrahlenden Energie wird durch die Wolkenoberfläche zurück in den Weltraum reflektiert, etwa 22 % wird von der Atmosphäre absorbiert, die restliche Energie erreicht die Erde vor allem in Form von Lichtstrahlung. Die kurzwellige Lichtstrahlung wird von der getroffenen Oberfläche absorbiert und bringt die Moleküle der jeweiligen Materie in Schwingung. Je größer die Energieaufnahme, desto stärker ist die Bewegung und desto wärmer ist der Körper.

> **! Merke**
>
> Die **Energie der Lichtstrahlung** wird über die Bewegung der Moleküle **in Wärmestrahlung umgewandelt,** die zum Teil an die Umgebung abgestrahlt wird. Durch diese Abstrahlung kommt es zur **Erwärmung der Luft**.

Die Luft erwärmt sich von unten nach oben, sodass die Temperatur von unten nach oben um durchschnittlich 0,7 °C je 100 m abnimmt. In der sogenannten **Tropopause**, dem Übergang von der Troposphäre zur Stratosphäre, herrschen Temperaturen von -40 °C bis -85 °C. In der **Stratosphäre** steigt die Temperatur dann wieder an, weil die dort befindliche Ozonschicht verstärkt die Wärmestrahlung der Sonne (Infrarotstrahlung) absorbiert.

Temperaturmessung

> **! Merke**
>
> Die **Temperatur** wird überwiegend in **Grad Celsius (°C)** angegeben. In der Physik verwendet man allgemein die Temperaturskala nach **Kelvin (K)**[1].
> Umrechnung:
> [K] = [°C] + 273 °C
> [°C] = [K] - 273 °C

Thermometer dienen zur Messung der Temperatur. Ihre Funktion kann auf unterschiedlichen physikalischen Prinzipien beruhen. Zur Messung von Außen- und Innentemperaturen werden überwiegend Flüssigkeitsthermometer und elektronische Thermometer verwendet.

[1] Der **absolute Nullpunkt** (die tiefstmögliche Temperatur) beträgt - 273 °C (genau: -273,15 °C). Er entspricht 0 K.

Bei **Flüssigkeitsthermometern** (**2**) handelt es sich um mit Flüssigkeit gefüllte sogenannte **Ausdehnungsthermometer,** wobei sich die Flüssigkeit mit zunehmender Temperatur ausdehnt. Am bekanntesten ist das Fieberthermometer. Statt wie früher mit dem giftigen Quecksilber, ist es heute mit Galinstan, einer ungiftigen, silberfarbenen Flüssigkeit gefüllt. Die Messbereiche liegen allgemein zwischen -10 °C und 50 °C (Innenthermometer) und -30 °C und 50 °C (Außenthermometer).

Elektronische Thermometer (**2**) arbeiten mit Thermoelementen, zwei verschiedenen Metallen, die bei Berührung eine Spannung erzeugen, die temperaturabhängig ist. Die Elektronik wertet die Ergebnisse aus. Die Temperaturwerte werden digital auf einem Display angezeigt. Bei größerer Entfernung zwischen Messfühler und Display können die Messdaten über eine Leitung oder per Funk übertragen werden.

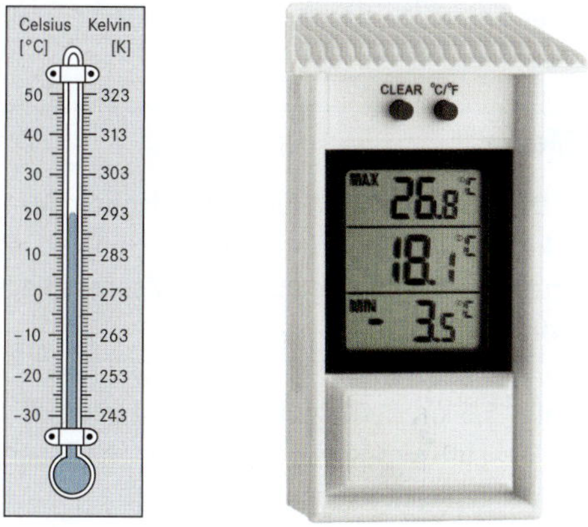

2 Thermometer (links) und digitales Thermometer (rechts). Das digitale Thermometer zeigt auf einen Blick die maximale, aktuelle und minimalste (tiefste erreichte) Temperatur an.

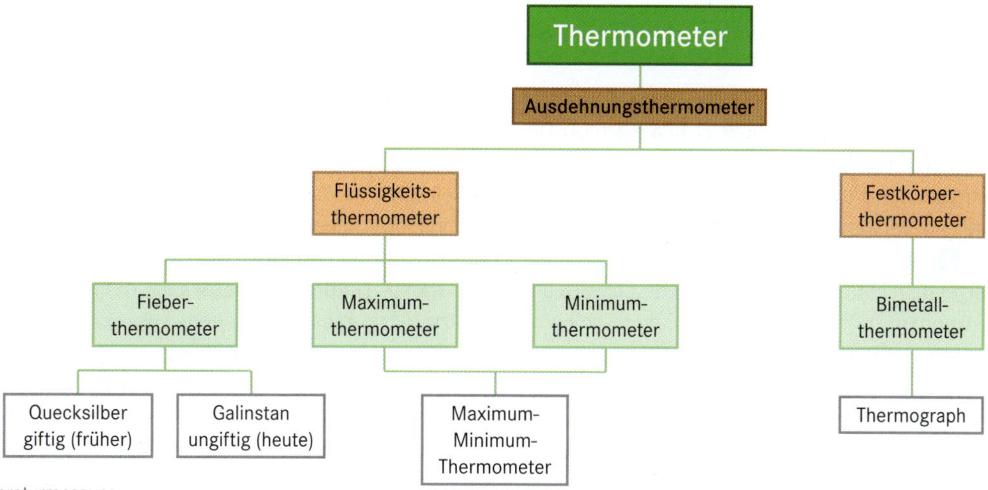

1 Temperaturmessung

Bimetallthermometer bestehen aus zwei aufeinandergeschweißten Metallstreifen, die sich bei Erwärmung unterschiedlich ausdehnen, sodass es zur Krümmung zu der Seite des Metalls mit der geringeren Ausdehnung kommt. Durch die Biegung wird ein Zeiger bewegt, der auf einer Skala die Temperatur anzeigt. Bimetallstreifen werden vor allem in Thermografen zur Temperaturmessung eingesetzt. **Thermografen** registrieren den Verlauf der Lufttemperatur. Dazu wird die Biegung des Bimetalls auf eine Schreibfeder übertragen, unter der sich langsam eine Uhrtrommel mit Registrierpapier hindurchdreht (2, S. 341).

Zur Messung der Temperatur im Boden gibt es spezielle **Bodenthermometer**.

1.4.2 Luftdruck

Aufgrund der Schwerkraft drückt die Atmosphäre mit einem Gewicht von 1 kg/cm² (in Meereshöhe) auf die Erdoberfläche. Für einen Menschen bedeutet dies je nach Größe und Hautoberfläche, einem Druck von 10 bis 20 Tonnen standzuhalten.

> **! Merke**
>
> Die **Dichte der Luft** und die **Höhe der Luftdrucksäule** nehmen mit steigender Höhe ab, sodass mit zunehmender Höhe über dem Meeresspiegel der **Luftdruck** sinkt.

Etwa alle 5,5 km verringert sich der Luftdruck um die Hälfte. Die Luft wird immer dünner und ihr Sauerstoffgehalt immer geringer, je höher wir kommen.

Luftdruckmessung

> **! Merke**
>
> Die Maßeinheit für den Luftdruck ist das **Hektopascal (hPa)**.

Es entspricht dem früheren Millibar (1 hPa = 1 mb). Der Normaldruck in Meereshöhe beträgt 1 013,25 hPa. Gemessen wird der Luftdruck mit dem **Barometer**. Das in der Praxis allgemein verwendete **Dosenbarometer** (Aneroidbarometer, 1) enthält eine luftleer gepumpte Metalldose, die bei steigendem Luftdruck zusammengedrückt wird und sich bei sinkendem Luftdruck wieder entspannt. Die Formveränderungen werden durch ein Hebelsystem auf einen Zeiger übertragen, sodass man den Luftdruck auf einer Skala ablesen kann . Ist das Barometer mit einer Schreibvorrichtung zur Notierung des Verlaufs der Luftdruckschwankungen ausgerüstet, handelt es sich um einen **Barographen**.

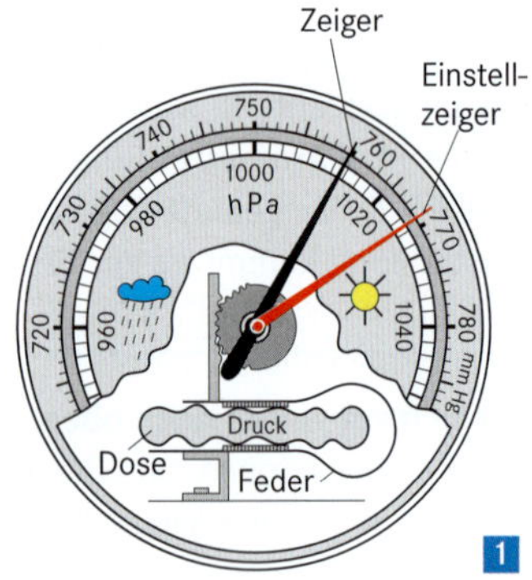

1 Dosenbarometer

> **! Merke**
>
> Obwohl sich bei hohem Luftdruck schönes, bei niedrigem Luftdruck schlechtes Wetter in etwa vorhersagen lassen, ist eine genaue Wettervorhersage anhand des Barometers nicht möglich. Der Wert eines Barometers ist vielmehr darin zu sehen, dass man von einer veränderten Druckanzeige auf eine Änderung des bestehenden Wetters schließen kann.

1.4.3 Wind

Seewind und Landwind

Entstehung von Wind

Wie wir bereits gehört haben, wird die auf der Erdoberfläche auftreffende Lichtstrahlung in Wärmestrahlung umgewandelt, die von der Erdoberfläche reflektiert wird und von unten her die Luftschichten der Troposphäre erwärmt. Diese Energiezufuhr in Form von Wärme führt dazu, dass die Bewegung der Luftmoleküle zunimmt.

> **! Merke**
>
> Mit zunehmender Bewegung entfernen sich die Luftmoleküle immer weiter voneinander, sodass sich das Luftvolumen mit zunehmender Erwärmung ausdehnt. Entsprechend befinden sich auf gleichem Raum weniger Luftmoleküle, sodass das Gewicht der Luft und damit der **Luftdruck** verringert wird.

Dies führt dazu, dass sich angrenzende kältere Luft aufgrund ihrer höheren Dichte und somit höheren Luftdrucks **(= Hochdruckgebiete)** beginnt, zu den Orten niedrigen Drucks **(= Tiefdruckgebiete)** auszudehnen, was wiederum dazu führt, dass die wärmere Luft nach oben verdrängt wird, sodass sie wie in einem Heißluftballon aufsteigt (thermischer Aufwind). Beim Aufsteigen gerät sie unter geringeren Druck, sodass sie sich ausdehnt. Für die Ausdehnung ist Energie notwendig, die der Umgebung entzogen wird. Deswegen kühlt sich aufsteigende Luft umso mehr ab, je höher sie kommt (etwa um 1 °C/100 m). Hat sie die Temperatur der Umgebungsluft erreicht, steigt sie nicht weiter auf.

> **! Merke**
>
> Die als Folge von Luftdruckunterschieden auftretende Luftströmung bezeichnet man als **Wind**. Zur Herbeiführung eines Druckausgleichs fließt sie immer von Gebieten hohen Luftdrucks **(Hochdruckgebiete)** zu Gebieten niedrigen Luftdrucks **(Tiefdruckgebiete)**.

Lokale Windsysteme

1 Entstehung von See- und Landwind

2 Tal- und Bergwind

Ursache für Luftströmungen oder Windbewegungen ist die unterschiedliche Erwärmung der Erdoberfläche durch die Sonnenstrahlung. So erwärmt sich z. B. das Wasser langsamer als das Land, kühlt sich aber auch langsamer ab. Dies erklärt z. B. die kühle Seebrise, die am Tage zum Land weht: Über dem stärker erwärmten Land steigt die Luft auf, strömt in der Höhe nach den Seiten weg, kühlt sich ab und sinkt über dem Meer wieder nach unten, von wo sie als kühler **Seewind** wieder zum Land weht. Da sich das Meer langsamer abkühlt als das Land, ist es in der Nacht wärmer, sodass jetzt der Wind als sogenannter **Landwind** vom Land zum Meer weht (1). In den Gebirgen treten als lokale Winde der Berg- und Talwind auf. Am Tage erwärmt sich die Luft an den Gebirgswänden stärker als die Luft in gleicher Höhe über dem Tal, sodass die wärmere Hangluft als Hangaufwind aufsteigt und durch nachfließende kältere Talluft ersetzt wird, die sich erwärmt und als talaufwärts wehender **Talwind** aufsteigt. Abends kühlt sich die Luft an den Gebirgswänden schneller ab als die Luft über dem Tal, sodass die an den Hängen gebildete Kaltluft als **Bergwind** ins Tal hinabströmt (2). Besonders Segler nutzen die durch unterschiedliche Erwärmung der Erdoberfläche entstehenden natürlichen vertikalen Luftströmungen (1, S. 338).

> **! Merke**
>
> Da es sich bei den **lokalen Winden** um relativ kleine Luftbewegungen mit nur geringer Ausdehnung handelt, werden sie häufig von großräumigen Luftbewegungen, den **globalen Windsystemen** der Atmosphäre, überdeckt.

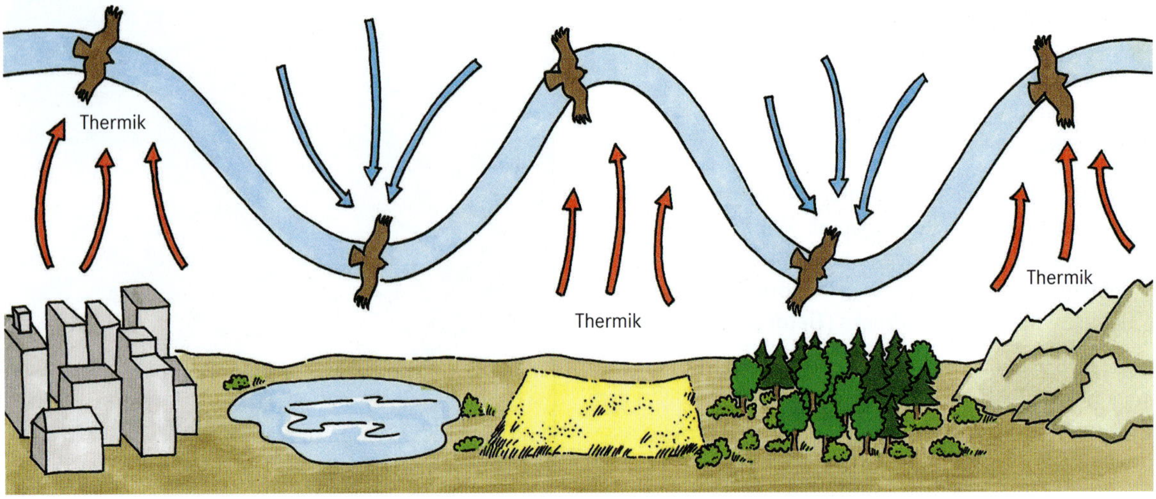

1 Ausnutzung der natürlichen vertikalen Luftströmungen

Globale Windsysteme

Globale Wind-systeme

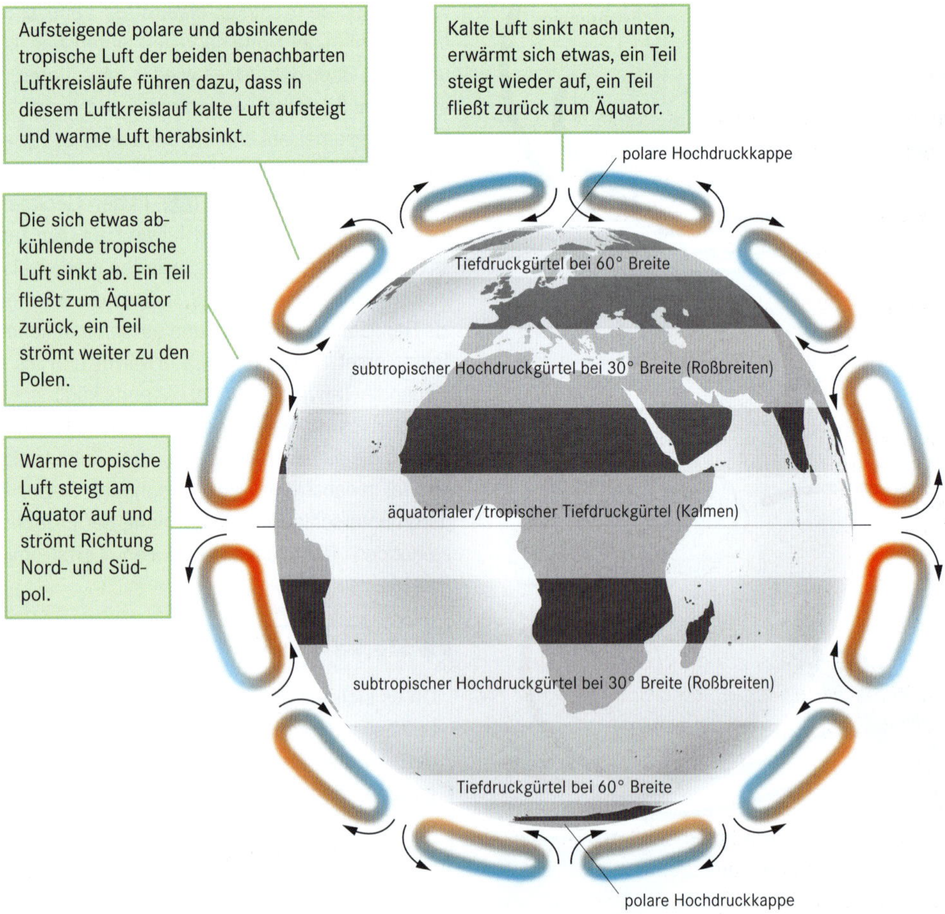

2 Globale Luftströmungen bestimmen unser Wetter, indem sie Wärme von den Tropen zu den Polen transportieren. Die dargestellten Luftströmungen ziehen sich gürtelmäßig über die gesamte Erde, wobei sie durch die Rotation der Erde zu West- (Nordhalbkugel) bzw. Ostwinden (Südhalbkugel) abgelenkt werden.

Im Gegensatz zu den lokalen Winden wehen **globale Winde** erdumspannend (2, S. 338). Die dazu erforderlichen Temperaturunterschiede kommen zustande, weil die Sonne am **Äquator** fast ganzjährig senkrecht herunterstrahlt, was zu einer extremen Erwärmung der Luft führt. Die Pole hingegen erhalten nur sehr wenig Sonne, sodass sie ganzjährig von Eis bedeckt sind. Am Äquator, in einer etwa 500 bis 1 000 km breiten Zone, der Kalmenzone, steigt die erhitzte Luft bis zur Stratosphäre auf, von wo sie in Richtung Nord- und Südpol strömt. Durch die aufsteigende Luft entsteht ein Unterdruck, d. h. ein Tiefdruckgebiet **(äquatorialer/tropischer Tiefdruckgürtel)**, das dazu führt, dass ständig Luft aus dem Norden und Süden nachgesaugt wird, was zu kräftigen Winden führt. Auf dem Weg zu den Polen kühlt sich die tropische Luft ab. Jenseits der Wendekreise bis ca. 30° Breite **(Subtropen)** sinkt sie zu Boden **(subtropischer Hochdruckgürtel = Roßbreiten)**. Hier teilt sie sich abermals. Ein Teil fließt zum Äquator zurück. Die Winde, die dadurch entstehen, nennt man **Passatwinde**. Der andere Teil strömt zu den **Polen (polare Hochdruckgebiete)** und von dort in bodennahen Schichten zurück zum Äquator.

Merke

Insgesamt existieren sechs riesige Luftzirkulationssysteme, die die Erde gürtelartig umspannen (2, S. 338). Sie bilden eine Art Klimaanlage, die die starken Temperaturunterschiede zwischen den eisigen Polen und dem heißen Äquator ausgleicht.

Durch die Drehung der Erde um ihre eigene Achse mit etwa 1 670 km/h entsteht eine Kraft **(Corioliskraft)**, die dazu führt, dass die Winde nicht in gerader Linie zwischen Äquator und Pole wehen, sondern abgelenkt werden. Auf der Nordhalbkugel werden die Luftströmungen nach rechts und auf der Südhalbkugel nach links abgelenkt. Aus der vom Nordpol fließenden Luft wird so ein Westwind. Dies ist der Grund, warum zwischen den Subtropen und den Polarregionen, also in den **gemäßigten Breiten**, der Wind überwiegend von West nach Ost weht **(Westwindzone)**. Zudem führen örtliche Eigenheiten (z. B. Gebirgszüge, Seen, Wälder usw.) dazu, dass sich die Winde in unendlich viele einzelne Wirbel verteilen. Gerade dies aber gestaltet unser Wetter so variabel.

Windmessung

Zur Messung der Windgeschwindigkeit dient das **Schalenkreuzanemometer**. Es besteht aus drei oder vier halbkugelförmigen Schalen, die an einer Achse mit einem Drehzahlmesser verbunden sind. In der Regel ist an dem Gerät auch eine **Windfahne** angebracht, die die Windrichtung anzeigt (1).

1 Schalenkreuzanemometer mit Windfahne

Merke

Die Angabe der **Windgeschwindigkeit** erfolgt in m/s, km/h oder in kn (Knoten).

Mithilfe einer vom britischen Admiral Sir Francis Beaufort (1774 bis 1857) aufgestellten 12-stufigen Skala (später auf 17 Stufen erweitert) lässt sich anhand der Wirkung des Windes die Windstärke schätzen (Tab. 1, S. 340).

1.4.4 Luftfeuchtigkeit

Wasserkreislauf

Von den Pflanzen und der Erdoberfläche wird ständig Wasser in Form von gasförmigem (unsichtbaren!) **Wasserdampf** an die Atmosphäre abgegeben. Bei der Verdunstung geht das Wasser vom flüssigen zum gasförmigen Zustand über. Hierzu müssen die Wassermoleküle ihre gegenseitige Anziehung überwinden. Dies geschieht durch Zufuhr von Energie.

Merke

Bei der **Verdunstung** (1, S. 340) geht das Wasser vom flüssigen zum gasförmigen Zustand über. Dazu ist Wärmeenergie notwendig, die der Umgebung entzogen wird. Dabei kommt es zur Abkühlung, der sogenannten **Verdunstungskälte**.

Den Feuchtigkeitsgehalt der Luft kann man als absolute oder relative Luftfeuchtigkeit angeben.

Merke

Die **absolute Luftfeuchtigkeit** gibt den Wasserdampfgehalt in g/m^3 an, während die **relative Luftfeuchtigkeit** den Grad der Wasserdampfsättigung der Luft in % angibt.

Windstärke (Beaufortgrad)	Bezeichnung	Auswirkungen des Windes	Windgeschwindigkeit in		
			m/s	km/h	kn
0	still	Windstille, Rauch steigt gerade empor	0,0–0,2	0,0–0,7	0,0–0,4
1	leiser Zug	Windrichtung angezeigt nur durch Zug des Rauches, aber nicht durch Windfahne	0,3–1,5	1,1–5,4	0,6–2,9
2	leichte Brise	Wind am Gesicht fühlbar, Blätter säuseln, Windfahne bewegt sich	1,6–3,3	5,8–11,9	3,1–6,4
3	schwache Brise	Blätter und dünne Zweige bewegen sich, Wind streckt einen Wimpel	3,4–5,4	12,2–19,4	6,6–10,5
4	mäßige Brise	Hebt Staub und loses Papier, bewegt Zweige und dünnere Äste	5,5–7,9	19,8–28,4	10,7–15,3
5	frische Brise	Kleine Laubbäume beginnen zu schwanken, Schaumköpfe bilden sich auf Seen	8,0–10,7	28,8–38,5	15,6–20,8
6	starker Wind	Starke Äste in Bewegung, Pfeifen in Telegrafenleitungen, Regenschirme schwierig zu benutzen	10,8–13,8	38,9–49,7	21,0–26,8
7	steifer Wind	Ganze Bäume in Bewegung, fühlbare Hemmung beim Gehen gegen den Wind	13,9–17,1	50,0–61,6	27,0–33,3
8	stürmischer Wind	Bricht Zweige von den Bäumen, erschwert erheblich das Gehen im Freien	17,2–20,7	61,9–74,5	33,4–40,2
9	Sturm	Kleinere Schäden an Häusern (Rauchhauben und Dachziegel werden abgeworfen)	20,8–24,4	74,9–87,8	40,4–47,4
10	schwerer Sturm	Entwurzelte Bäume, bedeutende Schäden an Häusern	24,5–28,4	88,2–102,2	47,6–55,2
11	orkanartiger Sturm	Verbreitete Sturmschäden (sehr selten im Binnenland)	28,5–32,6	102,6–117,4	55,4–63,4
12	Orkan	Schwerste Verwüstungen möglich	32,7–36,9	117,7–132,8	63,6–71,7
13			37,0–41,4	133,2–149,0	71,9–80,5
14		Nur auf dem Meer	41,5–46,1	149,4–166,0	80,7–89,6
15		und	46,2–50,9	166,3–183,2	89,8–98,9
16		an den Küsten	51,0–56,0	183,6–201,6	99,1–108,9
17			> 56,0	> 201,6[1]	> 108,9

[1] In der Schweiz wurde auf dem Jungfraujoch während des Orkans Wiebke (1990) eine Windgeschwindigkeit von 285 km/h gemessen. Die bislang höchste Windgeschwindigkeit in Deutschland wurde am 12. Juni 1985 in einer Böe auf der Zugspitze registriert. Sie betrug 335 km/h (Beaufort-Wert 23,1).

Tab. 1 Windmesstabelle – Skala nach dem englischen Admiral Sir Francis Beaufort (1774–1857)

Die Aufnahmefähigkeit für Wasserdampf ist begrenzt und hängt von der Lufttemperatur ab.

! Merke

Je höher die **Temperatur**, desto mehr Wasserdampf kann Luft aufnehmen und umgekehrt.

Ist ihre Aufnahmekapazität erschöpft, sagt man, die Luft ist mit Wasserdampf gesättigt. In diesem Fall beträgt die relative Luftfeuchtigkeit 100 %.

! Merke

Der **überschüssige Wasserdampf**, der nicht mehr aufgenommen werden kann, geht vom gasförmigen in den flüssigen Zustand über – er **kondensiert** (1). Bei diesem Vorgang wird die **Energie als Wärme in die Atmosphäre abgegeben**, die zuvor zur Verdunstung notwendig war. **Wasserdampf** ist somit ein großer **Energiespeicher und -transporteur** der Atmosphäre.

Die Kondensation erfolgt an sogenannten **Kondensationskernen/-keimen,** mikroskopisch kleinen in der Atmosphäre schwebenden Teilchen, wie z. B. Salz-, Staub- und Rußpartikeln.

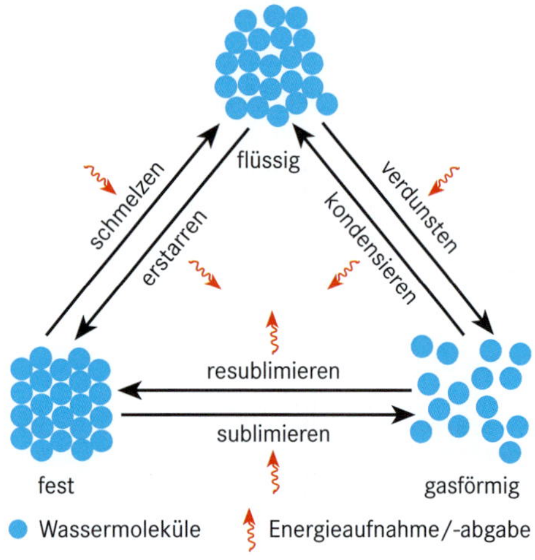

1 Aggregatzustände des Wassers

Merke

Die Temperatur, bei der der Wasserdampf der Luft zu kondensieren beginnt, bezeichnet man als ihren **Taupunkt**. Je niedriger der Wassergehalt der Luft ist, desto mehr muss sich die Luft abkühlen, um ihren Taupunkt zu erreichen und umgekehrt. Die Temperatur des Taupunkts hängt also von dem jeweiligen Wasserdampfgehalt der Luft ab (1).

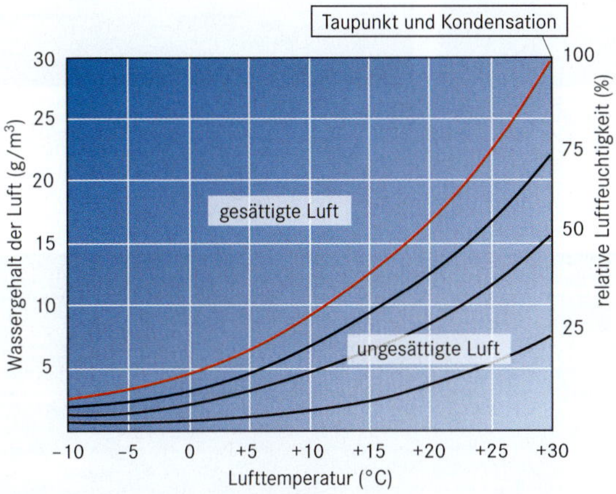

1 Zusammenhang von Lufttemperatur und Luftfeuchtigkeit

Luftfeuchtigkeitsmessung

Merke

Die relative Luftfeuchtigkeit wird mit einem **Hygrometer** gemessen.

Als Feuchtefühler werden entfettete Menschenhaare (Haarhygrometer) oder Kunststofffasern benutzt, die mit zunehmender Feuchtigkeit länger und mit abnehmender Feuchtigkeit kürzer werden. Die Längenänderung wird über einen Zeiger auf einer Skala angezeigt. Bei einem **Hygrografen** erfolgt die Übertragung über einen Schreiber auf eine Uhrtrommel mit Registrierpapier. Gebräuchlich ist die Verwendung des **Thermohygrographen** (2) – eine Kombination von Thermo- und Hygrograph. Gerade diese Kombination liefert wichtige Erkenntnisse für eine Wetteränderung.

2 Thermohygrograph

Merke

Steigt die Luftfeuchtigkeit, ohne dass die Temperatur steigt, oder fällt die Temperatur und die Luftfeuchtigkeit ändert sich nicht, sind dies gute Hinweise für einen möglichen Regen.

Wolken

1.4.5 Wolken

Wolkenbildung

Steigen warme Luftmassen auf, kühlen sie sich infolge von Ausdehnung ab, sodass ihre relative Luftfeuchtigkeit zunimmt. Wird die relative Luftfeuchtigkeit von 100 % erreicht, kommt es zur Kondensation des überschüssigen Wasserdampfs. Millionen mikroskopisch kleiner Wasserdampfmoleküle kondensieren zu feinsten Wassertröpfchen (0,02 bis 0,1 mm). **Der vorher unsichtbare Wasserdampf wird als Wolke sichtbar.** Dieser Vorgang wird besonders deutlich durch die Kondensstreifenbildung hoch fliegender Flugzeuge. Der in der Luft und den Flugzeugabgasen enthaltene Wasserdampf kondensiert an den in den Abgasen enthaltenen Rußpartikeln.

Je dunkler sich eine Wolke verfärbt, desto höher ist i. d. R. ihr Wassergehalt, der die Erde als Niederschlag wieder erreicht. Bei nachlassender Sonnenstrahlung können Wolken auch wieder absinken und sich auflösen. Dies ist bei den **Schönwetterhaufenwolken (Kumulus)** der Fall.

Wolken, die sich in Bodennähe bilden, bezeichnen wir als **Nebel**. Er entsteht häufig in der Nähe von Gewässern, da hier die Luft eine hohe relative Luftfeuchtigkeit aufweist, sodass es durch Abkühlung sehr schnell zur Sättigung der Luft mit Wasserdampf und damit zur Kondensation kommen kann.

Merke

Wolken können sehr unterschiedliche Formen annehmen, wobei jeder Form ein bestimmtes Wettergeschehen zugrunde liegt. Somit ermöglichen sie Rückschlüsse auf die Vorgänge in der Troposphäre oder, anders gesagt, auf das bevorstehende Wetter (s. S. 340).

1 **Feine Schäfchenwolken** (Zirrokumulus) als Vorboten einer Wetterstörung (Höhe: 6 000 bis 12 000 m)

2 **Federwolken** (Zirrus) deuten auf eine Wetterverschlechterung hin (Höhe: 6 000 bis 12 000 m)

3 **Regenwolken** (Nimbostratus) bringen lang anhaltende Regen- oder Schneefälle (Höhe: < 2 500 m)

4 **Haufen-/Quellwolken** (Kumulus) bringen in der Regel keinen Regen, sondern lösen sich gegen Abend wieder auf (Schönwetterwolken)

5 **Haufenschichtwolken** (Stratokumulus) bringen in der Regel keinen Regen, deuten auf Wetteränderung hin (Höhe: < 2 500 m)

6 **Mittelhohe Schichtwolken** (Altostratus) bilden eine graue, dichte Wolkendecke (Höhe: 2 000 bis 6 000 m). Sie kündigen Regen oder Schnee an

7 **Tiefe Schichtwolken** (Stratus) flache Wolkenschicht ohne deutliche Untergrenze („Hochnebel“) (Höhe: < 2 500 m). Sie können leichten Niesel- oder Sprühregen bringen

8 **Nebel** – eine Wolke am Erdboden

1.4.6 Niederschlag

Etwa 86 % des zwischen Atmosphäre und Erde zirkulierenden Wassers stammen aus den Weltmeeren und die restlichen 14 % vom Festland. Jedoch fallen ungefähr 22 % des verdunsteten Wassers als Niederschlag auf das Land, das so mehr bekommt, als es abgibt.

! Merke

Die **Wasserabgabe aus der Atmosphäre** bezeichnen wir als **Niederschlag**. Er kann in unterschiedlicher Form erfolgen und hängt von der **Luftströmung**, der **Temperatur** und der **Luftfeuchtigkeit** ab.

Die häufigste Niederschlagsform ist der **Regen**. In den gemäßigten Zonen entsteht er meist aus Schnee. Dies beruht darauf, dass die meisten Wolken in ihren oberen Schichten Eiskristalle enthalten. Diese vergrößern sich recht schnell, indem sie mit anderen Eiskristallen verschmelzen, und die in ihrer Nähe befindlichen Wassertröpfchen gefrieren.

Ihre ständige Größenzunahme bewirkt schließlich, dass sie zu Boden fallen, wobei sie sich auf dem Weg dorthin weiter vergrößern und Schneeflocken bilden.

Beim Passieren wärmerer bodennaher Luftschichten schmelzen sie und gelangen als Regentropfen auf den Boden. Nach der Tropfengröße unterscheidet man z. B. Niesel- oder Sprühregen (< 0,5 mm), Landregen (0,5 bis 4 mm) und Platz- oder Gewitterregen (> 4 mm).

! Merke

Wolken, die Niederschlag liefern (außer Nieselregen), müssen mindestens so mächtig sein, dass in ihrem oberen Teil die **Temperaturen unter −10 °C** liegen.

Herrschen auch in den bodennahen Luftschichten niedrige Temperaturen, fallen die Eiskristalle als **Schneeflocken** – es schneit.

Der **Hagel** entsteht in großen Schauer- und Gewitterwolken. Die in diesen Wolken herrschenden starken Turbulenzen führen dazu, dass die Eiskristalle immer wieder in Auf- und Abwinde geraten, wobei sie oben gefrieren und unten schmelzen. Bei diesem Hin- und Hertransport wachsen die Hagelkörner immer mehr an, bis sie schließlich groß genug sind, um gegen die Aufwinde zu Boden zu fallen. Dabei können Hagelkörner von über 5 cm Dicke auftreten und schwere Schäden an Pflanzen und Gewächshäusern anrichten.

Schmelzen sie beim Passieren bodennaher Warmluftschichten, entsteht der **Platz- oder Gewitterregen**.

Gelangen Regentropfen in Bodennähe in kalte Luftschichten, können sie wieder gefrieren und als **Graupel** (Eiskörner) zur Erde fallen.

Kühlt sich die Luft an der Oberfläche des Bodens und der Pflanzen unter den Taupunkt ab, legt sich der überschüssige Wasserdampf als **Tau**, bei Temperaturen unter null Grad als **Raureif** nieder. Der gefährliche **Eisregen** entsteht durch auf gefrorenen Boden fallenden oder durch unterkühlten Regen, der beim Auftreffen sofort gefriert.

Niederschlagsmessung

Zur Ermittlung flüssiger und fester Niederschläge dient der **Regenmesser** (1). Die Tagesmenge wird ermittelt, indem die Wassermenge aufgefangen wird, die auf eine 200 cm² große Auffangfläche in 1 m Höhe fällt.

! Merke

Die Angabe der **Niederschlagsmenge** erfolgt in mm:
1 mm = 1 l Wasser/m² (2).

1 Regenmesser

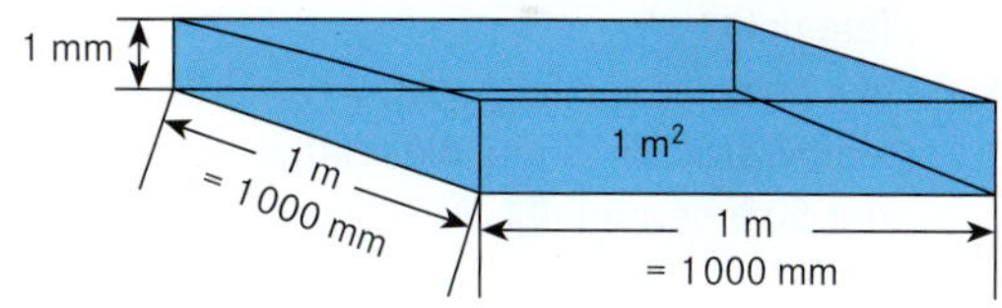

$$V = 1000\ \text{mm} \cdot 1000\ \text{mm} \cdot 1\ \text{mm} = 1\,000\,000\ \text{mm}^3 = 1000\ \text{cm}^3 = 1\ \text{dm}^3 = 1\ \text{l}$$

2 Die Angabe der Niederschlagsmenge erfolgt in Millimeter

? Aufgaben

◑ 1. Erklären Sie die Tatsache, dass die Sonnenstrahlung die Luft nicht direkt, sondern über den Umweg über die Erdoberfläche erwärmt.

○ 2. Geben Sie
   a) den Schmelzpunkt von Eis und
   b) den Siedepunkt von Wasser
   c) in °C und Kelvin an.

◑ 3. Beschreiben Sie verschiedene Geräte zur Temperaturmessung.

◑ 4. Warum müssen Thermometer vor direkter Sonneneinstrahlung geschützt werden?

Aufgaben (Fortsetzung)

◑ 5. Warum nimmt der Luftdruck mit steigender Höhe über dem Meeresspiegel ab?

○ 6. Worin ist der Wert eines Barometers für die Wettervorhersage zu sehen?

◑ 7. Warum bewegt sich warme Luft aufwärts?

◑ 8. Warum nehmen Luftdruck und -temperatur mit zunehmender Höhe ab?

◑ 9. Wodurch entsteht Wind?

◑ 10. Wie erklärt sich die kühle Seebrise, die häufig am Tage vom Meer zum Land weht?

● 11. Erklären Sie, warum sich in den Subtropen die meisten Wüstengebiete unserer Erde befinden.

◑ 12. Erklären Sie den Flugverlauf in 1, S. 338.

○ 13. Schätzen Sie die Windstärke mithilfe der „Beaufortskala“.

◑ 14. Erklären Sie die Entstehung der Verdunstungskälte.

○ 15. Was gibt a) die absolute Luftfeuchtigkeit und b) die relative Luftfeuchtigkeit an?

◑ 16. Wovon hängt die relative Luftfeuchtigkeit ab?

○ 17. Wie nennt man den Vorgang, bei dem aus Wasserdampf flüssiges Wasser wird?

○ 18. Wie bezeichnet man die Temperatur, bei der sich überschüssiger Wasserdampf in Wassertropfen verwandelt?

○ 19. Wie hoch ist die relative Luftfeuchtigkeit beim Taupunkt?

◑ 20. Wie hoch ist der Taupunkt, wenn die Lufttemperatur 15 °C und die relative Luftfeuchtigkeit 50 % beträgt (1, S. 341)?

● 21. Die Temperatur der Luft beträgt 15 °C und die relative Luftfeuchtigkeit 75 %. Welche Luftfeuchtigkeit hat die Luft a) bei einer Erwärmung auf 25 °C und b) bei einer Abkühlung auf 10 °C (1, S. 341)?

◑ 22. Erklären Sie, warum die Außenluft im Winter mit 95 % relativer Luftfeuchtigkeit deutlich weniger Wasserdampf enthält, als die gleichzeitig mit 40 % relativer Luftfeuchtigkeit gemessene Raumluft.

◑ 23. Wodurch kann es zur Sättigung der Luft kommen?

◑ 24. Beschreiben Sie die Wolkenbildung.

◑ 25. Versuchen Sie, anhand der Wolkenbildung am Himmel eine Wetterprognose zu erstellen.

○ 26. Wie wird die Wasserabgabe aus der Atmosphäre bezeichnet?

◑ 27. Beschreiben Sie die Entstehung von Regen, Schnee, Hagel, Tau und Raureif.

○ 28. Wie erfolgt die Angabe der Niederschlagsmenge?

◑ 29. Warum schneit es zuerst in höheren Lagen?

○ 30. Wie nennt man eine Wolke am Erdboden?

◑ 31. Warum lösen sich morgendliche Nebel mit aufsteigender Sonne häufig sehr schnell auf?

◑ 32. Nicht nur durch Sonnenschein wird Wärme erzeugt, sondern auch durch Regen. Wie erklärt sich das (1, S. 340)?

● 33. Erklären Sie, warum die Sonne der Motor des täglichen Wettergeschehens ist.

1.5 Hoch- und Tiefdruckgebiete

Hochdruckgebiete und Tiefdruckgebiete

Isobaren

Merke

Das veränderliche, instabile Wetter der gemäßigten Zone wird durch das ständige Zusammentreffen warmer feuchter Luftmassen aus der Äquator- und kalter trockener Luftmassen aus der Polregion bestimmt. Die dabei erfolgende Vermischung führt zur Bildung von riesigen Luftwirbeln unterschiedlichen Drucks, den **Hoch- und Tiefdruckgebieten**.

Auf der Wetterkarte werden diese ausgedehnten Luftdruckgebiete durch **Isobaren** dargestellt. Das sind Linien, die Orte gleichen Luftdrucks verbinden und im Abstand von 5 Hektopascal (hPa) eingetragen werden. Je dichter die Isobaren[1], desto größer die Luftdruckunterschiede, desto stärker der Wind/Sturm. Der **Normaldruck** beträgt in Meereshöhe 1 013,25 hPa.

Aufgrund der Erdrotation entsteht eine Kraft, die einen sich bewegenden Körper auf der Nordhalbkugel nach rechts und auf der Südhalbkugel nach links abweichen lässt.

Corioliskraft

Merke

Die **Corioliskraft** bewirkt, dass die **Luftströmungen vom Hochdruck- zum Tiefdruckgebiet** auf der Nordhalbkugel nach rechts abgelenkt werden, sodass die Luftmassen um den Kern eines **Hochdruckgebiets im Uhrzeigersinn** kreisen und mit einem Linksdrall in das **Tiefdruckgebiet** strömen, in dem die Luftmassen **entgegen dem Uhrzeigersinn** fließen (1, S. 345).

[1] Iso = gleich, baros = Druck

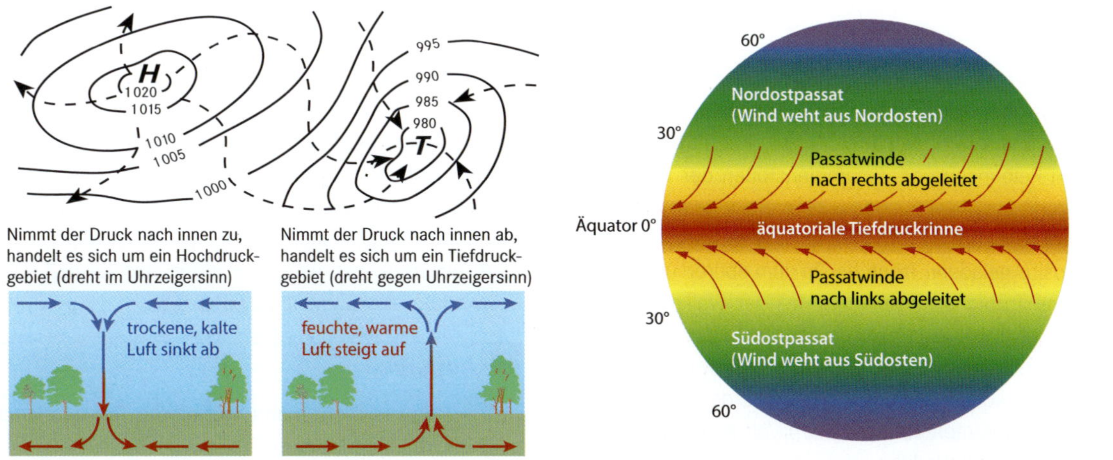

1 **oben:** Windrichtungen um ein Hoch- und Tiefdruckgebiet auf der Nordhalbkugel
unten links: Luft strömt in großer Höhe in das Hochdruckgebiet ein. Am Boden fließt Luft aus dem Hochdruckgebiet ab.
unten rechts: Luft fließt in großer Höhe aus dem Tiefdruckgebiet ab. Am Boden fließt Luft in das Tiefdruckgebiet hinein.
ganz rechts: Aufgrund der Corioliskraft werden die Winde auf der Nordhalbkugel immer nach rechts und auf der Südhalbkugel immer nach links abgeleitet (immer von den Polen gesehen).

Fronten

Stößt eine Warmfront vor, schiebt sich die wärmere Luft über die kältere empor. Beim Aufstieg kühlt sie sich ab, sodass es in großen Höhen zur Bildung von **Federwolken** (Zirrus) kommt, denen **Schleierwolken** (Zirrostratus), **Schichtwolken** (Altostratus) und schließlich dunkle **Regenwolken** (Nimbostratus) folgen. Letztere bringen lang anhaltende Niederschläge. Stößt eine vordringende Kaltfront auf Warmluft, schiebt sich die schwere Kaltluft unter die warme Luft und drückt sie nach oben, dabei entstehen **Haufenwolken** (Kumulus), die sich zu **Schauer-** oder **Gewitterwolken** (Kumulonimbus) entwickeln können (**2**).

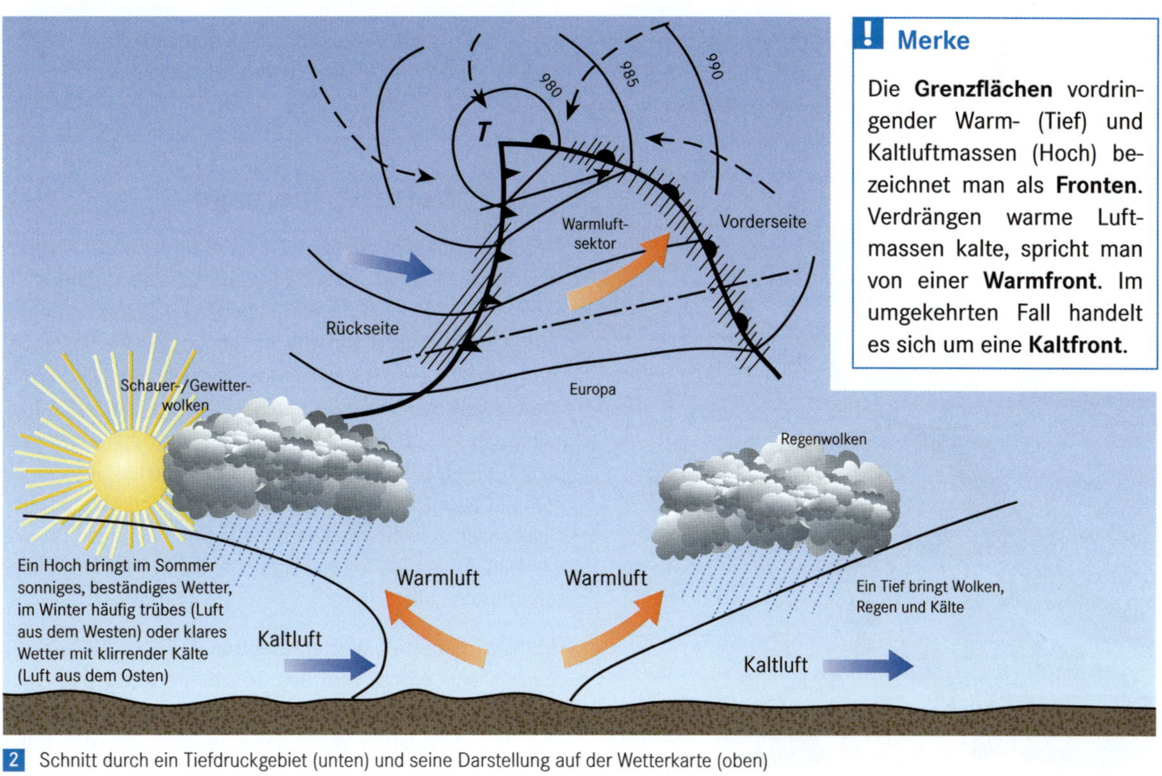

> **! Merke**
>
> Die **Grenzflächen** vordringender Warm- (Tief) und Kaltluftmassen (Hoch) bezeichnet man als **Fronten**. Verdrängen warme Luftmassen kalte, spricht man von einer **Warmfront**. Im umgekehrten Fall handelt es sich um eine **Kaltfront**.

2 Schnitt durch ein Tiefdruckgebiet (unten) und seine Darstellung auf der Wetterkarte (oben)

Gewitter

Gewitter entstehen dadurch, dass sich in bis zur Stratosphäre reichenden Wolken starke Turbulenzen mit kräftigen Auf- und Abwinden bilden. Dieses Auf und Ab führt zu starken Reibungen und Zusammenstößen der Wassermoleküle und Eiskristalle, sodass eine elektrische Aufladung entsteht. Gleichzeitig erfolgt eine Ladungstrennung, wobei sich positiv geladene Tröpfchen in dem oberen und negativ geladene Tröpfchen im unteren Teil der Wolke sammeln. Eine Gewitterwolke ist also im oberen Teil positiv und im unteren Teil negativ aufgeladen. Die Erde wiederum wirkt als Pluspol, wobei zwischen Wolke und Erde Spannungsunterschiede von mehreren Millionen Volt auftreten können. Die elektrische Entladung erfolgt in Form von Blitzen.

> **! Merke**
>
> Da der **Blitz** oft vom höchsten Punkt angezogen wird, sollten bei einem Gewitter Bäume (alle!), andere hohe Punkte, wie Masten usw., und die Nähe von Metallen (z. B. Fahrräder) gemieden werden. Stattdessen sollte man sich, die Füße dicht beieinander, hinhocken (nicht hinlegen!).

In Metallgehäusen, wie im Auto oder Flugzeug, ist man sicher vor Blitzen (Faradayscher Käfig). Der Blitz erreicht Temperaturen von bis zu 30 000 °C, wodurch es zur starken Ausdehnung der Luft kommt. Bei der unmittelbar darauf erfolgenden Abkühlung verdichtet sich die Luft wieder, was den **Donner** erzeugt. Aus der Zeit, die zwischen dem Aufleuchten des Blitzes und dem Hören des Donners vergeht, lässt sich die Entfernung des Gewitters errechnen, da der Schall 3 Sekunden für 1 Kilometer braucht.

Föhn

1 Entstehung des Föhns

Trifft die Luftströmung beim Druckausgleich zwischen Hoch- und Tiefdruckgebieten auf ein Hindernis, fließt sie darum herum oder strömt darüber hinweg.

Beim Überströmen von Gebirge kühlt sich die aufsteigende Luft ab. Enthält sie genügend Feuchtigkeit, kommt es zur Wolken- und Niederschlagsbildung auf der windzugewandten Seite (Luv), sodass auf der windabgewandten Seite (Lee) ein trockener, warmer Wind in das Tal fällt. Diesen Fallwind bezeichnet man als **Föhn** (**1**).

> **? Aufgaben**
>
> ○ 1. Was versteht man unter einem Tief und Hoch?
> ○ 2. Was sind Isobaren?
> ◑ 3. Aus welcher Richtung weht der Wind westlich eines Tiefs?
> ◑ 4. Beschreiben Sie anhand der **2**, S. 345, das Wettergeschehen beim Vordringen a) einer Kaltfront und b) einer Warmfront.
> ◑ 5. Welche Wolkenbildungen ziehen a) mit einem Hoch und b) mit einem Tief einher?
> ● 6. Warum folgt auf ein Tief auch immer ein Hoch?
> ◑ 7. Erklären Sie, warum ein Tief zunächst Warmluft und später Kaltluft bringt.
> ◑ 8. Wie entsteht ein Gewitter?
> ○ 9. Warum ist das Schwimmen bei Gewitter lebensgefährlich?
> ○ 10. Zwischen Blitz und Donner vergehen 3 Sekunden. Wie weit ist das Gewitter entfernt?
> ◑ 11. Erklären Sie die Entstehung des Föhns.

1.6 Wettervorhersage

Wir alle sind maßgeblich vom Wetter abhängig. Täglich verfolgen Millionen von Menschen den Wetterbericht in den Medien. Er gibt uns Informationen und Entscheidungshilfen, wo und wann wir Urlaub machen, wie wir uns anziehen, ob wir einen Regenschirm mitnehmen oder nicht, welche gärtnerischen Arbeiten sinnvollerweise durchgeführt werden, ob mit Spät- oder Frühfrösten zu rechnen ist, ob Straßenglätte den Verkehr behindert, ob Luftverschmutzungen oder Radioaktivität unsere Gesundheit beeinträchtigen oder Unwetter uns bedrohen usw. Deswegen ist eine möglichst genaue und weitreichende Wettervorhersage unentbehrlich.

Mithilfe moderner **Wettersatelliten** (z. B. METEOSAT für Europa und Afrika) wird aus 36 000 km Höhe über dem Äquator rund um die Uhr das Wetter beobachtet. Die zur Erde gesandten Wetterdaten werden von der **Euro-**

1 METEOSAT-Satellitenbild aus 36 000 km Höhe

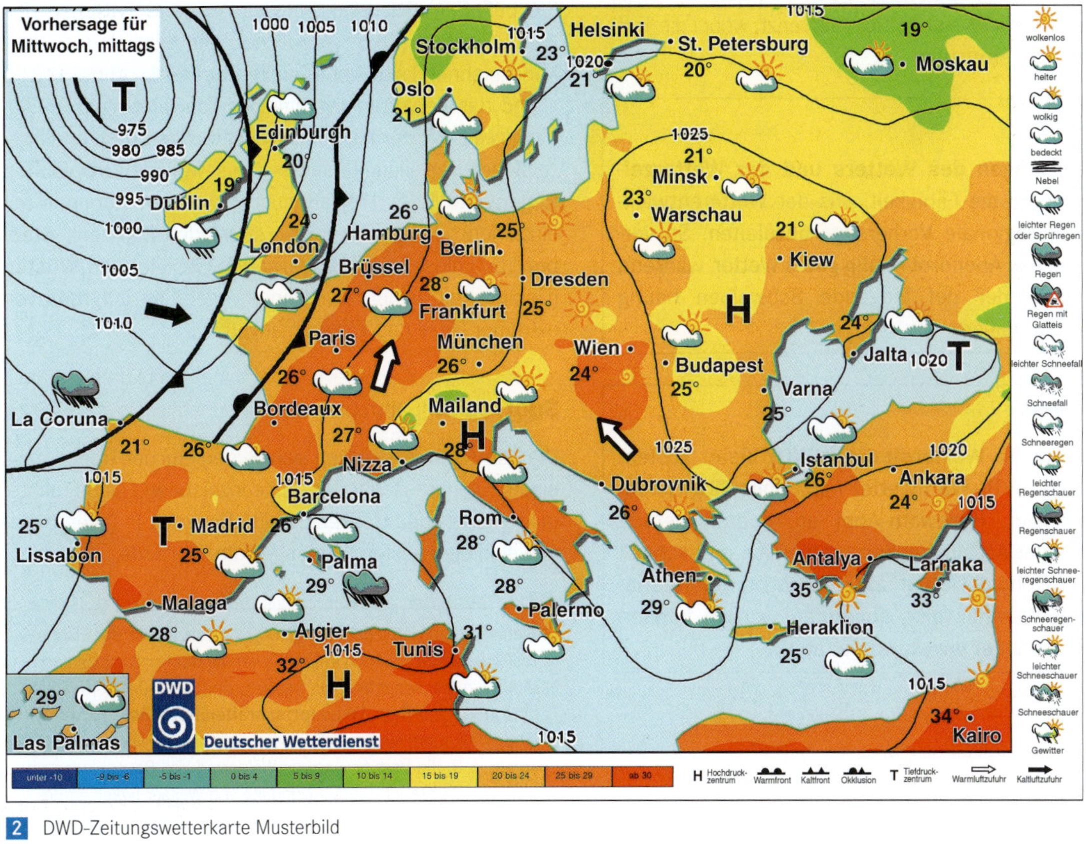

2 DWD-Zeitungswetterkarte Musterbild

päischen Weltraumorganisation EUMETSAT mithilfe moderner Großrechner aufbereitet und wieder zum Satelliten hinaufgeschickt. Von dort gelangen die Daten unter anderem zum **Deutschen Wetterdienst (DWD)** in Offenbach am Main, wo der digitale Datenstrom aus zwölf Spektralkanälen alle 5 Minuten mithilfe mathematischer Modelle in ein **Satellitenbild** umgewandelt wird. Indem diese Bilder elektronisch bearbeitet (1, S. 347) und hintereinandergesetzt werden, entsteht ein Satellitenfilm, der das Wettergeschehen des Tages zusammenfasst und oft im Fernsehen bei der Wettervorhersage gesendet wird.

Für eine möglichst genaue Wettervorhersage reicht der Satellitenfilm alleine nicht aus. Es müssen weitere Daten wie Temperatur, Luftfeuchtigkeit, Luftdruck von Wetterstationen aus ganz Deutschland abgefragt und eingehende Daten aus aller Welt von Großrechnern analysiert werden.

Mithilfe dieser Informationen über das gegenwärtige Wetter und Computersimulationen wird auf das zukünftige Verhalten der Atmosphäre geschlossen und werden **Wetterkarten** (2, S. 347) sowie die **Wettervorhersage** für den nächsten Tag erstellt.

Da das Wettergeschehen von unzähligen Faktoren beeinflusst wird, ist die Wetterprognose mit gewissen Unsicherheiten behaftet. Voraussagen für ein bis zwei Tage weisen heute eine Genauigkeit von 92 % auf. Eine genaue Vorhersage ist auf maximal sieben Tage begrenzt, wobei die Treffsicherheit 75 % erreicht.

! Merke

Beobachtungen des Wetters und der Wetterzeichen fördern die Fähigkeit, aus der Wetterentwicklung eine regionale Vorhersage abzuleiten. So verheißt z. B. das Abendrot häufig gutes Wetter, während Morgenrot oder tief fliegende Schwalben häufig Regen ankündigen.

! Hinweis

Der **Deutsche Wetterdienst (DWD)** bietet kostenlose Apps (z. B. WarnWetter-App, Pollenflug-Gefahrenindex-App, Hitzewarn-App) an, sodass gerade auch bei der Arbeit draußen problemlos und schnell per Smartphone/Tablet aktuelle Wetterinformationen und Warnhinweise abgerufen werden können (mehr dazu unter www.dwd.de/app).

2 Klima

! Merke

Unter **Klima** versteht man den durchschnittlichen Zustand der bodennahen Atmosphäre für ein bestimmtes Gebiet während vieler Jahre (mindestens 30 Jahre). Bestimmt wird es vor allem durch die geografische Breite, die Höhe über dem Meeresspiegel und die Lage zu den globalen Luftzirkulationen.

Man unterscheidet Groß- oder Makroklima, Lokal- oder Mesoklima und Klein- oder Mikroklima.

Klimazonen

2.1 Groß- oder Makroklima

Die globalen Windsysteme haben dazu geführt, dass sich ausgeprägte Klimazonen rund um die Erde als gleichförmige Landschaftsgürtel ziehen, die die Erdoberfläche in Gebiete mit ähnlichem Klima unterteilen. Nach der Einstrahlungsintensität der Sonne kann man vier **Klimazonen** (Gebiete mit ähnlichem Klima: 1, S. 349) unterscheiden:

Tropen (Tropische Zone)

Sie befinden sich beidseits des Äquators zwischen den Wendekreisen (23,5° nördlicher und südlicher Breite). Kennzeichnend sind hohe Temperaturen – im Mittel +18 °C – und das Fehlen jahreszeitlicher Schwankungen. In Abhängigkeit von der jährlichen Niederschlagshöhe und ihrer zeitlichen Verteilung umfassen sie sowohl den **tropischen Regenwald** (s. S. 118) als auch **Savannen** (Steppen mit einzelnen oder gruppenweise stehenden Bäumen), **Steppen** (baumlose, niederschlagsarme Gebiete) und **Wüsten** (Gebiete mit wenig oder keiner Vegetation aufgrund von extremer Hitze und Wassermangel).

Subtropen (Subtropische Zone)

Die Subtropen erstrecken sich beiderseits der Tropen etwa bis 30° geografischer Breite. Kennzeichnend sind feuchte, milde Winter und trockene, heiße Sommer. In ihnen befinden sich die meisten Wüstengebiete[1] der Erde.

[1] Weltweit kommen jedes Jahr 70 000 km² dazu, was der Fläche Irlands entspricht. Auch in Europa verwandeln sich ganze Landstriche in Trockengebiete. In Spanien sind z. B. 40 % der Fläche betroffen. Ursachen dieser **fortschreitenden Wüstenbildung** (Desertifikation) sind vor allem im menschlichen Handeln zu sehen, z. B. die Vernichtung von Wäldern durch Bauspekulanten, erhöhter Verbrauch/Verschwendung von Wasser (wachsende Bevölkerung, Landwirtschaft, Tourismus).

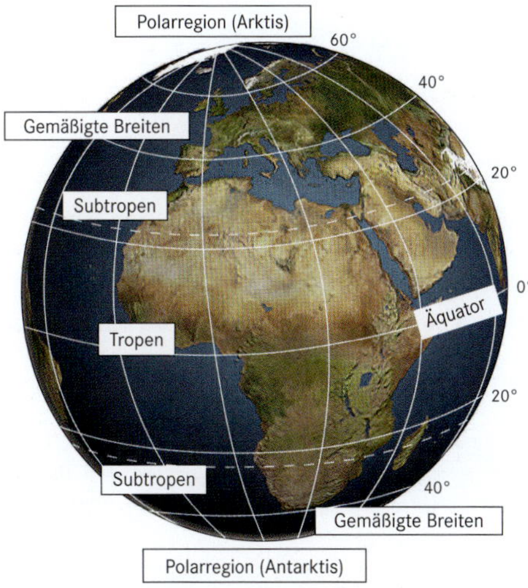

1 Die Klimazonen[1] der Erde

Gemäßigte Breiten/Zone (Mittelbreiten)

Die gemäßigten Breiten umfassen etwa 52% der Erdoberfläche. Sie sind im Allgemeinen durch das Auftreten von vier ausgeprägten Jahreszeiten gekennzeichnet und werden in eine warm- und kühlgemäßigte Klimazone unterteilt.

Polarregionen (Polare Zone)

An die gemäßigten Breiten schließen sich ab 60° nördlicher und südlicher Breite die Polarregionen an: die **Arktis** um den Nordpol und die **Antarktis** um den Südpol.

> **! Merke**
>
> Nach der Einstrahlungsintensität der Sonne unterscheidet man vier Klimazonen: die Tropen, die Subtropen, die gemäßigten Breiten und die Polarregionen.

Trotz der einheitlichen Sonneneinstrahlung befinden sich innerhalb der einzelnen Zonen recht unterschiedliche Klimagebiete, die vor allem durch die ungleiche Verteilung von Land, Meer und Niederschlägen bedingt sind. So wird vom Meer beeinflusstes Klima als **maritimes Klima** (Seeklima, ozeanisches Klima) bezeichnet. Die vom Meer strömenden feuchten, wolkenreichen Luftmassen führen zu ergiebigen Niederschlägen. Die jahreszeitliche Verteilung hat ihr Maximum im Herbst und Winter. Kennzeichnend sind kühle Sommer und milde Winter. Als **Kontinentalklima** (Landklima, Binnenklima) bezeichnet man das meerferne Klima über dem Festland. Kennzeichnend sind niedrige Luftfeuchtigkeit und dementsprechend geringe Bewölkung und Niederschlagsmengen mit einem Sommermaximum sowie heiße Sommer und kalte Winter. Der Nordwesten Europas ist maritim beeinflusst. Von West nach Ost nimmt der Kontinentaleinfluss zu. So herrscht bei uns bei Westwindlage ein mildes, atlantisch bestimmtes Klima. Eine Ostwindlage hingegen führt im Sommer zu großer Hitze und im Winter zu starker (sibirischer) Kälte.

Die **klimatische Wasserbilanz**, die sich aus der Differenz zwischen Niederschlag und Verdunstung ergibt, bestimmt, ob ein Klima **arid** (trocken, dürr) oder **humid** (feucht, nass) ist. Im **ariden Klima**, wie z. B. in den Wüstengebieten der Erde und im Gewächshaus, ist die mögliche jährliche Verdunstung höher als die jährliche Niederschlagsmenge.

Im **humiden Klima**, wie z. B. im tropischen Regenwald und großen Teilen der gemäßigten Breiten - so auch bei uns -, ist die jährliche Niederschlagsmenge größer als die jährliche Verdunstung. Nach der Zahl der humiden und ariden Monate während eines Jahres unterscheidet man ferner das semiaride und das semihumide Klima. Von einem **semiariden Klima** spricht man, wenn während des größeren Teils des Jahres aride Bedingungen herrschen. Im **semihumiden Klima** übertrifft die Niederschlagsmenge in 6 bis 9 Monaten im Jahr die Verdunstungsrate. So herrscht in der Bundesrepublik Deutschland ein **maritimes, semihumides, warm-gemäßigtes Klima**.

> **! Merke**
>
> | | |
> |---|---|
> | maritimes Klima | = vom Meer beeinflusstes Klima (Seeklima, ozeanisches Klima) |
> | Kontinentalklima | = vom Festland beeinflusstes Klima (Landklima, Binnenklima) |
> | arides Klima | = trockenes, dürres Klima (Verdunstungsrate > Niederschlagsrate) |
> | humides Klima | = feuchtes, nasses Klima (Niederschlagsrate > Verdunstungsrate) |
> | semiarides Klima | = aride und humide Monate, die ariden überwiegen |
> | semihumides Klima | = im Jahr 6 bis 9 Monate humid |

> **? Aufgaben**
>
> 1. Was versteht man unter Klima?
> 2. Unterscheiden Sie Groß-, Lokal- und Kleinklima.
> 3. Beschreiben Sie die vier Klimazonen.
> 4. Unterscheiden Sie maritimes und kontinentales Klima.
> 5. Was versteht man unter einem ariden bzw. humiden Klima?
> 6. In der Bundesrepublik Deutschland herrscht ein maritimes, semihumides, warm-gemäßigtes Klima. Was bedeutet dies?

[1] Gebiete mit ähnlichem Klima

2.2 Lokal- oder Mesoklima

Unter dem Lokal- oder Mesoklima wird ein begrenzt klimatisches Gebiet verstanden, das sich aufgrund der Geländegestaltung klimatisch von der Umgebung unterscheidet. Solche Lokalklimate sind z. B. das Hang-, Tal-, Berg-, Wald- oder Stadtklima.

2.3 Klein- oder Mikroklima

Unter dem Klein- oder Mikroklima versteht man die klimatischen Verhältnisse in der bodennahen Luftschicht bis 2 m Höhe. Diese Schicht bezeichnet man auch als **Störungszone**. Am Tage ist sie relativ warm, in der Nacht relativ kalt, da Erwärmung und Abkühlung vom Boden her erfolgen. Darum werden alle internationalen Messgeräte in einer Höhe über 2 m angebracht. Unterschiedliche Kleinklimate finden wir z. B. auf den verschiedenen Seiten eines Hauses, im Bereich einer Hecke oder im Gewächshaus.

2.4 Globale Klimaveränderungen

Zunehmende Luftverschmutzungen und Zerstörungen der natürlichen Vegetation beeinflussen unser Klima immer mehr. Saurer Regen, Smog- und Ozonalarm, Wald- und Gewässersterben, Artenrückgang, Trinkwasserverschmutzung und Bodenverseuchung gehören zu den Folgeerscheinungen menschlicher Umweltverschmutzung, an die wir uns schon gewöhnt haben. Welche Folgen globale Klimaveränderungen für das Leben auf der Erde mit sich bringen können, zeigen uns der Treibhauseffekt, das Ozonloch oder die Zunahme von Extremwetterlagen.

2.4.1 Treibhauseffekt

! Merke

Ein Treib- oder Gewächshaus erwärmt sich dadurch, dass das Glas zwar die **kurzwelligen Lichtstrahlen** hindurchlässt, die **langwelligen Wärmestrahlen** aber zurückhält: Die Lichtstrahlen der Sonne dringen durch das Glas in das Treibhaus ein und wandeln sich beim Auftreffen auf Boden und Pflanzen in Wärmestrahlen um. Da die Wärmestrahlen vom Glas zurückgehalten werden, kommt es zu einer Erwärmung im Innern des Treibhauses (1).

Dieser sogenannte **Treibhaus- oder Gewächshauseffekt** lässt sich auf die Erde übertragen, wobei die Atmosphäre die Funktion des Glases übernimmt. Verantwortlich dafür sind vor allem zwei Gase – der **Wasserdampf** und das

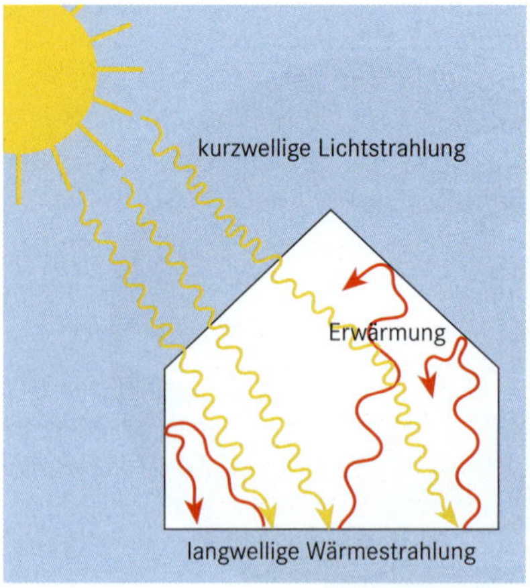

1 Der Treibhauseffekt

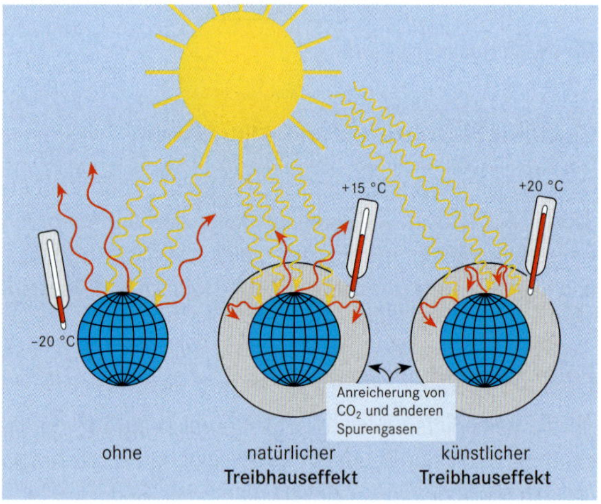

2 Fortschreitende Erwärmung der Erdatmosphäre

Kohlendioxid. Auf der einen Seite hat gerade dieser Treibhauseffekt dazu geführt, dass die Erde bewohnbar wurde, denn ohne die Wärmeabsorption und -reflexion durch die Atmosphäre würde sämtliche Wärme von der Erde in den Weltraum gestrahlt. Statt der heute durchschnittlich +15 °C würden auf der Erde ganzjährig −20 °C herrschen. Eine Verstärkung des natürlichen Treibhauseffekts führt jedoch dazu, dass immer mehr Wärme auf der Erde wie in einem Treibhaus gefangen bleibt. Vor allem die seit dem 19. Jahrhundert kontinuierlich steigende CO_2-Konzentration in der Atmosphäre verstärkt den Treibhauseffekt (2). **Ursachen** sind in erster Linie in der **Verbrennung fossiler Energieträger** und der **Vernichtung des tropischen Regenwalds** zu sehen. Jeden Tag werden mehr Erdöl, Erdgas und Kohle verbraucht als sich in tausend Jahren in der Natur gebildet haben. Bei der Abbrennung des tropischen Regenwalds erfolgt nicht nur die Freisetzung riesiger Mengen an CO_2, sondern auch die Vernichtung biologischer Speichermasse gewaltigen Ausmaßes. Betrug der CO_2-Gehalt in der Mitte des 19. Jahrhunderts noch 0,028 % CO_2/l Luft (280 l CO_2/1 000 000 l Luft = 280 ppm), sind es heute bereits 0,0419 % CO_2/l Luft (419 l CO_2/ 1 000 000 l Luft = 419 ppm) – mit steigender Tendenz! Neben Kohlendioxid tragen auch **Methan** (CH_4), **Stickstoffoxide** (N_2O), **Ozon** (O_3) und **Fluorchlorkohlenwasserstoffe** (FCKW) zur Verstärkung des Treibhauseffekts bei.

Wenn der Ausstoß von wärmeisolierenden Spurengasen nicht drastisch eingeschränkt wird, befürchten Wissenschaftler einen durchschnittlichen Temperaturanstieg um 1,5 bis 2,4 °C bis zum Jahre 2030[1]. Dieser reicht aus, um über **veränderte Wind-, Wolken- und Niederschlagsverhältnisse** eine **Verschiebung der Klima- und Anbauzonen** zu bewirken – vielerorts mit katastrophalen Folgen: Die abnehmenden Niederschläge, vor allem in den meerfernen Gebieten, führen zu einem dramatischen **Wassermangel** und zu einer **Ausdehnung der Wüstengebiete** nach Norden, sodass **Dürren und Hungersnöte** zunehmen. Die Aufheizung der Meere bewirkt über die Ausdehnung des Wassers einen **Anstieg des Meeresspiegels** von ca. 1[2] bis 3 m mit entsprechend höheren und häufigeren Sturmfluten. Ein Abschmelzen großer Teile des Gletscher- und Polareises würde den Prozess noch verstärken.

> **! Merke**
>
> **Maßnahmen zur Senkung des CO_2-Ausstoßes:**
> - Reduzierung des Energieverbrauchs
> - Verstärkte Nutzung alternativer Energien
> - Energiegewinnung aus schnell wachsenden Rohstoffen
> - Ausstieg aus der Kohleverbrennung, keine neuen Kohlekraftwerke
> - Maßnahmen gegen das Waldsterben
> - Großflächige Aufforstung
> - Schutz des tropischen Regenwalds und der Moore
> - Verkehrswende (Elektromobilität)
> - Förderung naturnaher Land- und Forstwirtschaft
>
> **Ziel:** Nur so viel CO_2 ausstoßen, wie Wälder und andere sogenannte Kohlendioxid-Senken aus der Atmosphäre entziehen → CO_2-Netto-Ausstoß auf Null bringen

2.4.2 Ozonloch

> **! Merke**
>
> Die **Ozonschicht** (1, S. 334) schützt die Erde vor der harten UV-Strahlung (Wellenlänge 200 bis 300 nm), die hier zum größten Teil beim Auf- und Abbau von Ozon absorbiert wird, sodass nur ein geringer Teil der für Mensch, Tier und Pflanze schädlichen UV-Strahlung auf die Erdoberfläche gelangt.

Erstmals 1984 wurde festgestellt, dass die Ozonschutzschicht zerstört wird. Über der Antarktis (Südpol) wurde ein „Ozonloch" so groß wie die Fläche der Vereinigten Staaten von Amerika registriert. Hauptverursacher sind **Fluorchlorkohlenwasserstoffe (FCKW)**, die vor allem als Treibgase (z. B. in Spraydosen), Kühl- (z. B. in Kühlschränken), Lösungs- und Schäumungsmittel (z. B. in Polyurethanen) verwendet werden. Die FCKW, die in der Atmosphäre keinerlei Verbindung mit anderen Stoffen eingehen, gelangen im Laufe von 10 bis 15 Jahren in die Stratosphäre.

> **! Merke**
>
> Der jetzige Vorrat an FCKW[3] in der Atmosphäre wird nach Schätzungen für weitere 60 Jahre Ozonzerstörung ausreichen.

Durch die Zerstörung der Ozonschicht nimmt die UV-Strahlung auf der Erde zu (1). UV-Strahlung kann in den Zellen unserer nur 0,2 mm dicken Oberhaut genetische Veränderungen (Mutationen) hervorrufen, die zu **Hautkrebs** führen. In Australien sterben bereits jährlich 1 000 Menschen an Hautkrebs und die Zahl der **Augenkrankheiten** nimmt zu (Tab. 1, S. 352). Die Bekanntgabe der aktuellsten UV-Messung gehört hier zum täglichen Wetterbericht.

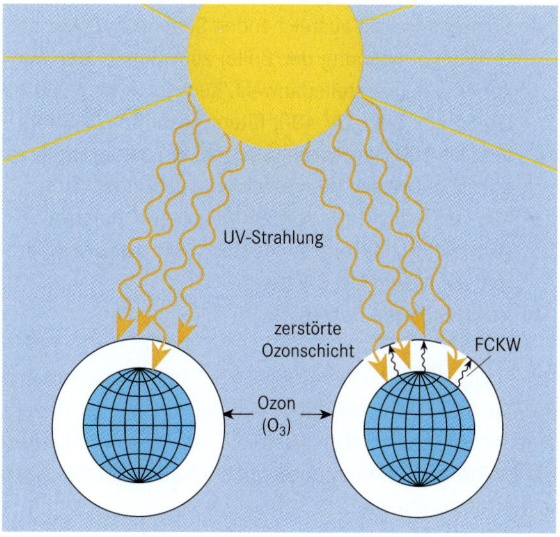

1 Erhöhte UV-Strahlung durch Ozonzerstörung

[1] Auf dem Klimagipfel 2015 in Paris haben Industrie- und Schwellenländer beschlossen, die Erderwärmung auf unter 2 °C (wenn möglich auf 1,5 °C) zu begrenzen.

[2] Laut einem Report des Weltklimarates (IPCC) vom September 2019 könnte der Meeresspiegel bis 2100 um bis zu einem Meter steigen, falls nicht mehr Klimaschutz betrieben wird. Derzeit steigt laut IPCC der Meeresspiegel um 3,6 Millimeter pro Jahr.

[3] Aufgrund der großen Risiken wurde ein weltweiter Ausstieg aus der Produktion und Vermarktung von FCKW beschlossen.

UV-A-Strahlen (315 bis 380 nm)	UV-B-Strahlen (280 bis 315 nm)
■ mindestens 90 % der UV-Strahlung	■ höchstens 10 % der UV-Strahlung
■ dringen tief, bis in die Lederhaut ein	■ dringen nur bis in die Oberhaut ein
■ bewirken kurzfristige Bräune (nur Stunden), bauen keinen Lichtschutz auf	■ langfristige Bräunung, bauen Lichtschutz auf
■ bewirken frühzeitige Hautalterung (faltig, schrumpelig)	■ bewirken die Bildung von Vitamin D
■ Gefahr von Sonnenbrand gering	■ hauptverantwortlich für Sonnenbrände
■ kann schwarzen Hautkrebs auslösen	■ Vitamin D wirkt vorbeugend gegen Krebs (auch Hautkrebs)

Tab. 1 Wirkung von UV-A- und UV-B-Strahlen auf den Menschen

! Hinweis

Tipps zum UV-Schutz

- Haut langsam an Sonne gewöhnen
- starke Sonne, vor allem zur Mittagszeit, meiden
- UV-Index[1] (UVI) beachten (Wetterbericht, Internet)
- beachten, dass sich durch Reflexionen Schnee, Sand und Wasser UV-Belastungen erhöhen
- Kleidung mit UV-Schutzfaktor (UV-Standard 801 Label, nach individuellen Hauttyp und Sonnintensität wählen, hoch UPF 60 oder 80) und Kopfbedeckung tragen, dabei auch auf Schutz von Ohren, Nacken und Fußrücken achten
- Sonnenbrille mit ausreichenden Seitenschutz (durch Größe/Formgebung der Brille) zum Schutz der Augen tragen (Herstellerhinweis/Kennzeichnung 100 % UV-Schutz oder UV 400, filtern gesamte UV-Strahlung bis 400 Nanometer raus), sollte Tönungsstufe 2 oder 3 aufweisen (Kennzeichnung cat2 oder cat3)
- alle unbedeckten Körperstellen gut eincremen (Lichtschutzfaktor[2] mindestens 30, besser 50+, mit UV-A- und UV-B-Filter)
- keine Solarien nutzen

Bei Pflanzen wirkt eine erhöhte UV-Strahlung hemmend auf das Wachstum und damit auf den Ertrag. Besonders empfindlich reagiert das pflanzliche Plankton der Meere – der größte Sauerstoffproduzent und ein bedeutendes Glied in der Nahrungskette.

! Hinweis

Beschäftigte, die viel im Freien arbeiten[3] haben Anspruch auf eine **arbeitsmedizinische Vorsorge zum UV-Schutz**. Der Arbeitgeber muss dem Beschäftigten einmal pro Jahr die Möglichkeit zur Vorsorgeuntersuchung anbieten. Die Vorsorgeuntersuchung muss im Rahmen der Arbeitszeit ermöglicht werden. Die Kosten trägt der Arbeitgeber.

In kleineren Mengen tritt Ozon auch in der Troposphäre auf. **Während in der Stratosphäre der Ozongehalt abnimmt, nimmt er in der Troposphäre zu.** Vor allem in Gebieten mit starker Abgasentwicklung, wo Ozon aus Stickstoff- und Schwefeldioxiden unter Einwirkung des Sonnenlichts entsteht, kann es zu erhöhten Ozonwerten kommen.

! Merke

Bei Überschreitung des EU-Richtwerts von **180 Mikrogramm pro Kubikmeter Luft** werden gesundheitlich bedenkliche Werte erreicht. Folgen sind in erster Linie Erkrankungen der Atemwege. Da sich die Aufnahme bei körperlicher Aktivität stark erhöht, sollten bei erhöhten Ozonwerten körperliche Aktivitäten im Freien eingeschränkt werden.

Bei Pflanzen behindert Ozon die Fotosynthese und hemmt den Chlorophyllaufbau.

[1] gibt Aufschluss über die Strahlungsintensität vor Ort

[2] gibt an, wie viel länger man sich mit einem Sonnenschutzmittel der Sonne aussetzen kann, ohne einen Sonnenbrand zu bekommen, als dies ohne das Sonnenschutzmittel möglich wäre

[3] Es wurde von Anfang April bis Ende September mindestens an 50 Tagen täglich zwischen 10 und 15 Uhr mindestens 1 Stunde in der Sonne oder 2 Stunden im Schatten gearbeitet

> **Aufgaben**
>
> ◑ 1. Wie erklärt sich die starke Erwärmung in einem Gewächshaus bei Sonneneinstrahlung?
>
> ◑ 2. Was hat der Treibhauseffekt mit der Erwärmung der Erdatmosphäre zu tun?
>
> ◑ 3. Welche Bedeutung hat der Treibhauseffekt für das Leben auf der Erde?
>
> ● 4. Nennen Sie Ursachen und Folgen der Verstärkung des natürlichen Treibhauseffekts.
>
> ◑ 5. Nennen Sie Maßnahmen zur Senkung des CO_2-Ausstoßes.
>
> ◑ 6. Welche Bedeutung hat die Ozonschicht der Stratosphäre für das Leben auf der Erde?
>
> ◑ 7. Wie erklärt es sich, dass in der Stratosphäre der Ozongehalt ab-, in der Troposphäre hingegen zunimmt?
>
> ◑ 8. Wie können Sie sich gegen zu hohe UV-Strahlung schützen?
>
> ◑ 9. Angenommen, Sie können ohne ein Sonnenschutzmittel 15 Minuten in der Sonne bleiben, ohne einen Sonnenbrand zu bekommen. Wie lange können Sie in der Sonne bleiben, wenn Sie eine Sonnencreme mit dem Lichtschutzfaktor 20 benutzen?

2.4.3 Extremwetterlagen

Rekordhitze und Dürresommer, auf der anderen Seite immer wieder aber auch längere Regen- und Kälteperioden mit Rekordschneefällen mitten im Mai. Wie passt das zusammen, wo alle doch von einer zunehmenden Erwärmung des Klimas sprechen? Laut Meteorologen muss dies kein Widerspruch sein. Um dies zu verstehen, müssen wir uns zehn Kilometer hoch in die Troposphäre, der Wetterschicht, begeben. Hier weht ein Starkwind mit einer Geschwindigkeit von bis zu 500 km/h und das auf einer Breite von meist mehreren 100 km. Dieser als **Jetstream**[1] (Polarfrontjet, 1) oder auch als **Starkwindband** bezeichnete Wind umströmt von West nach Ost wellenförmig die gesamte Nordhalbkugel zwischen dem 40. und 60. Breitengrad. Dabei kann die Größe der Wellen unterschiedlich ausgeprägt sein.

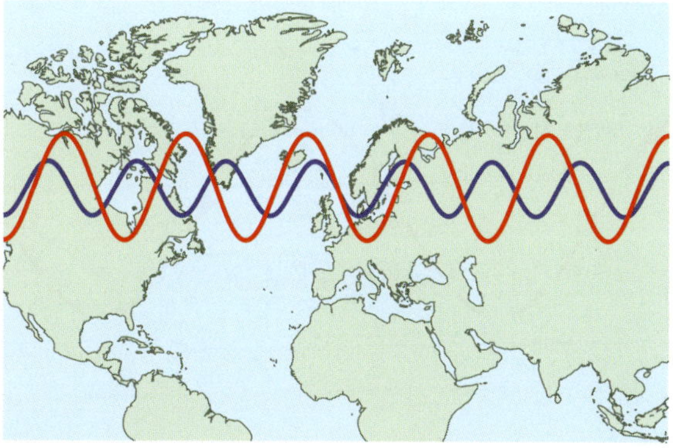

1 Der Jetstream bewegt sich in Wellen, die unterschiedlich ausgeprägt sein können

Verursacht wird der Jetstream durch die großen Temperaturunterschiede (Luftdruckunterschiede, s. Kap. 1.4.3) zwischen dem Äquator und den Polgebieten. Die Klimaerwärmung hat nun dazu geführt, dass das Eis in der Arktis zurückgeht. Waren 1980 noch etwa 7,5 Millionen km² mit Meereis bedeckt, sind es heute nur noch etwa 4,0 Millionen km². Die Folge ist, dass die Temperaturunterschiede zwischen Äquator und Pol geringer werden. Dies bewirkt wiederum, dass der Jetstream schwächer und die Wellen größer werden.

Weil das Starkwindband kalte Polarluft auf seiner Nordseite von warmer Subtropenluft auf seiner Südseite trennt (1, S. 354), bilden – von Süden her gesehen – die Wellenberge Hochs und die Wellentäler Tiefs. Je größer ein Wellenberg, desto weiter kann warme Subtropenluft nach Norden strömen. In einem Wellental hingegen strömt kalte Polarluft nach Süden (2, S. 354). Wenn der Jetstream langsamer wird oder gar ins Stocken gerät, wandern Hochs und Tiefs langsamer, sodass sie länger an der gleichen Stelle verbleiben. Damit bleibt auch das gerade an einem Ort vorherrschende Wetter über einen längeren Zeitraum stabil (stehende Wettergebiete).

Bei einem Hoch kann dies zu Hitze und Dürre, bei einem Tief zu langanhaltenden Regenfällen, Überschwemmungen und Erdrutschen führen. Auch unterschiedliche, sich widersprechende Extremwetterlagen, an verschiedenen Orten zur gleichen Zeit, lassen sich so erklären.

Trotz allem bleibt anzumerken, dass zur Klärung, wie groß der Einfluss des Klimawandels auf die Häufigkeit von Wetterextremen ist, ob es eine Zunahme solcher Ereignisse gibt oder sich diese im Rahmen der natürlichen Schwankungsbreiten bewegen, es weiterer Forschung bedarf.

[1] Flugzeuge nutzen beim Flug über den Atlantik (USA → Europa) den Jetstream (Name!) zur Einsparung von Energie und Zeit als Rückenwind.

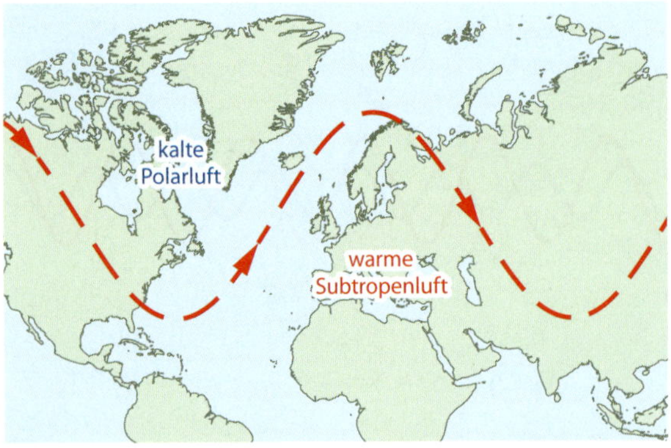

1 Der Jetstream trennt kalte Polarluft auf seiner Nordseite von warmer Subtropenluft auf seiner Südseite

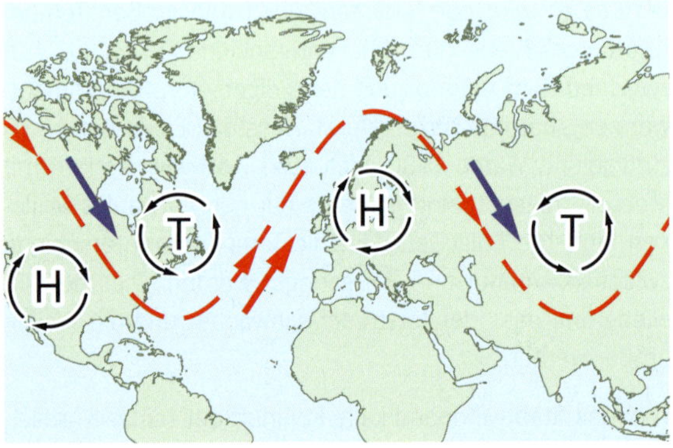

2 Wellenberge bilden Hochs, in die warme Luft nach Norden strömt, Wellentäler bilden Tiefs, in die kalte Luft nach Süden strömt

? Aufgaben

1. Was ist der Jetstream und wodurch wird er verursacht?
2. Der Jetstream ist trennend und ausgleichend zugleich. Wie ist das zu verstehen?
3. Wodurch beeinflusst der Jetstream das Wetter?
4. Erklären Sie, wodurch der Jetstream Extremwetterlagen fördern kann.

2.5 Beeinflussung des Mikroklimas

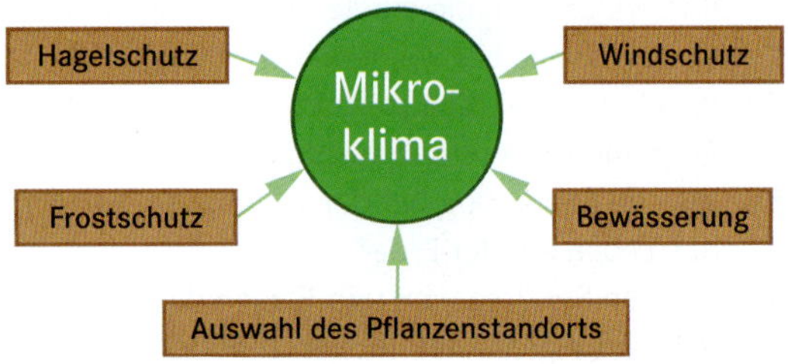

3 Einfluss auf das Mikroklima

Abgesehen vom Gewächshaus, in dem das Klima mithilfe moderner Technik genau gesteuert werden kann, sind die Möglichkeiten einer Klimasteuerung im Freiland zur Verbesserung des Pflanzenwachstums begrenzt und im Wesentlichen auf das Mikroklima beschränkt.

2.5.1 Auswahl des Pflanzenstandorts

! Merke

Die größte Beeinflussung des Mikroklimas erfolgt über die Auswahl des Pflanzenstandorts.

Dabei müssen vor allem die Temperatur-, Licht- und Feuchtigkeitsansprüche der Pflanzenarten berücksichtigt werden. So ist allgemein das ausgeglichene maritime Klima günstig für den Obstbau. Frühe Spätfröste und späte Frühfröste schützen Blüten und Früchte vor einer Frosteinwirkung und fördern durch die verlängerte Wachstumszeit das Ausreifen von Früchten und Trieben. Lange Vegetationszeiten mit sonnenreichen Herbstmonaten und geringen Niederschlägen fördern die Samenausreife und damit den Samenanbau. Eine hohe Luftfeuchtigkeit ist günstig für den Anbau von immergrünen Gehölzen und Nadelgehölzen.

2.5.2 Frostschutz

Die Empfindlichkeit gegenüber **Frost** ist je nach Pflanzenart und -sorte recht unterschiedlich. Besonders empfindlich sind Pflanzen, die in wärmeren Gebieten beheimatet sind. Schäden werden vor allem durch **Früh- und Spätfröste** verursacht, da viele Pflanzen dann noch nicht bzw. nicht mehr so widerstandsfähig gegen Kälte sind.

! Merke

Mit dem Auftreten von **Frühfrösten** ist ab Mitte Oktober, mit den letzten **Spätfrösten** zwischen Ende April und Mitte Mai (Eisheiligen) zu rechnen. Sie treten vor allem auf bei: wolkenlosem, klarem Abendhimmel, Windstille und Temperaturen wenig über dem Nullpunkt.

1 Frostschutzberegnung – Wenn Wasser zu Eis erstarrt, wird Wärme frei, die Pflanzen vor Frost schützt

Niedrige Luftfeuchtigkeit erhöht die Gefahr, da die Taupunkttemperatur (s. S. 341) erniedrigt wird, sodass es infolge Temperaturrückgangs nicht so schnell zur Kondensation und damit zur Nebelbildung und Energiefreisetzung kommt. Die Windstille verhindert eine Durchmischung der Kaltluft mit der darüber befindlichen Warmluft. Durch die fehlende Wolkendecke kann eine starke Wärmeabstrahlung des Bodens erfolgen, sodass die Temperatur der bodennahen Luftschicht sehr schnell unter die Nullgradgrenze fällt. Diese sogenannten **Strahlungsfröste treten als Nachtfröste auf**. Besonders gefährdet sind Tallagen, Mulden oder Senken, in denen sich die Kaltluft sammelt. Durch Gehölzanpflanzungen kann auf dem Boden hangabwärts strömende Kaltluft um- und abgeleitet werden. Bewölkter Himmel oder Nebel behindert die Wärmeabstrahlung des Bodens und damit das Auftreten von Strahlungsfrösten. Diese Erkenntnis macht man sich beim Einsatz von Nebel- oder Rauchpatronen zum Schutz vor Spätfrösten zur Zeit der Obstbaumblüte zunutze. Am wirkungsvollsten ist jedoch die **Frostschutzberegnung** (**1**). Hierbei werden die Pflanzen mit einer Wassermenge von 3,0 bis 3,5 mm pro Stunde beregnet. Das auf die Pflanze fallende Wasser gefriert und gibt dabei Energie in Form von Wärme frei. Diese **Erstarrungswärme** reicht aus, um bei Temperaturen von bis zu −7 °C die Temperatur auf der Pflanzenoberfläche über dem Gefrierpunkt zu halten.

> **! Merke**
>
> Wichtig ist, dass die **Frostschutzberegnung** beginnt, bevor die Temperatur unter den Gefrierpunkt absinkt. Auch muss sie so lange beibehalten werden, bis das Eis geschmolzen ist. Andernfalls würde die zum Schmelzen des Eises benötigte **Schmelzwärme** der Pflanze entzogen, sodass es zu Frostschäden kommen kann (**1**, S. 340).

Maßgebend für das Ein- und Ausschalten ist die **Feuchttemperatur**. Im Unterschied zur **Trockentemperatur** (mit dem Thermometer gemessene Lufttemperatur) berücksichtigt sie zusätzlich die Abkühlung, die bei der Verdunstung von Wasser entsteht (Verdunstungskälte)[1]. Ist die Luft mit Wasserdampf gesättigt (100 % relative Luftfeuchtigkeit), kann kein weiteres Wasser verdunsten. In diesem Fall sind Trocken- und Feuchttemperatur gleich. Der überschüssige Wasserdampf kondensiert (**Taupunkt**), wobei Energie frei wird (**1**, S. 340), die ein weiteres Absinken der Temperatur verhindert. Entsprechend gibt der Taupunkt die zu erwartenden maximalen Mindesttemperaturen an[2]. Liegt die abendliche **Taupunkttemperatur** mehrere Grad über 0 °C ist Nachtfrost kaum zu erwarten. Liegt sie unter oder nahe 0 °C besteht Frostgefahr.

Eine ausreichende Schutzwirkung kann nur erreicht werden, wenn die relative Luftfeuchtigkeit mindestens 60 % und die Windstärke möglichst nicht über 1 m/s (Tab. **1**, S. 340) liegt. Andernfalls ist die Verdunstung so stark, dass den Pflanzen durch die **Verdunstungskälte** mehr Wärme entzogen wird (2260 kJ/l Wasser), als durch die **Erstarrungswärme** freigesetzt wird (335 kJ/l Wasser).

Weitere Maßnahmen gegen Frost in Obstplantagen sind u. a.:

- **Einsatz von Frostschutzkerzen**. Es handelt sich dabei um mit Brennpaste gefüllte Weißblecheimer. Pro ha werden zwischen 200 und 500 Kerzen aufgestellt. Von Nachteil sind die hohen Kosten und der Arbeitsaufwand.
- Nutzung von **Wasser als Wärmespeicher**. Wasser hat ein hohes Wärmespeichervermögen. Durch die Bewässerung des Bodens und das Anstauen von Wasser in Gräben wird die Speicherung und damit die Abgabe von Wärme erhöht.
- **Gras- und Wildkrautbewuchs in Fahrgassen kurzhalten, Baumstreifen freihalten**, um die Wärmeabgabe des Bodens weniger zu behindern.

---

[1] Die Feuchttemperatur kann relativ einfach mit einem **Schleuderthermometer** (Psychrometer) gemessen werden. Es besteht aus zwei herkömmlichen Thermometern, einem Trockenthermometer (Messpunkt wird trocken gehalten) und einem Feuchtthermometer (Messpunkt ist mit einem Tuch überzogen, das während des Messvorgangs feucht gehalten wird). Mit dem **Feuchtthermometer** kann man die Feuchttemperatur messen. Mithilfe der Temperaturdifferenz können anhand einer Tabelle (Psychrometertafel) oder eines Diagramms die relative Luftfeuchtigkeit und der Taupunkt ermittelt werden.

[2] In manchen Lagen kann die Temperatur unter die abendliche Taupunkttemperatur sinken!

Niedrig wachsende Pflanzen können durch **Abdeckung** mit Stroh, Laub, Reisig, wärmeisolierender Folie oder anderen Materialien geschützt werden. Zur Vermeidung von Kältebrücken sollte Folie nicht direkt auf den Pflanzen aufliegen. Eine sehr gute wärmeisolierende Wirkung hat **Schnee**. Pflanzenteile, die aus der Schneedecke herausragen, sind jedoch durch die starke Wärmereflexion des Schnees und die stark gehemmte Wärmeabstrahlung des Bodens besonders frostgefährdet. Das Gleiche gilt für Pflanzen mit einem eng begrenzten Bodenvolumen, wie dies z. B. bei Pflanzen in Containern, Pflanzkübeln oder Balkonkästen der Fall ist. An den Stämmen von Gehölzen führt das tägliche Gefrieren und Auftauen der Oberfläche zu Gewebespannungen, sodass **Frostrisse** entstehen können. Schutz bietet das **Kalken** (starke Wärmereflexion) oder **Umwickeln der Stämme** mit z. B. Stroh oder Schilfrohrmatten.

2.5.3 Hagelschutz

Hagelkörner mit einem Durchmesser von 5 bis 50 mm können beträchtliche Schäden an Pflanzen und Gewächshäusern anrichten. Zur Abdeckung empfindlicher Kulturen gibt es **spezielle Kunststoffnetze**, mit denen die Hagelkörner abgefangen werden.

2.5.4 Bewässerung

Die **Niederschlagsmenge** in Deutschland schwankt je nach Region zwischen 400 und 2 500 mm/Jahr (Ø 800 mm).

Die **künstliche Bewässerung** ergänzt bzw. ersetzt den natürlichen Niederschlag und soll den Wasserbedarf der Pflanzen decken. Eine nur oberflächige Befeuchtung des Bodens ist nutzlos, da das Wasser nicht in die Wurzelzonen der Pflanzen gelangt. Deswegen sollte lieber weniger häufig, aber durchdringend gegossen werden. Je feiner die Tropfengröße, desto besser erwärmt sich das Wasser in der Luft und desto bodenschonender ist eine Beregnung.

2.5.5 Windschutz

Je nach Stärke des Windes können mehr oder weniger große Schäden an Pflanzen und Gebäuden angerichtet werden. Zudem wird die Verdunstung der Pflanzen und des Bodens erhöht, wodurch vor allem während Trockenzeiten der Wassermangel noch verstärkt wird. Als **Windschutz** sind vor allem Hecken sehr gut geeignet. Höhe und Dichte der Hecke bestimmen das Ausmaß und die Reichweite der Windschwächung. Der geschützte Bereich ist proportional der Heckenhöhe. Das bedeutet, dass der Windschutz einer 3 m hohen Hecke dreimal so weit reicht wie der einer 1 m hohen Hecke.

Aufgaben

○ 1. Wann ist mit dem Auftreten von a) Frühfrösten und b) Spätfrösten zu rechnen?

◑ 2. Vor allem im Obstbau können durch Strahlungsfröste schwere Schäden an Blüten und jungen Früchten verursacht werden. a) Beschreiben Sie ihre Entstehung. b) Warum sind Lagen in Tälern, Mulden oder Senken besonders frostgefährdet?

◑ 3. Welche Wetterlage deutet auf die Gefahr von Nachtfrösten hin? Erklären Sie dies.

○ 4. Eine sehr gute wärmeisolierende Wirkung hat Schnee. Warum sind Pflanzenteile, die aus dem Schnee herausragen, besonders frostgefährdet?

○ 5. Warum sind Pflanzen in Töpfen, Containern, Pflanzkübeln und Balkonkästen besonders frostgefährdet?

◑ 6. Unterscheiden Sie a) Trocken- und b) Feuchttemperatur.

◑ 7. Warum ist die Feuchttemperatur immer niedriger als die Trockentemperatur?

◑ 8. Was gibt der Taupunkt an und was hat er mit der relativen Luftfeuchtigkeit zu tun?

◑ 9. Erklären Sie, wie Pflanzen durch das Beregnen mit Wasser vor Frostschäden geschützt werden können.

◑ 10. Warum muss die Frostschutzberegnung so lange beibehalten werden, bis das Eis geschmolzen ist?

○ 11. Wie hoch ist der Wasserbedarf bei der Frostschutzberegnung, je nach Froststärke, in etwa pro ha und Stunde?
A) 200–500 l, B) 2.000–5.000 l,
C) 20.000–50.000 l

◑ 12. Warum sollte die Feucht- und nicht die Trockentemperatur für das Ein- und Ausschalten der Frostschutzberegnung maßgebend sein?

◑ 13. Der Taupunkt gibt die zu erwartenden Mindesttemperaturen an. Erklären Sie dies.

◑ 14. Warum ist die Frostschutzberegnung zum Schutz vor **Windfrost**, bei dem kalte Polarluft (<0 °C) mit dem Wind herangeführt wird, nicht geeignet?

● 15. Diskutieren Sie Vor- und Nachteile der Frostschutzberegnung.

◑ 16. Nennen und begründen Sie Maßnahmen zur Verbesserung des Mikroklimas im Freiland.

VI Kultur- und Arbeitsverfahren

1 Generative Vermehrung

! Merke

Unter der **generativen** oder **geschlechtlichen Vermehrung** versteht man die **Vermehrung durch Aussaat**.
Vorteile:
- schnelle und relativ einfache Massenvermehrung
- geringer Platzbedarf

1.1 Saatgutqualität

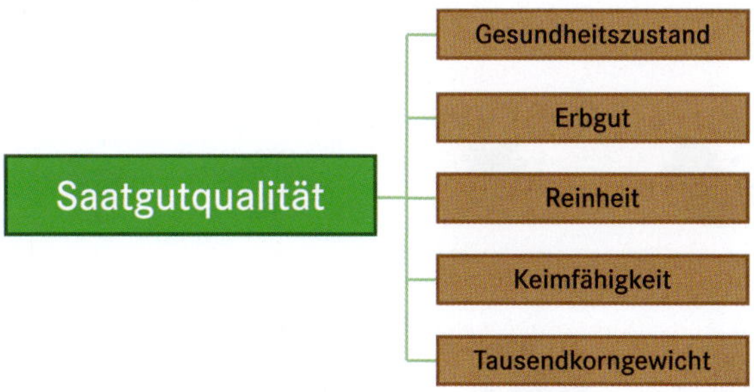

1 Saatgutqualität

Saatgut, das zur Vermehrung dienen soll, muss eine bestimmte Qualität aufweisen. Das **Saatgutverkehrsgesetz** regelt den Vertrieb von Saatgut für die Landwirtschaft und den Gemüsebau. Nur anerkanntes Saatgut darf in den Handel kommen. Die **Saatgutqualität** wird im Wesentlichen bestimmt durch:

Gesundheitszustand

Nur gesundes Saatgut kann auch gesunde Pflanzen hervorbringen. Deswegen sollte nur von gesunden Mutterpflanzen Saatgut gewonnen werden.

Erbgut

Das Erbgut (genetische Information) bestimmt die Entwicklung und Eigenschaften der daraus wachsenden Pflanzen.

Reinheit

Die Reinheit gibt den Grad der Reinheit des Saatguts in Prozent an. Eine Reinheit von z. B. 95% bedeutet, dass in 100 g Saatgut 5 g Verunreinigungen, wie z. B. Sand, Steinchen, Spreu oder Samen anderer Pflanzen, enthalten sind.

Keimfähigkeit

Im Laufe der Zeit verbraucht der Embryo die im Nährgewebe des Samens gespeicherten Nährstoffe, sodass mit zunehmendem Alter die Keimfähigkeit des Samens erlischt.

(zu **1**, S. 358)
Gemüsepflanzen (von links nach rechts):
- Brokkoli, Buschbohnen, Chinakohl, Puffbohnen (Dicke Bohnen), Aubergine (Eierfrucht), Endivien, Erbsen,
- Feldsalat, Grünkohl (Blätter-/Krauskohl), Gurken, Knollensellerie, Kohlrabi, Steckrübe (Kohlrübe), Kopfsalat,
- Kresse, Mairüben (Weiße Rübe), Mais, Mangold (Römerkohl), Möhren (Karotten, Wurzeln), Ölrettich, Paprika,
- Petersilie, Porree (Lauch), Radieschen, Rettich, Rotkohl, Rosenkohl, Schwarzwurzeln,
- Spinat, Stangenbohnen, Tomaten, Weißkohl (Weißkraut/Kappes), Wirsingkohl (Welschkraut), Zichorien, Zwiebeln

Zierpflanzen (von links nach rechts):
- Bärenohr *(Arctotis acaulis)*, Bartnelke *(Dianthus barbatus)*, Eisbegonien *(Begonia-Semperflorens-Hybriden)*, Fackellilie *(Kniphofia-Hybriden)*, Fleißiges Lieschen *(Impatiens walleriana)*, Fingerhut *(Digitalis purpurea)*, Gänseblümchen *(Bellis perennis)*,
- Gazanie *(Gazania-Hybriden)*, Gämswurz *(Doronicum orientale)*, Goldlack *(Cheiranthus cheiri)*, Grasnelke *(Armeria maritima)*, Judassilberling *(Lunaria annua)*, Kapuzinerkresse *(Tropaeolum majus)*, Kissenprimel *(Primula vulgaris)*,
- Kokardenblume *(Gaillardia pulchella var. picta)*, Leberbalsam *(Ageratum houstonianum)*, Levkoje *(Matthiola incana)*, Löwenmaul *(Antirrhinum majus)*, Lupine *(Lupinus-Einjährige-Hybriden)*, Mädchenauge *(Coreopsis tinctoria)*, Mittagsblume *(Dorotheanthus bellidiformis)*,
- Petunia *(Petunia-Hybriden)*, Rittersporn *(Delphinium-Hybriden)*, Sommeraster *(Callistephus chinensis)*, Sonnenblume *(Helianthus annuus)*, Statice *(Limonium sinuatum)*, Stiefmütterchen *(Viola-Wittrockiana-Hybriden)*, Strohblume *(Helichrysum bracteatum)*,
- Studentenblume *(Tagetes-Patula-Hybriden)*, Trichterwinde *(Pharbitis purpurea)*, Vergissmeinnicht *(Myosotis alpestris)*, Wohlriechende Wicke *(Lathyrus odoratus)*, Wucherblume *(Chrysanthemum segetum)*, Zierspargel *(Asparagus densiflorus)*, Zinnie *(Zinnia elegans)*

Gemüsepflanzen

Zierpflanzen

1 Vielfalt der Samen

> **! Merke**
>
> Die **Keimfähigkeit**, die je nach Pflanzenart unterschiedlich lange anhält, liegt im Allgemeinen **zwischen ein und sechs Jahren**. Zu seiner Erhaltung sollte Saatgut **kühl** (0 bis 16 °C), **trocken** (rel. Luftfeuchtigkeit ca. 30 bis 35 %, ggf. Beutel mit Kieselgel beilegen), möglichst luftdicht (dicht schließende Gläser/Behälter, unter Vakuum verschweißen) und **dunkel** gelagert werden.

Samen, die kein Nährgewebe besitzen, müssen sofort nach der Samenreife ausgesät werden. Die Keimfähigkeit der Saat wird in Prozent angegeben. Eine Keimfähigkeit von z. B. 80 % bedeutet, dass nur 80 % der Samen keimen. Nur wenige Pflanzenarten erreichen einen Wert von über 90 %.

> **Keimfähigkeit überprüfen:**
> z. B. 100 oder 10 Samen auf Löschpapier legen und feucht halten.

Gebrauchswert

Der Gebrauchswert dient der Ermittlung des genauen Saatgutbedarfs. Er gibt den Anteil der keimfähigen Samen unter Berücksichtigung der Keimfähigkeit und Reinheit in Prozent an. Die Berechnung erfolgt nach folgender Formel:

> **! Merke**
>
> $$\text{Gebrauchswert} = \frac{\text{Reinheit (\%)} \cdot \text{Keimfähigkeit (\%)}}{100\,\%}$$

> **Beispiel**
>
> Reinheit 95 %, Keimfähigkeit 80 %
>
> $$\text{Gebrauchswert} = \frac{95\,\% \cdot 80\,\%}{100\,\%} = 76\,\%$$

Der Gebrauchswert von 76 % besagt, dass von 100 g Saatgut 76 g keimfähig sind. Häufig wird zusätzlich ein Verlust von 20 % (z. B. durch Auflaufkrankheiten, Schädlingsbefall, Aussortierung schlecht entwickelter Pflanzen) einkalkuliert. Für unser Beispiel würde dies bedeuten, dass wir bei der Berechnung des Saatgutbedarfs letztendlich einen Gebrauchswert von 56 % zugrunde legen müssen (s. auch Kapitel Fachrechnen).

Tausendkorngewicht (TKG)

Pflanzensamen sind je nach Art und Sorte recht unterschiedlich gestaltet (s. S. 358). Das Samengewicht ein und derselben Art/Sorte unterliegt bestimmten Schwankungen. Bei günstigen Wachstumsbedingungen bildet die Pflanze schwerere Samenkörner aus als bei ungünstigen. Nährgewebe und Embryo entwickeln sich kräftiger, sodass Keimung und Entwicklung der Pflanzen gefördert werden. Als Maßeinheit bedient man sich des Gewichts von 1 000 Samenkörnern – dem Tausendkorngewicht. Zudem kann mithilfe des Tausendkorngewichts der benötigte Saatgutbedarf berechnet werden. Das Tausendkorngewicht wird in der Regel so ermittelt, dass 4-mal 100 Samenkörner abgezählt und gewogen werden. Aus den vier Ergebnissen wird der Mittelwert errechnet und mit 10 multipliziert.

> **? Aufgaben**
>
> ◑ 1. Was versteht man unter generativer Vermehrung und welche Vorteile bietet sie?
> ○ 2. Nennen Sie Kriterien für die Saatgutqualität.
> ○ 3. Was bedeutet 80 % Reinheit/Keimfähigkeit?
> ○ 4. Wozu dient der Gebrauchswert und wie wird er ermittelt?
> ◑ 5. Erklären Sie, warum Saatgut mit zunehmendem Alter seine Keimfähigkeit verliert.
> ○ 6. Nennen Sie optimale Bedingungen für die Lagerung von Saatgut.
> ○ 7. Ermitteln Sie das Tausendkorngewicht verschiedener Samen.

1.2 Saatgutformen

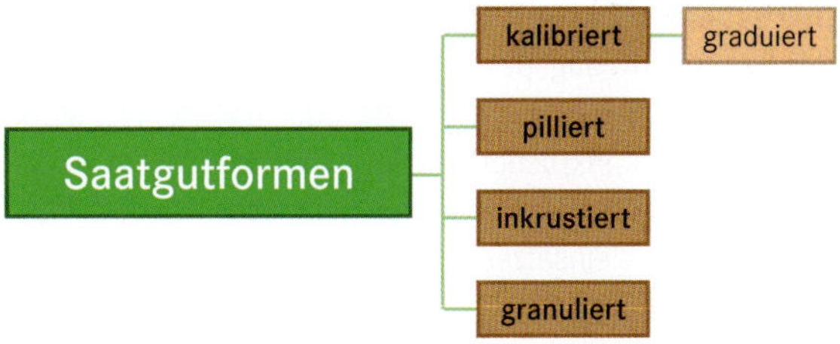

1 Saatgutformen

Der Handel bietet unterschiedlich aufbereitete Sämereien an:

1.2.1 Aufbereitung (1)

Kalibriertes Saatgut ist nach Größe sortiertes (abgesiebtes) Saatgut. Es ermöglicht den Einsatz von Einkornsämaschinen und begünstigt eine gleichmäßige Pflanzenentwicklung.

Graduiertes Saatgut ist kalibriertes Saatgut, das zusätzlich nach dem Gewicht sortiert wurde. Es bietet die besten Voraussetzungen für ein gleichmäßiges Auflaufen und Wachstum der Pflanzen.

(von links nach rechts)
oben: Salat, Zwiebel, Radieschen
unten: Möhre, Begonia-Semperflorens-Hybriden, Grassamen

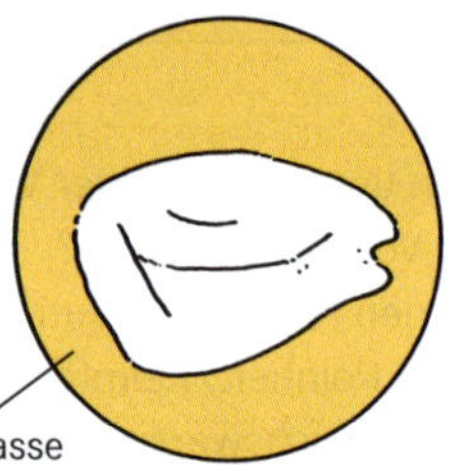

1 Pilliertes Saatgut

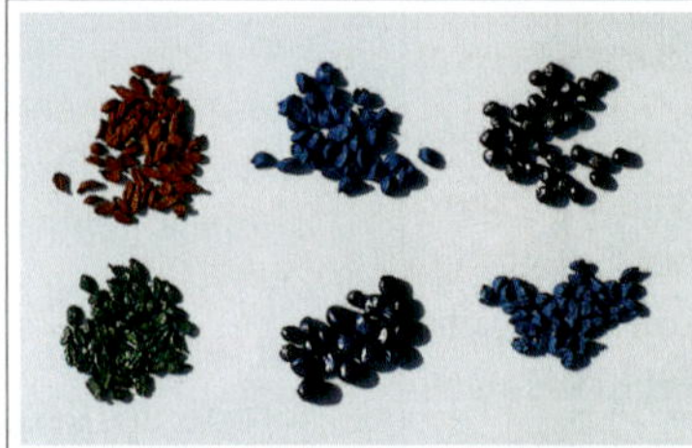

(von links nach rechts)
oben: Möhre, Zwiebel, Kohl
unten: Möhre, Radieschen, Porree

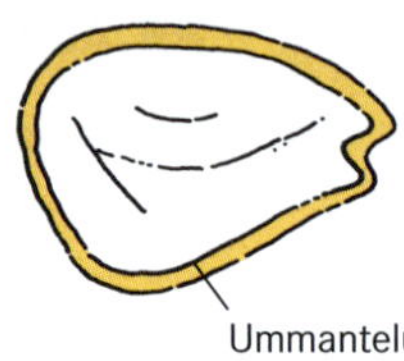

2 Inkrustiertes Saatgut

Lobelien

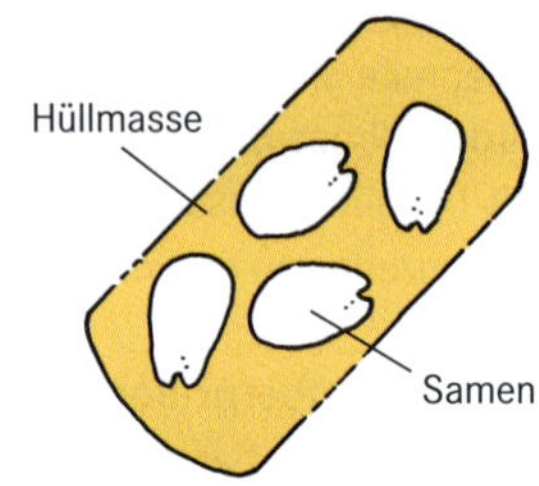

3 Granuliertes Saatgut

Pilliertes Saatgut (**1**) ist qualitativ hochwertiges Saatgut, bei dem die einzelnen Samen mit einer Hüllmasse (z. B. Lehm, Ton, Torf) umgeben sind. Durch die Pillierung erhalten die Samen eine einheitlich große Kugelform, die eine maschinelle Einzelkornaussaat auch sehr kleiner und unregelmäßig geformter Samenkörner ermöglicht. Häufig sind in der Hüllmasse Beimischungen von Fungiziden, Insektiziden oder Nährstoffen enthalten. Pillensaat wird vor allem für den Gemüse- und Zierpflanzenbau angeboten.

Inkrustiertes Saatgut (**2**) ist Saatgut, das eine dünne, der Samenform angepasste Ummantelung aufweist, in der Fungizide, Insektizide, Nährstoffe oder andere Wirkstoffe enthalten sind. Inkrustiertes Saatgut wird vor allem im Gemüsebau angeboten. Der Vorteil bei dieser Art des Pflanzenschutzmitteleinsatzes ist in der starken Reduzierung der Wirkstoffmengen im Vergleich zu einer Flächen- oder Reihenspritzung zu sehen, sodass Boden- und Umweltbelastung deutlich verringert werden.

Granuliertes Saatgut (**3**) ist Saatgut, bei dem die einzelnen zylinderförmigen Granulate mehrere Samenkörner enthalten. Die Anzahl der Samenkörner variiert in Abhängigkeit von der Keimfähigkeit und soll ein gleichmäßiges Auflaufen gewährleisten. Verwendet werden die Granulate vor allem zur Aussaat von feinsamigen Pflanzenarten im Gemüse- und Zierpflanzenbau sowie bei der Rasenaussaat. Die Samengranulate ermöglichen eine gleichmäßigere Verteilung bei der Aussaat. Bei der Grassaat sind Kern- und Spurennährstoffe zugegeben, sodass eine schnelle Anfangsentwicklung der Gräser gefördert, Arbeitszeit (erste Düngung entfällt) eingespart wird und Düngefehler vermieden werden.

1.2.2 Gebeiztes Saatgut

! Merke

Beim **Beizen** wird das Saatgut mit Pflanzenschutzmitteln behandelt. Je nach den verwendeten Pestiziden bietet gebeiztes Saatgut einen Schutz vor im Boden lebenden pilzlichen Krankheitserregern und/oder tierischen Schädlingen, sodass das **Auflaufen** der Saat gefördert wird.

Nach der Art der Saatgutbehandlung unterscheidet man zwischen der Trocken- und Nassbeize. Bei der **Trockenbeize** wird ein pulverförmiges Beizmittel verwendet. Gebeizt wird im sogenannten **Überschussverfahren**. Dazu wird das Beizpulver zusammen mit der Saat in ein Gefäß (z. B. Glas) gegeben (Vorsicht Gift!), das so lange geschwenkt wird, bis die einzelnen Samenkörner eingepudert sind. Das überschüssige Pulver wird abgesiebt. Bei der **Nassbeize** wird die Saat kurz in flüssiges Beizmittel eingetaucht.

1.2.3 Saatbänder, -platten und -teppiche

Saatbänder, -platten und -teppiche bestehen aus Spezialpapier, auf dem die Samen in bestimmten Abständen zwischen zwei Papierlagen befestigt sind. Im Erwerbsgartenbau werden die Saatplatten bevorzugt. Saatplatten gibt es als Stückware für die Anzuchtkisten (40 x 60 cm) und als Rollenware. Sie werden auf den vorbereiteten Boden gelegt, angegossen und flach mit Erde bedeckt. Das Papier zersetzt sich mit der Zeit. Ihr Einsatz erfolgt vor allem zur Jungpflanzenanzucht. Durch die Ablage der Samenkörner auf den Endabstand entfällt der Arbeitsaufwand für das Pikieren der Sämlinge.

? Aufgaben

○ 1. Unterscheiden Sie kalibriertes, graduiertes, pilliertes, inkrustiertes und granuliertes Saatgut.
◑ 2. Welche Vorteile bieten die in Aufgabe 1 genannten Saatgutformen für den Gärtner?
○ 3. Wozu dient die Beizung von Saatgut?
○ 4. Was versteht man unter Beizen im Überschussverfahren?
○ 5. Welche Vorteile bieten Saatbänder, -platten und -teppiche?

1.3 Keimbedingungen (1)

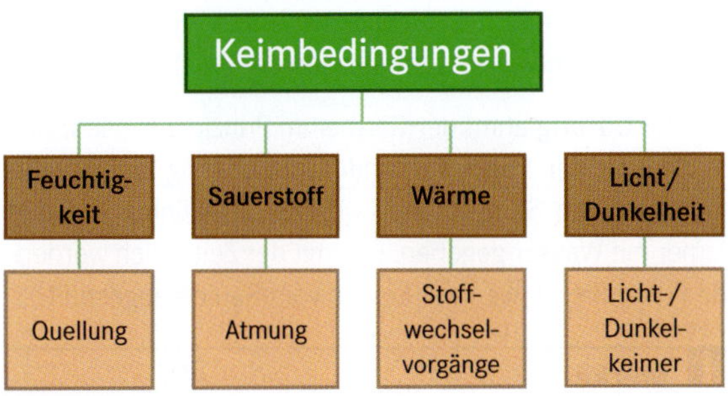

1 Keimbedingungen

1.3.1 Feuchtigkeit

Wasser ist Voraussetzung zum Quellen des Samens. Die Feuchtigkeitsaufnahme durch das trockene Gewebe bewirkt eine erhöhte Stoffwechseltätigkeit, sodass der Embryo sein unterbrochenes Wachstum wieder aufnimmt (Keimung des Samens!). Kommt es während der Keimung zu einem Trockenwerden des Samens, führt dies zum Absterben des Embryos!

! Merke

Aussaaten müssen feucht gehalten werden.

1.3.2 Sauerstoff

Den hohen Energiebedarf während der Keimung deckt der Embryo durch die Veratmung der im Nährgewebe des Samens gespeicherten Nährstoffe (hoher Energiebedarf → hohe Atmungsintensität → hoher Sauerstoffbedarf). Die Nährstoffe, von denen der ruhende Embryo mehrere Jahre zehren kann, werden während des Keimungsprozesses in wenigen Tagen verbraucht.

! Merke

Das Aussaatsubstrat muss locker und luftdurchlässig sein, um den notwendigen Gasaustausch zu ermöglichen.

1.3.3 Wärme

Wärme fördert die Stoffwechselvorgänge und damit die Keimung. Die optimale Keimtemperatur ist je nach Pflanzenart unterschiedlich. Sie liegt in etwa in dem Bereich, der auch für das spätere Wachstum optimal ist (2). Ist bei der Aussaat der Boden zwar feucht, aber die Temperatur zu niedrig, verfault der Samen. Im Freiland sollten kälteempfindliche Pflanzen (z. B. Tomaten, Buschbohnen) so ausgesät werden, dass sie nach den **Eisheiligen** (Mitte Mai) auflaufen. In Norddeutschland treten die Eisheiligen in der Regel vom 11. bis 13. Mai (Mamertus, Pankratius, Servatius), in Süddeutschland vom 12. bis 15. Mai (Pankratius, Servatius, Bonifatius und die Kalte Sophie) auf.

! Merke

Die optimale Keimtemperatur ist je nach Pflanzenart unterschiedlich und entspricht in etwa der für das spätere Wachstum optimalen Temperatur.

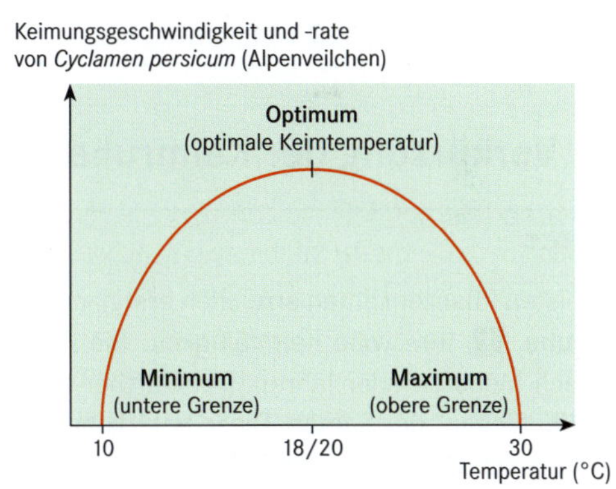

2 Die Temperatur beeinflusst die Keimung in Form einer Optimumkurve

1.3.4 Licht/Dunkelheit

Die meisten Samen keimen bei Licht und Dunkelheit gleich gut. Licht- und Dunkelkeimer (Tab. 1, S. 362) werden lediglich durch Licht bzw. Dunkelheit in der Keimung gefördert. Lichtkeimer werden häufig abgedeckt, z. B. wird bei der Grasaussaat der Samen 0,5 bis 1,5 cm tief mit Erde bedeckt, um ein zu schnelles Austrocknen zu vermeiden[1]. Saatschalen können mit transparenter Folie abgedeckt werden.

[1] In sandigen Böden herrschen in 5 mm Tiefe noch 10–20 % der Außenhelligkeit.

Lichtkeimer	Dunkelkeimer
Akelei, Bärlauch, Basilikum, Blutweiderich, Dill, Eisbegonie, Fichte, Fingerhut, Fuchsien, Ginkgo, Glockenblume, Gloxinie, Goldregen, Goldrute, Gräser, Katzenminze, Kiefer, Kornblume, Lavendel, Leberbalsam, Levkojen, Lobelien, Löwenmäulchen, Mädchenauge, Margerite, Mohn, Möhren, Pampasgras, Pfefferminze, Pfingstrosen, Ringelblume, Rohrkolben, Rosmarin, Salat, Salbei, Sellerie, Senf, Sonnenhut, Thuja, Vergissmeinnicht, Zitronengras, Zitronenmelisse	Alpenveilchen, Aster, Buchsbaum, Christrose, Eisenhut, Feldsalat, Gurke, Jungfer im Grünen, Kapuzinerkresse, Kürbis, Lilien, Lupinen, Malven, Melone, Petersilie, Petunie, Phacelia, Rittersporn, Schnittlauch, Schwarzäugige Susanne, Stiefmütterchen, Stockrose, Tulpe, Zucchini

Tab. 1 Licht-/Dunkelkeimer (Beispiele)

! Merke

Die meisten Samen keimen bei Licht und Dunkelheit gleich gut.

? Aufgaben

◑ 1. Erklären Sie, warum alle Samen Feuchtigkeit, Sauerstoff und Wärme zur Keimung benötigen.

○ 2. Was besagt in der Regel die Bezeichnung Licht-/Dunkelkeimer?

◑ 3. Erklären Sie die Ergebnisse des folgenden Aussaatversuchs:

Variante		a	b	c
Saatbeet	Deckschicht	locker	locker	verdichtet
	Boden	locker	verdichtet	verdichtet
Samen gekeimt und aufgelaufen		44	71	28

Es wurden jeweils 100 Samen ausgesät.

1.4 Verkürzung der Keimruhe

! Merke

Die meisten Pflanzensamen erreichen erst nach einer **Keimruhe** (1) ihre volle Keimfähigkeit. Sie keimen erst nach Monaten oder Jahren. Der Gärtner spricht vom „Überliegen“ der Samen. Diese natürliche Keimhemmung schützt die Samen in der Natur vor einer Keimung während ungünstiger Wachstumsbedingungen, wie Trocken- und Winterzeiten.

1.4.1 Keimhemmende Stoffe im Fruchtfleisch

Keimhemmende Stoffe befinden sich vor allem im Fruchtfleisch saftiger Früchte, wie z. B. Apfel, Birne, Tomate, Holunder, Hagebutte, Eberesche.

Der Abbau der Hemmstoffe erfolgt in der Natur durch Zersetzung des Fruchtfleisches oder Auswaschung durch reichliche Niederschläge (z. B. in Trockengebieten).

Indem der Gärtner das Fruchtfleisch entfernt, kann er die Keimruhe beenden. Geeignete Verfahren sind das Gären oder die feuchtwarme Stratifikation der Früchte.

Bei der **Gärung** ahmt der Gärtner im Prinzip das nach, was im Magen der Vögel stattfindet, die Lösung des Fruchtfleisches vom Samen. Dazu werden die Früchte in einen Eimer mit Wasser gegeben. Das mit der Zeit weich werdende Fruchtfleisch wird auf Sieben vom Samen abgespült.

! Merke

Unter **Stratifikation** versteht man die Schichtung von Saatgut in feuchtem Material, z. B. Sand. Dabei wird abwechselnd auf einer feuchten Schicht Sand eine dünne Schicht Samen ausgestreut usw.

Durch die Stratifikation sollen optimale Bedingungen zum Abbau des Fruchtfleisches durch Mikroorganismen geschaffen werden. Deswegen müssen die eingeschichteten Früchte feucht und warm gehalten werden. Man spricht daher auch von einer **feuchtwarmen Stratifikation**. Beginnt die Keimung, wird die Saat zusammen mit dem feucht gehaltenen Sand auf die vorbereitete Aussaatfläche verteilt.

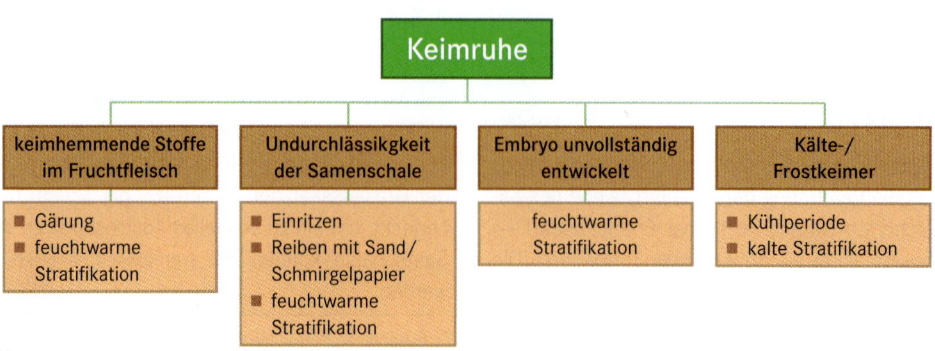

1 Keimruhe

1.4.2 Undurchlässigkeit der Samenschale

Eine harte, undurchlässige Samenschale verhindert die zur Keimung notwendige Wasser- und Sauerstoffaufnahme des Samens. Wir finden sie z. B. bei Kern- und Steinobstarten, Leguminosen, Pelargonien, Malven und der Weymouthskiefer. In der Natur wird die Samenschale allmählich durch die Tätigkeit der Mikroorganismen porös. Deswegen ist auch hier die **feuchtwarme Stratifikation** zur Verkürzung der Keimruhe geeignet.

Eine weitere Möglichkeit bietet das **Einritzen der Samenschale.** Dazu werden die Samen in einem Behälter mit Scherben bzw. in speziellen Maschinen geschüttelt. Auch ein Reiben der Samen mit trockenem Sand oder Schmirgelpapier führt zu leichten Beschädigungen der Samenschale.

1.4.3 Embryo unvollständig entwickelt

Bei einigen Pflanzen, wie z. B. Feldahorn, Hainbuche, Haselnuss, Buche, Eiche und Walnuss, muss der Samen nach dem Abfallen vom Baum noch nachreifen.

Während der **Nachreife** beendet der Embryo seine Entwicklung. Die Zeiten, die dazu notwendig sind, sind je nach Pflanzenart verschieden. Bei der Walnuss dauert die Nachreife z. B. 5 bis 6 Monate. Sie ist genetisch festgelegt und kann nicht verkürzt werden. Zur Schaffung optimaler Bedingungen führt der Gärtner eine **feuchtwarme Stratifikation** während dieser Zeit durch.

1.4.4 Kalt-/Frostkeimer

! Merke

Die sogenannten Kalt- oder Frostkeimer benötigen zur Überwindung der Keimruhe die Einwirkung niedriger Temperaturen.

Es handelt sich hierbei vor allem um Pflanzen winterkalter Gebiete (Gehölze und Stauden), deren Samen dadurch vor der Keimung während zu kalter Zeiten geschützt werden. Die Behandlung erfolgt in Form einer **kalten Stratifikation.** Als günstig gelten Temperaturen von +1 °C bis +10 °C. Für *Rosa multiflora* und *Thuja occidentalis* sind z. B. Temperaturen von +5 °C optimal, bei einer Einwirkungsdauer von 50 bzw. 30 Tagen. Für Kaltkeimer unter den Stauden, wie z. B. *Alchemilla xanthochlora* (Frauenmantel), *Gentiana lutea* (Gelber Enzian) oder *Saponaria officinalis* (Seifenkraut), sind allgemein Temperaturen von -4 bis +4 °C über zwei bis vier Wochen von Vorteil.

Häufig wirken mehrere keimhemmende Faktoren zusammen, so z. B. bei der Esche *(Fraxinus excelsior)*. Bei ihr beruht die Keimruhe auf Hemmstoffen im Fruchtfleisch, undurchlässiger Samenschale und unvollständig entwickeltem Embryo. Es gibt aber auch Pflanzenarten, deren Samen sofort nach dem Loslösen von der Mutterpflanze keimen, z. B. bei Anthurien, Weiden, Citrusgewächsen und dem Zuckerahorn *(Acer saccharinum)*.

? Aufgaben

◑ 1. **Was versteht man unter der Keimruhe von Samen und wozu dient sie?**
◑ 2. **Nennen Sie Ursachen für die Keimruhe von Samen und mögliche Maßnahmen zu ihrer Beendigung.**
○ 3. **Was versteht man unter Kalt-/Frostkeimern?**

1.5 Aussaatverfahren

1.5.1 Breitsaat (1, S. 364)

! Merke

Bei der Breitsaat wird die Saat breitwürfig mit der Hand oder mithilfe von Maschinen ausgestreut.

Sie ermöglicht eine gute Platzausnutzung und eine rasche Aussaat. Sie wird bevorzugt, wenn die Sämlinge bald nach dem Auflaufen pikiert oder gepflanzt werden, da Pflegemaßnahmen, wie Wildkrautbekämpfung und Bodenlockerung, nur schwer möglich sind.

Bei der Rasenaussaat ist die Breitsaat das übliche Aussaatverfahren. Wird die Breitsaat mit der Hand vorgenommen, ist besonders auf eine gleichmäßige Verteilung der Samenkörner zu achten).

1.5.2 Reihensaat (1, S. 364)

! Merke

Bei der Reihensaat (Drillsaat) erfolgt die Aussaat in vorgezogenen Reihen.

Bei der **Bandsaat** wird die Saat in 3 bis 5 cm breiten Bändern abgelegt.

Erhalten die einzelnen Samenkörner innerhalb der Reihe den gleichen Abstand, spricht man von **Einzelkornaussaat.** Die gleichmäßigen Abstände in der Reihe führen zu einer gleichmäßigeren und besseren Entwicklung der Pflanzen sowie zur Saatguteinsparung. Bei der Einzelkornaussaat auf Endabstand braucht nicht vereinzelt zu werden. Voraussetzung ist hochwertiges Saatgut mit einer hohen Keimfähigkeit.

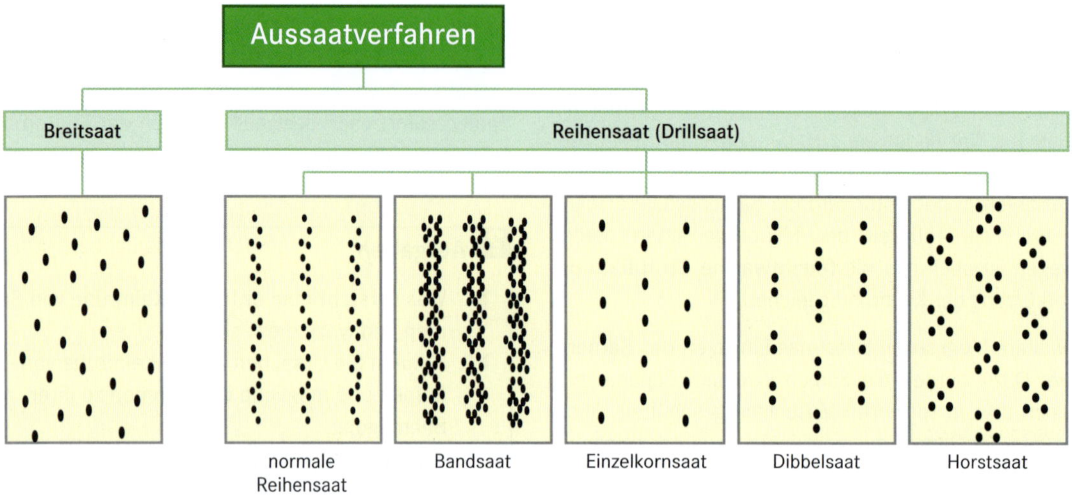

1 Aussaatverfahren

Auch die **Dibbel-** oder **Horstsaat** ist in der Regel eine Reihensaat. Hierbei werden mehrere Samenkörner in Häufchen mit bestimmten Abständen abgelegt. Das annähernd gleichzeitige Auflaufen der Sämlinge erleichtert das Durchstoßen des Bodens, vor allem bei zur Verschlämmung und Verkrustung neigender Oberfläche, und verbessert so das Auflaufergebnis. Reihensaat wird vor allem dann durchgeführt, wenn die Sämlinge länger stehen, sodass Pflegemaßnahmen erleichtert werden. Zudem ermöglicht sie das frühzeitige Erkennen und Bekämpfen von auflaufenden Wildkräutern.

Aufgaben

○ 1. Unterscheiden Sie die in **1** dargestellten Aussaatverfahren.

◑ 2. Unterscheiden Sie Breit- und Reihensaat hinsichtlich ihrer Vor- und Nachteile.

1.6 Durchführung einer Rasenansaat

Arbeitsschritte

1. Bodenvorbereitung: Düngung (mineralisch: Volldünger 50 bis 100 g/m² oder organisch: z. B. Kompost 10 bis 30 l/m²) und Lockerung des Bodens durch Fräsen (20 bis 30 cm).
2. Fläche grob planieren.
3. Walzen, damit später keine Setzungen eintreten.
4. Fläche mit Holzharke fein planieren.
5. Aussaat (Mai bis September, **1**, S. 365):
   - Saatgutmenge (20 bis 30 g/m²) abwiegen und halbieren, ① + ②.
   - Erste Hälfte breitwürfig ausstreuen, dabei in gleichmäßigen Abständen über die Fläche hin- und hergehen. Die zweite Hälfte genauso ausbringen, nur geht man nun quer zum ersten Mal über die Fläche.
     An den Kanten wird etwas dichter gesät ③.
6. Grassaat zum Schutz vor Austrocknung während der Keimung flach (0,5 bis 1,5 cm) einharken ④.
7. Rasenfläche anwalzen, damit die Saat Bodenschluss bekommt (Wiederherstellung der Kapillarität) ⑤.
8. Beregnung der Fläche (Voraussetzung für Quellung und Keimung) ⑥.

Merke

Bis zum Auflaufen der Rasensaat (2 bis 3 Wochen) muss die Fläche unbedingt feucht gehalten werden.

Aufgabe

◑ Beschreiben Sie die Durchführung einer Rasenansaat.

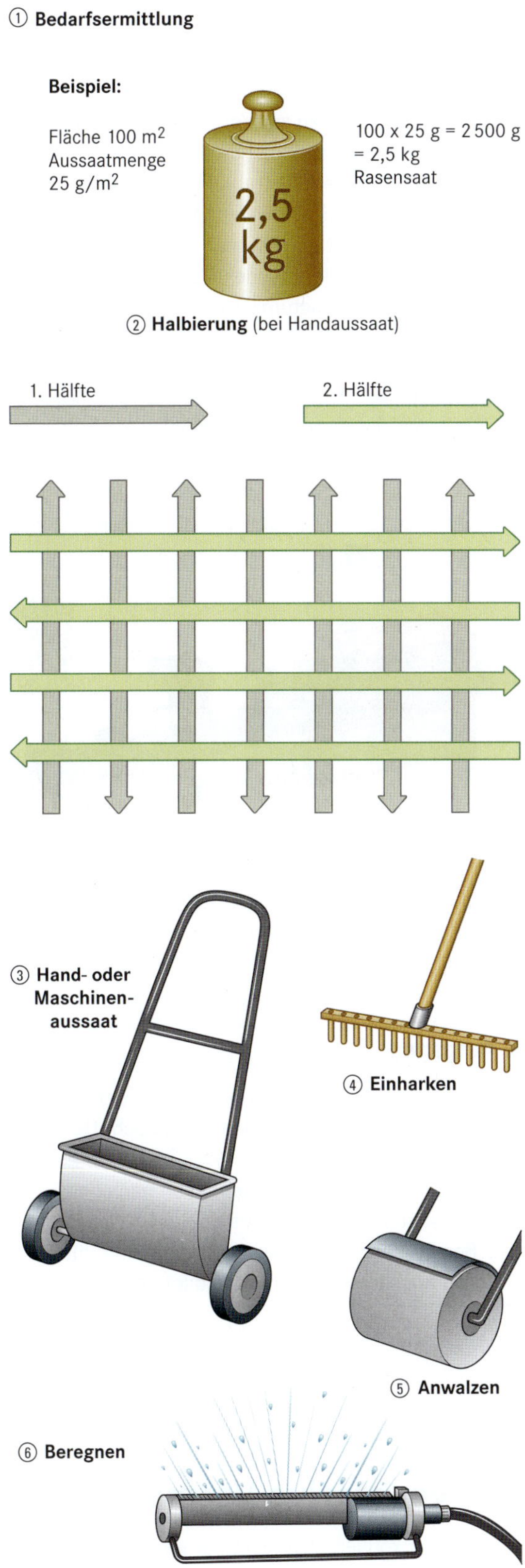

1 Die Rasenaussaat

1.7 Durchführung einer Handaussaat in Aussaatkisten

Nicht nur die **Aussaat im Gewächshaus** erfolgt allgemein in Aussaatkisten, sondern auch viele Pflanzen, die im Freiland herangezogen werden könnten, werden häufig zweckmäßigerweise in Kisten ausgesät. Zur Erzielung guter Ergebnisse ist die Handaussaat sorgfältig durchzuführen. Dabei wird in folgenden Schritten vorgegangen:

1 In desinfizierten Anzuchtgefäßen wird die Aussaaterde eingefüllt; Einheitserden und Torfkultursubstrate sind keimfrei; selbst hergestellte Erden werden erst gedämpft.

2 Aussaatgefäß kurz aufstoßen, sodass sich die Erde setzt; am Kistenrand die Erde mit den Handkanten andrücken, da sie sich hier später am stärksten setzt; Oberfläche grob mit den Fingerspitzen andrücken.

3 Oberfläche mit einem Streichbrett glätten.

4 Substrat etwa 1 cm tief andrücken; der Rand schützt vor einem Abschwemmen der Erde beim Gießen und ermöglicht eine Abdeckung mit Papier oder Glas zur Förderung einer gleichmäßigen Feuchtigkeit.

5 Aussaat erfolgt breitwürfig oder in Reihen.

6 Aussaaterde übersieben: Je feiner das Saatgut, desto flacher muss es liegen (Faustzahl: Tiefe = Korndurchmesser); sehr feine Sämereien und Lichtkeimer nur anbrausen bzw. mit einem Handzerstäuber anfeuchten.

7 Leichtes Andrücken fördert den Bodenschluss und verhindert das Zusammenschwemmen der Saat beim Angießen.

8 Aussaatkisten wasserfest etikettieren: Datum der Aussaat (am Kopfende), botanischer Name und Sorte (längs geschrieben).

9 Mit feiner Brause Saat vorsichtig angießen (fördert über den Bodenschluss die Quellung des Samens); während der Keimung darf das Substrat nicht austrocknen!

10 Aussaatkiste entsprechend den Temperaturansprüchen aufstellen und zum Schutz vor zu schneller Austrocknung mit Papier abdecken; nach dem Sichtbarwerden der Keimlinge abnehmen.

! Merke

Weitere Behandlung von Aussaaten unter Glas

- gleichmäßiges Feuchthalten
- aufgelegte Scheiben zur Vermeidung von Tropfenfall (Verbrennungsgefahr) täglich wenden
- bei starker Sonneneinstrahlung schattieren
- mit zunehmender Entwicklung der Sämlinge lüften und ans Licht gewöhnen
- rechtzeitiges Pikieren oder Verpflanzen zur Vermeidung von Wachstumsstockungen

Mithilfe von **Sägeräten** oder automatisch arbeitenden **Produktionslinien** (Anordnung verschiedener Maschinen in einer festgelegten Reihenfolge, 1), die in einem Arbeitsgang Trays, Kisten oder Töpfe mit Substrat füllen, einsäen, angießen und, je nach Saatgutart, mit Sand, Substrat oder Vermiculit abstreuen, lässt sich Arbeit einsparen und die Leistung steigern (1).

Produktionslinie

1 Produktionslinie Aussaat: Trays/Kisten (70 × 48 × 18 cm) mit Substrat füllen → Sämulden stanzen → Aussaat (Mehrkornablage möglich) → abstreuen → bewässern → Trays/Kisten stapeln → auf Förderband schieben. Produktionskapazität 200–1200 Trays/Stunde

? Aufgaben

◑ 1. Nennen und begründen Sie anhand der Fotos auf S. 359 f., die einzelnen Arbeitsschritte bei der Aussaat in Kisten.

○ 2. Welche Pflegemaßnahmen fallen nach der Aussaat im Gewächshaus an?

◑ 3. Beschreiben Sie die Durchführung und Pflege von Aussaaten in Ihrem Ausbildungsbetrieb.

2 Vegetative Vermehrung

Viele Pflanzen können sich nicht nur **geschlechtlich** (generativ oder sexuell), sondern auch **ungeschlechtlich** (vegetativ oder asexuell) fortpflanzen.

! Merke

Pflanzen sind in der Lage, verletzte, abgestorbene oder verloren gegangene Grundorgane neu zu bilden, d. h. sich zu **regenerieren**. Im Gartenbau nutzt man diese Fähigkeit zur **vegetativen Vermehrung** der Pflanzen.

Die Organneubildung erfolgt so, dass zunächst die in Wundnähe befindlichen Zellen ihre Teilungsfähigkeit wiedererlangen. Das heißt, sie verhalten sich wie meristematische (embryonale) Zellen, die sich ständig teilen und undifferenzierte Tochterzellen bilden. Ihre fortlaufende Teilung bewirkt, dass es zur Gewebewucherung, der sogenannten Kallusbildung, kommt.

Als **Kallus** oder **Wundkallus** bezeichnet man das an Wunden neu gebildete, meristematische Gewebe. Es dichtet die Wunde nach außen ab.

Mit fortschreitender Zellteilung differenzieren sich die neu gebildeten Zellen, d. h., sie übernehmen bestimmte Aufgaben und schließen sich im Rahmen der Arbeitsteilung zu speziellen Gewebearten zusammen (s. S. 40). Durch die Bildung und den Zusammenschluss verschiedener spezialisierter Gewebearten kommt es schließlich zur Neubildung der fehlenden Grundorgane, d. h. zur **Regeneration** der Pflanze (2, S. 376).

Da sich bei der vegetativen Vermehrung die Tochterpflanzen über Mitose aus Teilen der Mutterpflanze entwickeln, besitzen sie die gleiche genetische Information (Erbanlagen) wie diese.

! Merke

Die durch vegetative Vermehrung hervorgegangene erbgleiche Nachkommenschaft einer Mutterpflanze wird als **Klon**, die vegetative Vermehrung einer Pflanze als **Klonen** oder **Klonieren** bezeichnet. Es hat sich gezeigt, dass auch Tiere durch die Übertragung des Zellkerns einer Körperzelle in eine entkernte Eizelle geklont werden können (1). Dabei ist zu beachten, dass dieser somatische Zellkerntransfer ethische und rechtliche Fragen aufwerfen kann.

Die **Vorteile der vegetativen Vermehrung** sind u. a.

- eine schnellere Pflanzenentwicklung
- eine kürzere Kulturzeit
- die Schaffung einheitlicher Pflanzenbestände
- die Vermehrung von Pflanzen, die schlecht (ungünstige Klima-/Wachstumsbedingungen) oder keinen Samen ansetzen (sterile Blüten) bzw. deren Nachkommenschaft bei geschlechtlicher Vermehrung aufspaltet

! Merke

Da vor allem Sprosse und Sprossteile zur Vermehrung eingesetzt werden, ist in der Regel die Bewurzelung das A und O der vegetativen Vermehrung. Dabei geht es darum, dass die Wurzelbildung möglichst rasch erfolgt, bevor die Pflanzenteile vertrocknet bzw. die Nährstoffreserven verbraucht sind (2).

1 Das Schaf Dolly war das erste aus einer Körperzelle geklonte Säugetier.

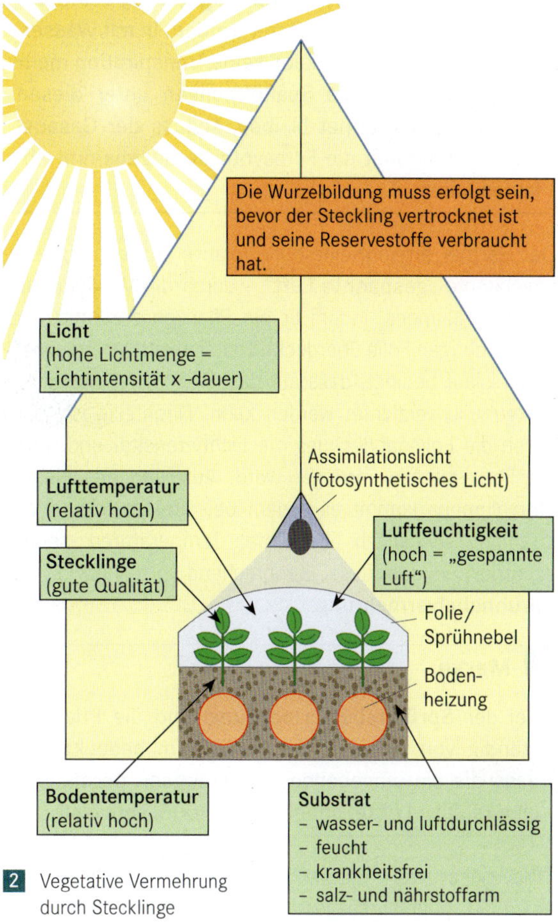

2 Vegetative Vermehrung durch Stecklinge

2.1 Optimierung der Regenerationsbedingungen am Beispiel der Stecklingsvermehrung

2.1.1 Luftfeuchtigkeit

! Merke

Da bei Stecklingen aufgrund der fehlenden Wurzeln die Wasseraufnahme stark gehemmt ist, die vorhandenen Blätter jedoch weiterhin Wasser verdunsten, muss die Transpiration so weit wie möglich verringert werden.

Man kann einen Teil der Blätter entfernen bzw. die Blattflächen durch Einkürzungen mit einem Messer verkleinern, wobei jedoch energiereiche Reservestoffe verloren gehen und die Fotosynthesefläche reduziert wird. Zudem schwächen Verletzungen die Stecklinge und schaffen Angriffsflächen für Krankheitserreger. Besser ist eine Erhöhung der Luftfeuchtigkeit.

! Merke

Je höher die **relative Luftfeuchtigkeit** ist, desto weniger Wasser kann verdunstet werden. In mit Wasserdampf gesättigter Luft kann keine Transpiration mehr erfolgen, obwohl die Spaltöffnungen unter diesen Bedingungen geöffnet bleiben, sodass der Gasaustausch und damit die Fotosynthese ungehemmt ablaufen kann.

Der Gärtner erreicht eine hohe relative Luftfeuchtigkeit - sogenannte **„gespannte Luft"** - durch die Verkleinerung des Luftvolumens, indem er die Pflanzen z. B. mit einer durchsichtigen Folie überdeckt. Der sich einstellende Wasserkreislauf bedingt, dass auf das Gießen der Stecklinge weitgehend verzichtet werden kann. Nachteilig ist, dass durch die Folienabdeckung die Lichtintensität und damit die Fotosynthese verringert wird. Aufgrund des kleinen Luftvolumens kommt es zudem bei direkter Sonneneinstrahlung schnell zu überhöhten Temperaturen, sodass schattiert werden muss. Entsprechend vorteilhaft ist eine **Sprühnebelvermehrung**.

! Merke

Bei der **Sprühnebelvermehrung** sind die Pflanzen ständig von einem feinen Wasserfilm bedeckt, sodass die sie umgebende Luft praktisch permanent eine relative Luftfeuchtigkeit von 100 % aufweist.

Wird dieser Wert unterschritten, schaltet sich die mit einem Messfühler ausgestattete Anlage (s. Kapitel Technik) automatisch ein und erzeugt sekundenlang einen feinen Sprühnebel. Auf eine Schattierung kann weitgehend verzichtet werden, da durch die ständige Wasserverdunstung von Pflanzen- und Bodenoberfläche die Blatttemperatur auch bei direkter Sonneneinstrahlung vor Überhitzung geschützt wird (Verdunstungskälte!). Weil über die Verdunstungskälte auch eine Temperaturerniedrigung im Substrat stattfindet, für eine erfolgreiche Stecklingsvermehrung jedoch ein „warmer Fuß" unabdingbar ist, ist für die Vermehrung unter Sprühnebel eine Bodenheizung erforderlich. Damit es gerade bei dieser Art der Vermehrung nicht zur Staunässe und damit zu Sauerstoffmangel in der Zone der Wurzelbildung kommt, muss das Substrat gut wasserdurchlässig sein. Dies kann erreicht werden durch Einmischen von Sand oder Styromull.

2.1.2 Wärme

Die Wurzelbildung ist die Folge einer intensiven Zellteilung. Der damit verbundene erhöhte Energiebedarf muss nicht nur durch mitgelieferte energiereiche Reservestoffe der Mutterpflanze und Fotosynthese gedeckt werden, er muss den sich teilenden Zellen auch durch eine gesteigerte Energiefreisetzung, d. h. Atmung, zugänglich gemacht werden. Da mit steigenden Temperaturen der Stoffwechsel und somit auch die Atmungsintensität beschleunigt wird, führt eine Erhöhung der **Bodentemperatur** zur Förderung des Wurzelwachstums.

! Merke

Als optimal gelten für die meisten Pflanzenarten **Temperaturen zwischen 18 und 25 °C**. Allgemein gilt, dass die optimale **Bodentemperatur** zur Bewurzelung etwas höher liegt als die für die Kultur der jeweiligen Pflanzenart optimale Lufttemperatur.

Dies ist am einfachsten durch eine im Substrat verlegte Bodenheizung (s. Kapitel Technik) zu erreichen. Nach erfolgter Wurzelbildung muss die Bodentemperatur gesenkt werden, damit das Wurzelwachstum nicht einseitig zulasten des Sprosswachstums gefördert wird.

! Merke

Eine Erhöhung der **Lufttemperatur** (zwischen 18 und 25 °C) fördert bei Optimierung der anderen Wachstumsfaktoren die Fotosynthese und damit die Wurzelbildung.

Zu hohe Temperaturen infolge direkter Sonneneinstrahlung müssen gegebenenfalls durch Schattierung vermieden werden.

2.1.3 Licht

Der mit der Wurzelbildung einhergehende erhöhte Energiebedarf bedingt, dass alle Maßnahmen, die die Fotosynthese fördern, auch die Wurzelentwicklung beschleunigen. So führt eine Erhöhung der Lichtintensität und/oder -dauer, z. B. durch eine Zusatzbelichtung mit Assimilationslicht im Herbst/Winter, über die Steigerung der Fotosynthese zu einer schnelleren und besseren Wurzelbildung.

2.1.4 Substrat

! Merke

Aufgrund des erhöhten Sauerstoffbedarfs der sich entwickelnden Wurzeln muss das Vermehrungssubstrat locker und gut durchlüftet sein.

Um eine Schädigung der empfindlichen neu gebildeten Wurzeln zu vermeiden, sollte es krankheitsfrei, salz- und nährstoffarm („Hunger macht Wurzeln“) sein. Geeignete Substrate zur Vermehrung sind u. a. Torfsandgemische (z. B. 1 : 1), Einheitserde (Typ VM), Torfkultursubstrate (TKS 1), reiner Torf (z. B. für Rhododendren und Azaleen) oder reiner Sand (z. B. für *Forsythia*, *Magnolia*, *Weigelia* und *Philadelphus*).

2.1.5 Wuchsstoffe

Zur Wurzelbildung sind relativ hohe Wuchsstoffkonzentrationen notwendig. Deswegen werden Stecklinge meistens auch dicht unterhalb eines Blattknotens (ca. 2 mm) geschnitten, da hier in der Regel die höchsten Wuchsstoffkonzentrationen vorliegen. Durch das Eintauchen der Schnittstellen in Bewurzelungshormone vor dem Stecken kann der Gärtner von außen Wuchsstoffe (Auxine) zuführen. Auch das Dunkelhalten der Stecklingsbasis vor dem Stecken fördert die Bewurzelung, weil Wuchsstoffe durch Licht inaktiviert werden.

2.1.6 Stecklingsqualität

Der Vermehrungserfolg hängt außer von den Wachstumsfaktoren ganz entscheidend von der Qualität der Stecklinge ab. Sie ist weitgehend vom Zustand der Mutterpflanze während des Schnitts abhängig.

! Merke

Nur gesunde, optimal kultivierte Pflanzen können brauchbare Stecklinge liefern.

Beim Schneiden von Kopfstecklingen sollte man bedenken, dass sich allgemein Stecklinge von Haupttrieben besser entwickeln als Stecklinge von Seitentrieben. Auch dürfen Stecklinge mit Blütenknospen nicht verwendet bzw. müssen vorhandene Blütenknospen ausgebrochen werden, da ansonsten die Blütenbildung zulasten der Wurzelentwicklung stattfindet. Haben sich die Stecklinge ausreichend bewurzelt, können sie getopft oder gepflanzt werden. Ein deutliches Zeichen dafür ist das einsetzende Sprosswachstum.

? Aufgaben

◑ 1. Erklären Sie die Begriffe vegetative Vermehrung, Regeneration, Kallus, Klon und Klonen/Klonieren.
◑ 2. Beschreiben Sie den Ablauf der Regeneration anhand eines Blattstecklings.
○ 3. Nennen Sie die wesentlichen Vorteile der vegetativen Vermehrung.
◑ 4. Erklären Sie, warum die vegetative Vermehrung einer Pflanze zu genetisch identischen Nachkommen führt.
◑ 5. Nennen Sie Vor- und Nachteile der Blatteinkürzung bei Stecklingen.
◑ 6. Was versteht der Gärtner unter „gespannter Luft“ und wie und wozu gibt er sie?
● 7. Nennen und begründen Sie günstige Regenerationsbedingungen für Stecklinge.
◑ 8. Warum bewurzeln sich Pflanzen mit panaschierten (gestreiften, gefleckten) Blättern schlechter als solche mit grünen?
◑ 9. Welche Vorteile bietet eine Sprühnebelvermehrung?
◑ 10. Warum ist bei der Vermehrung unter Sprühnebel eine Bodenheizung erforderlich?
○ 11. Warum werden Stecklinge dicht unterhalb eines Blattknotens geschnitten?
○ 12. Was gilt als sicheres Zeichen für eine erfolgreiche Wurzelbildung?

2.2 Vermehrung an der Mutterpflanze

2.2.1 Ableger

! Merke

Die Vermehrung durch **Ableger** (1, S. 370) erfolgt bei Gehölzen im Frühjahr vor dem Austrieb (Februar/März). Dazu werden vorjährige Triebe in ihrer ganzen Länge in flache Erdrillen „abgelegt“ und festgesteckt.

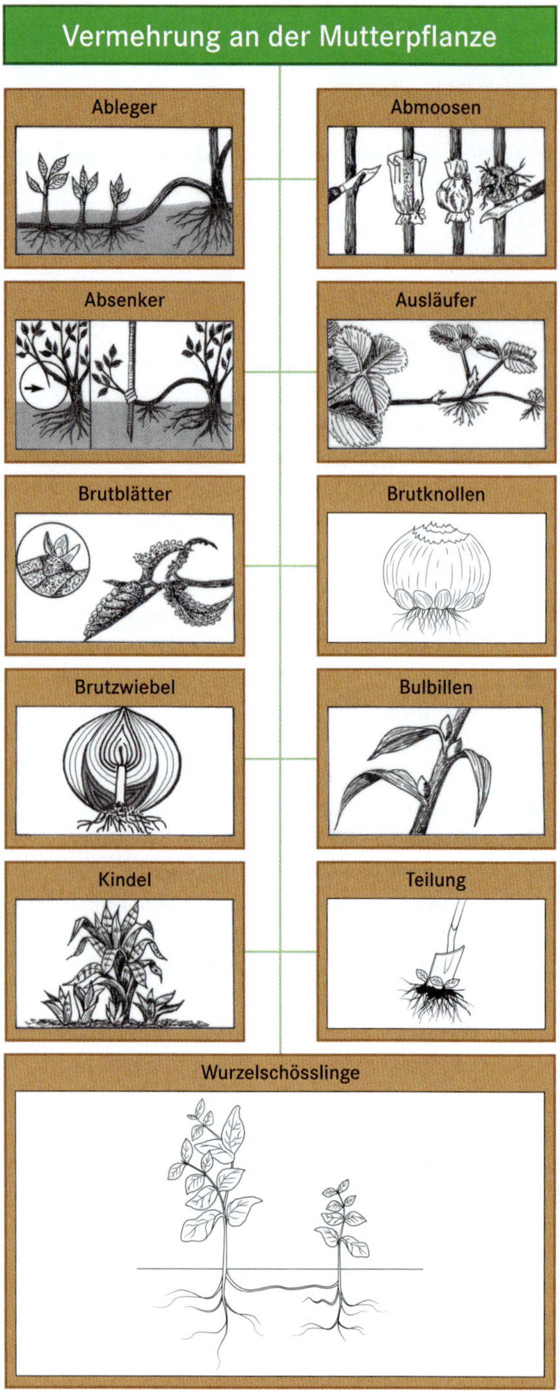

1 Vegetative Vermehrung an der Mutterpflanze

Die Rillen bleiben zunächst offen. Nach dem Austreiben der Knospen wird mit fortschreitendem Wachstum der Seitentriebe (Mai/Juni) zur Förderung der Wurzelbildung mehrmals angehäufelt. Dabei ist darauf zu achten, dass das obere Drittel der Triebe frei bleibt. Die im Laufe der Vegetationsperiode bewurzelten Seitentriebe werden im Herbst nach dem Laubfall von der Mutterpflanze getrennt und ausgepflanzt (**2**).

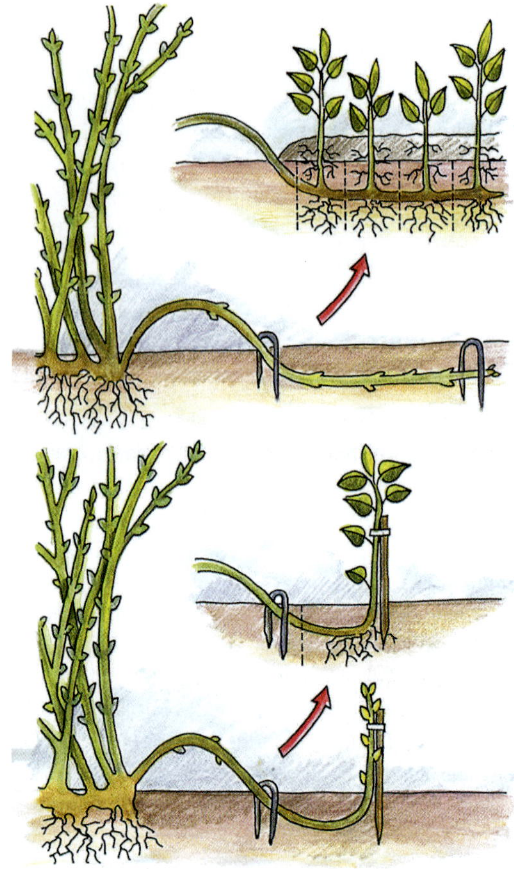

2 Vermehrung durch Ableger und Absenker

> **Beispiele**
>
> Vogelkirsche *(Prunus avium)*, Zierjohannisbeere *(Ribes sanguineum)*, Großfrüchtige Moosbeere *(Vaccinium macrocarpon)*, Glyzine/Blauregen *(Wisteria sinensis)*.

2.2.2 Abmoosen

> **Merke**
>
> Beim **Abmoosen** (Markottieren, **1**, S. 371) bewurzeln sich Kopfstecklinge direkt an der Mutterpflanze.

Dort, wo sich die Wurzeln bilden sollen, wird die Sprossachse verletzt, indem ein etwa zentimeterbreiter bis auf das Kambium reichender Rindenstreifen entfernt wird. Zur Förderung der Wurzelbildung wird die Wunde mit einem Bewurzelungshormon eingestrichen und mit einer Hand voll feuchtem Moos oder Torf umgeben. Dazu wird unterhalb der Wunde eine Polyethylenfolie so um den Trieb gewickelt, dass eine Tüte geformt werden kann, die, nachdem sie gefüllt wurde, am oberen Ende um den Trieb herum zugebunden wird. Obwohl die Folie das Substrat weitgehend vor Austrocknung schützt, sollte in gewissen Abständen kontrolliert und gegebenenfalls Wasserverlust ersetzt werden. Haben sich genügend Wurzeln gebildet, wird der obere Teil der Pflanze unter dem Wurzelballen abgeschnitten und eingetopft. Frisch getopfte Pflanzen müssen in den ersten Tagen vor überhöhter Verdunstung geschützt werden. Dies kann durch Überstülpung eines Folienbeutels für zwei bis drei Tage geschehen (1).

Beispiele

Croton *(Codiaeum variegatum)*, Drachenbaum *(Dracaena deremensis)*, Gummibaum *(Ficus elastica)*, Gartenmagnolien *(Magnolia-Soulangiana-Hybriden)*, Sternmagnolie *(Magnolia stellata)*, Fensterblatt *(Monstera deliciosa)*

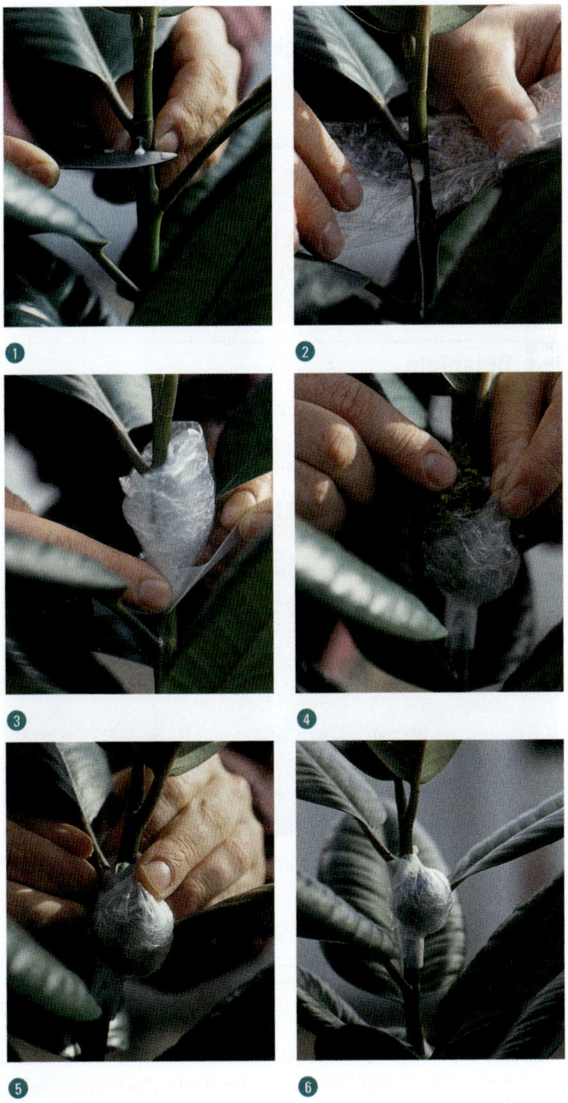

1 Arbeitsschritte beim Abmoosen

2.2.3 Absenken

Merke

Beim **Absenken** (2, S. 370) werden die Triebe der Mutterpflanzen nicht in ganzer Länge in den Boden gelegt, sondern bogenförmig so abgesenkt, dass die Triebspitze aus dem Boden herausragt.

Bei Gehölzen eignen sich vor allem ein- und zweijährige Triebe. Eine Beschleunigung der Wurzelbildung kann dadurch erfolgen, dass an der Stelle, an der die Wurzelbildung stattfinden soll, durch Einkerbungen (Kambium freilegen) oder durch Abschnürung/Ringelung mit einem Draht (bis auf das Kambium) ein Stau der von den Blättern abgeleiteten Assimilate eintritt.

Die Unterbrechung des Phloems führt zu einer verbesserten Versorgung der an der Wunde angrenzenden Zellen mit Assimilaten, sodass es zu einer besseren Wundkallusbildung und somit zu einer schnelleren und verstärkten Wurzelbildung kommt. Sind genügend Wurzeln gebildet, werden die Jungpflanzen von der Mutterpflanze abgeschnitten und aufgepflanzt (2, S. 370).

Beispiele

Russischer Wein *(Cissus antarctica)*, Königswein *(Cissus rhombifolia)*, Waldrebe *(Clematis vitalba)*, Perückenstrauch *(Cotinus coggygria)*, Klettergummibaum *(Ficus pumila)*, Japanische Zaubernuss *(Hamamelis japonica)*, Chinesische Zaubernuss *(Hamamelis mollis)*, Efeu *(Hedera helix)*, Gartenmagnolien *(Magnolia-Soulangiana-Hybriden)*, Sternmagnolie *(Magnolia stellata)*, Scheinbuche *(Nothofagus antarctica)*, Kletterphilodendron *(Philodendron scandens)*, Alpenrosen *(Rhododendron-Hybriden)*, Schwarze Johannisbeere *(Ribes nigrum)*, Rote Johannisbeere *(Ribes rubrum)*, Zierjohannisbeere *(Ribes sanguineum)*, Stachelbeere *(Ribes uva-crispa)*, Efeutute *(Scindapsus pictus)*

2.2.4 Ausläufer

Merke

Manche Pflanzen entwickeln an den Blattknoten ihrer waagerecht wachsenden Seitentriebe sogenannte **Ausläufer**, kleine Tochterpflanzen.

Haben sich die Jungpflanzen ausreichend bewurzelt, können sie von der Mutterpflanze abgetrennt werden. Bei Kartoffeln bilden sich Knollen am Ende der unterirdischen Ausläufer (1 u. 2, S. 372).

Beispiele

Grünlilie *(Chlorophytum comosum)*, Erdbeere *(Fragaria x magna)*, Schwertfarn *(Nephrolepis exaltata)*, Judenbart *(Saxifraga stolinifera)*, Kartoffel *(Solanum tuberosum)*, Topinambur *(Helianthus tuberosus)*.

1 Oberirdische Ausläufer bei der Grünlilie *(Chlorophytum comosum)*

2 Unterirdische Ausläufer bei der Kartoffel

2.2.5 Brutblätter

Merke

An den Blättern bestimmter Pflanzen entwickeln sich kleine Pflänzchen (Brutknospen), die der vegetativen Vermehrung dienen. Nach dem Ablösen wachsen sie zu neuen Pflanzen heran (3).

Beispiele

Brutblätter *(Bryophyllum daigremontianum, Bryophyllum delagoense)*

3 Kleine Pflänzchen haben sich an den Blatträndern von *Bryophyllum daigremontianum* (früher Gattung *Kalanchoe*) entwickelt

2.2.6 Brutknollen

Merke

Brutknollen bilden sich an der Basis der Mutterknollen. Bei Gladiolen schwankt die Zahl der Brutknollen zwischen 5 und 30 (4).

Die kleinen Brutknollen werden wie die ausgewachsenen Knollen behandelt, d. h., sie werden im Herbst aus dem Boden genommen, über Winter frostfrei gelagert und im Frühjahr (Ende April/Anfang Mai) in 2 bis 3 cm tiefe Rillen gestreut. Je nach Größe sind sie nach 2 bis 3 Jahren ausgewachsen und blühen.

Beispiele

Krokus *(Crocus vernus)*, Freesien *(Fresia-Hybriden)*, Gladiolen *(Gladiolus-Hybriden)*

4 Gladiolenknollen mit Brutknollen

2.2.7 Brutzwiebeln

Merke

Bei den Zwiebelgewächsen bilden sich in den Achseln der Zwiebelschalen wie auch am Zwiebelboden kleine Tochterzwiebeln, sogenannte Brutzwiebeln.

Bei Zwiebelpflanzen, bei denen die Mutterzwiebel nach der Blüte abstirbt (z. B. Tulpen), entwickelt sich die größte dieser Brutzwiebeln (unmittelbar neben dem Blütenschaft) im Laufe des Sommers (Mai bis August) zur **Ersatzzwiebel**, die im nächsten Jahr die Blüte hervorbringt. Die kleineren Brutzwiebeln brauchen je nach Größe 2 bis 3 Jahre bis zur Blüte. Zwiebeln können sich im Laufe der Jahre zu einem ganzen Bündel von Zwiebeln entwickeln. Zur Vermehrung werden dann die seitlichen Brutzwiebeln weggebrochen und mehrteilige Zwiebeln, wie man sie häufig bei Narzissen findet, getrennt (2). Um die Vermehrungsrate zu erhöhen, werden z. B. bei Narzissen die Zwiebeln regelrecht zerschnitten und ausgelegt. An den Bruchstellen bilden sich kleine Brutzwiebeln, die entnommen und aufgepflanzt werden. Bei Hyazinthen fördert das Aushöhlen oder das mehrfache Einschneiden des Zwiebelbodens (Basalplatte des Zwiebelbodens den Ansatz von Brutzwiebeln. Schon nach wenigen Wochen sind die Schnittstellen von neu gebildeten Brutzwiebeln überwuchert, die nach 2 Jahren verkaufsfähig sind.

Beispiele

Zwiebeln *(Allium cepa)*, Schneeglöckchen *(Galanthus nivalis)*, Ritterstern *(Hippeastrum-Hybriden)*, Hyazinthe *(Hyacinthus orientalis)*, Märzbecher *(Leucojum vernum)*, Lilien *(Lilium-Hybriden)*, Traubenhyazinthe *(Muscari botryoides)*, Narzisse *(Narcissus pseudonarcissus)*, Blaustern *(Scilla sibirica)*, Tulpen *(Tulipa Garten-Tulpen)*, Knöllchensteinbrech *(Saxifraga granulata)*

1 Unterscheidung: links Zwiebel (Tulpe), rechts Knolle (Krokus)

2 Narzissenzwiebel mit Brutzwiebeln, links bereits abgetrennte Brutzwiebeln

2.2.8 Bulbillen

Merke

Als **Bulbillen** (3) werden brutzwiebelähnliche Organe in den Blattachseln bestimmter Pflanzen bezeichnet.

Abgetrennt von der Mutterpflanze, entwickeln sie sich zu vollständigen Pflanzen.

Beispiele

Schlangenlauch *(Allium scorodoprasum)*, Zahnwurz *(Dentaria bulbifera)*, Feuerlilie *(Lilium bulbiferum)*, Tigerlilie *(Lilium lancifolium)*, Scharbockskraut *(Ranunculus ficaria)*

3 Bulbillen in den Blattachseln von *Lilium lancifolium*

2.2.9 Kindel

Merke

Als sogenannte **Kindel** werden Tochterpflanzen bezeichnet, die sich unmittelbar an der Basis der Mutterpflanzen aus Seitentrieben heraus entwickeln. Durch das Abtrennen dieser Kindel können neue Pflanzen gewonnen werden.

Typisch ist diese Kindelbildung für die meisten Bromelien (1, S. 374). Bei der Ananas bildet sich zudem über der Frucht ein Blattschopf, der mit einer dünnen Fruchtscheibe abgeschnitten und nach Abtrocknung der Schnittstelle gesteckt werden kann (2 und 3, S. 374).

Beispiele

Lanzenrosette *(Aechmea fasciata)*, Agave *(Agave americana)*, Ananas *(Ananas comosus)*, Billbergie *(Billbergia nutans)*, Guzmanie *(Guzmania lingulata)*, Neoregelie *(Neoregelia carolinae)*, Nestrosette *(Nidularium fulgens)*

1 Kindelbildung bei *Aechmea fasciata*

2 Ananas *(Ananas comosus, var. variegatus)*

3 Blattschopfvermehrung bei *Ananas comosus*

2.2.10 Teilung

Merke

Die Vermehrung durch **Teilung** ist eine sehr einfache und sichere Art der vegetativen Vermehrung. Es ist lediglich darauf zu achten, dass jedes Teilstück mindestens eine Knospe und genügend Wurzeln aufweist. Besonders bei der Staudenvermehrung wird die Teilung durchgeführt.

4 Geteilte Fackellilie; vor der Pflanzung müssen die Blätter stark eingekürzt werden

Bei Pflanzen, die im Frühjahr oder Frühsommer blühen, ist die günstigste Vermehrungszeit nach der Blüte, da sie dann genügend Zeit haben, um sich bis zum Winter zu regenerieren. Später blühende Pflanzen sollten besser im Frühjahr, zu Beginn des Pflanzenwachstums geteilt werden. Gräser werden kurz vor dem Austrieb und Irisgewächse gleich nach der Blüte geteilt (4).

Beispiele

Schafgarbe *(Achillea filipendulina)*, Glockenblume *(Campanula-Arten)*, Maiglöckchen *(Convallaria majalis)*, Mädchenauge *(Coreopsis-Arten)*, Pampasgras *(Cortaderia selloana)*, Rittersporn *(Delphinium-Hybriden)*, Taglilien *(Helenium)*, Tränendes Herz *(Dicentra spectabilis)*, Gämswurz *(Doronicum orientale)*, Storchschnabel *(Geranium-Arten)*, Sonnenbraut *(Helenium-Hybriden)*, Purpurglöckchen *(Heuchera-Hybriden)*, Fackellilie *(Kniphofia-Hybriden)*, Bambus-Arten

2.2.11 Wurzelschösslinge

Merke

Schösslinge (5) sind Sprosse, die sich aus den Wurzeln mancher Gehölze entwickeln. Die Schösslinge werden, nachdem sie sich ausreichend bewurzelt haben, von der Mutterpflanze abgetrennt und aufgepflanzt.

Bilden veredelte Pflanzen Schösslinge aus, handelt es sich um vegetative Nachkommen der Unterlage. Solche Austriebe werden bei Rosen als **Wildtriebe** bezeichnet. Sie müssen entfernt werden, da sie ansonsten die Edelsorte unterdrücken.

Beispiele

Essigbaum *(Rhus typhina)*, Flieder *(Syringa vulgaris)*, Hartriegel *(Cornus sanguinea)*, Japanischer Angelicabaum *(Aralia elata)*, Kartoffelrose *(Rosa rugosa)*, Kaukasische Flügelnuss *(Pterocarya fraxinifolia)*, Pflaumen, Sanddorn *(Hippophae rhamnoides)*, Robinie *(Robinia pseudoacacia)*, Schlehe *(Prunus spinosa)*, Strauchkastanie *(Aesculus parviflora)*, Zitterpappel *(Populus tremula)*

5 Wurzelschösslinge bei Pflaume (*Prunus domestica*)

Aufgaben

◑ 1. Unterscheiden Sie die Vermehrung durch Ableger und Absenker.
◑ 2. Erklären Sie, wodurch eine Beschleunigung der Wurzelbildung an den abgelegten/abgesenkten Trieben erreicht werden kann.
○ 3. Durch welche Vermehrungsmethode kann das Ablegen/Absenken ersetzt werden?
◑ 4. Beschreiben Sie die Vorgehensweise beim Abmoosen (1, S. 371).
○ 5. Beschreiben Sie die Vermehrung von Erdbeeren durch Ausläufer.
○ 6. Wie erfolgt die vegetative Vermehrung bei Pflanzen mit Brutblättern?
○ 7. Unterscheiden Sie Zwiebeln und Knollen (1, S. 373).
○ 8. Wie können Zwiebel- und Knollengewächse vegetativ vermehrt werden?
○ 9. Was sind Bulbillen?
○ 10. Für welche Pflanzen ist die Vermehrung durch Kindel typisch und wie erfolgt sie?
○ 11. Nennen Sie Vor- und Nachteile bei der Vermehrung durch Teilung.
◑ 12. Nennen Sie günstige Zeiten für das Teilen von Stauden.

2.3 Vermehrung unabhängig von der Mutterpflanze

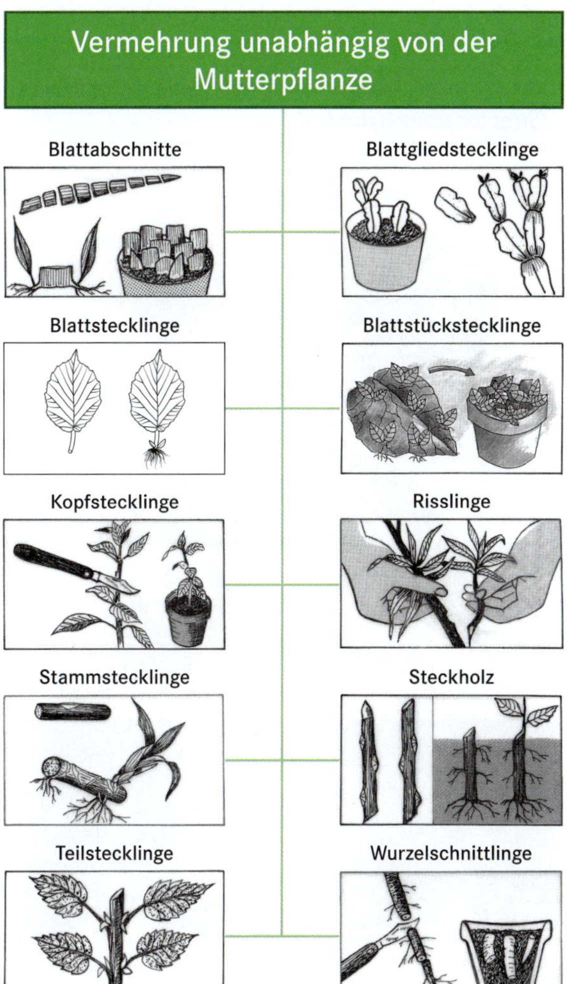

1 Übersicht

2.3.1 Blattabschnitte

Merke

Durch **Blattabschnitte** kann man bei bestimmten Pflanzen aus einem Blatt mehrere neue Pflanzen heranziehen.

Die Blätter werden in 5 bis 10 cm lange Abschnitte zerschnitten und gesteckt. Dabei ist darauf zu achten, dass die Blattabschnitte mit der Wuchsrichtung nach oben gesteckt werden (2).

Beispiele

Bogenhanf *(Sansevieria trifasciata)*

2 Vermehrung durch Blattabschnitte

2.3.2 Blattgliedstecklinge

Merke

Bei der Vermehrung durch **Blattgliedstecklinge** (1) werden die aus einzelnen Gliedern aufgebauten Triebe der Mutterpflanze an ihren Nodien auseinander gebrochen und gesteckt.

Bei den sogenannten Blattgliedstecklingen handelt es sich nicht um Blätter, sondern um **Flachsprosse** (Platykladien), blattähnlich verbreiterte Sprossachsen, die die Aufgaben der fehlenden Blätter übernehmen.

Beispiele

Feigenkakteen *(Opuntia-Arten)*, Osterkaktus *(Rhipsalidopsis gaertneri)*, Weihnachtskakteen *(Schlumbergera-Hybriden)*

1 Blattgliedstecklinge vom Weihnachtskaktus *(Schlumbergera-Hybriden)*

2.3.3 Blattstecklinge

Merke

Bei der Vermehrung durch **Blattstecklinge** werden Blätter der Mutterpflanze mit oder ohne Blattstiel geschnitten und in Vermehrungssubstrate gesteckt.

An der Basis entstehen Adventivwurzeln und -triebe, die eine neue Pflanze bilden. Das ursprüngliche Blatt stirbt mit der Zeit ab (2).

Beispiele

Elatiorbegonien *(Begonia-Elatior-Hybriden)*, Lorrainebegonien *(Begonia-Lorrainebegonien-Hybriden)*, Dickblatt *(Crassula arborescens)*, Geldbaum *(Crassula ovata)*, Venusfliegenfalle *(Dionaea muscipula)*, Kannenpflanzen *(Nepenthes-Hybriden)*, Peperomie *(Peperomia caperata)*, Usambaraveilchen *(Streptocarpus (früher Saintpaulia) ionantha)*, Bogenhanf *(Sansevieria trifasciata)*, Fetthenne *(Sedum-Arten)*, Drehfrucht *(Streptocarpus-Hybriden)*.

2 Regeneration eines Blattstecklings

2.3.4 Blattstückstecklinge

Merke

Bei der Vermehrung durch **Blattstückstecklinge** werden Teile eines Blatts zur Vermehrung genutzt. Dazu werden an den Blattadern eingeschnittene Blätter auf das Substrat gelegt oder geschnittene Blattstücke gesteckt (3).

Beispiele

Rexbegonien *(Begonia-Rex-Hybriden)*, Drehfrucht *(Streptocarpus-Hybriden)*

An den angeschnittenen Nebenadern haben sich junge Pflänzchen entwickelt *(Streptocarpus-Hybriden)*

3 Vermehrung durch Blattstückstecklinge

2.3.5 Kopfstecklinge

Merke

Die häufigste und damit wichtigste vegetative Vermehrung im Gartenbau ist die Vermehrung durch **Kopfstecklinge**. Es handelt sich dabei um krautige, beblätterte Triebspitzen von diesjährigen Trieben (2). Ihre Länge und Blattzahl variieren je nach Pflanzenart. In der Regel erfolgt der Schnitt dicht unter einem Blattknoten (ca. 2 mm), da in diesem Bereich die größte Wuchsstoffproduktion stattfindet, sodass die Wurzelbildung gefördert wird.

Das zum Schnitt benutzte Messer muss scharf sein, damit Quetschverletzungen - die häufigsten Fäulnisursachen - vermieden werden. Bei der Auswahl der Kopfstecklinge ist auf eine optimale Reife zu achten, unausgereifte (zu weiche) Stecklinge faulen leicht und zu ausgereifte (harte) Stecklinge bilden schlecht Wurzeln. Allgemein entwickeln sich Kopfstecklinge von Haupttrieben besser als von Seitentrieben.

1 Vermehrung von Zypergras

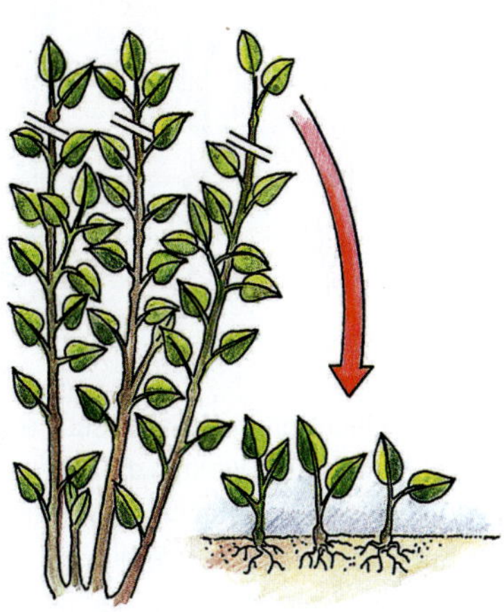

2 Gewinnung von Kopfstecklingen

Beim Zypergras *(Cyperus alternifolius)* wird eine gute Bewurzelung der Kopfstecklinge im Wasser erreicht. Dazu kürzt man die Blätter und Stiele der abgeschnittenen Blattschöpfe auf etwa 5 cm ein und legt sie ins Wasser. Nach der Bewurzelung werden sie eingetopft (1).

Beispiele

Schönmalven *(Abutilon-Hybriden)*, Beloperone *(Beloperone guttata)*, Bougainvillie *(Bougainvillea spectabilis)*, Besenheide/Heidekraut *(Calluna vulgaris)*, Croton *(Codiaeum variegatum)*, Zwergmispel *(Cotoneaster dammeri)*, Chrysantheme *(Dendranthema x grandiflorum)*, Dieffenbachie *(Dieffenbachia maculata)*, Schneeheide *(Erica carnea)*, Gummibaum *(Ficus elastica)*, Fuchsien *(Fuchsia-Hybriden)*, Roseneibisch *(Hibiscus rosa-sinensis)*, Hortensie *(Hydrangea macrophylla)*, Fensterblatt *(Monstera deliciosa)*, Passionsblume *(Passiflora caerulea)*, Edel-, Efeu- und Zonalepelargonien *(Pelargonium-Arten)*, Eibe *(Taxus baccata)*

2.3.6 Risslinge

Merke

Werden Stecklinge von den Trieben der Mutterpflanzen abgerissen, spricht man von **Risslingen**. Grundlage dieser Art der Vermehrung ist die Erkenntnis, dass durch Verwundung zur Teilung angeregte Kambiumzellen bei Erdkontakt Wurzeln bilden.

Durch das Abreißen der Stecklinge verbleibt ein größeres Stück Rinde mit freigelegtem Kambium am Fuß des Stecklings, sodass aufgrund der größeren Kambiumfläche die Wurzelbildung gefördert wird.

Beispiele

Scheinzypresse *(Chamaecyparis lawsoniana)*, Fuchsien *(Fuchsia-Hybriden)*, Wacholder *(Juniperus chinensis)*, Liguster *(Ligustrum vulgare)*, Eibe *(Taxus baccata)*

2.3.7 Stammstecklinge

Merke

Bei **Stammstecklingen** handelt es sich um blattlose Teiltriebstücke mit „schlafenden Augen" (ruhende Knospen). Zur Gewinnung werden nicht verholzte Sprossachsen so zerschnitten, dass sich die Blattknoten (Nodien) mit den Augen in der Mitte der Stammstecklinge befinden (1, S. 378).

Beispiele

Große Flamingoblume *(Anthurium-Andreanum-Hybriden)*, Kleine Flamingoblume *(Anthurium-Scherzerianum-Hybriden)*, Cordyline *(Cordyline fruticosa)*, Dieffenbachie *(Dieffenbachia maculata)*, Dracaene *(Dracaena fragrans)*, Fensterblatt *(Monstera deliciosa)*

1 Vermehrung durch Stammstecklinge

2.3.8 Steckholz

Merke

Die Vermehrung durch **Steckhölzer** (2) ist eine wichtige, weitverbreitete und relativ einfache Art der vegetativen Vermehrung von Gehölzen. Als Steckhölzer werden ausgereifte einjährige, mehr oder weniger verholzte, blattlose Triebe benutzt.

Die richtige Holzreife kann durch Biegen der Triebe geprüft werden. Stark durchbiegende oder brechende Hölzer sind nicht geeignet. Der Schnitt erfolgt im Winter ab November/Dezember (nicht bei Frost!).

Die mehr oder weniger langen Triebe werden in etwa 20 cm lange Stücke (Scherenlänge) geschnitten. Das obere Ende wird 1 bis 2 cm über einem Auge gerade (kleine Schnittfläche → Verringerung der Verdunstung) und das untere Ende 0,5 cm unterhalb eines Auges schräg geschnitten (größere Kambiumfläche → mehr Wundgewebe → Förderung der Wurzelbildung). Die fertigen Steckhölzer werden je nach Stärke zu 25 oder 50 Stück gebündelt, etikettiert und an einem kühlen, frostfreien Ort in Sand oder sandiger Erde etwa bis zur Hälfte ihrer Länge eingeschlagen. Eine Lagerung in Folienbeuteln bei +1 bis +3 °C (Kühlräume) ist auch möglich. Eine Ausnahme bilden z. B. Ribes-Arten, die bei Beginn des Blattfalls im September geschnitten und sofort gesteckt werden. Allgemein erfolgt das Stecken jedoch im Frühjahr (März/April), wenn keine Frostgefahr mehr besteht (Hochfrieren des Bodens!). Gesteckt wird in einen tiefgründig gelockerten und mit Torf oder Kompost versetzten Boden so, dass nur noch das oberste Knospenpaar herausschaut. Bei Gehölzen mit einem sehr engen Knospenabstand (z. B. Salix-Arten) werden die Steckhölzer zu $^2/_3$ ihrer Länge in den Boden gesteckt. Die austreibenden Triebe sollten zur Reduzierung der Verdunstung in der ersten Zeit gespannte Luft erhalten oder häufiger mit Wasser übersprüht werden (2).

2 Steckholzvermehrung

Beispiele

Baumwürger *(Celastrus orbiculatus)*, Hartriegel *(Cornus alba)*, Roter Hartriegel *(Cornus sanguinea)*, Deutzie *(Deutzia scabra)*, Schlingknöterich *(Fallopia baldschuanica)*, Forsythie *(Forsythia x intermedia)*, Kolkwitzie *(Kolkwitzia amabilis)*, Liguster *(Ligustrum vulgare)*, Wilder Wein *(Parthenocissus-Arten)*, Falscher Jasmin *(Philadelphus-Virginalis-Hybriden)*, Platane *(Platanus x hispanica)*, Fingerstrauch *(Potentilla fruticosa)*, Schwarze Johannisbeere *(Ribes nigrum)*, Rote Johannisbeere *(Ribes rubrum)*, Zierjohannisbeere *(Ribes sanguineum)*, Stachelbeere *(Ribes uva-crispa)*, Weide *(Salix alba)*, Schwarzer Holunder *(Sambucus nigra)*, Traubenholunder *(Sambucus racemosus)*, Schneebeere *(Symphoricarpos x chenaultii)*, Weigelie *(Weigela japonica)*

2.3.9 Teilstecklinge

Merke

Bei den **Teilstecklingen** handelt es sich um krautige, beblätterte Triebstücke ohne Endknospen (1).

Beispiele

Glanzkölbchen *(Aphelandra squarrosa)*, Brunfelsie *(Brunfelsia pauciflora var. calycina)*, Kamelie *(Camellia japonica)*, Klimme *(Cissus antarctica)*, Russischer Wein *(Cissus rhombifolia)*, Croton *(Codiaeum variegatum)*, Keulenlilie *(Cordyline fruticosa)*, Crossandra *(Crossandra infundibuliformis)*, Dracaene *(Dracaena-Arten)*, Klettergummibaum *(Ficus pumila)*, Efeu *(Hedera helix)*, Roseneibisch *(Hibiscus rosa-sinensis)*, Wachsblume *(Hoya carnosa)*, Fensterblatt *(Monstera deliciosa)*, Passionsblume *(Passiflora caerulea)*, Philodendron *(Philodendron erubescens, Philodendron scandens)*, Efeutute *(Scindapsus pictus)*, Kranzschlinge *(Stephanotis floribunda)*

1 Teilsteckling

2.3.10 Wurzelschnittlinge

Merke

Bei Pflanzen, die die Fähigkeit haben, sich vollständig aus Wurzeln zu regenerieren, kann die vegetative Vermehrung durch **Wurzelschnittlinge** erfolgen. Dazu werden während der Wachstumsruhe von der Mutterpflanze etwa bleistiftdicke, noch nicht zu sehr verholzte Wurzeln ausgegraben und in etwa 5 bis 10 cm lange Teilstücke geschnitten.

Da sich aus dem jeweilig oberen Ende der Wurzelstücke der Spross und aus dem unteren Ende die Wurzel entwickelt, sollte zur Kennzeichnung das untere Ende schräg angeschnitten werden. Die so vorbereiteten Wurzelschnittlinge werden senkrecht in lockere Erde gesteckt oder waagerecht ausgelegt und mit Erde bedeckt (2).

Beispiele

Akanthus *(Acanthus dioscoridis)*, Herbstanemonen *(Anemone-Japonica-Hybriden)*, Japanischer Angelicabaum *(Aralia elata)*, Trompetenblume *(Campsis radicans)*, Bergflockenblume *(Centaurea montana)*, Sonnentau *(Drosera capensis)*, Sonnenhut *(Echinacea purpurea)*, Kugeldistel *(Echinops bannaticus)*, Mohn *(Papaver orientale)*, Essigbaum *(Rhus typhina)*

2 Vermehrung durch Wurzelschnittlinge

? Aufgaben

- ○ 1. Beschreiben Sie anhand der 2, S. 375, die Vermehrung durch Blattabschnitte.
- ○ 2. Für welche Pflanzen ist die Vermehrung durch Blattgliedstecklinge typisch und wie erfolgt sie?
- ◑ 3. Beschreiben Sie anhand der 3, S. 376, die Vermehrung von Rexbegonie und Drehfrucht durch Blattstückstecklinge.
- ○ 4. Warum schneidet man Stecklinge in der Regel dicht unterhalb eines Blattknotens?
- ○ 5. Wo liegt die Gefahr bei der Verwendung zu ausgereifter/unausgereifter Stecklinge?
- ○ 6. Unterscheiden Sie Kopf-, Teil- und Stammstecklinge.
- ○ 7. Nennen Sie Pflanzen, die durch Kopf- und Teilstecklinge vermehrt werden können.
- ○ 8. Worin unterscheiden sich Steckhölzer von Stecklingen?
- ○ 9. Welche Vorteile hat die Vermehrung durch Steckhölzer?
- ◑ 10. Beschreiben Sie anhand der 2, S. 378, die Vermehrung durch Steckhölzer.
- ◑ 11. Unterscheiden Sie die Vermehrung durch Wurzelschnittlinge und Wurzelschösslinge.

2.4 Veredlung (1)

! Merke

Beim **Veredeln** wird ein Auge oder Reis (Edelreis) einer zu vermehrenden Pflanze mit einer anderen bewurzelten Pflanze, die als Unterlage dient, zusammengefügt. Damit Unterlage und Edelreis/Auge miteinander verwachsen, müssen die Schnittflächen so zusammengefügt werden, dass die Kambien beider Partner aufeinander liegen.

Voraussetzung ist ferner, dass beide Pflanzen eng miteinander verwandt sind, d. h. der gleichen Familie und Gattung angehören.

Gründe für das Veredeln

- Die „Edelsorte“ entwickelt sich auf der eigenen Wurzel schlecht.
- Geringere Baumgrößen zum leichteren Bearbeiten (Obstbau), sodass auf Unterlagen mit einer geringen Wuchskraft veredelt wird.
- Man erhält schneller verkaufsfähige Pflanzen.
- Wegen der hohen Ausbeute ist nur ein kleiner Mutterpflanzenbestand notwendig.
- Andere Vermehrungsmethoden bringen nicht das gewünschte Ergebnis.

2.4.1 Okulation

! Merke

Die Okulation ist eine der gebräuchlichsten vegetativen Vermehrungsarten von Rosen, Obst- und Ziergehölzen. Dabei wird ein Auge (Knospe) des Edelreises (der Edelsorte) in die Rinde der Unterlage (der zu veredelnden Pflanze) gesetzt.

Bei der Okulation (lat. oculus = Auge) von Rosen (1, S. 381) wird im Juli/August ein **schlafendes Auge** (treibt erst im nächsten Frühjahr aus) eines Edelrosentriebs in die Rinde des Wurzelhalses bzw. bei Stammrosen in die Rinde der Sprossachse der auf 40 bis 140 cm hochgezogenen als Unterlage dienenden Wildrose eingesetzt. Bei Obst- und Ziergehölzen wird das Auge etwa 10 cm über dem Wurzelhals eingesetzt. Als Rosenunterlagen dienen überwiegend Sämlinge von Rosa canina (Hundsrose), Rosa multiflora, Rosa laxa und Rosa rugosa (Kartoffelrose). **Kulturablauf:** ab März Auspflanzung 1jähriger Rosensämlinge, im Som-

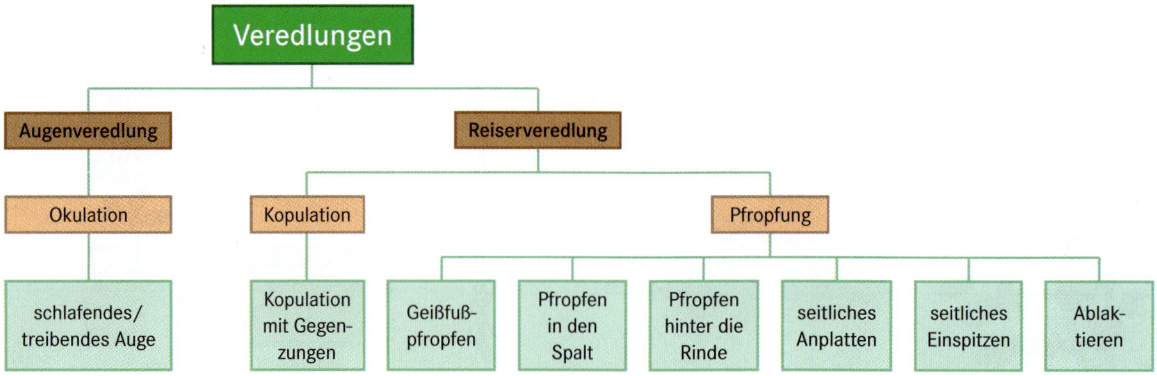

1 Veredlungen

① Für die Okulation wird der mittlere Teil eines kräftigen, abgeblühten Triebes der Edelsorte verwendet. Von diesem werden alle Blätter abgeschnitten, nur die Blattstiele – in deren Achseln die Augen sitzen – werden belassen.

② Mit einem etwa 5 cm langen T-Schnitt wird die Rinde der Unterlage durchtrennt; zuvor wurde die Stelle mit einem Lappen von Erde befreit.

③ Mit dem Löser des Okuliermessers werden die beiden Rindenflügel vorsichtig aufgeklappt, sodass das Kambium freiliegt[1].

④ Mit einem flach ziehenden Schnitt wird das Auge herausgeschnitten, dabei zeigt das Edelreis mit dem oberen Ende zum Körper.

⑤ Mit herausgeschnittene Holzstreifen werden herausgelöst. Das Holzschildchen sollte möglichst dünn sein, ansonsten besteht die Gefahr, dass die zum Auge führenden Gefäßbündel mit herausgerissen werden (winziges Loch, ansonsten rundlich gewölbte Fläche!).

⑥ Das Auge wird vorsichtig mithilfe des Okuliermessers eingeschoben.

⑦ Das über den T-Schnitt herausragende Ende des Augenschilds wird sauber abgeschnitten, indem das Okuliermesser in den Querschnitt des Ts gedrückt wird.

⑧ Die beiden abgehobenen Rindenflügel werden zugeklappt, sodass nur noch das Auge aus dem verbleibenden Schlitz herausguckt.

⑨ Die Veredlungsstelle wird mit Bast oder einem Schnellverschluss aus dehnbarem Naturkautschuk verbunden. Geübte Veredler/innen schaffen an die 2 000 Veredlungen am Tag.

1 Okulation von Rosen

[1] Lässt sich die Rinde nicht sauber vom Holz ablösen, ist der Zeitpunkt falsch gewählt (zu früh oder zu spät).

mer Okulation, nach 3 Wochen anhäufeln (Schutz vor Austrocknung, Winterschutz), im Frühjahr nach Abtrocknung des Bodens abhäufeln, Wildkrone abwerfen (ca. 2 cm über Edelauge), nach Austrieb des Edelauges über dem 3./4. Blatt stutzen (Förderung der Verzweigung), ab Mitte Oktober Rodung und Rückschnitt auf ca. 60 cm, Verkauf im Herbst und Frühjahr (Lagerung der wurzelnackten Pflanzen in Kühlräumen). Für den Sommerverkauf werden Rosen in Containern angezogen. Bei einigen Gehölzen erfolgt die Okulation auf das **„treibende" Auge**, d.h. im Frühjahr (Mai/Juni) zu Beginn der Wachstumsperiode, sodass das Auge noch im Sommer desselben Jahres austreibt.

Beispiele (Unterlagen in Klammern)

Polyantha- und Hochstammrosen (Rosa canina), Floribunda,-, Edel- und Kletterrosen (Rosa multiflora), Fliedersorten (Syringa vulgaris), Acer negundo 'Variegatum' (Acer negundo), Acer palmatum 'Atropurpureum' (Acer palmatum), Amelanchier canadensis (Crataegus laevigata), Corylus avellana 'Contorta' (Büsche auf C. avellana, Stämme auf C. colurna)

2.4.2 Kopulation

Merke

Im Unterschied zur Okulation wird bei der **Kopulation** ein Reis mit mehreren Augen (drei bis sechs) auf eine Unterlage aufgesetzt.

Von Januar bis März wird in dieser gewünschten Stammhöhe, bei Obstgehölzen mindestens 10 cm über dem Wurzelhals, der Kopf der Unterlage mit einem Schrägschnitt abgeworfen. Ein Schrägschnitt von gleicher Länge – etwa viermal so lang wie der Durchmesser – und Form wird am unteren Ende des Edelreises durchgeführt, damit die Kambien der beiden Partner genau aufeinander zu liegen kommen.

Merke

Durch die Schrägschnitte wird eine möglichst große Kambium- und damit Verwachsungsfläche erreicht.

Beide Schnittstellen werden mit Bast oder Gummiveredlungsbändern fest verbunden sowie mit Baumwachs, der die Veredlung vor Austrocknung schützt, verstrichen (1). Bei der Kopulation von Obstgehölzen dürfen nur auf Virusfreiheit getestete Reiser verwendet werden (bei den Pflanzenschutzämtern erhältlich!).

Beispiele (Unterlagen in Klammern)

Amelanchier laevis (Cotoneaster bullatus), Betula pendula 'Tristis' (Betula pendula), Carpinus betulus 'Fastigiata' (Carpinus betulus), Corylus avellana 'Contorta' (Corylus avellana für Büsche, Corylus colurna für Stämmchen), Cotoneaster salicifolius var. floccosus (Cotoneaster bullatus), Fraxinus excelsior 'Pendula' (Fraxinus excelsior), Laburnum x watereri 'Vossii' (Laburnum anagyroides), Larix kaempferi 'Pendula' (Larix kaempferi), Prunus serrulata 'Kanzan' (Prunus avium), Syringa-Vulgaris-Hybriden (Syringa vulgaris/ Ligustrum ovalifolium), Quercus robur 'Fastigiata' (Quercus robur)

Merke

Bei der **Kopulation mit Gegenzungen** werden in den Schrägschnitten von Edelreis und Unterlage senkrechte Einschnitte vorgenommen, sodass Zungen entstehen, die ineinandergeschoben werden (2). Das führt zu einer besseren Verbindung zwischen Edelreis und Unterlage und zu einer Vergrößerung der Verwachsungsfläche und damit besseren Anwachsergebnissen.

1 Kopulation

2 Kopulation mit Gegenzungen

2.4.3 Pfropfung

Merke

Eine bedeutende Rolle spielt das **Pfropfen** bei der Reiserveredlung von Gehölzen. Gepfropft wird, wenn das Edelreis wesentlich dünner als die Unterlage ist. Dabei unterscheidet man zwischen Geißfußpfropfen, Pfropfen in den Spalt und hinter die Rinde sowie seitlichem Einspitzen und Anplatten.

Kakteen-Arten, die auf der eigenen Wurzel schlecht gedeihen, werden auf andere Kakteen aufgesetzt, d. h. gepfropft (1). Durch das Pfropfen werden eine schnellere und bessere Entwicklung schwachwüchsiger Arten, eine raschere Blüte, eine längere Lebensdauer, robustere Pflanzen oder das Überleben chlorophyllfreier Kakteen erreicht.

1 Veredlung von Kakteen durch Pfropfung

Geißfußpfropfen (2)

In der gewünschten Veredlungshöhe wird der Kopf der Unterlage waagerecht abgeschnitten. Anschließend wird aus dem Kopf der Unterlage ein 3 bis 4 cm langer Keil entnommen. Das wie bei einer Kopulation zurechtgeschnittene Edelreis wird mit einem zusätzlichen Schnitt so keilförmig zugeschnitten, dass es haargenau in den keilförmigen Ausschnitt der Unterlage passt (erfordert einige Übung!). Anschließend wird die Veredlungsstelle mit Bast verbunden und mit Baumwachs verstrichen.

Beispiele

siehe Kopulation

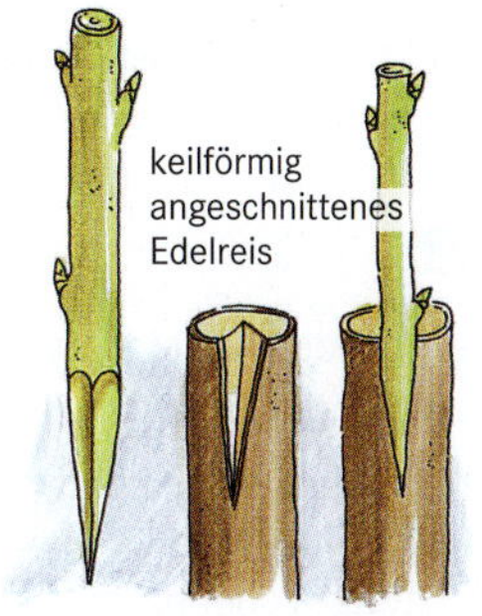

2 Geißfußpfropfen

Pfropfen in den Spalt (3)

Wenn der Geißfußschnitt zu schwierig zu handhaben ist, z. B. bei sehr dünnen Edelreisern wie bei Hibiscus, Sambucus oder Parthenocissus, wird das Pfropfen in den Spalt durchgeführt. Dazu wird der Kopf der waagerecht geschnittenen Unterlage mit dem Messer in der Mitte aufgespalten. In den Spalt werden in der Regel zwei keilförmig zugeschnittene Edelreiser so hineingeschoben, dass sie nach außen mit der Rinde der Unterlage abschließen (Kambiumkontakt!).

Beispiele

siehe Geißfußpfropfen/Kopulation

3 Pfropfen in den Spalt

Pfropfen hinter die Rinde (1)

Die Rinde wird so von der Unterlage gelöst, dass das mit einem Längsschnitt versehene Edelreis hinter die Rinde der Unterlage geschoben werden kann und Kambiumkontakt bekommt. Angewandt wird dieses Verfahren z. B. bei der Umveredlung von Apfel- und Birnbäumen.

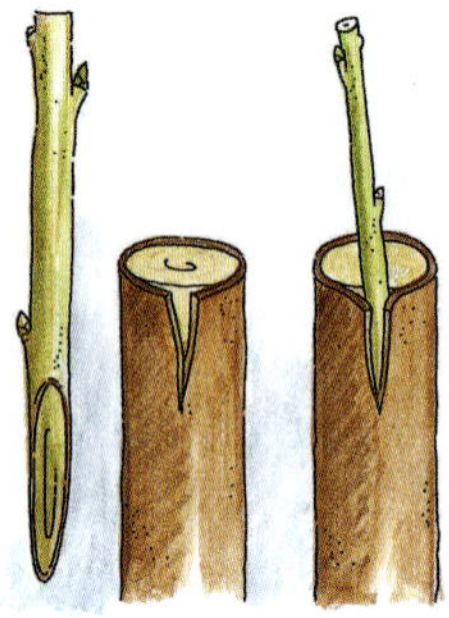

1 Pfropfen hinter die Rinde

Seitliches Anplatten (2)

Diese Methode wird vor allem bei den Nadelgehölzen angewandt, bei denen Edelreis und Unterlage etwa gleich stark sind (z. B. Abies, Picea, Pinus). Dabei wird von der Unterlage ein 3 bis 5 cm langer Rindenstreifen gelöst **(seitliches Anplatten mit langer Gegenzunge)** oder bis auf ein kurzes Endstück, das als Auflage für das Edelreis dient, abgeschnitten **(seitliches Anplatten mit kurzer Gegenzunge)**. Das mit einem entsprechenden Längsschnitt versehene Edelreis (von zwei Seiten bei langer Gegenzunge und an einer Seite bei kurzer Gegenzunge) wird nun angeplattet und verbunden. Ein Verstreichen mit Baumwachs erübrigt sich wegen des starken Harzflusses bei Nadelgehölzen. Nach dem Anwachsen wird der Kopf der Unterlage abgeworfen.

Beispiele (Unterlagen in Klammern)

Abies koreana (Abies alba), Abies procera 'Glauca' (Abies alba), Acer palmatum 'Dissectum Atropurpureum' (Acer palmatum), Cedrus atlantica 'Clauca' und 'Clauca Pendula' (Cedrus deodara), Chamaecyparis nootkatensis 'Pendula' (Thuja orientalis), Chamaecyparis obtusa 'Nana Gracilis' (Chamaecyparis lawsoniana), Clematis-Arten (Clematis vitalba)[1] *Hamamelis japonica und Hamamelis mollis (Hamamelis virginiana), Juniperus chinensis 'Plumosa Aurea' (Juniperus virginiana), Picea abies 'Acrocona' (Picea abies), Picea abies 'Inversa' (Picea abies), Picea omorika 'Nana' (Picea abies), Picea pungens 'Hoopsii' (Picea abies), Taxus baccata 'Fastigiata' (Taxus baccata)*

[1] schlecht bewurzelnde Sorten, Vorteil: beide Wurzelsysteme bleiben erhalten, die sich je nach Wachstumsbedingungen (z. B. pH-Wert) unterschiedlich stark ausbilden können

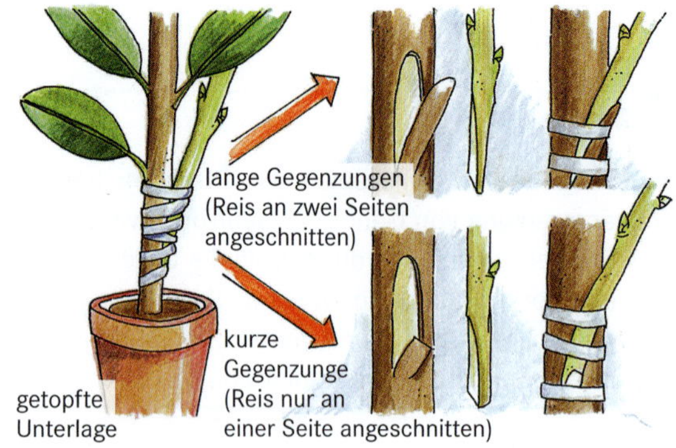

2 Seitliches Anplatten

Seitliches Einspitzen (3)

Es wird statt des seitlichen Anplattens durchgeführt, wenn das Edelreis schwächer als die Unterlage ist. Dabei wird die Rinde der Unterlage mit einem senkrechten seitlichen Einschnitt vorsichtig vom Kambium so weit gelöst, dass das beidseitig (!) leicht keilförmig zugeschnittene Edelreis eingeschoben werden kann. Nach dem Anwachsen wird der Kopf der Unterlage abgeworfen.

Beispiele (Unterlagen in Klammern)

Chamaecyparis nootkatensis 'Pendula' (Thuja orientalis), Euonymus planipes (Euonymus europaea), Juniperus chinensis 'Plumosa Aurea' (Juniperus virginiana)

3 Seitliches Einspitzen

Ablaktieren (1, S. 385)

Ablaktieren kommt aus dem Lateinischen (ablactare) und bedeutet so viel wie „den Säugling von der Muttermilch entwöhnen". Hierbei müssen Edelreismutterpflanze und Unterlage(n) in unmittelbare Nähe gepflanzt bzw. gebracht werden. In der gewünschten Veredlungshöhe wird an jeweils einem Trieb der Edelreismutterpflanze und der Unterlage das Kambium auf einer Länge von etwa 3 cm freigelegt und die Triebe werden so miteinander verbunden, dass die Schnittstellen genau aufeinander liegen. Erst wenn beide miteinander verwachsen sind, wird das Edelreis von der Mutterpflanze getrennt.

Merke

Das **Ablaktieren** wird bei Pflanzen durchgeführt, die nur sehr schwer miteinander verwachsen. Wie bei der Kopulation ist auch beim Ablaktieren eine Veredlung mit Gegenzungen möglich.

Beispiele

Veredlung von Gurken auf Feigenblattkürbissen *(Cucurbita ficifolia)* zum Schutz gegen Fusariumwelke, Veredlung von Akazien.

1 Ablaktieren

Aufgaben

- ○ 1. Was versteht man unter dem Veredeln von Pflanzen?
- ◑ 2. Nennen Sie Gründe für das Veredeln.
- ○ 3. Unterscheiden Sie Okulation und Reiserveredlung.
- ○ 4. Die Okulation kann auf ein schlafendes oder treibendes Auge erfolgen. Was versteht man darunter?
- ◑ 5. Beschreiben Sie die Okulation von Rosen (1, S. 381).
- ◑ 6. Warum müssen bei der Kopulation Unterlage und Edelreis annähernd gleich stark sein?
- ◑ 7. Welche Vorteile hat das Kopulieren mit Gegenzungen im Vergleich zur Kopulation?
- ○ 8. Wann erfolgt statt Kopulation eine Pfropfung?
- ◑ 9. Unterscheiden Sie Geißfußpfropfen, Pfropfen in den Spalt und hinter die Rinde, seitliches Einspitzen und Anplatten.
- ◑ 10. Beschreiben Sie das Ablaktieren.

2.5 In-vitro-Vermehrung

Merke

Eine besondere Form der vegetativen Vermehrung ist die **In-vitro-Vermehrung** (1, S. 386), die **„Vermehrung im Reagenzglas"**. Bei dieser Art der Vermehrung werden im Labor auf künstlichen Nährböden in Reagenzgläsern, Kolben oder anderen verschließbaren Glasgefäßen aus kleinsten Gewebeteilchen oder gar einzelnen Zellen vollständige Pflanzen regeneriert (2).

Nach der Art der entnommenen Explantate spricht man u. a. von der Gewebe-/Meristemkultur, Organ-, Embryo- oder Einzelzell-/Protoplastenkultur (1, S. 386). Voraussetzung für eine erfolgreiche Vermehrung ist, dass Geräte und Nährböden keimfrei sind und alle Arbeiten unter absolut sterilen Bedingungen stattfinden (3). Nur so kann ein Abtöten der empfindlichen Explantate durch Bakterien- oder Pilzinfektionen vermieden werden.

Merke

Ganz entscheidend für den Kulturerfolg ist die Zusammensetzung der flüssigen oder festen Nährmedien.

2 Venusfliegenfallen im Reagenzglas herangezogen

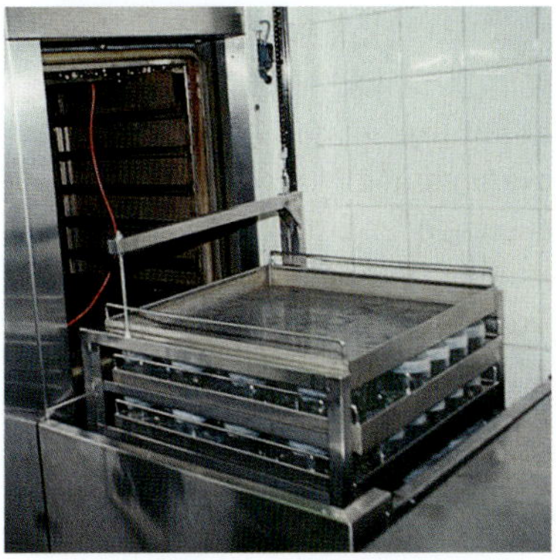

3 Desinfektion von Nährböden im Autoklaven

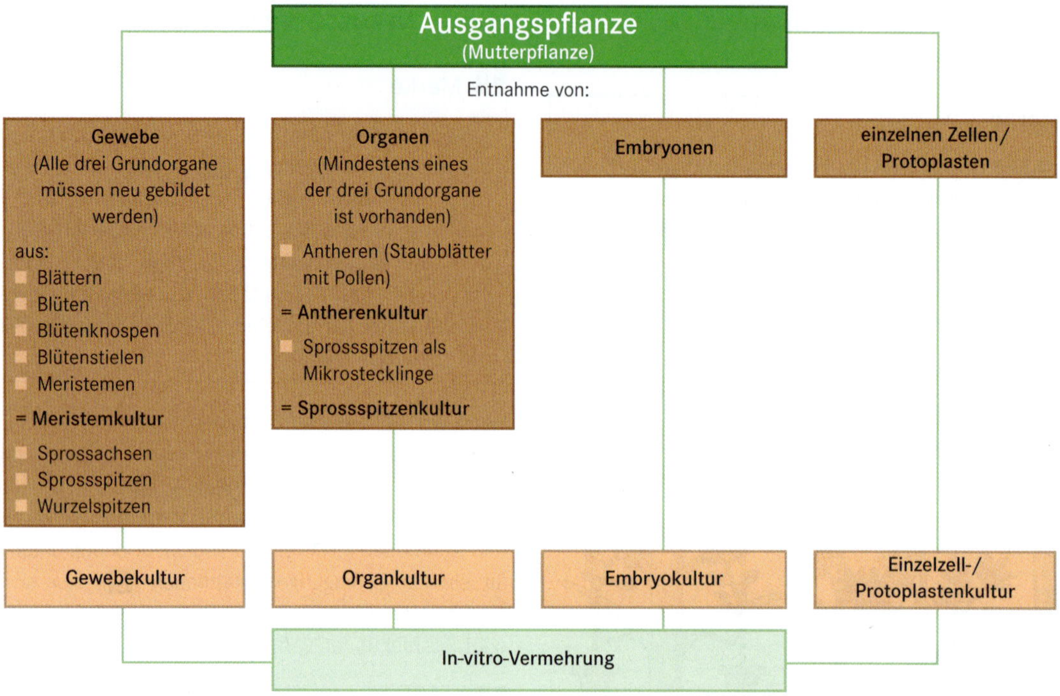

1 In-vitro-Vermehrung

Allgemein bestehen sie aus unterschiedlichen Anteilen von Haupt- und Spurennährelementen, Kohlenhydraten, Vitaminen und Phytohormonen. Zur Verfestigung flüssiger Medien wird Agar-Agar benutzt. Auf die Nährböden werden die Explantate übertragen und zur Kallusbildung angeregt. Durch Art und Konzentration der in den Nährmedien enthaltenen Hormone wird ihre Regeneration induziert, wobei in der Regel Cytokinine die Sprossbildung und Auxine die Wurzelbildung bewirken. Haben die durch In-vitro-Kultur herangezogenen Pflänzchen eine bestimmte Größe erreicht, werden sie in ein normales, keimfreies Substrat pikiert oder gepflanzt (2). Zur langsamen Gewöhnung an normale Gewächshausbedingungen müssen sie bei hoher relativer Luftfeuchtigkeit („gespannte Luft") gehalten werden (3 und 1, S. 387).

> **! Merke**
>
> Für den praktischen Gartenbau hat die In-vitro-Vermehrung ihre **Bedeutung** in der Möglichkeit zur schnellen Massenvermehrung genetisch identischer Pflanzen, der Erzeugung oder Erneuerung virusfreier Mutterpflanzenbestände und dem schnellen Auffinden und Nutzen von neuen Genotypen im Rahmen der Mutationszüchtung. Zudem kann sie ohne Rücksicht auf die Jahreszeit durchgeführt werden und ermöglicht die Vermehrung von Pflanzen, die mit anderen Methoden gar nicht zu vermehren sind.

2 *Spathiphyllum* aus der Gewebekultur

3 Gewebekulturen unter Folientunnel im Gewächshaus

1 Weiterkultur von *Spathiphyllum* unter normalen Gewächshausbedingungen

2 Gewebekulturen können über Jahre hinweg in Reagenzgläsern gehalten werden

Die in In-vitro-Kultur erzeugten Pflänzchen können in den Reagenzgläsern bei 2 bis 3 °C und geringer Lichtintensität über Jahre hinweg gehalten werden (**2**). Bei Bedarf können von ihnen Mikrostecklinge geschnitten und auf Nährböden innerhalb weniger Wochen bewurzelt werden.

Zur **Massenvermehrung** (**1**, S. 388) werden die Explantate nach der Kallusbildung in flüssige Nährmedien übertragen, die ständig in Bewegung gehalten werden. Das Schütteln der Nährmedien verhindert eine Differenzierung der sich neu bildenden Zellen, sodass sich weiterhin Kallus bildet. Zugleich lösen sich durch den Schüttelvorgang von den nur locker miteinander verbundenen Zellen des entstehenden Kallusklumpens ständig Zellen oder kleine Gewebestücke ab, die wiederum neuen Kallus mit neu sich abtrennenden Zellen und Gewebestückchen produzieren. Aus den Zellsuspensionen entwickeln sich Kalluskulturen. Durch Abfiltrieren können die einzelnen Kallusklümpchen auf feste Nährmedien übertragen werden, wo sie sich zu vollständigen Pflanzen regenerieren. Über das ständige Fortführen der Kallusschüttelkulturen kann theoretisch von einem winzigen Explantat eine unbegrenzte Anzahl von Pflanzen erzeugt werden.

Zur **Erzeugung oder Erneuerung virusfreier Mutterpflanzenbestände** wird die **Meristemkultur** durchgeführt, bei der die 0,1 bis 0,3 mm kleinen, virus- und bakterienfreien Meristeme aus den Triebspitzen der Mutterpflanzen isoliert und in die In-vitro-Kultur übernommen werden (s. auch S. 314).

Schnellere Züchtungserfolge werden z. B. im Rahmen der Mutationszüchtung (s. S. 91) durch Einsatz der In-vitro-Vermehrung möglich, da sie ein rasches Auffinden und Nutzen neuer Genotypen ermöglicht (**3**). Bei der Mutationszüchtung wird z. B. meristematisches Gewebe wenige Sekunden bis Minuten radioaktiver Strahlung ausgesetzt. Als Folge dieser Bestrahlung können in einzelnen Zellen genetische Veränderungen (Mutationen) stattfinden. Nach der Bestrahlung werden die Meristeme auf Nährböden übertragen und zur Kallusbildung angeregt. In Kallusschüttelkulturen erfolgt dann eine Auflösung der Kallusklumpen zu kleinen Zellverbänden bzw. Einzelzellen, die abfiltriert und auf festen Nährböden zu vollständigen Pflanzen regeneriert werden. Entsprechend den genetischen Veränderungen in den bestrahlten Ursprungszellen entstehen dann verschiedene Pflanzen.

Der notwendige hohe technische und personelle Aufwand zur Durchführung der In-vitro-Vermehrung hat dazu geführt, dass sich neben Forschungsinstituten vor allem spezialisierte Labore mit der Produktion von In-vitro-Pflanzen beschäftigen.

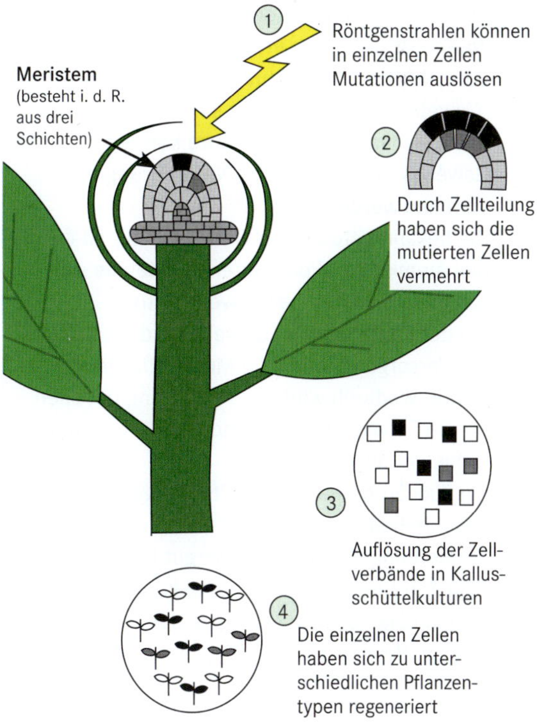

3 Schnelles Auffinden von Mutationen

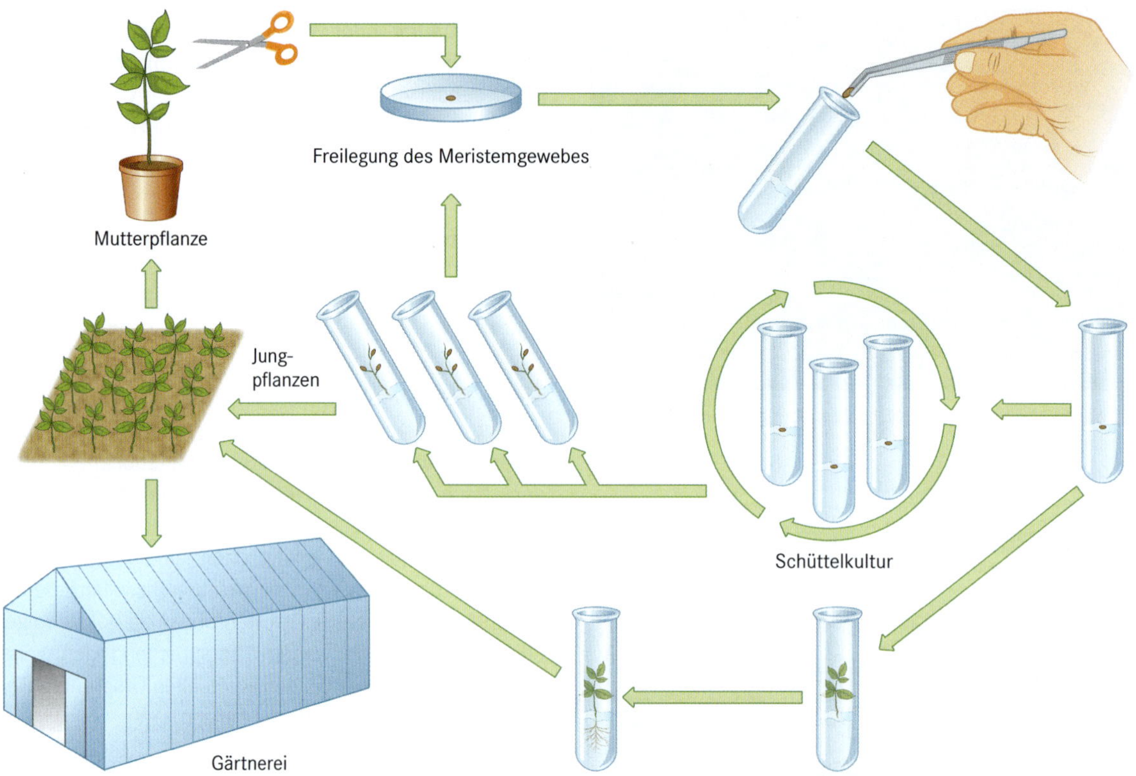

1 Massenvermehrung mithilfe der In-vitro-Vermehrung

? Aufgaben

○ 1. Was versteht man unter In-vitro-Vermehrung?

◑ 2. Warum ist der in der Praxis für diese Art der Vermehrung häufig gebrauchte Begriff der „Gewebekultur" nicht ganz korrekt?

○ 3. Aus welchen Teilen der Pflanze können Gewebestücke zur In-vitro-Vermehrung entnommen werden?

○ 4. Die bekannteste Art der Gewebekultur ist die Meristemkultur. Worin unterscheidet sie sich von anderen Arten der Gewebekultur?

○ 5. Bei der Entnahme von Gewebe wird dieses von der Versorgung durch die Mutterpflanze abgetrennt. Wodurch wird die Versorgung mit allen für die Entwicklung notwendigen Stoffen weiterhin gewährleistet?

◑ 6. Ein Züchter hat eine neue Pflanze gezüchtet. Beschreiben Sie, wie er mithilfe der In-vitro-Vermehrung rasch Hybridsaatgut in großem Maßstab zum Verkauf anbieten kann.

◑ 7. Nennen Sie Vor- und Nachteile der „Vermehrung im Reagenzglas".

3 Pikieren

! Merke

Unter **Pikieren** versteht man das Verpflanzen von zu dicht stehenden Sämlingen auf größere Abstände (**2**, S. 389).

Das Pikieren ermöglicht eine optimale Standraumverteilung, wobei sich der Pikierabstand nach der Pflanzenart, der Standzeit und dem verwendeten Gefäß (z. B. Kiste und Topf) richtet. In Kisten beträgt er im Allgemeinen 3 x 3 cm bis 4 x 5 cm. Das rechtzeitige Pikieren verhindert, dass es aufgrund von Licht-, Luft- und Nährstoffmangel zu Wachstumsstockungen kommt. Als günstiger Zeitpunkt gilt das Stadium der vollen Keimblattentfaltung. Das Herausnehmen der Pflänzchen aus der Erde führt über die entstehenden Wurzelverletzungen zu einem Wundreiz, der die Wurzeln zu einer verstärkten Verzweigung anregt, wodurch die Wurzel- und Ballenbildung gefördert wird (**1**, S. 386). Andererseits führt der eintretende Wurzelverlust zu Wachstumshemmungen. Der Vorteil des Pikierens ist vor allem in der Platz- und der damit verbundenen Energieeinsparung unter Glas zu sehen, der Nachteil ist die erhebliche Arbeitsbelastung. Dabei ist die Höhe der Belastung von der Arbeitsplatzgestaltung und dem Verfahren des Pikierens

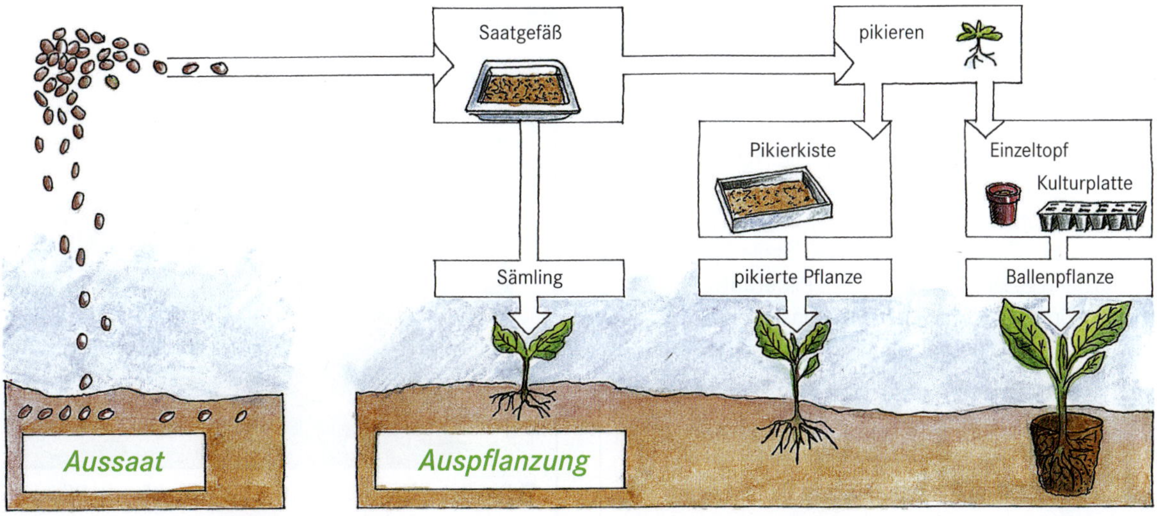

1 Verschiedene Möglichkeiten der Jungpflanzenanzucht

1. Linke Hand erfasst Sämling (Druckschäden vermeiden!); Pikierholz unter Wurzel stechen und Sämling lockern.
2. Loch in Erde stechen.
3. Sämling etwas tiefer ins Pikierloch halten, als er in der Saatkiste gestanden hat; Wurzeln nicht krümmen; zu lange Wurzeln einkürzen.
4. Erde mit dem Pikierholz seitlich gegen die Wurzel drücken (fester Stand!).
5. Pikieren im Verband → optimale Platzausnutzung!
6. Angießen → Schließung der Hohlräume, Förderung der kapillaren Wasseraufnahme.

2 Das Pikieren am Beispiel einer Staudenaussaat *(Lychnis chalcedonica)* abhängig. Damit ein Überschreiten des optimalen Pikierzeitpunkts vermieden wird, müssen bei größeren Aussaatmengen gestaffelte Aussaaten erfolgen. Hat man früher während der Jungpflanzenanzucht bis zu dreimal pikiert, bevor eingetopft wurde, wird heute zum Teil ganz auf das Pikieren verzichtet. Das ist möglich, wenn qualitativ hochwertiges Saatgut (pilliert/kalibriert) in Einzelkornaussaat direkt in die Töpfe bzw. an Ort und Stelle auf Endabstand gesät wird (1, S. 389). **Pikierautomaten** können die Arbeit des Pikierens erleichtern und die Produktivität deutlich steigern.

Pikierautomat

Aufgaben

○ 1. Was versteht man unter Pikieren?

○ 2. Beschreiben Sie den Vorgang des Pikierens.

○ 3. Warum sollten frisch pikierte Pflanzen einige Tage schattiert oder bei hoher Luftfeuchtigkeit gehalten werden?

◑ 4. Welche Vor- und Nachteile hat das Pikieren im Vergleich zur direkten Einzelkornaussaat?

◑ 5. Beschreiben Sie die Arbeitsplatzgestaltung (Skizze) und den Arbeitsablauf beim Pikieren in Ihrem Ausbildungsbetrieb.

4 Ein- und Umtopfen

Töpfe haben als Kulturgefäße im Gartenbau eine große Bedeutung. Ein- und Umtopfen von Pflanzen sind demgemäß wichtige Kulturmaßnahmen. Zum Topfen sehr großer Stückzahlen werden heute weitgehend Topfmaschinen eingesetzt (s. S. 430). Ist ihr Einsatz nicht möglich oder wirtschaftlich unrentabel, wird von Hand getopft. Bevor mit dem Ein- und Umtopfen begonnen wird, muss der Arbeitsplatz so hergerichtet werden, dass unnötige Handgriffe vermieden werden (1).

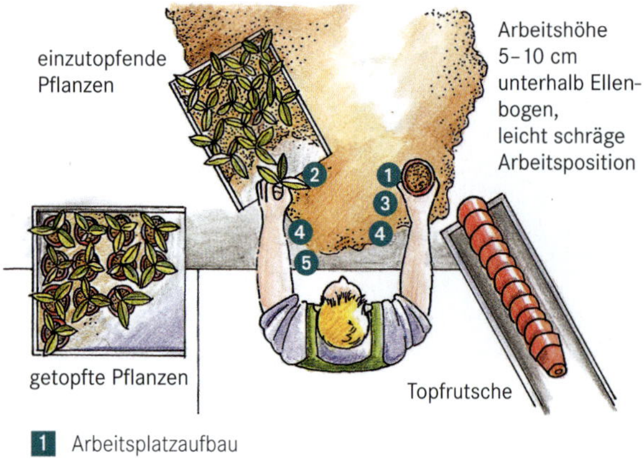

1 Arbeitsplatzaufbau

Merke

Das **Eintopfen von Hand** erfolgt in fünf Schritten:

1 Die rechte Hand ergreift den Topf und zieht ihn so weit voll Erde, dass die einzutopfende Pflanze die richtige Höhe erhält.

2 Die linke Hand ergreift die einzutopfende Pflanze und hält sie in die Mitte des Topfes.

3 Mit der rechten Hand wird Erde gleichmäßig um den Ballen herum in den Topf gefüllt.

4 Mit beiden Händen wird die Erde festgedrückt: Mit Zeigefinger und Daumen beider Hände wird die Pflanze leicht angedrückt, sodass sie in der Mitte des Topfes steht. Anschließend wird mit den Daumenseiten der Topfrand angedrückt und der Topf zur Setzung der Erde kurz auf den Tisch aufgestoßen.

5 Die linke Hand stellt den Topf in die Transportkiste.

> **Merke**
>
> **Umgetopft** wird, wenn der Topf für die Pflanze zu klein geworden, d. h. der Ballen voll durchwurzelt ist. Ist es bereits zu einem Platzmangel für die Wurzel gekommen, sind Wachstumsstockungen unvermeidlich.

Zudem wirkt sich die Versorgung mit neuer Erde günstig aus, weil es im Lauf der Kulturzeit durch Düngen und Wässern zu Salzanreicherungen, pH-Erhöhungen und Strukturverschlechterungen kommt. Zum Austopfen stößt man den umgedrehten Topf mit dem oberen Rand auf die Tischkante (1). Ist das Wurzelwerk sehr verfilzt, muss der Wurzelfilz aufgerissen werden, damit sich neue Wurzeln bilden können. Ansonsten sollten die Wurzeln nicht beschädigt werden.

1 Austopfen

Der neue Topf sollte 2 bis 4 cm im Durchmesser (zwei bis vier Nummern) größer sein als der alte. Das weitere Umtopfen erfolgt wie das Eintopfen. Aus wirtschaftlichen Gründen werden viele Pflanzen bereits beim Eintopfen in den End- oder Verkaufstopf gesetzt, wobei von Anfang an ein höherer Platzbedarf im Gewächshaus einkalkuliert werden muss.

Das **Ausstellen der Töpfe** erfolgt im **Dreiecksverband**, d. h. auf Lücke, oder im **Quadratverband** (2).

> **Merke**
>
> Der Vorteil des Dreiecksverbands liegt in der optimalen Platzausnutzung, denn im Vergleich zum Quadratverband ist der notwendige Reihenabstand kleiner (3). Der Vorteil des Quadratverbands liegt in der kreuz und quer durchführbaren maschinellen Bearbeitbarkeit.

Beim Ausstellen ist darauf zu achten, dass die Töpfe gerade und fest stehen. Als günstiger Abstand gilt, wenn sich die Blätter der benachbarten Pflanzen leicht berühren. Im Winter sollten die Pflanzen zur Vermeidung von Pilzinfektionen (hohe Luftfeuchtigkeit und Lichtmangel!) nicht zu dicht stehen. Mit zunehmendem Wachstum müssen die Abstände durch Rücken vergrößert werden. Das arbeitsaufwendige Rücken lässt sich vermeiden, wenn die Pflanzen nicht erst auf Zwischenabstand, sondern gleich auf Endabstand gestellt werden.

> **Beispiel**
>
> **Beispiel:** Pflanzenabstand 30 cm
>
> **Quadratverband** **Dreiecksverband** („auf Lücke")
>
> 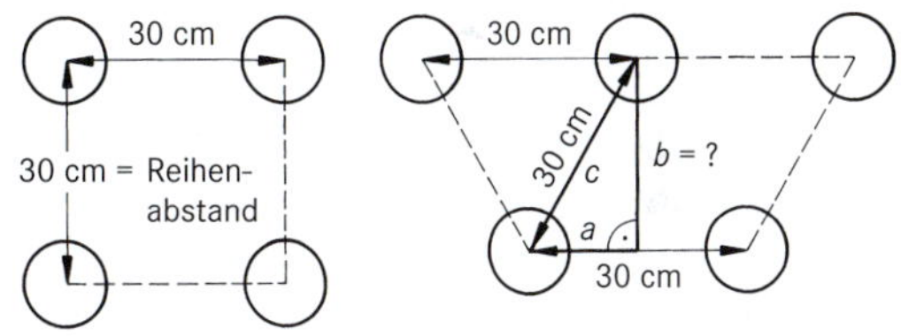
>
>
> **pythagoreischer Lehrsatz**
>
> $c^2 = a^2 + b^2$
>
> $b^2 = c^2 - a^2$
>
> $b = \sqrt{c^2 - a^2} = \sqrt{900\ cm^2 - 225\ cm^2}$
>
> b = 25,98 cm = **26 cm** Reihenabstand

3 Optimale Platzausnutzung

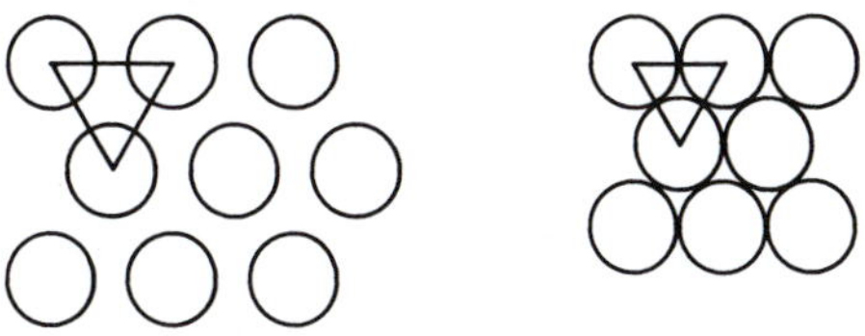

Dreiecksverband („auf Lücke")

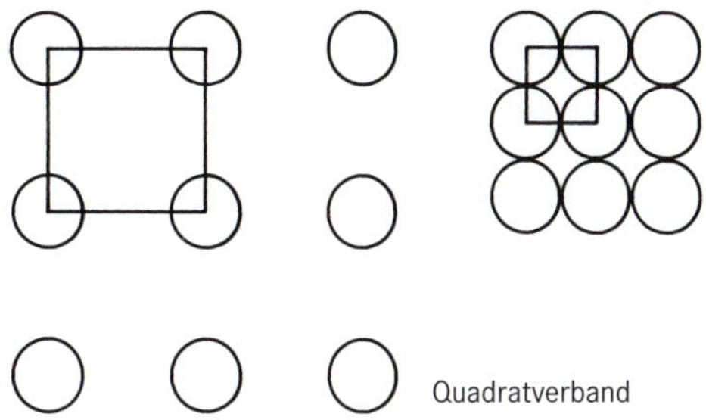

Quadratverband

2 Ausstellen

Aufgaben

1. Beschreiben Sie den Aufbau des Arbeitsplatzes und die Arbeitsschritte beim Eintopfen von Hand.
2. Aus welchen Gründen sollten Topfpflanzen umgetopft werden?
3. Warum sollten frisch ein- oder umgetopfte Pflanzen in den ersten Tagen vor zu starker Sonneneinstrahlung/Verdunstung geschützt werden?
4. Unterscheiden Sie beim Ausstellen von Töpfen zwischen Dreiecks- und Quadratverband und leiten Sie daraus Vor- bzw. Nachteile der beiden Verfahren ab.
5. Was spricht dafür, Topfpflanzen zunächst auf Zwischen- bzw. gleich auf Endabstände auszustellen?

5 Treiberei/Verfrühung

Die meisten Pflanzen machen während ihrer jährlichen Entwicklung eine **Ruheperiode** durch. Bekannt sind z. B. die Samenruhe und die Winterruhe der Gehölze. Während dieser Zeit des Wachstumsstillstands sind die Stoffwechselvorgänge auf ein Minimum reduziert. Das vorzeitige Erwecken der Pflanzen aus ihrer Ruheperiode wird als Treiberei oder Verfrühung bezeichnet.

Nach den Ursachen, die zur Unterbrechung des Wachstums geführt haben, unterscheidet man die Zwangsruhe und die wahre Wachstumsruhe. Die **Zwangsruhe** wird durch ungünstige Wachstumsbedingungen hervorgerufen und kann durch die Behebung der Ursachen jederzeit beendet werden. Erfolgt die Ruheperiode unabhängig von den äußeren Wachstumsbedingungen, spricht man von der **wahren Wachstumsruhe**. In unseren Breiten fällt sie mit dem Winter zusammen. Die wahre Wachstumsruhe ist genetisch bedingt und lässt sich in drei Phasen gliedern: die **Vorruhe**, die **Vollruhe** und die **Nachruhe**. Eine vorzeitige Beendigung der Ruhezeit ist allgemein nur während der Nachruhe möglich. Dazu sind besondere Verfahren notwendig. So werden Fliedertriebe zur Beendigung der Nachruhe für 12 Stunden in ein Warmwasserbad (28 bis 35 °C) gelegt. Andere Verfahren sind der Einsatz von niedrigen Temperaturen – Kältereiz baut austriebshemmende Stoffe ab (z. B. bei Freesienknollen) – und Wirkstoffen (z. B. bei Christrosen). Während der Vollruhe ist ein Austreiben der Pflanzen in der Regel nicht zu erreichen.

Merke

Die Verkürzung der Ruheperiode durch Brechung der Nachruhe wird als **Treiberei**, die Beendigung der Zwangsruhe durch Schaffung optimaler Wachstumsbedingungen als **Verfrühung** bezeichnet (**1**).

Bei vielen Gehölzen, wie z. B. Flieder, Forsythie, Zierjohannisbeere, Kornelkirsche, Mandelbäumchen, Felsenbirne, Schlehe, Zierkirsche, Zierquitte, Traubenkirsche und Obstgehölzen, ist die Nachruhe Anfang Dezember beendet. Danach unterliegen die Pflanzen einer Zwangsruhe, aus der sie durch Temperaturerhöhungen erweckt werden können. Ein bekannter Brauch in Europa ist das Schneiden von Gehölzzweigen (vor allem von Kirschzweigen) am Barbaratag, dem 4. Dezember[1]. Die ins Wasser gestellten **„Barbarazweige"** blühen zu Weihnachten und sollen Glück bringen.

Aufgabe

Unterscheiden Sie a) Zwangsruhe und wahre Wachstumsruhe und b) Treiberei und Verfrühung.

[1] Gedenktag der Heiligen Barbara

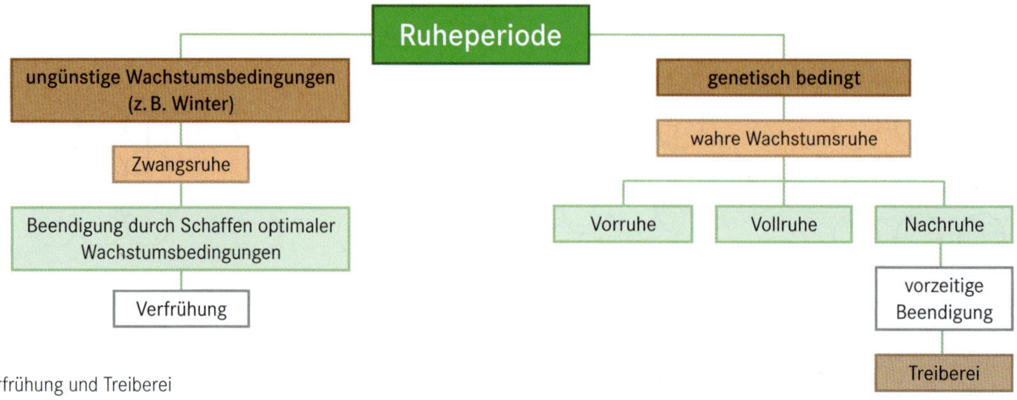

1 Verfrühung und Treiberei

VII Technik

1 Bodenbearbeitungsgeräte und -maschinen

1.1 Spaten und Grabegabel

1.1.1 Auswahlkriterien (1)

Spaten und **Grabegabel** sind vielseitig einsetzbare Arbeitsgeräte. Mit ihrer Hilfe werden vor allem Bodenlockerungen, Pflanzungen und die Einarbeitung organischer Substanz in den Boden durchgeführt. Zur Vermeidung von Haltungsschäden durch falsche Körperhaltung und unnötige Belastung während der Arbeit müssen bei der Auswahl der Geräte bestimmte Kriterien beachtet werden.

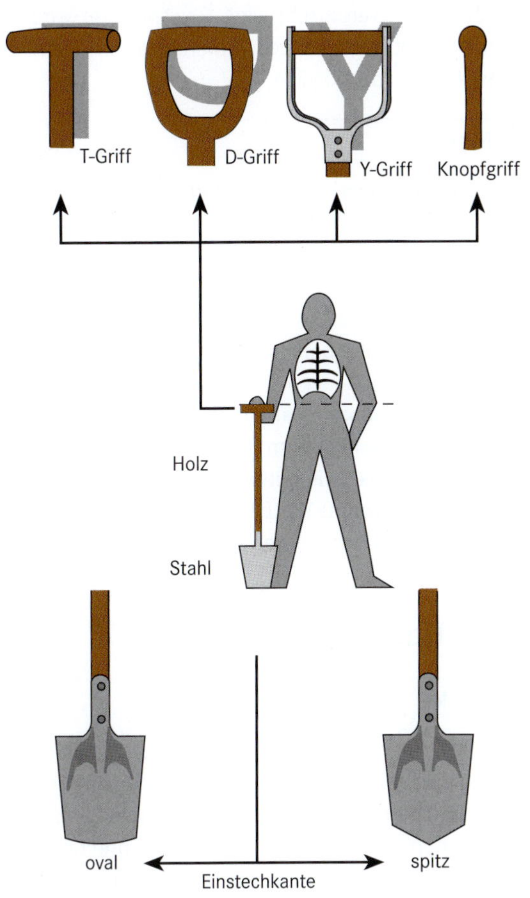

1 Der Spaten – ein altbewährtes Bodenbearbeitungsgerät

> **! Merke**
>
> Spaten und Grabegabel gelten als körpergerecht, wenn sie vom Boden bis zur unteren Rippe bzw. zum Ellenbogen der arbeitenden Person reichen.

Ihre Handhabung wird daneben ganz wesentlich von der **Form des Griffs** beeinflusst. Optimal ist der T-Griff, der im Vergleich zum D- und Y-Griff wesentlich leichter und handlicher ist. Ungeeignet sind die Geräte mit Knopfgriffen (Knaufgriff). Stiel und Griff werden im Allgemeinen aus Eschenholz angefertigt. Das **Spatenblatt** besteht aus Stahl und ist in unterschiedlichen Größen und Qualitäten lieferbar. Geschweißte Spaten werden maschinell, geschmiedete und gewalzte dagegen in Handarbeit hergestellt. Letztere beiden schärfen sich selbst. Die Form der Einstechkante sollte im Hinblick auf den Boden ausgewählt werden. Für normalen Boden eignet sich eine ovale Form am besten, bei harten Böden ist eine spitze Einstechkante zu bevorzugen. Neben dem normalen Grabespaten sind noch eine Reihe von **Sonderformen** für bestimmte Arbeiten, wie Aufschulen, Umstechen oder Roden von Gehölzen, erhältlich.

> **! Merke**
>
> **Grabegabeln** weisen statt des Blatts vier bis fünf etwa 2 cm breite Stahlzinken auf. Sie eignen sich besonders gut für das Umgraben steiniger und verqueckter Böden.

1.1.2 Umgraben

Das Umgraben erfolgt im Herbst vor Eintritt des Frostes in groben Schollen (s. S. 152). Die Bearbeitungstiefe beträgt 25 bis 30 cm. Im Frühjahr oder während des Sommers wird zur Verhinderung einer zu starken Wasserverdunstung des Bodens nur flach umgegraben und die Schollen werden sofort zerschlagen.

Arbeitsablauf: Nachdem die umzugrabende Fläche von Unrat beseitigt wurde, werden die Schollen der ersten Furche zurückgeworfen, sodass eine durchgehende Grabefurche entsteht, die während der gesamten Arbeit

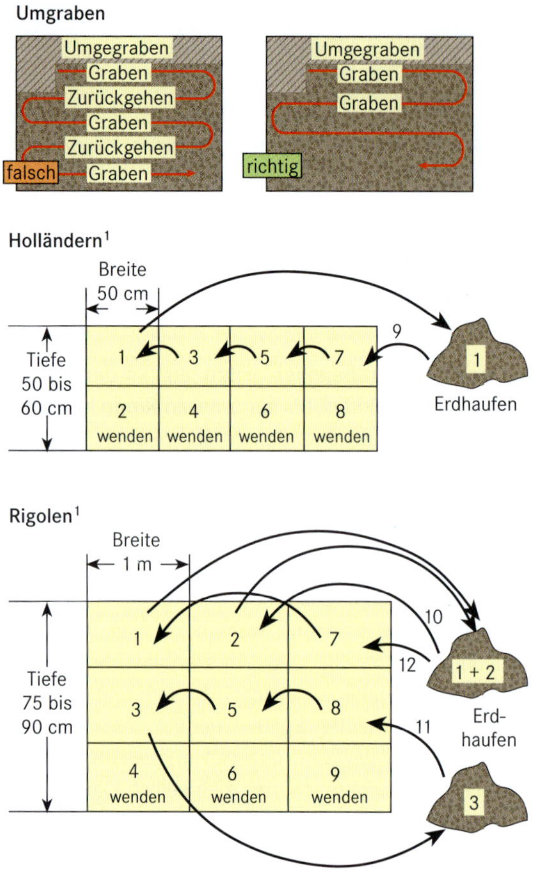

¹ Zahlen geben die Reihenfolge der Arbeitsschritte an

1 Umgraben, Holländern und Rigolen

2 Bodenlockerung mit Grabegabel und Sauzahn

beibehalten wird. Eine Einteilung größerer Flächen in handtuchartige Streifen ist zu vermeiden, da es hierbei vorkommen kann, dass der Grenzbereich zwischen zwei Streifen nicht oder zweimal umgegraben wird (**1**). Bei der Einarbeitung organischer Substanz ist darauf zu achten, dass diese beim Wenden der Schollen gleichmäßig in den Boden kommt. Größere Steine und Wurzelkräuter werden beim Umgraben sorgfältig mit der Hand herausgelesen. Nach der Arbeit werden die Geräte von Erde gesäubert und trocken gerieben.

Zur Lockerung des Bodens sind vor allem **Grabegabel** und **Sauzahn** geeignet. Die Grabegabel wird dazu im Abstand von 10 cm in den Boden gestochen und hin- und herbewegt. Auf diese Weise wird der Boden streifenweise durchgearbeitet. Eine schnellere Lockerung erfolgt mit dem Sauzahn, der diagonal von Beetkante zu Beetkante durch den Boden gezogen wird (**2**).

1.1.3 Holländern und Rigolen

Bei der Behebung tieferer Verdichtungen mit dem Spaten ist darauf zu achten, dass der fruchtbare Oberboden nicht mit dem darunterliegenden unfruchtbaren Unterboden vermischt oder vertauscht wird. Gewährleistet wird dies durch zwei althergebrachte gärtnerische Verfahren, das Holländern und das Rigolen.

> **! Merke**
>
> Beim **Holländern** wird der Boden auf zwei, beim **Rigolen** auf drei Spatenstiche tief umgegraben (**1**).

> **? Aufgaben**
>
> ○ 1. Worauf sollte beim Kauf eines Spatens geachtet werden?
>
> ◑ 2. Beschreiben Sie das Umgraben, Holländern und Rigolen mit dem Spaten.
>
> ○ 3. Erklären Sie, wie mithilfe einer Grabegabel oder eines Sauzahns der Boden, ohne ihn zu wenden, gelockert werden kann.

1.2 Handhacken

> **! Merke**
>
> Als altbewährte Handgeräte zur Wildkrautbekämpfung bieten **Hacken** eine umweltschonende Alternative zur chemischen Wildkrautbekämpfung. Sie lockern den Boden flach und unterbrechen die Kapillaren, sodass die Wasserverdunstung von der Bodenoberfläche (Evaporation) verringert wird.

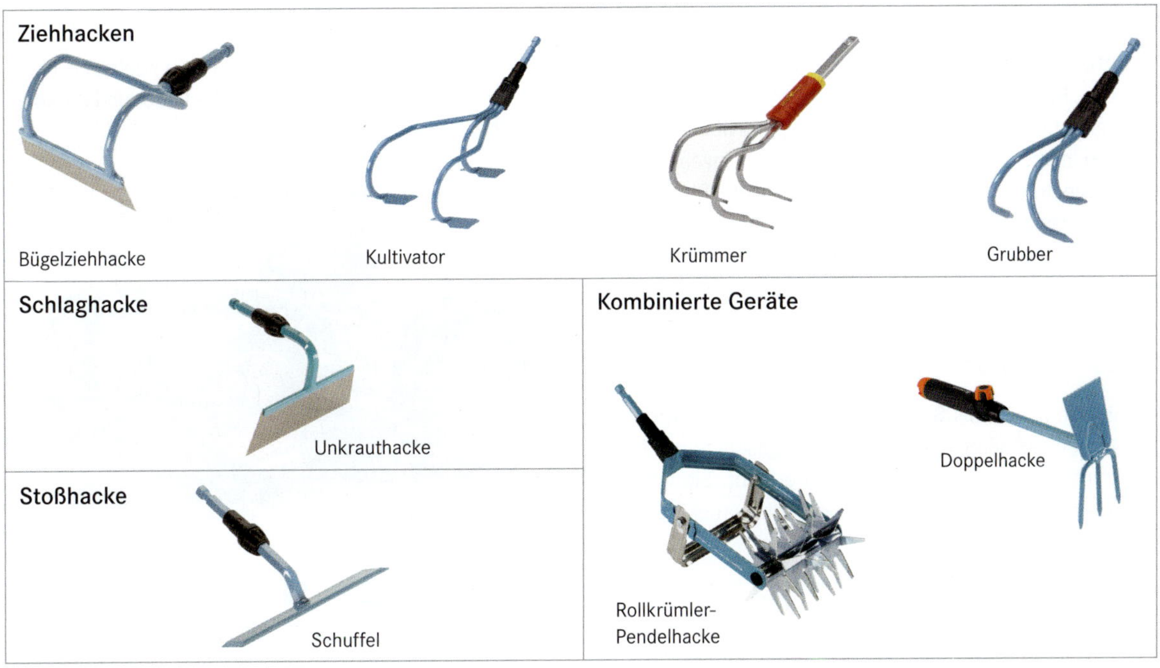

1 Hacken

Die Blätter sollten aus rostfreiem Edelstahl bestehen bzw. durch Verzinkung einen dauerhaften Korrosionsschutz erhalten haben. Die Stielverbindungen werden in Form wechselbarer Stecksysteme oder fester Tüllenverbindungen angeboten. Die Stiele bestehen entweder aus Holz oder kunststoffbeschichtetem Aluminium.

> **! Merke**
>
> Eine **Hacke** ist körpergerecht, wenn sie vom Boden bis zur Stirn reicht, wobei **Schlaghacken** etwas kürzer und **Kultivatoren** etwas länger sein sollten.

Die vielfältigen Geräteformen lassen sich nach der Arbeitsweise in Zieh-, Schlag- und Stoßhacken einteilen. Sogenannte kombinierte Geräte bestehen aus verschiedenen Hackgeräten (**1**).

1.2.1 Ziehhacken

> **! Merke**
>
> **Ziehhacken** werden rückwärtsgehend durch den Boden gezogen, damit die gelockerte Fläche nicht wieder betreten werden muss. Sie eignen sich vor allem zur Bekämpfung auflaufender Wildkräuter.

Kennzeichnend für die **Bügelziehhacke** ist ein schmales Blatt (etwa 4 cm), das fast waagerecht durch den Boden gezogen wird. Der Bügel schützt die Pflanzen vor Beschädigungen durch die Ecken des Geräts, bewirkt jedoch auch eine gewisse Unhandlichkeit. Bei der **Pendelhacke** ist ein dünnes Messer mit einem Pendelgelenk an einem Rahmen angebracht. Mit ihr kann man stoßend und ziehend arbeiten. **Zinkenziehhacken** werden vor allem zur flachen Bodenlockerung eingesetzt. Sie ermöglichen eine schonende Bodenbearbeitung und hinterlassen einen grob gekrümelten Boden. Nach der Zinkenform unterscheidet man:

- **Kultivator,** der deutliche Schare (Gänsefüße) aufweist und bei der Bodenlockerung die Wildkräuter dicht unter der Erde abschneidet,
- **Krümmer,** der lanzenartige Zinken besitzt,
- **Grubber,** der mit spitzrunden Zinken ausgestattet ist. Im Gegensatz zum Kultivator sind Krümmer und Grubber in der Regel nur dreizinkig,
- **Karst** und **Krail/Kreil** haben nur zwei bzw. vier Zinken, die beim Krail klauenartig im rechten Winkel abgebogen sind. Sie können anstelle eines Rechens eingesetzt werden, um Wurzelunkräuter (z. B. Quecken) zu entfernen, den Boden zu lockern, Erdschollen zu zerkleinern und Kompost in den Boden einzuarbeiten.

1.2.2 Schlaghacken

> **! Merke**
>
> Mit **Schlaghacken** wird das Unkraut beim Vorwärtsgehen kurz über der Wurzel ab- bzw. zusammen mit der Wurzel herausgeschlagen. Sie erfordern im Vergleich zu den Ziehhacken mehr Kraft, sind jedoch auch gut zur Entfernung größerer Wildkräuter geeignet.

Die bekannteste Schlaghacke ist die sogenannte **„Unkrauthacke“**. Ihr Blatt ist mit 5 bis 6 cm etwas breiter als das der **„Rübenhacke“**. Soll neben der Wildkrautbekämpfung eine tiefere Bodenlockerung erfolgen, werden **Blatthacken** mit höheren Blättern (10 bis 12 cm) eingesetzt. Bei der **Haue** handelt es sich um eine schwere Blatthacke, deren Einsatz einen hohen Kraftaufwand erfordert. Sie dient vor allem zur tiefen Bodenlockerung und Bekämpfung größeren Wildkrautbewuchses (z. B. auf Brachland).

1.2.3 Stoßhacken

Stoßhacken, auch als **Schuffel** bezeichnet, werden durch den Boden gestoßen, wobei ein allseitig geschliffenes Blatt stoßende und ziehende Bewegungen erlaubt. Sie werden vor allem auf steinfreien Böden zur Wildkrautbekämpfung (z. B. auf Wegen) eingesetzt.

? Aufgaben

○ **1. Unterscheiden Sie Zieh-, Schlag- und Stoßhacken. Nennen Sie Beispiele für die Anwendung.**

◑ **2. Eine alte Gärtnerregel sagt, dass einmal Hacken so viel bewirkt wie dreimal Gießen. Begründen Sie diese Aussage.**

1.3 Schlepper

Auswahl, Größe und Bauart des Schleppers sowie die Anzahl der Maschinen richten sich nach den betriebswirtschaftlichen Erfordernissen. Von der Vielzahl der angebotenen Schlepper sind am meisten verbreitet:

- **Universalschlepper** (1). Neben einem Heckanbau und einem Frontanbau ist er überwiegend mit Allradantrieb ausgestattet. Dieser Standardschlepper kann für alle anfallenden Arbeiten ausgerüstet werden.

1 Universalschlepper (Standardschlepper)

- **Systemschlepper** (2) haben zusätzlich zu den vorderen und hinteren Anbauräumen eine Ladefläche hinter der Fahrerkabine. Vier gleich große Räder und Allradantrieb sind kennzeichnend.

2 Systemschlepper

- **Geräteträger** (3 und 1, S. 395), auch angetriebene „Montagerahmen“, weisen mit ihrem Heck-, Front- und Zwischenachsenanbau den größten Anbauraum auf. Die kompakte Konstruktion der Maschine ermöglicht dem Fahrer eine gute Sicht auf die angebauten Geräte.

3 Geräteträger

- **Frontsitzschlepper** (4) gestatten dem Fahrer eine gute Frontsicht. Auf der Straße erreichen sie Geschwindigkeiten von 60 km/h. Auf dem Felde verleiht ihnen ihr Vierradantrieb eine große Zugkraft.

4 Frontsitzschlepper

1 Bei den Geräteträgern dient ein Grundgerät als Trägerfahrzeug, an dem die unterschiedlichsten Anbaugeräte zur Bodenbearbeitung, Grünflächen- und Wegepflege sowie Wildkrautbekämpfung eingesetzt werden können

- **Spezialschlepper** (2), z. B. Stelz-, Schmalspur- und Kleinschlepper, sind für den Einsatz im Sonderkulturanbau sowie im Garten- und Landschaftsbau konstruiert.

2 Spezialschlepper

- **Einachsschlepper** (Einachsgeräteträger, „Fräse", 3) haben Motorleistungen von 2,5 bis 16 kW (3,4 bis 22 PS), sind mit Zwei- oder Viertaktmotoren ausgestattet und verfügen über Zapfwelle, Mehrganggetriebe, Aufnahmevorrichtungen für Heck- und Frontanbau, Einzelradschaltung sowie verstellbare Spurweite.

  Bei den im Gartenbau eingesetzten Einachsern kann zwischen Modellen mit mechanischem (Schaltgetriebe) und hydrostatischem Antrieb unterschieden werden:

3 Einachsschlepper (Fräse)

  - **Modelle mit mechanischem Antrieb** (Getriebemodelle) sind wegen ihrer einfachen Bauweise preiswert und robust. Aufgrund ihres verlustarmen mechanischen Fahrantriebs verfügen sie über eine hohe Zugkraft, sodass ihre Motorisierung entsprechend sparsam ausfallen kann. Die konstante Geschwindigkeit bei Langsamfahrt ermöglicht gleichmäßige Arbeitsergebnisse.
  - **Modelle mit hydrostatischem Antrieb** arbeiten mit sehr hohen Öldrücken, um eine Drehbewegung zu erzeugen (Schläuche statt Schaltgestänge). Dabei wird die Drehbewegung des Motors sozusagen in eine Linearbewegung einer Ölsäule umgewandelt, die am Ende der Leitung wieder in eine Drehbewegung des Antriebs umgewandelt wird (Strömungsge-

triebe). Die Umwandlung erfolgt über Pumpen. Ein derartiger Antrieb ist vor allem auf Flächen, auf denen die Leistungsansprüche variieren, komfortabler als ein mechanischer Antrieb. Er ermöglicht eine einfache Lenkung ohne großen Kraftaufwand durch aktive Lenkhilfen sowie einen stufenlos regelbaren Fahrantrieb (es muss nicht mehr geschaltet werden). Fahr- und Arbeitsantrieb sind entkoppelt, d. h., die Werkzeuge laufen immer mit derselben vorgewählten Drehzahl, unabhängig von der Fahrgeschwindigkeit. Auch beim mechanischen Antrieb gibt es Modelle, bei denen sich die Drehzahl gangunabhängig regeln lässt. Nachteil bei den Geräten mit hydrostatischem Anbau ist ihr deutlich höherer Preis.

Wegen ihrer großen Wendigkeit sind Einachser für Arbeiten auf kleinen Freilandflächen oder im Gewächshaus gut geeignet. **Gerätereihen** zu den einzelnen Typen ermöglichen die Verwendung zahlreicher durch Schnellverschlüsse anbaubarer Arbeitswerkzeuge, sodass sie zum Fräsen, Hacken, Anhäufeln, Pflügen, Grubbern, Eggen, Planieren, Kehren, Mähen, Schneeräumen, Transportieren usw. einsetzbar sind (1, S. 397).

? Aufgaben

○ 1. Welche Schlepper werden in Ihrem Ausbildungsbetrieb eingesetzt und für welche Arbeiten werden sie genutzt?

◑ 2. Welche Einachser (mechanischer/hydrostatischer Antrieb) werden in Ihrem Ausbildungsbetrieb zur Bodenbearbeitung eingesetzt? Begründen Sie die Auswahl.

1.4 Pflüge

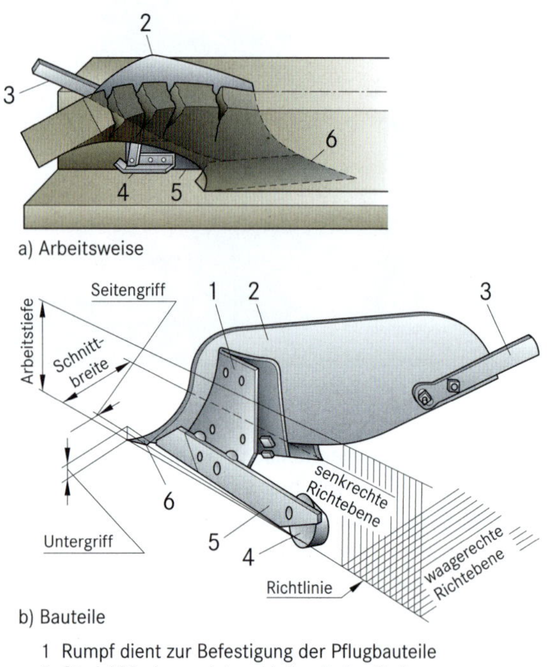

1 Rumpf dient zur Befestigung der Pflugbauteile
2 Streichblech wendet und krümelt den Boden
3 Streichschiene verhindert das Zurückfallen des Erdbalkens und hilft krümeln
4 Schleifklotz verhindert einen zu schnellen Verschleiß des Anlagenendes
5 Anlage dient der Führung des Pflugs
6 Schar schneidet den Erdbalken aus dem Boden

1 Aufbau eines Pflugkörpers

! Merke

Pflüge (1) dienen vorwiegend der Grundbodenbearbeitung, d. h. der Lockerung des Bodens über die gesamte Krumentiefe (25 bis 35 cm).

Dazu werden heute statt der **Beetpflüge** (1, S. 399) überwiegend **Anbau-Drehpflüge** (2, S. 399) mit Universalstreichblechkörpern in drei- und vierfurchiger Ausführung eingesetzt. Pro Pflugkörper werden allgemein 20 kW (27 PS) Motorleistung gerechnet. Die durchschnittliche Flächenleistung liegt bei 0,2 ha/Körper und Stunde.

! Merke

Drehpflüge können aufgrund ihrer um 180° drehbaren doppelten Pflugkörper in der gleichen Furche zurückfahren, sodass Leerfahrten entfallen, Wendezeiten verringert werden und nur auf einer Feldseite eine Furche verbleibt. Hingegen können **Beetpflüge** nur in eine Richtung (nach rechts) pflügen, sodass zur Verminderung der Leerfahrten größere Schläge in 30 bis 40 m breite Beete eingeteilt werden (Name!).

Streifenpflugkörper (3, S. 399) stellen eine Sonderform des Pflugkörpers dar. Sie werden vor allem auf schweren, klebenden Böden eingesetzt, wo sie den Zugkraftbedarf reduzieren und eine bessere Arbeitsqualität ermöglichen. Ihr geringerer Verschleiß macht sie jedoch auch zunehmend für leichte, vor allem steinreiche Böden interessant.

1 Beetpflug

2 Drehpflug (Volldrehpflug, Wendepflug)

3 Drehpflug mit Streifenpflugkörpern

Die Auswahl des **Schars** richtet sich nach den Bodenverhältnissen. Zur Erhöhung der Lebensdauer des Scharblatts und damit der Reduzierung der Verschleißkosten werden heute überwiegend Schare mit austauschbaren Wechselspitzen eingesetzt. Davon abgesehen, ist auf steinreichen Böden eine **Steinsicherung** notwendig, die jeden Pflugkörper mechanisch oder hydraulisch über das Hindernis hinweg- und anschließend automatisch in die Arbeitsstellung zurückführt. Zur Unterstützung und Verbesserung der Pflugarbeit werden häufig sogenannte **Pflugvorwerkzeuge,** wie z. B. Vorschäler, Messer- und Scheibensech, eingesetzt.

Merke

Durch die wendende Arbeitsweise des Pflugs wird der Boden nachhaltig gelockert, gekrümelt und durchlüftet und Erntereste, Wildkräuter und organische Dünger werden untergepflügt. Das grobschollige Pflügen im Herbst („Winterfurche") schafft die für schwere Böden so wichtige Frostgare (s. S. 152). Zur Vermeidung von Pflugsohlen (s. S. 154) sollten wechselnde Pflugtiefen gewählt werden.

Aufgaben

○ 1. Wozu dient das Pflügen?
○ 2. Nennen Sie die Bauteile eines Pflugkörpers und ihre Aufgaben.
○ 3. Unterscheiden Sie Beet- und Drehpflug.
○ 4. Welche Vorteile bietet die Verwendung von Streifenpflugkörpern?
○ 5. Wozu dienen Steinsicherungen?
◑ 6. Nennen Sie Ursachen, Auswirkungen und Maßnahmen zur Vermeidung von Pflugsohlen (s. S. 154).

1.5 Bodenfräsen

Merke

Die **Fräse** (1, S. 400) ist ein im Gartenbau häufig eingesetztes Bodenbearbeitungsgerät. Mit ihr kann in einem Arbeitsgang ein optimales Saat- bzw. Pflanzbett hergerichtet werden.

An einer rotierenden Welle befinden sich bis zu sechs Werkzeugsterne, die mit geschärften, unterschiedlich gewinkelten, federnden oder starren Messern bestückt sind. Die Fräsmesser sind gegeneinander versetzt, sodass ein gleichmäßiges Arbeiten der Maschine gewährleistet wird. Die Auswahl der Messerform erfolgt im Hinblick auf die durchzuführende Arbeit. Als Pflugersatz und zur Einarbeitung organischer Substanzen werden scharf abgewinkelte Winkelmesser (90 bis 110°) eingesetzt. Zur Krümelung des Bodens nach dem Graben, Pflügen oder Grubbern werden leicht bis stark gekrümmte Messer verwendet. Von diesen Grundformen gibt es eine Reihe von Abarten in unterschiedlichsten Formen.

> **! Merke**
>
> Das **Arbeitsprinzip** der Fräse besteht darin, dass die rotierenden Messer einen „Bissen“ nach dem anderen aus dem festen Boden herausschneiden und nach hinten gegen das Prallblech bzw. Frägehäuse schleudern (2). Dabei kommt es zu einer Lockerung, Krümelung und intensiven Durchmischung des Bodens. Organische Substanz wird optimal in den Boden eingemischt.

Die **Intensität der Bodenbearbeitung** ist abhängig von der Bodenart, dem Bodenzustand, der Anzahl und Form der Fräsmesser, der Bissengröße und der Stellung des Prallblechs. Je größer die Bissengröße, desto gröber ist die Krümelung des Bodens. Die Bissengröße hängt wiederum ab von der Fahrgeschwindigkeit (2 bis 8 km/h) und der Drehzahl der Fräswelle. Je langsamer die Geschwindigkeit und je höher die Drehzahl, desto kleiner ist die Bissengröße und desto feiner wird der Boden zerschlagen. Je weiter das am Ende der Abdeckhaube verstellbare Prallblech heruntergelassen ist, desto mehr Boden wird durch die Abdeckung wieder mit nach vorne genommen, sodass dieser erneut in den Messerbereich gerät und weiter zerkleinert wird. Die maximale Bearbeitungstiefe hängt vom Durchmesser der Messerkränze ab und liegt allgemein bei 15 cm (Durchmesser 300 mm) bis 25 cm (Durchmesser 550 mm). Die Arbeitsbreiten betragen bis zu 5 m. Je Meter werden 25 bis 30 kW (34 bis 40 PS) Motorleistung benötigt. Die Motorleistung der im Gartenbau häufig eingesetzten Einachsschlepper liegt in der Regel bei 2,5 bis 16 kW (3,5 bis 22 PS)[1]. Bei 70 cm Fräsbreite sollte die Motorleistung bei diesen Geräten mindestens 9 PS, bei 90 cm mindestens 13 PS betragen.

1 Anbaufräse

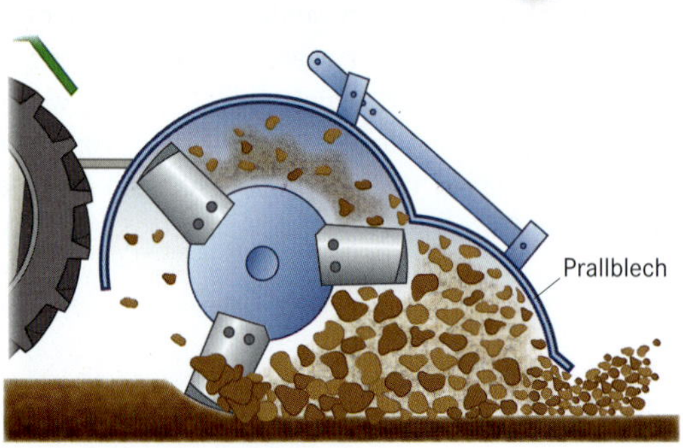

2 Arbeitsweise des Messerrotors

Dort, wo sich aufgrund beengter Platzverhältnisse der Einsatz einer Fräse schwierig gestaltet oder auch auf kleinen Flächen, kann ggf. eine **Motorhacke** eingesetzt werden (3). Der Antrieb der Motorhacken erfolgt über die an einer vom Motor getriebenen Welle sitzenden Hackmesser, die sich in den Boden einarbeiten und die Maschine dabei nach vorne ziehen. Durch die rotierenden Messer wird der Boden gelockert, gekrümelt und gemischt. Die Tiefeneinstellung erfolgt über den hinter den Hackmessern angebrachten Hacksporn. Zum Transport dient ein häufig vorne an der Maschine angebrachtes Rad, das vor der Bodenbearbeitung entfernt oder hochgeklappt werden muss. Die Motorleistungen liegen bei 0,8 bis 4,5 kW (1,1 bis 6,1 PS). Komfortabler ist die Arbeit, wenn die Maschinen über leicht in Höhe und zur Seite verstellbare sowie gut gegen Vibration gedämmte Lenkholme verfügt. Ein Rückwärtsgang erleichtert vor allem das Manövrieren erheblich.

3 Motorhacke – auf kleinen, beengten Flächen eine gute Alternative zur Fräse

> **! Merke**
>
> Trotz aller Vorteile sollte ein zu häufiges und zu feines Fräsen vermieden werden, da die Gefahr besteht, dass der Boden mit der Zeit **„totgefräst“** wird.

Die intensive Durcharbeitung des Bodens fördert

- die Entmischung der Kornfraktionen,
- die Zerstörung der Krümelstruktur,
- den Verlust des Bodenschlusses zum Unterboden,
- die Unterbrechung der Kapillarität,
- die Abtötung größerer Bodentiere, vor allem Regenwürmer,
- den verstärkten Humusabbau infolge starker Durchlüftung.

---

[1] **Umrechnung:** 1 kW (Kilowatt) = 1,36 PS (Pferdestärke); 1 PS = 0,735 kW

Merke

Der **verstärkte Humusabbau** durch die Bakterien kann bei nicht ausreichender Zufuhr organischer Substanz zur **Strukturverschlechterung** und letztendlich zur **Abnahme der Mikroorganismenaktivität** führen.

Hauptursachen für **Unfälle beim Fräsen** mit Einachsern sind das Hochschlagen der Holme beim Überfahren von Hindernissen (z. B. größeren Steinen)[1] sowie das Stolpern oder Einklemmen beim Rückwärtsfahren.

Hinweis

Fräsen und Motorhacken müssen mit einem **Sicherheitshebel** („Totmannschalter") ausgerüstet sein. Lässt man diesen los, muss die Maschine sofort anhalten und die Fräsmesser müssen nach höchstens einer Sekunde Nachlaufzeit stehen. Im Unterschied zu früher, läuft der Motor weiter.

[1] Vermeidbar bei Geräten, die sich so umrüsten lassen, dass die Messer sich entgegen der Fahrtrichtung drehen.

Aufgaben

○ 1. Welche Vorteile bietet die Fräse bei der Bodenbearbeitung?

○ 2. Beschreiben Sie das Arbeitsprinzip der Fräse.

◑ 3. Erklären Sie den Einfluss
   a) der Bissengröße,
   b) der Fahrgeschwindigkeit und Drehzahl und
   c) der Einstellung des Prallblechs auf die Krümelung des Bodens beim Fräsen.

○ 4. Warum dürfen Wartungs- und Reparaturarbeiten am Fräswerk nur bei ausgeschaltetem Motor und abgezogenem Zündkerzenstecker durchgeführt werden?

○ 5. Warum wird bei Einachsern bei der Einlegung des Rückwärtsgangs der Antrieb der Zapfwelle (Zapfwellensperre) unterbrochen?

◑ 6. Beschreiben Sie die Auswirkungen zu häufigen Fräsens.

1.6 Anbaugeräte

Umkehrfräse	
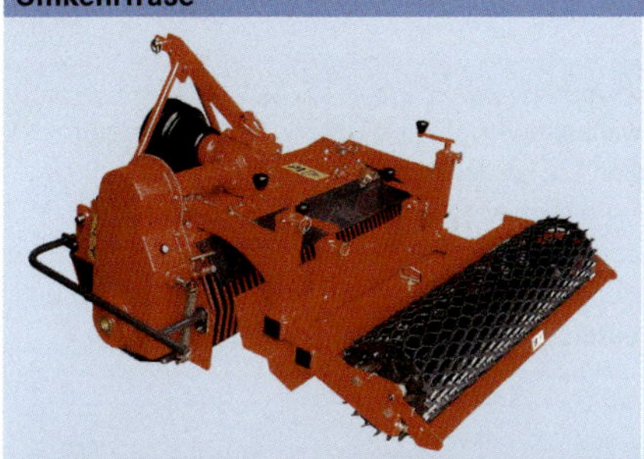	**Umkehrfräsen** sind geeignet, Grünflächen oder steinige Böden in einem Arbeitsgang in ein keimfähiges Saatbeet zu verwandeln. Im Gegensatz zur herkömmlichen Fräse arbeitet der mit Fräsemessern bestückte Rotor gegen die Fahrtrichtung. Dabei wird der Boden gegen eine Art Trennrechen aus Stahlzinken oder ein Stahlgitter geworfen, sodass grobe Bestandteile wie Steine, Wurzelunkräuter oder Grasstücke nach unten auf die Sohle fallen und mit der durch den Trennrechen fliegenden feinkrümeligen Erde 5 bis 10 cm hoch bedeckt werden. Eine nachlaufende Gitterwalze drückt den gelockerten Boden fest und planiert die Oberfläche. Mit einer angebauten Aussaatvorrichtung lässt sich die Saatfläche in einem Arbeitsgang erstellen.
Spatenmaschine	
	An einer rotierenden Welle befinden sich spatenartige Werkzeuge, die den Boden umgraben. Dabei werden die Schollen aus dem Boden gestochen, gewendet und wieder abgelegt. Die **Spatenmaschine** hinterlässt einen gut gelockerten Boden mit grober Krümelung. Vor allem auf kleinen und schmalen Flächen ist die Spatenmaschine eine gute Alternative zum Pflug. Die maximale Arbeitsleistung der Maschinen, die in der Regel in Arbeitsbreiten von 1 bis 2,40 m angeboten werden, beträgt etwa 3 000 bis 7 000 m^2 pro Stunde. Mit dem Spaten können etwa 15 bis 30 m^2 pro Stunde umgegraben werden.

Tab. 1 Zapfwelleneggen

Rotoregge

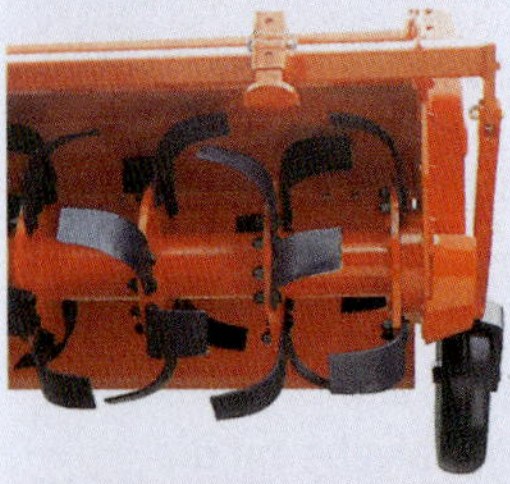

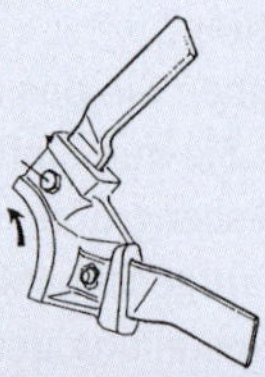

Die **Rotoregge** ist im Prinzip wie eine Fräse aufgebaut, bei der der Messerrotor gegen einen Zinkenrotor ausgetauscht ist. Die Zinken schlagen, drücken oder stechen von oben in den Boden, wobei sie die nach dem Pflügen, Graben oder Grubbern entstandenen Schollen zerkleinern. Zudem bewirkt ihre „packende" Arbeitsweise bereits eine Rückverfestigung des gelockerten Bodens. Rotoreggen benötigen etwa nur die Hälfte des Leistungsbedarfs einer Fräse und haben einen geringen Verschleiß, sodass sie, vor allem auf steinreichen Böden, eine gute Alternative zur Fräse darstellen.

Kreiselegge

An einer Achse befinden sich Kreisel, die aus zwei bis vier starren oder gefederten Zinken bestehen. Die Kreisel rotieren horizontal und gegenläufig, wobei sie so angeordnet sind, dass die Zinken benachbarter Kreisel ineinandergreifen und sich die Arbeitskreise überschneiden. **Kreiseleggen** krümeln, mischen und ebnen den Boden ein, ohne seine Schichtung zu verändern. Mit einer Planierschiene und einer nachlaufenden Gitterwalze ausgerüstet, eignen sie sich sehr gut zur Saatbeetbereitung. In Kombination mit einer Sävorrichtung lassen sich in einem Arbeitsgang fertige Ansaaten erstellen. Auf steinreichen Böden ist mit hohem Verschleiß und entsprechend hohen Reparaturkosten zu rechnen. Bei einer Arbeitsbreite von 75 cm sollte die Motorleistung mindestens 9 PS, bei 100 cm mindestens 13 PS betragen.

Rüttelegge

An zwei bis vier hintereinanderliegenden Balken, die gegenläufig hin- und herbewegt werden, befinden sich 20 bis 30 cm lange, leicht nach vorne gebogene Zinken. Die **Rüttelegge** krümelt, mischt und ebnet den Boden. Eingesetzt wird sie vor allem nach dem Pflügen oder Fräsen. Auf nicht zu sehr verfestigten Böden kann sie die Fräse ersetzen. Für steinreiche Böden sind Rütteleggen wegen des hohen Verschleißes weniger geeignet.

Hubschwenklockerer

Es handelt sich hierbei um einen zapfwellenangetriebenen Untergrundlockerer mit beweglichen Werkzeugen. Die maximalen Lockerungstiefen liegen bei 60 bis 100 cm, wobei die Zinken in Fahrtrichtung hin- und herbewegt werden. Der **Hubschwenklockerer** dient zur Beseitigung von Verdichtungen unterhalb des Oberbodens. Weitere Geräte zur Tiefenlockerung sind **Wippscharlockerer** (Schare werden wippend auf und ab bewegt), **Tiefpflüge** und **Heckaufreißer**.

Tab. 1 Zapfwelleneggen (Fortsetzung)

Grubber

Grubber bestehen aus einem Rahmen, an dem starre oder gefederte Grubberzinken mit Scharen angebracht sind. Entsprechend dem Verwendungszweck weisen die Schare der ein- bis fünfreihigen Geräte unterschiedliche Formen und Strichabstände auf. Grubber brechen den Boden bis zu einer Tiefe von 10 bis 30 cm auf. Dabei kommt es neben der Lockerung auch zu einer Krümelung des Bodens. Grubber ermöglichen eine strukturschonende Bodenbearbeitung. Zusammen mit Scheibenegge und Wälzegge stellt der Grubber eine gute Alternative zum Pflug dar. Vorteile: höhere Flächenleistung, bessere Wasseraufnahme durch den Boden, geringere Anfälligkeit für Erosion.

Tab. 1 Gezogene Geräte

Scheibenegge

An V- oder X-förmigen Achsen sind gewölbte, schräg gestellte, sich selbst schärfende und säubernde Stahlscheiben mit einem Durchmesser von 45 bis 90 cm angebracht, die einen glatten oder gezackten Rand aufweisen. Sie schneiden in den Boden und reißen ihn auf. Dabei erfolgt durch die Drehung der Scheiben eine Krümelung und Mischung des Bodens. **Scheibeneggen** eignen sich durch ihre schneidende Arbeit gut zur Einarbeitung von organischer Substanz (Gründüngungspflanzen, Erntereste) in den Boden.

Spatenrollegge

Aufbau wie Scheibeneggen, nur besitzen sie statt der Scheiben kleinere spatenähnliche, vierzackige, an einer Welle rotierende Messerkränze. Aufgrund des kleineren Durchmessers (30 bis 40 cm) und der kleineren Fläche dieser Werkzeuge müssen zur Erzielung befriedigender Ergebnisse mehrere Messerwalzen (bis zu vier) hintereinander angeordnet und die Fläche muss kreuzweise mit relativ hoher Geschwindigkeit (8 bis 12 km/h) überfahren werden. **Spatenrolleggen** dienen vor allem zur Oberflächenbearbeitung nach dem Pflügen sowie zur Einarbeitung gehäckselter organischer Substanz.

Wälzegge

Wälzeggen, auch als **Krümelwalzen** bezeichnet, vereinigen die Arbeitsweisen von Eggen und Walzen. Sie krümeln, ebnen und verfestigen die gelockerte Bodenoberfläche. Zur Erzielung befriedigender Ergebnisse ist in der Regel die Anordnung von zwei Wälzeggen hintereinander erforderlich. Eingesetzt werden die zylindrischen Gitterwalzen mit unterschiedlichen Durchmessern als Nachlaufgeräte in Gerätekombinationen, z. B. hinter Grubbern, Kreisel-, Scheiben- oder Rütteleggen. Je nach Bodenart und -zustand stehen verschiedene Gerätetypen zur Auswahl.

Krumenpacker

Krumenpacker dienen auf frisch gelockerten Böden zur Wiederherstellung des Bodenschlusses und damit der Kapillarität. Sie haben eine Welle, auf der im Abstand von etwa 15 cm schmale Stahlringe aufgereiht sind. Durch ihr Gewicht dringen diese bis zu 20 cm in den gelockerten Boden ein und verfestigen die unteren Schichten des Oberbodens. Die Bodenoberfläche selber bleibt locker und krümelig. Eingesetzt werden Krumenpacker vor allem in Gerätekombinationen als Nachlaufgeräte von Pflug und Grubber.

Glattwalze

Bei den **Glattwalzen** handelt es sich um starre, sich drehende Zylinder mit glatter Oberfläche, die zur Erhöhung des Gewichts mit Sand oder Wasser gefüllt werden können. Durch ihr Gewicht bewirken sie eine Wiederherstellung des Bodenschlusses und damit der kapillaren Wasserversorgung der oberen Bodenschichten. Zudem glätten sie die Bodenoberfläche.

Tab. 2 Gezogene Geräte (Fortsetzung)

Rauwalze (Cambridgewalze)

Rauwalzen bestehen aus mehreren beweglichen Ringen mit gezähnten Oberflächen, häufig auch glatte und gezähnte Ringe im Wechsel. Allgemein werden zur Bodenbearbeitung Kombinationen aus mehreren nebeneinander und hintereinander laufenden Walzen eingesetzt. Die gezahnte Oberfläche führt zu einem Aufbrechen verkrusteter Bodenoberflächen sowie zu deren Krümelung. Letzteres bewirkt durch die Unterbrechung der an die Bodenoberfläche reichenden Kapillaren eine Verminderung der Wasserverdunstung durch den Boden.

Tab. 1 Gezogene Geräte (Fortsetzung)

Gerätekombination (Grubber – Spatenrollegge – Wendelstabwälzegge)

Bei Gerätekombinationen werden mehrere sich ergänzende Geräte hintereinandergehängt, mit dem Ziel, den Boden in einem Arbeitsgang in den gewünschten Zustand zu überführen.

Tab. 2 Gerätekombinationen

Aufgaben

◑ 1. Eine Umkehrfräse ist baugleich mit einer Fräse.
   a) Worin besteht der wesentliche Unterschied?
   b) Warum sind sie z. B. sehr gut zum Fräsen steinreicher Böden und Altrasenflächen geeignet?

○ 2. Beschreiben Sie die Arbeitsweise einer Spatenmaschine.

○ 3. Warum ist die Spatenmaschine eine gute Alternative zum Pflug?

◑ 4. Beschreiben Sie Aufbau, Arbeitsweise und Einsatzgebiete von Zapfwelleneggen und gezogenen Anbaugeräten.

○ 5. Warum sind Rotoreggen vor allem auf steinreichen Böden eine gute Alternative zur Fräse?

◑ 6. Warum werden Kreiseleggen bevorzugt zur Bodenbearbeitung eingesetzt?

○ 7. Welche Bodenbearbeitungsgeräte werden in Ihrem Ausbildungsbetrieb verwendet?

○ 8. Welche Vorteile bringt der Einsatz von Gerätekombinationen zur Bodenbearbeitung?

◑ 9. Die folgende Tabelle zeigt die Ergebnisse eines Versuchs zur Aussaat.

Saatbett	Deckschicht:	locker	locker	verdichtet
	Boden:	locker	verdichtet	verdichtet
Saatgut gekeimt und aufgelaufen (%)		45	70	30

Tab. Versuchsergebnis Aussaat

   a) Erklären Sie die Ergebnisse.
   b) Fertigen Sie eine Querschnittszeichnung an, aus der hervorgeht, wie ein ideales Saatbett aussehen sollte.
   c) Überlegen Sie, ob mit einer Rasenbaumaschine ein solches Saatbeet erstellt werden kann.

◑ 10. Nennen und begründen Sie die Gerätekombinationen, die in Ihrem Ausbildungsbetrieb eingesetzt werden.

○ 11. Wozu dienen Tiefpflüge?

○ 12. Was versteht man unter einer Pflugsohlenverdichtung (s. S. 154)?

○ 13. Unterscheiden Sie Hubschwenk- und Wippscharlockerer.

1.7 Satellitensteuerung

1.7.1 Ortung mithilfe von Satelliten

Basisstationen (2) empfangen **Positionssignale (1)** und berechnen **Korrekturdaten (3)** anhand eines Ist- und Sollvergleichs ihrer Positionen. Über **Funkstationen (4)** werden die aufbereiteten Daten an einen weiteren **Satelliten (5)** übermittelt. Das **Steuergerät des Traktors (7)** empfängt GPS- (1) und Korrektursignal (6). Mithilfe der Software wird die genaue Position ermittelt.

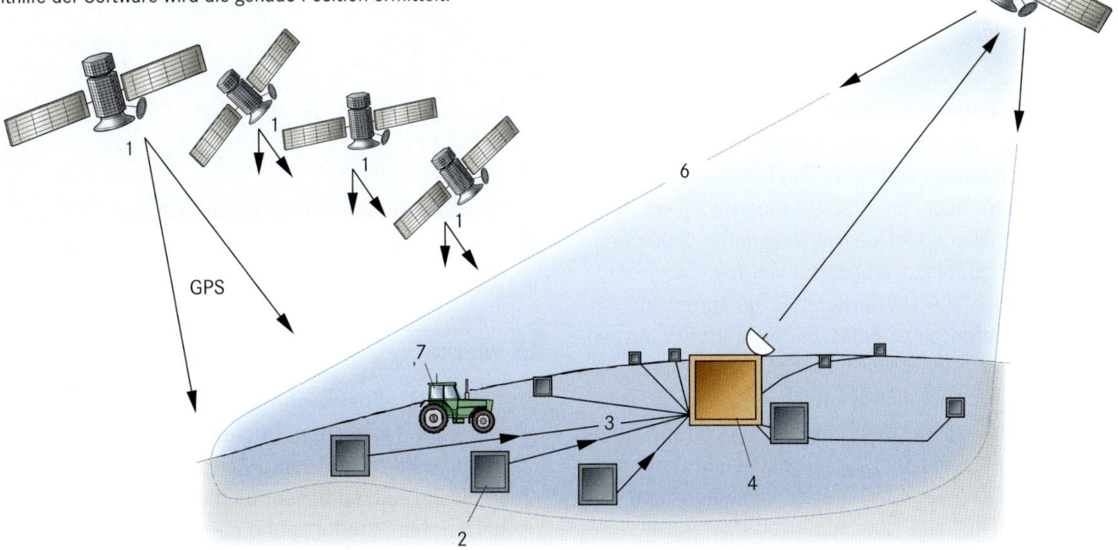

1 GPS-Navigation über Satelliten und Korrektursignale

Die Zeiten, als man als Autofahrer sich mühsam mit einem Stadtplan auf dem Beifahrersitz durch den Großstadtdschungel kämpfen musste, sind längst vorbei. Heute übernimmt GPS, ein satellitengestütztes Navigationssystem (**G**lobal **P**ositioning **S**ystem = Globales Positionierungssystem), die genaue Orts- und Wegbestimmung. Und nicht nur im Straßenverkehr, das seit 1995 für jedermann verfügbare GPS hat in viele Lebensbereiche Eingang gefunden.

Mit 3,9 km pro Sekunde umrunden **GPS-Satelliten** in etwa 20 000 Kilometer Höhe die Erde auf sechs Umlaufbahnen (**2**). Aus den Positionen von mindestens vier Satelliten und der Laufzeit der von ihnen empfangenen Signale lässt sich mithilfe eines GPS-Empfängers der eigene Standort auf 3 bis 5 m genau bestimmen. Aufgrund dieser Ungenauigkeit und einer möglichen Verfälschung im Krisenfall auf bis zu 100 m (Satelliten gehören dem US-Militär) werden die übermittelten GPS-Daten mithilfe von Korrektursignalen geostationärer Satelliten (z. B. ASTRA in 42 300 km Höhe), Radiosendern (UKW oder LW) oder betriebseigenen Referenzstationen aufbereitet (**1**).

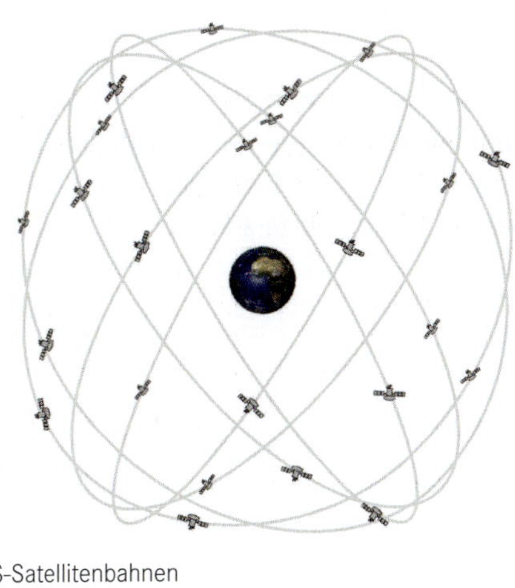

2 GPS-Satellitenbahnen

1.7.2 Teilflächenspezifische Bewirtschaftung

Nährstoffe, Kalkgehalt, Schädlinge und Wildkräuter sind auf einer Kulturfläche unterschiedlich verteilt, sodass eine gleichmäßige Ausbringung von Düngern oder Pflanzenschutzmitteln nicht gerade optimal ist. Satellitensteuerung ermöglicht eine gezielte Anpassung an den Bedarf der Pflanzen oder, anders gesagt, eine teilflächenspezifische (standortspezifische) Bewirtschaftung (precision farming), auch als **Teilflächenmanagement** bezeichnet. Voraussetzungen dafür sind, dass

1. die teilflächenspezifischen Unterschiede bekannt sind,
2. es klar ist, welche Maßnahmen zu ergreifen sind, und
3. die Technik vorhanden ist, um die Maßnahmen teilflächenspezifisch durchführen zu können.

Unterschiede können auf vielfältige Weise erhoben und mit GPS vermessen und dargestellt (kartiert) werden. Entnimmt man z. B. von einer Fläche an möglichst vielen Stellen Bodenproben, deren genaue Position ebenfalls mit einem GPS-Empfänger vermessen wird, erhält man eine Karte mit den gewünschten Bodeneigenschaften wie z. B. Gehalt an Haupt- und Spurennährelementen, Nmin-Gehalt, pH-Wert, Humusgehalt, Bodenstruktur, Feuchtigkeit, Schadstoffe.

Ist z. B. eine **Bodenbearbeitung** notwendig, wird der Boden nur dort tief bearbeitet, wo die augenblicklichen Bodenverhältnisse dies erfordern. Elektronisch gesteuerte Pflüge erleichtern dabei die Arbeit, können doch während der Fahrt Pflugtiefe und Pflugeinstellung den entsprechenden Bedürfnissen optimal angepasst werden. Durch farbliche Abstufungen auf den Karten, z. B. entsprechend der **Versorgungsstufen** eines Felds mit Nährstoffen, lassen sich die Ergebnisse anschaulich darstellen. Eingegeben in den Bordcomputer, erkennt der Traktor mithilfe der GPS-Ortung, an welcher Stelle des Feldes er sich gerade befindet und regelt entsprechend der eingegebenen Daten den angehängten Düngerstreuer. Fehlbedienungen bei der Ausbringung infolge von Überlappungen oder Auslassungen gehören dabei der Vergangenheit an, da das Navi den Schlepper über einen Autopiloten in der Spur hält.

Nach dem gleichen Prinzip lassen sich auch andere Karten, z. B. bezüglich des **Ertrags** oder der **Qualität**, erstellen. Es müssen nur die entsprechende Daten zusammen mit dem GPS-Signal aufgezeichnet werden. Die Erfassung des Wildkrautbesatzes ist mit optischen Systemen (automatische Bildverarbeitung) möglich. Die Kartierung der Wildkräuter und **Ausbringung von Herbiziden** kann dabei gleichzeitig oder in zwei getrennten Arbeitsgängen erfolgen, wobei entsprechend der Wildkrautart elektronisch gesteuert unterschiedliche Wirkstoffe ausgebracht werden.

Sind die Maschinen mit entsprechender Elektronik zur Erfassung des **Maschinenzustands** ausgestattet, kann dieser zusammen mit den Positionsdaten an den Hersteller oder Servicepartner gesendet werden. Störungen können so nicht nur rechtzeitig erkannt, sondern bei Bedarf kann auch der Kundendienst mithilfe der Satellitentechnik direkt aufs Feld geführt werden.

1 Zukunft: kleine, autonome Maschinen, die selbstständig Tag und Nacht auf dem Feld arbeiten

! Merke

Mit der Satellitentechnik können Informationen, Daten oder Tätigkeiten eindeutig Punkten oder Flächen zugeordnet werden. Pflanzenbauliche Maßnahmen lassen sich so besser an die spezifischen Eigenschaften des Standorts und den Bedarf der Pflanzen anpassen. Dünger, Pflanzenschutzmittel, Kraftstoff, Arbeitszeit und damit Kosten werden gespart, Arbeitskräfte werden entlastet, Arbeitsqualität und Flächenleistung gesteigert, die Ausdehnung der Arbeit in die Dunkelheit hinein ermöglicht und, nicht zuletzt, die Umwelt geschont.

Entsprechend wird es immer mehr zur Routine werden, dass, bevor der Schlepper gestartet wird, eine Speicherkarte in den Bordcomputer geschoben wird, auf der alle wichtigen Informationen über die Kulturflächen und Vorgaben, z. B. wo und wie viel gedüngt oder gespritzt werden soll, enthalten sind. Zudem werden immer mehr kleine, selbstständig arbeitende Maschinen entwickelt, die sich mithilfe von Satelliten und anderen Sensoren orientieren (1).

Bei einigen Firmen hat die Zukunft bereits begonnen, sie bieten **autonome Traktoren und Maschinen** an. Mithilfe modernster Software und hochpräziser GPS-Technologie sind sie in der Lage, selbstständig, d. h. fahrerlos, exakte und zentimetergenaue Arbeiten zur Bodenbearbeitung, Aussaat, zum Pflanzenschutz, der Ernte oder Grünflächenpflege durchzuführen.

? Aufgabe

- Erläutern Sie die Vorteile, die die Satellitentechnik für die Feldbewirtschaftung bietet. Sehen Sie auch Nachteile?

2 Anbau unter Glas und Folie

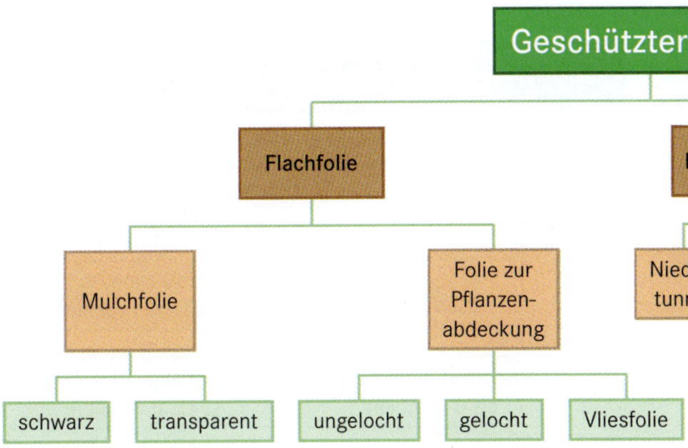

1 Geschützter Anbau

Der Wunsch, Pflanzen unabhängig von den jeweiligen klimatischen Verhältnissen zu kultivieren mit dem Ziel der Ernteverfrühung und Angebotsverlängerung, hat zum geschützten Anbau geführt. Je nach Grad des technischen Aufwands ermöglicht er eine Verlängerung der Pflanzenproduktion bis hin zur ganzjährigen Kultur wertvoller subtropischer und tropischer Pflanzen.

2.1 Flachfolien

2.1.1 Mulchfolien

! Merke

Flachfolien werden vor allem im Gemüse- und Erdbeeranbau zur Ernteverfrühung eingesetzt.

Bereits mit schwarzer oder transparenter **Mulchfolie** (**2**) kann über die Erhöhung der Bodentemperatur um 2 bis 5 °C (Förderung des Bodenlebens und des Wurzelwachstums) eine Ernteverfrühung von ein bis zwei Wochen erreicht werden. Vor allem die Verwendung von transparenter Folie führt zu erhöhten Bodentemperaturen am Tage und in der Nacht. Unter einer schwarzen Folie sind hingegen bei starker Sonneneinstrahlung die Bodentemperaturen am Tage allgemein niedriger als in einem unbedeckten Boden. Falls keine Beregnung möglich ist, wird die 0,04 bis 0,1 mm starke PE-Folie (PE = Polyethylen) zur Ausnutzung der Winterfeuchtigkeit bereits Ende Februar/Anfang März direkt auf den Boden ausgelegt. Die Aussaat oder Pflanzung erfolgt in vorgestanzten Löchern.

2 Schwarzes Mulchvlies

2.1.2 Folien zur Pflanzenabdeckung

Verbreiteter und wirksamer als die Verwendung von Folien zum Mulchen ist der Einsatz von transparenten 0,05 mm starken **Folien,** die direkt auf die Aussaat oder Pflanzung aufgelegt werden. Mit ihnen ist eine Ernteverfrühung von ein bis vier Wochen möglich. Angeboten werden sie als ungelochte und gelochte PE-Folien (Lochfolie). Ihre Lichtdurchlässigkeit beträgt 75 bis 80 %. Da unter der Folie nur ein begrenztes Luftvolumen vorhanden ist, besteht vor allem bei ungelochten und wenig gelochten Folien (< 250 Löcher/m^2) die Gefahr von Pflanzenschäden durch Überhitzung. Mit zunehmender Lochzahl (Lochdurchmesser 10 mm) pro m^2 wird zwar durch die Förderung des Luftaustausches die Gefahr von Pflanzenschäden verringert, gleichzeitig wird jedoch auch der Verfrühungseffekt vermindert.

! Merke

Im Gemüsebau werden neben Folien mit 100 bis 250 Löchern/m^2 zur kurzfristigen Abdeckung (ein bis drei Wochen) vorwiegend Folien mit 400 bis 1 000 Löchern/m^2 zur längerfristigen Pflanzenbedeckung (allgemein drei bis fünf Wochen) verwendet.

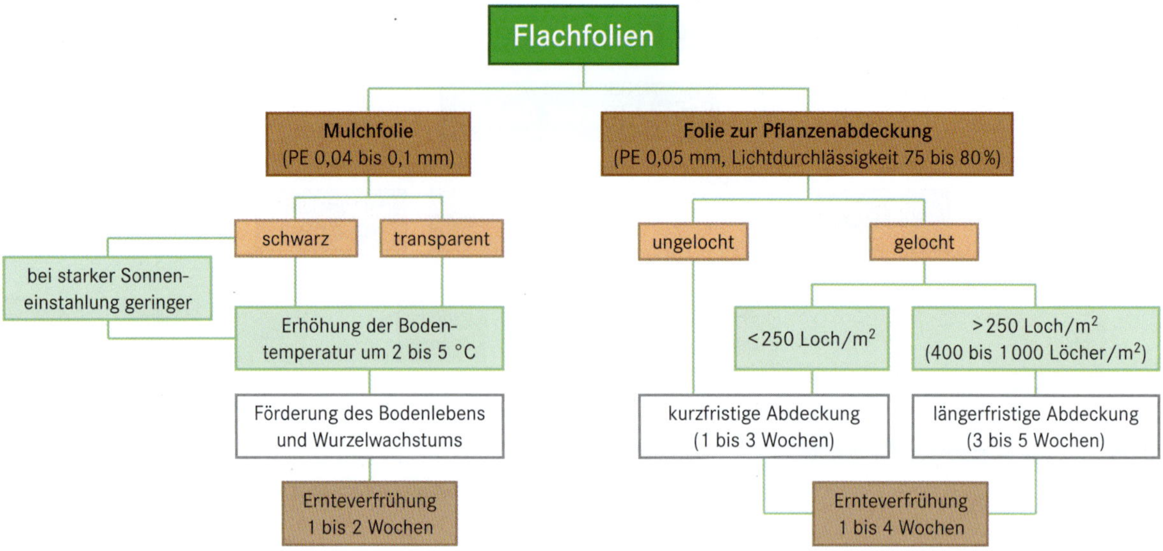

1 Einsatz von Folien zur Ernteverfrühung

Lochzahlen >250/m² bewirken über den erhöhten Luftaustausch eine verbesserte CO_2-Versorgung der Pflanzen und ermöglichen das Eindringen von Wasser (Niederschlag, Beregnung, Flüssigdüngung, Pflanzenschutz). Nachteilig ist, dass bei Nachtfrost die Pflanzen an der Folie festfrieren können. Bei Sonnenbestrahlung besteht dann die Gefahr, dass sie infolge zu schnellen Auftauens erfrieren (1, S. 340).

Die Folienabnahme erfolgt in der Regel nach Erfahrungswerten zu bestimmten Terminen (z. B. erste April- oder zweite Maiwoche).

2.1.3 Wärmesummentheorie

Als Hilfsmittel für die Wahl des günstigsten **Abnahmezeitpunkts** bedient man sich der **Wärmesummentheorie**. Dabei werden die Durchschnittstemperaturen der einzelnen Tage (Tagesmaximum + Tagesminimum : 2) addiert.

> **! Merke**
>
> Der **Zeitpunkt für die Abnahme der Folie** ist gekommen, wenn eine Wärmesumme von 100 °C (bei ungelochter Folie) bzw. von 250 bis 500 °C (bei gelochter Folie) erreicht ist.

Zur Verringerung des Pflanzenschocks erfolgt die Abdeckung bei bedecktem Wetter in den Nachmittags- bzw. frühen Abendstunden. Je nach Auflagedauer können Folien zwei- bis dreimal verwendet werden, bevor sie wegen Versprödung ersetzt werden müssen.

2.1.4 Vliesfolien

2 Vliesfolie

> **! Merke**
>
> **Vliesfolien** (2) bestehen aus einem Netz unregelmäßig verlaufender Kunststofffasern, zwischen denen sich zahlreiche unterschiedlich große und geformte Zwischenräume befinden, die für eine gute Luft-, Wasser- und Lichtdurchlässigkeit sorgen.

Da ihre Luftdurchlässigkeit in etwa einer Folie mit 750 bis 1 000 Löchern/m² entspricht, wird eine geringere Erwärmung als mit den üblicherweise im Gartenbau verwendeten Lochfolien erzielt. Durch eine Verlängerung der Bedeckung kann dieser Nachteil im weiteren Verlauf der Pflanzenentwicklung wieder ausgeglichen werden.

Obwohl Vliese etwa doppelt so teuer sind wie vergleichbare PE-Folien, nimmt ihr Gebrauch zur Abdeckung von Pflanzen immer mehr zu. Die Gründe dafür sind:

- geringeres Gewicht,
- leichtere Handhabung,
- bessere Windstabilität (→ weniger Blattschäden),
- gute Luft-, Wasser- und Lichtdurchlässigkeit,
- geringere Hitzeentwicklung bei starker Sonneneinstrahlung und
- niedrigere Luftfeuchtigkeit (→ geringere Gefahr von Pilzinfektionen).

2.2 Folientunnel

! Merke

Folientunnel haben gegenüber Flachfolien einen erhöhten Luftraum, sodass die Temperaturschwankungen geringer sind. Zudem liegt die Folie nicht auf den Pflanzen auf, wodurch die Gefahr von Frostschäden verringert und die Entwicklung gefördert wird.

Folientunnel werden eingeteilt in niedere Tunnel und begehbare Hochtunnel.

2.2.1 Niedertunnel

1 Niederglas und Niedertunnel

Die **niederen Tunnel** (1) mit einer Höhe bis zu 1 m werden aufgrund ihres hohen Arbeits- und Materialaufwands nur noch wenig verwendet, da der mit ihnen zu erreichende Verfrühungseffekt auch nur geringfügig über dem der Flachfolien liegt. Vermehrt werden Kunststoffnetze zur Abdeckung eingesetzt. Sie bieten einen gewissen Schutz vor Witterungseinflüssen und verhindern Verbrennungen.

2.2.2 Hochtunnel

Hochtunnel (2) haben eine Firsthöhe bis zu 4 m und eine Breite bis 12,80 m (mindestens 3 m). Die verzinkte Stahlkonstruktion wird als **Stecksystem oder in Form kompletter Rundbögen** angeliefert. Der Durchmesser der Stahlrohre beträgt bis zu 60 mm (häufig 32 mm), bei einer Wandstärke von 1,5 bis 2 mm. Die Befestigung der Bögen im Erdreich erfolgt mittels Schraubankern, die der Folie am Türrahmen mithilfe von Clips. Unter jedem Clip wird ein Stück Schutzfolie gelegt (Kein direkter Kontakt mit der Folie!). Zum **Schutz vor thermischen oder mechanischen Schäden** sollten der Sonne ausgesetzte Konstruktionsteile auf denen die Folie aufliegt sowie scharfkantige Elemente mit z. B. Schaumstoffklebeband abgeklebt werden. Ein über den Tunnel rechts und links neben jedem Rundbogen fest gespanntes und im Boden verankertes Seil verhindert das Schlagen der Folie im Wind. Die Folie wird an den Seiten entweder in den Boden eingegraben oder liegt frei (Lüftungsmöglichkeit). Je nach Größe der Tunnel können zur Verstärkung der Konstruktion zusätzlich Pfetten, Querverstrebungen und Windverbände eingebaut werden. Wegen ihrer Begehbarkeit können die Kulturarbeiten leichter, rationeller (Maschineneinsatz) und witterungsunabhängiger durchgeführt werden. Das vergrößerte Luftvolumen wirkt ausgleichend auf Temperaturschwankungen. Das **Lüften** erfolgt durch seitliches Hochschieben der Folie oder/und Öffnen der in den Giebelseiten eingesetzten Türen, mithilfe von Segment-Lüftungselementen oder Klappgiebeln. Hochtunnel mit Vegetationsheizung oder Heizlüfter ermöglichen eine ganzjährige Kultur. In Baumschulen dienen sie u. a. der Vermehrung, dem Frostschutz und der Überwinterung frostempfindlicher Pflanzen. Zum Schutz vor zu starker Sonneneinstrahlung und Temperaturschwankung sind sie häufig mit eingefärbten milchig weißen Folien (PE-Milchfolien) mit begrenzter Lichtdurchlässigkeit (Schattierwerte allgemein um 40 bis 50 %) eingedeckt.

2 Hochtunnel mit seitlicher Wickelfolie (Wickellüftung) in Form von Rundbogenkonstruktionen sind in der Praxis weitverbreitet

Anforderungen an eine gute Tunnelfolie

- Haltbarkeit mindestens 5 bis 6 Jahre
- möglichst hohe Lichtdurchlässigkeit (> 89 %) im fotosynthetisch aktiven Bereich (PAR, der spektrale Bereich von 380–720 nm)
- gutes Wärmerückhaltevermögen (im Mittel-Infrarot-Bereich von 7–13 µm[1])
- Dicke 180 bis 200 µm
- hohe Zug- und Dehnfestigkeit
- recycelbar

Gut geeignet sind **EVA-(Ethylenvinylacetat)** und **ETFE-Folien (F-Clean-Folien)**, wobei letztere am hochwertigsten, aber auch am teuersten sind (Tab. 1, S. 419).

2.3 Kulturkästen (Niederglas)

Kulturkästen (Frühbeetkästen, kalte Kästen, Niederglas) als Einfach- oder Doppelkästen bestehen aus Holz, Beton oder Aluminium mit aufgelegten Glasfenstern (teilweise auch Folie mit Lichtplatten). Gebräuchlich sind die genormten **Holländerfenster** (80 x 150 cm) und das **Deutsche Fenster** (100 x 150 cm). Zur optimalen Ausnutzung der Einstrahlung erfolgt die Aufstellung der Einfachkästen so in Ost-West-Richtung, dass sie nach Süden geneigt sind, die der **Doppelkästen** in Nord-Süd-Firstrichtung. Verwendet werden Kulturkästen vor allem zur Gemüse-, Beet- und Balkonpflanzenanzucht in direkt absetzenden Betrieben wie auch zur Anzucht in Staudengärtnereien und Baumschulen (1, S. 409).

! Merke

Die Kultur erfordert einige Erfahrungen. Wegen des geringen Luftvolumens treten große Temperaturschwankungen auf, die durch Lüften, Schattieren, Abdeckung usw. ausgeglichen werden müssen.

Obwohl sich durchaus gute Ergebnisse mit der Kastenkultur erreichen lassen, ist die Niederglasfläche aufgrund des hohen Arbeitsaufwands (Lüften, Gießen, Beschatten, Ab- und Zudecken) und der erschwerten Arbeitsbedingungen bei schlechter Witterung stark rückläufig.

Wanderkästen werden in Kleingärten verwendet. Zur Erleichterung des Transports bestehen sie aus Aluminium oder Kunststoff.

[1] Wellenlängenbereich der **Wärmestrahlung des Erdbodens**, die vor allem in der Nacht in die Atmosphäre abgestrahlt wird. Eine normale PE-Folie kann diese Wärmeverluste nicht vermeiden, da sie für diesen Wellenbereich weitgehend durchlässig ist.

2.4 Gewächshausbau

! Merke

Gewächshäuser bieten die besten Voraussetzungen für eine ganzjährige Kultur von Pflanzen unterschiedlichster Klimate, da die Wachstumsfaktoren exakt gesteuert werden können. Im Gartenbau stellen sie die technisch aufwendigsten und teuersten Betriebsmittel dar.

Begriffe	Definitionen
Kultur-gewächshaus	Gewächshaus dient der Kultur von Pflanzen; es wird nur durch gärtnerisch tätige oder entsprechend autorisierte Personen oder nur in deren Begleitung betreten
Verkaufs-gewächshaus	Gewächshaus, das für die Aufbewahrung, Präsentation und für den Verkauf von Pflanzen genutzt wird; es ist der Öffentlichkeit im jeweils vorgegebenen Rahmen frei zugänglich
Pflanzen-schauhaus	Gewächshaus, das der Aufstellung von Pflanzen dient und als Bestandteil von Gärten und Parks der Öffentlichkeit im jeweils vorgegebenen Rahmen frei zugänglich ist

Tab. 1 Gewächshausbezeichnungen

2.4.1 Dachformen

Ein Gewächshaus ist ein intensiv genutzter Raum, der gegen Hitze und Kälte, Sturm und Nässe dauerhaft bestehen muss. Entsprechend werden besonders hohe Qualitätsansprüche an ein Gewächshaus gestellt. Je nach Verwendungszweck sind Formen und **Bauweisen der Gewächshäuser** unterschiedlich (1, S. 411 und Tab. 1). So können die tragenden Teile eines Gewächshauses aus Stahl, Aluminium oder Holz und seine Eindeckung aus Glas, Folie oder Kunststoffplatten bestehen.

Nach den **Dachformen** unterscheidet man Sattel- oder Giebeldach, Shed- oder Sägedach, Bogen- oder Tunneldach und Pultdach.

! Merke

Hohe Dächer und große Räume sind stets klimatisch günstiger als flache Dächer und kleine Räume. Bei Letzteren heizt sich das geringe Luftvolumen bei starker Sonneneinstrahlung schnell auf und kühlt bei Kälte relativ schnell aus.

Flache Dächer sind wenig geeignet zum Einfangen der flachen Wintersonne, der Schnee rutscht schlechter ab, sodass es zur Lichtminderung kommt. Bei ungeheizten Häusern können Schäden durch Schneedruck eintreten. Je größer die Dachneigung, desto schneller rutscht der

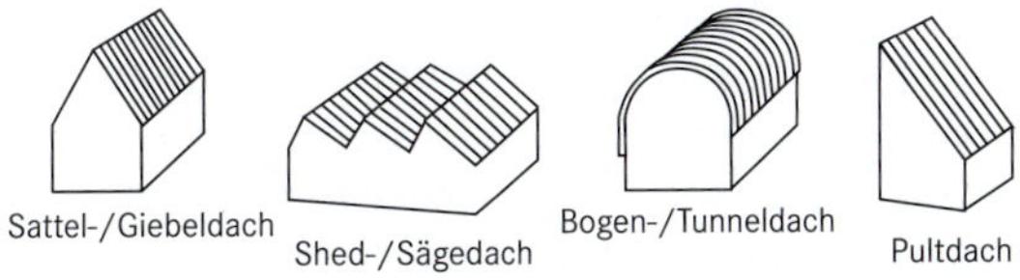

Gewächshauseinteilung nach der Temperaturführung während der kalten Jahreszeit:

- Warmhaus ab 18 °C
- Temperiertes Haus 12 bis 18 °C
- Kalthaus bis 12 °C
- Überwinterungshaus frostfrei 1 bis 3 °C

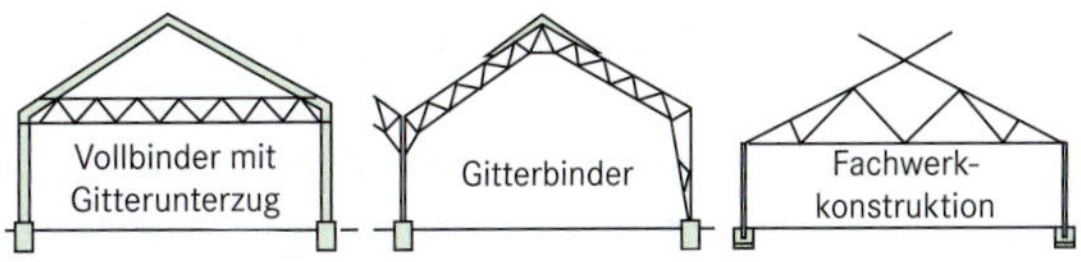

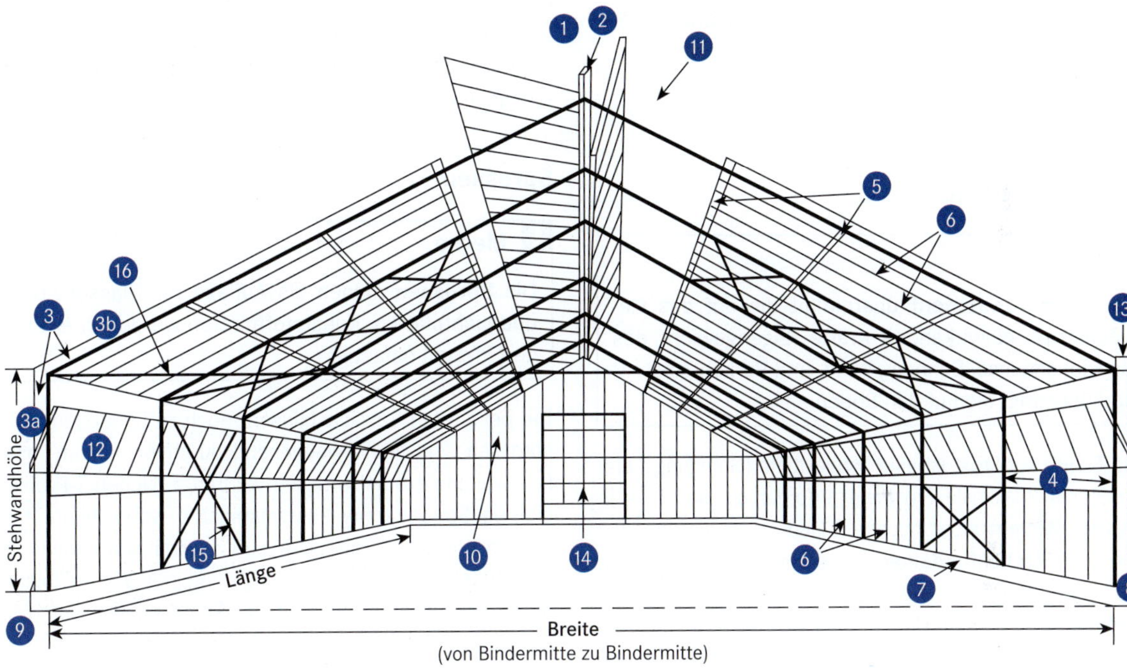

1 First
2 Firstpfette
3 Binder (Vollbinder)
3a Rahmenstiel
3b Rahmenriegel
4 Binderabstand (Rastermaß)
5 Pfetten (Längsunterzüge)
6 Sprossen (Querunterzüge)
7 Fundament (Streifenfundament)
8 Fundamentsockel
9 Gründungstiefe
10 Giebeldreieck
11 Firstlüftung
12 Stehwandlüftung
13 Rinne/Traufe
14 Tür
15 Windverband
16 Zugband

1 Gewächshausbau

Schnee ab und desto größer ist der Lichteinfall. Bei einem Einfallswinkel von 90° (senkrechter Lichteinfall!) ist die Lichtdurchlässigkeit am größten. Mit steigender Dachneigung wird jedoch auch die Hüllfläche vergrößert, was wiederum die Wärmeabgabe und damit den Energieverbrauch erhöht. Deswegen wird ein **Dachneigungswinkel um 27°** als günstiger Kompromiss angesehen. Allgemein liegt er bei den unterschiedlichen Gewächshaustypen zwischen 22 und 30°.

> **Merke**
>
> Die heute übliche Bauweise ist die **Blockbauweise**, bei der mehrere Einzelhäuser, die auch als „Schiffe" bezeichnet werden, zusammengefasst sind (z. B. zwei-, drei- oder mehrschiffige Bauweise).

Gegenüber der **Einzelbauweise** hat die Blockbauweise ein günstigeres Verhältnis von Grundfläche zur Hüllfläche. Da die Wärmeabgabe hauptsächlich über die Hüllfläche erfolgt, wird somit die Wärmeabgabe verringert (Energieeinsparung!). Angestrebt werden sollte ein Verhältnis von 1 : 1,3. Außerdem sind bei gleicher Flächenüberbauung bei der Blockbauweise aufgrund der wegfallenden Zwischenwände die Investitionskosten geringer. Weitere Vorteile sind kurze, im Inneren verlaufende Transportwege.

2.4.2 Bauteile

Betonfundamente

> **Merke**
>
> Das **Betonfundament** übernimmt die auf das Gewächshaus einwirkenden Kräfte (Eigengewicht des Gewächshauses, Schnee-, Wind- und Verkehrslasten) und überträgt sie auf den Boden.

Zum Schutz vor Frost ist eine Mindesttiefe (Gründungstiefe) von 80 cm (maximale Frosttiefe) erforderlich, damit es in strengen Wintern nicht hochfriert und so zu Bauschäden führt. Als **Streifenfundament** ist es durchlaufend gebaut, z. B. als Abschluss nach außen gegen das Erdreich, als **Punktfundament** nur punktuell, z. B. unter den Bindern innerhalb des Gewächshauses bei Blockbauweise. Die Gewächshausfirmen liefern in der Regel ausgearbeitete Fundamentpläne.

Binder und Pfetten

> **Merke**
>
> Binder und Pfetten stellen die eigentliche **Tragkonstruktion des Gewächshauses** dar. Sie müssen in der Lage sein, alle auf das Gewächshaus einwirkenden Kräfte aufzunehmen und in das Fundament einzuleiten.

Die als Querunterzüge eingebauten **Binder** (senkrechter Teil: **Rahmenstiel,** schräger Teil: **Rahmenriegel**) bestehen in der Regel aus feuerverzinktem Stahl mit I-Profil. In Traufenhöhe angebrachte **Zugbänder** führen durch Aufnahme horizontaler Kräfte zu einer Entlastung der Binder, sodass bei ihnen an Material gespart werden kann. Gleichzeitig bilden sie die Auflage oder Halterung für die obere Rohrheizung. Zur Materialeinsparung dienen auch die in der Herstellung aufwendigeren **Gitterunterzüge** (geschweißte Gitterkonstruktionen). Man findet sie vor allem bei den Leichtbauweisen, wie z. B. der Venlobauweise, wo sie die Einsparung störender Binder (Rahmenstiele) ermöglichen. Anstelle der Binder im Dachraum (Rahmenriegel) werden bei einigen Gewächshauskonstruktionen sogenannte **Fachwerkkonstruktionen** als tragendes Element eingebaut. Die **Pfetten** sind als Längsunterzüge mit den Bindern verschraubt, auf die sie die einwirkenden Kräfte übertragen. Pfetten bestehen aus feuerverzinktem Stahl (Schutz vor Korrosion!) oder Aluminium. Aluminium gehört zu den Leichtmetallen, sodass Pfetten aus Aluminium etwa dreimal leichter sind als solche aus Stahl. Zudem ist es korrosionsbeständig. Neben U-Profilen wird eine Reihe von Sonderprofilen, z. B. für First-, Lüftungs- und Traufenpfetten, angeboten.

Sprossen

> **Merke**
>
> Die **Sprossen** dienen als Auflage für Glasscheiben und Lichtplatten. Kunststoffplatten werden direkt an den Pfetten befestigt.

Die bei älteren Gewächshäusern noch zu findenden Holzsprossen sind heute weitgehend durch Aluminium- oder feuerverzinkte Stahlsprossen verdrängt. Neben T-Profilen gibt es Spezialprofile aus Aluminium, wobei heute fast ausschließlich Alu-Sprossentypen zur kittlosen Verglasung verwendet werden. Zur Verringerung der Wärmeabgabe durch Wärmeleitung werden die Sprossen mit Gummi-/Kunststoffdichtungen zur Wärmedämmung versehen.

2.4.3 Eindeckmaterialien

Als Anforderungen an Eindeckmaterialien für Gewächshäuser gelten vor allem eine hohe Lichtdurchlässigkeit bei einem hohen Wärmerückhaltevermögen, Alterungsbeständigkeit, hohe Bruchsicherheit (z. B. bei Hagel), geringes Gewicht und ein niedriger Preis.

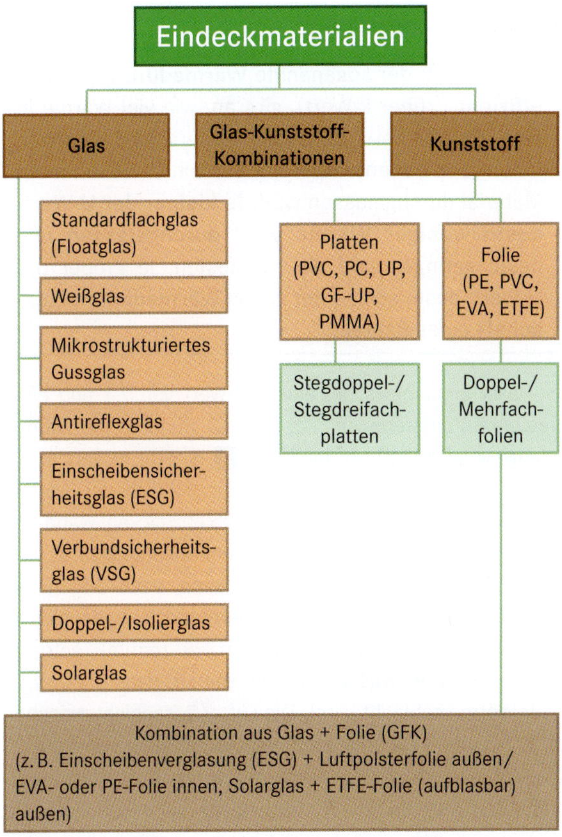

1 Eindeckmaterialien

Glas

Glas bewirkt den sogenannten **Treibhaus-/Gewächshauseffekt** (s. S. 350), der im Innern eines Gewächshauses zu einer Temperaturerhöhung gegenüber der umgebenden Außenluft führt.

Im Gartenbau werden verschiedene **Glassorten** eingesetzt:

- **Floatglas/Gartenblankglas** (Standard-Flachglas, normales Blankglas) ist gezogenes, i. d. R. 4 mm dickes Flachglas[1], das im Floatverfahren hergestellt wird. Dabei ergießt sich die Glasschmelze auf ein Zinnbad mit einer Temperatur von 1 000 °C. Durch Anpassung ihrer Unterfläche an die völlig ebene Oberfläche des Metalls und gleichzeitiges Heizen von oben (sogenannte Feuerpolitur) ergibt sich ein Glas mit einer perfekt glatten und planparallelen Oberfläche. Sein natürlicher Gehalt an Eisenoxid bewirkt eine leichte Grünfärbung, die besonders an der Glaskante sichtbar ist. Gartenblankglas ist farblos, beidseitig eben und bietet von beiden Seiten einen freien Durchblick. Die Lichtdurchlässigkeit (= Lichttransmission) beträgt 90 %.

[1] Flachglas: Oberbegriff für alle ebenen Scheiben

> **! Merke**
>
> **Floatglas**, auch als **Gartenfloatglas** oder **Blankglas** bezeichnet, ist das **Standard-Flachglas** im Gartenbau[2]. Es ist farblos, beidseitig eben und bietet von beiden Seiten einen freien Durchblick. Wegen der hohen Verletzungsgefahr bei Bruch (scharfkantige Splitter) sollte es als **Einscheibensicherheitsglas (ESG)**[3] eingebaut werden.

Entsprechend ist das Dach in der Regel mit **Einfachverglasung (ESG)** eingedeckt und die Stehwände sind mit **Doppelverglasung** ausgestattet. In Verkaufsgewächshäusern oder Wintergärten ist im Überkopfbereich **Verbundsicherheitsglas (VSG)** erforderlich. Es besteht aus mindestens zwei Glasscheiben, zwischen denen sich eine reißfeste Kunststofffolie befindet. Bei Bruch bleiben die Glasscherben an der Folie haften.

- **Weißglas** ist Floatglas, bei dem der Gehalt an Eisenoxid auf weniger als 0,02 % reduziert wurde. Dadurch wirkt das Glas nicht nur weißer, sondern lässt auch mehr Licht (etwa 91 %), vor allem aber ultraviolette Strahlung hindurch. Normalglas lässt deutlich weniger UV-A- (315 bis 380 nm) und nahezu keine UV-B-Strahlung (280 bis 315 nm) hindurch. Vor allem die UV-B-Strahlung soll Pflanzen widerstandsfähiger machen sowie ein kompakteres Wachstum und eine bessere Ausfärbung bewirken. Neuere Untersuchungen zeigen jedoch, dass die Auswirkung der UV-Strahlung auf die Pflanzenentwicklung im Gewächshaus häufig überschätzt wird.
- **Mikrostrukturiertes Gussglas** ist ein gegossenes Glas, das ein- oder beidseitig eine gleichmäßige, wenige Mikrometer tief **aufgeraute Oberfläche** aufweist, was dem Glas eine mattierte Oberfläche verleiht. Die dadurch bedingte **Streuung des Lichts (diffuses Licht)** bewirkt eine gleichmäßigere und indirekte Bestrahlung (indirektes Licht) der Pflanzen, sodass Schattenwurf durch Konstruktionsteile wie auch Verbrennungen bei intensiver Sonneneinstrahlung vermindert werden. Demzufolge muss bei einer hohen Einstrahlung auch nicht sofort voll schattiert werden.
- **Antireflexglas** mit beidseitig eingebrannter Antireflexbeschichtung (AR) zur Erhöhung der Lichtdurchlässigkeit durch Verringerung der Lichtreflexion, weist, je nach beschichteter Glasart, eine Lichtdurchlässigkeit von 97 bis 98 % auf. Auch bei flachem Sonnenstand wird wegen der geringeren Abhängigkeit vom Einstrahlwinkel mehr Licht durchgelassen. Die stark hydrophile (Wasser

[2] Das früher häufig verwendete Gartenklarglas hat heute keine Bedeutung mehr.

[3] ESG ist ein Float- oder Gussglas, das bei Bruch in eine Vielzahl stumpfkantiger Krümel zerfällt, sodass das Verletzungsrisiko vermindert wird.

anziehende) Oberfläche verhindert die Bildung von Wassertropfen, sodass Kondensationstropfen auf der Innenseite (Tropfenfall, verringerte Lichtdurchlässigkeit) vermieden und Verschmutzungen der Außenseite durch den sich bildenden gleichmäßigen Wasserfilm (Filmkondensation) besser gelöst werden (Selbstreinigungseffekt).

- **Glas-Folien-Kombinationen** aus Antireflexglas und darauf befestigter aufblasbarer ETFE-Folie (Tab. **1**, S. 419), auch unter dem Namen F-Clean-Folie bekannt, sollen neben einer hohen Lichtdurchlässigkeit auch eine verbesserte Wärmedämmung (Energieeinsparung!) gewährleisten. Bei Schneefall kann durch Ablassen des **Luftpolsters** (beträgt etwa 2 bis 5 cm zwischen Scheibe und Folie) die Wärmedämmung zum Abtauen reduziert werden. Der **Selbstreinigungseffekt der Folie** (selbstreinigende Oberfläche) führt über eine verminderte Oberflächenverschmutzung zu einer im Vergleich zum Normalglas etwa 4 % höheren Lichtdurchlässigkeit.

Kunststoffe

Im Gartenbau werden Kunststoffe in Form von **Folien** und **Lichtplatten (Kunststoffplatten)** als Bedachungsmaterial eingesetzt. Die Vorteile der Kunststoffe liegen in ihrer einfachen Verarbeitung und Handhabung (geringes spezifisches Gewicht) sowie den geringeren Investitionskosten (Tab. **1**, S. 419).

2.4.4 Licht- und Wärmedurchlässigkeit

> **! Merke**
>
> **Bedachungsmaterialien** für Gewächshäuser sollten vor allem eine **hohe Lichtdurchlässigkeit** (Lichttransmission) und eine möglichst **geringe Wärmedurchlässigkeit** aufweisen.

Vor dem Hintergrund rapide steigender Energiepreise und des globalen Klimawandels sollten Bedachungsmaterialien für Gewächshäuser möglichst wenig Wärme nach außen durchlassen. Ein Maß für den Wärmedurchgang durch ein Bauteil (z. B. Glas), ist der U-Wert.

> **! Merke**
>
> Der **U-Wert**, der sogenannte **Wärmedurchgangskoeffizient** (früher k-Wert), gibt an, wie viel Wärme in einer Stunde bei 1 Kelvin (K)[1] Unterschied zwischen Innen- und Außentemperatur von einem bestimmten Material durchgelassen wird. **Je kleiner der U-Wert, desto weniger Wärme wird durchgelassen** und desto geringer sind die Heizkosten. Je größer der U-Wert, desto schlechter ist die **Wärmedämmeigenschaft** eines Bauteils.

So lässt Einfachglas bei einem U-Wert von 7,4 und einer Temperaturdifferenz von 1 K (= 1 °C) stündlich die Wärmemenge von 7,4 Watt/m² hindurch (**2**, S. 415). Isolierglas mit einem U-Wert < 1,0 W/(m²K) ist hinsichtlich der Wärmedämmung vergleichbar mit einer 25 cm dicken Wand aus Hohlblocksteinen. **Isolierglas** besteht aus mindestens zwei Glasscheiben (2-fach Isolierverglasung, auch 3-fach Isolierverglasung), die durch einen hermetisch abgeschlossenen Scheiben-/Luftzwischenraum (8–16 mm) getrennt sind. Die **Isolierwirkung** beruht darauf, dass unbewegte Luft Wärme schlecht leitet. Die Luft-/Gasschicht zwischen den Scheiben hemmt somit den Durchgang von Wärme. Als Füllmedium werden **Gase mit schlechter Wärmeleitfähigkeit** verwendet. Wurden früher vor allem Luft und CO_2 verwendet, werden heute bei moderner Isolierverglasung die Edelgase Argon oder Krypton genutzt. Eine noch stärkere Isolierung bietet die **Vakuumverglasung**, bei der die Luft zwischen den beiden Scheiben nahezu komplett entfernt ist (Tab. **1**, S. 455). **Nachteile einer Isolierverglasung** sind:

- deutlich reduzierte Lichtdurchlässigkeit,
- höhere Investitionskosten (Doppelglas-Isolierscheiben, stabilere Unterkonstruktion),
- erhöhte Gefahr von CO_2-Mangel (gehemmter Luftaustausch) sowie
- eine höhere Luftfeuchtigkeit (Gefahr von Pilzinfektionen).

Hinzu kommt, dass durch den guten Wärmedämmwert der Doppelverglasung sich die Innenseite der inneren Scheibe nicht nennenswert abkühlt. Fehlt aber diese **kalte Außenhaut**, kommt es bei hoher Luftfeuchtigkeit nicht zur **Kondenswasserbildung** und damit nicht zur **Entfeuchtung der Luft**. Die Folgen sind ein gehemmtes Pflanzenwachstum und eine erhöhte Gefahr von Pilzinfektionen.

Häufige Eindeckung in der Praxis: Dacheindeckung mit 4 mm Einscheiben-Sicherheitsglas (ESG), Stehwand- und Giebeleindeckung mit 16 mm Polycarbonatplatten. **Empfehlung für Niedrigenergiegewächshäuser:** Stegdoppelplatten (Alltop-Platten, s. S. 418) oder antireflexbeschichtete Isolierverglasung im Dach, Stegdreifachplatten in den Stehwänden.

[1] In der Physik verwendet man allgemein die Temperaturskala nach **Kelvin** (englischer Physiker, 1824–1907). Sie basiert auf dem **absoluten Nullpunkt** bei −273,15 °C, der tiefstmöglichen Temperatur. Sie entspricht 0 K. +10 °C würden demnach 10 + 273,15 = 283,15 K, −10 °C + 273,15 = 263,15 K entsprechen **(K = °C + 273,15 K)**.

Eine Alternative zur herkömmlichen Bedachung können **Glas-Folien-Kombinationen (GFK)** sein (1, 2 und 3, Tab. 2).

Formel: $U_w = (A_g \cdot U_g + A_f \cdot U_f + l_g \cdot \psi_g)/(A_g + A_f)$

U_w: U-Wert des Fensters [m²](w = window, engl. Fenster)
A_w: Fläche des gesamten Fensters inkl. Rahmen
A_g: sichtbare Verglasungsfläche [m²] (g = glas, engl. Verglasung
U_g: ungestörter Glas-U-Wert [W/m²K]
A_f: Fläche des Rahmens [m²] (f = Frame, engl. Rahmen)
U_f: U-Wert des Rahmens [W/m²K]
l_g: Umfang der Verglasung (Länge des Glasrandverbunds)
ψ_g: Wärmebrückenverlustkoeffizient des Glasrands in W/mK

Tab. 1 Für die Ermittlung des U-Werts des gesamten Fensters U_w wird dieses in drei Zonen zerlegt, die Verglasung (U_g), der Rahmen (U_f) und der Übergangsbereich zwischen beiden ψ_g (sprich: psi).

! Merke

Eine Alternative zur herkömmlichen Bedachung bieten Bedachungen aus **Glas-Folien-Kombinationen** (GFK), d. h. aus **Solarglas** (mikrostrukturiertes, antireflexbeschichtetes Weißglas) und **ETFE-Folie** mit **Luftpolster zwischen beiden**[1]. Die zweilagige Bedachung führt gegenüber einer Einfachverglasung zu keiner verminderten **Lichtdurchlässigkeit** (1), jedoch zu einer höheren **Wärmedämmung** (Energieeinsparung bis zu 50 %), 2. Zudem weist die GFK-Bedachung eine deutlich höhere Durchlässigkeit für **UV-B-Strahlung** auf (3 und Tab. 1, S. 352), die sich positiv auf das Pfanzenwachstum auswirken soll.

AR-Weißglas mikrostrukturiert	ETFE-Folie
■ hohe Lichtdurchlässigkeit ■ mechanische Stabilität ■ Filmkondensation auf der Innenseite[1]	■ hohe Lichtdurchlässigkeit ■ geringes Gewicht, hohe Reißfestigkeit, lange Haltbarkeit (15 bis 20 Jahre) ■ selbstreinigende Oberfläche

[1] **Filmkondensation:** Die Luftfeuchtigkeit kondensiert auf der Innenseite der Scheibe. Bildet dabei aber keine Tropfen (verringern Lichtdurchlässigkeit), sondern einen gleichmäßigen Wasserfilm. Das **Kondensieren** auf der Innenseite der Dacheindeckung ist ein wichtiger Vorgang, da dies zu einer **Entfeuchtung der Luft** bei hoher relativer Luftfeuchtigkeit (Gefahr von Pilzinfektionen) führt.

Tab. 2 Glas-Folien-Kombinationen sind aufgrund ihrer Eigenschaften gut als Eindeckmaterial geeignet

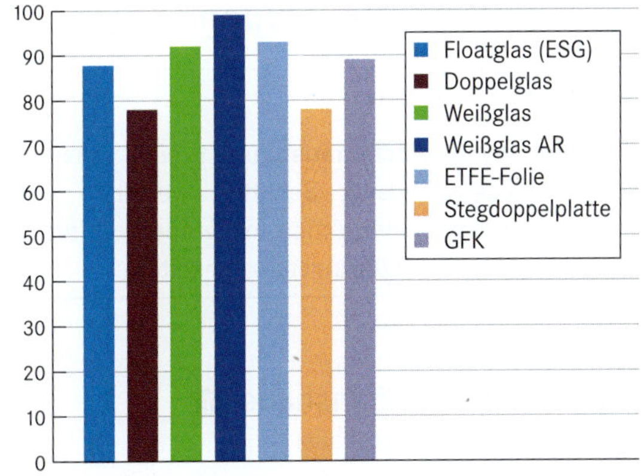

1 PAR-Lichtdurchlässigkeit (400 bis 725 nm, fotosynthetisch wirksamer Strahlungsbereich) verschiedener Eindeckmaterialien unter Praxisbedingungen (nach DGG 2011)

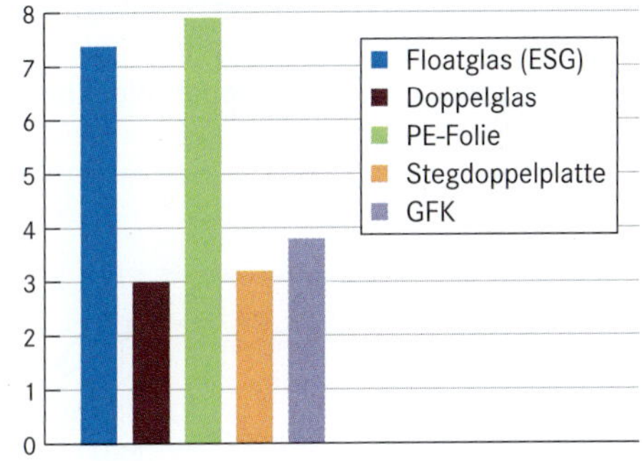

2 Wärmedurchgangskoeffizient (U-Wert) verschiedener Eindeckmaterialien unter Praxisbedingungen (nach DGG 2011)

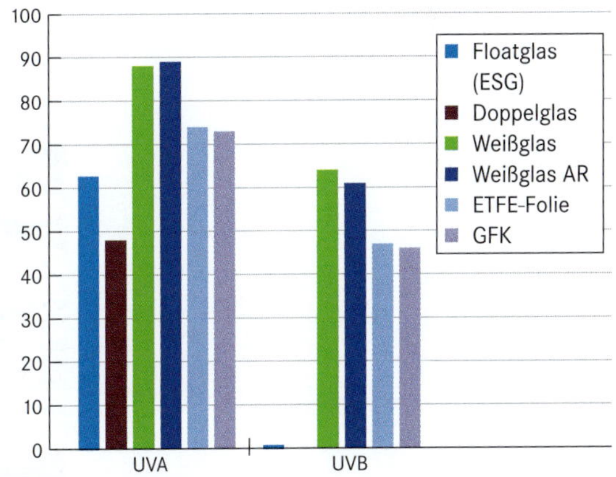

3 UV-Durchlässigkeit verschiedener Eindeckmaterialien unter Praxisbedingungen (nach DGG 2011)

[1] aufblasbar, ca. 25 mm

2.5 Gewächshaustypen

! Merke

Das **Ziel im Gewächshausbau** ist eine maximal lichtdurchlässige, wenig Schatten werfende und energiesparende Konstruktion mit großem Luftvolumen und optimalen Lüftungsmöglichkeiten.

2.5.1 Venlo-Gewächshaus (1)
(Kappengewächshaus)

Das im Jahre 1971 entwickelte **Deutsche Normgewächshaus** ist heute weitgehend von der kostengünstigeren (Leichtbauweise) und technisch ständig weiterentwickelten **Venlo-Bauweise**[1] (ursprünglich holländische Bauweise) verdrängt. Somit ist das **Venlo-Gewächshaus** der am meisten verwendete Gewächshaustyp im Erwerbsgartenbau. Kennzeichnend ist seine **Kappen-Blockbauweise** (Gewächshausgiebel = Kappe). Ausgehend von einer Kappenbreite von 3,20 m können mithilfe von **Gitterunterzügen** Spannweiten von 2 bis 5 Kappen ohne störende Binder erreicht werden.

! Merke

Durch die standardisierte Venlo-Bauweise sind nach dem Baukastenprinzip unterschiedliche Gewächshausgrößen möglich.

Durch **Vergrößerung der Kappenbreite** auf bis zu 4,80 m und **Scheibenbreiten** bis zu 1,50 m kann die Lichtdurchlässigkeit weiter gesteigert werden. Mit **Stehwandhöhen** von bis zu 6,00 m lässt sich ein hohes Luftvolumen (bessere Klimasteuerung) erreichen (Tab. 1, S. 417).

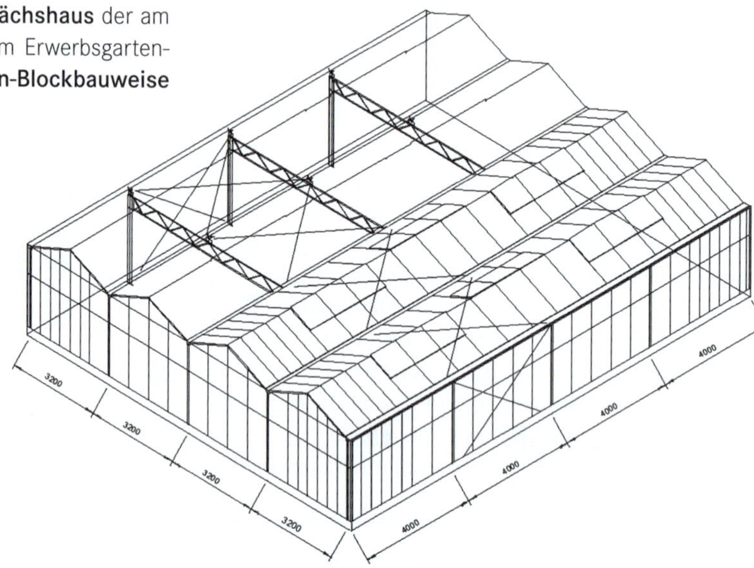

1 Venlo-Produktionsgewächshäuser (Nennbreite 12,80 m)

[1] Die grenznahe Stadt Venlo (Zentrum eines Obst- und Gemüseanbaugebiets) in der Provinz Limburg, Niederlande, gab diesem Gewächshaustyp seinen Namen.

Merkmale	Daten
Kappenbreite (Breite, die von einer Dachkappe überbaut ist) und **Binderstützweiten** (Nenn-/ Achsbreite)	3,20 m → 6,40 m/9,60 m/12,80 m (Standardbreite, 1, S. 416)/16,00 m/19,20 m 4,00 m → 8,00 m/12,00 m/16,00 m/ 20,00 m/ 24,00 m 4,27 m → 12,80 m/17,07 m 4,80 m → 9,60 m/14,40 m/19,20 m
Dachneigung	24°
Stehwandhöhe	3,00 m bis 6,00 m
Fachmaß (Binderabstand in Firstrichtung)	4,00 m
Scheibenbreite	1,00 m (max. 1,50 m)
Dachlüftung	3-Scheiben-Lüftung (1/2 Scheibenlänge) mit einer fest stehenden Scheibe dazwischen, wechselseitig angeordnet (Klappenbreite 3,00 m x 0,87 m), auch mit durchgehender Firstlüftung erhältlich
Eindeckung	Dach: Einfachverglasung (ESG, 4 mm), Stehwände/Giebel: Stegdoppelplatten, Doppelverglasung, Isolierglas

Tab. 1 Technische Kennzeichen der Venlo-Bauweise

2.5.2 Breitschiffgewächshäuser

Kennzeichen der Breitschiffkonstruktionen ist ein hoher First und damit ein großes Luftvolumen. Eine über die gesamte Länge durchgehende Firstlüftung bietet eine hohe Lüftungsleistung. Das Breitschiffgewächshaus wird in verschiedenen Dachbreiten angeboten: 6,40/8,00/9,60/ 12,80 (gängigste Breite) und 16,00 Meter. Im Vergleich zur Venlo-Bauweise sind **Breitschiffgewächshäuser** gut doppelt so teuer. Neben der Produktion von Pflanzen (1) dienen sie auch häufig als Verkaufsgewächshäuser, z.B. in Gartencentern.

1 Breitschiffgewächshäuser ermöglichen aufgrund ihres großen Luftvolumens eine optimale Klimaführung

2.5.3 Cabrio-Gewächshaus

Ein **Cabrio-Gewächshaus** (2) ist eine abgewandelte Venlo-Bauweise, bei der das Dach wie bei einem Cabriolet vollständig geöffnet werden kann. Diese deutlich teurere Konstruktion ermöglicht eine Kombination von Gewächshaus- und Freilandbedingungen. Derartige Haustypen sind gut geeignet für Pflanzen, die im Sommer im Freien und im Winter vor Frost geschützt stehen müssen (z.B. Baum- und Rosenschulen), für Jungpflanzenproduzenten und Produzenten von Beet- und Balkonpflanzen zur besseren Ausfärbung (UV-Strahlung) und Abhärtung vor dem Verkauf sowie als Verkaufsgewächshäuser in Gartencentern zur Schaffung von Freilandbedingungen bei schönem Wetter bzw. Schließung bei ungünstigen Witterungsverhältnissen.

2 Cabrio-Gewächshaus – eine besondere Variante der Venlo-Bauweise

Aufgrund deutlich geringerer Materialkosten sowie Anforderungen an Mechanik und Statik werden Cabrio-Gewächshäuser heute überwiegend als leichte Folienhauskonstruktionen **(„Open-Air"-Foliengewächshäuser)** angeboten. Bei ihnen wird die Dachfolie beim Öffnen aufgerollt oder zu schmalen Paketen, z.B. im Rinnenbereich, zusammengeschoben.

2.5.4 Folien-/Kunststoffgewächshäuser

Foliengewächshäuser (1) sind mit Einfachfolien oder aufblasbaren Doppelfolien, mit oder ohne Anti-Drop-Beschichtung, i. d. R. UV- und IR-stabilisiert, wie auch Kombinationen aus Folie und Stegdoppel- oder Stegdreifachplatten eingedeckt. Die Übergänge zwischen Hochtunnel und Foliengewächshaus sind fließend. Foliengewächshäuser in **Rundbogenkonstruktion** sind weitverbreitet (2).

Foliengewächshäuser bieten aufgrund ihres geringen Gewichts (preiswerte Unterkonstruktion = Leichtbauweise) eine **kostengünstige Alternative** zu den Glasgewächshäusern. Nachteilig sind die mit ihrem Einsatz verbundenen erhöhten Anforderungen an die **Klimaführung** sowie eine **erschwerte Mechanisierung**. Hinzu kommt, dass die **Haltbarkeit der Folien** begrenzt ist, sodass sie in Abhängigkeit von der Qualität in Abständen von i. d. R. ein bis fünf Jahren ausgetauscht werden müssen (hoher Arbeits- und Reparaturaufwand!).

Durch das **„Folienhausklima"** (gespannte Luft), d. h. hohe Luftfeuchtigkeit bei geschlossener Lüftung, kommt es bei niedrigen Außentemperaturen zur erhöhten **Kondenswasserbildung**. Damit verbunden ist die erhöhte Gefahr von Pilzinfektionen und eine verringerte Lichtdurchlässigkeit um bis zu 20 % durch Tropfenfall bzw. -bildung. Um diese Nachteile zu vermeiden, dürfen sich keine Kondenswassertropfen bilden (Gefahr vor allem bei Rundbogendächern/-häusern, 2), sondern müssen ablaufen **(Filmkondensation)**.

- Mögliche Hausbreiten 6, 8, 10 und 12 m sowie Sondermaße
- Länge variabel bei 2 m Binderabstand
- Stehwandhöhen von 1,70 bis 4 m
- Dacheindeckung mit aufblasbarer Doppelfolie UV 5[1]
- Giebelfronten mit Stegdoppelplatten
- Ausschwenkbare Giebelfronten mit integrierter Schiebetür
- Seitenlüftung beidseitig von oben nach unten komplett zu öffnen, auch Dach- und Giebellüftung möglich
- In Einzel- oder Schiffbauweise

[1] für fünfjährige Haltbarkeit

1 Foliengewächshaus (Thermohaus)

Die **Lüftung von Foliengewächshäusern** erfolgt durch zu öffnende Giebelseiten (einfache Folienhäuser/Tunnel, 3), Stehwände bis hin zur durchgehenden Firstlüftung, vergleichbar mit Glasgewächshäusern.

Auch bei den mit **Stegdoppel- oder Stegdreifachplatten** aus Polycarbonat (PC) oder Acryl-/Plexiglas (PMMA) eingedeckten **Gewächshäusern** tritt im Laufe der Jahre eine Eintrübung ein, die die Lichtdurchlässigkeit verringert. Für die relativ teure Stegdoppelplatte (SP) PLEXIGLAS® Alltop SDP 16 mit allseitiger (auch im Innenraum) No-Drop-Beschichtung[1] auf beiden Seiten, einer Lichtdurchlässigkeit von 91 % und UV-Durchlässigkeit gibt der Hersteller 30 Jahre Garantie gegen Vergilben (ansonsten i. d. R. 10 Jahre). Vorteile der **Lichtplatten** gegenüber Glas sind im Allgemeinen ihr niedrigerer Preis und ihr geringes Gewicht, das eine kostengünstige Leichtbauweise ermöglicht. Nachteilig ist ihre im Vergleich zu Glas i. d. R. geringere Lichtdurchlässigkeit.

2 FILCLAIR – Foliengewächshaus Typ 700

3 FILCLAIR – Foliengewächshaus Typ 450 mit aufrollbarer Seite

Kunststoff	Eigenschaften/Verwendung
Polyethylen hart (**PE HD** = **P**oly**e**thylene, **H**igh **D**ensity), **Polyethylen weich** (**PE LD** = **P**oly**e**thylene, **L**ow **D**ensity)	Lichtdurchlässigkeit[1] mit Glas (89 bis 93 %) vergleichbar; geringe UV-Stabilität → lässt UV-Strahlung durch, versprödet schnell im Freiland → rasche Minderung der Lichtdurchlässigkeit[1], geringe Haltbarkeit → ein Jahr als Gewächshausfolie, UV-stabilisierte PE-Folie 3 bis 6 Jahre, je nach verarbeiteten Zusätzen wie z. B. EVA. UV-stabilisierend wirkt auch die Einfärbung mit Ruß (z. B. schwarze Mulchfolie, Töpfe → Erhöhung der Lebensdauer bis zum Zehnfachen; IR-Durchlässigkeit hoch (76 %) → geringes Wärmerückhaltevermögen; IR-stabilisierte PE-Folie → verringerter Wärmedurchgang (25 bis 30 %) → besseres Wärmerückhaltevermögen; spezifisches Gewicht 0,94–0,96 g/cm^3 (PE HD) bzw. 0,91–0,94 g/cm^3 (PE LD) → schwimmt (Dichte von Wasser 1,0 g/cm^3); relativ niedriger Preis; Töpfe (z. B. Gittertöpfe, Schlitztöpfe), Container (Gefäße ab 2 l Inhalt), Mulch- und Verdunklungsfolien, Flachfolien zur Ernteverfrühung (ungelochte und gelochte Folien, Schlitzfolien), Tunnel- und Gewächshauseindeckung, Tropfenkondensation (mit No-Drop-Beschichtung → PE-AT), Luftpolsterfolie (zwei- oder dreischichtig mit noppenartigen Luftpolstern) zur Wärmedämmung (Verbundwerkstoff aus PE und EVA), Regenwassersammelbecken, Teichbau, Schattierung (PE-Milchfolien), Rohre, Eimer, Schüsseln, Tragetaschen, Schrumpffolien zur Palettensicherung, Verpackung für Blumenerden und Dünger, Benzinkanister, Heizöl- und Lagertanks, Mülltonnen
Polyvinylchlorid hart (**PVC u** = **u**nplasticized), **Polyvinylchlorid weich** (**PVC p** = **p**lasticized)	Lichtdurchlässigkeit[1] mit Glas vergleichbar (87 bis 94 %); UV-undurchlässig; Haltbarkeit 3 bis 4 Jahre, geringe Wärmedurchlässigkeit (16 bis 25 %), relativ teuer, spez. Gewicht >1,0 → schwimmt nicht; beim Verbrennen von PVC entsteht gasförmige Salzsäure (HCl) → stechender Geruch, Herstellung und Verbrennung umweltschädlich, Folien und Lichtplatten zur Gewächshauseindeckung (hohe Hagelempfindlichkeit), Pikierkisten, Multitopfplatten, Drain-, Regen- und Heizrohre, Dachrinnen, Schläuche, Teichfolie, Handläufe, Lastwagenplanen, KG-Rohre orangebraun
EVA (Ethylenvinylacetat)	EVA-Folien: Lichtdurchlässigkeit[1] mit Glas vergleichbar (90 bis 91 %), mit oder ohne UV-Stabilisierung, Wärmedurchlässigkeit (15 bis 50 %)[3] entspricht in etwa PVC-Folie (21 bis 57 %), Haltbarkeit etwa 5 bis 6 Jahre
ETFE (Ethylene-tetrafluoroethylenecopolymer)	ETFE-Folie aus Japan, auch unter dem Namen F-Clean-Folie bekannt, zeichnet sich durch eine hohe Lichtdurchlässigkeit[1] (ca. 94 %) und lange Haltbarkeit (15 bis 20 Jahre) aus. Weitere Eigenschaften: UV-durchlässig, nicht entflammbar, gute Antikondenswasser-Eigenschaften. Preis mit Glas vergleichbar
Polypropylen (PP)	Töpfe, Etiketten, Rohre, Bodenheizung, Schattiergewebe, Vogelschutznetze, Bewässerungsmatten, Abdeckvliese zur Gemüseverfrühung und zum Frostschutz, Baumanbinder, Verpackungsfolien, KG-Rohre grün (KG 2 000)
Polystyrol (PS)	Einwegverpackungen, Töpfe, Folien, Pikierkisten und -stäbe
Polystyrol-Schaum (**EPS** = expandiertes PS)	Wärme- und Kältedämmung, Verpackungsmaterial, Durchlüftung schwerer Böden (Styromull = gemahlenes PS), Substratbeigabe 2 kg/m^3 nach dem Dämpfen, Saat- und Pikierkisten (extrem leicht, stark belastbar)
Polycarbonat (PC)	Lichtplatten zur Gewächshauseindeckung (Lichtdurchlässigkeit[1] 80 bis 85 %, Lebensdauer 15 Jahre), ZigZag-Platten mit doppelwandigem ZigZag-Profil [Lichtdurchlässigkeit[1] 91 %, UV-undurchlässig, U-Wert 2,7 W/m^2k (Einfachglas 5,8 W/m^2k)[2], nicht entflammbar, sehr hohe Schlagfestigkeit, Haltbarkeit 15 Jahre], Lichtdurchlässigkeit[1] 89 %, Haltbarkeit 15 Jahre, Sicherheits- und Schutzhelme
Polyesterharz (**UP** = ungesättigtes Polyesterharz, **GF-UP** = glasfaserverstärktes Polyesterharz), Synonym Duroplast	Lichtplatten als Stegdoppel-(Hohlkammerplatten) und Stegdreifachplatten (Doppelhohlkammerplatten) zur Isolierbedachung (undurchlässig für IR-Strahlung, geringer Durchlass von UV-Strahlung, gute Hagelfestigkeit, leichte Entflammbarkeit)
Polyamid (PA)	Laufrollen, Ketten, Netze, Benzinleitungen, Heizöl- und Lagertanks, Holzschrauben
Polymethylmethacrylat (PMMA)	Lichtplatten (Acryl-/Plexiglas) zur Gewächshauseindeckung, meist in Form von Stegdoppelplatten zur Isolierbedachung (auch als Stegdreifachplatten)
Polyethylenterephthalat (PET)	PET ist ein veredelter Polyester, der in jede beliebige Form gebracht werden kann; Verpackungen, Behälter (z. B. Getränkeflaschen), Kulturkisten, Folien

[1] bei senkrechtem Lichteinfall
[2] In der Glasmitte gemessen. Je weiter man nach außen geht, desto schlechter wird die Wärmedämmung.
[3] Abhängig von der Art der zugesetzten **Additive** (hier Stoffe zur Verringerung des Wärmedurchgangs)

Tab. 1 Kunststoffe im Gartenbau

? Aufgaben

◑ 1. Beschreiben Sie den Einsatz von Flachfolien zur Ernteverfrühung.

○ 2. Um den günstigsten Abnahmezeitpunkt von Flachfolie zu wählen, bedient man sich der Wärmesummentheorie. Beschreiben Sie ihre Anwendung.

◑ 3. Welche Vorteile hat die Verwendung von Folientunneln gegenüber Flachfolien?

○ 4. Warum hat Niederglas heute keine Bedeutung mehr?

◑ 5. Warum ist in Gewächshäusern mit einem hohen Luftvolumen eine optimale Klimaregelung leichter möglich?

Aufgaben (Fortsetzung)

◑ 6. Warum wird allgemein ein Dachneigungswinkel um 27° angestrebt?

◑ 7. Welche Vorteile hat die Blockbauweise gegenüber der Einzelbauweise?

○ 8. Unterscheiden Sie Streifen- und Punktfundament. Wie tief sollte die Gründungstiefe sein?

◑ 9. Nennen Sie die Bauteile eines Gewächshauses, ihre Aufgaben und die Materialien, aus denen sie bestehen können.

◑ 10. Welche Anforderungen werden an Eindeckmaterialien gestellt?

○ 11. Unterscheiden Sie Gartenblankglas und Gartenklarglas.

○ 12. Warum sollte eine Glaseindeckung als Einscheibensicherheitsglas (ESG) eingebaut werden?

○ 13. Worauf ist bei der Glaseindeckung von Verkaufsgewächshäusern zu achten?

◑ 14. Durch welche baulichen Maßnahmen wird der Lichteinfall beeinflusst?

◑ 15. Nennen Sie Vor- und Nachteile der Doppel-/Isolierverglasung gegenüber Einfachverglasung.

○ 16. Welche Kunststoffe verbergen sich hinter folgenden Abkürzungen: PE, PVC, PP, PS?

◑ 17. Nennen Sie Eigenschaften und Verwendung von PE und PVC.

○ 18. In welchen Zeiträumen sollte die normale PE-Folie bei Gewächshäusern ausgewechselt werden?

○ 19. Welchen Anforderungen sollte PE-Folie genügen, wenn sie zur Unterspannung von Gewächshäusern (Energieeinsparung) dienen soll?

◑ 20. Welche negativen Folgen bringt die hohe Dichtigkeit von Foliengewächshäusern mit sich?

○ 21. Nennen Sie weitere Kunststoffe und ihre Verwendung im Gartenbau.

○ 22. Was ist Plexiglas?

◑ 23. Erklären Sie, warum im Dachbereich eine kalte Außenhaut erwünscht ist.

○ 24. Warum sollte es bei der Kondensation nicht zur Tropfenbildung kommen?

○ 25. Warum wird bei der Gewächshauseindeckung ein niedriger U-Wert angestrebt?

○ 26. Worauf beruht die Wärmedämmung von Isolierglas?

○ 27. Ordnen Sie die folgenden Füllmedien in der Reihenfolge abnehmender Wärmeleitfähigkeit, d. h. zunehmender Wärmedämmung (Tab. **1**, S. 455): Argon, CO_2, Krypton, Luft, Vakuum.

◑ 28. Die Hüllfläche eines Gewächshauses (Glasoberfläche) beträgt 1 000 m^2, der U-Wert 7,4, die Lufttemperatur innen + 15 °C, außen – 15 °C. Wie groß ist der Wärmeverlust des Gewächshauses pro Stunde (s. S. 463 f.)?

◑ 29. Eine Alternative zur herkömmlichen Bedachung bietet eine Bedachung aus Solarglas und ETFE-Folie mit Luftpolster zwischen beiden. Erklären Sie dies.

○ 30. Was versteht man unter PAR-Strahlung?

● 31. Bewerten Sie die Eigenschaften der verschiedenen Eindeckmaterialien. Übernehmen Sie dazu die Tabelle unten und tragen Sie Punkte von 0 (sehr schlecht) bis 10 (sehr gut) ein.

○ 32. Was ist das besondere der Venlo-Bauweise?

○ 33. Nennen Sie die wesentlichen Merkmale der Venlo-Bauweise.

◑ 34. Erklären Sie, warum der Trend im Gewächshausbau zu immer breiteren Scheiben und höheren Stehwänden geht.

○ 35. Was ist das Kennzeichen eines Breitschiffgewächshauses?

○ 36. Nennen Sie Vor- und Nachteile von Cabrio-Gewächshäusern.

○ 37. Nennen Sie Vor- und Nachteile von Foliengewächshäusern gegenüber Gewächshäusern aus Glas.

◑ 38. Ermitteln Sie die technischen Daten der in Ihrem Betrieb genutzten Gewächshäuser (Tab. **1**, S. 417) und erkundigen Sie sich nach den damit gemachten Erfahrungen (Vor- und Nachteile).

Eigenschaften	Gartenfloat 4 mm ESG	Solarglas ESG	PE-Folie einfach	ETFE-Folie	SDP Alltop	Solarglas + ETFE-Folie
PAR-Durchlässigkeit						
UV-B-Durchlässigkeit						
Altersbeständigkeit						
hohes Wärmerückhaltevermögen						
außen selbstreinigend						
innen Filmkondensation						
Haltbarkeit						
Kosten						

2.6 Kulturflächen unter Glas

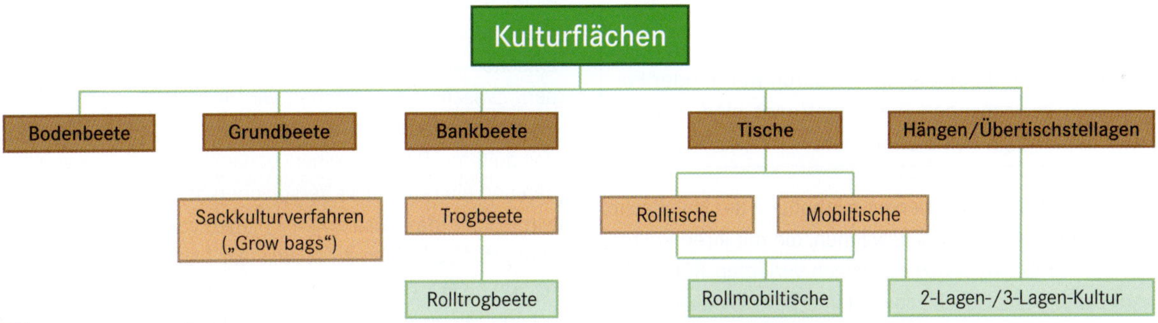

1 Kulturflächen unter Glas

Merke

Die Flächenaufteilung unter Glas in Kultur- und Wegeflächen erfolgt so, dass Kultur- und Transportarbeiten ohne Behinderung und mit möglichst geringem Zeitaufwand durchgeführt werden können und eine hohe Flächenausnutzung (hoher Nutzflächenanteil) erreicht wird.

Als Kulturflächen (1) dienen vor allem Boden-, Grund- und Bankbeete sowie Tische und Hängen.

2.6.1 Bodenbeete

Merke

Bodenbeete sind ebenerdig im gewachsenen Boden angelegt.

Man findet sie vor allem im Gemüsebau und bei Schnittblumenkulturen. Sie sind preiswert, bieten den Pflanzen einen unbegrenzten Wurzelraum, weisen eine hohe Pufferkapazität auf und verringern den Wasserbedarf aufgrund von Kapillarität aus tieferen Bodenschichten.

2.6.2 Grundbeete

Merke

Grundbeete (2) unterscheiden sich von den Bodenbeeten dadurch, dass der Boden der Beete mit Folie, Beton oder anderen Materialien abgedeckt ist, sodass die Pflanzen nicht mehr im gewachsenen Boden wurzeln.

Als Wurzelraum dienen Substrate, Steinwoll- oder Schaumstoffmatten. Bei dem sogenannten **Sackkulturverfahren** („Grow bags") im Gemüsebau werden mit Substrat gefüllte Plastiksäcke auf den Boden gelegt und bepflanzt (z. B. bei Gurken-, Tomaten- oder Paprikakulturen). Grundbeete bieten vor allem dann eine Alternative zu den Bodenbeeten, wenn der Boden mit Schadstoffen, Salzen oder schwer bekämpfbaren bodenbürtigen Schaderregern (Fusarium, Verticillium, Nematoden) angereichert ist und eine Regeneration bzw. Entseuchung mit erheblichen Kosten verbunden ist.

2 Pflanzen in Kisten, auf Grundbeeten ausgestellt

2.6.3 Bankbeete

Merke

Bankbeete sind mit Wänden versehene und entsprechend hoch mit Boden, Erden oder Substraten aufgefüllte Bodenbeete, deren Höhe (meist zwischen 30 und 50 cm) je nach Verwendungszweck variiert.

Im Vergleich zu ebenerdig angelegten Beeten erleichtern sie dem Gärtner die Arbeit (bessere Arbeitshaltung) und fördern die Erwärmung des Bodens.

Trogbeete

> **Merke**
>
> **Trogbeete** sind Bankbeete, die durch Beton oder Folie vom gewachsenen Boden getrennt sind, sodass wannenförmige Beete entstehen.

Rolltrogbeete ermöglichen eine Erhöhung der Nutzfläche. Sie bestehen aus Aluminiumwannen, die mit ihren Rollrohren auf parallel zu den Hauptwegen verlegten Rohren liegen. Durch feste Anschläge wird ihre Beweglichkeit so begrenzt, dass beim Verschieben stets ein Querweg entsteht. Trogbeete verhindern die Übertragung bodenbürtiger Schaderreger und verbessern die Wirkungsdauer einer Bodendesinfektion. Zudem kann das Substrat relativ einfach ausgetauscht werden.

2.6.4 Tische

> **Merke**
>
> **Tische** (1) dienen vor allem als Kulturfläche für Topfpflanzen.

Ihre Höhe ist meist verstellbar und liegt zwischen 60 bis 80 cm. Ihre Breite bewegt sich zwischen 2 und 2,40 m. Zur Erhöhung der Nutzfläche werden neben festen Tischen (Nutzflächenanteil 70 bis 75%) zunehmend bewegliche Tische, wie Roll- und Mobiltische, verwendet.

1 Herkömmliche Tische aus Beton

Rolltische

> **Merke**
>
> **Rolltische** (2) ermöglichen durch ihre Verschiebbarkeit eine erhöhte Platzausnutzung (Nutzflächenanteil etwa 85%).

Sie haben auf dem Tischunterbau, der aus Aluminium, verzinktem Stahl oder Beton bestehen kann, zwei rollbare Rohre, auf denen eine Tischwanne aus Aluminium liegt, die einen Tisch und einen Querweg bedeckt. Durch seitliches Verschieben der Tischwanne kann der Querwegabstand zwischen den Tischen an jede beliebige Stelle verlegt werden. Zwischen den Tischen wird ein Abstand von 10 cm eingehalten, wodurch eine gegenseitige Beeinträchtigung der äußeren Pflanzenreihen benachbarter Tische vermieden und ein rationelles Verschieben der Tische ermöglicht wird. Durch das Zusammenschieben von vier Tischplatten wird ein Weg freigerollt, sodass ein Tisch entweder einseitig von einem 70 cm breiten Weg oder beidseitig von zwei 40 cm breiten Wegen aus bearbeitet werden kann.

2 Rolltische

Mobiltische

Mobiltische sind eine Weiterentwicklung der Rolltische. Die auf vier kugelgelagerten Metallrollen montierten, bis zu 6 Meter langen und 2 m breiten Tischwannen, auch als Container bezeichnet, werden auf Laufschienen oder Heizungsrohren (Untertischheizung) bewegt. Mithilfe von Rollbahnen (1, S. 423) oder speziellen Transportwagen (2, S. 423) können die Container durch die Gewächshäuser manuell oder automatisch transportiert werden. Übertischhebegeräte ermöglichen die Herausnahme einzelner Container aus den Kulturreihen. Leere Container können in Stauraumbahnen unterhalb der Kulturfläche gelagert werden, sodass kein zusätzlicher Platzbedarf beansprucht wird. Das Heben und Senken der leeren Container erfolgt durch einen elektrisch angetriebenen Lift. Alle Kultur- und Vermarktungsarbeiten erfolgen nur noch in einer zentral gelegenen Arbeitshalle, in der Rück- und Ausstellautomaten sowie Topfmaschinen die Effektivität des Mobiltischsystems erhöhen (3, S. 423).

> **Merke**
>
> Der innerbetriebliche Transport durch **Mobiltische** bewirkt eine hohe Flächenausnutzung (Nutzflächenanteil >90%) und einen hohen Rationalisierungsgrad.

1 Rollbahnen zum Containertransport

2 Containertransport mit Transportwagen

3 Arbeitshalle

Rollmobiltische können wie Mobiltische transportiert werden und ermöglichen wie bei den Rolltischen die Bildung von Querwegen zur Durchführung von Kulturarbeiten.

Die immer intensivere Ausnutzung der Gewächshausflächen hat in einigen Betrieben zur **„2-Lagen-Kultur“** (teilweise sogar „3-Lagen-Kultur“) geführt. Hier sind die Container in zwei Etagen übereinander angeordnet (4). Da die Container dicht an dicht stehen, bekommen die Pflanzen auf der unteren Etage nicht genügend Licht, sodass Kunstlicht erforderlich ist (5). Um eine gute und gleichmäßige

4 Hohe Flächenausnutzung durch 2-Lagen-Kultur

5 Assimilationsbelichtung der unteren Etage

Pflanzenqualität zu erreichen, müssen die Etagen in einem bestimmten Turnus miteinander vertauscht werden. Dies geschieht mithilfe von elektronisch programmierten Robotern, die auch während der Nacht arbeiten.

2.6.5 Hängen und Übertischstellagen

Rationalisierungsmaßnahmen, wie automatische Bewässerungsverfahren, und das Streben nach immer intensiverer Ausnutzung der Gewächshausflächen haben Hängen und

6 Übertischstellagen bei Anthurien

Übertischstellagen wieder an Bedeutung gewinnen lassen. Da beide durch Schattenwurf den Lichteinfall für darunter befindliche Pflanzen verringern, eignen sie sich besonders für Tischkulturen mit geringerem Lichtbedarf bzw. für solche, die keine volle Sonne vertragen, wie Anthurien (6, S. 423) und Saintpaulien. Mithilfe beweglicher Hängen bzw. Stellagen können auch die Wegeflächen genutzt werden. Zum Begehen der Wege werden sie über die Tische geschoben.

! Merke

Als Kulturflächen sind **Hängen** und **Übertischstellagen** vor allem für wenig pflegebedürftige Pflanzen mit einem erhöhten Lichtbedarf geeignet.

? Aufgaben

○ 1. Unterscheiden Sie Boden-, Grund-, Bank- und Trogbeete.

◑ 2. Warum verringert ein hoher Nutzflächenanteil unter Glas die Produktionskosten pro Pflanze?

◑ 3. Der innerbetriebliche Transport mit Mobiltischen bedingt sehr hohe Investitionskosten. Unter welchen Bedingungen und wodurch kann das Mobiltischsystem zur Senkung der Produktionskosten und damit zu Wettbewerbsvorteilen führen?

◑ 4. Erstellen Sie eine Tabelle mit den Vor- und Nachteilen der unterschiedlichen Kulturflächen.

○ 5. Welche Kulturflächen werden in Ihrem Ausbildungsbetrieb genutzt?

2.7 Kulturgefäße

Pflanzen werden in einer Vielzahl unterschiedlicher Gefäße kultiviert. Das Angebot auf dem Markt ist unüberschaubar und laufend werden neue Produkte entwickelt.

! Merke

Ein gutes **Kulturgefäß** sollte
- eine optimale Pflanzenentwicklung (Wurzelballenbildung) gewährleisten,
- Bodenlöcher für optimale Be- und Entwässerung aufweisen,
- ein rationelles Arbeiten mit Topfmaschinen und Rückautomaten ermöglichen,
- gute Stapelbarkeit und problemloses Entstapeln ermöglichen,
- preiswert sein,
- eine gute Platzausnutzung und Standfestigkeit gewährleisten,
- für alle Bewässerungsverfahren geeignet sein,
- ein leichtes Entnehmen der Pflanzen ermöglichen,
- bruch-, druck- und schlagfest und für Verpackungs- und Transportsysteme geeignet sein,
- leicht zu reinigen und zu desinfizieren sein,
- eine platzsparende Lagerung ermöglichen,
- die Umwelt nicht belasten,
- wieder verwendbar oder recycelbar sein bzw. in den natürlichen Stoffkreislauf zurückgeführt werden können.

2.7.1 Ton- und Kunststofftöpfe

Tontopf	Kunststofftopf
Vorteile	
■ poröse Wandungen → guter Gasaustausch; Wasser und Nährstoffe können hindurchdiffundieren ■ kaum Gießschäden aufgrund hoher Verdunstung ■ gute Wurzelballenbildung (Wurzeln nach außen orientiert) ■ gute Standfestigkeit ■ natürliches, umweltfreundliches Material (gebrannter Ton) ■ ansprechendes Aussehen	■ keine zusätzliche Wasserverdunstung über die Topfwände → wassersparend → geringer Wasserverbrauch → weniger Gießen → geringere Verdunstungskälte und Luftfeuchtigkeit ■ kein Veralgen und Verkalken der Topfwände ■ geringes Gewicht → leichteres Arbeiten, geringere Transportkosten und Stabilitätsanforderungen an Kulturtische ■ leichtes Reinigen ■ maschinengerecht → gut für Topfmaschineneinsatz geeignet → erhöhte Arbeitsproduktivität ■ relativ bruchunempfindlich → lange Lebensdauer ■ raumsparendes Stapeln ■ relativ preiswert

Tab. 1 Ton- und Kunststofftöpfe im Vergleich

Tontopf	Kunststofftopf
Nachteile	
■ leichtes Austrocknen → höherer Wasserverbrauch (bis zu ⅓ höher) → häufigeres Gießen → höhere Verdunstungskälte (zusätzliche Heizenergie) und Luftfeuchtigkeit ■ bei längerer Kultur Salzablagerung und Algenbildung an den Wänden → schwer zu reinigen ■ hohes Gewicht → erschwertes Arbeiten, erhöhte Transportkosten und Stabilitätsanforderungen an Kulturtische ■ bruchempfindlich → nur begrenzt stapelbar → größerer Lagerplatz ■ relativ teuer	■ keine porösen Wandungen → Gefahr von Gießschäden größer; Gasaustausch gehemmt ■ nicht so fester Wurzelballen (Wurzeln nach innen bzw. unten orientiert) ■ schlechtere Standfestigkeit als vergleichbarer Tontopf ■ Erhöhung von Einweg-Plastikmüll ■ nur geringer natürlicher Abbau → hohe Umweltbeständigkeit in der Natur ■ Anreicherung als Mikroplastik in Meeren und Böden ■ kann über die Nahrungskette in den Körper von Mensch und Tier gelangen

Tab. 1 Ton- und Kunststofftöpfe im Vergleich (Fortsetzung)

> **! Merke**
>
> Die Kultur von Topfpflanzen findet überwiegend in Ton- und Plastiktöpfen statt, wobei der Plastiktopf den Tontopf aufgrund betriebswirtschaftlicher Vorteile weitgehend verdrängt hat (Tab. 1, S. 424 f.).

Wichtige Kunststoffe zur Herstellung von Plastiktöpfen sind Polypropylen (PP), Polyethylen (PE) und Polystyrol (PS) (Tab. 1, S. 419).

2.7.2 Gefäße zur Jungpflanzenanzucht (1)

Die früher häufig zur **Pflanzenanzucht** verwendeten Holzkisten sind heute durch Gefäße aus Kunststoff oder anderen Materialien ersetzt. Weitverbreitet sind die sogenannten **Pikierkisten** (Kulturkisten) aus PET (2), PS oder PS-Regenerat, die zur Aussaat, zum Pikieren, zur Stecklingsvermehrung und zum Transport eingesetzt werden.

2 Pikierkiste aus PET (Polyethylenterephthalat, ein thermoplastischer Kunststoff)

3 Styroporkisten

> **! Merke**
>
> **Vorteile von Kunststoffkisten** sind:
> - einfache Reinigung und Desinfektion,
> - geringes Gewicht, sodass die Arbeit erleichtert und entsprechend die Arbeitsproduktivität erhöht werden kann,
> - lieferbar in standardisierten Maßen, sodass ein rationeller Einsatz möglich wird,
> - platzsparende Lagerung, da die Kisten ineinander gestapelt werden können,
> - lange Haltbarkeit.

Die Kisten sind in unterschiedlichen Größen (z. B. 50 x 32 x 6 cm und 60 x 40 x 6 cm) und Stärken, mit oder ohne Wasserabzugslöcher erhältlich. Passend werden durchsichtige Abdeckhauben angeboten. Sie eignen sich vor allem für den Hobbygärtner bzw. bei der Vermehrung kleiner Stecklingssätze zur Schaffung gespannter Luft (hoher relativer Luftfeuchtigkeit).

Saat- und Pikierkisten aus Styropor (Schaumstoffkisten aus Polystyrol-Schaum) sind extrem leicht, stabil und nach unten gegen den Boden wärmeisoliert (3).

Die **Jungpflanzenanzucht in Töpfen** hat gegenüber der in Kisten den Vorteil, dass jede Pflanze ihren eigenen Wurzel-

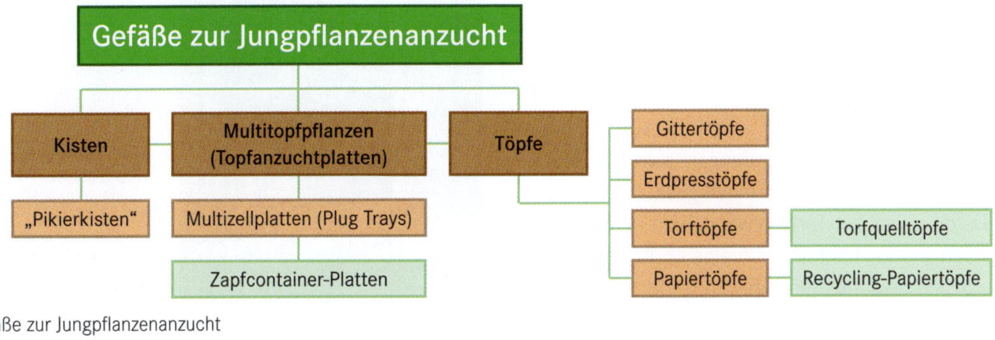

1 Gefäße zur Jungpflanzenanzucht

raum hat. Dies ermöglicht die Ausbildung eines festen Wurzelballens. Das Auseinanderreißen der Wurzeln beim Herausnehmen der Pflanzen entfällt, sodass Wurzelverletzungen und -verluste verhindert werden und der übliche Umpflanzschock weitgehend vermieden wird. Aus betriebswirtschaftlicher Sicht nachteilig sind der höhere Platzbedarf und die höhere Arbeitsbelastung (z. B. Befüllung mit Substrat, Austopfen, Transport). Mithilfe sogenannter **Systemplatten** lassen sich runde oder quadratische Einzeltöpfe in Topfeinheiten zusammenfassen, sodass die Arbeitsproduktivität erheblich gesteigert werden kann.

Gittertöpfe (1) bestehen aus einem Kunststoffgitter aus PE. Sie ermöglichen aufgrund der verbesserten Wurzelatmung eine optimale Wurzelentwicklung. Die Wurzeln wachsen ohne Probleme durch die Gitter hindurch, sodass das arbeitsaufwendige Austopfen beim Umtopfen oder Verpflanzen eingespart werden kann. Probleme ergeben sich jedoch beim späteren Kompostieren, daher dürfen z. B. auf den meisten Friedhöfen Pflanzen mit Gittertöpfen im Wurzelballen nicht verwendet werden.

1 Gittertöpfe

Erdpresstöpfe dienen vorwiegend zur Massenanzucht von Jungpflanzen im Gemüsebau. Sie werden mithilfe von Erdpressen aus betriebseigenen Erden in unterschiedlichen Größen hergestellt. Die Qualität der Erdtöpfe hängt von der Pressung, der Feuchtigkeit und Zusammensetzung der verwendeten Erde (herkömmlicherweise zu 90% aus Schwarztorf) ab. Schwierigkeiten können sich bei der Schaffung eines optimalen Porenvolumens (Luft- und Wasserhaushalt!) und der nötigen Stabilität bei maschineller Pflanzung ergeben (dürfen nicht bröckeln). Je geringer der Anteil an Schwarztorf, desto geringer ist die Stabilität. Als nachwachsende Torfersatzstoffe für Presstopferden kommen Holzfasern, Kokos und Kompost in Betracht. Nachteilig ist das höhere Kulturrisiko hinsichtlich Bewässerung und Düngung während der Anzucht.

Torftöpfe (Jiffy-Pots) haben Wandungen aus Torf. Nach dem Befüllen mit Substrat kann in ihnen gesät, pikiert oder gesteckt werden. Weil die Torftopfwände von den Wurzeln durchwachsen werden können, wird eine optimale Wurzelentwicklung und Ballenbildung gewährleistet. Zur Erhöhung der Arbeitsproduktivität werden quadratische Torftöpfe in zusammenhängenden Einheiten als sogenannte **Strips** (Streifen) angeboten. Weitere Vorteile gegenüber Einzeltöpfen mit rundem Querschnitt sind eine größere Standsicherheit, eine bessere Platzausnutzung und ein größerer Wurzelraum (2).

2 Torftöpfe (Jiffy-Strips und Jiffy-Einzeltöpfe)

Torfquelltöpfe (Jiffy 7 und Jiffy 9) kommen als Tabletten aus gepresstem Torf, der mit Nährstoffen versehen und aufgekalkt ist, in den Handel. Das auf $\frac{1}{10}$ seines Ursprungsvolumens zusammengepresste Torfsubstrat quillt bei Wasserzugabe (Schlauchbrause, Anstau, Sprühanlage) innerhalb kurzer Zeit auf (3). Zusammengehalten wird es mit einem Kunststoffnetz (Jiffy 7), das von den hindurchwachsenden Wurzeln später gesprengt wird, oder einem organischen Bindemittel (Jiffy 9). Auf gelochten PE-Folien oder dünnem Bewässerungsvlies angeheftete Torftabletten ermöglichen ein schnelles Auslegen der Torfquelltöpfe (bis zu 40 000 Tabletten pro Akh), was vor allem für große Jungpflanzenbetriebe interessant ist. Die Folienbahnen mit den im Verband angeordneten Torftabletten werden aufgerollt geliefert und wie ein Teppich auf der Kulturfläche ausgebreitet (4).

3 Jiffy-7-Torfquelltöpfe, Alternative: torffreie Quelltöpfe auf Kokosfaser-Basis

4 Torftabletten auf perforierter Folie

Papiertöpfe (Paperpots) ermöglichen eine relativ preiswerte Jungpflanzenanzucht. Bei den sogenannten Paperpots handelt es sich um sechseckige, bodenlose Töpfe aus Papier, die durch wasserlöslichen Leim zusammengehalten werden. Sie sind in verschiedenen Größen, Papierqualitäten und mit unterschiedlicher Topfzahl lieferbar. Zum Befüllen werden die zusammengefalteten Bögen (platzsparende Lagerung!) wie eine Ziehharmonika auseinandergezogen und aufgespannt (1). Vorteile der Paperpots sind, dass sie eine relativ preiswerte Topfanzucht ermöglichen, ein Austopfen beim Verpflanzen überflüssig machen, die Bildung eines Wurzelballens sowie ein ungestörtes Wurzelwachstum zulassen, nur einen geringen Lagerraum für Topfvorräte erfordern sowie aufgrund ihres Gewichts die Arbeit erleichtern und die Transportkosten beim Jungpflanzenversand verringern.

Ökonomisch wie ökologisch interessant ist die Verwendung von **Recycling-Papiertöpfen** aus Altpapier zur Pflanzenanzucht (2). Mit einer Lebensdauer von vier bis sechs Monaten sind Altpapiertöpfe vor allem zur Anzucht von Gemüse-, Beet- und Balkonpflanzen, Sommerblumen, Callunen und Eriken geeignet. Daneben werden auch Töpfe mit einer Haltbarkeit von bis zu einem Jahr angeboten, die zur Kultur von Stauden und Gehölzen gedacht sind. Bei einigen Fabrikaten sind die Wände mit Stickstoff angereichert, um einen N-Mangel bei der Verrottung des Topfs zu vermeiden. Vor dem Auspflanzen empfiehlt sich ein Eintauchen der Pflanzballen in Wasser und das Einreißen/-drücken der Topfwände.

1 Paperpots

! Merke

Die Verwendung von **Recycling-Papiertöpfen**, die in verschiedenen Größen, Formen und Farben angeboten werden, ermöglicht, große Mengen Altpapiers sinnvoll wiederzuverwenden und in den Naturkreislauf zurückzuführen.

Für den Gärtner entfällt die arbeitsaufwendige Reinigung und Sortierung vom Kunden zurückgebrachter Kunststofftöpfe. Voraussetzung für die Verwendung von Altpapier-

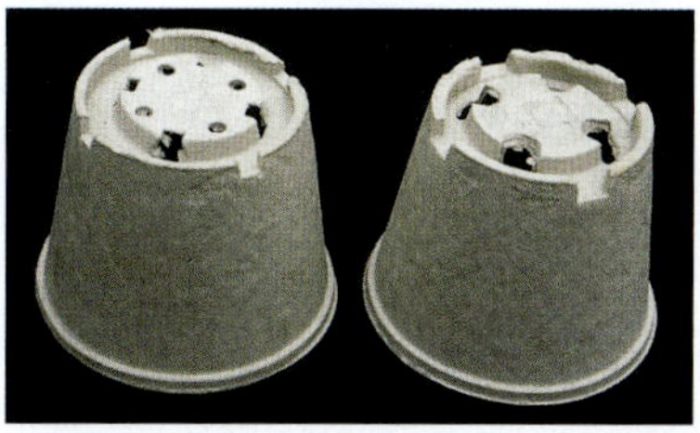

2 Töpfe aus Altpapier

töpfen ist jedoch, dass das Recyclingpapier nicht mit Schwermetallen oder anderen Schadstoffen belastet ist. Neben Töpfen werden auch Container, Saat- und Pikierkisten und sogar Kübel, Ampeln mit Ketten und Balkonkästen aus Altpapier angeboten.

! Merke

Anforderungen an biologisch abbaubare Töpfe sind:
- gute Haltbarkeit über die Kulturzeit,
- Aus- und Umtopfen ohne Beschädigung des Topfs,
- gute Handhabung (geringer Arbeitsaufwand für Ausstellen, Rücken und Versand),
- Topfmaschineneignung,
- Eignung für alle Bewässerungsverfahren,
- glatte, trockene Topfwände ohne sichtbare Verpilzung und Veralgung,
- keine Wasserverdunstung über Topfwand,
- gute Standfestigkeit,
- gute Transportfähigkeit,
- Pflanze sollte mit Topf ausgepflanzt werden können und den Topf rasch durchwurzeln,
- vollständig abbaubar,
- preiswert.

Multitopfplatten (Topfanzuchtplatten, 4) sind Kunststoffplatten (PVC oder PS) mit eingepressten Töpfen. Sie werden in verschiedenen Größen mit unterschiedlicher Einzeltopfzahl und -form angeboten. Anzuchtplatten mit vergrößerten Bodenlöchern haben einen optimalen Wasserabzug und erleichtern das Herausnehmen der Pflanzen. Allerdings besteht die Gefahr, dass die Pflanzen durch die Löcher in den Tischbelag bzw. Boden wurzeln. Zur Pflanzenentnahme werden die Topfplatten mit den Bodenlöchern auf eine Noppenplatte (Aushebeplatte) gedrückt.

3 Multitopfplatten

! Merke

Multitopfplatten vereinigen die positiven Eigenschaften von Kisten und Töpfen.

Steigende Energie- und Lohnkosten haben zur Entwicklung von **Multizellplatten**, sogenannten **Plug Trays**, geführt. Es handelt sich hierbei um Anzuchtplatten **(Trays)** mit Minitöpfen/Zellen **(Plugs)**, die zur Platz und Substrat sparenden Anzucht von Kleinballenpflanzen dienen (1). Bei den sogenannten **Zapfencontainer-Platten** laufen die Töpfe spitzkegelig zu (2), sodass sich die Jungpflanzen leicht entnehmen lassen. Zudem wird aufgrund der Topfgestaltung 60% Substrat eingespart. Beim **Euroformat** von 60 x 40 cm enthält eine Platte je nach Topfgröße zwischen 54 bis 260 Töpfe, beim **Dänenmaß** von 53 x 2 cm zwischen 54 bis 252. Zapfencontainer werden vor allem für die Anzucht von Gemüsejungpflanzen, Beet- und Balkonpflanzen, Baumschulgehölzen, Dachstauden für dünne Substratschichten (8 bis 10 cm) sowie Eriken, Callunen und Azaleen verwendet.

1 Multizellplatte (Plug Trays)

! Merke

Je größer die Anzahl der Plugs, d.h., je kleiner die einzelnen Zellen sind, desto empfindlicher reagieren die Pflänzchen auf Feuchtigkeits-, Temperatur-, Nährstoff-, Sauerstoff- oder pH-Schwankungen im Substrat. Zur exakten Steuerung von Temperatur und Feuchtigkeit während der Keimung werden besäte Trays deswegen häufig auf Etagenwagen in spezielle Keimräume eingestellt. Verwendung finden Plug Trays vorwiegend zur Aussaat von Gemüse-, Beet- und Balkonpflanzen sowie zur Stecklingsvermehrung.

2 Jungpflanzen in Zapfencontainer-Platte

3 Grodanblocks

Zur **erdlosen Pflanzenanzucht** werden u.a. Würfelverbundplatten aus Phenol- oder Polyurethanhartschaum sowie Grodanblocks aus Steinwollfasern eingesetzt (3). Ihr großes Porenvolumen gewährleistet eine hohe Wasseraufnahme.

? Aufgaben

◑ 1. Welche Anforderungen sollten Kulturgefäße erfüllen?
◑ 2. Erläutern Sie die Vor- und Nachteile von Ton- und Kunststofftöpfen.
○ 3. Warum sollten Kulturgefäße Wasserabzugslöcher haben?
○ 4. Ab welchem Fassungsvermögen bezeichnet man ein Kulturgefäß als Container?
○ 5. Warum spielt die UV-Stabilität eines Gefäßes bei der Verwendung unter Glas keine Rolle?
○ 6. Welche Vorteile bietet die Verwendung von Altpapiertöpfen?
◑ 7. Erkundigen Sie sich nach Erfahrungen bei der Verwendung von Recycling-Papiertöpfen. Diskutieren Sie die Ergebnisse.
○ 8. Was halten Sie von der Forderung, für Pflanzware nur noch verrottbare Töpfe zu nutzen?
○ 9. Was versteht man unter Plug-trays?
◑ 10. Warum steigen die Anforderungen an die Kulturführung mit zunehmender Anzahl Plugs pro Tray?
◑ 11. Welche Vorteile haben quadratische Zellen gegenüber runden?
◑ 12. Diskutieren Sie Vor- und Nachteile der Aussaat in Plugs gegenüber der in Saatkisten (Stichworte: Platzbedarf, Kulturführung, Kulturzeit, Krankheitsanfälligkeit, Pflanzenqualität, Verpflanzschock, Arbeits- und Energiebedarf, Kosten).
● 13. Erstellen Sie eine Tabelle mit den Vor- und Nachteilen der verschiedenen Anzuchtgefäße.
◑ 14. Welche Gefäße nutzen Sie in Ihrem Ausbildungsbetrieb zur Anzucht und Weiterkultur von Pflanzen? Begründen Sie den Einsatz.

2.7.3 Kunststoffe in der Diskussion

Verwertung von Kunststoffen

Pro Jahr werden weltweit etwa 400 Millionen Tonnen Kunststoffe erzeugt (2019). Alleine in der EU fallen jedes Jahr rund 26 Millionen Tonnen Plastikmüll an. Zum Problem wird Kunststoff vor allem dann, wenn er in die Umwelt gelangt. Als **Mikroplastik (< 5 mm)** reichert er sich in den Meeren und Böden an, von wo er über **Nahrungsketten** wieder auf den Tisch des Menschen gelangt. Auf Kunststoffe ganz zu verzichten ist praktisch weder möglich noch sinnvoll. Sinnvoll hingegen ist es, den Plastikverbrauch zu reduzieren durch z. B. Vermeidung von **Einweg-Plastikmüll**. Dies kommt auch den Verbraucherinnen und Verbrauchern entgegen, für die Umwelt- und Klimaschutz immer wichtiger werden. So sind Kultur- und Transportsysteme auch im Gartenbau nicht nur ökonomisch, sondern auch ökologisch und sozial (Image) zu bewerten.

Maßnahmen zur Verringerung des Kunststoffverbrauchs

1. Oberste Priorität hat die Abfallvermeidung.
2. Wenn möglich und sinnvoll, sollte auf Einwegprodukte aus Kunststoffen verzichtet werden.
3. Statt Einwegprodukte wiederverwendbare Mehrwegprodukte (z. B. Mehrwegtrays statt Einwegtrays) verwenden. Mit jeder weiteren Verwendung steigt der ökologische Nutzen.
4. Einwegprodukte sollten gut recycelbar sein und auch möglichst Rezyklate enthalten.
5. Abfälle sind ordnungsgemäß zu entsorgen und richtig zu trennen (Voraussetzung für Recycling).
6. Eine hohe Recycling-Quote anstreben und fördern, z. B. durch Abgaben auf Einwegverpackungen, Einführung eines Pfandsystems oder einer steuerlichen Förderung.
7. Der Einsatz von Rezyklaten sollte Vorrang vor Neuprodukten haben.
8. Materialflüsse sind als Kreisläufe und Abfälle als Rohstoffe (Wertstoffe) zu verstehen.

Geschlossene Materialkreisläufe

Durch **geschlossene Materialkreisläufe** kann der Verbrauch von Kunststoffen deutlich verringert, Abfälle vermieden, Ressourcen geschont, der Klimaschutz gefördert (reduzierte CO_2-Emission) und die Akzeptanz der Kunden gegenüber Kunststoffen erhöht werden. Voraussetzungen für eine **Kreislaufwirtschaft** sind, dass der verwendete Kunststoff recycelbar ist, nach Gebrauch gesammelt und wieder recycelt wird. Optimal ist eine **Mehrfachverwendung** von Töpfen und Trays mit anschließendem Recycling (1).

> **! Merke**
>
> Mehrweg ist besser als Einweg und Recycling, Mehrweg und Recycling ist am besten!

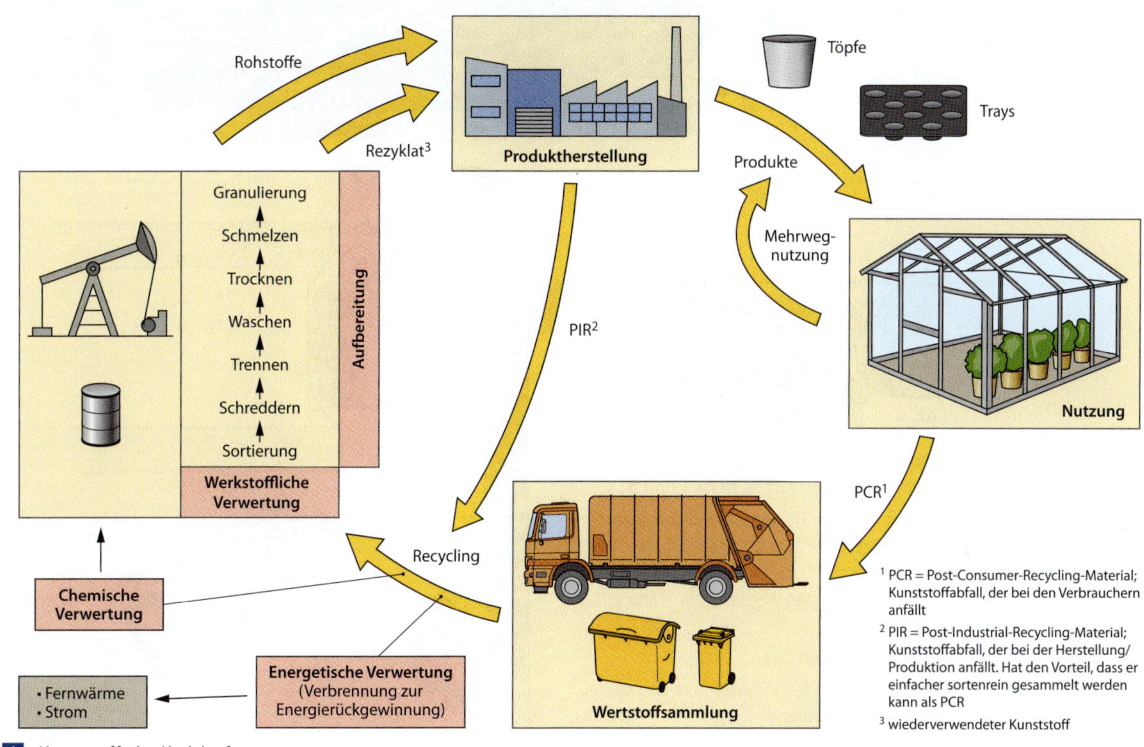

[1] PCR = Post-Consumer-Recycling-Material; Kunststoffabfall, der bei den Verbrauchern anfällt

[2] PIR = Post-Industrial-Recycling-Material; Kunststoffabfall, der bei der Herstellung/Produktion anfällt. Hat den Vorteil, dass er einfacher sortenrein gesammelt werden kann als PCR

[3] wiederverwendeter Kunststoff

1 Kunststoffe im Kreislauf

Aufgaben

○ 1. Wie lassen sich in der Kunststoffproduktion Ressourcen schonen und verhindern, dass Kunststoffe in die Umwelt gelangen?

○ 2. Welches ist die wichtigste Voraussetzung um Kunststoffe zu recyceln?

○ 3. Unterscheiden Sie Post-Consumer- und Post-Industrial-Kunststoffabfälle.

○ 4. Was sind Rezyklate?

○ 5. Was haben die blauen Kulturtöpfe von Pöppelmann und der Mehrwegtray Florytray gemeinsam?

◑ 6. Die meisten recycelten Kunststoffe haben eine post-industrielle Herkunft. Wie erklärt sich dies?

○ 7. Schwarze Töpfe werden weniger. Woran liegt das?

◑ 8. Unterscheiden Sie bei der Verwertung von Kunststoffen die a) werkstoffliche, b) chemische und c) energetische Verwertung.

◑ 9. Machen Sie Vorschläge zur Förderung des Recyclings von Kunststofftöpfen?

◑ 10. Was wird in Ihrem Ausbildungsbetrieb zur Vermeidung von Plastikabfällen und der Einsparung von Ressourcen getan? Wo sehen Sie noch Verbesserungsmöglichkeiten?

2.8 Topfmaschinen

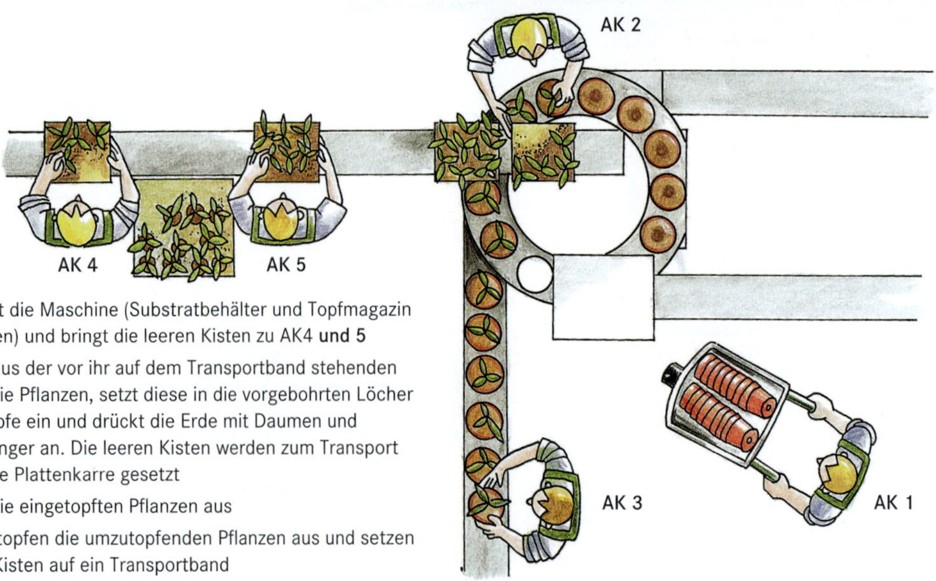

AK 1 bedient die Maschine (Substratbehälter und Topfmagazin auffüllen) und bringt die leeren Kisten zu AK4 **und 5**

AK 2 greift aus der vor ihr auf dem Transportband stehenden Kiste die Pflanzen, setzt diese in die vorgebohrten Löcher der Töpfe ein und drückt die Erde mit Daumen und Zeigefinger an. Die leeren Kisten werden zum Transport auf eine Plattenkarre gesetzt

AK 3 stellt die eingetopften Pflanzen aus

AK 4 und 5 topfen die umzutopfenden Pflanzen aus und setzen sie in Kisten auf ein Transportband

1 Organisation des Arbeitskräfteeinsatzes beim Einsatz einer Topfmaschine

! Merke

Für das **Topfen von Hand** liegt die Topfleistung einer Arbeitskraft - inklusive Neben-, Rüst- und Ausstellarbeiten - je nach Arbeitsverfahren, Pflanzenart und Topfgröße in etwa zwischen 80 und 200 Töpfe/ Stunde. Zur Erhöhung der Topfleistung beim Ein- und Umtopfen großer Stückzahlen werden in den meisten Betrieben Topfmaschinen eingesetzt.

Zur Bedienung von Topfmaschinen (1, S. 430) sind ein bis zwei Arbeitskräfte notwendig, wobei mindestens ein bis zwei weitere Personen für den Material- und Pflanzentransport hinzukommen. Bei den Maschinen kann man zwischen zwei **Arbeitsweisen** unterscheiden:

1. Die zu topfende Pflanze wird von einer Arbeitskraft (AK) oder einem speziellen Pflanzhalter in den noch leeren Topf gehalten. Über Rutschbahnen läuft an der Füllstelle die Erde von zwei Seiten um die nackte Wurzel in den Topf. Während des Befüllens verteilt und verdichtet eine Vibrationsrüttelplatte das Substrat. Überschüssige Erde wird von der AK abgestreift.
2. Der Topf wird zunächst mit Erde gefüllt und verdichtet. Anschließend wird mit einem Bohrer ein Loch gebohrt, das der Größe des Wurzel-/Topfballens entspricht. Die Pflanze wird von einer AK eingesetzt und mit Daumen und Zeigefinger beider Hände angedrückt.

Auf dem Markt werden zahlreiche unterschiedliche Gerätetypen mit Stundenleistungen zwischen 400 und 4000 Töpfen angeboten. Bei der Verwendung von **Topfmagazinen** entfällt das Topfeinlegen von Hand. Geräte mit **Doppelbohrern** und **Doppeltopfmagazinen** ermöglichen eine Verdoppelung der Topfleistung. Mithilfe von **Zusatzgeräten** können Folienbeutel (z.B. für den Arbeitseinsatz in Baumschulen) und Kisten/Anzuchtplatten verschiedenster Ausführungen befüllt werden.

Das Arbeitstempo hängt vom **Arbeitstakt** der Maschine ab. Er ist veränderbar und kann entsprechend den Arbeitsbedingungen eingestellt werden. So bedeutet ein Arbeitstakt von 0,025 Minuten, dass in jeder Minute 40 Töpfe bzw. in einer Stunde 2400 Töpfe die Maschine verlassen. Will man die **Arbeitsleistung** einer Topfmaschine mit der Leistung beim Topfen von Hand vergleichen, muss die Topfleistung durch die Zahl der eingesetzten Arbeitskräfte (AK) geteilt werden. Beispiel: 2400 Töpfe/h : 4 AK = 600 Töpfe/AKh (Arbeitskraftstunde).

! Merke

Voraussetzungen für einen rationellen Einsatz von Topfmaschinen sind hohe Topfzahlen/Jahr, hohe Lohnkosten, genügend Arbeitskräfte und eine optimale Organisation des Arbeitskräfteeinsatzes (1, S. 430).

? Aufgaben

◑ 1. Beschreiben Sie den Arbeitsablauf beim Topfen mit einer Topfmaschine.

◑ 2. Welche Voraussetzungen müssen gegeben sein, damit eine Topfmaschine rationell eingesetzt werden kann?

◑ 3. Die Arbeitsverfahren mit der Topfmaschine unterscheiden sich in den Betrieben teilweise deutlich. Welches Verfahren brachte die höchste Topfleistung pro AKh:
   a) 8 AK, Takt 0,027 Minuten oder
   b) 5 AK, Takt 0,033 Minuten?

● 4. Erstellen Sie ein Arbeitsprotokoll über den Einsatz der Topfmaschine in Ihrem Ausbildungsbetrieb:
   a) Notieren Sie die zu topfenden Pflanzengattungen, die Topfgrößen, die Transportverfahren für den An- und Abtransport von Materialien und Pflanzen sowie die Anzahl der eingesetzten AK.
   b) Erstellen Sie eine einfache Skizze und notieren Sie genau die Arbeitsaufgaben der einzelnen Arbeitskräfte.
   c) Wie groß war die Topfleistung je AKh?
   d) Beurteilen Sie kritisch die Organisation des Arbeitskräfteeinsatzes (welche AK sind nicht ausgelastet bzw. überlastet, wo treten Engpässe auf ...), und machen Sie gegebenenfalls Verbesserungsvorschläge zur Erhöhung der Stundenleistung/AKh.

◑ 5. Informieren Sie sich!
   a) Welche Gefahren bestehen bei der Arbeit mit einer Topfmaschine?
   b) Welche Schutzmaßnahmen sind zu ergreifen?

2.9 Transporteinrichtungen

! Merke

Der Transport von Pflanzen, Substraten, Töpfen, Kisten usw. macht einen Großteil der anfallenden Arbeit in einem Gartenbaubetrieb aus. Durch geeignete Transportmittel kann die Arbeit erleichtert und schneller durchgeführt werden, sodass sich Arbeitszeit und Kosten einsparen lassen.

In vielen Betrieben haben **computergesteuerte Transportsysteme** Einzug gehalten, die auf den jeweiligen Betrieb und dessen Arbeitsabläufe zugeschnitten sind: In **Rollcontainern** aus Aluminium bis 6 m Länge (Mobiltische) werden die Pflanzen wie von Geisterhand auf **Roll-**

1 Innerbetriebliche Transportsysteme

bahnen zu zentral eingerichteten Arbeitsplätzen transportiert. Das Aufnehmen und Rücken der Pflanzen geschieht ebenfalls automatisch mithilfe von **Absetz- und Rückautomaten** (Robotern). Die Sortierung der Pflanzen nach unterschiedlichen Qualitäten wird mithilfe **digitaler Farbbildverarbeitung** durchgeführt. Dazu werden bei den auf einem **Förderband** an einer Bildaufnahmestation vorbeifahrenden Pflanzen mithilfe hochauflösender Grauwert- und Farbkameras die Pflanzenhöhen, Blüten-, Knospen- und Blattflächen gemessen und mit den vorgegebenen Werten im Rechner verglichen. In Abhängigkeit von den Messergebnissen werden die Pflanzen durch eine Sortieranlage auf eine bestimmte Stelle des Bands geschoben und am Ende des Förderbands entsprechend der Sortierung z. B. für den Verkauf verpackt oder automatisch mittels **Ausstellroboter** auf **Mobiltische** in vorgegebenen Abständen ausgestellt und in Gewächshäuser transportiert, wo sie entsprechend den Kulturbedürfnissen der jeweiligen Sortierung weiterkultiviert werden.

Ein solcher Rationalisierungsgrad ist nur in großen und spezialisierten Gartenbaubetrieben sinnvoll. 1, S. 432 zeigt eine Auswahl von Transportmitteln, die je nach betriebsspezifischen Gegebenheiten zu einer Erleichterung und Rationalisierung des innerbetrieblichen Transports beitragen können.

? Aufgaben

◑ 1. **Welche Transportmittel werden in Ihrem Ausbildungsbetrieb zum innerbetrieblichen Transport eingesetzt? Wo wären Verbesserungen zur Erleichterung und Rationalisierung der Arbeit möglich?**

◑ 2. **Diskutieren Sie Vor- und Nachteile der zunehmenden Automatisierung in Gartenbaubetrieben.**

3 Klimasteuerung

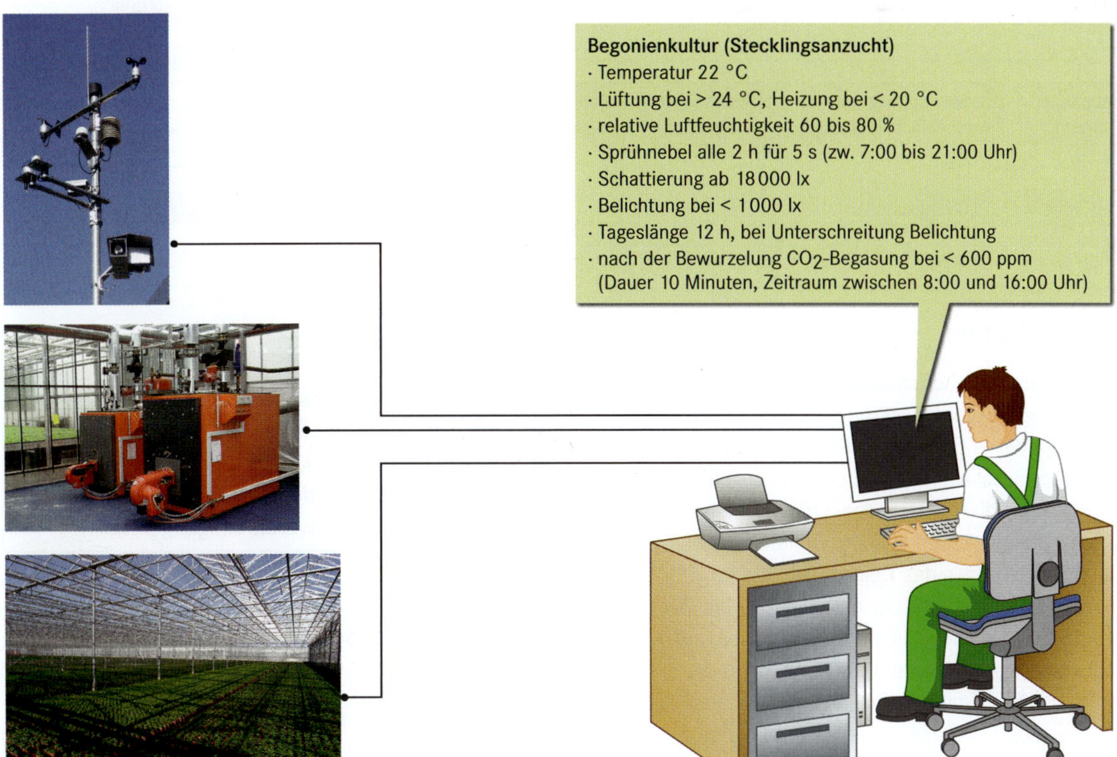

1 Die Eingabe der richtigen Sollwerte erfordert hohes gärtnerisches Wissen

Merke

Gewächshäuser bieten dem Gärtner die Möglichkeit zur exakten Klimasteuerung (1, S. 432), sodass z. B. auch mitten im Winter grünende und blühende Pflanzen zum Verkauf angeboten werden können, die in unseren Breiten normalerweise nicht gedeihen. Mithilfe moderner Technik können alle Wachstumsfaktoren je nach den Bedürfnissen der Pflanzen gesteuert werden.

In vielen Betrieben erfolgen Steuerung und Kontrolle bereits mit **Klimacomputern**. Sämtliche Klimasteuerungen werden an einem zentralen **Terminal** (Ein- und Ausgabeeinheit einer EDV-Anlage) vorgenommen. Über **Messfühler** werden alle Wachstumsfaktoren ständig vom Computer erfasst und ausgewertet. Entsprechend den gemessenen Werten **(Istwerte)** erfolgt dann bei Abweichungen von den eingegebenen Werten **(Sollwerten)** eine automatische Regulierung. Die jeweiligen Messdaten inner- und außerhalb des Gewächshauses (z. B. Außentemperatur, Windgeschwindigkeit) können jederzeit am Bildschirm in grafisch übersichtlicher Form dargestellt, mit den früheren Werten verglichen und gespeichert werden. Treten Störungen auf, wird bei Gefahr Alarm ausgelöst.

Aufgabe

◑ Berichten Sie über die Klimasteuerung in Ihrem Ausbildungsbetrieb.

3.1 Lüftung

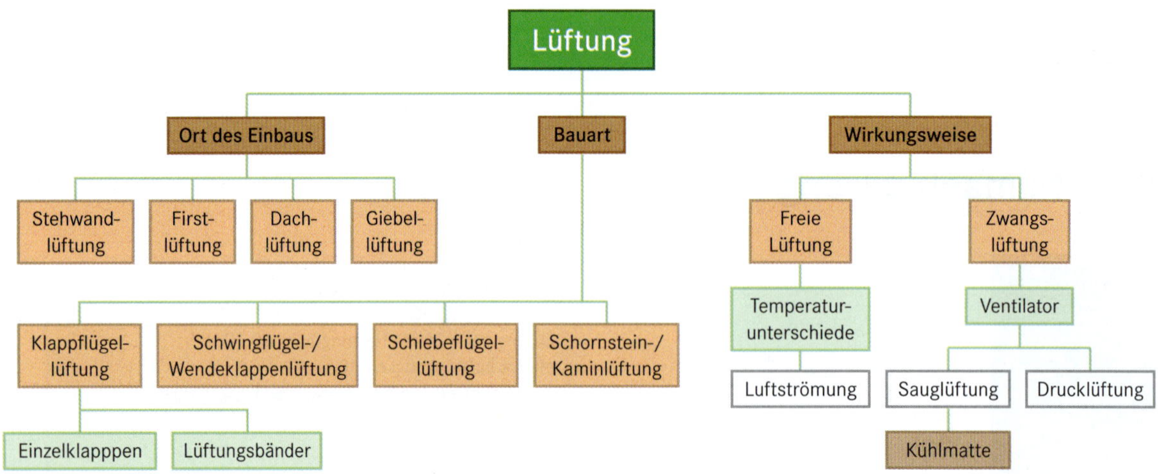

1 Lüftung

3.1.1 Aufgaben

Zur **Lüftung der Gewächshäuser** sind in den Dachflächen, Stehwänden oder Giebeln Lüftungsklappen als **Einzelklappenlüftung** oder in Form von **Lüftungsbändern** (über die gesamte Gewächshauslänge durchgehende Lüftungsklappen) eingebaut, die je nach den Erfordernissen geöffnet oder geschlossen werden können. Ohne eine Lüftung würden im Sommer wegen des Treibhauseffekts (s. S. 345) die Temperaturen unter Glas sehr rasch auf 60 bis 70 °C ansteigen. Deswegen dient die Lüftung vor allem zur Abführung überschüssiger Wärme. Daneben hat sie die Aufgabe der Lufterneuerung mit dem Ziel, eine ausreichende Zufuhr von Kohlendioxid (Fotosynthese!) und Sauerstoff zu gewährleisten, die Luftfeuchtigkeit zu regulieren und Verunreinigungen in der Gewächshausluft zu beseitigen.

Merke

Aufgaben der Gewächshauslüftung sind:

- Abführung überschüssiger Wärme
- Lufterneuerung → O_2- und CO_2-Versorgung (!)
- Regulierung der Luftfeuchtigkeit
- Beseitigung von Luftverunreinigungen

3.1.2 Kenngrößen für die Lüftungswirkung

Kenngrößen für die Größe des Luftaustausches und damit für die Lüftungswirkung sind die Luftaustauschzahl und die Luftwechselzahl. Die **Luftaustauschzahl** gibt das Luftvolumen an, das, bezogen auf die Gewächshausgrundfläche pro m² und Stunde, ausgetauscht wird:

$$\text{Luftaustauschzahl } (V_A) = \frac{\text{Luftvolumen } (m^3/h)}{\text{Gewächshausgrundfläche } (m^2)} = \frac{(m^3)}{(m^2\,h)}$$

Die **Luftwechselzahl** gibt an, wievielmal innerhalb einer Stunde das Luftvolumen des jeweiligen Gewächshauses mithilfe der Lüftung ausgetauscht werden kann. Eine gute Lüftung weist eine Luftwechselzahl von > 50 auf.

$$\text{Luftwechselzahl } (Z) = \frac{\text{Luftvolumen } (m^3/h)}{\text{Gewächshausvolumen } (m^3)} = \frac{(1)}{(h)}$$

Auch bei geschlossener Lüftung findet ein gewisser Luftwechsel statt (Z = 0,2 bis 2). Dieser **unkontrollierte Luftaustausch** sollte aus Gründen der Energieeinsparung (erhöhte Wärmeverluste) möglichst gering gehalten werden. Nachteilig wirkt sich die mit zunehmender Abdichtung einhergehende Gefahr eines CO_2-Mangels und einer zu hohen Luftfeuchtigkeit (Pilzinfektionen!) aus.

3.1.3 Freie Lüftung

Nach der Wirkungsweise unterscheidet man zwischen der freien Lüftung und der Zwangslüftung. Die freie Lüftung ist die Regel im Gewächshausbau. Bei ihr erfolgt ein selbstständiger („freiwilliger") Luftaustausch über die Lüftungsklappen, die je nach Konstruktion unterschiedlich zu öffnen sind (1).

Die notwendige Luftströmung entsteht durch Temperaturunterschiede (erwärmte Luft steigt auf!), s. S. 331 ff. Je höher die Temperaturunterschiede zwischen innen und außen und je größer die Windbewegungen sind, desto wirksamer ist die freie Lüftung. Alle Baumaßnahmen, die die natürliche Luftströmung unterstützen, fördern die Lüftungswirkung. Sie ist umso besser, je größer die Lüftungsöffnungen sind, je ungehinderter die aufwärts gerichtete Luft durch das Gewächshaus strömen kann und je größer der Höhenunterschied zwischen Abluft- und Zuluftöffnung (Förderung der natürlichen Thermik!) ist.

Musste der Gärtner früher mittels Handwinden lüften und ablüften, erfolgt dies heute überwiegend mit elektrisch angetriebenen Motorwinden. Die Kraftübertragung auf die Lüftungsflügel geschieht vornehmlich mithilfe von Zahnstangen **(Zahnstangenlüftung)**.

! Merke

Nach dem Ort ihres Einbaus unterscheidet man zwischen First-, Dach-, Stehwand-, Giebel- und Schornstein-/Kaminlüftung (1). Am verbreitetsten und wirksamsten ist eine **Kombination von First- und Stehwandlüftung**, mit der bei richtiger Stellung der Lüftungsflügel eine günstige Luftströmung zu erreichen ist.

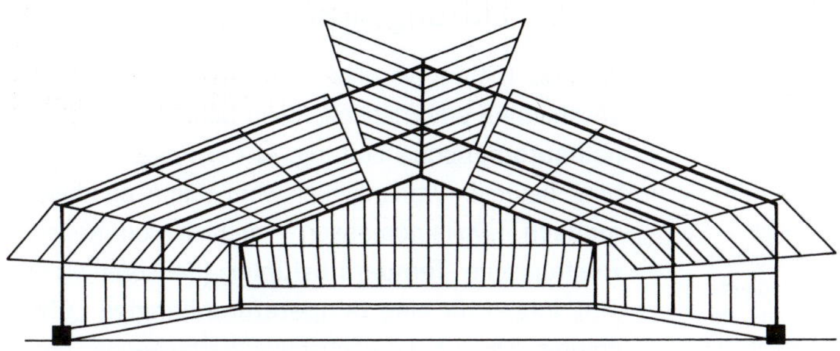

Klappflügellüftung als Stehwand-, First- und Giebellüftung

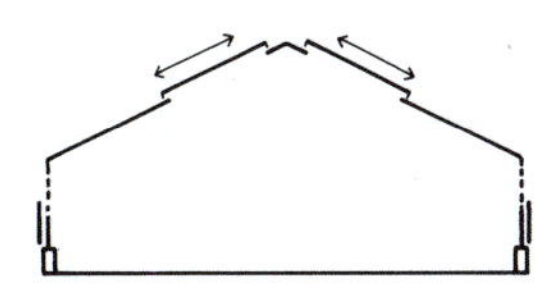

Schiebeflügellüftung als Stehwand- und Firstlüftung

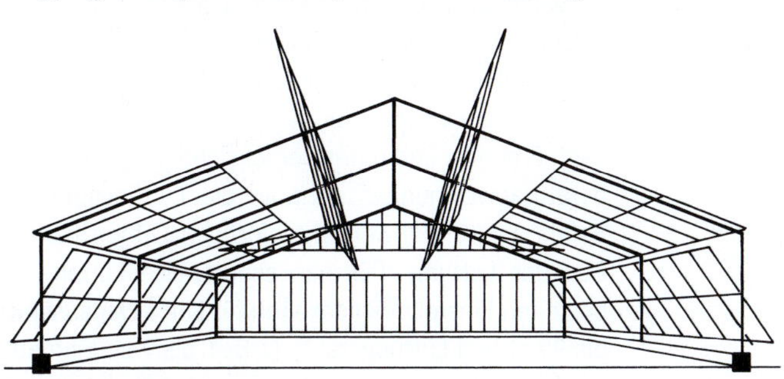

Schwingflügel-/Wendeklappenlüftung als Stehwand-, First- und Giebellüftung

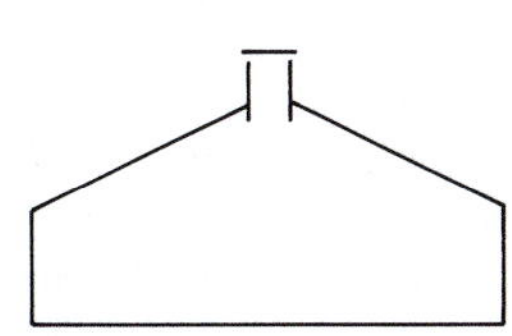

Schornstein-/Kaminlüftung

1 Lüftungsbauweisen und -arten

Da sich der größte Wärmestau an der höchsten Stelle des Gewächshauses bildet, kann mithilfe der **Firstlüftung** die Wärme am schnellsten abgeführt werden. Um eine gute, d. h. möglichst ungehemmte Luftströmung und damit eine hohe Luftwechselzahl zu erreichen, sollte sie so weit wie möglich, **mindestens 15° über die Waagerechte**, zu öffnen sein. Da frische, kühlere Luft vor allem aus dem bodennahen Bereich nachströmt, ist eine **Stehwandlüftung** besonders wirksam zur Einleitung kühler Luft in das Gewächshaus (1).

Bei der Anbringung der Lüftung bzw. beim Lüften ist darauf zu achten, dass kein direkter Kaltlufteinfall in den Pflanzenbestand erfolgt und die Pflanzen keiner Zugluft ausgesetzt werden. Großraumhäuser (Breiten ab 18 m) sind häufig mit zusätzlich eingebauten **Dachlüftungen** zur Unterstützung der Firstlüftung ausgestattet. **Giebellüftungen** findet man vorwiegend bei Folien-/Kunststoffhäusern. Als alleinige Lüftung sind sie für Gewächshäuser bis 30 m Länge allgemein ausreichend. Die früher häufiger anzutreffende **Schornstein-/Kaminlüftung** (1, S. 435) wird heute wegen ihrer unzureichenden Lüftungswirkung (begrenzte Lüftungsfläche, gehemmter Warmluftabfluss), ihrer Windanfälligkeit und ihres Schattenwurfs im Erwerbsgartenbau nicht mehr eingesetzt.

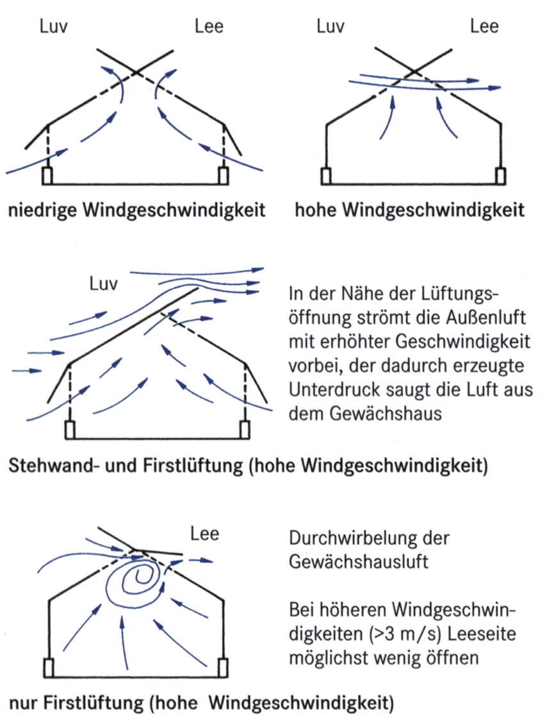

1 Die Stellung der Lüftungsflügel beeinflusst die Wirkung der Lüftung

3.1.4 Zwangslüftung

! Merke

Bei der **Zwangslüftung** erfolgt der Luftaustausch zwangsweise mithilfe von **Ventilatoren**, die in Giebel- oder Stehwänden eingebaut sind und die Außenluft durch das Gewächshaus saugen (Sauglüftung) oder drücken (Drucklüftung).

Im Sommer kann ein zusätzlicher Kühleffekt dadurch erreicht werden, dass die angesaugte Luft beim Eintritt in das Gewächshaus durch mit Wasser berieselte Vliesmatten, sogenannte **Kühlmatten**, geleitet wird. Da durch die hindurchströmende Außenluft mit relativ niedriger Luftfeuchte die Wasserverdunstung erhöht wird, kommt es zu einer Abkühlung der einströmenden Luft. Zudem wird die Luft angefeuchtet, gereinigt und der Einflug von Schadinsekten (z. B. Blattläuse) verhindert. Für die Lüftungsklappen der freien Lüftung gibt es passende Insektenschutznetze. Die Anhebung der relativen Luftfeuchtigkeit beim Einsatz von Kühlmatten führt ferner dazu, dass die Spaltöffnungen der Pflanzen auch bei höheren Temperaturen geöffnet bleiben (2, S. 58), sodass die Fotosynthese auch dann ungehemmt abläuft. Nachteilig bei der Zwangsbelüftung sind der hohe Energieaufwand und die Lärmbelästigung.

3.1.5 Lüftungsautomatik

Wird die Lüftung von Hand gestartet und erfolgt die Endabschaltung automatisch, dann handelt es sich um eine **halbautomatische** Lüftung. In der Regel erfolgt die Lüftung heute in Abhängigkeit vom Klima durchweg **automatisch** („vollautomatisch") mithilfe von Regelgeräten. Elektronische **Temperaturfühler** (Sensoren/Thermostaten) sorgen für eine **temperaturabhängige Lüftungsregelung**. Die im Gewächshaus herrschende Temperatur **(Istwert)** wird von einem Fühler gemessen und an ein Regelgerät weitergegeben. Dieses vergleicht den Istwert mit dem **Sollwert** (eingestellter, gewünschter Wert). Unterschiedliche Eingaben für Tag und Nacht sind möglich. Je nach Ergebnis und unter Berücksichtigung zulässiger Temperaturabweichungen geht an die Lüftungsmotoren der Befehl zum stufenweisen/sofortigen Öffnen bzw. Schließen der Lüftung. Für das schrittweise Lüften/Ablüften bestehen Einstellmöglichkeiten für Lüftungspausen (z. B. 1 bis 99 s) und Lüftungstakte (z. B. 1 bis 9 s). Eine **automatische Sollwertverschiebung** in Abhängigkeit von den Licht- und Luftfeuchtigkeitsverhältnissen ermöglicht ein wirtschaftliches Lüften. **Regenfühler, Windgeschwindigkeits- und Windrichtungsmesser** (1, S. 340) gehören ebenfalls zur Lüftungsautomatik. Auch sie melden laufend ihre gemessenen Werte an die **Steuerzentrale**. Bei aufkommendem Wind meldet der **Windsensor** ab einem bestimmten Grenzwert an den **Lüftungsregler** Sturm, sodass die Lüftung geschlossen wird. Droht also z. B. sommerliches Hitzewetter in Sturm und Gewitter umzuschlagen, wird automatisch abgelüftet und die Schattierung geöffnet. Bricht hingegen an einem Wolkentag plötzlich die Sonne hervor, funktioniert die **Klimasteuerung** umgekehrt. Ein getrennter **Luv- und Lee-Betrieb** (Luv: die dem Wind zugekehrte Seite; Gegensatz: Lee) der Lüftung sorgt dafür, dass die windzugewandte Seite geschlossen und die windabgewandte Seite geöffnet werden kann, sodass es bei länger anhaltenden höheren Windgeschwindigkeiten und starker Sonneneinstrahlung nicht zu Hitzeschäden an den Pflanzen kommt.

! Merke

Eine gute **Lüftung** sollte:

- einen schnellen Luftaustausch ermöglichen,
- ein schnelles Ablüften bei aufkommendem Sturm oder Regen ermöglichen,
- eine Lüftungsautomatik mit temperaturabhängiger Lüftungsregelung und automatischer Sollwertverschiebung in Abhängigkeit von den Licht- und Luftfeuchtigkeitsverhältnissen aufweisen,
- einen getrennten Luv- und Leebetrieb ermöglichen,
- dicht schließen,
- sturmsicher sein,
- preiswert sein,
- geringe Folgekosten (Reparatur, Wartungen, Verschleiß) verursachen,
- eine lange Lebensdauer aufweisen.

? Aufgaben

◑ 1. Welche Aufgaben hat die Gewächshauslüftung?

○ 2. Wie hoch sollte die Luftwechselzahl bei einer guten Lüftung sein und wie hoch ist sie in der Regel im geschlossenen Zustand?

◑ 3. Welche Vor- und Nachteile sind mit einer zunehmenden Abdichtung der Gewächshäuser verbunden?

◑ 4. Berechnen Sie das ausgetauschte Luftvolumen pro Stunde für das nachfolgende Gewächshaus: Länge 50 m, Breite 12,55 m, Stehwandhöhe 2,30 m, Firsthöhe 5,53 m, Luftwechselzahl 50.

○ 5. Was versteht man unter
a) einer freien Lüftung und
b) einer Zwangslüftung?

? Aufgaben (Fortsetzung)

◑ 6. Wovon hängt die Wirksamkeit der freien Lüftung ab?

○ 7. Unterscheiden Sie Lüftungsarten hinsichtlich der Art ihrer Öffnung und des Orts ihres Einbaus.

◑ 8. Erklären Sie, warum mit einer Kombination von First- und Stehwandlüftung eine günstige Luftströmung zu erreichen ist.

◑ 9. Warum hängt der Kühleffekt einer Mattenkühlung von der relativen Luftfeuchtigkeit der Außenluft ab?

◑ 10. Welche Vorteile bietet der Einsatz von Kühlmatten im Sommer?

◑ 11. Beschreiben Sie die Funktion einer automatischen Lüftungsregelung.

○ 12. Warum muss bei einer halbautomatischen Lüftung die Endabschaltung automatisch erfolgen?

○ 13. Warum sind die elektronischen Überwachungsgeräte der Lüftung mit einer Verzögerungsautomatik versehen?

◑ 14. Warum sollte ein getrennter Luv-Lee-Betrieb möglich sein?

◑ 15. Welche Anforderungen sollte eine gute Lüftung erfüllen?

3.2 Schattierung und Energieschirme

3.2.1 Schattierung

Jede Pflanze hat einen optimalen Licht- und Wärmebedarf. Wird dieser überschritten, kommt es zu Pflanzenschäden infolge zu hoher Strahlungsintensität (Licht-/Wärmeschäden).

! Merke

Durch eine Schattierung der Gewächshäuser kann über die **Verringerung der Sonneneinstrahlung** die Lichtintensität reduziert und damit die Luft-, vor allem aber die **Pflanzentemperatur** (Blatttemperatur), abgesenkt werden.

Letztere liegt üblicherweise über der Lufttemperatur – bei starker Sonneneinstrahlung bis zu 15 °C!

Wurden früher zur Reduzierung der Sonneneinstrahlung außen auf den Gewächshausdächern angebrachte **Strohmatten** abgerollt oder **Schattierungsfarbe** auf die Ge-

1 Innenschattierung (Längszug)

wächshäuser gespritzt, bedient man sich heute vorwiegend beweglicher, durch Elektromotoren angetriebener, **automatisch steuerbarer Schattierungsvorrichtungen**. Die Steuerung erfolgt in Abhängigkeit von der Strahlungsintensität (Beleuchtungsstärke) mithilfe einer Fotozelle. Beim Über-/Unterschreiten des eingestellten Werts wird ein Impuls an das Steuergerät gegeben, der ein Schließen/Öffnen der Schattierung bewirkt. Eine eingebaute **Verzögerungsautomatik** sorgt dafür, dass der Impuls erst mit einer fünf- bis zehnminütigen Verzögerung weitergegeben wird, sodass bei wechselhaftem Wetter nicht auf jede vorbeiziehende Wolke mit einem Öffnen und Schließen der Anlage reagiert wird.

Nach dem Ort ihrer Anbringung unterscheidet man zwischen **Außen- und Innenschattierung**.

> **! Merke**
>
> Der wesentliche Vorteil einer **Außenschattierung** ist, dass sie im Gegensatz zur Innenschattierung die Wärme erst gar nicht in das Gewächshaus hineinlässt. Trotzdem hat sich die **Innenschattierung** (**1**) im Gewächshaus durchgesetzt, zumal auch mit ihr bei entsprechender Konstruktion und Kombination mit der Lüftung ein guter Klimaeffekt erreicht wird (**2**). So kann, wenn der Abstand zwischen der Dachverglasung und der Innenschattierung groß genug bemessen ist, die Wärme aufgefangen und über die Dach-/Firstlüftung abgeführt werden.

Die aus geknüpften Kunststofffasern (Acryl) bestehenden Gewebebahnen sind fäulnisfest und UV-stabilisiert. Je nach Farbe und Gewebeschicht lassen sich Schattierungseffekte zwischen 30 und 95% erreichen. Weitere zur Schattierung verwendete Materialien sind Polyester, Polyethylen, Polyamid und Aluminium sowie Kombinationen aus diesen Materialien, z. B. Gewebe aus Acryl mit eingewebten Aluminiumbändchen, die eine hohe Lichtreflexion bewirken (**1**, S. 439). Die Anbringung der Schattierung erfolgt in Traufenhöhe oder parallel zum Dach mit Zug in Längs- oder Querrichtung. Dabei ist darauf zu achten, dass

Schattierung

Dauerschattierung (Schattierungsfarbe)

Vorteile
- einfaches und preiswertes Verfahren
- Luftaustausch wird nicht behindert
- im Winter (abgewaschen!) keine Lichtminderung

Nachteile
- keine Anpassung an veränderte Einstrahlungsverhältnisse (!)
- arbeitsaufwendig
- Abwaschung durch Regen
- nicht zur Wärmedämmung einsetzbar
- Verschmutzung des Regenwassers (Bedeutung z. B. bei der Nutzung als Gießwasser)

bewegliche Schattierung

Vorteil
- Anpassung an veränderte Lichtverhältnisse (!)

Außenschattierung

Vorteile
- Sonnenstrahlung gelangt erst gar nicht in das Gewächshaus

Nachteile
- störanfällig durch Witterungseinflüsse (z. B. Gefahr des Einfrierens)
- relativ teuer durch aufwendige Konstruktion
- geringe Wärmedämmung im Winter

Innenschattierung

Vorteile
- geringere Störanfälligkeit
- längere Lebensdauer
- gute Wärmedämmung
- preiswerter als Außenschattierung

Nachteile
- Lichtstrahlung gelangt in das Gewächshaus
- gewisse Beeinträchtigung des Luftaustausches durch Störung der Luftzirkulation

2 Unterschiedliche Schattierungsverfahren

1 Drei verschiedene Schattierungsgewebe aus Acryl (unten mit eingewebten Aluminiumbändchen)

im geschlossenen Zustand der Luftaustausch und im geöffneten Zustand der Lichteinfall so wenig wie möglich behindert wird.

> **! Merke**
>
> **Die Innenschattierungen sind häufig so konstruiert, dass sie neben der Schattierung auch zur Energieeinsparung - vor allem im Winter - dienen können. Nachts, wenn der Energieverbrauch am größten ist, werden sie geschlossen gehalten, sodass die Wärmeabstrahlung an die Dacheindeckung bzw. in den Dachraum hinein verringert wird.**

Neben der **Einsparung von Heizenergie** (bis zu 25 %) wird durch die Nutzung der Innenschattierung als Energieschirm auch der Gefahr einer **Unterkühlung der Pflanzen** (Pflanzentemperatur < Lufttemperatur) durch eine zu starke Wärmeabstrahlung während klarer Winternächte entgegengewirkt. Je nach Anbringung der Innenschattierung ergeben sich Vor- und Nachteile hinsichtlich der Klimatisierung des Gewächshauses (2).

3.2.2 Energieschirme

Mithilfe von Energieschirmen, die allgemein in Traufenhöhe angebracht werden, lassen sich bei zusätzlicher Isolierung von Steh- und Giebelwänden bis zu 60 % der Heizenergie einsparen. Im Gegensatz zu Schattierungen wird mit ihnen der Luftaustausch weitgehend verhindert. Angeboten werden Energieschirme aus verschiedenen Materialien,

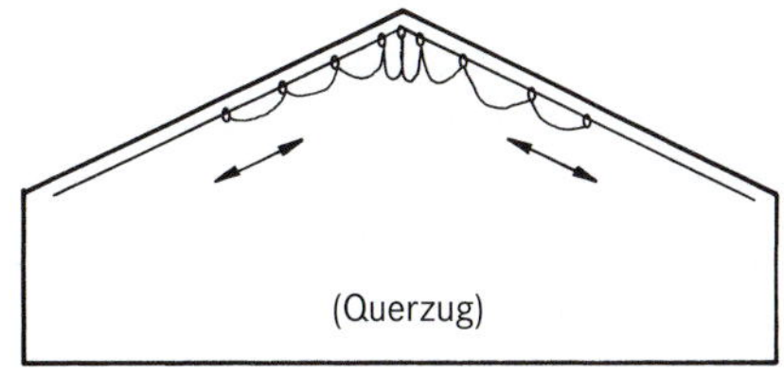

Vorteil
- gute Abpufferung von Temperaturschwankungen

Nachteile
- schlechte Abführung der eingestrahlten Wärme
- starke Behinderung des Luftaustausches
- zur Wärmedämmung wenig geeignet
- aufwendige Konstruktion und Handhabung

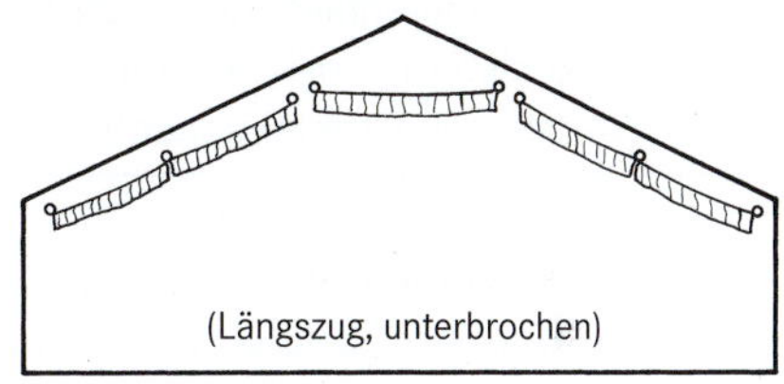

Vorteil ■ gute Luftzirkulation
Nachteil ■ schlechte Wärmedämmung

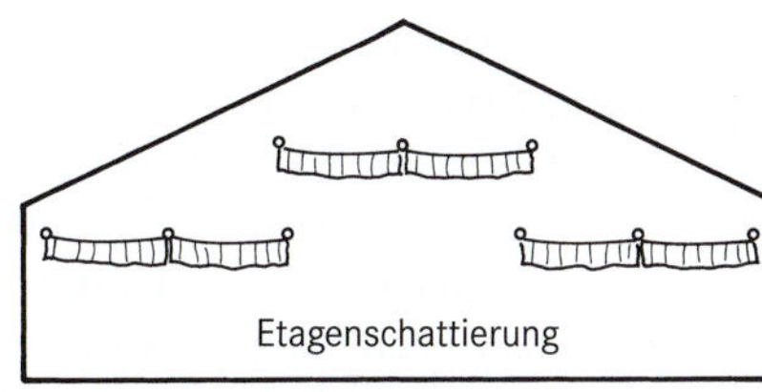

Vorteil ■ gute Luftzirkulation
Nachteil ■ schlechte Wärmedämmung

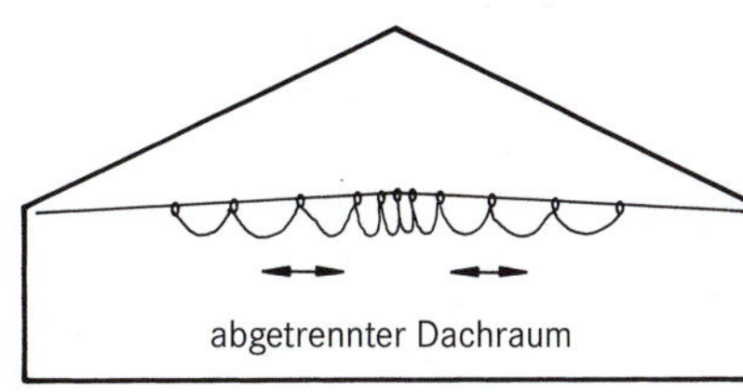

Vorteile
- gute Wärmedämmung
- gute Abführung eingestrahlter Sonnenwärme
- einfache Konstruktion und Handhabung

Nachteile
- Verringerung des Luftvolumens
- Behinderung der Luftzirkulation

Vorteile
- Anpassung an Sonneneinstrahlung
- gute Luftzirkulation und Wärmedämmung

Nachteil
- relativ teuer

2 Unterschiedliche Anbringung der Innenschattierung

wobei reflektierende Materialien die Wirkung erhöhen. Lamellenschirme mit dreh- oder klappbaren Aluminiumlamellen ermöglichen je nach Stellung der Lamellen einen Luftdurchtritt, sodass sie auch gut zur Schattierung eingesetzt werden können (**2**, S. 439).

! Merke

Da im Laufe der Nacht eine Abkühlung im Dachraum stattfindet, sollte die Öffnung der Schattierung bzw. des Energieschirms am Morgen in Schritten bzw. erst nach einer gewissen Erwärmung des oberen Luftraums erfolgen. Anderenfalls kann sich infolge von plötzlicher Abkühlung Kondenswasser an den Pflanzen bilden (Gefahr von Pilzinfektionen!).

Zudem kann der **Kaltlufteinfall** nur durch entsprechendes Hochfahren der Heizung kompensiert werden, was einen erhöhten Energiebedarf und Stress für die Pflanzen bedeutet.

Steigende Energiepreise sowie Vorgaben zur Einsparung von CO_2 haben dazu geführt, dass zwei übereinander angeordnete **Energieschirme** immer mehr zum Standard werden (2-Schirm-Installation). Der übliche Energieschirm, bestehend aus einem einlagigen, besser **doppellagigen** (oder gar dreilagigen) **Tuch** mit einem **Luftpolster (!)** zwischen der oberen und unteren Lage, sowie einem darunter befindlichen, transparenten Energieschirm, dem sogenannten **Tagesschirm**, der auch aus bis zu drei Lagen bestehen kann. Während der Nacht werden beide Schirme geschlossen. Morgens wird zunächst der Energieschirm geöffnet, der Tagschirm bleibt noch bis zur Erwärmung der darüber befindlichen Luft geschlossen, sodass der Einfall kalter Luft in den Pflanzenbestand verhindert wird. Bei sehr kalter Witterung wie auch bei kalten aber hellen Tagen im Winter kann der Tagschirm auch am Tage geschlossen bleiben, was zu einer zusätzlichen Energieeinsparung führt. In der Praxis hat sich bewährt, den Tagesschirm immer dann geschlossen zu halten, wenn geheizt werden muss. Einmal im Jahr sollten die Energieschirme gewartet und auf Undichtigkeiten untersucht werden.

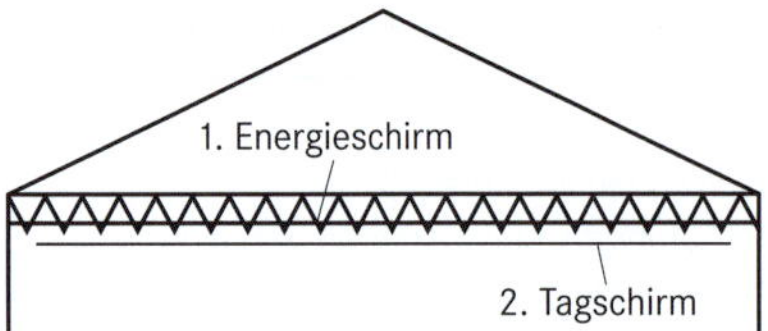

Vorteile
- sehr gute Wärmedämmung
- verhindert nach Öffnung des Energieschirms den Einfall von kalter Luft in den Pflanzenbestand
- höhere Blatttemperaturen
- durch Tagschirm höhere Lichtstreuung → bessere Lichtwirkung
- zusätzliche Energieeinsparung am Tage möglich

Nachteile
- Lichtminderung durch Tagschirm (ca. 15 %)
- Schattenwurf durch Pakete der geöffneten Energieschirme
- höhere Investitionskosten

1 Doppelte Energieschirme

? Aufgaben

◑ 1. Wozu dient die Schattierung in erster Linie?

◑ 2. Erklären Sie, wie durch eine Verringerung der Lichteinstrahlung die Lufttemperatur abgesenkt werden kann (s. S. 350).

◑ 3. Warum ist zum Absenken der Lufttemperatur eine Lüftung und zum Absenken der Pflanzentemperatur eine Schattierung am besten geeignet?

○ 4. Welchen Vorteil hat eine bewegliche Schattierung gegenüber einer Dauerschattierung?

◑ 5. Beschreiben Sie die automatische Steuerung einer beweglichen Schattierung.

◑ 6. Unterscheiden Sie Außen- und Innenschattierung hinsichtlich ihrer Vor- und Nachteile.

○ 7. Worauf ist bei der Anbringung der Gewebebahnen besonders zu achten?

○ 8. Warum wird das Schattierungsgewebe beim Öffnen in der Regel bei Längszug unter die Binder und bei Querzug unter den First gerafft/gefaltet?

◑ 9. Welche Vor- und Nachteile ergeben sich beim Anbringen der Schattierung
a) in Traufenhöhe und
b) parallel zum Dach
im Hinblick auf die Klimatisierung des Gewächshauses (**2**, S. 439)?

◑ 10. Erklären Sie, welchen Nutzen eine Schattierungsanlage auch im Winter haben kann.

◑ 11. Welche Anforderungen werden an eine gute Schattierungsanlage gestellt?

○ 12. Welche Anforderungen werden an einen Energieschirm gestellt?

◑ 13. Warum schließen sich die Anforderungen an einen Energieschirm und an eine Schattierung in der Regel gegenseitig aus?

◑ 14. Welche Vorteile bieten Lamellenschirme?

◑ 15. Welche Vor- und Nachteile ergeben sich durch die Installation von 2-Schirm-Systemen?

◑ 16. Was ist bei der Öffnung der Schattierung bzw. des Energieschirms am Morgen zu beachten?

◑ 17. Erkundigen Sie sich über die in Ihrem Betrieb mit Schattierungen bzw. Energieschirmen gemachten Erfahrungen und berichten Sie.

3.3 Heizungsanlagen

Der Treibhauseffekt (s. S. 350) führt zur Erwärmung der Gewächshäuser. Reicht die natürliche Sonneneinstrahlung nicht aus, um die gewünschte Innentemperatur zu halten, muss Wärme zugeführt werden. Dies geschieht mithilfe einer Heizungsanlage, die im Wesentlichen aus der Wärmeerzeugungsanlage und den zur Wärmeabgabe bestimmten Teilen, dem Heizsystem, besteht. Die Hauptbestandteile einer Wärmeerzeugungsanlage sind der Heizkessel und der Brenner.

3.3.1 Heizkessel

Im Heizkessel, der allgemein aus Stahl oder Gusseisen (Tab. 1) besteht, erfolgt die Verbrennung der Brennstoffe.

Stahlkessel	Gusskessel
■ aus einem Stück geschweißt ■ relativ leicht und preiswert ■ korrosionsanfällig ■ schweißbar ■ hohe Wärmeübertragung je Flächeneinheit → geringe Baugröße	■ aus einzelnen Gliedern aufgebaut (Gliederkessel) ■ relativ schwer und teuer ■ Montage vor Ort möglich ■ wenig korrosionsanfällig ■ einfache Reparatur ■ stoß- und schlagempfindlich ■ vorwiegend für kleine und mittlere Leistungen ■ kann entsprechend dem Leistungsbedarf in der Größe variiert werden

Tab. 1 Kennzeichen von Stahl- und Gusskesseln

Eine Unterscheidung der Wärmeerzeugungsanlagen kann nach vielen Kriterien erfolgen, z. B. nach der Art des Brennstoffs (z. B. Öl-, Gas- oder Kohleheizung), der Rauchgasführung (Zwei- oder Dreizugkessel) und der Art des Wärmeträgers (z. B. Warmwasser- oder Luftheizung).

3.3.2 Energieträger

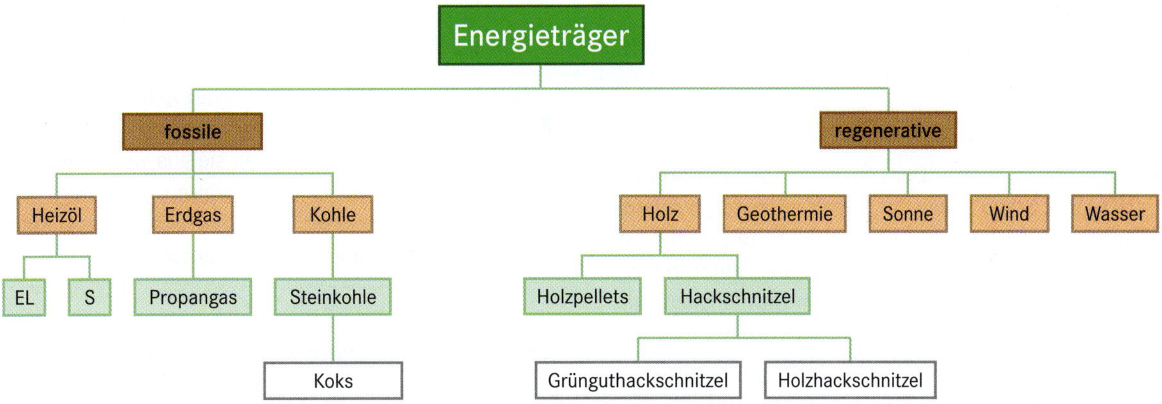

1 Energieträger

Fossile Energieträger

Als Brennstoffe zur Erzeugung von Wärme dienen vor allem Heizöl, Erdgas und Kohle. Nach dem **Brennstoffemissionshandelsgesetz (BEHG)** der Bundesregierung erfolgt seit 2021 eine **CO_2-Bepreisung** für fossile Brennstoffe. Der Preis von 30 €/t freigesetztem CO_2[1] im Jahre 2023 wird bis 2025 schrittweise auf 55 € erhöht. Der eigentliche Emissionshandel soll dann 2026 mit einem Preiskorridor von mindestens 55 und höchstens 65 Euro pro Tonne CO_2 beginnen. Danach soll ein freier Handel mit nicht abzuschätzenden Kosten und ohne Preiskorridor eröffnet werden.

[1] Bei der Verbrennung von 1 t Kohle entstehen etwa 3 t CO_2.

Heizöl

Heizöl wird bei der Destillation von Erdöl gewonnen.

> **! Merke**
>
> Im Gartenbau wie auch in den Haushalten wird vorwiegend Heizöl der Sorte EL (extra leichtflüssig) verwendet.

Heizöl der Sorte S (schwerflüssig) ist nur für Feuerungsanlagen über 5 MW (Megawatt) zugelassen. Damit es fließen kann, muss es vorgewärmt werden. Der maximal zulässige **Schwefelgehalt** beträgt 0,2 (EL) bzw. 1,0 Gew.-% (S). Weitere Kenndaten sind der Pourpoint und der Flammpunkt.

Der **Pourpoint** (engl. Fließpunkt) ist ein Maß für das Kälteverhalten von Erdöl. Er gibt die Temperatur an, bei der es gerade noch fließt. Bei Heizöl EL ist dies bei -6 °C der Fall. Der **Flammpunkt** (FP) gibt die niedrigste Temperatur brennbarer Flüssigkeiten an, bei der sich so viel Dämpfe entwickeln, dass sich ein durch Fremdentzündung entflammbares Dampf-Luft-Gemisch bildet.

Nach dem Flammpunkt werden brennbare Flüssigkeiten in **Gefahrenklassen** eingeteilt: Gefahrenklassen I (FP < 21 °C, z. B. Benzin), II (FP 21 bis 55 °C) und III (FP 55 bis 100 °C, z. B. Heizöl), Gefahrensymbole s. S. 244.

Erdgas

Erdgas ist eine Sammelbezeichnung für in der Erdkruste vorkommende Naturgase. Diese werden u. a. in die Gruppen L (Erdgas) und H (Erdölgas = Erdgas, das bei der Erdölförderung frei wird) unterteilt. Erdgas besteht hauptsächlich aus dem farblosen, bläulich brennenden Methan (CH_4). Je höher der Gehalt an diesem Kohlenwasserstoff, desto höher ist sein Brennwert. en

> **! Merke**
>
> **Erdgas ist ein relativ umweltfreundlicher Brennstoff. Im Gegensatz zu den anderen fossilen Brennstoffen ist sein Schwefelgehalt so gering, dass bei der Verbrennung so gut wie keine Schwefelverbindungen freigesetzt werden. Der Ausstoß von Stickoxiden (NO_x) und Staub sowie der Gehalt an anderen schadstoffbildenden Stoffen, wie z. B. Fluor und Chlor, ist ebenfalls äußerst gering. Das bei der Verbrennung von Erdgas anfallende CO_2 kann im Gewächshaus als Dünger eingesetzt werden.**

Beim **Propangas** handelt es sich um ein verflüssigtes, unter Druck stehendes Gas (Flüssiggas), das bei der Verarbeitung von Erdgas und Erdöl gewonnen wird. Im Gegensatz zum Erdgas, das über unterirdische Ferngasleitungen (Pipelines) in den Betrieb gelangt, wird es in Druckflaschen bzw. in mit speziellen Sicherheitsvorrichtungen ausgestatteten Tanklastzügen geliefert. Lagerung und Verwendung sind mit hohen Sicherheitsauflagen verbunden (Explosionsgefahr!).

Kohle

Kohle ist ein kohlenstoffreicher fester Brennstoff, der durch die Verkohlung organischer Substanz entstanden ist. Dabei unterscheidet man zwischen Braun- und **Steinkohle**. Im Gartenbau hat nur die Steinkohle als Energieträger eine Bedeutung, die in verschiedenen Arten, wie Anthrazit und Gasflammkohle, unterteilt wird. **Koks** entsteht überwiegend durch die Verkokung (starkes Erhitzen auf Temperaturen um 1 000 °C unter Luftabschluss) von Steinkohle.

Vorteile:
- hohe Reserven, verglichen mit einem möglichen Ende der Ölförderung in diesem Jahrhundert
- geringerer und nicht so hektischer Preisanstieg
- größere Unabhängigkeit bei der Energieversorgung

Nachteile:
- höhere Investitions-, Entsorgungs- (Ascheentsorgung, Rauchgasreinigung), Wartungs- und Personalkosten
- höhere Umweltbelastung (CO_2- und SO_2-Ausstoß)
- Transportaufwendungen (Antransport, Beschickung, Förderung)
- notwendige Lagerflächen
- schlechtere Regelbarkeit → zur Deckung auftretender Spitzenlasten – wie auch zur Abdeckung im Grundlastbereich unter 30 % Nennleistung – zusätzlich ein gut regelbarer Gas-/Ölbrenner oder ein ausreichend großer Pufferspeicher (Speichertanks mit Wasserinhalten von 50 bis 250 m^3) erforderlich.

In Zeiten steigender Öl- und Gaspreise erleben Kohlekessel (**1**) zwar eine Renaissance, aufgrund der höheren Investitions- und Betriebskosten werden sie aus wirtschaftlicher Sicht jedoch erst bei einem Heizölverbrauch von über 100 000 l/Jahr interessant. Voraussetzung sind eine **automatische Beschickung** und **Ascheentsorgung**.

Regenerative (erneuerbare) Energieträger

Neben **fossilen**, nicht erneuerbaren (nicht regenerierbaren) Energiequellen werden zunehmend auch **regenerative** (sich erneuernde) Energiequellen, z. B. Wind- und Wasserkraft, Sonnenenergie, Biogas, Erd- und Abwärme sowie nachwachsende Rohstoffe wie Stroh und Holz, eingesetzt (**1**, S. 441).

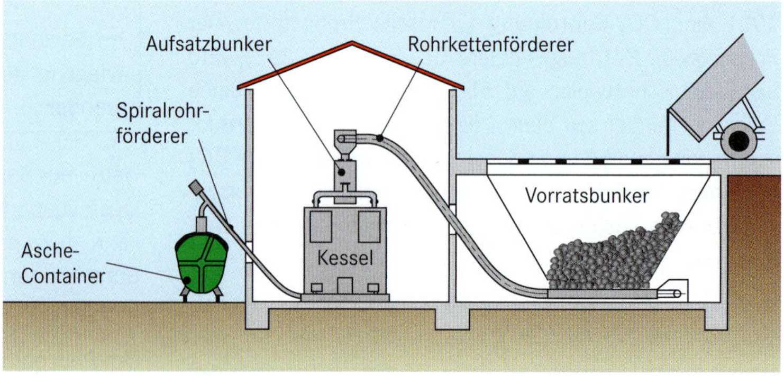

1 Kohlekessel mit automatischer Beschickung und Ascheentsorgung

Holz

Holz hat im Zuge steigender Energiepreise und dem Wunsch nach mehr Unabhängigkeit von Öl und Gas als Brennstoff an Bedeutung gewonnen.

> **! Merke**
>
> **Im Gegensatz zu den fossilen Brennstoffen weist Holz eine neutrale CO_2-Bilanz auf, da es nicht mehr Kohlendioxid beim Verbrennen freisetzt, als die Pflanzen zuvor zum Wachsen der Atmosphäre entzogen haben.**

Als Brennstoffe stehen Abfälle aus Sägewerken, unbelastete Althölzer, Schnittholzanfall aus dem Garten- und Landschaftsbau sowie der Holz- und Forstwirtschaft zur Verfügung. Zur Energiegewinnung im Gartenbau wird Holz vor allem in Form von **Pellets** und **Hackschnitzel** verbrannt.

> **! Merke**
>
> **Holzpellets** bestehen aus gepressten Sägespänen und anderen unbehandelten Nebenprodukten der Holz- und Forstwirtschaft.

Mit 4,9 kWh/kg (als Industrieware standardisierter Brennstoff) weisen die 6 bis 8 mm kleinen Presslinge eine hohe Energiedichte auf (Öl 10,2 kWh/l). Entsprechend benötigen sie nur wenig Lagerraum, sind gut zu handhaben, zu dosieren und ermöglichen eine gute Verbrennung und Regelbarkeit. Weil sie auch sehr gut in Kleinfeuerungsanlagen, also im Wohnhausbereich, verheizt werden können, führt die steigende Nachfrage zu entsprechend hohen Preisen, sodass der Brennstoff, verglichen mit Öl und Gas, vermutlich nur langfristig wirtschaftlich sein kann (1).

Hackschnitzel stellen einen preiswerten Brennstoff dar. Die Wirtschaftlichkeit eines Brennstoffs hängt jedoch nicht nur vom Preis, sondern auch von seinen Eigenschaften ab. So werden ein relativ großer Lagerraum sowie stabile Fördereinrichtungen zur Beschickung der Anlage benötigt.

> **! Merke**
>
> **Für den Heizwert des Materials ist neben der Holzqualität der Wassergehalt von Bedeutung. Je höher der Wassergehalt, desto schlechter der Heizwert (s. Abschnitt Brenn- und Heizwert).**

Hackschnitzel aus Grünschnitt, sogenannte **Grünguthackschnitzel** (Wassergehalt 40–50 %), sind zwar deutlich preiswerter als Holzhackschnitzel (Wassergehalt 20–35 %), aufgrund ihres hohen Wassergehalts ist ihr Heizwert mit 2,1 kWh/kg (bei 50 % Feuchte) jedoch auch wesentlich geringer als der von **Holzhackschnitzeln** mit 3,8 kWh/kg

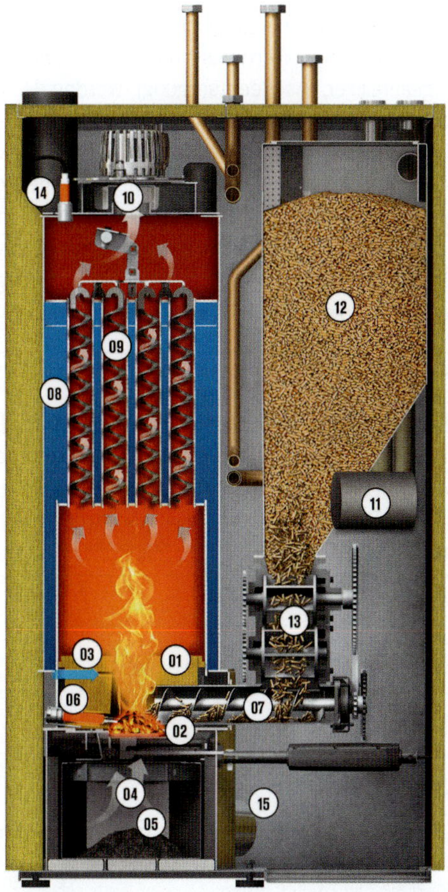

01	Vollschammotierte Brennkammer	09	Turbolatoren mit autom. Kesselputzeinrichtung
02	Schieberost	10	Saugzuggebläse
03	Sekundärluftstrom mit Einlasskanälen	11	Pellets-Saugturbine
04	Primärluft	12	Pellets-Vorratsbehälter
05	Aschelade	13	Doppelzellrad-Dosierschleuse
06	Autom. Zündung	14	Lambdasonde serienmäßig
07	Einbringschnecke	15	Luftanschluss RLU/RLA
08	Wärmetauscher		

1 Pellets-Heizkessel mit automatischer Beschickung

(bei 20 % Feuchte). Je höher der Wassergehalt, desto höher sind auch die Anforderungen, die an die Heizanlage gestellt werden. Der unterschiedliche Wassergehalt ist dann auch der Grund dafür, warum Holzhackschnitzel-Lieferungen nicht nach dem Gewicht, sondern nach dem Volumen abgerechnet werden sollten. Das reellste wäre eine **Abrechnung nach der gelieferten Wärmemenge**. Holzqualität und Wassergehalt wären dann von untergeordneter Bedeutung.

Aufgrund der hohen Investitions- (teurerer Kessel, zusätzliche Fördereinrichtungen sowie Öl-/Gasbrenner bzw. Pufferspeicher zur Abdeckung von Spitzenlasten), Betriebs- (Beschickung mittels Radlader, Elektrofilter zur Reduzierung des Staubgehalts in den Abgasen, große Lagerfläche für trockenes Material), Wartungs- und Entsorgungskosten (Störungsanfälliger, Ascheentsorgung) werden Holzfeuerungsanlagen aus wirtschaftlicher Sicht erst bei einem Heizölverbrauch von über 100 000 bzw. 200 000 l/Jahr interessant. Voraussetzung sind eine automatische Beschickung und Ascheentsorgung sowie eine optimale Abstimmung von Förder- und Kesseltechnik auf den Brennstoff. Wichtig ist auch, dass die Anlage nicht zu hoch ausgelegt wird, weil sonst die nötige Auslastung nicht erreicht wird.

! Hinweis

Förderprogramme der EU, des Bundes und der Länder bieten finanzielle Hilfen bei der Nutzung regenerativer Energiequellen. Wichtiger Ansprechpartner ist die kfw-Förderbank (www.kfw-foerderbank.de) in Frankfurt.

Geothermie oder Erdwärme

! Merke

Geothermie oder Erdwärme bezeichnet die unterhalb der Erdoberfläche in Form von Wärme entstandene und gespeicherte Energie.

Im Innern der Erde ist genug Energie, um den gesamten Weltenergieverbrauch für Millionen Jahre zu decken. So werden z. B. in Island über 50 % der **Primärenergie**[1] aus Geothermie gewonnen. Mit **Erdwärmesonden** (geschlossene Kunststoffrohrsysteme, in denen ein Wasser-Sole-Gemisch zirkuliert), die in 40 bis 100 m tiefen Bohrlöchern installiert werden, wird der Erde Wärme entzogen. Mithilfe von **Wärmepumpen** wird die gewonnene Erdwärme anschließend auf das benötigte Heiztemperaturniveau angehoben (1 und 1, S. 445).

[1] Energie, die in natürlich vorkommenden Energiequellen steckt.

Eine **Wärmepumpe** besteht aus drei wesentlichen Teilen:

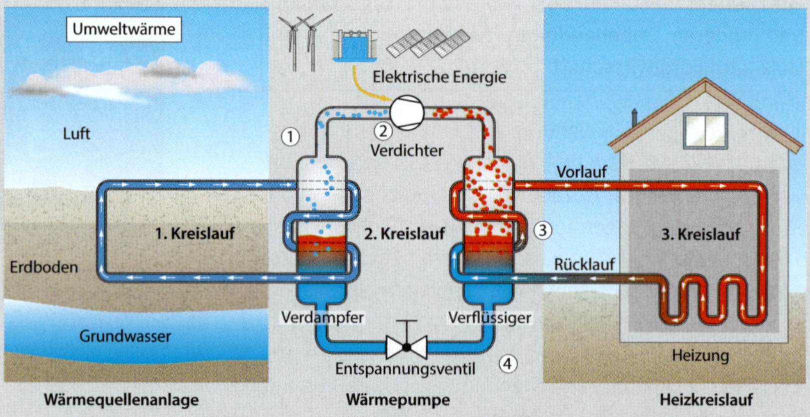

1. Wärmequellenanlage
In der Wärmequellenanlage zirkuliert eine wässrige Lösung, die nicht gefriert. Sie entzieht der Umwelt, also der Luft, dem Erdboden oder dem Grundwasser die benötigte Wärme und leitet sie zum zweiten Kreislauf, der eigentlichen Wärmepumpe.

2. Eigentliche Wärmepumpe
Die **Wärmepumpe** arbeitet mit einem **Kältemitte**l, einer Flüssigkeit, die bereits bei einer sehr geringen Temperatur (Minustemperaturen reichen bereits aus) verdampft. Im **Verdampfer** ① wird die aus der Umgebung gewonnene Wärme auf das Kältemittel übertragen. Dies führt dazu, dass das Kältemittel verdampft. Es geht vom flüssigen in den gasförmigen (dampfförmigen) Zustand über. Im **Verdichter/Kompressor** ② wird das lauwarme Kühlmittel verdichtet (komprimiert). Durch das Zusammenpressen der Luft steigt der Druck und die Temperatur auf etwa 45 °C an. Für die Verdichtung ist elektrische Energie (Strom) notwendig.

3. Heizkreislauf
Im **Verflüssiger/Kondensator** ③ wird die Wärme auf das im **Heizkreislauf** zirkulierende Wasser übertragen (Heizwärme) und gelangt so in **Heizkörper** und **Warmwasserspeicher**. Durch die Wärmeabgabe an das Heizungssystem kühlt sich das Gas ab und wird wieder flüssig (kondensiert).

Das flüssige Kältemittel gelangt anschließend zum **Entspannungsventil** ④. Hier wird sein Druck gesenkt, sodass es sich weiter abkühlt und seine Ausgangstemperatur erreicht. Schließlich erreicht das Kältemittel wieder den Verdampfer und der Kreislauf beginnt von vorne.

Eine **Wärmepumpe** ist eine Heizung, die Wärme aus dem Erdreich, dem Grundwasser oder der Luft entzieht und auf das zum Heizen notwendige Temperaturniveau anhebt. Dabei arbeitet sie umgekehrt wie ein Kühlschrank. Während der Kühlschrank seinem Innenraum die Wärme entzieht und ungenutzt nach außen abgibt, entzieht die Wärmepumpe dem Außenbereich die Wärme und gibt sie nach Innen als Heizwärme ab. Der Kühlschrank erzeugt Kälte, die Wärmepumpe Wärme. Als Antriebsenergie benötigt auch sie Strom, der im günstigsten Fall mit Sonne (Photovoltaikanlage), Windkraft oder Wasser gewonnen wird, sodass komplett auf fossile Brennstoffe verzichtet werden kann. Mit 1 kWh Strom lassen sich bis zu 3 kWh Heizwärme erzeugen. Eine Wärmepumpe arbeitet umso effektiver, je wärmer die Umgebung und je niedriger die notwendige Heiztemperatur ist. Je kälter die Umgebung und je höher die nötige Vorlauftemperatur, je größer also der Temperaturunterschied zwischen Wärmequelle und Heizungsanlage ist, desto mehr Strom verbraucht sie und desto schlechter fällt entsprechend ihre Wirtschaftlichkeit aus.

1 Funktionsweise einer Wärmepumpe

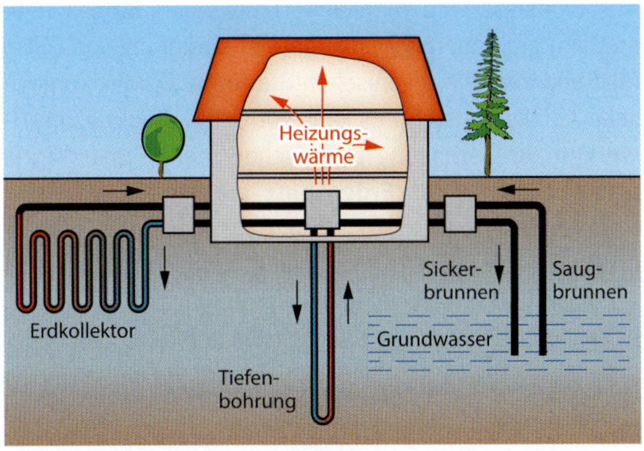

1 Erdwärme (geothermische Energie) als Energielieferant: Mit der Wärme unter der Erdoberfläche wird Wasser erhitzt, das zum Beispiel in Heizungen eingespeist werden kann.

Im niedersächsischen Kreis Friesland fördert das Bundesministerium für Umwelt, Naturschutz und Reaktorsicherheit (BMU) als Pilotvorhaben **Energienutzung aus dem Grundwasser** aus rund 30 m Tiefe, das ganzjährig ca. 10 °C aufweist.

Die Erdwärme wie auch viele andere regenerative Energiequellen bieten ein riesiges Energiepotenzial, ihre Nutzung im Gartenbau steht jedoch noch in den Anfängen.

Windkraft

Windenergie

2 Offshore-Windparks tragen erheblich zur Energiewende bei

Die **Bewegungsenergie des Windes** wird genutzt, um die Rotorblätter von Windkraftanlagen zu drehen. So werden Generatoren angetrieben, die Strom erzeugen. Die **Produktion von Strom mittels Windenergie** (**2**) spielt eine sehr große Rolle für die Energiewende. Sie leistet den größten Beitrag zur Stromerzeugung aus erneuerbaren Energien. Zunehmende Bedeutung gewinnt die Windenergienutzung auf See (Offshore-Windenergie). Kleinere Windenergieanlagen können an Standorten mit guten Windverhältnissen ggf. interessant für Gartenbaubetriebe sein. Mit Wind lässt sich auch nachts und vor allem im Winter, wenn der Energiebedarf (Heizung, Licht) besonders hoch ist, Strom produzieren. Nachteilig ist, dass der Wind sehr unregelmäßig weht.

Sonnenenergie

Aus dem Sonnenlicht kann mithilfe von **Fotovoltaikanlagen** direkt Strom erzeugt werden. In Gartenbaubetrieben können die Module auf den Dächern von z. B. Arbeits- und Verwaltungsgebäuden installiert werden. Zudem gibt es Systeme, die in die Glasdächer integriert werden können. Aufgrund gesenkter Einspeisevergütung und hoher Stromkosten ist vor allem die Nutzung des Stroms im eigenen Betrieb interessant. Mit **Solarkollektoren**, in denen eine sogenannte Solarflüssigkeit zirkuliert, wird die Sonnenstrahlung zur Gewinnung von Wärme zum Heizen und zur Warmwasseraufbereitung gewonnen (**3**).

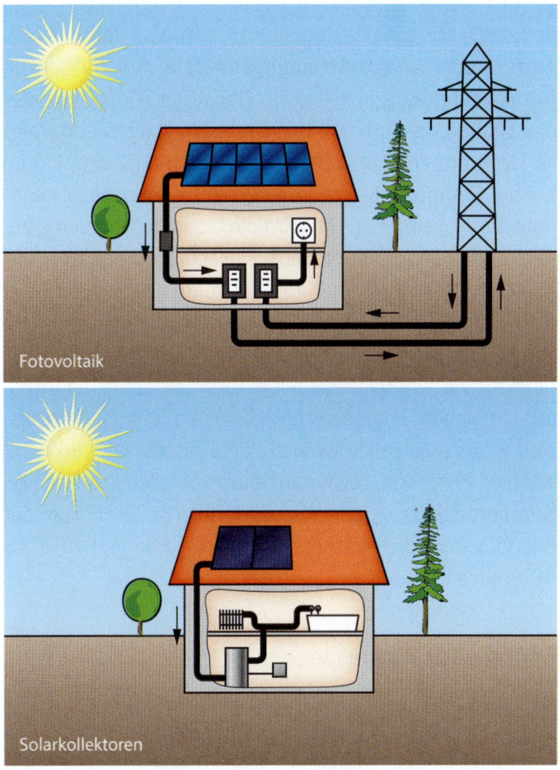

3 Sonnenlicht als Energielieferant

Wasserkraft

1 Wasserkraft als Energielieferant (Speicherkraftwerk)

Weltweit ist die Nutzung der Wasserkraft eine der wichtigsten Energiequellen (**1**). Dabei wird die **Bewegungsenergie des Wassers** (fließt z. B. aus aus einem Stausee (1) mit hohem Druck auf eine Turbine) mit Hilfe von Turbinen genutzt, indem sie die **Strömungsenergie** des Wassers in **Rotationsenergie** umwandeln. Der Wasserdruck versetzt das Laufrad der Turbine (2) in Drehbewegungen und treibt so Generatoren (3) an. Diese erzeugen den Strom, indem sie die Rotationsenergie in **elektrische Energie** umwandeln. Im Transformator (4) wird die erzeugte Spannung zur Verteilung über die Stromnetze in Hochspannung transformiert. In Umspannwerken (5) und Trafostationen wird der Strom schließlich in die in Haushalten übliche Spannung von 230/400 Volt umgewandelt. Nach der Art der Wassernutzung zur Energiegewinnung kann zwischen Laufwasser-, Speicher-, Pumpspeicher-, Gezeiten- und Wellenkraftwerken unterschieden werden. Kleinwasserkraftwerke mit weniger als 1 MW Leistung dienen vor allem zur lokalen Stromproduktion. Über Wasserkraftwerke lässt sich der Energiegehalt des Wassers (kinetische Energie) zu etwa 90 % nutzen.

Energie aus Biomasse

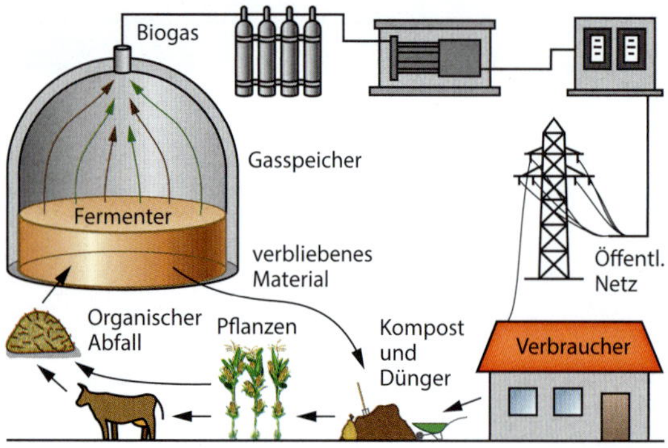

2 Energiegewinnung aus Biomasse

Aus Biomasse wird mithilfe von Bakterien **Biogas** (Biomethan) gewonnen (**2**), das bei der Vergärung von Gülle, Mist und anderen organischen Stoffen (z. B. Mais, organische Abfälle) entsteht. Es kann vor Ort in **Blockheizkraftwerken** zur Gewinnung elektrischer Energie und Wärme genutzt oder in das **Erdgasnetz** eingespeist sowie zur Herstellung von Biokraftstoffen genutzt werden. Die zurückbleibenden Gärreste sind als Dünger nutzbar. Anders als Windräder und Solarzellen können Biogasanlagen auch bei Windstille und in der Nacht Strom liefern.

Nachteile: Der Anbau von Energiepflanzen steht in Konkurrenz zur Nahrungsmittelproduktion. Großflächige Monokulturen von Mais (energiereichste Pflanze) führen zur Zerstörung von Ökosystemen und Veränderung des Landschaftsbildes, CO_2-Belastung durch weite Transporte, Geruchsbelästigung und Klimabelastung durch freigesetztes Methan[1].

> **! Hinweis**
>
> **Energieagenturen** der Länder informieren auch über Technologien, die zurzeit noch in den Anfängen stecken (www.energieagenturen.de).

Wasserstoff als Energieträger

Wasserstoff gilt als vielseitiger und umweltfreundlicher Energieträger der Zukunft. Sein Heizwert ist deutlich höher als der von Heizöl oder Erdgas. Bei der Verbrennung von Wasserstoff entstehen keine umwelt- oder klimaschädlichen Stoffe, sondern nur Wasser. Zudem lässt sich das Gas einfach speichern und transportieren. So können Wasserstoff-Brennstoffzellen eine Alternative zu den Batterien der Elektroautos sein. Derart betriebene Fahrzeuge besitzen eine große Reichweite und lassen sich an entsprechenden Wasserstofftankstellen schnell auftanken. Auf der Erde ist Wasserstoff reichlich vorhanden. Gewonnen werden kann er u. a. durch die **Elektrolyse von Wasser**. Dabei wird das Wasser (H_2O) mithilfe elektrischen Stroms in seine beiden Bestandteile Wasserstoff und Sauerstoff gespalten. Aus zwei Wassermolekülen werden je zwei Wasserstoff- und ein Sauerstoffmolekül gewonnen:

$$\underset{\text{Wasser}}{2\,H_2O} \rightarrow \underset{\text{Wasserstoff}}{2\,H_2} + \underset{\text{Sauerstoff}}{O_2}$$

Je nach Art der Herstellung und des verwendeten Energieträgers wird der erzeugte Wasserstoff mit unterschiedlichen Farben gekennzeichnet.

[1] Ein Gramm Methan trägt 28-mal so stark zum Treibhauseffekt bei wie ein Gramm Kohlendioxid.

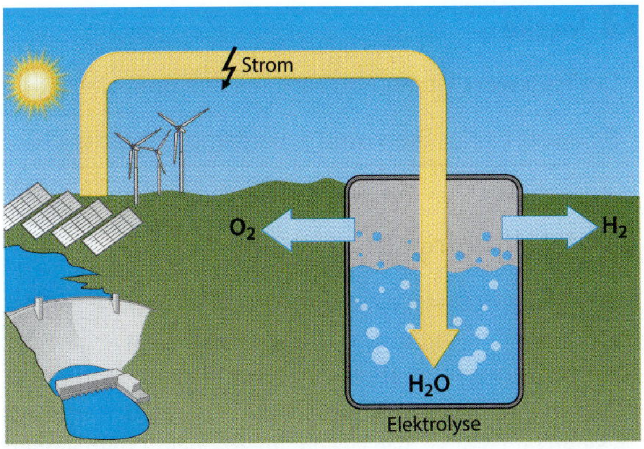

1 Produktion von Wasserstoff

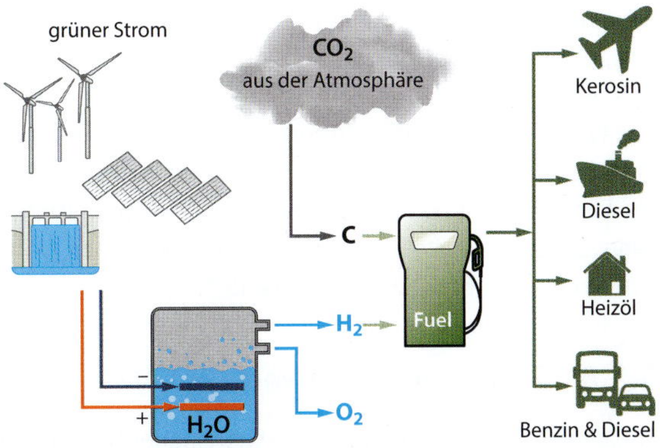

2 Produktion und Nutzung von synthetischen Kraftstoffen

Wird für die Herstellung von Wasserstoff (**1**) **Strom aus erneuerbaren (regenerativen) Energiequellen** genutzt, entsteht kein klimaschädliches CO_2. Der produzierte Wasserstoff ist somit klimaneutral und wird als **grüner Wasserstoff** bezeichnet. Je nach genutztem Energieträger und der Klimaneutralität des Wasserstoffs wird u. a. auch von grauem, blauem oder türkisem Wasserstoff gesprochen. **Grauer Wasserstoff** wird auf Grundlage fossiler Energieträger wie Erdgas oder Kohle gewonnen. Dabei wird CO_2 in die Atmosphäre abgegeben. **Blauer Wasserstoff** wird im Prinzip wie grauer Wasserstoff hergestellt. Der Unterschied ist, dass das entstehende CO_2 unterirdisch gespeichert (max. 90 %) oder als Rohstoff weiterverarbeitet wird. **Türkiser Wasserstoff** wird aus Methan (CH_4) gewonnen. Dabei entsteht kein Kohlendioxid, sondern fester Kohlenstoff. **Roter, pinker** oder **violetter Wasserstoff** wird wie grüner Wasserstoff durch Elektrolyse gewonnen, allerdings stammt der Strom aus Kernenergie. Entstammt der Strom einem Mix aus erneuerbaren und fossilen Energieträgern, spricht man von **gelbem Wasserstoff**.

Besondere Bedeutung kommt dem Wasserstoff als möglicher **Speicher für regenerative Energien** zu. So lässt sich mithilfe der Elektrolyse überschüssiger Strom aus Windkraft oder Solaranlagen in Form von Wasserstoff speichern. Bei erhöhten Strombedarf oder in Zeiten geringen Energieertrags, wie nachts oder bei Windstille, kann dann mithilfe von Brennstoffzellen unter Zugabe von Sauerstoff Wasserstoff wieder in Wasser zurückverwandelt und die gespeicherte Energie genutzt werden (= **Rückverstromung des Wasserstoffs**). Zudem können durch die Stromspeicherung Überlastungen des Stromnetzes vermieden werden, sodass Solar- und Windkraftanlagen nicht abgeschaltet werden müssen, wenn die Sonne anhaltend scheint oder der Wind stark weht.

Die Installation von Elektrolyse-Anlagen (Elektrolyseure) auf hoher See ermöglicht den in Offshore-Parks gewonnenen Windstrom direkt vor Ort zur Produktion von Wasserstoff zu nutzen **(Offshore-Wasserstofferzeugung)**[1]. Über eine Wasserstoffpipeline kann das so erzeugte Gas an Land gebracht und z. B. über das vorhandene Gasnetz der Verwendung zugeführt oder auch in **Kavernen** (unterirdische Hohlräume, z. B. Salzstöcke) gespeichert werden. Da Wasserstoff im gasförmigen Zustand ein relativ großes Volumen einnimmt, wird er entweder komprimiert (bei kleinen Speichermengen, z. B. in Fahrzeugen) oder verflüssigt (bei größeren Speichermengen, z. B. Speichertanks, und beim Transport über weite Strecken).

Aus dem bei der Elektrolyse gewonnenen **Wasserstoff und Kohlendioxid** können Kraftstoffe synthetisiert werden. Diese mit Strom aus Wasser und Kohlendioxid hergestellten **synthetischen Kraftstoffe** werden als **E-Fuel** bezeichnet. Je nach Art ihrer chemischen Verbindung, haben sie die Eigenschaften von Diesel, Benzin oder Kerosin. Im Gegensatz zu diesen sind sie aber CO_2-neutral. E-Fuels können allen anderen Kraftstoffen beigemischt oder in reiner Form in Verbrennungsmotoren genutzt werden. Ihre Abgabe erfolgt wie gewohnt über das Tankstellensystem. Nachteilig ist der im Vergleich zum Antrieb von Elektromotoren etwa fünffach höhere Strombedarf (**2**).

Nachteile bei der Wasserstoffnutzung sind die hohen Produktionskosten und der geringe Wirkungsgrad[2]. So beträgt z. B. der Gesamtwirkungsgrad bei der Rückverstromung 45 % oder beim Antrieb von Elektromotoren 33 %. Das heißt, dass vom zugeführten grünen Strom weniger als die Hälfte oder nur etwa ein Drittel genutzt werden können,

---

[1] Bis Ende 2028 soll der erste deutsche Offshore-Wasserstoff-Park in der Nordsee errichtet werden.

[2] Der Wirkungsgrad gibt das Verhältnis Nutzenergie zur zugeführten Energie in % oder als Dezimalzahl an (z. B. 45 % = 0,45). Er gibt an, welcher Anteil der aufgewandten Energie nutzbar ist. Ein Wirkungsgrad von 45 % besagt, dass von der zugeführten Energie nur 45 % genutzt werden können. Der Wirkungsgrad erreicht nie 1 oder 100 %, da bei Energieumwandlungen immer Verluste, z. B. in Form von Wärme, auftreten.

ein erheblicher Teil der Primärenergie verloren geht. Durch Einspeisung der bei der Wasserstoffherstellung und der Wasserstoff-Rückverstromung entstehenden Abwärme in das Wärmenetz kann die Effizienz erhöht werden. Es wird davon ausgegangen, dass Deutschland langfristig maximal ein Fünftel seines Wasserstoffbedarfs selbst produzieren kann, sodass Importe aus sonnen- und windreichen Drittländern eine große Rolle spielen werden.

3.3.3 Brenn- und Heizwert

Entscheidend für die Auswahl der Energiequelle ist neben dem Preis pro Energieeinheit vor allem die Verfügbarkeit sowie der mit einer Nutzung verbundene technische Aufwand und die Umweltbelastung/Umweltauflagen. Vergleichsmaß für die Güte eines Brennstoffs sind sein Brenn-/Heizwert (1).

> **! Merke**
>
> Der **Brennwert** ist ein Maß für die bei der Verbrennung von 1 kg eines flüssigen (z. B. Erdöl) oder festen (z. B. Kohle) bzw. 1 m^3 eines gasförmigen Brennstoffs (z. B. Erdgas) frei werdende Wärmemenge:
>
> $$\text{Brennwert } (H_s)^1 = \frac{\text{Wärmeenergie (kJ)}}{\text{Masse (kg) oder Volumen } (m^3)}$$

Da Brennstoffe auch Wasser enthalten bzw. bei der Verbrennung Wasserdampf entsteht (s. Verbrennung), wird ein Teil der frei werdenden Energie zur Verdampfung des Wassers verbraucht (1, S. 340). Dadurch wird die Wärmeabgabe verringert, sodass die für die Verdampfung des Wassers notwendige Wärmemenge vom Brennwert abgezogen werden muss, um den nutzbaren Teil des Brennwerts, den **Heizwert** (früher: unterer Heizwert), zu bekommen.

[1] s: franz. **s**upérieur = oberer

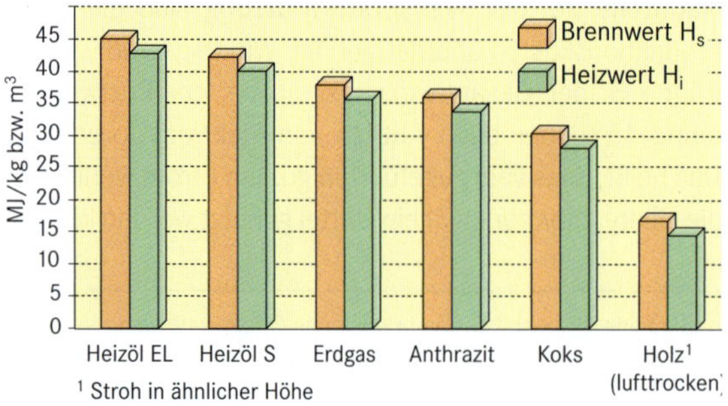

Umrechnungswerte
1 kJ (Kilojoule) = 1000 J
1 MJ (Megajoule) = 1000 kJ
1 J (Joule) = 1 Ws (Wattsekunde)
3600 J = 1 Wh (Wattstunde)
3600 kJ = 3,6 MJ = 1 kWh (Kilowattstunde)

1 Brenn- und Heizwerte (Durchschnittswerte)

> **! Merke**
>
> Der **Heizwert** ist der nutzbare Teil des Brennwerts:
>
> Heizwert $(H_i)^2$ = Brennwert – Verdampfungsenergie

3.3.4 Wirkungsgrad

Wie weit der Heizwert eines Brennstoffs tatsächlich genutzt werden kann, hängt u. a. vom Wirkungsgrad (η = Eta) der Feuerungsanlage ab (**feuerungstechnischer Wirkungsgrad** → Schornsteinfegermessung). Er ist auf den Brenner bezogen und gibt an, wie viel der im Brennstoff enthaltenen Energie (bezogen auf den Heizwert!) an den Kessel abgegeben wird. Bestimmt wird er durch den CO_2-Gehalt im Abgas als Maß für den Luftüberschuss und die Abgastemperatur (s. Verbrennung). Unvollständige Verbrennung und Wärmeverluste mit den Abgasen führen dazu, dass die an den Kessel abgegebene Wärmemenge immer kleiner ist als die zugeführte Wärmemenge. Deswegen ist der feuerungstechnische Wirkungsgrad stets kleiner als 1 bzw. 100 % (üblich > 90 %). Hinzu kommen Wärmeverluste des Kessels durch Wärmeabstrahlung. Die Höhe dieser Verluste hängt vor allem von der Kesseloberfläche und -isolierung ab. Bei guter Isolierung moderner Kessel liegen sie bei unter 0,2 % der Kesselnennleistung, sodass der **Kesselwirkungsgrad** (2)

[2] i: franz. **i**nférieur = unterer

2 Der Kesselwirkungsgrad gibt an, wie viel der mit dem Brennstoff zugeführten Wärmemenge an das Heizungswasser abgegeben wird etwas niedriger als der feuerungstechnische Wirkungsgrad ist. Berücksichtigt man, dass von 8 760 Stunden im Jahr der Brenner in der Regel nur 500 bis 1 500 Stunden in Betrieb ist, der Kessel aber in Bereitschaft, d. h. auf Temperatur gehalten wird, wird deutlich, wie wichtig eine gute Kesselisolierung ist.

! Merke

Der Jahreswirkungsgrad (Gesamtwirkungsgrad) eines Kessels gibt Aufschluss über die tatsächliche Nutzung des Brennstoffs unter zusätzlicher Berücksichtigung der Stillstands- oder Bereitschaftsverluste. Er liegt heute allgemein bei 85 bis 90 %.

3.3.5 Verbrennung

Eine Verbrennung ist nichts anderes als eine besonders schnell ablaufende Oxidation, d. h. Reaktion chemischer Elemente oder Verbindungen mit Sauerstoff, bei der eine rasche Freisetzung der im Brennstoff chemisch gebundenen Energie in Form von Wärme erfolgt:

Beispiel

$$\left.\begin{array}{lll} C + O_2 \rightarrow & CO_2 & \text{(Kohlendioxid)} \\ 2\,H_2 + O_2 \rightarrow & 2\,H_2O & \text{(Wasser)} \\ S + O_2 \rightarrow & SO_2 & \text{(Schwefeldioxid)} \end{array}\right\} + \text{Wärme}$$

Eine Verbrennung kann nur unter Sauerstoffzufuhr erfolgen. Nur wenn jedes Brennstoffmolekül mit Sauerstoff reagieren kann, kommt es zu einer **vollständigen Verbrennung.** Die dazu erforderliche Luftmenge hängt von dem Brennstoff und der Heizungsanlage ab und lässt sich berechnen. Da es jedoch unter praktischen Bedingungen nicht möglich ist, Brennstoff und Luft so optimal zu vermischen, dass die errechnete Luftmenge **(theoretischer Luftbedarf)** für eine vollständige Verbrennung ausreicht, muss eine größere Luftmenge **(praktischer Luftbedarf)** zugeführt werden. Ein Kennzeichen für den notwendigen Luftüberschuss und Beurteilungskriterium für die Verbrennung einer Heizungsanlage ist die **Luftüberschusszahl λ** (Lambda), die sich nach folgender Formel errechnet:

$$\text{Luftüberschusszahl } \lambda = \frac{\text{praktischer Luftbedarf}}{\text{theoretischer Luftbedarf}}$$

$$\text{z. B. Heizöl EL} = \frac{12{,}8\ m^3/kg}{10{,}7\ m^3/kg} = 1{,}2$$

Da bei einer vollständigen Verbrennung nur eine in Abhängigkeit vom Brennstoff bestimmte maximale Menge CO_2 entsteht und Kohlendioxid relativ einfach gemessen werden kann, erfolgt die Bestimmung der Luftüberschusszahl der Einfachheit halber über die Messung der **CO_2-Konzentration in den Abgasen:**

$$\lambda = \frac{\text{maximale } CO_2\text{-Konzentration}}{\text{gemessene } CO_2\text{-Konzentration}}$$

Je höher der Luftüberschuss ist, desto höher ist auch der Gehalt an überschüssigen O_2-Molekülen in den Abgasen. Da sich der überschüssige Sauerstoff nicht mehr mit Kohlenstoffatomen verbinden kann, sinkt die CO_2-Konzentration. Somit ist die CO_2-Konzentration in den Abgasen umso geringer, je schlechter die Verbrennung oder, anders gesagt, je höher der notwendige Luftüberschuss ist.

! Merke

Obwohl für eine vollständige Verbrennung ein gewisser Luftüberschuss notwendig ist, muss darauf geachtet werden, dass dieser nicht zu groß ist. Da die überschüssige Luft die Abgasmenge erhöht und zusätzlich erwärmt werden muss, führt ein zu hoher Luftüberschuss zu einer Zunahme der Abgaswärmeverluste.

3.3.6 Unvollständige Verbrennung

Kennzeichen der **unvollständigen Verbrennung** ist die **Rußbildung.** Durch die Ablagerung von Ruß an den Heizflächen des Kessels kommt es wegen der isolierenden Wirkung zu einer Verschlechterung der Wärmeübertragung. Die Folgen sind eine Erhöhung der Abgastemperatur und damit der Abgaswärmeverluste.

! Merke

Je dicker die Rußschicht, desto größer sind die Wärmeverluste. So verschlechtert bereits eine 1 mm dicke Rußschicht den Kesselwirkungsgrad um 2,5 %.

Zur Beurteilung des Verbrennungsprozesses bei flüssigen Brennstoffen anhand der Rußbildung im Abgas dient der **Rußtest nach Bacharach.** Dabei wird mithilfe einer Luftpumpe eine bestimmte Rauchgasmenge (10 Pumpenhübe) aus den Abgasen entnommen und durch ein Filterpapier geleitet. Entsprechend dem Rußgehalt verfärbt sich das Filterpapier. Mit einer zehnteiligen **Rauchbildskala** (Bacharach-Skala) wird der Grad der Schwärzung (auch als **Rußzahl** bezeichnet) und damit der Rußgehalt der Abgase bestimmt. Verfärbt sich das Filterpapier nicht, enthalten die Abgase keinen Ruß, die Rußzahl ist 0. Bei guter Verbrennung liegt die Rußzahl zwischen 0 und 1. Bei höheren Werten sollte der Brenner neu eingestellt werden. Nach der **TA Luft** (Technische Anleitung zur Reinhaltung der Luft) beträgt der zulässige Maximalwert 2 (Heizöl EL) bzw. 3 (Heizöl S).

Merke

Neben Ruß und unverbranntem Sauerstoff (O_2) enthalten die Abgase bei unvollständiger Verbrennung auch das sehr giftige, geruchlose Kohlenmonoxid (CO). Als unverbranntes Gas trägt es wesentlich zum Wärmeverlust bei.

3.3.7 Abgaswärmeverluste

Neben Kohlendioxid (CO_2), Wasserdampf (H_2O), Schwefeldioxid (SO_2) und Stickoxiden (NO_x) enthalten die über den Schornstein an die Außenluft abgeführten Abgase auch fühlbare Wärme.

Merke

Je wärmer die Abgase sind, desto höher sind die Abgaswärmeverluste.

Zur schnellen Ermittlung der Abgaswärmeverluste in Abhängigkeit vom CO_2-Gehalt und der Temperatur der Abgase werden Tabellen oder Diagramme benutzt. Der feuerungstechnische Wirkungsgrad ist umso besser, je niedriger die Abgastemperatur und je höher die CO_2-Konzentration der Abgase ist. Bei einer Absenkung der Abgastemperatur muss jedoch verhindert werden, dass die **Taupunkttemperatur des Wasserdampfs** (s. S. 341) unterschritten wird, da es sonst infolge von Kondensation zur verstärkten Korrosion im Kessel und Schornsteinschäden aufgrund von Durchfeuchtung kommt.

3.3.8 Zweizug- und Dreizugkessel

Die bei der Verbrennung frei werdende Energie wird zum größten Teil (45 bis 55 %) durch Wärmestrahlung an die **Heizfläche des Kessels** (Strahlungsheizfläche = Heizfläche im Bereich der Flammenstrahlung) abgegeben. Zur Ausnutzung der in den Rauchgasen (Verbrennungsgase) enthaltenen Wärmeenergie werden die Rauchgase nicht direkt aus dem Feuerraum in den Schornstein geleitet, sondern zunächst durch im Kessel installierte Rohre **(Rauchgasrohre)** geschickt.

Beim Hindurchströmen übertragen die heißen Rauchgase durch Berührung einen Teil der Abgaswärme (etwa 20 %) auf diese zusätzlichen, von Wasser umspülten Heizflächen **(Berührungsheizfläche)**.

Merke

Nach der **Rauchgasführung** unterscheidet man zwischen Zweizug- und Dreizugkessel. Als 1. Zug wird das **Flammrohr** (Feuerraum) bezeichnet, das den Kessel in seiner vollen Länge durchzieht und in seinen Abmessungen der Flamme des Brenners angepasst ist.

Beim **Zweizugkessel** werden die Rauchgase am Ende des Kessels in einer Wendekammer wieder so nach vorne umgelenkt, dass sie durch Rauchgasrohre (2. Zug = Rauchgaszug) in Richtung Brenner zurückströmen. Erfolgt eine nochmalige Umlenkung und Rückführung der Rauchgase durch einen weiteren Rauchgaszug (3. Zug), handelt es sich um einen **Dreizugkessel** (**1**), der in einen Flammrohrzug und zwei Rauchrohrzüge aufgeteilt ist. Er ist im Gartenbau am gebräuchlichsten.

Merke

Eine **Nutzung der Abgaswärme** verringert die Abgaswärmeverluste und erhöht den feuertechnischen Wirkungsgrad des Kessels.

Es ist jedoch darauf zu achten, dass sich die Abgase in den Rauchgaszügen nicht zu stark abkühlen. Wird die **Taupunkttemperatur des Wasserdampfs** – je nach Brennstoff/Luftüberschuss etwa zwischen 45 und 55 °C – unterschritten, reagiert das kondensierende Wasser mit den schwefelhaltigen Rauchgasen (SO_2, SO_3) zur schwefligen Säure (H_2SO_3) und Schwefelsäure (H_2SO_4), die zu schweren **Korrosionsschäden** im Kessel führen können. Zur Vermeidung einer Taupunktunterschreitung sollte in den Rauchgasrohren eine Mindesttemperatur von 55 bis 60 °C eingehalten werden.

Merke

Da die Heizflächen der Rauchgasrohre wegen ihrer guten Wärmeleitfähigkeit stets die Temperatur des Heizungswassers haben, darf das in den Kessel zurückfließende Wasser eine Temperatur von **60 °C (Rücklauftemperatur)** nicht unterschreiten.

Im Gegensatz zur Taupunkttemperatur des Wassers liegt die **Taupunkttemperatur der Schwefelsäure** mit etwa 130 °C relativ hoch, sodass an den Kesselteilen der Schwefelsäuretaupunkt unterschritten wird und sich Schwefeldioxid niederschlägt, welches mit kondensierendem Wasser Schwefelsäure bilden kann.

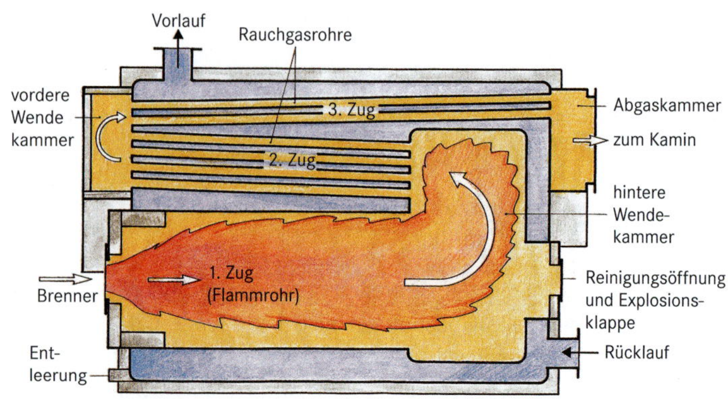

1 Dreizugkessel

> **Merke**
>
> Zur Vermeidung/Verringerung schwefelhaltiger Niederschläge muss die Abgastemperatur so hoch sein, dass sie **am Kesselausgang mehr als 150 °C** beträgt (allgemein 220 °C).

Zudem sollte eine hohe **Fließgeschwindigkeit der Rauchgase** eingehalten werden, da dadurch eine Temperaturschichtung in den Rauchgasrohren vermieden wird und schwefelhaltige Niederschläge zum großen Teil mit den Rauchgasen aus dem Kessel abgeführt werden.

3.3.9 Brenn- und Heizwertgeräte

Da die Kondensation des Wasserdampfs zur Vermeidung von Korrosion verhindert werden muss, lässt sich üblicherweise nur die Wärmemenge des Heizwerts (H_i) nutzen (1, S. 448). Der Brennwert, der die **Kondensationswärme** der Gesamtwassermenge des Brennstoffs einschließt, kann nur dann berücksichtigt werden, wenn die Heizungsanlage mit Zusatzeinrichtungen ausgestattet ist, die es ermöglichen, die bei der Kondensation des Wasserdampfs frei werdende Wärmemenge zu nutzen. Solche zusätzlichen Einrichtungen sind **Brennwertgeräte** (Abgaskondensatoren), die in der Regel dem Kessel nachgeschaltet werden. Sind sie im Kessel integriert, spricht man von **Brennwertkesseln.** Im Abgaskondensator werden die Abgase so weit abgekühlt, dass es zur Kondensation des Wasserdampfs kommt. Die gewonnene Wärme wird über eine **Niedertemperaturheizung** (Vegetationsheizung oder pflanzennahe Heizungssysteme) genutzt. Im Gegensatz zu den üblichen Hochtemperaturkesseln (HT-Kessel) weisen Niedertemperaturkessel eine größere Toleranz gegenüber den für Rauchgaskondensatoren notwendigen niedrigeren Rücklaufwassertemperaturen (notwendig 30 bis 40 °C) auf, sodass sie mit niedrigeren Kesselwassertemperaturen gefahren werden (geringere Vorlaufheizung → Energieeinsparung). Da der Wirkungsgrad einer Heizungsanlage immer auf den Heizwert (H_i) bezogen wird, können sich beim Einsatz von Brennwertgeräten Wirkungsgrade von über 100 % ergeben (1). Brennwertgeräte können nur bei Verwendung schwefelfreier Brennstoffe (z. B. Erdgas) eingesetzt werden. Erdgas enthält praktisch keinen Schwefel, sodass bei Unterschreitung des Taupunkts keine schweflige Säure oder Schwefelsäure gebildet wird.

> **Merke**
>
> Brennwertkessel ermöglichen es, die bei der Kondensation des Wasserdampfs frei werdende Wärmemenge (latente Wärme) zu nutzen. Der gesamte Brennwert des Brennstoffs kann so genutzt werden.

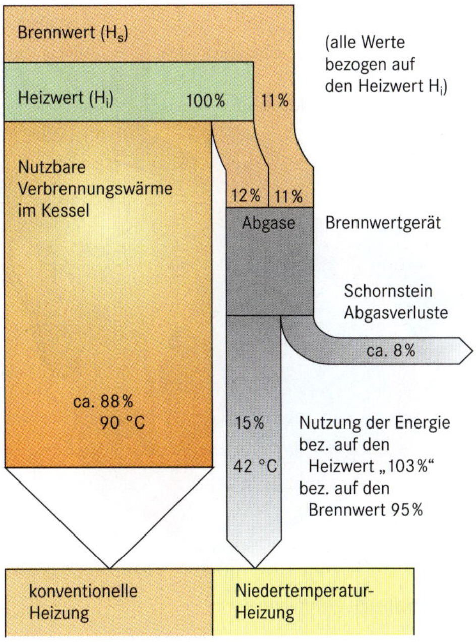

1 Energiebilanz beim Einsatz eines Brennwertgeräts (Erdgas) [Tantau 1979]

Heizwertgeräte (Abgaskühler) dienen zur besseren Ausnutzung des Heizwerts. Sie können bei schwefelhaltigen Brennstoffen (z. B. Heizöl) verwendet werden. In ihnen erfolgt ebenfalls über die Senkung der Abgastemperatur (160 °C) eine Wärmerückgewinnung aus den Abgasen, wobei eine Taupunktunterschreitung jedoch verhindert werden muss. Mithilfe von Heizwertgeräten können bis zu 96 % des Heizwerts genutzt werden.

3.3.10 Brenner

Bei der Verwendung von flüssigen oder gasförmigen Brennstoffen ist zur Herstellung eines zünd- und brennstofffähigen Brennstoff-Luft-Gemischs ein sogenannter Brenner erforderlich.

> **Merke**
>
> Seine Aufgaben sind:
> - die Zuführung und Vermischung des Brennstoffs mit Luft,
> - die Zündung des entstehenden Gemischs
> - sowie die Überwachung und Regelung der Verbrennung.

Nach der Art des verwendeten Brennstoffs unterscheidet man zwischen Öl-, Gas- und Zweistoffbrennern:

Bei der Verwendung flüssiger Brennstoffe muss zur Herstellung eines zünd- und brennfähigen Öl-Luft-Gemischs

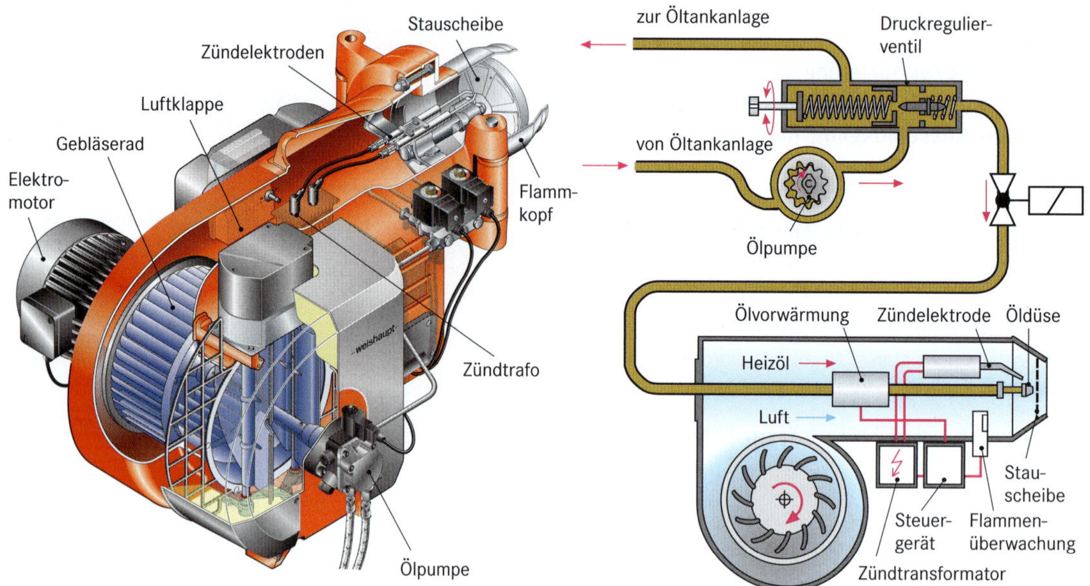

1 Brenneraufbau (Leichtölbrenner)

das Öl zuvor fein zerstäubt werden. Dies geschieht überwiegend mithilfe von **Zerstäubungsbrennern** (**1**). In ihnen wird das durch einen **Ölfilter** angesaugte Öl mithilfe einer **Ölpumpe** durch eine **Öldüse** (Dralldüse) gedrückt und in feine Tröpfchen zerstäubt (Düsendruckzerstäuber). Das zerstäubte Öl wird verdampft (Vergasung), mit der über ein **Gebläse** angesaugten Verbrennungsluft gemischt und durch **Zündelektroden** gezündet. Der Antrieb der Ölpumpe und des Gebläses erfolgt durch einen **Elektromotor.** Ein sogenannter **Flammenwächter** (Fotozelle) dient zur optischen Flammenüberwachung. Entsteht beim Zünden keine Flamme oder erlischt sie während des Betriebs, wird der Brenner abgeschaltet und auf Störung gestellt (Anzeige über rote Kontrolllampe).

Gasbrenner müssen mit zusätzlichen Sicherheitsvorrichtungen (Gasstrecke: Druckwächter für Gas und Luft, von Hand zu betätigende Absperreinrichtung sowie zwei unabhängig voneinander automatisch schließende Magnetventile in der Gaszuführungsleitung) ausgerüstet sein, die die Gaszufuhr überwachen und bei Störungen (z. B. Unterschreitung des Mindestgasdrucks, Ausfall der Verbrennungsluft oder Steuerungsenergie, Erlöschen der Flamme) sofort absperren. Bei austretendem Gas besteht Explosionsgefahr!

Bei **Zweistoffbrennern** ist wahlweise der Betrieb mit Gas oder Heizöl (EL) möglich. Über einen Wahlschalter wird die gewünschte Brennstoffart festgelegt.

? Aufgaben

- ◑ 1. Erklären Sie den Treibhauseffekt (s. S. 350).
- ◑ 2. Unterscheiden Sie Stahl- und Gusskessel.
- ○ 3. Warum muss vermieden werden, dass sich Heizöl EL unter die Temperatur des Pour Points abkühlt?
- ○ 4. Was gibt der Flammpunkt an?
- ● 5. Beurteilen Sie den Einsatz von Heizöl, Erdgas, Kohle und Holz/Stroh zur Energiegewinnung.
- ◑ 6. Warum sollten Holzhackschnitzel-Lieferungen nicht nach dem Gewicht, sondern nach dem Volumen abgerechnet werden? Warum wäre eine Abrechnung nach der gelieferten Wärmemenge am besten?
- ◑ 7. Was versteht man unter Geothermie und wie funktioniert sie?
- ○ 8. Was ist eine Wärmepumpe?
- ○ 9. Welches sind die drei gängigen Wärmequellen einer Wärmepumpe?
- ◑ 10. Eine Wärmepumpe arbeitet im Prinzip wie ein Kühlschrank, nur umgekehrt. Erklären Sie dies.
- ◑ 11. Aus welchen drei Teilen besteht eine Wärmepumpen-Heizungsanlage und welche Aufgaben haben sie?
- ○ 12. Nennen Sie wichtigsten Komponenten der eigentlichen Wärmepumpe.
- ◑ 13. Beschreiben Sie die Funktionsweise der Wärmepumpe.
- ◑ 14. Informieren Sie sich über die in Wärmepumpen verwendeten Kältemittel hinsichtlich Sicherheit und Umwelt.

»

Aufgaben (Fortsetzung)

◑ 15. Nennen Sie Vor- und Nachteile einer Wärmepumpe.
○ 16. Warum ist eine Photovoltaik-Anlage eine optimale Ergänzung zur Wärmepumpe?
○ 17. Beschreiben Sie, wie aus Wind elektrische Energie erzeugt werden kann.
◑ 18. Es heißt, Wind ist auch nichts anderes als Sonnenenergie. Erklären Sie dies.
● 19. Diskutieren Sie die Vor- und Nachteile von Windkraftanlagen.
◑ 20. Wozu nutzen a) Fotovoltaikanlagen und b) Solarkollektoren die Energie der Sonne?
◑ 21. Beschreiben Sie, wie die Kraft des Wassers zur Gewinnung von Strom genutzt werden kann.
◑ 22. Biomasse gilt als Multitalent unter den erneuerbaren Energien. Erklären Sie dies.
◑ 23. Nennen Sie Nachteile bei der Energiegewinnung aus Biomasse.
◑ 24. Welche Vorteile bietet Wasserstoff als Energieträger?
◑ 25. Welche Nachteile hat Wasserstoff als Energieträger?
○ 26. Beschreiben Sie die Elektrolyse von Wasser.
○ 27. Wann spricht man von grünem Wasserstoff?
◑ 28. Welche Eigenschaft macht Wasserstoff im Hinblick auf die Nutzung erneuerbarer Energien besonders interessant?
○ 29. Unterscheiden Sie a) grauen, b) blauen, c) türkisen, d) roten, pinken oder violetten und e) gelben Wasserstoff.
○ 30. Mit welchem Wasserstoff lassen sich die Klimaziele am besten erreichen?
◑ 31. Unterscheiden Sie Brenn- und Heizwert.
● 32. Warum wird in der Regel nur die Wärmemenge des Heizwerts genutzt?
◑ 33. Warum sollte der feuerungstechnische Wirkungsgrad einer Feuerungsanlage möglichst hoch sein?
◑ 34. Was versteht man unter dem Kesselwirkungsgrad und warum ist er immer etwas niedriger als der feuerungstechnische Wirkungsgrad?
◑ 35. Erklären Sie, warum vor allem der Jahreswirkungsgrad zur vergleichenden Betrachtung unterschiedlicher Heizkessel herangezogen werden sollte.
◑ 36. Erläutern Sie die Bedeutung einer guten Kesselisolierung.
○ 37. Wie hoch sollte die Kesselabstrahlung bei ausgeschaltetem Brenner maximal sein?
◑ 38. Was versteht man unter einer Verbrennung?
● 39. Warum sollte ein gewisser Luftüberschuss zwar eingehalten werden, aber nicht zu hoch sein?
● 40. Warum ist die Luftüberschusszahl ein wichtiges Kriterium für die Beurteilung einer Verbrennung? Warum ist sie immer größer als 1 und warum erfolgt ihre Bestimmung über die Messung der CO_2-Konzentration in den Abgasen?
◑ 41. Nennen Sie Kennzeichen und Folgen einer unvollständigen Verbrennung.
◑ 42. Beschreiben Sie den Rußtest nach Bacharach.
● 43. Erklären Sie die Vorteile, die sich aus geringen CO- und NO_x-Werten im Abgas, einer niedrigen Rußzahl (< 1), hohen CO_2-Konzentrationen und niedrigen Abgastemperaturen ergeben.
◑ 44. Woraus ergibt sich die Heizfläche eines Kessels?
◑ 45. Beschreiben Sie Aufbau und Wirkungsweise eines Dreizugkessels (1, S. 450).
◑ 46. Die Heizfläche des Kessels ist von ihrer Wirkungsweise her in zwei Teile aufgeteilt. Wie werden diese genannt und wie erfolgt der jeweilige Wärmeübergang?
● 47. Warum muss eine Unterschreitung der Taupunkttemperatur des Wasserdampfs im Kessel unbedingt vermieden werden?
● 48. Erörtern Sie Vor- und Nachteile einer zu hohen und einer zu niedrigen Abgastemperatur.
● 49. Welchen Vorteil hat die Verwendung schwefelarmer/-freier Brennstoffe?
● 50. Erklären Sie, warum das in den Kessel zurückfließende Wasser eine Temperatur von 60 °C (Rücklauftemperatur) nicht unterschreiten darf.
◑ 51. Unterscheiden Sie Brenn- und Heizwertgeräte.
◑ 52. Warum können beim Einsatz von Brennwertgeräten Wirkungsgrade von über 100 % erreicht werden?
◑ 53. Worin unterscheiden sich Niedertemperaturkessel/-heizungen von Hochtemperaturkesseln/-heizungen?
◑ 54. Nennen Sie die Aufgaben eines Brenners.
◑ 55. Nennen Sie wichtige Bauteile des Brenners und ihre Aufgaben (1, S. 452).

3.4 Heizungssysteme

Aufgabe des Heizungssystems ist es, **Wärme** zu transportieren und an die Gewächshausluft oder den Boden abzugeben. Als Wärmeträger dienen vor allem Wasser und Luft.

3.4.1 Physikalische Grundlagen der Wärmeübertragung

Nach der Art der Wärmeübertragung unterscheidet man zwischen Wärmeströmung oder Konvektion, Wärmeleitung, Wärmestrahlung sowie Verdunstung und Kondensation. Dabei erfolgt die Wärmeübertragung stets so, dass der Körper mit der höheren Temperatur Wärme abgibt und sich dadurch abkühlt.

Wärmeströmung oder Konvektion

> **! Merke**
>
> Unter Wärmeströmung oder Konvektion versteht man den Transport von Wärmeenergie durch bewegliche Wärmeträger (Flüssigkeiten und Gase).

Ausgelöst wird sie durch Dichteunterschiede. So führt die Erwärmung von Flüssigkeiten und Gasen dazu, dass die Bewegung ihrer Moleküle zunimmt. Da sich die Moleküle mit zunehmender Bewegung immer weiter voneinander entfernen, dehnen sich Flüssigkeiten und Gase bei Erwärmung aus, sodass ihr Volumen größer und ihre Dichte ($\varrho = m/v$) geringer wird. Dies ist z. B. der Grund dafür, dass erwärmte Luft aufsteigt. Beim Aufsteigen gerät sie unter geringeren Druck, sodass sie sich weiter ausdehnt. Da die für die Ausdehnung erforderliche Energie der Umgebung entzogen wird, kühlt sich aufsteigende Luft ab, sodass sie mit zunehmender Dichte wieder beginnt abzusinken.

> **! Merke**
>
> In der Natur bestimmen vorwiegend Wärmeströmungen das Wettergeschehen und Klima auf unserer Erde (s. Kap. V). Eine praktische Anwendung erfährt die Wärmeströmung in der Warmwasserheizung (1, S. 456).

Wärmeleitung

> **! Merke**
>
> Bei der Wärmeleitung erfolgt die Wärmeübertragung von Molekül zu Molekül, ohne dass sich der Körper, in dem die Wärmeleitung stattfindet, fortbewegt.

Der Wärmetransport beruht darauf, dass mit zunehmender Erwärmung eines Körpers die Schwingungsbewegungen seiner Moleküle zunehmen. Diese molekularen Wärmebewegungen führen dazu, dass benachbarte Moleküle fortwährend zusammenstoßen, sodass sich die Schwingungen ausbreiten. Dabei kommt es zur Ausbreitung von Wärme, die von Molekül zu Molekül in Richtung des Wärmegefälles weitergegeben wird. Dies ist z. B. der Grund dafür, dass die Wärme von den heißen Stellen eines festen Körpers auf die benachbarten kälteren Stellen übergeht. Wird der Temperaturunterschied nicht durch Energiezufuhr aufrechterhalten, gleicht er sich aus.

Die Fähigkeit, Wärme zu leiten, ist bei Flüssigkeiten und vor allem Gasen sehr klein, da es aufgrund der größeren Entfernung ihrer Moleküle zueinander weniger häufig zu Zusammenstößen kommt. Die meisten Metalle sind gute, Flüssigkeiten und Gase hingegen schlechte Wärmeleiter.

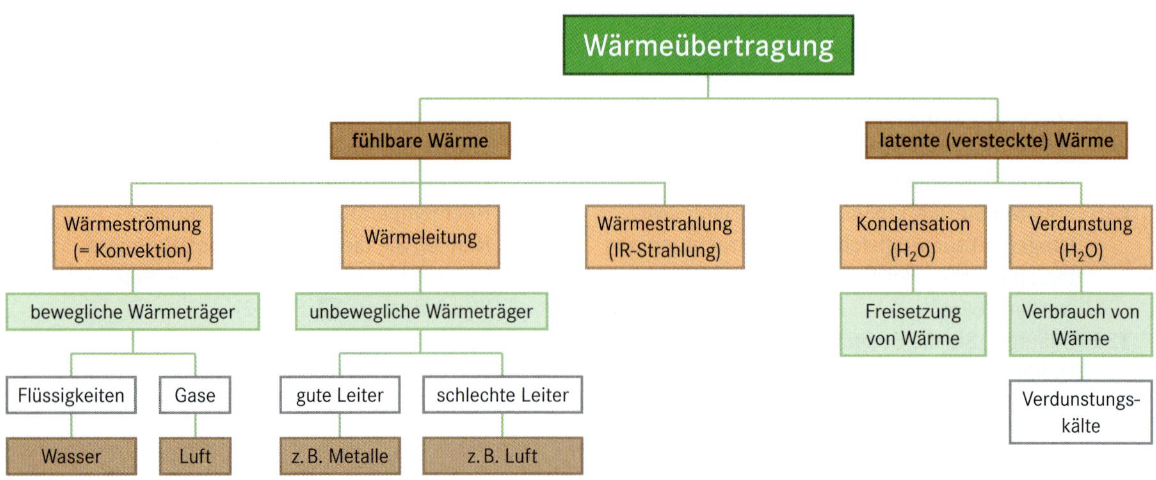

1 Wärmeübertragung

! Merke

Ein Maß für die Fähigkeit eines Stoffs, Wärme zu leiten, ist die **Wärmeleitfähigkeit λ** (sprich Lambda). Sie gibt die Wärmemenge in Watt (W) an, die pro Stunde durch einen Stoff von 1 m^2 Fläche und 1 m Dicke hindurchgeht, wenn die Temperaturdifferenz der beiden Seiten 1 Kelvin (K) beträgt. Je schlechter die Wärmeleitfähigkeit eines Stoffes, desto besser ist er zur Wärmedämmung geeignet (Tab. 1).

Kupfer	390	PP	0,25	Glaswolle	0,04
Aluminium	215	PMMA	0,2	Styropor	0,04
Eisen	57	Holz	0,15	Luft	0,02
Kesselstein	1,3	Gummi	0,19	Argon	0,0179
Beton	1,15	PVC	0,17	CO_2	0,015
Glas	0,8	Ruß	0,05	Krypton	0,00949
PE	0,4	Schnee	0,05	Vakuum	0,004
GFUP	0,3	Ziegelsteine	0,04		

Tab. 1 Wärmeleitfähigkeit λ bei 20 °C in W/(mK)

Wärmestrahlung

! Merke

Bei der Wärmestrahlung erfolgt die Ausbreitung von Wärmeenergie in Form von elektromagnetischen Wellen.

Sie ist unabhängig von der Temperatur der Umgebung und kann auch durch einen luftleeren Raum (Vakuum) erfolgen (z. B. die Wärmestrahlung der Sonne = Infrarotstrahlung).

Treffen Wärmestrahlen auf einen Körper, werden sie zum Teil von diesem zurückgestrahlt (reflektiert), aufgesaugt (absorbiert) oder hindurchgelassen (transmittiert). Je dunkler ein Körper, desto stärker ist seine Wärmeabsorption und damit seine Erwärmung; je heller, desto größer ist die Reflexion und dementsprechend gering ist seine Erwärmung.

Da sich Temperaturunterschiede durch Wärmeausbreitung auszugleichen suchen, strahlen Körper umso mehr Wärme ab, je größer ihr Absorptionsgrad ist. Ausstrahlung (Emission) und Absorption sind zueinander proportional (Ausstrahlung = Absorption). Entsprechend besitzt ein vollkommen schwarzer Körper die größte Absorption und auch die größte Ausstrahlung.

schwarzer Lack	0,97	Aluminiumbronze	0,55
Heizkörperlack	0,93	Eisen (verzinkt)	0,25
Mennigeanstrich	0,93	(gerostet)	0,73
Glas	0,92	Aluminium	0,04
Wasser	0,92	Kupfer	0,02

Tab. 2 Emissionsgrade

! Merke

Der **Emissionsgrad ε** (sprich Epsilon) gibt die Abstrahlungsfähigkeit eines Stoffs im Vergleich zu einem vollkommen schwarzen Körper (ε = 1) an (Tab. 2, S. 446).

Verdunstung und Kondensation

! Merke

Neben Wärmeströmung, -leitung und -strahlung finden auch Wärmetransporte statt, bei denen die Wärme nicht fühlbar ist.

Träger dieser **latenten (versteckten) Wärme** ist der Wasserdampf. Beim **Kondensieren** (Übergang des Wassers vom gasförmigen in den flüssigen Zustand) wird diese Energie als fühlbare Wärme freigesetzt, die zuvor für die **Verdunstung** (Übergang des Wassers vom flüssigen in den gasförmigen Zustand) der Umgebung entzogen wurde (**Verdunstungskälte**; 1, S. 340). Der Nutzung dieser latenten Wärme kommt auch bei der Verbrennung eine große Bedeutung zu (s. S. 451 f.).

! Merke

Die Wärmeübertragung von einem Körper auf einen anderen erfolgt in der Regel durch mehrere Übertragungsarten gleichzeitig.

3.4.2 Warmwasserheizung

Die Warmwasserheizung ist die gebräuchlichste Heizung. Als Wärmeträger dient Wasser, das im Heizungskessel auf etwa 90 °C (Vorlauftemperatur) erwärmt und durch Rohrleitungen in die Gewächshäuser geleitet wird. Bei der Rohrheizung erfolgt die Wärmeabgabe an die zu erwärmende Luft zu etwa 50 % durch Strahlung und 50 % durch Konvektion. Das abgekühlte Wasser (Rücklauftemperatur 60 °C) fließt zur erneuten Wärmeaufnahme zurück in den Heizungskessel. Nach der Art der Wasserzirkulation unterscheidet man zwischen Schwerkraftheizung und der Pumpenwarmwasserheizung.

Schwerkraft- und Pumpenwarmwasserheizung

Da **Schwerkraftheizungen** (1, S. 456) in Gartenbaubetrieben mit ihren großen Flächenausdehnungen und geringen Höhenunterschieden nur eine geringe Wassergeschwindigkeit erreichen und daher schlecht regulierbar sind, werden heute Warmwasserheizungen nur noch als **Pumpenwarmwasserheizungen** betrieben. Bei ihnen

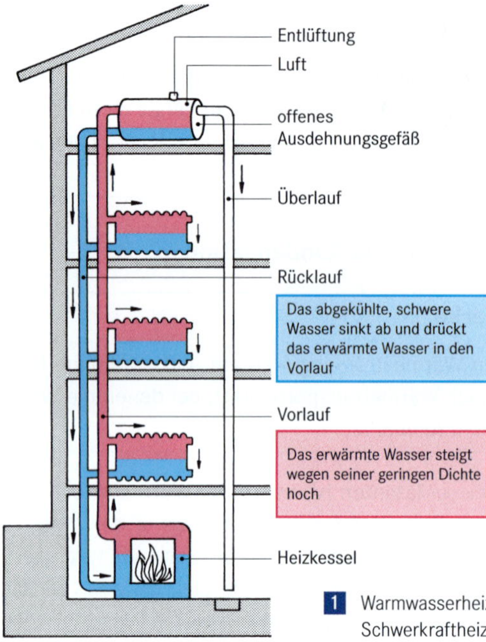

1 Warmwasserheizung als Schwerkraftheizung

übernehmen durch Elektromotoren angetriebene **Umwälzpumpen** den Wassertransport.

> **! Merke**
>
> Mithilfe der in den Vor- oder Rücklauf eingebauten Umwälzpumpen wird eine wesentlich schnellere Wasserzirkulation und damit eine bessere Wärmeübertragung und Temperaturregulierung erreicht.

Vorteilhaft ist auch, dass der Heizkessel nicht mehr am tiefsten Punkt der Anlage aufgestellt werden braucht und die Heizungsrohre beliebig verlegt werden können.

Wegen der beschleunigten Wasserzirkulation und der dadurch verminderten Temperaturdifferenz zwischen Vor- und Rücklauf können niedrigere Vorlauftemperaturen gefahren, geringere Wassermengen verwendet sowie kleiner dimensionierte und weniger Heizungsrohre eingesetzt werden, was wiederum zu einer Verringerung der Anlage- und Betriebskosten führt.

Offene und geschlossene Anlagen

> **! Merke**
>
> Da sich Wasser bei Erwärmung ausdehnt, muss die Warmwasserheizung aus Sicherheitsgründen (Vermeidung zu großer Drucksteigerung!) und zur Verhinderung von Wasserverlusten durch Überlaufen mit einem Ausdehnungsgefäß ausgerüstet sein, welches das durch die Erwärmung des Wassers erhöhte Wasservolumen aufnimmt.

Der Nutzinhalt muss so bemessen sein, dass das gesamte Ausdehnungsvolumen des Wassers **(Expansionswasser)** im Heizungssystem bei der höchsten Vorlauftemperatur aufgenommen werden kann. Bei einer Vorlauftemperatur von 90 °C beträgt die Volumenvergrößerung 3,6 %. Bei einer umlaufenden Wassermenge von 10 000 Litern ergibt das 360 l Expansionswasser.

Nach der **Ausführung des Ausdehnungsgefäßes** unterscheidet man zwischen offenen und geschlossenen Anlagen.

> **! Merke**
>
> Bei der **offenen Anlage** (mit Deckel) steht das am höchsten Punkt der Heizung angebrachte offene Ausdehnungsgefäß in Verbindung mit der Atmosphäre. Dadurch entspricht der Druck im Ausdehnungsgefäß dem normalen Atmosphärendruck von 1 bar. Wird die zulässige Wassertemperatur von 100 °C überschritten, beginnt das Wasser im Ausdehnungsgefäß zu sieden, wobei der sich bildende Wasserdampf ungehindert entweichen kann, sodass es weder zu einer Überschreitung der Wassertemperatur von 100 °C noch des Dampfdrucks auf über 1 bar kommen kann.

Somit erhält die Heizungsanlage über das offene Ausdehnungsgefäß eine physikalische Absicherung. Das Fassungsvermögen des Ausdehnungsgefäßes muss so bemessen sein, dass es nach Aufnahme des Expansionswassers nur zu $^3/_4$ gefüllt ist (Sicherheitszuschlag). Da bei einer Vorlauftemperatur von 90 °C das Ausdehnungsvolumen des Wassers 3,6 % beträgt, müsste z. B. bei einer umlaufenden Wassermenge von 10 000 l das Ausdehnungsgefäß ein Fassungsvermögen von 480 l aufweisen:

Ausrechnung

			Gleichungsumstellung nach x:
3,6 % von 10 000 l		= 360 l	
75 %	entsprechen	360 l	$x = \frac{360\,l \cdot 100\,\%}{75\,\%} = 480\,l$
100 %	entsprechen	x l	

> **! Merke**
>
> Nachteilig wirken sich der erhöhte Wasserverbrauch durch Verdunstung, die verstärkte Korrosionsgefahr im Heizungssystem durch ständige Sauerstoffaufnahme sowie die erheblichen Kosten durch die Anbringung der schweren Ausdehnungsgefäße an der höchsten Stelle der Anlage aus. Deswegen werden heute überwiegend **geschlossene Anlagen** verwendet. Ihre Ausdehnungsgefäße haben keinen Kontakt mit der Atmosphäre und müssen nicht am höchsten Punkt der Anlage angebracht sein, sondern können ebenerdig montiert werden.

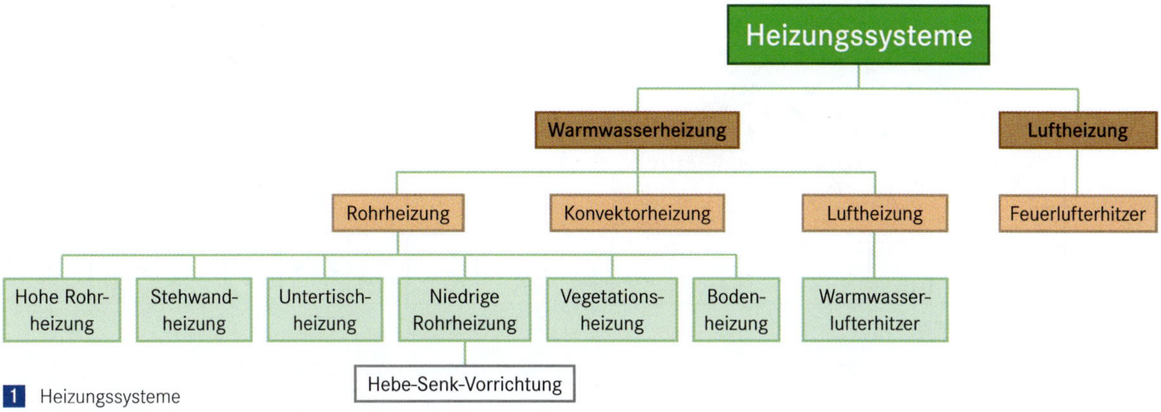

1 Heizungssysteme

Es handelt sich dabei in der Regel um Membrangefäße, bei denen das in das Ausdehnungsgefäß strömende Heizungswasser durch eine Membran von einem Gas (häufig N_2) getrennt ist. Durch das hineinströmende Wasser wird dieses zusammengedrückt, sodass sein Volumen kleiner und sein Druck größer wird. Der steigende Gegendruck bewirkt, dass das Wasser mit zunehmender Abkühlung zurück in das Heizungssystem gedrückt wird.

Da geschlossene Ausdehnungsgefäße keine Sicherheitsfunktionen übernehmen, sind zusätzliche Sicherheitseinrichtungen vorgeschrieben. So muss z. B. ein Sicherheitsventil vorhanden sein, das sich bei Überschreitung des zulässigen Betriebsdrucks automatisch öffnet (**1**, S. 464). Ein **Sicherheitstemperaturbegrenzer** verhindert zudem das Überschreiten der vorgegebenen Maximaltemperatur. Durch sein Auslösen wird der Brenner abgeschaltet.

3.4.3 Rohrheizungen

Hohe Rohrheizung

> **! Merke**
>
> Als hohe Rohrheizung werden die in Traufenhöhe verlegten Heizungsrohre bezeichnet.

Vorteile

- einfache und kostengünstige Konstruktion
- verhindert Wärmeabstrahlung durch die Pflanzen in den Dachraum → ein Absinken der Pflanzentemperatur unter die Lufttemperatur wird verhindert
- kein Kälteeinfall beim Öffnen des Energieschirms
- arbeitswirtschaftlich günstig angebracht
- Schneemassen auf Dachflächen und in -rinnen (Schneedruck, Lichtmangel) können schnell abgetaut werden

Nachteile

- durch Strahlung und Konvektion (!) Wärmeabgabe in den Dachraum → Temperaturen im Dachraum höher als im Pflanzenbestand[1] (s. Kap. 3.5) → erhöhter Energieverbrauch (**1**, S. 459). Ein Anstrich der Rohroberseiten mit Metallfarben (z. B. Aluminiumbronze) verringert die Wärmeabstrahlung in den Dachraum → Energieeinsparung ca. 10 %. Sinnvoll nächtlicher Einsatz von Ventilatoren bei geschlossenem Energieschirm → Durchmischung der Luft → ungünstige Temperaturschichtungen (**1**, S. 458) werden aufgehoben. (Ziel: Schwankungsbreite ≤ 0,5 ° C)
- Verringerung des Lichteinfalls
- vertikale Luftbewegung im Pflanzenbestand gehemmt → Verringerung des Luftaustausches → Gefahr von CO_2-Mangel (v. a. im Winter)

Stehwandheizung

> **! Merke**
>
> Als Stehwandheizung werden die an Steh- und Giebelwänden verlegten Heizungsrohre bezeichnet.

Vorteil

- die einströmende oder durch Abkühlung an den Glasscheiben entstehende Kaltluft wird erwärmt → verhindert den Einfall von Kaltluft in den Pflanzenbestand (!)

Nachteile

- etwa 50 % der Wärme wird direkt an das Glas abgegeben, **1**, S. 459 (Wärmedämmung durch Anbringung von Luftpolsterfolie an den Stehwänden des Gewächshauses; durch tiefere Verlegung der Rohre in der unteren Stehwandhälfte wird die Wärmeabgabe in den Dachraum verringert)
- als alleiniges Heizungssystem nicht ausreichend (meist in Kombination mit hoher Rohrheizung)

[1] Durch immer höher werdende Stehwände immer weiter vom Pflanzenbestand entfernt.

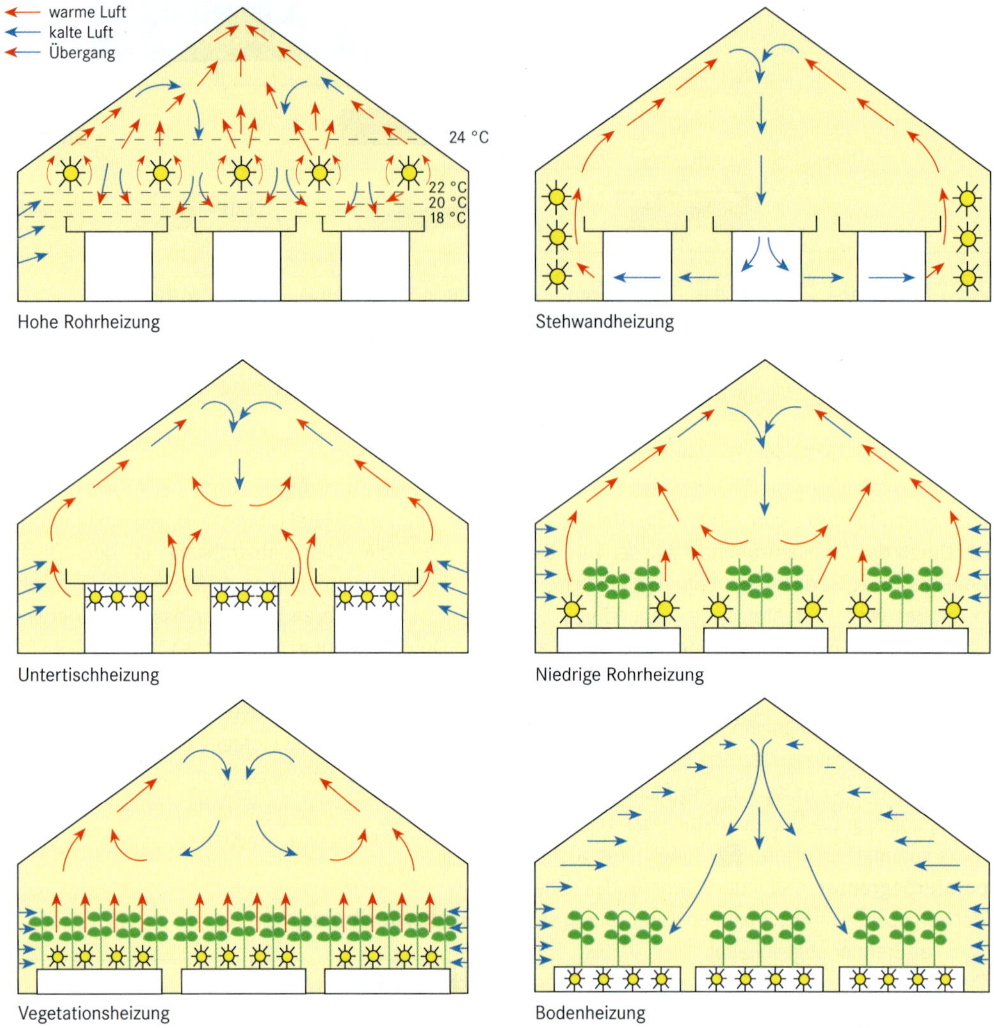

1 Luftströmungen bei verschiedenen Heizungssystemen

Untertischheizung

> **! Merke**
>
> Als Untertischheizung werden die unter den Tischen oder als Bestandteile der Tischkonstruktion dienenden Heizungsrohre bezeichnet.

Vorteile

- gute Erwärmung im Wurzelbereich
- günstige vertikale Temperaturverteilung → guter Luftaustausch im Pflanzenbestand (nicht bei geschlossenen Tischflächen wie bei Rolltischen)
- arbeitswirtschaftlich günstig angebracht
- Energieeinsparung (**1**, S. 459)

Nachteile

- bei zu hohen Vorlauftemperaturen Gefahr von Pflanzenschäden → auf 60 °C begrenzt
- erhöhte Wasserverdunstung → Energieverluste (latente Wärme); erhöhter Wasserbedarf → häufigeres Gießen → erhöhte Luftfeuchtigkeit im Pflanzenbestand mit der Gefahr der Kondenswasserbildung auf den Blättern → erhöhte Gefahr von Pilzinfektionen

Niedrige Rohrheizung

> **! Merke**
>
> Als niedrige Rohrheizung werden die in Bodennähe verlegten Heizungsrohre bezeichnet.

Vorteile

- gesamte abgegebene Wärme kommt den Pflanzen zugute (wird dort abgegeben, wo sie gebraucht wird)
- Energieeinsparung (**1**, S. 459)
- gleichmäßige vertikale Temperaturverteilung und Luft-

bewegung im Pflanzenbestand → guter Luftaustausch → Gefahr des CO_2-Mangels wird verringert
- geringere rel. Luftfeuchtigkeit im Pflanzenbestand → weniger Pilzbefall
- keine Lichtminderung
- Nutzung von Niedertemperaturheizungskreisläufen

Nachteile
- Platzverlust
- störend bei Kulturarbeiten → erhöhter Arbeitsaufwand. Durch heb- und senkbare Heizungsrohre **(Hebe- und Senkheizung)** lassen sich diese Nachteile vermeiden.
- erhöhte Korrosionsgefahr durch Düngungs- und Pflanzenschutzmaßnahmen
- bei zu hohen Vorlauftemperaturen (maximal 60 °C) Gefahr von Pflanzenschäden → bei tieferen Außentemperaturen ist ein zweites Heizungssystem (Rohr- oder Luftheizung) notwendig
- kein ausreichender Schutz vor Kaltlufteinfall von den Stehwänden

Vegetationsheizung

> **Merke**
>
> Als Vegetationsheizung werden im Pflanzenbestand verlegte Heizungsrohre (PE-Rohre) bezeichnet.

Vorteile
- die Wärme wird direkt am Ort des Bedarfs abgegeben
- günstige vertikale Temperaturverteilung und Luftbewegung im Pflanzenbestand
- Energieeinsparung (1)
- Nutzung von Niedertemperaturheizungskreisläufen

Nachteile
- Gefahr von Material- und Pflanzenschäden bei zu hohen Vorlauftemperaturen (maximal 60 °C)
- zweites Heizungssystem (Rohr- oder Luftheizung) notwendig

Bodenheizung

> **Merke**
>
> Als Bodenheizung werden 20 bis 40 cm tief im Boden verlegte Heizungsrohre (PE-Rohre) bezeichnet.

Vorteile
- optimale Temperaturen im Wurzelbereich (günstig um 20 °C) → Förderung des Wurzel- und damit Pflanzenwachstums
- Förderung des Bodenlebens → CO_2-Freisetzung

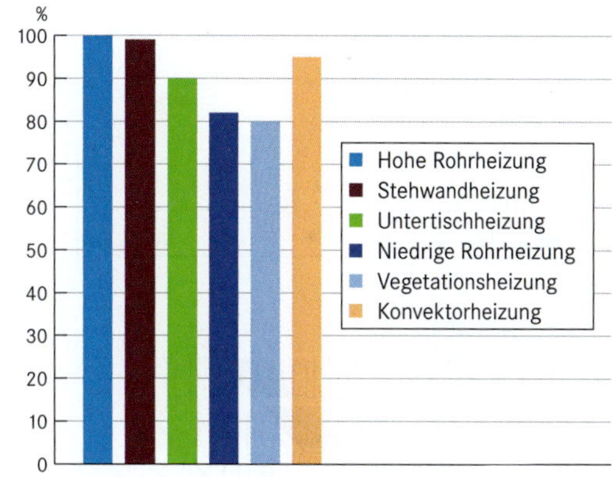

1 Relativer Energieverbrauch (Hohe Rohrheizung = 100 %)

- zur Nutzung von Niedertemperaturheizungskreisläufen geeignet

Nachteile
- erhöhte Wasserverdunstung → erhöhter Wasser- und Energiebedarf → häufigeres Gießen; erhöhte Pilz- und Versalzungsgefahr
- keine Erhöhung der Lufttemperatur
- Gefahr von Material- und Wurzelschäden bei zu hohen Vorlauftemperaturen (maximal 30 bis 50 °C)
- ein Teil der Wärme wird in tiefere Bodenschichten geleitet → Wärmeverluste
- evtl. störend bei Bodenbearbeitungen → erhöhter Arbeitsaufwand
- hohe Installations- und Reparaturkosten

3.4.4 Konvektorheizungen

Wie der Name schon sagt, wird bei der Konvektorheizung die Wärme überwiegend durch Konvektion und nur zum geringen Teil durch Strahlung an die umgebende Luft abgegeben.

> **Merke**
>
> Zur Vergrößerung der Wärme abgebenden Oberfläche – bis zum Zehnfachen normaler Heizungsrohre – sind an den dünnen, Wasser leitenden Stahl- oder Kupferrohren in geringen Abständen Metalllamellen aufgelötet/-geschweißt. Durch die seitliche Verkleidung mit Blechen wird ein Sog erzeugt (Schornsteineffekt), durch den die Luftumwälzung und damit die Wärmeabgabe durch **freie Konvektion** (Luftströmung kommt nur durch Temperaturunterschiede zustande) stark erhöht wird.

Die Luft erwärmt sich, indem sie von unten nach oben durch die an den Stehwänden oder unter den Tischen angebrachten Konvektoren strömt (1, S. 460).

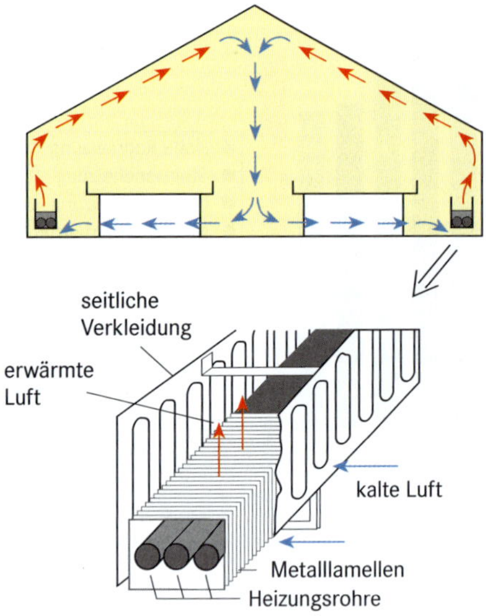

1 Konvektorheizung

Vorteile

- gleichmäßige Luftbewegung und Temperaturverteilung im Gewächshaus
- schützt vor Kaltlufteinfall von Stehwänden und Dachraum
- Lichteinfall nur geringfügig verringert
- hohe Wärmeleistung → schnelle Erwärmung und gute Regelbarkeit

Nachteile

- erwärmte Luft strömt an kalten Glasflächen entlang bevor sie vom Dachraum in den Pflanzenbestand gelangt
- Wärmeverbrauch relativ hoch (**1**)
- Anlagekosten höher als für eine Rohrheizung

3.4.5 Luftheizungen

Luftheizungen geben die Wärme überwiegend durch Konvektion und nur zum geringen Teil durch Strahlung ab. Da dies bei der Konvektorheizung auch der Fall ist, wird sie häufig auch zu den Luftheizungssystemen gerechnet.

> **Merke**
>
> **Luftheizungen ermöglichen aufgrund der geringen Wassermengen und der hohen Wärmeabgabe durch erzwungene Konvektion eine schnelle Aufheizung der Gewächshäuser. Bei einem Ausfall der Lufterhitzer kühlen sie aber wegen der geringen Wassermengen und der damit verbundenen fehlenden Wärmespeicherkapazität auch sehr rasch aus.**

Da die Wärme vor allem über Konvektion und nur zum kleinen Teil durch Strahlung abgegeben wird, liegt die Pflanzentemperatur bis zu 2 °C unter der Lufttemperatur. Als Luftheizgeräte werden überwiegend Warmwasser- und Feuerlufterhitzer eingesetzt.

Warmwasserlufterhitzer

> **Merke**
>
> **Warmwasserlufterhitzer sind an das Heizungssystem der Warmwasserheizung angeschlossen. Sie werden im Dachraum des Gewächshauses (Deckenlufterhitzer) oder an den Stehwänden (Wandlufterhitzer) angebracht und setzen sich aus einem Ventilator und einem Wärmetauscher zusammen.**

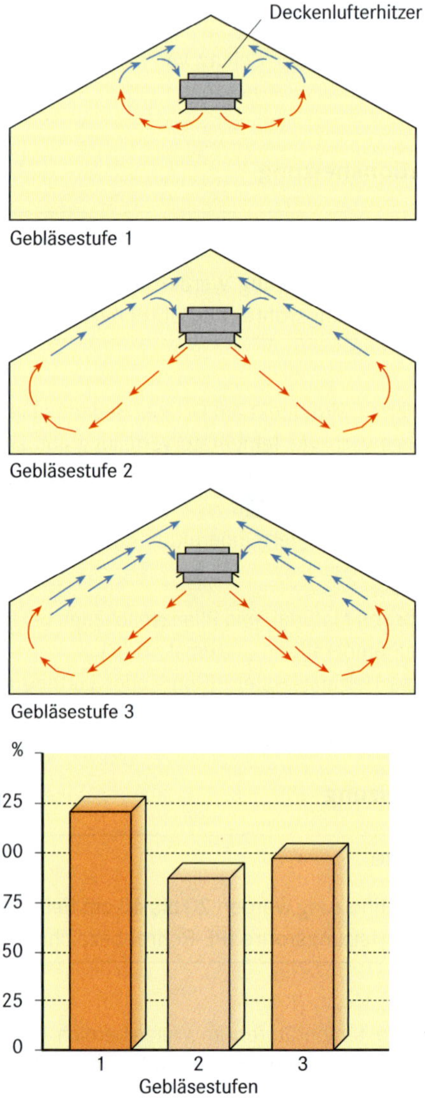

2 Lufterhitzer (relativer Energieverbrauch im Verhältnis zur hohen Rohrheizung)

1 Lufterhitzer mit Folienschlauch (relativer Energieverbrauch 85 %)

Der Wärmetauscher besteht aus einem Rohrsystem, durch welches das erwärmte Heizungswasser fließt. Zur Vergrößerung der Wärme abgebenden Oberfläche sind wie bei einem Konvektor Metalllamellen angebracht. Mithilfe des Ventilators wird die Luft angesaugt, zur Erwärmung durch die Heizlamellen des Wärmetauschers gedrückt **(erzwungene Konvektion)** und in das Gewächshaus geblasen. Dabei kann die Leistung des Ventilators über verschiedene Gebläsestufen dem jeweiligen Wärmebedarf angepasst werden. Bei der Einstellung der Ausblaswinkel ist darauf zu achten, dass die Pflanzen nicht direkt von der intensiv ausgeblasenen Luft **(Primärluftstrom)** getroffen werden. Bei richtiger Auf- und Einstellung entstehen durch die Vermischung des Primärstroms mit der Gewächshausluft **sekundäre Luftströmungen**, die den Pflanzenbestand mit niedriger Geschwindigkeit durchströmen. Vorteilhaft ist, dass mithilfe der Ventilatoren eine ständige Luftumwälzung im Gewächshaus stattfindet, sodass der Luftaustausch im Pflanzenbestand gefördert wird. Probleme beim Einsatz bereitet die gleichmäßige Verteilung der Wärme. Dies spiegelt sich auch im Wärmeverbrauch wider, der in Abhängigkeit von der jeweiligen Gebläsestufe schwankt (**2**, S. 460). Eine gleichmäßigere Wärmeverteilung und eine Verringerung des Wärmeverbrauchs werden dadurch erreicht, dass am Luftheizer in Längsrichtung des Gewächshauses ein gelochter Folienschlauch befestigt wird (**1**). Die Löcher sind in der Regel so angeordnet, dass die erwärmte Luft schräg nach unten ausgeblasen wird.

! Merke

Damit die Warmluft auch in den Pflanzenbestand gelangt, sollte der Folienschlauch nicht höher als 2 m darüber aufgehängt werden. Eine noch wesentlich bessere Wärmeausnutzung wird erreicht, wenn Folienschläuche im Pflanzenbestand als sogenannte **„Luftvegetationsheizung"** oder unter den Tischen verlegt werden. Zudem wird der Lichteinfall nicht behindert.

Feuerlufterhitzer

! Merke

Feuerlufterhitzer bestehen aus einem öl- oder gasbefeuerten Brenner, einer Brennkammer und einem Wärmetauscher. Sie werden im Gewächshaus aufgehängt oder -gestellt. Die entstehenden Abgase werden ins Freie geleitet.

Bei der Verbrennung von Erdgas können diese auch zur CO_2-Nutzung (CO_2-Begasung) zusammen mit der Warmluft ins Gewächshaus geblasen werden. Der Vorteil solcher Geräte mit Abgasnutzung liegt außerdem darin, dass keine Abgaswärmeverluste auftreten und durch die Kondensation des bei der Verbrennung entstehenden Wasserdampfs im Gewächshaus die Wärmemenge des Brennwerts (s. S. 451) genutzt werden kann.

! Merke

Ihr Einsatz erfordert jedoch zusätzliche **Sicherheitsvorrichtungen**, die ein Überschreiten der maximalen Arbeitsplatzkonzentration **(MAK-Wert)** für CO_2 von 5 000 ppm (= 0,5 %), die Bildung für den Menschen giftiger (Kohlenmonoxid!) und für die Pflanzen schädlicher Verbrennungsstoffe (z. B. Stickoxide) sowie das Eintreten von Sauerstoffmangel verhindern.

Da mit steigender Heizleistung die CO_2-Konzentration im Gewächshaus durch einen erhöhten Luftwechsel (Zwangsluftwechsel mit Außenluftventilatoren) gesenkt werden muss und so die Menge der aufzuheizenden Kaltluft zunimmt, sinkt die Wirtschaftlichkeit solcher Geräte mit steigenden Temperaturdifferenzen zwischen innen und außen.

3.4.6 Heizungsregelung (**1**, S. 464)

Grundlagen der Regeltechnik

! Merke

Mithilfe moderner Regel- und Computertechnik können heute alle wichtigen Wachstumsfaktoren vollautomatisch geregelt werden. Dem Gärtner obliegt es nur noch, die gewünschten Werte einzustellen und deren Einhaltung zu überwachen.

Die automatische Einhaltung der gewünschten **Regelgröße** (z. B. Temperatur, Lichtintensität, Luft- und Bodenfeuchtigkeit) auch bei störenden Einflüssen erfolgt über einen **Regelkreis** (**1**, S. 462). Unter einem Regelkreis versteht man einen geschlossenen Wirkungskreis, der aus der Re-

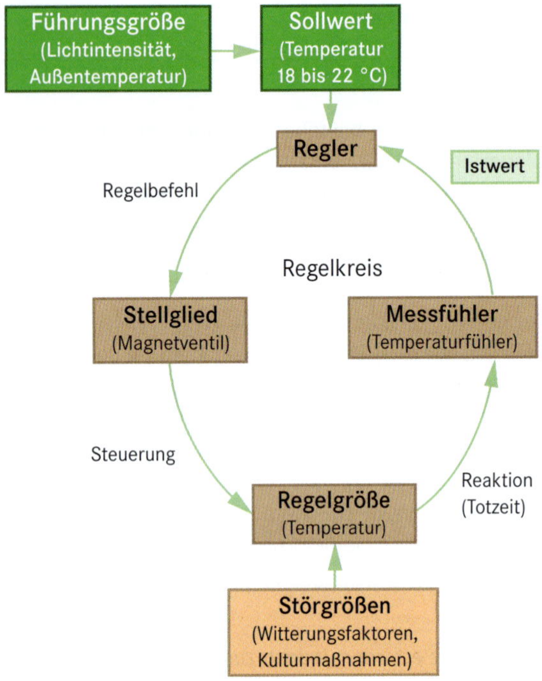

1 Der Regelkreis am Beispiel der automatischen Temperaturregelung

gelstrecke und einem Regler besteht. Die **Regelstrecke** ist das zu regelnde Gewächshaus und der Regler (Zentralgerät) das Glied im Regelkreis, das die eingestellte (angestrebte) Regelgröße **(Sollwert)** mit der gemessenen **(Istwert)** vergleicht. Ein **Messglied** (z. B. Temperaturfühler) misst die einzuhaltende Regelgröße. Weicht der Istwert infolge von Störungen **(Störgrößen),** wie Witterungseinflüsse (z. B. Bewölkung, Sonneneinstrahlung, Frost) oder Kulturmaßnahmen (z. B. Schattierung, Lüftung), vom Sollwert ab **(Regelabweichung),** leitet der Regler einen Regelvorgang ein, der der Abweichung entgegenwirkt. Eine Abweichung vom Sollwert bewirkt einen Regelbefehl, der über den Regler ein **Stellglied** (z. B. Ventile, Getriebemotoren, Schaltuhren, Fühler, Umwälzpumpen) so steuert, dass die Abweichung aufgehoben wird. Dabei ist die Sollgröße keine feststehende Größe. Vielmehr unterliegt sie im Beispiel der Wärmeregulierung in Abhängigkeit von der Lichtintensität (s. S. 51) und Außentemperatur Veränderungen. Solche Einflussfaktoren, durch die eine Veränderung des Sollwerts erfolgt, bezeichnet man als **Führungsgrößen.** Sie ermöglichen z. B. eine außentemperatur- und lichtabhängige Temperatursteuerung und -absenkung während der Nacht. Die Größe, um die das Stellglied geöffnet oder geschlossen wird, bezeichnet man als **Stellgröße.** Je geringer die Zeit, die nach der Veränderung der Stellgröße bis zur Reaktion des Messfühlers auf die Änderung der Regelgröße vergeht **(Totzeit),** desto besser ist die Regelgröße regelbar.

> **! Merke**
>
> Der **Klimacomputer** bietet die beste Regelmöglichkeit. Er reagiert nicht erst auf eine Regelabweichung, sondern leitet bereits bei der Veränderung einer Störgröße den Regelvorgang ein, sodass eine Abweichung vom Sollwert vermieden wird.

Regelorgane

Absperrschieber und **Absperrventile** (Tab. **1**, S. 463) ermöglichen die wasserdichte Absperrung der Rohre. Mithilfe einer Schraubenspindel wird eine keilförmige Sperrplatte zur Abdichtung in den Rohrquerschnitt bewegt. Absperrorgane ermöglichen die Abtrennung des Kessels, der Pumpen und der Regelventile vom übrigen Heizungssystem, sodass an diesen Reparatur- oder Wartungsarbeiten durchgeführt oder einzelne Heizkreisläufe stillgelegt werden können, ohne dass das gesamte Rohrnetz entleert werden muss. Schieber haben gegenüber Ventilen den Vorteil, dass durch ihren Einbau nur ein geringer zusätzlicher Strömungswiderstand erzeugt wird. Die teureren Ventile arbeiten jedoch zuverlässiger.

Drosselklappen und **Durchgangsventile** dienen zur Regulierung der durchfließenden Wassermenge. Sie dichten die Rohrleitungen nicht wasserdicht ab, sondern drosseln lediglich den Wasserdurchfluss. Ihre Regelung erfolgt über Raumthermostate mithilfe von Stellmotoren (Motordrosselklappen/-ventile).

Rückschlagventile und **-klappen** sind Absperrorgane, die sich selbsttätig bei Richtungsumkehr des hindurchströmenden Wassers schließen. Sie verhindern somit ein Zurückfließen bzw. -saugen des Wassers.

Regelventile dienen der Regelung der Gewächshaustemperatur. Dabei kann man zwischen **Mischventilen** und **Verteilerventilen** unterscheiden. Ihre Verstellung erfolgt mithilfe von Stellmotoren. Gebräuchliche Regelventile im Gartenbau sind:

- **Dreiwegeverteilerventile** (**1**, S. 463) besitzen einen Zulauf und zwei Abläufe. Sie haben die Aufgabe, die vom Kessel kommende Wassermenge aufzuteilen bzw. zu variieren.
- **Dreiwegemischventile** (**2**, S. 463) haben drei Anschlüsse: zwei Wassereintritte (Zuläufe aus dem Vorlauf und Rücklauf) und einen Wasseraustritt (Ablauf in das Heizungssystem = Gewächshauskreislauf). Sie mischen das vom Kessel kommende heiße Vorlaufwasser mit kälterem Rücklaufwasser aus dem Gewächshaus auf die erforderliche Vorlauftemperatur herunter. Dabei bleibt die Wassermenge im Heizungssystem konstant.

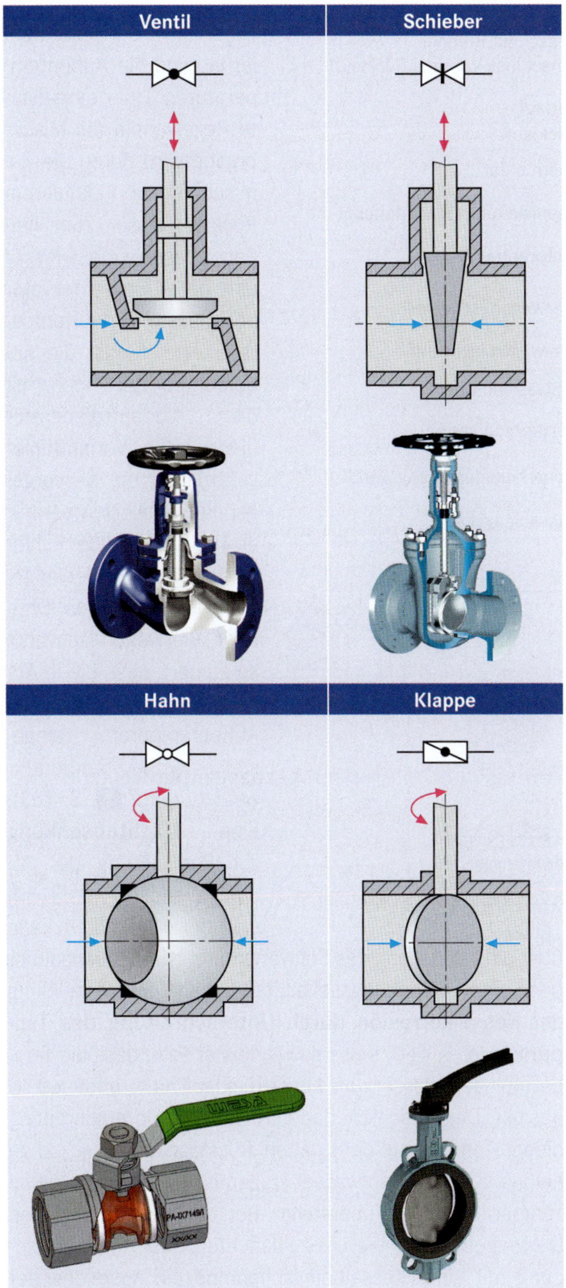

Tab. 1 Absperrarmaturen

- **Vierwegemischventile** (3) haben zwei Zuläufe (Kesselvorlauf und Gewächshausrücklauf) und zwei Abläufe (Kesselrücklauf und Gewächshausvorlauf). Im geschlossenen Zustand existieren zwei getrennte Kreisläufe (Kesselkreislauf und Gewächshauskreislauf), über die der gesamte Vor- und Rücklauf zirkuliert und die durch Öffnen des Mischers beliebig miteinander gemischt werden können, ohne dass sich die Wassermenge ändert.

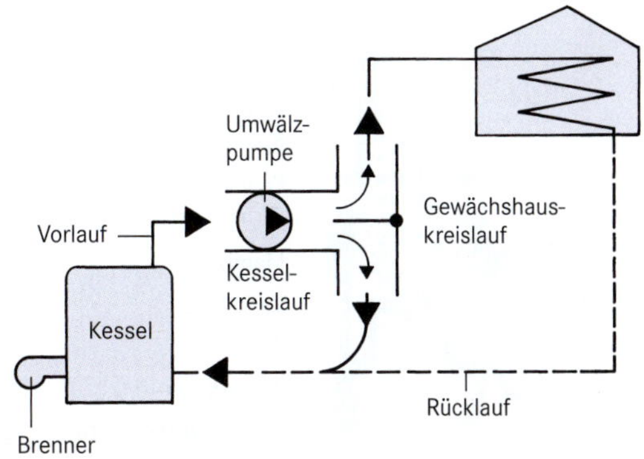

1 Dreiwegeverteilerventil zur Wassermengenregelung

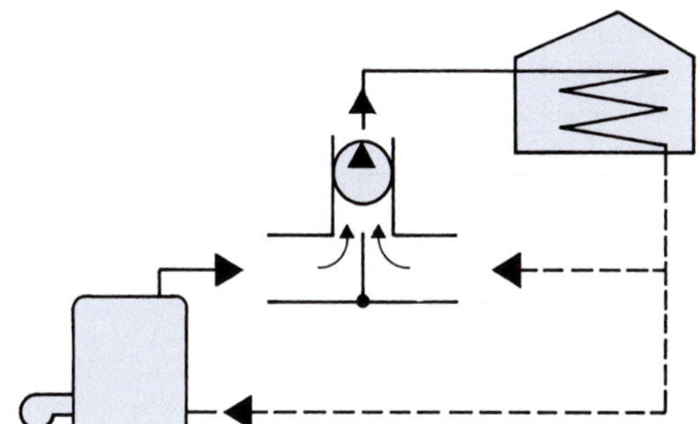

2 Dreiwegemischventil zur Wärmemengenregelung

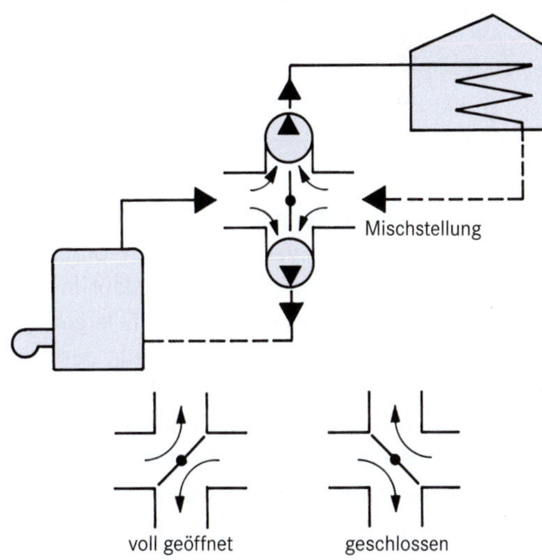

3 Vierwegemischventil zur Wärmemengenregelung

Mengen-/Mischregelung

Hohe Kesseltemperaturen sind notwendig, um einer Taupunktunterschreitung und damit einer Kesselkorrosion vorzubeugen (s. S. 450). Eine Anpassung der Wärmezufuhr an den wechselnden Wärmebedarf im Gewächshaus kann durch die Wassermengen- oder Wärmemengenregelung erfolgen.

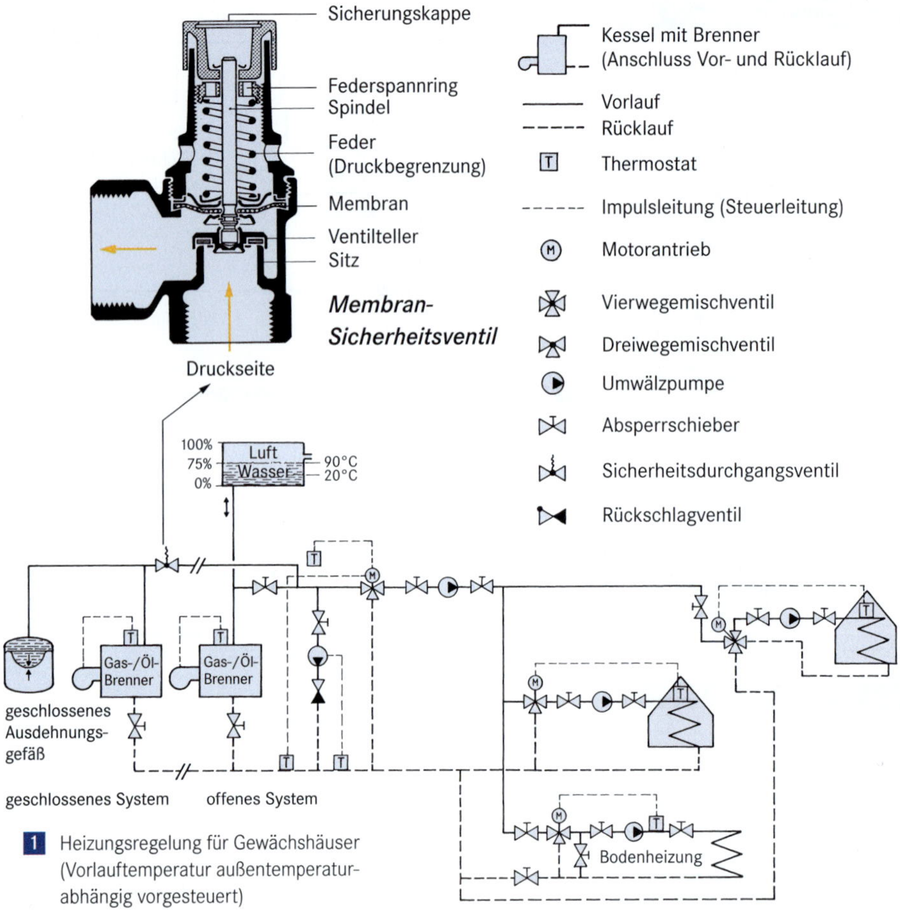

1 Heizungsregelung für Gewächshäuser (Vorlauftemperatur außentemperaturabhängig vorgesteuert)

Dazu misst ein Außenfühler laufend die Außentemperaturen. Über eingebaute Regelventile als Mischorgane wird durch die Zumischung von kühlerem Rücklaufwasser zum heißen Kesselvorlaufwasser eine der Außentemperatur angepasste Vorlauftemperatur erreicht. Ist die Außentemperatur hoch, ist die Vorlauftemperatur niedrig. Ein Vorlauffühler kontrolliert, ob die vorgegebene Wassertemperatur erreicht ist. Beide Fühler sind an dem Regler angeschlossen, der das Drei- oder Vierwegemischventil so steuert, dass die in Abhängigkeit zur jeweiligen Außentemperatur eingestellte Vorlauftemperatur erreicht wird (**1**, S. 463). Eine **Nachtabsenkung** zur Reduzierung der Atmungsverluste (s. S. 53) und der Heizkosten kann über die Verstellung des Sollwerts durch eine Zeitschaltuhr oder einen Dämmungsschalter erfolgen. Zur Vermeidung der **Kesselkorrosion durch Unterschreitung des Taupunkts** (s. S. 450) muss gewährleistet sein, dass die Temperatur des Wassers im Kesselrücklauf nicht unter 60 °C absinkt. Dies geschieht dadurch, dass bei Unterschreitung dieser Temperatur dem kalten Rücklaufwasser so lange heißes Kesselvorlaufwasser zugemischt wird, bis seine Temperatur 60 °C übersteigt. Bei der Verwendung von Dreiwegemischventilen ist zu beachten, dass nur in Verbindung mit einer Kesselbeimischpumpe ein ausreichender Kesselschutz gewährleistet ist, da das Ventil nur den Kessel auf Temperatur hält und das heiße Kesselvorlaufwasser auf die erforderliche Betriebstemperatur heruntermischt. Die Beimischpumpe erhöht die Temperatur im Kesselrücklauf (**1**, S. 463). Beim Einbau eines Vierwegemischventils ist eine Beimischpumpe nicht erforderlich, weil die Rücklaufbeimischung durch das Mischventil erfolgt.

> **! Merke**
>
> Bei der sogenannten **Mengenregelung** wird die Wärmezufuhr mithilfe von Verteilerventilen durch die Veränderung der im Gewächshauskreislauf im Umlauf befindlichen Wassermenge geregelt. Je geringer die Wassermenge bei gleicher Temperatur, desto geringer die Wärmezufuhr (**1**, S. 463). Die beste Regelbarkeit lässt sich durch die **Mischregelung** erreichen. Bei ihr wird die Wärmezufuhr mit Mischventilen geregelt, indem heißes Vorlaufwasser mit kälterem Rücklaufwasser gemischt wird. Dabei bleibt die durchfließende Wassermenge gleich und eine gegenseitige Beeinflussung einzelner Heizkreise wird vermieden (**2** und **3**, S. 463).

Vor-/Nachregelung

> **! Merke**
>
> Eine außentemperaturabhängige **Vorregelung** der Vorlauftemperatur zur Verringerung der Wärmeverluste in den Zuleitungen zum Gewächshaus findet bereits am Kessel über einen kurzen **Kesselkreislauf** statt.

Statische Regelung	Feste Temperatursollwerte	Energie-einsparung	Hinweise
Nachtabsenkung	Temperaturabsenkung in der Nacht	ja	Reduzierung der Atmungsverluste → mehr Assimilate zum Wachsen; Erhöhung der rel. Luftfeuchtigkeit → Gefahr von Pilzinfektionen
Warm Evening	Lüftungssollwert wird in den Abendstunden vor Sonnenuntergang erhöht	ja	Es bleibt mehr Wärme im Gewächshaus. Nachteile: Förderung des Streckenwachstums, Gefahr der Taupunktunterschreitung bei Abkühlung in der Nacht
Cool Morning	Temperaturabsenkung in den frühen Morgenstunden	ja	Erhöhtem Rotlichtanteil (fördert Längenwachstum) in der morgendlichen Sonnenstrahlung wird dadurch entgegengewirkt[1]
Dynamische Regelung	**Variierende Sollwerte**		
Lichtabhängige Temperaturführung	Anpassung der Temperatursollwerte an Intensität der Lichteinstrahlung	ja	■ hohe Lichteinstrahlung → Erhöhung der Temperatur → Förderung der Fotosynthese ■ niedrige Lichteinstrahlung → Senkung der Temperatur → Reduzierung der Atmungsverluste
Temperatursummenregelung	Innerhalb eines bestimmten Zeitraums (ein bis sieben Tage) muss eine bestimmte Wärmemenge zugeführt werden.	ja	Es wird so geheizt, dass die festgelegte Temperatursumme erreicht wird.

[1] Niedrige Tag- und hohe Nachttemperaturen hemmen (und umgekehrt), der erhöhte Rotlichtanteil in der Morgen- und Abendsonne fördert das Längenwachstum

Tab. 1 Regelstrategien zur Energieeinsparung

> **! Merke**
>
> Durch die Vorregelung wird auch eine verbesserte **Nachregelung** erreicht. Darunter versteht man die Regelung der Wärmezufuhr zur Aufrechterhaltung der unterschiedlichen Solltemperaturen in den verschiedenen Gewächshäusern.

Zur lichtabhängigen Temperaturregelung wird die Temperatur im Pflanzenbestand gemessen und mit dem sich selbsttätig in Abhängigkeit von der Lichtintensität einstellenden Sollwert verglichen (1, S. 462).

Temperaturregelungsstrategien

Mithilfe von Klimacomputern können unterschiedliche Strategien zur Temperaturregulierung gefahren werden. Ziel dabei ist die Einsparung von Energie, ohne die Pflanzenqualität negativ zu beeinflussen, d. h. vor allem unerwünschtes Längenwachstum zu vermeiden, oder den Taupunkt (s. S. 450) zu unterschreiten (Tab. 1).

3.5 Wärmebedarfsberechnung

Der Wärmebedarf zur Aufrechterhaltung bestimmter Innentemperaturen bildet die Grundlage für die Berechnung und Auslegung der Heizungsanlage. Als Kenngröße für den Wärmeverlust dient der **Wärmedurchgangskoeffizient *U*.** Er gibt an, welche Wärmemenge in Watt (W) durch jeden Quadratmeter der Hüllfläche des Gewächshauses pro Stunde nach außen dringt, wenn die Innentemperatur 1 Kelvin (K) höher ist als die Außentemperatur. Durch zusätzliche Berücksichtigung der Wärmeverluste infolge von Undichtigkeit und Wärmebrücken (U_L) erhält man den **Wärmeverbrauchskoeffizienten *U'*** ($U' = U + U_L$). Neben der Fähigkeit des Eindeckmaterials, Wärme zu leiten, bestimmt vor allem die Größe der Gewächshausoberfläche (Hüllfläche) und die Höhe der Temperaturdifferenz zwischen Innen- und Außentemperatur den Wärmeverlust und damit den Wärmebedarf eines Gewächshauses:

$$Q = U' \cdot A_H \cdot (\vartheta_{Li} - \vartheta_{La})$$

Beispiel:

Q = Wärmebedarf
U' = Wärmeverbrauchskoeffizient
A_H = Hüllfläche Gewächshaus
ϑ_{Li} = (sprich Theta) Lufttemperatur innen
ϑ_{La} = (sprich Theta) Lufttemperatur außen
$\Delta\vartheta$ = (sprich Groß-Delta Theta) Temperaturdifferenz

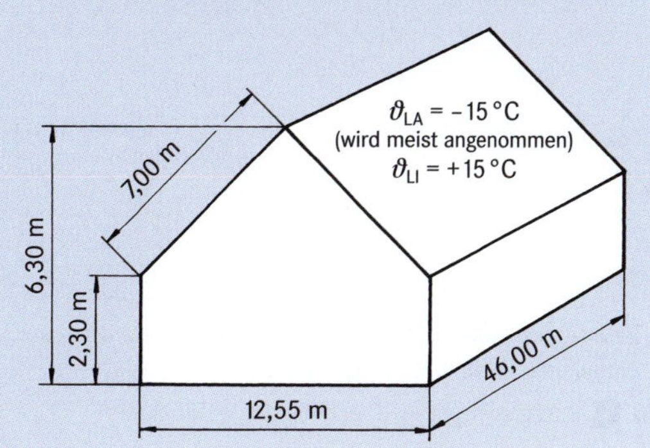

Beispiel (Fortsetzung):
U'-Wert = 7,6 W/m² K entspricht einer gemischten Heizungsanlage (Untertisch-, Stehwand- und Luftheizung) bei Einfachverglasung

1. Berechnung der Hüllfläche (A_H)

a) Stehwandfläche

$A_1 = 12{,}55\ \text{m} \cdot 2{,}30\ \text{m} \cdot 2 + 46{,}00\ \text{m} \cdot 2{,}30\ \text{m} \cdot 2$
$= 57{,}73\ \text{m}^2 + 211{,}60\ \text{m}^2 = 269{,}33\ \text{m}^2$

b) Giebelfläche

$$A_2 = \frac{g \cdot h \cdot \cancel{2}}{\cancel{2}} = 12{,}55\ \text{m} \cdot 4{,}00\ \text{m} = 50{,}20\ \text{m}^2$$

c) Dachfläche

$A_3 = 7{,}00\ \text{m} \cdot 46{,}00\ \text{m} \cdot 2 = 644\ \text{m}^2$

$A_H = A_1 + A_2 + A_3 = 963{,}53\ \text{m}^2 \mathrel{\hat{=}} \mathbf{964\ m^2}$ **Hüllfläche**

2. Berechnung des Wärmebedarfs (Q)

$$Q = U' \cdot A_H \cdot (\vartheta_{Li} - \vartheta_{La})$$
$$= \frac{7{,}6\ \text{W} \cdot 964\ \text{m}^2 \cdot [15\ °\text{C} - (-15\ °\text{C})]}{\text{m}^2 \cdot \text{K}}$$
$$= \frac{7{,}6\ \text{W} \cdot 964\ \text{m}^2 \cdot [15\ °\text{C} + 15\ °\text{C}]}{\text{m}^2 \cdot \text{K}}$$
$$= \frac{7{,}6\ \text{W} \cdot 964\ \cancel{\text{m}^2} \cdot 30\ \cancel{\text{K}}}{\cancel{\text{m}^2} \cdot \cancel{\text{K}}} = 219\,792\ \text{Watt} \mathrel{\hat{=}} \underline{\underline{220\ \text{kW}}}$$

220 kW beträgt der Wärmebedarf für das Gewächshaus. Dies entspricht etwa 381 Watt pro m² Gewächshausgrundfläche, die für die Auslegung der Heizung anzusetzen sind. Durch die Verwendung von Doppel- statt Einfachglas lässt sich der Wärmebedarf um etwa 40 % senken.

3.6 Maßnahmen zur Energieeinsparung

1 Der Gärtner als Energie- und Klimamanager mit dem Ziel, die Klimafaktoren Temperatur, Licht und CO_2 an die außenklimatischen Bedingungen und den jeweils aktuellen Bedarf der Pflanzen anzupassen

Zur Ausschöpfung aller möglichen Energieeinspar- und -optimierungsmaßnahmen führt man am besten einen gründlichen **Energie-Check** durch. Nachfolgend einige Anstöße:

Einflussfaktoren auf den Energieverbrauch	Energieverbrauch in %	Energieverbrauch in l Öl/Jahr	Energieeinsparung
Bauweise			
Einzelhäuser 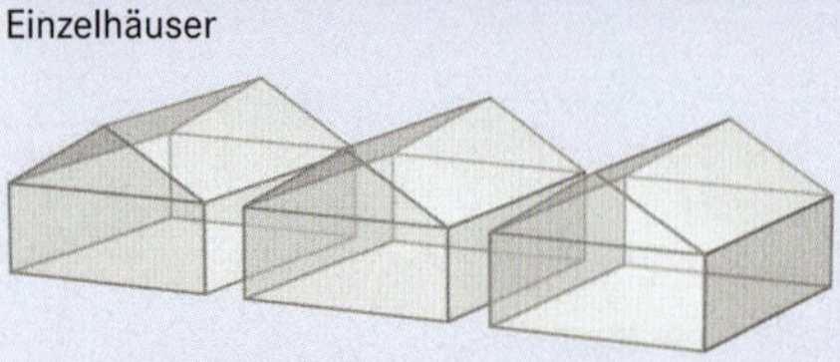	100	50 000	■ Reparatur undichter/beschädigter Eindeckungen (zerbrochene, verschobene oder fehlende Scheiben) und Energieschirme → Kamineffekt, warme Luft wird durch die Löcher regelrecht herausgesaugt ■ Lüftungen und Türen müssen dicht schließen ■ Undichte Verkittung bei Stahlsprossen → regelmäßig neu verkitten → besser Aluminiumsprossen mit kittloser Verglasung ■ Scheiben regelmäßig (auch innen) reinigen (Lichtenergie ist im Gegensatz zu Öl und Gas kostenlos!), z. B. mit Reinigungsautomaten/-robotern[1] ■ Schattenwerfende Teile dort, wo möglich, beseitigen ■ Konstruktionsteile weiß und Heizungsrohre mit Heizkörperfarbe streichen → hohe Reflexion
Blockbauweise 	82	41 000	Verhältnis Grundfläche zur Hüllfläche: Je kleiner die Hüllfläche, desto geringer der Energieverbrauch pro m² Kulturfläche. → Block- statt Einzelbauweise

[1] **Faustregel:** Jedes % mehr an Licht schafft einen Pflanzenzuwachs in ähnlicher Größe. Ein leichter Schmutzfilm kann bereits den Lichteinfall um bis zu 10 % reduzieren.

Tab. 1 Energieeinspar- und -optimierungsmaßnahmen

Einflussfaktoren auf den Energieverbrauch	Energieverbrauch in %	in l Öl/Jahr	Energieeinsparung
Isolierung			
Isolierglas an Steh- und Giebelwänden 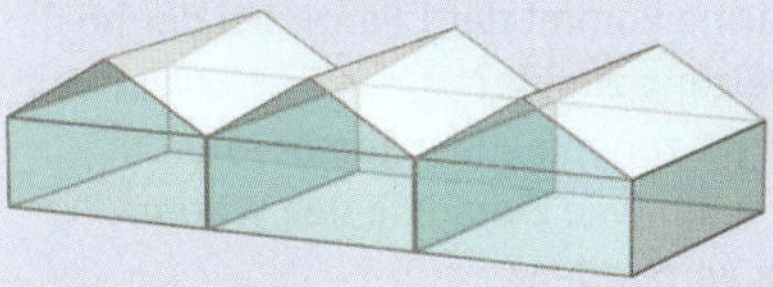	72	36 000	■ An Steh- und Giebelwänden Zweischeibenverglasung, Stegdoppelplatten oder Noppenfolie (außen) bzw. EVA-Folie (innen) statt Einscheibenverglasung. (30 bis 40 % Energieeinsparung[1]) ■ Foliengewächshäuser mit aufblasbarer Doppelfolie oder mit Noppenfolie (Luftpolsterfolie) bespannen. (35 bis 40 % Energieeinsparung[1]), PE-Folie innen an Steh- und Giebelwänden (20 bis 30 % Energieeinsparung[1]) ■ Dämmplatten (Styropor-/Styrodurplatten) an Fundament (60 bis 70 % Energieeinsparung) und zwischen Fundament und Tischoberkante (60 bis 70 % Energieeinsparung[1]) ■ Kältebrücken (Metallteile der Gewächshauskonstruktion, die von innen nach außen ragen) → Rinnen von innen isolieren, Sprossen und Pfetten abdichten (z. B. mit Dichtungsbändern). Sprossen mit Gummiabdeckung schließen dicht und isolieren
Energieschirm 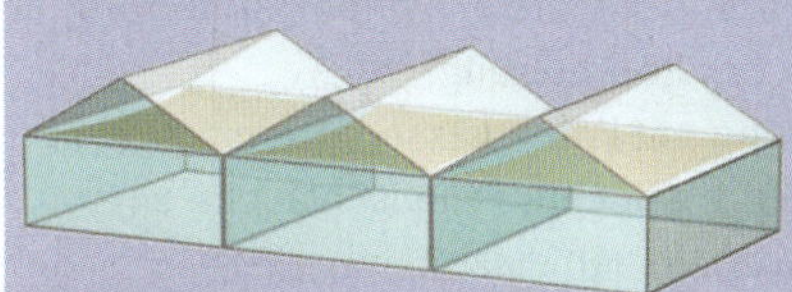	50	25 000	■ Energieschirm nachts schließen ■ Material: z. B. Acryl, besser Aluminium (20 bis 50 % Energieeinsparung[1], je nach Material) ■ Auf gute Abdichtung zwischen Steh- und Giebelwänden sowie Schirm achten
Heizungsanlage			
Untertischheizung 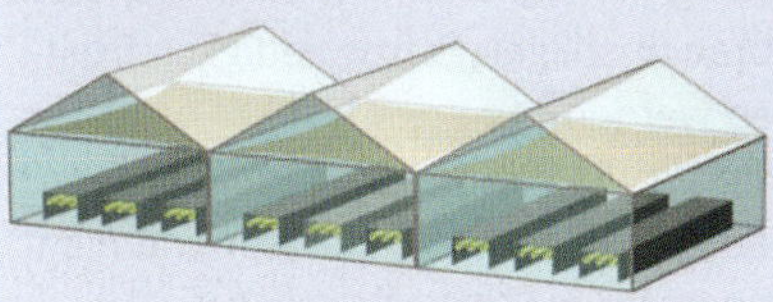	49	24 500	■ Statt hoher Rohrheizung pflanzennahe Heizung wie niedrige Rohrheizung/Untertischheizung (bringt Wärme dorthin, wo benötigt) ■ Bei hoher Rohrheizung nächtlicher Einsatz von Ventilatoren bei geschlossenem Energieschirm → Durchmischung der Luft → ungünstige Temperaturschichtungen werden aufgehoben (Schwankungsbreite der horizontalen Temperaturverteilung sollte weniger als 0,5 °C betragen) ■ Regelmäßige Kesselwartung ■ Alten Ölkessel durch einen sparsameren neuen austauschen (Niedertemperatur- oder Brennwertkessel mit gleitend zweistufigem oder modulierendem Brenner) ■ Messfühler nicht in Nähe der Heizungsrohre, sondern in Nähe des Pflanzenbestands aufhängen ■ Messfühler regelmäßig auf Messgenauigkeit kontrollieren (mit Thermometer) ■ Gleichmäßige Temperaturverteilung: Die Heizungsrohrtemperaturen sollten nicht mehr als 5 °C auseinander liegen, die Schwankungsbreite der Raumtemperatur bei gleichem Sollwert an den Pflanzen sollte unter 0,5 °C liegen (bei größeren Abweichungen häufig Fehler in der Reglereinstellung oder Pumpenauslegung) ■ Regelmäßige Überprüfung der eingestellten Sollwerte ■ Erhöhung der Lüftungstemperatur und Luftfeuchtigkeitswerte → spätere Öffnung der Lüftung ■ Wassersparende Bewässerungssysteme (z. B. Anstau-/Fließmattenbewässerung) ■ Nicht am Abend gießen (Verdunstungskälte!) ■ Umschichtungen/Wechsel im Kulturprogramm (Kulturen/Sorten mit geringerem Wärmebedarf)

[1] auf gedämmte Flächen bezogen

Tab. 1 Energieeinspar- und -optimierungsmaßnahmen (Fortsetzung)

? Aufgaben

- ○ 1. Welche Aufgaben hat das Heizungssystem?
- ● 2. Nennen und erklären Sie die verschiedenen Arten der Wärmeübertragung.
- ○ 3. Unterscheiden Sie Reflexion, Absorption und Transmission.
- ○ 4. Was gibt der Emissionsgrad eines Stoffs an?
- ◑ 5. Warum sollten Kessel und Heizungssystem eine möglichst hohe und Eindeckmaterialien für Gewächshäuser eine möglichst geringe Wärmeleitfähigkeit aufweisen?
- ○ 6. Welche Stoffe sind besonders gut geeignet
  a) zur Wärmeleitung und
  b) zur Wärmedämmung (Tab. 1, S. 455)?
- ○ 7. Erklären Sie, warum Sprossen und Rinnen sogenannte Kältebrücken bilden, durch die größere Wärmemengen nach außen gelangen können.
- ○ 8. Warum werden im Heizungsraum die Heizrohre mit Glaswolle umgeben?
- ◑ 9. Begründen Sie, warum eindringende Feuchtigkeit oder die Reduktion des Luftporenvolumens die wärmedämmenden Eigenschaften eines Stoffs verringert.
- ○ 10. Worauf beruht vor allem die wärmeisolierende Wirkung einer Doppel-/Isolierverglasung?
- ◑ 11. Warum werden verzinkte Heizungsrohre aus Eisen mit weißem Heizkörperlack gestrichen (Tab. 2, S. 455)? Warum verwendet man keinen schwarzen Lack (höchste Wärmeabstrahlung!)?
- ◑ 12. Was soll das Streichen der Rohroberflächen der hohen Rohrheizung mit Aluminiumbronze bewirken (Tab. 2, S. 455)?
- ◑ 13. Beschreiben Sie die Funktion einer Warmwasserheizung als Schwerkraftheizung.
- ◑ 14. Warum muss bei der Schwerkraftheizung der Kessel an der tiefsten Stelle der Heizungsanlage aufgestellt werden?
- ◑ 15. Warum werden heute allgemein Warmwasserheizungen als Pumpen- und nicht als Schwerkraftheizungen verwendet?
- ◑ 16. Welche Aufgaben haben Ausdehnungsgefäße?
- ◑ 17. Nennen Sie Vor- und Nachteile offener und geschlossener Ausdehnungsgefäße.
- ◑ 18. Wodurch erfolgt überwiegend die Wärmeabgabe bei
  a) Rohrheizungen im Luftraum,
  b) Konvektoren oder Luftheizern und
  c) Bodenheizungen?
- ◑ 19. Warum wird durch die konvektive Wärmeabgabe der hohen Rohrheizungen nur der Dachraum geheizt?
- ◑ 20. Welche Wärme kommt der Pflanze bei der hohen Rohrheizung zugute?
- ◑ 21. Warum ist mit zunehmender Temperatur im Dachraum auch eine Zunahme des Wärmeverbrauchs verbunden?
- ◑ 22. Nennen Sie Vor- und Nachteile der unterschiedlichen Rohrheizungssysteme.
- ◑ 23. Warum ist in der Regel eine Stehwandheizung unverzichtbar?
- ◑ 24. Was spricht für eine Tröpfchenbewässerung bei einer Untertischheizung?
- ○ 25. Welche Vor- und Nachteile bietet die Rohrheizung bei einem Ausfall der Heizung?
- ◑ 26. Welche Vor- und Nachteile hat die Luftheizung gegenüber der Rohrheizung?
- ○ 27. In Verbindung mit Warmwasserlufterhitzern werden häufig gelochte Folienschläuche eingesetzt. Wozu dienen diese?
- ◑ 28. Warum sind direkt befeuerte Lufterhitzer vor allem zur Beheizung von Gewächshäusern geeignet, die in den Monaten mit dem höchsten Wärmeverbrauch stillgelegt bzw. lediglich frostfrei gehalten werden?
- ○ 29. Warum sollte für die Wärmeregulierung im Gewächshaus die Pflanzentemperatur und nicht die Lufttemperatur maßgebend sein?
- ◑ 30. Warum liegen bei der Rohrheizung die Blatttemperaturen höher und bei der Luftheizung niedriger als die Lufttemperatur?
- ◑ 31. Was spricht für die Kombination von Stehwand-, Vegetations- und hoher Rohrheizung?
- ◑ 32. Unterscheiden Sie freie und erzwungene Konvektion und nennen Sie Beispiele.
- ◑ 33. Unterscheiden Sie Warmwasser- und Feuerlufterhitzer.
- ● 34. Nennen und begründen Sie günstige Kombinationen verschiedener Heizungssysteme.
- ○ 35. Was spricht für eine Aufteilung des Heizungssystems in Ober- und Unterheizung mit getrennter Regelbarkeit?
- ○ 36. Erklären Sie die Begriffe Regelgröße, Regelstrecke, Regler, Sollwert, Istwert, Störgröße, Regelabweichung, Stellglied, Führungsgröße und Totzeit.
- ○ 37. Beschreiben Sie die Funktion des Regelkreises anhand der Temperaturregulierung (2, S. 462).
- ● 38. Beschreiben Sie die Funktion der im Gartenbau gebräuchlichsten Regelorgane.

›

Aufgaben (Fortsetzung)

○39. Warum werden Umwälzpumpen zwischen zwei Absperrschieber eingebaut?

◑40. Welche Aufgaben hat die Kesselbeimischpumpe?

◑41. Unterscheiden Sie
a) Mengen- und Mischregelung und
b) Vor- und Nachregelung.

●42. Beschreiben Sie Regelstrategien zur Energieeinsparung bei Gewächshauskulturen.

◑43. Berechnen Sie den Wärmebedarf für einen dreischiffigen Block. Bei den einzelnen Schiffen handelt es sich um Gewächshäuser mit einer Nennweite von 12,55 m (s. Abb. S. 465). Stehwandhöhe 2,50 m (einschließlich 30 cm Fundamenthöhe), Länge 46 m, Firsthöhe 5,53 m, U'-Wert 6,5 W/m² K.

●44. Führen Sie in Ihrem Ausbildungsbetrieb einen Energie-Check durch (s. S. 466 f.). Wo haben Sie Energiesparmöglichkeiten gefunden?

3.7 Bewässerungssysteme

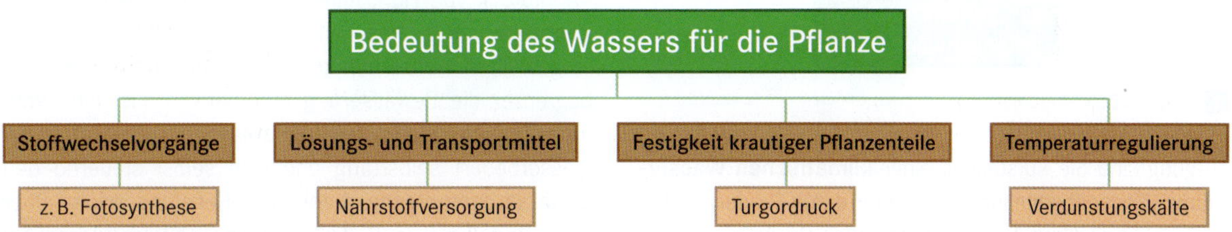

1 Bedeutung des Wassers für die Pflanze

2 Bewässerungssysteme sind immer den Gegebenheiten anzupassen

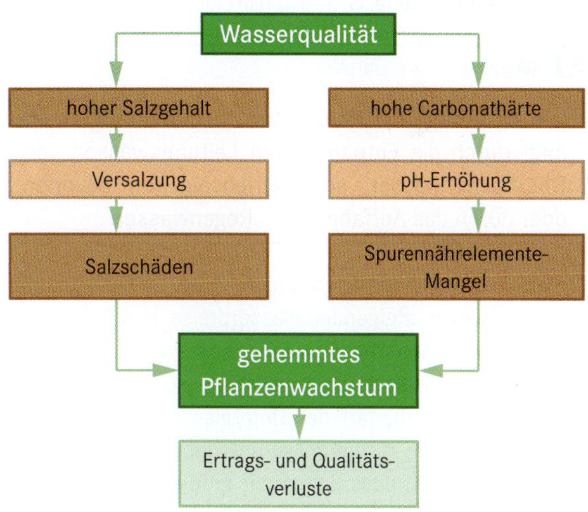

3 Bedeutung der Wasserqualität für eine gesunde Pflanzenentwicklung

3.7.1 Wasserbedarf und -beschaffung

Wasser ist für Pflanzen, wie für alle Lebewesen, lebensnotwendig (**1**). Der **Wasserbedarf** im Gartenbau ist relativ hoch. Im Unterglasanbau rechnet man, je nach Fachsparte, mit 1 bis 2 m³ pro m² und Jahr. Im Freilandanbau wird zur Ergänzung der natürlichen Niederschläge – je nach Witterung, Pflanzen- und Bodenart (**2**) – von bis zu 0,5 m³ Wasser pro m² und Jahr ausgegangen.

Neben der Menge ist auch die Wasserqualität (**3**) wichtig für die Entwicklung der Pflanzen.

Weit verbreitete **Bewässerungsfehler** sind häufige kleine oder zu hohe Wassergaben. Im ersten Fall ist die Wasserausnutzung zu gering (hohe Verdunstungsverluste), im zweiten Fall kommt es zu Strukturschäden (Bodenverschlämmung) und erhöhter Nährstoffauswaschung (**1**, S. 470). Zur bedarfsgerechten und umweltverträglichen Wasserver-

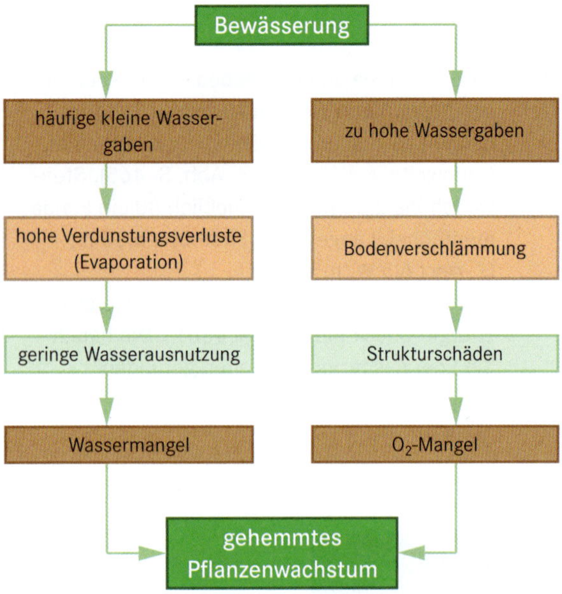

1 Häufige Bewässerungsfehler

sorgung sind die Aufstellung einer **klimatischen Wasserbilanz** (Gegenüberstellung von Zufuhr durch Niederschläge und Verluste durch Verdunstung) unter Berücksichtigung der Pflanzenentwicklung und Bodenart sowie die **Messung der Bodenfeuchte** (s. S. 145 f.) hilfreich.

> **! Merke**
>
> Die **Deckung der benötigten Wassermengen** erfolgt durch die Entnahme von Leitungswasser, von Oberflächenwasser, aus betriebseigenen Brunnen oder durch das Auffangen von Regenwasser.

Gerade Letzteres wird wegen seiner guten Gießwasserqualität und wegen steigender Wasserpreise immer interessanter. Da jedoch die Regenwassermenge pro m^2 Gewächshausfläche und Jahr meist nicht ausreicht, um den gesamten Wasserbedarf der Unterglasfläche zu decken, dient es vor allem zur Verbesserung der Gießwasserqualität. Hinzu kommt, dass Zeiten mit größeren Niederschlägen (Winter) nicht unbedingt parallel verlaufen mit Zeiten größeren Wasserbedarfs (Frühjahr und Sommer), sodass **Sammel- und Speichermöglichkeiten** geschaffen werden müssen, die mit nicht unerheblichen Kosten verbunden sind.

3.7.2 Automatisierung der Bewässerung

Das arbeitsintensive Gießen von Hand mit der Schlauchbrause (**2**) oder gar Gießkanne ist heute weitgehend durch halb- oder vollautomatische Bewässerungsverfahren (**3**) ersetzt worden, mit denen auch Flüssigdünger und

2 Schlauchbrause

Pflanzenschutzmittel ausgebracht werden können. Bei der **halbautomatischen Bewässerung** wird die Anlage auf Knopfdruck von Hand ein- und über einen **Wassermengenbegrenzer** ausgeschaltet. Nach Durchfluss der vorher eingestellten Wassermenge schaltet der Wassermengenbegrenzer die Bewässerung automatisch aus. Eine **vollautomatische Bewässerungsanlage** hingegen führt bei Wasserbedarf selbsttätig und sich selbst steuernd den Bewässerungsvorgang durch. Die Regelung erfolgt über einen **Regelkreis** (s. S. 462): Mit einem Fühler (Messglied) wird die Feuchte im Boden (Regelgröße) ständig gemessen. Die Messwerte werden als elektrische Signale an den Regler übermittelt, dort ausgewertet und bei Abweichungen vom Sollwert in Regelbefehle für das Magnetventil (Stellglied) umgesetzt.

> **! Merke**
>
> Eine über einen Regelkreis geregelte Bewässerung spart nicht nur Arbeitszeit, Arbeitskräfte und Produktionskosten, sondern ermöglicht auch eine dem Pflanzenbedarf angepasste Wasserversorgung.

Zur Regelung der Bewässerung über die Feuchtigkeitsmessung im Boden/Substrat hat sich das **Tensiometerprinzip** bewährt (s. S. 146 f.).

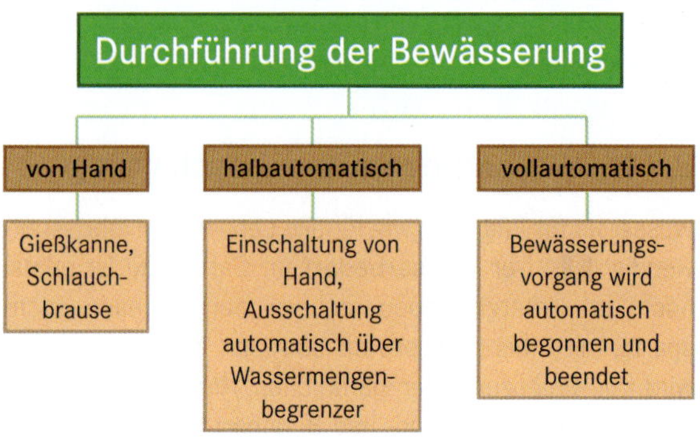

3 Formen der Bewässerung

3.7.3 Bewässerungsverfahren

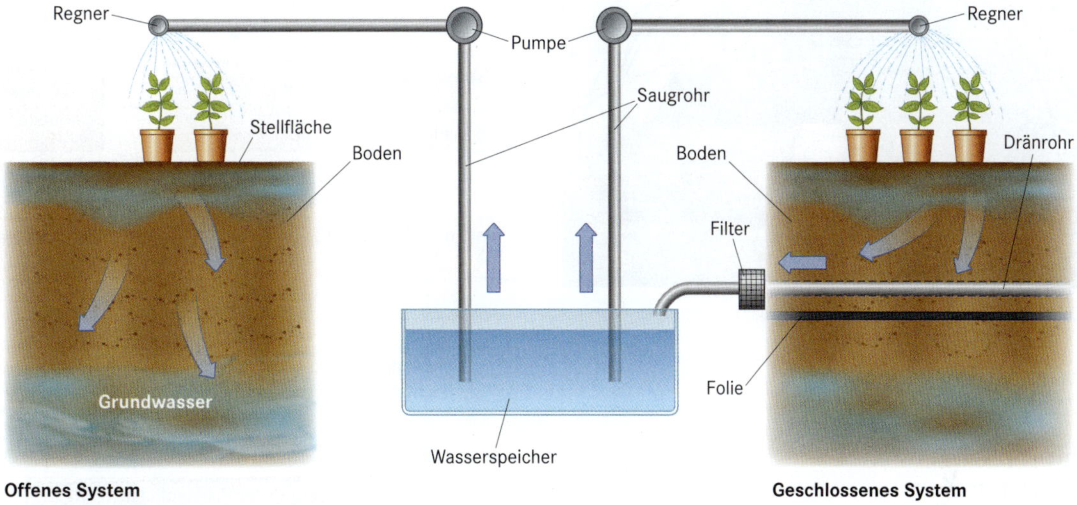

1 Bewässerung im Gartenbau

Wichtige **Kriterien bei der Auswahl des Bewässerungssystems** sind:

- Art der Boden-, Substrat- oder Topfkultur,
- Möglichkeiten zur Automatisierung, Wasser- und Düngereinsparung,
- Gewährleistung einer optimalen, dem Pflanzenbedarf angepassten, gleichmäßigen Wasser- und Nährstoffversorgung,
- Höhe der Investitions- und Folgekosten,
- Benutzerfreundlichkeit, Funktionssicherheit und Reparaturanfälligkeit,
- Gefahr der Krankheitsausbreitung sowie Beeinflussung von Luftfeuchtigkeit und Temperatur im Pflanzenbestand,
- Beeinträchtigung von Kulturarbeiten.

Im Gartenbau werden zahlreiche Bewässerungsverfahren zur Versorgung der Pflanzen mit Wasser und Nährstoffen eingesetzt.

> **! Merke**
>
> Zur Einsparung von Wasser, Dünger, Heizkosten und Arbeit sowie zum Schutz des Grundwassers und zur Vermeidung bodenbürtiger Krankheiten werden im Gartenbau unter Glas **geschlossene Bewässerungsverfahren** bevorzugt.

Im Gegensatz zu **offenen Systemen** gelangen überschüssiges Wasser, Dünge- und Pflanzenschutzmittel nicht mehr auf bzw. in den gewachsenen Boden, sondern fließen in Sammelbecken zurück, von wo aus sie dem Kreislauf der Bewässerung in unveränderter oder aufbereiteter Form wieder zugeführt werden können. Nachteilig beim Einsatz geschlossener Systeme im Freiland, z. B. in Baumschulen bei der Containerkultur, sind die hohen Investitionskosten und die unerwünschte Versiegelung großer Flächen (**1**).

Zudem steigt bei geschlossenen Systemen die Gefahr, dass sich Krankheiten ausbreiten und Verunreinigungen die empfindlichen Sprüh- und Tropfeinrichtungen verstopfen. Entsprechend ist eine Reinigung des Wassers vor einer erneuten Verwendung unbedingt erforderlich. Eine kostengünstige und umweltverträgliche Methode zur Gießwasseraufbereitung ist die Langsamfiltration durch ein Filterbett aus feinem Sand, womit sich bis zu 300 l Gießwasser/m² und Stunde reinigen lassen. Andere Verfahren beruhen auf den Einsatz von Umkehrosmose (s. S. 85, 188), Hitze, Ozon oder UV-Bestrahlung. Gute Ergebnisse zu relativ niedrigen Kosten liefert der kombinierte Einsatz von UV-Strahlung und Wasserstoffperoxid.

Düsenrohrbewässerung

Kennzeichen der Düsenrohrbewässerung sind mit Metall- oder Kunststoffdüsen versehene Aluminium- oder Kunststoffrohre, die in Abständen von 1 bis 3 m über dem Pflanzenbestand verlegt werden.

> **! Merke**
>
> Bei der Verlegung ist darauf zu achten, dass sich die Sprühradien so wenig wie möglich überschneiden.

Düsenrohrbewässerung
Vorteile

- kostengünstig
- Arbeitsersparnis bei der Flächenbewässerung

1 Düsenrohrbewässerung im Gewächshaus/Folientunnel

- ausreichende Wasserversorgung
- Kühleffekt im Sommer

Nachteile
- Wasserüberschuss
- Pflanzen nass → Förderung von Pilzinfektionen
- Überschneidung von Sprühradien → Wasserverteilung nicht optimal
- Arbeitsbehinderung möglich
- ggf. Blattflecken (Kalk, Eisen)

Die früher vor allem verwendeten **Pralldüsen,** bei denen der Wasserstrahl auf einen Prallkörper trifft und dabei in kleine Wassertropfen zerteilt wird, werden heute zunehmend durch **Mikrosprinkler,** Miniregner aus Kunststoff, ersetzt. Gründe dafür sind eine bessere Wasserverteilung und eine niedrigere Niederschlagsdichte (Vermeidung von Bodenverschlämmungen). Zur Vermeidung von Tropfrinnen unter den Rohren werden Düsen oder Sprinkler auf der Unterseite der Rohre installiert (**1**).
Einsatz: Jungpflanzenanzucht, Beetkulturen.

Sprühnebelanlagen (Nebelanlagen, Fog-System)

> **! Merke**
>
> Sprühnebelanlagen (**2**, s. auch S. 366 f.) werden vor allem bei der Stecklingsvermehrung **(Sprühnebelvermehrung)** eingesetzt.

Durch Metalldüsen mit sehr feinen Bohrungen wird das Wasser in kurzen Sprühstößen (nur wenige Sekunden) in Form eines feinen Nebels („Nebeldüsen") über die Pflanzen verteilt. Dieser schafft eine hohe relative Luftfeuchtigkeit („gespannte Luft"), ohne die Lichteinstrahlung und damit die Fotosyntheseaktivität der Stecklinge zu verringern.

Das wiederholte kurzzeitige Übersprühen der Pflanzen garantiert eine ständige Benetzung der Blätter, ohne dass es zu einer Durchnässung des Substrats kommt.

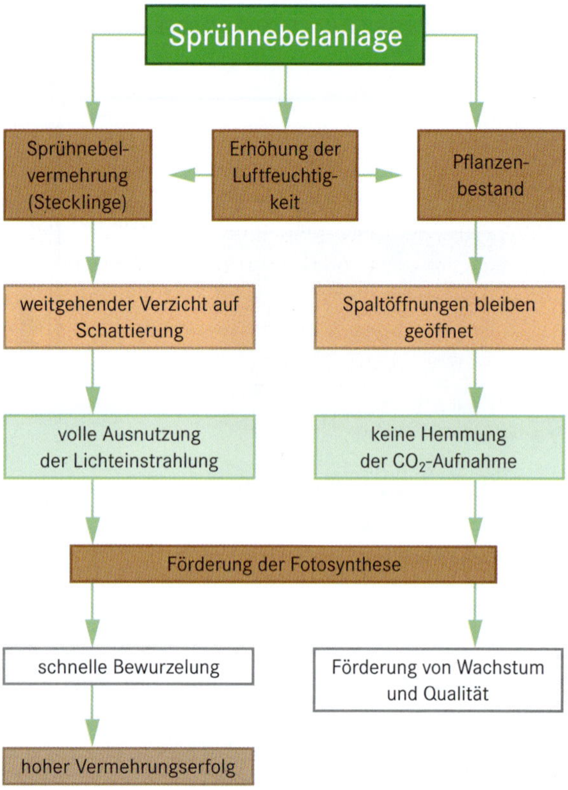

2 Strategien beim Einsatz der Sprühnebelanlage

Die **Regelung der Sprühnebelanlagen** erfolgt vollautomatisch. Aufgabe der Steuergeräte (Regler) ist es dabei, die Verdunstungsgeschwindigkeit des Wassers von den Blattoberflächen zu messen. Ein bekanntes Steuergerät ist die **Helfert'sche Tauwaage,** bei der eine mit einer Folie überzogene und auf einer Waage befindliche Testfläche so aufgestellt wird, dass sie genauso dem Sprühnebel ausgesetzt ist wie die Blätter der Pflanzen.

Da sich durch das Besprühen das Gewicht der Testfläche erhöht, kommt es zu einer Senkung der Waage. Diese führt dazu, dass der Stromfluss zum Magnetventil unterbrochen und damit der Sprühimpuls beendet wird. Durch die Verdunstung des Wassers von der Testfläche – ähnlich der von den Blättern – hebt sich die Waage wieder, der Stromfluss zum Magnetventil wird wiederhergestellt und ein erneuter Sprühstoß ausgelöst.

Beim sogenannten **Elektrodenblatt** wird die **elektrische Leitfähigkeit des Wassers** zur Bestimmung der Verdunstungsgeschwindigkeit benutzt.

Das im Pflanzenbestand befindliche „Blatt" wird beim Sprühen ebenfalls wie die Pflanzen befeuchtet. Durch die Fähigkeit des Wassers, Strom zu leiten, wird ein elektrischer Kontakt geschlossen, der den Sprühimpuls beendet. Umgekehrt wird beim Abtrocknen des Elektrodenblatts durch die Unterbrechung des elektrischen Kontakts ein Sprühimpuls ausgelöst.

> **! Merke**
>
> Neben **Tauwaage** und **Elektrodenblatt** gibt es eine Reihe weiterer Steuergeräte, die mithilfe spezieller Fühler die Wasserabgabe ihrer Messflächen elektronisch messen **(elektronische Feuchtefühler)** oder andere Messgrößen, die die Strahlungsintensität **(Sonnenintegrator)** zur Feststellung der Verdunstungsgeschwindigkeit benutzen.

> **! Merke**
>
> Auch zur **Absenkung der Luft- und Pflanzentemperatur** (Blatttemperatur) sind Sprühnebelanlagen gut geeignet, da sie im Gegensatz zur Schattierung den Lichteinfall nicht hemmen. Im Gegensatz zur Kühlung über die Lüftung werden keine starken Temperatur-, Luftfeuchte- und Kohlendioxidschwankungen verursacht, sodass die Klimaverhältnisse relativ stabil gehalten werden können.

Entsprechend werden bestimmte Kulturen an heißen Tagen kurzzeitig und in bestimmten Intervallen mit Wasser übersprüht. Bei seiner Verdunstung entzieht das Wasser den Pflanzen die dazu notwendige Energie in Form von Wärme (Verdunstungskälte, 1, S. 340). Zudem wird die Luftfeuchtigkeit im Pflanzenbestand erhöht, sodass ein Schließen der Spaltöffnungen und damit eine Hemmung der Fotosynthese durch Verringerung der CO_2-Aufnahme vermieden wird (2, S. 472). Über eine zusätzliche Sprühnebelanlage auf den Dachflächen kann der Kühleffekt weiter gesteigert werden (Verdunstungskälte kühlt die Gewächshauskonstruktion), sodass an manchen Tagen ggf. ganz auf eine Schattierung und Lüftung zur Temperaturabsenkung verzichtet werden kann.

Tropfbewässerung

> **! Merke**
>
> Bei der Tropfbewässerung **(= Tröpfchenbewässerung)** wird das Wasser tropfenweise an den Boden/die Pflanze abgegeben. Dies geschieht mithilfe von feinen Schläuchen (Tropfschläuche) oder Tropfelementen, die in bestimmten Abständen an wasserleitenden Verteilerschläuchen/-rohren angebracht sind.

Die **Vorteile der Tropfbewässerung** liegen in der gezielten Wasserausbringung in den Wurzelbereich der Pflanzen und der damit verbundenen Verringerung **der unproduktiven Wasserverdunstung** (Wasserabgabe nicht über die Pflanze). Entsprechend wird der Wasserverbrauch stark gesenkt. Zudem schont die tropfenweise Ausbringung des Wassers die Bodenstruktur und ermöglicht aufgrund des geringen Druckbedarfs die gleichzeitige Bewässerung großer Flächen. Bei Bedarf können dem Bewässerungswasser Nährstoffe beigefügt werden. Außerdem bleiben die Pflanzen trocken, sodass die Gefahr von Pilzinfektionen sinkt.

Nachteile der Tropfbewässerung ergeben sich unter den ariden Bedingungen des Gewächshauses dadurch, dass die geringen Wassermengen, die mit den Tropfschläuchen zugeführt werden, nicht ausreichen, Salze auszuwaschen, wodurch ihre Anreicherung in der oberen Bodenschicht und damit die Versalzung des Bodens gefördert wird. Zudem ist die Verlegung zur Einzeltopf-/Einzelpflanzenbewässerung recht arbeitsaufwendig, vor allem dann, wenn die Pflanzenabstände während der Kultur geändert werden müssen. Probleme können bei eisen- (Belüftung → Ausfällung im Auffangbecken!) oder stark kalkhaltigem Wasser (Spülung mit stark verdünnter Salpetersäure!) durch Ausfällungen auftreten, die zur Verstopfung der Tropfer führen können. Auch sollte eine Filterung des Wassers auf Teilchen < 0,5 mm erfolgen.

Tropfbewässerung
Vorteile

- gezielte Wasserausbringung in den Wurzelbereich
- keine Benetzung der Pflanzen
- starke Verringerung der unproduktiven Wasserverdunstung → hohe Wassereinsparung
- Schonung der Bodenstruktur
- geringer Wasserdruck erforderlich → gut für Bewässerung großer Flächen geeignet

1 Tropfbewässerung

Nachteile
- hohe Investitionskosten
- arbeitsaufwendige Verlegung
- fördert unter Glas die Bodenversalzung
- Verstopfungsgefahr (Kalk, Eisen) → verlangt hohe Wasserqualität

Einsatz: Einzeltopf-/Einzelpflanzenbewässerung (Reihenkulturen im Gemüsebau, z. B. unter der Mulchfolie bei der Tomatenkultur) sowie über synthetische Bewässerungsmatten zur Flächenbewässerung (s. Mattenbewässerung). Neben der Unterglasbewässerung dient die Tropfbewässerung in zunehmendem Maße auch zur Freilandbewässerung von Container- und Topfpflanzen (1, S. 473), begrünten Schall- und Lärmschutzwänden, Balkonkästen, Dachbepflanzungen, Unterflurbewässerung von Spiel- und Sportplätzen (ermöglicht eine Wasser- und Nährstoffzufuhr auch während des Spielbetriebs) sowie Steppen- und Wüstengebieten.

3.7.4 Kapillarbewässerung (1)

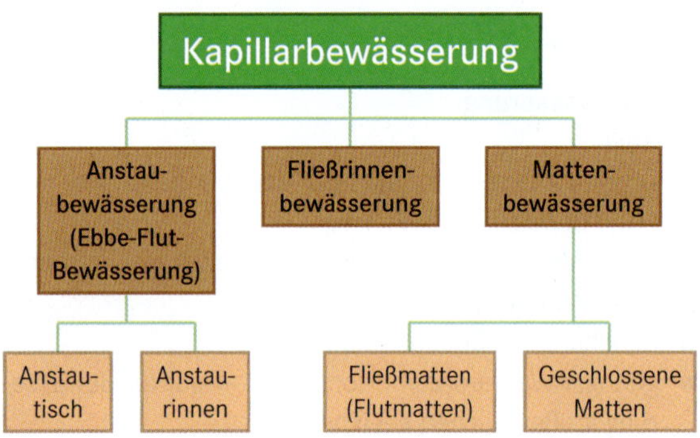

1 Kapillarbewässerung

> **Merke**
>
> Die Kapillarbewässerung (2) ist ein Verfahren, bei dem den Pflanzen das Wasser von unten zugeführt wird.

2 Bei der Kapillarbewässerung wird den Pflanzen das Wasser von unten zugeführt

Dabei stehen die Töpfe in angestautem Wasser oder auf Bewässerungsmatten (früher Sandschicht), die über eine Tropfbewässerung gleichmäßig feucht gehalten werden. Da das Substrat eine höhere Saugspannung aufweist als die Matte, gelangt das Wasser durch den kapillaren Aufstieg über die Löcher in den Töpfen bzw. bei Tontöpfen zusätzlich durch die porösen Wandungen zur Pflanzenwurzel.
Nachteilig kann sich bei der Kapillarbewässerung die mit der Zeit eintretende Salzanreicherung im oberen Drittel des Topfs und die damit einhergehende schlechtere Nährstoffversorgung der Wurzel - der Hauptanteil der Nährstoff aufnehmenden Wurzeln befindet sich im unteren Topfbereich - auswirken. Deswegen sollte gelegentlich von oben bewässert werden, um die abgelagerten Nährsalze in den Wurzelbereich zu waschen und damit pflanzenverfügbar zu machen.

Einsatz: Topfpflanzenbewässerung

Anstaubewässerung (Ebbe-Flut-Bewässerung)

> **Merke**
>
> Bei der **Anstaubewässerung** (3) erfolgt die Bewässerung wie bei der Hydrokultur nach dem **„Ebbe-Flut-System"**.

Nach der Flutung der exakt in Waage stehenden (gleichmäßige Wasserverteilung, Vermeidung von Wasserlachen) und mit einer Wanne aus wasserdichtem Material (Kunststoff, kunststoffummantelter Stahl, Aluminium) versehenen Tische auf 0,5 bis 2 cm Höhe stehen die Töpfe für eine begrenzte Zeit - in der Regel 10 bis 15 Minuten - zur Deckung ihres Wasserbedarfs im angestauten Wasser.

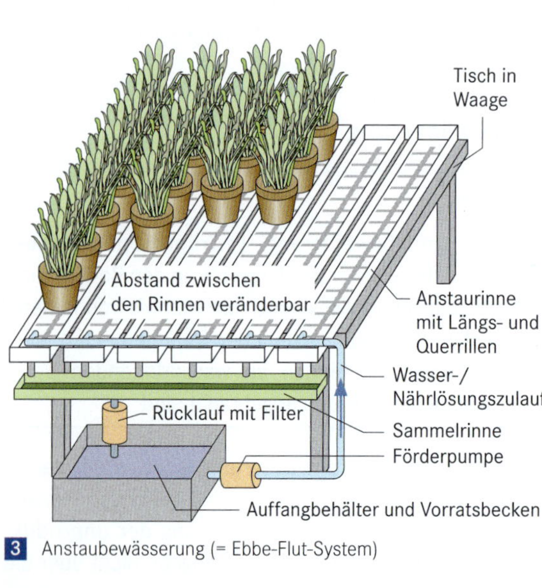

3 Anstaubewässerung (= Ebbe-Flut-System)

Merke

Faustregel:
Topfgröße in Zentimeter = Anstauzeit in Minuten

Das bei der Bewässerung nicht verbrauchte Wasser wird in einen Sammelbehälter geleitet, gefiltert und beim nächsten Bewässerungsvorgang wieder verwendet.

Um eine schnelle Wasseraufnahme und ein schnelles Abfließen überschüssigen Wassers aus dem Topf nach dem Anstauen zu gewährleisten, sollte der Topfboden große Öffnungen (Löcher und/oder Schlitze) am Boden und seitlich aufweisen.

Merke

Die Bewässerung nach dem „Ebbe-Flut-System“ ist ein relativ einfaches und sicheres Verfahren.

Dabei kann man unterscheiden zwischen Anstautischen und Anstaurinnen:

- **Anstautische**
  In den Tischrahmen aus Aluminium ist eine Tischwanne aus Kunststoff eingelegt. Tiefe Längs- und Querrillen sorgen für eine schnelle und gleichmäßige Wasserzu- und Wasserabführung.
- **Anstaurinnen**
  Bei der Rinnenbewässerung stehen die Töpfe in Rinnen aus Kunststoff oder Aluminium, die von Zeit zu Zeit geflutet werden. Auf einem Tisch liegen mehrere Rinnen nebeneinander. Der Abstand zwischen den einzelnen, unabhängig voneinander flutbaren Rinnen kann beliebig verändert werden (3, S. 474).

Anstaurinnen im Vergleich zu Anstautischen

Vorteil

- bessere Luftzirkulation und Wärmeverteilung im Pflanzenbestand

Nachteile

- aufwendige Technik aufgrund der vielen erforderlichen Wasseranschlüsse
- Einschränkung der Aufstellmöglichkeiten

Fließrinnenbewässerung

Bei der Fließrinnenbewässerung stehen die Töpfe in Alu- oder PVC-Rinnen mit einem Gefälle von 0,5 bis 1 %, durch die ein 2 bis 5 mm starker Wasserfilm von Zeit zu Zeit fließt.

Merke

Die Fließrinnenbewässerung weist gegenüber Anstau- und Mattenbewässerung den geringsten Wasserverbrauch auf (1).

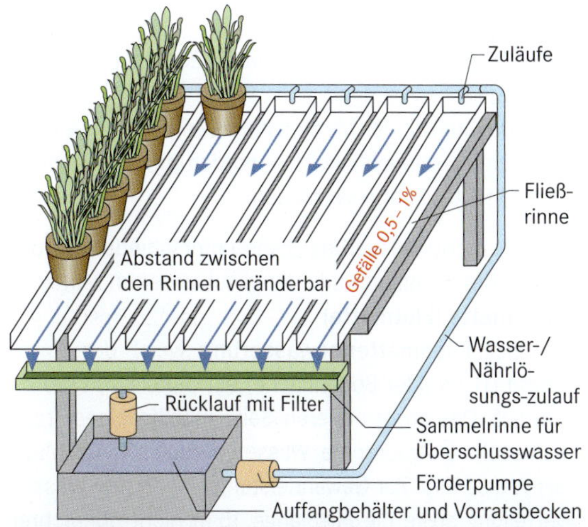

1 Fließrinnenbewässerung

Mattenbewässerung

Die **Mattenbewässerung** stellt eine preiswerte Alternative zur Anstaubewässerung dar. Als Bewässerungsmatten dienen z. B. 0,4 mm dünne Glasfaser- oder Synthetikmatten, die zwischen zwei Folien ausgelegt und in gewissen Zeitintervallen gewässert werden. Die obere schwarze Abdeckfolie (Nadelfolie) zum Schutz vor Algenbildung ist schwach perforiert (12 Nadellöcher/cm²). Alle drei Lagen werden auch als Verbundmatte angeboten (vereinfachtes Auslegen). Die Befeuchtung der Matten unter der Folie geschieht über Tropfschläuche oder freien Wasserstrahl. Mithilfe eines Tensiostaten (Feuchtefühler) mit Matten- oder Topffühler lässt sich die Mattenfeuchte regeln.

Vorteile

- relativ preiswert
- erlaubt volle Nutzung der Stellfläche
- geeignet für die meisten Töpfe und Topfplatten

Nachteile

- ausgetrocknete Töpfe nur schwer wieder zu befeuchten → Ausgießen von Hand
- Restfeuchtigkeit der Matte nach Bewässerung → Erhöhung der Luftfeuchtigkeit → Förderung von Pilzbefall und erhöhter Energieverbrauch

Bei der Mattenbewässerung kann unterschieden werden zwischen der Fließmatte und der geschlossenen Matte:

- **Fließmatte (Flutmatte)**
  Bei der **Fließmattenbewässerung** weist der Untergrund (Tisch oder Bodenfläche) ein Gefälle von 0,5 bis 1 % auf. Das an der oberen Seite mithilfe eines Tropfschlauchs aufgebrachte Wasser durchläuft die Matte als Wasserfilm. Zur Gewährleistung einer guten Wasserverteilung sollte die Fließlänge 15 m nicht überschreiten. Am unteren Ende wird das Überschusswasser über eine Sammelrinne in einen Auffangbehälter geleitet.
- **Geschlossene Matte**
  Bei der geschlossenen Matte weist der Untergrund kein Gefälle auf. Auch fehlen Sammelrinnen und Auffangbehälter. Entsprechend darf bei der Bewässerung immer nur so viel Wasser zugeführt werden, wie die Matte aufnehmen kann bzw. durch Pflanzen und Verdunstung verbraucht wird! Die Zuführung des Wassers erfolgt im Allgemeinen mit auf der Fläche verteilten Tropfschläuchen.

Geschlossene Matte im Vergleich zur Fließmatte
Vorteile

- kein Überschusswasser → keine Kosten für das Auffangen, Sammeln, Reinigen und Recyceln des Gießwassers
- Verringerung der unproduktiven Wasserverdunstung

Nachteil

- genaue Wasserdosierung erforderlich

Dünnschichtkultur

Bei der Dünnschichtkultur werden die Pflanzen auf sehr dünnen Substratschichten (allgemein zwischen 2 und 7 cm) in Folienwannen kultiviert.

Sie bietet eine relativ preiswerte Möglichkeit, Gemüsepflanzen und Schnittblumen abgetrennt vom gewachsenen Boden zu kultivieren. Da die ausgebrachte Nährlösung vollständig verbraucht werden muss, erfordert die Dünnschichtkultur eine exakte Nährstoff- und Wasserdosierung, um Versalzung, Austrocknung oder Staunässe zu vermeiden.

Dünnschichtkultur
Vorteile

- relativ preiswerte Möglichkeit, Gemüsepflanzen und Schnittblumen abgetrennt vom gewachsenen Boden zu kultivieren

Nachteile

- erhöhte Gefahr von Versalzung, Austrocknung oder Staunässe → ausgebrachte Nährlösung muss vollständig verbraucht werden → erfordert eine exakte Nährstoff- und Wasserdosierung

Nährfilmtechnik (NFT)

Bei der Nährfilmtechnik (Nutrient-Film-Technik) handelt es sich um ein erdloses Kulturverfahren. Die nackten Pflanzenwurzeln hängen in einem dünnen, ständig zirkulierenden Nährlösungsfilm. Allgemein werden hierfür Kunststoffrinnen mit einem Gefälle von etwa 2 % verwendet.

> **! Merke**
>
> **Zur Vermeidung von Pflanzenschäden ist eine ständige Überwachung der Nährlösungskonzentration, -temperatur und -zusammensetzung sowie des pH-Werts und des Sauerstoffgehalts erforderlich.**

Aeroponik (Wurzelsprühkultur)

Bei der Aeroponik, der Wurzelsprühkultur, wird die Nährlösung ständig oder in bestimmten Zeitabständen fein verteilt an die Pflanzenwurzeln gesprüht.

> **! Merke**
>
> **Auch bei diesem System kommt es auf eine ständige Überwachung der Nährlösung an.**

Gießwagen

Ein Gießwagen (1, S. 477) ist ein auf Schienen fahrbares Gestell mit Spannweiten zwischen 24 und 48 m, das mit Bewässerungsdüsen oder Gießröhrchen versehen ist und durch einen Elektromotor bewegt wird. Er wird zur Bewässerung und Düngung im Freiland (z. B. von Eriken-, Azaleen-, Hortensien- und Baumschulquartieren) wie auch unter Glas eingesetzt. Zusätzlich mit Sprüh- und Nebelfunktionen ausgestattet, lassen sich Gießwagen vielseitig, auch für den Pflanzenschutz, einsetzen.

1 Impulsgießwagen ermöglichen eine gezielte Wasser- und Düngerausbringung

> **! Merke**
>
> **Die Impulse zum Öffnen und Schließen der über Magnetventile gesteuerten Gießdüsen erfolgen durch „Kontaktfinger“ oder Lichtschranken (Fotozelle). Voraussetzung sind zentimetergenau aufgestellte Topfreihen, da die „Leittöpfe“ am Anfang der jeweiligen Reihe den Gießimpuls auslösen.**

Das Anbringen einer Röllchenbahn oder eines Förderbands am Gießwagen ermöglicht ein rationelles Ausstellen und Abräumen der Pflanzen.

Regner

Regner (**2**) werden vor allem im Freiland eingesetzt. Bei **mobilen Anlagen** wird das Wasser den Regnern durch ortsveränderliche Verteileranlagen, wie z. B. Schläuche und Schnellkupplungsrohre, zugeführt. Bei **stationären Anlagen** sind die Verteileranlagen ortsfest verlegt und in der Regel mit fest installierten Regnern ausgestattet. Die Investitionskosten für eine stationäre Beregnungsanlage sind zwar relativ hoch, im Gegensatz zur mobilen Anlage entfällt jedoch das arbeitsaufwendige Auf- und Abbauen. Die meisten Beregnungsanlagen lassen sich automatisieren, sodass auch nachts beregnet werden kann. Die Wasserzufuhr erfolgt über Schläuche oder Rohre aus Kunststoff/verzinktem Stahl, die ober- oder unterirdisch verlegt werden können. Auf dem Markt wird eine Vielzahl verschiedener Regnertypen angeboten, sodass für alle Kulturen, Boden- und Klimaverhältnisse der passende Regner ausgewählt werden kann. Nach der Art der Flächenberegnung unterscheidet man Kreis- und Viereckregner.

Vorteile

- einfaches, robustes Verfahren zur Flächenbewässerung
- flexibel in der Handhabung
- geringer Investitionsaufwand

Nachteile

- Überkopfbewässerung → nasse Pflanzenbestände → erhöhte Gefahr von Pilzbefall
- hohe unproduktive Wasserverdunstung → hoher Wasserverbrauch
- Überschneidungen der Bewässerungsradien (bei Kreisregnern)

Beim **Kreis-/Drehstrahlregner** dreht sich ein mit einer Strahldüse versehenes Stahlrohr um eine vertikale Achse, sodass eine kreisförmige Fläche beregnet wird. Die Drehung wird durch den Wasserdruck des durchströmenden Wassers bewirkt.

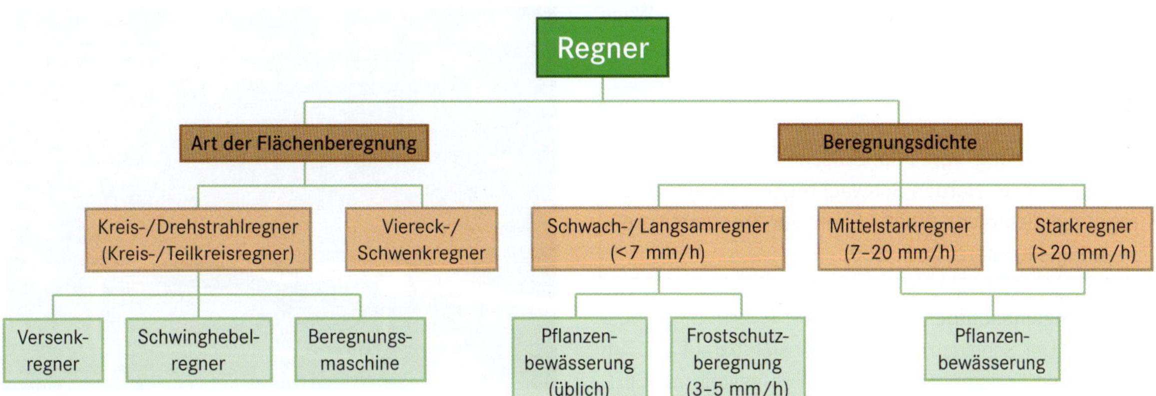

2 Regner

1 Schwinghebelregner

Bei dem häufig als **Schwinghebelregner** (1) konstruierten Kreisregner trifft der aus der Düse kommende Wasserstrahl auf einen Schwinghebel, der periodisch in den Strahl eintaucht.

Beim Zurückfedern schlägt der Hebel gegen das Stahlrohr, wodurch der Regner um 3 bis 5° weitergedreht wird.

> **! Merke**
>
> **Die meisten Kreisregner verfügen über Einstelleinrichtungen, die die Beregnung von Kreisausschnitten beliebiger Winkel ermöglichen. Mithilfe solcher Sektorenregner können die zwangsläufig auftretenden Überschneidungen bei der Flächenberegnung verringert werden.**

Nach der Beregnungsdichte (Niederschlagsdichte) unterscheidet man zwischen **Schwach-/Langsamregnern** (< 7 mm/h), **Mittelstarkregnern** (7 bis 20 mm/h) und **Starkregnern** (> 20 mm/h). Je höher die Beregnungsdichte, desto größer ist die Gefahr der Bodenverschlämmung. Auch können empfindliche Pflanzen beschädigt werden, sodass zur boden- und pflanzenschonenden Beregnung vor allem Schwachregner eingesetzt werden. Die feinen Tropfen und die geringe Regendichte ermöglichen zudem eine gute Erwärmung zu kalten Wassers auf dem Wege durch die Luft.

> **! Merke**
>
> **Zur Vermeidung von Pflanzenschäden durch Früh- und Spätfröste werden Schwachregner mit einer Beregnungsdichte von 3 bis 3,5 mm zur Frostschutzberegnung eingesetzt (s. S. 350).**

Beregnungsmaschinen sind mit einer Rohrtrommel ausgestattet. Der Schlauch (PE-Rohr) rollt sich darauf auf. Am Ende ist ein Kreisregner auf einem Fahrgestell montiert. Zur Beregnung wird der Schlauch über das Feld ausgelegt. Der Wasserdruck bewirkt ein Aufrollen des Schlauchs auf die Trommel, sodass der Regner während der Beregnung langsam über das Feld zum Ausgangspunkt zurückgezogen wird. Beim Erreichen des Feldendes schaltet sich die Maschine automatisch ab. Beregnungsmaschinen können auch zur Verregnung von Abwasser, Gülle oder Klärschlamm eingesetzt werden. Kleinere Geräte, sogenannte **Rainmobile,** werden häufig zur Beregnung von Sportplätzen eingesetzt. Sie haben eine Seiltrommel, die durch den Wasserdruck bewegt wird. Dabei rollt sich das Stahl- oder Kunststoffseil auf und zieht den Regner selbsttätig weiter. Neben Maschinen mit Regnereinzug gibt es auch **selbstfahrende Beregnungsmaschinen.**

> **! Merke**
>
> **Versenkregner** **werden vor allem im Rahmen stationärer Beregnungsanlagen auf Sport- und Golfplätzen sowie in Parkanlagen eingesetzt.**

Es handelt sich dabei um Kreisregner, die unter der Erdoberfläche in einem Schutzgehäuse installiert sind. Bei Einschaltung des Wassers öffnet sich der Deckel des Gehäuses und der Regner hebt sich durch den Wasserdruck aus dem Boden heraus. Wird die Wasserzufuhr unterbrochen, geht der Regner wieder in seine Ausgangsstellung unter der Erdoberfläche zurück.

Viereck-/Schwenkregner besitzen drehbar gelagerte Bogendüsen (2) bzw. bis zu 100 m lange Düsenrohrstränge, die durch Wasserturbinen/-motoren innerhalb eines einstellbaren Schwenkwinkels hin- und hergeschwenkt werden.

> **! Merke**
>
> **Sie ermöglichen die randscharfe Beregnung viereckiger Flächen. Viereck-/Schwenkregner sind im Vergleich zu den Kreis-/Drehstahlregnern störanfälliger.**

2 Schwenkregner mit Bogendüse

Tropfschläuche

> **! Merke**
>
> Tropfschläuche sind spezielle Bewässerungsschläuche, bei denen die Tropfer (Tropfelemente), aus denen das Wasser austritt, im Innern der Schläuche integriert sind.

Die **Tropfstellen** sind dadurch in gleichmäßigen Abständen (z. B. 30 cm) vorinstalliert. Tropfschläuche können ober- oder unterirdisch verlegt werden. Angeboten werden sie in unterschiedlichen Qualitäten, z. B. dick- (1 bis 1,5 mm) oder dünnwandig (0,1 bis 0,8 mm), Durchmesser z. B. 16 oder 20 mm, selbstreinigend oder -verschließend. Dabei wird zwischen druckkompensierenden und nicht druckkompensierenden Schläuchen (bis etwa 80 m Länge geeignet) unterschieden. **Druckkompensierende Tropfschläuche** gleichen Druckunterschiede durch Leitungsverluste und Höhenunterschiede im empfohlenen Druckbereich (Eingangsdruck) von 0,4 bis 2,5 bar aus, sodass ein hohes Maß an gleichmäßiger Bewässerung erreicht wird. In Abhängigkeit von Einlassdruck, Tropferabstand, Wasserbedarf und Topografie sind Leitungslängen von über 500 m möglich.

? Aufgaben

- ◑ 1. Erklären Sie die Bedeutung des Wassers für die Pflanze.
- ● 2. Erläutern Sie die Bedeutung der Wasserqualität für die Kultur von Pflanzen und beschreiben Sie verschiedene Verfahren zur Wasseraufbereitung (s. S. 191 f.).
- ○ 3. Erkundigen Sie sich nach dem jährlichen Wasserbedarf Ihres Ausbildungsbetriebs. Aus welchen Quellen wird der Bedarf gedeckt?
- ◑ 4. Mit wie viel € wird die Unterglasfläche (bzw. Freilandfläche) in Ihrem Ausbildungsbetrieb pro m^2 und Jahr durch die Wasserpreise belastet, wenn der Wasserbedarf aus dem öffentlichen Netz gedeckt wird? Wie hoch sind die tatsächlichen Kosten? Wie hoch dürfte der Wasserpreis des Wasserwerks sein, damit eine Wasserentnahme aus dem öffentlichen Netz gegenüber einer eigenen Wasserentnahme vorteilhafter ist? Diskutieren Sie in der Klasse evtl. Abweichungen unter den Betrieben.
- ◑ 5. Warum sind bei einer Beregnung häufige kleine Wassergaben genauso falsch wie zu hohe Wassergaben?
- ◑ 6. Eine alte Gärtnerregel besagt, dass einmal Hacken so viel bewirkt wie dreimal Gießen. Begründen Sie diese Aussage.
- ◑ 7. Erklären Sie, warum das Messen der Boden-/Substratfeuchtigkeit ein gutes Maß für den Wasserbedarf der Pflanzen darstellt (s. S. 149 f.).
- ◑ 8. Beschreiben Sie die Regelung einer vollautomatischen Bewässerungsanlage über einen Regelkreis.
- ◑ 9. Unterscheiden Sie offene und geschlossene Bewässerungsverfahren.
- ● 10. Welche Anforderungen sollte ein Bewässerungssystem erfüllen?
- ◑ 11. Warum wird die Düsenrohrbewässerung weniger in Topfpflanzenbetrieben eingesetzt?
- ● 12. Welche Vorteile ergeben sich durch den Einsatz von Sprühnebelanlagen zur Stecklingsvermehrung sowie zur Absenkung der Luft- und Pflanzentemperatur?
- ◑ 13. Beschreiben Sie die Regelung der Sprühnebelanlage mithilfe der Helfert'schen Tauwaage und dem Elektrodenblatt. Wie erfolgt die Regelung in Ihrem Ausbildungsbetrieb?
- ○ 14. Warum sollte die unproduktive Wasserverdunstung so niedrig wie möglich gehalten werden?
- ○ 15. Warum müssen Substrate für die Anstaubewässerung eine gute Kapillarität aufweisen?
- ○ 16. Warum müssen frisch getopfte Pflanzen bei der Verwendung eines Bewässerungssystems von unten zunächst von oben (z. B. mit der Schlauchbrause) bewässert werden?
- ○ 17. Welche Gefahr besteht bei Bewässerungssystemen mit einem ausschließlich aufwärts gerichteten Nährlösungsstrom?
- ◑ 18. Warum sollte man Kunden empfehlen, von unten gewässerte Pflanzen auch weiterhin von unten (über den Untersetzer) zu gießen?
- ○ 19. Welche Bewässerungssysteme werden in Ihrem Ausbildungsbetrieb eingesetzt?
- ● 20. Erstellen Sie eine Tabelle mit den Vor- und Nachteilen der verschiedenen Bewässerungssysteme für den Unterglasanbau. Diskutieren Sie die Ergebnisse.
- ◑ 21. Was versteht man unter Dünnschichtkultur, Nährfilmtechnik (NFT) und Aeroponik?
- ◑ 22. Beschreiben Sie den Einsatz von Gießwagen zur Bewässerung.
- ◑ 23. Nennen Sie Vor- und Nachteile mobiler und stationärer Beregnungsanlagen.

›

Aufgaben (Fortsetzung)

◑ 24. Unterscheiden Sie Kreis-/Drehstrahlregner und Viereck-/Schwenkregner.
○ 25. Was versteht man unter Sektorenregnern?
○ 26. Unterscheiden Sie Schwach-/Langsamregner, Mittelstark- und Starkregner.
◑ 27. Warum werden im Gartenbau Regner mit geringer Regendichte (Langsamregner) bevorzugt?
◑ 28. Beschreiben Sie die Funktion von Beregnungsmaschinen, Rainmobilen und Versenkregnern.
○ 29. Durch eine Nachtberegnung lässt sich Wasser einsparen. Wie erklärt sich dies?
● 30. Erklären Sie den Einsatz der Frostschutzberegnung (s. S. 355).

3.8 Pumpen

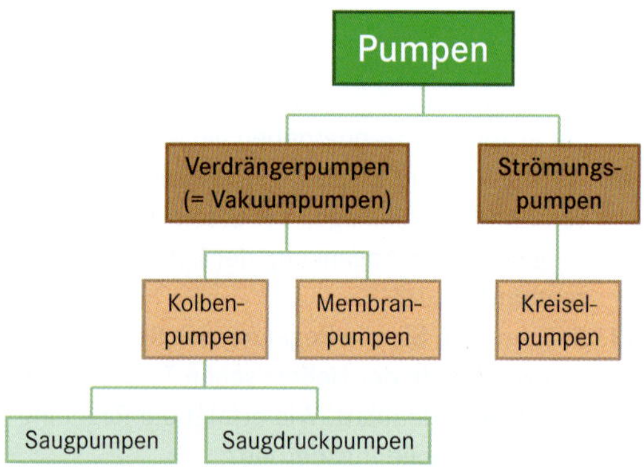

1 Pumpen

Merke

Die Förderung und der Transport von Wasser oder auch Gasen geschehen mithilfe von Pumpen (**1**).

Nach ihrer Bauart und Arbeitsweise können zwei Hauptgruppen unterschieden werden, Verdränger- und Strömungspumpen. Darüber hinaus gibt es noch Spezialkonstruktionen.

3.8.1 Verdrängerpumpen

Merke

Verdrängerpumpen fördern das Wasser durch ein regelmäßig abwechselndes Vergrößern und Verkleinern ihres Arbeitsraums.

Beim Vergrößern wird die Flüssigkeit in den Arbeitsraum angesaugt, genauer gesagt durch die Wirkung des äußeren Luftdrucks gehoben, und beim anschließenden Verkleinern in die Druckleitung gedrückt. Ausgeführt werden Verdrängerpumpen u.a. als Kolben- und Membranpumpen, die üblicherweise selbst ansaugend sind, d.h., sie können ein zum Ansaugen hinreichendes Vakuum selbst aufbauen.

Merke

Bei der **Kolbenpumpe** bewegt sich ein Kolben in einem Zylinder hin und her. Bei der Aufwärtsbewegung des Kolbens entsteht ein luftleerer (Vakuum) oder luftverdünnter Raum, in den das Wasser durch die Einwirkung des äußeren Luftdrucks hineingedrückt wird.

Die Pumpe selbst erzeugt also nur einen luftleeren Raum, ein Vakuum (= Vakuumpumpen). Die Förderung des Wassers selbst geschieht durch den Luftdruck. Dazu muss man wissen, dass die Luft, die die Erde als Lufthülle (Atmosphäre) umgibt, infolge ihres Gewichts auf jeden von ihr umgebenen Körper einen Druck ausübt.

Merke

In Meeresspiegelhöhe beträgt der Luftdruck im Durchschnitt 1 bar.

Dies entspricht dem Gewicht einer 10 m hohen Wassersäule. Entsprechend strömt das Wasser so lange in den Pumpenzylinder hinein, bis ein Gleichgewicht zwischen der Wassersäule und dem Luftdruck erreicht ist. Da dies bei einer 10 m hohen Wassersäule der Fall ist, beträgt die theoretische Ansaughöhe einer als Saugpumpe arbeitenden Kolbenpumpe 10 m.

Merke

Wegen Reibungsverlusten beim Nachströmen und Undichtigkeiten am Kolben liegt die praktisch mögliche Ansaughöhe jedoch nur bei etwa 7 m.

Beim Zurückstoßen des Kolbens schließt sich das Saugventil, sodass das Wasser nicht mehr zurückfließen kann und durch das Druckventil in die Leitung gedrückt wird (**1**, S. 481).

Bei der Ausführung als **Saugdruckpumpe** (**2**, S. 481) ist der Kolben nicht durchbohrt. Bei der Aufwärtsbewegung des Kolbens wirkt die Pumpe wie gehabt als Saugpumpe. Bei der

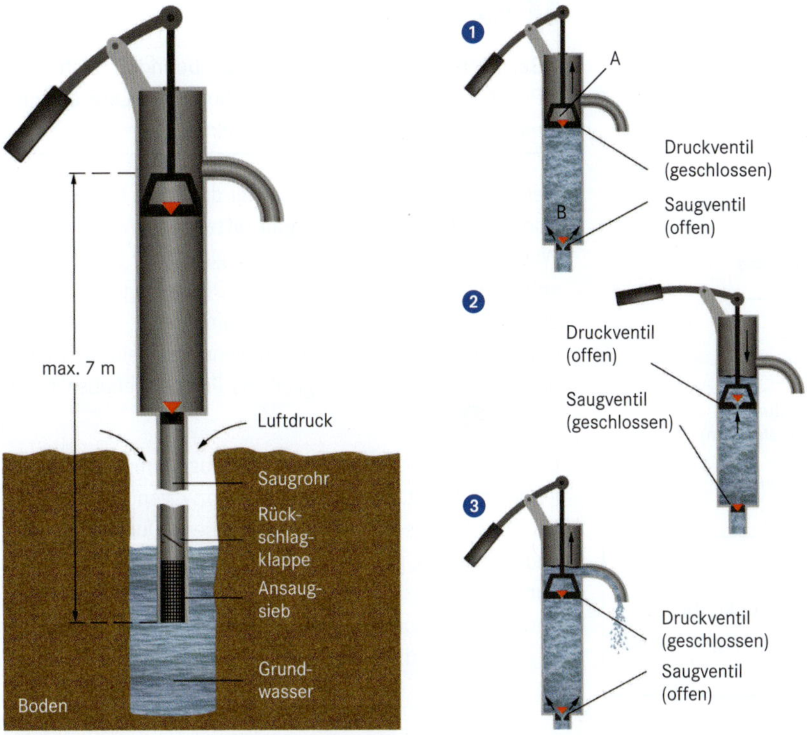

1. Beim Hochziehen des Kolbens entsteht im Pumpenzylinder eine Luftverdünnung, sodass der äußere Luftdruck Wasser nachströmen lässt.
2. Beim Runterdrücken des Kolbens schließt sich das untere Saugventil/Einlassventil (B), sodass das Wasser nicht mehr zurückfließen kann und durch das obere Druckventil/Auslassventil (A) fließt.
3. Nach einigen Pumpenschlägen hat sich oberhalb des Pumpenzylinders so viel Wasser angesammelt, dass es mit jedem weiteren Pumpenschlag aus der Pumpenöffnung herausströmt.

1 Arbeitsweise einer Saugpumpe am Beispiel einer handbetriebenen Kolbenpumpe

Abwärtsbewegung jedoch drückt der Kolben das angesaugte Wasser in die unterhalb des Kolbens angesetzte Druckleitung.

Dies hat den Vorteil, dass das Wasser in der Druckleitung nicht vom Luftdruck, sondern vom Kolben nach oben gedrückt wird.

Entsprechend kann das Steigrohr beliebig lang sein, solange nur die Antriebskraft des Kolbens ausreicht, um das Wasser in die gewünschte Höhe zu drücken. Lediglich die Höhe des Kolbens über dem Grundwasserspiegel darf nicht höher als etwa 7 m sein. Üblicherweise wird das Wasser durch ein relativ kurzes Steigrohr in den Pumpenzylinder gesaugt.

Um das stoßweise Arbeiten von Kolbenpumpen auszugleichen, kann ein **Druckkessel** (Druckausgleichbehälter, Windkessel, **1**, S. 482) in das Steigrohr bzw. in die Druckleitung eingebaut werden. Es handelt sich dabei um ein größeres, druckfestes Gefäß, in das die Flüssigkeit stoßweise hineingepumpt wird. Das im Kessel befindliche Luftvolumen sorgt dafür, dass das Wasser relativ gleichmäßig in das Steigrohr hineingedrückt wird. Ein gleichförmigeres Fördern kann auch mit mehreren parallel geschalteten, gegeneinander phasenverschobenen Kolben erreicht werden (Reihenkolbenpumpen als Zwillings-, Drillings- oder Vierlingspumpen).

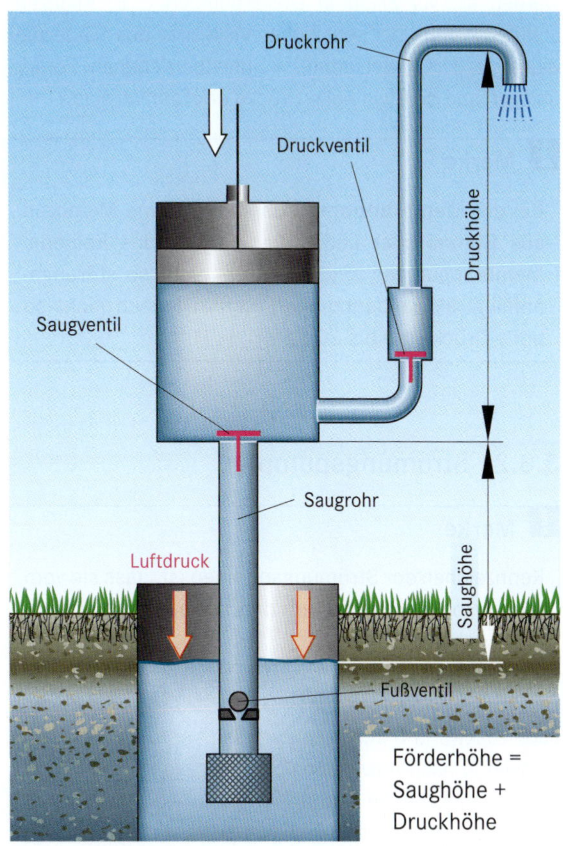

2 Arbeitsweise einer Saugdruckpumpe

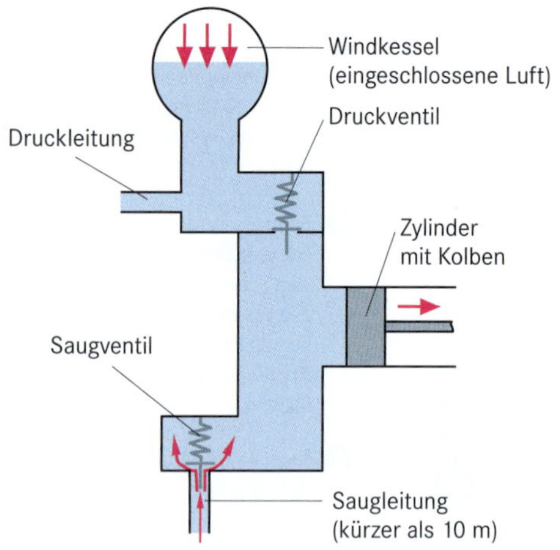

1 Druckkessel (Windkessel, Druckausgleichbehälter)

> **! Merke**
>
> Mit Kolbenpumpen lassen sich hohe Drücke (bis etwa 60 bar) erzielen und das geförderte Flüssigkeitsvolumen genau bestimmen/dosieren.

Ihr Antrieb kann von Hand (z.B. handbetriebene Brunnenpumpe) oder mithilfe von Motoren erfolgen. Eingesetzt werden sie vor allem in Dosierpumpen (z.B. Pflanzenschutzspritzen), bei sehr hoher Viskosität des Fördermediums (z.B. Öl, Schlamm), in handbetriebenen Förderanlagen und dort, wo hohe Drücke erforderlich sind.

> **! Merke**
>
> Bei der **Membranpumpe** übernimmt eine Membran aus Gummi oder Leder die Aufgabe des Kolbens. Membranpumpen sind robuster (nicht so störungsanfällig) als Kolbenpumpen, liefern jedoch nicht so hohe Drücke (10 bis 20 bar).

3.8.2 Strömungspumpen

> **! Merke**
>
> Kennzeichen der Strömungspumpen ist, dass sie vom Wasser ohne Behinderung durch Klappen oder Ventile durchströmt werden.

Dies bedeutet jedoch, dass beim Stillstand die Pumpe auch rückwärts durchströmt werden kann. Entsprechend müssen je nach Anwendung Schieber, Ventile oder Rückschlagklappen in die Leitung eingebaut werden. Eine sehr häufig verwendete Strömungspumpe ist die üblicherweise über einen Elektromotor angetriebene Kreiselpumpe.

> **! Merke**
>
> Bei den **Kreiselpumpen** (**2**) befindet sich im Pumpengehäuse ein schnell rotierendes Laufrad mit nach hinten gebogenen Schaufeln.

Der Transport des Wassers erfolgt durch die bei der Rotation entstehenden **Zentrifugalkräfte** (Fliehkräfte), die das Wasser nach außen in die dort angebrachte Druckleitung schleudern (= Schleuderpumpen). Der dabei an der Achse entstehende Unterdruck (Hohlraum) saugt das Wasser durch die in der Mitte einmündende Saugleitung an, sodass ständig neue Flüssigkeit ins Pumpengehäuse nachströmt (**3**).

Da Kreiselpumpen nicht selbst ansaugen, muss die Saugleitung stets mit Wasser gefüllt sein bzw. genügend Wasser vor ihrer Einlassöffnung vorhanden sein. Durch Hintereinanderschaltung mehrerer Laufräder (ein- bzw. mehrstufige Pumpen) lässt sich der Druck und damit die Förderhöhe, durch Parallelschaltung (ein- bzw. mehrflutige/mehrströmige Pumpen) die Fördermenge erhöhen.

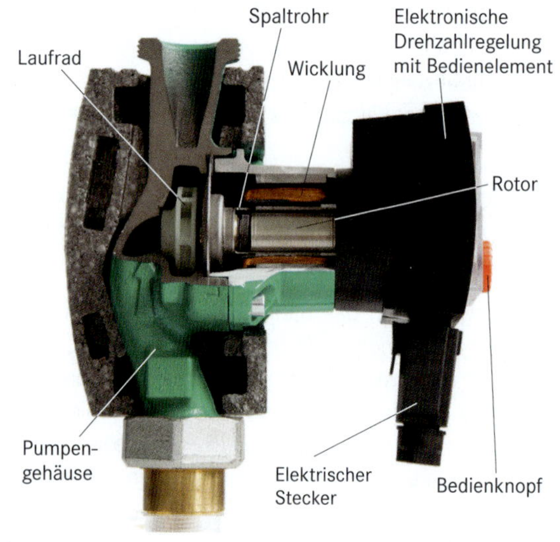

2 Kreiselpumpe mit elektrischem Antrieb (Drehstrommotor)

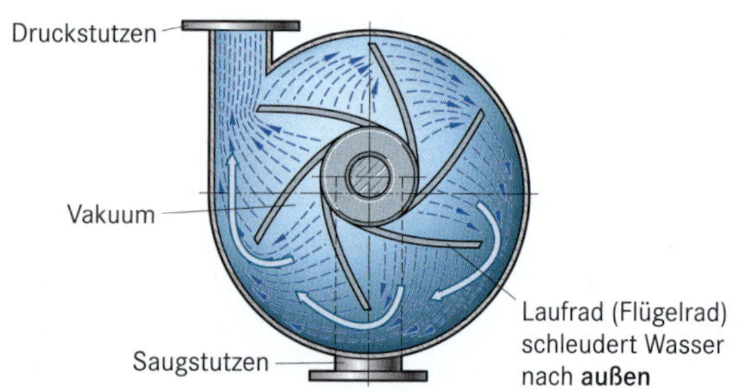

3 Arbeitsweise einer Kreiselpumpe

Merke

Aufgrund ihrer gleichmäßigen, stoßfreien Arbeitsweise und ihrem einfachen, robusten Aufbau finden Kreiselpumpen vielseitige Verwendung. Besonders gut geeignet sind sie zur Förderung großer Wassermengen und verschmutzter Flüssigkeiten (z. B. Abwässer).

Nach der Art ihres Einsatzes unterscheidet man z. B. Tauch- (Unterwasserpumpen), Universal- (können sowohl im wie außerhalb des Wassers aufgestellt werden), Springbrunnen-, Zirkulations- (bei Warmwasseranlagen) und Umwälzpumpen (bei Heizungsanlagen).

3.8.3 Pumpenleistung

Bei der Auswahl der Pumpe ist darauf zu achten, dass ihre Leistungsfähigkeit groß genug ist, um die erforderliche Wassermenge in die gewünschte Höhe zu transportieren bzw. den erforderlichen Mindestdruck zur Bewässerung aufrechtzuerhalten.

Merke

Kolbenpumpen weisen einen hohen Druck (bis 60 bar), aber nur geringe Fördermengen auf. Bei Kreiselpumpen ist dies umgekehrt, sie weisen einen niedrigen Druck (bis 15 bar), aber hohe Fördermengen auf.

Aufgrund ihrer Arbeitsweise und ihrem einfachen Aufbau sind Kreiselpumpen die am häufigsten verwendeten Pumpen.

Welche Pumpenleistung erforderlich ist, lässt sich aus Grafiken der Hersteller, sogenannten **Pumpenkennlinien** (**1**), ablesen. Aus der Kurve lässt sich entnehmen, bei welcher Förderhöhe welche Menge Wasser (m^3/h oder l/min) zur Verfügung steht.

Merke

Generell besteht zwischen Förderstrom und Förderhöhe einer Pumpe eine gegenseitige Abhängigkeit:
- **geringe Förderhöhe → großer Förderstrom**
- **große Förderhöhe → kleiner Förderstrom**

Bei der Auswahl der Pumpe sollte man berücksichtigen, dass der beste Wirkungsgrad erreicht wird, wenn der Betriebspunkt etwa im mittleren Kennlinienbereich liegt. Im Zweifelsfall sollte man die notwendige Pumpenkapazität von einem Fachmann berechnen lassen. So beeinflusst neben dem zu überwindenden Höhenunterschied auch die Entfernung und der Durchmesser der Rohre/Schläuche,

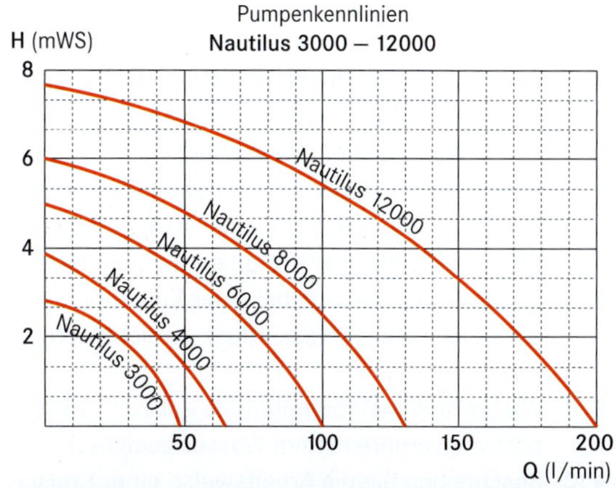

Pumpe	Maximale Förderhöhe	Liter/min (maximal)	Leistungsaufnahme (Watt)
N. 3000	2,90 m	47	40
N. 4000	3,90 m	65	60
N. 6000	5,10 m	100	100
N. 8000	6,10 m	130	170
N. 12000	7,70 m	200	280

1 Die Pumpenkennlinie gibt Auskunft über die Förderleistung einer Pumpe

über die das Wasser gepumpt wird, aufgrund des entstehenden Reibungswiderstands die Förderleistung einer Pumpe. Je enger der Durchmesser und je weiter die Entfernung, desto höher der Druckverlust, desto höher die erforderliche Pumpenleistung.

Aufgaben

◑ 1. Geben Sie einen Überblick über die verschiedenen Pumpenarten.

◑ 2. Beschreiben Sie die Arbeitsweise einer Kolbenpumpe.

● 3. Beschreiben Sie die Funktion a) einer Fahrradpumpe und b) eines Tintenfüllhalters beim Nachfüllen der Tinte.

● 4. Taucht man ein beidseits offenes Glasröhrchen in ein Glas mit Wasser ein, steigt die Flüssigkeit in ihm hoch, bis der Wasserspiegel innen und außen gleich hoch steht (1). Verschließt man das obere Ende mit einem Finger und zieht das Röhrchen hoch, sinkt zwar der Wasserspiegel im Innern etwas ab, bleibt aber über dem äußeren Spiegel stehen (2). Wie erklärt sich dies?

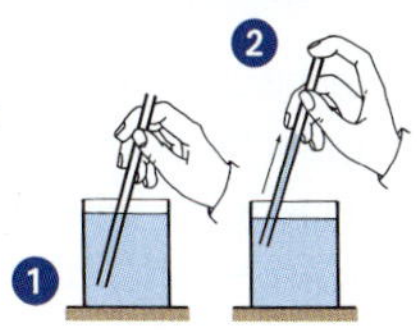

● 5. Warum kann Wasser nicht über den atmosphärischen Druck von 1 bar hinaus angesaugt werden.

Aufgaben

6. Wie hoch ist die mögliche a) theoretische und b) praktische Ansaughöhe einer Saugpumpe? Wie erklärt sich der Unterschied?
7. Beschreiben Sie, wie sich die Saugdruckpumpe in ihrer Arbeitsweise von einer Saugpumpe unterscheidet. Welcher Vorteil ergibt sich daraus?
8. Erklären Sie, wodurch bei einer Kolbenpumpe ein gleichmäßiger Wasserfluss erreicht werden kann.
9. Warum sind Membranpumpen gut zum Transport von verunreinigtem Wasser geeignet?
10. Beschreiben Sie die Arbeitsweise einer Kreiselpumpe.
11. Begründen Sie, warum Kreiselpumpen die am häufigsten verwendeten Pumpen sind.
12. Warum eignet sich die Kreiselpumpe auch sehr gut zur Förderung verschmutzter Wässer?
13. Wie kann das Wasser aus einem mehr als 7 m tiefen Brunnen gefördert werden?
14. Worüber geben sogenannte Pumpenkennlinien Auskunft?
15. Wovon hängt die erforderliche Leistungsfähigkeit einer Pumpe ab?
16. a) Die Förderleistung einer Teichpumpe soll 60 bis 100 l/min betragen. Wählen Sie aus **1**, S. 483 die passende Pumpe aus.
    b) Die zu überbrückende Höhe beträgt 2 m, die Austrittsleistung an der Quelle soll 50 bis 60 l/min betragen. Welche der in **1**, S. 483 aufgeführten Pumpen ist erforderlich?

3.9 Düngerbeimischer

3.9.1 Arbeitsprinzipien (1)

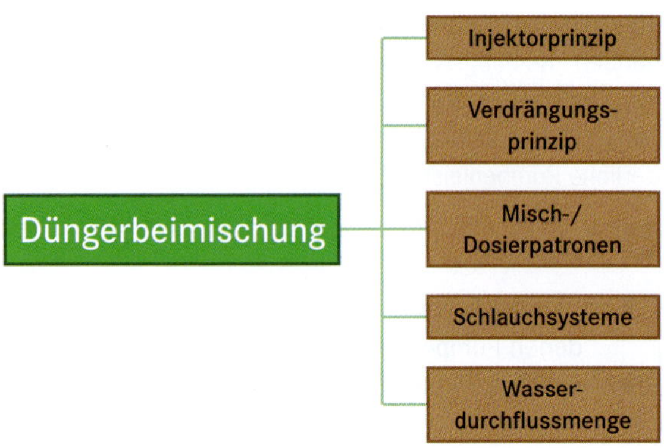

1 Arbeitsprinzipien von Düngerbeimischern

Merke

Die Ausbringung von Nährstoffen zusammen mit dem Gießwasser über die Bewässerungsanlage ermöglicht eine arbeitssparende, gleichmäßige und gezielte Düngung der Pflanzen.

Die Beimischung voll wasserlöslicher oder flüssiger Dünger erfolgt mithilfe von **Düngerbeimischern**. Auf dem Markt wird eine Reihe unterschiedlicher Fabrikate mit verschiedenen Arbeitsprinzipien angeboten:

Injektorprinzip

Beim **Injektorprinzip** wird nach dem Prinzip der Wasserstrahlpumpe, einer Saugpumpe, bei der ein Wasserstrahl Luft aus einem Gefäß saugt, gearbeitet. Statt Luft wird eine hoch konzentrierte Düngerlösung (**Stammlösung, 2**) angesaugt. In dem Injektor erhöht der eintretende Wasserstrom infolge einer Querschnittsverengung seine Geschwindigkeit. Der dadurch erzeugte Unterdruck führt dazu, dass die Stammlösung über ein Rohr angesaugt und über eine Düse dem vorbeifließenden Leitungswasser beigemischt wird. Die Beimischung erfolgt in Abhängigkeit von der gewählten Düse in einem bestimmten Verhältnis (s. folgendes Beispiel).

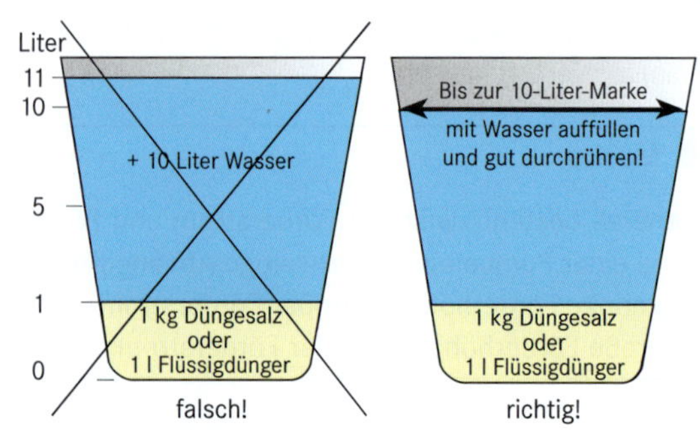

Eine Lösung ist 10 %ig, wenn
100 g Lösung 10 g gelösten Stoff enthalten
100 kg Lösung 10 kg gelösten Stoff enthalten
100 t Lösung 10 t gelösten Stoff enthalten
10 l Lösung 1 l/1 kg Dünger enthalten

2 Das Ansetzen einer 10 %igen Stammlösung

Beispiel

Bei einem Beimischverhältnis von 1 : 100 (auf 100 Liter Gießwasser 1 Liter Stammlösung) und einer 10 %igen Stammlösung beträgt die Nährlösungskonzentration 0,1 % oder 1 ‰.

Ausrechnung
1 Liter Stammlösung in 100 Liter Wasser = 1 % (wenn Stammlösung 100 %ig)
Stammlösung 10 %ig → 10 % von 1 % = 0,1 % oder 1 ‰

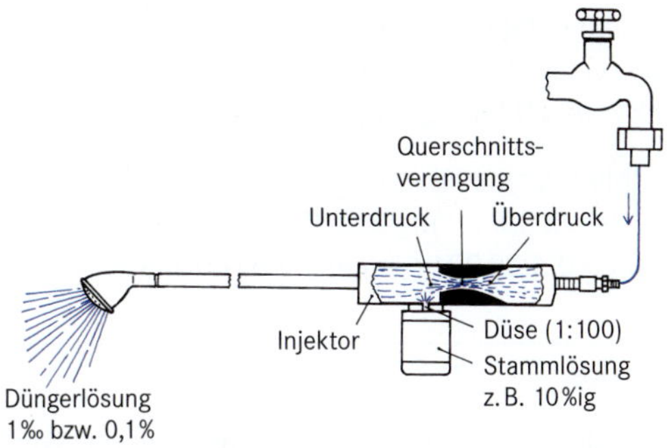

Verdrängungsprinzip

In der Praxis weitverbreitet sind Geräte, die nach dem **Verdrängungsprinzip** (1) arbeiten. In einen Druckbehälter ist ein Kunststoffsack eingehängt, der die hoch konzentrierte Düngerlösung enthält. Das beim Betrieb in den Zwischenraum zwischen Behälterwand und Kunststoffsack einströmende Leitungswasser drückt den Kunststoffsack zusammen, sodass die Stammlösung in das Mischventil fließt, wo sie entsprechend dem eingestellten Mischverhältnis (von 1 bis 16 ‰ oder 0,5 bis 8 ‰) dem durchfließenden Gießwasser beigemischt wird. Der fortschreitende Verbrauch der Stammlösung kann durch Schaugläser am Apparat beobachtet werden. Vor einer erneuten Füllung

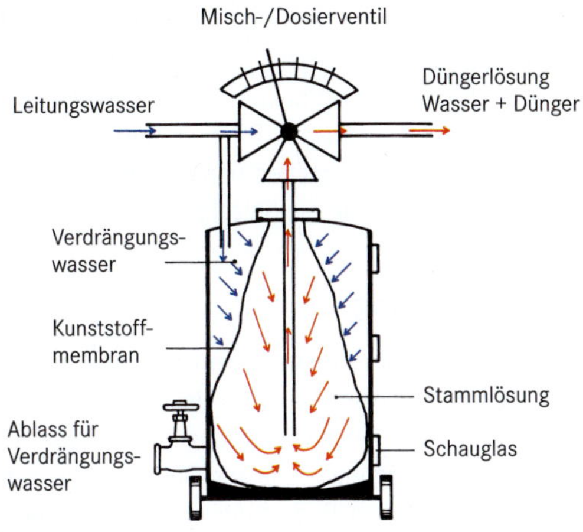

1 Verdrängungsprinzip

mit Stammlösung muss zunächst die Wasserzuleitung abgesperrt und das Verdrängungswasser über den Ablasshahn abgelassen werden. Mithilfe eines Pumpautomaten kann aus Düngeransatzbecken beliebiger Größe fortlaufend Stammlösung entnommen werden, sodass eine Unterbrechung der Düngerzufuhr durch Nachfüllen des Druckbehälters entfällt.

Misch-/Dosierpatronen

Andere Geräte arbeiten mit **Misch-/Dosierpatronen.** Bei ihnen ist die Stammlösung nicht vom Verdrängungswasser getrennt. Eine Durchmischung wird aufgrund der hoch konzentrierten Stammlösung (≥ 10 %) vermieden (höheres spezifisches Gewicht). Entsprechend der zugrunde gelegten Stammlösung können durch die Wahl austauschbarer Dosierpatronen unterschiedliche Düngerkonzentrationen eingestellt werden.

Schlauchsysteme

Eine sehr genaue Dosierung lässt sich mit **Schlauchsystemen** erreichen. Neunundneunzig Schläuche fördern reines Wasser, während einer die Stammlösung ansaugt. Die Konzentration des Gießwassers erfolgt in Abhängigkeit von der Konzentration der Stammlösung und den Schlauchquerschnitten. So beträgt die Gießwasserkonzentration bei einer 10 %igen Stammlösung und gleichen Schlauchquerschnitten 1 ‰ bzw. 0,1 %.

Wasserdurchflussmengen

Düngerbeimischungen nach der Wasserdurchflussmenge erfolgen mithilfe von Kolben- oder Membranpumpen.

Merke

Die Geräte, die allein über den Wasserdruck angetrieben werden, können in die vorhandene Wasserleitung problemlos eingesetzt werden. Die Pumpen saugen über einen Kunststoffschlauch aus der Stammlösung (bei gelösten Düngesalzen) oder direkt aus dem Originalbehälter (bei Flüssigdüngern möglich) die Düngerlösung an, die in der Mischkammer dem durchfließenden Wasser entsprechend der Skaleneinstellung am Dosiergerät beigemischt wird.

Die Dosierung erfolgt proportional zur Durchflussmenge, die – je nach Gerät – zwischen 10 und 60 000 l/h liegt. Dabei ist sicherzustellen, dass die für das Gerät angegebene Mindestdurchflussmenge auch mindestens erreicht wird, weil sonst eine Unterdosierung erfolgt (1, S. 486).

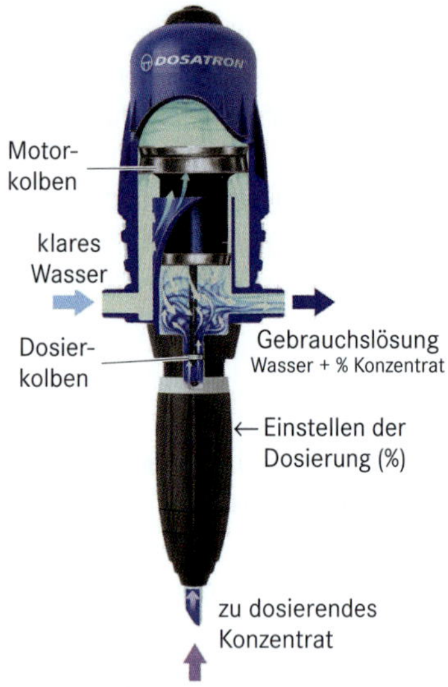

1 Dosatron® Düngerdosiergerät

3.9.2 Leitfähigkeitsmessung/ Bestimmung des Salzgehalts

> **! Merke**
>
> Zu hohe Salzgehalte im Substrat können zu Schäden an den Pflanzen führen. Entsprechend kann bei hohen Salzgehalten im Gießwasser – vor allem bei salzempfindlichen Pflanzen – nur noch eine begrenzte Menge an Nährstoffen zudosiert werden. Der Gesamtsalzgehalt im Substrat ergibt sich aus dem Salzgehalt des Gießwassers und den zudosierten Nährsalzen.

Mithilfe der **Leitfähigkeitsmessung** lässt sich der Salzgehalt einer wässrigen Lösung (Stammlösung, Düngelösung, Gießwasser, Substrat und Boden) messen. Reines Wasser leitet den elektrischen Strom so gut wie nicht. Nur wenn Wasser elektrisch geladene Teilchen (Ionen) enthält, kann Strom fließen. Je mehr Ionen im Wasser sind, desto salzreicher ist es und desto größer ist seine Leitfähigkeit für Strom. Daher ist die elektrische Leitfähigkeit von Wasser ein guter Maßstab für die Menge der in ihm gelösten Salze.

Die Maßeinheit für die Leitfähigkeit ist Siemens (S). Die Angabe erfolgt üblicherweise in Millisiemens pro cm (mS/cm) oder **EC-Wert**[1] (gleichbedeutend mit mS/cm). Die Bezugstemperatur ist 25 °C. Je nach Lösung (z. B. Gießwasser, Düngelösung, Stammlösung) kann der Salzgehalt bei Werten <1 bis >100 EC liegen. Zwecks einfacherer und genauer Messung sind EC-Messgeräte auf verschiedene Messbereiche wie 0,00–2,00 EC, 0,0–20,0 EC und 0–200 EC umschaltbar.

[1] engl. Electric conductivity (elektrische Leitfähigkeit)

Entsprechend benutzt man für das Ansetzen bzw. Kontrollieren von Stammlösungen wegen ihres hohen Salzgehalts den Messbereich 0–200 EC und für die Überprüfung von Düngelösungen und Gießwasser den Messbereich 0,00–2,00 EC.

Der gemessene Wert kann in g oder mg Salz/l umgerechnet werden. Weil jedes Salz eine andere Leitfähigkeit hat, dient als Bezugsgröße KCl (Kaliumchlorid).

> **Umrechnungsfaktoren:**
> 1 mS/cm entspricht 650 mg KCl/l:
> - mS/cm x 650 = mg Salz/l
> - mS/cm x 0,65 = g Salz/l
>
> 1 µS (Mikrosiemens) entspricht 0,65 mg KCl/l
> - µS /cm x 0,65 = mg Salz/l
> - 1 µS = 0, 000 001 Siemens = 0,001 mS

> **! Merke**
>
> Die Messung der elektrischen Leitfähigkeit (EC-Wert) ist geeignet zur:
> - Bestimmung des Salzgehalts von Gießwässern, Stammlösungen und Dünge-/Nährlösungen,
> - Steuerung der Dünge-/Nährlösungskonzentration bei der Flüssig-/Bewässerungsdüngung,
> - Kontrolle von Salzgehalten in Substraten, Erden und Böden,
> - Regelung von Düngermischern.

Der EC-Wert gibt jedoch keine Information über die Zusammensetzung der Lösung. So sagt er z. B. nichts aus über die Höhe des N-Gehalts, die Stickstoffform (NO_3^- oder NH_4^+) oder die Gehalte an anderen Haupt- und Spurennährelemente.

Substrat/Boden

Für die Bestimmung des Salzgehalts im Substrat oder Boden werden 10 g der Probe mit 100 ml destilliertem Wasser versetzt (Extraktionsverhältnis 1 : 10), umgerührt und 22 Stunden stehen gelassen. Danach wird die Lösung durch einen Papierfilter gegeben und die elektrische Leitfähigkeit im Filtrat (enthält die Salze) gemessen.

In der Düngelösung

Im Unterglasanbau ist es heute allgemein üblich, die Nährstoffe in geringer Dosierung über das Gießwasser den Pflanzen zuzuführen. Die Flüssigdüngung ermöglicht im Vergleich zur Ausbringung von festen Düngern eine gleichmäßigere, exakt an den Bedarf der Pflanzen angepasste Nährstoffversorgung.

mg Salz/l Gießwasser	Salz-verträglichkeit	Beispiele Zierpflanzen
<200	sehr empfindlich	Bromelien, Farne, Orchideen, Aussaaten, geschlossene Kultursysteme
<400	empfindlich	Araceen, Anthurien, Azaleen, Eriken, Cymbidien, Gesneriaceae, Primeln, Stecklinge
<600	mäßig empfindlich	Begonien, Cyclamen, Gerbera, Freesien, Hortensien, Poinsettien, Rosen, Gehölze im Container
<800 (1 000)	wenig empfindlich	Asparagus, Chrysanthemen, Nelken, Beetkulturen, Freiland

Tab. 1 Richtwerte zur Beurteilung der Gießwasserqualität

Vor der Düngung ist zunächst eine Analyse des Gießwassers (Tab. 1) durchzuführen. Je höher der EC-Wert (Salzgehalt) im Gießwasser, desto weniger Nährstoffe können noch hinzugegeben werden und umgekehrt. Je salzempfindlicher eine Kultur ist, desto wichtiger ist der

Gesamt-EC-Wert =
EC-Wert Gießwasser + EC-Wert der zudosierten Nährsalze.

So gibt es für jede Kultur einen maximal verträglichen EC-Wert **(EC-Grenzwert)** der Dünge-/Nährlösung, der auch über einen längeren Zeitraum die Pflanzenentwicklung nicht negativ beeinflusst. Die notwendigen Nährstoffe werden auf die Inhaltsstoffe des Wassers und den Bedarf der Pflanzen abgestimmt.

Aus **Leitfähigkeitstabellen** (z. B. der Düngemittelhersteller) können die EC-Werte verschiedener Düngemittel entnommen werden. Zum abgelesenen EC-Wert ist dann noch der Gießwasser-EC-Wert hinzuzuzählen. Düngermischer mit Einstellung über den EC-Wert entnehmen Stammlösungen aus mehreren Behältern und führen sie in einem Vormischbecken zusammen. Die Dünge-/Nährlösung wird dann über Messung des EC-Werts aus der Stammlösungsmischung und dem Gießwasser hergestellt.

? Aufgaben

◑ 1. Berechnen Sie die Dünger- und Wassermenge für ein 4 000-l-Düngerbassin mit einer 20 %igen Stammlösung.

● 2. Beschreiben Sie die unterschiedlichen Verfahren zur Düngerbeimischung.

◑ 3. Welche Probleme können bei der Bewässerungsdüngung während hoher Sonneneinstrahlung auftreten?

? Aufgaben (Fortsetzung)

◑ 4. Welche Zusammensetzung (kg Dünger, l Wasser) müssen 100 l Stammlösung bei einem Beimischverhältnis 1 : 100 haben, wenn die Düngelösung a) 1 ‰, b) 2 ‰ und c) 3 ‰ betragen soll?

◑ 5. Sie verwenden für die drei Stammlösungen aus Aufgabe 4 ein Beimischverhältnis von 1 : 200. Wie hoch ist jeweils die Konzentration der Düngelösung?

◑ 6. Düngerbeimischung nach der Wasserdurchflussmenge. Setzen Sie die fehlenden Zahlen ein:

Skaleneinstellung am Dosiergerät

a)	0,2	0,3	0,4	0,5	1,0	1,6
Stammlösung A 1 kg Düngersalz auf 10 l Wasser Düngeranteil in ‰ (g/l) →	0,2	0,3	0,4	0,5	1,0	1,6
Stammlösung B 1,5 kg Düngersalz auf 10 l Wasser Düngeranteil in ‰ (g/l) →						
Stammlösung C 2 kg Düngersalz auf 10 l Wasser Düngeranteil in ‰ (g/l) →						

b)	0,2	0,3	0,4	0,5	1,0	1,6
Flüssigdünger Düngeranteil in ‰ →	2	3	4	5	10	16
Mischung 1 : 1 Düngeranteil in ‰ →						
Mischung 1 : 2 Düngeranteil in ‰ →						
Mischung 1 : 3 Düngeranteil in ‰ →						
Mischung 1 : 6 Düngeranteil in ‰ →						

Mischung 1 : 1 = 1 l Flüssigdünger + 1 l Wasser,
1 : 2 = 1 l Flüssigdünger + 2 l Wasser usw.

○ 7. Wie lässt sich der Salzgehalt von Gießwasser oder einer Düngelösung messen?

○ 8. Was gibt der EC-Wert an?

◑ 9. Welchen EC-Werten entsprechen die Salzgehalte in Tab. 1?

○ 10. Woraus setzt sich der Gesamt-EC-Wert zusammen?

◑ 11. Die häufigsten Bewässerungsverfahren im Unterglasanbau sind Fließrinne, Anstauverfahren und Fließmattenbewässerung. Warum sollten von der Probennahme die oberen 1 bis 2 cm des Topfballens ausgeschlossen werden?

◑ 12. Begründen Sie, warum gerade in geschlossenen Kultursystemen das Gießwasser niedrige Salzgehalte aufweisen sollte.

3.10 CO_2-Versorgung

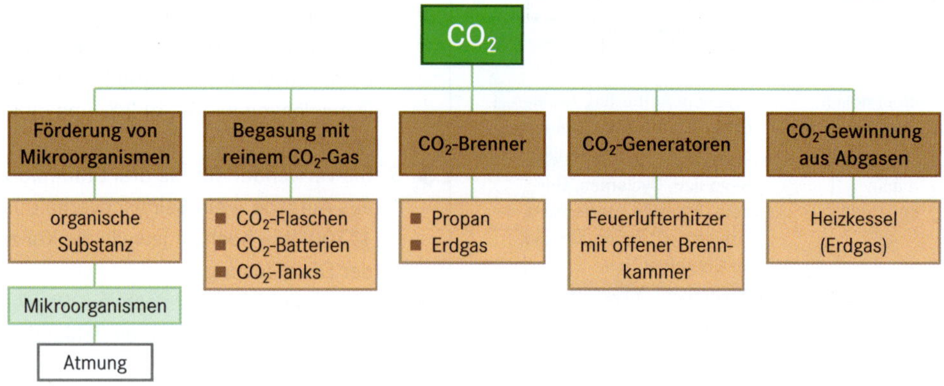

1 CO_2-Versorgung

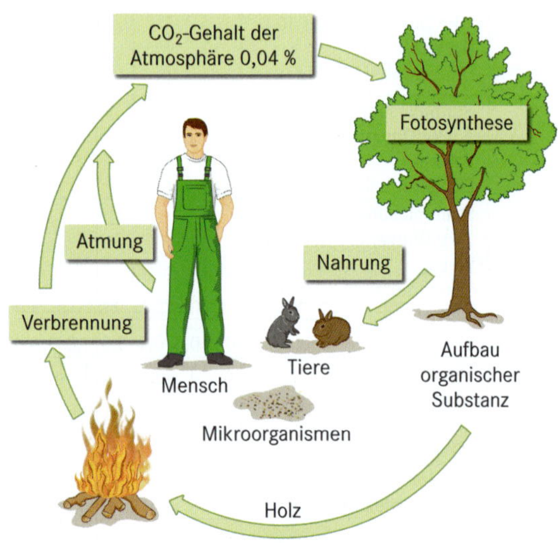

2 Der Kohlenstoffkreislauf

Kohlenstoff-kreislauf

> **! Merke**
>
> **Kohlenstoff (C) ist ein lebensnotwendiger Nährstoff, der von der Pflanze in Form von Kohlendioxid (CO_2) über die Spaltöffnungen der umgebenden Luft entzogen wird. Als Ausgangsprodukt für die Fotosynthese (s. S. 47 f.) beeinflusst die CO_2-Konzentration der Luft ganz entscheidend die Entwicklung der Pflanzen.**

Mit 0,0419 Vol.-% (= 419 ppm) ist der CO_2-Gehalt der Luft nicht optimal (**2**, S. 54), sodass CO_2 als Wachstumsfaktor ein **Minimumfaktor** darstellt, durch dessen Steigerung das Pflanzenwachstum gefördert wird (**1**, S. 489). Im Freiland ist dies von untergeordneter Bedeutung, da der schnelle Luftaustausch eine ständige CO_2-Nachlieferung gewährleistet (**2**). In Gewächshäusern kann es jedoch durch den behinderten Luftaustausch zu einem Mangel kommen, sodass durch eine zusätzliche Versorgung mit CO_2 **(CO_2-Düngung/-Begasung)** das Wachstum, der Ertrag und die Qualität der Pflanzen erheblich verbessert werden können. Da die Wirkung der CO_2-Düngung mit der Lichtintensität zunimmt, ist insbesondere an hellen Tagen für ein ausreichendes CO_2-Angebot zu sorgen. In der lichtarmen Jahreszeit ist die Wirkung einer zusätzlichen CO_2-Versorgung zwar gering, aber auch hier wird ein Zuwachs bewirkt (**2**, S. 54), sodass aus pflanzenphysiologischer Sicht eine CO_2-Düngung ganzjährig sinnvoll ist (**1**, S. 489).

Ob eine zusätzliche Versorgung mit CO_2 durchgeführt wird oder nicht, hängt vor allem von der Wirtschaftlichkeit des Verfahrens ab. Als günstig haben sich CO_2-Konzentrationen zwischen 400 und 3 000 ppm erwiesen. Allgemein werden in den Gewächshäusern Gehalte von 600 bis 1600 ppm angestrebt.

Bei der CO_2-Begasung ist zu berücksichtigen, dass überhöhte Konzentrationen zu Pflanzenschäden führen und der **MAK-Wert** (maximale Arbeitsplatzkonzentration), unterhalb dem eine Belästigung oder Gesundheitsgefährdung nach dem heutigen Wissensstand nicht zu erwarten ist, 5 000 ppm (0,5 Vol.-% CO_2) beträgt. Ein Gehalt von 8 Vol.-% CO_2 in der Atemluft führt innerhalb weniger Minuten beim Menschen zum Erstickungstod. Zur kontinuierlichen **Überwachung der CO_2-Konzentrationen** in den Gewächshäusern dienen überwiegend Analysegeräte, die nach dem Prinzip der **Infrarot-Strahlungs-Absorption** arbeiten. Das Messprinzip beruht auf der Eigenschaft des Kohlendioxids, Infrarotstrahlung (Wärmestrahlung) zu absorbieren. Aus der Höhe der Infrarotabsorption der angesaugten Gewächshausluft wird die CO_2-Konzentration ermittelt. Zur stichprobenartigen Messung sind spezielle Prüfröhrchen erhältlich, die sich in Abhängigkeit von der CO_2-Konzentration verfärben.

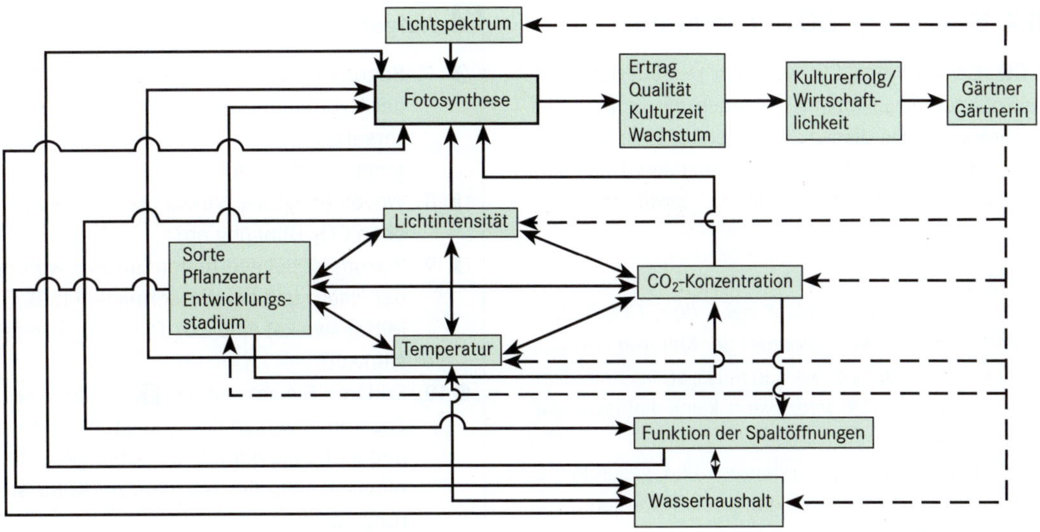

1 Physiologische Vorgänge sind komplexe Prozesse, die der Gärtner und die Gärtnerin nur dann optimal beeinflussen können, wenn ihnen die theoretischen Hintergründe ihres Tuns bewusst sind

3.10.1 Förderung der Mikroorganismen

Eine Erhöhung der natürlichen **CO_2-Nachlieferung aus dem Boden** (bodenbürtiges CO_2, etwa 5 kg/ha und h), kann über die Förderung der Mikroorganismen geschehen, indem z. B. der Boden regelmäßig mit organischer Substanz versorgt wird (**1**, S. 213). Früher hat man sich diese Erkenntnis zur CO_2-Begasung zunutze gemacht, indem in den Gewächshäusern durchfeuchtete und mit Stickstoff gedüngte Strohballen (C : N-Verhältnis!) aufgestellt wurden (**2**).

Bakterien zersetzen das Stroh ⇒ sie atmen CO_2 aus, das die Pflanzen über ihre Spaltöffnungen auf der Blattunterseite aufnehmen.

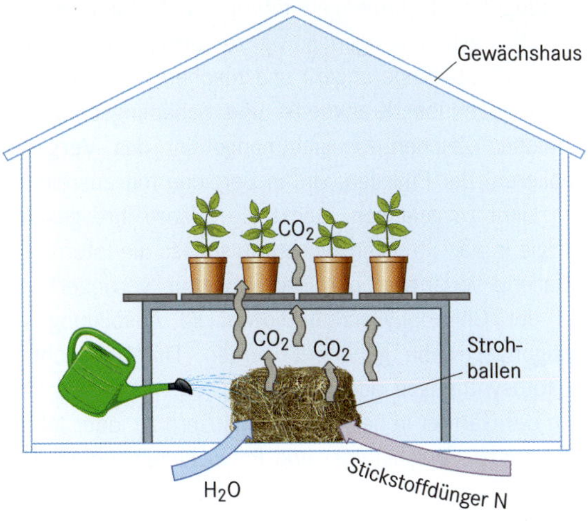

2 Natürliche CO_2-Düngung

3.10.2 Begasung mit reinem CO_2-Gas

> **! Merke**
>
> Eine einfache und regulierbare CO_2-Düngung kann mit reinem CO_2-Gas (technisches/flüssiges CO_2) erfolgen.

Es handelt sich hierbei um unter Druck und bei niedrigen Temperaturen verflüssigtes CO_2-Gas in reiner Form (frei von Schadstoffen!). Das unter Druck stehende Flüssiggas (rd. 57 bar bei 20 °C) gelangt aus Druckgasbehältern (CO_2-Flaschen, -Batterien oder -Tanks) über dünne Rohre oder Schläuche mithilfe von Druckminderungsventilen (Reduzierung des Drucks unter 4 bar) als CO_2-Gas zur Begasung in die Gewächshäuser. Dabei erhält man aus 1 kg flüssigem CO_2 0,5 m^3 CO_2-Gas. Die Dosierung der Begasung erfolgt am sichersten über CO_2-Mess- und Regelanlagen, die mit CO_2-Analysegeräten zur genauen CO_2-Messung ausgestattet sind. Nachteilig ist der relativ hohe Preis des Flaschengases.

3.10.3 Einsatz von CO_2-Brennern

Die Tatsache, dass bei der Verbrennung kohlenstoffhaltiger Verbindungen Kohlendioxid freigesetzt wird, macht man sich beim Einsatz sogenannter CO_2-Brenner zunutze. Sie werden in den Gewächshäusern aufgehängt und mit Propan oder Erdgas betrieben. Gebläsebrenner saugen die Verbrennungsluft aus dem Gewächshaus oder über Schläuche von außen an und verteilen die Verbrennungsgase durch Luftumwälzung im Gewächshaus.

3.10.4 Einsatz von CO_2-Generatoren

Auch CO_2-Generatoren („CO_2-Kanonen") - **Feuerlufterhitzer** mit offener Brennkammer - werden mit Propan oder Erdgas betrieben. Sie dienen zwar in erster Linie zum Heizen, aber das bei der Verbrennung entstehende Kohlendioxid wird zusammen mit Warmluft ins Gewächshaus geblasen.

Nachteilig ist, dass

- der Einsatz der Geräte nicht nach dem CO_2-Bedarf, sondern nach dem Wärmebedarf der Kulturen erfolgt,
- vor allem nachts geheizt werden muss, sodass vor allem dann CO_2 freigesetzt wird, wenn keine Fotosynthese stattfindet,
- bei zu langen Laufzeiten pflanzen- und gesundheitsschädliche CO_2-Konzentrationen erreicht werden,
- beim Einsatz von Feuerlufterhitzern zusätzliche Sicherheitsvorrichtungen notwendig sind.

3.10.5 CO_2-Gewinnung aus Abgasen

Eine Gewinnung von CO_2 aus den **Abgasen von Heizkesseln** ist bei der Verwendung von Erdgas als Brennstoff ebenfalls möglich. Sie geht einher mit einer Wärmerückgewinnung aus den Abgasen mithilfe von Brenn- und Heizwertgeräten (s. S. 448 f.). Beim Einsatz von Heizwertgeräten zur Abgaskühlung kann zusätzlich die in den Abgasen enthaltene Restwärme sowie die im Wasserdampf gebundene latente Wärme genutzt werden.

Auch die im Gartenbau häufig zu findenden erd- oder biogasbetriebenen **Blockheizkraftwerke** liefern neben Strom und Wärme CO_2, das zur Düngung genutzt werden kann.

? Aufgaben

◑ 1. Beschreiben Sie den natürlichen Kreislauf des Kohlenstoffs (**2**, S. 488).

◑ 2. Welche Probleme können sich daraus ergeben, dass der natürliche Kreislauf des Kohlenstoffs in zunehmendem Maße durch die steigende Verbrennung fossiler Brennstoffe gestört wird (s. S. 350 f.)?

◑ 3. Warum kann durch eine zusätzliche CO_2-Versorgung unter Glas das Wachstum der Pflanzen verbessert werden?

○ 4. Warum hat gerade im Zuge energiesparender Maßnahmen die CO_2-Versorgung unter Glas an Bedeutung gewonnen?

○ 5. Warum besteht unter Glas vor allem im Winter die Gefahr eines CO_2-Mangels?

◑ 6. Erklären Sie, warum durch organische Düngung die CO_2-Versorgung der Pflanzen verbessert wird.

? Aufgaben (Fortsetzung)

◑ 7. Begründen Sie die negativen Auswirkungen der Hydrokultur und der Verwendung schwer zersetzbarer Substrate auf die CO_2-Versorgung der Pflanzen.

◑ 8. Wovon hängt die Wirksamkeit einer zusätzlichen CO_2-Düngung ab?

◑ 9. Warum ist bei geöffneter Lüftung, während der Nacht und bei Wassermangel (z. B. Mittagswelke) eine CO_2-Düngung weniger sinnvoll?

● 10. Erklären Sie anhand der **1**, S. 488 das Zusammenwirken der Wachstumsfaktoren und leiten Sie daraus die sich ergebenden Möglichkeiten des Gärtners zur Kultursteuerung ab.

● 11. a) Nennen Sie unterschiedliche Verfahren zur zusätzlichen CO_2-Versorgung unter Glas.
b) Diskutieren Sie Vor- und Nachteile der verschiedenen Verfahren.

3.11 Belichtung und Verdunklung

! Merke

Licht ist der sichtbare Teil der Sonnenstrahlung. Es beeinflusst in vielfältiger Weise das Wachstum und die Entwicklung der Pflanzen:

- Licht liefert die für die Fotosynthese erforderliche Energie (s. S. 47 ff.),
- steuert Wachstumsbewegungen (s. S. 79 ff.) und
- beeinflusst über die Tageslänge die vegetative und generative Pflanzenentwicklung (s. S. 61 f.)

Ungenügende Lichtmengen führen zu Wachstums- und Entwicklungshemmungen sowie zu formativen Veränderungen (Gestaltänderungen) und machen die Pflanze anfälliger gegenüber Krankheits- und Schädlingsbefall. Ein deutliches Zeichen für Lichtmangel ist das **Vergeilen** (Etiolieren) der Pflanzen. Um in Bereiche mit ausreichendem Licht zu gelangen, steckt die Pflanze ihre gesamte Energie in das Streckenwachstum, sodass die Internodien auffallend verlängert, das Blattwachstum verringert wird und der Chlorophyllaufbau sowie die Ausbildung von Festigungsgewebe gehemmt werden. Durch Belichtung mit fotosynthetisch oder fotoperiodisch wirkendem Licht kann der Gärtner in den Gewächshäusern zu jeder Jahreszeit optimale Wachstums- und Entwicklungsbedingungen schaffen.

3.11.1 Grundlagen der Beleuchtungstechnik

Begriff	Definition	Einheit
Strahlungsleistung	Energie, die von einer Lichtquelle ausgestrahlt wird	Watt (W)
Lichtstrom	Lichtmenge, die von einer Lichtquelle ausgestrahlt wird	Lumen (lm)
Lichtstärke	Lichtmenge, die in eine bestimmte Richtung abgestrahlt wird	Candela (cd)
1 Candela	Lichtmenge, die eine mittlere Wachskerze in waagerechter Richtung ausstrahlt	Candela (cd)
Lichtverteilungskurve	anschauliche Darstellung der Lichtverteilung einer Lampe	-
Lichtausbeute	Lichtmenge, die pro Watt elektrischer Energie erzeugt wird	Lumen pro Watt (lm/W)
Beleuchtungsstärke (E)	Lichtmenge, die auf eine Fläche auftrifft; Maß für die Helligkeit	Lux (lx) (= lm/m^2)
1 Lux	Lichtmenge, die auf eine Fläche von 1 m^2 fällt	lm/m^2
Beleuchtungswirkungsgrad	gibt an, wie viel Licht der Lampen auf die Nutzfläche gelangt	%
Luxmeter	Messgerät zur Messung der Beleuchtungsstärke	Angabe in Lux (lx)
PAR	fotosynthetisch wirksame Strahlung	Strahlungsbereich 400–700 nm
PAR-Messgerät	Messgerät zur Messung des fotosynthetisch wirksamen Strahlungsbereichs	Angabe in Mikromol pro Watt (µmol/W)
PAR-Strahlungsausbeute	Strahlung im fotosynthetisch wirksamen Bereich; dient zur Bewertung von Lampen hinsichtlich ihrer fotosynthetisch wirksamen Strahlung (PAR)	Mikromol pro Watt (µmol/W)
Bestrahlungsstärke	Berechnungsgrundlage für Beleuchtungsanlagen	Watt pro Quadratmeter (W/m^2)
Strahlungsausbeute	gibt an, wie viel pflanzenverfügbare Energie von einem Watt elektrischer Energie erzeugt wird; dient dem Vergleich verschiedener Lampen	Milliwatt pro Watt (mW/W)

Tab. 1 Begriffe, Definitionen und Einheiten der Beleuchtungstechnik

In der Beleuchtungstechnik wird eine Reihe unterschiedlicher Größen, Einheiten und Begriffe (Tab. 1) verwendet, deren Kenntnis für die Beurteilung einer Lichtquelle notwendig ist.

Die **Strahlungsleistung** (Strahlungsfluss) gibt den Energiestrom an, der von einer Lichtquelle ausgestrahlt wird. Die Einheit ist das **Watt (W)**.

Der Teil der ausgesandten Strahlung, der vom menschlichen Auge wahrgenommen werden kann, wird als **Lichtstrahlung** bezeichnet (Bereich zwischen 380 und 760 nm).

Der **Lichtstrom** ist ein Maß für die ausgestrahlte Lichtmenge (Lichtleistung) einer Lichtquelle. Die Einheit ist das **Lumen (lm)**.

Durch Verschmutzung und Alterung vermindert sich der von einer Lampe ausgehende Lichtstrom. Die Verminderung durch Alterung kann bis zu 40% betragen. Dies wird bereits bei der Auslegung der Lampen berücksichtigt, indem man allgemein eine Lichtleistung von 120 bis 140% anstrebt.

Die **Lichtstärke** gibt den in eine bestimmte Richtung (einen bestimmten Raumwinkel) abgestrahlten Lichtstrom an. Die Einheit für die Lichtstärke ist die **Candela (cd)**, wobei 1 cd etwa der Lichtstärke entspricht, die eine mittlere Wachskerze in waagerechter Richtung ausstrahlt.

Lichtverteilungskurven (1) dienen zur anschaulichen Darstellung der Verteilung der Lichtstärken einer Lampe. Dazu werden in einem räumlichen Polarkoordinatensystem mit der Lichtquelle als Nullpunkt die in allen Richtungen gemessenen Lichtstärken eingetragen und die Endpunkte

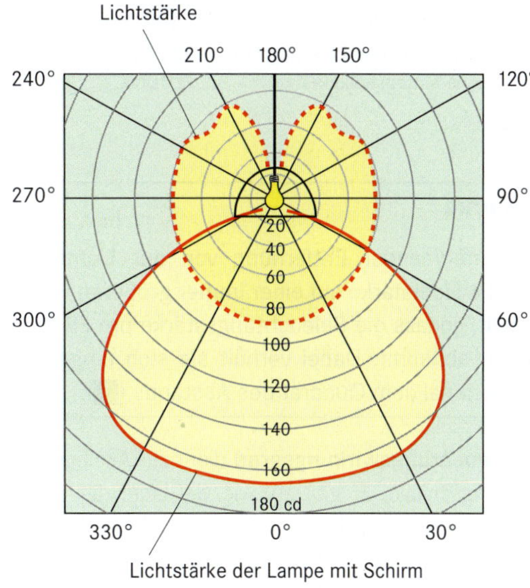

1 Lichtverteilungskurven mit und ohne Reflektor

mit einer Kurve verbunden. Die eingetragenen Lichtstärken werden in der Regel auf einen Lichtstrom von 1 000 Lumen bezogen. Mithilfe von Reflektoren oder Reflexschichten lässt sich der größte Teil des nach oben gestrahlten Lichts in den Pflanzenbestand leiten. Außerdem kann mit entsprechend gestalteten Reflektoren eine gleichmäßigere Lichtverteilung erreicht werden (1).

Die **Lichtausbeute** gilt als Maß für die Wirtschaftlichkeit einer Lichtquelle. Sie gibt an, wie viel Lichtstrom pro Watt elektrischer Energie erzeugt wird. Die Einheit ist Lumen pro Watt (lm/W). Je größer die Lichtausbeute einer Lampe, desto höher ist ihr Wirkungsgrad und desto wirtschaftlicher ist sie.

Die **Beleuchtungsstärke (E)** gibt den auf eine Fläche auftreffenden Lichtstrom (I) an (Lichtleistung pro Fläche). Sie ist ein Maß für die Helligkeit. Die Einheit ist das **Lux (lx)**.

Die Beleuchtungsstärke beträgt 1 lx, wenn ein Lichtstrom von 1 lm auf eine Fläche von 1 m^2 fällt (1 lx = 1 Lumen pro Quadratmeter). Zur besseren Vorstellung: 1 lx wird auf einer 1 m^2 großen Fläche erreicht, die im Abstand von 1 m senkrecht von einer Kerze mit der Lichtstärke 1 cd bestrahlt wird (1 lx = 1 cd/m^2), s. auch Tab. 1.

Helligkeit	Beleuchtungsstärke (Lux)
Vollmond	0,2
Straßenbeleuchtung	10–20
Kompensationspunkt	**200–1 000**
erforderlich:	
■ zum Lesen	300
■ für Büroarbeiten	250–500
■ für sehr feine Arbeiten	1 000–4 000
an einem trüben Wintertag	1 500
volle fotosynthetische Leistung bei	**10 000**
sommerliche Mittagshelligkeit bis	120 000

Tab. 1 Luxwerte

! Merke

Mit zunehmender Entfernung von der Lichtquelle wird die Lichtstärke auf einer immer größeren Fläche verteilt, sodass die Beleuchtungsstärke pro Flächeneinheit abnimmt. Dabei verhält sie sich umgekehrt proportional dem Quadrat des Abstands (1).

Der **Beleuchtungswirkungsgrad** dient zur Auslegung der Belichtungsanlage. Er gibt an, wie viel Licht der Lampen auf die Nutzfläche gelangt. Der Beleuchtungsgrad der heute verwendeten Lampen liegt üblicherweise zwischen 75 und 80 %.

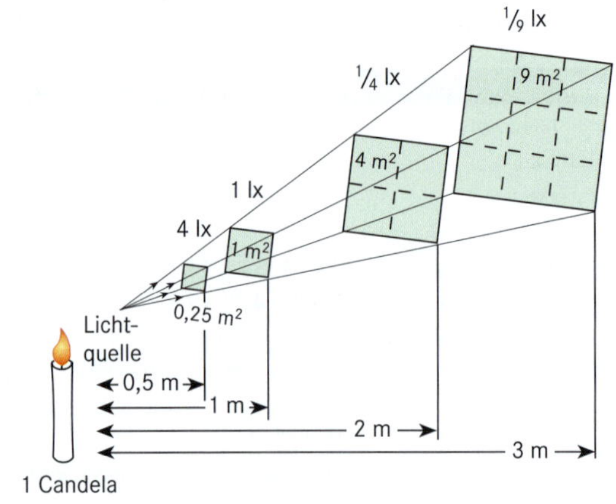

1 Abnahme der Beleuchtungsstärke mit der Entfernung von der Lichtquelle

$$\text{Beleuchtungsstärke (E)} = \frac{\text{Lichtstärke (I)}}{\text{Quadrat des Abstands } (r^2)}$$

Luxmeter (Luxmesser) dienen zur Messung der Beleuchtungsstärke. Die Bezugsfrequenz für die Messung entspricht einer Wellenlänge von 555 nm, bei der die Helleempfindlichkeit des menschlichen Auges am größten ist. Die Messung der Beleuchtungsstärke ist also dem menschlichen Auge, aber nicht der fotosynthetischen Empfindlichkeit der Pflanze angepasst (2).

Da die Beleuchtungsstärke zur Bewertung der fotosynthetischen Leistung einer Pflanze nur bedingt geeignet ist, erfolgt die Auslegung von Beleuchtungsanlagen heute üblicherweise nach der Bestrahlungsstärke der Lampen im sichtbaren Bereich.

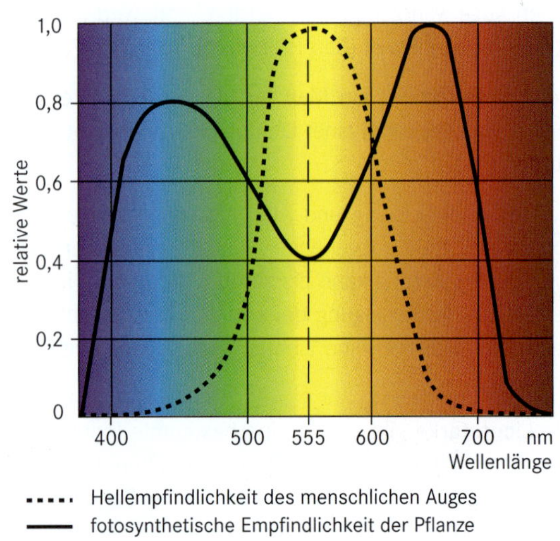

2 Empfindlichkeitskurven

PAR-Messgeräte messen wie Luxmeter den sichtbaren Strahlungsbereich, berücksichtigen dabei jedoch mehr die fotosynthetische Empfindlichkeit der Pflanze (fotosynthetic active radiation = pflanzenwirksamer Strahlungsbereich: 400 bis 700 nm).

Aber auch mit ihnen lässt sich keine exakte Messung der fotosynthetisch wirksamen Lichtmenge durchführen. Hohe Gerätekosten, schwierige Handhabung und der gewohnte Umgang mit dem Luxmeter haben bisher eine Verbreitung in der Praxis verhindert.

Die **Bestrahlungsstärke** (Strahlungsdichte) ergibt sich aus dem Quotienten der auf eine Fläche auftreffenden Strahlungsleistung einer Lichtquelle im sichtbaren Bereich und der Größe der Fläche. Die Einheit ist Watt pro Quadratmeter (W/m^2). Sie stellt die geeignetste Berechnungsgrundlage für die Planung einer Beleuchtungsanlage dar. Die installierten Leistungen bei der Assimilationsbelichtung liegen allgemein zwischen 30 und 50 W/m^2.

Die **Strahlungsausbeute** dient dem energetischen Vergleich verschiedener Lampen. Sie gibt an, wie viel pflanzenverfügbare Energie von einem Watt elektrischer Energie erzeugt wird. Die Einheit ist Milliwatt pro Watt (mW/W).

3.11.2 Fotosynthetische Belichtung

> **Merke**
>
> Durch eine Zusatzbelichtung mit fotosynthetisch wirksamem Licht (s. S. 49) kann während lichtarmer Zeiten die Fotosynthese („Assimilation“) der Pflanzen gesteigert werden (1).

Bei der Auswahl der Lampen ist zu beachten, dass bei künstlichen Lichtquellen eine andere spektrale Energieausstrahlung vorliegt als bei der Sonne. Da überwiegend die Lichtstrahlen des blauvioletten und vor allem des rotorangen Spektralbereichs fotosynthetisch wirksam sind (2, S. 492), kommen nur Lampen infrage, die eine für die Pflanzen ausreichende spektrale Lichtverteilung in diesen Bereichen aufweisen. Zur Erzeugung von Assimilationslicht werden im Gartenbau vor allem Hochdrucknatriumdampflampen, teilweise auch noch Hochdruckmetallhalogendampflampen, eingesetzt.

> **Merke**
>
> Entscheidend für die Fotosynthese ist nicht nur die spektrale Zusammensetzung des Lichts, die **Lichtqualität**, sondern auch die **Lichtmenge**, die den Pflanzen zur Verfügung steht (2). Sie hängt ab von der Lichtintensität und der Dauer der Belichtung.

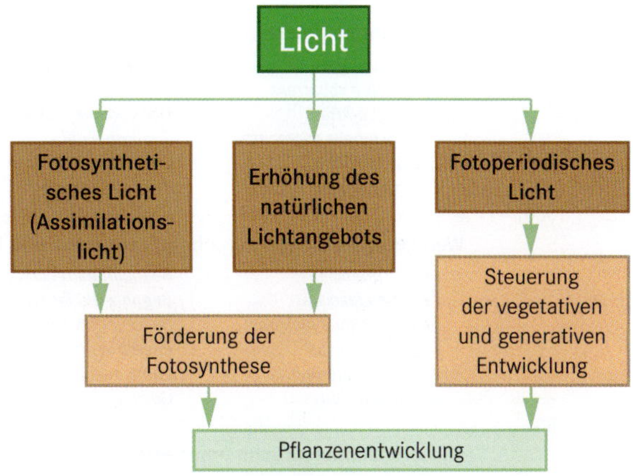

1 Licht beeinflusst maßgebend die Pflanzenentwicklung

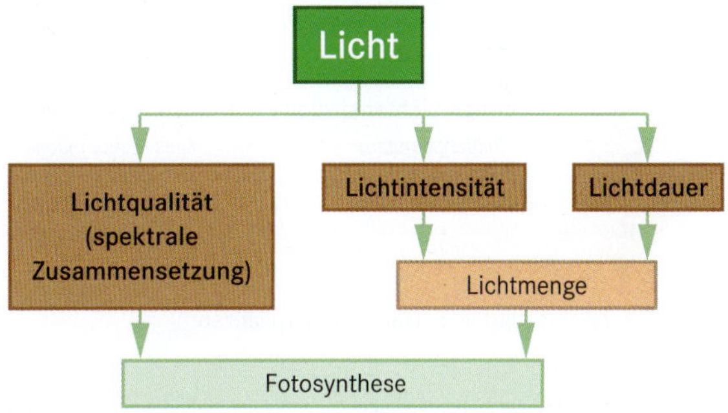

2 Qualität und Menge des Lichts sind entscheidend für die Fotosynthese

Nach dem Gesetz vom abnehmenden Ertragszuwachs (s. S. 179 f.) gilt allgemein eine Zusatzbelichtung von 2 000 bis 5 000 Lux als wirtschaftlich sinnvoll. Wegen des höheren Wirkungsgrads sollte sie in den Morgen-/Abendstunden bzw. bei besonders niedriger natürlicher Einstrahlung auch während des Tages eingeschaltet werden (5, S. 423).

Die **Steuerung der Assimilationsbelichtung** kann über eine Schaltuhr oder einen Dämmerungsschalter erfolgen. Dieses elektronische Gerät schaltet die Beleuchtung mithilfe eines Fotoelements ein und aus. Häufig wird zur Steuerung ein Computer benutzt, der die Belichtung morgens zu einer festgesetzten Zeit ein- und bei Überschreitung einer bestimmten Beleuchtungsstärke (meistens zwischen 3 000 und 5 000 lx) wieder abschaltet. Dabei wird ein 12- bis 14-Stunden-Tag zugrunde gelegt. Sinkt während dieser Zeit die Beleuchtungsstärke unter den eingestellten Wert ab, schaltet sich die Anlage automatisch wieder ein.

lx				
	Hohe Lichtansprüche (mindestens 1 000 lx und mehr)			
	Anthurium-Arten	*Crossandra infundibuliformis*	*Gardenia jasminoides*	*Pachypodium lamerei*
	Aphelandra squarrosa	*Cyperus alternifolius*	*Grevillea robusta*	*Phalaenopsis-Hybriden*
	Asparagus-Arten	*Dizygotheca elegantissima*	*Hibiscus rosa-sinensis*	*Phoenix canariensis*
	Citrofortunella microcarpa	*Euphorbia milii*	*Kakteen-Arten*	*Saxifraga stolonifera*
	Codiaeum-Arten	*Euphorbia pulcherrima*	*Kalanchoe blossfeldiana*	*Sparrmannia africana*
	Columnea-Arten	*Ficus benjamina*	*Myrtus communis*	
1000	**Weniger hohe Lichtansprüche (mindestens 800 bis 1 000 lx)**			
	Acorus gramineus	*Beaucarnea recurvata*	*Monstera deliciosa*	*Sansevieria trifasciata*
	Aechmea fasciata	*Begonia-Elatior-Hybriden*	*Neoregelia carolinae*	*Schlumbergera-Hybriden*
	Aeschynanthus radicans	*Begonia-Rex-Hybriden*	*Nephrolepis exaltata*	*Solanum pseudocapsicum*
	Ananas comosus	*Ensete ventricosum*	*Paphiopedilum-Hybriden*	*Streptocarpus-Hybriden*
	Araucaria heterophylla	*Euonymus japonicus*	*Peperomia caperata*	*Vriesea speldens*
	Asplenium nidus	*Guzmania-Hybriden*	*Pilea cadierei*	*Yucca elephantipes*
800	**Mittlere Lichtansprüche (mindestens 600 bis 800 lx)**			
	Acalypha hispida	*Coffea arabica*	*Fatsia japonica*	*Platycerium bifurcatum*
	Adiantum raddianum	*Cordyline fruticosa*	*Ficus elastica*	*Pteris cretica*
	Aucuba japonica	*Cycas revoluta*	*Ficus pumila*	*Saintpaulia ionantha*
	Calathea zebrina	*Dieffenbachia maculata*	*Hedera helix*	*Schefflera actinophylla*
	Chrysalidocarpus lutescens	*Euterpe edulis*	*Hoya carnosa*	*Tillandsia cyanea*
	Cocos nucifera	*Fatshedera lizei*	*Philodendron erubescens*	
600	**Geringe Lichtansprüche (mindestens 400 bis 600 lx)**			
	Billbergia nutans	*Cissus rhombifolia*	*Epipremnum pinnatum*	*Maranta leuconeura*
	Chamaedorea elegans	*Dracaena fragrans*	*Ficus lyrata*	*Spathiphyllum wallisii-Hybriden*
	Cissus antarctica	*Dracaena marginata*	*Howea forsteriana*	
400				

1 Mindestlichtbedarf verschiedener Zierpflanzen

Die Assimilationsbelichtung kann auch in Abhängigkeit von der täglichen Lichtmenge durchgeführt werden (**„Lichtmengenregelung“**). Ein Regelgerät/Klimacomputer summiert die während des Tages eingestrahlte Lichtmenge (in klx · h) und vergleicht diese am Abend mit dem eingegebenen Sollwert. Die fehlende Lichtmenge wird während der Nacht oder am folgenden Tag als Assimilationslicht verabreicht.

Die notwendige **Beleuchtungsdauer** wird nach folgender Formel errechnet:

$$\text{Beleuchtungsdauer} = \frac{\text{Sollwert (klx} \cdot \text{h) – nat. Lichteinstrahlung (klx} \cdot \text{h)}}{\text{Beleuchtungsstärke (klx)}}$$

Da viele **Zierpflanzen in Wohn- und Arbeitsräumen** unter Lichtmangel leiden, liegt eine wichtige Aufgabe des Gärtners in der Beratung des Kunden bei der Wahl des richtigen Pflanzenstandorts (**1**). Bei der Auswahl von Lampen zur Zusatzbelichtung in Wohn- und Arbeitsräumen ist darauf zu achten, dass die Lampen neben einer hohen Lichtausbeute auch eine ansprechende Lichtfarbe aufweisen.

3.11.3 Erhöhung des natürlichen Lichtangebots

> **! Merke**
>
> **Da eine künstliche Belichtung zur Fotosynthese erhebliche Kosten verursacht, sollten zunächst alle Möglichkeiten zur Steigerung des natürlichen Lichtangebots ausgeschöpft werden.**

Möglichkeiten ergeben sich z. B. durch

- Vermeidung zu dichter Aussaaten bzw. rechtzeitiges Pikieren,
- ausreichende Pflanzabstände bzw. rechtzeitiges Rücken getopfter Pflanzen,
- regelmäßiges Säubern der Gewächshauseindeckung von Schmutz, vor allem während der lichtarmen Jahreszeit (Herbst, Winter),
- Vermeiden unnötigen Schattenwurfs durch Gewächshauskonstruktion und Inneneinrichtung,
- Anlage der Gewächshäuser in Ost-West-Richtung. Die Lichtdurchlässigkeit ist im Winter 10 % höher als bei Nord-Süd-Richtung,
- Wahl eines günstigen Dachneigungswinkels (zwischen 20 und 30°), da mit steigendem Einfallswinkel die Lichteinstrahlung wegen zunehmender Reflexion geringer wird.

3.11.4 Fotoperiodische Belichtung

> **! Merke**
>
> Fotoperiodisch reagierende Pflanzen (s. S. 60 f.) können über die Verlängerung der Tageslänge durch Belichtung (Langtagbehandlung) bzw. Verkürzung durch Verdunklung (Kurztagbehandlung) in ihrer vegetativen und generativen Entwicklung gesteuert werden.

Die Belichtung in der Nacht als **Störlicht** (Nachtunterbrechung) ist besonders wirkungsvoll. Zur Kostenersparnis wird sie häufig als **Intervallbeleuchtung** eingesetzt (z. B. zwei Minuten Licht und acht Minuten Dunkelheit). Bei einer Tagesverlängerung um eine Stunde würde die notwendige Belichtung dadurch nur zwölf Minuten betragen. Die Pflanzen reagieren so, als würde das Licht ständig brennen. Zur Auslösung eines fotoperiodischen Effekts sind bereits geringe Beleuchtungsstärken von weniger als 10 lx ausreichend. Sicherheitshalber werden jedoch zur Langtagbehandlung in der Regel zwischen 50 und 200 lx gegeben.

3.11.5 Verdunklung

Die Kurztagbehandlung fotoperiodisch reagierender Pflanzen erfolgt durch Verkürzung des Tags, indem die Pflanzen mit schwarzer PE-Folie oder schwarzem Tuch verdunkelt werden. So beginnt bei der Kurztagbehandlung in der Regel die Nacht bereits am Nachmittag um 17.00 Uhr und endet erst nach 15-stündiger Dunkelheit um 8.00 Uhr morgens.

Die Verdunklung erfolgt von Hand, halbautomatisch (auf Knopfdruck) oder automatisch. Das Verdunklungsmaterial muss absolut lichtundurchlässig sein, da bereits wenige Lux (z. B. Straßenlaterne oder Mondschein) die Blüteninduktion der Pflanzen verzögern können. Gewebe hat gegenüber der preiswerteren Folie den Vorteil, dass es länger haltbar und vor allem luftdurchlässig ist. Bei Folienabdeckung kann es unter der Folie zu Kondens- und Tropfwasserbildung kommen, die die Entwicklung von Krankheiten im Pflanzenbestand begünstigt. Deswegen sollte bei der Verwendung von Folie als Verdunklungsmaterial darauf geachtet werden, dass das Luftvolumen unter der Abdeckung nicht zu klein bemessen wird. Bei automatischer Verdunklung kann zur besseren Luftzirkulation während der Nacht kurzfristig die Verdunklung aufgefahren werden. Dies setzt jedoch voraus, dass in näherer Umgebung kein Störlicht vorhanden ist.

3.11.6 Lampenarten

Gasentladungslampen

Gasentladungslampen sind Lampen, die mit einem Gas-/Dampfgemisch gefüllt sind. Ihr Leuchten entsteht durch elektrische Entladung beim Durchgang des Stroms durch das Gas-/Dampfgemisch, wobei die Zusammensetzung der Lampenfüllung die Lichtzusammensetzung und -ausbeute bestimmt. Je nach Füllgasdruck der Lampen unterscheidet man Niederdruck- (zwischen 1 bis 20 mbar) und Hochdrucklampen (zwischen 0,1 und 10 bar).

> **! Merke**
>
> Im Gartenbau werden wegen ihres fotosynthetisch günstigen Lichtspektrums sowie wegen ihrer hohen Licht- und Strahlungsausbeute vor allem **Natriumhochdruckdampflampen (NHDL)** und teilweise **Keramik-Metallhalogendampflampen (MHDL)** zur Assimilationsbelichtung eingesetzt.

Entladungslampen erreichen erst nach ein bis zwei Minuten ihre volle Lichtleistung.

> **! Hinweis**
>
> Alle Leuchten in den Gewächshäusern müssen den **VDE-Vorschriften** (**V**erband **D**eutscher **E**lektrotechniker) für feuchte und nasse Räume entsprechen (tropf-/spritzwassergeschützt).
> Elektroinstallationen und Arbeiten an elektrischen Anlagen dürfen nur von Fachleuten (Elektroinstallateuren) durchgeführt werden!

LED-Lampen (Lichtemittierende Dioden, Light Emitting Diode)

LED-Lampen **(LEDs)** spielen auch im Gartenbau eine immer größere Rolle. Mit ihnen können nahezu alle Farben des sichtbaren Lichts sowie UV- und Infrarotstrahlung erzeugt werden. Weil LEDs Licht nur in sehr schmalen Wellenlängenbereichen ausstrahlen, besteht die Herausforderung darin, Lichtspektren aus verschiedenfarbigen LEDs zusammenzustellen, die an die Erfordernisse der jeweiligen Kultur oder des -abschnitts angepasst sind. Je nach spektralen Strahlungsbedürfnis werden LED-Arrays (Ansammlung von Halbleiter-Bausteinen, die das Licht erzeugen) selektiert und entsprechend zusammengelötet und als Modul angeboten. Über die Steuerung der spektralen Lichtzusammensetzung und Lichtintensität lassen sie sich an die jeweiligen Pflanzenerfordernisse anpassen.

Vorteile

- alle Farben des sichtbaren Lichts können erzeugt werden → gut zur Assimilationsbelichtung und fotoperiodischen Belichtung sowie zur Auslösung pflanzenphysiologischer Effekte (z.B. Stauche-Wirkung, Ausfärbung) geeignet
- hohe Lichtausbeute → geringer Energieverbrauch → Stromersparnis im Vergleich zur Glühlampe um 80 %
- hohe Strahlung im PAR-Bereich (pro Watt ähnlich Natriumdampf-Hochdrucklampen)
- theoretisch unbegrenzte Lebensdauer (etwa 50 000 Stunden)
- geringe Wärmeabgabe nach unten → Abstand zwischen Leuchten und Pflanzen kann sehr klein sein
- enthalten kein giftiges Quecksilber
- dimmbar → Anpassung an Strahlungsintensität, weitere Energieeinsparung

Nachteile

- Wirkung nimmt mit zunehmenden Temperaturen ab (mittels Kühlung der Dioden änderbar)
- Lichtverteilung ungleichmäßig (mittels Reflektoren änderbar)
- geringere Strahlungswärme → erhöhter Heizungsbedarf
- direkte Wärmeabstrahlung auf Pflanze fehlt → ggf. trocknen Pflanzen nicht richtig ab → Gefahr von Pilzinfektionen steigt

1 LED-Lampe mit Filament-Technologie, in ihrer Form der klassischen Glühbirne täuschend ähnlich

- relativ hoher Preis
- geht eine einzelne LED kaputt, muss das gesamte Modul ausgetauscht werden
- Rohstoff Seltene Erden

Optisch den Glühbirnen recht ähnlich sind LEDs mit **Filament-Technologie**. Die fadenförmig aufgereihten und mit einem speziellen Überzug versehenen LED-Chips ähneln dem Glühfaden einer Glühbirne (1).

Aufgaben

○ 1. Was ist Licht?

◑ 2. Welche Symptome deuten bei Pflanzen auf Lichtmangel hin?

◑ 3. Warum wird bei der Tulpentreiberei oder bei Bleichgemüse, wie z. B. Bleichsellerie, Spargel und Chicorée, ein Vergeilen durch Verdunklung absichtlich betrieben?

○ 4. Wozu gibt der Gärtner Kunstlicht?

◑ 5. Unterscheiden Sie Strahlungsleistung, Lichtstrom und Lichtstärke einer Lampe.

○ 6. Wozu dienen Lichtverteilungskurven?

○ 7. Was gibt die Beleuchtungsstärke an?

◑ 8. Wie hoch ist der Luxwert bei 20 Wachskerzen in einem halben, einem, zwei und vier Meter Entfernung von der Lichtquelle?

○ 9. Warum muss bei der Messung der Lichtstärke mit dem Luxmeter darauf geachtet werden, dass das Gerät genau parallel zu den Licht aufnehmenden Blättern gehalten wird?

○ 10. Das menschliche Auge kann sich wechselnden Lichtverhältnissen anpassen. Was bedeutet dies für die Ermittlung der Beleuchtungsstärke?

◑ 11. Warum erscheint uns eine Lichtquelle, die gelbgrünes Licht ausstrahlt, heller als eine, die mit gleicher Strahlungsleistung rotes oder blaues Licht ausstrahlt?

○ 12. Die Pflanze bewertet das Licht anders als der Mensch. Welche Probleme ergeben sich daraus?

◑ 13. Warum ist ein Luxmeter zur Bewertung fotosynthetischen Lichts nur bedingt geeignet?

◑ 14. Worauf ist bei der Auswahl von Lampen zur Assimilationsbelichtung zu achten?

◑ 15. Warum sollten Licht- und Strahlungsausbeute fotosynthetischer Lampen möglichst hoch sein?

◑ 16. Erklären Sie, warum die Wirtschaftlichkeit einer Belichtungsanlage vor allem vom Wirkungsgrad und der Lichtverteilung der Lampen abhängt.

◑ 17. Warum wird bei der Auslegung der Lampen allgemein von einer Lichtleistung von 120 bis 140 % ausgegangen?

○ 18. Warum sollten Lampen mit Reflektoren oder Reflexschichten versehen sein?

○ 19. Wovon hängt die Lichtmenge ab, die einer Pflanze am Tag zur Verfügung steht?

◑ 20. Erklären Sie mithilfe der Wachstumsgesetze (s. S. 179), warum eine Zusatzbelichtung mit fotosynthetischem Licht umso wirksamer ist, je niedriger die natürliche Lichteinstrahlung ist. Welche Schlussfolgerungen ergeben sich daraus für die praktische Anwendung?

◑ 21. Beschreiben Sie mögliche Verfahren zur Steuerung der Assimilationsbelichtung.

◑ 22. Erklären Sie, warum die Wirkung einer Assimilationsbelichtung eng mit der im Gewächshaus herrschenden Temperatur, CO_2-Konzentration und Luftfeuchtigkeit verbunden ist (1, S. 489).

○ 23. Warum wird die Assimilationsbelichtung häufig bei der Jungpflanzenanzucht durchgeführt?

◑ 24. Warum benötigen Pflanzen auch eine Nachtruhe (s. S. 49)?

◑ 25. Da eine künstliche Belichtung zur Fotosynthese erhebliche zusätzliche Kosten verursacht, sollte der Gärtner zunächst alle Möglichkeiten zur Steigerung des natürlichen Lichtangebots ausschöpfen. Nennen Sie Maßnahmen zur Verbesserung der Lichtverhältnisse im Pflanzenbestand.

○ 26. Wie kann der Gärtner Tag und Nacht steuern?

◑ 27. Was soll mit einer a) Kurztag- und b) Langtagbehandlung bei Kurztag- und Langtagpflanzen erreicht werden (s. S. 62)?

○ 28. Welche Vorteile hat die zyklische Belichtung gegenüber der zusammenhängenden Belichtung zur Tagesverlängerung/Nachtunterbrechung?

○ 29. Was ist bei der Verdunklung von Pflanzen zu beachten?

○ 30. Welche Lampenarten werden vorwiegend zur a) fotosynthetischen und b) fotoperiodischen Belichtung eingesetzt?

○ 31. Warum werden im Gartenbau hauptsächlich Natriumhochdruckdampflampen zur Assimilationsbelichtung verwendet?

◑ 32. Diskutieren Sie Vor- und Nachteile von LEDs zur Pflanzenbelichtung. Welche Erfahrungen haben Sie in Ihrem Ausbildungsbetrieb mit dem Einsatz von LEDs gemacht?

○ 33. Was spricht für und was gegen eine Verwendung von Assimilationsbelichtung?

4 Pflanzenschutzgeräte

Merke

Ein bestimmungsgemäßer und sachgerechter Einsatz chemischer Pflanzenschutzmittel ist nur möglich, wenn sich die zum Einsatz verwendeten Geräte in einem ordnungsgemäßen Zustand befinden und exakt arbeiten, d. h. eine richtige Dosierung und Verteilung der Mittel gewährleisten.

Auf dem Markt wird eine Fülle unterschiedlicher Geräte und -typen angeboten. Pflanzenschutzgeräte, die vom Julius-Kühn-Institut (JKI), dem Bundesforschungsinstitut für Kulturpflanzen, geprüft und für Pflanzenschutzmitteleinsätze als geeignet anerkannt wurden, können mit einem **Anerkennungszeichen und einer Anerkennungsnummer** (1) versehen werden . Sie werden in einer Pflanzenschutzgeräteliste aufgeführt. Mit dem **GS-Zeichen** (1) (geprüfte Sicherheit) werden Geräte versehen, die erfolgreich einer sicherheitstechnischen Bauartprüfung unterzogen worden sind. Zur Gewährleistung der Funktionssicherheit sind Pflanzenschutzgeräte nach der Arbeit entsprechend den Herstellerangaben gründlich zu reinigen und zu warten. Wegen Materialverschleiß und -alterung sollten die Geräte alle ein bis zwei Jahre von einem durch den amtlichen Pflanzenschutz anerkannten Fachbetrieb auf einwandfreie Funktion überprüft werden. Kontrollierte und als in Ordnung befundene Geräte werden mit einer **Plakette** gekennzeichnet.

1 Anerkennungszeichen des JKI und GS-Zeichen

4.1 Spritzbrühenaufbereitung

Die **Ausbringung der Pflanzenschutzmittel** erfolgt im Freiland vorwiegend durch Spritzen und Sprühen, teilweise auch durch Gießen, Stäuben und Streuen. Im geschützten Anbau unter Glas wird daneben auch genebelt und begast (2, S. 240). Der Großteil der Pflanzenschutzmittel wird im Gartenbau durch Spritzen und Sprühen ausgebracht.

Merke

Nach der **Form der Ausbringung** unterscheidet man Lösungen, Emulsionen und Suspensionen:

- **Lösungen** enthalten den gelösten Stoff (das Pflanzenschutzmittel) in homogener (einheitlicher) Verteilung im Lösungsmittel (dem Wasser).
- Bei einer **Emulsion** ist das flüssige, unlösliche Mittel in Form feinster Tropfen im Wasser verteilt (z. B. Öl in Wasser).
- Unter einer **Suspension** versteht man die Aufschwemmung sehr kleiner, fester, unlöslicher Teilchen in einer Flüssigkeit (z. B. Mehl in Wasser).

Da im Gegensatz zu Lösungen bei Emulsionen und vor allem Suspensionen eine Entmischung möglich ist, muss mithilfe eines Rührwerks im Flüssigkeitsbehälter bzw. von Zeit zu Zeit durch Aufrühren von Hand die Flüssigkeit in Bewegung gehalten bzw. vermischt werden.

Tropfengröße und Verteilung der Spritzbrühe werden durch die Art der Düse (Tab. 1, S. 499) und die Höhe des Flüssigkeitsdrucks bestimmt, der durch eine Luft- oder Flüssigkeitspumpe erzeugt wird. Je größer die Zerstäubung der Spritzbrühe ist, desto feiner ist die Tropfengröße und desto besser ist die Benetzung der Pflanze mit dem Wirkstoff, da die Gesamtoberfläche des verfügbaren Flüssigkeitsvolumens vergrößert wird (1, S. 140). So kann aufgrund der relativ kleinen Tropfengröße beim **Sprühen** (0,05 bis 0,15 mm) gegenüber dem **Spritzen** (> 0,15 mm) der Wasseraufwand verringert werden. Allerdings muss, um die gleiche Wirkstoffmenge auszubringen, die Konzentration der Spritzbrühe erhöht werden.

Merke

Nachteilig beim Sprühen ist vor allem, dass mit sinkender Tropfengröße die Abdriftgefahr durch den Wind und die Verdunstungsgeschwindigkeit steigen, sodass Wirkstoffverluste und Umweltbelastung zunehmen.

Allgemein sollten Pflanzenschutzmittel nicht bei zu hohen Temperaturen (> 25 °C) und direkter Sonneneinstrahlung ausgebracht werden. Beim Spritzen werden Pflanzenschäden vermieden, weil die Konzentration des Pflanzenschutzmittels durch großen Wasseraufwand niedrig gehalten werden kann. Hingegen steigt der Abtropfverlust mit zunehmender Tropfengröße und Wassermenge. Beim Ausbringen der Spritzbrühe ist darauf zu achten, dass die Pflanzen auch von der Blattunterseite her gründlich behandelt werden. Um ein Verstopfen der Düsen zu vermeiden, müssen die Geräte mit einem herausnehmbaren, leicht zu reinigenden Einfüllsieb und einem Filter zwischen Pumpe und Düse ausgestattet sein.

Düsentyp	Beschreibung
Kegelstrahldüsen 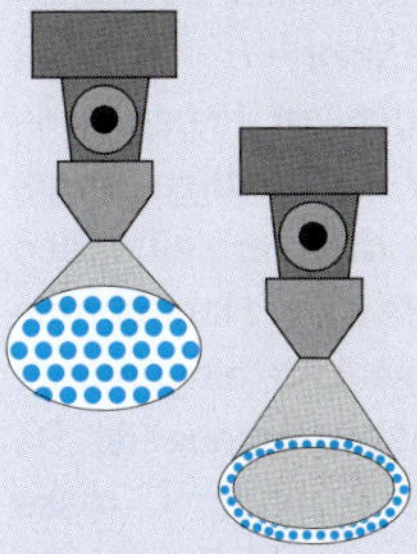	Im Gegensatz zu den Vollkegeldüsen weisen Hohlkegeldüsen nur exzentrische Bohrungen auf. **Vollkegeldüse:** Arbeitsdruck 1 bis 3 bar → grobe Tropfen → sehr geringe Abdriftgefahr **Hohlkegeldüse:** Arbeitsdruck 3 bis 20 bar (optimal 5 bar) → feine Tropfen (sehr niedrige Ausbringmengen möglich) **Einsatz:** Einzelpflanzen, hohe und dichte Kulturen (Zierpflanzen, Gemüse, Bäume und Sträucher)
Flachstrahldüsen 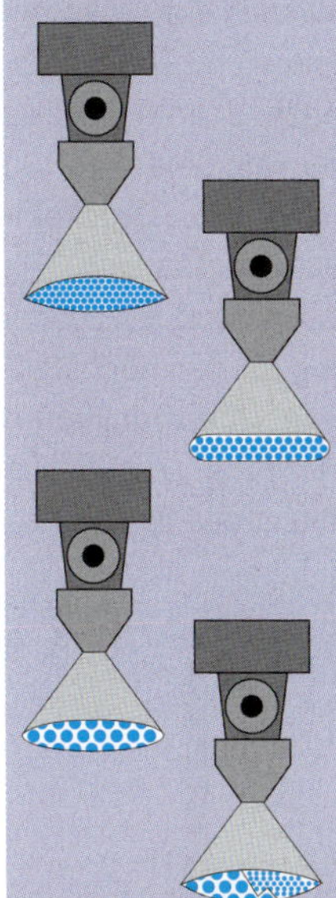	Gleichmäßige Ausbringmenge über gesamte Spritzbreite der Düse **Standarddüsen:** Arbeitsdruck 2 bis 4 bar → mittlere Tropfengröße, gute Durchdringung **E-Düsen:** Arbeitsdruck 2,5 bis 4 bar (optimal 2,5) → mittlere Tropfengröße, gute Querverteilung **LP-Düsen (Niederdruckdüsen):** Arbeitsdruck 1 bis 3 bar (optimal 1,5 bar) → grobe Tropfen → geringe Abdriftgefahr, gute Querverteilung im niedrigen Druckbereich **XR-Düsen:** Arbeitsdruck 1 bis 4 bar → grobe und feine Tropfen möglich, gute Querverteilung im niedrigen und hohen Druckbereich **Einsatz:** Flächenspritzung zur Behandlung niedriger Flächenkulturen (z. B. Salat, Möhren), Bandspritzungen, Unterbaum- und -stockbehandlung **Materialien:** Messing, Kunststoff, Edelstahl, Keramik (von links nach rechts abnehmender Verschleiß)

Tab. 1 Auswahl häufig verwendeter Düsentypen

> **! Hinweis**
>
> **Alle drei Jahre** müssen alle **Pflanzenschutzgeräte** von amtlich anerkannten Kontrollstellen geprüft werden. Ausgenommen von der Prüfpflicht sind Geräte, die von einer Person getragen werden können, wie z. B. Rücken- und Druckspeicherspritzen. Nicht zu beanstandende Geräte erhalten eine **Prüfplakette**. Nur mit Geräten mit einer gültigen Plakette dürfen Pflanzenschutzmaßnahmen durchgeführt werden.

4.2 Gerätetypen

4.2.1 Handspritzen

> **! Merke**
>
> Handspritzen, besser bekannt unter der Bezeichnung **Handzerstäuber**, sind Kleingeräte mit bis zu 1,5 l Füllinhalt, bei denen der Flüssigkeitsdruck mit einer einfachen, im Handgriff befindlichen Kolbenpumpe erzeugt wird.

Mit zunehmender Pumpenfolge nimmt die Tropfengröße infolge steigenden Drucks ab. Bei vielen Geräten kann auch durch Drehen der Zerstäuberdüse eine stufenlose Veränderung der Tropfengröße erfolgen. Im Gegensatz zu den Handspritzen mit einfach wirkender Kolbenpumpe, bei denen die Flüssigkeit nur bei Druck gefördert wird, fördern Geräte mit doppelt wirkender Kolbenpumpe bei Zug und Druck, sodass mit ihnen eine gleichmäßigere Verteilung der Spritzbrühe erreicht wird. Sie werden in Größen von bis zu 10 Liter Füllinhalt angeboten.

4.2.2 Rückenspritzen mit Pumpenhebel

> **! Merke**
>
> Bei Rückenspritzen mit Pumpenhebel (Füllinhalt 10 bis 20 l, 1) wird der Spritzdruck während der Behandlung durch gleichmäßigeres Pumpen erzeugt. Auf jeden Druckhub folgt ein Saughub, der die Flüssigkeit stoßweise fördert.

Ein **Ausgleichsbehälter** (Windkessel) gleicht die Druckschwankungen während des Pumpens aus, sodass ein gleichmäßiger Spritzstrahl gewährleistet wird. Häufig sind die Geräte mit zwei Düsen ausgestattet, die zugleich sprit-

1 Rückenspritze mit Pumpenhebel

zen können. Spritz- und Sprühgeräte ab 10 l Inhalt müssen am Handabstellventil ein **Manometer** (Druckmesser) haben, das den Druck an der Düse anzeigt. Ausbringmenge und Tropfengröße können dadurch kontrolliert und an die jeweiligen Bedingungen angepasst werden.

4.2.3 Motorrückenspritzen

Bei den Motorrückenspritzen (1) liegt die Flächenleistung etwa fünfmal so hoch wie bei den handbetriebenen Geräten. Eine Veränderung des Drucks erfolgt durch Änderung der Motordrehzahl oder mithilfe eines Reduzierventils.

1 Motorrückenspritze

4.2.4 Karrenspritzen (2)

Tragbare Spritzgeräte sind vor allem für kleinere Flächen geeignet. Für größere Flächen werden Karrenspritzen eingesetzt. Sie bestehen aus einem fahrbaren Spritzfass (60 bis 300 Liter), einem Schlauch mit Düsenrohr und einer elektrischen Membranpumpe.

2 Karrenspritze

4.2.5 Druckspeicherspritzen

! Merke

Druckspeicherspritzen (3) werden zu maximal ⅔ mit der Spritzbrühe gefüllt. Der notwendige Druck wird dadurch aufgebaut, dass in den verbleibenden Freiraum vor dem Spritzen mithilfe einer Handpumpe oder eines Kompressors so lange Luft eingepumpt wird, bis ein Überdruck von 3 bis 6 bar erzeugt ist. Da während des Spritzens der Druck abnimmt, muss während der Behandlung wiederholt ein Druckluftpolster durch Betätigung der Kolbenpumpe aufgebaut werden.

Vorteilhaft ist, dass während des Spritzens nicht gepumpt werden muss. Andererseits nimmt während der Arbeit der Druck ständig ab, sodass Ausstoßmenge und Tropfengröße stärkeren Schwankungen unterliegen. Beim Anschluss an einen Kompressor ist dies nicht der Fall. Geräte ab 10 l Inhalt müssen am Handabstellventil mit einem **Druckeinstellventil** und einem **Manometer** ausgestattet sein. Aus Sicherheitsgründen müssen Druckspeicherspritzen zudem ein **Manometer mit Strichmarkierung für den höchstzulässigen Druck** am Behälter und ein **Überdruckventil** haben. Eine **Druckentlastungseinrichtung** sorgt dafür, dass der Druck vor vollständiger Öffnung des Geräts entweicht.

3 Druckspeicherspritze

4.2.6 Sprühgeräte

> **! Merke**
>
> Im Gegensatz zu den Spritzen sind Sprühgeräte (1) zusätzlich mit einem durch einen Motor angetriebenen Gebläse ausgerüstet.

Durch Schwerkraft oder durch eine Kreiselpumpe wird die Flüssigkeit über eine separate Leitung kurz vor der Austrittsöffnung in den Luftstrom des Gebläses eingeleitet, wo sie in feine Tröpfchen (0,05 bis 0,15 mm) zerrissen und verteilt wird. Über die durch den Luftstrom bewirkte Bewegung der Pflanzen kommt es zu einer guten Durchdringung auch dichter Bestände und einer allseitig intensiven Benetzung der Pflanzen. Die große Reichweite der Geräte macht sie auch für schwer zugängliche Stellen gut geeignet. Verwendung finden sie vor allem in „Raumkulturen“, wie Wein-, Obst- und Hopfenanbau. Die Ausbringmenge kann über die Veränderung der Durchflussöffnung der Spritzbrühenleitung eingestellt werden. Durch Austausch des Verteilerkopfs auf der Ausblasöffnung des Sprührohrs lässt sich der austretende Sprühstrahl den Erfordernissen anpassen.

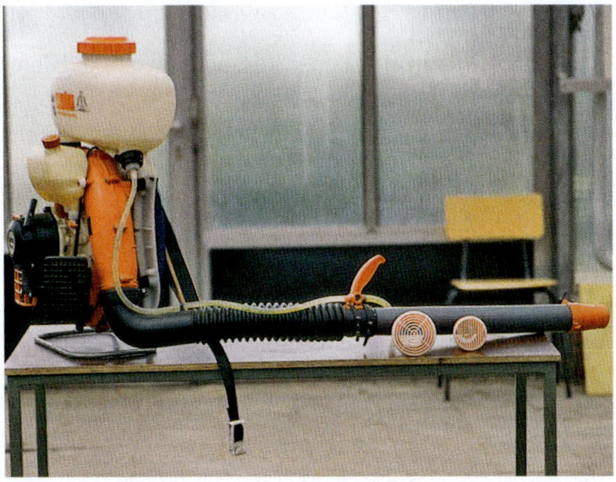

1 Sprühgerät

4.2.7 Feldspritzgeräte

> **! Merke**
>
> Feldspritzen dienen zum Spritzen bzw. Sprühen größerer Flächen im Obst- und Gemüsebau sowie in Baumschulen in Form von Anbau-, Aufbau- und Anhängergeräten (2) für Schlepper oder selbstfahrenden Geräten.

Sie werden mit Behältergrößen von 300 bis 9 000 l und Spritzgestängebreiten bis 24 m eingesetzt. Eine sehr exakte und umweltschonende Ausbringung von Pflanzenschutzmitteln ermöglichen rechnergestützte Geräte. Vor der Arbeit werden alle notwendigen Sollwerte, wie z. B. Spritzmittelausstoß, Fahrgeschwindigkeit, Arbeitsbreite, eingegeben. Während der Arbeit vergleicht der Bordcomputer die Sollwerte mit den Istwerten und informiert den Fahrer laufend. Bei Abweichungen wird automatisch während der Fahrt eine Regulierung durchgeführt (1, S. 502).

2 Anhänge-Feldspritze

4.2.8 Nebelgeräte

> **! Merke**
>
> Mithilfe von Nebelgeräten wird ein **künstlicher Nebel** erzeugt, der das konzentrierte Präparat in Form feinstverteilter Tröpfchen (Tropfengröße <0,05 mm) enthält.

Erreicht wird diese feinste Verteilung in der Luft durch hohen Druck **(Kalt- oder Dispersionsnebel)** oder heiße Gase **(Heiß- oder Kondensationsnebel, 3)**, die um die Düse des Geräts strömen und die Flüssigkeit zerstäuben. Die vernebelten Tröpfchen durchdringen aufgrund ihrer hohen Schwebefähigkeit den gesamten Raum und hüllen die Pflanzen vollständig ein, sodass bei minimaler Ausbringmenge eine gute Wirkstoffverteilung erzielt werden kann. Bodenbelastungen durch Abtropfverluste werden vermieden. Durch Verwendung von **Nebelzusatzstoffen** lassen sich Größe und Schwebfähigkeit des Nebels beeinflussen.

3 Heißnebelgerät (Schwingfeuergerät)

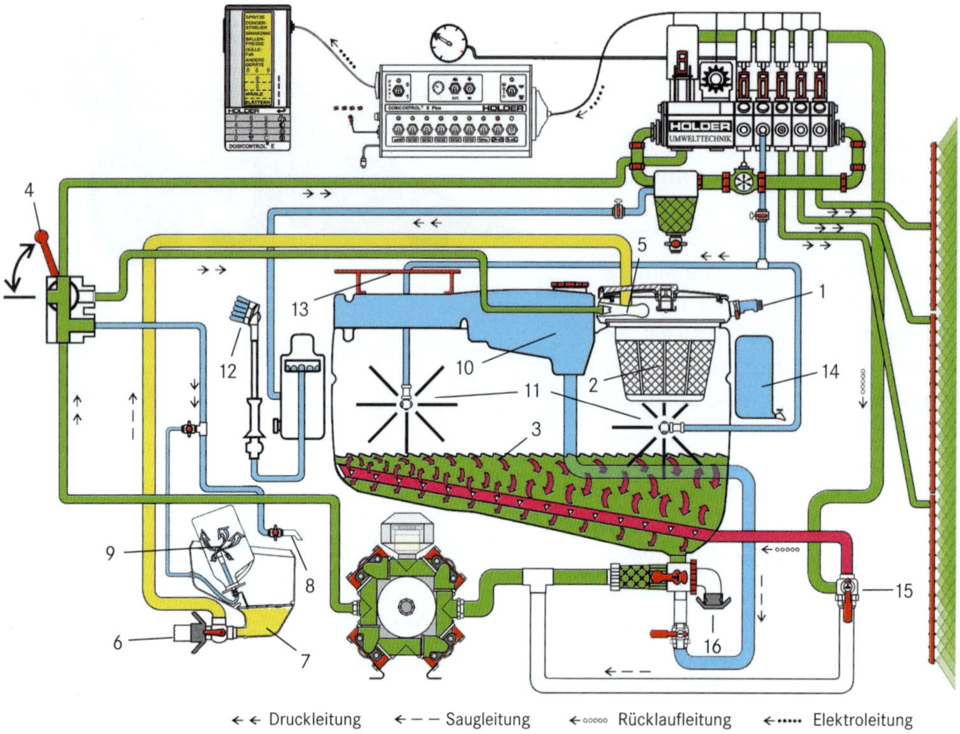

1 Befüllraum Wasserleitungsanschluss
2 Einfüllsieb
3 Restlosbehälter
4 Druckschnellverstellung
5 Injektor erzeugt Unterdruck für Füllschleuse (7) und (6) Füllschlauch
6 Anschluss: Fremdsaugen
7 Füllschleuse für Spritzmittel
8 Spülventil
9 Verpackungsspüler
10 Spülwasserbehälter
11 Behälter-Innenreinigung
12 Geräte-Außenreinigung
13 Spritzmittelträger
14 Separater Handwaschbehälter
15 Rührwerksabschaltung
16 Anschluss: Fremdsaugen

1 Funktionsprinzip der Feldspritze

> **! Merke**
>
> Wegen der sehr hohen Abdriftgefahr durch Wind darf nur in geschlossenen Gewächshäusern genebelt werden.

Die im Gartenbau verbreitetsten Geräte zum Nebeln (Heißnebeln) sind tragbare **Schwingfeuergeräte,** bei denen infolge von Treibstoffexplosionen in Schwingung geratene Heißluft die Flüssigkeit in kleinste Tröpfchen vernebelt.

Mit ihnen lassen sich innerhalb weniger Minuten mehrere tausend Kubikmeter Gewächshausvolumen behandeln. Um Pflanzenschäden infolge hoher Konzentrationen und Temperaturen zu vermeiden, sollten die Pflanzen nicht direkt angenebelt werden. Bei den elektrisch betriebenen **Kaltnebelgeräten** (**2**) wird mit der Rotationspumpe ein Luftstrom erzeugt. Dieser schafft einen Unterdruck im Tank, fördert den Wirkstoff und zerstäubt ihn am Düsenkopf zu einem feinen Nebel. Mithilfe starker Ventilatoren wird der erzeugte Nebel bis zu 60 m weit verteilt. Nach Vorwahl der Startzeit erfolgt das Nebeln automatisch. Die Nebeldauer ist abhängig von der vorwählbaren Wirkstoffmenge. Ist diese verbraucht, schaltet sich das Gerät selbstständig ab.

2 Kaltnebelgerät

4.2.9 Stäubegeräte

> **! Merke**
>
> Beim Stäuben werden pulverförmige, fertig konzentrierte chemische Mittel ausgebracht.

Die Ausbringung geschieht wie bei den Sprühgeräten mithilfe eines Luftstroms. Eingesetzt werden Hand- und Motorstäubegeräte. Da fast alle Sprühgeräte mit Stäubezusätzen angeboten werden, können auch sie zum Stäuben verwendet werden. Wegen der geringen Haftfähigkeit der Stäubemittel an den Pflanzen und ihrer leichten Abdrift durch den Wind ist beim Einsatz im Freiland besondere Vorsicht geboten.

4.2.10 Granulatstreuer

Immer häufiger werden Pflanzenschutzmittel in Form von Granulaten mit Korngrößen zwischen 0,5 bis 5 mm bzw. Mikrogranulate <0,5 mm angeboten. Zur Ausbringung können Spezialstreugeräte - Granulatstreuer - eingesetzt werden.

Es gibt sie in Form von tragbaren Geräten, Aufsätzen für Sä- und Pflanzmaschinen sowie Anbaugeräten für Schlepper.

4.2.11 Verdampfer

! Merke

Bei der Begasung werden leicht verdampfbare chemische Mittel zur Bekämpfung von Schad- und Krankheitserregern eingesetzt.

Die elektrisch betriebenen Verdampfgeräte werden in den Gewächshäusern vorwiegend zur Bekämpfung des Echten Mehltaus mit Schwefel (mit positiver Wirkung gegen Spinnmilben) eingesetzt. Der Schwefel wird durch die sich erhitzende Heizplatte des Geräts verdampft, sodass er sich im Gewächshaus verteilt und auf die Pflanzen niederlegt. Mithilfe einer Zeitschaltuhr kann die Begasung auch in die Nachtstunden verlegt werden.

4.2.12 Abflammgeräte

! Merke

Mithilfe von Abflammgeräten (s. S. 325) können Wildkräuter thermisch, d.h. durch Wärme abgetötet werden.

Beim Abflammen werden die Pflanzen nicht verbrannt, sondern es werden nur kurze Hitzestöße auf die Pflanzenteile ausgeführt, die die Zellen auf 50 bis 70 °C erwärmen. Bei diesen Temperaturen kommt es zur Gerinnung des Zelleiweißes, sodass durch die Zerstörung (Denaturierung) des Zellplasmas (s. S. 39) die Pflanzenzellen abgetötet werden. Die so behandelten Pflanzen beginnen erst nach einigen Stunden zu welken. Nach zwei bis drei Tagen sind sie abgestorben. Zur frühzeitigen Kontrolle einer erfolgreichen Bekämpfung sollte die **Fingerdruckprobe** durchgeführt werden. Bilden sich beim Zusammendrücken des Blatts zwischen Daumen und Zeigefinger dunkle Flecken, war die Anwendung erfolgreich. Die beste Wirkung wird bei Anwendung im Keim- bis Zweiblattstadium erreicht. Probleme ergeben sich bei der Bekämpfung von Wurzelunkräutern, die zwar geschwächt, aber nicht abgetötet werden.

Die allgemein mit Propangas (rückstandsfreie Verbrennung zu CO_2 und Wasserdampf) betriebenen Geräte werden als Rücken-, Schubkarren- und Anbaugeräte angeboten. Nach der Art der Wärmeübertragung kann unterschieden werden zwischen **Geräten mit offener Flamme,** bei denen die Pflanzen von der Flamme und den Verbrennungsgasen allseitig berührt werden (Wirkung durch Wärmeströmung), und den **Infrarotstrahlern,** bei denen das Gerät über eine erhitzte Fläche indirekt Wärmestrahlen (Infrarotstrahlen) an die Pflanzen abgibt. Die Luft wird nicht erwärmt (Wirkung durch Wärmestrahlung).

! Merke

Verglichen mit den Infrarotstrahlern, sind bei Geräten mit offener Flamme die erforderlichen Wärmeeinwirkungszeiten kürzer, die Arbeitsgeschwindigkeiten höher und die Geräte- und Behandlungskosten geringer. Infrarotstrahler ermöglichen hingegen eine genauere Randabgrenzung und werden durch Wind in ihrer Wirkung nicht beeinflusst.

Bei **kombinierten Geräten** erfolgt die Wärmeübertragung direkt durch die entstehenden Verbrennungsgase und indirekt durch Infrarotstrahlung.

4.2.13 Hackbürsten/Wildkrautbesen

Eine umweltfreundliche Art der Wildkrautbekämpfung ist der Einsatz von Hackbürsten/Wildkrautbesen. Die Entfernung der Wildkräuter erfolgt durch schnell rotierende Kunststoff- oder Stahlbürsten, die in unterschiedlichen Größen und Stärken angeboten werden (s. S. 325). Die Geräte eignen sich für Flächen, auf denen keine Pflanzenschutzmittel eingesetzt werden dürfen, wie z.B. auf gepflasterten Parkplätzen, Gehwegen, Hofflächen oder in Rinnsteinen.

4.3 Dämpfen

Bei der Bodendämpfung wird **heißer Wasserdampf** zur Abtötung im Boden lebender (bodenbürtiger) Schaderreger und Wildkrautsamen in den Boden eingeleitet.

! Merke

Um eine optimale Bekämpfung zu gewährleisten, sollte für mindestens 30 Minuten eine Temperatur zwischen 90 und 100 °C herrschen.

Vor dem Dämpfen muss der zu behandelnde Boden möglichst tief (30 bis 40 cm) grobschollig gelockert werden (Spatenmaschine ist gut geeignet) und trocken (Sandboden mäßig feucht) sein, damit der Dampf tief in den Boden eindringen kann. Auch sollte das Gewächshaus (Konstruktionen, Fundamente, Wege) vorher gründlich gereinigt und desinfiziert werden (z. B. durch Abflämmen mit dem Propangasbrenner). Obwohl das Dämpfen im Vergleich zur chemischen Bodenentseuchung aufwendiger und teurer ist, hat es den Vorteil, umweltfreundlich und sicherer im Bekämpfungserfolg - vor allem im Hinblick auf pilzliche Krankheitserreger - zu sein.

! Merke

Da bei der Bodendämpfung alles Leben im Boden abgetötet wird, also auch die natürlichen Gegenspieler der Schadorganismen, ist unbedingt darauf zu achten, dass keine neuen Schadorganismen auf den frisch gedämpften Flächen eingeschleppt werden, da diese sich ohne natürliche Gegenspieler sehr schnell ausbreiten würden. Überziehschuhe bzw. mit Desinfektionsmittel getränkte Fußmatten können die Einschleppung von Schadorganismen an den Schuhen verhindern.

Nach zwei bis drei Wochen hat sich das Bodenleben wieder erholt. Da nach einer Dämpfung hohe N- und Mn-Konzentrationen auftreten können, sollte entweder sofort nach dem Dämpfen in den noch warmen Boden (Förderung der Wurzelentwicklung und damit der Widerstandsfähigkeit) oder erst nach 2 bis 3 Wochen gepflanzt werden.

Als Dampferzeuger dienen durchweg **Niederdruckdampfkessel** (max. Betriebsüberdruck bis 1,0 bar). Den Hauptteil bilden ein Feuer- und Wasserraum sowie ein Überhitzer. Wegen der Schäden, die an Kessel und Rohren durch Kesselstein entstehen können, sind die Geräte allgemein mit einer **Wasserenthärtungsanlage** (Ionenaustauscher) ausgestattet (s. auch S. 191). Zur Verhinderung einer zu schnellen Kondensation wird der etwa 100 °C heiße Wasserdampf in den Überhitzer geleitet, wo seine Temperatur ohne Drucksteigerung auf bis zu 250 °C erhöht (überhitzt) werden kann.

4.3.1 Flächendämpfung

! Merke

Die Flächendämpfung erfolgt allgemein als **Foliendämpfung**.

Dazu wird auf die zur Dämpfung vorbereitete Fläche eine 0,25 bis 0,3 mm dicke, hitzebeständige Folie ausgebreitet, die an den Rändern mithilfe von Sandsäcken beschwert und abgedichtet wird. Der unter die Folie eingeleitete Wasserdampf verteilt sich und wölbt die Folie auf, bevor er durch den zunehmenden Druck in den gelockerten Boden eindringt. Beim Einströmen in den kühleren Boden kühlt sich der Wasserdampf ab und kondensiert. Die dabei freigesetzte Wärme (1, S. 340) erhitzt den Boden.

Die mit der Foliendämpfung erreichte Dämpftiefe liegt bei 15 (schwere Böden) bis 30 cm (leichte Böden). Größere Tiefen von bis zu 50 cm können mithilfe von **Dämpfpflügen** mit Pflugbreiten von 1,5 bis 3 m und einer Geschwindigkeit von 5 bis 15 m/h (nur bei großen Flächen bzw. sehr langen Häusern rationell einsetzbar) oder über **Dämpfrohre**, die in einer Tiefe von 80 cm fest verlegt werden (evtl. bei Anlage von Grund- und Bankbeeten gleich mit einbauen) erzielt werden. Beide Verfahren sind relativ aufwendig und kostenintensiv, sodass ihr Einsatz beschränkt ist.

4.3.2 Haufendämpfung

! Merke

Die Haufendämpfung wird zur Entseuchung von Erden (z. B. Komposterden) und Substraten eingesetzt.

Sie erfolgt üblicherweise ebenfalls als Foliendämpfung, die im Prinzip wie bei der Flächendämpfung durchgeführt wird, mit dem Unterschied, dass bei der Haufendämpfung 30 cm hoch aufgeschüttete Erd- oder Substrathaufen mit der Dämpffolie abgedeckt werden.

4.3.3 Behälterdämpfung

! Merke

Die Behälterdämpfung eignet sich gut zur Entseuchung kleinerer Erd-/Substratmengen.

Häufig werden elektrisch beheizbare Geräte mit einem Fassungsvermögen von wenigen Litern bis 0,5 m^3 verwendet. Dabei kann man unterscheiden zwischen Erddämpfern und -erhitzern. Im Gegensatz zu den elektrischen Erddämpfern, bei denen durch Erhitzung Wasserdampf erzeugt wird, findet bei den Erhitzern die Entseuchung durch direkte Erhitzung der Erde mit einer elektrischen Heizung statt.

? Aufgaben

- ○ 1. Wovon hängt es ab, ob ein Spritzgerät die Spritzflüssigkeit richtig dosiert abgibt?
- ○ 2. Warum sollten nur mit dem Prüfzeichen des BVL und dem GS-Zeichen gekennzeichnete Geräte verwendet werden?

Aufgaben (Fortsetzung)

○ 3. Warum sollten Pflanzenschutzgeräte regelmäßig von einer anerkannten Fachwerkstatt überprüft werden?

◑ 4. Unterscheiden Sie Lösungen, Emulsionen und Suspensionen.

○ 5. Für welche Spritzbrühen ist ein Rührwerk im Brühbehälter erforderlich?

○ 6. Unterscheiden Sie Spritzen, Sprühen, Nebeln, Stäuben und Verdampfen (2, S. 240).

◑ 7. Stellen Sie Vor- und Nachteile beim Spritzen und Sprühen gegenüber.

○ 8. Warum sollten keine Messingdüsen bei der Ausbringung von Flüssigdüngern verwendet werden?

◑ 9. Nennen Sie Düsentyp, Arbeitsdruck und Einsatzgebiete der in Ihrem Ausbildungsbetrieb eingesetzten Düsen (Tab. 1, S. 499).

○ 10. Warum sollten Insektizide und Fungizide nicht mit derselben Spritze ausgebracht werden wie Herbizide?

◑ 11. Beschreiben Sie die Arbeitsweise der verschiedenen Pflanzenschutzgeräte.

○ 12. Welche Sicherheitsvorrichtungen muss eine Druckspeicherspritze aufweisen?

○ 13. Warum ist das Nebeln im Gartenbau auf geschlossene Räume begrenzt?

◑ 14. Warum ist beim Nebeln unbedingt volle Schutzkleidung mit Atem- und Gesichtsschutz notwendig?

○ 15. Warum können bereits geringe Überkonzentrationen beim Nebeln zu schweren Pflanzenschäden führen?

○ 16. Wodurch ergeben sich Probleme beim Stäuben im Freiland?

◑ 17. Beschreiben Sie die Wirkungsweise von Abflammgeräten.

○ 18. Nennen Sie Geräte zur mechanischen Wildkrautbekämpfung.

○ 19. Wie muss ein zur Bodendämpfung vorgesehener Boden vorbereitet werden?

○ 20. Wie hoch und wie lange muss bei der Bodendämpfung die Temperatur auf den Boden einwirken?

○ 21. Warum muss auf einem entseuchten Boden jede Einschleppung von bodenbürtigen Krankheitserregern unbedingt vermieden werden?

○ 22. Wann kann nach einer Bodendämpfung gepflanzt werden?

◑ 23. Nennen Sie Vor- und Nachteile der chemischen und physikalischen Bodenentseuchung.

○ 24. Wozu dient der Kressetest und wie wird er durchgeführt?

◑ 25. Beschreiben Sie anhand der 1, S. 502 die Funktion einer Feldspritze.

VIII Berufsbildung und Interessenvertretungen

1 Berufsbildung

1.1 Berufsausbildung in der Agrarwirtschaft

1.1.1 Berufsfeld Agrarwirtschaft

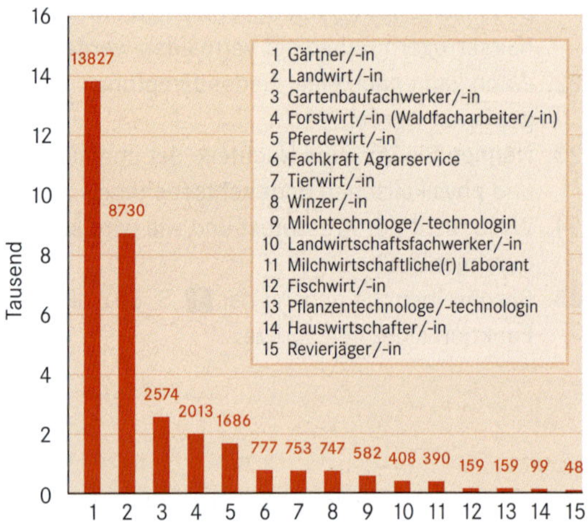

1 Auszubildende in der Agrarwirtschaft (2022)[1]

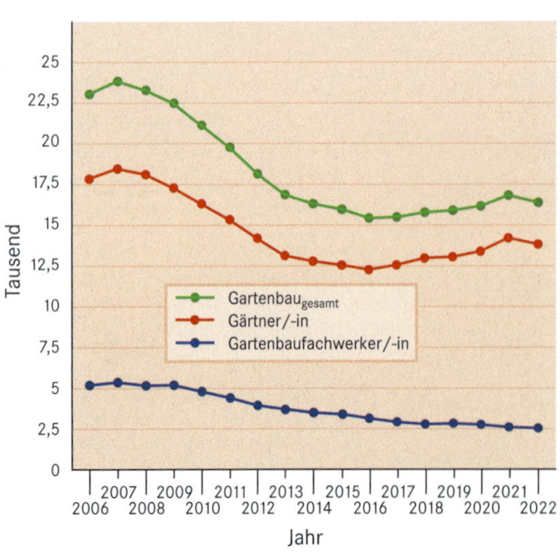

2 Entwicklung der Ausbildungsberufe Gärtner/-in und Gartenbaufachwerker/-in[1]

Alle staatlich anerkannten Ausbildungsberufe sind in der Bundesrepublik Deutschland in **Berufsfelder** (Berufsgruppen) aufgeteilt. Zu einem Berufsfeld werden Ausbildungsberufe mit gleichen Ausbildungsinhalten in der Berufsgrundbildung zusammengefasst („verwandte Berufe"). Der **Ausbildungsberuf „Gärtner/Gärtnerin"** gehört dem Berufsfeld **„Agrarwirtschaft"** an. Zurzeit umfasst das Berufsfeld Agrarwirtschaft 15 Ausbildungsberufe, wobei der Gartenbau über die Hälfte (42 %) der Auszubildenden in diesem Berufsfeld stellt (**1** und **2**). Gleichwohl sind in den letzten Jahren die Ausbildungszahlen kontinuierlich gesunken (**2**).

1.1.2 Fachrichtungen im Gartenbau

Die Ausbildung Gartenbau gliedert sich in verschiedene **Fachrichtungen** (**3**). Waren bis 1992 die Staudengärtner dem Zierpflanzenbau zugeordnet, so bilden sie heute eine eigene Fachrichtung. Die Sparte „Pflanzenzüchtung und Samenbau" gibt es aufgrund der geringen Schülerzahlen nicht mehr. Diese Fachrichtung zählt nun zur Fortbildung im Gartenbau und kann nach der gärtnerischen Berufsausbildung in einer der **7 Fachrichtungen** angeschlossen werden.

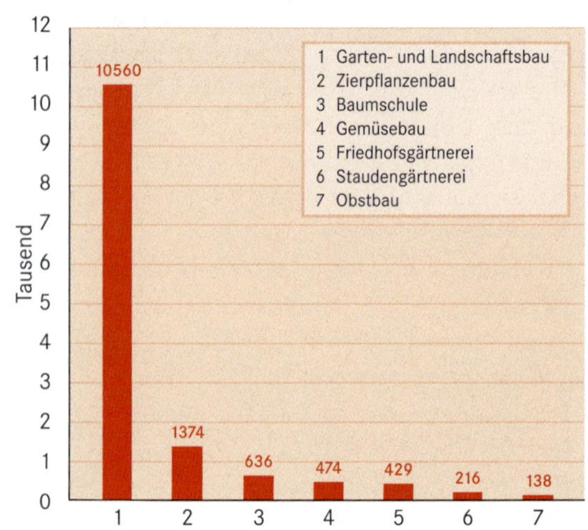

3 Auszubildende im Gartenbau nach Fachrichtungen getrennt (2022)[1]

[1] Bundesanstalt für Landwirtschaft und Ernährung, Ausbildungsstatistik 2022

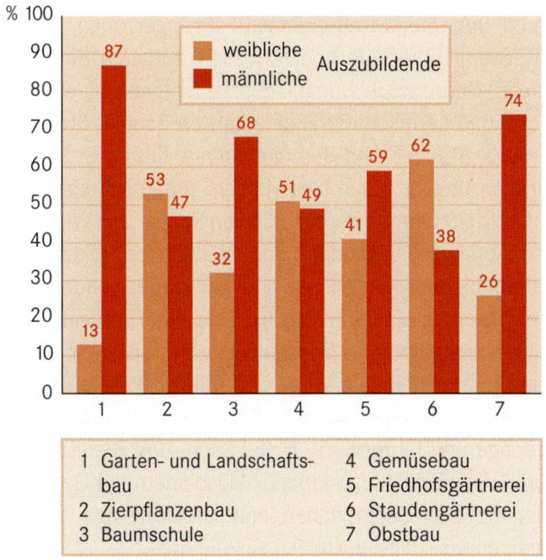

1 Der Gärtnerberuf – schon lange keine Männerdomäne mehr (2022)[1]

Die Ausbildung erfolgt nach einer gemeinsamen Grundausbildung in einer der sieben Fachrichtungen entsprechend dem beruflich gewählten Schwerpunkt (**1** und **3**, S. 506). Aufgrund der breit angelegten Berufsausbildung kann der/die Auszubildende jedoch nach der Abschlussprüfung in jeder anderen Fachrichtung des Gartenbaus tätig werden.

Gärtner/Gärtnerin in der Fachrichtung Baumschule

(„Baumschuler/Baumschulerin", **2**)

Fachrichtung Baumschule

Der Schwerpunkt der gärtnerischen Arbeit liegt hier in der Anzucht und Kultur von Laub- und Nadelgehölzen, Ziersträuchern, Kletter- und Heckenpflanzen sowie Rosen und Obstgehölzen. Die generativ oder vegetativ vermehrten Gehölze werden aufgeschult (aufgepflanzt) und entsprechend dem steigenden Platzbedarf im Laufe mehrerer Jahre wiederholt verpflanzt, d. h. verschult. Die vielfältigen vegetativen Vermehrungsmethoden, wie das Schneiden von Steckhölzern und Stecklingen, oder die unterschiedlichen Veredlungsmethoden erfordern Geschicklichkeit, Sorgfalt und eine ruhige Hand. Wichtige Kulturmaßnahmen bei der An- und Aufzucht von Gehölzen sind die Saatgutgewinnung und -behandlung, die Durchführung von Aussaaten und vegetativen Vermehrungsarten sowie Kultur- und Pflegemaßnahmen. Eine Arbeitsspitze in den Baumschulen bildet im Herbst die Versandarbeit. Die verkaufsfähigen Pflanzen werden u. a. gerodet, sortiert, gegebenenfalls gebündelt, etikettiert und bei Verkauf mit Erdballen balliert.

2 In der Baumschule erfolgt die Aufzucht von Gehölzen

Vor dem Hintergrund des zunehmenden Wald- und Baumsterbens leisten die Baumschulen durch Anzucht und Kultur von Gehölzen einen wichtigen Beitrag zum Umweltschutz. Nicht von ungefähr lautet ihr Leitspruch „Grün ist Leben – Baumschulen schaffen Leben".

Gärtner/Gärtnerin in der Fachrichtung Friedhofsgärtnerei

(„Friedhofsgärtner/Friedhofsgärtnerin", **3**)

Fachrichtung Friedhofsgärtnerei

Mitte des 18. Jahrhunderts begann man bei uns unter dem Einfluss der Romantik und der beginnenden Naturbewegung die Orte der Totenbestattung gärtnerisch zu gestalten. Heute sind unsere Friedhöfe nicht nur Orte des Gedenkens an die Toten, sondern darüber hinaus wichtiger Bestandteil des öffentlichen Grüns. Durch die gärtnerische Gestaltung der Friedhöfe sind viele unserer schönsten Parkanlagen entstanden. Mit ihrer Vielzahl unterschiedlicher Lebensräume bieten Friedhöfe Lebensraum und Rückzugsmöglichkeiten für zahlreiche wild lebende und vom Aussterben bedrohte Tier- und Pflanzenarten. Der in Jahrzehnten gewachsene Baumbestand alter Friedhöfe hat vor allem für das Klima in unseren Städten eine große Bedeutung, indem er die Luft von Staubpartikeln reinigt, CO_2 bindet, Sauerstoff produziert, die Luftfeuchtigkeit erhöht, die Temperatur senkt und als Lärmschutz dient. Somit sind Friedhöfe vor allem in den städtischen Ballungsgebieten als Orte der Ruhe und Entspannung zu unersetzlichen

3 Friedhöfe, wichtige Bestandteile des öffentlichen Grüns

[1] Bundesanstalt für Landwirtschaft und Ernährung, Ausbildungsstatistik 2022

Naherholungsflächen mit hohem ökologischem Wert geworden.

Zu den wichtigsten Tätigkeiten der Gärtnerinnen und Gärtner der Fachrichtung Friedhofsgärtnerei zählen die Gestaltung und Pflege des Friedhofs mit seinen Rabatten, Grün- und Gehölzflächen sowie die Anlage und Betreuung von Grabstätten. Hinzu kommen die Überwachung der Einhaltung der Friedhofsordnung, die Dekoration von Trauerhallen, Särgen und Grabstätten, das Ausheben und Verfüllen der Gräber sowie gegebenenfalls die Organisation und Durchführung von Beisetzungen.

Arbeitsspitzen liegen vor allem während der Pflanzzeiten im Frühjahr und Herbst sowie zu Terminen der jahreszeitlichen Wechselbepflanzung und Totengedenktage.

Vor allem in Mittel- und Großstädten verfügen die Friedhöfe häufig über eigene Gewächshäuser und Kulturkästen, in denen sie ein Großteil der benötigten Pflanzen selbst heranziehen bzw. bei Zukauf von Jungpflanzen fertig kultivieren. Zudem produzieren sie Topf- und Schnittblumen, die sie über eigene Blumengeschäfte absetzen. Das Anfertigen von Sträußen, Gestecken, Blumenschalen, Kränzen, Trauerdekorationen und Grabschmuck erfordert von den Gärtnerinnen und Gärtnern der Fachrichtung Friedhofsgärtnerei hohes floristisches Können. Arbeitgeber für Friedhofsgärtner(-innen) sind die kommunalen oder kirchlichen Friedhofsverwaltungen sowie private Friedhofsgärtnereien.

Gärtner/Gärtnerin der Fachrichtung Garten- und Landschaftsbau

Fachrichtung GaLa-Bau

(„Landschaftsgärtner/Landschaftsgärtnerin“, **1**)

1 Das Arbeitsfeld der Landschaftsgärtner/-innen ist sehr vielseitig

Das Arbeitsfeld der Landschaftsgärtner und Landschaftsgärtnerinnen ist sehr vielfältig: Sie entwerfen Gestaltungspläne, führen Strecken-, Flächen- und Höhenmessungen durch, begrünen Straßenränder, Fußgängerzonen, Dächer, Fassaden, Hinterhöfe und Terrassen, schaffen Bachläufe, Teiche, Seen sowie Sumpf- und Feuchtgebiete, errichten Sicht- und Lärmschutzwände, pflanzen Bäume, Sträucher, Hecken, Stauden und Sommerblumen, führen Großbaumverpflanzungen, Baumsanierungen (Baumchirurgie) und Schnittmaßnahmen durch, erstellen Rasen- und Wiesenflächen, pflegen Pflanzungen und Grünflächen, rekultivieren Abraumhalden, Kiesgruben und Müllkippen, bauen Mauern, Treppen, Zäune, Pergolen und Rankgerüste, legen Kinderspielplätze und Sportanlagen an, bauen Spiel- und Sportgeräte, erstellen Wege und Plätze, verlegen Platten und Pflaster, sorgen für Oberflächenentwässerung sowie Dränage und führen Erd-, Holz-, Stein- und Betonarbeiten durch. Der Einsatz modernster Maschinen und Geräte erleichtert den Gärtnerinnen und Gärtnern des Garten-, Landschafts- und Sportplatzbaus die Arbeit.

Gärtner/Gärtnerin der Fachrichtung Gemüsebau

Fachrichtung Gemüsebau

(„Gemüsebauer/Gemüsebäuerin“, **2**)

2 Großflächiger Anbau von Gemüse

Gärtner und Gärtnerinnen der Fachrichtung Gemüsebau sind die Fachleute für die Kultur von Frucht-, Blatt-, Kohl-, Stiel-, Zwiebel- und Knollengemüse sowie Gewürz- und Heilkräutern. Die Kultur der Pflanzen erfolgt in Gewächshäusern und im Freiland. Im Freiland werden zur Ernteverfrühung und Verlängerung der Angebotszeiten Folien und Vliese eingesetzt. Der Absatz geschieht durch Verkauf im Betrieb, auf Wochen- und Großmärkten, über Absatzgenossenschaften und Versteigerungen. Im sogenannten Vertragsanbau werden Gemüsearten großflächig für die Konservenindustrie zur industriellen Verarbeitung angebaut. Einige Betriebe des Gemüsebaus haben sich auf den Anbau von Speisepilzen, wie z. B. Champignons, spezialisiert. Die Kultur für den Frischmarkt oder die Konservenindustrie erfolgt in speziellen Kulturräumen.

Die meisten Gemüsebaubetriebe produzieren nach den Richtlinien und Grundsätzen des „integrierten Anbaus“, wobei einige auch nach den Methoden des ökologischen Land-/Gartenbaus arbeiten. So ist z. B. die biologische Schädlingsbekämpfung im Unterglasanbau weitverbreitet und die Erstellung von ausgeklügelten Fruchtwechselplänen, Kulturfolgen und Mischkulturen für die Gärtnerinnen und Gärtner der Fachrichtung Gemüsebau gängige Praxis. Zu den wichtigsten Kultur- und Pflegemaßnahmen im Gemüsebau zählen u. a. die Herstellung von Erden und Substraten, die Jungpflanzenanzucht, das Pikieren, Topfen und Pflanzen, die Durchführung von Düngung, Bewässerung, Pflanzenschutz, Bodenbearbeitung und Humusversorgung sowie Ernte, Marktaufbereitung und Verkauf. Eine Vielzahl von Maschinen, wie z. B. Sä-, Topf-, Pflanz-, Bodenbearbeitungs- und Erntemaschinen, erleichtert die gärtnerische Arbeit.

Gärtner/Gärtnerin der Fachrichtung Obstbau

(„Obstbauer/Obstbäuerin“, 1)

Fachrichtung Obstbau

Obst gehört mit seinem Gehalt an Vitaminen, Mineral- und Aromastoffen, Fruchtsäuren und Zuckern zu unseren wertvollsten Nahrungsmitteln. Die Gärtner und Gärtnerinnen der Fachrichtung Obstbau produzieren Kern-, Stein-, Beeren- und Schalenobst. In ihren Obstanlagen erzeugen sie vor allem Äpfel, gefolgt von Kirschen, Pflaumen, Birnen, Pfirsichen und Aprikosen. Im Beerenobstanbau spielt die Kultur der Erdbeere eine herausragende Rolle. Wie schon im Gemüsebau arbeiten auch die meisten Obstbaubetriebe nach den Richtlinien und Grundsätzen des „integrierten Anbaus“ sowie des ökologischen Land-/Gartenbaus.

Ein Schwerpunkt der gärtnerischen Tätigkeit ist der regelmäßige Obstbaumschnitt. Wichtige Pflegemaßnahmen sind ferner die Pflege des Bodens, die Versorgung der Pflanzen mit Wasser und Nährstoffen sowie Pflanzenschutzmaßnahmen. Für viele Kultur-, Pflege- und Erntearbeiten werden im Obstbau Maschinen eingesetzt. Arbeitsspitzen bilden die Erntezeiten, die häufig die Einstellung zusätzlicher Erntehelfer notwendig machen. In modernen Kühl- und Lagerräumen wird durch Steuerung der Luftzusammensetzung der natürliche Alterungsprozess der Früchte verlangsamt, sodass die Angebotszeiten verlängert werden können. Der Verkauf erfolgt über Genossenschaften, Erzeugergemeinschaften oder direkt an den Kunden im Obstbaubetrieb.

1 Obstanbau

Gärtner/Gärtnerin der Fachrichtung Stauden

(„Staudengärtner/Staudengärtnerin“, 2)

Fachrichtung Stauden

2 In der Staudengärtnerei

Die Gärtnerinnen und Gärtner der Fachrichtung Stauden beschäftigen sich mit der Anzucht, Pflege und Kultur dieser Pflanzen. In ihren Staudengärtnereien halten sie ein breites Sortiment – von einigen Hundert bis zu mehreren Tausend Arten und Sorten – für Kunden bereit. Viele Betriebe haben darüber hinaus einen besonderen Schwerpunkt, wie Polsterstauden, Steingartenpflanzen, Sumpf- und Wasserpflanzen, Schnittstauden, Gewürzpflanzen, Gebirgs- und Alpenpflanzen, Gräser, Farne, Bodendecker, Astilben, Phlox, Seerosen, Hosta, Hemerocallis, Sempervivum, Päonien, Rittersporn, Primeln, Iris, Geranium, Miscanthus, Astern oder Papaver. Die große Palette der Stauden erfordert gute Pflanzen- und Sortenkenntnisse.

Neben den Vermehrungsarbeiten zählen zu den wichtigsten Kultur- und Pflegearbeiten in einer Staudengärtnerei das Gießen und Düngen, die Durchführung von Pflanzenschutz- und Bodenbearbeitungsmaßnahmen sowie das Pikieren, Topfen und Pflanzen. Arbeitsspitzen treten während der Vermehrungs- und Versandzeiten auf.

Durch die Kultur vieler einheimischer Wildstauden und die Bereitstellung ihres Fachwissens tragen die Gärtnerinnen und Gärtner der Fachrichtung Stauden zur Erhaltung der Artenvielfalt bei und betreiben aktiven Natur-/Umweltschutz.

Gärtner/Gärtnerin in der Fachrichtung Zierpflanzenbau

Fachrichtung Zierpflanzenbau

(„Zierpflanzengärtner/Zierpflanzengärtnerin“, 1)

Der Zierpflanzenbau ist wohl die bekannteste Fachsparte des Gartenbaus. In modernen Gewächshäusern und im Freiland produzieren die Gärtnerinnen und Gärtner dieser Fachrichtung ein breites Sortiment an Topfpflanzen und Schnittblumen sowie Beet- und Balkonpflanzen. Mithilfe moderner Technik machen sie das „Wetter“ unter Glas, indem sie Temperatur, Licht und Schatten, Luftfeuchtigkeit, CO_2-Konzentration, Tag- und Nachtlänge sowie die Wasser- und Nährstoffversorgung der Pflanzen exakt steuern.

Neben Zierpflanzenbaubetrieben, die eine breite Palette der unterschiedlichsten Pflanzenarten und -sorten kultivieren, gibt es auch solche, die sich zur Rationalisierung der Pflanzenproduktion auf wenige Kulturen oder bestimmte Kulturabschnitte, wie z. B. die Jungpflanzenanzucht, spezialisiert haben. Vor allem in den hoch spezialisierten Betrieben ist die Technisierung weit fortgeschritten. Computergesteuerte Transportsysteme rationalisieren und erleichtern die gärtnerische Arbeit unter Glas.

In Betrieben, die ihre Pflanzen über eigene Blumengeschäfte oder Verkaufsgewächshäuser direkt an den Kunden verkaufen, sind viele Gärtner/Gärtnerinnen im Verkauf und in der Kundenberatung tätig. Personen in diesen Bereichen müssen über gute Produkt- und Pflanzenkenntnisse verfügen, im Umgang mit Menschen geübt und in Verkaufsgesprächen geschult sein.

Durch die Kultur und Massenvermehrung besonders gefährdeter Pflanzenarten betreiben die Gärtnerinnen und Gärtner der Fachrichtung Zierpflanzenbau aktiven Artenschutz.

1 Produktion von Zierpflanzen im Gewächshaus

1.1.3 Duales System

! Merke

Die berufliche Ausbildung in der Bundesrepublik Deutschland erfolgt im **dualen System** (duo = zwei), d. h. an zwei Lernorten: in anerkannten **Ausbildungsbetrieben** mit dem Schwerpunkt Praxis und der **Berufsschule** mit dem Schwerpunkt Theorie (2).

Aufgrund zunehmender Spezialisierung und unterschiedlicher Produktionsverfahren sind viele Gartenbaubetriebe nicht mehr in der Lage, alle für eine umfassende Berufsausbildung notwendigen Fertigkeiten zu vermitteln. Deswegen wurden zur Ergänzung der betrieblichen Ausbildung **überbetriebliche Ausbildungsstätten** geschaffen, die zum Ausgleich der durch Spezialisierung und Produktionsverfahren bedingten Unterschiede zwischen den einzelnen Betrieben beitragen sollen. Der Technikunterricht in der Berufsschule wird durch Lehrgänge an einer **„Deutschen Lehranstalt für Agrartechnik“ (DEULA)** ergänzt. Die Teilnahme an den verschiedenen Lehrgängen ist Voraussetzung für die Zulassung zur Abschlussprüfung.

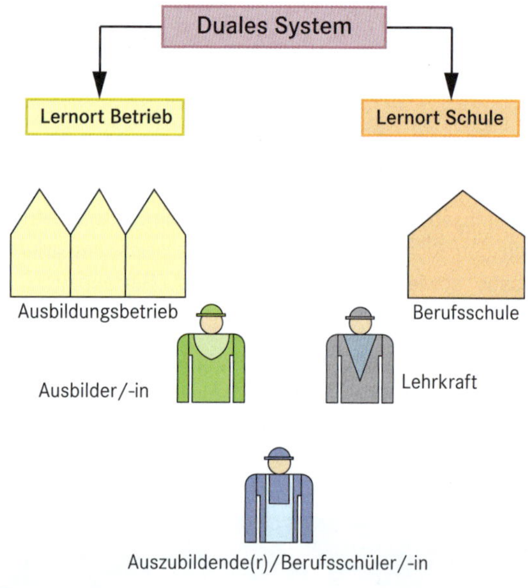

2 Das duale System

? Aufgaben

○ 1. Welche Ausbildungsberufe zählen zum Berufsfeld Agrarwirtschaft?

○ 2. Nennen Sie die sieben Fachrichtungen des Gartenbaus.

○ 3. Welche Vorteile bietet die breit angelegte Berufsausbildung im Gartenbau?

Aufgaben (Fortsetzung)

◑ 4. Beschreiben Sie die Tätigkeitsbereiche der einzelnen Fachsparten im Gartenbau.
◑ 5. Warum sind zunehmende Umweltbelastungen für die Zukunft des Gartenbaus eher von wachsender Bedeutung?
○ 6. Was versteht man unter dem dualen System in der Berufsausbildung?
○ 7. Warum sollten Betrieb und Schule partnerschaftlich zusammenarbeiten?
● 8. Beurteilen Sie die duale Ausbildung.
○ 9. Wozu dienen überbetriebliche Ausbildungsstätten und DEULA?

1.2 Rechtliche Grundlagen

1.2.1 Zuständigkeit des Bundes und der Länder

Merke

Die gesetzliche Grundlage für die betriebliche und überbetriebliche Ausbildung in der Bundesrepublik Deutschland bildet das **Berufsbildungsgesetz (BBiG)** des Bundes. Für die schulische Ausbildung sind als Träger der Kulturhoheit die jeweiligen Bundesländer zuständig. Die Kultusminister der Länder erlassen **Rahmenrichtlinien**, die die Lerninhalte und Lernziele für den schulischen Unterricht verbindlich vorschreiben (1).

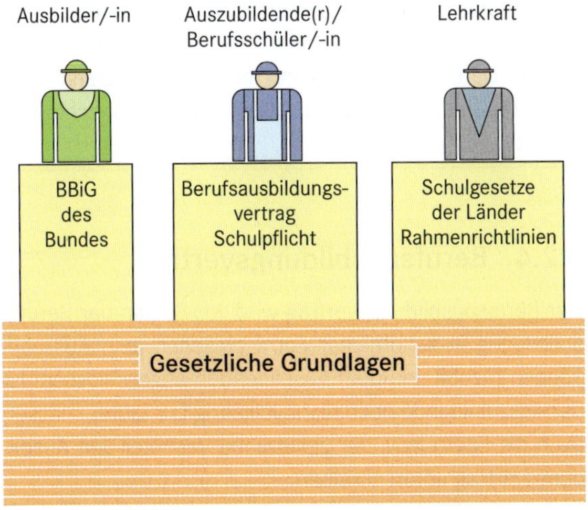

1 Gesetzliche Regelung der Ausbildung

1.2.2 Ausbildungsordnung

Merke

Die rechtliche Grundlage für Ausbildungsberufe bildet die **Ausbildungsordnung** (2).

In ihr sind u. a. festgelegt:

- die genaue Berufsbezeichnung
- die Ausbildungsdauer
- das Ausbildungsberufsbild
- der Ausbildungsrahmenplan
- die Prüfungsanforderungen

Die **Berufsbezeichnung** ist für alle Fachrichtungen im Gartenbau **Gärtner/Gärtnerin**. Die **Ausbildungsdauer** beträgt in der Regel 3 Jahre. Eine Verkürzung auf 2 Jahre ist möglich, wenn bereits ein Berufsabschluss in einem anderen Ausbildungsberuf vorliegt oder die 12-jährige Schulpflicht erfüllt wurde. Bei überdurchschnittlichen Leistungen ist eine Verkürzung der Ausbildungsdauer um ein halbes Jahr möglich. In Ausnahmefällen kann auf Antrag des Auszubildenden die Ausbildungszeit verlängert werden, wenn die Verlängerung erforderlich ist, um das Ausbildungsziel zu erreichen. Im **Ausbildungsberufsbild** sind die Kenntnisse und Fertigkeiten aufgeführt, die nach der Ausbildungsordnung Gegenstand der Berufsausbildung sind. Der **Ausbildungsrahmenplan** dient als Anleitung zur sachlichen und zeitlichen Gliederung der im Ausbildungsbetrieb zu vermittelnden Kenntnisse und Fertigkeiten. Er bildet die Grundlage für die Erstellung des betrieblichen **Ausbildungsplans** durch den Ausbilder. Aus ihm ist ersichtlich, welche nach der Ausbildungsordnung vorgesehenen Fertigkeiten und Kenntnisse dem Auszubildenden im Ausbildungsbetrieb vermittelt werden sollen, wie der Ablauf der betrieblichen Ausbildung geplant ist und für welche Ausbildungsinhalte außerbetriebliche und schulische Ausbildungsmaßnahmen zusätzlich notwendig sind

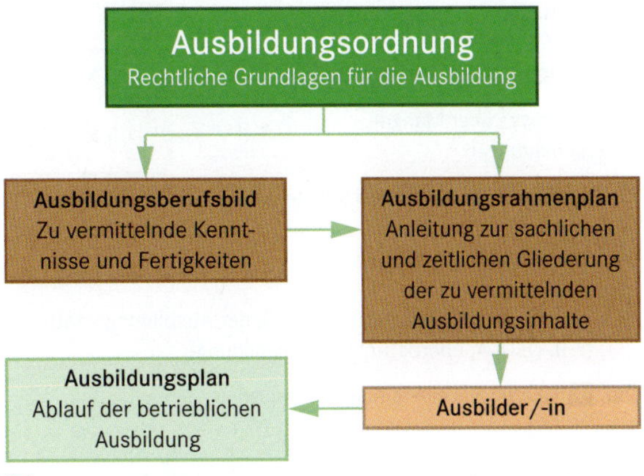

2 Die Ausbildungsordnung bildet die rechtliche Grundlage für die betriebliche Ausbildung

	A	B	C
4. Pflanzen: **Pflanzenkenntnisse:** Familie, Gattung, Art (Systematik)		X	
Geschützte Pflanzen		X	
Sortenschutz		X	
....			
Aufbau und Lebenserscheinungen: Äußerer und innerer Aufbau (Morphologie und Anatomie)		X	
Lebenserscheinungen (Physiologie)		X	
Umwelteinflüsse (Ökologie)		X	
....			
Vermehrung: Methoden kennen und beurteilen		X	
Zeitpunkte kennen und beurteilen	X		
Grundlagen der Pflanzenzüchtung		X	
Verwendung der Pflanzen: Eignung der gebräuchlichsten Arten und Sorten kennen und beurteilen	X		
5. Kultur- und Pflegemaßnahmen: **Pflege des Standorts:** Chemische Unkrautbekämpfung	X	X	
Düngung: Kenntnisse über Lagerung	X		
Berechnung von Düngermengen		X	
Ansetzen von Düngerlösungen	X		
Mischen von Düngermitteln		X	
Ausbringen von Düngern	X		
Kenntnisse über Gründüngung		X	
Kenntnisse über Mangelerscheinungen		X	
Kenntnisse über Nährstoffgehalte		X	

A = Ausbildungsbetrieb
B = Berufsschule
C = Ausbildungsmaßnahmen außerhalb der Ausbildungsstätte (z. B. DEULA, überbetriebliche Ausbildung)

Tab. 1 Auszug aus einem Ausbildungsplan

(Tab. 1 und 2, S. 511). Die Überwachung der Einhaltung der Ausbildungsordnung obliegt der **„zuständigen Stelle“**. Dies ist je nach Bundesland die **Gartenbaukammer**, die Gartenbauabteilung der **Landwirtschaftskammern**, der **Ämter für Landwirtschaft und Gartenbau**, der **Regierungspräsidien der Landesämter** oder der **Bezirksregierungen** (Bayern).

1.2.3 Berichtsheft

Als Ausbildungsnachweis dient auch das **Berichtsheft**, das der Auszubildende zu Beginn seiner Ausbildung vom Arbeitgeber bekommt. In das Berichtsheft muss der Auszubildende alle selbst ausgeführten Arbeiten eintragen. Dabei sollte besonderer Wert darauf gelegt werden, dass die Arbeiten ausreichend beschrieben und begründet werden. Skizzen, Zeichnungen, Abbildungen und Fotos können die schriftlichen Eintragungen anschaulich ergänzen. Die sachliche Richtigkeit wird durch die Unterschrift des Ausbilders dokumentiert. Durch die Festhaltung des wöchentlichen Witterungsverlaufs lernt der Auszubildende von Anfang an die Beobachtung des Wetters und dessen Bedeutung für den täglichen gärtnerischen Arbeitsablauf.

Eine Alternative zum herkömmlichen Berichtsheft bietet das **Online-Berichtsheft**, das im Internet geschrieben wird. Es ermöglicht vor allem eine zeit- und ortsunabhängige Berichtsheftführung sowie einen schnellen Austausch mit dem/der Ausbilder/-in (mehr unter https://www.berichtsheft-gaertner.de und http://www.augala.de/online-berichtsheft.aspx).

! Merke

Die ordnungsgemäße Führung des Berichtshefts ist Voraussetzung für die Zulassung zur Abschlussprüfung. Darüber hinaus kann ein ausführliches und vollständiges Berichtsheft ein gutes Nachschlagewerk sein.

1.2.4 Berufsausbildungsvertrag

Der Berufsausbildungsvertrag wird vor Beginn der Berufsausbildung in schriftlicher Form zwischen dem Auszubildenden (Azubi) und dem Ausbildenden abgeschlossen. Ist der Auszubildende noch nicht volljährig (18 Jahre), müssen auch die Eltern bzw. der gesetzliche Vertreter den Ausbildungsvertrag unterschreiben.

Der Ausbilder muss das Zustandekommen eines Ausbildungsvertrags der zuständigen Stelle unverzüglich anzeigen und die Eintragung in das **Verzeichnis der Berufsausbildungsverträge** beantragen.

> **! Merke**
>
> Nach dem BBiG muss ein **Ausbildungsvertrag** mindestens Angaben enthalten über:
> 1. Art, sachliche und zeitliche Gliederung sowie Ziel der Berufsausbildung
> 2. Beginn und Dauer der Berufsausbildung
> 3. Ausbildungsmaßnahmen außerhalb der Ausbildungsstätte
> 4. Dauer der regelmäßigen täglichen Ausbildungszeit
> 5. Dauer der Probezeit
> 6. Zahlung und Höhe der Vergütung
> 7. Dauer des Urlaubs
> 8. Voraussetzungen, unter denen der Berufsausbildungsvertrag gekündigt werden kann

Aus der Unterzeichnung des Ausbildungsvertrags ergeben sich nicht nur Rechte, sondern auch Pflichten für beide Vertragsparteien:

Pflichten des Ausbildenden (1)

Der Ausbildende hat ...
1. dafür zu sorgen, dass dem Auszubildenden die Fertigkeiten und Kenntnisse vermittelt werden, die zum Erreichen des Ausbildungsziels erforderlich sind.
2. die Ausbildung zeitlich und sachlich so zu gliedern, dass das Ausbildungsziel in der vorgesehenen Ausbildungszeit erreicht werden kann.
3. selbst auszubilden oder einen persönlich und fachlich geeigneten Ausbilder ausdrücklich damit zu beauftragen.
4. dem Auszubildenden kostenlos die Ausbildungsmittel zur Verfügung zu stellen, die zur Berufsausbildung und zum Ablegen von Zwischen- und Abschlussprüfungen erforderlich sind.
5. den Auszubildenden zum Besuch der Berufsschule sowie zum Führen von Berichtsheften anzuhalten, soweit solche im Rahmen der Berufsausbildung verlangt werden, und diese regelmäßig durchzusehen und abzuzeichnen.
6. dafür zu sorgen, dass der Auszubildende charakterlich gefördert sowie sittlich und körperlich nicht gefährdet wird.
7. dem Auszubildenden nur solche Arbeiten zu übertragen, die dem Ausbildungszweck dienen und seinen körperlichen Kräften angemessen sind.
8. den Auszubildenden für die Teilnahme am Berufsschulunterricht, an Prüfungen und zu Ausbildungsmaßnahmen außerhalb der Ausbildungsstelle freizustellen.
9. dem Auszubildenden bei Beendigung des Berufsausbildungsverhältnisses ein Zeugnis auszustellen, das Angaben über Art, Dauer und Ziel der Berufsausbildung sowie über die erworbenen Kenntnisse und Fertigkeiten des Auszubildenden macht. Angaben über Führung, Leistung und besondere fachliche Fähigkeiten sind auf Verlangen des Auszubildenden aufzunehmen.

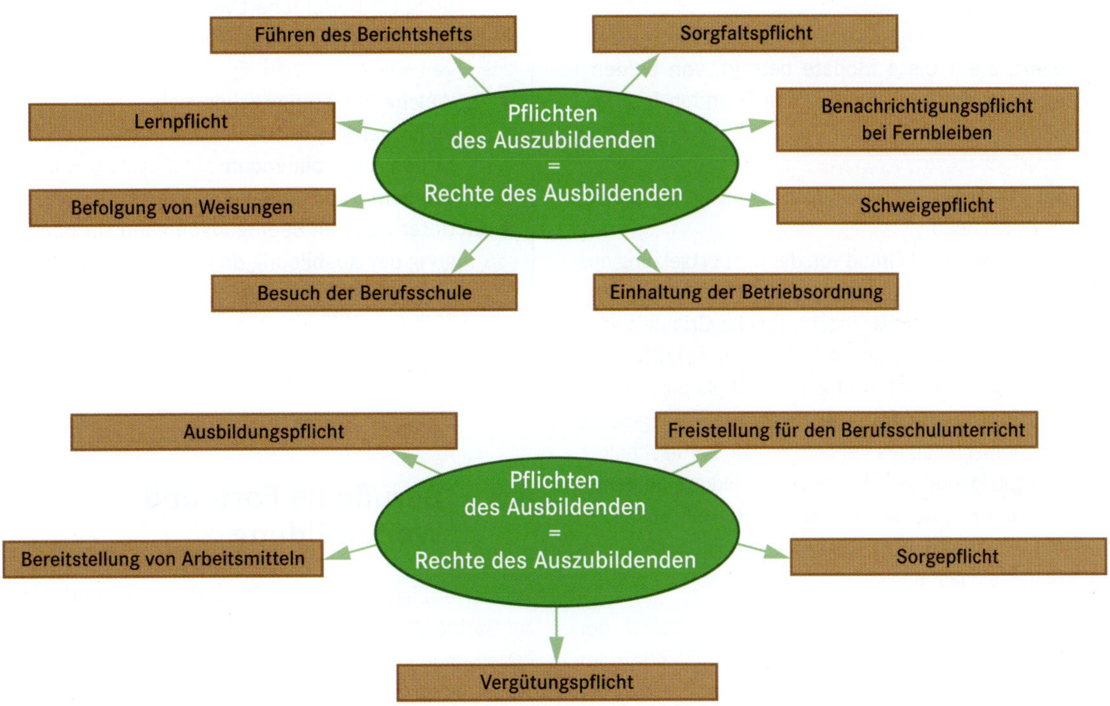

1 Aus der Unterzeichnung des Ausbildungsvertrags ergeben sich Rechte und Pflichten für beide Vertragspartner

10. dem Auszubildenden eine angemessene Vergütung zu gewähren.
11. eine über die vereinbarte regelmäßige Arbeitszeit hinausgehende Beschäftigung besonders zu vergüten.

Pflichten des Auszubildenden (1, S. 513)

Der Auszubildende hat ...
1. sich zu bemühen, die Fertigkeiten und Kenntnisse zu erwerben, die erforderlich sind, um das Ausbildungsziel zu erreichen.
2. die ihm im Rahmen seiner Berufsausbildung aufgetragenen Arbeiten sorgfältig auszuführen.
3. am Berufsschulunterricht und anderen Ausbildungsmaßnahmen, für die er freigestellt wird, teilzunehmen.
4. die Betriebsordnung sowie Unfallverhütungsvorschriften zu beachten.
5. Werkzeuge, Maschinen und sonstige Einrichtungen pfleglich zu behandeln.
6. über Betriebs- und Geschäftsgeheimnisse Stillschweigen zu wahren.
7. die vorgeschriebenen Berichtshefte zu führen und sie dem Ausbildenden regelmäßig zur Durchsicht und Abzeichnung vorzulegen.

Beendigung des Ausbildungsverhältnisses

! Merke

Das Berufsausbildungsverhältnis kann während der **Probezeit**, die 1 bis 4 Monate beträgt, von beiden Vertragspartnern ohne Angabe von Gründen fristlos gekündigt werden.

Nach der Probezeit kann grundsätzlich keine Kündigung erfolgen. Es sei denn,
- es liegt ein wichtiger Grund vor, der die Fortsetzung des Ausbildungsverhältnisses für einen der beiden Vertragspartner unzumutbar macht. Solche Gründe für eine fristlose Kündigung sind z. B. tätlicher Angriff, grobe Beleidigung, Diebstahl, häufig unentschuldigtes Fehlen oder Zuspätkommen, fortgesetzte Arbeitsverweigerung, häufig unentschuldigtes Versäumen der Berufsschule;
- der Auszubildende will die Berufsausbildung aufgeben oder sich für eine andere Berufstätigkeit ausbilden lassen. In diesem Fall muss er eine Kündigungsfrist von 4 Wochen einhalten.

Wird das Berufsausbildungsverhältnis nach Ablauf der Probezeit vorzeitig gelöst, so kann der Ausbildende oder der Auszubildende Schadensersatz verlangen, wenn der andere den Grund für die Auflösung zu vertreten hat.

1.2.5 Zwischen- und Abschlussprüfung

Nach dem ersten oder zweiten betrieblichen Ausbildungsjahr findet eine **Zwischenprüfung** statt. Sie dient der Überprüfung des Ausbildungsstandes der Auszubildenden, sodass evtl. vorhandene Ausbildungsdefizite frühzeitig aufgedeckt werden können. In der **Abschlussprüfung** wird festgestellt, ob der Prüfling die notwendigen Kenntnisse und Fertigkeiten besitzt. Zur Abschlussprüfung kann auch zugelassen werden, wer nachweist, dass er mindestens das Zweifache der Zeit, die als Ausbildungszeit vorgeschrieben ist, im Beruf Gärtner tätig gewesen ist.

? Aufgaben

○ 1. Welche gesetzlichen Grundlagen regeln die Berufsausbildung in der Bundesrepublik Deutschland?
○ 2. Was ist in der Ausbildungsordnung festgelegt?
○ 3. Unter welchen Voraussetzungen kann die Berufsausbildung zum Gärtner verkürzt bzw. verlängert werden?
◑ 4. Unterscheiden Sie Ausbildungsberufsbild, Ausbildungsrahmenplan und Ausbildungsplan.
○ 5. Wer ist in Ihrem Bundesland für die Überwachung der Ausbildung zuständig?
◑ 6. Warum ist in Streitfällen, ob der Ausbildungsplan eingehalten wurde, das Berichtsheft ein wichtiges Beweismittel?
○ 7. Warum ist es sinnvoll, auch nach der Ausbildung ein Berichtsheft weiterzuführen?
◑ 8. Was muss im Berufsausbildungsvertrag geregelt sein?
◑ 9. Welche Pflichten ergeben sich
a) für den Ausbildenden und
b) den Auszubildenden
aus dem Berufsausbildungsvertrag?
◑ 10. Unter welchen Bedingungen kann vor Beendigung der Ausbildung das Ausbildungsverhältnis gekündigt werden?

1.3 Berufliche Fort- und Weiterbildung

Mit der erfolgreich bestandenen Abschlussprüfung zum/zur Gärtner/Gärtnerin ist das Lernen nicht vorbei. Ständig finden neue Erkenntnisse, Techniken, Arbeits- und Kulturverfahren Eingang in unsere Berufswelt, ändern sich Gesetze und Vorschriften.

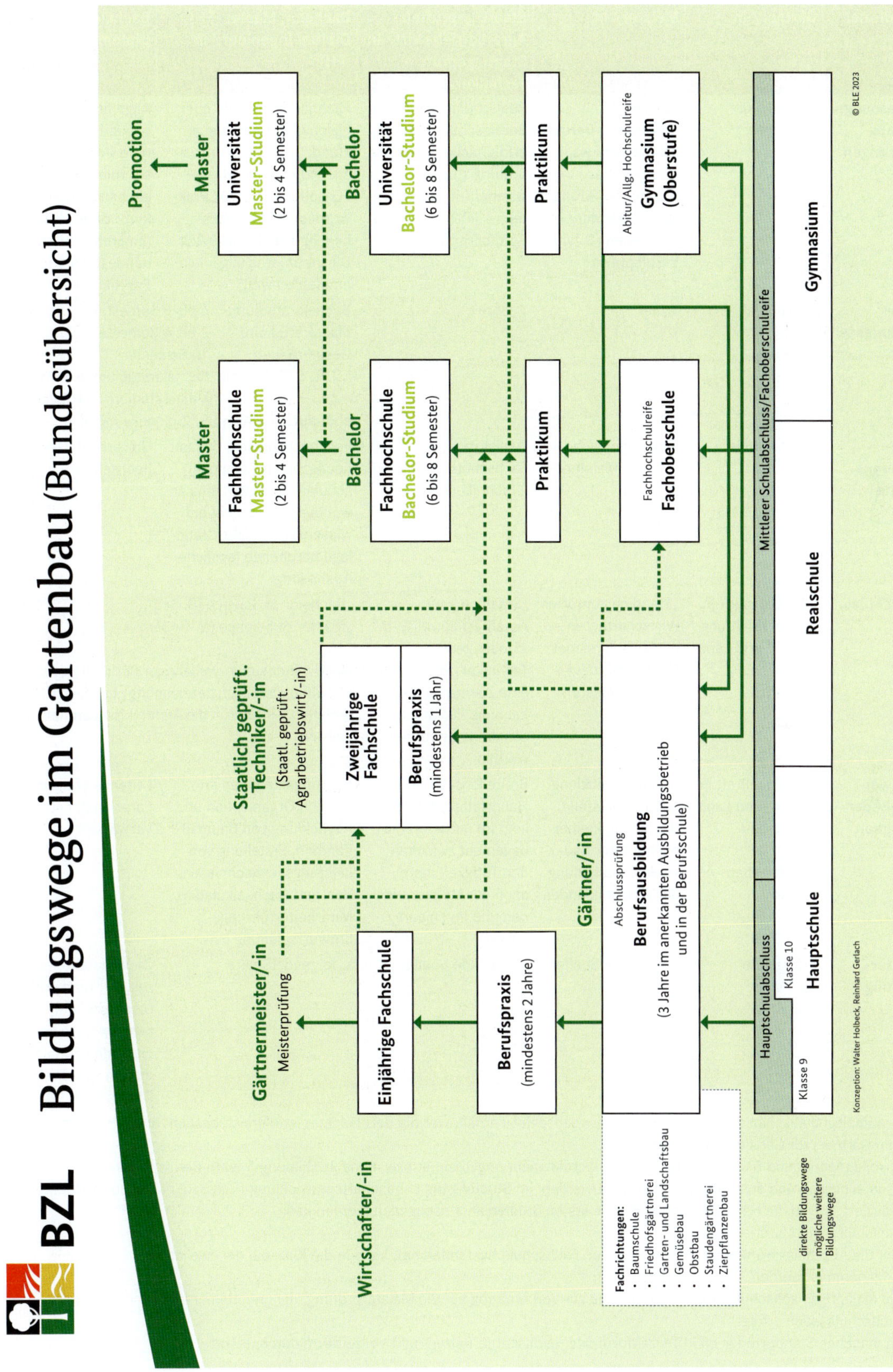

Quelle: Bundesinformationszentrum Landwirtschaft in der BLE, Bonn, Heft „Berufsbildung im Gartenbau“ (1102)

1 Grundzüge der Berufswege im Gartenbau (Bundesübersicht)

Berufsziel	Gärtner/-in	Meister/-in	Staatl. geprüfte(r) Agrarbetriebswirt/-in Staatl. geprüft. Techniker/-in	Bachelor, Master (FH) Diplom-Ingenieur/-in (FH)	Bachelor, Master Diplom-Ingenieur/-in
Zulassungs-voraus-setzungen	Hauptschul-abschluss	Realschul-abschluss[1], Berufs-schulabschluss, erfolgreiche Abschlussprüfung zum/r Gärtner/-in, mindestens 2 Jahre Berufspraxis[2]	Realschulabschluss[1], Berufsschulabschluss, erfolgreiche Abschluss-prüfung zum/r Gärtner/-in, mindes-tens 1 Jahr Berufspraxis	Fachhochschulreife oder gleichwertiger Bildungs-stand, 12 Monate Praxis-ausbildung[3] (11. Klasse FOS oder 1-jähriges Prak-tikum oder Berufsaus-bildung zum Gärtner/zur Gärtnerin, was allgemein empfohlen wird)	Allgemeine oder fach-gebundene Hochschul-reife (Abitur/Fachabitur), bis zum Hauptexamen ist ein halbjähriges Prakti-kum vorgeschrieben (empfohlen wird ein mindestens 1-jähriges Praktikum)
Aus-bildungszeit	2[4] bis 3 Jahre	1 Jahr[7]	2 Jahre[5]	Bachelorstudium: 6 bis 8 Semester Masterstudium: 2 bis 4 Semester Gesamtdauer: 10 Semester I. d. R. 6/4 -Modell: Bachelorstudium 6 Semester Masterstudium 4 Semester aber auch 7/3- und 8/2-Modelle möglich	
Aus-bildungs-stätte	Berufsschule	Einjährige Fach-schule („Meister-schule")	Zweijährige Fachschule („Technikerschule")	Fachhochschulen, Gesamt-hochschulen Fachhoch-schulen vermitteln eine an-wendungsbezogene, auf wissenschaftlicher Grund-lage beruhende fachliche Ausbildung	Universität, Gesamt-hochschule
Abschluss	z. B.: Gärtner/-in der Fachrichtung Garten- und Land-schaftsbau	„Staatlich geprüfter Wirtschafter/-in", nach erfolgreicher Meisterprüfung[6] „Gärtnermeister/-in"	„Staatlich gepr. Agrarbetriebswirt/-in" „Staatl. gepr. Techniker/-in", durch eine Zusatzprüfung kann die Fachhoch-schulreife erworben werden	„Bachelor of Science (B. Sc.)", „Master of Science (M. Sc.)" Nach mindestens zweijähriger Berufspraxis kann im GaLaBau die Berufsbezeichnung „Landschafts-architekt/-in" durch die Architektenkammer verliehen werden.	
Schwer-punkt der Tätigkeit	z. B.: Fachkraft im Garten- und Land-schaftsbau, Leiter/-in kleinerer Bau-stellen	Arbeitsabwicklung auf der Baustelle, Bauleitung kleiner bis mittlerer Bau-stellen, Ausbildung der Auszubildenden	Breite Einsetzbarkeit, Haupttätigkeitsfeld liegt im mittleren Ma-nagement zwischen den Tätigkeitsberei-chen der Meister/-in-nen und Ingenieure/-innen	Führungsaufgaben im Bereich Organisation und Abwicklung von Baumaß-nahmen, Erstellung von Leistungsverzeichnissen, Vor- und Nachkalkulation, Mitarbeiterführung, Entwurfsplanung usw.	Leitende Tätigkeit in Forschung, Lehre und Verwaltung
Weiter-bildung	s. folgende Spalten	s. folgende Spalten	s. folgende Spalten	s. folgende Spalte	24 Monate Referendar-zeit, 2. Staatsprüfung (Assessor/-in), Lehrer/-in an berufs-bildenden Schulen; Pro-motion zum Dr.-Ing. bzw. Dr. rer. hort., Dr. agr.

[1] Den Realschulabschluss oder mittleren Bildungsabschluss erhält, wer die Berufsschule erfolgreich besucht und die Abschlussprüfung zum Gärtner/zur Gärtnerin bestanden hat.

[2] Ausbildungszeit und Besuch der Fachschule werden nicht angerechnet bzw. ohne Ausbildung 5 Jahre Berufspraxis.

[3] Kann auch während des Studiums absolviert werden. Im Studiengang Landschaftsentwicklung (GalaBau) häufig auf 3 Monate reduziert, wovon die Hälfte bis zum Ende des ersten Studienjahrs nachgeholt werden kann.

[4] Umschüler und Abiturienten.

[5] Wer die Abschlussprüfung an einer einjährigen Fachschule bestanden hat, kann in die Klasse II der zweijährigen Fachschule aufgenommen werden.

[6] Die einjährige Fachschule dient in erster Linie zur Vorbereitung auf die Meisterprüfung, die unmittelbar im Anschluss an den Fachschulbesuch erfolgt.

[7] An manchen Standorten auch in Teilzeitform oder gemischt in Teilzeit- und Vollzeitform durchgeführt.

Tab. 1 Ausbildungswege im Gartenbau

Bildungseinrichtung	Bildungsziel	Voraussetzungen
Berufsaufbauschule (BAS) Vollzeitunterricht, 1 Jahr (nach der Berufsausbildung) oder Teilzeitunterricht, 3 Jahre (während der Berufsausbildung)	Fachschulreife (entspricht Realschulabschluss/Sekundarabschluss 1 = mittlerer Bildungsabschluss)	Hauptschulabschluss oder gleichwertiger Bildungsstand (z. B. Berufsschulabschluss), abgeschlossene Berufsausbildung bzw. Ausbildung in einem anerkannten Ausbildungsberuf
Fachoberschule (FOS) Vollzeitunterricht, 1 Jahr (Klasse 12) bzw. 2 Jahre (Klasse 11 + 12)	Fachhochschulreife, berechtigt zum Studium an Fachhochschulen aller Fachrichtungen und zum Besuch jeder Schule im Sekundarbereich II	Fachschulreife oder Realschulabschluss bzw. gleichwertiger Bildungsstand, bei Eintritt in Klasse 12 zusätzlich erfolgreich abgeschlossene Berufsausbildung
Berufsoberschule (BOS) Vollzeitunterricht, 2 Jahre (Klasse 12 + 13)	Fachgebundene oder allgemeine Hochschulreife, die fachgebundene Hochschulreife (Fachabitur) führt zu den gleichen Berechtigungen wie die Fachhochschulreife. Darüber hinaus berechtigt sie zum Studium an Hochschulen (Universitäten) der gewählten Fachrichtung. Mit der allgemeinen Hochschulreife (Abitur) kann man an allen Hoch- und Fachhochschulen studieren	Klasse 12 (s. FOS); Klasse 13 Fachhochschulreife
Fachgymnasium (berufsbezogenes Gymnasium) Vollzeitunterricht, 3 Jahre	Allgemeine Hochschulreife, berechtigt zum Studium an allen Hoch- und Fachhochschulen, Vermittlung einer beruflichen Grundbildung	Bei entsprechenden Leistungen (z. B. erweiterter Sekundarabschluss 1) Abschlusszeugnis der Realschule oder der zweijährigen Berufsfachschule oder Zeugnis der Fachschulreife bzw. gleichwertiger Bildungsstand

Tab. 1 Bildungseinrichtungen mit allgemeinen Abschlüssen

Bezeichnung	Fachagrarwirt/-in für: Baumpflege und Baumsanierung[1]	Golfplatzpflege (Greenkeeper/-in)[2, 3]	Geprüfte/-r Natur- und Landschaftspfleger/-in
Tätigkeitsbereich	■ Erkennen und Erfassen von Baumschäden und deren Ursachen ■ Beurteilung der Sanierungswürdigkeit und -möglichkeit ■ Kostenkalkulation ■ Durchführung von Pflege- und Sanierungsmaßnahmen ■ Baumfällungen ■ ...	■ Organisation und Durchführung von Pflege und Entwicklung eines Golfplatzes unter Berücksichtigung der Belange von Umwelt und Golfsport ■ Erdmassenbewegung zur Modellierung des Geländes ■ Wegebau ■ Dränage- und Bewässerungsmaßnahmen ■ ...	■ Betreuung und Pflege von Naturschutzgebieten ■ Information, Aufklärung und Führung von Besuchergruppen ■ Erkennen und Erfassen schützenswerter Lebensräume wie Gewässer, Moore, Wälder, Heideflächen oder Streuobstwiesen ■ ...
Voraussetzungen	1. Erfolgreich abgelegte Abschlussprüfung in den Ausbildungsberufen Gärtner/-in, Forstwirt/-in, Winzer/-in oder Landwirt/-in. Für Fachagrarwirt/-in der Natur- und Landschaftspflege gelten auch die Abschlussprüfungen zum/zur Revierjäger/-in, Fischwirt/-in, Tierwirt/-in (Schwerpunkt Schafhaltung) oder Wasserbauer/-in. Oder: eine mindestens fünfjährige Tätigkeit in entsprechenden Betrieben. 2. Dreijährige Berufspraxis in einem der genannten Berufe. Für die Fortbildung zum Greenkeeper bestehen noch keine bundeseinheitlichen Richtlinien/Empfehlungen.		

[1] Baumpfleger können sich zum **European Tree Worker** (ETW) oder **European Tree Technician** (ETT) fortbilden.
[2] Greenkeeper können sich zum **Chef-Greenkeeper** („Head-Greenkeeper") fortbilden. Voraussetzung für die Teilnahme an der zweijährigen Fortbildung sind eine mindestens dreijährige Tätigkeit als geprüfter Greenkeeper und die Beherrschung des Golfspiels (mindestens Handicap 36). Seine Aufgaben liegen vor allem im Platzmanagement (Personalführung, Planung und Koordinierung der Arbeiten), wobei er mit Platzwart, Spielführer und Clubmanager zusammenarbeitet.
[3] In NRW vergleichbare Ausbildung zum Fachagrarwirt/-in Sportstätten-Freianlagen

Tab. 2 Weiterbildungsmaßnahmen

Der Verband der **Botanischen Gärten (VBG)** bietet für gärtnerische Mitarbeiter botanischer Gärten sowie für Gärtner/innen, die sich für eine Tätigkeit in einer botanischen Einrichtung qualifizieren möchten, zweijährige, berufsbegleitende **Fortbildungs-/Qualifizierungskurse** zu den Themengebieten **Artenschutz** (Zertifikat: „Gärtner*innen im Botanischen Artenschutz") und **Biodiversität** (Zertifikat: „Multiplikator/in für Biodiversitätsbildung im Rahmen einer Bildung für nachhaltige Entwicklung"). Informationen unter http://www.verband-botanischer-gaerten.de/.

! Merke

Je höher Qualifikation, Flexibilität und Mobilität, desto besser sind die Chancen auf dem Arbeitsmarkt.

Eine Vielzahl von Bildungseinrichtungen bietet ein reich verzweigtes und miteinander verflochtenes Netz beruflicher Bildungswege an, mit deren Hilfe die berufliche Ausbildung ergänzt werden kann, zusätzliche Qualifikationen für bestimmte Aufgaben (z. B. Mitarbeiterführung, EDV, Management, Marketing, Werbung, Umwelt- und Naturschutz) erworben und Prüfungsvorbereitungen zum beruflichen Aufstieg durchgeführt werden können (s. S. 515 bis 517). **So bestehen im Beruf Gärtner/Gärtnerin etwa 120 Spezialisierungs-, Aufstiegs- und sonstige berufliche Möglichkeiten.** Daneben können auch alle Abschlüsse des allgemeinbildenden Schulwesens – Hauptschulabschluss, Sekundarabschluss 1 (Realschulabschluss), erweiterter Sekundarabschluss 1, Fachhochschulreife, Fachabitur und die allgemeine Hochschulreife – an berufsbildenden Schulen erworben werden (Tab. 1, S. 517). Informationen erteilen u. a. die Berufsinformationszentren (BIZ) sowie Berufs- oder Arbeitsberater/-innen der Arbeitsämter, Landwirtschaftskammern, Verbände des Gartenbaus, Gewerkschaften und die berufsbildenden Schulen.

Anstelle der Diplomstudiengänge bieten heute Hochschulen einen zweistufigen Studienaufbau nach englischem (europäischem) Vorbild mit den Abschlüssen Bachelor und Master an. Das Bachelorstudium umfasst eine Regelstudienzeit von mindestens sechs Semestern. Der Bachelor-Abschluss bietet die Möglichkeit für den Einstieg in ein weiterführendes Masterstudium (zusätzlich 4 Semester) oder einen Berufseinstieg. Zudem bieten immer mehr Hochschulen ein sogenanntes **duales Studium** an. In diesem erfolgen Ausbildung und Studium gleichzeitig, sodass beide Ausbildungsziele erreicht werden können.

? Aufgabe

● Beschreiben Sie den Bildungsweg, den Sie gehen müssten, wenn Ihr Berufsziel
a) Meister/-in,
b) Techniker/-in/Agrarbetriebswirt/-in,
c) ein Studium an einer Fachhochschule oder
d) ein Studium an einer Hochschule/Universität
ist.

2 Berufsständische, öffentlich-rechtliche und staatliche Einrichtungen

2.1 Produktion und Dienstleistung

! Merke

Der Gartenbau gliedert sich in den **Produktionsbereich**, der vorrangig Pflanzen produziert, und den **Dienstleistungsbereich**, der überwiegend Auftragsarbeiten durchführt (1).

Dabei ist zu berücksichtigen, dass die Zuordnung der einzelnen Betriebe nicht immer eindeutig möglich ist. So produzieren viele Gartenbaubetriebe Pflanzen und erbringen Dienstleistungen, wie z. B. die Endverkaufsbetriebe (Absatz an den Endverbraucher) im Zierpflanzenbau oder die Friedhofsgärtnereien mit eigener Pflanzenanzucht. Entsprechend der großen Vielschichtigkeit des Gartenbaus existiert ein komplexes Gefüge berufsständischer Organisationen sowie öffentlich-rechtlicher und staatlicher Einrichtungen, die sich mit Fragen des Berufsstands beschäftigen.

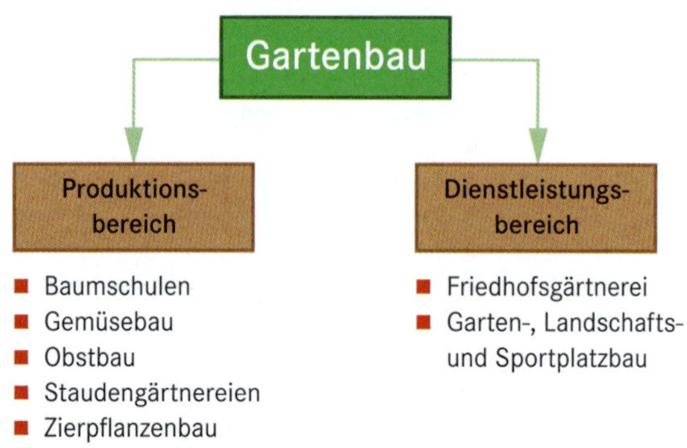

1 Produktions- und Dienstleistungsbereiche

? Aufgaben

○ 1. Worin unterscheiden sich Produktions- und Dienstleistungsbetriebe im Gartenbau?
○ 2. Welche Fachsparten werden allgemein
a) dem Produktionsbereich und
b) dem Dienstleistungsbereich zugeordnet?

2.2 Berufsverbände auf Kreis-, Landes- und Bundesebene

Merke

Zur Vertretung gemeinsamer Interessen haben sich viele Gartenbauunternehmen auf freiwilliger Basis zu unabhängigen Vereinigungen, den **Berufsverbänden**, zusammengeschlossen. Auf Landesebene sind dies die **Landesverbände**, deren Einflussbereiche sich nur bedingt mit den Landesgrenzen der jeweiligen Bundesländer decken (1 und S. 520, 1).

Ihre Aufgabe sind in erster Linie in der Betreuung, Beratung und Interessenvertretung der gärtnerischen Unternehmen sowie in der Organisation und Durchführung von Exkursionen, Ausstellungen und Lehrgängen zu sehen. Zudem unterstützen sie den beruflichen Nachwuchs bei der Durchführung von Veranstaltungen zur Vorbereitung auf die Abschlussprüfung sowie von Berufswettkämpfen. Als **Arbeitgeberverbände** sind die Landesverbände des Erzeugergartenbaus Tarifpartner der **Industriegewerkschaft Bauen-Agrar-Umwelt (IG BAU)** beim Abschluss von Tarifverträgen. Alle Landesverbände in der Bundesrepublik Deutschland sind in **Kreisgruppen** untergliedert, die die Aufgaben der Landesverbände auf Kreisebene wahrnehmen. Aus ihrer Mitte wählen sie den **Kreisgärtnermeister** bzw. in Bayern den **Obermeister**, der die Kreisgruppe nach außen vertritt. Neben den Kreisgruppen und Landesverbänden, die grundsätzlich für alle Gartenbaubetriebe offen stehen, haben die einzelnen Fachsparten **Fachgruppen/-verbände** auf Kreis-, Landes- und Bundesebene gebildet, die sich mit den speziellen Fragen und Problemen der jeweiligen Sparte beschäftigen. Als übergebietliche Fachverbände auf Bundesebene sind dies u. a. der **Bundesverband Garten-, Landschafts- und Sportplatzbau e. V. (BGL)**, der **Bund deutscher Baumschulen e. V. (BdB)**, der **Bundesverband Zierpflanzen**, der **Bund deutscher Friedhofsgärtner**, die **Bundesfachgruppe Gemüsebau** und die **Bundesfachgruppe Obstbau**.

Ihre Experten für Garten & Landschaft

Bundesverband Garten-, Landschafts- und Sportplatzbau

BdB

Bund deutscher Baumschulen

- Der Bundesverband Einzelhandelsgärtner
- die Bundesfachgruppe Gemüsebau
- die Bundesfachgruppe Obstbau
- der Bund deutscher Friedhofsgärtner

verwenden das Logo des Zentralverbandes Gartenbau e.V., das grüne G

1 Verbände der Sparten

Aufgaben

1. Nennen Sie wichtige gärtnerische Organisationen a) auf Arbeitnehmerseite, b) auf Arbeitgeberseite.
2. Beschreiben Sie Organisation und Aufgaben der gärtnerischen Berufsverbände.
3. Welcher Landesverband ist für Ihren Ausbildungsbetrieb zuständig?

2.3 Zentralverband Gartenbau e. V. (ZVG)

Merke

Im **Zentralverband Gartenbau** sind einige berufsständische Verbände und Organisationen zusammengeschlossen. Als Dachorganisation vertritt er die Interessen der gärtnerischen Unternehmen auf nationaler und internationaler Ebene (1, S. 520).

Zu seinen Aufgaben zählen u. a.:

- Sicherung der wirtschaftlichen und gesellschaftlichen Interessen seiner Mitglieder
- Förderung von Ausbildung und Weiterbildung des gärtnerischen Berufsstandes
- Einflussnahme auf die Aufstellung von Lerninhalten in Betrieb und Schule
- Unterstützung von Aus- und Weiterbildung
- Betreuung und Information der Mitglieder über alle im Gartenbau wichtigen Entwicklungen und Aktivitäten
- Vertretung der Mitglieder in nationalen und internationalen Organisationen, die für Gartenbaubetriebe wichtig sind
- Überwachung und Beeinflussung von Gesetzen und Verordnungen im Sinne der berufsständischen Interessen
- Beratung des Berufsstandes bei aktuellen rechtlichen, steuerlichen, sozialen und betriebswirtschaftlichen Fragen

Organigramm

Landesverbände und weitere ordentliche Mitglieder

Bayerischer Gärtnerei-Verband e. V.	Landesverband Gartenbau Nordrhein-Westfalen e. V.	Landesverband Gartenbau Sachsen e. V.	Provinzialverband Rheinischer Obst- und Gemüsebauer e. V.
Gartenbauverband Baden-Württemberg-Hessen e. V.	Landesverband Gartenbau Rheinland-Pfalz e. V.	Landesverband Gartenbau Sachsen-Anhalt e. V.	Wirtschaftsverband Gartenbau Norddeutschland e. V.
Gartenbauverband Berlin-Brandenburg e. V.	Landesverband Gartenbau im Saarland e. V.	Landesverband Gartenbau Thüringen e. V.	

Fördernde Mitglieder

Balster Einheitserdewerk GmbH	Floramedia Deutschland GmbH
CWS-boco Deutschland GmbH	Gütegemeinschaft Substrate für Pflanzen e. V.
Dehner Gartencenter GmbH & Co. KG	Haymarket Media GmbH
Einheitserde- und Humuswerke Gebr. Patzer GmbH & Co. KG	Industrieverband Garten (IVG) e. V.
Einheitserdewerk Uetersen Werner Tantau GmbH & Co. KG	ISU – Internationale Stauden-Union
Bundesverband GebäudeGrün e. V. (BUGG)	Pfalzmarkt für Obst und Gemüse eG
FGG Förderungsgesellschaft Gartenbau mbH mit den Abteilungen: Redaktion ZVG GARTENBAU report, Das Grüne Medienhaus, gia online (Gartenbau Internet Agentur)	RAM GmbH Mess- und Regeltechnik
	R+V Allgemeine Versicherung AG

Ausschüsse/Beiräte

Arbeitsausschuss Bildungspolitik und Berufsbildung	Arbeitsausschuss Technik und Bauwesen im Gartenbau
DBG - Beirat für Ausstellungsfragen	Arbeitsausschuss Umweltfragen
Arbeitsausschuss für Recht und Steuern	Arbeitsausschuss für Sozialpolitik

Zentralverband Gartenbau e. V.

Organe des ZVG
- Mitgliederversammlung
- Präsidium
- Vorstand
- Geschäftsführender Vorstand

Geschäftsstellen in **Berlin, Bonn**

www.g-net.de

Aufgabenbereiche
- Bildungspolitik und Berufsbildung
- Rechts-, Steuer- und Sozialpolitik
- Umwelt
- Ausstellungen / Messen
- EU-/Wirtschaftspolitik
- Verwaltung/Finanzen
- Gartenbau-Informations-system hortigate
- Zierpflanzenbau
- Friedhofsgartenbau
- Einzelhandelsgärtnerei
- Gemüsebau
- Obstbau
- Presse, Öffentlichkeitsarbeit, politische Kommunikation

Assoziierte Mitglieder

Arbeitsgemeinschaft deutscher Junggärtner (AdJ) e. V.	Fachverband geprüfter Baumpfleger e. V.
Bund Deutscher Champignon- und Kulturpilzanbauer (BDC) e. V.	Gartenbau-Versicherung VVaG
Bundesarbeitsgemeinschaft Innenraumbegrünung (BAGI)	Gartenbauzentrale eG Papenburg
Bundesfachgruppe Obstbau	Gemeinnützige Haftpflicht-versicherungsanstalt Kassel
Bundesverband der Hochschul-absolventen/Ingenieure Garten-bau und Landschaftsarchitektur e. V. (BHGL)	DBB DATA
	Verband des Deutschen Blumen- Groß- und Importhandels e. V. (BGI)
CIOPORA Deutschland e. V.	Verband Deutscher Garten-Center e. V.
Deutsche Rasengesellschaft e. V.	Vereinigung Deutscher Blumengroßmärkte e. V. (VDB)
Fachverband Deutscher Floristen e. V. (FDF)	

Berufsständische Einrichtungen

Arbeitsgemeinschaft Qualitätszeichen	Arbeitsgemeinschaft der gärtneri-schen Arbeitgeberverbände e. V.
Ernst-Schröder-Stiftung	
Bildungsstätte Gartenbau e. V.	Deutsche Bundesgartenschau-Gesellschaft mbH (DBG)
Gesellschaft deutscher Friedhofsgärtner mbH (GdF)	

Gemüsebau	Obstbau	Friedhofsgärtnerei	Zierpflanzenbau		Gärtnerischer Einzelhandel	Baumschule
Bundesfachgruppe Gemüsebau	Bundesfachgruppe Obstbau	Bund deutscher Friedhofsgärtner (BdF)	Bundesverband Zierpflanzen (BVZ)		Bundesverband Einzelhandelsgärtner (BVE)	
Bundesausschuss Obst und Gemüse Träger: Deutscher Bauernverband e. V. (DBV), Deutscher Raiffeisenverband eV. (DRV), Zentralverband Gartenbau e. V. (ZVG)			Werbeausschuss Zierpflanzen / Einzelhandelsgärtner			
Arbeitsausschuss Vertragsgemüse			Fachverband Raumbegrünung und Hydrokultur (FvRH)	Sondergruppe Azerca		
Bund Deutscher Champignon- und Kulturpilzanbauer (BDC) e. V.			Fachgruppe Jungpflanzen	Fachgruppe Schnittblumen		
			VDOB Verband Deutscher Orchideen-Betriebe e. V.	Bund deutscher Staudengärtner (BdS)		
			Arbeitskreis Deutsche In Vitro Kulturen (ADIVK)	Bundesarbeitsgemeinschaft Innenraumbegrünung (BAGI)		

Das Organigramm kann unter g-net.de/struktur.html als Pdf-Datei heruntergeladen werden. Stand September 2019

- Zusammenarbeit mit staatlichen Verwaltungs- und Forschungseinrichtungen
- Darstellung des Berufsstands in der Öffentlichkeit (Öffentlichkeitsarbeit)
- Durchführung von Bundesgartenschauen
- Förderung und Unterstützung gärtnerischer Selbsthilfeeinrichtungen, z. B. der Bildungsstätte des Deutschen Gartenbaus in Grünberg
- Aufbau von Kontakten zu Behörden, Organisationen und Partnerverbänden
- Mitarbeit bei der Formulierung des Berufsbilds
- Mitwirkung bei der Nachwuchswerbung
- Zusammenarbeit mit Verbraucherverbänden und Organisationen des Liebhabergartenbaus

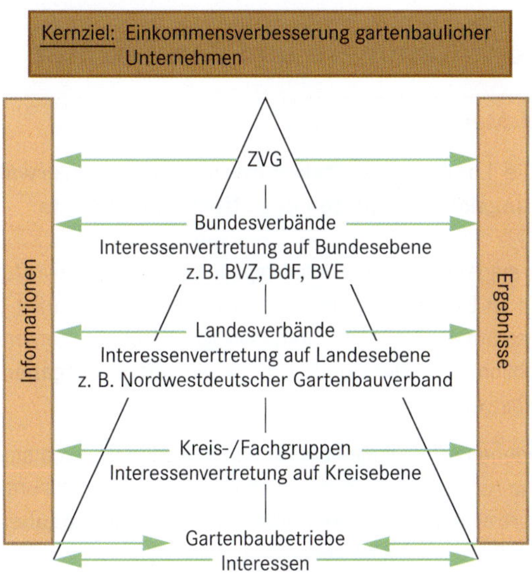

1 Interessenvertretung gartenbaulicher Unternehmen

Hinweis

Unter www.g-net.de findet man Links zu allen Landes- und Fachverbänden.

Aufgaben

1. Was ist der ZVG und welche Interessen vertritt er in erster Linie?
2. Nennen Sie wichtige Tätigkeiten des ZVG.

2.4 Gewerkschaften

Merke

Gewerkschaften sind unabhängige **Arbeitnehmerorganisationen**, die sich für die Interessen ihrer Mitglieder in allen Bereichen der Gesellschaft wie der Wirtschafts-, Tarif-, Sozial-, Arbeitsmarkt-, Vermögens-, Kultur-, Schul-, Hochschul-, Energie-, Gesundheits-, Umwelt-, Bildungs- und Friedenspolitik einsetzen.

Als **Tarifpartner** der Arbeitgeberverbände (für den Produktionsgartenbau die Landesverbände, für den GaLaBau der BGL) treten sie vor allem für die Verbesserung der Arbeitsbedingungen, der Ausbildungsqualität, der Urlaubs- und Arbeitszeitregelung sowie der Löhne und Gehälter ihrer Mitglieder ein. Um die Interessen ihrer Mitglieder wirkungsvoller vertreten zu können, haben sich 8 Einzelgewerkschaften der Arbeiter, Angestellten und Beamten in der Bundesrepublik Deutschland zum **Deutschen Gewerkschaftsbund (DGB)** zusammengeschlossen (2). Die Interessen der Arbeitnehmer aus den grünen Bereichen vertritt die **IG BAU (Industriegewerkschaft Bauen-Agrar-Umwelt)**, die 1995 aus dem Zusammenschluss der IG Bau-Steine-Erden und der Gewerkschaft Gartenbau, Land- und Forstwirtschaft (GGLF) hervorgegangen ist. Für im öffentlichen Dienst tätige Berufsangehörige des Gartenbaus ist die **Vereinte Dienstleistungsgewerkschaft (ver.di)** – Fachgruppe Gartenbau, Friedhof und Forsten –

DGB Deutscher Gewerkschaftsbund	GEW Gewerkschaft Erziehung und Wissenschaft	BAU Industriegewerkschaft Bauen-Agrar-Umwelt
EVG Eisenbahn- und Verkehrsgewerkschaft (EVG)	NGG Gewerkschaft Nahrung-Genuss-Gaststätten	ver.di Vereinte Dienstleistungsgewerkschaft
IG Metall	GdP Gewerkschaft der Polizei	IGBCE IG Bergbau, Chemie, Energie

2 Gewerkschaften

zuständig. Als Dachverband koordiniert und vertritt der DGB die gemeinsamen Interessen der Einzelgewerkschaften gegenüber Wirtschaft, Staat und Gesellschaft. Nicht im DGB organisiert ist z. B. der **Deutsche Beamtenbund (DBB)**.

? Aufgaben

○ 1. Welche Gewerkschaft vertritt die Interessen der Arbeitnehmer im Gartenbau?
○ 2. Welche Aufgaben hat der DGB?

2.5 Arbeitsgemeinschaft deutscher Junggärtner (AdJ) e. V.

! Hinweis

Die Arbeitsgemeinschaft deutscher Junggärtner (AdJ) ist der **Jugendverband des gärtnerischen Berufsstands** und Mitgliedsorganisation des ZVG. In ihm haben sich junge Gärtner und Floristen zur Vertretung der Interessen der Jugend des gärtnerischen Berufsstands zusammengeschlossen.

Auf örtlicher und regionaler Ebene unterhalten sie Orts-/Kreisgruppen, die wiederum Landesverbänden angehören, die in der Bundesfachgruppe zusammengefasst sind. Die internationale Vertretung erfolgt durch die **Arbeitsgemeinschaft europäischer Junggärtner (CEJH)**, zu der sich die europäischen Junggärtnerorganisationen zusammengeschlossen haben.

Die Junggärtner führen zahlreiche Aktivitäten durch. So veranstalten sie Diskussionsabende und Seminare mit fachlichen oder allgemeinen Themen, organisieren Fachvorträge, Prüfungsvorbereitungen und gesellige Veranstaltungen, führen Exkursionen im In- und Ausland durch, veranstalten nationale und internationale Junggärtnertreffen und Studientage, betreiben aktiven Naturschutz, übernehmen Pflanzenpatenschaften und unterhalten Kontakte zu Behörden, Berufs- und Jugendverbänden, Presse und Ministerien. Zudem sind die Arbeitsgemeinschaft deutscher Junggärtner und der Zentralverband Gartenbau die Träger des alle zwei Jahre stattfindenden **Berufswettbewerbs** der deutschen Gärtnerjugend. Ziele der zahlreichen Aktivitäten des AdJ sind vor allem:

- Förderung der allgemeinen und beruflichen Bildung der gärtnerischen Jugend
- Knüpfung beruflicher Kontakte
- Befähigung junger Menschen zu verantwortungsbewusstem Handeln
- Mitwirkung bei der Lösung öffentlicher Aufgaben (z. B. im Rahmen des Naturschutzes, der Entwicklungs- und Welthungerhilfe)
- Schaffung, Aufrechterhaltung, Ausbau und Pflege von Kontakten zwischen der gärtnerischen Jugend im In- und Ausland
- Mitarbeit in den Organisationen des Gartenbaus
- Zusammenarbeit mit anderen Jugendorganisationen
- und nicht zuletzt, Spaß zu haben!

? Aufgabe

◑ Beschreiben Sie Organisation und Aufgaben der Arbeitsgemeinschaft deutscher Junggärtner (AdJ).

2.6 Kammern und Berufsämter

! Merke

Die **Landwirtschaftskammern** sind **Selbstverwaltungskörperschaften des öffentlichen Rechts.**

Sie sind durch Gesetz beauftragt, in eigener Verantwortung und im Einklang mit den Interessen der Allgemeinheit die Gesamtheit der in der Agrarwirtschaft tätigen Personen fachlich zu fördern und zu betreuen (**Pflichtaufgaben** = Selbstverwaltung).

Daneben erfüllen die Landwirtschaftskammern auch staatliche Aufgaben, die ihnen durch Gesetz oder Verordnungen übertragen wurden oder werden (**übertragene Aufgaben** = mittelbare staatliche Verwaltung).

Die Mitgliedschaft ist für alle Gartenbaubetriebe Pflicht. Die Mitglieder für das höchste Organ der Kammer – die **Kammerversammlung** (Hauptversammlung) – werden in geheimer Wahl nach den Grundsätzen der Mehrheitswahl gewählt und sind ehrenamtlich tätig. Wahlberechtigt sind alle hauptberuflich Tätigen in der Agrarwirtschaft, die im Wählerverzeichnis der jeweiligen Gemeinde für eine der beiden **Wahlgruppen** (Arbeitgeber und Arbeitnehmer) eingetragen sind. Jeder Wahlberechtigte und jede Organisation, die die Berufsinteressen der Agrarwirtschaft vertritt (z. B. Arbeitgeberverbände und Gewerkschaften), kann Wahlvorschläge für eine der beiden Wahlgruppen machen. Im Bereich der Selbstverwaltung treffen die gewählten Mitglieder die Beschlüsse, die von der **Kammerverwaltung** (Beamte und Angestellte) ausgeführt werden. Sie wählen den **Kammerpräsidenten** und besetzen Ausschüsse. Auf die vom Staat auf die Kammer übertragenen Aufgaben (Staatsverwaltung) haben die gewählten Vertreter keinen Einfluss. Hier sind die Kammerbediensteten an staatliche Weisungen gebunden.

Wichtige **Aufgaben der Landwirtschaftskammer** sind u. a.:

- Beratung der Betriebe, z. B. auf Gebieten des Pflanzenschutzes, der Pflanzenernährung, der Anbauverfahren, der Technik und Betriebswirtschaft
- Betreuung, Überwachung und Förderung der praktischen Berufsausbildung und -fortbildung
- Anerkennung von Ausbildungsbetrieben
- Durchführung und Abnahme der Gärtner- und Gärtnermeisterprüfung
- Förderung der fachschulmäßigen Aus- und Fortbildung
- Errichtung und Unterhaltung von Lehr- und Versuchsanstalten für Gartenbau sowie überbetrieblichen Ausbildungsstätten
- Wahrnehmung von Aufgaben nach dem Pflanzenschutz- (Pflanzenschutzämter) und Düngemittelgesetz
- Saatgutanerkennung nach dem Saatgutverkehrsgesetz
- Bestellung von Sachverständigen und Erstattung von Gutachten
- Mitwirkung bei der Überwachung von Schadstoffimmissionen
- Vergabe und Überwachung von Mitteln des Bundes und des Landes zur Förderung der Landwirtschaft/des Gartenbaus

Die Landwirtschaftskammern sind auf Bundesebene zusammengeschlossen im **Verband der Landwirtschaftskammern, e. V.** In Bundesländern ohne Landwirtschaftskammern werden die Aufgaben von anderen staatlichen Einrichtungen übernommen, wie z. B. den **Landwirtschaftsämtern der Regierungen bzw. der Regierungspräsidien** von Bayern und Baden-Württemberg, dem **Hessischen Landesamt für Ernährung, Landwirtschaft, Landesentwicklung und Umwelt** oder dem **Hauptausschuss für Landwirtschaft und Gartenbau in Hamburg**.

Für die Wahrnehmung der rein staatlichen Aufgaben auf Landesebene sind die **Landwirtschaftsministerien der Länder** bzw. eine entsprechende Behörde und auf Bundesebene das **Bundesministerium für Ernährung und Landwirtschaft (BMEL)** zuständig.

Aufgaben

○ 1. Was gehört zu den Aufgaben der Landwirtschaftskammern?

○ 2. Von welchem Bundesminister wird der Gartenbau vertreten?

IX Fachrechnen

1 Grundlagen

1.1 Längen und Längenmaße

Merke

Die Einheit für Längenmaße ist **der/das Meter (m)**. Um das nächstgrößere Längenmaß zu erhalten, ist durch 10 zu teilen. Um das nächstkleinere Längenmaß zu erhalten, ist mit 10 malzunehmen **(Verwandlungszahl 10)**.

Beispiel:
1 000 mm = 100 cm = 10 dm = 1 m
1 m = 10 dm = 100 cm = 1 000 mm

Einheitenzeichen	Einheitenbenennung	Beziehung zu anderen Längenmaßen
km	Kilometer	1 km = 10^3 m = 1 000 m
hm	Hektometer	1 hm = 10^2 m = 100 m
dam	Dekameter	1 dam = 10^1 m = 10 m
m	**Meter**	**1 m = 10^0 m = 1 m**
dm	Dezimeter	1 dm = 10^{-1} m = 10 cm
cm	Zentimeter	1 cm = 10^{-2} m = 10 mm
mm	Millimeter	1 mm = 10^{-3} m = 1 000 µm
µm	Mikrometer	1 µm = 10^{-6} m = 0,001 mm
nm	Nanometer	1 nm = 10^{-9} m = 0,000 001 mm
Å	Angström	1 Å = 10^{-10} m = 0,000 000 1 mm

Tab. 1 Längenmaße

Aufgabe

◑ a) 0,5 km + 1 000 dm + 500 cm + 1 000 mm
b) 15 dm + 0,5 m + 200 cm + 500 mm
Geben Sie die Ergebnisse in m an.

1.2 Flächen und Flächenmaße

1.2.1 Flächeneinheiten

Merke

Die Einheit für Flächenmaße ist der **Quadratmeter (m^2)**. Um die nächstgrößere Flächeneinheit zu erhalten, ist durch 100 zu teilen. Um die nächstkleinere Flächeneinheit zu erhalten, ist mit 100 malzunehmen **(Verwandlungszahl 100)**.

Bei Umwandlung in die nächstgrößere Einheit wird das **Komma 2 Stellen nach links** gesetzt. Z. B. 100 m^2 = 1 a = 0,01 ha	↑	km^2 ha a m^2 dm^2 cm^2 mm^2	↓	Bei Umwandlung in die nächstkleinere Einheit wird das **Komma 2 Stellen nach rechts** gesetzt. Z. B. 1 ha = 100 a = 10 000 m^2

Einheitenzeichen	Einheitenbenennung	Beziehung zu anderen Einheiten
km^2	Quadratkilometer	1 km^2 = 1 000 m · 1 000 m = 100 ha
ha	Hektar Demath (Demat) Morgen	1 ha = 10 000 m^2 1 Demath = 5 000 m^2 1 Morgen = 2 500 m^2
a	Ar	1 a = 100 m^2
m^2	**Quadratmeter**	**1 m^2 = 1 m · 1 m**
dm^2	Quadratdezimeter	1 dm^2 = 1 dm · 1 dm
cm^2	Quadratzentimeter	1 cm^2 = 1 cm · 1 cm
mm^2	Quadratmillimeter	1 mm^2 = 1 mm · 1 mm

Tab. 2 Flächenmaße

1.2.2 Formelsammlung Flächen und Körper

Rechteck

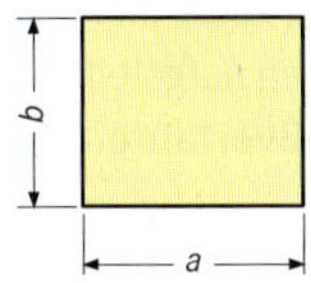

$A = a \cdot b$
$U = 2a + 2b = 2(a + b)$

Quadrat

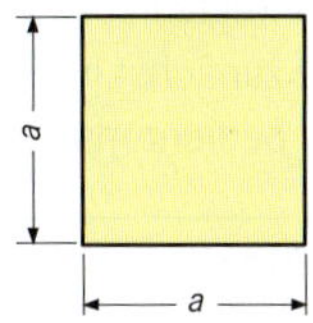

$A = a \cdot a = a^2$
$a = \sqrt{A} \qquad U = 4 \cdot a$

Kreis

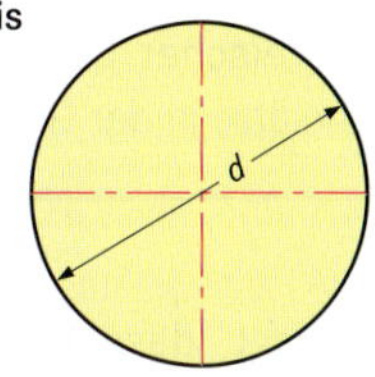

$A = r \cdot r \cdot \pi = r^2 \cdot \pi$
oder
$A = \frac{d^2 \cdot \pi}{4}; \quad \pi = 3{,}14$
$U = d \cdot \pi; \quad r = \frac{d}{2}$
oder
$U = 2r \cdot \pi$

Kreisring

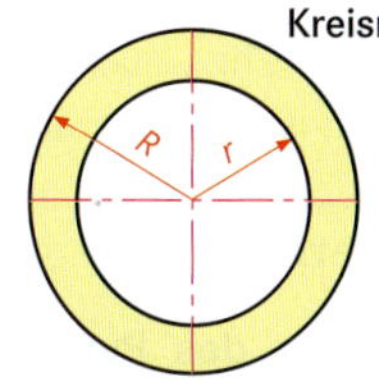

$A = R^2 \cdot \pi - r^2 \cdot \pi$
$= \pi(R^2 - r^2)$

Parallelogramm

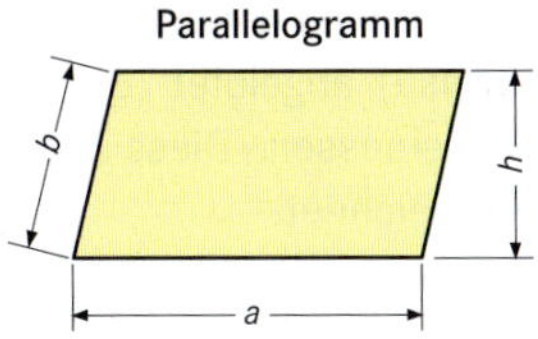

$A = a \cdot h$
$U = 2a + 2b = 2(a + b)$

Ellipse

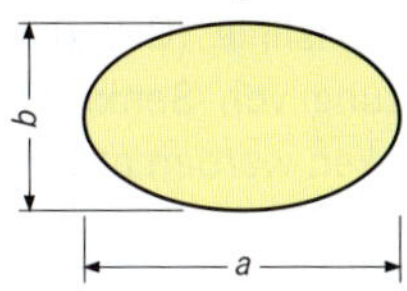

$A = \frac{a}{2} \cdot \frac{b}{2} \cdot \pi = a \cdot b \cdot \frac{\pi}{4}$
$U = \frac{a + b}{2} \cdot \pi$

Kreisabschnitt (Segment)

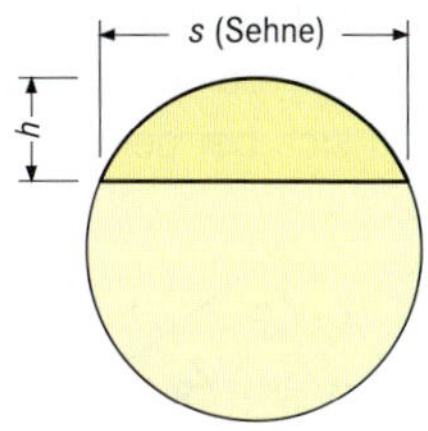

$A = \frac{2}{3} \cdot s \cdot h$
(Näherungsformel)

Kreisausschnitt (Sektor)

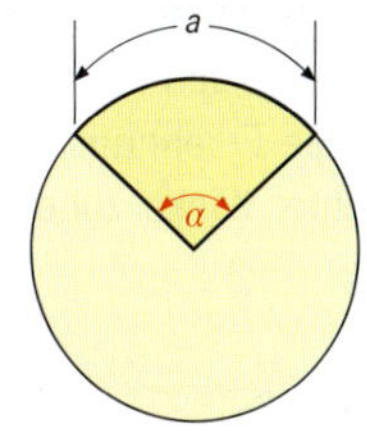

$A = r^2 \cdot \pi \cdot \frac{\alpha}{360°}$ bzw. $\frac{\alpha}{400^g}$ (g = gon)
oder
$A = \frac{d^2 \cdot \pi}{4} \cdot \frac{\alpha}{360°}$ bzw. $\frac{\alpha}{400^g}$ $\quad A = \frac{d \cdot a}{4}$

Kreisbogen
$a = d \cdot \pi \cdot \frac{\alpha}{360°}$ bzw. $\frac{\alpha}{400^g}$

Trapez

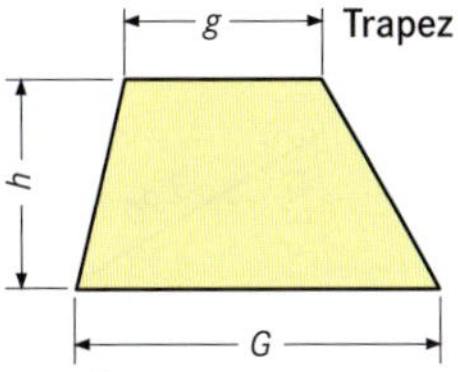

$A = \frac{G + g}{2} \cdot h$
U = Seite + Seite + Seite + Seite

Dreieck

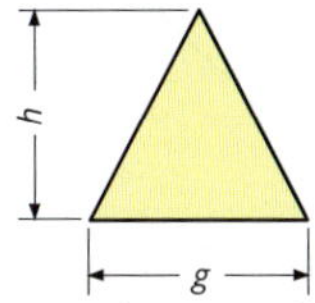

$A = \frac{g \cdot h}{2} \qquad g = \frac{2 \cdot A}{h}$
$h = \frac{2 \cdot A}{g} \qquad U$ = Seite + Seite + Seite

1 Flächen

Würfel

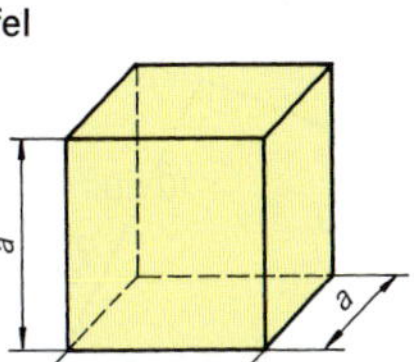

$V = a \cdot a \cdot a$
$= a^3$
$A_0 = 6a^2$ (A_0 = Oberfläche)

Quader (Körper mit sechs Rechtecken)

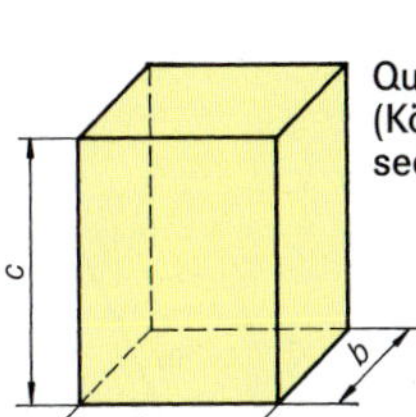

$V = a \cdot b \cdot c$
$A_0 = 2a \cdot b + 2a \cdot c + 2b \cdot c$
$= 2(a \cdot b + a \cdot c + b \cdot c)$

Pyramide

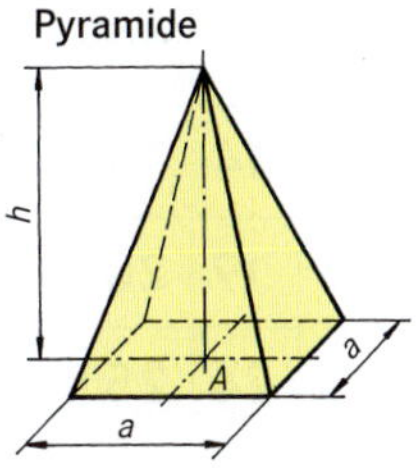

$V = \frac{A \cdot h}{3} = \frac{a \cdot a \cdot h}{3}$

Kegel

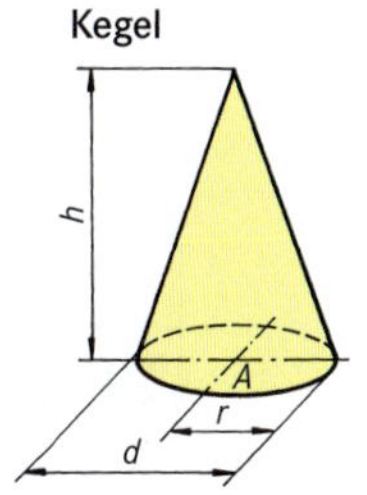

$V = \frac{A \cdot h}{3} = \frac{r^2 \cdot \pi \cdot h}{3}$

Zylinder

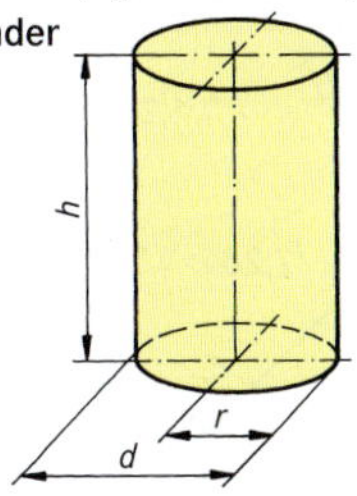

$V = r^2 \cdot \pi \cdot h$
oder
$V = \frac{d^2 \cdot \pi}{4} \cdot h$
$A_0 = 2r \cdot \pi(r + h)$

Kugel

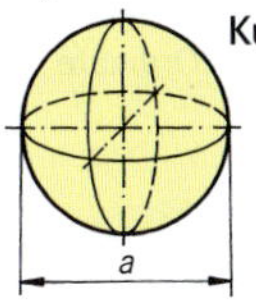

$V = \frac{d^3 \cdot \pi}{6}$
oder
$V = \frac{4}{3} r^3 \cdot \pi$
$A_0 = d^2 \cdot \pi$
oder
$A_0 = 4r^2 \cdot \pi$

Pyramidenstumpf

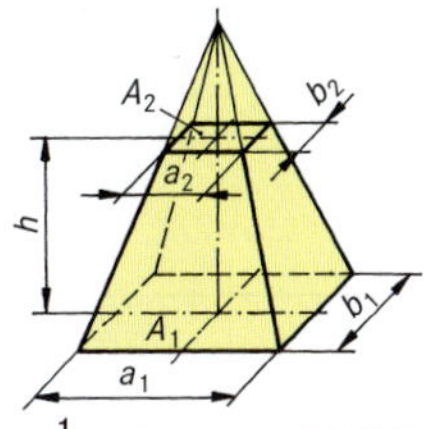

$V = \frac{1}{3} h (A_1 + A_2 + \sqrt{A_1 \cdot A_2})$

Näherungsformel: $V = \frac{A_1 + A_2}{2} \cdot h$

Kegelstumpf

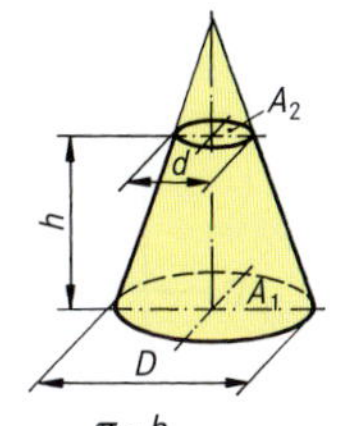

$V = \frac{\pi \cdot h}{12}(D^2 + D \cdot d + d^2)$

2 Körper

1.2.3 Satz des Pythagoras (1)

Der Satz des Pythagoras (griech. Philosoph, um 570 v. Chr. – um 500 v. Chr.), auch als **pythagoreischer Lehrsatz** bezeichnet, ist einer der ältesten Lehrsätze in der Geometrie.

> **! Merke**
>
> Der **Satz des Pythagoras** besagt, dass in einem rechtwinkligen Dreieck die Summe der Kathetenquadrate gleich dem Hypotenusenquadrat ist. Da in einem rechtwinkligen Dreieck die Seite c als Hypotenuse und die Seiten a und b als Katheten bezeichnet werden, gilt $\mathbf{c^2 = a^2 + b^2}$.

Stehen die Seiten in einem Dreieck im Verhältnis **3:4:5** zueinander, handelt es sich um ein rechtwinkliges Dreieck, wobei die beiden kürzeren Seiten den rechten Winkel bilden. Diese Erkenntnis macht man sich bei der Konstruktion rechter Winkel zunutze.

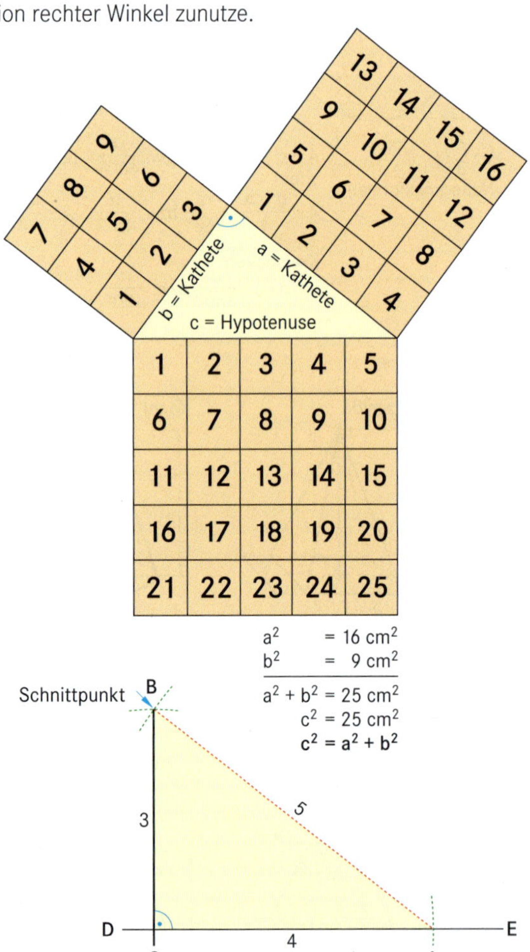

Errichtung eines rechten Winkels mithilfe der pythagoreischen Zahlen auf der Strecke $\overline{DE}$ im Punkt C (Hilfsmittel Schnur und Zollstock)

1 Lehrsatz des Pythagoras

1.2.4 Berechnung unregelmäßiger Flächen

Um unregelmäßige Flächen berechnen zu können, müssen diese zunächst in berechenbare Flächen aufgeteilt werden. Dazu bedient man sich zweier **Aufmaßverfahren** (2):

> **! Merke**
>
> Beim **Dreiecksverfahren** wird die Fläche in lauter Dreiecke aufgeteilt. Beim sogenannten **Koordinatenverfahren** werden alle zu messenden Punkte auf eine Messlinie (Grundlinie = **Abszisse**) abgelotet (Errichtung von Senkrechten) und gemessen. Diese Strecken werden als **Ordinaten** bezeichnet.

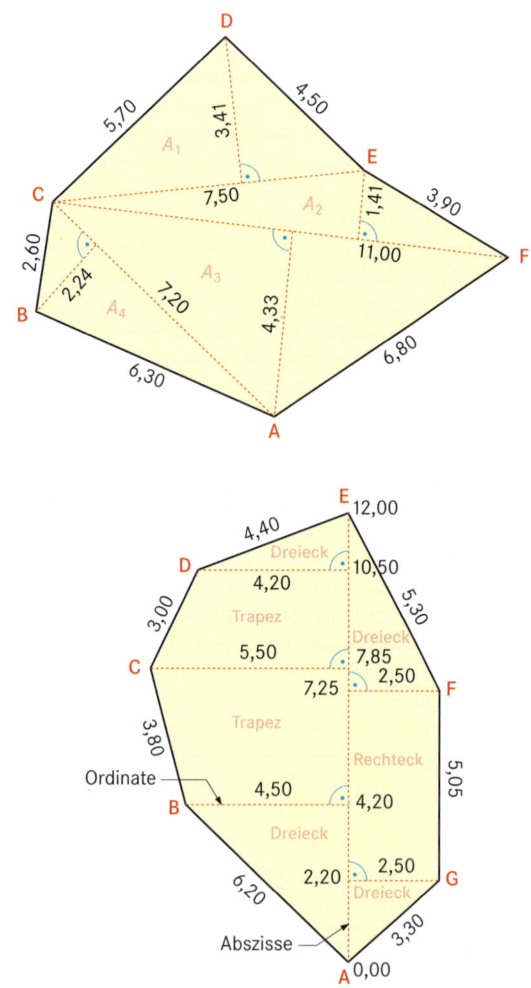

2 Aufmaßverfahren (alle Maße in m)

Aufgaben

1. a) $0{,}05\ km^2 + 0{,}85\ ha + 500\ dm^2 + 6\,500\ cm^2 + 4{,}45\ a + 100\,000\ mm^2 + 10\ m^2$
   b) $3{,}5\ a + 834\,590\ mm^2 + 750\ dm^2 + 45\ m^2 + 0{,}003\ km^2 + 0{,}025\ ha + 980\ cm^2$
   Geben Sie die Ergebnisse in m^2 an.
2. Ein Grundstück ist 30 m lang und 25 m breit. Berechnen Sie die Fläche und den Umfang.
3. Die Seitenlänge einer quadratischen Fläche beträgt 22 m. Berechnen Sie die Fläche und den Umfang.
4. Eine quadratische Fläche hat eine Größe von 0,25 ha. Wie viel m hat eine Seite?
5. Berechnen Sie die fehlenden Angaben nachfolgender Dreiecke:

a)	b)	c)
$g = 4{,}25$ m	$g =$? m	$g = 6{,}00$ m
$h = 2{,}72$ m	$h = 2{,}24$ m	$h =$? m
$A =$? m^2	$A = 4{,}20\ m^2$	$A = 15{,}60\ m^2$

6. Berechnen Sie die Fläche eines trapezförmigen Grundstücks mit den Maßen G = 36 m, g = 25 m und h = 15 m.
7. Von einem Parallelogramm sind folgende Maße bekannt: $b = 3{,}5$ cm, $h = 3$ cm, $A = 15\ cm^2$. Berechnen Sie den Umfang.
8. Der Radius eines kreisförmigen Beets beträgt 2,5 m. Berechnen Sie die Fläche und den Umfang.
9. Um ein kreisrundes Rosenbeet mit einem Durchmesser von 10,50 m wird ein 1,20 m breiter Weg angelegt. Berechnen Sie die Fläche des Beets und des Wegs.
10. Ein ellipsenförmiger Teich hat die Maße $a = 9{,}5$ m und $b = 6{,}0$ m. Berechnen Sie die Fläche und den Umfang.
11. Berechnen Sie die Fläche und den Kreisbogen eines Kreisausschnitts mit den Maßen $r = 6$ m und $\alpha = 100°$.
12. Berechnen Sie die Fläche eines Kreisabschnitts mit einer Grundlinie (Sehne) von 9,20 m und einer Höhe von 3,50 m.
13. Berechnen Sie die Diagonale eines Quadrats mit der Seitenlänge $a = 4$ m.
14. Berechnen Sie die Flächen der in 2, S. 526 aufgemessenen Grundstücke.
15. Berechnen Sie jeweils den Flächeninhalt und den Umfang der dargestellten Flächen (s. unten).

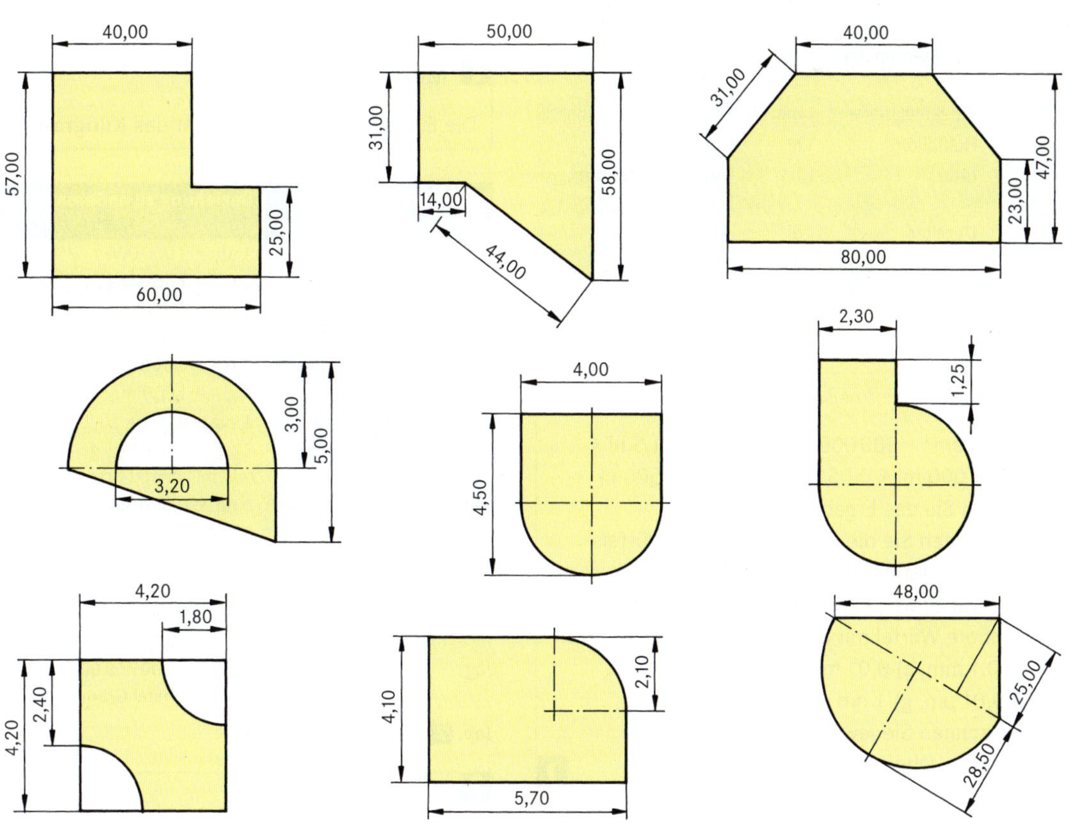

Zusammengesetzte Flächen (alle Maße in m, Aufgabe 15)

1.3 Volumen, Volumenmaße und Körper

! Merke

Die Einheit für Volumenberechnungen ist der **Kubikmeter (m^3)**. Bei Flüssigkeiten wird in der Regel mit der Einheit **Liter (l)** gerechnet. Um die nächstgrößere Volumeneinheit zu erhalten, ist durch 1 000 zu teilen; für die nächstkleinere ist mit 1 000 malzunehmen **(Verwandlungszahl 1 000)**.

Bei Umwandlung in die nächstgrößere Einheit wird das **Komma 3 Stellen nach links** gesetzt.
Z. B. 1 000 cm^3 = 1 dm^3 = 0,001 m^3

↑ m^3 – dm^3 – cm^3 – mm^3 ↓

Bei Umwandlung in die nächstkleinere Einheit wird das **Komma 3 Stellen nach rechts** gesetzt.
Z. B. 1 m^3 = 1 000 dm^3 = 1 000 000 cm^3

Einheiten-zeichen	Einheiten-benennung	Beziehung zu anderen Einheiten
m^3	**Kubikmeter**	**1 m^3 = 1 m · 1 m · 1 m** = 1 000 dm^3 = 1 000 l
fm	Festmeter[1]	1 fm = 1 m^3
rm	Raummeter[2]	1 rm = 1 m^3
dm^3	Kubikdezimeter	1 dm^3 = 1 dm · 1 dm · 1 dm = 1 l = 1 000 ml
cm^3	Kubikzentimeter	1 cm^3 = 1 cm · 1 cm · 1 cm = 1 ml
mm^3	Kubikmillimeter	1 mm^3 = 1 mm · 1 mm · 1 mm
hl	Hektoliter	1 hl = 100 l
l	**Liter**	**1 l = 1 dm^3 = 1 000 cm^3 = 1 000 ml**
dl	Deziliter	1 dl = 100 ml = 10 cl
cl	Zentiliter	1 cl = 10 ml
ml	Milliliter	1 ml = 1 cm^3

Tab. 1 Volumenmaße

? Aufgaben (s. Formelsammlung S. 525)

◑ 1. 1 000 cm^3 + 800 000 mm^3 + 100 l + 1,5 hl + 2 000 000 ml + 0,05 m^3 + 500 dl + 7 500 cl
Geben Sie das Ergebnis in dm^3 an.

○ 2. Berechnen Sie die Oberfläche eines Würfels von 1 cm Kantenlänge.

● 3. Ein Würfel von 1 cm Kantenlänge wird in kleinere Würfel mit der Kantenlänge a) 1 mm, b) 0,1 mm, c) 0,01 mm, d) 1 µm, e) 0,1 µm, f) 0,01 µm, g) 1 nm und h) 1 Å aufgeteilt. Berechnen Sie jeweils die Anzahl und die gesamte Oberfläche der Würfel.

[1] Raummaß für 1 m^3 Holzmasse ohne Zwischenräume.

[2] Raummaß für 1 m^3 gestapeltes Holz einschließlich Zwischenräumen (gespalten → Volumenzunahme um Faktor 1,6). Bei einem Schüttraummeter (srm) gespaltenen Holzes erhöht sich das Volumen von einem Festmeter um das 2,5fache.

? Aufgaben (Fortsetzung)

○ 4. Ein zylindrischer Wassertank hat einen Innendurchmesser von 2 m und eine Länge von 5 m.
a) Wie groß ist das Fassungsvermögen in l?
b) Wie groß ist die Oberfläche?

○ 5. Ein Fußball hat einen Durchmesser von 24,35 cm, ein Tennisball von 6,51 cm.
a) Wie viel Tennisbälle passen in einen Fußball?
b) Wievielmal größer ist die Gesamtoberfläche der Tennisbälle als die des Fußballs?

● 6. Die größte Pyramide ist die Cheopspyramide bei Giseh. Die Kantenlänge ihrer quadratischen Grundfläche beträgt 233 m, ihr Rauminhalt 2 652 922,4 m^3. Wie hoch ist sie?

◑ 7. Ein kegelförmiger Sandhaufen hat einen Durchmesser von 3,20 m und eine Höhe von 4,40 m. Wie viel m^3 Sand enthält er?

◑ 8. Ein Komposthaufen hat die Form eines Pyramidenstumpfs. Seine Maße sind: untere Breite 2,50 m, untere Länge 4 m, obere Breite 1,20 m, obere Länge 2,50 m, Höhe 1,50 m.
Wie viel m^3 Kompost sind vorhanden?

1.4 Gewichte

! Merke

Die Einheit für das Gewicht ist das **Kilogramm (kg)**.

Einheiten-zeichen-	Einheiten-benennung	Beziehung zu anderen Einheiten
Mt	Megatonne	1 Mt = 1 000 000 t
t	Tonne	1 t = 1 000 kg
dt	Dezitonne	1 dt = 100 kg (früherer dz = Doppelzentner)
kg	**Kilogramm**	**1 kg = 1 000 g**
g	Gramm	1 g = 1 000 mg
mg	Milligramm	1 mg = 0,001 g
µg	Mikrogramm	1 µg = 0,000 001 g (ein millionstel Gramm)
ng	Nanogramm	1 ng = 0,000 000 001 g (ein milliardstel Gramm)
pg	Pikogramm	1 pg = 0,000 000 000 001 g (ein billionstel Gramm)
fg	Femtogramm	1 fg = 0,000 000 000 000 001 g (ein billiardstel Gramm)
ag	Attogramm	1 ag = 0,000 000 000 000 000 001 g (ein trillionstel Gramm)

Tab. 2 Gewichtsmaße

? Aufgabe

◑ 0,01 t + 0,5 dt + 1 000 g + 100 000 mg
Geben Sie das Ergebnis in kg an.

1.5 Dreisatz

Merke

Beim **Dreisatz** wird eine Rechnung in drei Sätzen (Schritten) durchgeführt:

1. **Behauptungssatz**
2. **Zwischensatz**
3. **Lösungssatz**

1.5.1 Einfacher Dreisatz

Direkter Dreisatz

Merke

Beim **direkten Dreisatz** sind die Größenpaare direkt proportional.

Beispiel:
Pro 10 m^2 sind 40 kg Kompost auszubringen.
Wie viel Kompost muss auf einer Fläche von 250 m^2 ausgebracht werden?

Rechengang

1. Satz Auf 10 m^2 kommen 40 kg Kompost

2. Satz Auf 1 m^2 kommen $\frac{40 \text{ kg Kompost}}{10 \text{ m}^2}$

3. Satz Auf 250 m^2 kommen

$$\frac{40 \text{ kg Kompost} \cdot 250 \text{ m}^2}{10 \text{ m}^2}$$

$= 1\,000$ kg Kompost

Ergebnis
1 000 kg Kompost müssen auf 250 m^2 ausgebracht werden.

Verkürzte Form

$10 \text{ m}^2 \mathrel{\hat{=}} 40 \text{ kg Kompost}$

$1 \text{ m}^2 \mathrel{\hat{=}} \frac{40 \text{ kg}}{10} \text{ Kompost}$

$250 \text{ m}^2 \mathrel{\hat{=}} \frac{40 \cdot 250 \text{ kg}}{10} \text{ Kompost}$

Indirekter Dreisatz

Merke

Beim **indirekten Dreisatz** sind die Größenpaare indirekt proportional.

Beispiel:
Für Erdarbeiten benötigen 4 Gärtner 3 Stunden (h).
Wie viel h benötigen 3 Gärtner für dieselbe Arbeit?

Rechengang

1. Satz 4 Gärtner $\mathrel{\hat{=}}$ 3 h

2. Satz 1 Gärtner $\mathrel{\hat{=}}$ 3 h · 4
(1 Gärtner braucht viermal mehr Zeit als 4 Gärtner)

3. Satz 3 Gärtner $\mathrel{\hat{=}} \frac{3 \text{ h} \cdot 4}{3} = 4 \text{ h}$

Ergebnis: 3 Gärtner benötigen 4 h für die Erdarbeiten.

1.5.2 Zusammengesetzter Dreisatz

Merke

Beim zusammengesetzten Dreisatz werden zwei oder mehrere Dreisätze zusammengefasst.

Beispiel:
Drei Gärtner topfen in 2,5 h 1 050 Pflanzen. Wie viel Stunden benötigen 5 Gärtner für 4 000 Pflanzen?

Rechengang

3 Gärtner $\mathrel{\hat{=}}$ 1 050 Pflanzen $\mathrel{\hat{=}}$ 2,5 h

1 Gärtner $\mathrel{\hat{=}}$ 1 050 Pflanzen $\mathrel{\hat{=}}$ 2,5 h · 3

5 Gärtner $\mathrel{\hat{=}}$ 1 050 Pflanzen $\mathrel{\hat{=}} \frac{2{,}5 \text{ h} \cdot 3}{5}$

5 Gärtner $\mathrel{\hat{=}}$ 1 Pflanze $\mathrel{\hat{=}} \frac{2{,}5 \text{ h} \cdot 3}{5 \cdot 1050}$

5 Gärtner $\mathrel{\hat{=}}$ 4 000 Pflanzen $\mathrel{\hat{=}} \frac{2{,}5 \text{ h} \cdot 3 \cdot 4000}{5 \cdot 1050}$

$\mathrel{\hat{=}} 5{,}7$ h

Ergebnis: 5 Gärtner benötigen 5,7 h, um 4 000 Pflanzen umzutopfen.

Aufgaben

◑ 1. Zum Umgraben eines Gartens benötigen 3 Arbeitskräfte 7,5 Stunden.
Wie viel Stunden benötigen 2 Arbeitskräfte?

◑ 2. Drei Gärtner pikieren in 3,5 h 8 400 Sämlinge.
Wie viel Stunden benötigen fünf Gärtner für 13 000 Sämlinge?

1.6 Durchschnittsrechnung

Merke

Mithilfe der Durchschnittsrechnung werden Mittelwerte bestimmt, z. B. Wetteraufzeichnungen.

Beispiel 1:

Wochentag	So.	Mo.	Di.	Mi.	Do.	Fr.	Sa.
Niederschlagsmenge (mm)	–	–	6,7	1,7	1,3	–	–

Wie hoch war die durchschnittliche Niederschlagsmenge in der Woche?

Rechengang

$$\frac{6{,}7\ \text{mm} + 1{,}7\ \text{mm} + 1{,}3\ \text{mm}}{7\ \text{Tage}} = \frac{9{,}7\ \text{mm}}{7\ \text{Tage}}$$
$$= 1{,}4\ \text{mm/Tag}$$

Ergebnis

Die durchschnittliche Niederschlagsmenge betrug 1,4 mm/Tag.

Beispiel 2:

Die **Tagesmitteltemperatur** erhält man durch Bilden des Mittelwerts aller zur vollen Stunde gemessenen Lufttemperaturen. Die **Monatsmitteltemperatur** wird berechnet, indem die Tagesmitteltemperaturen addiert werden und das Ergebnis durch die Zahl der Tage des jeweiligen Monats geteilt wird. Die **Jahresmitteltemperatur** (JMT, auch Jahresdurchschnittstemperatur) wird aus dem Durchschnitt der zwölf Monatsmitteltemperaturen errechnet.

Temperatur, Monatsmittel (°C)	Jan.	Feb.	März	April	Mai	Juni
	1	1	4	7	12	16
	Juli	**Aug.**	**Sep.**	**Okt.**	**Nov.**	**Dez.**
	17	17	14	10	5	2

Tab. 1 Monatsmitteltemperaturen 1961–1990, Hamburg-Fuhlsbüttel (Flughafen), 53° 38′ N, 10° 00′ E (Quelle: DWD)

Hinweis

Die Verwendung von Wetterdaten über einen Zeitraum von 30 Jahren (1961–1990) für die Erstellung von Klimadiagrammen ist notwendig, um die Klimaverhältnisse in einem bestimmten Gebiet zu erfassen und zu verstehen. **Klima bezieht sich auf die durchschnittlichen Wetterbedingungen in einem Gebiet über einen langen Zeitraum.**

Beispiel 2 (Fortsetzung):

Hinweis (Fortsetzung)

Durch die Verwendung eines 30-jährigen Zeitraums werden kurzfristige Schwankungen ausgeglichen, die auf wetterbedingte Ereignisse wie saisonale Veränderungen, extremere Wetterereignisse wie Hitzewellen, Dürren oder Unwetter zurückzuführen sind. Durch die Verwendung eines langen Zeitraums wird die Zufälligkeit der Daten reduziert. Trends und Veränderungen im Klima werden aufgezeigt, die sonst nicht sichtbar wären. Dies kann wichtig sein, um zu verstehen, wie sich das Klima in einem bestimmten Gebiet ändert und wie es in Zukunft weiter verändert werden könnte.

Tabelle 1 enthält die gemittelten Monatsmitteltemperaturen der Jahre 1961 bis 1990. Wie hoch war die Jahresmitteltemperatur in diesem Zeitraum?

Rechengang

$$\text{JMT} = \frac{1 + 1 + 4 + 7 + 12 + 16 + 17 + 17 + 14 + 10 + 5 + 2}{12}$$
$$= 8{,}8\ °\text{C}$$

Ergebnis

Die Jahresmitteltemperatur betrug 8,8 °C.

Beispiel 3:

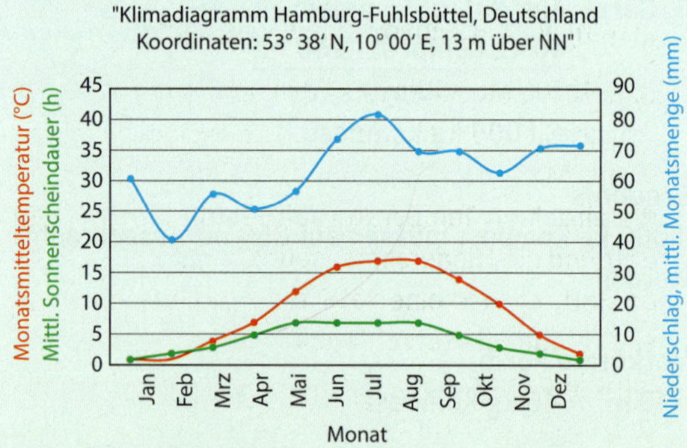

1 Klimadiagramm von Hamburg-Fuhlsbüttel (Flughafen) 1961–1990 (Quelle: DWD)

Ein **Klimadiagramm** zeigt die durchschnittlichen klimatischen Verhältnisse über den Verlauf eines Jahres (1). Mit seiner Hilfe lässt sich das Klima eines Ortes anschaulich darstellen.

Ein Klimadiagramm zeichnen
(gut geeignet Millimeterpapier)

1. Schritt: Kopf des Klimadiagramms einzeichnen
Tragen Sie im Kopf des Klimadiagramms folgende Daten ein: Name und Lage (geografische Breite und Länge → Atlas) der Messstation, Höhe über NN (Meeresspiegel), mittlere Jahrestemperatur, Jahresniederschlag.

2. Schritt: Koordinatensystem zeichnen und beschriften
Zeichnen Sie eine waagerechte 12 cm lange **x-Achse als Grundlinie** und teilen Sie diese in die Monate Januar bis Dezember (Anfangsbuchstaben) ein.
Zeichnen Sie links und rechts von der x-Achse **zwei senkrechte y-Achsen**. Auf der linken y-Achse werden die **mittleren Monatstemperaturen in °C** und auf der rechten y-Achse die **mittleren monatlichen Niederschlagsmengen in mm** (= l/m^2) eingetragen. Gibt es Minuswerte der Temperatur, müssen die Achsen nach unten verlängert werden. Richten Sie die Höhe der rechten Skala nach der maximalen Niederschlagsmenge aus.
Es ist darauf zu achten, dass die **Skalen von Temperatur und Niederschlag im Verhältnis von 1 : 2** stehen. Das heißt, eine Temperatur von 10 °C und 20 mm Niederschlag werden im Klimadiagramm auf derselben Höhe eingetragen.

3. Schritt: Messwerte eintragen
Tragen Sie die Messwerte mit einzelnen Punkten in der Mitte der Monate ein. Verbinden Sie dann die einzelnen Temperaturpunkte mit einem roten Stift und die Niederschlagspunkte mit einem blauen Stift, sodass eine **rote Temperaturkurve** und eine **blaue Niederschlagskurve** entstehen. Achten Sie darauf, dass die Temperaturkurve im Dezember so abgerundet wird, dass sie in der Höhe bei dem Wert im Januar ankommt.

! Hinweis

Datengrundlage für die Mittelwerte in einem Klimadiagramm sind langjährige Klimareihen. Eine klassische Klimaperiode ist z. B. der Zeitraum 1961–1990.

Bei **Skalierung der beiden y-Achsen im Verhältnis 1 : 2** (Walter/Lieth-Diagramme) gilt: Verläuft die Niederschlagskurve oberhalb der Temperaturkurve, ist das **Klima humid** (Niederschlag > Verdunstung). Der Zwischenraum zwischen beiden Kurven wird in der Regel schraffiert oder mit einem blauen Stift ausgemalt. Verläuft die Niederschlagskurve unterhalb der Temperaturkurve, ist das **Klima arid** (Verdunstung > Niederschlag). Die Fläche zwischen den beiden Kurven wird dort dann in der Regel punktiert oder mit einem gelben Stift ausgemalt. Statt in Form einer Kurve können die monatlichen Niederschlagsmengen in einem Klimadiagramm (Köppen/Geiger-Diagramme) in Form von Balken (Säulen) dargestellt werden. Die Balken werden dann blau ausgemalt. Auch weitere Klimakennzeichen, wie z. B. die mittlere Sonnenscheindauer oder die Vegetationszeit, können eingetragen werden (1, S. 530).

Klima-diagramm auswerten

Auswertung von Klimadiagrammen
(am Beispiel der 1, S. 530)

1. Schritt: Orientierung

Orientieren Sie sich mithilfe eines Atlas und anhand der gegebenen Informationen über die Lage der Messstation.

- **Name und Höhe der Messstation:** Hamburg-Fuhlsbüttel (Flughafen), 13 m über NN
- **Lage im Gradnetz**: geografische Breite: 53° 38′ N, geografische Länge: 10° 00′ E
- **Lagebeschreibung**: Hamburg ist eine norddeutsche Hafenstadt, die über die Elbe mit der Nordsee verbunden ist.

2. Schritt: Klimawerte entnehmen

Jahresmitteltemperatur: 8,8 °C
Wärmster Monat: 17 °C im Juli und August
Kältester Monat: 1 °C im Januar und Februar
Jahresschwankung: 17 °C – 1 °C = 16 °C
Jahresniederschlag: 768 mm
Niederschlagsmaximum: 82 mm im Juli
Niederschlagsminimum: 41 mm im Februar

3. Schritt: Klimaverlauf beschreiben

Die Temperaturen schwanken stark über das Jahr gesehen. Es gibt ein deutliches Sommermaximum (Juni bis August) und Winterminimum (Dezember bis Februar). Ab September sinken die Temperaturwerte, ab März erwärmt sich die Luft wieder.

Die Niederschlagsmengen erreichen ihr Maximum im Sommer (Juli). Sie fallen dann ab Oktober leicht ab und steigen in den Wintermonaten (November bis Januar) wieder an. Das Niederschlagsminimum liegt im Winter (Februar). Das Klima ist ganzjährig humid.

4. Schritt: Erklärung der Klimaverhältnisse

Hamburg liegt relativ weit nördlich in der **gemäßigten Klimazone** (1) und ist durch **maritimes Klima** geprägt. Entsprechend sind die Winter relativ mild und die Sommer relativ kühl.

> **! Hinweis**
>
> Höher gelegene Orte haben niedrigere Temperaturen als tiefer gelegene. Maritim/ozeanisch beeinflusste Orte weisen geringere Jahresschwankungen der Temperatur auf als Orte mit kontinentalem Klima. Die Sommer sind kühl und die Winter mild. Im Bereich kontinentalen Klimas sind hingegen die Sommer heiß und die Winter kalt.

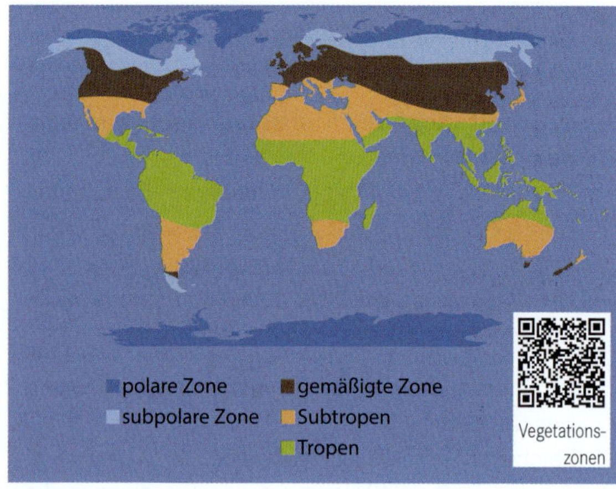

1 Klimazonen der Erde

? Aufgaben

● 1. Die Klimadaten von München (Flughafen)/ Deutschland (453 m ü. NN, 48° 22′ N, 11° 48′ E) lauten:

Monat	Jan	Feb	Mrz	Apr	Mai	Jun
Niederschlag, mittl. Monatssumme (mm)	45	42	47	55	88	109
Temperatur, Monatsmittel (°C)	-2	0	3	8	12	15

Monat	Jul	Aug	Sep	Okt	Nov	Dez
Niederschlag, mittl. Monatssumme (mm)	100	98	68	49	55	49
Temperatur, Monatsmittel (°C)	17	17	13	8	3	-1

a) Zeichnen Sie das Klimadiagramm von München.

b) Übernehmen Sie die folgende Tabelle in Ihr Heft und tragen Sie die Daten ein.

Ort	
Koordinaten	
Höhe über NN	
Jahresmitteltemperatur	
Wärmster Monat	
Kältester Monat	
Jahresschwankung	
Jahresniederschlag	
Niederschlagsminimum	
Humide Monate	
Aride Monate	
Klimazone	

c) Beschreiben Sie den Klimaverlauf.

d) Begründen Sie die klimatischen Verhältnisse in München.

◑ 2.

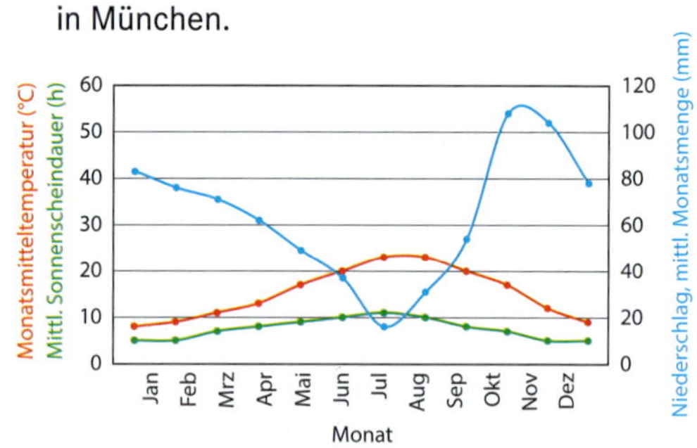

Zu welchem Ort könnte das Klimadiagramm gehören? Zur Auswahl stehen Kopenhagen, Amsterdam, Hannover und Nizza.
Begründen Sie Ihre Antwort.

◑ 3. Der Notenspiegel für eine Klassenarbeit sieht wie folgt aus:

Note:	1	2	3	4	5	6
Anzahl:	2	5	9	8	3	1

a) Berechnen Sie den Notendurchschnitt.

b) Wie viel % der Schüler haben eine 1, 2, 3, 4, 5 und 6 geschrieben?

1.7 Prozentrechnung

Merke

Prozent (lat. „pro centum") heißt von 100. Das Ganze ist also immer 100 % (1 % = 1 Hundertstel = 0,01).

20 %	von	200 €	=	40 €
Prozentsatz		Grundwert		Prozentwert

Prozentwertberechnung mithilfe des Dreisatzes:

$$100\,\% = 200\,€$$
$$1\,\% = \frac{200\,€}{100\,\%}$$
$$20\,\% = \frac{200\,€}{100\,\%} \cdot 20\,\%$$
$$= 40\,€$$

Lösung mittels Gleichungsumstellung

$$\frac{100\,\%}{20\,\%} \mathrel{\widehat{=}} \frac{200\,€}{x}; \quad x = \frac{200\,€ \cdot 20\,\%}{100\,\%} = 40\,€$$

Merke

Regeln zur Gleichungsumstellung

- Was links unter dem Bruchstrich steht, kommt rechts über den Bruchstrich (aus : wird ·)
- Was links über dem Bruchstrich steht, kommt rechts unter den Bruchstrich (aus · wird :)
- Was rechts unter dem Bruchstrich steht, kommt links über den Bruchstrich (aus : wird ·)
- Was rechts über dem Bruchstrich steht, kommt links unter den Bruchstrich (aus · wird :)

oder

$$100\,\% \mathrel{\widehat{=}} 200\,€$$
$$10\,\% \mathrel{\widehat{=}} 20\,€$$
$$20\,\% \mathrel{\widehat{=}} 20\,€ \cdot 2$$
$$= 40\,€$$

Merke

Formeln zur Berechnung von

a) $$\text{Prozentwert} = \frac{\text{Grundwert} \cdot \text{Prozentsatz}}{100\,\%}$$

b) $$\text{Prozentsatz} = \frac{\text{Prozentwert} \cdot 100\,\%}{\text{Grundwert}}$$

c) $$\text{Grundwert} = \frac{\text{Prozentwert} \cdot 100\,\%}{\text{Prozentsatz}}$$

Aufgabe

○ Gärtner A verdient 8,00 €/Stunde,
Gärtner B verdient 25 % mehr.
Wie hoch ist der Stundenlohn von Gärtner B?

1.8 Promillerechnung

Merke

Promille (‰) heißt von 1 000. Das Ganze ist also immer 1 000 ‰ (1 ‰ ist 1 Tausendstel = 0,001). Für die Promillerechnung gelten die gleichen Regeln wie bei der Prozentrechnung.

Beispiel:
Wie viel ist 3 ‰ von 2 500 g = ?

$$1\,000\,‰ = 2\,500\text{ g}$$
$$1\,‰ = \frac{2\,500\text{ g}}{1\,000\,‰}$$
$$3\,‰ = \frac{2\,500\text{ g} \cdot 3\,‰}{1\,000\,‰}$$
$$= 7{,}5\text{ g}$$

oder

$$1\,000\,‰ \mathrel{\widehat{=}} 2\,500\text{ g}$$
$$100\,‰ \mathrel{\widehat{=}} 250\text{ g}$$
$$10\,‰ \mathrel{\widehat{=}} 25\text{ g}$$
$$1\,‰ \mathrel{\widehat{=}} 2{,}5\text{ g}$$
$$3\,‰ \mathrel{\widehat{=}} 2{,}5\text{ g} \cdot 3 = 7{,}5\text{ g}$$

Merke

100 % = 1 000 ‰
10 % = 100 ‰
1 % = 10 ‰
0,1 % = 1 ‰ usw.

Aufgaben

○ 1. Eine Hausratversicherung wurde über eine Versicherungssumme von 30 000,00 € abgeschlossen. Die Versicherungsprämie beträgt 1 ‰. Wie hoch ist der Jahresbeitrag?

○ 2. Ermitteln Sie die fehlenden Werte:

Prozent	10	?	12	?	1	100	?
Promille	?	5	?	1	?	?	1 000

2 Pflanzenernährung

2.1 Dünger- und Nährstoffmengenberechnungen

Beispiel 1:
Auf einer Fläche von 0,05 ha sollen 50 g N/m^2 gedüngt werden. Als Dünger steht Kalksalpeter (16 % N) zur Verfügung.
Wie viel kg Kalksalpeter müssen gedüngt werden?

Rechengang
Zuerst die Fläche in m^2 umrechnen.
$A = 0{,}05 \cdot 10\,000\ m^2 = 500\ m^2$

Dann den Düngerbedarf ermitteln.

$$1\ m^2 = 50\ g\ N$$
$$500\ m^2 = 50\ g\ N \cdot 500 = 25\,000\ g\ N$$

Vorüberlegung: 16 %ig bedeutet, dass in 100 g Dünger (Kalksalpeter) 16 g N enthalten sind:

a) 16 g N sind in 100 g Kalksalpeter enthalten

1 g N sind in $\frac{100}{16}$ g Kalksalpeter enthalten

25 000 g N sind in $\frac{100 \cdot 25\,000\ g}{16\ g}$ Kalksalpeter

= 156 250 g = 156,250 kg enthalten

Ergebnis
Zur Düngung von 50 g N/m^2 müssen auf 500 m^2 156,250 kg Kalksalpeter gedüngt werden.

oder

b) $\frac{16\ g\ N}{25\,000\ g\ N} = \frac{100\ g\ Kalksalpeter}{x\ g\ Kalksalpeter}$

Gleichungsumstellung nach x

$$x = \frac{100\ g\ Kalksalpeter \cdot 25\,000\ g\ N}{16\ g\ N} = 156\,250\ g$$
$$= 156{,}250\ kg/500\ m^2$$

! Merke

Formel zur Berechnung des Düngerbedarfs

$$\text{Düngermenge in } g/m^2 = \frac{\text{Nährstoffbedarf in } g/m^2 \cdot 100\,\%}{\text{\%-Gehalt des verwendeten Düngers}}$$

Beispiel 2:
Kompost enthält durchschnittlich 0,8 % N.
Wie viel g Stickstoff wird dem Boden pro m^2 zugeführt, wenn 4 kg Kompost/m^2 gedüngt werden?

Rechengang (Dreisatz)

a) $100\ \% \mathrel{\hat=} 4\ kg = 4\,000\ g\ N$

$1\ \% \mathrel{\hat=} \frac{4\,000}{100}\ g\ N$

$0{,}8\,\% \mathrel{\hat=} \frac{4\,000}{100}\ g\ N \cdot 0{,}8\ g\ N$

$= 32\ g\ N/m^2$

Ergebnis
Dem Boden wird mit 4 kg Kompost/m^2 32 g N/m^2 zugeführt.

oder

b) $100\ \% \mathrel{\hat=} 4\,000\ g\ N$
$10\ \% \mathrel{\hat=} 400\ g\ N$
$1\ \% \mathrel{\hat=} 40\ g\ N$
$0{,}1\,\% \mathrel{\hat=} 4\ g\ N$

$0{,}8\,\% \mathrel{\hat=} 4\ g\ N \cdot 8$
$= 32\ g\ N$

Beispiel 3:
Bei einer Bodenuntersuchung im Freiland wird eine Fehlmenge von 10 mg K_2O/100 g Boden festgestellt. Wie viel g K_2O sind dies pro m^2 bei einer Bodentiefe von 30 cm?

Rechengang in drei Schritten

1. Volumenberechnung
   $V/m^2 = 1\ m \cdot 1\ m \cdot 0{,}3\ m = 0{,}3\ m^3 = 300\ l$
2. Gewichtsberechnung
   Ein gewachsener Boden weist ein Volumengewicht von durchschnittlich 1,5 kg/l Boden auf.
   $\rightarrow 300\ l/m^2 \cdot 1{,}5\ kg/l = 450\ kg/m^2$
3. Berechnung der Fehlmenge K_2O/m^2
   $450\ kg = 450\,000\ g$ Boden : $100\ g = 4\,500$
   $\rightarrow 4\,500 \cdot 10\ mg\ K_2O = 45\,000\ mg\ K_2O/m^2$
   $= 45\ g\ K_2O/m^2$

Ergebnis
Pro m^2 sind 45 g K_2O notwendig.

Aufgaben

1. Eine Fläche von 2 500 m^2 soll mit 10 g N/m^2 gedüngt werden. Als Dünger steht Kalkammonsalpeter (27,0 % N) zur Verfügung. Welche Düngermenge wird benötigt?
2. Berechnen Sie die notwendigen Düngermengen:

	a	b	c
Fläche	100 a	0,025 ha	10 m^2
Bedarf	15 g N/m^2	10 g N/m^2	5 g N/m^2
Dünger	Kalksalpeter (16 % N)	Kalkammonsalpeter (27 % N)	schwefelsaures Ammoniak (21 % N)
Düngermenge	? dt	? kg	? g

3. Folgende Flächen sollen mit 20 g Superphosphat/m^2 gedüngt werden: a) 500 m^2, b) 0,025 km^2, c) 0,5 ha, d) 1 500 dm^2, e) 6 000 000 mm^2, f) 45 000 cm^2 und g) 16 a. Geben Sie die notwendigen Düngermengen in kg und dt an.
4. Ein kreisförmiges Blumenbeet (r = 2,50 m) soll mit 15 g N/m^2 gedüngt werden. Als Dünger wird Kalksalpeter (16 % N) verwendet. Wie viel kg Dünger werden benötigt?
5. Auf einer kreisförmigen Fläche (U = 18,84 m) sollen 150 g Bittersalz/m^2 gedüngt werden. Wie viel kg Dünger müssen ausgebracht werden?
6. Der Nährstoffbedarf von Erdbeeren liegt bei 12,5 g N, 3 g P_2O_5 und 23 g K_2O pro m^2. ⅓ des Stickstoffs und die Hälfte des Phosphors und Kaliums werden im Frühjahr zur Anregung des Wachstums in 2 Gaben im Abstand von 2 bis 3 Wochen gedüngt. Der Rest wird nach der Ernte, ebenfalls in 2 Gaben aufgeteilt, gedüngt. Als Dünger dienen Kalkammonsalpeter (27 %), Superphosphat (18 % P_2O_5) und Kalimagnesia (30 % K_2O). Wie viel g der Einnährstoffdünger müssen bei den einzelnen Gaben pro m^2 gedüngt werden?
7. Eine Faustregel besagt, dass je m^3 Topferde 1,5 kg eines Volldüngers zu düngen sind. Wie viel kg werden für 3,5 m^3 Erde benötigt?
8. Eine Bodenuntersuchung ergibt eine Fehlmenge von 15 mg K_2O/100 g Boden (Vol.-Gew. 1,5 kg/l, Krumentiefe 20 cm). Wie viel g Kalimagnesia (30 % K_2O) müssen pro m^2 gedüngt werden?
9. Bei einer Substratuntersuchung ergibt sich ein Fehlbedarf/Liter Substrat von 190 mg N, 340 mg P_2O_5, 200 mg K_2O und 80 mg MgO. Als Dünger stehen Kalksalpeter (16 % N), Superphosphat (18 % P_2O_5), Kalimagnesia (30 % K_2O, 10 % MgO) und Kieserit (27 % MgO) zur Verfügung. Ermitteln Sie den Düngerbedarf in g/m^2 bei einer Bodentiefe von 20 cm und einem Volumengewicht von 1,0 kg/l.
10. Wie viel kg N, P_2O_5, K_2O und MgO enthält eine dt eines Volldüngers mit dem Nährstoffverhältnis 12 - 12 - 17 - 2?
11. Zur Flächendüngung im Freiland werden häufig pauschal 50 bis 100 g eines Volldüngers/m^2 empfohlen. Wie viel g N, P_2O_5, K_2O und MgO würden bei einem Nährstoffverhältnis von 12 - 12 - 17 - 2 ausgebracht?
12. Aus schwefelsaurem Ammoniak (21 % N), Superphosphat (18 % P_2O_5), Kalimagnesia (30 % K_2O, 10 % MgO) und Bittersalz (16 % MgO) soll ein Mischdünger hergestellt werden, der die gleiche Nährstoffmenge enthält wie 1 dt eines Mehrnährstoffdüngers mit dem Nährstoffverhältnis 12 - 12 - 17 - 2. Wie viel kg werden von jedem Einnährstoffdünger benötigt?
13. Es werden 300 dt Stallmist (Tab. 1, S. 213) pro ha ausgebracht.
    a) Wie viel kg N, P_2O_5, K_2O und MgO werden dem Boden zugeführt?
    b) Wie viel dt Kalkammonsalpeter, Superphosphat, schwefelsaures Kalium und Kieserit müssten gedüngt werden, um dem Boden die gleiche Nährstoffmenge zuzuführen?
    c) Wie viel kg organische Substanz wird dem Boden mit der Gabe pro m^2 zugeführt?
14. Für den Hausgarten lautet eine Düngerempfehlung: **Gemüse** a) Schwachzehrer 4 kg Stallmist/Kompost pro m^2, b) Starkzehrer 4 kg Stallmist/Kompost und 45 g Hornmehl pro m^2 (mit 8 % N rechnen); **Obst und Zierpflanzen** 2,5 kg Stallmist/Kompost pro m^2. Berechnen Sie die Nährstoffmengen, die pro m^2 mit den jeweiligen Düngergaben dem Boden zugeführt werden.
15. Die Aufwandmenge von Jauche liegt zwischen 20 und 50 m^3/ha und Jahr (Tab. 1, S. 214). Wie viel N, P_2O_5 und K_2O werden dem Boden damit a) in kg/ha und b) in g/m^2 zugeführt?

Aufgaben (Fortsetzung)

16. Wie viel N, P_2O_5, K_2O und MgO in kg/ha und g/m^2 werden dem Boden mit einer Dungeinheit a) Rindergülle, b) Schweinegülle und c) Hühnergülle zugeführt (Tab. 2, S. 214)?
17. Für eine Heckenpflanzung wird ein 1 m breiter, 40 cm tiefer und 20 m langer Graben ausgehoben. Der Aushub soll mit Kompost (auf 2 Teile Aushub 1 Teil Kompost) verbessert werden.
Wie viel dt Kompost sind erforderlich?
18. Zur Strohdüngung werden 100 dt Stroh pro ha ausgebracht.
Wie viel kg Kalkammonsalpeter (27 % N) müssen zur N-Ausgleichsdüngung (1 kg N/dt Stroh) gedüngt werden?
19. Auf einer trapezförmigen Fläche (G = 300 m, g = 150 m, h = 80 m) sollen Lupinen (30 g/m^2) zur Gründüngung ausgesät werden. Wie viel kg Saatgut werden benötigt?

2.2 Düngerlösungen

2.2.1 Konzentrationsberechnungen

Beispiel 1:
Es werden 250 g Dünger in 500 l Wasser aufgelöst. Wie viel %ig ist die Konzentration der Düngerlösung?

Rechengang
500 000 g Wasser + 250 g Dünger
= 500 250 g Düngerlösung

500 250 g Düngerlösung enthalten 250 g Dünger

1 g Düngerlösung enthält $\frac{200}{500\,250}$ g Dünger

100 g Düngerlösung enthalten $\frac{250 \cdot 100}{500\,250}$ g Dünger
= 0,05 g Dünger

Ergebnis
Wenn 100 g Lösung 0,05 g Dünger enthalten, ist die Düngerlösung 0,05 %ig.

Merke

Eine Lösung ist z. B. 10 %ig, wenn
- 100 g Lösung 10 g gelösten Stoff enthalten,
- 100 kg Lösung 10 kg gelösten Stoff enthalten,
- 100 t Lösung 10 t gelösten Stoff enthalten.

Beispiel 2:
Wie viel g Flüssigdünger müssen in 10 l Wasser gelöst werden, wenn zur Blattdüngung eine 0,05 %ige Düngerlösung verwendet werden soll?

Rechengang
Vorüberlegung: 100 g einer 0,05 %igen Düngerlösung enthalten 99,95 g Wasser und 0,05 g Dünger.

a) 99,95 g Wasser sollen 0,05 g Dünger lösen

1 g Wasser soll $\frac{0{,}05}{99{,}95}$ g Dünger lösen

10 000 g Wasser sollen $\frac{0{,}05 \cdot 10\,000}{99{,}95}$ g Dünger lösen = 5,0 g Dünger

Ergebnis
Um eine 0,05 %ige Düngerlösung zu bekommen, müssen in 10 l Wasser 5 g Dünger gelöst werden.

oder

b) Vorüberlegung: 10 l ≙ 10 kg ≙ 10 000 g

100 % ≙ 10 000 g
10 % ≙ 1 000 g
1 % ≙ 100 g
0,1 % ≙ 10 g
0,01 % ≙ 1 g
0,05 % ≙ 1 g · 5 = 5 g

oder

c) 0,05 % entsprechen 0,5 g/l
0,5 g · 10 = 5 g

Beispiel 3:
Aus 20 l Flüssigdünger soll eine Düngerlösung mit einer Konzentration von 0,2 % hergestellt werden. Wie viel l Wasser sind dazu erforderlich?

Rechengang
Vorüberlegung: 100 l 0,2 %ige Düngerlösung bestehen aus 0,2 l Flüssigdünger und 99,8 l Wasser.

0,2 l Dünger sind in 99,8 l Wasser gelöst

1 l Dünger sind in $\frac{99{,}8}{0{,}2}$ l Wasser gelöst

20 l Dünger sind in $\frac{99{,}8}{0{,}2} \cdot 20$ l Wasser gelöst
= 9 980 l Wasser

Ergebnis
9 980 l Wasser sind erforderlich.

Beispiel 3 (Fortsetzung):
Folgende **Vereinfachung** ist hinreichend genau:
0,2 % = 2 g Dünger/l Wasser
20 000 g : 2 = 10 000 l Wasser

Beweis:
10 020 kg = 100 %

$20 \text{ kg} = \frac{100}{10\,020} \cdot 20\,\% = 0{,}199\,\%\text{ig} = 0{,}2\,\%\text{ig}$

2.2.2 Konzentrationserhöhungen

Beispiel 1:
200 l einer 10 %igen Stammlösung sollen durch Düngerzugabe auf 20 % erhöht werden.
Wie viel kg Dünger müssen zugegeben werden?

Rechengang
Bei der alten Stammlösung enthielten 100 kg 10 %ige Lösung 10 kg Dünger und 90 kg Wasser

1 kg 10 %ige Lösung = $\frac{10}{100}$ kg Dünger und $\frac{90}{100}$ kg Wasser

200 kg 10 %ige Lösung = 20 kg Dünger und 180 kg Wasser

Für die neue Stammlösung gilt: 100 kg 20 %ige Lösung enthalten 20 kg Dünger und 80 kg Wasser
80 kg Wasser müssen 20 kg Dünger lösen

1 kg Wasser muss $\frac{20}{80}$ kg Dünger lösen

180 kg Wasser müssen $\frac{20}{80} \cdot 180$ kg Dünger lösen

= 45 kg Dünger – 20 kg Dünger (bereits gelöst)
= 25 kg Dünger

Ergebnis
25 kg Dünger müssen zugegeben werden, um die Düngerzugabe auf 20 % zu erhöhen.

Beispiel 2:
Zu 150 l einer 10 %igen Stammlösung werden 20 kg eines Mineraldüngers hinzugegeben.
Welchen Prozentgehalt hat die neue Stammlösung?

Beispiel 2 (Fortsetzung):
Rechengang
alte Stammlösung
100 kg 10 %ige Lösung enthalten 10 kg Dünger

1 kg 10 %ige Lösung enthält $\frac{10}{100}$ kg Dünger

150 kg 10 %ige Lösung enthalten $\frac{10}{100} \cdot 150$ kg D.
= 15 kg Dünger

neue Stammlösung
150 kg 10 %ige Lösung enthalten 15 kg Dünger
20 kg 100 %ige Lösung enthalten 20 kg Dünger
170 kg Lösung enthalten 35 kg Dünger

1 kg Lösung enthält $\frac{35}{170}$ kg Dünger

100 kg Lösung enthalten $\frac{35}{170} \cdot 100$ kg Dünger
= 20,588 kg Dünger

Ergebnis
Die neue Stammlösung ist 20,6 %ig.

2.2.3 Verdünnen von Lösungen

Beispiel:
120 l einer 0,2 %igen Düngerlösung werden 40 l Wasser zugegeben. Welche Konzentration (% bzw. ‰) hat die neue Lösung?

Rechengang
alte Düngerlösung
100 kg 0,2 %ige Lösung enthalten 0,2 kg Dünger

1 kg 0,2 %ige Lösung enthält $\frac{0{,}2}{100}$ kg Dünger

120 kg 0,2 %ige Lösung enthalten $\frac{0{,}2}{100} \cdot 120$ kg D.
= 0,24 kg Dünger

neue Düngerlösung
120 kg Lösung enthalten 0,24 kg Dünger
+ 40 kg Wasser
160 kg Lösung enthalten 0,24 kg Dünger

1 kg Lösung enthält $\frac{0{,}24}{160}$ kg Dünger

100 kg Lösung enthalten $\frac{0{,}24}{160} \cdot 100$ kg Dünger
= 0,15 kg Dünger

Ergebnis
Die neue Lösung hat eine Konzentration von 0,15 % oder 1,5 ‰.

2.2.4 Mischen von Lösungen

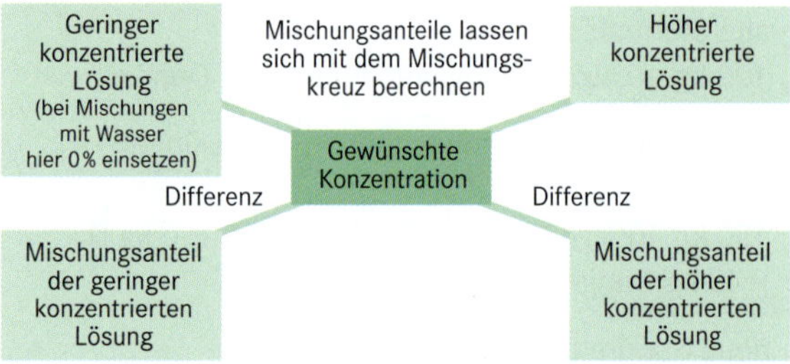

1 Mischungskreuz

Beispiel:
Es werden 80 kg einer 10 %igen Düngerlösung mit 50 kg einer 12 %igen Düngerlösung gemischt.
Welche Konzentration hat die Mischung?

Rechengang
Für die 10 %ige Düngerlösung gilt:
100 kg Lösung enthalten 10 kg Dünger

1 kg Lösung enthält $\frac{10}{100}$ kg Dünger

80 kg Lösung enthalten $\frac{10}{100} \cdot 80$ kg Dünger
= 8 kg Dünger

Für die 12 %ige Düngerlösung gilt:
100 kg Lösung enthalten 12 kg Dünger

1 kg Lösung enthält $\frac{12}{100}$ kg Dünger

50 kg Lösung enthalten $\frac{12}{100} \cdot 50$ kg Dünger
= 6 kg Dünger

80 kg 10 %ige Düngerlösung enthalten 8 kg Dünger
50 kg 12 %ige Düngerlösung enthalten 6 kg Dünger

Für die neue Düngerlösung gilt:
130 kg Lösung enthalten 14 kg Dünger

1 kg Lösung enthält $\frac{14}{130}$ kg Dünger

100 kg Lösung enthalten $\frac{14}{130} \cdot 100$ kg Dünger
= 10,769 kg Dünger

Ergebnis
Die Konzentration der neuen Lösung beträgt 10,8 %.

Aufgaben

1. Zur Blattdüngung soll eine 0,05 %ige Düngerlösung angesetzt werden.
   Wie viel g Dünger sind in 500 l Wasser aufzulösen?
2. Zur Bewässerungsdüngung soll eine 0,2 %ige Düngerlösung hergestellt werden.
   Wie viel Dünger muss einer Wassermenge von 1 000 l zugesetzt werden?
3. Zur Blattdüngung soll eine 1,5 ‰ starke Harnstoffspritzung durchgeführt werden.
   Wie viel g Dünger müssen in 250 l Wasser aufgelöst werden?
4. Mit 500 g Dünger soll eine 0,3 %ige Düngerlösung hergestellt werden.
   Wie viel l Wasser sind erforderlich?
5. Die Konzentration einer Düngerlösung, in der 5 g Dünger gelöst sind, beträgt 2,5 ‰.
   Wie viel l Düngerlösung sind vorhanden?
6. 500 l einer 12 %igen Stammlösung sollen durch Düngerzugabe auf 15 % erhöht werden.
   Wie viel kg Dünger müssen zugegeben werden?
7. Aus einer 0,25 %igen 400-l-Düngerlösung sind 50 l Wasser verdunstet.
   Wie hoch ist die Konzentration der Düngerlösung?
8. Zu 300 l einer 10 %igen Stammlösung werden 10 kg eines Flüssigdüngers hinzugegeben.
   Wie hoch ist der Prozentgehalt der neuen Lösung?
9. Eine 12 %ige Stammlösung wird zur Bewässerungsdüngung auf 0,2 % verdünnt. Für einen Gießvorgang werden 60 l Düngerlösung benötigt.
   Wie viel l Wasser müssen zur Verdünnung hinzugegeben werden?
10. Es werden 12 kg einer 10 %igen Stammlösung mit 25 kg einer 16 %igen Stammlösung gemischt.
    Welche Konzentration hat die Mischung?
11. Für eine Blattspritzung werden 10 l einer 0,1 %igen Düngerlösung benötigt. Es stehen zwei Lösungen zur Verfügung, eine 0,05 %ige und eine 0,3 %ige.
    Wie viel l müssen von beiden gemischt werden, um 10 l einer 0,1 %igen Lösung zu erhalten?

3 Pflanzenschutz

3.1 Konzentrationsberechnungen

3.1.1 Herstellung von Lösungen nach Aufwandmengen

! Merke

Die **Mittelaufwandmenge** für neu zugelassene Pflanzenschutzmittel wird seit 1998 auf eine bestimmte Flächeneinheit bezogen angegeben (z. B. kg/ha oder l/ha). Der **Wasseraufwand** wird weitgehend unabhängig vom Mittelaufwand festgelegt. Dabei kommt es darauf an, die Pflanzen lückenlos mit der Pflanzenschutzbrühe bis zur sichtbaren Benetzung zu überziehen, ohne dass es zu Abtropfverlusten kommt.

Beispiel:
Auf einer Fläche von 250 m² sollen zur Bekämpfung von Echtem Mehltau an Rosen 0,6 l/ha eines Fungizids gespritzt werden. Der empfohlene Wasseraufwand beträgt 1 000 l/ha. Wie viel ml des Pflanzenschutzmittels sind in wie viel Liter Wasser aufzulösen?

Vorüberlegung:
1 ha = 10 000 m²
1 l = 1 000 ml

a) Berechnung Mittelaufwand

$$\frac{10\,000\ \text{m}^2}{250\ \text{m}^2} = \frac{600\ \text{ml}}{\text{X ml}} \rightarrow \text{X} = \frac{600\ \text{ml} \cdot 250\ \text{m}^2}{10\,000\ \text{m}^2} = 15\ \text{ml}$$

b) Berechnung Wasseraufwand

$$\frac{10\,000\ \text{m}^2}{250\ \text{m}^2} = \frac{1\,000\ \text{l}}{\text{X l}} \rightarrow \text{X} = \frac{1\,000\ \text{l} \cdot 250\ \text{m}^2}{10\,000\ \text{m}^2} = 25\ \text{l Wasser}$$

Ergebnis
Es sind 15 ml des Pflanzenschutzmittels in 25 l Wasser aufzulösen.

3.1.2 Herstellung von Lösungen mit einem bestimmten Prozentgehalt

Beispiel 1:
Zur Bekämpfung von Blattläusen sind 15 l einer 0,2 %igen Pflanzenschutzlösung anzusetzen.
Wie viel ml Pflanzenschutzmittel sind notwendig?

Rechengang
Vorüberlegung: % heißt von 100;
das Ganze ist immer 100 %.

a) Berechnung für 1 l

100 %ige Lösung	≙	1 000 ml des Mittels/l Lösung	
10 %ige "	≙	100 ml "	"
1 %ige "	≙	10 ml "	"
0,1 %ige "	≙	1 ml "	"
0,2 %ige "	≙	1 ml · 2	
	=	2 ml Pflanzenschutzmittel/ l Lösung	

b) Berechnung für 15 l
2 ml · 15 = 30 ml Pflanzenschutzm./15 l Lösung

Ergebnis
Für die Herstellung von 15 l einer 0,2 %igen Lösung sind 30 ml Pflanzenschutzmittel erforderlich.

Beispiel 2:
Auf einer 0,05 ha großen Fläche stehen Topfpflanzen im Abstand von 40 cm · 40 cm. Gegen Bodenpilze soll mit einer 0,05 %igen Lösung gegossen werden. Pro Topf werden 50 ml gerechnet.
Wie viel ml des Fungizides sind erforderlich?

Rechengang

a) Flächenberechnung (Flächenmaße s. S. 524)
Vorüberlegung: 1 ha = 10 000 m²

0,05 ha = 0,05 · 10 000 m² = 500 m²

b) Anzahl Pflanzen
1 Pflanze benötigt 40 cm · 40 cm
= 1 600 cm² = 16 dm²

500 m² = 50 000 dm²
50 000 dm² : 16 dm² = 3 125 Topfpflanzen

c) Mittelmenge
3 125 · 50 ml = 156 250 ml = 156,25 l Lösung
0,05 % = 0,5 ml Mittel/l Lösung
0,5 ml · 156,25 = 78,125 ml Mittel

Ergebnis
78 ml des Fungizids sind erforderlich.

100 %	= 1 000 g/l Wasser	= 1 000 ‰	= 1 000 g/l Wasser
10 %	= 100 g/l Wasser	= 100 ‰	= 100 g/l Wasser
1 %	= 10 g/l Wasser	= 10 ‰	= 10 g/l Wasser
0,1 %	= 1 g/l Wasser	= 1 ‰	= 1 g/l Wasser
0,01 %	= 0,1 g/l Wasser	= 0,1 ‰	= 0,1 g/l Wasser

Tab. 1 Beziehungen zwischen % und ‰

3.1.3 Herstellung von Lösungen mit einem bestimmten Promillegehalt

Beispiel:
Es soll eine 2 ‰-Pflanzenschutzmittellösung hergestellt werden.
Wie viel ml Pflanzenschutzmittel sind für 1 l Lösung notwendig?

Rechengang
Vorüberlegung: ‰ heißt von 1 000;
das Ganze ist immer 1 000 ‰.

1 000 ‰ Lösung ≙ 1 000 ml Mittel/Liter Lösung
100 ‰ " ≙ 100 ml " "
10 ‰ " ≙ 10 ml " "
1 ‰ " ≙ 1 ml " "

2 ‰ Lösung = 2 ml Mittel/Liter Lösung

Ergebnis
Für 1 l 2 ‰-Pflanzenschutzmittellösung sind 2 ml Pflanzenschutzmittel notwendig.

! Merke

Beim Nachweis von Schadstoffen in der Umwelt geht es häufig um unvorstellbar kleine Konzentrationen. Die Begriffe für die **pp-Maßeinheiten** stammen aus dem amerikanischen Englisch (Tab. 2).

1 ppm =	1 part per million (1 Teil auf 1 Millionen Teile) = **1 Mikrogramm** (µg) = 0,000 001 g
1 ppb =	1 part per billion (1 Teil auf eine Milliarde Teile; am. engl.: billion = deutsch: Milliarde) = **1 Nanogramm** (ng) = 0,000 000 001 g
1 ppt =	1 part per trillion (1 Teil auf eine Billionen Teile; am. engl.: trillion = deutsch: Billion) = **1 Pikogramm** (pg) = 0,000 000 000 001 g
1 ppq =	1 part per quadrillion (1 Teil auf eine Billiarde Teile; am. engl.: quadrillion = deutsch: Billiarde) = **1 Femtogramm** (fg) = 0,000 000 000 000 001 g

Tab. 2 pp-Maßeinheiten

? Aufgaben

◑ 1. Gegen Grauschimmel an Erdbeeren soll auf einer Fläche von 500 m² ein Fungizid gespritzt werden. Die Mittelaufwandmenge beträgt 18 kg/ha,
der Wasseraufwand 2 000 l/ha. Wie viel g des Pflanzenschutzmittels sind in wie viel Liter Wasser aufzulösen?

○ 2. Schreiben Sie nachfolgende Umrechnungstabelle ab und ergänzen Sie sie!

Konzentration in %	g = ml = cm³ auf		
	1 l Lösung	5 l Lösung	10 l Lösung
0,01	0,1	0,5	1
0,02	?	?	?
0,025	?	?	?
0,1	?	?	?
0,15	?	?	?
0,2	?	?	?
0,25	?	?	?
0,5	?	?	?
0,75	?	?	?
1,0	?	?	?
1,5	?	?	?
2,0	?	?	?

◑ 3. Berechnen Sie die fehlenden Angaben:

	a	b	c	d	e
Lösung	12 l	? l	25 l	500 l	120 l
%	0,15	0,2	?	0,3	?
Mittel	? g	30 cm³	40 ml	? ml	120 g

◑ 4. Auf einer 0,09 ha großen Fläche stehen Kohlpflanzen im Abstand von 50 cm · 50 cm.
Wie viel ml eines Pflanzenschutzmittels sind für eine 0,3 %ige Spritzlösung notwendig, wenn je Pflanze 70 ml gerechnet werden?

○ 5. Wie viel ‰ sind
a) 0,15 %; b) 0,2 % und c) 0,025 %?

◑ 6. Laut Gebrauchsanweisung soll ein Pflanzenschutzmittel 0,25 %ig gespritzt werden. Statt mit einer Spritze erfolgt die Ausbringung mit einem Sprühgerät, wodurch sich der Wasserbedarf auf ⅓ verringert. Es werden 10 l Pflanzenschutzmittellösung benötigt.
Wie viel ml Pflanzenschutzmittel sind notwendig? Denken Sie daran, dass sich zwar der Wasserbedarf verringert, die auszubringende Wirkstoffmenge aber gleich bleiben muss!

3.2 Volumenberechnungen

Beispiel:
In einem Gewächshaus sollen Blattläuse mithilfe eines Räuchermittels bekämpft werden. Eine Räucherdose reicht für 280 m^3 Gewächshausvolumen aus.
Berechnen Sie die Mittelkosten für eine einmalige Behandlung eines Gewächshauses mit den Maßen: Länge 24,80 m; Firsthöhe 6 m; Stehwandhöhe 2 m; Breite 15,60 m, wenn eine Räucherdose 1,77 € kostet.

Rechengang
Vorüberlegung: Eine einfache Skizze erleichtert die Überlegungen.

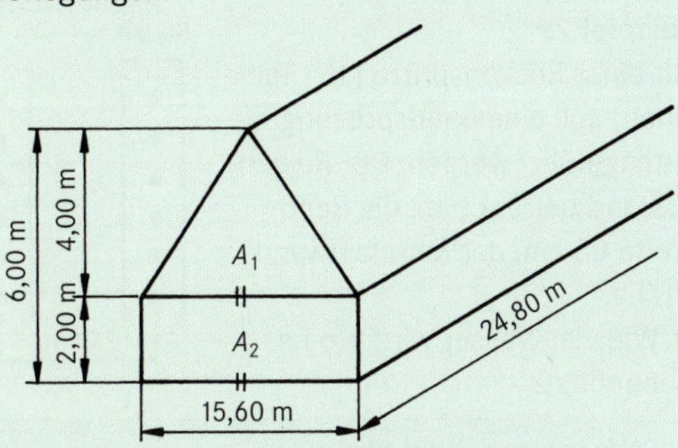

Zur Berechnung des Gewächshausvolumens wird die Stirnfläche in ein Dreieck ($A = \frac{g \cdot h}{2}$) und ein Rechteck ($A = a \cdot b$) zerlegt:

$$\boldsymbol{A_1} = \frac{g \cdot h}{2} = \frac{15{,}6\ \text{m} \cdot 4\ \text{m}}{2} = 31{,}2\ \text{m}^2$$

$$\boldsymbol{V_1} = \boldsymbol{A_1} \cdot \text{Länge} = 31{,}2\ \text{m}^2 \cdot 24{,}8\ \text{m} = 773{,}760\ \text{m}^3$$

$$\boldsymbol{A_2} = a \cdot b = 15{,}6\ \text{m} \cdot 2\ \text{m} = 31{,}2\ \text{m}^2$$

$$\boldsymbol{V_2} = \boldsymbol{A_2} \cdot \text{Länge} = 31{,}2\ \text{m}^2 \cdot 24{,}8\ \text{m} = 773{,}760\ \text{m}^3$$

$$\boldsymbol{V_{gesamt}} = \boldsymbol{V_1} + \boldsymbol{V_2} = 773{,}760\ \text{m}^3 + 773{,}760\ \text{m}^3 = 1\,547{,}520\ \text{m}^3$$

Die Kosten lassen sich im Dreisatz berechnen.
280 m^3 = 1 Dose
1 m^3 = 1 Dose/280 m^3

$$1\,547{,}520\ \text{m}^3 = \frac{1\ \text{Dose} \cdot 1\,547{,}520}{280\ \text{m}^3} = 5{,}5\ \text{Dosen}$$

1 Dose kostet 1,77 €
5,5 Dosen kosten 1,77 € · 5,5 = 9,74 €

Ergebnis
Die Mittelkosten für eine Behandlung betragen 9,74 €.

Aufgabe

◑ In einem zweischiffigen Block soll mit einem Akarizid gegen Spinnmilben geräuchert werden. Die Abmessungen eines Schiffs betragen:
Länge 24,8 m; Breite 9,45 m; Stehwandhöhe 2 m; Gesamthöhe 4,45 m. Eine Dose reicht für 200 m^3 Gewächshausvolumen.
Wie hoch sind die Mittelkosten bei einer dreimaligen Behandlung, wenn eine Packung mit 6 Dosen 10,50 € kostet?

3.3 Flächen- und Bandspritzungen

Nur mit richtig eingestellten Pflanzenschutzgeräten ist es möglich, eine genaue Dosierung einzuhalten und damit die optimale Wirkung des Pflanzenschutzmittels zu gewährleisten.

Beispiel 1:
Bei einer Feldspritzung von Gemüse beträgt die vorgeschriebene Wassermenge 400 l/ha und der Mittelaufwand 2 l/ha.

a) Wie hoch ist die Konzentration der Pflanzenschutzlösung?

Rechengang

$$400\ \text{l} \mathrel{\hat{=}} 100\,\%$$

$$1\ \text{l} \mathrel{\hat{=}} \frac{100\,\%}{400\ \text{l}}$$

$$2\ \text{l} \mathrel{\hat{=}} \frac{100\,\% \cdot 2\ \text{l}}{400\ \text{l}} = 0{,}5$$

Ergebnis
Die Konzentration der Pflanzenschutzlösung ist 0,5 %ig.

b) Das Auslitern der 20 Düsen an einem Spritzgestänge mit 10 m Arbeitsbreite hat eine durchschnittliche Durchflussmenge von 2,4 l/min und Düse ergeben.
Welche Fahrgeschwindigkeit muss eingehalten werden, um die vorgeschriebene Verteilung zu erreichen?

Beispiel 1 (Fortsetzung):

Rechengang

1. Ermittlung der zurückzulegenden Wegstrecke in m:

$$\textbf{Wegstrecke} = \frac{\text{Fläche}}{\text{Arbeitsbreite}}$$

$$\text{Wegstrecke} = \frac{10\,000\ \text{m}^2}{10\ \text{m}} = 1\,000\ \text{m}$$

2. Ermittlung der Ausstoßmenge aller Düsen in l/min

1 Düse – 2,4 l/min

20 Düsen – 2,4 l/min · 20 = 48 l/min

3. Ermittlung der Durchflusszeit in min

$$\textbf{Durchflusszeit} = \frac{\text{Spritzlösung (l/ha)}}{\text{Ausstoßmenge (l/min)}}$$

$$\text{Durchflusszeit} = \frac{400\ \text{l}}{48\ \text{l}} = 8{,}3\ \text{min}$$

4. Ermittlung der Fahrgeschwindigkeit in km/h

$$\textbf{Fahrgeschwindigkeit} = \frac{\text{Wegstrecke (m)}}{\text{Durchflusszeit (min)}}$$

$$\text{Fahrgeschwindigkeit} = \frac{1\,000\ \text{m}}{8{,}3\ \text{min}} = 120\ \text{m/min}$$

Umrechnung auf km/h: 1 km = 1 000 m,
1 h = 60 min

$$\frac{120\ \text{m} \cdot \text{km} \cdot 60\ \text{min}}{1\,000\ \text{m} \cdot \text{min} \cdot \text{h}} = 7{,}2\ \text{km/h}$$

Ergebnis

7,2 km/h muss die Fahrgeschwindigkeit betragen.

Die einzelnen Rechenschritte zur Ermittlung der Fahrgeschwindigkeit lassen sich in einer Formel zusammenfassen:

Fahrgeschwindigkeit (km/h) =

$$\frac{\underset{(\text{m}^2/\text{ha})}{\text{Fläche}} \cdot \underset{\text{Düse (l/min)}}{\text{Ausstoßmenge/}} \cdot \underset{\text{der Düsen}}{\text{Anzahl}} \cdot \underset{\text{min/h}}{60}}{\underset{(\text{m})}{\text{Arbeitsbreite}} \cdot \underset{(\text{l/ha})}{\text{Wassermenge}} \cdot \underset{\text{m/km}}{1\,000}}$$

$$\text{Fahrgeschwindikeit} = \frac{10\,000 \cdot 2{,}4 \cdot 20 \cdot 60}{10 \cdot 400 \cdot 1\,000} = 7{,}2\ \text{km/h}$$

Durch Umstellung der Formel erhält man z. B.:

Wassermenge (l/ha) =

$$\frac{\underset{(\text{m}^2/\text{ha})}{\text{Fläche}} \cdot \underset{\text{Düse (l/min)}}{\text{Ausstoßmenge/}} \cdot \underset{\text{der Düsen}}{\text{Anzahl}} \cdot \underset{\text{min/h}}{60}}{\underset{(\text{m})}{\text{Arbeitsbreite}} \cdot \underset{(\text{km/h})}{\text{Fahrgeschwindigkeit}} \cdot \underset{\text{m/km}}{1\,000}}$$

oder:

Ausstoßmenge pro Düse (l/min) =

$$\frac{\underset{(\text{l/ha})}{\text{Wassermenge}} \cdot \underset{(\text{m})}{\text{Arbeitsbreite}} \cdot \underset{(\text{km/h})}{\text{Fahrgeschwindigkeit}} \cdot \frac{1\,000}{\text{m/km}}}{\text{Fläche (m}^2) \cdot \text{Anzahl der Düsen} \cdot 60\ \text{m/h}}$$

Beispiel 2:

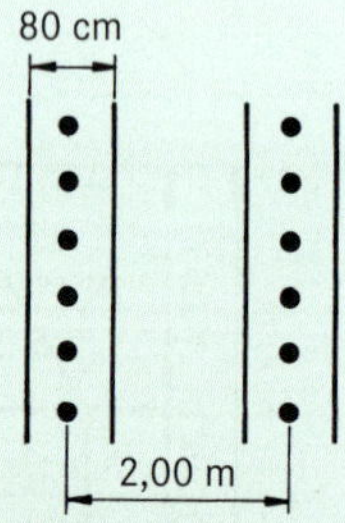

Mit einer Rückenspritze (15 l Tankinhalt) soll eine Bandspritzung durchgeführt werden. Der Reihenabstand beträgt 2 m, die Bandbreite 80 cm, der Mittelaufwand 5 l/ha.[1]

a) Wie viel Wasser wird pro ha benötigt?

Wassermenge (l/ha) =

$$\frac{\dfrac{\text{Ermittelter Wasserverbrauch (l)}}{\text{auf 100 m Messstrecke (= 1/100 ha!)}} \cdot 100\ \text{m}}{\text{Reihenabstand (m)}}$$

$$\text{Wassermenge} = \frac{4{,}5\ \text{l} \cdot 100\ \text{m}}{2\ \text{m}} = 225\ \text{l Wasser/ha}$$

Ergebnis

225 l Wasser/ha werden für die Bandspritzung benötigt.

b) Wie viel l oder kg Pflanzenschutzmittel werden pro ha benötigt?

Pflanzenschutzmittel (in l oder kg/ha) =

$$\frac{\underset{\text{(l oder kg/ha)}}{\text{Empfohlene Mittelmenge}} \cdot \underset{(\text{cm})}{\text{Bandbreite}}}{\text{Reihenabstand (cm)}}$$

$$\text{Pflanzenschutzmittel} = \frac{5\ \text{l/ha} \cdot 80\ \text{cm}}{200\ \text{cm}} = 2\ \text{l/ha}$$

Ergebnis

2 l/ha Pflanzenschutzmittel werden benötigt.

[1] Eine Probespritzung mit Wasser hat auf einer 100 m langen Messstrecke bei normaler Schrittgeschwindigkeit einen Wasserverbrauch von 4,5 l ergeben.

Beispiel 2 (Fortsetzung):

c) Wie viel ml oder g Pflanzenschutzmittel werden pro Tankfüllung benötigt?

Pflanzenschutzmittel (ml oder g/Tankfüllung) =

$$\frac{\text{Mittelmenge/ha bei Bandspritzung} \cdot \text{Tankinhalt (l)}}{\text{Wassermenge (l/ha) bei Bandspritzung}}$$

$$\text{Pflanzenschutzmittel} = \frac{2\,\text{l} \cdot 15\,\text{l}}{225\,\text{l}} = 0{,}1333\,\text{l}$$

Ergebnis

133 ml Pflanzenschutzmittel werden pro Tankfüllung benötigt.

Aufgaben

◑ 1. Errechnen Sie die fehlenden Werte:

Wassermenge (l/ha)	600	?	400
Arbeitsbreite (m)	12	10	12
Anzahl Düsen	24	20	24
Ausstoß/Düse (l/min)	2,5	2,0	?
Fahrgeschwindigkeit (km/h)	?	7	8

◑ 2. Mit einer Rückenspritze (15 l Tankinhalt) soll eine Flächenspritzung durchgeführt werden. Die Spritzbreite beträgt 80 cm, die erforderliche Wassermenge 400 l/ha, die Gehgeschwindigkeit 60 m/min und der Mittelbedarf 4 kg/ha.
   a) Wie groß muss der Düsenausstoß (l/min) sein?
   b) Wie viel ml Pflanzenschutzmittel werden pro Tankfüllung benötigt?

◑ 3. Errechnen Sie die fehlenden Werte:

Bandbreite (cm)	20	20	18	18
Reihenabstand (cm)	70	65	60	62
Wassermenge (l/ha)	?	300	350	400
Pflanzenschutzmittel (l oder kg/ha)	2	1,5	2,5	?*
Wasserverbrauch (l) auf 100 m Messstrecke	4	?	?	2,5

● 4. Der Tank einer Schlepperspritze fasst 350 l. Je ha sollen 400 l Pflanzenschutzmittellösung ausgebracht werden. Der Mittelbedarf bei einer Bandspritzung beträgt 3 l.
   a) Wie viel ml des Pflanzenschutzmittels werden für eine Tankfüllung benötigt?
   b) Welche Fläche kann bei einer Bandspritzung (Reihenabstand 60 cm, Bandbreite 18 cm) mit einer Tankfüllung behandelt werden?

* Empfohlene Mittelmenge 5 l/ha

4 Kultur- und Arbeitsverfahren

4.1 Saatgutbedarf

Merke

Der Gebrauchswert gibt den Anteil der keimfähigen Samen unter Berücksichtigung der **Keimfähigkeit** und **Reinheit** in Prozent an. Die Berechnung erfolgt nach folgender Formel:

$$\textbf{Gebrauchswert} = \frac{\text{Reinheit (\%)} \cdot \text{Keimfähigkeit (\%)}}{100\,\%}$$

Es wird von einer Reinheit von 95% und von einer Keimfähigkeit von 80% ausgegangen:

$$\text{Gebrauchswert} = \frac{95\,\% \cdot 80\,\%}{100\,\%} = 76\,\%$$

Das Ergebnis besagt, dass von 100 g Saatgut 76 g keimfähig sind. Dieser Gebrauchswert wird um zusätzlich einkalkulierte Verluste, z. B. durch Schädlings- und Krankheitsbefall, erniedrigt.

Rechnet man mit 20% Verlust, würde der Gebrauchswert nur noch 56% betragen.

Mithilfe des Gebrauchswerts und des Tausendkorngewichts (TKG) kann die notwendige Saatgutmenge ausgerechnet werden.

Beispiel:

Es werden 3 000 Stiefmütterchen benötigt. Die Keimfähigkeit beträgt 85%, die Reinheit 90% und das TKG 1,5 g. Von der Aussaat bis zum Verkauf der Pflanzen wird ein Verlust von 20% einkalkuliert. Wie viel g Saatgut müssen ausgesät werden, um 3 000 verkaufsfähige Pflanzen zu bekommen?

Rechengang

a) Ermittlung des Gebrauchswerts

$$\text{Gebrauchswert} = \frac{90\,\% \cdot 85\,\%}{100\,\%} = 76{,}5\,\%$$

76,5% - 20% Verlust = 56,5% Gebrauchswert

100 g Saatgut bestehen aus 56,5 g keimfähigen Samen.

Beispiel (Fortsetzung):

b) Ermittlung des Saatgutbedarfs

1 000 Korn wiegen 1,5 g

1 Korn wiegt $\frac{1{,}5\text{ g}}{1\,000\text{ Korn}}$

3 000 Korn wiegen $\frac{1{,}5\text{ g}}{1\,000\text{ Korn}} \cdot 3\,000 = 4{,}5\text{ g}$

56,5 % keimfähiger Samen ≙ 4,5 g Saatgut

1 % keimfähiger Samen ≙ $\frac{4{,}5\text{ g Saatgut}}{56{,}5\,\%}$

100 % keimfähiger Samen ≙ $\frac{4{,}5\text{ g Saatgut} \cdot 100\,\%}{56{,}5\,\%}$

= 7,96 g Saatgut

Ergebnis

Es müssen 8 g Saatgut ausgesät werden, um 3 000 verkaufsfähige Stiefmütterchen zu bekommen.

! Merke

Der Saatgutbedarf kann auch nach folgender Formel berechnet werden:

Saatgutbedarf =

$$\frac{\text{gewünschte Pflanzenzahl} \cdot 100\,\% \cdot \text{TKG in g}}{(\text{Gebrauchswert in \%} - \text{Verlust in \%}) \cdot 1\,000}$$

? Aufgaben

○ 1. Wie hoch ist der Prozentsatz der keimfähigen Samen vom gesamten Saatgut, wenn die Reinheit 90 % und die Keimfähigkeit 80 % beträgt?

◑ 2. Berechnen Sie den Saatgutbedarf (g) für jeweils 1 000 Pflanzen:

	a	b	c	d	e
Keimfähigkeit (%)	70	80	85	90	95
Reinheit (%)	80	85	87	89	90
Verlust (%)	5	10	15	17	20
TKG (g)	25	3,0	2,5	10	0,5

○ 3. Beim Feldanbau von Erbsen beträgt die Sollpflanzenzahl 70 Pflanzen/m² (TKG 200 g, Feldaufgang 70 %).
Wie viel kg müssen pro ha ausgesät werden?

◑ 4. Auf einer Fläche von 200 m² soll Rasen ausgesät werden. Pro m² sollen 40 000 Körner ausgebracht werden. Die Keimfähigkeit beträgt 95 %, die Reinheit 85 %. Ein Gramm der Rasensaat enthält 2 600 Körner. Es wird ein Verlust von 30 % einkalkuliert.
Wie viel g Rasensaat muss pro m² ausgesät werden?

4.2 Pflanzenbedarf

Beispiel:

Auf einer Rabatte (2 m · 8 m) sollen Beetrosen im Abstand 40 cm · 40 cm gepflanzt werden.
Wie viel Pflanzen werden benötigt?

Rechengang

Eine Rose benötigt 40 cm · 40 cm = 1 600 cm²

Größe der Fläche = 2 m · 8 m = 16 m² = 160 000 cm²
160 000 cm² : 1 600 cm² = 100

Ergebnis

Es werden 100 Rosenpflanzen benötigt.

? Aufgaben

◑ 1. Ein ellipsenförmiges Beet mit einem großen Durchmesser von 3 m und einem kleinen Durchmesser von 2,12 m soll mit Beetpflanzen im Abstand 20 cm x 20 cm bepflanzt werden.
Wie viel Pflanzen werden benötigt?

◑ 2. Bei einer Erdbeerpflanzung soll der Reihenabstand 80 cm und der Pflanzabstand in den Reihen 30 cm betragen.
Wie viel Pflanzen benötigen Sie für 10 m²?

◑ 3. Ein rechteckiges Grundstück mit den Maßen 40 m · 30 m soll mit einer Strauchrosenhecke umgeben werden.
Wie viel Strauchrosen sind erforderlich, wenn der Pflanzabstand in der Reihe 70 cm betragen soll?

◑ 4. Eine dreieckige Fläche mit einer Grundlinie von 10 m und einer Höhe von 4 m soll mit bodenüberwachsenden Rosen bepflanzt werden.
Wie viel Pflanzen werden benötigt, wenn 2 Pflanzen/m² gepflanzt werden?

4.3 Flächen-, Erd- und Substratbedarf

Formeln und Beispiele zur Flächenberechnung s. S. 525 ff.

Merke

Die **Volumenberechnung** erfolgt nach folgenden allgemeinen Formeln:

Gerade Körper

Volumen *(V)* = Grundfläche *(A)* · Höhe *(h)*

Spitze Körper

$$\text{Volumen } (V) = \frac{\text{Grundfläche } (A) \cdot \text{Höhe } (h)}{3}$$

Stumpfe Körper

$$\text{Volumen } (V) = \frac{A_1 + A_2 \cdot h}{2}$$

Aufgaben

1. Es sollen Balkonkästen mit den Maßen 98 · 12,5 · 14 cm bepflanzt werden. Wie viel Liter Substrat werden für 5 Balkonkästen benötigt?
2. Zum Pikieren wird eine Erde aus Kompost, Torf und Sand im Verhältnis 3 : 2 : 1 hergestellt. Es sollen 100 Pikierkisten mit den Maßen 60 · 40 · 6 cm gefüllt werden. Berechnen Sie die jeweiligen Anteile.
3. In Pikierkisten mit den Maßen 60 · 40 · 6 cm werden Cyclamen in Reihen im Abstand von 2 · 2 cm ausgesät. Wie viel a) Kisten, b) Liter Substrat und c) Quadratmeter Fläche werden für die Aussaat von 5 800 Samen benötigt?
4. Mit einer Topfmaschine werden stündlich 2 000 Pflanzen getopft. Ein Topf weist ein Volumen von 508,68 cm^3 auf. Wie viel m^3 Substrat werden an einem Arbeitstag von 8 Stunden benötigt?
5. Berechnen Sie die Rauminhalte folgender Tontöpfe:

Topfgröße	Innerer Durchmesser		Höhe
	oben	unten	
8 cm	8,0 cm	5,0 cm	7,0 cm
9 cm	9,0 cm	5,5 cm	8,0 cm
10 cm	10,0 cm	6,0 cm	9,0 cm
11 cm	11,0 cm	7,0 cm	9,5 cm
12 cm	12,0 cm	7,5 cm	10,5 cm
13 cm	13,0 cm	8,0 cm	11,5 cm
14 cm	14,0 cm	8,5 cm	12,5 cm
15 cm	15,0 cm	9,0 cm	13,0 cm

Geben Sie die Ergebnisse in cm^3 und l an.

Aufgaben (Fortsetzung)

6. Es werden 5 000 Jungpflanzen vom 9-cm-Topf in den 12-cm-Topf umgetopft. Wie viel m^3 Substrat sind erforderlich?
7. Topfpflanzen werden im Dreiecksverband ausgestellt. Der Pflanzenabstand soll nach allen Seiten 25 cm betragen.
   a) Wie groß ist der Reihenabstand (3, S. 391)?
   b) Vergleichen Sie den Flächenbedarf für 1 000 Pflanzen bei einer Ausstellung im Quadrat- und im Dreiecksverband.
8. Berechnen Sie die Reihenabstände beim Dreiecksverband, wenn die Pflanzenabstände a) 10 cm, b) 15 cm, c) 20 cm und d) 30 cm betragen.
9. Ein Mobiltisch ist 6 m lang und 2 m breit. Wie viel 12-cm-Töpfe können im a) Dreiecksverband und b) Quadratverband aufgestellt werden, wenn der Abstand zwischen den Pflanzen 25 cm betragen soll?
10. Zur Verbesserung des Bodens bei der Pflanzung von Straßenbäumen wird auf 2 Teile Aushub 1 Teil Kompost zugemischt. Es werden 5 Pflanzgruben mit den Maßen 2 m · 2 m · 1 m ausgehoben.
   a) Wie viel m^3 Kompost werden benötigt?
   b) Wie viel t müssten abtransportiert werden, wenn der gesamte Aushub erneuert werden müsste (1 dm^3 = 1,5 kg)?

5 Technik

5.1 Bodenbearbeitung

Beispiel:

Eine Fläche von 500 m^2 wird mit einer Spatenmaschine bearbeitet. Die Arbeitsbreite beträgt 2 m, die Geschwindigkeit 2 km/h.

a) Welche Wegstrecke wird zurückgelegt?

$$\text{Wegstrecke } (s) = \frac{\text{Fläche } (A)}{\text{Arbeitsbreite } (b)}$$

$$s = \frac{A}{b} = \frac{500 \text{ m}^2}{2 \text{ m}} = 250 \text{ m}$$

b) Wie viel Zeit (ohne Wenden) wird benötigt?

$$\text{Geschwindigkeit } (v) = \frac{\text{Weg } (s)}{\text{Zeit } (t)}$$

Beispiel (Fortsetzung):

→ Formelumstellung nach t

$$t = \frac{s}{v} = \frac{250\ \text{m}}{2\ \text{km/h}} = \frac{250\ \text{m} \cdot \text{h}}{2 \cdot 1\,000\ \text{m}} = 0{,}125\ \text{h}$$

$t = 0{,}125 \cdot 60 = 7{,}5$ Minuten Fahrzeit (ohne Wenden)

Probe:

$$v = \frac{s}{t} = \frac{250\ \text{m}}{7{,}5\ \text{min}} = \frac{250\ \text{m} \cdot 60}{1\,000 \cdot 7{,}5\ \text{h}} = 2\ \text{km/h}$$

c) Wie groß ist die Flächenleistung pro Stunde?

$$\text{Flächenleistung } (P) = \frac{\text{Fläche } (A)}{\text{Zeit } (t)}$$

$$P = \frac{A}{t} = \frac{500\ \text{m}^2}{0{,}125\ \text{h}} = 4\,000\ \text{m}^2/\text{h (ohne Wenden)}$$

? Aufgaben

◑ 1. Eine 15 m breite und 30 m lange Fläche wird mit einer Spatenmaschine bearbeitet. Die Arbeitsbreite beträgt 2,40 m, die Arbeitsgeschwindigkeit 3 km/h.
   a) Welche Wegstrecke wird zurückgelegt?
   b) Wie viel Zeit wird benötigt, wenn die Verlustzeiten für das Wenden 20 % betragen?
   c) Wie groß ist die Flächenleistung pro Stunde?

◑ 2. Berechnen Sie die fehlenden Werte:

	a	b	c	d
b	3 m	75 cm	? cm	300 cm
v	5 km/h	2,4 km/h	10 km/h	? km/h
A	1 ha	? m²	20 a	? a
s	?	300 m	8 km	48 000 dm
t	?	?	?	2,4 h

5.2 Flächenausnutzung unter Glas

Beispiel:

Ein Gewächshaus ist 12,50 m breit und 30 m lang. Die Kulturfläche besteht aus zehn 2,20 m breiten und 11,00 m langen, quer angeordneten Tischen. Wie groß ist die Nutzfläche in %?

Rechengang

a) Berechnung der gesamten Gewächshausfläche
$30\ \text{m} \cdot 12{,}50\ \text{m} = 375\ \text{m}^2$

b) Berechnung der Nutzfläche
$11{,}00\ \text{m} \cdot 2{,}20\ \text{m} \cdot 10 = 242\ \text{m}^2$

Beispiel (Fortsetzung):

c) Berechnung der Nutzfläche in %

$375\ \text{m}^2 \mathrel{\widehat{=}} 100\,\%$

$$1\ \text{m}^2 \mathrel{\widehat{=}} \frac{100\,\%}{375\ \text{m}^2}$$

$$242\ \text{m}^2 \mathrel{\widehat{=}} \frac{100\,\%}{375\ \text{m}^2} \cdot 242\ \text{m}^2 = 64{,}53\,\%$$

Ergebnis

Der Nutzflächenanteil beträgt 64,5 %.

? Aufgaben

◑ 1. Ein Gewächshaus ist 6 m breit und 9 m lang. Die Nutzfläche besteht aus zwei 2,40 m breiten und 9 m langen Grundbeeten.
Geben Sie a) die Nutzfläche und b) die Wegefläche in % an.

◑ 2. In einem 12,50 m breiten und 22 m langen Gewächshaus befinden sich ein 22 m langer und 1,50 m breiter Hauptweg sowie acht 0,60 m breite und 12,50 m lange Querwege. Wie viel % beträgt die Nutzfläche?

5.3 Wasser

5.3.1 Bewässerung

! Merke

Die Niederschlagsmenge wird in mm angegeben.

$1\ \text{mm} \mathrel{\widehat{=}} 1\ \text{l Wasser/m}^2$

Beispiel:

Ein Gewitterregen bringt 30 mm Niederschlag. Wie viel m³ Wasser waren dies auf einem ha?

Rechengang

$1\ \text{mm} = 1\ \text{l/m}^2$

$30\ \text{mm} = 1\ \text{l/m}^2 \cdot 30 = 30\ \text{l/m}^2$

$1\ \text{ha} = 10\,000\ \text{m}^2 \rightarrow 30\ \text{l} \cdot 10\,000 = 300\,000\ \text{l}$

$1\ \text{l Wasser} \mathrel{\widehat{=}} 1\ \text{dm}^3$

$\rightarrow 300\,000\ \text{l Wasser} = 300\,000\ \text{dm}^3$

$1\ \text{m}^3 = 1\,000\ \text{dm}^3$

$\rightarrow 300\,000\ \text{dm}^3 = 300\ \text{m}^3$

Ergebnis

300 m³ Wasser fielen auf 1 ha.

5.3.2 Luftfeuchtigkeit und Taupunkt

Der Wasserdampfgehalt der Luft wird als **Luftfeuchtigkeit** angegeben. Dabei unterscheidet man zwischen der absoluten und der relativen Luftfeuchtigkeit. Die maximale Feuchte, die Luft aufnehmen kann, ist temperaturabhängig (Tab. 1). Die Temperatur, bei der die Luft mit Wasserdampf gesättigt ist (relative Luftfeuchtigkeit = 100 %), wird als **Taupunkt** bezeichnet.

°C	g/m³	°C	g/m³	°C	g/m³	°C	g/m³
-10	2,14	1	5,2	12	10,7	23	20,6
-9	2,33	2	5,6	13	11,4	24	21,8
-8	2,54	3	6,0	14	12,1	25	23,1
-7	2,76	4	6,4	15	12,8	26	24,5
-6	2,99	5	6,8	16	13,6	27	25,8
-5	3,24	6	7,3	17	14,5	28	27,3
-4	3,51	7	7,8	18	15,4	29	28,8
-3	3,81	8	8,3	19	16,3	30	30,4
-2	4,13	9	8,8	20	17,3	31	31,9
-1	4,47	10	9,4	21	18,3	32	33,5
0	4,84	11	10,0	22	19,4	33	35,3

Tab. 1 Sättigungsmengen in Abhängigkeit von der Temperatur

Beispiel:

1. Wie hoch ist die relative Luftfeuchtigkeit, wenn die Temperatur 20 °C beträgt und die Luft 12,98 g Wasserdampf/m³ Luft enthält?

   Die Berechnung erfolgt mit folgender Formel:

   $$\text{relative Luftfeuchtigkeit} = \frac{\text{absolute Luftfeuchtigkeit} \cdot 100\,\%}{\text{Sättigungsmenge}}$$

   $$\text{relative Luftfeuchtigkeit} = \frac{12{,}98\ \text{g/m}^3 \cdot 100}{17{,}3\ \text{g/m}^3} = 75\,\%$$

2. Die Temperatur in einem Gewächshaus beträgt 20 °C. Das Hygrometer zeigt eine relative Luftfeuchtigkeit von 70 % an.

   a) Wie hoch ist die absolute Luftfeuchtigkeit?

   Rechengang

   $$\text{absolute Luftfeuchtigkeit} = \frac{\text{relative Luftfeuchtigkeit} \cdot \text{Sättigungsmenge}}{100\,\%}$$

   $$\text{absolute Luftfeuchtigkeit} = \frac{70\,\% \cdot 17{,}3\ \text{g/m}^3}{100\,\%} = 12{,}11\ \text{g/m}^3$$

   Ergebnis

   Die absolute Luftfeuchtigkeit beträgt 12,11 g/m³.

Beispiel (Fortsetzung):

oder

Bei 20 °C beträgt die Sättigungsmenge 17,3 g/m³. Bei einer relativen Luftfeuchtigkeit von 70 % beträgt somit die absolute Luftfeuchtigkeit 70 % von 17,3 g = 12,11 g/m³ Luft.

b) Bei welcher Lufttemperatur liegt der Taupunkt?

Laut Tab. 1 liegt der Taupunkt für 12,11 g/m³ bei 14 °C. Wird diese Temperatur unterschritten, bildet sich Niederschlag.

? Aufgaben

◑ 1. Die durchschnittliche jährliche Niederschlagsmenge liegt in der Bundesrepublik Deutschland bei etwa 700 mm.
   a) Wie viel Liter pro m² sind dies?
   b) Wie viel m³ Wasser fallen pro Jahr auf die Fläche der Bundesrepublik Deutschland (356 961 km²)?
   c) Wie viel Wasser steht theoretisch jedem Einwohner (etwa 80 Millionen) zur Verfügung?
   d) Wie viel m³ Regenwasser kann über die Dachfläche eines Gewächshauses mit einer Breite von 12,55 m und einer Länge von 30 m aufgefangen werden?

○ 2. Am Tage wurden 18 mm Niederschlag gemessen. Wie viel Wasser fiel a) auf 1 a und b) auf 1 ha? Geben Sie das Ergebnis in l und m³ an.

○ 3. Im Unterglasanbau rechnet man mit einem Wasserbedarf von 1 bis 2 m³/m² und Jahr. Wie viel mm Niederschlag entspricht diese Wassermenge?

◑ 4. Die Wurfweite eines Kreisregners beträgt 6 m.
   a) Wie viel Fläche wird beregnet?
   b) Wie lange muss der Regner laufen, um 15 mm zu verregnen, wenn der Wasserverbrauch 1 m³/h beträgt?

◑ 5. Zur Frostschutzberegnung werden Schwachregner mit einer Beregnungsintensität von 3 mm/h verwendet.
   Welche Wassermenge wird benötigt, wenn eine Fläche von 0,8 ha 8 Stunden lang beregnet werden muss?

◑ 6. Die Lufttemperatur beträgt 20 °C und die relative Luftfeuchtigkeit 70 %.
   Welche Luftfeuchtigkeit hat die Luft a) bei Erwärmung auf 25 °C und b) bei Abkühlung auf 15 °C?

Aufgaben (Fortsetzung)

- 7. Wie hoch ist der Taupunkt, wenn die Lufttemperatur 15 °C und die relative Luftfeuchtigkeit 55 % beträgt?
- 8. In einem Gewächshaus wird eine Temperatur von 25 °C und eine relative Luftfeuchtigkeit von 75 % gemessen. Zur Energieeinsparung und Reduzierung der Atmungsverluste soll die Nachttemperatur abgesenkt werden. Welche Temperatur darf nicht unterschritten werden, wenn zur Vermeidung von Niederschlagsbildung (Gefahr von Pilzinfektionen!) eine Lufttemperatur von 2 °C über dem Taupunkt eingehalten werden soll?

5.4 Düngerbeimischer

Bei Düngerbeimischern (s. S. 484 ff.) lässt sich durch die Wahl der Größe der Düse, die dem vorbeifließenden Wasser die Stammlösung beimischt, die Konzentration der fertigen Düngerlösung einstellen. Als Düsengröße wird das Beimischverhältnis auf den Düsen angegeben. So bedeutet Düsengröße 2:98, dass auf 98 l Wasser (98 Teile) 2 l Stammlösung (2 Teile) hinzugegeben werden (100 Teile = 100 %).

Beispiel:
Welche Düngerlösungskonzentration liegt bei einer Düsengröße von 2:98 und einer Stammlösungskonzentration von 15 % vor?

Rechengang

100 Teile = 15 %

$$1\ \text{Teil} = \frac{15\,\%}{100}$$

$$2\ \text{Teile} = \frac{15\,\%}{100} \cdot 2 = 0{,}3\,\%$$

Ergebnis
Die Konzentration der Düngerlösung beträgt 0,3 % oder 3 ‰.

Aufgabe

- Berechnen Sie die Konzentration der Düngerlösung bei einer Düsengröße des Düngerbeimischers von 1:99, 3:97 und einer Stammlösung von a) 10 %, b) 15 % und c) 20 %.

6 Wirtschaftskunde

Zinsrechnung

Unter einem **Kredit** versteht man die leihweise Überlassung von Geld (Kaufkraft) durch Ausleihen einer Geldsumme oder Verzicht auf eine sofortige Bezahlung beim Verkauf. Für die Überlassung eines Kredits muss der Kreditnehmer (Schuldner) dem Kreditgeber (Gläubiger) ein Entgelt, das heißt **Zinsen**, bezahlen.

Beispiel:

1. Wie viel Zinsen bringt ein Kapital von 840,00 € bei einem Zinsfuß von 4 % in 3 Jahren?

Formel für Jahreszinsen

$$\text{Zinsen} = \frac{\text{Kapital} \cdot \text{Zinsfuß} \cdot \text{Jahre}}{100\,\%}$$

$$\text{Zinsen} = \frac{840{,}00\,€ \cdot 4\,\% \cdot 3\ \text{Jahre}}{100\,\%} = 100{,}80\,€$$

2. Wie viel Zinsen bringt ein Kapital von 50,00 € bei einem Zinsfuß von 4,75 % in 7 Monaten?

Formel für Monatszinsen

$$\text{Zinsen} = \frac{\text{Kapital} \cdot \text{Zinsfuß} \cdot \text{Monate}}{100\,\% \cdot 12\ \text{Monate}}$$

$$\text{Zinsen} = \frac{50{,}00\,€ \cdot 4{,}75\,\% \cdot 7\ \text{Monate}}{100\,\% \cdot 12\ \text{Monate}} = 1{,}39\,€$$

3. Wie viel Zinsen bringt ein Kapital von 1000,00 € bei einem Zinsfuß von 5 % vom 5. März bis 13. Okt.?

Für die **Berechnung von Zinstagen** gilt:

1 Jahr = 12 Monate
1 Monat = 30 Tage
1 Jahr = 360 Tage

→ 5. März bis 13. Okt.

Das sind:
5. März bis 5. Okt. = 7 · 30 Tage = 210 Tage
vom 5. Okt. bis 13. Okt. = 8 Tage
218 Tage

Formel für Tageszinsen

$$\text{Zinsen} = \frac{\text{Kapital} \cdot \text{Zinsfuß} \cdot \text{Tage}}{100\,\% \cdot 360\ \text{Tage}}$$

$$\text{Zinsen} = \frac{1\,000{,}00\,€ \cdot 5\,\% \cdot 218\ \text{Tage}}{100\,\% \cdot 360\ \text{Tage}} = 30{,}28\,€$$

Beispiel (Fortsetzung):

4. Wie groß ist ein Kapital *(K)*, das in der Zeit *(t)* vom 3. Juli bis 8. Aug. bei einem Zinsfuß *(p)* von 4,75 % 5,00 € Zinsen *(Z)* bringt?

Berechnung des Kapitals
(Formelumstellung nach *K*)

$$K = \frac{Z \cdot 100\,\% \cdot 360\ \text{Tage}}{p \cdot t}$$

3. Juli – 3. Aug. = 30 Tage
3. Juli – 3. Aug. = 5 Tage
35 Tage

$$K = \frac{5{,}00\ € \cdot 100\,\% \cdot 360\ \text{Tage}}{4{,}75\,\% \cdot 35\ \text{Tage}} = 1\,082{,}71\ €$$

5. Wie hoch war der Zinsfuß, wenn ein Kapital von 10 000,00 € in 50 Tagen 100,00 € Zinsen brachte?

Berechnung des Zinsfußes
(Formelumstellung nach *p*)

$$p = \frac{Z \cdot 100\,\% \cdot 360\ \text{Tage}}{K \cdot t}$$

$$p = \frac{100{,}00\ € \cdot 100\,\% \cdot 360\ \text{Tage}}{10\,000{,}00 \cdot 50\ \text{Tage}} = 7{,}2\,\%$$

6. Wie lange waren 4 000,00 € angelegt, wenn sie bei einem Zinsfuß von 6 % 200,00 € Zinsen brachten?

Berechnung der Zeit
(Formelumstellung nach *t*)

$$t = \frac{Z \cdot 100\,\% \cdot 360\ \text{Tage}}{K \cdot p}$$

$$t = \frac{200{,}00\ € \cdot 100\,\% \cdot 360\ \text{Tage}}{4\,000{,}00\ € \cdot 6\,\%} = 300\ \text{Tage}$$

Aufgaben

○ 1. Beim Sparen mit festem Zins beträgt der Zinssatz 5 %.
Wie viel Zinsen bringt ein Kapital von 10 000,00 € nach einem Jahr?

○ 2. Ein Kapital von 500,00 € wird für 8 Monate bei einem Zinsfuß von 2 % festgelegt.
Wie hoch sind die Zinsen?

◑ 3. Berechnen Sie die Zinstage vom
a) 12. Sept. bis 24. Dez.,
b) 4. Feb. bis 19. März und
c) 12. Jan. 2018 bis 6. Jan. 2019.

◑ 4. 6 584,00 € werden vom 22. Mai bis 19. Nov. zu 6 % verzinst.
Wie hoch sind die Zinsen?

◑ 5. Errechnen Sie das Kapital:

	p	*Z*	*t*
a)	4,00 %	2 800,00 €	8 Monate
b)	4,75 %	850,00 €	vom 15. Feb. bis 12. Dez.
c)	1,5 %	5,00 €	10 Jahre

◑ 6. Errechnen Sie die fehlenden Werte:

	Z	*K*	*p*	*t*
a)	40,00 €	500,00 €	?	2 Jahre
b)	35,00 €	6 300,00 €	?	40 Tage
c)	240,00 €	8 000,00 €	4 %	?
d)	800,00 €	10 000,00 €	8 %	?

◑ 7. Am 22. April haben Sie Ihr Konto um 56,03 € überzogen. Am 29. April ist Ihr Konto wieder ausgeglichen. Als Zinsen berechnet Ihnen Ihr Geldinstitut 0,25 €.
Wie hoch war der Zinssatz?

● 8. Sie erhalten eine Warenlieferung zu folgenden Zahlungsbedingungen: zahlbar innerhalb von 28 Tagen netto Kasse (Zahlung der Rechnung ohne Skontoabzug) oder 2 % Skonto (Preisnachlass für rechtzeitige Zahlung) bei Zahlung innerhalb von 10 Tagen. Angenommen, Sie zahlen am 10. Tag, dann erhalten Sie für die übrigen 18 Tage (10 Tage „kostenloser“ Warenkredit!) 2 % Skonto.
a) Welchem Jahreszinssatz entspricht dies?
b) Warum sollte man eine Skontierungsfrist unbedingt ausnutzen und gegebenenfalls zur Bezahlung einen Bankkredit (z. B. Kontokorrentkredit) in Anspruch nehmen?

Sachwortverzeichnis

E

F

G

N

O

T

U

Bildquellenverzeichnis

Verfasser und Verlag danken den genannten Firmen, Institutionen und Privatpersonen für die Überlassung von Vorlagen und Abdruckgenehmigungen zu folgenden Abbildungen:

© European Union, 2021: S. 222/1

123.RF, Nidderau: S. 292/1 (Oleg Doroshenko); 293/1 (radub85)

ADLER Arbeitsmaschinen GmbH & Co. KG, Nordwalde: S. 325/4

Adolf Thies GmbH & Co. KG, Göttingen: S. 341/2

Algenfarm Klötze GmbH & Co. KG, Klötze: S. 100/3

Ammerlaan, Construction B.V, Horst, Niederlande: S. 417/1, 2

ANDO Technik GmbH, Hamburg: S. 486/1

Angelika und Reimund Lay, www.angelikaley-fotografie.de, Recklinghausen: S. 258/2

ARI-Armaturen Albert Richter GmbH & Co. KG, Schloß Holte-Stukenbrock: S. 463/ Tab. 1b

as-illustration, Rimpar: S. 8/1c; 14/1, 4; 15/1, 2, 3, 4, 5; 58/2a-c; 145/1, 2; 151/1; 159/1; 177/1; 226/1; 444/1; 447/1, 2; 530/1; 532/1, 2

Ausbildungsförderwerk Garten-, Landschafts- und Sportplatzbau e. V., Bad Honnef: S. 508/1

b p k Bildagentur für Kunst, Kultur und Geschichte, Berlin: S. 96/2; 175/1

b p k Bildagentur für Kunst, Kultur und Geschichte, Franz Hanfstaengl, Berlin: S. 175/3

Biokreis e. V., Passau: S. 222/5

Bioland e. V., Mainz: S. 222/11

Biopark e. V., Güstrow: S. 222/9

Bundesamt für Verbraucherschutz und Lebensmittelsicherheit (BVL), Berlin: S. 243/2; 330/2a

Bundesanstalt für Landwirtschaft und Ernährung (BLE), Bonn: S. 222/2; 506/1, 2, 3; 507/1

Bundesinformationszentrum Landwirtschaft (BZL) in der BLE, Bonn, Heft „Berufsbildung im Gartenbau“ (1102): S. 515/1

Bundesinstitut für Risikobewertung (BfR), Berlin: S. 330/2b

Bundesverband Garten-, Landschafts- und Sportplatzbau e. V. - BGL, Bad Honnef: S. 519/1a

CLAAS KG aA mbH, Harsewinkel: S. 396/1, 2; 397/2; 399/2, 3

Colourbox EU GmbH, Berlin: S. 153/1 (Kristian Kirk Mailand/Maimento)

COSMET Helmut Ploß, Hamburg: S. 3/3; 18/1; 33/1; 35/1d-f; 36/1; 37/3a; 38/1, 2; 40/1; 41/1; 46/1; 48/2; 53/2; 55/1; 57/1; 61/2; 66/1; 67/1; 76/1, 3; 77/3; 80/4; 82/1; 83/1, 2; 84/1; 85/1, 2; 86/1; 87/1; 88/1, 2; 102/1; 105/1; 117/1; 125/1, 2; 126/1; 130/2; 140/2; 156/1; 182/1; 184/1; 198/1a; 202/1; 240/1a-c; 241/1; 313/1; 318/2; 332/1; 335/2; 336/1; 340/1; 345/1; 350/1, 2; 351/1; 368/1; 387/3; 393/1; 394/1; 411/1; 435/1; 436/1; 439/2; 440/1; 456/1; 458/1; 460/1, 2; 463/1, 2, 3; 464/1; 489/1; 491/1

Da Ros Deutschland, Hamburg: S. 366/5

Das Grüne Medienhaus Abteilung der Förderungsgesellschaft Gartenbau mbH, Bonn: S. 508/2; 509/1; 510/1

Demeter e. V., Darmstadt: S. 222/10

Deutscher Wetterdienst (DWD), Offenbach am Main: S. 347/1, 2

DGB, Berlin: S. 521/2a

dpa Picture-Alliance GmbH, Frankfurt am Main: S. 292/2 (WILDLIFE/D. Harms); 304/2 (KPA/Werle); 307/3d (Kimmo Taskinen); 507/3 (Uwe Anspach); 509/2 (Carmen Jaspersen)

Dudda, Martin, Baumdienst, Transporte und Hubarbeitsbühnenvermietung, Oberhausen: S. 217/2

EBRO ARMATUREN Gebr. Bröer GmbH, Hagen: S. 463 Tab. 1h

Ecoland e. V., Wolpertshausen: S. 222/3

ECOVIN Bundesverband Ökologischer Weinbau e. V., Oppenheim: S. 222/7

Edm. Romberg & Sohn, Ellerau: S. 425/2

ELMO GmbH, Rheine: S. 326/1

EVG Eisenbahn- und Verkehrsgewerkschaft, Berlin: S. 521/2d

Faust, Sascha, Wiefelstede: S. 445/2

Fecke, Stefan, Düsseldorf: S. 466/2, 3; 467/1, 2, 3; 481/1

Gäa e. V., Dresden: S. 222/8

Gardena GmbH, Ulm: S. 395/1a, b, d, e, f, g, h

Gay, Claude-Bernard, Hamburg: S. 466/1

Gewerkschaft der Polizei - Bundesvorstand, Berlin: S. 521/2h

Gewerkschaft Erziehung und Wissenschaft (GEW), Landesverband Hamburg, Hamburg: S. 521/2b

Gewerkschaft Nahrung-Genuss-Gaststätten (NGG), Hamburg: S. 521/2e

Grafische Produktion Neumann, Rimpar: S. 1/1; 13/1, 2; 14/2, 3; 19/1; 20/1, 2; 37/3b; 42/1; 44/1; 45/1; 48/1; 49/1, 2; 50/2a+b 3a+b; 51/1; 52/1; 58/1; 60/1; 74/1; 95/1a-d; 119/1; 134/1; 140/1; 142/1; 143/1; 144/1, 2; 149/2; 150/1, 2; 176/1; 179/1; 185/1, 2; 186/1; 194/1; 200/2, 3; 203/2; 204/1; 210/1, 2a-d; 212/1; 215/1; 216/1; 217/1; 223/1; 231/1; 233/1; 245/1; 246/1, 2; 250/1; 251/2; 298/1; 349/1; 353/1; 354/1, 2; 365/1; 370/1f, j, k; 375/1a; 388/1; 398/1; 400/2; 405/1; 405/2; 429/1; 432/1; 433/1d; 442/1; 445/1, 3a+b; 446/1, 2; 471/1; 474/2; 481/2; 482/3; 488/2; 489/2; 502/1

Grosser, Dr. Dietger, Akadem. Direktor i. R.: S. 288/1, 2, 3, 4

Hagl, Daniel, Bavendorf: S. 272/1

HARGASSNER GmbH, Weng/Innkreis: S. 443/1

Hilfert, Pflanzenschutzamt, Hamburg: S. 322/1

Hochschule Weihenstephan-Triesdorf, Freising: S. 171/1

Hortuna AG, Winikon, Schweiz, www.hortuna.ch: S. 409/2

IG BCE: S. 521/2i

IG Metall, igmetall.de, Frankfurt a. M.: S. 521/2g

Industriegewerkschaft Bauen-Agrar-Umwelt, Frankfurt am Main: S. 521/2c

Institut für Bodenkunde der Leibniz Universität Hannover, Dr. B. Beyme: S. 162/1a-h

iStockphoto, Berlin: S. 247/1 (Bart Coenders); 305/3 (Olaf Schmitz); 309/5 (Pauline S Mills); 507/2 (Bart Co)

Jiffy Products International BV: S. 426/2, 3, 4

Julius Kühn-Institut (Thomas Schröder), Braunschweig: S. 288/5, 6

Julius Kühn-Institut, Braunschweig: S. 330/2d

Julius Kühn-Institut, Bundesforschungsinstitut für Kulturpflanzen, Institut f. Anwendungstechnik (www.julius-kuehn.de/at/): S. 498/1

Kehr, Prof. Dr. Rolf, Göttingen: S. 311/5

Kimpel, Martin, Grebenhain: S. 326/3

Landesverband Schleswig-Holstein im Bund deutscher Baumschulen (BdB e. V., Ellerhoop: S. 519/1b

LEMKEN GmbH & Co. KG, Alpen: S. 403/3

Lohrer, Thomas, Freising: S. 271/3; 295/3b

MASCHIO Deutschland GmbH, Thalmässing: S. 400/1

Mauritius images GmbH, Mittenwald: S. 4/1; 77/2

Max Holder GmbH, Metzingen: S. 499/1; 500/1, 3; 501/2, 3; 502/2

Max Weishaupt GmbH, Schwendi: S. 452/1a

Mayer GmbH & Co. KG, Heidenheim: S. 430/1

Meier, Marlies, Hamburg: S. 2/1; 3/1, 2; 5/1a+b; 6/1; 7/1a-f; 8/1a+b, 2; 9/1, 2; 10/1; 17/1a+b; 21/2; 22/1; 29/1; 30/1; 34/2a+b; 43/1; 44/2, 3; 50/1; 53/1; 55/2; 56/2; 61/1; 70/1, 2; 71/1, 2, 3; 73/2, 3; 075/2; 100/4; 103/2; 104/4; 111/1; 112/1, 2; 136/1; 141/1; 156/2; 180/1, 2, 3; 230/1; 232/1; 235/1; 243/1; 252/1; 258/3; 264/1; 266/3; 267/1, 2a+c+e; 268/4; 269/1; 271/1; 275/1; 276/1; 277/1a, 2a; 278/1; 280/1; 287/1; 289/2; 291/1; 296/1; 300/1; 303/1; 307/3a-c, g, h; 309/2; 310/2; 317/1, 2; 370/1a-e, g, h, i; 375/1b-j; 389/1

Metasch, Martin, Hamburg: S. 63/1; 65/1; 79/2; 80/2; 90/2; 106/1, 2; 107/1, 2, 3; 108/1, 2, 3, 4; 109/1, 2, 3; 129/1d+e; 167/1; 224/1, 2a-c; 334/1; 337/1a+b, 2; 338/1; 346/1; 360/1b, 2b, 3b; 370/2; 375/2; 376/3a; 377/1, 2; 378/1, 2; 379/1, 2; 381/1.2, 1.3, 1.4, 1.5, 1.6, 1.7, 1.8, 1.9; 382/1, 2; 383/1a, 2, 3; 384/1, 2, 3; 385/1; 390/1; 394/2; 430/2; 450/1

Naturland - Verband für ökologischen Landbau e. V., Gräfelfing: S. 222/6

NGR Natursteingesellschaft mbH, Rheine: S. 127/1; 131/1, 2, 3, 4, 5, 6

Nietsch & Sohn GmbH &Co. KG, Kreuztal: S. 418/2, 3

PATS Indoor Drone Solutions: S. 239/2

Pflanzenschutzamt, Berlin: S. 282/2, 3; 283/1; 284/2, 3, 4; 285/1; 286/1; 287/1a

picture-alliance / dpa | epa PA Curtis: S. 367/1

picture-alliance / OKAPIA KG, Germany: S. 3e (Oliver Giel)

Pixelio media GmbH, München: S. 59/1 (Michael Bührke)

PRONOVA Analysentechnik GmbH & Co. KG, Berlin: S. 159/1a

RAL e. V., Bonn: S. 174/1

Rapid Technic AG, CH Killwangen: S. 397/1a-f

Reimann, Julia, Hamburg: S. 146/1a+b; 262/1; 282/1; 316/1; 320/1

Schell GmbH, Egenhofen: S. 433/1b

Schmitt, Jens, Höchstädt: S. 152/2; 401/1

Scholz & Partner, Wolfsburg: S. 113/1; 115/1; 161/1, 2; 345/2; 474/3; 475/1a; 485/2; 499/Tab. 1a+b; 510/2; 511/1

Schuch, Ingo, Wetterstation des Forschungsgewächshauses der Humboldt Universität zu Berlin: S. 433/1a

Seipel, Holger, Wiefelstede: S. 6/1-3; 11/1-9; 12/1-15; 16/1-9; 18/2; 24/1-6; 25/1, 2, 3; 26/1, 2; 27/1, 2; 28/1-4; 32/2; 33/2, 3; 34/1; 35/1a-c; 37/1, 2; 64/1, 2; 65/2a+b; 68/2; 72/1a; 73/1; 76/2; 77/1, 4; 78/1a-d; 80/3; 81/1, 2; 89/2; 92/1; 100/1, 2; 102/2, 3; 103/1; 104/1, 2, 3a+b; 105/1a; 114/1; 123/1, 3, 4; 124/1; 129/1a-c; 137/1, 2, 3; 153/2; 154/1; 155/1; 159/1b-d; 165/1; 166/1, 2, 3, 4, 5, 6; 169/1; 172/1, 2; 192/2; 196/2; 197/1, 2, 3, 4, 5, 6 (nur ebook+); 203/1; 205/1; 206/1, 2; 208/1; 213/1; 214/1; 216/2; 218/1; 220/1a-c, 2; 221/1; 234/1a-d; 237/1; 238/1-4; 248/1a-d; 252/2, 3; 254/2, 3; 255/1, 2; 256/1, 3, 4, 5; 257/1, 2, 3; 258/1; 259/2, 3, 4; 260/1, 2, 3; 261/2, 4; 263/2, 3; 267/2b+d; 268/1, 3; 271/2, 4; 274/1; 277/1b, 2b; 279/1, 2, 3, 4; 280/2, 3; 283/2, 4; 284/1, 5, 6; 285/2; 290/1, 2, 3; 293/2, 3; 295/1, 2, 3a, 4; 297/3, 4; 299/2, 3; 303/2; 304/1; 307/2; 308/1; 309/3; 311/1-4; 315/1, 2; 317/1b; 318/1; 319/1a+b, 2, 3, 4; 320/2; 321/1, 2, 3, 4; 322/2, 3, 4; 325/1, 2, 3; 327/1; 339/1; 342/1-8; 343/1; 358/1a+b; 360/1a, 2a, 3a; 365/2, 3, 4, 5; 366/1-4; 371/1-6; 372/1-4; 373/1, 2, 3; 374/1-5; 376/1, 2, 3b; 381/1.1; 383/1b; 385/2, 3; 386/2, 3; 387/1, 2; 389/2a-f; 390/2a-d; 391/1; 396/3, 4; 397/3; 399/1; 400/3; 401/2; 402/1, 2, 3, 4, 5; 403/1, 2, 4, 5; 404/1, 2; 407/2; 408/2; 409/1; 416/1b; 418/1; 421/2; 422/1, 2; 423/1, 2, 3, 4, 5, 6; 424/1, 2; 425/3; 426/1; 427/1, 2, 3; 428/1, 3; 433/1c; 438/1; 439/1; 461/1; 469/2; 470/2; 472/1; 473/1; 475/1b; 477/1; 478/1, 2; 496/1; 499/1; 500/1, 3; 501/1, 3; 502/2

Seipel, Kai-Michael, Achtrup: S. 116/1; 123/2; 254/1; 255/3, 4; 256/2; 259/1; 261/1, 3; 267/2f; 268/2; 297/2

Shutterstock Images LLC, New York, USA: S. 71/2a (PolyakovaN); 72/1b (Menno Schaefer); 75/1 (Psawong) ; 96/1(Everett Collection); 120/1(Teo Tarras); 260/4 (Rudmer Zwerver); 273/1 (Sheila Fitzgerald); 279/5 (Bildagentur Zoonar GmbH); 283/3 (mar_chm1982); 293/4 (Cosmin Manci); 294/1 (Pawel Beres); 296/2 (nechaevkon); 297/1 (Mircea Costina); 306/1 (vladimir salman); 311/6 (Cesare Palma); 314/2 (Alex Manders); 324/2 (Hannamariah); 330/1a (Route66); 330/1c (grebeshkovmaxim); 355/1 (AerialVision_it)

Siemsen & Lasak GbR; Norbert Machet-Klein, www.greencitylive.com: S. 103/3

Stahl-Armaturen PERSTA GmbH, Warstein: S. 463/ Tab. 1d

stock.adobe.com: S. 80/1 (VRD); 149/1 (Ewal Fröch); 151/2 (Kadmy); 152/1 (bynicola); 242/2 (Benshot); 261/5 (fotofrank); 266/4 (mandritoiu); 272/2 (Daniel Nimmervoll); 305/1 (SchmitOlaf); 305/2 (7monarda); 309/4 (hfox); 326/2 (Martina Berg); 330/1b (Findus2000); 338/2 (miloje)

TFA Dostmann GmbH Co. KG, Wertheim-Reicholzheim: S. 335/3

transgen.de, Aachen: S. 90/1; 91/1; 94/1, 2, 3

Ullstein Bilderdienst, Berlin: S. 85/3

Umweltbundesamt: S. 330/2c

United Nations Economic Commission for Europe, www.unece.com: S. 244/1a-c; 244/Tab. 1a-s; 249/2a-i

ver.di - Vereinte Dienstleistungsgewerkschaft, Berlin: S. 521/2f

Verbund Ökohöfe e. V., Wanzleben: S. 222/4

WESA-Armaturen GmbH, Winterbach bei Stuttgart: S. 463 Tab. 1f

WILO SE, Dortmund: S. 482/2

Witt, Horst-Herbert, Dr.; Bad Zwischenahn: S. 199/1

www.wikipedia.org: S. 256/6 (entomart); 256/7 (Pudding4brains)

Zentralverband Gartenbau e. V. (ZVG), Bonn: S. 519/1c; 520/1

ZEPP, Bad Kreuznach: S. 249/1

ZUWA-Zumpe GmbH, Laufen: S. 500/2

Wir danken den folgenden Firmen und Institutionen für die Genehmigung, dass wir ihre Videos verwenden dürfen:

Ausbildungsförderwerk Garten-, Landschafts- und Sportplatzbau e. V., Bad Honnef: S. 508/1

Bayerischer Rundfunk, München: S. 507; 508; 509; 510

Da Ros Deutschland, Hamburg: S. 366; 390

simpleclub GmbH, Grünwald: S. 1; 47; 55; 57; 125; 130; 139; 155; 160; 189; 192; 333; 336; 338; 339; 341; 344/1, 2, 3; 348; 429; 445; 488

Studyflix GmbH, Augsburg: S. 126/1, 2; 531, 532

Trotz intensiver Bemühungen ist es uns nicht gelungen, die Urheber einiger Abbildungen zu ermitteln. Die Rechte dieser Urheber werden selbstverständlich vom Verlag gewahrt.
Die Urheber oder deren Rechtsnachfolger werden gebeten, sich mit dem Verlag in Verbindung zu setzen.

Titelübersicht für das Berufsfeld Gartenbau

Grundbildung für alle Fachrichtungen

Fachkunde für Gärtner/-innen
von H. Seipel
Bestell-Nr. **4155**

Prüfungsbuch
Gartenbau
von H. Seipel
Bestell-Nr. **7450**

Arbeitsheft
Gärtner/-innen
Grundlagen der Botanik
von H. Seipel
Bestell-Nr. **41555**

Fachbegriffe
des Gartenbaus
von H. Seipel
Bestell-Nr. **E7451**

Arbeitsheft
Gärtner/-innen
Grundlagen der Vegetationskunde
von H. Seipel
Bestell-Nr. **41558**

Taschenwörterbuch
der Phytomedizin
von T. Lohrer
Bestell-Nr. **41591**

eBook
Kleines Repetitorium
der Botanik
von E. F. Welle
Bestell-Nr. **E4159**

Geschenkpakete

1 Gute Noten!

1. Zentrische Streckung – Ähnlichkeit

Maßstäbliches Vergrößern und Verkleinern

2 **1.**

	a)	b)	c)	d)	e)
Maßstab	1 : 1 000 000	1 : 20	1 : 500	6 : 1	1 : 200 000
Länge in der Zeichnung	2,2 cm	7 cm	3 cm	150 mm	40 cm
Länge in der Wirklichkeit	2 200 000 cm	140 cm	1 500 cm	25 mm	8 000 000 cm
Länge in der Wirklichkeit	22 km	1,4 m	15 m	2,5 cm	80 km

2. a)

Karte	Wirklichkeit
5 cm	2 m
:5 (5 cm	200 cm) :5
1 cm	40 cm

Maßstab: 1 : 40

b)

Karte	Wirklichkeit
3 cm	3 km
:3 (3 cm	300 000 cm) :3
1 cm	100 000 cm

Maßstab: 1 : 100 000

c)

Karte	Wirklichkeit
4 cm	1 km
:4 (4 cm	1 000 000 cm) :4
1 cm	25 000 cm

Maßstab: 1 : 25 000

d)

Karte	Wirklichkeit
15 cm	112,5 km
:15 (15 cm	11 250 000 cm) :15
1 cm	750 000 cm

Maßstab: 1 : 750 000

3. A und 2, 4, 5; B und 3

3 **4.** –

5. a) $k = 2$

b) $k = 1{,}5$

c) $k = \frac{1}{2}$

d) maßstäbliches Verkleinern mit dem Faktor $k = \frac{2}{3}$

e) maßstäbliches Vergrößern mit dem Faktor $k = \frac{4}{3}$

6. –

Zentrisches Strecken

4 **1. a)** (1) – (2) –

b) (1) A' (2 | 6); B' (5 | 1); C' (5 | 6)
(2) A' (4 | 0,5); B' (7 | 2,5); C' (5 | 5,5); D' (2 | 3,5)

2. a) (1) – (2) –

b) (1) A (2 | 2,5); B (3,5 | 1); C (3,5 | 3)
(2) A (2 | 2); B (4 | 1); C (6 | 3); D (5 | 5)

Längenverhältnisse bei zueinander ähnlichen Figuren

5 **1.** **a)** $\overline{ST} = 4{,}5$ cm **b)** $\overline{ST} = 6$ cm **c)** $\overline{ST} = 5{,}4$ cm **d)** $\overline{ST} = 6{,}9$ cm

2. $a : b = 1 : 5 = 0{,}2$ $b : c = 2 : 1 = 2$
$a : c = 1 : 2{,}5 = 0{,}4$ $c : d = 1 : 11{,}4 = 0{,}7$
weitere Längenverhältnisse:
$c : b = 1 : 2 = 0{,}5$ $a : d = 1 : 3{,}5 = 0{,}29$ $b : d = 5 : 3{,}5 = 1{,}43$

3. **a)** $\frac{\overline{ZA}}{\overline{ZB}} = \frac{\overline{ZR}}{\overline{ZS}}$ **d)** $\frac{\overline{ZC}}{\overline{ZA}} = \frac{\overline{ZT}}{\overline{ZR}}$ **g)** $\frac{\overline{AR}}{\overline{CT}} = \frac{\overline{ZA}}{\overline{ZC}}$ **j)** $\frac{\overline{ZA}}{\overline{ZC}} = \frac{\overline{ZR}}{\overline{ZT}}$

b) $\frac{\overline{ZR}}{\overline{ZS}} = \frac{\overline{ZA}}{\overline{ZB}}$ **e)** $\frac{\overline{ZT}}{\overline{ZS}} = \frac{\overline{ZC}}{\overline{ZB}}$ **h)** $\frac{\overline{ZT}}{\overline{ZR}} = \frac{\overline{ZC}}{\overline{ZA}}$ **k)** $\frac{\overline{BS}}{\overline{CT}} = \frac{\overline{ZB}}{\overline{ZC}}$

c) $\frac{\overline{AR}}{\overline{BS}} = \frac{\overline{ZA}}{\overline{ZB}}$ **f)** $\frac{\overline{CT}}{\overline{ZT}} = \frac{\overline{BS}}{\overline{ZS}}$ **i)** $\frac{\overline{ZB}}{\overline{ZC}} = \frac{\overline{ZS}}{\overline{ZT}}$ **l)** $\frac{\overline{ZA}}{\overline{AB}} = \frac{\overline{ZR}}{\overline{RS}}$

4. **a)** $3; \frac{1}{3}$ **b)** $\frac{6}{5}; \frac{5}{6}$ **c)** $\frac{2}{3}; \frac{3}{2}$ **d)** $\frac{3}{8}; \frac{8}{3}$

Hauptähnlichkeitssatz für Dreiecke

6 **1.** D_1: Ähnlich zu Dreieck ABC, weil zwei Winkel übereinstimmen.
D_2: Nicht ähnlich zu Dreieck ABC, weil keine zwei Winkel übereinstimmen.
D_3: Ähnlich zu Dreieck ABC, weil zwei Winkel übereinstimmen.
D_4: Nicht ähnlich zu Dreieck ABC, weil keine zwei Winkel übereinstimmen.

2. **a)** $a_2 = 3{,}5$ cm **b)** $a_1 = 9{,}9$ cm
$c_2 = 5{,}6$ cm $b_1 = 5{,}4$ cm

Anwenden der Ähnlichkeit in ebenen und räumlichen Figuren

7 **1.** $h = 6$ m

2. 6 360 m = 6,36 km

3. 480 m

4. $h = 115{,}03 \text{ m} \approx 115$ m

8 **5.** **a)** ca. 56,4 m **b)** ca. 112,8 m

6. $\overline{AE} = 648$ m; $\overline{ED} = 180$ m; $\overline{EC} = 335$ m

2. Berechnungen an Dreiecken

Satz des Pythagoras

9 **1. a)** $x = 7{,}65$ cm
b) $y = 3{,}48$ dm
c) $z = 5{,}37$ m

2. 61,85 m

3. a) 3,32 m **b)** 6,90 m

Sinus, Kosinus und Tangens im rechtwinkligen Dreieck

10 **1.**

	a)	b)	c)	d)
Hypotenuse	c	b	$\overline{ST}$	$\overline{VW}$
Gegenkathete zu α	a	a	$\overline{RT}$	$\overline{UV}$
Ankathete zu α	b	c	$\overline{RS}$	$\overline{UW}$
sin α	$\frac{a}{c}$	$\frac{a}{b}$	$\frac{\overline{RT}}{\overline{ST}}$	$\frac{\overline{UV}}{\overline{VW}}$
cos α	$\frac{b}{c}$	$\frac{c}{b}$	$\frac{\overline{RS}}{\overline{ST}}$	$\frac{\overline{UW}}{\overline{VW}}$
tan α	$\frac{a}{b}$	$\frac{a}{c}$	$\frac{\overline{RT}}{\overline{RS}}$	$\frac{\overline{UV}}{\overline{UW}}$

2. a) $\sin\beta = \frac{b}{a}$, $\cos\beta = \frac{c}{a}$, $\tan\beta = \frac{b}{c}$
b) $\sin\gamma = \frac{c}{b}$, $\cos\gamma = \frac{a}{b}$, $\tan\gamma = \frac{c}{a}$
c) $\sin\beta = \frac{e}{f}$, $\cos\beta = \frac{d}{f}$, $\tan\beta = \frac{e}{d}$
d) $\sin\alpha = \frac{r}{s}$, $\cos\alpha = \frac{t}{s}$, $\tan\alpha = \frac{r}{t}$

3. a) $\frac{a}{c} = \sin\alpha = \cos\beta$, $\frac{b}{c} = \sin\beta = \cos\alpha$, $\frac{a}{b} = \tan\alpha$
b) $\frac{e}{f} = \tan\beta$, $\frac{f}{d} = \sin\gamma = \cos\beta$, $\frac{e}{d} = \sin\beta = \cos\gamma$
c) $\frac{y}{z} = \sin\delta = \cos\gamma$, $\frac{y}{x} = \tan\delta$, $\frac{x}{z} = \sin\gamma = \cos\delta$

11 **4.**

	a)	b)	c)	d)	e)	f)
α	56°	86°	21°	45°	51°	−81°
sin α	0,8290	0,9976	0,3579	0,7071	0,7771	−0,9876
cos α	0,5592	0,0698	0,9336	0,7071	0,6293	0,1564
tan α	1,4826	14,3007	0,3839	1	1,2345	−6,3138

5. a) $\alpha = 41{,}8°$ **b)** $\alpha = 34{,}9°$ **c)** $\alpha = 71{,}6°$

6. a) $x = 98$ mm **b)** $x = 2{,}9$ cm **c)** $x = 8{,}5$ cm

7. Der Baum ist 6,64 m hoch.

Berechnen von gleichschenkligen Dreiecken

12 **1.** **a)** $h_c = 4{,}7$ cm; $\alpha = 64{,}7°$; $\beta = 64{,}7°$; $\gamma = 50{,}6°$
b) $h_b = 3{,}6$ cm; $\beta = 70°$; $\gamma = 55°$; $a = c = 4{,}4$ cm
c) $b = c = 6$ cm; $\alpha = 73{,}8°$; $\beta = 53{,}1°$; $\gamma = 53{,}1°$

2. $A = 27{,}7\ \text{cm}^2$

3. (1) Die Stehleiter ist 2,12 m hoch.
(2) Die Leiter ist zusammengeklappt 2,3 m lang.

13 **4.** (1) Das Haus ist 7,41 m hoch.
(2) Die Dachsparren sind 7 m lang.

5. (1) $\alpha = 112°$; $\gamma = 112°$; $\beta = 68°$
(2) $e = 5{,}6$ cm; $f = 8{,}3$ cm

6. (1) $\beta = 123°$; $\gamma = 70°$; $\delta = 123°$; $a = 8{,}3$ cm; $c = 5{,}4$ cm; $d = 8{,}3$ cm; $e = 12{,}1$ cm
(2) $u = 27{,}4$ cm; $A = 37{,}51\ \text{cm}^2$

Vermischte Übungen

14 **1.** **a)** $\sin\beta = \frac{b}{\mathbf{a}}$ $\qquad$ $\sin\beta = \frac{\mathbf{h}}{c}$ $\qquad$ $\frac{b}{c} = \tan\boldsymbol{\beta}$

b) $a^2 = b^2 + \mathbf{c^2}$ $\qquad$ $q^2 + h^2 = \mathbf{c^2}$ $\qquad$ $a^2 - b^2 = \mathbf{c^2}$

c) $\gamma = 180° - 90° - \boldsymbol{\beta}$ $\qquad$ $\tan\beta = \frac{b}{\mathbf{c}} = \frac{\mathbf{h}}{\mathbf{q}}$ $\qquad$ $\frac{c}{a} = \mathbf{\sin\gamma = \cos\beta}$

2.

	a)	b)	c)	d)	e)	f)
a	39 cm	4,8 cm	4,3 cm	5,3 cm	9,4 cm	8,2 cm
b	47 cm	5,0 cm	5,1 cm	6,1 cm	6,8 cm	11,1 cm
c	61 cm	6,9 cm	6,7 cm	8,1 cm	11,6 cm	13,8 cm
α	39,7°	44,1°	40°	41°	54°	36,7°
β	50,3°	45,9°	50°	49°	36°	53,3°

3. $a = 18{,}7$ cm; $h = 13{,}1$ cm; $\alpha = 45{,}6°$; $\beta = 44{,}4°$

15 **4.** **a)** $u = 145{,}5$ m; $A = 783{,}75\ \text{m}^2$ $\qquad$ **b)** $u = 206{,}9$ m; $A = 1\,721{,}7\ \text{m}^2$

5. **a)** Das Dreieck ist rechtwinklig, da $42^2 + 17{,}5^2 = 45{,}5^2$ (Pythagoras).
b) Das Dreieck ist nicht rechtwinklig, da $34{,}5^2 + 46{,}8^2 = 58{,}1^2 \neq 58{,}5^2$.

6. Der See ist an der Stelle 104,7 m breit.

16 **7.** **a) und c)**

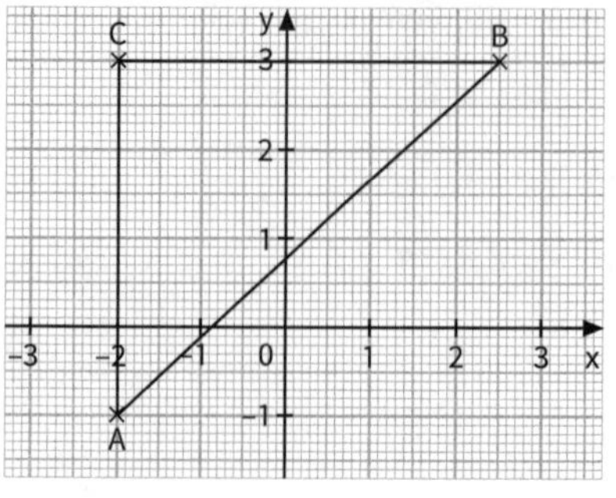

b) A: $a = \sqrt{2^2 + 1^2} = 2{,}2$ cm; $\quad$ B: $b = \sqrt{2{,}5^2 + 3^2} = 3{,}9$ cm; $\quad$ C: $c = \sqrt{3^2 + 2^2} = 3{,}6$ cm
c) $A = 9\ \text{cm}^2$; $u = 14{,}5$ cm; $\alpha = 48{,}4°$; $\beta = 41{,}6°$

16 **8.** **a)** $x = 26$ cm; $\alpha = 67{,}4°$ **b)** $x = 16{,}4$ cm; $\alpha = 69{,}6°$ **c)** $x = 32{,}5$ m; $\alpha = 17{,}1°$

9. Höhe des Rankgerüstes: 1,91 m
Winkel α: 34,9°

Berechnen allgemeiner Dreiecke – Sinus- und Kosinussatz

17 **1.** **a)** $\frac{a}{\sin\alpha} = \frac{b}{\sin\beta}$ $a = \frac{\sin\alpha \cdot b}{\sin\beta}$ **c)** $\frac{\sin\alpha}{a} = \frac{\sin\gamma}{c}$ $\sin\alpha = \frac{a \cdot \sin\gamma}{c}$

b) $\frac{b}{\sin\beta} = \frac{c}{\sin\gamma}$ $b = \frac{\sin\beta \cdot c}{\sin\gamma}$

2. **a)** $\gamma = 52°$ **b)** $\beta \approx 53°$

3.

	a	b	c	α	β	γ
a)	4,3 cm	6,0 cm	6,4 cm	40°	65°	75°
b)	5,0 cm	9,2 cm	7,0 cm	33°	98°	49°

18 **4.** **a)** $b^2 = a^2 + c^2 - 2ac\cos\beta$ **b)** $c^2 = a^2 + b^2 - 2ab\cos\gamma$ **c)** $\cos\alpha = \frac{s^2 + t^2 - r^2}{2 \cdot s \cdot t}$

5. **a)** $c \approx 5{,}7$ cm **b)** $\beta \approx 72{,}5°$

6. **a)** $c = 2{,}9$ cm **b)** $a = 53{,}5$ cm **c)** $\alpha = 50{,}5°$

Berechnen des Flächeninhalts eines Dreiecks

19 **1.** $A \approx 8591\ m^2$; $A \approx 0{,}86$ ha

2. $u = 207{,}4$ m; $A = 2000\ m^2$

3. $A \approx 142\ m^2$; 7100 Steine

Berechnen von Vielecken

20 **1.** $u = 148{,}6$ m
Zaunkosten (ohne Mehrwertsteuer): $148{,}6 \cdot 29{,}50$ € = 4383,70 €
Zaunkosten (mit Mehrwertsteuer): 4383,70 € $\cdot$ 1,19 = 5216,60 €

2. (1) Der Wall wird 2,9 m hoch.
(2) Für den Bau des Walls müssen rund 830 m^3 Schüttgut herangefahren werden.

3. $A = 2\,242{,}4\ m^2$

21 **4.** **a)** $\overline{CD} = 10{,}2$ cm **b)** $u = 30{,}6$ cm **c)** $A = 54{,}5\ cm^2$

3. Quadratische Gleichungen

Grafisches Lösen quadratischer Gleichungen

22 **1.** $x_1 = -1$ $x_2 = 2$ $L = \{-1; 2\}$

2. a) $L = \{-2; 1\}$ **b)** $L = \{-1,5; 2\}$ **c)** $L = \{1\}$ **d)** $L = \{-3; 2\}$

Rechnerisches Lösen quadratischer Gleichungen

23 **1. a)** $x_1 = 8$; $x_2 = -8$ **b)** $y_1 = 15$; $y_2 = -15$ **c)** $y_1 = 40$; $y_2 = -40$ **d)** $x_1 = 1,1$; $x_2 = -1,1$ **e)** keine Lösung **f)** $x_1 = \frac{4}{5}$; $x_2 = -\frac{4}{5}$ **g)** $z_1 = 0,5$; $z_2 = -0,5$ **h)** keine Lösung

2. a) $x_1 = 5$; $x_2 = -5$ **b)** $x_1 = 4$; $x_2 = -4$ **c)** $y_1 = \frac{1}{3}$; $y_2 = -\frac{1}{3}$ **d)** $x_1 = \frac{7}{2}$; $x_2 = -\frac{7}{2}$ **e)** $a_1 = 1$; $a_2 = -1$ **f)** $z_1 = \sqrt{12}$; $x_2 = -\sqrt{12}$

3. a) $x^2 = 9$; $x_1 = 3$; $x_2 = -3$ **b)** $x^2 = 0,25$; $x_1 = 0,5$; $x_2 = -0,5$ **c)** $x^2 = 6$; $x_1 \approx 2,449$; $x_2 \approx -2,449$

4. a) $x_1 = 0$; $x_2 = 8$ **b)** $x_1 = 0$; $x_2 = -5$ **c)** $x_1 = 0$; $x_2 = -3$ **d)** $x_1 = 0$; $x_2 = 4$

24 **5. a)** $x_1 = 3$; $x_2 = -11$ **b)** $x_1 = 8$; $x_2 = 2$ **c)** $x_1 = 6,4$; $x_2 = -5,6$ **d)** $x_1 = \frac{3}{4}$; $x_2 = -\frac{7}{4}$

6. a) $x_1 = 2$; $x_2 = -4$ **b)** $x_1 = 5$; $x_2 = 6$ **c)** $x = -3$

7. a) $x_1 = 3$; $x_2 = -1$ **b)** $x_1 = 4$; $x_2 = -2$ **c)** keine Lösung **d)** $x_1 = 3$; $x_2 = -6$

25 **8. a)** keine Lösung **b)** zwei Lösungen **c)** zwei Lösungen **d)** eine Lösung

9. a) 31 und 32 oder −31 und −32 **b)** 24 und 26 oder −26 und −24 ($n_1 = 12$; $n_2 = -13$)

4. Quadratische Funktionen

Die quadratische Funktion $y = x^2$ – Normalparabel

26 **1. a)**

x	−3	−2,5	−2	−1,5	−1	−0,5	0	0,5	1	1,5	2	2,5	3
y	9	6,25	4	2,25	1	0,25	0	0,25	1	2,25	4	6,25	9

b) (1) $0{,}9^2 = 0{,}81$; $1{,}6^2 = 2{,}56$; $(-0{,}5)^2 = 0{,}25$; $(-1{,}2)^2 = 1{,}44$; $(-2{,}8)^2 = 7{,}84$
(2) $x_1 = 2$; $x_2 = -2$; $x_1 \approx 1{,}6$; $x_2 \approx -1{,}6$
(3) $x_1 \approx 2{,}4$; $x_2 \approx -2{,}4$; n.l.
(4) Quadratzahlen sind immer positiv.
(5) symmetrisch

Quadratische Funktionen mit der Gleichung $y = ax^2$

27 **1. a)** (1)

x	−2	−1	0	1	2
$y = \frac{1}{2}x^2$	2	0,5	0	0,5	2

(2)

x	−2	−1	0	1	2
$y = 1{,}5x^2$	6	1,5	0	1,5	6

(3)

x	−2	−1	0	1	2
$y = -\frac{1}{2}x^2$	−2	−0,5	0	−0,5	−2

(4)

x	−2	−1	0	1	2
$y = -\frac{3}{2}x^2$	−6	−1,5	0	−1,5	−6

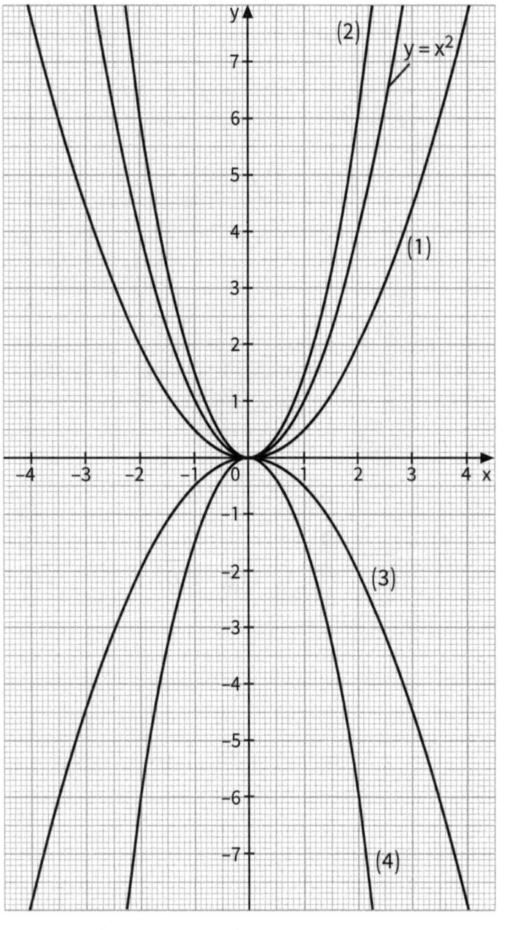

(1) gestaucht
(2) gestreckt
(3) gespiegelt und gestaucht
(4) gespiegelt und gestreckt

b)

	$P_1(1\mid\ )$	$P_2(-4\mid\ )$	$P_3(\frac{1}{2}\mid\ )$	$P_4(\ \mid 1)$	$P_5(\ \mid -1)$
(1) $y = \frac{1}{2}x^2$	$(1\mid\frac{1}{2})$	$(-4\mid 8)$	$(\frac{1}{2}\mid\frac{1}{8})$	$(\pm 1{,}4\mid 1)$	keine Lösung
(2) $y = 1{,}5x^2$	$(1\mid 1{,}5)$	$(-4\mid 24)$	$(\frac{1}{2}\mid\frac{3}{8})$	$(\pm 0{,}8\mid 1)$	keine Lösung
(3) $y = -\frac{1}{2}x$	$(1\mid -0{,}5)$	$(-4\mid -8)$	$(\frac{1}{2}\mid -\frac{1}{8})$	keine Lösung	$(\pm 1{,}4\mid -1)$
(4) $y = -\frac{3}{2}x^2$	$(1\mid -1{,}5)$	$(-4\mid -24)$	$(\frac{1}{2}\mid -\frac{3}{8})$	keine Lösung	$(\pm 0{,}8\mid -1)$

28

2. a)

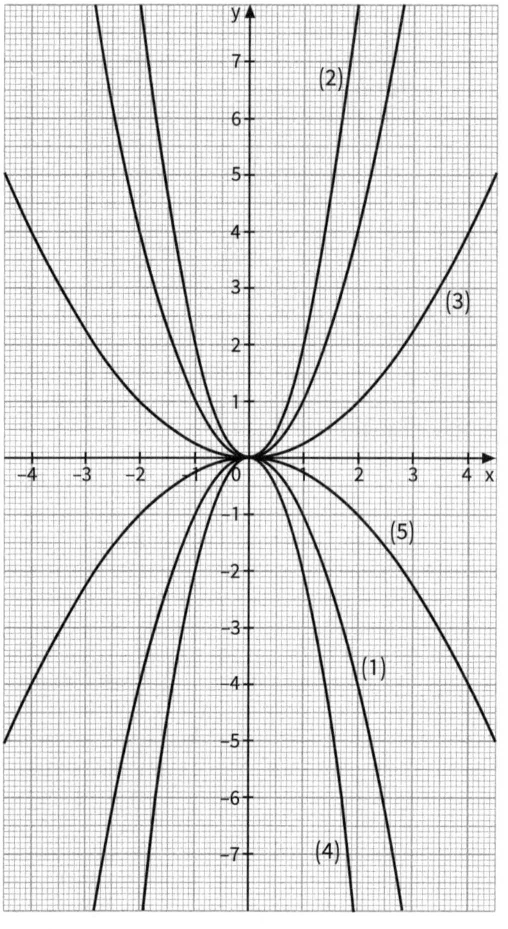

b) (1) $y = -x^2$: A(3|−9); I(−3|−9)

(2) $y = 2x^2$: C(−2|8); $K\left(\frac{1}{2}\middle|\frac{1}{2}\right)$ L(1,5|4,5)

(3) $y = \frac{1}{4}x^2$: B(−4|4); G(2|1); H(−2|1)

(4) $y = -2x^2$: E(1|−2); M(−1|−2)

(5) $y = -\frac{1}{4}x^2$: D(−4|−4); F(2|−1)

3. a) (1) $y = 2{,}5x^2$ (2) $y = -3x^2$ (3) $y = \frac{3}{4}x^2$

b) (1) P(3|22,5) Q(±2|10) (2) P(−1,5|−6,75) Q(±2|−12) (3) P(−3|6,75) Q(±1|0,75)

Quadratische Funktionen mit der Gleichung $y = x^2 + px + q$

29 **1. a)** (1) $y = x^2 + 2$; z. B.

x	−2	−1	0	1	2
y	6	3	2	3	6

(2) $y = x^2 - 3$; z. B.

x	−2	−1	0	1	2
y	1	−2	−3	−2	1

(3) $y = (x - 2)^2$; z. B.

x	0	1	2	3	4
y	4	1	0	1	4

(4) $y = (x + 1)^2$; z. B.

x	−3	−2	−1	0	1
y	4	1	0	1	4

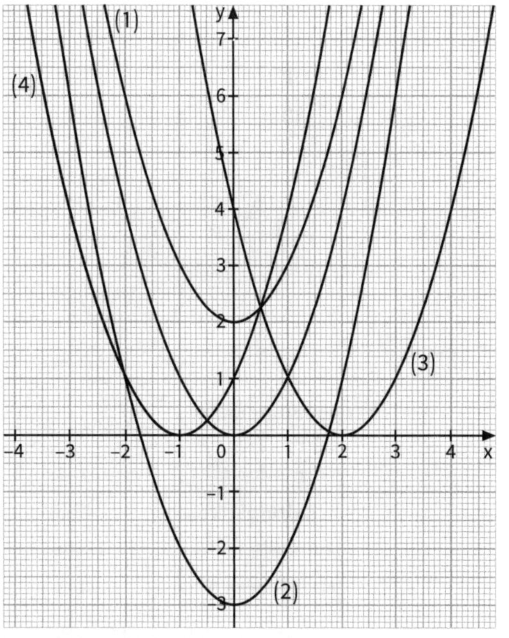

b)

	$y = x^2$	**(1) $y = x^2 + 2$**	**(2) $y = x^2 - 3$**	**(3) $y = (x - 2)^2$**	**(4) $y = (x + 1)^2$**
Scheitelpunkt	(0|0)	(0|2)	(0|−3)	(2|0)	(−1|0)
Nullstellen	$x_0 = 0$	keine	$x_{01} = \sqrt{3}$; $x_{02} = -\sqrt{3}$ $x_{01} \approx 1{,}7$; $x_{02} \approx -1{,}7$	$x_0 = 2$	$x_0 = -1$
Symmetrieachse	$x = 0$	$x = 0$	$x = 0$	$x = 2$	$x = -1$

c) Graphen von Funktionen mit der Gleichung $y = x^2 + e$ sind in Richtung der **y-**Achse verschobene Normalparabeln. Sie haben den Scheitelpunkt **S (0|e)**. Ist $e < 0$, dann besitzt die Funktion **2** Nullstellen, ist $e > 0$, hat sie **keine** Nullstelle. Symmetrieachse solcher Parabeln ist die **y-Achse.**
Graphen von Funktionen mit der Gleichung $y = (x + d)^2$ sind in Richtung der **x-**Achse verschobene Normalparabeln. Sie haben den Scheitelpunkt **S (− d|0)** und besitzen **eine** Nullstelle bei $x = -$ **d**. Die Symmetrieachse solcher Parabeln verläuft **parallel zur y-Achse durch S.**

30 **2.**

	Scheitelpunkt	**Funktionsgleichung**
a)	(0|−2)	$y = x^2 - 2$
b)	(0|2,5)	$y = x^2 + 2{,}5$
c)	(−4|0)	$y = (x + 4)^2$
d)	(3|0)	$y = (x - 3)^2$

3.

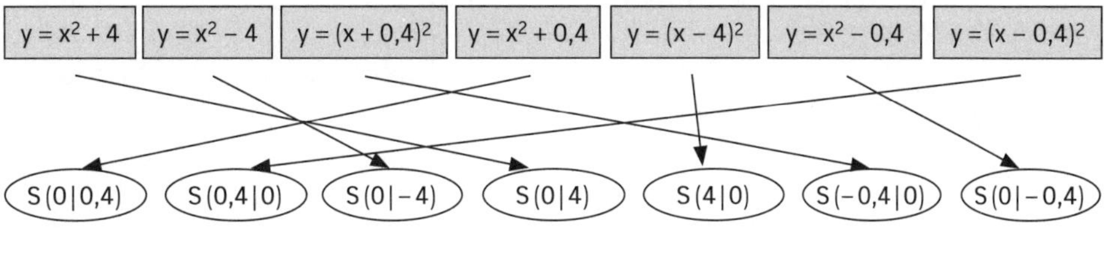

30

4. a)

x	$y = (x-1)^2$	$y = (x-1)^2 - 2$
−1	4	2
0	1	−1
1	0	−2
2	1	−1
3	4	2

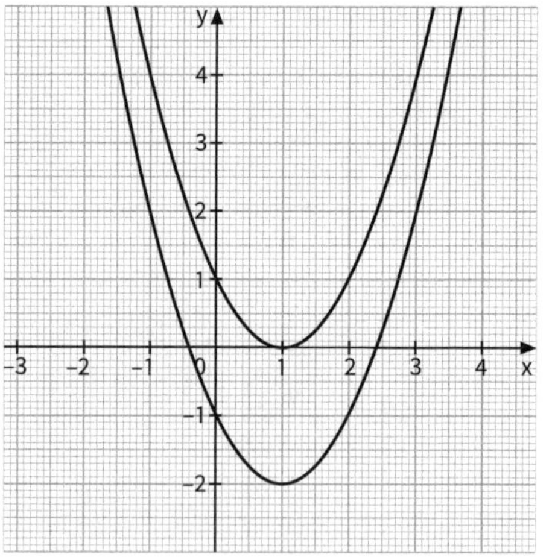

b) S(1|−2)
c) $y = x^2 - 2x - 1$

31

5.

Scheitelpunkt-form	**a)** $y = (x-2)^2 + 3$	**b)** $y = (x-1)^2 - 2$	**c)** $y = (x+4)^2 - 1$	z. B. **d)** $y = (x-3)^2$
Normalform	$y = x^2 - 4x + 7$	$y = x^2 - 2x - 1$	$y = x^2 + 8x + 15$	$y = x^2 - 6x + 9$
Scheitelpunkt	S(2|3)	S(1|−2)	S(−4|−1)	S(3|0)
Nullstellen	keine	$x_1 \approx -0{,}41$; $x_2 \approx 2{,}41$	$x_1 = -5$; $x_2 = -3$	$x = 3$
Wertebereich	$y \geq 3$	$y \geq -2$	$y \geq -1$	$y \geq 0$

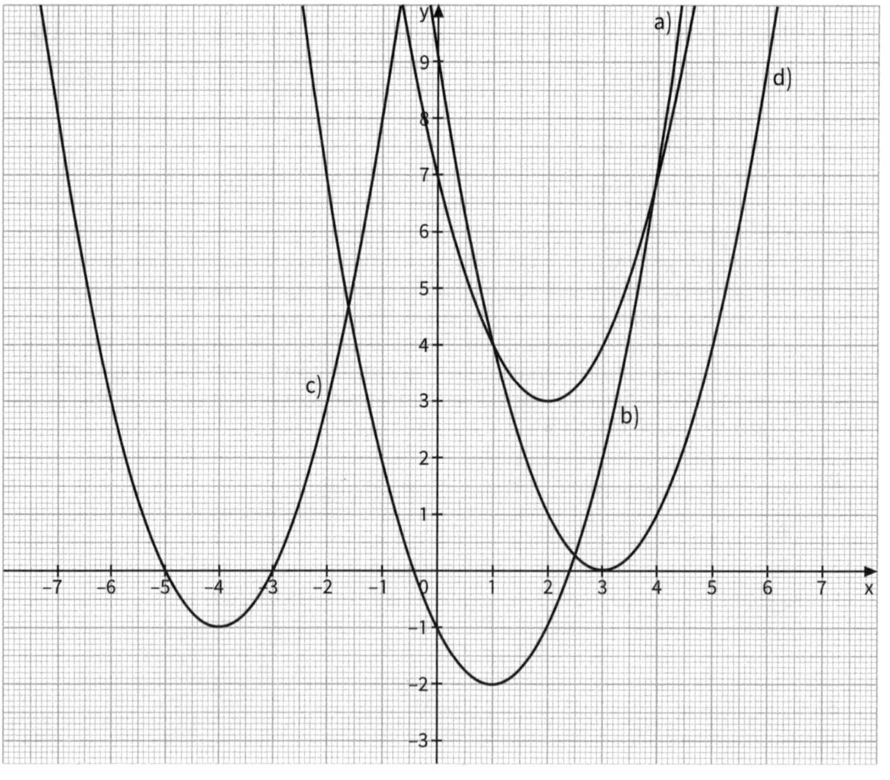

31 **6.**

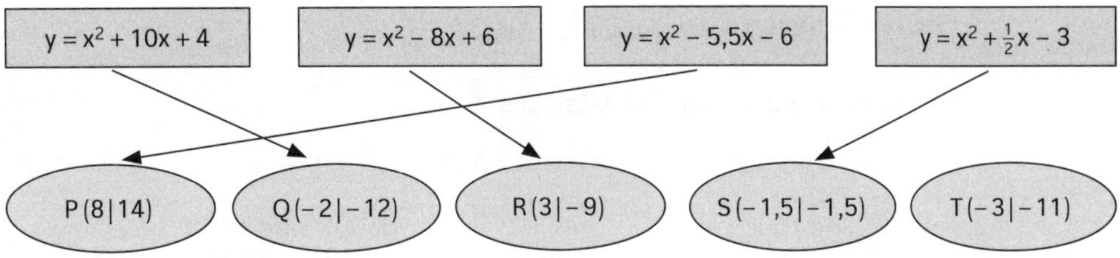

7. **a)** falsch
$y = x^2 - 2x + 1 + 4$
$y = x^2 - 2x + 5$

b) richtig

c) falsch
$y = x^2 - 10x + 25 - 10$
$y = x^2 - 10x + 15$

Nullstellen quadratischer Funktionen

32 **1.** **a)**

Quadratische Funktion	Nullstellen
(1) $y = x^2 - 4$	–2 und 2
(2) $y = (x-2)^2$	2
(3) $y = (x+1)^2 - 2$	–2,5 und 0,5
(4) $y = x^2 + 2x - 3$	–3 und 1

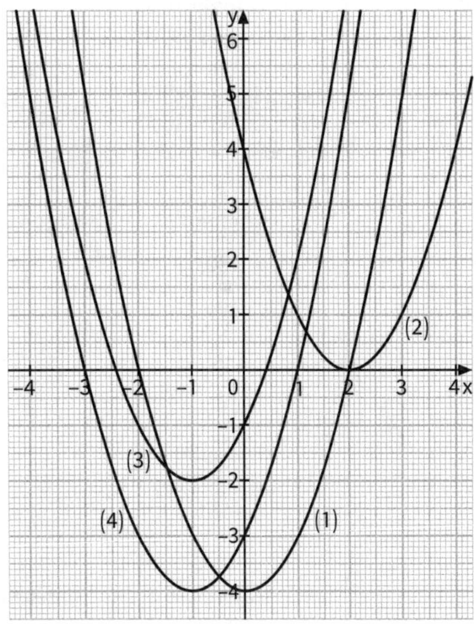

b) (1) $x_1 = -2$
$x_2 = 2$
(2) $x = 2$
(3) $x_1 = -2,5$
$x_2 = 0,5$
(4) $x_1 = -3$
$x_2 = 1$

2.

		Scheitelpunkt	Anzahl der Nullstellen
a)	$y = (x+2)^2$	S(–2|0)	eine
b)	$y = (x+1)^2 - 0,5$	S(–1|–0,5)	zwei
c)	$y = x^2 + 4$	S(0|4)	keine

5. Sinusfunktionen

Sinus eines Winkels am Einheitskreis

33 **1.** **a)** 0,6 **b)** − 1 **c)** − 0,8 **d)** 0,7 **e)** − 0,6 **f)** 0,9

2. **a)** 30° und 150°
b) 90°
c) 270°
d) 14° und 166°
e) 194° und 346°
f) n. l.

3. **a)** 0,559
b) −0,342
c) 0,839
d) −0,53
e) −0,817
f) −0,438
g) 0,559
h) −0,342
i) 0,839

4. **a)** 19,9° und 160,1°
b) 34,3° und 145,7°
c) 75,9° und 104,1°
d) n. l.
e) 207,4° und 332,6°
f) 198,7° und 341,3°

Bogenmaß eines Winkels

34 **1.** 45° und 765°
−360° und 720°
135° und 495°
425° und 785°
225° und 1665°
−105° und 975°

2. **a)** $240° + 1 \cdot 360°$
b) $10° + 2 \cdot 360°$
c) $230° + 2 \cdot 360°$
d) $20° + 3 \cdot 360°$
e) $0° - 2 \cdot 360°$
f) $80° - 3 \cdot 360°$

3.

Gradmaß α	Bogenmaß x
180°	π
90°	$\frac{\pi}{2}$
45°	$\frac{\pi}{4}$
135°	$\frac{3}{4}\pi$
225°	$\frac{5}{4}\pi$
315°	$\frac{7}{4}\pi$

Gradmaß α	Bogenmaß x
180°	π
360°	2π
60°	$\frac{\pi}{3}$
30°	$\frac{\pi}{6}$
120°	$\frac{2}{3}\pi$
270°	$\frac{3}{2}\pi$

4.

Gradmaß α	Bogenmaß x
35°	0,61
83°	1,45
146°	2,55
161°	2,81
180°	3,14
236°	4,12

Gradmaß α	Bogenmaß x
251°	4,38
307°	5,36
333,46°	5,82
415°	7,24
613,06°	10,70
1 000°	17,45

5. $\frac{9}{4}\pi$

Die Sinusfunktion

35

1. a)

α	0°	30°	60°	90°	120°	150°	180°	210°	240°	270°	300°	330°	360°
sin α	0	0,5	0,9	1	0,9	0,5	0	−0,5	−0,9	−1	−0,9	−0,5	0

b) Wertebereich: $-1 \le y \le 1$
Periode: 360°
größter Funktionswert: 1
kleinster Funktionswert: −1

Intervalle, in denen $y = \sin\alpha$
- fällt: $90° \le x \le 270°$
- steigt: $0° \le x \le 90°$; $270° \le x \le 360°$

Nullstellen (für $0 \le \alpha \le 360°$): 0°; 180°; 360°

2. a) −1 **b)** 1 **c)** 0,9 **d)** −0,5 **e)** 0,2 **f)** −0,3 **g)** −0,9

3. a) $\alpha_2 = 165°$
$\alpha_2 = 107°$
$\alpha_2 = 152°$
$\alpha_2 = 91°$

b) $\alpha_2 = 60°$
$\alpha_2 = 300°$
$\alpha_2 = 45°$
$\alpha_2 = 315°$

c) $\alpha_2 = 205°$
$\alpha_2 = 265°$
$\alpha_2 = 240°$
$\alpha_2 = 0°$ oder 360°

36

4. (1) $\alpha_2 = 120°$ (2) $\alpha_2 = 150°$ (3) $\alpha_2 = 315°$ (4) – (5) $\alpha_2 = 0° = 360°$ (6) $\alpha_2 = 105°$

5. 13° und 167° | 52° und 128° | 146° und 34° | 68° und 112°
211° und 329° | 79° und 101° | 230° und 310° | 73° und 107°

6. b) Wertebereich: $-1 \le y \le 1$
Periode: 2π
größter Funktionswert: 1
kleinster Funktionswert: −1
Intervalle, in denen $y = \sin\alpha$
- fällt: $-\frac{3}{2}\pi \le x \le -\frac{\pi}{2}$; $\frac{\pi}{2} \le x \le \frac{3}{2}\pi$
- steigt: $-2\pi \le x \le -\frac{3}{2}\pi$; $-\frac{\pi}{2} \le x \le \frac{\pi}{2}$; $\frac{3}{2}\pi \le x \le 2\pi$

Nullstellen im Intervall: -2π; $-\pi$; 0; π; 2π

37

7. a) –

b)

Eigenschaften	$y = \sin\alpha$	$y = 3 \cdot \sin\alpha$	$y = \frac{1}{2} \cdot \sin\alpha$
Definitionsbereich	$\alpha \in \mathbb{R}$	$\alpha \in \mathbb{R}$	$\alpha \in \mathbb{R}$
Nullstellen	−306°; −180°; 0°; 180°; 360°; 540°; 720°; 900°		
größter Funktionswert	$y = 1$	$y = 3$	$y = \frac{1}{2}$
kleinster Funktionswert	$y = -1$	$y = -3$	$y = -\frac{1}{2}$
Wertebereich	$-1 \le y \le 1$	$-3 \le y \le 3$	$-\frac{1}{2} \le y \le \frac{1}{2}$
Periode	2π; 360°	2π; 360°	2π; 360°

c) Gemeinsamkeiten: Definitionsbereich; Nullstellen; Periode
Unterschiede: Wertebereich; kleinster und größter Funktionswert

6. Aufgaben zur Vorbereitung auf die Abschlussprüfung

Hilfsmittel sind nicht erlaubt

38 **1.**

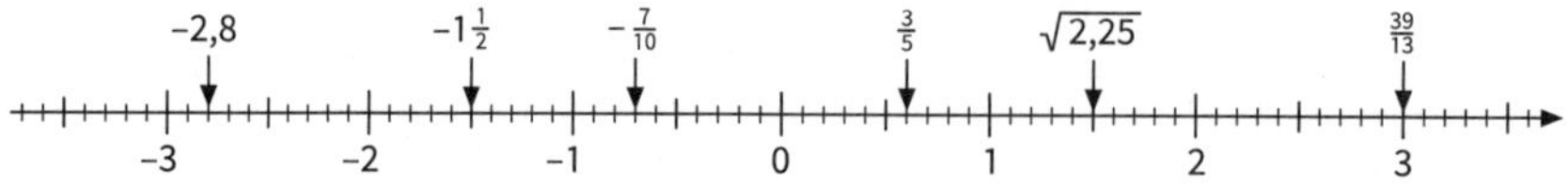

2. $-4{,}6 < -4{,}56 < \frac{1}{8} < \frac{1}{5} < 3{,}75 < \sqrt{16}$

3. a) z. B. 2,34 **b)** z. B. $\frac{27}{40}$ **c)** z. B. −1,52

4. a) (1) > (2) < (3) > (4) > **b)** 32,15

5. a) 350 cm **b)** 0,065 m **c)** 0,475 kg **d)** 2013 g **e)** 27 000 m^2 **f)** 1,95 dm^3 **g)** 270 min **h)** 2,5 min **i)** 1,25 h **j)** 45 min **k)** 500 kg **l)** 25 cm

6. (1) 234,25 g (2) 85 min

7. z. B.

	1. Rechteck	2. Rechteck	3. Rechteck	4. Rechteck
Länge	10 cm	5 cm	1 cm	12 cm
Breite	14 cm	19 cm	23 cm	12 cm

39 **8. a)**

$$\begin{array}{r} 3{,}45\ € \\ +\ 21{,}99\ € \\ +\ 20{,}28\ € \\ \hline 45{,}72\ € \end{array}$$

b)

$$\begin{array}{r} 54{,}38\ € \\ -\ 17{,}92\ € \\ \hline 36{,}46\ € \end{array}$$

c)

$$\begin{array}{r} 21{,}9 \cdot 2{,}4 \\ \hline 43\,8 \\ 8\,76 \\ \hline 52{,}56 \end{array}$$

9. *Lösungsbeispiele:*

a)

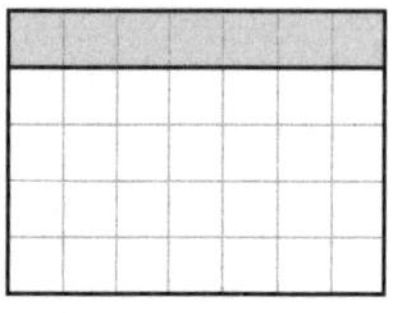

c)

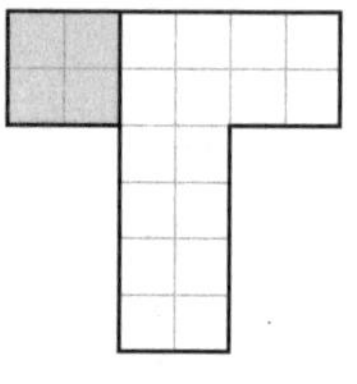

d)

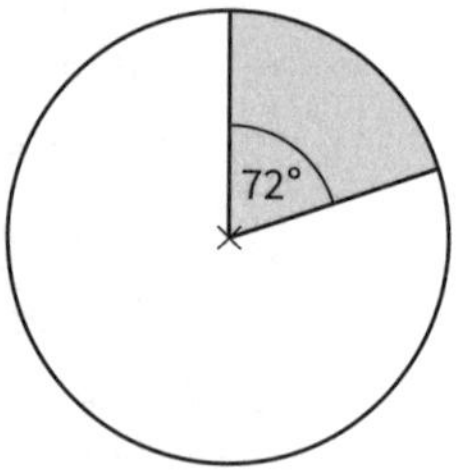

b) gefärbt: 1,2 cm

10. a) $8 \cdot 3 - 4 = 20$ **b)** $2 \cdot 2 - 2 : 2 = 3$ **c)** $8 + 3 \cdot 5 = 23$

11. a) $A = 2{,}8\ cm^2$ **b)** $A = 4{,}4\ cm^2$ **c)** $A = 4{,}0\ cm^2$

12. a) 25 % **b)** 20 %

13. a) a = 2,7 cm **b)** γ = 56° **c)** x = 10 cm **d)** α = 60°

40 **14.** (1) $s = v \cdot t$; $t = \frac{s}{v}$ (2) $r = \sqrt{\frac{3V}{\pi h}}$ (3) $a = \sqrt{c^2 - b^2}$ (4) $h = \frac{2A}{a+c}$ (5) $b = \frac{a \cdot \sin\beta}{\sin\alpha}$; $\sin\beta = \frac{\sin\alpha \cdot a}{b}$

40 **15.** (1) $c > a > b$ (2) $b > a > c$

16. (1) $A = 6a^2$ (2) $A = 1{,}5n^2$ (3) $A = \frac{b^2}{2}$ (4) $A = 6m^2$

17. $x = -2$

18.

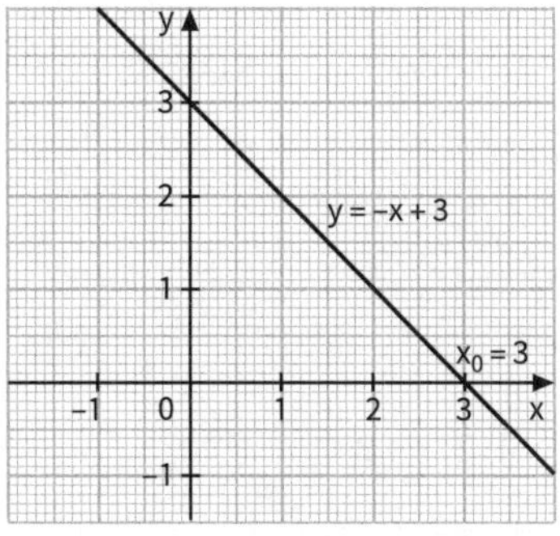

Nullstelle:

1. Weg: $x + y = 3$
$x + 0 = 3$
$x_0 = 3$

2. Weg: $y = -x + 3$
$0 = -x + 3 \quad | -3$
$-3 = -x \quad | :(-1)$
$3 = x_0$

Hilfsmittel sind erlaubt

41 **1.** 1014 g = 1,014 kg

2.

Maßstab	1:10	1:25	1:75	1:500	1:10000	1:200000
Länge in der Abbildung (in cm)	5	15	10	5	7	4
Länge in der Wirklichkeit (in cm)	50	375	750	2500	70000	800000
Länge in der Wirklichkeit (in m)	0,5	3,75	7,5	25	700	8000

3. (1) 50 kg (2) 70 t (3) 25 % (4) 5,4 ℓ (5) 5 % (6) 28 km^2 (7) 23,80 €

4. Winkel bei A: 80°
Winkel bei C: 80° (Innenwinkelsumme) } Basiswinkel gleich, also gleichschenkliges Dreieck

5. $x = 11$

6. (1) P („5“) $= \frac{2}{8} = \frac{1}{4} = 25\,\%$

(2) P („5“) $= \frac{3}{8} = 37{,}5\,\%$

(3) P („5“) $= \frac{4}{8} = \frac{1}{2} = 50\,\%$

42 **7.** (1) $x = -1$ (2) $y = 2{,}4$

8. (1) f (2) w (3) w (4) f

9. (1) 7 (2) 100000 (3) 243 (4) 300 (5) 0,1

10. 2,4

11. (1) A; C (2) B (3) B; C

12. (1) $c \approx 2{,}9$ cm (2) $b \approx 27{,}8$ cm (3) $\alpha \approx 85{,}9°$ (4) $\beta \approx 47{,}5°$

Übungen zu verschiedenen Bereichen

43

1. a) $-3a$
$-7a - 3b$
$\frac{33}{10}r + \frac{13}{8}s$

b) $\frac{3}{2}u + \frac{17}{12}v$
$-10{,}8r^2$
$-\frac{1}{16}ab^2$

2. a) $3{,}9a^2b + 11{,}9cd^2$ b) $-5{,}4ab + 0{,}5cd - 4{,}5y^2$ c) $\frac{22}{15}z^2 - \frac{23}{24}xy$

3. a) $-0{,}7 + 0{,}9x$ b) $83{,}8y - 33{,}5$ c) $-2x + 1\frac{6}{7}$

4. a) $136uv - 96u^2 - 44v^2$
b) $\frac{5}{8}x^2 - \frac{12}{8}xy - \frac{9}{8}y^2$
c) $225x^2 - 600xy + 400y^2$

5. a) $6x - 6$ b) $21x - 3$

6. a) $x = 28$ b) $x = 3$

44

7. a) $x = 0{,}5$; $y = 2$ b) $x = 2$; $y = -2$

8. a) $x_1 = 9$, $x_2 = -9$ b) $x_1 = 60$, $x_2 = -60$ c) $x_1 = 1{,}2$, $x_2 = -1{,}2$ d) $x_1 = 0{,}5$, $x_2 = -0{,}5$

9. a) $x_1 = 0$, $x_2 = -6$ b) $x_1 = 0$, $x_2 = 7$ c) $x_1 = -1{,}5$, $x_2 = 9$ d) $x = 1$

10. a) $x_1 = 2$, $x_2 = -4$ b) $x_1 = -2$, $x_2 = 1$ c) $x_1 = 4$, $x_2 = 4$

45

1.

U (in V)	1,4	2,1	2,8	3,5	4,9	7,0	8,5	10,0	11,3
I (in A)	0,050	0,075	0,1	0,125	0,175	0,25	0,304	0,357	0,404

2.

Anzahl Lkw	1	2	3	4	5	6	10	12	15
Fahrten je Lkw	180	90	60	45	36	30	18	15	12

3. Jedes Stück wiegt 200 g.

4. a) $y = 1{,}5x$
b) $y = -2x - 1$
c) $y = x^2 + 0{,}5$
d) $y = 4{,}2$
e) $y = (x + 1{,}5)^2$
f) $y = (x - 2)^2 - 3{,}5$

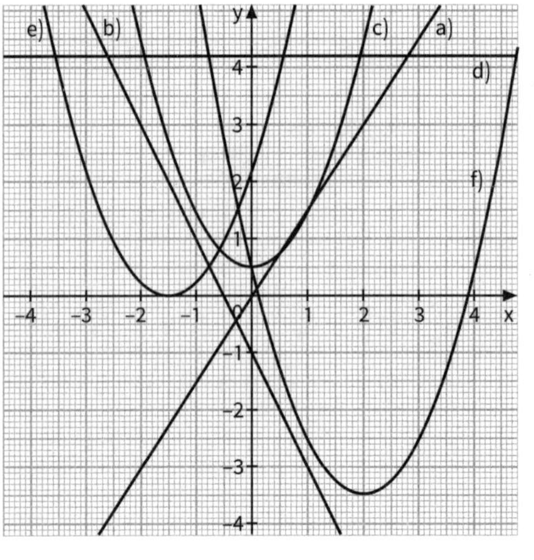

46 5.

Graph	Funktionsgleichung	Punkt
a)	$y = \frac{1}{3}x + 3$	A (3|4) B (12|7)
b)	$y = x^2 - 2$	C (−2|2) (5|23)
c)	$y = -x$	E (3|−3) F (20|−20)
d)	$y = (x + 3)^2 - 4$	G (−5|0) H (0|5)
e)	$y = 1{,}5x - 7$	I (0|−7) K (10|8)
f)	$y = x^3$	L (−1|−1) M (3|27)

6.

	$y = 3x - 6$	$y = x^2 - 6$	$y = (x + 5)^2 + 5$	$y = x^3$	$y = x^{-2}$
Quadranten	III, IV, I	II, III, IV, I	II, I	III, I	II, I

7. **a)** $f(x) = (x - 1)^2 - 3{,}5$ $g(x) = -x - 0{,}5$

b) f: $x_{01} = 2{,}9$; $x_{02} = -0{,}9$

c)/d) A(−1\|0,5)   B(2\|−2,5)

47 1.

Grundwert	500	360	64	700	2080	68	7500	1,5	90
Prozentsatz	50 %	10 %	25 %	3 %	25 %	75 %	40 %	$33\frac{1}{3}$ %	99 %
Prozentwert	250	36	16	21	520	51	3000	0,5	89,1

2. **a)**

Computer	alter Preis	Rabatt	Einsparung	neuer Preis
Familien-PC	900 €	5 %	45 €	855 €
Büro-PC	1 300 €	10 %	130 €	1 170 €
Heimcomputer	700 €	20 %	140 €	560 €
Notebook	1 600 €	15 %	240 €	1 360 €

b) 88,6 %

3. keine 25 %; 90°; 2,5 cm
eine: 42 %; 151°; 4,2 cm
zwei: 23 %; 83°; 2,3 cm
drei und mehr: 10 %; 36°; 1,0 cm

4. ≈ 5,4 kg

5. 7 %

48 6. **a)**

Zinssatz	1 %	0,5 %	0,25 %	1,75 %	2 %	2,1 %
Zinsen	20 €	10 €	5 €	35 €	40 €	42 €

b)

Zinssatz	1 %	0,5 %	0,2 %	1,5 %	2,2 %	0,3 %
Zinsen	45,00 €	22,50 €	9,00 €	67,50 €	99,00 €	13,50 €

48 **7. a)**

Kapital	300 €	4 000 €	1 500 €	2 400 €	4 000 €	35 000 €
Zinssatz	0,5 %	1,3 %	2 %	1,75 %	1,5 %	2,8 %
Jahreszinsen	1,50 €	52 €	30 €	42 €	60 €	980 €

b)

Kapital	450 €	660 €	1 200 €	8 000 €	5 000 €	3 600 €
Anlagezeit	$\frac{1}{2}$ Jahr	$\frac{1}{4}$ Jahr	150 Tage	10 Tage	5 Monate	11 Monate
Zinssatz	0,8 %	0,5 %	1,2 %	1,4 %	2,1 %	3,0 %
Zinsen	1,80 €	0,83 €	6,00 €	3,11 €	43,75 €	99,00 €

8.

Jahr	**Kapital am Jahresanfang**	**Zinssatz**	**Jahreszinsen**	**Guthaben am Jahresende**
1	3 800,00 €	0,2 %	7,60 €	3 807,60 €
2	3 807,60 €	0,5 %	19,04 €	3 826,64 €
3	3 826,64 €	0,8 %	30,61 €	3 857,25 €
4	3 857,25 €	1,1 %	42,43 €	3 899,68 €
5	3 899,68 €	1,4 %	54,60 €	3 954,28 €
6	3 954,28 €	1,4 %	55,36 €	4 009,64 €

a) Nach 6 Jahren beträgt das Guthaben 4 009,64 €.

b) Er erhält durchschnittlich 0,9 % Zinsen.

49 **1.** –

2. a) $\alpha = 30°$ **b)** $\alpha = 62°$; $\beta = 55°$; $\gamma = 63°$

3. a) u = 24 cm; $A = 24\ cm^2$ **b)** u = 11,2 cm; $A = 7,5\ cm^2$ **c)** u = 8,6 cm; $A = 4,5\ cm^2$

50 **4. a)** –
b) a = 2,1 cm
c) $A_G = 2,625\ m^2$; $V = 5,25\ cm^3$; $A_M = 14,2\ cm^2$; $A_O = 19,4\ cm^2$
d) 45,675 g

5. ca. 7 293 €

6. a) $V \approx 30999,14\ mm^3$; $A_M \approx 5024,27\ mm^2$; $A_O \approx 6158,39\ mm^2$
b) $V \approx 199,45\ m^3$; $A_M \approx 189,73\ m^2$; $A_O \approx 221,90\ m^2$

51 **1. a)** $A = 16,1\ m^2$ **b)** $V = 6,1\ m^3$

2. ca. $2171,469\ cm^2$

3. Grabenlänge (h): 1 232 m

4. $V = 2538,5\ cm^3$; $V \approx 2,54\ \ell$; die Angabe stimmt

52 **5. a)** (1) m ≈ 89,8 kg; $V \approx 11518,2\ cm^3$
(2) m ≈ 182,5 kg; $V \approx 23\ cm^3$
b) –

6. a) $V = 6,41\ dm^3$ **b)** $A_O = 2159,5\ cm^2$

52 **7. a)**

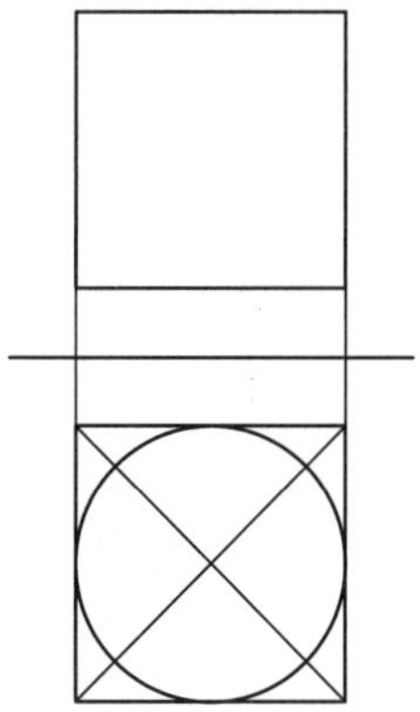

b) $V_{Würfel} = 8\ cm^3$
$V_{Kegel} = 2{,}1\ cm^3$
$V_{Restkörper} = 5{,}9\ cm^3$

53 **8. a)** (1)

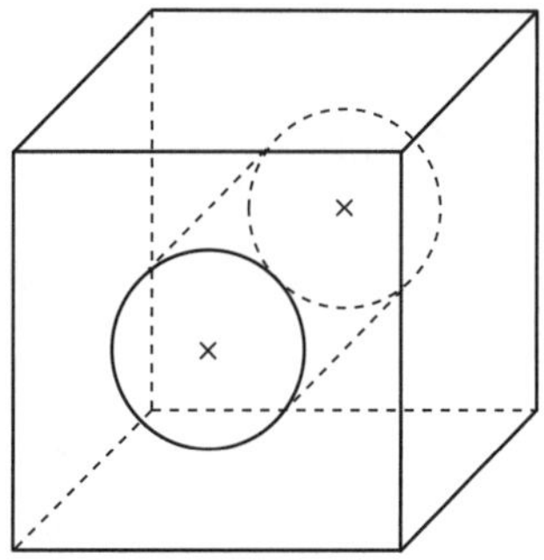

(2)

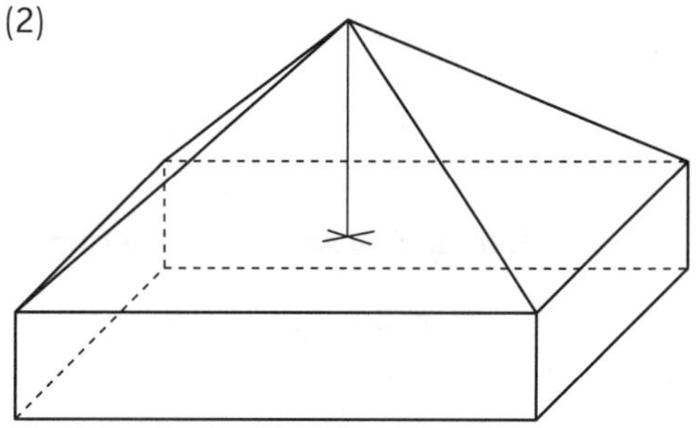

b) (1) $V \approx 21{,}7\ cm^3$
$m \approx 169{,}25\ g$

(2) $V \approx 33{,}3\ cm^3$
$m \approx 260\ g$

9. a) (1) $\alpha \approx 70{,}2°$ (2) $\beta \approx 62{,}5°$ (3) $V \approx 1469\ cm^3$
b) (1) $\alpha \approx 38{,}9°$ (2) $\beta \approx 102{,}2°$ (3) $V \approx 39{,}4\ cm^3$

54 **1.** Fanny, Henning, Linda | Fanny, Linda, Henning | Linda, Fanny, Henning
Linda, Henning, Fanny | Henning, Fanny, Linda | Henning, Linda, Fanny

2. a)

Haustier	absolute Häufigkeit H (A)	relative Häufigkeit h (A)	Winkel
Hund	24	0,10	36°
Katze	45	0,1875	67,5°
Fische	18	0,075	27°
Vogel	86	0,358	129°
andere	12	0,05	18°
keine	55	0,229	82,4°

b) –

3. a)

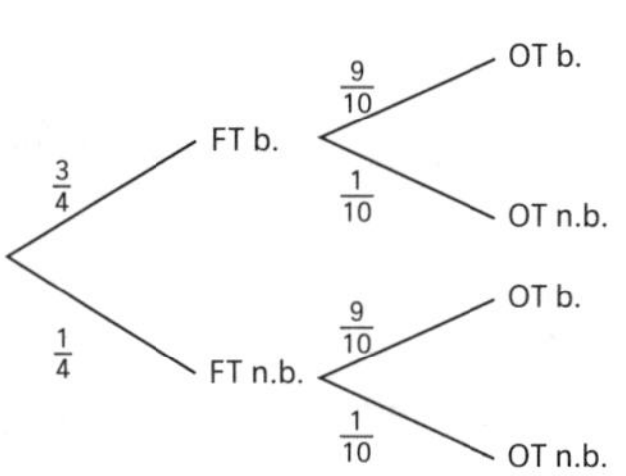

b) $\frac{27}{40} = 0{,}675$

c) $\frac{3}{10} = 0{,}3$

d) $\frac{1}{40} = 0{,}025$

Genau eine Antwort ist richtig! (1)

55

0,005 m	P
800 min	O
Montag	S
144 €	T
2,45 €	K
$\frac{1}{20}$	U
5 %	T
18:45 Uhr	S
9 min	C
9	H
$\pi \cdot r^2 \cdot h$	E
$a \cdot (c + d) + b \cdot (c + d)$	R

Lösung: POSTKUTSCHER

Genau eine Antwort ist richtig! (2)

56

zwei Stunden	W
21.	E
12 m	R
34 m	K
neun	Z
56	E
Jonas	U
Fluss	G
60 %	F
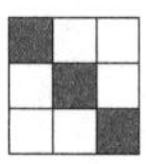	A
Vierter	C
8. Tag	H

Lösung: WERKZEUGFACH

Beilage zum Arbeitsheft Mathematik heute 10 Sachsen-Anhalt

Zeichnungen: Langner & Partner; Illustrationen: Carla Miller
Druck und Bindung: Westermann Druck GmbH, Georg-Westermann-Allee 66, 38104 Braunschweig

ISBN 978-3-14-**150097**-4
ISBN 978-3-14-**145295**-2